TOUSHE DIANZI XIANWEIXUE

第二版

透射电子显微学 下册

Transmission Electron Microscopy

David B. Williams　C. Barry Carter　著

李建奇　等　译

高等教育出版社·北京

图书在版编目（CIP）数据

透射电子显微学. 下册 ／（美）威廉斯
（David B. Williams），（美）卡特（C. Barry Carter）
著；李建奇，杨槐馨，田焕芳译．-- 北京：高等教育
出版社， 2019.11

书名原文：Transmission Electron Microscopy：A
Textbook for Materials Science

ISBN 978-7-04-052413-0

Ⅰ.①透⋯ Ⅱ.①威⋯ ②卡⋯ ③李⋯ ④杨⋯
⑤田⋯ Ⅲ.①透射电子显微术-高等学校-教材 Ⅳ.
①O766

中国版本图书馆 CIP 数据核字（2019）第 162920 号

| 策划编辑 | 刘占伟 | 责任编辑 | 刘占伟 | 封面设计 | 杨立新 | 版式设计 | 马 云 |
| 责任校对 | 刘娟娟 | 责任印制 | 韩 刚 | | | | |

出版发行	高等教育出版社	网　址	http：//www.hep.edu.cn
社　址	北京市西城区德外大街4号		http：//www.hep.com.cn
邮政编码	100120	网上订购	http：//www.hepmall.com.cn
印　刷	北京汇林印务有限公司		http：//www.hepmall.com
开　本	787mm×1092mm　1/16		http：//www.hepmall.cn
印　张	46		
字　数	860 千字		
插　页	15	版　次	2019 年 11 月第 1 版
购书热线	010-58581118	印　次	2019 年 11 月第 1 版
咨询电话	400-810-0598	定　价	129.00 元

译者简介

李建奇，中国科学院物理研究所研究员，博士生导师，入选"百人计划"，国家杰出青年基金获得者。1983 年毕业于西北大学物理系。1990 年，在中国科学院物理研究所获得博士学位。1995—1996 年，在德国 Max-Plank 固体物理研究所从事高 Tc 超导薄膜微结构分析。1996—1998 年，在日本无机材料研究所从事"巨磁阻 Mn-氧化物材料中的电荷有序相变"研究。2001—2002 年，在美国 Brookhaven 国家实验室从事"高 Tc 超导材料中电子条纹相"研究。2002 年与物理所其他九位优秀青年学术骨干一起入选国家杰出青年群体。2003 年获北京科技二等奖（排名第一）。现任 Chinese Physics Letter 和 Scientific Reports 编委。目前主要从事强关联物理系统结构问题的研究，侧重于发展低温电子显微术、EELS 谱分析、时间分辨电子显微术。在国际主要学术期刊上已发表论文 200 多篇。在国际学术会议上做邀请报告 30 余次，并多次在国际知名院所做邀请报告和进行学术交流。组织过多次原位电镜和多铁材料国际研讨会。

译者的话

自从 E. Ruska 和 M. Knoll 在 1932 年成功研制出第一台透射电子显微镜（TEM）以来，电子显微镜（电镜）的广泛使用和电子显微学的迅猛发展极大地促进了材料科学、物理学和生命科学的发展。曾经有人说过，电子显微学发展的历史就是电子与物质相互作用产生的信息不断被利用的历史。高能电子和光波相比具有更短的波长，因而具有更高的空间分辨率，透射过样品的电子束携带有强度、相位以及周期性的信息，这些信息都包含在 TEM 图像中。电子显微学一般包括高分辨电子显微学和分析电子显微学两个方面，两者相辅相成，使人们可以在原子尺度上全面认识微观世界。高分辨电子显微方法是一种直接观察材料微观结构的实验技术。自 20 世纪 60 年代以来，电子显微学的基本理论和实验技术得到了迅速发展，特别是电镜制造技术和实验室技术的提高、真空技术的发展以及高相干性场发射电子枪的应用，大大提高了电镜的空间分辨率和微观分析能力。近年来，球差校正器和电子单色器得到了较为广泛的使用，透射电子显微镜的分辨率步入了亚埃时代，球差电子显微镜的普及对电子显微学、材料科学和物理学将产生难以预期的重大影响，可以解决一些重要的结构问题，同时也将提出一系列挑战性的新型研究课题。另一方面，分析电子显微学在数十年的发展中日趋成熟。化学成分分析方法（X 射线能谱分析、电子能量损失谱等）和结构分析方法（选区衍射、会聚束电子衍射等）在金属、半导体、超导体、陶瓷和矿物等材料的结构分析中发挥着不可替代的作用。另外，不断丰富的研究手段促生了不少新兴的研究领域，在材料科学和应用器件研究方面取得了诸多突破性的进展。

本书的两位作者 David B. Williams 教授和 C. Barry Carter 教授均是世界上电子显微学领域的著名学者。David B. Williams 教授现任 Alabama 大学（Huntsville）校长。从 1976 年开始，他在 Lehigh 大学的电子光学实验室和电子显微学培训学校从事研究和教学工作 20 余年，积累了丰富的电镜工作经验。他尤其对原子尺度的元素偏析及其对合金性质的影响有着浓厚的研究兴趣，其研究团队通过 X 射线能谱和电子能量损失谱的结合发展了一套高分辨微量分析技术方法，在铝基航空合金、核动力推进反应堆的低合金钢、陨铁、玻璃以及镍基超合金/蓝宝石复合材料的微结构分析中取得了很好的结果。迄今为止，已合著了 11 本教材和会议论文集，发表了 220 余篇学术论文，在 28 个国家的大学、会议和实验室做了 275 场邀请报告。C. Barry Carter 教授现任 Connecticut 大学化学、材料与生物分子工程系的主任，在博士后期间曾师从著名的 Peter Hirsch 教授，在 Cornell 大学工作的 12 年（1979—1991）期间曾领导了电子显微镜设施的安装工作，之后在 Minnesota 大学以创办主任的身份建立了高分辨电子显微学中心并担任界面工程中心的副主任，其间建立了一套集合多种显微和衍射功能的标准化表征设备。他的研究方向主要包括陶瓷材料的界面迁移，氧化物相变和固态反应，金属、半导体及陶瓷材料中的位移和陶瓷薄膜生长机制等。迄今为止，已与他人合著过两本教材、6 本会议论文集，发表了 275 篇论文。1990 年以后，总共做了 120 余场邀请报告。这两位在材料学领域中卓有建树的作者从事 TEM 相关的教学和研究工作均已超过 35 年，几乎涵盖了 TEM 的所有方面，培养了一批活跃在电子显微学领域的青年科学家。

本书是美国最为流行的教科书之一，并成为世界范围内透射电子显微学的经典教材。*American Scientist* 杂志曾高度评价其为"当今最好的教科书（The best textbook for this audience available）"。全书的写作风格和句式结构适用于课堂讲授，将众多理论性文章和实验性文献的核心内容以简练、明晰的语句并结合实例表达出来。作者在书中建立了完整的理论框架来诠释各项特定的 TEM 技术原理，在保证理论体系严谨的前提下合理地省略了一些物理学和数学处理细节，以保证阅读的流畅性。面对材料工程和纳米科学的研究者，书中不仅包含了大量高质量的图像、谱线和衍射花样，还提供了一系列实际操作说明和实例以供参考。历史是时代进步的基石，电镜相关的技术发展史和经典文献贯穿于全书，使得读者对电子显微学的发展史能够具有更为全面的认识，对现今电镜的发展状况理解得更为深刻。纵观全书，所述内容深入浅出，适合不同专业领域和知识层面的读者研读。

本书分为上下两册，共包含 4 篇：基本概念、衍射理论、成像原理和能谱分析。第一篇主要包括电子显微镜概述、相关的物理知识准备、透镜结构和功能以及样品制备等内容，给读者呈现出清晰的概貌，为后续内容做好铺垫。第二篇详述了诸多与衍射相关的基本概念，包括倒易空间、布洛赫波、衍射图像的获取和分析等内容。第三篇涵盖从基本成像原理到图像获取和分析处理的方法，在结合大量实际材料分析案例的基础上较为全面地阐述了成像的相关内容，其中着重介绍了高分辨电子显微学和图像模拟。第四篇包括 X 射线能谱和电子能量损失谱的分析和成像的相关内容。此次的翻译工作是基于 2009 年出版的 *Transmission Electron Microscopy: A Textbook for Materials Science*（第二版）完成的。全书共计 40 章，每一章又按照知识重点分为诸多精短的小节，在必要的地方均辅以示意图、实验图像和表格进行说明。文中公式众多，但都进行了明晰的推导和清楚的诠释。本书的正文中还别具特色地穿插了不同灰度的方框来对某些内容进行强调，例如重要的信息、容易犯错的地方、危险的操作或常见的错误。每一章的最后都会对该章节进行简要的总结，并列出所引用的文献来源。为了方便教学和自学，本书的第二版中新添了大约 800 道自测题和 400 道适用于家庭作业的题目，以增强对教材内容的理解。

在过去 10 年里，随着我国科学事业的发展和国力的增强，很多高等院校和科研院所都购置了高端透射电子显微镜，特别是新型球差校正电子显微镜，目前已经超过 15 台，这些先进设备在材料分析中已成为不可缺少的重要技术手段。值此国内电镜事业蓬勃发展之际，电子显微学人才队伍的培养和技术队伍的建设是我们面临的迫切任务。鉴于该教材具有如前所述的诸多优点，我们本着严谨和求真的精神将英文原版教科书翻译为中文，并修订了原著中的一些印刷或编写错误。希望以此为国内读者提供一本全面而专业的中文教材。由于透射电子显微镜在材料、物理、化学、生物、医学、工程、地质等领域有着广泛的应用，我们希望能够将电子显微学相关的术语和表述本地化、标准化，以增强不同行业间的交流，为从事相关学科研究的读者提供一本易于理解、便于深入的经典教材。

本译著篇幅较长，其中又经历了一次大的原著改版，工作量非常大。在此特别感谢杨槐馨研究员、田焕芳、李子安和李俊副研究员在本书的校对和统稿过程中所付出的辛勤劳动。此外，译者所在课题组的孙帅帅、李中文、孙开、过聪、张明、尉琳琳、张瑞心、柴可、徐程超、张永朝、朱春辉、徐鹏、张璐、王鸿、郑丁国、杨冬、马小平和田源等都参与了部分章节的翻译工作，在此对他们致以诚挚的谢意。本译著的出版得到了原著作者的支持和帮助，我们深表感谢。最后译者还要感谢高等教育出版社相关人员为提高本书的出版质量所做的细致工作以及高等教育出版社对本译著出版的资助。

由于译者的水平有限，译作中的错误和疏漏在所难免，恳请广大读者批评指正。

译者
北京
2019 年 5 月

此书献给我们的父母
Walter Dennis 和 Mary Isabel Carter
以及
Joseph Edward 和 Catherine Williams
由于他们才使得这一切成为可能

作者简介

David B. Williams

David B. Williams 在 2007 年 7 月成为 Alabama 大学(Huntsville)的第五任校长。在这之前的 30 多年，他一直在 Lehigh 大学工作，是材料科学与工程(MS&E)系的 Harold Chambers 高级名誉教授。他分别于 1970 年、1974 年、1974 年和 2001 年在剑桥大学获得学士、硕士、哲学博士及理学博士学位，并在那里获得过橄榄球和田径的四次 Blues 奖。1976 年，他转到 Lehigh 大学，最初为助理教授，1979 年升为副教授，1983 年成为教授。1980—1998 年，他负责电子光学实验室，并领导 Lehigh 大学的电子显微镜学院长达 20 多年。1992—2000 年，为 MS&E 系的系主任，2000—2006 年，为 MS&E 负责研究的副院长。他是多个院校和研究机构的访问科学家，例如新南威尔士大学、悉尼大学、Chalmers 大学(Gothenburg)、美国洛斯阿拉莫斯国家实验室、德国马普金属研究所(Stuttgart)、法国国家航天研究所(Paris)以及哈尔滨理工学院。

他与别人合著或编辑了 11 本教科书和会议论文集，发表了超过 220 篇期刊文章和 200 篇摘要/会议论文，并在 28 个国家的大学、会议和研究实验室做了 275 个邀请报告。

在许多的奖项中，他获得过美国电子显微学会的 Burton 奖章(1984)、美国微束分析学会(MAS)的 Heinrich 奖章(1988)、MAS 总统科学奖(1997)，并且是第一个 Duncumb 奖获得者(2007)，以表彰他在显微分析中的杰出成就。在 Lehigh 大学，他获得过 Robinson 奖(1979)和 Libsch 奖(1993)，并且是校庆日典礼的演讲人(1995)。他曾多次组织国内和国际电子显微学与分析会议，包括第二届国际 MAS 会议(2000)，是第 12 届国际电子显微学会议(1990)的共同主席。他曾是 *Acta Materialia*(2001—2007)和 *Journal of Microscopy*(1989—1995)等杂志的编辑、MAS 的主席(1991—1992)以及微束分析学会国际联合会的主席(1994—2000)。他还是矿物金属与材料学会(TMS)、美国材料学会(ASM)、英国材料学会(1985—1996)以及英国皇家显微镜学会等的会员。

C. Barry Carter

C. Barry Carter 在 2007 年 7 月成为 Connecticut 大学(Storrs)化学、材料与生物分子工程系的系主任。在这之前,他有 12 年(1979—1991)在 Cornell 大学的材料科学与工程(MS&E)系任职,有 16 年作为 3 M Heltzer Multidisciplinary 主任在 Minnesota 大学的化学工程与材料科学(CEMS)系工作。他分别于 1970 年、1974 年和 2001 年在剑桥大学获得学士、硕士及理学博士学位,在帝国理工学院(伦敦)获得理科硕士学位(1971)和 DIC,并从牛津大学获得哲学博士学位(1976)。之后在牛津大学其博士论文的指导老师 Peter Hirsch 组做博士后,1977 年,他转到 Cornell 大学,最初为博士后,然后依次晋升为助理教授(1979)、副教授(1983)和教授(1988),并负责电子显微镜设备(1987—1991)。在 Minnesota 大学,他是高分辨显微镜中心的创办董事,随后成为界面工程中心的副主任。他创建了一个综合表征设施,即在同一位置包含多种显微镜和衍射的装置。他是多个研究机构的访问学者,例如美国桑迪亚国家实验室、洛斯阿拉莫斯国家实验室以及 Xerox PARC,瑞典的 Chalmers 大学(Gothenburg),德国的马普金属研究所(Stuttgart)、Jülich 研究中心、Hannover 大学及 IFW(Dresden),法国的 ONERA(Chatillon),英国的 Bristol 大学和剑桥大学(Peterhouse),以及日本 NIMS 的 ICYS(Tsukuba)。

他与别人共同编著了两本书(另一本是与 Grant Norton 共同撰写的 *Ceramic Materials: Science & Engineering*),并共同编辑了 6 本会议文集,发表了超过 275 篇的期刊论文以及超过 400 篇的摘要/会议论文。自 1990 年起,他在多个大学、会议和研究实验室作了 120 多个邀请报告。在诸多奖项中,他获得过 Simon Guggenheim 奖(1985—1986)、Berndt Matthias 学者奖(1997/1998)以及 Alexander von Humboldt 高级奖(1997)。他组织过第 16 届固体反应国际研讨会(ISRS-16,2007),曾是 *Journal of Microscopy*(1995—1999)和 *Microscopy and Microanalysis*(2000—2004)等杂志的编辑以及 *Journal of Materials Science* 的主编(2004)。他是 1997 年 MSA 的主席、电子显微学会国际联盟执行委员会的委员(IFSEM,1999—2002)。他现在是显微学会国际联盟的秘书长(IFSM,2003—2010)。他也是美国陶瓷学会(1996)、英国皇家显微镜学会、美国材料研究学会和显微镜学会等的会员。

前　言

　　这本书与其他关于 TEM 的书有哪些不同呢？这本书有很多独特的优点，但是我们认为区别于其他这类书的最重要的一点是，这本书是一本真正的教材。这本书是写给高年级的本科生和刚刚开始学业的研究生看的，而不是专门供实验室的研究人员学习的。写这本书时所采用的风格和句子结构与无数课堂使用的讲义一致，而不同于那些正式的科学论文（读的人很少）。因此，我们故意没有给出每个实验事实或理论概念的出处（尽管我们在各章给出了一些提示和线索）。但是，在每章的末尾，我们给出了一些参考文献。当对你自己要寻找的东西更有信心的时候，它们可以引导你找到最好的参考文献，让你了解得更加深入。我们非常相信历史作为理解现在的基础价值，所以将这些技术的历史和重要的历史文献穿插在本书之中。不能仅仅因为一篇文献是上个世纪的（甚至上上个世纪的）就认为它对你没用！类似地，我们从材料科学、工程和纳米技术领域所引用的大量图片，并没有在说明文字中全部给出出处。但是在本书的文前，对于引用了其工作的每位慷慨同事我们都给予了清楚的致谢。

　　本书由 40 个相对短小的章节组成（一些由 Carter 写的章节例外！）。大部分章节的内容可包含在 50~70 分钟的课程中（特别是当你讲话和 Williams 一样快的时候）。另外，这四卷平装本（中文版为上下两册）可以很方便地拿到 TEM 控制台上使用，这样就可以把你看到的和你应该看到的做个对比。也许最重要的是，所有学这门课的学生都可以买得起便宜的平装版。因此我们希望你不必费劲地去理解那些从学长那里弄来的二手的黑白复印书中本该是彩色的复杂图片。我们故意在一些地方采用了彩色图片，而不是它们本来的样子（其实所有的电子信号都不是彩色的），书中有很多框形提示，提醒你注意重要的信息（绿色①）、易犯错误的警示（琥珀色②）以及危险的操作或常见错误（红色③）。

　　贯穿本书的方法我们试图回答如下两个基本问题：

　　我们为什么要使用特殊的 TEM 技术？

　　我们如何将这种技术应用到实践中？

---

① 中文版中用浅灰表示。

② 中文版中用中灰表示。

③ 中文版中用深灰表示。

在回答第一个问题时，我们试图在必要时建立一个坚实的理论基础，虽然并不总能给出所有细节。我们利用这些知识来回答第二个问题，包括用一般的方式解释操作细节，并给出很多说明性的插图。相反，其他 TEM 书籍不是太强调理论就是太注重描述现象（这些书常常包含 TEM 以外的其他内容）。本书协调了这两个极端，它覆盖了足够多的理论而显得比较严格，也不至于招致电子物理学家的愤怒，同时它还包含了充足的操作说明和实际例子，有助于材料工程师和纳米技术人员找到材料问题的答案，而不仅仅是提供花哨的图像、能谱以及衍射花样。我们不得不承认，为了达到这种协调，往往会忽视许多技术背后的物理和数学上大量的细节，但我们要强调的是，这本书的内容大体上是正确的（虽然有时并不是严格准确的！）。

这本书覆盖了 TEM 的整个领域，因而在书中不同程度地加入了目前不同种类的 TEM 的技术应用，并试图建立这些仪器诸多方面的一致看法。例如，并没有把传统 TEM 的宽束技术与分析型 TEM 的聚焦束技术分开，而是把它们像一个硬币的两个面那样对待。没有理由认为平行束 TEM 中的"传统"明场像（尽管是更成熟的技术）比聚焦束 STEM 中的环形暗场像更基础。会聚束、扫描束和选区电子衍射同样都是整个 TEM 电子衍射的一部分。

但是，在近 10 年，特别是本书第一版出版以来，TEM 的数量和相关技术有了很明显的增加，显微镜的实验能力变得更加成熟，仪器的电脑控制技术得到了惊人的提高，新的硬件设计和强大的软件开发使其得以处理由几乎完全电子化的设备所产生的大量数据。这个领域内信息的暴增与全球范围内对纳米世界的探索相一致，与仍在生效的摩尔定律也是一致的。在本书的第二版中我们不可能将这些新知识全部加进来，否则会把已经很厚的书变得更加令人望而生畏。在你试图掌握最新进展前，这本再版书可以教会你理解 TEM 的基础知识，这是很重要的。但是我们两人不可能全面理解所有的新技术，特别是，在职业生涯中我们还都身负一些更多的行政职责。因此我们说服了大约 20 个好朋友和同事一起帮我们写了一本配套教材（*TEM*: *a companion text*，Williams and Carter (Eds.) Springer 2010），在本书中我们会经常提到它。这本配套教材就像它自己说的那样——当本书的知识不够用时，它是一个值得咨询的朋友。这本配套教材并不一定更加高深，但是在提供最新的重要进展和复兴传统 TEM 技术方面，它肯定会更加详细。我们汲取了同事们的贡献，并用与本书类似的浅显易懂的方式将这本配套教材重新写了一遍。我们希望通过这种做法以及两本书的深入互引能够指引你走上成为透射电子显微学家的成功之路。

我们两个都有超过 35 年的 TEM 各方面的教学和研究经验。我们研究过不同的材料，包括金属、合金、陶瓷、半导体、玻璃、复合物、纳米和其他颗粒、原子尺度的平面界面以及其他晶体缺陷（但我们都未曾研究过聚合物和生物材料，这从本书中它们的相对缺失可以看出）。我们培训过一代（希望如此）熟练的电子显微学家，他们中的一些和我们一样，已成为电子显微学领域的教授和研究人员。这些学生代表了我们对所热爱的研究领域所做的贡献，我们为他们取得的成就感到自豪。我们也希望这些仍然相对年轻的人中的一些将来能够写本书的第三版。我们认为，他们会像我们一样，发现写这样一本书会极大地拓宽他们的知识，也会给他们带来很多快乐、挫折，以及长久的友谊。但愿你读本书时可以像我们写这本书那样能获得快乐，我们也希望它不会占用你太多的时间。最后，也希望你给我们寄来评论，正面的或者负面的都可。可以通过 e-mail 联系到我们：david. williams@ uah. edu 和 cbcarter@ engr. uconn. edu。

第二版序

这本书是进入原子结构世界和材料科学表征的一本很好的入门书，包含如何使用电子显微镜观察和测量原子结构的非常实用的说明。你将从中学到很多，甚至有可能希望在接下来的一生中继续学习（特别是如果某些问题花费了你很大的努力！）。

纳米科学是"下一次工业革命"吗？或许将会是能源、环境和纳米科学的某种结合。无论是什么，这种目前能够在原子水平控制材料合成的新方法将会是纳米科学很重要的一部分，包括从喷气发动机涡轮叶片的制造到催化剂、聚合物、陶瓷和半导体的制造。作为一个习题，计算一下如果飞机涡轮叶片温度可以升高 200 ℃，那么跨大西洋的机票价格将会降低多少？现在计算一下由于这种燃煤发电涡轮机温度的提高所导致的 CO_2 释放量的减少以及效率的提高（同样电量而煤炭的使用量减少）。或许你将成为发明这些迫切需要的东西的那个人！美国能源部网站上的重大挑战报告列出了奇异纳米材料在能源研究应用中的重大进展，包括燃料电池分离媒介，以及将来某一天仅使用太阳光就能电解水的光伏材料和纳米催化剂。除了这些功能和结构材料，我们现在也开始首次观察人为制造的原子结构，此时原子可以被单独处理，例如基于可能的量子点的量子计算机。"量子操控"已经实现，并且我们已经观察到了用于标记蛋白质的荧光纳米点。

为了找出所合成的新材料究竟是什么，以及这种材料质量如何（以改进合成方法），这些新的合成方法必须结合原子尺度的组成和结构分析。透射电子显微镜（TEM）已成为实现这一目的的完美工具。它现在可以给出材料的原子分辨图像及其缺陷，以及来自亚纳米区域的能谱和衍射花样。它所使用的场发射电子枪仍然是整个物理学中最亮的粒子源，因此在所有科学研究中，电子微区衍射能从最小体积的物质中给出最强的信号。对于 TEM 电子束探针，我们使用磁透镜（目前进行了球差校正），而相对于 X 射线和中子来说，产生这样的探针（即使非常有限的性能）也是非常困难的。或许最重要的是，结合并行探测，电子能量损失谱能提供无与伦比的空间分辨率（X 射线吸收光谱是不可能达到的，因为被吸收的 X 射线不存在了，而不是损失一部分能量并继续进入探测器）。

材料合成的重大进展得益于半导体工业半个世纪以来的研究。当我们尝试合成和制造其他材料时，对硅而言，目前已经变得很容易了。例如，现在可以使奇异的氧化物一层层堆叠以形成具有新的有用性质的人工晶体结构。但是这也源于材料表征技术方面惊人的进步和我们在原子尺度观察结构的能力。或许最好的例子是碳纳米管的发现，它最先是通过使用电子显微镜确认的。任何好奇和细心的电子显微学专家现在都能发现新的纳米结构，只要他们在原子尺度仔细观察。重要的一点是，如果这是在一台环境显微镜里观察，他或她将会知道如何制造这些纳米结构，因为使用这种"显微镜中的实验室"可以记录热力学条件。仅仅采用反复尝试的方法就已经发现了很多材料，这或许可以进一步和我们的电子显微镜结合。这是必需的，因为自然界中通常存在"太多的可能性"而无法在计算机上研究——可能结构的数量会随着不同种类原子数的增大而显著增大。

Richard Feynman 曾经说过，"如果在某种大灾难下，所有的科学知识都丢失掉了，只有一句话可以保存，那么传下去的那句以最少字符包含最多信息的话将是：物质由原子构成。"但是令人惊讶的是，物质由原子构成的这种肯定观点直到近代才发展起来，直至 1900 年，许多人（包括 Kelvin）仍然不相信，即使有 Avagadro 的工作及 Faraday 的电镀实验。Einstein 在 1905 年关于布朗运动的文章以及 Rutherford 的实验最终很具说服力。Muller 第一个观察到了原子（20 世纪 50 年代早期在他的场-离子显微镜中），而 20 年后 Albert Crewe 在芝加哥用他发明的场发射枪扫描透射电子显微镜（STEM）也观察到了原子。希腊原子论者首先提出一块岩石通过反复切割最终将得到不可分割的最小碎片，并且 Democritus 确实相信"除了真空和原子外不存在其他东西。其他一切都是主观的"。Marco Polo 也谈到中国人对眼镜的使用，但正是 van Leeuwenhoek（1632—1723）在 *Phil. Trans.* 的一系列文章中首次使用他大为改进的光学显微镜从而将微观世界带入整个科学界。Robert Hooke 在 1665 年的显微图片中勾画出了通过使用新的复式显微镜所看到的、包括多面体晶体的漂亮图像，而且他用加农炮弹堆叠的图像来解释这些面的角度。或许这是自希腊人之后物质的原子理论的第一次复苏。20 世纪 30 年代 Zernike 的相位板将相位衬度引入到此前无法看见的超薄生物"相位物体"，而这也是高分辨电子显微学相应理论的先驱。

对于材料科学领域的电子显微学家来说，由于电子显微镜的许多模式和探测器的持续快速发展，过去的 50 年是非常令人振奋的。从使我们能够理解晶体及其缺陷的 TEM 图像的 Bragg 衍射衬度和柱体近似的理论发展到应用于原子尺度成像的高分辨电子显微学理论，再到所有强大的分析模式的理论和相关探测器的理论，例如 X 射线、阴极射线荧光及能量损失光谱，我们都能看到稳定的发展。我们总是认为缺陷结构在大多数情况下能够调控性质——最普通的

(一级)相变都是从某些特定的位置开始的。在电子氧化物中,电荷密度的激发和缺陷的整个领域亟待应用电子显微镜来透彻理解。例如,陶瓷的相变韧化理论是 TEM 观察和理论结合的一个完美的例子,同样的例子还有合金析出硬化或者半导体晶体生长的早期阶段。在相变过程中研究缺陷的漫散射随温度的函数关系仍处在初级阶段,虽然我们具有比 X 射线方法强得多的信号。通过定量会聚束电子衍射,器件中纳米尺度的应变场的成像得到了及时发展,以解决半导体路线图上所列出的问题(你的笔记本的速度取决于应变诱导的迁移率增强)。在生物学中,TEM 数据定量化更被重视,我们已经进行了很多大的蛋白质的三维图像重构工作,包括核糖体(根据 DNA 指令合成蛋白质的工厂)。这些工作应该成为材料科学界持续追求更好的数据定量化的模式。

像所有最好的教材一样,这本教材也是从讲稿中整理出来的,经过很多年和很多代学生的试用纠错。作者们从许多深奥的理论文章和大量文献中提取精髓,使用最简单、最清晰的方式(使用很多例子)来解释现代透射电子显微学最重要的概念和实例。这是对该领域和教学世界的巨大贡献。愿你的爱好从原子开始!

J. C. Spence
物理学终身教授
亚利桑那州立大学和劳伦斯伯克利国家实验室

第 一 版 序

通过在原子尺度对加工处理-结构-性质的关联的研究，电子显微学使得人们对材料的理解发生了革命性的变化。如今我们甚至可以调整材料的微观结构（或介观结构）从而得到一些特殊的性质。现代透射电子显微镜——TEM——由于其非同寻常的功能，可以给出几乎所有结构、相和晶体学信息，从而使我们能够获得如此之功绩。因此，显而易见，现代材料教育领域的课程都会适当加入电子显微学的相关知识。使用合适的教材对将要从事电镜操作和量化分析的学生以及研究人员进行指导和帮助也是十分必要的。

全书包含40章，由 Barry Carter 和 David Williams（和我们当中的很多人一样，他们都在剑桥和牛津接受过很好的电子显微学教育）编著，这正好满足了人们对电子显微学教材的需求。如果你想从电镜样品制备（最终限制）或者仪器构造方面着手学习电子显微学；或者你想知道如何正确使用 TEM 以得到图像、衍射和能谱——都可以从本书中找到答案！据我所知，本书是目前唯一一本涵盖 TEM 领域过去 30~40 年的所有显著进展的完整著作。本书的时间安排恰到好处，而且我个人非常激动的是，我们所做的部分工作也囊括在这些进展中——对材料科学有重大影响的进展。

实际上，电子显微学领域之外的很多人会认为 TEM 只是用于摄取一些漂亮的图片作为参考而已，那么请停下来浏览本书，从中可以知道，电镜工作者为了做出很好的工作，需要掌握以下诸多超乎寻常的知识：晶体学、衍射、图像衬度、非弹性散射以及能谱学。请记住，这些在过去都有其各自的研究领域。如今，要想解决重要的材料科学问题，一个人必须对上述各个领域都有基本的了解。TEM 是一种可以达到原子极限的表征材料的技术手段。对于 TEM 的使用以及结果的解释需要慎之又慎，很多情况下会涉及不同领域的许多专家。当然，电子显微学是基于物理学的，因此有抱负的材料科学家不仅需要掌握诸如固体物理、晶体学以及晶体缺陷等方面的知识，而且还要对材料科学有基本的理解，否则，怎么能够让 TEM 在材料分析中最大限度地发挥其作用？

对 TEM 已说了不少。这部优秀的新著无疑填补了一块空白。对研究与物性相关的结构（尤其是缺陷）感兴趣的科研工作者和研究生而言，本书提供了坚实的基础知识。甚至现在希望本科生也能够了解一些电子显微学的基础知识，而本书或者其中合适的部分可以作为材料科学与工程专业的本科生的教程。

　　本书的作者们应该为他们出色地完成如此大量的工作而感到自豪。

G. Thomas

加利福尼亚大学，伯克利

致　谢

我们花了 20 多年来构思和撰写本书以及之前的第一版，而这些努力无法通过我们自己独立完成。首先感谢我们尊敬的妻子和儿女们：Margie、Matthew、Bryn 和 Stephen，以及 Bryony、Ben、Adam 和 Emily。我们的家人忍受了我们长时间不在家的压力（以及偶尔在家的压力）。本书的出版得到了第一版的编辑 Amelia McNamara（最初在 Plenum 出版社，而后在 Kluwer 和 Springer）的鼓励、建议和坚持。

在我们所尊敬的大学里与许多非常有才华的同事、博士后和研究生一起工作，我们感到很幸运，他们教给我们很多，对两个版本中的很多内容也做出了很重要的贡献。我们想直接感谢这些同事中的一部分：Dave Ackland、Faisal Alamgir、Arzu Altay、Ian Anderson、Ilke Arslan、Joysurya Basu、Steve Baumann、Charlie Betz、John Bruley、Derrick Carpenter、Helen Chan、Steve Claves、Dov Cohen、Ray Coles、Vinayak Dravid、Alwyn Eades、Shelley Gillis、Jeff Farrer、Joe Goldstein、Pradyumna Gupta、Brian Hebert、Jason Hefflefinger、John Hunt、Yasuo Ito、Matt Johnson、Vicki Keast、Chris Kiely、Paul Kotula、Chunfei Li、Ron Liu、Charlie Lyman、Mike Mallamaci、Stuart McKernan、Joe Michael、Julia Nowak、Grant Norton、Adam Papworth、Chris Perrey、Sundar Ramamurthy、René Rasmussen、Ravi Ravishankar、Kathy Repa、Kathy Reuter、Al Romig、Jag Sankar、David A. Smith、Kamal Soni、Changmo Sung、Caroline Swanson、Ken Vecchio、Masashi Watanabe、Jonathan Winterstein、Janet Wood 以及 Mike Zemyan。

此外，在电子显微学和分析领域的许多其他同事和朋友对本书也有很大的帮助（甚至他们自己都未曾意识到）。他们是：Ron Anderson、Raghavan Ayer、Jim Bentley、Gracie Burke、Jeff Campbell、Graham Cliff、David Cockayne、Peter Doig、Chuck Fiori、Peter Goodhew、Brendan Griffin、Ron Gronsky、Peter Hawkes、Tom Huber、Gilles Hug、David Joy、Mike Kersker、Roar Kilaas、Sasha Krajnikov、Riccardo Levi-Setti、Gordon Lorimer、Harald Müllejans、Dale Newbury、Mike O'Keefe、Peter Rez、Manfred Rühle、John-Henry Scott、John Steeds、Peter Swann、Gareth Thomas、Patrick Veyssière、Peter Williams、Nestor Zaluzec 及 Elmar Zeitler。这些（和其他）同事中很多人提供了部分图片，我们在书中单独给出了致谢。

我们的电子显微学研究得到了多个联邦机构的资金支持；没有这些支持，用于支撑本书内容的任何研究将无法完成。特别是，David B. Williams 希望感谢国家科学基金会材料研究部 30 多年来的持续支持，以及 NASA 地球科学部（与 Joe Goldstein）和能源部基础能源科学部（与 Mike Notis 和 Himanshu Jain），Pittsburgh 的 Bettis 实验室和 Albuquerque 的 Sandia 国家实验室。该版最后完成于 Alabama 大学（Huntsville），而两个版本均是 David B. Williams 在 Lehigh 大学先进材料和纳米科技中心的时候撰写的，该中心有著名的电子显微镜实验室。两个版本的部分内容是 David B. Williams 在休假或在不同的电子显微镜实验室访问的时候与合作者一起写的，如 Chalmers 大学（Göteborg）的 Gordon Dunlop 和 Hans Nordén、马普金属研究所（Stuttgart）的 Manfred Rühle、洛斯阿拉莫斯国家实验室的 Terry Mitchell、Dartmouth 学院 Thayer 工程学院的 Erland Schulson，以及悉尼大学电子显微镜中心的 Simon Ringer。C. Barry Carter 希望感谢能源部基础能源科学部、国家科学基金会材料研究部、Minnesota 大学界面工程中心、Cornell 大学材料科学中心，以及橡树岭国家实验室的 SHaRE 计划。第一版始于 C. Barry Carter 在 Cornell 大学材料科学与工程系任职期间。本版开始于 Minnesota 大学化学工程与材料科学系（这也是第一版完成的地方），完成于 C. Barry Carter 在 Connecticut 大学的时候。第二版的部分内容是 C. Barry Carter 在休假的时候与合作者一起完成的，如 Chalmers 大学的 Eva Olssen（也感谢 Chalmers 大学的 Anders Tholen）、Tsukuba 的 NIMS 的 Yoshio Bando（也感谢 NIMS 的 Dmitri Golberg 和 Kazuo Furuya，以及 Tokyo 大学的 Yuichi Ikuhara），以及剑桥大学的 Paul Midgley。C. Barry Carter 也要感谢 Peterhouse 的主人和会员在最后一段时期的款待。

C. Barry Carter 也要感谢 Ernst Ruska 中心的团队多次慷慨的招待（特别要感谢 Knut Urban、Markus Lenzen、Andreas Thust、Martina Luysberg、Karsten Tillmann、Chunlin Jia 和 Lothar Houben）。

尽管我们的共同科学起点开始于剑桥大学 Christ 学院的本科生阶段，但我们从不同的电子显微学家那里学到了很多：在剑桥大学 David B. Williams 师从于 Jeff Edington，在牛津大学 C. Barry Carter 师从于 Peter Hirsch 和 Mike Whelan。无须奇怪，由这些著名的电子显微学家撰写的书会在本书中多次引用。他们极大地影响了我们对于 TEM 的认识，改变了我们对整个学科的观点、符号表示以及方法的诸多偏见。

缩略词表

TEM 领域存在很多缩写(由首字母组成),这些缩写代表简单或复杂的意思。其中有些缩写代表了其创造者最初的思想(比如 ALCHEMI),它使得词语更加易懂并且有效缩短了著作的长度。读者在步入电子显微学领域之前最好先掌握这些缩略词,因此我们提供了一份你应熟记的缩略词列表。

ACF	absorption-correction factor	吸收校正因子
ACT	automated crystallography for TEM	TEM 自动化晶体学
A/D	analog to digital (converter)	模拟/数字(转换)
ADF	annular dark field	环形暗场
AEM	analytical electron microscope/microscopy	分析型电子显微镜
AES	Auger electron spectrometer/spectroscopy	俄歇电子谱
AFF	aberration-free focus	无像差聚焦
AFM	atomic force microscope/microscopy	原子力显微镜
ALCHEMI	atom location by channeling-enhanced micro-analysis	原子位置的通道增强微分析法
ANL	Argonne National Laboratory	阿贡国家实验室(美国)
APB	anti-phase domain boundary	反相畴界
APFIM	atom-probe field ion microscope/ microscopy	原子-探针场离子显微镜
APW	augmented plane wave	缀加平面波
ASW	augmented spherical wave	缀加球面波
ATW	atmospheric thin window	常压薄窗
BF	bright field	明场
BFP	back-focal plane	后焦面
BSE	backscattered electron	背散射电子
BZB	Brillouin-zone boundary	布里渊区边界
C1, 2	condenser 1, 2, etc. lens	第 1、2 会聚透镜
CASTEP	electronic-potential calculation software	电子势计算软件

CAT	computerized axial tomography	计算机化轴向断层三维成像法
CB	coherent bremsstrahlung	相干轫致辐射
CBED	convergent-beam electron diffraction	会聚束电子衍射
CBIM	convergent beam imaging	会聚束成像
CCD	charge-coupled device	电荷耦合器件
CCF	cross-correlation function	互相关函数
CCM	charge-collection microscopy	电荷收集显微术
CDF	centered dark field	中心暗场
CF	coherent Fresnel/Foucault	相干菲涅耳/傅科
CFE	cold field emission	冷场发射
CL	cathodoluminescence	阴极发光
cps	counts per second	每秒计数
CRT	cathode-ray tube	阴极射线管
CS	crystallographic shear	晶体学切变
CSL	coincident-site lattice	重位点阵
CVD	chemical vapor deposition	化学气相沉积
DADF	displaced-aperture dark field	位移光阑暗场
DDF	diffuse dark field	漫散射暗场
DF	dark field	暗场
DFT	density-functional theory	密度泛函理论
DOS	density of states	态密度
DP	diffraction pattern	衍射花样
DQE	detection quantum efficiency	量子探测效率
DSTEM	dedicated scanning transmission electron microscope/microscopy	专用扫描透射电子显微镜
DTSA	desktop spectrum analyzer	台式能谱分析仪
EBIC	electron beam-induced current/conductivity	电子束诱导电流/导电率
EBSD	electron-backscatter diffraction	电子背散射衍射
EELS	electron energy-loss spectrometer/spectrometry	电子能量损失谱
EFI	energy-filtered imaging	能量过滤像

EFTEM	energy-filtered transmission electron microscope	能量过滤透射电子显微学
ELNES	energy-loss near-edge structure	能量损失近边结构
ELP™	energy-loss program（Gatan）	能量损失分析程序（Gatan）
EMMA	electron microscope microanalyzer	电子显微镜微分析仪
EMS	electron microscopy image simulation	电子显微学图像模拟
（E）MSA	（Electron）Microscopy Society of America	美国（电子）显微学会
EPMA	electron-probe microanalyzer	电子−探针微分析仪
ESCA	electron spectroscopy for chemical analysis	化学分析电子能谱
ESI	electron-spectroscopic imaging	电子能谱成像
EXAFS	extended X-ray-absorption fine structure	扩展 X 射线吸收精细结构
EXELFS	extended energy-loss fine structure	扩展能量损失精细结构
FEFF	ab-initio multiple-scattering software	从头开始的多重散射计算软件
FEG	field-emission gun	场发射枪
FET	field-effect transistor	场效应晶体管
FFP	front-focal plane	前焦面
FFT	fast Fourier transform	快速傅里叶变换
FIB	focused ion beam	聚焦离子束
FLAPW	full-potential linearized augmented plane wave	全势线性缀加平面波
FOLZ	first-order Laue zone	一阶劳厄区
FTP	file-transfer protocol	文件传输协议
FWHM	full width at half maximum	半高宽
FWTM	full width at tenth maximum	十分之一高宽
GB	grain boundary	晶界
GIF	Gatan image filter™	Gatan 图像过滤器
GIGO	garbage in garbage out	无用输入无用输出
GOS	generalized oscillator strength	广义振荡强度

HAADF	high-angle annular dark field	高角环形暗场
HOLZ	higher-order Laue zone	高阶劳厄区
HPGe	high-purity germanium	高杂质含量的锗
HREELS	high-resolution electron energy-loss spectrometer/spectrometry	高分辨电子能量损失谱仪
HRTEM	high-resolution transmission electron microscope/microscopy	高分辨透射电子显微镜
HV	high vacuum	高真空
HVEM	high-voltage electron microscope/microscopy	高压电子显微镜
ICC	incomplete charge collection	不完全电荷收集
ICDD	International Center for Diffraction Data	国际衍射数据中心
ID	identification (of peaks in spectrum)	识别（能谱中的峰）
IDB	inversion domain boundary	反转畴界
IEEE	International Electronics and Electrical Engineering	国际电子学与电子工程
IG	intrinsic Ge	本征锗
IVEM	intermediate-voltage electron microscope/microscopy	中等电压电子显微镜
K-M	Kossel-Möllenstedt	
LACBED	large-angle convergent-beam electron diffraction	大角会聚束电子衍射
LCAO	linear combination of atomic orbitals	原子轨道的线性组合
LCD	liquid-crystal display	液晶显示器
LDA	local-density approximation	局域密度近似
LEED	low-energy electron diffraction	低能电子衍射
LKKR	layered Korringa-Kohn-Rostoker	层状 Korringa-Kohn-Rostoker 方法
MAS	Microbeam Analysis Society	微束分析学会
MBE	molecular-beam epitaxy	分子束外延
MC	minimum contrast	最小衬度
MCA	multichannel analyzer	多通道分析仪

MDM	minimum detectable mass	最小可探测质量
MLS	multiple least-squares	多次最小二乘法
MMF	minimum mass fraction	最小质量分数
MO	molecular orbital	分子轨道
MRS	Materials Research Society	材料研究学会
MS	multiple scattering	多次散射
MSA	multivariate statistical analysis	多变量统计分析
MSDS	material safety data sheets	材料安全数据表
MT	muffin tin	糕模型
MV	megavolt	兆伏

NCEMSS	National Center for Electron Microscopy simulation system	国家电子显微镜中心模拟系统
NIH	National Institutes of Health	国家卫生研究院
NIST	National Institute of Standards and Technology	国家标准及技术协会
NPL	National Physical Laboratory	国家物理实验室

| OIM | orientation-imaging microscopy | 取向−成像显微术 |
| OR | orientation relationship | 取向关系 |

PARODI	parallel recording of dark-field images	暗场像的并行记录
PB	phase boundary	相界
P/B	peak-to-background ratio	峰背比
PEELS	parallel electron energy-loss spectrometer/spectrometry	并行电子能量损失谱/仪
PIPS	Precision Ion-Polishing System™	精确离子薄化仪
PIXE	proton-induced X-ray emission	质子诱导 X 射线发射
PM	photomultiplier	光电倍增器
POA	phase-object approximation	相位−物体近似
ppb/m	parts per billion/million	十亿/百万分之几
PDA	photo-diode array	光电二极管阵列
PSF	point-spread function	点扩散函数
PTS	position-tagged spectrometry	位置标记光谱学

QHRTEM	quantitative high-resolution transmission electron microscopy	定量高分辨透射电子显微学
RB	translation boundary (yes, it does!)	平移边界
RDF	radial distribution function	径向分布函数
REM	reflection electron microscope/microscopy	反射电子显微镜/术
RHEED	reflection high-energy electron diffraction	反射高能电子衍射
SACT	small-angle cleaving technique	小角解理技术(花样)
SAD(P)	selected-area diffraction (pattern)	选区电子衍射
SCF	self-consistent field	自洽场
SDD	silicon-drift detector	硅漂移探测器
SE	secondary electron	二次电子
SEELS	serial electron energy-loss spectrometer/spectrometry	串行电子能量损失谱
SEM	scanning electron microscope/microscopy	扫描电子显微镜
SESAMe	sub-eV sub-Å microscope	亚电子伏亚埃电子显微镜
SF	stacking fault	层错
SHRLI	simulated high-resolution lattice images	高分辨晶格模拟像
SI	spectrum imaging	能谱成像
SI	Système Internationale	国际体系
SIGMAK	K-edge quantification software	K边定量分析软件
SIGMAL	L-edge quantification software	L边定量分析软件
SIMS	secondary-ion mass spectrometry	二次离子质谱仪
S/N	signal-to-noise ratio	信噪比
SOLZ	second-order Laue zone	二阶劳厄区
SRM	standard reference material	标准参考材料
STEM	scanning transmission electron microscope/microscopy	扫描透射电子显微镜
STM	scanning tunneling microscope/microscopy	扫描隧道显微镜
TB	twin boundary	孪晶界
TEM	transmission electron microscope/microscopy	透射电子显微镜
TFE	thermal field emission	热场发射

TMBA	too many bloody acronyms	太多可恶的首字母缩写
UHV	ultrahigh vacuum	超高真空
URL	uniform resource locator	统一资源定位符
UTW	ultra-thin window	超薄窗
V/F	voltage to frequency（converter）	电压−频率（转换）
VLM	visible-light microscope/microscopy	可见光显微镜
VUV	vacuum ultraviolet	真空紫外
WB	weak beam	弱束
WBDF	weak-beam dark field	弱束暗场
WDS	wavelength-dispersive spectrometer/spectrometry	波长色散谱仪
WP	whole pattern	全图
WPOA	weak-phase object approximation	弱相位物体近似
WWW	World Wide Web	万维网
XANES	X-ray absorption near-edge structure	X 射线吸收近边结构
XEDS	X-ray energy-dispersive spectrometer/spectrometry	X 射线能量色散谱/仪
XPS	X-ray photoelectron spectrometer/spectrometry	X 射线光电子谱/仪
XRD/F	X-ray diffraction/fluorescence	X 射线衍射/荧光
YAG	yttrium-aluminum garnet	钇铝石榴石
YBCO	yttrium-barium-copper oxide	钇钡铜氧化合物
YSZ	yttria-stabilized zirconia	钇稳定氧化锆
ZAF	atomic number/absorption/fluorescence correction	原子序数/吸收/荧光校正
ZAP	zone-axis pattern	正带轴花样
ZLP	zero-loss peak	零损失峰
ZOLZ	zero-order Laue zone	零阶劳厄区

符 号 表

本书中包含大量符号。由于希腊字母以及作者本身的一些局限性，虽然一直尽可能避免，但还是存在同一个字母代表不同意思的情况，希望读者注意，以免引起混淆。愿下表能为读者提供帮助。

a	interatomic spacing	原子间距
a	relative transition probability	相对跃迁几率
a	width of diffraction disk	衍射盘宽度
a_0	Bohr radius	玻尔半径
a_0	lattice parameter	晶格常数
$\mathbf{a}$, $\mathbf{b}$, $\mathbf{c}$	lattice vectors	晶格矢量
$\mathbf{a}^*$, $\mathbf{b}^*$, $\mathbf{c}^*$	reciprocal-lattice vectors	倒易空间晶格矢量
A	absorption-correction factor	吸收校正因子
A	active area of X-ray detector	X 射线探测器有效面积
A_0	amplitude	振幅
A	amplitude of scattered beam	散射束振幅
A	amperes	安培
A	atomic weight	原子质量
A	Richardson's constant	Richardson 常数
Å	Angstrom	埃
$\mathscr{A}$	Bloch wave amplitude	布洛赫波振幅
$A(\mathbf{u})$	aperture function	光阑函数
A, B	fitting parameter for energy-loss background subtraction	能量损失背底扣除的拟合参数
b	beam-broadening parameter	束展宽参数
b	separation of diffraction disks	衍射盘的分离
$\mathbf{b}_e$	edge component of the Burgers vector	伯格斯矢量边缘分量
$\mathbf{b}_p$	Burgers vector of partial dislocation	不全位错的伯格斯矢量
$\mathbf{b}_T$	Burgers vector of total dislocation	全位错的伯格斯矢量
$\mathbf{B}$	beam direction	电子束方向

$\mathbf{B}$	magnetic field strength	磁场强度
B	background intensity	背底强度
$B(\mathbf{u})$	aberration function	像差函数
c	centi	百分之一
c	velocity of light	光速
C	composition	组分
C	contrast	衬度
C	coulomb	库仑
C_a	astigmatism-aberration coefficient	像差系数
C_c	chromatic-aberration coefficient	色差系数
$C_\mathbf{g}$	$\mathbf{g}$ component of Bloch wave	布洛赫波的 $\mathbf{g}$ 分量
C_s	spherical-aberration coefficient	球差系数
C_X	fraction of X atoms on specific sites	特定占位处 X 原子的百分比
C_0	amplitude of direct beam	透射束振幅
C_ε	combination of the elastic constants	弹性常量组合
$(C_s\lambda)^{1/2}$	scherzer	
$(C_s\lambda^3)^{1/4}$	glaser	
c/o	condenser /objective	会聚镜/物镜
d	beam (probe) diameter	束斑(探针)直径
d	diameter of spectrometer entrance aperture	能谱仪入口光阑直径
d	interplanar spacing	面间距
d	spacing of moire fringes	莫尔条纹间距
d_c	effective source size	有效光源尺寸
d_d	diffraction-limited beam diameter	衍射限制的束斑直径
d_{eff}	effective entrance-aperture diameter at recording plane	接收平面处有效入口光阑直径
d_g	Gaussian beam diameter	高斯光束直径
d_{hkl}	hkl interplanar spacing	hkl 晶面间距
d_i	image distance	像距
d_{im}	smallest resolvable image distance	最小可分辨像距
d_o	object distance	物距

d_{ob}	smallest resolvable object distance	最小可分辨物距
d_s	spherical-aberration limited beam diameter	球差限制的束斑直径
d_t	total beam diameter	总束斑直径
dz	thickness of a diffracting slice	衍射切片厚度
$d\sigma/d\Omega$	differential cross section of one atom	单原子微分散射截面
D	aperture diameter	光阑直径
D	change in focus	焦距变化
D	dimension (as in 1D, 2D⋯)	维度(比如一维、二维……)
D	distance from projector crossover to recording plane	投影镜交叉点到记录平面距离
D	electron dose	电子剂量
D_A	distance from beam crossover to spectrometer entrance aperture	电子束交叉点到谱仪入口光阑的距离
D_{im}	depth of focus	焦深
D_{ob}	depth of field	景深
D_1, D_2	tie-line point on dispersion surfaces in presence of defect	存在缺陷时色散面上的连线点
e	charge on the electron	电子所带电荷
E	energy	能量
$\mathbf{E}$	electric-field strength	电场强度
E	Young's modulus	杨氏模量
E	total energy	总能量
$Œ$	energy loss	能量损失
E_a	spatial-coherence envelope	空间相干包络
E_c	chromatic-coherence envelope	能量相干包络
E_c	critical ionization energy	临界电离能
E_d	displacement energy	位移能
E_F	Fermi energy/level	费米能/能级
$E_{h/l}$	high/low energy for background-subtraction window	高/低能扣除背底窗口
$E_{K/L/M}$	ionization energy for K/L/M-shell electron	K/L/M 壳层电子的电离能

$E_{\text{K/L/M}}$	energy of K/L/M X-ray	K/L/M X 射线能量
$\mathcal{E}_m$	average energy loss	平均能量损失
E_P	plasmon energy	等离子体能量
E_P	plasmon energy loss	等离子体能量损失
E_s	sputtering-threshold energy	溅射阈值能量
E_t	threshold energy	阈值能量
E_0	beam energy	电子束能量
$E(\mathbf{u})$	envelope function	包络函数
$E_c(\mathbf{u})$	envelope function for chromatic aberration	色差包络函数
$E_d(\mathbf{u})$	envelope function for specimen drift	样品漂移包络函数
$E_D(\mathbf{u})$	envelope function for the detector	探测器包络函数
$E_s(\mathbf{u})$	envelope function for the source	电子枪包络函数
$E_v(\mathbf{u})$	envelope function for specimen vibration	样品振动包络函数
f	focal length	焦距
$f(\mathbf{r})$	strength of object at point (x, y)	点 (x, y) 处的物强度
$f(\theta)$	atomic-scattering factor	原子散射因子
$f(\mathbf{k})$	atomic-scattering amplitude	原子散射振幅
f_x	scattering factor for X-rays	X 射线散射因子
$f_i(x)$	residual of least-squares fit	最小二乘法拟合残差
F	Fano factor	Fano 因子
F	fluorescence-correction factor	荧光校正因子
$\mathbf{F}$	Lorentz force	洛伦兹力
F	relativistic-correction factor	相对校正因子
F	Fourier transform	傅里叶变换
F'	Fourier transform of edge intensity	边缘强度的傅里叶变换
F_B	fraction of alloying element B	合金元素 B 的百分比
F_g	special value of $F(\theta)$ when θ is the Bragg angle	θ 为布拉格角时 $F(\theta)$ 的特定值
$F(P)$	Fourier transform of plasmon intensity	等离子强度的傅里叶变换
$F(\mathbf{u})$	Fourier transform of $f(\mathbf{r})$	$f(\mathbf{r})$ 的傅里叶变换
$F(0)$	Fourier transform of elastic intensity	弹性强度的傅里叶变换
$F(1)$	Fourier transform of single-scattering	单次散射强度的傅里叶

	intensity	变换
$F(\theta)$	structure factor	结构因子
$\mathbf{g}/\overline{\mathbf{g}}$	diffraction vector (magnitude of +/−$\mathbf{K}$ at the Bragg angle)	衍射矢量(在布拉格角时 +/−$\mathbf{K}$ 的强度)
$\mathbf{g}_{hkl}$	diffraction vector for hkl plane	hkl 平面的衍射矢量
g	gram	克
$g(\mathbf{r})$	intensity of image at point (x, y)	点(x, y)处的图像强度
G	Bragg reflection	布拉格反射
G	radius of a HOLZ ring	高阶劳厄环的半径
G	giga	千兆
$G(\mathbf{u})$	Fourier transform of $g(\mathbf{r})$	$g(\mathbf{r})$的傅里叶变换
Gy	gray (radiation unit)	戈(辐射单位)
h	Planck's constant	普朗克常量
h	distance from specimen to the aperture	样品到光阑的距离
$h(\mathbf{r})$	contrast-transfer function	衬度传递函数
(hkl)	Miller indices of a crystal plane	晶面的米勒指数
hkl	indices of diffraction spots from hkl plane	hkl 晶面对应衍射点的 指数
H	spacing of the reciprocal-lattice planes parallel to beam	平行于电子束的倒易空间 晶面间距
$H(\mathbf{u})$	Fourier transform of $h(\mathbf{r})$	$h(\mathbf{r})$的傅里叶变换
i	beam current	电子束电流
i	imaginary number	虚数
i	number of atoms in unit cell	晶胞内的原子数
I	intensity	强度
I	intrinsic line width of the XEDS detector	XEDS 探测器的固有线宽
i_e	emission current	发射电流
i_f	filament-heating current	灯丝加热电流
I_g	intensity in the diffracted beam	衍射束强度
$I_{K/L/M}$	K/L/M-shell intensity above	背底之上 K/L/M 壳层

	background	强度
$I(\mathbf{k})$	kinematical intensity	运动学强度
$I(1)$	single-scattering intensity	单次散射强度
I_P	intensity in the first plasmon peak	第一等离子峰强度
I_T	total transmitted intensity	总透射强度
I_0	intensity in the zero-loss peak	零损失峰强度
I_0	intensity in the direct beam	透射束强度
$I(t)$	low-loss spectrum intensity	低能损失谱强度
J	current density	电流密度
J	joule	焦耳
J	sum of spin and angular quantum numbers	自旋量子数与角量子数之和
k	magnitude of the wave vector	波矢大小
k	Boltzmann's constant	玻尔兹曼常量
k	kilo	千
$\mathbf{k}_I$	$\mathbf{k}$-vector of the incident wave	入射波 $\mathbf{k}$ 矢量
$\mathbf{k}_D$	$\mathbf{k}$-vector of the diffracted wave	衍射波 $\mathbf{k}$ 矢量
k_{AB}	Cliff-Lorimer factor/sensitivity factor	Cliff-Lorimer 因子/灵敏度因子
K	bulk modulus	体弹性模量
K	Kelvin	开尔文
K	Kramers' constant	Kramers 常数
K	sensitivity factor	灵敏度因子
K/L/M	inner-shell/characteristic X-ray/ionization edge	内壳层/特征 X 射线/电离边
$\mathbf{K}$	change in $\mathbf{k}$ due to diffraction	衍射引起的 $\mathbf{k}$ 的变化
$\mathbf{K}_B$	magnitude of $\mathbf{K}$ at the Bragg angle	在布拉格角时的 $\mathbf{K}$ 的大小
K_o	kernel	内核
l	angular quantum number	角量子数
L	camera length	相机常数
L	lattice spacing in beam direction	沿电子束方向的晶格间距
L	length of magnetic field	磁场强度

L_0	length of magnetic field along optic axis	轴向磁场长度
L	path difference	路径差
L	width of composition line-profile	成分线分布宽度
m	meters	米
m	milli	毫/千分之一
m	mirror plane	镜面
m	number of focal increments	焦距递增数
m_0	rest mass of the electron	电子静止质量
M	magnification	放大倍数
M	mega	百万
M_A	angular magnification	角放大倍数
M_T	transverse magnification	横向放大倍数
M_1, M_2	tie-line points on dispersion surfaces	色散面上的连线点
n	integer	整数
n	free-electron density	自由电子密度
n	number of counts	计数
n	number of scattered electrons	散射电子数
n_0	number of incident electrons	入射电子数
n	nano	纳
n	principal quantum number	主量子数
$\mathbf{n}$	vector normal to the surface	面法向矢量
n_s	number of electrons in the ionized sub-shell	电离次壳层电子数
N	$h+k+l$	
N	newton	牛顿
N	noise	噪声
N	number of counts in ionization edge	电离边计数
N	number of atoms/unit area	原子数/单位面积
N_V	number of atoms/unit volume	原子数/单位体积
$N(E)$	number of bremsstrahlung photons of energy E	能量为 E 的轫致辐射光子数
N_0	Avogadro's number	阿伏伽德罗常量

O	direct beam	透射束
p	integer	整数
$\mathbf{p}$	momentum	动量
p	pico	皮
P	probability of scattering	散射概率
P	peak intensity	峰强
P	FWHM of a randomized electronic-pulse generator	随机电子脉冲产生器的半高宽
Pa	pascal	帕斯卡
$P_{K/L/M}$	probability of $K/L/M$-shell ionization	$K/L/M$ 壳层的电离概率
$P(z)$	scattering matrix for a slice of thickness z	厚度为 z 切片的散射矩阵
q	charge	电荷
Q	cross section	截面
r	radius	半径
r	distance a wave propagates	波传播距离
r	distance between contamination spots	污染点之间的距离
r	minimum resolvable distance/resolution	最小可分辨距离/分辨率
r	power term to fit background in EEL spectrum	EELS 谱中用于背底拟合的幂指数
r_M	image-translation distance	图像平移距离
$\mathbf{r}_n$	lattice vector	晶格矢量
$\mathbf{r}^*$	reciprocal-lattice vector	倒易空间晶格矢量
r_{ast}	radius of astigmatism disk	像散盘半径
r_{chr}	radius of chromatic-aberration disk	色差盘半径
r_{sph}	radius of spherical-aberration disk	球差盘半径
r_{min}	minimum disk radius	最小盘半径
r_{th}	theoretical disk radius	理论盘半径
$\mathbf{r}'_n$	lattice vector in strained crystal	应变晶体内的晶格矢量
r_0	maximum radius of DP in focal plane	能谱仪焦面上衍射花样的

	of spectrometer	最大半径
R	ALCHEMI intensity ratio	ALCHEMI 强度比
R	count rate	计数率
$\mathbf{R}$	crystal-lattice vector	晶体晶格矢量
R	distance on screen between diffraction spots	屏幕上衍射点之间的距离
R	radius of curvature of EEL spectrometer	EELS 谱仪的曲率半径
R	resolution of XEDS detector	XEDS 探测器分辨率
R	spatial resolution	空间分辨率
R	reduction in partial cross section with increasing α	随着 α 的增加，部分散射截面的减小量
R_{MAX}	diameter of beam emerging from specimen	透过样品后的束斑直径
$\mathbf{R}_{\mathrm{n}}$	lattice-displacement vector	晶格位移矢量
$\mathbf{R}(\mathbf{r})$	displacement	位移
$\mathbf{s}$	excitation error/deviation parameter	偏离参量
s	second	秒
s	spin quantum number	自旋量子数
$\mathbf{s}_{\mathrm{R}}$	excitation error due to defect	缺陷引起的偏离参量
$\mathbf{s}_{\mathrm{z}}(\mathbf{s}_{\mathrm{g}})$	excitation error	偏离参量
s_{eff}	effective excitation error	有效偏离参量
S	distance from specimen to detector	样品到探测器的距离
S	signal	信号
S	standard deviation for n measurements	n 次测量的标准偏差
sr	steradians	球面度
$\mathbf{t}$	shift vector between the ZOLZ and HOLZ	零阶和高阶劳厄线之间的位移矢量
t	student (t) distribution	学生(t)分布
t	thickness	厚度
t'	absorption path length	吸收路径长度
t_{0}	thickness at zero tilt	无倾斜时样品厚度
T	absolute temperature	绝对温度

T	tesla	特斯拉
T_c	period of rotation	旋转周期
$T(\mathbf{u})$	objective-lens transfer function	物镜传递函数
$T_{\text{eff}}(\mathbf{u})$	effective transfer function	有效传递函数
$\mathbf{u}$	reciprocal lattice vector	倒易晶格矢量
$\mathbf{u}$	unit vector along the dislocation line	沿位错线方向的单位矢量
$\mathbf{u}^*$	vector normal to the ZOLZ	垂直零阶劳厄线的矢量
U	overvoltage	过压
U_g	Fourier component of the perfect-crystal potential	完整晶体势的傅里叶分量
$[UVW]$	indices of a crystal direction	晶向指数
$\mathbf{UVW}$	indices of beam direction	电子束方向指数
v	velocity	速率
V	accelerating voltage	加速电压
V	potential energy	势能
V_c/V	volume of the unit cell	单胞体积
V_c	inner potential of cavity	腔内势
V_t	projected potential through specimen thickness	厚度为 t 的样品的投影势
$V(\mathbf{r})$	crystal inner potential	晶体内势
w	$s\xi_g$ (excitation error multiplied by extinction distance)	偏离参量乘以消光距离
w	projected width of planar defect	面缺陷的投影宽度
w	width	宽度
x	distance	距离
$\times$	times (magnification)	放大倍数
x, y, z	atom coordinates	原子坐标
X	FWHM due to XEDS detector	XEDS 探测器引起的半高宽
X	rotation axis	旋转轴
y	displacement at the specimen	样品位移

y	number of counts in channel	通道计数
y	parallax shift in the image	图像的平移
z	distance within a specimen	样品内间距
z	distance along optic axis	沿光轴方向的距离
z	specimen height	样品高度
Z	atomic number/atomic-number correction factor	原子序数/原子序数校正因子

希腊字母符号

α	phase shift due to defect	缺陷引起的相移
α	semi-angle of incidence/convergence	会聚/入射半角
α	X-ray take-off angle	X射线出射角
α_0	beam divergence semi-angle at gun crossover	电子枪交叉点的束发散半角
α_{opt}	optimum convergence semi-angle	最佳会聚半角
β	brightness	亮度
β	ratio of electron velocity to light velocity	电子速度与光速比值
β	semi-angle of collection	接收半角
β_{opt}	optimum collection semi-angle	最佳接收半角
γ	degree of spatial coherence	空间相干度
γ	phase of direct beam	透射束位相
γ	relativistic-correction factor	相对校正因子
γ	specimen tilt angle	样品倾转角
Δ	change/difference	变化/差值
Δ	width of energy window	能量窗口宽度
Δd	change in lattice parameter	晶格参数变化
$\Delta\phi$	phase difference	相位差
$\Delta\theta_i$	angle between Kossel-Möllenstedt fringes	Kossel-Möllenstedt 条纹夹角
Δ_{AB}	difference in mass-absorption coefficient	质量吸收系数差值

ΔE	energy width / spread	能量宽度/发散
ΔE_P	plasmon-line width/change in plasmon energy	等离子线宽/能离子能量的变化
Δf	maximum difference in focus	焦距最大差值
Δf	defocus error due to chromatic aberration	色差引起的离焦误差
Δf_{AFF}	aberration-free (de) focus	无像差离焦量
Δf_{MC}	minimum contrast defocus	最小衬度离焦量
Δf_{opt}	optimum defocus	最佳离焦量
Δ	change (in height)	高度变化
Δh	relative depth in specimen	样品中相对深度
ΔI	change in intensity	密度变化
Δp	parallax shift	平移
ΔV	change in the inner potential	内势变化
Δx	path difference/image shift	路径差/图像移动
Δx	half-width of image of undissociated screw dislocation	固定螺位错图像半宽
Δx_{res}	resolution at Scherzer defocus	Scherzer 离焦下的分辨率
Δf_{sch}	Scherzer defocus	Scherzer 离焦量
δ	angle between XEDS detector normal and line from detector to specimen	探测器到样品连线与探测器法线的夹角
δ	angle between beam and plane of defect	电子束和缺陷平面的夹角
δ	diameter of disk image	盘图像直径
δ	diffuseness of interface	界面扩散
δ	precipitate/matrix misfit	析出物/母相失配
δ	small increment	微小增量
δ	smallest resolvable distance (resolution)	最小可分辨距离(分辨率)
ε	deflection angle	偏转角
ε	detector efficiency	探测器效率
ε	energy to create an electron-hole pair	电子空穴对激发能
ε	specimen tilt angle	样品倾转角度

ε	strain	应变
ε_0	permittivity of free space (dielectric constant)	真空电容率(介电常数)
η	phase change	相位变化
η	angle between excess Kikuchi lines at s = 0 and s>0	s = 0 和 s > 0 处亮菊池线的夹角
$\eta(\theta)$	phase of the atomic-scattering factor	原子散射因子的相位
Φ	phase shift accompanying scattering	散射引起的相移
Φ	work function	功函数
ϕ	rotation angle between image and diffraction pattern	衍射花样和图像之间的旋转角度
ϕ	angle between Kikuchi line and diffraction spot	菊池线和衍射点之间的夹角
ϕ	angle between two Kikuchi line pairs	菊池线对间的夹角
ϕ	angle between two planes	两平面之间的夹角
ϕ	angle between two plane normals	两平面法线的夹角
ϕ	angle of tilt between stereo images	立体图像间的倾转角度
ϕ	phase of a wave	波的位相
ϕ^*	complex conjugate of ϕ	ϕ 的复共轭
ϕ_g	amplitude of the diffracted beam	衍射束振幅
ϕ_0	amplitude of the direct beam	透射束振幅
ϕ_x	angle of deflection of the beam	电子束偏转角
$\phi(\rho t)$	depth distribution of X-ray production	X 射线产生的深度分布
χ	wave vector outside the specimen	样品外的波矢
χ_G	wave vector terminating on the point G in reciprocal space	倒易空间内终止于 G 点的波矢
χ_0	wave vector terminating on the point O in reciprocal space	倒易空间内终止于 O 点的波矢
χ^2	goodness of fit (between standard and experimental spectra)	拟合度(实验和标准谱线之间)
$\chi(\mathbf{u})$	phase-distortion function	相位畸变函数
$\chi(\mathbf{k})$	momentum transfer	动量转移

κ	thermal conductivity	热导率
ξ_g	extinction distance for the diffracted beam	衍射束消光距离
$\xi_{g'}$	absorption parameter	吸收参数
ξ_0	extinction distance for the direct beam	透射束消光距离
ξ_{eff}	effective extinction distance ($s \neq 0$)	有效消光距离($s \neq 0$)
ξ_g^{abs}	absorption-modified ξ_g	吸收修正 ξ_g
λ_c	coherence length	相干长度
λ	mean-free path	平均自由程
λ	wavelength	波长
$\lambda_{K/L/M}$	mean-free path for K/L/M-shell ionization	K/L/M 壳层电离平均自由程
λ_P	plasmon mean-free path	等离子平均自由程
λ_R	relativistic wavelength	相对论波长
λ^{-1}	radius of Ewald sphere	Ewald 球半径
μ	micro	微
μ	refractive index	折射率
μ/ρ	mass-absorption coefficient	质量吸收系数
$\mu^{(j)}(\mathbf{r})$	Bloch function	布洛赫函数
ν	frequency	频率
ν	Poisson's ratio	泊松比
ψ	amplitude of a wave	波振幅
ψ	the wave function	波函数
ψ_{sph}	amplitude of spherical wave	球面波振幅
ψ_{tot}	total wave function	总波函数
ψ_0	amplitude	振幅
ρ	angle between two directions	两方向夹角
ρ	density	密度
$\rho_{c/s}$	information limit due to chromatic/	色差/球差导致的信息

	spherical aberration	极限
$\rho(\mathbf{r})$	radial distribution function	径向分布函数
ρt	mass thickness	质厚
ρ_i^2	area of a pixel	单位像素的面积
σ	scattering cross section of one atom	单原子散射截面
σ	standard deviation	标准偏差
σ	stress	压力
$\sigma_{K/L/M}$	ionization cross section for K/L/ M-shell electron	K/L/M 壳层电子的电离 散射截面
σ_T	total ionization cross section	总电离散射截面
$\sigma_{K/L/M}(\beta\Delta)$	partial ionization cross section for K/L/M-shell electron	K/L/M 壳层电子的部分 电离散射截面
θ	scattering semi-angle	散射半角
θ_B	Bragg angle	布拉格角
θ_C	cut-off semi-angle	接收半角
θ_E	characteristic scattering semi-angle	特征散射半角
θ_0	screening parameter	屏蔽参数
τ	XEDS detector time constant	XEDS 探测器时间常数
τ	dwell time	驻留时间
τ	analysis time	分析时间
ω	fluorescence yield	荧光产额
ω_c	cyclotron frequency	回旋频率
ω_p	plasmon frequency	等离子体频率
Ω	filter for energy loss	能量损失过滤器
Ω	solid angle of collection of XEDS	XEDS 接收的立体角
Ω	volume of unit cell	单胞体积
ζ	zeta factor	zeta 因子
$\otimes$	convolution（multiply and integrate）	卷积（相乘并积分）

关于本书的姊妹篇

如书中前言所述，在本书第一版出版后的多年以来，TEM 的数量以及实验技术种类有了很大增加，电子显微镜的实验功能也日趋成熟，在仪器的计算机自动化控制方面新的硬件设计得到了惊人的发展，利用软件对仪器产生的大量数据(现在几乎完全是数字化的)进行处理和模型化也得到了相当大的发展。这些信息的增长与全世界范围内对纳米世界的探索以及依然生效的摩尔定律是一致的。在本书中不可能包含所有的这些新知识，并且第二版的主要目的仍然是在努力掌握最新的进展之前教会你理解 TEM 的基础知识。我们个人也不可能完全理解所有的新技术，特别是在我们的职业生涯中都还身负更多的行政职责。

因此，我们说服了大约 20 个好朋友和同事一起帮助我们写了本书的姊妹篇(Carter and Williams，eds.，Springer，2010)，在第二版中我们会经常提及它。该姊妹篇就像它自己说的那样——当本书的知识不够用时，它是一个值得咨询的朋友。它并不一定更加深奥，但是在提供最新的重要进展和传统的 TEM 技术复兴方面，它肯定会更加详细。我们汲取了同事们的贡献，并与他们一起用与这本书类似的、浅显易懂的方式写了若干章节。《透射电子显微学》的第二版是一本完全独立的教材，但是我们也认为，在你通往电子显微学家的道路上，你会发现两本书的互引是非常重要的。

图片来源

透射电子显微学是一门视觉科学，任何这方面的书籍都极大地依赖于黑白图片、半彩色图片和彩色图片（特别是最近）来传达信息。这些年来，我们与很多同事共事过，很幸运地得到了他们慷慨贡献的体现透射电子显微学艺术性和科学性的极好例子；在这里，我们想一一地感谢他们。我们也用到了自己的和其他人的工作成果，并都征得了作者的同意，现一一列出。

第 22 章

Figure 22.5：Courtesy of KA Repa.

Figure 22.6：From Williams, DB (1987) *Practical Analytical Electron Microscopy in Materials Science*, 2nd Edition, Fig. 3.7D reproduced by permission of Philips Electron Optics.

Figure 22.7：Courtesy of KB Reuter.

Figure 22.8：From Williams, DB (1987) *Practical Analytical Electron Microscopy in Materials Science*, 2nd Edition, Fig. 3.7C reproduced by permission of Philips Electron Optics.

Figure 22.9A, B：Courtesy of HL Tsai, from Williams, DB (1987) *Practical Analytical Electron Microscopy in Materials Science*, 2nd Edition, Fig. 1.19A, B reproduced by permission of Philips Electron Optics.

Figure 22.9C：Courtesy of K-R Peters.

Figure 22.10：Modified from Williams, DB (1983) in Krakow, W *et al.* (Eds.) *Electron Microscopy of Materials* Mater. Res. Soc. Symp. Proc. **31** 11, Fig. 3A, B.

Figure 22.11A, B：Courtesy of IM Watt, from Watt, I(1996) *The Principles and Practice of Electron Microscopy*, 2nd Edition, Fig. 5.5A, B reproduced by permission of Cambridge University Press.

Figure 22.12：Courtesy of MMJ Treacy, from Williams, DB (1987) *Practical Analytical Electron Microscopy in Materials Science*, 2nd Edition, Fig. 5.26B reproduced by permission of Philips Electron Optics.

Figure 22.14：Courtesy of SJ Pennycook, from pennycook, SJ *et al.* (1986) J.

Microsc. **144** 229, Fig. 8 reproduced by permission of the Royal Microscopical Society.

Figure 22. 15A, B: Courtesy of SJ Pennycook, from Lyman, CE (1992) *Microscopy: The Key Research Tool*, special publication of the EMSA Bulletin **22** 7, Fig, 7 reproduced by permission of MSA.

Figure 22. 15C: Courtesy of SJ Pennycook, from Browning, ND *et al.* (1995) Interface Science **2** 397, Fig. 4D reproduced by permission of Kluwer.

Figure 22. 16A: From Edington, JW (1976) *Practical Electron Microscopy in Materials Science*, Fig. 2. 34 reproduced by permission of Philips Electron Optics.

Figure 22. 17: Courtesy of D Cohen.

第 23 章

Figure 23. 3A: From Izui, KJ *et al.* (1977) J. Electron Microsc. **26** 129, Fig. 1 reproduced by permission of the Japanese Society of Electron Microscopy.

Figure 23. 3C: Courtesy of JCH Spence, from Spence, JCH *Experimental High-Resolution Electron Microscopy*, Fig. 5. 15 reproduced by permission of Oxford University Press.

Figure 23. 4B: Courtesy of JL Hutchison, from Hutchison JL *et al.* (1991) in J Heydenreich and W Neumann Eds *High - Resolution Electron Microscopy—Fundamentals and Applications* p 205, Fig. 3 reproduced by permission of Halle/Saale.

Figure 23. 4C: Courtesy of S McKernan.

Figure 23. 4D: From Carter, CB *et al.* (1989) Philos. Mag. **A63** 279, Fig. 3 reproduced by permission of Taylor and Francis.

Figure 23. 8: From Tietz, LA *et al.* (1992) Philos. Mag. **A65** 439. Figs. 3A, 12A, C reproduced by permission of Taylor and Francis.

Figure 23. 10: Courtesy of J Zhu.

Figure 23. 12: Modified from Vincent, R (1969) Philos. Mag **19** 1127, Fig. 4.

Figure 23. 13: Modified from Norton, MG and Carter, CB (1995) J. Mater. Sci. 30, Fig. 6.

Figure 23. 14: Courtesy of U Dahmen, from Hetherington, CJD and Dahmen, U (1992) in PW Hawkes Ed. Signal and Image Processing in Microscopy and Micro-analysis *Scanning Microscopy* Supplement **6** 405, Fig. 9 reproduced by permission of Scanning Microscopy International.

Figure 23. 15: From Heidenreich, RD (1964) *Fundamentals of Transmission*

Electron Microscopy, Figs. 5.4, 5.6 reproduced by permission of John Wiley & Sons Inc.

Figure 23.16A: Modified from Heidenreich, RD (1964) *Fundamentals of Transmission Electron Microscopy*, Fig 11.2 original by permission of John Wiley & Sons Inc.

Figure 23.16B: From Boersch, H *et al.* (1962) Z. Phys. **167** 72, Fig. 4 reproduced by permission of Springer Verlag.

Figure 23.17: Courtesy of M Rühle.

Figure 23.18: Modified from Kouh, YM *et al.* (1986) J. Mater. Sci. **21** 2689, Fig, 9.

Figure 23.19: Courtesy of M Rühle, from Rühle, M and Sass, SL (1984) Philos. Mag. **A49** 759, Fig. 2 reproduced by permission of Taylor and Francis.

Figure 23.20B, E: From Carter, CB *et al.* (1986) Philos. Mag. **A55** 21, Fig. 11 reproduced by permission of Taylor and Francis.

第 24 章

Figure 24.1: Courtesy of S Ramamurthy.

Figure 24.2: Redrawn after Edington, JW (1976) *Practical Electron Microscopy in Materials Science*, Fig. 3.2A.

Figure 24.3B: Courtesy of D Cohen.

Figure 24.3C: Courtesy of S King when not busy founding Cricinfo.

Figure 24.5: Courtesy of D Susnitzky.

Figure 24.7: Redrawn after Edington, JW (1976) *Practical Electron Microscopy in Materials Science*, Fig. 3.3.

Figure 24.8: Redrawn after Edington, JW (1976) *Practical Electron Microscopy in Materials Science*, Figs. 3.4B, D. Images reproduced by permission of Philips Electron Optics.

Figure 24.9: Courtesy of S Ramamurthy.

Figure 24.10: From Hashimoto, H *et al.* (1962) Proc. Roy. Soc. (London) **A269** 80, Fig. 11 reproduced by permission of The Royal Society.

Figure 24.11A: Courtesy of NSA Hitachi Scientific Instruments Ltd.

Figure 24.11B, C: Courtesy of D Cohen.

Figure 24.12: From Edington, JW (1976) *Practical Electron Microscopy in Materials Science*, Fig. 3.3D reproduced by permission of Philips Electron Optics.

Figure 24.13B, C: From De Cooman, BC *et al.* (1987) in JD Dow and IK

Schuller Eds. *Interfaces*, *Superlattices*, *and Thin Films*, Mater. Res. Soc. Symp. Proc. **77** 187, Fig. 1 reproduced by permission of MRS.

第 25 章

Figure 25. 4A-D: Courtesy of D Cohen.

Figure 25. 4E, F: Modified from Gevers, R *et al.* (1963) Phys. stat. sol. **3** 1563, Table 3.

Figure 25. 5: From Föll, H *et al.* (1980) Phys. stat. sol. (a) **58** 393, Fig. 6A, C reproduced by permission of Akademie Verlag GmbH.

Figure 25. 7A, B: From Lewis, MH (1966) Philos. Mag. **14** 1003, Fig. 9 reproduced by permission of Taylor and Francis.

Figure 25. 7C, D: Courtesy of S Amelinckx, from Amelinckx, S and Van Landuyt, J (1978) in S Amelinckx *et al.* Eds. *Diffraction and Imaging Techniques in Material Science* **I** 107, Figs. 3, 18 North-Holland.

Figure 25. 8: From Rasmussen, DR *et al.* (1991) Phys. Rev. Lett. **66** (20) 262, Fig. 2 reproduced by permission of The American Physical Society.

Figure 25. 9: Courtesy of S Summerfelt.

Figure 25. 13: Modified from Metherell, AJ (1975) in U Valdrè and E Ruedl Eds. *Electron Microscopy in Materials Science* **II** 397, Fig. 13 Commission of the European Communities.

Figure 25. 14: From Hashimoto, H *et al.* (1962) Proc. Roy. Soc. (London) **A269** 80, Fig. 15 original by permission of The Royal Society.

Figure 25. 16: Modified from Rasmussen, R *et al.* (1991) Philos. Mag. **63** 1299, Fig. 4.

第 26 章

Figure 26. 2B: Modified from Amelinckx, S (1964) Solid State Physics Suppl. **6**, Fig. 76.

Figure 26. 6A-C: Modified from Carter, CB (1980) Phys. stat. sol. (a) **62** 139, Fig. 4.

Figure 26. 6F: From Van Landuyt, J *et al.* (1970) Phys. stat. sol. **41** 271, Fig 1 reproduced by permission of Akademie Verlag GmbH.

Figure 26. 6G-H: Courtesy of BC De Cooman.

Figure 26. 7: Modified from Hirsch, PB *et al.* (1977) *Electron Microscopy of Thin Crystals*, 2nd Edition, Fig. 7. 8 Krieger.

Figure 26.8: From Delavignette, P and Amelinckx, S (1962) J. Nucl. Mater. **5** 17, Fig. 7 reproduced by permission of Elsevier Science BV.

Figure 26.10: From Urban, K (1971) in S Koda Ed. *The World Through the Electron Microscope* Metallurgy V 26, reproduced by permission of JEOL USA Inc.

Figure 26.11: Courtesy of A Howie, from Howie, A and Whelan, MJ (1962) Proc. Roy. Soc. (London) **A267** 206, Fig. 14 reproduced by permission of The Royal Society.

Figure 26.12: Modified from M Wilkens (1978) in S Amelinckx *et al.* Eds. *Diffraction and Imaging Techniques in Material Science* **I** 185, Fig. 4 North-Holland.

Figure 26.14: From Dupouy, G and Perrier, F (1971) in S Koda Ed. *The World Through the Electron Microscope* Metallurgy V 100, reproduced by permission of JEOL USA Inc.

Figure 26.15A: From Modeer, B and Lagneborg, R (1971) in S Koda Ed. *The World Through the Electron Microscope* Metallurgy V 44, reproduced by permission of JEOL USA Inc.

Figure 26.15B: Courtesy of DA Hughes, from Hansen, N and Hughes, DA (1995) Phys. stat. sol. (a) **149** 155, Fig. 5 reproduced by permission of Akademie Verlag GmbH.

Figure 26.16A: From Siems, F *et al.* (1962) Phys. stat. sol. **2** 421, Fig. 5A reproduced by permission of Akademie Verlag GmbH.

Figure 26.16C: From Siems, F *et al.* (1962) Phys. stat. sol. **2** 421, Fig. 15A reproduced by permission of Akademie Verlag GmbH.

Figure 26.17A: Modified from Whelan, MJ (1958–1959) J. Inst. Met. **87** 392, Fig. 25A.

Figure 26.17B: Courtesy of K Ostyn.

Figure 26.18: From Takayanagi, L (1988) Surface Science **205** 637, Fig. 5 reproduced by permission of Elsevier Science BV.

Figure 26.19A: From Tunstall, WJ *et al.* (1964) Philos. Mag. **9** 99, Fig. 9 reproduced by permission of Taylor and Francis.

Figure 26.19B: From Amelinckx, S in PG Merli and VM Anti-sari Eds. *Electron Microscopy in Materials Science* p 128, Fig. 45 reproduced by permission of World Scientific.

Figure 26.20: Courtesy of W Skrotski.

Figure 26.21: Courtesy of W Skrotski.

Figure 26.22: From Carter, CB *et al.* (1986) Philos. Mag. **A55** 21, Fig. 2

reproduced by permission of Taylor and Francis.

Figure 26. 23: From Carter, CB *et al*. (1981) Philos. Mag. **A43** 441, Fig. 3 reproduced by permission of Taylor and Francis.

Figure 26. 24: Courtesy of K Ostyn.

Figure 26. 25: Courtesy of L Tietz.

Figure 26. 26A: Courtesy of LM Brown, from Ashby, MF and Brown, LM (1963) Philos. Mag. **8** 1083, Fig. 10 reproduced by permission of Taylor and Francis.

Figure 26. 26B: Modified from Whelan, MJ (1978) in S Amelinckx *et al*. Eds. *Diffraction and Imaging Tech – niques in Material Science* **I** 43, Fig. 36 North – Holland.

Figure 26. 26C: Courtesy of LM Brown, from Ashby, MF and Brown, LM (1963) Philos. Mag. **8** 1083, Fig. 12 reproduced by permission of Taylor and Francis.

Figure 26. 27: From Rasmussen, DR and Carter, CB (1991) J. Electron Microsc, Technique **18** 429, Fig. 2 reproduced by permission of John Wiley & Sons Inc.

第 27 章

Figure 27. 7: Courtesy of S King.

Figure 27. 10: Courtesy of DJH Cockayne, from Cockayne, DJH (1972) Z. Naturforschung **27a** 452, Fig. 6 original by permission of Verlag der Zeitschrift für Naturforschung, Tübingen.

Figure 27. 13: Modified from Carter, CB *et al*. (1986) Philos, Mag, **A55** 1, Fig, 9.

Figure 27. 15: Modified from Föll, H *et al*. (1980) Phys. stat. sol. (a) **58** 393, Fig. 6B, C.

Figure 27. 17: From Heidenreicb. RD (1964) *Fundamentals of Transmission Electron Microscopy*, Fig. 9. 20 reproduced by permission of John Wiley & Sons Inc.

Figure 27. 18: Courtesy of DJH Cockayne, from Ray, ILF and Cockayne, DJH (1971) Proc. Roy. Soc. (London) **A325** 543, Fig. 10 reproduced by permission of The Royal Society.

Figure 27. 23: Modified from Carter, CB (1979) J. Phys. (A) **54** (1) 395, Fig. 8A.

第 28 章

Figure 28.4: Courtesy of R Gronsky, from Gronsky, R (1992) in DB Williams *et al*, Eds. *Images of Materials*, Fig. 7.6 original by permission of Oxford University Press.

Figure 28.5: Courtesy of S MeKernan.

Figure 28.6: Courtesy of S MeKernan.

Figure 28.7: Modified from Cowley, JM (1988) in PR Buseck *et al*. Eds. *High−Resolution Electron Microscopy and Associated Techniques*, Fig. 1.9 Oxford University Press.

Figure 28.8: Courtesy of JCH Spence, from Spence, JCH (1988) *Experimental High−Resolution Electron Microscopy*, 2nd Edition, Fig. 4.3 original by permission of Oxford University Press.

Figure 28.10: From de Jong, AF and Van Dyck, D (1993) Ultramicrosc. **49** 66, Fig. 1 original by permission of Elsevier Science BV.

Figure 28.11: Courtesy of MT Otten, from Otten, MT and Coene, WMJ (1993) Ultramicrosc. **48** 77, Fig. 8 reproduced by permission of Elsevier Science BV.

Figure 28.12: Courtesy of MT Otten, from Otten, MT and Coene, WMJ (1993) Ultramicrosc. **48** 77, Fig. 11 reproduced by permission of Elsevier Science BV.

Figure 28.13: Courtesy of MT Otten, from Otten, MT and Coene, WMJ (1993) Ultramicrosc. **8** 77, Fig. 10 reproduced by permission of Elsevier Science BV.

Figure 28.14A, B: From Amelinckx, S *et al*. (1993) Ultramicrosc. **51** 90, Fig. 2 original by permission of Elsevier Science BV.

Figure 28.15: From Amelinckx, S *et al*. (1993) Ultramicrosc. **51** 90, Fig. 3 reproduced by permission of Elsevier Science BV.

Figure 28.16: From Rasmussen, DR *et al*. (1995) J. Microsc. **179** 77, Fig. 2C, D reproduced by permission of the Royal Microscopical Society.

Figure 28.18A: Courtesy of S McKernan.

Figure 28.18B: From Berger, A *et al*. (1994) Ultramicrosc. **55** 101, Fig. 4B reproduced by permission of Elsevier Science BV.

Figure 28.18C: Courtesy of S Summerfelt.

Figure 28.18D: Courtesy of S McKernan.

Figure 28.19: Courtesy of DJ Smith.

Figure 28. 21A: From Van Landuyt, J *et al.* (1991) in J Heydenreich and W Neumann Eds. *High - Resolution Electron Microscopy—Fundamentals and Applications*, p 254, Fig. 6 reproduced by permission of Halle/Saale.

Figure 28. 21D: From Van Landuyt, J *et al.* (1991) in J Heydenreich and W Neumann Eds. *High-Resolution Electron Microscopy—Fundamentals and Applications*, p 254, Fig. 8 reproduced by permission of Halle/Saale.

Figure 28. 22: From Nissen, H-U and Beeli, C (1991) in J Heydenreich and W Neumann Eds. *High - Resolution Electron Microscopy—Fundarnentals and Applications*, p 272, Fig. 4 reproduced by permission of Halle/Saale.

Figure 28. 23: From Nissen. H-U and Beeli, C (1991) in J Heydenreich and W Neumann Eds. *High - Resolution Electron Microscopy—Fundamentals and Applications*, p 272, Fig. 2 reproduced by permission of Halle/Saale.

Figure 28. 24: From Parsons, JR *et al.* (1973) Philos. Mag. **29** 1359, Fig. 2 reproduced by permission of Taylor and Francis.

Table 28. 1: Modified from de Jong, AF and Van Dyck, D (1993) Ultramicrosc. **49** 66, Table 1.

第 29 章

Figure 29. 2: Courtesy of R Sinclair, from Sinclair, R *et al.* (1981) Met. Trans. 12A, 1503, Figs. 13, 14 reproduced by permission of ASM International.

Figure 29. 4A, B: From Marcinkowksi, MJ and Poliak, RM (1963) Philos. Mag. 8, 1023, Fig. 15a, b reproduced by permission of Taylor and Francis.

Figure 29. 4C, D: Courtesy of J silcox, from Silcox, J (1963) Philos. Mag. 8, 7, Fig. 7 reproduced by permission of Taylor and Francis.

Figure 29. 5: Courtesy of AJ Craven, from Buggy, TW *et al.* (1981) *Analytical Electron Microscopy-1981*, p 231, Fig. 5 reproduced by permission of San Francisco Press.

Figure 29. 6D, E: Courtesy of NSA Hitachi Scientific Instruments Ltd. and S McKernan.

Figure 29. 7: Courtesy of R Sinclair.

Figure 29. 8: From Kuesters, K-H *et al.* (1985) J. Cryst. Growth **71**, 514, Fig. 4 reproduced by permission of Elsevier Science BV.

Figure 29. 9: Courtesy of M. Mallamaci.

Figure 29. 10A: Modified from De Cooman, BC *et al.* (1985) J. Electron Microsc. Tech. **2**, 533, Fig. 1.

Figure 29. 10B: Courtesy of SM Zemyan.

Figure 29. 10C–E: Courtesy of BC De Cooman.

Figure 29. 12: Courtesy of G Thomas, from Bell, WL and Thomas, G (1972) in G Thomas *et al*. Eds. *Electron Microscopy and Structure of Materials*, p 53, Fig. 28 reproduced by permission of University of California Press.

Figure 29. 13: Courtesy of K–R Peters, from Peters, K–R (1984) in DF Kyser *et al*. Eds. *Electron Beam Interactions with Solids for Microscopy*, *Microanalysis and Lithography*, p 363, Fig. 1 original by permission of Scanning Microscopy International.

Figure 29. 14: Courtesy of R McConville, from Williams, DB (1987) *Practical Analytical Electron Microscopy in Materials Science*, 2nd Edition, Fig. 3. 11 reproduced by permission of Philips Electron Optics.

Figure 29. 15: Courtesy of Philips Electronic Instruments, from Williams, DB (1987) *Practical Analytical Electron Microscopy in Materials Science*, 2nd Edition, Fig. 3. 10 reproduced by permission of Philips Electron Optics.

Figure 29. 16: Courtesy of H Lichte, from Lichte, H (1992) Scanning Microscopy, p 433, Fig. 1 reproduced by permission of Scanning Microscopy International.

Figure 29. 17: Modified from Lichte, H (1992) Ultramicrosc. 47, 223, Fig. 1.

Figure 29. 18: Modified from Tonomura, A. Courtesy of NSA Hitachi Scientific Instruments Ltd.

Figure 29. 19A – C: From Tonomura, A (1992) Adv. Phys. 41, 59, Fig. 29 reproduced by permission of Taylor and Francis.

Figure 29. 19D: From Tonomura, A (1987) Rev. Mod. Phys. 59, 639, Fig. 41 reproduced by permission of The American Physical Society.

Figure 29. 20A: From Tonomura, A (1992) Adv. Phys. 41, 59, Fig. 38, reproduced by permission of Taylor and Francis.

Figure 29. 20B: From Tonomura, A (1992) Adv. Phys. 41, 59, Fig. 42 reproduced by permission of Taylor and Francis.

Figure 29. 20C: From Tonomura, A (1992) Adv. Phys. 41, 59, Fig. 44 reproduced by permission of Taylor and Francis.

Figure 29. 21: Courtesy of R Sinclair, from Sinclair, R *et al*. (1994) Ultramicrosc. 56, 225, Fig. 5 reproduced by permission of Elsevier Science BV.

Figure 29. 22: Courtesy of M Treacy.

第 30 章

Figure 30. 2A, B: Courtesy of MA O'Keefe, from O'Keefe, MA and Kilaas, R (1988) in PW Hawkes *et al*. Eds. Image and Signal Processing in Electron Microscopy, Scanning Microscopy Supplement 2 p 225, Fig. 1 original by permission of Scanning Microscopy International.

Figure 30. 3: From Kambe, K (1982) Ultramicrosc **10** 223, Fig. 1A – D reproduced by permission of Elsevier Science BV.

Figure 30. 4: Courtesy of MA O'Keefe, from O'Keefe, MA and Kilaas, R (1988) in PW Hawkes *et al*. Eds. Image and Signal Processing in Electron Microscopy Scanning Microscopy Supplement 2 p 225, Fig. 4 reproduced by permission of Scanning Microscopy International.

Figure 30. 5: Modified from Rasmussen, DR and Carter, CB (1990) Ultramicrosc. **32** 337, Figs. 1, 2.

Figure 30. 8: From Beeli, C and Horiuchi, S (1994) Philos. Mag. **B70** 215, Fig. 6A–D reproduced by permission of Taylor and Francis.

Figure 30. 9: From Beeli, C and Horiuchi, S (1994) Philos. Mag. **B70** 215, Fig. 7A–D reproduced by permission of Taylor and Francis.

Figure 30. 10: From Beeli, C and Horiuchi, S (1994) Philos. Mag. **B70** 215, Fig. 8 reproduced by permission of Taylor and Francis.

Figure 30. 11: From Jiang, J *et al*. (1995) Phil. Mag. Lett. **71** 123, Fig. 4 reproduced by permission of Taylor and Francis.

第 31 章

Figure 31. 1: Courtesy of J. Heffelfinger.

Figure 31. 2: From Rasmussen, DR *et al*. (1995) J. Microsc. 179, 77, Fig. 1b original by permission of The Royal Microscopical Society.

Figure 31. 3: From Rasmussen, DR *et al*. (1995) J. Microsc. 179, 77, Fig. 5 reproduced by permission of The Royal Microscopical Society.

Figure 31. 4: Courtesy of OL Krivanek, from Krivanek, OL (1988) in PR Buseck *et al*. Eds. *High – Resolution Electron Microscopy and Associated Techniques*, Fig. 12. 6 reproduced by permission of Oxford University Press.

Figure 31. 5: Courtesy of OL Krivanek, Krivanek, OL (1988) in PR Buseck *et al*. Eds. *High – Resolution Electron Microscopy and Associated Techniques*, Fig. 12. 7 reproduced by permission of Oxford University Press.

Figure 31. 6A: Courtesy of JCH Spence, from Spence, JCH and Zuo, JM

(1992) *Electron Microdiffraction*, Fig. A1. 3 reproduced by permission of Plenum Press.

Figure 31. 6B: Courtesy of OL Krivanek, from Krivanek, OL (1988) in PR Buseck *et al.* Eds. *High – Resolution Electron Microscopy and Associated Techniques*, Fig. 12. 8 reproduced by permission of Oxford University Press.

Figure 31. 7: Courtesy of S McKernan.

Figure 31. 8: Courtesy of ZL Wang. Wwang, ZL *et al.* (2007) MRS Bulletin, 109–116. Reproduced by permission of MRS.

Figure 31. 9: Courtesy of ZC Lin, from Lin, ZC (1993) Ph. D. dissertation, Fig. 4. 15, University of Minnesota.

Figure 31. 10: Courtesy of O Saxton, from Kirkland, Al (1992) in PW Hawkes Ed. Signal and Image Processing in Microscopy and Microanalysis, *Scanning Microscopy* Supplement 6, 139, Figs. 1 – 3 reproduced by permission of Scanning Microscopy International.

Figure 31. 11: From Zou, XD and Hovmöller, S (1993) Ultramicrosc. 49, 147, Fig. 1 reproduced by permission of Elsevier Science BV.

Figure 31. 12A: From Kirkland, AI *et al.* (1995) Ultramicrosc. 57, 355, Fig. 1 reproduced by permission of Elsevier Science BV.

Figure 31. 12B: From Kirkland. AI *et al.* (1995) Ultramicrosc. 57, 355, Fig. 3 reproduced by permission of Elsevier Science BV.

Figure 31. 13A – C: From Kirkland, AI *et al.* (1995) Ultramicrosc. 57, 355, Fig. 8 reproduced by permission of Elsevier Science BV.

Figure 31. 14: Courtesy of OL Krivanek, from Krivanek, OL and Fan, GY (1992) in PW Hawkes (Ed.) Signal and Image Processing in Microscopy and Microanalysis, Scanning Microscopy Supplement 6, p 105, Fig. 4 reproduced by permission of Scanning Microscopy International.

Figure 31. 15: Courtesy of OL Krivanek, Krivanek, OL and Fan, GY (1992) in PW Hawkes (Ed.) Signal and Image Processing in Microscopy and Microanalysis, Scanning Microscopy Supplement 6, p 105, Fig. 5 reproduced by permission of Scanning Microscopy International.

Figure 31. 16: After U Dahmen, from Paciornik, S *et al.* (1996) Ultramicrosc. 62, 15, Fig. 1.

Figure 31. 17: Courtesy of U Dahmen, from Paciornik, S *et al.* (1996) Ultramicrosc. 62, 15, Fig. 5 reproduced by permission of Elsevier Science BV.

Figure 31. 18: Courtesy of A Ourmazd, from Kisielowski, C *et al.* (1995)

Ultramicrosc. 58, 131, Figs. 2-4 reproduced by permission of Elsevier Science BV.

Figure 31. 19: Courtesy of A Ourmazd, from Kisielowski, C *et al.* (1995) Ultramicrosc. 58, 131, Figs. 8, 10, 12 reproduced by permission of Elsevier Science BV.

Figure 31. 20A, B: Data from Ourmazd, A *et al.* (1990) Ultramicrosc. 34, 237, Fig. 1.

Figure 31. 20C, D: From Ourmazd, A *et al.* (1990) Ultramicrosc. 34, 237, Figs. 2, 5 reproduced by permission of Elsevier Science BV. Courtesy of A Ourmazd.

Figure 31. 21A-F: From Kisielowski, C *et al.* (1995) Ultramicrosc. 34, 237, Fig. I5 reproduced by permission of Elsevier Science BV. Courtesy of A Ourmazd.

Figure 31. 22: Courtesy of U Dahmen, from Paciornik, S *et al.* (1996) *Ultramicroscopy*, in press, Fig. 2 reproduced by permission of Elsevier Science BV.

Figure 31. 23: From King, WE and Campbell, GH (1994) Ultramicrosc. 56, 46, Fig. 1 reproduced by permission of Elsevier Science BV.

Figure 31. 24: From King, WE and Campbell, GH (1994) Ultramicrosc. 56, 46, Fig. 6 reproduced by permission of Elsevier Science BV.

Figure 31. 25: Courtesy of M Rühle, from Möbus, G *et al.* (1993) Ultramicrosc. 49, 46, Fig. 6 reproduced by permission of Elsevier Science BV.

Figure 31. 26: From Thon, F (1970) in U Valdrè Ed. *Electron Microscopy in Materials Science*, p 571, Fig. 36 reproduced by permission of Academic Press.

Figure 31. 27: Courtesy of J Heffelfinger.

第 32 章

Figure 32. 1: Courtesy of JE Yehoda, from Messier, R and Yehoda, JE (1985) J. Appl. Phys. **58** 3739, Fig. 1 reproduced by permission of the American Institute of Physics.

Figure 32. 2: Courtesy of M Watanabe.

Figure 32. 3B, C: Courtesy of JH Scott.

Figure 32. 4A: Courtesy of JH Scott.

Figure 32. 4B: Courtesy of P Statham, reproduced by permission of Oxford Instruments

Figure 32. 5: Courtesy of N Rowlands, reproduced by permission of Oxford Instruments

Figures 32. 6, 7: Courtesy of SM Zemyan.

Figure 32. 8A-C: Courtesy of JH Scott, modified from figure originally supplied by Photon Detector Technologies.

Figure 32. 8D: Courtesy of DE Newbury.

Figure 32. 9A-C: Courtesy of M Terauchi.

Figure 32. 9D: Courtesy of D Wollman, SW Nam and DE Newbury.

Figure 32. 11: Courtesy of SM Zemyan, modified from Zemyan, S and Williams, DB (1995) in DB Williams *et al*. Eds. *X-ray Spectrometry in Electron Beam Instruments*, Fig. 12. 9 original by permission of Plenum Press.

Figure 32. 12A: Courtesy of SM Zemyan, modified from Zemyan, SM and Williams, DB (1995) in DB Williams *et al*. Eds. *X-ray Spectrometry in Electron Beam Instruments*, Fig. 12. 10 original by permission of Plenum Press.

Figure 32. 12B: Courtesy of JH Scott, modified from diagram originally supplied by Photon Detector Technologies.

Figure 32. 13: Courtesy of JJ Friel, modified from Mott, RB and Friel, JJ (1995) in DB Williams *et al*. Eds. *Xray Spectrometry in Electron Beam Instruments*, Fig. 9. 8 original reproduced by permission of Plenum Press. Figure 32. 14: Modified from Williams, DB (1987) *Practical Analytical Electron Microscopy in Materials Science*, 2nd Edition, Fig. 4. 5A original reproduced by permission of Philips Electron Optics.

Figure 32. 15: Modified from Williams, DB (1987) *Practical Analytical Electron Microscopy in Materials Science*, 2nd Edition, Fig. 4. 30 original reproduced by permission of Philips Electron Optics.

第 33 章

Figure 33. 1: Courtesy of SM Zemyan.

Figure 33. 2: Courtesy of SM Zemyan.

Figure 33. 3: Courtesy of DE Newbury, from Newbury, DE (1995) in DB Williams *et al*. Eds. *X-ray Spectrometry in Electron Beam Instruments*, Fig. 11. 18 reproduced by permission of Plenum Press.

Figure 33. 4: Courtesy of SM Zemyan.

Figure 33. 5A, B: Courtesy of G Cliff, modified from Cliff, G and Kenway, PB (1982) Microbeam Analysis - 1982 p 107, Figs. 5, 4 original reproduced by permission of San Francisco Press.

Figure 33. 6: Modified from Williams, DB and Goldstein, JI (1981) in KFJ Heinrich *et al*. Eds. *Energy-Dispersive X-ray Spectrometry* p 346, Fig. 7A NBS.

Figure 33. 7: Courtesy of SM Zemyan.

Figure 33. 8: Courtesy of SM Zemyan.

Figure 33. 9A: Courtesy of SM Zemyan.

Figure 33. 9B: Courtesy of KS Vecchio, modified from Vecchio, KS and Williams, DB (1987) J. Microsc. **147** 15, Fig. 1 original by permission of the Royal Microscopical Society.

Figure 33. 10A: Courtesy of SM Zemyan.

Figure 33. 10B: Courtesy of SM Zemyan, modified from Zemyan, SM and Williams, DB (1994) J. Microsc. **174** 1, Fig. 6.

Figure 33. 10C: Courtesy of SM Zemyan. modified from Zemyan, SM and Williams, DB (1995) in DB Williams *et al*. Eds. *X-ray Spectrometry in Electron Beam Instruments*, Fig. 12. 7.

Figure 33. 11: Courtesy of M Watanabe.

Figure 33. 12: Courtesy of M Watanabe.

Figure 33. 13A-C: Courtesy of CE Lyman, from Lyman, CE (1992) in CE Lyman *et al*. Eds. *Compositional Imaging in the Electron Microscope: An Overview*, Microscopy: The Key Research Tool p 1, Fig. 2.

Figure 33. 14A: Modified frontispiece image by Hunneyball, PD *et al*. (1981) in GW Lorimer *et al*. Eds. *Quantitative Microanalysis with High Spatial Resolution* The Institute of Metals, London.

Figure 33. 14B, C: Courtesy of DT Carpenter.

Figure 33. 15: Courtesy of M Watanabe.

第 34 章

Figure 34. 1: Courtesy of M Watanabe.

Figure 34. 2: Courtesy of SM Zemyan and M Watanabe.

Figure 34. 3: Courtesy of SM Zemyan and M Watanabe.

Figure 34. 4A-D: Courtesy M Watanabe, from Watanabe, M and Williams, DB (2003) *Microsc. Microanal.* **9** Suppl. 2 p 124, Figs. 1-4 reproduced by permission of the Microscopy Society of America.

Figures 34. 5-7: Courtesy of SM Zemyan and M Watanabe.

Figure 34. 8: Courtesy of CH Kiely. Full report given by Enache, DI *et al*. (2006) Science **311** 362.

第 35 章

Figures 35. 1-4: Courtesy of SM Zemyan and M Watanabe.

Figure 35.5A：Modified from Williams, DB （1987） *Practical Analytical Electron Microscopy in Materials Science*, 2nd Edition, Fig. 4.20 original by permission of Philips Electron Optics.

Figure 35.5B, C：Courtesy of SM Zemyan.

Figure 35.6：Courtesy of SM Zemyan.

Figure 35.7：Modified from Wood, JE *et al.* （1984） J. Microsc. **133** 255, Fig. 2.8 original by permission of the Royal Microscopical Society.

Figure 35.8：Modified from Bender, BA *et al.* （1980） J. Amer. Ceram. Soc. **63** 149, Fig. 1 original by permission of the American Ceramic Society.

Figure 35.10B：Courtesy of JA Eades, from Christenson, KK and Eades, JA （1986） Proc. 44th EMSA Meeting p 622, Fig. 2 original by permission of the Electron Microscopy Society of America.

Figure 35.11A−C：Courtesy of M Watanabe and MG Burke.

Figure 35.11D：Courtesy of M Watanabe, modified from Watanabe, M *et al.* （2006） Microsc. Microanal.

12 515. Figs. 10, 11 reproduced by permission of the Microscopy Society of America.

Tables 35.1, 2: From Williams, DB （1987） *Practical Analytical Electron Microscopy in Materials Science*, 2nd Edition, Table 4.2A, B reproduced by permission of Philips Electron Optics.

Table 35.3A, B: From Wood, JE *et al.* （1984） J. Microsc **133** 255, Tables 9, 11 reproduced by permission of the Royal Microscopical Society.

Table 35.4: Courtesy of M Watanabe.

第 36 章

Figure 36.1：Courtesy of M Watanabe.

Figure 36.2：Courtesy of M Watanabe.

Figure 36.3：Courtesy of JR Michael, modified from Williams, DB *et al.* （1992） Ultramicrosc. **47** 121, Fig. 1.

Figure 36.4：Courtesy of JR Michael, modified from Williams, DB *et al.* （1992） Ultramicrosc. **47** 121, Fig. 2 original by permission of Elsevier Science BV.

Figure 36.5A−C：Courtesy of M Watanabe, modified from Watanabe, M *et al.* （2006） Microsc. Microanal. **12** Suppl. 2, 1568, Figs. 2−4 reproduced by permission of the Microscopy Society of America.

Figure 36.8A, B: From Williams, DB （1987） *Practical Analytical Electron*

Microscopy in Materials Science, 2nd Edition, Fig. 4. 27 reproduced by permission of Philips Electron Optics.

Figure 36. 9: After Williams, DB *et al.* (2002) J. Electron Microscopy **51** (Suppl), S113, Figure courtesy of M Watanabe.

Figure 36. 10: Courtesy of CE Lyman, modified from Lyman, CE (1987) in J Kirschner *et al.* Eds. *Physical Aspects of Microscopic Characterization of Materials* p 123, Fig. 1, original reproduced by permission of Scanning Microscopy International.

Figure 36. 11: Courtesy of M Watanabe, modified from Watanabe, M *et al.* (2006) Microsc. Microanal. **12** 515, Fig. 13; in turn modified from Lyman, CE (1987) in J Kirschner *et al.* Eds. *Physical Aspects of Microscopic Characterization of Materials* p 123, Fig. 7.

Figure 36. 12: Courtesy of M Watanabe, modified from Watanabe, M *et al.* (2006) Microsc. Microanal. **12** 515, Fig. 5 reproduced by permission of the Microscopy Society of America.

Figure 36. 13: Courtesy of M Watanabe.

第 37 章

Figure 37. 1: Courtesy of J Bruley.

Figure 37. 2A Courtesy of JA Hunt, original by permission of Gatan Inc.

Figure 37. 2B, C: Courtesy of RF Egerton, modified from Egerton, RF (1996) *Electron Energy-Loss Spectroscopy in the Electron Microscope*, 2nd edition, Fig. 2. 2 original reproduced by permission of Plenum Press.

Figure 37. 3: Courtesy of K Scudder, reproduced by permission of Gatan Inc.

Figure 37. 4A: Courtesy of JA Hunt, reproduced by permission of Gatan Inc.

Figure 37. 4B: Courtesy of M Watanabe.

Figure 37. 5: Courtesy of JA Hunt, reproduced by permission of Gatan Inc.

Figure 37. 9A: Courtesy of JA Hunt, modified from Hunt, JA and Williams, DB (1994) Acta Microsc. **3** 1, Fig. 7 original by permission of the Venezuelan Society for Electron Microscopy.

Figure 37. 9B, C: Courtesy of C Colliex.

Figure 37. 10: Courtesy of JA Hunt, from Hunt, JA and Williams, DB (1994) Acta Microsc **3** 1, Fig. 5 reproduced by permission of the Venezuelan Society for Electron Microscopy.

Figure 37. 11: Courtesy of JA Hunt, from Hunt, JA and Williams, DB (1994) Acta Microsc. **3** 1, Fig. 4 reproduced by permission of the Venezuelan Society for

Electron Microscopy.

Figure 37.12: Courtesy of J Bruley, from Hunt, JA and Williams, DB (1994) Acta Microsc. **3** 1, Fig. 6 reproduced by permission of the Venezuelan Society for Electron Microscopy.

Figure 37.13A: Courtesy of OL Krivanek, modified from Krivanek, OL *et al.* (1991) Microsc. Microanal. Microstruct. **2** 315, Fig. 8.

Figure 37.13B: Courtesy of JA Hunt, reproduced by permission of Gatan Inc.

Figure 37.14: Courtesy of M Watanabe.

Figure 37.15A, B: Courtesy of JA Hunt, reproduced by permission of Gatan Inc.

Figure 37.16A, B: Courtesy of F Hofer.

Figure 37.17A: Courtesy of V Dravid.

Figure 37.17B: Courtesy of C Colliex.

Figure 37.17C, D: Courtesy of JA Hunt, reproduced by permission of Gatan Inc.

第 38 章

Figure 38.1: Courtesy of J Bruley.

Figures 38.2–4: Courtesy of JA Hunt, reproduced by permission of Gatan Inc.

Figure 38.5A: Courtesy of J Bruley.

Figure 38.5B: Courtesy of JA Hunt, reproduced by permission of Gatan Inc.

Figure 38.6A, B: Courtesy of RH French, modified from van Benthem, K, Elsässer, C and French, RH (2001) J. Appl. Phys. **90** 6156, Figs. 1, 7.

Figure 38.7A: Courtesy of J Bruley.

Figure 38.7B: Courtesy of JA Hunt, reproduced by permission of Gatan Inc.

Figure 38.8A, B: From Williams, DB and Edington, JW (1976) Acta Metall. **24** 323, Fig. 7 reproduced by permission of Elsevier Science BV.

Figure 38.8C: Courtesy of AJ Strutt.

Figure 38.9A: Courtesy of JA Hunt.

Figure 38.9B: Courtesy of M Libera, modified from Kim *et al.* (2006) J. Am. Chem. Soc. 128 6570, Figs. 1, 2.

Figure 38.10A, B: Courtesy of JA Hunt.

Figure 38.11: Courtesy of VJ Keast.

Table 38.1: Courtesy of RF Egerton, from Egerton, RF (1996) *Electron Energy-Loss Spectroscopy in the Electron Microscopy*, 2nd edition p 157, Table 3.2.

第 39 章

Figure 39.1: Courtesy of OL Krivanek, modified from Ahn, CC and Krivanek, OL (1983) *EELS Atlas* p iv, original by permission of Gatan Inc.

Figure 39.2: Courtesy of J Bruley, modified from Joy, DC (1986) in DC Joy *et al*. Eds. *Principles of Analytical Electron Microscopy* p 249, Fig. 8 Plenum Press.

Figure 39.3: Courtesy of J Bruley.

Figure 39.4: Courtesy of CE Lyman, modified from Lyman, CE (1987) in J Kirschner *et al*. Eds. *Physical Aspects of Microscopic Characterization of Materials* p 123, Fig. 2 original by permission of Scanning Microscopy International.

Figure 39.5: Courtesy of DC Joy, modified from Joy, DC (1979) in JJ Hren *et al*. Eds. *Introduction to Analytical Electron Microscopy* p 235, Fig. 7.6 original by permission of Plenum Press.

Figure 39.6: Courtesy of M Kundmann.

Figure 39.7: Courtesy of J Bruley.

Figure 39.8: Courtesy of K Sato and Y Ishiguro, modified from Sato, K and Ishiguro, Y (1996) Materials Transactions, **37** 643, Figs. 1, 7 Japan Institute of Metals.

Figure 39.9: Courtesy of J Bruley.

Figure 39.10: Courtesy of JA Hunt, from Hunt, JA and Williams, DB (1994) Acta Microsc. **3** 1, Fig. 14 original by permission of the Venezuelan Society for Electron Microscopy.

Figure 39.11: Courtesy of JA Hunt, from Williams, DB and Goldstein, JI (1992) Microbeam Analysis **1** 29, Fig. 11 reproduced by permission of VCH.

Figures 39.12, 13: Courtesy of JA Hunt, from Hunt, JA and Williams, DB (1994) Acta Microsc. **3** 1, Fig. 17A, B reproduced by permission of the Venezuelan Society for Electron Microscopy.

Figure 39.14: Courtesy of RF Egerton, modified from Egerton, RF (1993) Ultramicrose. **50** 13, Fig. 6.

Figure 39.15–18: Courtesy of J Bruley.

Figure 39.19A, B: Courtesy of JA Hunt, from Hunt, JA and Williams, DB (1994) Acta Mierosc. **3** 1, Fig. 16 reproduced by permission of the Venezuelan Society for Electron Microscopy.

Figure 39.20: Courtesy of F Hofer.

Figure 39.21: Modified from Egerton, RF (1996) *Electron Energy – Loss*

Spectroscopy in the Electron Microscope, 2nd edition, Fig. 1. 11 original by permission of Plenum Press. Courtesy of RF Egerton.

Figure 39. 22: Courtesy of M Varela.

Figure 39. 23: Couitesy of M Varela.

第 40 章

Figure 40. 4: Modified from Zaluzec, NJ（1982）Ultramicrosc. **9** 319, Fig 3. Courtesy of NJ Zaluzec.

Figure 40. 5B: Courtesy of J Bruley.

Figure 40. 6: Courtesy of PE Batson, from Batson, PE（1993）Nature **366** 727, Fig. 1 reproduced by permission of Macmillan Journals Ltd.

Figures 40. 7A, B: Courtesy of VJ Keast, modified from Keast, VJ *et al.* （1998）Acta Mater. **46** 48l.

Figure 40. 8. Courtesy of RF Brydson, modified from Garvie, LAJ *et al.* （1994） Amer. Mineralogist **79** 411, Fig. 4.

Figure 40. 11: Courtesy of J Bruley and J Mayer.

Figure 40. 12: Courtesy of J Bruley.

Figure 40. 13 Modified from Alamgir, FM *et al.* （2000） Microscopy and Microanalysis Supp1. **2** 194. Courtesy FM Almagir.

Figure 40. 14 Modified from Botton, GA（2005）J. Electr. Spect. Rel Phen. **143** 129, Fig. 5. Courtesy of GA Botton.

Figure 40. 15: Courtesy of M Aronova and RD Leapman, modified from Leapman, RD and Aronova, MA（2006）in *Cellular Electron Microscopy* Ed. JR McIntosh.

目　录

第三篇　成像原理

第四篇 能 谱 分 析

第三篇　成像原理

第 22 章
振幅衬度

章 节 预 览

　　第 2~4 章已经讲过，透射电子显微镜（TEM）图像的衬度来源于样品对入射电子束的散射。电子波在穿过样品时振幅和相位会发生变化，这两种变化都会引起图像衬度。因此，在 TEM 观察中对振幅衬度和相位衬度进行区别尤为重要。大多数情况下，两种衬度实际上对图像都有影响，但是通常会选择合适条件让其中一种起主导作用。本章只讨论振幅衬度，包括 质-厚衬度和衍射衬度两种主要类型。在 TEM、扫描透射电子显微镜（STEM）模式和明场（BF）、暗场（DF）像中都能观察到这两种衬度。本章中会讨论以上两种操作模式下成像原理的主要区别，之后会讨论衍射衬度的基本原理。衍射衬度比较复杂，第 24~27 章都将讨论如何利用这种衬度鉴定和区分不同的晶体缺陷。大约在 1956 年，人们认识到衍射束强度强烈依赖于偏离参量 s，而且晶体缺陷会导致缺陷附近衍射面发生旋转，之后衍射衬度成像的作用才突显出来。所以，缺陷附近的衍射衬度依赖于缺陷的性质(尤其是应变场)。第 23 和 28 章将会讨论相位衬度以及如何运用它反映原子级的结构细节。其他形式的 TEM 成像以及对这些主要衬度形式的变体将会在第 29 章中集中讨论。

22.1　什么是衬度?

在开始描述具体衬度类型之前,先简要回顾一下"衬度"的确切含义。可以通过两个相邻区域的强度差(ΔI)来定量定义衬度(C):

$$C = \frac{(I_2 - I_1)}{I_1} = \frac{\Delta I}{I_1} \qquad (22.1)$$

实际上,人眼不能分辨<5% 的强度变化,甚至<10% 也比较困难。所以,除非来自样品的衬度超过 5%~10%,否则将无法在荧光屏或者记录的图像上被观察到。对于数码存储的图像,可以通过软件处理将低衬度提高到眼睛能够分辨的衬度。第 31 章将会讲述如何处理图像以及提高衬度。

TEM 像中看到的衬度基于来自荧光屏或者计算机显示器的绿光存在不同级别。在照相底片或者计算机屏幕上,衬度表现为不同的灰度级别,而人眼只能识别其中的 16 级左右。如果要量化衬度,就需要直接测量亮度,比如使用显微光密度计直接测量胶片或者电荷耦合器件(CCD),但通常只需定性地判别强度的差异。注意,在描述照片的时候,不要将"强度"和"衬度"混淆。衬度可以用强弱而不能用亮暗来形容。"亮"和"暗"是根据撞击到荧光屏或探测器上的电子密度(数量/单位面积)以及随后发出的可见光来判别的。事实上,最强的衬度一般是在总强度较低的辐照条件下产生的。相反,可以通过会聚电子束以减小样品的辐照面积来提高撞击荧光屏的电子数目,但是这样通常会降低图像衬度。图 22.1 总结了上述观点,同时也对衬度和强度进行了定义。

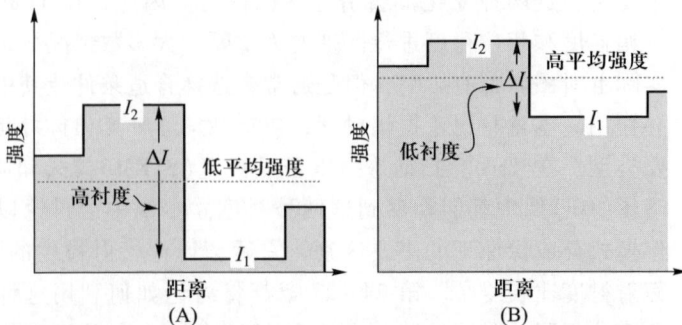

图 22.1　对图像进行强度扫描得到的曲线示意图。(A) 不同的强度等级(I_1 和 I_2)以及强度差(ΔI)决定了衬度。(B) 一般情况下,TEM 中总强度增加时衬度下降

在详细讨论两种振幅衬度之前，需要知道在图像中得到振幅衬度的操作要点。我们一般通过选择或排除成像系统中某些特定的电子来获取衬度。可以通过两种选择方法来实现：选择透射电子或散射电子来分别产生明场像或暗场像。所以，这一章是建立在学习第 2~4 章(电子散射)以及第 9 章(TEM 操作)的基础之上的。

22.2 振幅衬度

振幅衬度源于质量、厚度的变化及两者的共同作用：厚度增大时电子会与更多材料(更大质量)发生作用，因而厚度的变化会导致衬度的产生；由于样品不是完整、均匀的薄样品，局域衍射变化也会引起衬度的产生。

22.2.1 图像和衍射花样

回顾图 2.1，强度均匀的入射束被样品散射后会变成强度不均匀的衍射束。强度变化的电子束轰击观察屏或电子探测器转化为屏幕上的衬度。衍射花样中透射束和衍射束的分立导致了不均匀的衬度分布。用 TEM 成像的基本原则是：首先观察衍射花样，因为衍射花样表明了样品的散射过程。对于显示衍射衬度的晶体样品，像和衍射花样的关系尤为重要。然而无论采用哪种衬度机制或者研究何种样品，都必须首先观察衍射花样。

22.2.2 物镜光阑和 STEM 探头的使用：明场像和暗场像

为了将电子散射变成可见的振幅衬度，可以在选区衍射模式下选择透射束或者某个衍射束来分别形成明场像或暗场像(记住，小的光阑可以提高衬度但是可能会降低分辨率)。因为电子已经离开了样品，所以用"束"这个术语是合理的。在第 9.3 节中提到过用物镜光阑来选择 TEM 中透射束或某一散射束。记住，如果不用光阑成像，那么很多电子束都会对成像有贡献，对衍射衬度产生干扰，衬度会比较差(低)。而且，离轴电子的像差将导致图像不能聚焦。光阑大小的选择决定了哪些电子参与成像，自然就控制了衬度。

图 22.2 是 Al 单晶样品的衍射花样，白色圆圈代表物镜光阑的两个可能位置。在这张图中，如果光阑位置处于 A，即仅仅选择了透射束，那么在透镜的后焦面会形成明场像。在这种设置下，无论样品是晶体(本情况中)还是非晶体都会产生振幅衬度。如果光阑处在位置 B，即仅选择特定方向的散射电子束，那么形成的就是暗场像。根据传统(50 多年)操作方法，形成暗场像时，可以通过倾斜入射电子束使得散射束位于光轴上。由此可以得到在第 9.3 节中介绍的中心暗场像(CDF)。之后的第 22.5 节中将会讨论 CDF 技术，一般认为

CDF 是暗场像的默认操作模式。但也可以看到移动光阑相比于倾转样品具有一定优势（这时 BF 和 DF 像都在相同的衍射条件下获得）。随后将会讨论，如果想要观察相位衬度，则需要使用足够大的物镜光阑收集多束电子。

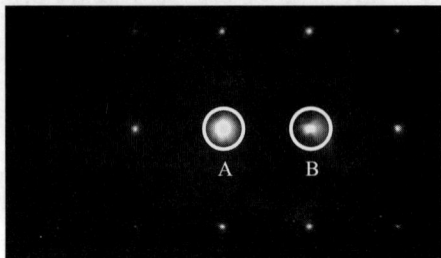

图 22.2 形成明场像(A) 和暗场像(B) 时物镜光阑与衍射花样的关系。圆圈表明物镜光阑的位置

BF 和 DF

形成振幅衬度像的两种基本方法。

　　STEM 成像采用类似的方法选择透射束或散射束，区别是使用探头来取代物镜光阑进行电子束的选择。图 22.3 是两种操作模式的对比，回顾第 9.4 节，在后焦面的共轭面上插入沿中心轴的明场(BF) 探头和环形暗场(ADF) 探头，通过调整样品下方的透镜（成像透镜）来改变相机常数进而控制哪些电子撞击在探头上并参与成像。显然，对于暗场像，使用环形探头可以比用物镜光阑收集到更多的电子，这对某些样品成像有利，而对一些样品则并不适合，我们后面会进一步讨论。

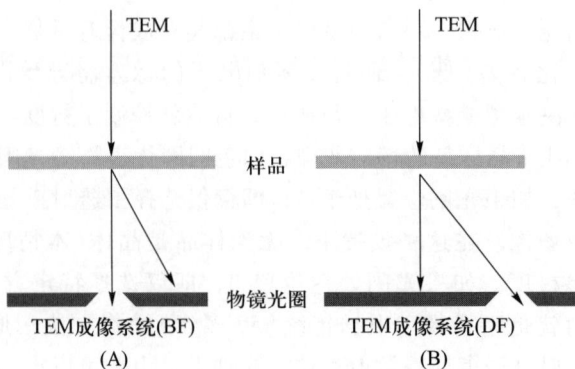

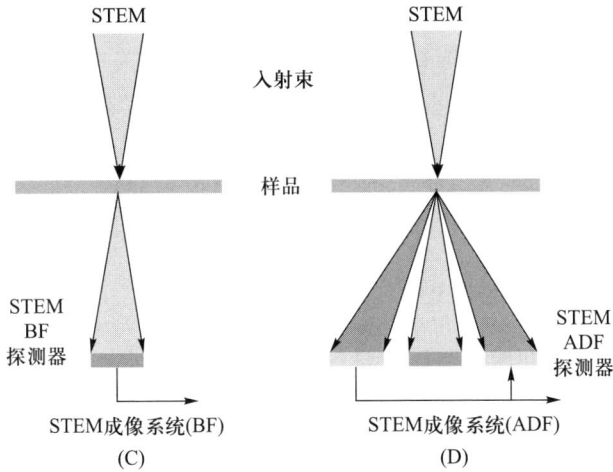

图 22.3 TEM 中使用物镜光阑分别选择透射束(A)、散射束(B)形成明场像和暗场像。STEM 中使用光轴上的探测器(C)和离轴环形探测器(D)来实现相应操作

总之,用透射束或者散射束能分别形成明场像和暗场像。为了理解和控制图像的衬度,需要知道样品的哪些特性导致了散射以及 TEM 哪些操作会影响衬度。

22.3 质-厚衬度

电子的非相干弹性散射(卢瑟福散射)引起质-厚衬度。如第 3 章中所述,卢瑟福散射的散射截面与样品的原子序数 Z(即对应质量或密度 ρ)以及厚度 t 有密切关系。薄样品中的卢瑟福散射是很强的向前散射。因此,如果用小角(<~5°)散射电子成像,那么质-厚衬度比较明显(但同时也和布拉格衍射衬度竞争)。然而,在高角位置(>5°),布拉格散射通常可以忽略,可以收集低强度的散射束(前者通常为相干散射,后者为非相干散射;后面将会讨论这两种术语)。这些电子束的强度只决定于原子序数 Z,所以叫作 Z 衬度,包含元素信息,与扫描电子显微镜(SEM)中的背散射电子(BSE)图像类似。可以在原子分辨率上得到这些图像,尤其是在专用扫描透射电子显微镜(DSTEM)中。TEM 中也可以得到 BSE 像,但是因为样品很薄,背散射电子数目太小以至于成像噪声大、质量差,因此没有人这样做。所以,不要浪费钱去购置背散射电子探头(但是二次电子探头是十分有用的)。

质-厚衬度在观察聚合物等非晶材料时显得尤为重要,是生物研究领域的重要衬度机制。但是,任何质量和厚度的变化都会引入衬度。如在第 10 章中提到的,块状样品几乎不可能减薄到均一厚度[虽然聚焦离子束(FIB)技术可以制备厚度相对均一的样品],所以几乎所有的实验样品都会有质-厚衬度。在某些情况下,质-厚衬度是能观察到的唯一衬度。

本章节中,假设图像中没有衍射衬度。这对非晶样品显然成立。如果是晶体样品,可以移开物镜光阑或者使用环形暗场探头来减少衍射衬度。但一般仍需要使用物镜光阑减小透镜像差的作用来提高质-厚衬度。非晶样品同样也可以形成明场像和暗场像。

22.3.1 质-厚衬度的原理

图 22.4 是质量和厚度差异引起衬度的原理示意图,我们将在此基础上定性介绍作用过程。当电子穿过样品时,电子与原子核发生弹性散射(也就是卢瑟福散射)偏离中心轴。根据第 3 章可知以下两点:

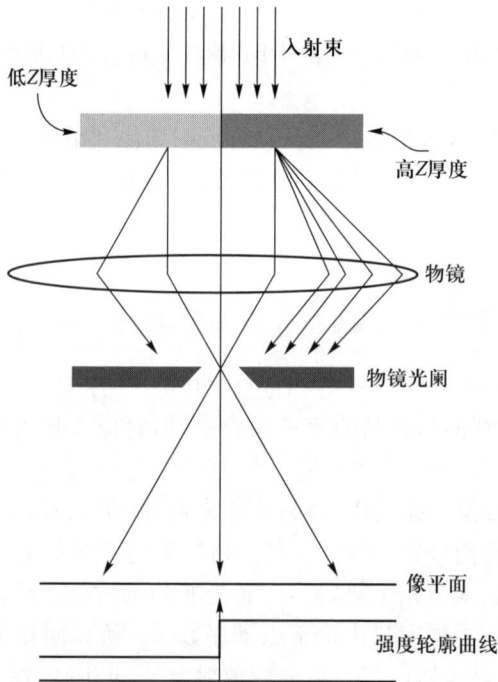

图 22.4 明场像中形成质-厚衬度的原理。样品中厚/高 Z 区域(暗)比薄/低 Z(亮)区域散射产生更多离轴电子,所以电子穿过较暗的样品区域后落在像面对应区域(接着荧光屏)上的电子数目更少,即在明场像中表现为亮度更低

■ 弹性散射截面是 Z 的函数。
■ 平均自由程保持不变,样品厚度增加则弹性散射概率变大。

经过简单的定性讨论就会理解相同的厚度下高 Z(也就是高质量)样品区域

比低 Z 区域散射的电子多。同样，所有其他参数保持不变时，在相同的平均原子序数 Z 情况下，厚区域比薄区域散射电子更多。虽然从后面的内容可以知道，定量计算散射强度是可行的，但是质-厚衬度像通常仍可以如上简单地定性解释。从图 22.4 中可以看出，明场像中厚/高 Z 的区域比薄/低 Z 的区域暗。暗场像中正好相反。

这是对质-厚衬度像最简单的解释。有时候质-厚衬度被解释为样品对电子吸收量的差异，因此可能会出现"吸收衬度"这种表述。编者认为这个概念是有误导性的，因为薄样品对电子实际吸收的量很少；电子被散射到光阑或者探测器以外，而不是样品内的吸收引起了衬度。同样原因，编者也不倾向于使用有时被用来描述这种现象的"结构因子衬度"，因为其暗含布拉格散射的贡献，而在一些情况下，并不存在布拉格散射。

然而，应该注意，如果厚度固定的薄样品中存在不同原子组成的小晶体，由于 $I \propto |F|^2$，小晶体与衬底间结构因子（F）的差异将会引起衬度变化。例如，通过这种方法可以在非常薄的 Al 合金薄片中探测到纳米尺寸的 Ag 原子团簇。相反，原子的缺失（也就是空位）也会产生不同的散射，尽管菲涅耳衬度（见第 23 章）对研究空位和气泡更为合适。

下面先看几张质-厚衬度的图像，了解 TEM 中可以控制的参数。

22.3.2 TEM 图像

图 22.5A 是非晶碳膜上橡胶颗粒的明场像。假设橡胶主要由碳组成，那么 Z 保持不变，仅仅厚度 t 发生变化。因为橡胶颗粒比较厚，所以它们比碳膜暗。实际上所看到的主要是橡胶颗粒的投影像。因为是投影像，所以不能断定颗粒就是球形的（事实上的确为球形）。它们完全可以是圆盘形或圆柱形。可以通过给颗粒附加上影子来实现通过一张图像判断颗粒形状，即像图 22.5B 那样以一定的倾斜角度给颗粒蒸镀上一薄层重金属（Au 或者 Au-Pd），影子的形状就会揭示颗粒的真实形状。

影子技术在原有的厚度衬度像基础上引入了质量衬度。假设 Au-Pd 层相对于支撑碳膜很薄，由于 Au-Pd 的平均原子序数 Z 与碳薄膜有差别，所以影子的衬度主要是质量衬度。如果球非常小，那么朝向金属蒸镀源的球面会沉积更厚的 Au-Pt，所以球的两侧可能还会有强度改变。

将图 22.5B 反相（或者拍一张暗场像）会得到比较有意思的结果，如图 22.5C 所示。这张图中可以看到橡胶球立在碳膜上，尽管这样，这仍是一张二维的投影像。因为影子是暗的，人脑会认为这是一张反射光像，让它看起来像立体的图像。虽然在这个例子中，这样解释是对的，但实际情况并不总是如此。我们多次强调，解释三维样品的二维图像时一定要小心。

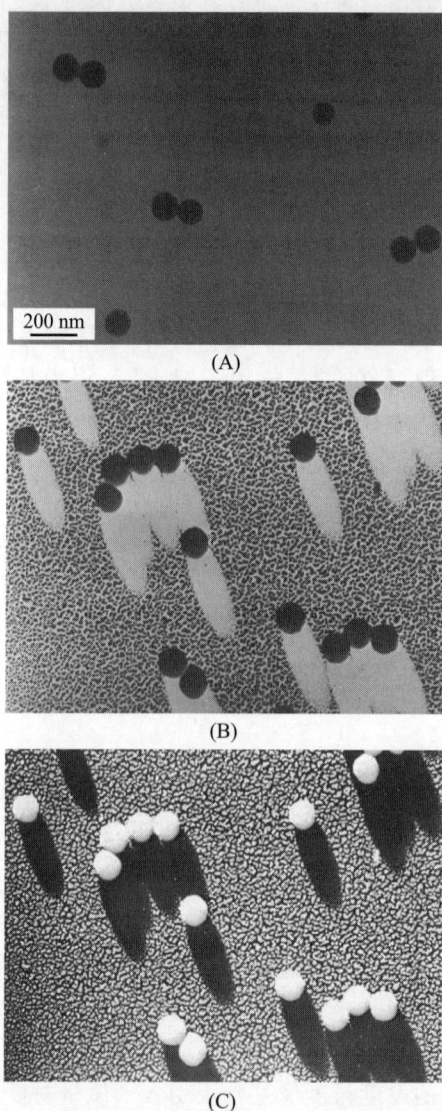

(A)

(B)

(C)

图 22.5　（A）支撑碳膜上橡胶颗粒的 TEM 明场像，仅仅表现出厚度衬度。（B）通过在图像中选择性地引入质量衬度形成影子可以反映出碳膜上橡胶颗粒的实际形状。（C）对图（B）进行衬度反转可以获得 3D 效果的图像

　　除了通过阴影法来提高质–厚衬度外，将聚合物和生物样品的不同区域用重金属 Os、Pb 和 U 等元素染色也是常用的方法。染色法将重金属填充到结构特定的区域中（如聚合物中不饱和的 C ═C 键、生物组织的细胞壁等），在明场像中染色的区域就会变暗。图 22.6 是经过染色处理的两相聚合物的明场像。

因为样品厚度均匀(超薄切片样品),图像只有质量衬度。

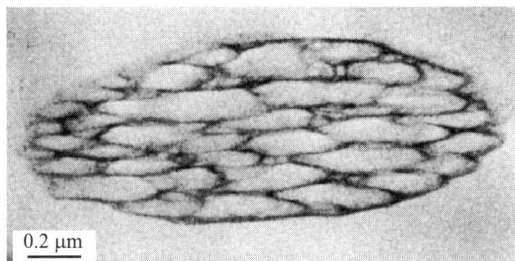

图 22.6 经过染色处理的两相聚合物明场像,由于重金属原子在暗相不饱和键位置聚集而呈现质-厚衬度

TEM 中的可变参数

对于一个给定样品,影响其质-厚衬度的 TEM 参数是物镜光阑大小和加速电压的高低。

如果选择大光阑让更多的散射电子参与形成明场像,那么整个图像的亮度就增强了,但散射区域与无散射区域的衬度会降低。如果选择低的加速电压,散射角和散射截面同时增大,更多的电子散射在给定光阑以外而打在光圈上,图像衬度会提高,但衬度提高的代价是强度的降低。对热电子源的 TEM 来说,减小加速电压,电子枪发射强度变小,图像强度的降低会更为明显。图 22.7

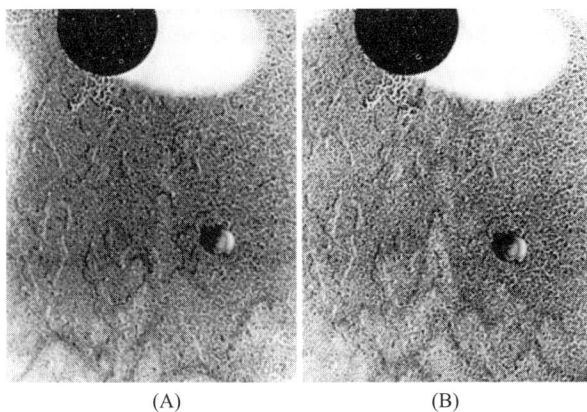

(A)　　　　　　　　　(B)

图 22.7 物镜光阑的大小对于质-厚衬度的影响;当光阑大小为 70 μm(A)和 10 μm(B)时收集的影子技术处理过的橡胶颗粒图像。与低电压的效果一样,采用小的光阑改善了图像衬度

给出小光阑如何提高衬度的实例。当然，强度的降低可以通过延长曝光时间来补偿，除非样品漂移比较严重。

对于暗场像，此处不再赘述：图像衬度与明场像互补（类似于图 22.5B 和图 22.5C 的图像衬度反转），但是也有例外（第 24 章将会讲到）。因为物镜光阑只选择了一小部分散射电子，暗场像的整体亮度将比明场像低很多（也就是说"明"和"暗"是相对的）。很容易想到，样品中的洞在明场像中是亮的，而在暗场像中是暗的。然而，按低强度对应高衬度的推论，暗场像一般显示较好的衬度。

22.3.3　STEM 图像

STEM 比 TEM 更具有灵活性，因为可以通过改变相机常数 L 改变探测器的收集角，实际上相当于改变物镜光阑［后面将会提到早前的 TEM 可以做到这些，而且选区电子衍射（SAD）光阑是三角形的或者正方形的］，这就更容易控制利用哪些电子来成像。尽管如此，STEM 明场像并不比 TEM 明场像更具优势。一般情况下，STEM 图像比 TEM 图像噪声更大［除非用场发射扫描透射电子显微镜（FEG STEM）］。图 22.8 是利用图 22.6 中使用的两相聚合物得到的噪声较大的 STEM 明场像。即使是很薄的样品，STEM 像的分辨率通常也比较差，因为电子束的大小限制了分辨率。在扫描像中，为了在合理的时间内给出合理的像强度，如第 9 章讨论扫描像和静态像时所说，必须用较大的束斑。图 22.9 是低衬度样品的 TEM 和 STEM 明场像比较。STEM 图像的衬度得到了提高而且明显比 TEM 像要好，但噪声也更强。然而，如果用 CCD 相机拍摄 TEM 图像或者将底片数字化也会提高衬度（见第 31 章）。提高衬度的另一种好方法是利用几种图像处理软件（见第 31 章）来处理图片，效果如图 22.9C。

STEM

STEM 现在是 TEM 中的一种常规高分辨技术。

在 STEM 暗场像中，散射电子落在环形暗场（ADF）探头上，这导致了 TEM 和 STEM 暗场模式的本质区别：

- TEM 暗像通常由一小部分允许穿过物镜光阑的散射电子形成。
- STEM 像利用 ADF 探头收集了大部分散射电子。

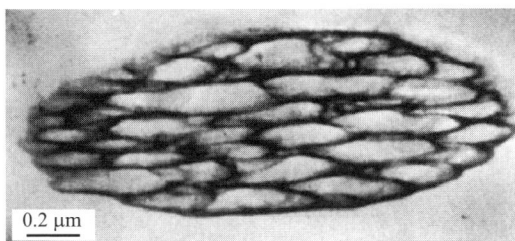

图 22.8 染过色的两相聚合物的 STEM 明场像。与图 22.6 的 TEM 像对比表明 STEM 像的衬度提高了，但是像的质量降低了

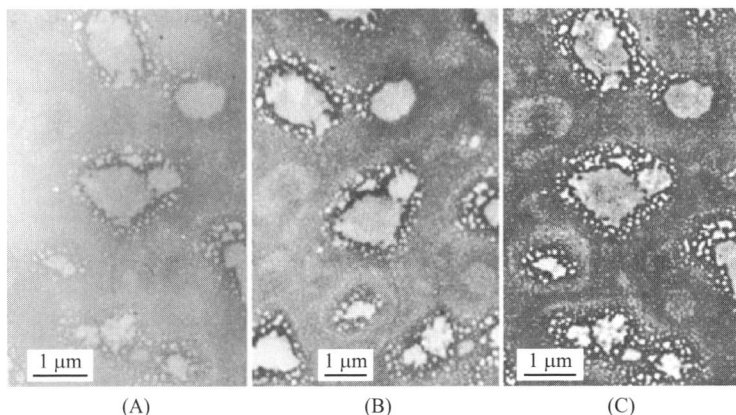

| (A) | (B) | (C) |

图 22.9 含有富 Cl 气泡的非晶 SiO_2 样品的 TEM(A)和 STEM(B)图像对比。TEM 像的低质量衬度在 STEM 图像中通过信号处理可以得到提高。相似效果能够通过数字化 TEM 图像(A)并应用衬度提高软件来实现(C)

STEM 图像衬度

记住，通过调节信号处理控制面板可以提高 STEM 图像衬度：例如调节计算机屏幕上的探测器收益、灰度以及衬度和亮度控制，这些调节选项在类似的 TEM 图像处理中是没有的。

所以，STEM 环形暗场像的噪声比 TEM 暗场像要小，如图 22.10 所示。又因为 STEM 图像没有通过透镜来成像(虽然形成束斑使用了透镜)，所以环形暗场像是没有像差的，而在等效离轴 TEM 暗场像中则存在像差。

STEM 环形暗场像的衬度比 TEM 暗场像要好：STEM 中可以调整相机常数

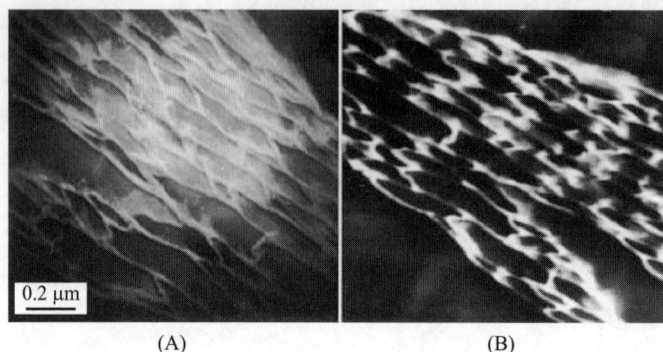

(A)   (B)

图 22.10　图 22.6 和图 22.8 中的两相聚合物的 TEM DF 图像(A)和 STEM ADF 图像(B)对比。同明场像一样，STEM 像衬度高，但分辨率低。ADF 光阑比 TEM 物镜光阑收集更多的信号，所以 STEM 像噪声小

L 使打到探测器上的散射电子数与通过探测器中央小孔的比率达到最大。盯着计算机显示屏上的图像调整 L，很容易就可以提高衬度。

　　然而，从图 22.10 可以看到 TEM 暗场像的衬度较差而且噪声较大，但仍具有较高的分辨率。因为厚样品的色差效应不会影响 STEM 像，所以热电子源 STEM 像一般只有在对厚样品成像时才具有比 TEM 像更高的分辨率。如果衬度比分辨率重要，那么 STEM 像更有效。实际上，在 STEM 中可以研究那些在 TEM 中几乎没有衬度的未被染色的聚合物。

DP 和 STEM

　　STEM 必须要合轴，这样 DP 才会以光轴为中心扩展和收缩。

　　如果样品对电子束敏感，如聚合物等，STEM 成像仍然是有用的。利用扫描电子束可以很精确地控制样品上的辐照区域，所以这是一种低剂量电镜模式（见第 4.6 节）。除非使用 FEG STEM，否则将损失一定的图像分辨率。

　　前面是对 TEM 和 STEM 像的定性对比，但是也有一些关于 STEM 和 TEM 衬度的定量对比，特别是对生物样品。20 世纪 70 年代，STEM 技术刚被发明时，由于没有色差，人们都预言 STEM 的分辨率一定比 TEM 好；甚至有人预言传统 TEM 图像会被取代。但现在看来这并没有发生，因为决定图像质量的因素不仅仅是色差，特别是对晶体样品。综上所述，以下几种情况选择 STEM 质-厚衬度像会更为有效：

　　■ 样品太厚，色差限制了 TEM 分辨率。

■ 样品对电子束敏感。

■ TEM 中样品本身的衬度太低，而又不能将 TEM 图像或底片数字化。

■ 样品特别适合于 HRTEM 的 Z 衬度像。

最后一种情况将在第 22.4 节和第 28 章中讨论。在附录有更详细的讨论。

需要注意：① 自从很多的对比性研究工作开展以来，STEM 已经有了很大的改进；② TEM 中的低剂量技术将会有很大的提高；③ 现在已经能够将底片数字化——底片会在不久的将来被淘汰。

22.3.4　质-厚衬度样品

质-厚衬度是非晶样品的主要衬度来源，这也就是为什么本章主要讨论聚合物样品。复型膜也具有质-厚衬度（图 22.11A），第 10 章讲述过复型膜可以

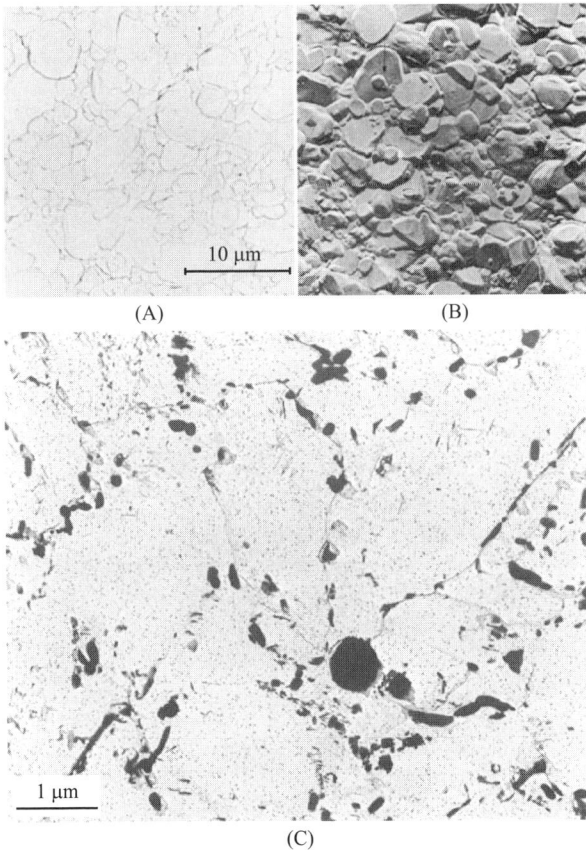

图 22.11　质-厚衬度的一些例子：（A）断层表面的碳复型膜几乎给不出任何衬度；（B）倾斜喷涂处理后的图像显示了样品的形貌；（C）Cr-Mo 不锈钢焊点处中小颗粒沉积相的萃取复型膜图像，质量和厚度对衬度都有贡献

重现样品的形貌, 比如断层表面等。非晶碳复型膜可以使用直接获取的(不进行倾斜喷涂重金属膜处理)(图 22.11A)也可以进行倾斜喷涂的重金属膜来处理(图 22.11B)。不均匀的金属涂层增强了质-厚衬度, 突出了形貌, 如图 22.5 中的橡胶颗粒一样。萃取后的复型膜(图 22.11C)和分散在支撑膜上的颗粒给出的都是质-厚衬度; 倾斜喷涂法对于揭示颗粒形状非常有用。如果是晶体样品, 衬度中会包含衍射衬度成分。如果要分析颗粒的元素组成, 就最好不要进行倾斜喷涂。

22.3.5 定量质-厚衬度

由于质-厚衬度是由卢瑟福散射决定的, 可以用第 3 章给出的公式来预言 Z、t 对散射角 θ 的影响以及加速电压对散射截面的影响。假定原子散射是相互独立的(也就是说散射是不相干的)。实际情况并非如此, 因为即使是非晶样品的衍射图案也是弥散衍射环, 而不是均一的强度(图 2.13A)。尽管如此, 仍假定散射是非相干的。

本章开头讲到, 衬度 C 由 $\Delta I/I$ 定义。在原子序数 Z 相同的情况下, 厚度变化 Δt 产生的衬度是

$$\frac{\Delta I}{I} = 1 - e^{-Q\Delta t} \tag{22.2}$$

式中, Q 是总弹性散射截面。如果 $Q\Delta t < 1$, 那么 C 就等于 $Q\Delta t$。如果人眼能分辨的最小衬度是 5%, 则能看到的最小厚度变化 Δt 为

$$\Delta t \cong \frac{5}{100Q} = \frac{5A}{100 N_0 \sigma \rho} \tag{22.3}$$

式中, A 为原子量; N_0 为阿伏伽德罗常量; σ 为单个原子的散射截面; ρ 为密度。

对于 ΔZ 的情况可以做类似的讨论(这里 σ 或者 ρ 变化了)。所以, 如果要计算衬度, 就需要知道 σ。如在式(3.8)中提及的, 对于小角度散射, 卢瑟福微分散射截面等于 $f(\theta)^2$, $f(\theta)$ 是原子散射因子, 由式(3.9)定义:

$$f(\theta) = \frac{\left(1 + \dfrac{E_0}{m_0 c^2}\right)}{8\pi^2 a_0} \left(\frac{\lambda}{\sin\theta/2}\right)^2 (Z - f_x) \tag{22.4}$$

Z 项反映了卢瑟福散射。对非屏蔽卢瑟福散射(忽略电子云作用), σ 正比于 Z^2。虽然非屏蔽行为依赖于 E_0 和 Z, 但在电子散射角(记住, 当谈论散射时均指半角)大于 5°(例如对于 Cu 样品)的情况下依然是非常好的近似。小角度下, 散射屏蔽效应逐渐增强(对 Z 的依赖程度变小), 散射更多地由非弹性散射和衍射决定。小角度和大角度散射并没有明确的界线, 但是当角度大于 θ_0 时屏

蔽效应明显消失，θ_0 是式(3.4)中定义的屏蔽参数。

可以用原子散射因子[式(22.4)]来决定电子被散射到大于某个给定角度的概率。为了做到这一点，对 $|f(\theta)|^2$ 从 β（由物镜光阑的收集角定义）到无穷大积分，即

$$\sigma(\beta) = 2\pi \int_{\beta}^{\infty} |f(\theta)|^2 \theta \mathrm{d}\theta \tag{22.5}$$

计算得到

$$\sigma(\beta) = \frac{\left[Z\lambda \left(\dfrac{a_0}{Z^{0.33}} \right) \left(1 + \dfrac{E_0}{m_0 c^2} \right) \right]^2}{\pi (a_0)^2 \left(1 + \left(\dfrac{\beta}{\theta_0} \right)^2 \right)} \tag{22.6}$$

式中，a_0 是玻尔半径；θ_0 是特征屏蔽角；其他符号为常规含义（见第 3 章）。从式(22.6)中可以直接看到原子序数 Z 和加速电压对电子散射即衬度的影响。如前所述，高原子序数 Z 的样品散射较强，降低入射能量 E_0 可以增强散射。厚度效应是由弹性散射的平均自由程 λ（反比于散射截面 σ）引起的。因此，厚的样品散射更强。

假定 n_0 个电子入射到样品，$\mathrm{d}n$ 个电子以大于 β 的角度被散射。因此，根据式(22.6)，忽略非弹性散射（尽管不太合理，但仍以此来简化问题），那么穿过物镜光阑后参与形成明场像的电子的减少量为

$$\frac{\mathrm{d}n}{n} = -N\sigma(\beta)\mathrm{d}x \tag{22.7}$$

式中，$N = N_0/A$；N_0 是阿伏伽德罗常量；$\sigma(\beta)$ 由式(22.6)给出；$x = \rho t$。这个表达式给出了衬度对 Z 和 t 的依赖关系。进行积分

$$\ln n = -N\sigma x + \ln n_0 \tag{22.8}$$

等式变换，得到

$$n = n_0 e^{-N\sigma x} \tag{22.9}$$

这表明散射电子数量(n)随样品质厚度($x = \rho t$)的增加而指数递减。

正如你将要收集的信号一样，以上公式是一定程度上的近似，但是给出了一个关于质-厚衬度影响因素的直观感觉。对于给定样品，Z 和 t 的局域变化是可变量；电镜中，可变化量是 β 和 E_0，可以通过控制这些参数来改变衬度，如图 22.7 所示。

原则上，可以通过这些等式和公式(22.1)来计算 Z 和 t 变化所引起的衬度，来判定它们是否达到 5% 的衬度可观察标准。然而，实际上一般不会去计算材料样品的简单质-厚衬度。

22.4　Z 衬度

Z 衬度是一种高分辨(原子级别)、显示质量-厚度(Z)的成像技术。在此讨论它是因为其代表了质-厚衬度的极限,即单个原子或单个原子列引起的可被探测到的散射。

20 世纪 70 年代,早期的 FEG STEM 展示了在低 Z 衬底上能看到单个重原子(例如,Pt 和 U)的强大能力,如图 22.12 所示。图像是 ADF 探头收集低角度弹性散射电子形成的。单原子散射是非相干的,像强度是所有单个原子散射的总和。常遇到的问题是衬底厚度的变化以及非弹性散射电子会对环形暗场像产生影响。这可以通过从数值化的 ADF 信号中减去电子能量损失谱(EELS)系统中的非弹性散射(能量损失)来解决。这种技术的缺点是在低角度 EELS 信号中包含有衍射衬度(例如,来自晶体衬底),使图像解释更为复杂。图 22.12 中较大的明亮区域来自进入环形暗场探测器的 Al_2O_3 衬底的衍射,使 Pt 原子的散射变得模糊。

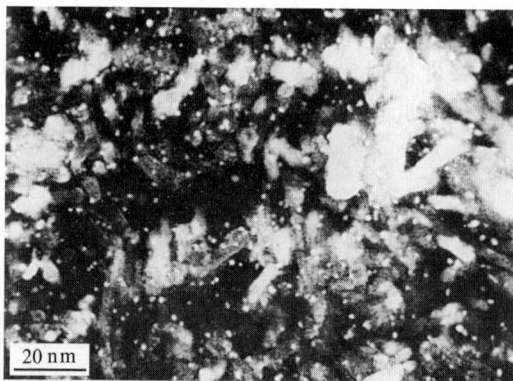

图 22.12　通过 FEG STEM 获得的在 Al_2O_3 晶体薄膜上单个 Pt 原子或原子团簇的 Z 衬度 ADF 像

HAADF

这个探测器叫作高角 ADF 或者 HAADF 探测器。Z 衬度像也被命名为 HAADF 像。Fischione HAADF 探测器外部直径是 28 mm,内部直径是 4 mm。

因为存在布拉格散射,早期的 Z 衬度方法不适合研究晶态样品。因为一般的 ADF 探头都会收集到一些布拉格电子,所以有必要设计一个具有非常大中

心光阑的 ADF 探头。这样，就能得到薄晶体的 *Z* 衬度像了（图 22.13）。可以通过调节样品后的透镜组来减小相机常数，以保证布拉格电子［包括高阶劳厄区（HOLZ）散射］不打在探头上。这样，就只有高角度散射电子参与成像。

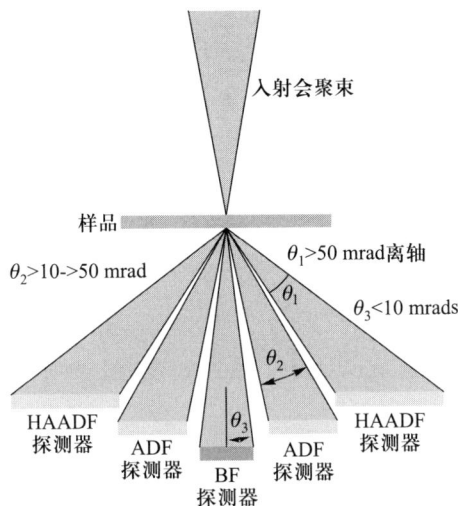

图 22.13 STEM 中 *Z* 衬度像的 HAADF 探测器示意图。传统的 ADF 和 BF 探测器以及被每个探测器收集的电子散射角度范围均在图中注明

如果 HAADF 探头只收集半角大于 50 mrad（~3°）的散射电子，就可以避免布拉格效应。注意，冷却样品具有增强相干 HOLZ 散射的作用，所以除了必要的情况一般不要冷却样品。高角散射中依然包含电子通道效应，所以最好远离强的双束条件而靠近带轴方向成像。

晶体的 *Z* 衬度像是什么样子呢？图 22.14A 是一张 Si 中注入 Bi 的 TEM 明场像，图 22.14B 是它的 *Z* 衬度像。在透射束形成的 TEM 明场像中，可以观察到注入 Bi 所产生的缺陷（在第 26 章将会讨论这种缺陷引起的衍射衬度），然而与 Bi 有关的衬度却得不到显现。在 *Z* 衬度像中，注入 Bi 的区域是亮的，但观察不到缺陷。可以将图 22.14 中的亮度变化与样品中 Bi 浓度的测量联系起来。为了实现这一点，必须选择一个合适的弹性散射截面。衬度与母体（σ_A）以及合金或掺杂元素（σ_B）的弹性散射截面直接相关

$$C = \left(\frac{\sigma_A}{\sigma_B} - F_B \right) c_B \qquad (22.10)$$

式中，c_B 是合金元素的原子浓度；F_B 是合金原子替代母体原子的比率。定量强度的绝对精度能高于 ±20%。

对于束斑尺寸<0.3 nm 的场发射电子枪（FEG），*Z* 衬度像可以达到接近于

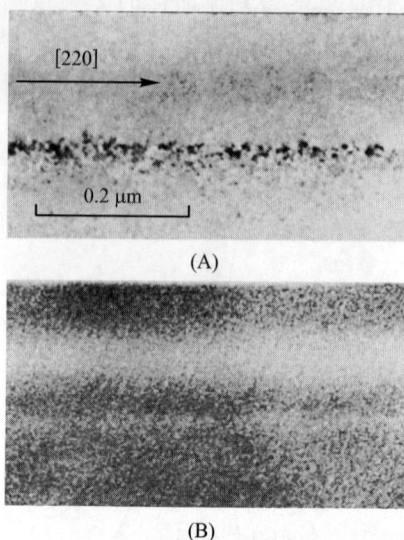

[220]

0.2 μm

(A)

(B)

图 22.14 （A）Si 中注入 Bi 形成的一排缺陷所对应的低分辨 TEM 明场像。（B）在 Z 衬度条件下获取的图像，与注入相关的缺陷不再可见，而样品中注入 Bi 的区域更为明亮

探针直径的分辨率。图 22.15A 是一张高分辨 TEM 相位衬度像，样品是 Si 上外延生长的 Ge，Ge 的表面覆盖一层非晶态的 SiO_2。相位衬度像不能区分 Ge 和 Si。图 22.15B 是同一区域的 STEM Z 衬度像，高原子序数 Z 的 Ge 区域非常清楚而低原子序数 Z 的 SiO_2 层显示非常暗。虽然 Z 衬度像噪声比较大，但相位衬度和 Z 衬度像中都可以观察到 Ge 和 Si 晶体的原子结构。在第 28 章中将会详细讲到，相位衬度像可以显示出同 Z 衬度像一样的效果。图 22.15C 是在 Z 衬度像上标示出晶界模型，已经用最大熵方法对图像进行精修处理从而除去了噪声，可以很容易地看到原子级细节。

HAADF

　　HAADF 的优势在于物镜离焦量（Δf）以及样品厚度较小的变化通常不会影响图像衬度。

　　第 28 章中将会看到，原子分辨率相位衬度像的解释需要知道 t 和 Δf 的信息。一些电子显微学家声称随着更多 FEG STEM 的出现，Z 衬度像将会成为将来获取高分辨图像的主要方法；而另一部分人则强烈反对这一观点！

　　可以认为图 22.15B 是直接表明样品中 $f(\theta)$ 变化的分布图。从这个角度看，与显示特定元素分布的 X 射线图谱类似。

分 辨 率

$f(\theta)$分布图具有原子量级的分辨率，这是 XEDS 成像技术暂时达不到的。

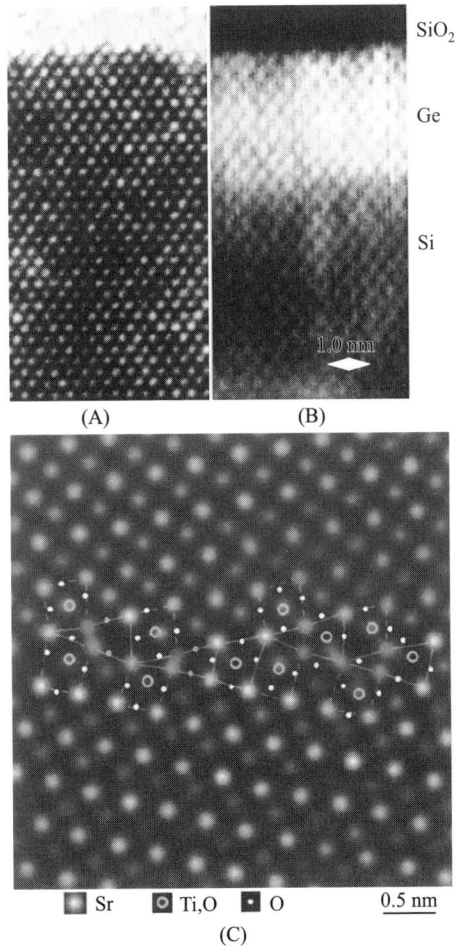

图 22.15 （A）Si 上外延生长 Ge，表面是 SiO_2 非晶层的样品对应的高分辨相位衬度像。晶体区域普遍存在的明亮点列是原子列，但 Ge 和 Si 的区域是分辨不开的。（B）高分辨 Z 衬度 STEM 像显示了原子列，而且在 Si-Ge 界面有很强的衬度，在低原子序数 Z 的氧化物区域亮度较低。（C）在处理过的 Z 衬度像上叠加 $SrTiO_3$ 边界的结构模型

为什么 Z 衬度像要用 STEM 技术呢？模拟显示屏相对于数字化探测器会给 TEM 中的成像带来更多的局限性。然而，若要在 TEM 中得到 Z 衬度像就必须创造出与 STEM 相同的电子光学条件。TEM 中的电子束会聚角要等于 HAADF 探头的收集角。这就是所谓"倒易原理"的一个例子，下一节（第 22.6 节）会有详细的讨论。为了把 TEM 电子束会聚到所要求的角度范围内，就需要采用所谓的"空心锥（hollow-cone）"照明系统，这就要用到环形的 C2 光阑。然而空心锥照明系统能达到的最大入射角通常为数个毫弧度，而与 STEM HAADF 探测器 50～150 mrad 的收集角相去甚远。所以，TEM 的 Z 衬度像与 STEM 还是不等价的，因为它总是包含来自晶体样品的衍射衬度。所以我们将要讨论衍射衬度，衍射衬度是 TEM 图像中的另一种振幅衬度。

在后文中（第 39.10 节）：Z 衬度像可以与 EELS 谱在同一区域同时收集。对于获取相同信息技术方法而言，这种技术具有很大的优越性。

22.5　TEM 衍射衬度

本书上册中讲到，布拉格衍射由晶体结构和样品取向决定。利用衍射可以在 TEM 图像中产生衬度。衍射衬度是散射发生在特殊角度（布拉格角）时振幅衬度的一种特殊形式。前面已经讲述了非相干弹性散射是如何形成质-厚衬度的，现在来探讨相干散射如何形成衍射衬度。众所周知，晶体样品通常产生一套单晶衍射图案（DP），如图 22.2 所示。因此，同质-厚衬度一样，可以用物镜光阑套住透射束或任何一束衍射束来分别形成明场像（图 22.2A）或暗场像（图 22.2B）。注意，为产生明锐的衍射斑和强的衍射衬度，要用平行电子束入射。所以，最好使 C2 欠焦从而将电子束散开。

22.5.1　双束条件

质-厚衬度成像和衍射衬度成像的主要区别是：可以用任何散射电子来得到显示质-厚衬度的暗场像。然而，为了在明场像和暗场像中得到明显的衍射衬度，需要将样品倾转到双束条件，双束条件下仅有一束很强的衍射束。当然，衍射花样中另一个很强的斑点就是透射斑。

注意：强激发 hkl 衍射束中的电子被一系列特定的 hkl 平面衍射。所以，暗场像中明亮区域对应 hkl 平面满足布拉格条件的区域。因此，暗场像包含特定的取向信息，而不是像质-厚衬度那样仅仅包含一般的散射信息。

可以倾转样品得到几种不同的双束条件。图 22.16A 是一张单晶样品的正带轴衍射花样，电子束沿着[011]。它的周围是稍微倾转样品后不同 hkl 斑点被强激发所得到的一系列双束条件衍射花样。倾转样品后，每一个强激发的衍射束都可以形成暗场像，每个衍射束给出的图像都不相同。

双 束 条 件

研究晶体材料需要花费大量的时间倾转样品以得到不同的双束条件。

如图 22.16B、C 所示，双束条件下的 BF 和 DF 图像呈现出互补的衬度。第 23 章将给出衬度的详细解释。很明显，为了得到一系列双束条件，需要很精确地倾转样品，所以研究晶体材料时，通常选用双倾样品杆。

在接下来的章节中将会看到，双束条件不仅可以提高衬度还能极大地简化对图像的解释。这也是在上册中讨论衍射时强调双束理论的原因。

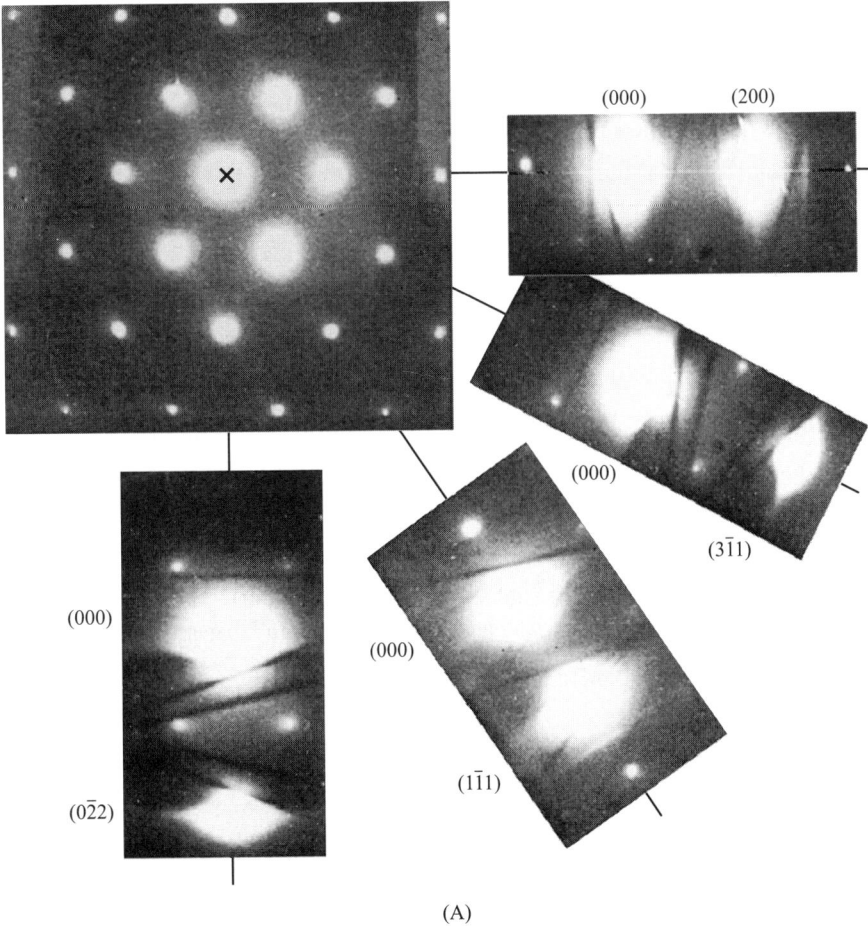

(A)

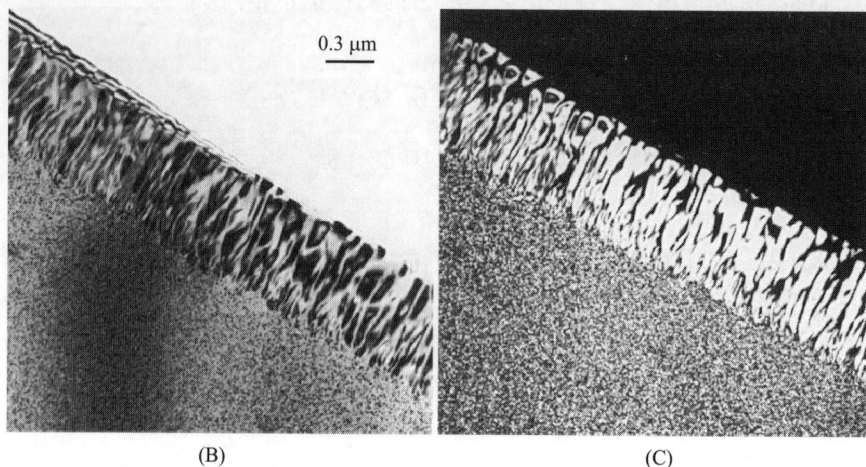

图 22.16　（A）［011］带轴衍射花样，包含很多具有相同强度的晶面衍射。小图中，倾斜样品以得到两个强电子束：000 透射束和 *hkl* 离轴衍射束。Al-3wt% Li 样品在双束条件下的明场像（B）和暗场像（C）强度互补。（B）Al$_3$Li 析出相（以晶粒中的小球和边界处粗糙片状形式出现）发生强衍射，表现为暗区。（C）用析出相的衍射束成像，只有发生衍射的析出相显示为亮区

22.5.2　设置偏离参量 s

要得到双束条件非常简单。看着衍射图，倾转样品直到仅有一个衍射束很强，如图 22.16 所示。如你所见，由于布拉格衍射条件的展宽，其他的衍射束并不会消失，但可以使它们变得相对比较模糊。如果完全按照前面所描述的方法去操作，得到的图像衬度可能并不是最佳的。其原因将在下一章中详细讨论。为了得到缺陷的最佳衬度，样品不应该处在严格的布拉格条件（s=0）下，如图 22.17A 所示。倾转样品到接近布拉格条件的位置，并使 s 取较小的正值（亮的 *hkl* 菊池线相对于 *hkl* 衍射斑点略靠外；回顾对图 19.10 和图 19.11 的文字描述）。这样可以得到最佳强束图像衬度，如图 22.17B 所示。如果轻微倾转样品使 s 进一步增加，缺陷变窄但是衬度降低，如图 22.17C 所示。

使用 s>0

不要用 s 为负值的强衍射束成像；s>0 时观察缺陷更为容易。

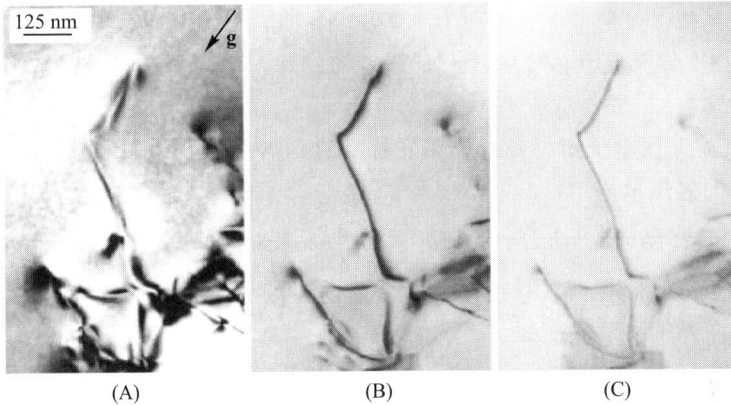

图 22.17 当 s 从 0(A)变为小的正值(B)到较大的正值(C)时衍射衬度的变化

22.5.3 拍摄双束 CDF 图像

第 9 章讨论了形成 BF 和 DF 像的基本机制(图 9.14A)。为了产生最佳的 BF 衍射衬度，按照需求倾转样品到如图 22.18A 所示的双束条件，像图 22.2A 那样在光轴上插入物镜光阑。双束中心暗场(CDF)像并不是这么简单。它不仅仅是倾转入射束将强的 *hkl* 反射移动到光轴。如果这样做，就会发现将其移动到光轴时，*hkl* 反射会变弱，同时 3*h*3*k*3*l* 反射变强，如图 22.18B 所示。以上操作实际上仅仅实现了弱束成像条件，这将在第 27 章进行讨论。为了得到强

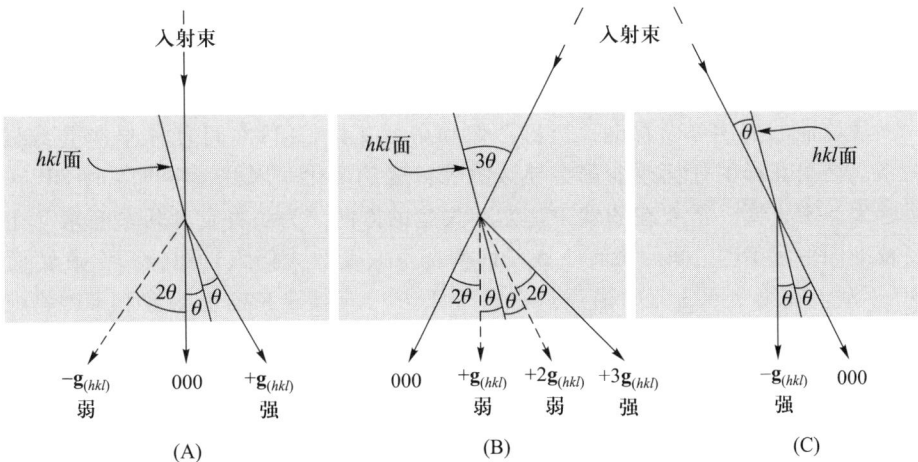

图 22.18 (A)包含 000 斑点和 *hkl* 衍射点的标准双束条件，由于 *hkl* 晶面严格满足布拉格条件，所以 *hkl* 点很亮。(B)将入射束倾转 2θ，则激发的 $\mathbf{g}_{hkl}$ 点移动到光轴。因为 $\mathbf{g}_{3h3k3l}$ 点变为强激发，所以 $\mathbf{g}_{hkl}$ 点强度减弱。(C)为了在中心暗场像中获得强 *hkl* 斑点，就需要首先设置强 $-\mathbf{g}_{hkl}$ 条件，然后把原本弱的 $\mathbf{g}_{hkl}$ 移向光轴使其强度达到最大

束中心暗场像，倾转原本比较弱的 $\bar{h}\,\bar{k}\,\bar{l}$ 反射，将其移动到光轴时衍射会增强，如图 22.18C 所示。中心暗场技术对获得和解释衍射衬度像尤为关键，下面将会详细讲解：

■ 观察选区电子衍射花样，倾转样品直到需要的 hkl 反射变强。保证入射束有合适的欠焦量。

■ 倾转样品以致 $\bar{h}\,\bar{k}\,\bar{l}$ 反射变强：同时 hkl 反射变弱。

■ 使用 DF 倾转控制系统使 000 反射向强的 $\bar{h}\,\bar{k}\,\bar{l}$ 反射方向移动。弱的 hkl 反射将会向光轴移动并变强。

■ 当 hkl 靠近光轴时，关闭 DF 倾转系统，插入物镜光阑并使其中心位于 000 处。

■ 切换 DF 倾转线圈开关的同时用目镜进行观察。检查确保 hkl 反射和 000 透射出现在相同的位置。微调 DF 线圈直到切换偏转器开关时 000 和 hkl 反射之间没有相对移动。

■ 转换到像模式。如果有必要，用 C2 聚光镜稍微将电子束会聚直至看到 CDF 像。如果看不到像，那么可能是 hkl 反射太弱(可能性小)或者是偏转线圈没调整好(常见)。对于后一种情况，需要重新调整线圈(查看操作者手册)。

现在可以返回仔细地学习图 9.14C。可以看到电子束被倾斜了 $2\theta_B$ 角使图 9.14B 中的弱束移动到光轴上。

注意，$\bar{\mathbf{g}}$ 在 DF 条件下被激发；$\mathbf{g}$ 在 BF 条件下被激发。如要想要得到 $\mathbf{g}$ 被激发的中心暗场像，必须要倾斜电子束和样品。或者，谨慎地移动光阑。

22.5.4　图像和衍射花样的关系

从前面的描述可以看出，衍衬图像和衍射花样(DP)之间有着非常重要的关系。衍射花样的任何改变都会导致图像衬度的变化。因此，将图像和 DP 联系起来非常重要。需要在图像中注明 $\mathbf{g}$ 矢量的方向。为了将二者联系起来，还要校准图像和 DP 之间的旋转。在任何情况下改变放大倍数，图像都会旋转而 DP 不动。在第 9.6.3 节中描述过这种校正方法。通常在校正图像和 DP 的旋转角度后，需要在任何 BF 或 DF 双束衍衬像中标明 $\mathbf{g}$ 矢量的方向。注意：总是应该关注显微镜的校正情况，尤其是 TEM，小心出现 180°旋转的情况。

旋 转 校 正

即使为了确认不需要旋转校正，也应该进行一下校正操作。

在随后的章节中将会更详细地讨论衍射衬度并应用前面所讲述的基本操作原理。

22.6　STEM 衍射衬度

STEM 中 BF 和 DF 的成像原理与质-厚衬度类似，也就是用 BF 探头收集透射束，ADF 探头收集衍射束。为了保持双束条件，ADF 探头只能接收一个强衍射束，这可以通过插入物镜光阑仅选择一个衍射束来实现。或者，移动衍射花样使选择的 hkl 反射束落到 BF 探测器上。任何一种方法，计算机显示屏都能显示 DF 图像。

然而，STEM 像中的衍射衬度一般情况下都比 TEM 中要差，常规的 STEM 操作条件与 TEM 中保证强衍射衬度的操作条件不同。要理解 STEM 图像的衬度，需要知道电子束会聚角和探测器收集角。实际上很少这样做，但是在第 5.5 节中仍介绍了怎样测定会聚角。要计算收集角，需要进行像第 37.4 节测定 EELS 分光仪收集角那样的类似操作。

切记，要使图像具有高衬度必须做到以下三点：

- 入射电子束一定要相干，也就是说会聚角要非常小。
- 样品要倾斜到双束条件。
- 物镜光阑仅仅选择透射束或者一个强的衍射束。

图 22.19A 是以上条件的示意图。定义 TEM 会聚角为 α_T，物镜光阑的收集角是 β_T。如图 22.19B 所示，STEM 等价的电子束会聚角是 α_S，探测器收集

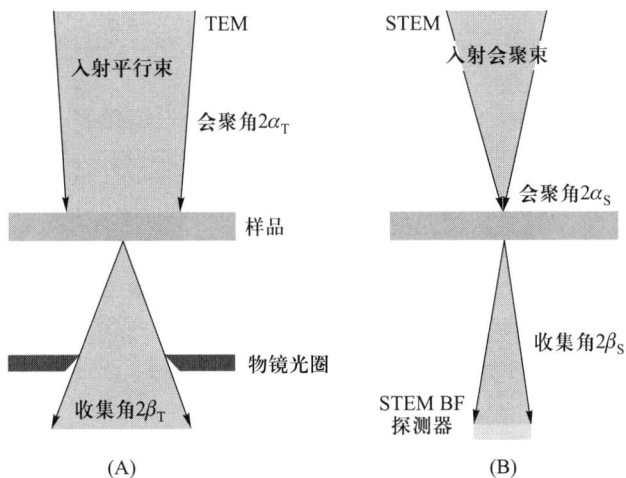

图 22.19　TEM(A)和 STEM(B)中电子束会聚角和发散角的比较(注意，图中标出的是全会聚角和全发散角，而不是正文中通常描述的半角)

角是 β_S。因此，如果满足下式则可以得到相同的操作条件：

$$\alpha_T = \alpha_S \qquad (22.11a)$$

$$\beta_T = \beta_S \qquad (22.11b)$$

很显然，STEM 中不可能得到这样的等价条件，STEM 的电子束会聚角比 TEM 中大很多（因为 STEM 中特意采用会聚电子束而不是平行电子束）。然而，电子光学中常用的倒易原理是解决这个问题的一种办法。这个原理本质上描述的是只要电子光学系统中光路上某些点处的角度等价，那么图像衬度就会一致。

换句话说，当式（22.11）所描述的条件不能实现时，可以创造如下条件：

$$\alpha_S = \beta_T \qquad (22.12a)$$

$$\alpha_T = \beta_S \qquad (22.12b)$$

这种情况下，TEM 和 STEM 模式中的电子确实有相同的角度约束条件，尽管会聚角和收集角不在等价点上。

■ 由于 TEM 中的物镜光阑收集角与 STEM 中会聚角几乎相等，所以第一个等式容易满足。

■ 要满足第二个等式，需要使 STEM 收集角 β_S 非常小。

不能简单地增大 α_T，因为要保持平行束以得到好的 TEM 衍射衬度，电子束不平行（大的 α_T）会破坏衬度。

使 β_S 变小有一个明显的缺点。进入 STEM 探头的信号变得非常微弱，图像的噪声变大。所以，当尝试提高 STEM 像的衍射衬度时，图像噪声会变大，如图 22.20 所示［第 24 章会对这幅图的衬度（等弯曲轮廓线）作出解释］。用

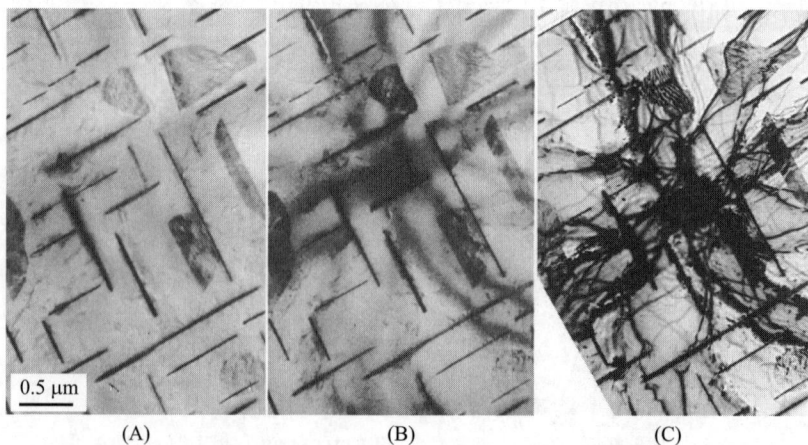

图 22.20　Al-4wt%Cu 样品的 BF STEM 像，以等弯曲轮廓线的衬度来体现较弱的衍射衬度（A）。随着 STEM 探测器收集角的减小，衍射衬度略有提高，但噪声会同时增大（B）。即使在较小的收集角，其衬度也不足以与 TEM 像衬度相比（C）。注意，所有图像中富 Cu 的 θ′析出物都保持着较强的质量衬度

FEG 可以抑制噪声的增加，但是一般情况下 STEM 衍衬像（BF 和 DF）都不如 TEM 图像（见图 22.20C）。虽然 STEM 可以用来进行分析，但几乎不会用它来获取晶体缺陷的衍射衬度像。这是 TEM 的独特领域，在后面的几章中会详细讨论。

章 节 总 结

质-厚衬度和衍射衬度是振幅衬度的两种形式，都是由样品对电子的散射引起的，产生 BF 和 DF 图像的操作步骤也是一样的。质-厚衬度的解释比衍射衬度的解释要简单得多。实际上，衍射衬度的解释非常复杂，所以下面几章将介绍完整晶体和不完整晶体产生的各种衍射衬度。

总结质-厚衬度的几个特征：

■ 原子序数 Z 较大或厚度 t 较大的区域散射作用强（总散射），因此在明场像中是暗的，在暗场像中是亮的。如果需要，衬度是可以量化的。

■ TEM 质-厚衬度像比 STEM 图像质量好（低噪声和高分辨率），但是数字化的 STEM 图像衬度可以高于模拟信号的 TEM 图像。

■ STEM 质-厚衬度像更适用于厚的样品或对电子束敏感的样品。

■ Z 衬度像（HAADF）具有原子尺度的分辨率。

总结衍射衬度的几个特征：

■ 电子发生布拉格散射时产生衍射衬度。

■ 为了在 TEM 中产生衍射衬度像，要用物镜光阑选择一束布拉格散射束。通常，STEM 探头会收集到几束布拉格散射，这样会降低衍射衬度。

■ TEM 衍射衬度像通常会优于 STEM 衍射衬度像，STEM 衍射衬度像噪声大而且几乎不被实际应用。

第一版中的某些论述现在不再适用！FEG 现在已经很普遍了。早期的 DSTEM 在 1985 年左右被暂停研究；但是现在 Hitachi、JEOL 和 Nion 都在建造 DSTEM。C_s 校正器应用也越来越广泛。现代 TEM 都使用数字化记录方式。商业电镜上 Z 衬度像的性能已经有了显著的提高，在很多应用领域与 CTEM 形成了竞争之势。

参考文献

关于衍射衬度的参考文献都包含于第 24~27 章中。

常用成像技术及其历史

染色技术通常用于制备生物样品。

Cosslett，VE 1979 *Penetration and Resolution of STEM and CTEM in Amorphous and Polycrystalline Materials* Phys. Stat. Sol. **A55** 545-548. 由一位 TEM 先驱撰写的关于使用 STEM 研究生物样品的早期综述性文章。

Heidenreich，RD 1964 *Fundamentals of Transmission Electron Microscopy* p 31 John Wiley & Sons New York. 对式(22.2)的详尽推导。

Humphreys，CJ 1979 *Introduction to Analytical Electron Microscopy* p305 Eds. JJ Hren，JI Goldstein and DC Joy Plenum Press New York.

Reimer，L 1997 *Transmission Electron Microscopy*；*Physics of Image Formation and Microanalysis* 4th Ed. Springer-Verlag New York. 包括对式（22.6）详细的讨论。

Sawyer，LC，Grubb，DT and Meyers，DT 2008 *Polymer Microscopy* 3rd Ed. Springer New York. 为材料学家很好地介绍了染色技术。

Watt，IM 2003 *The Principles and Practice of Electron Microscopy* 2nd Ed. Cambridge University Press New York. 对阴影法进行了讨论。

早期 HAADF

Brown，LM 1977 *Progress and Prospects for STEM in Materials Science* Inst. Phys. Conf. Ser. No. **36** 141-148. 低角 ADF 的衍射效应。

Donald，AM and Craven，AJ 1979 *A Study of Grain Boundary Segregation in Cu-Bi Alloys Using STEM* Phil. Mag. **A39** 1-11.

Howie，A 1979 *Image Contrast and Localized Signal Selection Techniques* J. Microsc. **117** 11-23.

Isaacson，M，Ohtsuki，M and Utlaut，M 1979 in *Introduction to Analytical Electron Microscopy* p 343 Eds. JJ Hren，JI Goldstein and DC Joy Plenum Press New York. 包括对早期 Z 衬度像的讨论。

Jesson，DE and Pennycook，SJ 1995 *Incoherent Imaging of Crystals Using Thermally Scattered Electrons* Proc. Roy. Soc. （Lond.）**A449** 273-293.

Pennycook，SJ 1992 *Z-Contrast Transmission Electron Microscopy*：*Direct Atomic Imaging of Materials* Annu. Rev. Mat. Sci. **22** 171-195.

Treacy，MMJ，Howie，A and Pennycook，SJ 1980 *Z Contrast of Supported Catalyst Particles on the STEM* Inst. Phys. Conf. Ser. No. **52** 261-264.

Treacy，MMJ，Howie，A and Wilson，CJ 1978 *Z Contrast of Platinum and*

Palladium Catalysts Phil. Mag. **A38** 569-585. 早期关注 *Z* 衬度像中高角散射优势的文章。

姊妹篇

关于图像模拟的章节与此尤为相关，但首先必须明确模拟的对象。姊妹篇中同样包含一整章内容对 HAADF 进行介绍。

自测题

Q22.1 术语"最小衬度"是什么意思？能够量化它吗？

Q22.2 当(定量或定性地)考虑衬度时，为什么会立即联想到衍射花样？

Q22.3 TEM 可以分辨元素周期表中相邻的两种元素吗？

Q22.4 为什么要谨慎分析显示聚合物球的 TEM 像？

Q22.5 如何制备没有染色的聚合物 TEM 样品？

Q22.6 为什么大多数 TEM 中 STEM 模式分辨率不如 TEM 模式？

Q22.7 为什么某些 STEM 电镜的分辨率能够达到甚至优于 TEM 的分辨率？

Q22.8 衍射衬度像和质-厚衬度像的区别是什么？

Q22.9 一个学生想尽力得到双束条件，但是在电子衍射花样上仍然可以看到透射束、一个很强的衍射束和一些弱的衍射点。这是双束条件吗？

Q22.10 相位衬度像和振幅衬度像的区别是什么？

Q22.11 什么引起了质-厚衬度？

Q22.12 什么会影响质-厚衬度的强度？

Q22.13 质-厚衬度对什么材料最有用？

Q22.14 电镜的哪些控制可以影响质-厚衬度？

Q22.15 STEM 的哪些特点让质-厚衬度成像更为容易？

Q22.16 什么是衍射衬度？

Q22.17 在明场像和暗场像中，如何得到好的衍射衬度？

Q22.18 如何得到缺陷最好的强束衬度？

Q22.19 *Z* 衬度像和 HAADF 像之间的关系是怎样的？

Q22.20 明场 STEM 像能以强衬度显示出等弯曲轮廓线吗？请读了第 24 章后再进行解释。

章节具体问题

T22.1 图 22.2 中的 Ewald 球在什么地方？请给出完整解释。

T22.2　图 22.12 中的样品是如何制备的？为什么这个信息很重要？

T22.3　按比例重新画出图 22.13 中的角度和距离，以 mrad 和°为单位标出角度的典型值。其中的 θ 值是正确/合理/切合实际的吗？仔细解释你的推理过程。

T22.4　图 22.14 中样品的几何形貌是怎样的？

T22.5　画出原子模型来解释图 22.15B 中所看到的衬度。

T22.6　画出并标明图 22.15C 中两个晶粒的方向矢量。

T22.7　对图 22.16 衍射花样中的所有衍射点进行指标化。

T22.8　解释为什么 STEM 像中的等弯曲轮廓线没有 TEM 衍射衬度像中明显。

T22.9　为什么图 22.17C 中一些缺陷几乎没有衬度？

T22.10　解释图 22.16C 中衬度是如何受到晶界处层状 Al_3Li 析出相影响的。

第 23 章
相位衬度成像

章 节 预 览

当不止一束电子束对图像有贡献时，我们就能看到相位衬度。实际上通常提到的"条纹像"，从本质上说都与相位衬度相关。虽然我们经常区分相位衬度和衍射衬度，但通常这样的区分都是人为的。例如，在第 24 章和第 25 章中提到的厚度条纹和堆垛层错条纹常被认为是双束、衍射衬度像，但实际上它们都是由电子束相干形成的相位衬度像。

通常人们把相位衬度像和高分辨像等同起来。实际上，在大多数透射电子显微镜（TEM）成像中，即使在低放大倍数下，仍存在相位衬度。应该注意的是，缺陷处的莫尔条纹和菲涅耳衬度都与相位衬度相关。这里所说的菲涅耳衬度与第 9 章中消除物镜像散时用到的菲涅耳条纹的起源是相同的。

和以往章节相似，我们可以在不同的层次理解问题。但需要注意的是，在用程序包来模拟相位衬度的过程中，得首先考虑这些程序包的局限性。使用现代高分辨透射电子显微镜（HRTEM），即使不完全理解成像条件，也很容易获得包含大量细节的相位衬度像。但正确理解成像机理和条件，仍非常重要。

从本章开始我们将用一些简单的近似来学习与晶格条纹相关的相位衬度效应。

23.1　介绍

电子束穿过薄样品后相位发生变化，在 TEM 图像中形成衬度。对相位衬度的描述并非只言片语就能说清，因为相位衬度对样品厚度、晶体取向、散射因子、物镜离焦量和像散的变化都特别敏感。也正是因为这些原因，相位衬度才能实现薄样品的原子结构成像。当然，要实现原子结构的成像，还需要TEM 有足够的分辨率，能够分辨出原子级别的衬度变化，同时还能合理的调节影响穿过样品电子束相位的仪器参数和透镜。知道自己要做什么，做到心里有数，那么操作起来就会得心应手了。做到这些需要有足够的操作经验。

相位衬度成像与其他衬度成像的主要区别在于用物镜光阑或探测器所套取衍射束的数目。前几章我们讲过，明场像和暗场像只需用物镜光阑套住一个电子束即可，而相位衬度则需套住多束电子。一般来说，参与成像的电子束越多，图像分辨率就越高。但我们会发现，被物镜光阑套住的电子束并非都对成像有贡献，这与电子光学系统的特性相关。我们先介绍理论，之后分析在实验过程中经常遇到的问题。

23.2　晶格条纹像的起源

可以在第 13 章分析的基础上做双束拓展来解释晶格条纹像的起因：假设存在 **0** 和 **g** 两束电子相互干涉，实验中只需用物镜光阑套住两束电子，式（13.5）可写成

$$\psi = \phi_0(z)\exp 2\pi i(\mathbf{k}_I \cdot \mathbf{r}) + \phi_g(z)\exp(2\pi i\mathbf{k}_D \cdot \mathbf{r}) \tag{23.1}$$

已知

$$\mathbf{k}_D = \mathbf{k}_I + \mathbf{g} + \mathbf{s}_g = \mathbf{k}_I + \mathbf{g}' \tag{23.2}$$

此处引入双束近似，但 $\mathbf{s}_g$ 可以取非零值，设 $\phi_0(z) = A$，$\exp 2\pi i(\mathbf{k}_I \cdot \mathbf{r})$ 视为因子。可将式（13.5）中的 ϕ_g 写为

$$\phi_g = B\exp i\delta \tag{23.3}$$

其中，

$$B = \frac{\pi}{\xi_g}\frac{\sin \pi t s_{eff}}{\pi s_{eff}} \tag{23.4}$$

$$\delta = \frac{\pi}{2} - \pi t s_{\mathrm{eff}} \qquad (23.5)$$

表达式 δ 中的 $\frac{\pi}{2}$ 参考式(13.5)中 i 的系数，假定样品很薄，可用 s 替代 s_{eff}，那么式(23.1)可写为

$$\psi = \exp(2\pi i \mathbf{k}_{\mathrm{I}} \cdot \mathbf{r})\left[A + B\exp i(2\pi \mathbf{g}' \cdot \mathbf{r} + \delta)\right] \qquad (23.6)$$

所以出射波强度可写为

$$A^2 + B^2 + AB\{\exp i(2\pi \mathbf{g}' \cdot \mathbf{r} + \delta) + \exp[-i(2\pi \mathbf{g}' \cdot \mathbf{r} + \delta)]\} \qquad (23.7)$$

$$I = A^2 + B^2 + 2AB\cos(2\pi \mathbf{g}' \cdot \mathbf{r} + \delta) \qquad (23.8)$$

注意 $\mathbf{g}'$ 与入射电子束垂直，因此假设 $\mathbf{g}'$ 与 x 平行，并代入 δ 中，可得

$$I = A^2 + B^2 - 2AB\sin(2\pi g'x - \pi st) \qquad (23.9)$$

从上式可以看出，出射波强度在 $\mathbf{g}'$ 的法向上做正弦振荡，周期依赖于 s 和 t。[注意式(23.9)中 g 和 s 不是黑体，它们表示矢量的大小，而非矢量]。所以条纹像上的条纹间距与垂直于 $\mathbf{g}'$ 的晶面间距相关。上面推导仅用很简单的模型就能给出很有用的信息，该推导方式在第 28 章中的多束成像中仍有用。

衬度强度以正弦方式变化，不同的 $\mathbf{g}'$ 值对应不同的振荡周期。注意，当入射束略偏离光轴时，该模型仍然适用。

离 域 效 应

这种简化的分析表明，出现条纹的位置与晶面的位置不是必须重合的。

23.3 晶格条纹像的实践观察

23.3.1 s=0 的情况

如果用物镜光阑套住 **0** 和 **g** 两束斑，且与 G 反射面对应的偏移矢量 $\mathbf{s}=0$（则 $\mathbf{g}'=\mathbf{g}$），在 x 方向上形成周期为 $1/g$ 的条纹(如图 23.1A)；也就是说条纹周期等于矢量 $\mathbf{g}$ 对应的晶面间距。只要 $\mathbf{s}=0$，无论 **0** 和 **g** 束相对光轴位置如何变化，甚至衍射面不与光轴平行，该结论恒成立。

要想得到图 23.1A 中的衬度，最理想的操作如图 23.1B，称为"倾斜束条件"。当 $\mathbf{s}=0$，即所选晶面与光轴平行，但不与入射电子平行时，条纹与晶面并非完全对应。若采用图 23.1C 中的操作，条纹就对应于晶面，但由于 G 衍射斑偏移矢量 $\mathbf{s}\neq0$，所以必须考虑 $-G$ 对条纹像的影响。

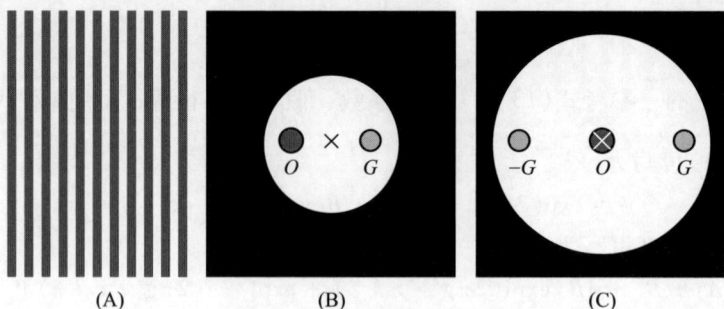

图 23.1 （A）采用关于光轴对称分布的 O 光束和 G 光束得到的 Si 晶体倾斜束 111 晶格条纹示意图，**g** 垂直于条纹方向。（B）产生倾斜束条纹的理想衍射几何。（C）正带轴三束斑衍射几何

注　　意

由于晶格条纹与原子面非常相似，所以常常把它误认为原子面。

23.3.2　**s**≠0 的情况

一般来说，电镜样品并非严格意义上的平整，所以整幅图像中 **s** 是不断变化的。即使衍射花样中 **s**=0，也不能保证每一处的 **s**=0。当 **s**≠0 时，条纹会发生一定的移动，这与偏移矢量 **s** 和样品厚度 t 有关，但周期并无明显改变。通常薄样品会有略微的弯曲，但我们希望影响成像的条件仅与 **s** 相关。我们也希望在多束成像中也能看到厚度变化，因为从严格意义上说，偏移矢量 **s** 有可能对所有的束斑都不为零，不同的束斑对应的 **s** 也会不同。

23.4　正带轴晶格条纹像

前面已经讲过，两电子束相互干涉会形成周期为 $|\Delta \mathbf{g}|^{-1}$ 的衬度像。其中一束为透射束，$|\Delta \mathbf{g}|^{-1}$ 正好为 d，也就是与衍射 **g** 对应的晶面间距。如果让电子束平行于低指数带轴入射，则在不同方向上形成条纹像。这些条纹正好对应于衍射花样中的斑点，斑点间距与晶面间距成反比，如图 23.2 所示，该图是图 23.1 的多束情况。一般来说，衬度像上的点与晶体中的原子位置并无直接关联。

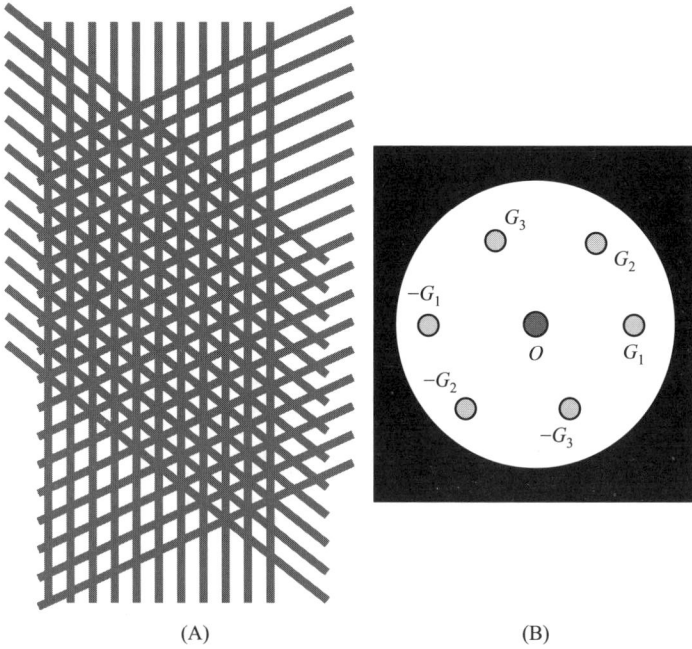

(A)   (B)

图 23.2 (A)多束成像原理图:晶格条纹相互交错。(B)衍射花样

我们将在第 30 章像模拟中进一步讨论。如果读者有疑问,可以对比图 23.3A 中 Si 的图像和图 23.3B 中 Si 的投影结构。从结构投影可以看出该哑铃结构是间距为 1.4 Å 的硅原子对,在形成该衬度时用物镜光阑套住了 13 个衍

0.56 nm

(A)

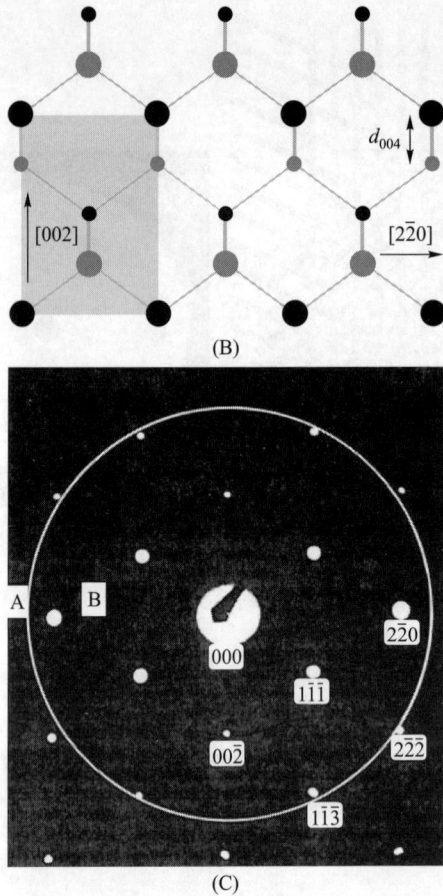

图 23.3　(A)完美 Si 晶体正带轴像；(B)结构投影图；(C)光阑(圆环)套住 13 个用于成像的衍射斑的衍射图。Si 哑铃原子对与图中紧靠的两个点并不存在对应关系

射斑，如图 23.3C 所示。问题是，图像中形成哑铃的原子对间距为 1.3 Å，而电镜的点分辨率仅为 2.5 Å。和结构模型相比，哑铃结构原子对间距与(004)晶面间距相关，而(004)衍射点并未参与成像。Krivanek 和 Rez 给出了具体的解释，像中的哑铃衬度是由交错的 {113} 条纹引起的。因此，这种衬度是伪像，而非真实结构。

　　由此得出的教训就是：在结构已知的情况下，我们才知道像并不直接对应晶体结构！让我们再考虑一下，如果有一张存在缺陷的像，其中完整晶格点都位于"正确"的位置，此时，你是否能够确定图像中缺陷周围的信息真实地反映了缺陷附近原子的准确位置？答案当然是"不能"。

条纹并非晶面

晶格条纹并非结构像，只能给出晶面间距和取向相关信息。

正带轴时的晶格条纹像可以用来测定晶体的局域结构及晶向，但是，这种晶格条纹像只有经过模拟计算才能解释，这一点在第 24 章中还会讲到。图 23.4 是相位衬度图像的一些应用，从中可以看出不用图像模拟就能比较直观的了解材料的结构。我们猜测至少有 99% 晶格条纹像未经图像模拟就被给予解释了。

图 23.4A 为尖晶石颗粒与橄榄石基底形成的界面；图 23.4B 为异质节上的位错；图 23.4C 为 Ge 晶界面处原子尺度的断面；图 23.4D 为表面处断面。

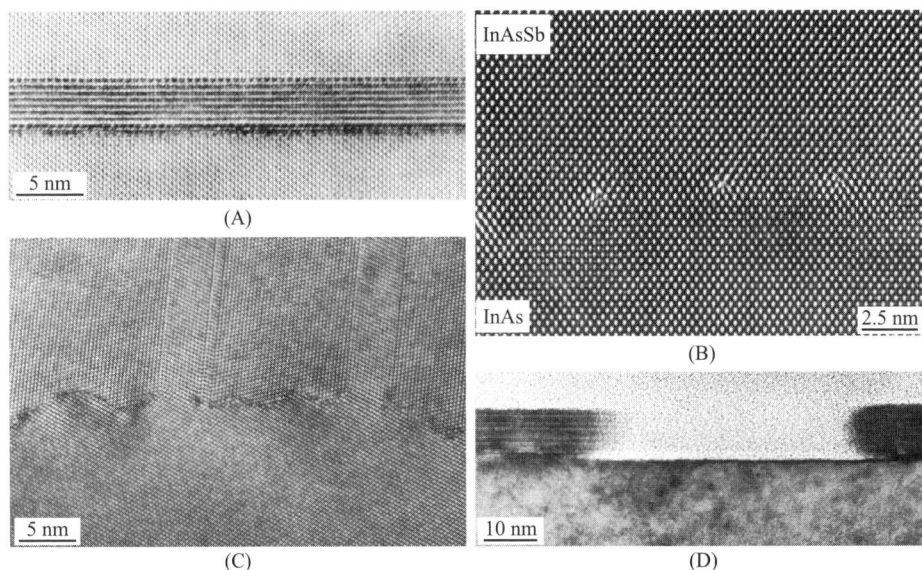

图 23.4 根据晶格条纹像推测晶体信息图例。(A)尖晶石颗粒与橄榄石基底形成的界面；(B)InAsSb/InAs 异质节上的位错；(C)Ge 晶界处原子尺度的断面；(D)表面处断面的剖面图

23.5 莫尔条纹

莫尔条纹是由两套具有相似周期的线条相互干涉形成的。下面我们会给出两种最基本的不同类型的干涉：旋转莫尔条纹和平移莫尔条纹(常称为"失配

莫尔条纹")。莫尔条纹的形成过程很好理解，找 3 张透明片，片子上印有平行线(其中两张透明片的平行线有相同的间距，另一张有微小差别)：可以用计算机画出这几组平行线，设置线宽与间距相近，做以下 3 个实验(你应该利用自制的"样品"或者借助于网络来"完成"下面实验)。

■ 取两套失配的透明片并将其严格对齐，此时在与参考线平行的方向上形成一组莫尔条纹，如图 23.5A 所示。

■ 取两套间距相同的透明片，相互旋转，此时在垂直于两套参考线角平分线的方向上形成莫尔条纹，如图 23.5B 所示。

■ 取前两套失配的透明片，相互旋转后产生新的莫尔条纹，如图 23.5C 所示。注意，该条纹与参考线的关系并不明显。

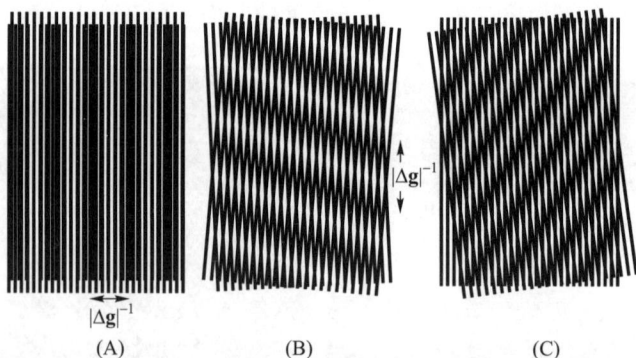

图 23.5　(A)平移莫尔条纹；(B)旋转莫尔条纹；(C)平移旋转混合莫尔条纹。注意条纹与参考线的关系

当失配或错向较小时，莫尔条纹的间距要比原条纹的大。在实际中，如果图 23.5 中的参考线对应于晶体中的晶面，即使不能分辨原子面，也能从莫尔条纹中得到晶体的信息。分析莫尔条纹周期和方向最简单的方法就是从两套"晶格"衍射矢量的角度考虑。顺便说一下，"莫尔"一词来自纺织业，与法语中的"mohair"有关，指安哥拉山羊柔软的羊毛，也可联想到丝织品中常见的水纹或波纹状花样以及小写字母"m"。

23.5.1　平移莫尔条纹

对于平行莫尔条纹而言，晶面是平行的，$\mathbf{g}$ 矢量也是平行的，记作 $\mathbf{g}_1$ 和 $\mathbf{g}_2$，由此得到另一矢量 $\mathbf{g}_{tm}$：

$$\mathbf{g}_{tm} = \mathbf{g}_2 - \mathbf{g}_1 \tag{23.10}$$

如图 23.6 A，令 $\mathbf{g}_2$ 的"晶格"间距较小，"tm"代表平移莫尔条纹

(translational morié)。这样 $\mathbf{g}_{tm}$ 矢量就对应于间距为 d_{tm} 的一组莫尔条纹,其中间距 d_{tm} 可写为

$$d_{tm} = \frac{1}{g_{tm}} = \frac{1}{g_2 - g_1} = \frac{\dfrac{1}{g_2} \cdot \dfrac{1}{g_1}}{\dfrac{1}{g_1} - \dfrac{1}{g_2}} = \frac{d_2 d_1}{d_1 - d_2} = \frac{d_2}{1 - \dfrac{d_2}{d_1}} \qquad (23.11)$$

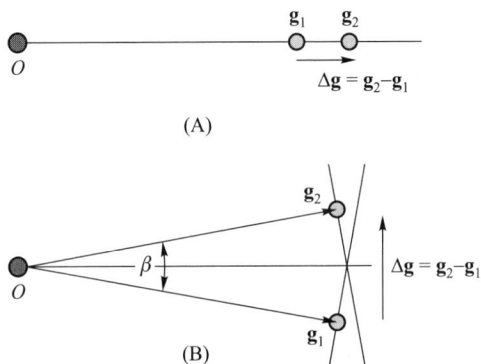

图 23.6   矢量 $\mathbf{g}$ 与平移莫尔条纹(A)、旋转莫尔条纹(B)的关系

23.5.2   旋转莫尔条纹

类似的,取两套长度相同的 $\mathbf{g}$ 矢量,相互旋转 β 角,从而得到长度为 $2\mathbf{g}\sin(\beta/2)$ 的矢量 $\mathbf{g}_{rm}$,如图 23.6 B 所示。对应的条纹间距为

$$d_{rm} = \frac{1}{g_{rm}} = \frac{1}{2g\sin(\beta/2)} = \frac{d}{2\sin(\beta/2)} \qquad (23.12)$$

23.5.3   一般莫尔条纹

若用相同的方法取 $\mathbf{g}_{gm}$(gm:general morié),对于较小的错向,很容易得到条纹间距 d_{gm}:

$$d_{gm} = \frac{d_2 d_1}{\left[(d_1 - d_2)^2 + d_1 d_2 \beta^2 \right]^{1/2}} \qquad (23.13)$$

23.6   实验观察莫尔条纹

在显微学历史上,很早就有人报道在 TEM 图像中观察到莫尔条纹。在得到晶格像前,Minter 就用莫尔条纹来识别位错。后来,这些位错被认为是在扭

转界面上真实位错结构的伪像。近来由于在基底上生长薄膜的技术有了快速的发展，莫尔条纹又引起了广泛关注。

在用莫尔条纹研究界面或缺陷时要非常小心，很可能存在陷阱。莫尔条纹纯粹是由两套晶面相干引起的，即使两晶面不直接接触也可能出现相似的条纹。

在电镜中，莫尔条纹对应于 $\mathbf{g}_1$ 和 $\mathbf{g}_2$ 两衍射束间的相互干涉。若 $\mathbf{g}_1$ 对应于靠上的晶面，$\mathbf{g}_2$ 对应于靠下的晶面，那么晶体 1 中每一个 $\mathbf{g}_1$ 衍射作为下一晶面的入射束入射，并在每一个 $\mathbf{g}_1$ 周围形成"晶体 2 的衍射花样"，如图 23.7A。

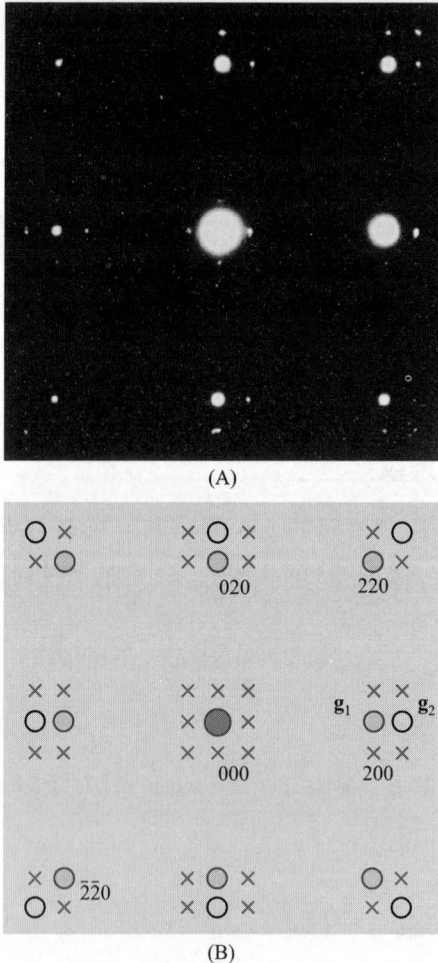

图 23.7 （A）整齐堆垛排列 Ni 和 NiO 样品的实验衍射图。较亮的衍射斑来自 NiO，它的晶格常数较大。（B）平移莫尔条纹原理图。实心圆圈（$\mathbf{g}_1$）来自晶体 1；空心圆圈（$\mathbf{g}_2$）来自晶体 2；×代表晶体 2 与 $\mathbf{g}_1$ 束的二次衍射。只有靠近 $\mathbf{g}_1$ 和 $\mathbf{g}_2$ 的×反射才有足够的可观察强度

该过程就是在第 18.9 节中讨论过的二次衍射的另一例子。图 23.7A 为 [001]
带轴上严格对齐的两个晶格失配立方晶体形成的电子衍射图，其指标化如图
23.7B。如果像图中那样，某一带轴有多个晶面衍射，那么很可能观察到交叉
的莫尔条纹。

在接下来的 3 节中我们会给出莫尔条纹应用的例子。

23.6.1　平移莫尔条纹

如果连续膜长在较厚的基底上，我们会问："薄膜的晶格常数和体材中的
值一样吗？"比如，具有立方结构的薄膜长在基底的 (001) 面上会存在四方应变
以至薄膜的 a_{film} 要比块材中的 a_{bulk} 小，但其 c_{film} 值较大。如果块材的晶格常数
不变，测出平行莫尔条纹的周期 d_{tm}，就能给出精确的 a_{film} 值。此外，倾转样
品 45° 或 60° 就能推出 c_{film} 值，进而直接估算出四方畸变量。

倾转样品也能得到失配孤岛的信息，如图 23.8 所示。当两套赝六角晶面
沿 c 轴堆垛排列，就能看到六角排列的莫尔条纹。由于斜面上存在颗粒断面，
颗粒边缘莫尔条纹的衬度会发生变化，倾转样品即可验证。在该体系中，这些
孤岛长在不同的基底上，仍会生长为片状。在图 23.8B 和图 23.8C 中沿电子束

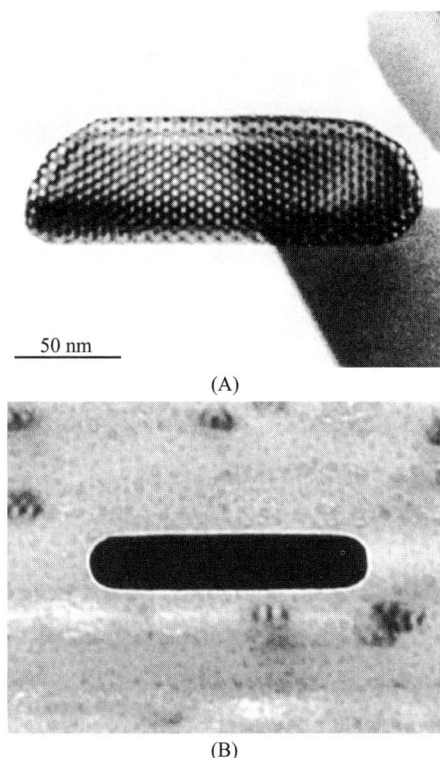

50 nm

(A)

(B)

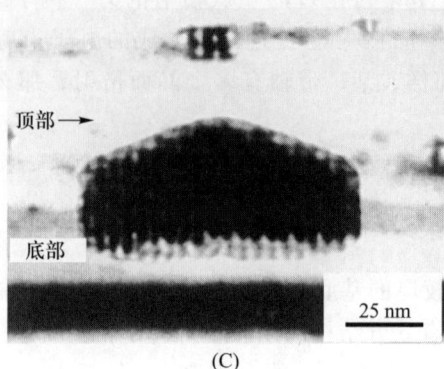

图 23.8 （A）莫尔条纹的出现依赖于样品的厚度，可以由莫尔条纹判断孤岛（Fe_2O_3）边缘相对基底（Al_2O_3）倾斜。（B）由于样品太厚，无法观察到莫尔条纹。（C）倾转这个厚颗粒，顶部和底部出现莫尔条纹

方向片状晶体很厚，但只要倾转一下样品，仍能看到莫尔条纹。值得注意的是，片的顶部也出现了莫尔条纹。

干涉而非结构

倾斜孤岛的顶部与基底没有接触，但也出现了莫尔条纹；提示我们莫尔条纹不能给出界面结构的信息！

23.6.2 旋转莫尔条纹

在扭转晶界处通常能看到旋转莫尔条纹，图 23.9 为 Si 的旋转莫尔条纹。由于失配受到位错阵列的调节，而且位错阵列的周期可能与莫尔条纹的间距相关，使得莫尔条纹非常复杂。当然，只有两晶粒紧密接触的时候，位错才会产生周期应变场。这张图片是在特殊条件下采集的，第 27 章将讨论更多细节。

23.6.3 位错和莫尔条纹

通常莫尔条纹被视为材料"结构"的放大版，可据此得知材料中位错的位置以及位错的基本信息，如位错存在于这个材料中，而非另一个材料（"哪一个？"是个值得考虑的问题）。如果位错终止于材料中的某一晶面，就可以形成含有位错信息的像，尽管不能看到真实的位错。该效应如图 23.10，该像可看成是位错投影的放大像。该像可误导观察者，如图 23.11 所示，稍微旋转一下

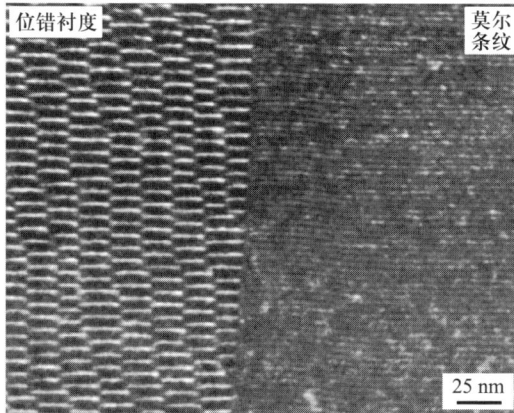

图 23.9 晶界处莫尔条纹的 WBDF 像，可以看到包含位错区域衬度的差异

完美结晶区，位错对应莫尔条纹的间距就会发生变化。

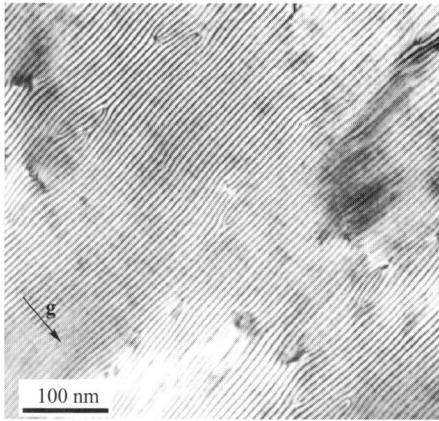

图 23.10 莫尔条纹反映了 GaAs 基底上生长的 CoGa 薄膜样品中的位错。(001)晶面平行于样品表面。尽管图像包含很多细节，大多数却不能与结构缺陷直接关联

这些像通常可直接对应于位错伯格斯矢量的投影，但必须要明白这些条纹是由哪些晶面产生的。所以有必要进行建模和实验。

即使存在两种或多种终止条纹，以上分析仍是成立的，但不要把太多的精力放在条纹究竟在哪的问题上。需要注意的是，位错可能与电子束不平行。莫尔条纹还可以反映界面处的位错，这些位错可以减小界面处原子失配。该方面的应用之一是 Vincent 在 SnTe 薄膜上生长的 Sn 孤岛，围绕孤岛周围的莫尔条纹的间距逐渐变宽。当应变积累到足够大时，界面处会形成位错核以释放应力，如此重复。对应莫尔条纹间距的变化如图 23.12 所示。

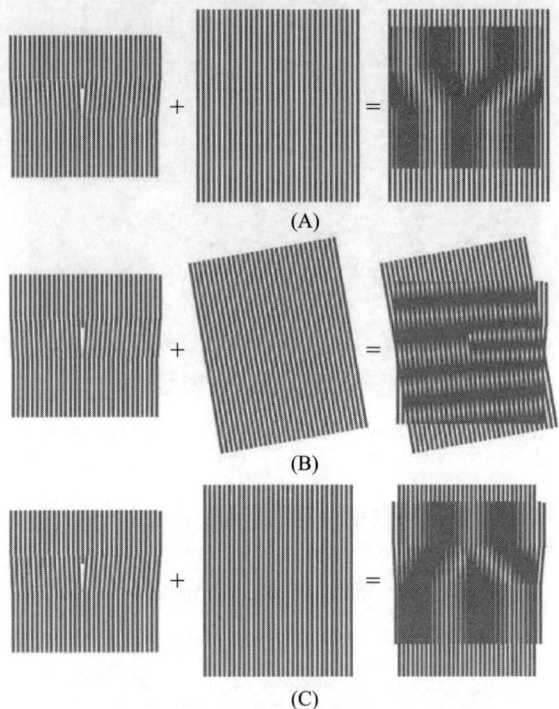

(A)

(B)

(C)

图 23.11　示意图说明了为什么包含位错区域的莫尔条纹解释较为困难：（A）由一组规则晶面和一组包含一个多余半原子面（即刃位错）的晶面干涉形成的位错图像。（B）与（A）对比，任一晶格的小角度倾转都会造成位错条纹的大角度扭转。（C）任一晶格间距的小变化会引起位错图像的反转

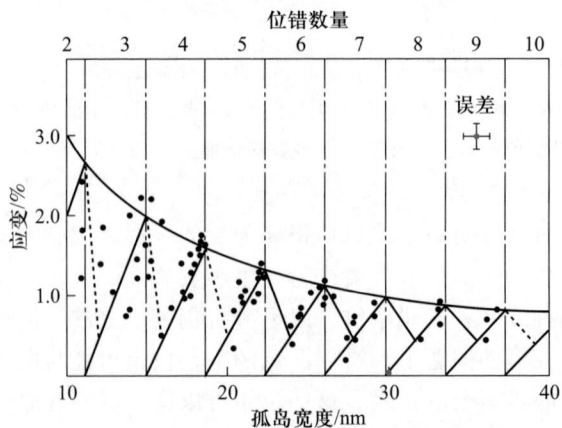

图 23.12　莫尔条纹的间距可反映 SnTe 薄膜上生长的 Sn 孤岛的晶格参数变化。本图表明应变（由莫尔条纹间距得出）与失配孤岛宽度以及界面位错数目的关系

由于莫尔条纹的间距反映了放大了的颗粒与基底之间失配度，因此我们可以用它来测量颗粒内应变的大小。最简单的就是一维应变：

$$\varepsilon = \frac{a_1 - a_0}{a_0} \tag{23.14}$$

式中，a_1，a_0 对应于颗粒和基底的晶面间距。在实际应用中，如果不是立方—立方的排列，该式需做修正。

23.6.4   复杂莫尔条纹

由于只要 Δg 足够小，可以包含在物镜光阑之内，莫尔条纹就会出现，我们可以设想这样一种情况：两套晶面 g_1 和 g_2 间的旋转很大（比如 45°甚至 90°），g_1，g_2 对应于两组不同的晶面。图 23.13 为长在 MgO 基底上的 YBCO 颗粒，两个颗粒间相对旋转了 45°，从图中可以看出利用莫尔条纹可以直接确定 45°界面。衍射面之间的小角度旋转会引起 g 矢量的小角旋转，但会引起 Δg 的较大旋转。

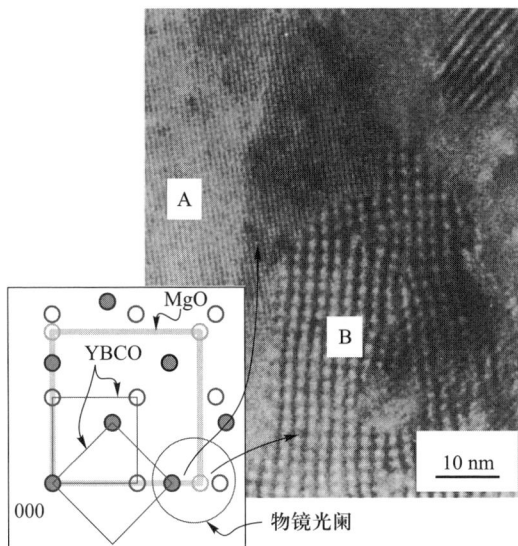

图 23.13   YBCO 晶粒沿 MgO 单晶基底生长（B），旋转 45°生长（A）。因为条纹间距不同，所以可以用来判定晶界的位置。衍射图中圆圈内的衍射斑产生的条纹由于衍射点太近，条纹发生小的旋转，变化也会被夸大

两套相互叠加的晶面间相互干涉形成条纹，这些条纹比原始花样更加粗糙，对晶面间距及夹角更为敏感。在高分辨像中可以利用该特征来检验晶粒间的相对旋转及晶格常数间的差异。取一张如图 23.14A 所示的透明"扭曲"晶格

像和一个参考晶格；其中参考晶格可以是完整的晶体图像，也可是用计算机模拟出来的模板。把两套晶格像相互重叠，并将其相对移动或旋转，得到一个新的仿真莫尔条纹，类似于图 23.14B 中的，该图是 Hetherington 和 Dahmen 在 Al 的某一特殊边界上形成的，其中上下晶粒的 {111} 晶面几乎垂直。究竟有多接近直角呢？Hetherington 和 Dahmen 把实验像与另一个画有相互垂直线条的模板叠加起来，得到的莫尔条纹表明两者并非完全垂直，仔细测量转角和条纹间距得出实验像上的夹角为 89.3°，并非 90°。

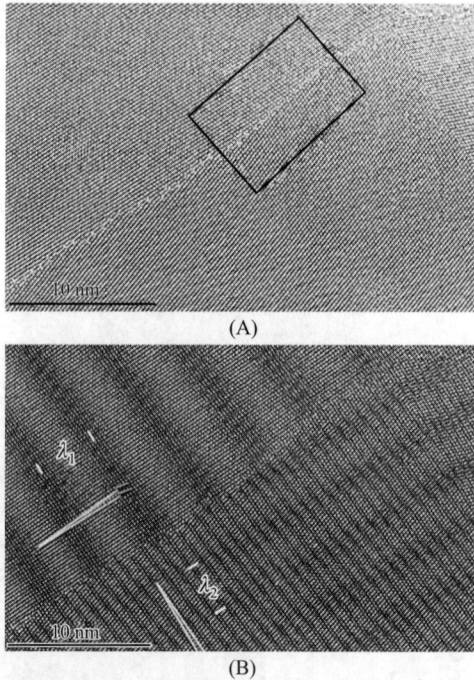

(A)

(B)

图 23.14　用"人为设计"莫尔条纹分析 Al 中的特殊晶界。（A）实验图；（B）用有一定透明度的完美晶体点阵覆盖实验图，得到 λ_1、λ_2 两种间距的莫尔条纹

23.7　菲涅耳衬度

我们在第 9 章中讲到，可以利用碳膜中小孔的菲涅耳衬度像来校正物镜像散。现在我们将讨论如何利用相同的衬度机理来获得样品中的特定结构信息。在可见光菲涅耳衬度的经典演示中，亮条纹可以在不透明挡板的几何阴影中出现，而暗条纹也可以在挡板的透光区域出现。TEM 中"挡板"不是不透明的，而是具有不同的内势，导致情况更为复杂。因此，在任何情况下，内势突然变

化的区域，离焦图像中都能观察到菲涅耳条纹。由于物镜焦平面离样品很近，所以我们观察到的是近场或菲涅耳区的衍射。利用这种方法研究线、平面和圆盘，我们会经常看到菲涅耳条纹。

23.7.1　菲涅耳双棱镜

如图 23.15A 所示，我们放置一根金属丝在光轴的 F 位置来演示一个特别简单的干涉现象。因为电子束很窄，金属丝的直径应该小于 1 μm，一般使用镀铬或金的拉制玻璃纤维。如果给金属丝加 ~10V 的电压，电子束会沿金属丝两侧朝相反的方向偏转。得到的干涉条纹可用照相胶片（如图 23.15B 所示）或电荷耦合器件（CCD）记录。金属丝在这里相当于电子束分离器，在第 29.11 节讨论全息术时会再次提到它。它与可见光中的棱镜类似。注意金属丝是如何产生两个间距为 D_s 的虚拟光源 s_1 和 s_2 的。Horiuchi 给出如下方程来定义空间相干度 γ，正如我们在第 5.2 节中讨论的以及图 5.13 所示，它是光源尺寸的函数：

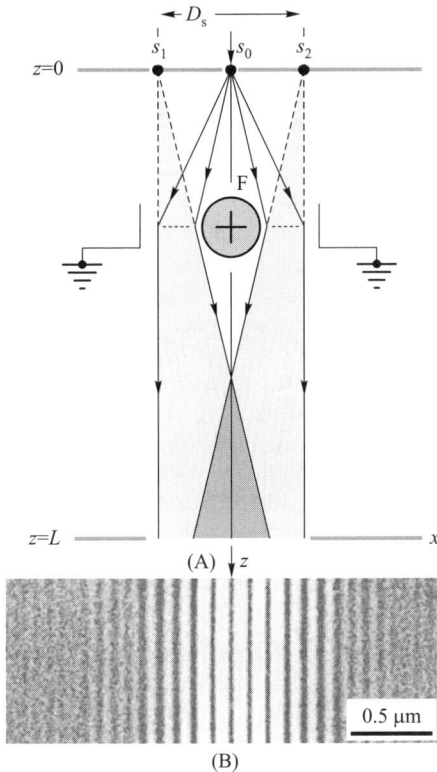

(A)

(B)

0.5 μm

图 23.15　利用置于电子束路径中带电的金属丝构造的菲涅耳双棱镜（A）；由此形成的图像中的干涉条纹（B）

$$\gamma = \frac{I_{\text{Max}} - I_{\text{Min}}}{I_{\text{Max}} + I_{\text{Min}}} \qquad (23.15)$$

式中，I_{Max} 是中心条纹的强度；I_{Min} 是图 23.15B 中第一个暗条纹的强度。

23.7.2　磁畴壁

我们会在第 29 章详细讨论磁性材料成像，本节我们简要说明一下磁畴壁的洛伦兹显微术和其他干涉图像的相似性。从第 6 章中对电子透镜中磁场的讨论知道，速度为 **v** 的电子受到的洛伦兹力正比于 **v×B**。如果 **B** 在两个相邻的畴中反向，电子会沿相反的方向偏转，如图 23.16 所示。"会聚"畴壁很显然类似于上节提到的电子干涉仪。我们确实可以产生一系列干涉条纹。你应该参考 Boersch 等最初的分析；Hirsch 等的著作中，指出条纹间距 Δx 由

$$\Delta x = \frac{\lambda(L + \ell)}{2\ell\beta_{\text{m}}} \qquad (23.16)$$

给出，其中 β_{m} 为电子束的偏转角，λ 是电子波长，ℓ 是"光源"到样品的距离，L 是样品到"探测器"的距离。用引号是为了强调它们是"有效"距离，像"相机常数"。Δx 的值可以是 ~20 nm。只有用平行电子束照明成像，才能看到这样的干涉条纹。我们将在第 29 章再次讨论磁性样品成像。

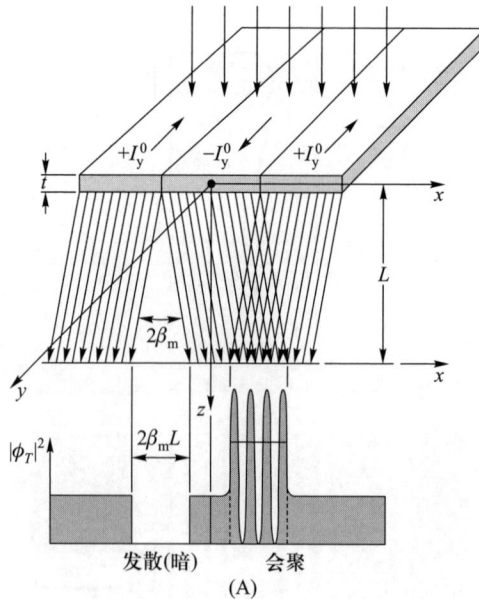

(A)

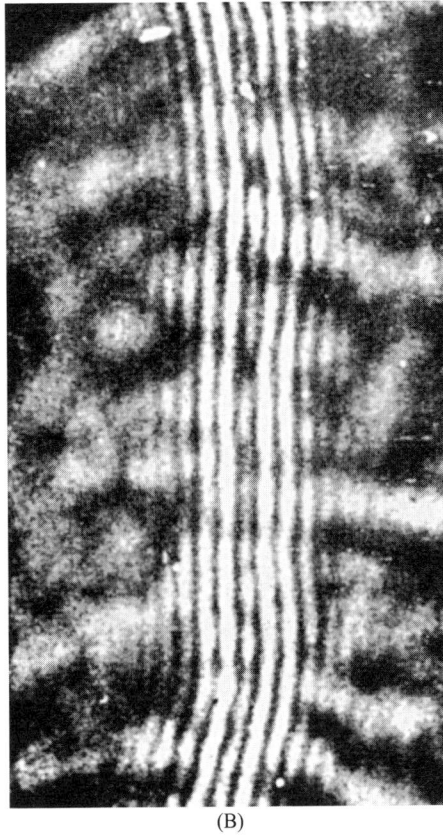

(B)

图 23.16　(A)电子束通过磁畴壁后发生偏转，与图 23.15A 比较。(B)一个磁畴壁形成的干涉条纹，与图 23.15B 比较

23.8　孔洞或气泡的菲涅耳衬度

由于孔洞和空腔不能散射电子，你可能会认为在没有相关应变场的情况下孔洞和少量气体填充的空腔成像很困难。然而，我们可以通过离焦图像，观察相位衬度的特殊形式，即菲涅耳衬度，来成像完全处于样品内部的孔洞，这我们已在第 2.9 节和第 9.5 节介绍过。原则上，我们可以把此技术应用于含有液体甚至固体(即第二相)的孔洞中。然而，在后面的情况中，菲涅耳衬度很可能被样品中的应变衬度所掩盖。

你可以用如下两种方法成像孔洞或气泡：

■ 调整感兴趣区域的方向使 $s=0$；孔洞减小了材料的局部"厚度"。

■ 利用菲涅耳衬度。

注　意

小颗粒会产生与孔洞相似的衬度。菲涅耳衬度很容易被误认为核壳结构。

在菲涅耳技术中，只要物镜不聚焦于样品的下表面，图像就显示衬度。Wilkens 将波函数表示为

$$\psi(t,\mathbf{r}') = \psi_0(t)[1 + \Delta_r(\mathbf{r}') + i\Delta_i(\mathbf{r}')] \tag{23.17}$$

式中，$\psi_0(t)$ 是没有孔洞时的波函数；Δ_r 和 Δ_i 是实函数，依赖于

■ 孔洞的位置与尺寸。

■ 基底的消光距离和吸收参数（ξ_g 和 ξ_g'）。

■ 基底的内势 V_0 和孔洞（填充的或空的）的内势 V_c 的差值，ΔV。

菲涅耳正焦？

菲涅耳衬度图像总是离焦的。

较厚样品中，假若沿电子束传播方向孔洞尺寸 $z_c < 0.1\xi_g$，此时波函数可以表示为

$$\psi(t,\mathbf{r}') = \psi(t)[1 + i\Delta_i(\mathbf{r}')] \tag{23.18}$$

式中，Δ_i（利用 $w = s\xi_g$）由式（23.19）给出：

$$\Delta_i = -\left(2\varepsilon_0 - \frac{1}{\varepsilon_g}\frac{1}{(1+w)^{1/2}}\right)z_c(\mathbf{r}')p_i(z) \tag{23.19}$$

内势的差别包含在 ε_0 中，ε_0 由式（23.20）定义：

$$\varepsilon_0 = -\frac{\Delta V}{E}k \tag{23.20}$$

式中，k 是波矢的大小；E 是电子束的能量。当忽略孔洞厚度的影响（样品较厚），波函数的强度可以简单表示为

$$|\psi(t,\mathbf{r}')|^2 = |\psi_0(t)|^2(1 + \Delta_i^2) \tag{23.21}$$

我们可以从上述分析中得到如下结论：

■ 当图像正焦时孔洞是看不见的，因此必须离焦观察菲涅耳条纹衬度。

■ 衬度依赖于基底和孔洞内势的不同；如果孔洞是真空的，ε_0 最大，此时衬度最强。

■ 电子的波长通过 k 和 E 影响衬度。

■ 直径 $1\sim2$ nm 小的孔洞可以用值为 $0.5\sim1.0$ μm 的 Δf 成像。

■ 在 $w=0$ 和 $2\varepsilon_0>\xi_g^{-1}(\Delta_i<0)$ 的情况下，如果 $\Delta f<0$，图像是暗条纹包围着明亮的点；如果 $\Delta f>0$，点是暗的，条纹是亮的。

■ 和在图 9.21 中看到的一样，我们在过焦时得到暗条纹，欠焦时得到亮条纹。

衬度如图 23.17 中所示。值得注意的是它与第 26 章中讨论的小的析出相的黑白衬度不同，它们是源于应力场的影响。你可以在 Rühle 和 Wilkens 的文章中找到更详细的分析。你也可以利用纳米颗粒成像领会其特点。

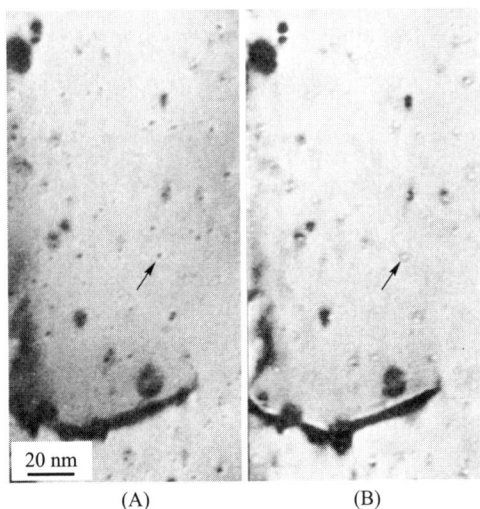

图 23.17　Au 中的 He 气泡形成的菲涅耳衬度。(A)过焦像；(B)欠焦像

23.9　晶格缺陷的菲涅耳衬度

随着计算机的发展，模拟程序功能的增强，使用界面更为简单，本主题受到的关注越来越多。Bursill 等首先研究边缘(edge-on)缺陷的菲涅耳条纹，自此该领域受到越来越多的关注。他们指出如果你加倍小心获得所有的电子光学参数(尤其你所用的离焦步长)，就可以得到边缘缺陷的新信息。缺陷图像对模型非常敏感，但要进行全面分析还需要知道其他信息。读者可以参阅他们关于金刚石｛100｝晶片的文章，并集中精力分析两个或更多常见的情形，即露头(end-on)位错和边缘晶界；在两种情形下有很多技术，像 XEDS、EELS 和 HRTEM，可以补充菲涅耳条纹研究。

23.9.1　晶界

我们期望任何晶界在内势上都表现出局域的变化。然而，依照 Clarke (1979)最初的建议，菲涅耳衬度成像已被广泛用于研究那些含有一薄层非晶层(glass layer)的界面。强调这方面应用的部分原因是其他技术很难得到此类界面的确切结果。

当你用菲涅耳条纹技术来研究晶界或分析晶粒间的薄膜时，必须倾转晶体，使晶界处于边缘位置，以确定晶界处的内势。我们会在第 30.11 节中讨论此"势阱"的实际形状。

在实际 TEM 样品中，晶界处的厚度很可能变化，即使仅改变 1 nm 左右。因为样品很薄，这一微小的变化会引起"有效内势"的显著改变从而为电子束所探测。可在离焦条件下观察到如图 23.18 所示的菲涅耳衬度。

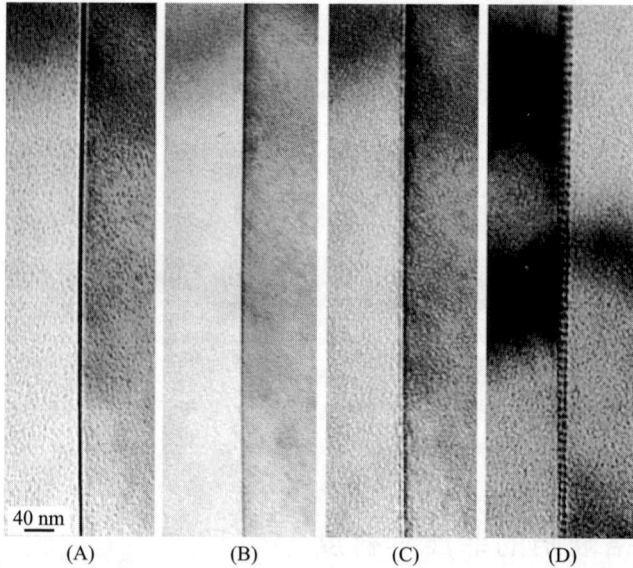

40 nm

　(A)　　　　　(B)　　　　　(C)　　　　　(D)

图 23.18　边缘晶界的系列欠焦像，表明菲涅耳衬度的变化(A～D)。倾斜晶界后图像更清楚地显示出周期结构(D)

菲涅耳衬度技术同样适用于相界，其中 Si/SiO_2 界面可能是研究的最透彻的例子。既然衬度的细节对内势突变很敏感，此技术还可以给出界面信息。不过，你要一直注意与样品几何形状相关的变化，样品边缘的菲涅耳条纹也可能受它影响。

23.9.2 露头位错

如前所述我们可以探测边缘高角晶界的菲涅耳条纹衬度。我们可能会问："可不可以从小角晶界，即一系列位错构成的晶界，得到类似的衬度？"确实是可能的，如图 23.19 中 NiO 倾斜晶界的一系列图像。这一系列离焦像以及其他晶界的图像都可通过假设平均内势在位错中心产生的变化 $\Delta V(\mathbf{r})$ 来进行分析。有两种 $\Delta V(\mathbf{r})$ 模型。在模型 1 中，当 $r < r_0$ 时，

$$\Delta V(\mathbf{r}) = \Delta V_0 \left\{ 1 - e^{\frac{-(r-r_0)}{a}} \right\} \tag{23.22}$$

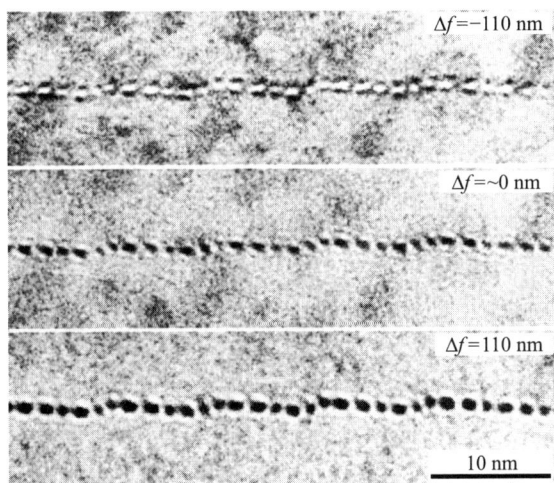

图 23.19 NiO 中小角晶界在不同离焦量 Δf 下的图像。每一白点或黑点相应于一个露头位错

而 $r > r_0$ 时，

$$\Delta V(\mathbf{r}) = 0 \tag{23.23}$$

常数 $a \approx 0.1 r_0$。在模型 2 中，

$$\Delta V(\mathbf{r}) = \Delta V_0 \exp\left(-\frac{r^2}{r_0^2} \right) \tag{23.24}$$

两种模型中，ΔV_0 都为负值。作为关于这些方程的众多例子中的一个，如果位错的伯格斯矢量是 [110]，Rühle 和 Sass 发现 $r_0 = 3.2$ Å 时，$\Delta V_0 = 0.09 V_0$。他们无法区分两种模型的 $\Delta V(\mathbf{r})$，但此研究给出两点清晰的结论：

■ 你必须知道样品表面的倾斜度。如果下表面倾向于水平方向，相对于较薄的区域，样品较厚的区域更接近物镜；你可以做一个计算很快证明这一点。

■ 位错核处的内势与体材料中不同。你应该预料到化学计量比的变化或

杂质偏析都会影响 ΔV_0 的值。

在结束这个主题的讨论前，我们要指出晶界处的内势可能是不均匀的，由于界面宽度的变化或介观尺度上界面的断面晶界处的内势可能是不统一的，尽管如此，你仍然可以观察到与晶界处周期相关的菲涅耳条纹，即使周期与位错无关。图 23.20 即为这一变化的特别清晰的例子，实际上尖晶石孪晶界是由平

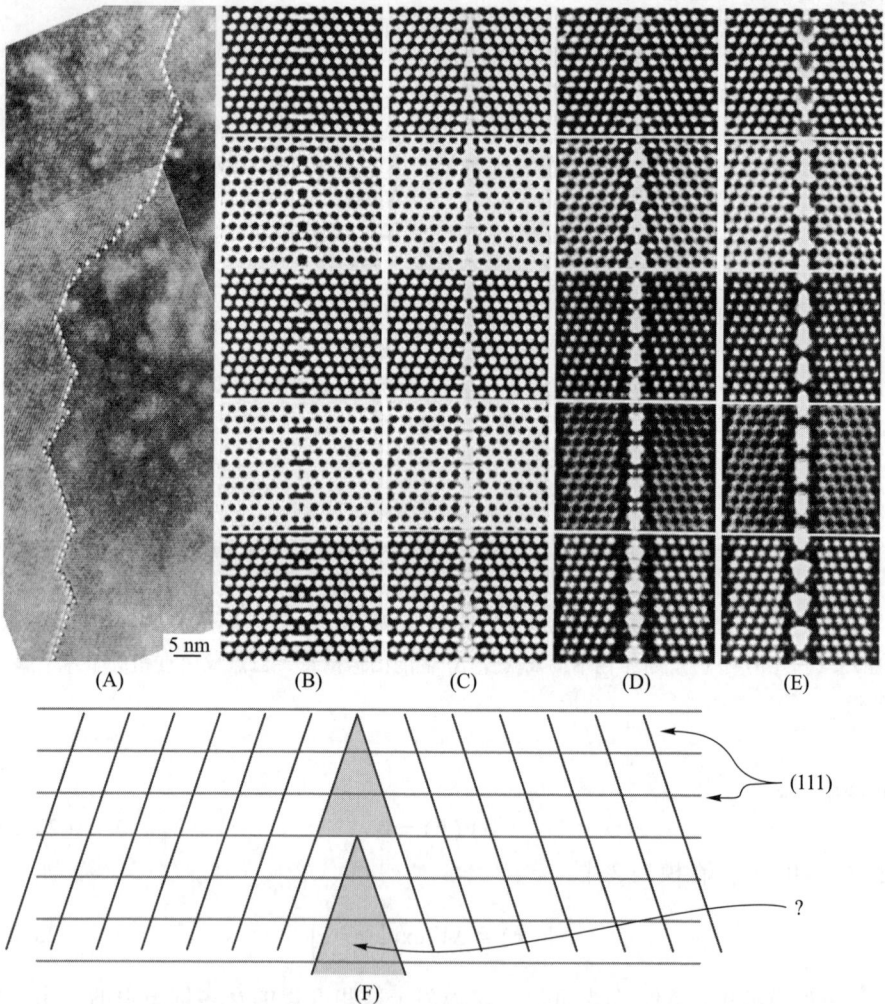

(A) (B) (C) (D) (E)

(F)

图 23.20 尖晶石薄片的(112)横向孪晶界，它由三角柱构成，密度比体材料小，见下方示意图。(A)柱状缺陷离焦时的菲涅耳衬度图像。(B~E)模拟图像，每一列对应一个不同的模型：没有移走任何离子(B)，柱中离子半占据(C)，移走柱中所有离子(D、E)。从上往下，各行图像的离焦量逐渐增加(−10 nm，−70 nm，−130 nm，−160 nm，−210 nm)，厚度为 5.7 nm。(F)三角"管"示意图

行三角管构成的；管中的内势比基底值低很多，且管只有大约 1.2 nm 高。

章 节 总 结

只要有不止一束电子参与成像，相位衬度就会产生。由此推测：无论你看到何种条纹（周期衬度），你很可能就在观察相位衬度图像。这一结论也适用于厚度条纹（第 24 章）和堆垛层错条纹（第 25 章），传统上称其为双束衍衬像。

相位衬度像以三种形式广泛应用：

■ 直接与晶体样品结构周期有关的图像。

■ 莫尔条纹。

■ 菲涅耳衬度。

一幅图像中也有可能同时存在以上三种衬度。所以你必须记住，相位衬度不仅仅是在形成高分辨图像时产生。样品较厚或者离焦情况下都会产生菲涅耳衬度。你应该注意到定量分析菲涅耳条纹是很困难的，但从理论上来说是有可能的。

即使是有经验的 TEM 使用者，依然会不断地惊讶于莫尔条纹所包含的信息。然而，当你想通过莫尔条纹分析材料中的缺陷时则一定要小心。

样品的厚度、取向或者散射因子的很小的变化，以及物镜焦距和像散的变化都会引起菲涅耳图像的改变。

参考文献

推荐参考莫尔条纹的早期文献。可搜索 Pashley，Stowell 等关于云母上 Au 孤岛的文献资料。

Hirsch et al.（1977），Horiuchi（1994）和 De Graef（2003）的著作是十分有用的参考资料。Spence（2003）的著作是非常必要的课后读物（和第 1 章描述相同）。

专题研究

Boersch，H，Hamisch，H，Wohlleben，D and Grohmann，K 1920 Z. Phys. **159** 397-404. 畴壁干涉条纹的创新性分析。

Bursill，LA，Barry，JC，Hudson，PRW 1978 *Fresnel Diffraction at* $\{100\}$

Platelets in Diamond Phil. Mag. **A37** 789–812.

Heavens, OS and Ditchburn, RW 1991 *Insight into Optics* p 73 John Wiley & Sons New York. 菲涅耳条纹的处理方法。

Hetherington, CJD and Dahmen, U 1992 *Scanning Microscopy Supplement* **6** p 405 Scanning Microscopy International AMF O'Hare IL.

Krivanek, OL and Rez, P 1980 Proc. 38th Ann. EMSA Meeting p 170 Ed. GW Bailey Claitors Baton Rouge LA.

莫尔条纹

Menter, JW 1956 *The Direct Study by Electron Microscopy of Crystal Lattices and Their Imperfections* Proc. Roy. Soc. (London) **A236** 119–135. 早期经典著作。

Norton, MG and Carter, CB 1995 *Moiré Patterns and Their Application to the Study of the Growth of $YBa_2Cu_3O_{7-\delta}$ Thin Films* J. Mater. Sci. **30** 381–389. YBCO 孤岛。

Rühle, M and Wilkens, M 1975 *Defocusing Contrast of Cavities; Theory* Cryst. Lattice Defects **6** 129–400. 孔洞——权威著作。

Vincent, R 1969 *Analysis of Residual Strains in Epitaxial Thin Films* Phil. Mag. **19** 1127–1139. 莫尔条纹显示的神奇尺寸效果。

Wilkens, M 1975 in *Electron Microscopy in Materials Science* II p 647 Eds. U Valdré and E Ruedl CEC Brussels. 详细解释利用菲涅耳条纹分析孔洞。

菲涅耳条纹，表面，非晶层(glass layer)

Clarke, DR 1979 *On The Detection of Thin Intergranular Films by Electron Microscopy* Ultramicrosc. **4** 33–44.

Fukushima, K, Kawakatzu, H and Fukami, A 1974 J. Phys. **D7** 257. 表面。

Longworth, S 2006 Ph. D. Thesis, Cambridge University. 推断菲涅耳条纹方法在测量非晶薄膜时并不可靠。

Ness, JN, Stobbs, WM and Page, TF 1986 *A TEM Fresnel Diffraction-Based Method for Characterizing Interfacial Films* Phil. Mag. **54** 679–702.

Rasmussen, DR and Carter, CB 1990 *On the Fresnel-Fringe Technique for the Analysis of Interfacial Films* Ultramicrosc. **32** 337–348.

Rasmussen, DR, Simpson, YK, Kilaas, R and Carter, CB 1989 *Contrast Effects at Grooved Interfaces* Ultramicrosc. **30** 52–55.

Simpson, YK, Carter, CB, Morrissey, KJ, Angelini, P and Bentley, J 1986 *Identification of Thin Amorphous Films at Grain-Boundaries in Al_2O_3* J. Mater.

Sci. **21** 2689-2696. 讨论表征这些层的不同方法。

菲涅耳条纹界面

Carter，CB，Elgat，Z and Shaw，TM 1987 *Lateral Twin Boundaries in Spinel* Phil. Mag. **55** 21-38. 管状结构沿晶界分布。

Ross，FM and Stobbs，WM 1991a *Study of the Initial Stages of the Oxidation of Silicon Using the Fresnel Method* Phil. Mag. **A63** 1-36.

Ross，FM and Stobbs，WM1991b *Computer Modelling for Fresnel Contrast Analysis* Phil. Mag. **A63** 37-70. 内势。

Rühle，M and Sass，SL 1984 *Detection of the Change in Mean Inner Potential at Dislocations in Grain Boundaries in NiO* Phil. Mag. **A49** 759-782. 伯格斯矢量不同的位错产生不同的菲涅耳衬度。

Tafto，J，Jones，RH and Heald，SM 1986 *Transmission Electron Microscopy of Interfaces Utilizing Mean Inner Potential Differences Between Materials* J. Appl. Phys. **60** 4316-4318.

姊妹篇

姊妹篇中有几章内容讨论 HRTEM 和电子全息中的相位衬度。

自测题

Q23.1　电子衍射与 X 射线衍射的区别是什么？

Q23.2　推导双束条件下两束光都通过物镜光阑时的强度表达式。

Q23.3　使用三束条件最大的优点是什么？三束条件即 **g** 和 **-g** 强度相同，且 O 在光轴上。

Q23.4　三束条件与双束条件相比，看到的条纹周期相同吗？

Q23.5　分辨 Si 高分辨像中的哑铃状原子，图像中必须包含哪些衍射点？

Q23.6　利用 DP 推导平移莫尔条纹周期。

Q23.7　利用 DP 推导旋转莫尔条纹周期。

Q23.8　从两块重叠样品形成的莫尔条纹中可以得到哪些结构信息？

Q23.9　根据莫尔花样中的位错可以推断出伯格矢量，但它有可能倾转了 90° 或方向相反。正确解释位错的莫尔花样最重要因素是什么？

Q23.10　生长在 SnTe 薄膜上的 Sn 孤岛呈现奇妙的魔数效应。这是什么效应？

Q23.11　用 TEM 观察特定样品，为什么说在离焦状态观察到条纹就可以判定这是菲涅耳像？

　　Q23.12　菲涅耳双棱镜是依据什么命名的？

　　Q23.13　什么是洛伦兹显微术？

　　Q23.14　样品正焦或者故意使图像离焦时可以使气泡成像。为什么两种方法都有效？你推荐使用哪种方法？

　　Q23.15　在菲涅耳衬度下对晶界成像可以获得什么信息？

　　Q23.16　可以利用菲涅耳衬度研究孪晶界吗？（仔细作答）

　　Q23.17　用菲涅耳法对晶界成像时应采用欠焦还是过焦？

　　Q23.18　估算采用多大的离焦量才能看到清晰的露头位错像？

　　Q23.19　可见光光学中可利用柯钮卷线计算半无限不透明薄片中菲涅耳条纹的位置和强度。为什么 TEM 样品更复杂？

章节具体问题

　　T23.1　图 23.1B 为什么没有给出点阵平面的真实像？为什么"C"好一些？

　　T23.2　图 23.3 中的哑铃为什么不反映真实结构，为什么会出现？给出完整简明的解释。

　　T23.3　图 23.4B 为什么使用 Z 衬度？请详细说明。

　　T23.4　如图 23.5A 和 B，（A）如果间距较小的一系列平面是对应 Si 的 {111} 晶面，另一系列平面是另一种 fcc 物质的 {111} 晶面，那么这种物质的晶格常数是多少？（B）如果两组条纹都是 Si 的 111 条纹，解释旋转时莫尔条纹周期保持不变的原因。

　　T23.5　参照图 23.16，利用合理的实验参数值估算图 B 的条纹周期。判断所选数值的合理性。

　　T23.6　参照图 23.16，估算 Z 的值，判断所选其他数值的合理性。

　　T23.7　参照图 23.12，推测位错周期并与该体系的理想失配度比较。

　　T23.8　参照图 23.13，指标化各个衍射花样，并对比观察到的条纹周期与根据晶格参数计算得到的条纹周期。

　　T23.9　参照图 23.11，A 和 C 各是哪种类型的失配？B 采用的旋转角真能形成图中所示的(周期的)条纹吗？

　　T23.10　假设赤铁矿完全弛豫，图 23.8A 中误差范围是多少？

　　T23.11　借助图形定量表示出利用图 23.7 所示 DP 中区域 220(a) 和区域 200(b) 衍射点产生的图像。

　　T23.12　假设图 23.4B 的 InAsSb 薄膜完全弛豫，As：Sb 比值为多少？

　　T23.13　详细描述图 23.4C 的晶粒几何形状。

T23.14　图 23.4A 实际上给出了两个尖晶石/橄榄石界面。指出这两种物质的位置及生长方向。

T23.15　指出图 23.4B 中位错的类型和伯格斯矢量。

T23.16　证明图 23.5A 和 B 中莫尔条纹的周期与根据公式计算得出的一致。

T23.17　证明图 23.3A 中的哑铃与图 23.3B 中的不相同并解释它们产生的原因。

T23.18　重新推导式(23.9)，并定量说明为何相同的一族晶面可能观察到不同的"晶格条纹"。

T23.19　参照图 23.9，推算用于成像的 **g** 矢量和旋转角，并解释为什么短亮线的周期与莫尔条纹不同。

T23.20　图 23.8B 和 C 相比样品旋转了多少度？

T23.21　图 23.10 的 **g** 矢量是多少，两种晶格的失配度是多少？

T23.22　观察图 23.10 中间条纹终止处。假设穿透位错位于薄膜上，推算伯格斯矢量。如果穿透位错位于基底上，能得到相同的图像吗？

T23.23　观察图 23.17，估算两图中箭头所指空位大小及焦距差别。

T23.24　如果图 23.17 中样品在正焦条件下，会得到什么样的图像？证明你的猜测。

T23.25　讨论为什么当 $\Delta f = 0$ 时，图 23.19 的衬度不消失。

T23.26　观察图 23.20 中的模拟图像。讨论各组每 4 幅图像的变化：首先横向比较，再纵向比较。这与你预期一样吗？

第 24 章
厚度效应和弯曲效应

章 节 预 览

在两种情况下图像具有衍射衬度：一是样品存在厚度变化，即 t 效应；二是样品存在衍射条件变化，即 s 效应！

厚度效应：当样品的厚度不均匀时，直射束和衍射束在不同间距处发生耦合（干涉），因此会呈现一种与厚度相关的物理效应。不要把由于厚度变化而产生的衍射衬度和前章所讨论的质-厚衬度混淆。这两种完全不同的效应。衍射衬度会因为微小的倾转而变化，但是质-厚衬度却不会。

弯曲效应：当衍射面的取向改变时，即衍射面相对于电子束发生了倾转时，图像也会产生衬度变化。为了解释图像衬度的变化，我们需要理解衍射衬度与样品厚度和弯曲的关系。

我们将这两种重要的衬度现象分别称作"厚度条纹"和"弯曲轮廓"。

由于以下 3 个原因，本章显得特别重要：

■ 尽管 TEM 样品都很薄，但它们的厚度难免会改变。

■ 因为样品很薄，所以它们会弹性弯曲，也就是说样品的晶面会发生物理旋转。

■ 当样品中有晶格缺陷时，它的晶面也会随之产生弯曲。

晶面旋转对图像的影响非常显著，即使它的旋转角<0.1° 时，其影响仍然能够清晰可见。因此，无论是样品很薄（可能来自制样工艺），还是块材中存在应变都可以使它产生弯曲。这就导致实际样品中往往同时具有弯曲和厚度效应。

24.1　基本原理

为了理解厚度条纹和弯曲轮廓的物理起源，我们在双束条件使用由 Howie-Whelan 方程导出的式（13.46）和（13.47）对其展开讨论。布拉格衍射束的强度由式（13.48）和（13.49）给出，可以表述为

$$I_{\mathrm{g}} = \mid \phi_{\mathrm{g}} \mid^2 = \left(\frac{\pi t}{\xi_{\mathrm{g}}} \right)^2 \cdot \frac{\sin^2(\pi t s_{\mathrm{eff}})}{(\pi t s_{\mathrm{eff}})^2} = 1 - I_0 \qquad (24.1)$$

式中，s_{eff} 是式（13.47）中的有效偏离参量：

$$s_{\mathrm{eff}} = \sqrt{s^2 + \frac{1}{\xi_{\mathrm{g}}^2}} \qquad (24.2)$$

尽管在本章节我们将集中讨论 I_{g}［暗场（DF）强度］，但直射束［明场（BF）像］是与衍射束互补的（暂时不考虑吸收效应和其他的衍射束）。衍射束的强度是随两个独立参量 t 和 s_{eff} 周期性变化。如果假设 t 不变而 s 改变（s_{eff} 随之改变），我们将能够得到弯曲轮廓。与之类似，如果 s 不变而 t 改变，我们将得到厚度条纹。

本章仅仅涉及对式（24.1）的物理解释，以及如何将建立图像和衍射花样（DP）信息间的联系。尽管这些效应会妨碍晶格缺陷情况的系统分析，但是在特定的情况下，它们可能会非常有用。需要理解它们的最重要的原因是，它们是永远无法避免的！

24.2　厚度条纹

由于我们要对透射电子显微镜（TEM）样品减薄，除蒸镀的薄膜、理想的超薄切片、剥离或是用聚焦离子束（FIB）切的样品外，很少有样品在整个区域厚度均匀。图 24.1 给出了一个楔形样品在同一区域内的明场像和暗场像。

再次回到式（24.1）。值得注意的是，在该公式中，我们常常所说的“厚度”t 并不是薄片的真实“厚度”，而是衍射束“穿过”的距离。在严格意义上来

讲，多束中的每个电子束通常都具有不同的厚度 t。如果你将样品视为平躺的薄片（即电子束垂直表面入射），那么 t 就非常接近薄片的几何厚度。然而，当薄片为楔形或斜向电子束时，要透彻地分析图像就会变得更加困难。由于布拉格角很小，我们几乎总是近似地认为 t 是恒定不变的。

双束

由于吸收和其他衍射束的存在，真实情况往往更加复杂：我们从未得到过严格意义上的双束条件。

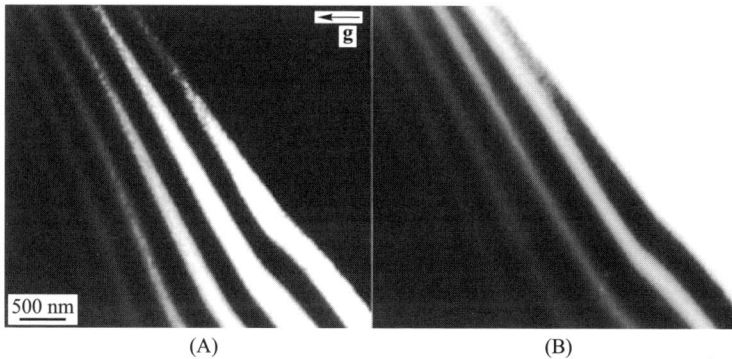

图 24.1 Si 楔形样品同一区域的暗场像（A）和明场像（B）。加速电压为 300 kV，并带有一定的倾角，因此 **g**（220）强烈激发。两张图片中条纹的周期和衬度相似且互补

式（24.1）表明，**0** 和 **g** 束的强度都随着 t 的改变而振荡。此外，如图 24.2 所示，对于明场像和暗场像，这些振荡是互补的。当然，如果你在电镜成像时不用物镜光阑，就可以确认这个现象。此时样品在正焦位置具有最小衬度。直射束的强度 I_0，从单位强度开始，然后逐渐减小，直到强度为 0。而与此同时，衍射束的强度 I_g，则逐渐从 0 增强至单位强度。该过程周期性重复。

厚度、ξ_g 和吸收

根据经验，当存在其他衍射束时，有效消光距离减小。当样品更厚时，吸收将会出现并使图像衬度减小。

尽管 I_0 和 I_g 的振荡通常不是条纹状，但是我们一般还将其称作厚度条纹。由于它们对应样品中厚度相同区域的轮廓，有时我们将其称为厚度轮廓。只有

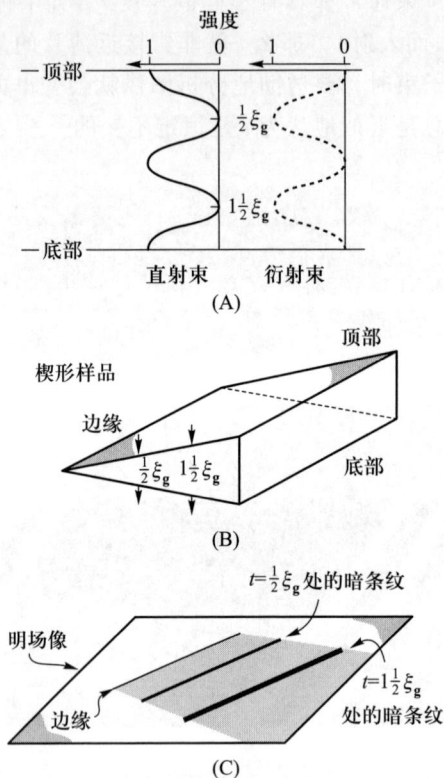

图 24.2　满足布拉格条件时（$s=0$），直射束和衍射束的强度以互补的方式振荡（A）。对于一个楔形样品（B）来说，图像（C）中条纹的分离取决于楔形角的大小和消光距离 ξ_g

当样品的厚度存在局域变化时，这些条纹才会出现，否则衬度将会是均一的灰色。如果样品倾转了一个小角度，我们将看到衬度会快速变化。

黑　和　白

意识到图像会因样品的厚度而呈现黑色或者白色是相当重要的。

例如，在明场像中，厚的区域通常比薄的区域要亮，这是违背直觉的。

图 24.3 中列举了图像中可能出现厚度条纹的几个例子。虽然为了易于理解，这些条纹作为厚度轮廓可以类比于地图上的等高轮廓或等深轮廓（样品上的洞对应海平面），但要注意 TEM 样品存在两个表面。暗场像常常会有更大的衬度。这一方面是因为样品上的洞看起来是暗的，同时也是因为暗场像中的多束效应比较弱。在图 24.3A 中，暗场像窄条纹的出现是因为晶界区域比基体

要薄。图 24.3B 的暗场像中，只有右侧晶粒激发了拍摄这张图像的反射束，因此左边的晶粒是黑的；衍射晶粒在微孪晶区域有明细的厚度条纹。这张图说明，缺陷的像中也会有厚度效应。

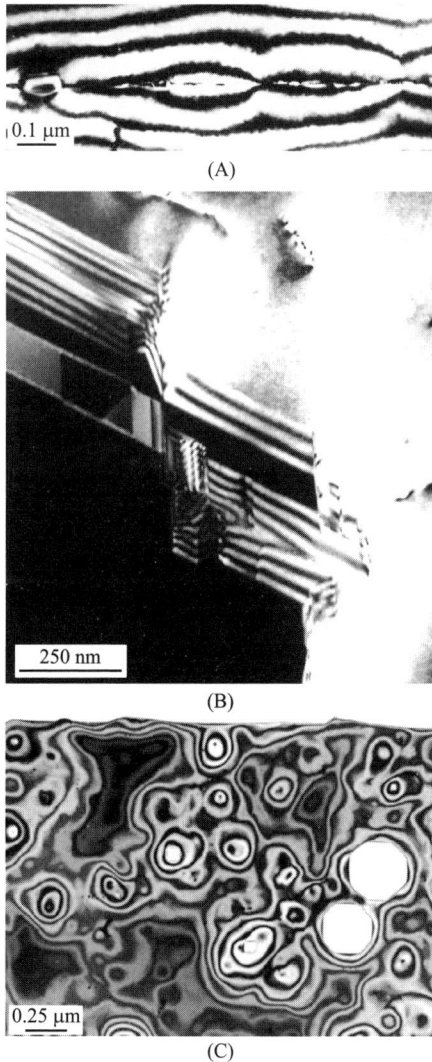

(A)

250 nm

(B)

0.25 μm

(C)

图 24.3 厚度条纹实例：(A)择优减薄晶界的暗场像；(B)GaAs 微孪晶的 220 暗场像，只有右边的晶粒发生了衍射；(C)化学腐蚀 MgO 薄膜明场像。(C)中的白色区域是样品中的洞

在图 24.3C 中，样品是一个很平的、两面平行的 MgO 薄膜，它在缺陷处有由于择优化学腐蚀而形成的洞；减薄之后，在 1 400 ℃ 加热样品会使表面形

成小平面。图像上的洞是白色的，表明这是个明场像。那些像洞一样的轮廓，是由平面化（faceting）过程中产生的棱角而形成的。它们的间距并不均匀是因为这个楔形角度并不均匀。注意洞的中间平面化了，第一道条纹是很窄的黑线。这个表面与其他表面不太一样，它是弯曲的。从图 24.2 我们知道，明场像中如果厚度真的减小到 0，第一个条纹应该是亮条纹。由此可以推断出来，样品的孔洞中心处厚度不为 0。

虽然至此为止讨论的都是楔形的或者有逐渐弯曲表面的样品，但是我们实际用来计算和分析衬度时采用的模型却如图 24.4 所示。我们假设样品有两个相互平行且与电子束垂直的表面，这样我们每次计算时都有固定的厚度。我们还假设电子束与表面垂直。然后我们改变 t 再重新计算强度。最后，我们画出强度随 t 的变化（如图 24.2A 所示），但是我们从来不倾斜这些表面！

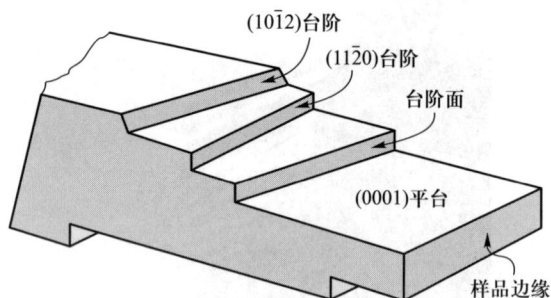

图 24.4 样品截面示意图，该样品有与表面平行的平台和连接平台的台阶

图 24.5 是一个楔形的 Al_2O_3 样品的图像，该样品预先被热处理过了，表

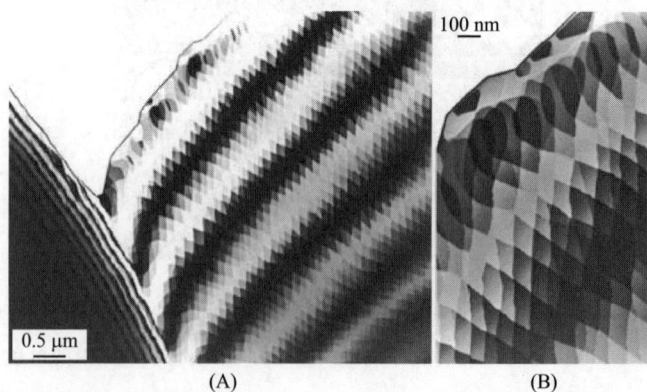

图 24.5 几何结构如图 24.4 所示的退火 Al_2O_3 样品的厚度条纹。（A）在低倍下，即使楔形角和楔形轴发生了变化，其厚度条纹也是清晰并且连续的。（B）在高倍下，条纹内部可以看到衬度离散

面出现与某些低指数面相平行的平面。这样可以看到离散区域内不同灰度的厚度条纹；一般来说，这些条纹是离散的。通过剥离层状样品（比如石墨、云母）你可以得到类似的样品，但是这些样品往往会弯曲，如此一来，明锐的衬度就会变得模糊。

24.3　厚度条纹和衍射花样(DP)

TEM 中存在一个通用规则，即每当实空间（图像）有周期性时，倒空间中就一定有相应的点的阵列；反之亦然。例如对于一个有恒定楔形角的样品，即使在 $s_g = 0$ 时，在双束条件下明场像和暗场像中也会存在均匀间距的厚度条纹。当 $s_g = 0$ 时，G 处一定不止一个点，不然我们不会看到条纹。我们已经知道，如果增大 s 或者增大楔形角，条纹间距会变小，此时点的间距会相应变大。

为了理解为什么 G 处有多个点，我们回顾一下第 17 章的内容。由于样品很薄，衍射花样(DP)上的点会垂直于表面被拉长。当样品是楔形时，它有两个表面。如图 17.4 所示，我们可以想象点垂直于两个表面被拉长。实际上，我们有两个在 $s_g = 0$ 不相交的弯曲的倒易杆；在第 15 章中我们将这种弯曲归因于色散面。图 24.6 示出 G 附近的衍射几何图。

因此衍射点的间距与 ξ_g^{-1} 和楔形角有关。尽管厚度条纹的间距依赖于 ξ_g，但它并不等于 ξ_g。在第 17 章，我们提到 Amelinckx 课题组指出可以用图 17.4 来描述它们间的几何关系。当我们倾转晶体使之离开 $s = 0$ 时，Ewald 球会向上或向下移动（s 变负或变正）来截取这两个"杆"。因此，在 G 处有两个点而不是一个，并且 s 越大，两个点的间距越大。两个点的间距越大，条纹间距越小；ξ_{eff} 减小了，所以厚度条纹彼此靠近了。在 $s = 0$ 的两侧条纹距离的变化是相似的。因此当你试图精确测量楔形晶体的厚度时一定要注意。

条 纹 周 期

衍射花样(DP)中点之间最小的间距对应厚度条纹的周期，在 $s = 0$ 时它直接由消光距离和楔形角决定。

我们将厚度条纹用作振幅衬度的例子，是因为它在双束条件下与一个特定的反射 $\mathbf{g}$ 相关联。实际上厚度条纹的出现是因为靠近 $\mathbf{g}$ 的两电子束的干涉，虽然我们很少这样考虑，但是它其实是相位衬度的例子。

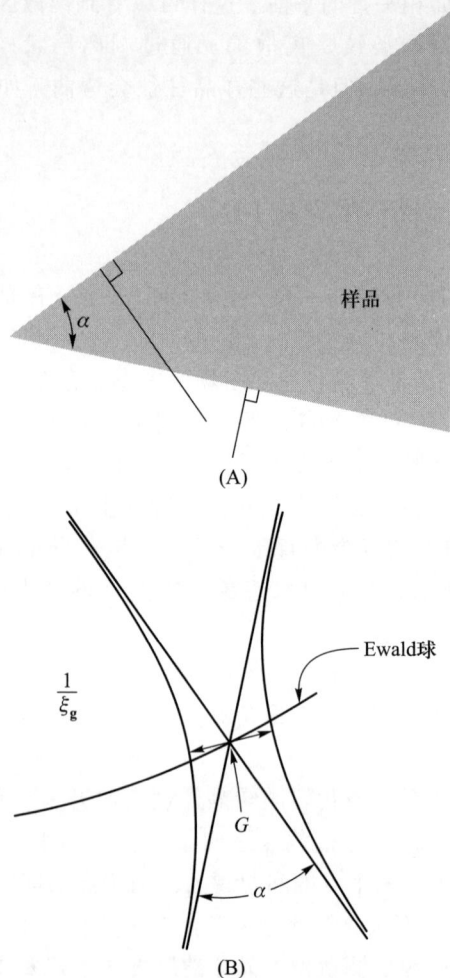

图 24.6　（B）中的倒易杆垂直于（A）中所示楔形样品的两个表面。实际上，倒易杆（蓝色线）并不相交（黑色曲线），所以 DP 中通常有两个点

24.4　弯曲轮廓（讨厌的瑕疵、有用的工具、珍贵的观点）

这是一个让人受益匪浅的主题，因为你可以通过一个简单的物理图像来理解它，然而里面涉及的概念却是理解大部分缺陷衬度的基础。弯曲轮廓（请不要叫它消光轮廓）出现在一组特定的衍射面不在每个位置都平行的时候；这些面的取向进入并且穿过布拉格条件。

图 24.7 中的样品中心 hkl 面与入射束严格平行，并且即使在样品弯曲的情

况下 hkl 面也总是和样品表面垂直。我们假设这个薄片均匀地弯曲,所以 hkl 面在 A 处严格满足布拉格条件,而 $\bar{h}\bar{k}\bar{l}$ 面在 B 处严格满足布拉格条件。在弯曲晶体的下方我们画出一排系统的反射点。注意 $-G$ 现在在左边而 G 在右边 (在没有透镜的情况下)。如果我们拍摄明场像会看到两根暗线。然后,我们用反射 **g** 拍摄暗场像。我们看见左边有一个亮带,因为 **g** 在那里被激发。现在用 $\bar{\mathbf{g}}$ 来成像,亮带就在右边。这些带被称作弯曲轮廓。图 24.8 和图 24.9 是一些实验图像。

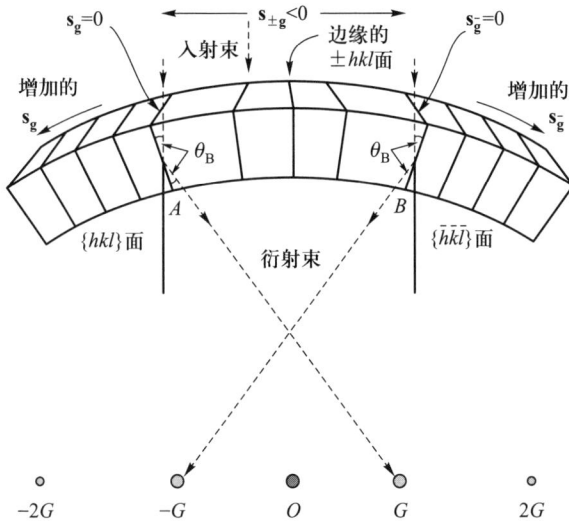

图 24.7 弯曲轮廓的来源的示意图。薄片布拉格条件的两侧对称弯曲。在该结构中,hkl 平面处于布拉格条件,反射 G 被激发。注意 G 和衍射位于 O 的两侧;如果薄片弯向上,它们会在同一侧

回顾布拉格定律,如果 θ 增加到 $2\theta_B$,($2h\ 2k\ 2l$)面的衍射强度会变大,所以我们会因为高阶衍射而看到其他轮廓。当 θ 增加时,这些面更快地转过布拉格条件(在更小的距离 Δx 内),因此高阶反射的弯曲轮廓更窄。

移动选区光阑

在做成像实验的实际操作中时,需要移动物镜光阑来形成暗场像;该过程会降低分辨率,但是请不要移动(既不要平移也不要倾转)样品。

电镜初学者有时会难以区分高阶弯曲轮廓和晶体中真正的线缺陷。解决办

法很简单：倾转样品。弯曲轮廓不会固定在样品中的特定位置，它会随着倾转快速地移动。

弯曲轮廓是真正的振幅衬度，而不是相位衬度。

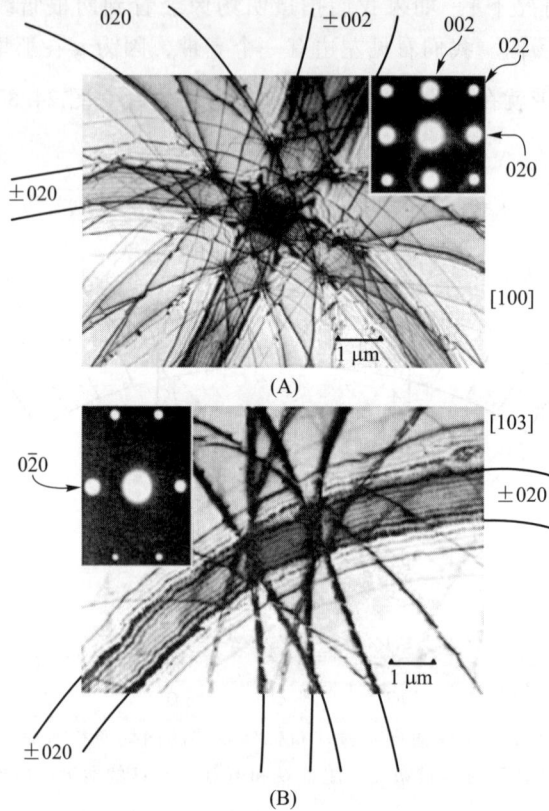

图 24.8 弯曲 Al 样品[110](A)和[013](B)带轴附近的明场像。这些图像被称作(实空间)带轴花样，或正带轴花样(ZAP)，图中给出了对应带轴的 DP(内插小图)。通过满足衍射角 θ_B 还是 $-\theta_B$，每个衍射面产生两个弯曲轮廓。注意由于弯曲度通常并不是处处相等的，所以每对衍射面的弯曲轮廓间距并不均匀

24.5 ZAP 和实空间晶体学

在以上的讨论中，我们只考虑了沿着一个轴的弯曲。在真正的样品中，弯曲会更加复杂。当弯曲的区域取向在低指数极附近时，这种复杂性就变得很重要了，因为这时弯曲轮廓会形成正带轴花样(zone-axis pattern 或 ZAP)。图24.8 是 ZAP 的两个例子。虽然 ZAP 扭曲了，带轴的对称性还很清楚，这样的

花样被用作实空间晶体学分析的工具。每个轮廓与一套特定的衍射面一一对应，所以 ZAP 不会像选区电子衍射(SADP)那样自动引入二次旋转轴。这些轮廓是高角会聚束电子衍射(CBED)花样的实空间类似物。

实际上，弯曲轮廓的±**g** 对很少是直的或平行的。万一你无法将一对弯曲轮廓区分开，回到图 24.7 的弯曲样品，将 $\overline{h}\,\overline{k}\,l$ 面固定在 $x = x_0$ 处，然后，随着在薄片上移动(向页面内)逐渐降低薄片的弯曲度。$\overline{h}\,\overline{k}\,l$ 平面刚好满足布拉格条件的位置会逐渐左移，所以 $-x_0$ 会变得更负。而 x_0 是固定的，所以图像中的轮廓会分开。

注意到在带轴附近，[100] ZAP 上主要的 020 和 002 轮廓间距很小，但是在 [103] ZAP 上，只有一对轮廓靠得很近；其他的都很清晰且离得很远。

当薄片弯曲是均匀的，这个效应允许你识别低指数 ZAP。因为当倾转晶体时，就像你可以形成不同的 SAD 和 CBED 一样，你可以在样品的同一个区域形成不同的 ZAP(我们仍然用 ZAP 这个术语，但是指的是 DP；其实应该称作 ZADP)。可以像第 18.4 节中描述的那样标定这些轮廓，而不是用 ZADP 中所有的点。

实空间中的 ZAP

在这种情况下，衍射花样中小的 **g** 给出图像中小的间距，这与通常的图像与衍射花样的倒数关系相反。

如果你的样品是弯曲的，你可以倾转它，以使图像中某一个弯曲轮廓停留在你研究的位置。这和第 19 章中我们利用菊池线做的操作一样。在像模式下倾转很需要技巧，但是如果样品弯曲很厉害或者很薄，我们就不能用菊池线了。ZAP 和弯曲轮廓让你可以在实空间工作。你甚至可以在样品上的特定位置为一个特定的 **g** 设置 **s** 的值！

24.6 凸起、凹陷和鞍状弯曲

弯曲轮廓最简单的用处就是判断某个区域是凸起还是凹陷。这个信息对于分析衬底上长的颗粒非常有用，特别是当衬底是薄膜时。

图 24.9A 和 B 是 Al_2O_3 薄样品的 ZAP 和相应的 SADP；暗带是 $\{3\overline{3}00\}$ 的弯曲轮廓。图 24.9C~H 是在相同区域内分别用这些反射点形成的暗场像。利用图 24.7，可以推导样品弯曲的状态。可以很直观地看到对应一组 *hkl* 面的弯曲

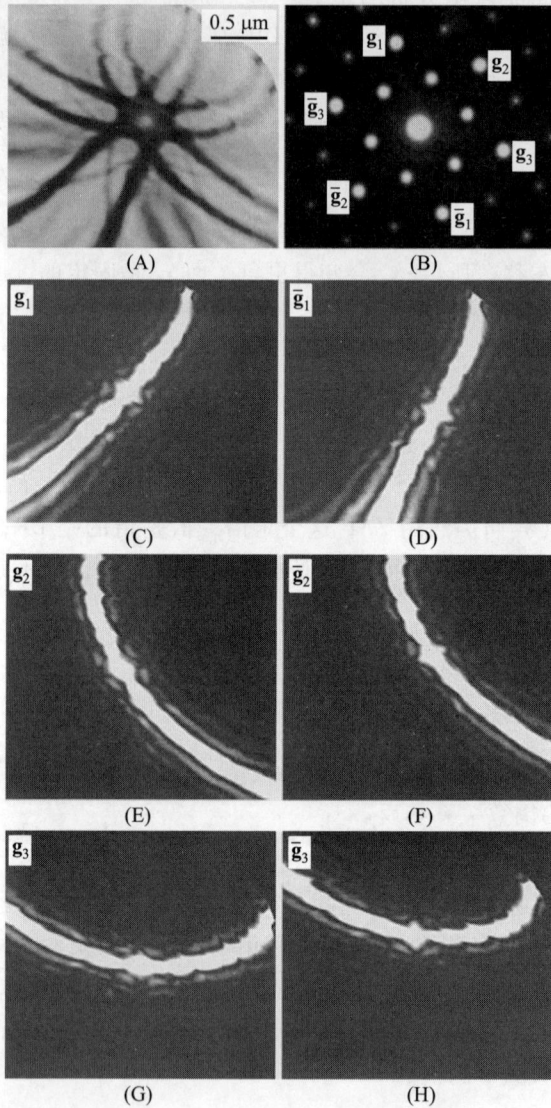

图 24.9　Al_2O_3 0001 带轴的实空间 ZAP：明场像（A）和对应的衍射花样（B）。移动光阑用（B）中衍射点成的暗场像（C~H），与（A）中主要的暗线弯曲轮廓一致：（C、D）$\pm(\bar{3}030)$，（E、F）$\pm(\bar{3}300)$，（G、H）$\pm(03\bar{3}0)$。注意（A）中由靠内的 $\{11\bar{2}0\}$ 衍射点产生的弯曲轮廓比 $\{\bar{3}300\}$ 要弱

轮廓并不一定与这些面平行，它们是弯的，宽度也是在变的。

记住，在做这些衬度实验时，应移动物镜光阑而不是样品。图像的分辨率会有某种程度的降低但是对于这个应用并不重要。

24.7 吸收效应

当因样品很厚而看不到图像时，我们就说电子都被吸收了。吸收过程比这里陈述指明的可能更加重要。而我们对于这个主题的大部分考虑仍然是经验性的。我们通常会定义消光距离的虚部 ξ'_g，于是

$$\xi_g^{abs} = \xi_g \left(\frac{\xi'_g}{\xi'_g + \xi_g} \right) \qquad (24.3)$$

我们在 Howie-Whelan 方程中用 ξ_g^{abs}。ξ'_g 大约等于 $10\xi_g$。选择 ξ_g^{abs} 这个表示的原因是 Howie-Whelan 方程中的 $1/\xi_g$ 可以用（$i/\xi'_g + 1/\xi_g$）代替。与对 ξ_0 的处理也一样，这就使得 Howie-Whelan 方程中的 γ 产生了虚部。如此我们就有了一个 e 指数衰减的衍射振幅。这完全是一个唯像的处理，但是你会看到它的参考资料。当我们在第四篇讨论 EELS 时，你会认识到用一个参数来对非弹性散射在图像中产生的效应建模很难。

在第 14 章时我们曾经简单地讨论过布洛赫波的吸收。与布洛赫波 1 相比，布洛赫波 2（小 $\mathbf{k}$）被强烈吸收得要少；布洛赫波 1 经过原子核，而布洛赫波 2 穿过原子核之间的空间。就像图 24.10 展示的那样，当晶体变厚时布洛赫波 1 就消失了。因为厚度条纹来源于两束电子束的干涉，厚度条纹会消失，但是仍然可以"看透"样品。现在你可以理解为什么式（24.3）是唯像的了——晶体中根本就没有电子束！

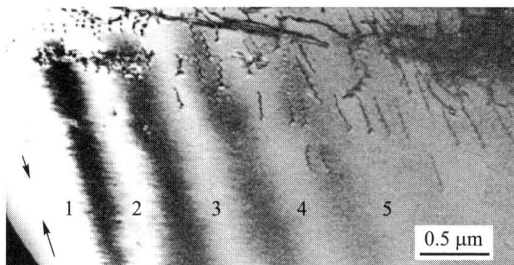

图 24.10 当有异常吸收时，双束明场像中厚度条纹的衬度减弱。注意即使在 $-5\xi_g$ 的厚度处条纹消失了时，缺陷仍然可见

样品较厚部分的弯曲轮廓中也会有这种异常吸收效应。再看第 15 章中讲色散面的那部分，当 s_g 为负时，连接线 D_1D_2 离 $\mathbf{0}$ 比离 $\mathbf{g}$ 近，布洛赫波 2 对 ϕ_g

的贡献较大。当 s_g 为正时，布洛赫波 1 激发比较强烈。当样品较厚时布洛赫波 1 就消失了。因此当我们在弯曲轮廓上穿过布拉格条件时，厚度条纹会在布洛赫波 1 本来就弱的地方，即当 s_g 为负时，或者在弯曲轮廓 ±g 对之间时更快地消失。

异 常 吸 收

布洛赫波 1 的吸收被称作异常吸收是由于历史原因，而不是因为它的"反常性"。

我们总结一下关于吸收的讨论，有以下几点结论：

■ 我们定义一个参数 ξ'_g，它大约是 $10\xi_g$，它只是为了使 Howie-Whelan 方程符合实验结果而定义的一个修正因子。

■ 不同的布洛赫波的散射方式不同。如果它们对图像没有贡献，我们可以说它们被吸收了。异常吸收实际上是很平常的！

■ 样品可用的厚度范围大概是 $5\xi_g$，但是如果你能够使布洛赫波吸收减小，它还可以继续优化。

24.8　厚度条纹的计算机模拟

厚度条纹是可以模拟，我们在第 25 章会详细讨论所用程序，但是请注意：不要将程序当作"黑箱"使用。我们为什么需要或者想模拟厚度条纹？我们以一个 90° 楔形角的样品(参见第 10.6 节)为例，来看一下厚度是怎样随位置变化的。如图 24.11A 所示，因为样品很厚，其实际厚度是对样品的取向非常敏感的。样品是在 (001) 面上生长的 $GaAs/Al_xGa_{1-x}As$ 多层膜。样品的解理面是 [110]，它可以 45° 放置，使得电子束近似平行于 [100] 极。两种材料的 ξ_g 值不同，所以它们很容易区分。显然，这种情形的定量模拟是非常有意义的，特别是当你不得不考虑图 24.6 中的效应时。

因为条纹间距随 ξ_g 改变，如果你改变加速电压，间距也会改变。在图 24.11B 和 C 中你可以很明显地看到这个效应，这两张图是一个楔形样品在相同区域 300 kV 和 100 kV 电压下拍摄的图像。

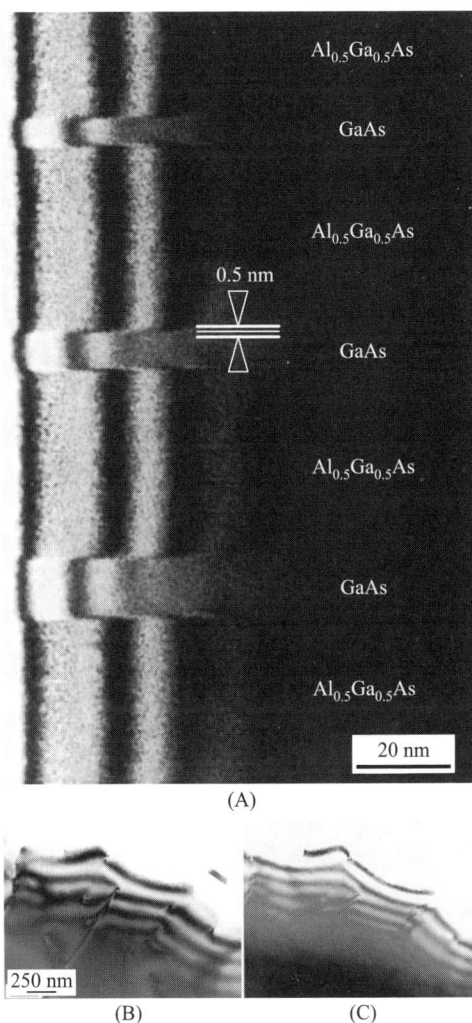

图 **24.11** GaAs/AlGaAs 多层膜 90° 楔形样品的厚度条纹（A）。不同相的消光距离不同，所以条纹间距也不同。300 kV（B）和 100 kV（C）强束明场像（**s** = 0）。加速电压增加，消光距离也增加，这样可以看透更厚的区域；请与图 24.1 比较

24.9 厚度条纹/弯曲轮廓相互作用

从式（24.1）可以看出，弯曲和厚度效应可能同时发生。图 24.12 给出了弯曲轴垂直与楔形样品边缘时的混合效应。当 **s** = 0 时，ξ_{eff} 的值是最大的。随着弯曲在任何一边远离布拉格条件，ξ_{eff} 都是减小的，厚度轮廓弯朝向样品边缘。

图像上有 $\mathbf{g}(\bar{1}11)$ 和 $\mathbf{g}(1\overline{11})$ 的轮廓(箭头指出)。作为练习你可以计算出图像中轮廓中间任何一点的 $\mathbf{s}$ 值。假设楔形角是恒定的并且边缘处 $t = 0$；然后比较由 ξ_{eff} 推导出的厚度和由 $\mathbf{s} = 0$ 处的厚度值外延出的厚度。

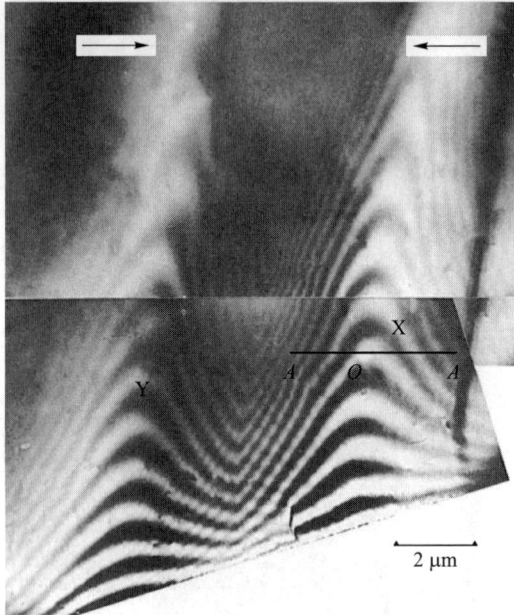

图 24.12　厚度条纹和弯曲轮廓(X 和 Y)都能影响图像衬度，且能同时出现在样品的同一个区域，所以它们能互相影响或者互相耦合来产生如图所示明场像的复杂衬度。顺着 A-A 线，$\mathbf{s}$ 的正负发生变化，在 O 处大致等于 0，在弯曲轮廓中间是负的

　　如果缺陷导致了样品弯曲，那么缺陷的衬度和厚度变化引起的衬度就会相互关联。

　　随着引入偏离参量 $\mathbf{s}$，有效厚度 s_{eff}^{-1} 也将发生改变。如有一个参考值，比如说样品中的一个洞作为零厚度，可以利用该效应来精确地确定某个区域内样品的厚度。首先倾转样品使选定的反射满足布拉格条件(记住这个分析假设我们只有两束电子束)。如果你可以看见菊池线的话，就可以精确确定 $\mathbf{s}_g$。然后可以确定样品上不同点的 s_{eff}^{-1}。s_{eff}^{-1} 的最大值是 ξ_g，出现在 $\mathbf{s}_g = 0$ 处。当你倾转样品正向或者负向增大 $\mathbf{s}_g$ 时，都会看见条纹彼此靠近了。在第 27 章我们会考虑 $\mathbf{s}_g$ 很大的情形，在第 24.10 节我们考虑薄片弯曲的情形。

厚度的确定

当做 XEDS 分析时，如果想用厚度条纹确定的 t，一定要注意它只能确定衍射（晶体）材料的厚度。在样品表面可能会有相似或者不同组分的非晶材料。

24.10 其他弯曲效应

在某些情况下，薄片的弯曲效应也许会更加微妙。比如说，TEM 样品中的应力可能会在薄样品表面弛豫。在半导体超晶格研究中可以看到该效应应用的一个重要示例。

我们简单归纳一下这种情形。想象晶格参数稍微失配的两个立方晶体材料交替生长（即立方晶体上叠立方晶体），形成的具有（001）界面的人造超晶格。在垂直界面的方向上，一种晶体将伸长，而另一种将收缩（四方晶格畸变）。当我们制备一个截面 TEM 样品时，可以想象它如图 24.13B 所示那样表面弛豫。弛豫的原因很简单，因为这样允许一种材料伸长同时另一种材料收缩；表

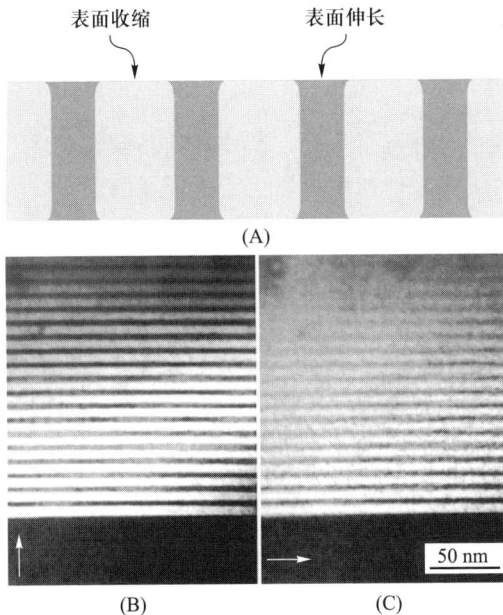

图 24.13　（A）界面在薄样品表面弛豫的示意图。（B、C）GaAs/AlGaAs 超晶格在两个正交的反射 200 和 020 方向的暗场像，样品方向为 [001] 极：（B）[200] 与界面平行，（C）[020] 与界面垂直。如果通过晶面平行于界面弯曲来释放晶格失陪产生的应力，那么只有 020 暗场像会受到影响，产生更加明锐的衬度变化

面的应力在样品制备过程中被消除了。这个说法当然做了简化了，但是图 24.13B 和 C 显示出，用于界面垂直的 $\mathbf{g} = 020$ 拍摄的照片确实比用于界面平行的 $\mathbf{g} = 200$ 拍的照片要明锐。

因此不论 $\mathbf{g}$ 是 020 还是 $\overline{0}20$，布拉格面总会在其中一个面更加接近 $\mathbf{s} = 0$。

这里所指的弯曲只是发生在界面附近很短的距离内，但是它却显著地影响了暗场像的形成。弯曲实际上将图像变得更明锐了。

这个例子很特殊但是也突出了重点：表面的弛豫能够引起衍射面的弯曲，这将影响样品的图像。

章 节 总 结

厚度的变化和样品的弯曲造成的效应都可以由式（24.1）来解释。虽然这个公式由双束条件推导出，但是当有更多强烈激发的电子束时你仍然可以看见类似的效应，只不过不再具有简单的 $\sin^2$ 依赖关系。

- 改变 t 而保持 $\mathbf{s}$ 不变给出厚度条纹。
- 改变 $\mathbf{s}$ 而保持 t 不变给出弯曲轮廓。

厚度条纹是干涉效应，如果谨慎对待，可以用来计算薄片厚度，并得到样品形貌。

如果样品的两个表面是平行的，即使在样品倾转条件下，我们也看不见厚度条纹。但是这个区域的衬度将取决于投影厚度。

弯曲轮廓因可以给出样品中 $\mathbf{s}$ 值的分布图而很有用。如果你的薄片不止沿一个轴弯曲，那么弯曲轮廓就会结合起来产生很漂亮的 ZAP 图，它能够反映出材料真实的对称性。

然而，如果你想让缺陷分析变得简单，你应尽量避免样品弯曲，并且在一个比较薄的、有均匀厚度的区域进行。这个规则也有例外：在某些特殊的情况下，你会想做正相反的事！只要你能控制这些参数，弯曲和厚度变化会给你额外的有用的信息。这就得先掌握第 9 章中的 BF/DF/SAD 技巧。

最后，注意异常吸收并不异常。这可以很好地（只能）被布洛赫波相互作用解释。

参考文献

Gibson, JM, Hull, R, Bean, JC and Treacy, MMJ 1985 *Elastic Relaxation in*

Transmission Electron Microscopy of Strained-Layer Superlattices Appl. Phys. Lett. 46(7)649-651. 展示了超晶格表面弛豫对衬度的影响。

Rackham，GM and Eades，JA 1977 *Specimen Contamination in the Electron Microscope When Small Probes are Used* Optik 47(2)226-232. 用 CBED 进行实空间晶体学分析的例子。

Susnitzky，DW and Carter，CB 1992 *Surface Morphology of Heat-Treated Ceramic Thin Films* J. Am. Ceram. Soc. 75(9)2463-2478. 用 TEM 研究热处理陶瓷薄膜表面形貌的综述。

姊妹篇

你可以利用姊妹篇中讨论的模拟软件在计算机上做衬度实验。

自测题

Q24.1　在明场像中，弯曲轮廓两边各有一组暗线。这些线是怎么形成的？

Q24.2　"我看见了很多厚度条纹，所以我的样品厚度一定变化很大"，这样说一定正确吗？（除去语法的部分）

Q24.3　在 TEM 像中，你看见了一对代表弯曲轮廓的暗线。这是明场像还是暗场像？

Q24.4　什么情况下一个楔形样品在 DP 中会给出两个距离很近的点？什么情况下不会？

Q24.5　假如你可以连续地将 TEM 的加速电压从 200 kV 增加到 300 kV。厚度条纹会怎样变化？

Q24.6　如果你的样品非常薄，但是弯曲的，你怎样才能找到一个带轴？

Q24.7　一组弯曲轮廓逐渐变宽并彼此分开。样品中发生了什么？

Q24.8　如果某个样品的消光距离计算值是 50 nm，能照合理明场像样品的厚度最大是多少？

Q24.9　样品弯曲偏离布拉格条件时，厚度条纹怎样弯曲？

Q24.10　厚度条纹是由振幅衬度引起的还是由相位衬度引起的？

Q24.11　厚度条纹能告诉你表面形貌的信息吗？

Q24.12　弯曲轮廓是怎么形成的？

Q24.13　怎样区分弯曲轮廓和位错？

Q24.14　空隙能造成弯曲轮廓吗？

Q24.15　ZAP 是什么？为什么会形成 ZAP？

Q24.16　请写出考虑吸收时消光距离的经验公式。

Q24.17　利用厚度轮廓得到的样品厚度有多可靠？

Q24.18　当 GaAs/AlGaAs 超晶格在（001）生长时，哪个｛200｝反射会给出最明锐的图像？为什么？

Q24.19　AlGaAs 母体中有一个（001）方向的 GaAs 量子阱，做成一个 90° 楔形角的样品，如果你沿 [100] 方向看过去，在双束条件下，哪种材料的厚度条纹更多？

Q24.20　在双束暗场像中，第三根亮条纹中心处的晶体有多厚？（用 ξ_g 的倍数表示）

章节具体问题

T24.1　如果图 24.3A 中的两个晶粒有共同的 [001] 薄片法线，假设电子能量为 120 keV，请描述样品的形状。

T24.2　图 24.3 的图像说明有误吗？估计样品的厚度。解释你的假设。

T24.3　图 24.5A 中样品的两个部分的楔形角分别是多少？解释你的假设。

T24.4　在图 24.8A 中，±002 弯曲轮廓显示出样品是弯的。沿哪个轴的弯曲产生这对弯曲轮廓？推导出样品弯曲角度的变化。

T24.5　标定图 24.8B 中的衍射点。估计绕 [$30\bar{1}$] 带轴弯曲的角度。

T24.6　解释图 24.9 中样品的形状。

T24.7　为什么图 24.10 中厚度条纹的衬度从左到右降低了？

T24.8　为什么图 24.13 中样品有伸长和收缩？示意图中的阴影部分对应暗场像中的阴影吗？

T24.9　考虑图 24.11 中 GaAs 区域。拍这张照片用的高压是多大？在不查原始文献的情况下请推导出来，并解释你是怎样推出来的。

T24.10　在式（24.3）中，我们引入了反常消光距离 ξ'_g。Cu 220 在 100 kV 和 300 kV 的反常消光距离分别是多少？这个值用来解释图 24.10 中的现象合理吗？（假设 Cu 220 和 100 kV。）为什么说 ξ'_g 是一个修正因子？

T24.11　准备了一个楔形 Ni 晶体样品，其上表面平行于（100）面，下表面平行于（110）面。100 keV 的电子束穿过上表面，垂直于楔形的边缘在（001）面内行进，恰好以布拉格角落于（020）面上。如果这个反射的消光距离是 25 nm，计算该反射束离开下表面时由于折射而劈裂的角度。（感谢 Mike Goringe）

T24.12　一个厚度为 t 的样品中包含一个厚度为 Δz 的小夹杂物，它对电子的散射能力与母体不同。在双束动力学和布拉格条件（$s = 0$）下进行观察。母体的有效消光距离是ξ_{gm}，并假设夹杂物的晶体结构与母体相同且夹杂物消光距离是ξ_{gt}。以(a)夹杂物在样品中的深度和(b)样品厚度为变量计算夹杂物的可见度。如果样品不是恰好在布拉格位置(即$s \neq 0$)应该怎样修正结果？(感谢 Mike Goringe)

T24.13 一个 bbc 样品由于不当操作而严重地弯曲了。你照了一个弯曲中心的图像和相应的 ZADP。带轴是[011]；画出并标定该带轴处主要的衍射点。如果样品在此位置弯成了马鞍的形状，解释(如有必要，可以画草图)DP 和形成弯曲中心的弯曲轮廓线的关系。怎样确认你推出的关系？(感谢 Ian Robertson)

第 25 章
面缺陷

章 节 预 览

内部界面(晶界、相界、堆垛层错)或者外部界面(即表面)无疑是晶体工程材料中最为重要的缺陷。它们的共同特征是通常可以将其视为二维的,或者平面的缺陷(虽然实际上并非如此)。本章的主题是:

- 区分内部界面的类型并确定其主要参数。
- 通过衍衬像来确定界面处的晶格平移。

旋转通常与线缺陷有关,将在第 26 章对其进行讨论。除非使用高分辨透射电子显微镜(HRTEM),否则通常无法确定界面的局域结构细节,因此在第 28 章将重新讨论这个话题。我们将简要地讨论这些缺陷的模拟像,因为它较为直观且有效。

25.1　平移和旋转

这一节是材料科学中一些基础知识的简要概览。如果对这些概念不是很熟悉，请学习材料学基础教材中关于缺陷的章节，在参考文献部分列出了一些参考书目。

界面就是隔离任意两个不同微结构区域的表面。在大部分讨论内容中都假定界面是平的，即平面缺陷（平行于一个平面），虽然实际中几乎不存在这种情况。我们可以像图 25.1 所示的那样来描绘一个通常的界面。

根据这个一般性定义，我们可以概括出面缺陷的不同种类：

■ 平移边界（RB）。位移 $R(r)$ 可以为任意值，θ 为 0，两个区域完全相同且精确对齐。堆垛层错（SF）是一个特例。将平移边界表示成 RB，是为了避免与孪晶界（TB）相混淆。

■ 晶界（GB）。$R(r)$、n 以及 θ 的值都可以是任意的（n 为面缺陷的法线），但两晶粒的化学性质和结构必须相同。层错（SF）又是一个特例，但该类也包括孪晶界（TB）。

■ 相界（PB）。和 GB 的定义类似，但两个区域的化学性质或结构可以不同。

■ 表面。PB 的一个特例，一个相是真空或者气体。

R(r) 释义

上面的晶体固定而下面的晶体平移一个矢量 $R(r)$ 且/或绕任意轴 v 旋转某个角度 θ。

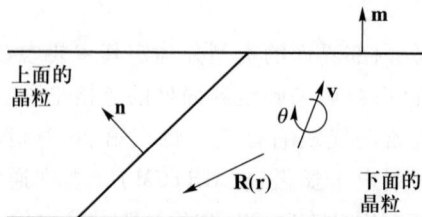

图 25.1　包含一个面缺陷的样品。下面的晶粒相对于上面的晶粒平移了一个矢量 $R(r)$，并且围绕矢量 v 旋转角度 θ。面缺陷法线为 n，薄片样品法线为 m

每一类面缺陷中都存在一些特例。在表 25.1 中列出了一些最常见的例子，在本章我们将对部分例子进行探讨。对于更详细的讨论，可参考本章末尾的参考文献。

平移边界包括 fcc、hcp、金刚石结构以及层状材料中的堆垛层错。由于在 fcc 金属（例如 Cu 和不锈钢）的机械性能中起着很重要的作用，平移边界已经得到广泛研究。平移边界也存在于更复杂的材料体系中，比如尖晶石、Ni_3Al、Ti_3Al 等，这些材料的晶格参数较大，因而位错 Burgers 矢量也较大。

有序合金 CuAu（可以描述成两个互相嵌套的简立方超晶格）中的反相畴界（APB）是通过一个超晶格相对另一个超晶格平移 $\frac{1}{2}\langle 111 \rangle$ 产生的。之所以称为反相畴界，是因为两个超晶格之间相位不同。如果晶体是无序的，则 Cu 和 Au 随机占据 bcc 位置，那么 $\frac{1}{2}\langle 111 \rangle$ 只是一个晶格向量而没有缺陷存在。这种特殊的 APB 因此可以被认为是 SF。将会发现，用于表征 RB 特性的方法也经常被用来确定其他界面中的 $\mathbf{R}(\mathbf{r})$。

表 25.1　内部面缺陷实例

面缺陷	结构	实例	实例
SF	金刚石结构、fcc、闪锌矿	Cu、Ag、Si、GaAs	$\mathbf{R}=\frac{1}{3}[111]$ 或 $\mathbf{R}=\frac{1}{6}[112]$
APB/IDB	闪锌矿、纤维锌矿	GaAs、AlN	反演轴
APB	CsCl	NiAl	$\mathbf{R}=\frac{1}{2}[111]$
APB/SF	尖晶石	$MgAl_2O_4$	$\mathbf{R}=\frac{1}{4}[110]$
GB	所有材料	通常标记为 $\sum$，$\sum^{-1}$ 为重位点阵点所占的比例	旋转加上 $\mathbf{R}$
PB	任何两种不同材料	有时标记为 $\sum_1$、$\sum_2$，两者不等	旋转加上 $\mathbf{R}$ 加上错位
RB	额外的平移	Al 中的 $\{112\}$ 孪晶界	$\mathbf{R}$ 与晶格无关

堆垛层错面

虽然我们知道 fcc 金属中最可能的 SF 面为 $\{111\}$，但是在其他材料中 SF 面则不同。

GB 分为两类，小角晶界和大角晶界。小角晶界必然会伴随一个小角度的旋转，该旋转通过一系列位错阵列来补偿；在第 26 章中将讨论这些缺陷。大角晶界可以对应一些特殊的 **n** 和 θ 值；一个晶粒中相当大部分的晶格位点（通常）会与另一个晶粒所共有。共有部分的多少通过该比份的倒数来表示，记为 $\sum$。例如，fcc 金属中的孪晶界通常是 $\sum = 3$ 的晶界（比份为 1/3）。这对于我们的讨论较为重要，因为如果一系列的晶格点为两个晶粒所共有（正如 $\sum$ 重位点阵概念所蕴含的），那么某些平面也可能是共同拥有的，从而产生相同的衍射。即使一个晶粒相对于另一个晶粒平移，这些衍射也仍将是相同的。在这种情况下，构成一种特殊类型的 RB，被称为刚体平移边界。除了 **R** 很小并且与晶格参数不直接关联以外，晶界处刚体平移的行为与其他 SF 一样。

还存在第二类 APB，在这类 APB 中两个晶粒不能通过平移来关联。例如，在 GaAs、ZnO、AlN 以及 SiC 中会存在这种情况。一个晶格可以通过 180° 旋转与另一个晶格关联，等效于反演操作；它们有时被称为反转畴界（IDB）（它们是 $\sum = 1$ 的 GB）。由于这种情况下通常会伴随一个较小的平移，所以在图像中经常能够观察到这些特殊的界面。我们将这个平移视为简单的 RB 来进行分析，这是因为 IDB 某一边的所有平面与另一边的对应平面相互平行；一边的 (hkl) 平面与另一边的 $(\bar{h}\,\bar{k}\,\bar{l})$ 平面是平行的。除非使用会聚束电子衍射（CBED）或者高质量样品的 HRTEM，否则无法区分 **g** 和 $\bar{\mathbf{g}}$。

人们几乎从未通过衍衬像来对 PB 进行完整的分析。如果取向、化学性质和结构在跨越界面时都发生变化，那么不仅衍射将会改变，所有的消光距离也将改变。hcp-Co/fcc-Co、bcc-Fe/fcc-Fe、$NiO/NiFe_2O_4$ 和 $GaAs/Al_xGa_{1-x}As$ 是这类界面的一些特殊实例。当然，其他这样的界面多得数不胜数。

尽管这种实验工具已经存在了一段时间，但是使用透射电子显微镜（TEM）进行表面研究在最近才变得非常重要。本章将在衍射衬度像的范畴内讨论表面。在讲述 HRTEM 的第 28 章中将会介绍所谓的剖面成像。另外两种对表面敏感的技术是平面观察法和反射电子显微术（REM，见第 29 章）。

25.2　为什么平移会产生衬度？

像往常一样，分析从仅考虑双束 O 和 G 开始。我们将通过辨析讨论的方式（虽然不完美）来证明 Howie-Whelan 方程适用于包含界面的样品。对于第 26 章和第 27 章中的其他缺陷也将使用同样的方法。由于完整晶体的 Howie-Whelan 方程在假定的双束条件下能够得到解析解。我们希望将其推广到存在缺陷的情形，因为这可以帮助我们理解衬度产生过程的物理内涵。这里需要记住两个重要特征：

■ 衍射衬度仅产生于存在布洛赫波的晶体中。然而，最初的分析将只考虑衍射束。

■ 使用柱体近似可以解出这些方程；但是当样品或衍射条件在与柱体直径可比拟的尺度上发生改变时，一定要慎重考虑。

表面 TEM

这种技术包括（ⅰ）剖面成像、（ⅱ）平面成像和（ⅲ）反射电子显微术（REM）。

在有应变的晶体中，晶胞位置相对于理想晶体会有偏移，因而其位置位于 $\mathbf{r}'_n$ 而非 $\mathbf{r}_n$，这里 n 表示考虑的是一系列晶胞的散射；稍后就会将 n 省去（并且仍然采用柱体近似）。

$$\mathbf{r}'_n = \mathbf{r}_n + \mathbf{R}_n \tag{25.1}$$

在这个表达式中，$\mathbf{R}_n$ 实际上是 $\mathbf{R}_n(\mathbf{r})$；可以在整个样品中变化。式（13.3）中的 $e^{2\pi i \mathbf{K} \cdot \mathbf{r}}$ 项（实际上是 $\mathbf{K} \cdot \mathbf{r}_n$），现在变成了 $e^{2\pi i \mathbf{K} \cdot \mathbf{r}'}$，因此需要分析项 $\mathbf{K} \cdot \mathbf{r}'_n$。由于 $\mathbf{K}$ 等于 $\mathbf{g}+\mathbf{s}$，因此可以写为

$$\mathbf{K} \cdot \mathbf{r}'_n = (\mathbf{g} + \mathbf{s}) \cdot (\mathbf{r}_n + \mathbf{R}_n) = \mathbf{g} \cdot \mathbf{r}_n + \mathbf{g} \cdot \mathbf{R}_n + \mathbf{s} \cdot \mathbf{r}_n + \mathbf{s} \cdot \mathbf{R}_n \tag{25.2}$$

这里，由于 $\mathbf{r}_n$ 是一个晶格向量，所以 $\mathbf{g} \cdot \mathbf{r}_n$ 为整数。第 3 项 $\mathbf{s} \cdot \mathbf{r}_n$ 为常规的 sz 项，因此新项是 $\mathbf{g} \cdot \mathbf{R}_n$ 和 $\mathbf{s} \cdot \mathbf{R}_n$。

当讨论强束图像时，$\mathbf{s}$ 是很小的。既然使用弹性理论，$\mathbf{R}_n$ 也一定很小。因此忽略 $\mathbf{s} \cdot \mathbf{R}_n$ 这一项。这个特殊的假设在以下两种情况中可能不成立：

■ 当 $\mathbf{s}$ 较大的时候；在第 27 章讨论弱束技术时会遇到这种情况。

■ 当晶格畸变 $\mathbf{R}$ 较大的时候；在靠近某些缺陷的核心处时会出现这种情况。

现在，直观地修改式（13.8）来使式（25.2）中附加位移所导致的效应：

$$\frac{d\phi_\mathbf{g}}{dz} = \frac{\pi i}{\xi_0}\phi_\mathbf{g} + \frac{\pi i}{\xi_\mathbf{g}}\phi_0 \exp[-2\pi i(sz + \mathbf{g} \cdot \mathbf{R})] \tag{25.3}$$

和

$$\frac{d\phi_0}{dz} = \frac{\pi i}{\xi_0}\phi_0 + \frac{\pi i}{\xi_\mathbf{g}}\phi_\mathbf{g} \exp[+2\pi i(sz + \mathbf{g} \cdot \mathbf{R})] \tag{25.4}$$

下面像第 13 章中那样简化方程

$$\phi_0(z)_{(\text{sub})} = \phi_0 \exp\left(\frac{-\pi i z}{\xi_0}\right) \tag{25.5}$$

和

$$\phi_{\mathbf{g}}(z)_{(\mathrm{sub})} = \phi_{\mathbf{g}} \exp\left(2\pi \mathrm{i} s z - \frac{\pi \mathrm{i} z}{\xi_0}\right) \qquad (25.6)$$

那么 Howie-Whelan 方程变成

$$\frac{\mathrm{d}\phi_{\mathbf{0}(\mathrm{sub})}}{\mathrm{d}z} = \frac{\pi \mathrm{i}}{\xi_{\mathbf{g}}} \phi_{\mathbf{g}(\mathrm{sub})} \exp(2\pi \mathrm{i}\mathbf{g} \cdot \mathbf{R}) \qquad (25.7)$$

和

$$\frac{\mathrm{d}\phi_{\mathbf{g}(\mathrm{sub})}}{\mathrm{d}z} = \frac{\pi \mathrm{i}}{\xi_{\mathbf{g}}} \phi_{\mathbf{0}(\mathrm{sub})} \exp(-2\pi \mathrm{i}\mathbf{g} \cdot \mathbf{R}) + 2\pi \mathrm{i} s \phi_{\mathbf{g}(\mathrm{sub})} \qquad (25.8)$$

这些方程除了增加了 $2\pi \mathrm{i}\mathbf{g} \cdot \mathbf{R}$ 项以外，和以前的式(13.4)和式(13.5)一样。这个增加的相位记为 α，因此当 $\alpha \neq 0$ 时，就可以看见平面缺陷了。

$$\alpha = 2\pi \mathbf{g} \cdot \mathbf{R} \qquad (25.9)$$

以下两种情况下这些表达式特别有用：

■ 当 $\mathbf{R} =$ 常量时。

■ 当缺陷存在时，理解相位矢量图。

如图 25.2 所示，下面从一个简单的、与表面平行的堆垛层错开始分析。在这种情况下，电子束通过上层时不受缺陷影响。在深度 $z = t_1$ 处，电子束相位因平移矢量 $\mathbf{R}$ 的影响发生改变，之后又同在理想晶体中传播一样。

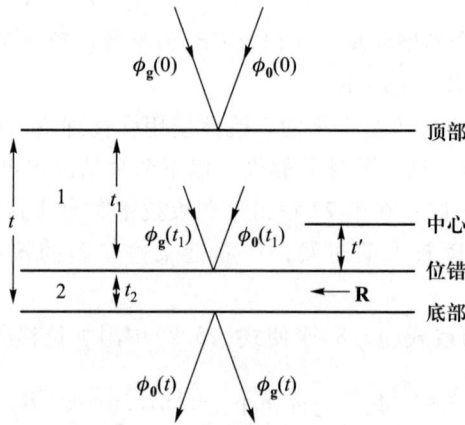

图 25.2　平行均匀厚度的样品中深度 t_1 处的堆垛层错。总厚度为 t，而 $t_2 = t - t_1$

在本章将给出一些 α 值。$\alpha = \pm 120°$ 是一个特殊值。因为 fcc 中的 SF 对应于这一 α 值，所以会经常出现。也会遇到 $\alpha = \pm 180°$ 的情况；这个值出现在实为 SF 的某些特殊 APB 中。

25.3 散射矩阵

散射矩阵的讨论并没有引入新的概念。它只是另一种方程表述方式，使得能够通过更简单的计算机程序来计算图像衬度，尤其是在应对复杂的晶格缺陷阵列时。由于结合具体实例更易于理解，所以直到这里才开始介绍散射矩阵。

在式(13.17)~式(13.20)中，给出了双束条件下 ϕ_0 和 ϕ_g 的简单表达式：

$$\phi_0 = C_0 e^{2\pi i\gamma z} \tag{25.10}$$

和

$$\phi_g = C_g e^{2\pi i\gamma z} \tag{25.11}$$

由于 γ 有两个值，可以把 **0** 和 **g** 电子束都表示成这两种贡献的组合：

$$\phi_0(z) = C_0^{(1)}\psi^{(1)}\exp(2\pi i\gamma^{(1)}z) + C_0^{(2)}\psi^{(2)}\exp(2\pi i\gamma^{(2)}z) \tag{25.12}$$

和

$$\phi_g(z) = C_g^{(1)}\psi^{(1)}\exp(2\pi i\gamma^{(1)}z) + C_g^{(2)}\psi^{(2)}\exp(2\pi i\gamma^{(2)}z) \tag{25.13}$$

式中，$\psi^{(i)}$ 项表示 $\gamma^{(1)}$ 和 $\gamma^{(2)}$ 项的相对贡献(实际意为两束布洛赫波对 **0** 和 **g** 电子束均有贡献)。可以用矩阵形式重写式(25.12)和式(25.13)(这是关键一步)：

$$\begin{pmatrix} \phi_0(z) \\ \phi_g(z) \end{pmatrix} = \begin{pmatrix} C_0^{(1)} & C_0^{(2)} \\ C_g^{(1)} & C_g^{(2)} \end{pmatrix} \begin{pmatrix} \exp(2\pi i\gamma^{(1)}z) & 0 \\ 0 & \exp(2\pi i\gamma^{(2)}z) \end{pmatrix} \begin{pmatrix} \psi^{(1)} \\ \psi^{(2)} \end{pmatrix}$$

$$\tag{25.14}$$

可以将边界条件表示为

$$C_0^{(1)}\psi^{(1)} + C_0^{(2)}\psi^{(2)} = \phi_0(0) \tag{25.15}$$

和

$$C_g^{(1)}\psi^{(1)} + C_g^{(2)}\psi^{(2)} = \phi_g(0) \tag{25.16}$$

现在可以重写为

$$\begin{pmatrix} C_0^{(1)} & C_0^{(2)} \\ C_g^{(1)} & C_g^{(2)} \end{pmatrix} \begin{pmatrix} \psi^{(1)} \\ \psi^{(2)} \end{pmatrix} = \begin{pmatrix} \phi_0(0) \\ \phi_g(0) \end{pmatrix} \tag{25.17}$$

[从第13.9节已知 $\phi_0(0)$ 为1、$\phi_g(0)$ 为0，因为 $z=0$ 是上表面]。我们从第13章和第14章知道矩阵 **C** 的矩阵元由设定的双束条件所确定。矩阵 **C** 和 z 无关。现在，可以用矩阵代数来解式(25.17)。首先，重写为

$$\mathbf{C}\begin{pmatrix} \psi^{(1)} \\ \psi^{(2)} \end{pmatrix} = \begin{pmatrix} \phi_0(0) \\ \phi_g(0) \end{pmatrix} \tag{25.18}$$

然后把式(25.18)重写为

$$\begin{pmatrix} \psi^{(1)} \\ \psi^{(2)} \end{pmatrix} = \mathbf{C}^{-1} \begin{pmatrix} \phi_0(0) \\ \phi_g(0) \end{pmatrix} \tag{25.19}$$

式中，$\mathbf{C}^{-1}$是逆矩阵。注意在矩阵乘法中顺序很重要，且 $\mathbf{C}^{-1}\mathbf{C}=\mathbf{I}$ 为单位矩阵。因此可以把式(25.14)重写为

$$\begin{pmatrix} \phi_0(z) \\ \phi_g(z) \end{pmatrix} = \mathbf{C} \begin{pmatrix} \exp(2\pi i \gamma^{(1)} z) & 0 \\ 0 & \exp(2\pi i \gamma^{(2)} z) \end{pmatrix} \mathbf{C}^{-1} \begin{pmatrix} \phi_0(z) \\ \phi_g(z) \end{pmatrix} \tag{25.20}$$

最后，可以定义一个新的矩阵 $\mathbf{P}(z)$ 作为厚度为 z 的理想薄晶的散射矩阵：

$$\mathbf{P}(z) = \mathbf{C} \begin{pmatrix} \exp(2\pi i \gamma^{(1)} z) & 0 \\ 0 & \exp(2\pi i \gamma^{(2)} z) \end{pmatrix} \mathbf{C}^{-1} = \mathbf{C}\mathbf{\Gamma}\mathbf{C}^{-1} \tag{25.21}$$

因此，矩阵 $\mathbf{P}(z)$ 用入射值的形式给出了薄晶底部处出射波的振幅值。换句话说，矩阵 $\mathbf{P}(z)$ 包含了描述电子束在晶体中传播的全部信息；$\mathbf{P}(z)$ 是一个传播矩阵。

$\mathbf{P}=\mathbf{C}\mathbf{\Gamma}\mathbf{C}^{-1}$ 与 z 值的关系

z 值的影响是通过矩阵 $\mathbf{\Gamma}$ 引入到 $\mathbf{P}$ 中的。

25.4　散射矩阵的应用

下面通过分析平行于薄晶表面的面缺陷(如图 25.2 所示)的影响来体会散射矩阵的作用。考虑两块厚度分别为 t_1 和 t_2 的薄片材料，利用式(25.20)可以很容易计算出 $\phi_0(t_1)$ 和 $\phi_g(t_1)$。ϕ_0 和 ϕ_g 就成为了薄片 2 的入射值。平移 $\mathbf{R}$ 的作用是对下方的薄片附加一个相位因子 $\exp(-i\alpha)$，这里 $\alpha = 2\pi\mathbf{g}\cdot\mathbf{R}$。薄层 2 的 $\mathbf{C}$ 矩阵就可以写成

$$\mathbf{C}_2 = \begin{pmatrix} C_0^{(1)} & C_0^{(2)} \\ C_g^{(1)}\exp(i\alpha) & C_g^{(2)}\exp(i\alpha) \end{pmatrix} \tag{25.22}$$

可以将 $\phi_0(t)$ 和 $\phi_g(t)$ 的表达式写成

$$\begin{pmatrix} \phi_0(t) \\ \phi_g(t) \end{pmatrix} = \mathbf{C}_2 \mathbf{\Gamma}(t_2) \mathbf{C}_2^{-1} \mathbf{C}_1 \mathbf{\Gamma}(t_1) \mathbf{C}_1^{-1} \begin{pmatrix} \phi_0(0) \\ \phi_g(0) \end{pmatrix} \tag{25.23}$$

$\mathbf{C}_1$ 和 $\mathbf{C}_2$ 的下标只是用来标识薄层的。一般情况下，这个方程可以直接输入计算机，而计算机很容易处理这些矩阵。下面回顾一下几个要点：

■ 观察式(25.22)，若设 $\mathbf{R}=0$，那么 $\mathbf{C}_2 = \mathbf{C}_1$，从而 $\mathbf{P}(t) = \mathbf{P}(t_1)\mathbf{P}(t_2)$。显然，可以将理想晶体的样品切成很多薄层，那么 $\mathbf{P}(t)$ 就是每个薄层散射矩

阵的乘积(可以将此称为晶体散射的多层法，但是为了与 HRTEM 模拟中的多层法相区分，我们并没有这么做)。

■ 如何证明式(25.22)？从式(14.12)可知，布洛赫波可以写成

$$b(\mathbf{k}) = \sum_g C_g(\mathbf{k}) \exp[2\pi i(\mathbf{k} + \mathbf{g}) \cdot \mathbf{r}] \qquad (25.24)$$

■ 如果下方的晶体位移矢量为 $\mathbf{R}$，则将 $\mathbf{r}$ 替换为 $\mathbf{r}-\mathbf{R}$(注意符号)。(这里使用了隐含的柱体近似)。这样式(25.24)写为

$$b(\mathbf{k}) = \sum_g C_g(\mathbf{k}) \exp[2\pi i(\mathbf{k} + \mathbf{g}) \cdot (\mathbf{r} - \mathbf{R})] \qquad (25.25)$$

$$b(\mathbf{k}) = e^{-2\pi i \mathbf{k} \cdot \mathbf{R}} \sum_g C_g(\mathbf{k}) e^{(-2\pi i \mathbf{g} \cdot \mathbf{R})} e^{2\pi i(\mathbf{k} + \mathbf{g}) \cdot \mathbf{r}} \qquad (25.26)$$

因为 $2\pi \mathbf{0} \cdot \mathbf{R} = 0$，$C_0$ 不受 $\mathbf{R}$ 影响，但是 C_g 要乘以 $e^{-i\alpha}$。

■ 若选择适当的坐标系，则 $\mathbf{C}$ 为幺正矩阵。在这种情况下，将 $\mathbf{C}$ 关于对角线进行转置并取每项的复共轭就能得到 $\mathbf{C}^{-1}$。这个技巧可以使式(25.23)更明确，由 Hirsh 等给出(忽略一个相位因子)：

$$\phi_0(t) = [\cos(\pi\Delta kt) - i\cos(\beta)\sin(\pi\Delta kt)]$$
$$+ \frac{1}{2}(e^{i\alpha} - 1)\sin^2\beta\cos(\pi\Delta kt) \qquad (25.27)$$
$$- \frac{1}{2}(e^{i\alpha} - 1)\sin^2\beta\cos(\pi\Delta kt')$$

$$\phi_g(t) = i\sin\beta\sin(\pi\Delta kt)$$
$$+ \frac{1}{2}\sin\beta(1 - e^{(-i\alpha)})[\cos\beta\cos(\pi\Delta kt) - i\sin(\pi\Delta kt)]$$
$$- \frac{1}{2}\sin\beta(1 - e^{(-i\alpha)})[\cos\beta\cos(\pi\Delta kt') - i\sin(\pi\Delta kt')]$$

$$(25.28)$$

在式(25.27)和式(25.28)中，t' 是层错距薄层中心的距离，即定义 $t'=t_1-t/2$，t_1 在 0 和 t 之间(自己导出这些方程将是一个不错的练习，但会很冗长)。式(25.27)和式(25.28)的右边均包含 3 项：

■ 第一项就是在第 13 章中得到的相位因子，$\alpha=0$ 时的情况，即理想晶体。

■ 第二项与面缺陷的位置无关，因为它不依赖于 t'。

■ 第三项依赖于 t'，当 t' 按步长 Δk^{-1} 变化时，ϕ_0 和 ϕ_g 均周期性变化。因此这些振幅显示出与 ξ_g^{eff} 相同的依赖关系。它们都将显示厚度变化。

> **几 何 关 系**
>
> 记住，这些方程都是根据平行于样品上下表面且垂直于电子束的面缺陷导出的。

现在，可以应用这些观点，通过计算介于 0 和 t 之间的所有 t' 值对应的衬度来分析相对于表面倾斜的面缺陷。需记住的要点是：

■ 计算中用到的模型是一个平行于平板样品表面的平面界面。当 t' 穿过缺陷变化时，将出现缺陷的条纹，通常不必考虑界面或者缺陷相对于电子束是否倾斜。

■ 散射矩阵的概念能够清楚地反映缺陷对 ϕ_0 和 ϕ_g 所产生的影响。

25.5　fcc 材料中的堆垛层错

我们将结合 fcc 材料中堆垛层错的实际例子开始讨论。在详细讨论 fcc 材料中堆垛层错的衬度之前，首先概括一下所有平面缺陷均满足的重要结论：

■ 图像依赖于样品的厚度。

■ 即使使用了双束近似，相对应的明场(BF)/暗场(DF)SF 图像通常也不是互补的。这不同于第 24 章中厚度条纹的互补行为。

■ 平面缺陷实际是具有厚度的。将用 fcc 材料中的重叠层错来说明这个概念(也可参看第 26.6 节)。

> **不是所有材料都是 fcc**
>
> 不要认为所有的缺陷都和 fcc 材料中的一样!

25.5.1　为什么选择 fcc 材料作为分析对象?

有几个原因使我们着重分析 fcc 晶体中的堆垛层错：

■ 许多重要材料是 fcc 结构，包括金属 Cu、Ag、Au 以及奥氏体的不锈钢，还有半导体 Si、Ge 和 GaAs。

■ 大部分 SF 的分析源于对 fcc 材料的研究。

■ 平移矢量已知且与晶格参数直接相关：$\mathbf{R}$ 为 $\frac{1}{6}\langle \bar{1}\,\bar{1}\,2 \rangle$ 或 $\frac{1}{3}\langle 111 \rangle$ 中的一

种。这两个矢量相差 $\frac{1}{2}\langle 110\rangle$。（实际情况与这些理想值会有一些小的偏差，但目前将之忽略。）

我们想知道如何将这种分析扩展到其他层错向量，并避免作出无根据的假设。图 25.3 为研究 fcc 材料缺陷时常会遇到的几何关系图。

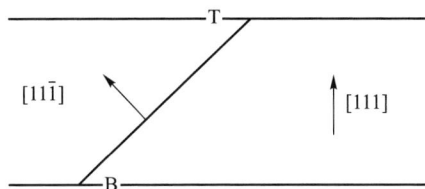

图 25.3　上下表面平行的样品中的堆垛层错。样品法线为 $[111]$，SF 法线为 $[11\bar{1}]$。T 和 B 表示薄片的顶部和底部

应该注意到，$(11\bar{1})$ 为 3 个倾斜的 SF 平面之一。在这种情况下，堆垛层错处的平移为 $\mathbf{R}=\pm\frac{1}{3}[11\bar{1}]$；相位因子 α 为 $2\pi\mathbf{g}\cdot\mathbf{R}$。如果用 $\mathbf{g}=(\bar{2}20)$ 的强激发反射形成图像，则 $\mathbf{g}\cdot\mathbf{R}=0$ 且层错在 BF 和 DF 中都会失去衬度。而如果用反射 $\mathbf{g}=(02\bar{2})$，则 $\mathbf{g}\cdot\mathbf{R}=4/3$ 或 $-4/3$、$\alpha=8\pi/3=2\pi/3=120°$ 或 $-8\pi/3=-2\pi/3=-120°$（每种情况下均以 2π 为模）。注意，如果堆垛层错与这个 (111) 取向的样品平面平行，必须倾斜样品来观察 SF 的衬度，即所有满足 $\mathbf{g}\cdot\mathbf{R}=0$ 的 $\mathbf{g}$ 值均位于层错面内。

不可见判据

当 $\mathbf{g}\cdot\mathbf{R}=0$ 时缺陷衬度消失，从而无法观测到。

图 25.4A 和 B 显示了从同一 SF 得到的两组 $\pm\mathbf{g}$ 强光束 BF/DF 图像。在 BF 图像中，外部条纹在层错两边都是一样的（都是灰的或者白的），而在 DF 图像中，一边外条纹是白的，而另一边是灰的。产生的问题是：

- 是什么因素决定了条纹是灰的还是白的？
- 两幅图像为什么不是互补的？

注意，在总结性的示意图 25.4E 中，反射 200、222 和 440 为 A 类，111、220 和 400 为 B 类。另外，将第一个条纹称为灰色的（G）而非黑色的（B）是为了避免混淆。

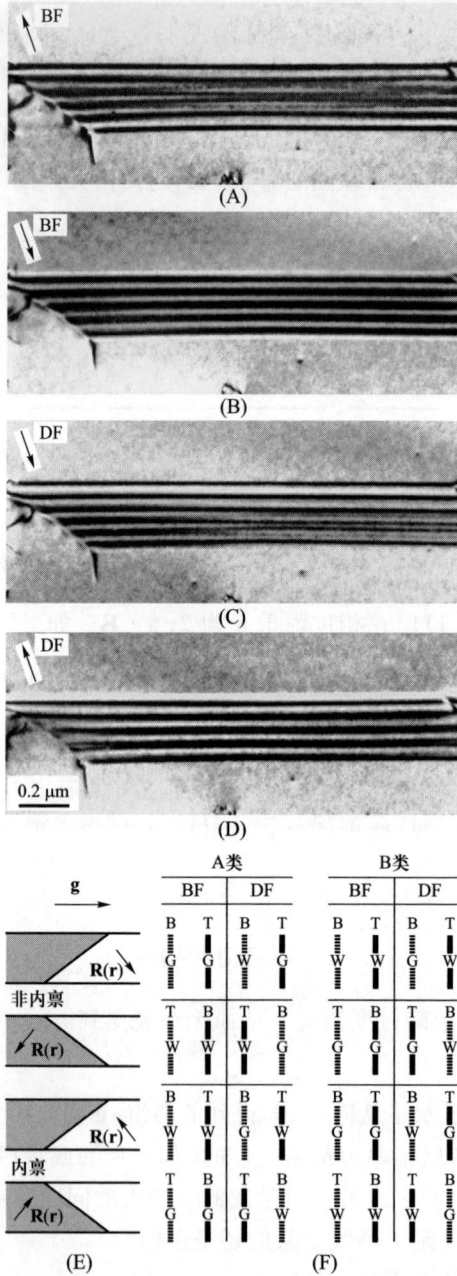

图 25.4　通过 ±gBF 和 ±gDF 对 SF 所成的 4 幅强束图像(A~D)。电子束近乎垂直于表面；SF 条纹强度在上表面相似，而与下表面互补。强度规则归纳在(E)和(F)中，这里 G 和 W 表示第一个条纹是灰的还是白的；T、B 分别表示顶部和底部

25.5.2 一些规则

一些实验原则：

■ 在记录±g 对应的两幅 DP 时需要非常小心，确认出两个明亮的斑点中哪一个对应着透射束。

■ 使用同一强 *hkl* 反射形成 BF 和 DF 像。因此，若要使用强 *hkl* 反射形成中心暗场（CDF）像，必须首先倾转样品使 $\bar{h}\,\bar{k}\,\bar{l}$ 变得最强，然后用束倾转将 *hkl* 移至光轴上，这样 *hkl* 束就会变强（见第 22.5 节）。这一过程较为复杂，因此推荐将 BF 像与移开光阑的 DF 像进行比较，这样相比于 CDF 像会损失一点分辨率。

这和 Edington 采用的方法完全相反，他提倡倾转 $\bar{h}\,\bar{k}\,\bar{l}$ 来得到 DF 像，这会使图 25.4E 和 F 中的 DF 衬度反转。我们的方法确保了同一组 *hkl* 平面的衍射在 BF 和 DF 图像中均会产生衬度，但是位移光阑暗场（DADF）比这两种方法都好（1975 年的 TEM 并不能与现今的相媲美）！

另外，还有几条解释衬度的原则：

■ 在屏幕显示或打印出的图像中，如果 $\mathbf{g} \cdot \mathbf{R} > 0$，则 BF 中顶部表面（T）对应的条纹为白色，而如果 $\mathbf{g} \cdot \mathbf{R} < 0$ 则为黑色。

■ 选用相同的强 *hkl* 反射形成 BF 和 DF 像，层错底部（B）的条纹将是互补的，而顶部（T）的条纹在 BF 和 DF 图像中都是相同的。

■ 当厚度增加时中部条纹会逐渐减弱。如果这看起来反常，参见第 25.10 节中的解释。

■ 确定 **g** 的符号很重要，是因为根据该信息可以确定 **R** 的符号。

■ 对于图 25.3 所示的几何关系，在 DF 图像中如果将 **g** 向量的原点位于 SF 的中央，对于非内禀层错，向量 **g** 背离亮的外条纹，而对于内禀层错（200、222 和 440 反射），向量 **g** 则指向亮的外条纹；如果反射是 400、111 或者 220，情况则相反。

■ 正如第 22 章开篇所述，任何衬度必须大于 5%～10% 人眼才可见，所以由 $\mathbf{g} \cdot \mathbf{R}$ 效应引起的强度改变通常认为只有在 $\mathbf{g} \cdot \mathbf{R} > 0.02$ 时才是可探测的；当然，现在可以数字化地记录 TEM 图像或者数字化处理模拟信号，这能够降低上述界限。根据经验，在吸收效应使其难于观察之前，存在一个观察缺陷衬度的最佳厚度，也必须仔细地选择 s 使得缺陷周围基体的背景强度为灰色，从而将更浅和更暗条纹的可见性最大化。

移动光阑

为了避免混淆用于 DF 成像的反射束，任何情况下都只需将光阑移动到强 *hkl* 反射位置。在现代中等电压电子显微镜（IVEM）中，DADF 和 CDF 之间几乎没有分辨率损失。DADF 通常为首选，但是 CDF 主要用来得到更好的图像。

如前所述，图 25.4E 和 F 概括了这些复杂的规则。尽管它们很有用，但在实际应用中应注意这些结论是在 fcc 材料中特定的 **R** 和 **g** 组合下推导出来的。表 25.2 给出了 **g·R** 的一些重要实例。正如将在第 25.11 节中所描述的那样，对于这样的研究工作应该使用计算机程序来核实衬度。

表 25.2　一些常见 **R** 和 **g** 组合的 **g·R** 值

	R	**g**	$\alpha = 2\pi\mathbf{g}\cdot\mathbf{R}$（$2\pi$ 为模）
fcc 中 SF	$\frac{1}{3}[111]$	（111），（220），（113）	$2\pi/3$
fcc 中 SF	$\frac{1}{3}[111]$	（113）	$4\pi/3$
Fe_3Al 中 APB 平移	$\frac{1}{2}[110]$	（100）	π
小的 **R**，如 NiO	任意	**g** 或 **s** 或 ξ_g 略微不同	δ

不可见

无法看到缺陷并不意味着缺陷不存在（**g·R** = 0）。

25.5.3　强度计算

像在第 13.11 节曾简单讨论过的那样，下面通过柱体近似来讨论强度计算问题。如果层错在深度 t_1 处切割圆柱，由式（25.22）和式（25.23）可以推导出

$$\phi_g = \frac{i\pi}{\xi_g}\left\{\int_0^{t_1} e^{-2\pi isz}\,dz + e^{-i\alpha}\int_{t_1}^{t} e^{-2\pi isz}\,dz\right\} \tag{25.29}$$

由此给出

$$\phi_{\mathrm{g}} = \frac{\mathrm{i}\pi}{s\xi_{\mathrm{g}}} e^{-2\pi\mathrm{i}st_1} \{ \sin(\pi st_1) + e^{-\mathrm{i}\alpha} \sin[\pi s(t - t_1)] \} \qquad (25.30)$$

我们重新整理一下式(25.30)，给出强度的表达式 $I_{\mathrm{g}}(=\phi_{\mathrm{g}} \cdot \phi_{\mathrm{g}}^*)$。该处理涉及一点变换：

$$I_{\mathrm{g}} = \frac{1}{(s\xi_{\mathrm{g}})^2} \left\{ \sin^2\left(\pi st_1 + \frac{\alpha}{2}\right) + \sin^2\left(\frac{\alpha}{2}\right) - \sin\left(\frac{\alpha}{2}\right) \sin\left(\pi st + \frac{\alpha}{2}\right) \cos(2\pi st') \right\}$$

$$(25.31)$$

和以前一样令 $t' = t_1 - t/2$。衬度同时依赖于厚度和深度。注意，$t/2$ 是薄层的中心。由于 α 对于一个特定的缺陷是固定的，下面将 t 也固定。则式(25.31)变成

$$I_{\mathrm{g}} \propto \frac{1}{s^2} \{ A - B\cos(2\pi st') \} \qquad (25.32)$$

至此正如对理想晶体的那样，产生了余弦深度条纹或者缺陷厚度条纹。

■ 厚度周期依赖于 s^{-1}。

■ 强度随 s^{-2} 变化。

由式(25.28)通过更复杂的步骤同样可以推导出该式。然而，散射矩阵方法的价值在于无须推导分析表达式而直接运行于计算机程序。

在第 27 章，我们将结合相量图来讨论这种 SF 衬度，该方法对这些方程给出了一种图形化表述方式。

25.5.4 重叠层错

把这种分析扩展到重叠层错的情况是挺有趣的。运用分析方法，可以把式(25.29)扩展到两个重叠层错的情况，第一个在深度 t_1 处，第二个在深度 t_2 处：

$$\phi_{\mathrm{g}} = \frac{\mathrm{i}\pi}{\xi_{\mathrm{g}}} \left\{ \int_0^{t_1} e^{-2\pi\mathrm{i}sz} \mathrm{d}z + e^{-\mathrm{i}\alpha} \int_{t_1}^{t_1+t_2} e^{-2\pi\mathrm{i}sz} \mathrm{d}z + e^{-\mathrm{i}(\alpha_1+\alpha_2)} \int_{t_1+t_2}^{t} e^{-2\pi\mathrm{i}sz} \mathrm{d}z \right\} \quad (25.33)$$

图 25.5 展示了实验上几个这种 SF 重叠更为复杂的情形：

■ 有时即使知道存在重叠 SF，图像上也可能没有衬度。某些情况下会发生这种情形，例如：如果 3 个 SF 在相邻（或接近相邻）的平面上重叠，那么有效的 $\mathbf{R}$ 可以为 $3 \times \frac{1}{3}[11\bar{1}]$，该值对应完整晶格矢量，因而使得 $2\pi\mathbf{g} \cdot \mathbf{R} = 0$。

在第 27.8 节会回到这个话题，那里会展示一些具有厚度的面缺陷，比如 Si 中的非内禀 SF 或者一些 fcc 金属中分离的 {112} 孪晶界。那时就可以采用重叠层错模型分析来自这种界面的衬度。

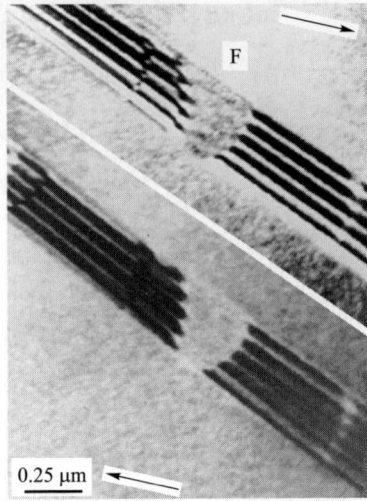

图 25.5　在 fcc 钢铁中重叠 SF 的两幅 BF 像，**g** 的方向由箭头标出。两个层错间距很近。当 3 个层错在 F 处重叠时，**R** 的有效值为 0 导致衬度消失

25.6　其他平移：π 和 δ 条纹

在第 16.5 节讨论过 NiAl 中的 $L1_0$ 结构。它是众多可以包含不同类型 RB 的材料中的一种。如果 Ni 原子位于某一晶体区域晶胞的顶角，而 Al 原子位于晶体另一区域的顶角上，那么这两块晶体区域由平移量 $1/2[111]$ 相关联。这两块晶体仍可以很好地对齐排列，但由 RB 所分隔，我们称其为 APB（但是也可以称之为 SF 或 IDB）。

类似地，在金属间化合物 Ni_3Al 的 $L1_2$ 结构中，Al 原子在晶体某一部分的晶胞中位于顶角上，而在毗邻的区域中出现 $R=1/2[110]$ 的移位（在该结构中实际上可以形成 6 种不等价的 APB 但它们并非 IDB）。这种晶体结构看起来像 fcc，但 Al 原子位于晶胞的顶角上（形成简立方超晶格），而 Ni 位于面心位置。体会这种 RB 的简单办法是想象如果合金完全乱序将会发生什么：将不会有面缺陷。这种 RB 可以用 (100) 反射成像。注意对于无序结构，合金的无序化会导致 {100} 反射消失；{100} 平面通常认为会引起超晶格反射；但如果材料是无序的，那么这些反射都被禁止。对于这种情况，可以很容易地指出相位因子 $\alpha=\pi$，所以观察到的条纹被称为 π 条纹。该界面的结构示意图如图 25.6 所示。这些 π 条纹在 BF 和 DF 中呈现出对称的条纹以及互补的 BF/DF 对。

> **超　晶　格**
>
> 我们经常使用术语超晶格来表示部分有序化的真实晶格。如果相同材料是无序的（但是原子位置不变），实空间中的晶格常数会更小。

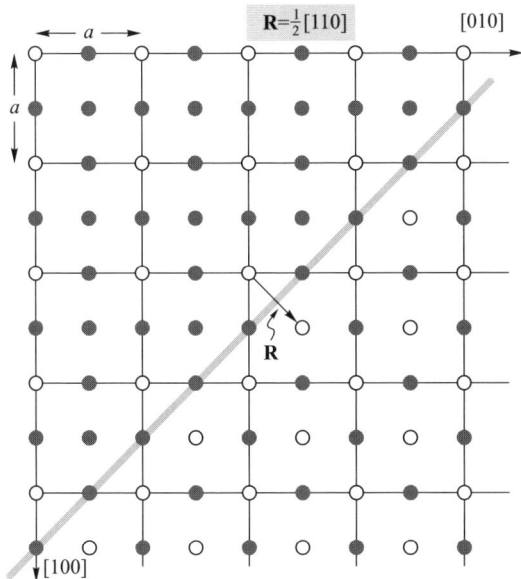

图 25.6 金属间化合物 Ni_3Al 的一个界面示意图，显示出两个结构是如何相干地连接而又错开一个矢量 **R**。这类界面处的相位因子为 π，图像中观察到的条纹称为 π 条纹

　　类似的 RB 在氧化物中很普遍，这是因为氧化物的晶胞通常很大，形成这类界面的可能性也更高。图 25.7A 和 B 展示的界面在尖晶石中既被称为 SF，也被称为 APB。这些界面能显示出在第 25.5 节讨论的 fcc 材料中 SF 的所有特征，以及对所选反射的依赖关系。当 TiO_2 中的 APB 像图 25.7E（Amelinckx 和 Van Landuyt，1978）那样重叠时，衬度会像图 25.7D 那样发生明显变化。在图 25.7A 和 B 中，如果用 220 反射束对层错成像（$2\pi\mathbf{g} \cdot \mathbf{R} = \pi$），那么可以看到 SF 条纹。然而如果用 440 来成像（$2\pi\mathbf{g} \cdot \mathbf{R} = 2\pi$），那么只能看到残留的衬度（因为 **R** 并不严格等于 1/4[101]）。

　　图 25.8A 中显示的 APB 再次发生变化。GaAs 中的这种面缺陷也被视为 IDB（第 25.1 节）。所见的条纹是由平移引起的，但 **R** 与晶体结构或者反演对称性并不以一种简单的方式相关联。Rasmussen 等发现这种平移出现的原因是 Ga—Ga 与 As—As 键在{110}界面处发生了弛豫。**R** 的值被确定为 0.19 Å，统

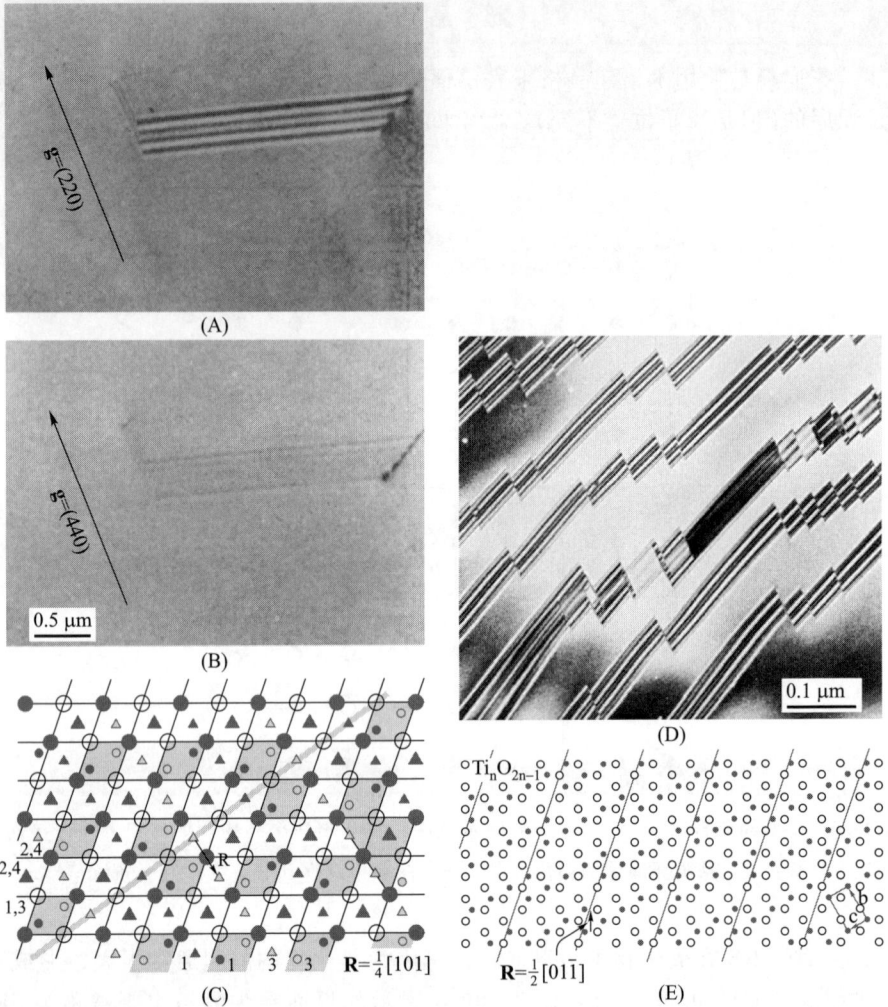

图 25.7　尖晶石中 SF 的 BF 图像对(A、B)和结构示意图(C)；这个界面也被认为是 APB，因为如(C)所示，SF 平移矢量在 fcc 氧子晶格中是一个完整的(子)晶格矢量。大圈表示不同高度处(1，3)和(2，4)的氧阴离子；小圈和三角表示不同高度(标为 1~4)的阳离子。TiO_2 中的面型 APB，APB 同 SF 一样可以重叠(D)。这些面中许多衬度都相似，而那些靠近中心的面则由于重叠显现出明显的衬度差异。示意图(E)显示出一系列 APB，每一个都是通过平移 $R = 1/2[011]$ 产生的，这个平移几乎不影响氧的子晶格(空心圆)

计误差为 ±0.03 Å，所以这是一个几乎平行于界面的平移(图 25.8B)。这些条纹被称为 δ 条纹(因为平移量很小，且 α 并不与 2π 直接相关)。图像模拟程序的使用对于确定 **R** 是必要的(回忆一下，用于测量的 200 kV 电子的波长是

0.025 Å 或 2.5 pm），对此将在第 25.13 节讨论。

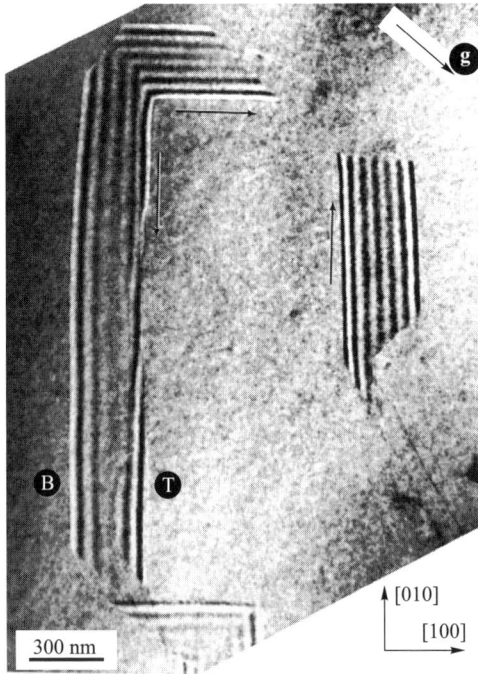

(A)

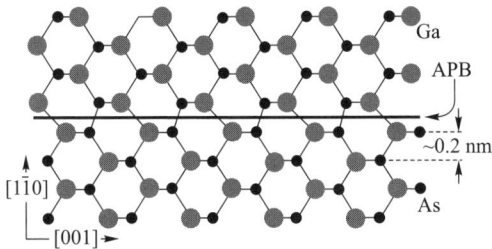

(B)

图 25.8　（A）GaAs 中的面型 APB（或 IDB）；（B）（110）面的示意图。平移由 Ga—Ga 和 As—As 键长不同所引起，该平移远小于 GaAs 的晶格矢量

25.7　相边界

我们在表 25.3 中列出了一些特殊的相边界。

表 25.3　特殊相界面的实例

界面	材料实例	特征
铁磁畴界	NiO	
铁电和压电畴界	BaTiO₃	小的四方扭曲
组分界面	GaAs/AlGaAs	即使晶格完美匹配，ξ_g 在界面两边也不相同
结构界面	α–SiC/β–SiC	
	hcp–Co/fcc–Co	
	NB/Al₂O₃	
组分/结构	Al/Cu	
	α–Fe/Fe₃C	

图 25.9 显示了一个 PB 的例子。在铁磁材料 NiO 中，温度低于居里温度时，一些平面发生轻微倾转从而导致立方对称性破缺。这样，也可以把立方结构定义成 $\alpha = 60°$ 的菱面体。在居里温度以下，菱形的角度只相对 60° 扭曲了 4.2′（单位仅为角分）。因此，大多数的 **g** 向量将旋转一个很小的角度并导致 **s** 值改变。然而如图 25.9 所示，这种较小的旋转可以很容易地通过衬度变化和相边界处模糊的条纹探测到。

重叠的 PB 是可能会存在的，因此同样需要注意的是：行事谨慎并在 TEM 中选择采用倾转实验。

200 nm

图 25.9　铁电材料 NiO 在居里温度处发生从立方到扭曲的菱面体的结构相变。虽然菱面体结构的扭曲很小，但是确实导致了可观测到的晶格平面旋转，从而在图像中产生了 δ 条纹

25.8　旋转边界

当旋转角度大于约 0.1° 时，关于旋转边界，我们知道些什么呢？不幸的

是，答案是"并不多"，除非存在一些调解旋转的缺陷。那么，就涉及界面中线缺陷的衍射衬度的问题。然而，通过仔细倾斜样品也许能够激发某一晶粒或者同时两个晶粒中的 **g**。当然，困难在于每种材料中 s_g 可能不同。如果存在其他缺陷，这些缺陷在图像中是否可见使得情况更加复杂。图 25.10A 是这种倾斜的旋转界面的示意图，图 25.10B 和 C 为实验实例。

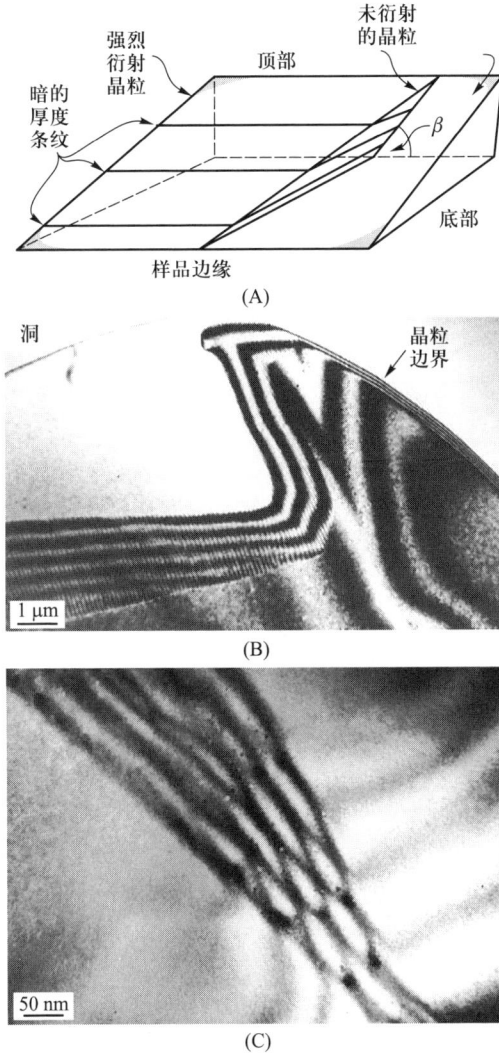

(A)

(B)

(C)

图 25.10 如果相邻晶粒间存在旋转以至于不存在相同的反射，选用某一晶粒的衍射就仅仅只能得到该晶粒的图像(A)。如(B)所示，同楔形相关的厚度条纹与倾斜界面相关的厚度条纹融合。如果倾转薄样品时两个晶粒激发同样的反射(当然不是巧合)，界面处的条纹数目随楔形厚度的增加而增加(C)

25.9 衍射花样和色散曲面

在第 17 章中讲述过，图像中观察到的内容必须和 DP 关联起来，而 DP 又是由 Ewald 球与倒易晶格的相交方式决定的。图 17.5 显示出上下表面平行样品中倾斜面缺陷产生的倒易杆。这样的面缺陷在 DP 中至少会产生两个点。由于大多数样品是楔形的（见图 17.4），并且面缺陷一般相对于上下表面都有倾斜，这样倒易杆的几何构型会更为复杂。图 25.11 显示了界面法线以及相应的倒易杆。可以想象当 Ewald 球切割这些倒易杆时，DP 中可能会出现数个点。现在需要将这些倒易杆与图像中观察到的条纹关联起来。这个模型预示着当 $s = 0$ 时不会产生条纹，因此应该修改在图 17.15 中的做法。图像中条纹的周期与 DP 中的点间距（$M_1 N$ 和 $M_2 N$）呈倒数关系。

条纹间距

当 $s = 0$ 时，厚度条纹间距由 $\Delta k = \xi_g^{-1}$ 和楔角决定：条纹间距正比于 ξ_g。

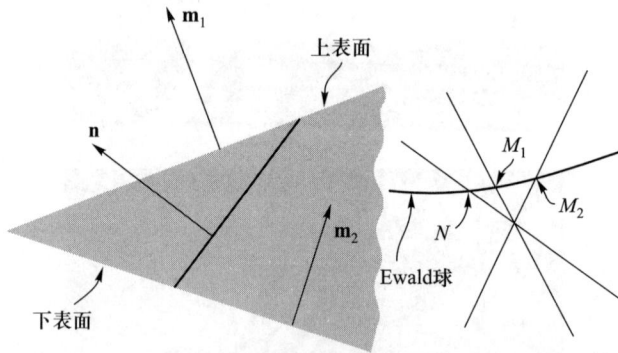

图 25.11 在楔形样品中，面缺陷通常相对于上下表面均倾斜，倒易杆几何构型相对复杂。图像中的条纹间距与 $M_1 N$ 和 $M_2 N$ 长度的倒数相关

当样品中存在面缺陷时，色散面的两个分支不仅沿着垂直于样品表面的结线是耦合的，沿着垂直于面缺陷的方向也是如此。然而，当 $s = 0$ 时，图像中的厚度周期与消光距离相对应。当将之与倒易点阵中的 G 区相关联时，这两根倒易杆（一种运动学的结构）必须切实地分开，从而给出图 25.12 中显示的两条双曲线，这就是画法有别于图 17.15 和图 24.6 的原因。

> **条纹意味着衍射点**
>
> 如果在图像中看到了条纹，那么在 DP 中也会出现对应衍射点。

DP 中的斑点是与图 25.11 和图 25.12 中的点 M 和 N 相关的。

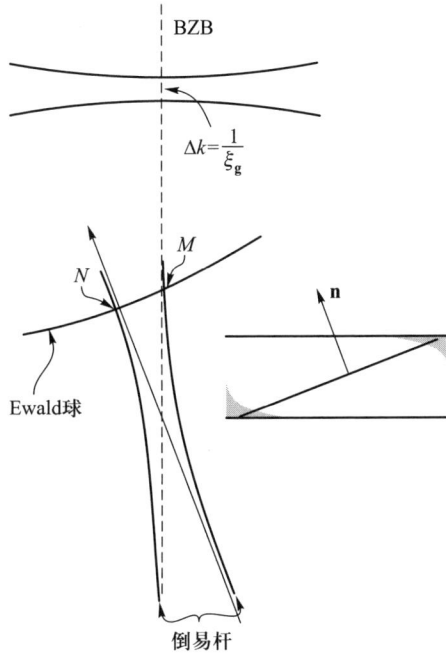

图 25.12 在上下表面平行的样品中倾斜面缺陷的色散曲面结构（比较图 17.15 和图 24.6）。简单起见，只画出了缺陷产生的双曲线，不涉及在楔形样品中会产生的额外效应

25.10 布洛赫波与 BF/DF 图像对

第 14 章中已提到，在晶体中电子必须以布洛赫波的形式传播，然而到目前为止在厚度和弯曲的讨论中还并未提及布洛赫波。对该主题分析的大部分内容都超越了本书的范围，但是理解其基本思想还是很重要的，尤其因为它们也会被应用于晶体缺陷的散射。回忆一下，ξ_g 是存在两束布洛赫波时的直接结果。不要被这些专有词汇所震慑。

想法很简单，既然存在两束被激发的布拉格波，那么在晶体中一定存在两束布洛赫波。这两束波的传播矢量分别是 $\mathbf{k}_1$ 和 $\mathbf{k}_2$，其差 $|\Delta \mathbf{k}|$ 与 s_{eff}（也与第

13.10 节中的 $\gamma^{(1)} - \gamma^{(2)}$）相关。在图像中观察到的厚度依赖关系是由于这两束波的相干性引起的。这两束布洛赫波是在晶体中实际存在的波，它们之间的碰撞产生了厚度效应。

在双束条件下，布洛赫波 1 和 2 在沿原子柱以及原子柱之间产生传输通道（见图 14.2）。正如图 25.13 所示，层错会将有通道的波变为无通道的波。所以，面缺陷的作用是将布洛赫波耦合起来；换言之，缺陷将色散曲面的不同分支（沿着结线）联系了起来。该耦合可以直接解释 fcc 材料中 SF 的非互补衬度。

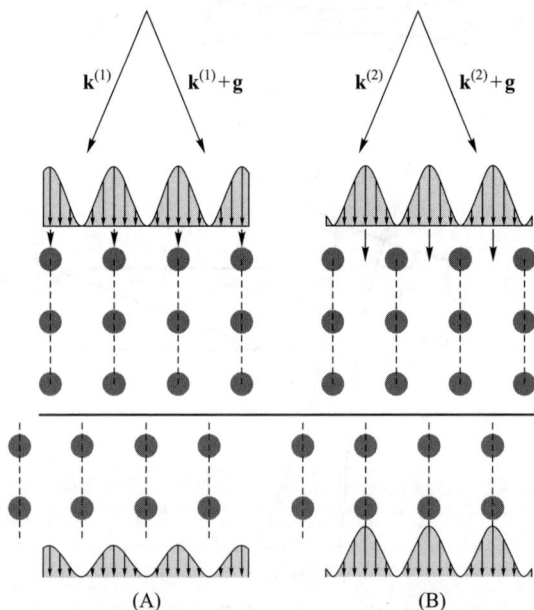

图 25.13　布洛赫波 1 和 2 分别在沿着原子柱（A）和原子柱中间（B）产生传输通道，直到遇到层错。原子柱的平移可能会使有通道的布洛赫波变为无通道的，或者反之

电子束一旦进入样品就会激发出布洛赫波 1 和 2。因而在图 25.14A 中，薄片的上表面处处存在布洛赫波。如图 25.14B 所示，面缺陷沿着结线 $D_1 D_2'$ 和 $D_1' D_2$ 将散射曲面两个分支上的点 D_1 和 D_2 连接。我们将分析图 25.14A 中的 3 种情况，它们分别对应于面缺陷靠近样品顶部、中间和底部的情况。其关键特征是，具有较大 **k** 矢量的布洛赫波 1 会被优先吸收（见第 14.6 节）。实际上，在较厚的样品中布洛赫波 1 会被完全吸收。

■　当面缺陷靠近顶部时（如图 25.14A 中 T 附近的情形），波 1 和波 2 均与色散曲面的另一分支相互耦合（或者散射到色散曲面另一个分支上），由此形成 4 束布洛赫波（但只有两个 **k** 矢量）。与色散曲面上分支（波矢为 k_1）相关的两束布洛赫波会优先被吸收，但 D_2 和 D_2' 波都会到达底部。即使它们都是与

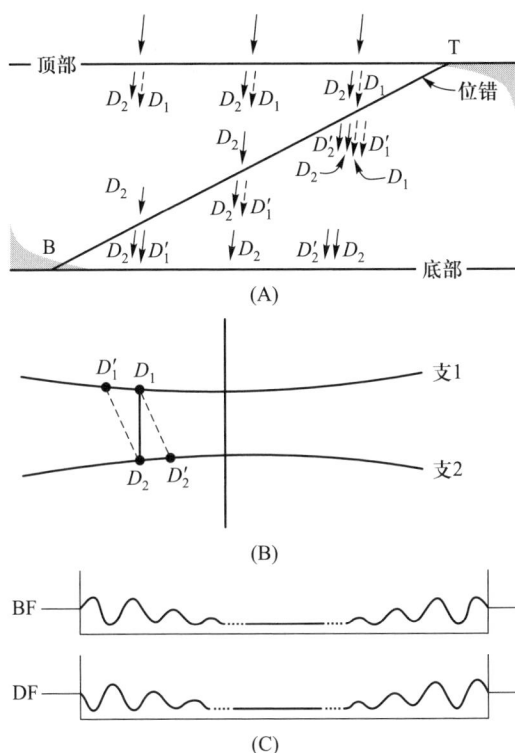

图 25.14 靠近样品顶部 T 时布洛赫波分支 1 会被吸收，而在面缺陷靠近底部 B 处则会再次激发，这一过程决定了所观察到的衬度。(A)显示了在样品不同深度处所存在的布洛赫波，(B)显示了布洛赫波是如何沿着结线相互耦合的，结线连接了色散曲面的两支，而(C)显示了最终的衬度轮廓

色散曲面的下分支相关的，它们在底部的干涉依然会产生厚度条纹；D_2' 保留了 D_1 的信息。

■ 在图 25.14A 中，当层错靠近样品中央时，分支 1 的布洛赫波在到达面缺陷前就被吸收了，但在缺陷处会形成另一新的布洛赫波 D_1'。然而当这束波穿越薄片的下半部时也会被吸收，从而只有 D_2 波能够到达底部。因此，电子即便可以透过样品传播(可以看到透明的样品)，但是不产生厚度条纹，因为仅剩下一束布洛赫波。然而，仍然能够在这些更厚的区域对缺陷成像，正如前面图 24.10 所示。

■ 在图 25.14A 中，靠近底部 B 处只有 D_1 波能够到达面缺陷，并且产生一束能够到达底部的新波 D_1'，该波与布洛赫波 D_2 共同作用产生厚度条纹。图 25.14C 总结了最终产生的衬度。

布洛赫波吸收是解释面缺陷衬度的关键因素。D_2' 保留了 D_1 记忆的原因并不直观；这种记忆使它即使没有来自分支 1 的布洛赫波到达样品底部，也可以在样品表面附近与 D_2 发生干涉从而产生厚度条纹。关于该主题的深入讨论，建议参考 Hashimoto 等（1962）撰写的文章。

25.11 计算机建模

从第 25.5 节和第 25.6 节的讨论中注意到，只要知道缺陷类型而且不是一系列重叠的缺陷，那么就不难理解 α 和 π 条纹。δ 条纹的衬度来源则相对复杂，而 α、π 和 δ 条纹的组合比较难于理解！如果想分析其他缺陷与平面层错相互作用时的衬度，情况将变得更加复杂。

计算机程序成了分析这些缺陷衬度的唯一途径。而问题在于用于运行这些程序的计算机现在只存在于博物馆了，且编写程序的研究人员已经成为专业程序员而不再接触 TEM 图像了。

Head 等编写的书中给出了第一个尝试模拟平面缺陷二维图像（而不是线形轮廓）的程序。现行的两个软件包为 CuFour 和 TEMACI。CuFour 是参考书中某一整章的论题；TEMACI 结合了 Comis 的思想，下面将涉及该内容。这里将介绍这些程序的一些特性以帮助读者选择，而程序的细节描述则需要参考合适的手册。选用程序最重要的标准是对衬度理解的要求以及进而对缺陷进行表征。

这些程序是对衍射衬度进行定量分析的辅助工具，但同时也需要足够的定量实验数据。几乎没有 TEM 用户收集到了这些数据。

对电镜中观察到的图像需要进行精确的模拟。图像随着深度、厚度、**g**-矢量等因素变化的特性为模拟提供了许多变量，这些变量都必须是可测的，从而使得模拟与实验图像相匹配。从定量分析的角度，一维的线（强度）轮廓与二维图像同样有效。当然，如果能逐点比较图像和模拟中的衬度，那将使匹配更加可信。二维模拟图像也会更方便观察！

性能更强劲的计算机的优势在于可以更容易地测试样品几何形状的作用。例如，Viguier 等使用 Cufour 模拟程序包发现 Gevers 等给出的条纹衬度规则在样品倾斜以至于缺陷与上表面的交点在与下表面的交点之下时并不成立！结合图 25.15 中的几何构型可以更容易地理解这种情况。

图像模拟的结论显示 **g** · **R** 必须大于 0.02 才能产生可见的条纹，当确定这个条件时并不需要知道面缺陷处的局域结构。原则上通过使用更大的 **g** 矢量可以探测到更小的 **R** 值，但实际上这样会更难以建立明确的衍射几何。

接下来的两节相当专业，可以在找到合适的可用程序或者准备自己编写程序时再进行阅读。在编写自己的程序之前，一定要先查阅第 1.6 节中的相关网

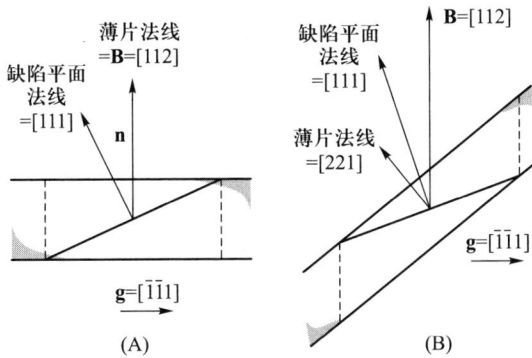

图 25.15 预测面缺陷对应衬度的很多规则都对缺陷相对于样品表面的几何构型进行了假设，而这些假设并不是始终成立的。(A)为通常的情形，但是面缺陷与样品上表面的交叉点可能低于与下表面的交叉点，如(B)所示。这种构型可能使得规则正好相反

址和分析软件。该主题与第 26 章和第 27 章的主题是相关的，但将其放在这一章主要是因为面缺陷的分析是最直接的应用。

25.12 广义截面

Head 等提出了一种计算线缺陷和面缺陷 BF 和 DF 图像的方法和计算机程序。他们的书中给出了源代码，万维网上也能找到。对于该程序需要注意其几个重要特征：

■ 使用了电子衍射的双束理论。

■ 使用柱体近似。

■ 模拟图像可作为半调图像显示，而不是显示为强度轮廓。

这个程序之所以如此成功部分归因于 Head 等能够非常快速地计算图像，尽管在 20 世纪 70 年代可供显微学家使用的计算机的计算能力并不是特别强大。计算中运用了一个被他们称为广义截面(GCS)的概念(GCS 不是散射截面，它实际上是样品中的一个切片)。GCS 适用于位移场 u_k 满足如下条件的情况下：

$$u_k(x,y,z) = u_k(x,0,z+cy) \tag{25.34}$$

这里 c 是一个常量，薄片被视为横向无限大来分析。当满足这个条件时，u_k 的计算被大大简化。几个位错及其对应的层错面彼此平行就是这种情况的一个重要实例。此时只需在 $y = 0$ 平面上计算多光束 Howie-Whelan 方程。两个柱体 y_1 和 y_2 处位移场的差异只是沿着柱体方向(即 z 方向)的一个平移量。对于已经做过的计算无须再重复；只需要计算 x-y 平面网格的图像即可。

图 25.16 给出了一个实验图像和模拟图像对比的例子。这里使用的模拟程

序包(同样是 Comis)的独特魅力在于可以进行简单缺陷构型的弹性计算。它可以模拟改变不同参数所产生的效应，因此：

■ 改变加速电压可以观察消光距离的变化。

■ 改变吸收参数可以观察在薄片中央附近($z=0.5t$)SF 条纹衬度的消失。

■ 改变对成像有贡献的电子束数目；可以验证双束假设的符合程度。

■ 可以观察反转 **g** 对图像几何形状产生的影响。

■ 可以改变 s_g 的值来比较 BF 和 DF。

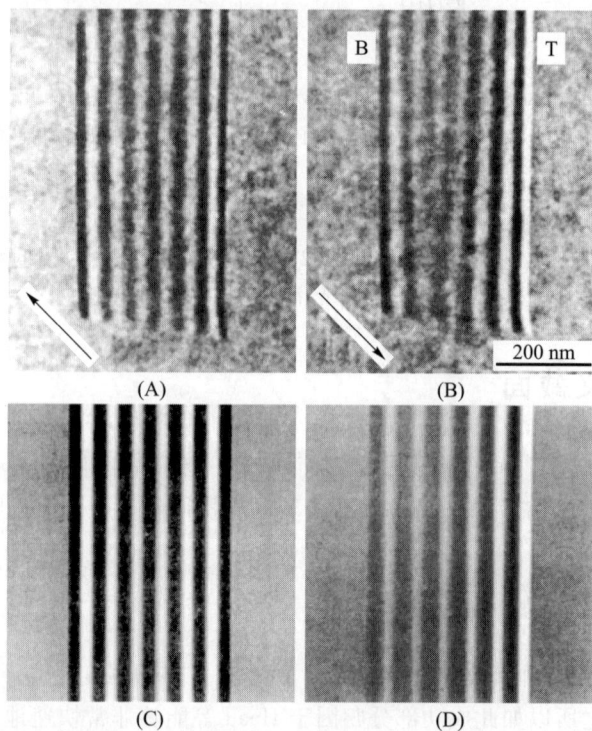

图 25.16 (A) **g** = (220)时 APB 的实验 BF 像。(B) **g** = ($\bar{2}$20)时同一个缺陷的 DF 像。(C、D)相应的模拟像

Comis 程序可以运行在带有智能终端的 Convex 迷你超级计算机上，后来可以运行于 OS6 系统的 Mac 上。Zhou 将其中一些概念引入到更新更先进的 TEMACI 软件包中。

25.13　定量成像

衍衬像的重要应用之一是描述缺陷的细节特征。随着 TEM 的改进，尤其

对分辨率和漂移的优化,现在能够更加专注于缺陷的精细结构,而这需要定量图像分析,尤其需要得到图像中的实际强度水平。定量分析的一个障碍是由非弹性散射引起的背景强度的不确定性。希望随着能量过滤得到更广泛应用的同时(见第 37 章),这个问题能够得以解决。使用 CCD 相机直接数字化记录强度使得定量分析更为容易,它消除了与照相底片感光剂的响应校准相关的不确定性。

随着这些与衍衬像相关的新型应用的出现,改进模拟程序变得尤为重要。一个理想的程序是多功能的且用户友好的;不仅可以用来计算图像,并且给出缺陷相互作用的几何关系。在晶体缺陷图像的模拟中,将会遇到几个几乎是彼此独立的问题。必须要能够做到:

- 确定缺陷和样品的几何构型(衍射条件)。
- 计算与缺陷相关的位移场。
- 分析电子束通过薄片时的传播和散射(即解 Howie-Whelan 方程)。

我们已经讨论过衍射过程的理论基础,因此现在可以从众多方法中列举出一些适用于不同缺陷几何构型的方法。在第 26 章中将会考虑其他类型的缺陷、确定它们的方法以及计算位移场的方法。

25.13.1 理论基础和参数

我们将使用 Comis 程序作为介绍模拟程序的一个例子。从该讨论中必须要领悟到当使用任何一个程序来模拟图像时都必须非常小心。所有的这类程序都做了假设和简化。

黑　　箱

当使用计算机模拟 TEM 图像时始终都要谨记:对黑箱效应多加小心。不要理所当然地相信从中释放出的所有信息。

Comis 基于电子衍射的 Howie-Whelan 动力学理论,因而忽略了漫散射,但是在模拟时可以不使用柱体近似。该方法的理论基础是由 Howie 和 Basinski 给出的。

- 采用形变离子近似来描述位移场 $\mathbf{R}$ 对晶体的影响。该模型中,假定形变晶体 $\mathbf{r}$ 处的势与理想晶体中 $\mathbf{r}-\mathbf{R}(\mathbf{r})$ 处的势相等。除非 $\mathbf{R}(\mathbf{r})$ 变化过快,否则该模型都成立。
- 推广 Howie-Whelan 方法到多束情况,避免柱体近似。

最终的方程形式基本上与第 13 章中导出的一样,因此不要被它们的外观吓倒。

在避免柱体近似的处理过程中，包含了随 x 和 y 变化的项：这些项在第 13 章中被特地排除了。

现在，方程可以写成

$$\frac{\partial \phi_g(r)}{\partial z} = i\pi \sum_h \left(\frac{1}{\xi_{g-h}} + \frac{i}{\xi'_{g-h}} \right) \phi_h e^{2\pi i((s_h - s_g)z - (h-g)\cdot R)}$$

$$- \theta_x \frac{\partial \phi_g}{\partial x} - \theta_y \frac{\partial \phi_g}{\partial y} + \frac{i}{4\pi \chi_z} \left(\frac{\partial^2 \phi_g}{\partial x^2} + \frac{\partial^2 \phi_g}{\partial y^2} \right) \qquad (25.35)$$

式中，χ 表示入射束在真空中的波矢；g 是特定的衍射矢量；h 代表所有其他可能的衍射矢量；可以将该方程与式（13.8）进行简单比较。这里定义了两个新参量来计及电子束的方向：

$$\theta_x = \frac{(\chi + g)_x}{\chi_z} \quad \text{和} \quad \theta_y = \frac{(\chi + g)_y}{\chi_z} \qquad (25.36)$$

倒易点阵中的 x-y 平面包含了主要的反射，z 几乎与入射束平行。计算中考虑的电子束数目只受限于计算机的能力。程序的标准默认值通常只选择系统行上的电子束。然而，非系统电子束对图像会产生显著影响，因此将与系统行共面的一系列电子束包括进来可以解决这个问题。我们通过波矢分量 χ_x 和 χ_y 来描述晶体取向相对于严格布拉格条件的偏差；后者应用在系统行外的反射被计及的时候。现在可以计算所有的偏离参量 s_h；电子束很多但每个 s 值均可不同。

每个消光距离被定义为 $\chi_g / |U_g|$ 的比值，U_g 仍然是理想晶体势的傅里叶分量。使用 Mott 表达式，傅里叶分量可以从 X 射线散射因子中计算出来。大多数情况下散射角度都足够小，因此 X 射线散射因子可以用 Doyle 和 Turner 给出的 9-参数高斯拟合计算出来。

材料的晶胞以及 Debye-Waller 因子 B 是需要知道的。Comis 就可以使用内置的 Doyle-Turner 参数表自动计算 ξ_g。如果需要将给定温度下的 X 射线结构因子转换为电子结构因子（或者相反），或者需要比较不同温度下结构因子的测量值，都需要知道 B。当计算消光距离时，Debye-Waller 因子对于确定温度的效应很关键。

DEBYE-WALLER 因子

B 与晶格位置上原子的振动振幅（均方值）相关。这是一个温度敏感项。

式（25.35）仅当晶体中心对称时才成立，否则得重新定义 ξ_g。对包含非中心对称晶体的材料进行模拟是可行的，但得用复数量替换 ξ_g 和 ξ'_g，而据此定义所有参量将是相当困难的［参见式（14.2）~式（14.8）］。

通过添加傅里叶分量虚部 U'_g 以及定义于第24.7节的吸收距离 ξ'_g 就可以将吸收效应考虑进来。程序可以通过某些公式来估算吸收距离，例如 Humphreys 和 Hirsch 所建议的线性关系 $|U'_g| / |U_g| = a + b|\mathbf{g}|$，或者可以直接指定每个单独的吸收距离。

25.13.2　表观消光距离

由 Head 等开发的程序基于双束近似。这种计算成功的地方在于 ξ_g 可以用表观消光距离来替换，$\xi^a_g < \xi_g$。这个替换补偿了未包含在双束计算中的散射束。依赖于 t 的 ξ^a_g 项在不同的情况下都需要进行重新估算，比如将模拟图像和实验图像相匹配的时候。对于定量图像分析，可调参数尽量越少越好；使用多束程序将不必使用参数 ξ^a_g。另外，也可以通过比较使用多束和双束近似计算出的模拟厚度条纹来确定 ξ^a_g。

25.13.3　避免柱体近似

至此，无论是否采用柱体近似都可以进行模拟。使用柱体近似时，只需保留式（25.35）右边的第一项。这些方程被简化为一组常微分方程，需要通过程序在每一像点 (x, y) 处对其进行求解。实际上，可以用5阶 Runge-Kutta 积分程序（可以在需要使用时再进行查阅）在网格（柱体）的节点上求解该方程。处理中需要选择网格的尺寸和"分辨率"。第27章中将会介绍某些情况下柱体近似是不成立的。

若不采用柱体近似，式（25.35）给出了一套耦合的偏微分方程。边界条件（在 $z = 0$ 处）通常可以写成这样的形式

$$a_g \phi_g + b_g \frac{\partial \phi_g}{\partial x} = c_g \qquad (25.37)$$

其中忽略了沿着 y 方向的变化。

可以像 Howie 和 Basinski 一样采用固定边界条件：

■ 薄片被分成厚度为 Δz 的切片。不要将其与第30章中介绍晶格像模拟时所采用的多层法相混淆了；这里依然使用的是 Howie-Whelan 方程。然后，使用柱近似，通过第一个薄层，即从 $z = 0$ 到 $z = \Delta z$，在所有的网格点上对式（25.35）积分。

■ 对柱体近似的修正（即包含对 x 和 y 进行微分的项）是通过插值法来求值并纳入分析的。

■ 该过程被不断重复直至到达薄片的出射面。

在该处理过程中，实际上已对网格的外边界应用了柱体近似。所以在入射表面上，式 (25.37) 中 $a_g = 0$、$b_g = 0$ 且 $c_g = \phi_g$。为了避免图像的扭曲，必须仔细选择步长大小 Δz 以确保柱间距离（网格尺寸）足够小（参见 Anstis 和 Cockayne）。

25.13.4　用户界面

若需交互式地运行程序，那么需要一些指令来简便地修改参数。理想情况下，在菜单中就可以通过键盘来选择需要使用的命令。在 Comis 程序中，可以通过标准菜单来实现一些特殊用途。用户也可以交互式地建立（及保存）菜单。这使得对于特定问题的所有相关参数及命令均可在一个单独的菜单内显示。在任何时候，都可以用键盘来运行所有指令。

尽管典型的模拟过程可在数秒钟内完成，但是包含几个位错的多束计算可能需要更多的 CPU 时间。对于这种情况，Comis 含有一个"提交"命令，可以基于当前数据和参数开始一个批作业。因此，交互模式可以作为提交几个带有变化参数值作业的便捷方式。

对于大多数问题，实验图像和模拟图像的直观比较就足以对图像进行解释。在这些情况下，通常都可以找到一个 ξ_g^a 值使得仅采用双束就可以进行模拟（Head 等）。然而，由于图像匹配过程中包含许多参数，因此最好尽可能多地消除未知参数。对于定量分析而言，多束计算更重要。

章 节 总 结

本章讨论的要点是：

■ 由于平移 **R** 导致了相移 $\alpha = 2\pi \mathbf{g} \cdot \mathbf{R}$，所以能够观察到来自面缺陷的衬度。

■ 在双束条件下，可以推导出描述衬度的解析表达式。

■ 在双束条件下可以使用散射矩阵方法，并且可以轻松地将其扩展到更复杂的多束情况。

可以研究许多不同类型的面缺陷。但不要假定所有缺陷的行为都和 fcc 材料中的 SF 一样。

图像和 DP 中的信息有着直接的关联，这可以通过倒易杆的概念来理解。

需要理解如何用布洛赫波的行为来解释为什么 BF/DF 图像对衬度不互补，以及为什么面缺陷的衬度会在图像中央消失。后者是特定布洛赫波被优先吸收（实际上是散射）的结果。

现在可以对面缺陷的衍衬像进行计算机建模从而实现定量分析和图像匹配。

参考文献

我们建议以一些书或书的某些章节作为背景读物。从中可以了解与该课题相关的发展历程和成就。和往常一样，我们也推荐阅读一些原始文献。

界面

Christian，JW 1975 *The Theory of Transformations in Metals and Alloys*，Part 1，2nd edition，Pergamon Press New York.

Carter，CB and Norton，MG 2007 *Ceramic Materials* Springer New York. 包含了讲述陶瓷界面的章节。

Forwood，CT and Clarebrough，LM 1991 *Electron Microscopy of Interfaces in Metals and Alloys*，Adam Hilger New York. TEM 研究界面的必读书籍。

Howe，JM 1997 *Interfaces in Materials*：*Atomic Structure*，*Thermodynamics and Kinetics of Solid-Vapor*，*Solid-Liquid and Solid-Solid Interfaces* Wiley New York.

Matthews，John Wauchope 1975，*Epitaxial Growth* Academic Press/Elsevier NewYork. 这位领域中的先驱者很遗憾使用的是"外延的（epitaxial）"而非"外部定向的（epitactic）"。（正是 Dave Matthews 的父亲。）

Sutton，AP and Balluffi，RW 1995 *Interfaces in Crystalline Materials*，Oxford University Press New York.

Wolf，D and Yip，S，Eds. 1992 *Materials Interfaces*，*Atomic-level Structure and Properties*. Chapman and Hall New York.

对衬度的思考

Head 等编写的书（见第 1.5 节）是模拟衍衬像的入门读物。

Amelinckx，S and Van Landuyt，J 1978 in *Diffraction and Imaging Techniques in Materials Science*，**1** and **2**，（Eds.，S Amelinckx，R Gevers and J Van Landuyt），2nd Ed.，p. 107，North-Holland New York.

Anstis GR and Cockayne DJH 1979 *The Calculation and Interpretation of High-Resolution Electron Microscope Images of Lattice Defects* Acta Cryst. A**35**, 511-524.

Edington，JW 1976 *Practical Electron Microscopy in Materials Science*，Van Nostrand Reinhold New York. 一部经典的实用手册，但有时不适用于现代电镜。

Gevers R，Art，A and Amelinckx S 1963 *Electron Microscopic Images of Single and Intersecting Stacking Faults in Thick Foils*-1. *Single faults* Phys. Stat. Sol. **3**, 1563-93.

Gevers R，Blank H and Amelinckx S 1966 *Extension of the Howie-Whelan Equations for Electron Diffraction to Non-Centro Symmetrical Crystals* Phys. Stat. Sol. **13**, 449-465. 这篇文献对消光距离虚部 ξ'_g 进行了讨论。

柱体近似

Howie A and Basinski ZS 1968 *Approximations of the Dynamical Theory of Diffraction Contrast* Phil. Mag. **17**，1039-63. 非柱体近似的文献。

Howie A and Sworn H 1970 *Column Approximation Effects in High Resolution Electron Microscopy Using Weak Diffracted Beams* Phil. Mag. **22**，861-4. 柱体近似在某些情况下失效的实例。

消光距离

Doyle PA and Turner PS 1968 *Relativistic Hartree-Fock X-ray and Electron Scattering Factors* Acta Cryst. A**24**，390-7.

Hashimoto，H，Howie，A and Whelan，MJ 1962 *Anomalous Electron Absorption Effects in Metal Foils*：*Theory and Comparison with Experiment* Proc. Roy. Soc. London A **269**，80-103. 布洛赫波和面缺陷。

Hirsch PB，Howie A，Nicholson RB，Pashley DW and Whelan MJ 1977 *Electron Microscopy of Thin Crystals*，2nd edition，p. 225，Krieger，Huntington，New York. 推导了式(25.27)。

Humphreys CJ and Hirsch PB 1968 *Absorption Parameters in Electron Diffraction Theory* Phil. Mag. **18**，115-122.

Mott NF and Massey HSW 1965 *The Theory of Atomic Collisions*，3rd Ed.，Clarendon Press Oxford. X 射线散射因子 Mott 表达式的来源。

Taftø，J and Spence，JCH 1982 *A Simple Method for the Determination of Structure-Factor Phase Relationships and Crystal Polarity Using Electron Diffraction* J. Appl. Cryst. **15**，60-4. 讲述了怎样通过 CBED 来分辨 **g** 和 **ḡ**。

Yoshioka，H 1957 *Effect of Inelastic Waves on Electron Diffraction* J. Phys. Soc. Japan **12**，618-628. 该文献讨论了傅里叶分量的虚部 U'_g。

模拟

原始引文是 Head 等编写的教材（第 1.5 节）。它仍然很值得阅读但可能只有在图书馆才能找到。

Rasmussen，DR and Carter，CB 1991 *A Computer Program for Many-Beam Image Simulation of Amplitude-Contrast Images* J. Electron Microsc. Techniques **18**，429-36. 用户友好程序（Comis）的主体思想。

Rasmussen，DR，McKernan，S and Carter，CB 1991 *Rigid-Body Translation and Bonding Across {110} Antiphase Boundaries in GaAs* Phys. Rev. Lett. **66**，2629-32.

Schaublin，R and Stadelmann，P 1993 *Method for Simulating Electron Microscope Dislocation Images* Mater. Sci. Engng. A**164**，373-8. 描述 CuFour 的文献。

Thölen AR 1970 *A Rapid Method for Obtaining Electron Microscope Contrast Maps of Various Lattice Defects* Phil. Mag. **22**，175-182.

Thölen AR 1970 *On the Ambiguity Between Moiré Fringes and the Electron Diffraction Contrast from Closely Spaced Dislocations* Phys. Stat. Sol. （A）**2**，537-550.

Viguier，B，Hemker，KJ and Vanderschaeve，G 1994 *Factors Affecting Stacking Fault Contrast in Transmission Electron Microscopy：Comparisons with Image Simulations* Phil. Mag. A**69**，19-32.

Zhou，Z 2005 *Electron Microscopy and Elastic Diffuse Scattering of Nanostructures* D. Phil. Thesis，Oxford University. Zhongfu 改进了 TEMACI。

姊妹篇

一些关于 CuFour 的章节以及更多关于 TEMACI 的章节。

自测题

Q25.1　描述下列界面的区分特征：（a）相界面；（b）反相畴界；（c）堆垛层错。

Q25.2　α 代表什么？怎样的 α 值会导致无法看到面缺陷？

Q25.3　推导 fcc 堆垛层错的 α 值。

Q25.4　一系列重叠的堆垛层错在 BF 像中不显示衬度。解释这种现象发生的原因。

Q25.5　哪些 SF 条纹在 BF 和 DF 像中是相同的？

Q25.6　什么界面会产生互补的 BF/DF 条纹？

Q25.7　消光距离可以计算得到。能否通过图像从实验上确定这个值呢？

Q25.8　低角 GB 和高角 GB 的不同点是什么？

Q25.9　散射矩阵的概念是用来描述什么的？

Q25.10　为什么 SF 的 BF/DF 图像通常并不互补？

Q25.11　柱体近似和面缺陷的研究有关联吗？

Q25.12　即便是在靠近样品表面处能够观察到条纹的时候，为什么在样品中心处也可能会看不见 SF 的衬度？

Q25.13　面缺陷在靠近下表面处是怎样影响布洛赫波的？

Q25.14　我们用面缺陷在薄片中的倾角来描述 SF 衬度。什么情况下这种描述会明显失效？

Q25.15　"形变离子近似"这个词的含义是什么？

Q25.16　存在 SF 的情况下推导布洛赫波的传播时，我们使用了结线的概念。这种情况下使用该概念的物理内涵是什么？

Q25.17　为什么在比较 BF 和 DF 像时推荐使用移位光阑 DF 方法？

Q25.18　为什么移位光阑 DF 方法相比于 1960 年在现今会更加有用？

章节具体问题

T25.1　观察图 25.5。下图的最左边处条纹发生了偏移。结合语言描述和方程来解释产生这个偏移的原因。

T25.2　思考图 25.7 及其相关的原始文献。确认正文中给出的平移矢量是正确的(画出一幅范围更大的图并推导 **R** 的方向和大小)。

T25.3　观察图 25.8。这是一幅 DF 还是 BF，**g** 是多少？解释你的答案。

T25.4　图 25.9 中，衬度在我们认为可能是"晶粒"的地方突然改变。这种改变是真实的吗，为什么会发生？

T25.5　思考图 25.10A 和 B，解释如果 β 角为 30° 或 150° 时该图像将有何不同。

T25.6　图 25.10C 中样品的形状是一个理想的楔形吗？解释你所给出答案的原因及其可能的推论。

T25.7　结合图 25.8 中条纹给出的信息提出一种反相畴的几何构型。尽可能全面。

T25.8　解释 Ni_3Al 中 π 条纹这一名称的来源。

T25.9　额外的挑战。通过阅读文献或其他途径，讨论图 25.9 中 δ 条纹的起源。这些条纹是 SF-型的吗？它们结束于位错阵列是巧合吗？在 CoO 中的条纹将有什么区别？

T25.10　额外的挑战。解释图 25.4 中的衬度，并找出与其对应的几何构型。确定第一条 W 条纹将会比较困难。讨论为什么会这样。

T25.11　当 **g** 矢量为 131 且电子束方向为 [2，3，11] 时，画出 Si 中可能的 SF 简图。层错所在平面已经确定，层错 A、B、C 和 D 分别位于 (111)、($\bar{1}11$)、(111) 和 (111) 上。怎样确定这些 SF 的性质。评述为什么位于 ($\bar{1}\,\bar{1}\,\bar{1}$) 和 ($\bar{1}\,\bar{1}\,\bar{1}$) 面上层错的任何强度都是可见的 (摘自 Ian Robertson)。

T25.12　考虑来自两块薄晶的 DP 以及相应的莫尔条纹。两块晶体都是 fcc 结构。如果已知莫尔条纹的放大倍数为 10^6，并且莫尔条纹和 DP 相互精确对齐，怎样计算这两块 fcc 晶体相应的晶格参数 (a_1 和 a_2)(Courtesy Matt Halvarson)。

第 26 章
应变场成像

章 节 预 览

正如第 24 章所讲，晶面的弯曲会改变衍射条件，从而影响到像的衬度。样品中的缺陷会在缺陷附近引起晶面弯曲。晶面弯曲不仅发生在样品横向上，还可能贯穿整个样品。晶面弯曲情况依赖于缺陷的本征属性，因此可以通过研究透射电子显微镜（TEM）像的衬度来了解缺陷。基于这个简单的原理 TEM 还可以被应用于研究晶体材料中的缺陷。因为 TEM 有了很大进步，我们对整个位错和界面领域的理解是毋庸置疑的。通过 TEM 我们甚至发现了一些新的缺陷类型，比如，四面体堆垛层错、位错偶极子，以及位错多极子。

研究缺陷通常包括两方面的内容：缺陷在哪里？是何种类型的缺陷？所以本章的基本思想和研究弯曲条纹类似：使用不同晶面的衍射成像。我们用不同的衍射面成像观察缺陷对衬度的影响，并以此来表征缺陷。必须强调一下，本章重点并非缺陷而是讨论对 TEM 中像衬度的理解。本章会引入一些必要的有关缺陷的术语及符号，但不会做全面的讨论，如果需要对缺陷进行深入了解，可以参考本章末的参考文献。由于要理解像衬度的变化，本章还会给出很多图像并在章节最后讨论一下图像模拟。

26.1　应变场成像的意义

首先回顾一下相关术语。把完整晶体中 $\mathbf{r}$ 处的原子偏离 $\mathbf{R}(\mathbf{r})$ 的距离放置，晶体处于 ε 的应变场中。如果晶体发生应变，则该晶体肯定受到 σ 的应力（习惯上冶金学家喜欢用这些符号，但电镜学家则用 σ 表示散射截面，本章还是沿用传统习惯表示）。在晶体中 $\mathbf{R}(\mathbf{r})$ 与位置相关，因而 ε 和 σ 通常也随位置 $\mathbf{r}$ 而变。假设在某一点可以定义 ε 和 σ，则对应量可称为位移场 $\mathbf{R}(\mathbf{r})$、应变场 $\varepsilon(\mathbf{r})$ 和应力场 $\sigma(\mathbf{r})$。虽然这些量存在因果关系，但这些术语在很多文献中经常被混用，我们本章要讨论的成像是位移场 $\mathbf{R}(\mathbf{r})$ 的效应。

为了直观地认识位错衬度，图 26.1 给出了位错衬度原理图。图中给出了

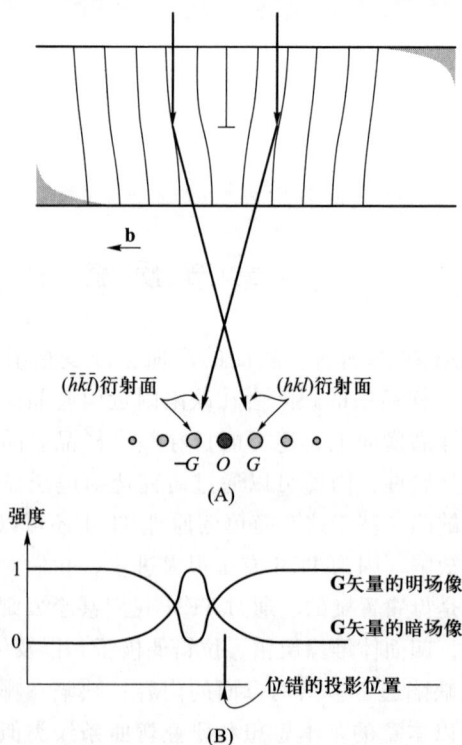

图 26.1　（A）倾转样品使其略微偏离布拉格衍射条件（$s \neq 0$）。紧挨刃型位错的畸变晶面由于弯曲而满足布拉格衍射条件（$s = 0$），G 和 $-G$ 的衍射如图所示。（B）位错像的强度投影图表明缺陷衬度偏离缺陷的投影位置（通常刃型位错的方向，$\mathbf{u}$ 指向纸内）

相应的衍射几何，通过倾转样品使其略微偏离布拉格衍射条件。位错引起的畸变会使近邻的衍射面发生弯曲而满足布拉格衍射条件。由于倒易杆有一定大小，所以即使不严格满足布拉格衍射条件，仍存在一定的衍射强度。该图给出了位错附近弯曲的晶面，与图 24.7 的弯曲条纹相比较可以看出，远离位错的区域明显偏离布拉格条件，而位错芯及其附近的区域则接近 $\pm\mathbf{g}_{hkl}$ 的衍射条件。识别螺位错对应的衍射面较为困难(图 26.2)，但衍射面同样是弯曲的。

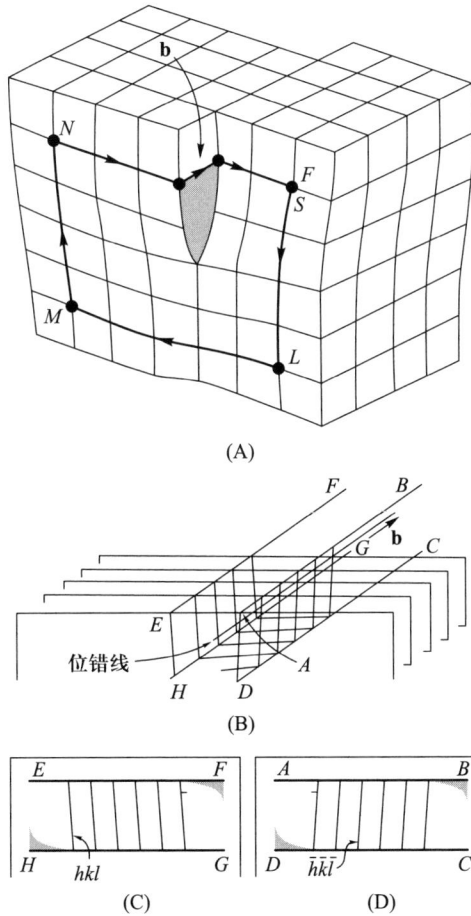

图 26.2 (A)螺位错周围晶面的畸变，用 SLMNF 回路定义伯格斯矢量 **b**(如图 26.5)。(B)螺位错引起的衍射面旋转示意图。在位错的两侧，晶面向相反方向旋转。(C)和(D)为衍射面的截面 *ABCD* 和 *EFGH*。(参见书后彩图)

在研究位错(刃型位错或螺位错)时需要确定以下参数：

■ 伯格斯矢量 **b** 的大小和方向，其中 **b** 垂直于 *hkl* 衍射面(如图 26.1 和图 26.2B)。

■ 位错线方向 **u**(矢量)，用来表征位错特征(刃型位错、螺位错或混合位错)。

■ 滑移面：同时含 **b** 和 **u** 的晶面。

本章还将尝试回答以下问题：

■ 位错与位错、位错与其他晶格缺陷之间存在相互作用吗？

■ 位错是啮合的、弯曲的还是直的？

■ 样品某一区域上位错密度是多少(样品制备之前是多少)？

■ 位错是否存在某些特殊的构型，比如螺旋状？

针对以上问题，读者可能发现立体显微镜或断层成像技术(第 32.1 节)会很管用，但这里不做详细介绍。立体电镜的基本要求是必须使用同一个 **g** 矢量成所有的像。

26.2　Howie-Whelan 方程

本节先从双束唯相近似开始介绍，在第 25 章中这个近似是很成功的。假设材料具有线性弹性特征，也就是说，如果存在两个缺陷 1 和 2 分别引起位移场 $\mathbf{R}_1$ 和 $\mathbf{R}_2$，那么在样品中任意一点总的位移场 $\mathbf{R}$ 都由 $\mathbf{R}_1$ 加 $\mathbf{R}_2$ 决定。虽然模拟计算时很容易考虑各向异性弹性，但本节暂不考虑。

在第 25 章给出了引入晶格畸变 **R** 修正的 Howie-Whelan 方程，因此对非完整晶体存在方程：

$$\frac{\mathrm{d}\phi_{\mathbf{g}}}{\mathrm{d}z} = \frac{\pi\mathrm{i}}{\xi_0}\phi_{\mathbf{g}} + \frac{\pi\mathrm{i}}{\xi_{\mathbf{g}}}\phi_0\exp\left[-2\pi\mathrm{i}(sz + \mathbf{g}\cdot\mathbf{R})\right] \tag{26.1}$$

对比式(25.5)和式(25.6)，对变量进行代换。设

$$\phi_0(z)_{(\mathrm{sub})} = \phi_0(z)\exp\left(\frac{-\pi\mathrm{i}z}{\xi_0}\right) \tag{26.2}$$

和

$$\phi_{\mathbf{g}}(z)_{(\mathrm{sub})} = \phi_{\mathbf{g}}\exp\left(2\pi\mathrm{i}sz - \frac{\pi\mathrm{i}z}{\xi_0} + 2\pi\mathrm{i}\mathbf{g}\cdot\mathbf{R}\right) \tag{26.3}$$

这个代换的合理性和前面相同。请注意，$\phi_0(z)_{(\mathrm{sub})}$ 与以前的一样，而 $\phi_{\mathbf{g}(\mathrm{sub})}$ 则多了 $\mathbf{g}\cdot\mathbf{R}$ 项。做这个代换是为了得到 $\mathrm{d}\phi_{\mathbf{g}}/\mathrm{d}z$ 简化的表达式。

式(26.2)和式(26.3)变为

$$\frac{\mathrm{d}\phi_0(z)_{(\mathrm{sub})}}{\mathrm{d}z} = \frac{\pi\mathrm{i}}{\xi_{\mathbf{g}}}\phi_{\mathbf{g}}(z)_{(\mathrm{sub})} \tag{26.4}$$

和

$$\frac{\mathrm{d}\phi_{\mathbf{g}}(z)_{(\mathrm{sub})}}{\mathrm{d}z} = \frac{\pi\mathrm{i}}{\xi_{\mathbf{g}}}\phi_0(z)_{(\mathrm{sub})} + \left[2\pi\mathrm{i}\left(s + \mathbf{g}\cdot\frac{\mathrm{d}\mathbf{R}}{\mathrm{d}z}\right)\right]\phi_{\mathbf{g}}(z)_{(\mathrm{sub})} \tag{26.5}$$

去除下标可简写为

$$\frac{\mathrm{d}\phi_g}{\mathrm{d}z} = \frac{\pi \mathrm{i}}{\xi_g}\phi_0 + 2\pi \mathrm{i} s_R \phi_g \qquad (26.6)$$

该公式除了用 s_R 替代 s 外与式(13.14)几乎一样，其中

$$s_R = s + \mathbf{g} \cdot \frac{\mathrm{d}\mathbf{R}}{\mathrm{d}z} \qquad (26.7)$$

s_R 的概念是新的。

这个结果的重要意义在于，除了引入新的 s，该公式与以前的一样，也就是说可以直接套用第 13 章的分析过程，也能得到用修改的 s 即 s_R 表示的相同的结果。因此可以得到相同的厚度依赖关系，而缺陷的衬度同时依赖于 s 和 ξ_g。两者间最大的差别在于 $\mathbf{R}$ 是 z 的连续函数。

下面将分析如何使用 $\mathbf{g} \cdot \mathrm{d}\mathbf{R}/\mathrm{d}z$ 和 $\mathbf{g} \cdot \mathbf{R}$ 两项理解位错。由于推导出的公式与第 13 章和第 25 章形式上是相同的，所以图像中应该具有很多相同的特征。尤其是缺陷图像应该具有同样类型的厚度依赖关系。使用第 25 章推导出的公式可以得的两种观察缺陷的方式：

■ 当 $\mathbf{R}$ 取单值时用 $\mathbf{g} \cdot \mathbf{R}$ 衬度。

■ 当 $\mathbf{R}$ 是 z 的连续变化函数时采用 s_R 衬度，由此可与 $\mathbf{g} \cdot \mathrm{d}\mathbf{R}/\mathrm{d}z$ 联系起来。

下面介绍一下缺陷衬度分析的基本原理。注意本节并不尝试量化或完全精确，而是将双束近似推广到非完整晶体。注意，这里同样为动力学条件下的多束，并假设原子柱近似成立。但原子柱近似和该理论有什么关联？$\mathbf{R}$ 和原子柱相关的模型如图 26.3，虽然原子是分散的，但在实际计算中仍假设是连续的。

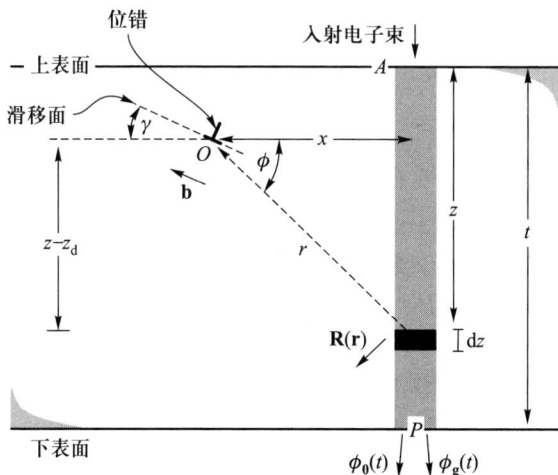

图 26.3 在 O 点处离入射束 x 的原子柱上伯格斯矢量为 $\mathbf{b}$ 的位错。作用在原子柱上的电子波的应变场效应是对总长度 t 进行积分，得到 P 处的振幅为 $\phi_0(t)$ 和 $\phi_g(t)$

重要的一点是位移场 **R** 随位置 **r** 改变，可以定义缺陷核为原点。下面对平行于样品表面的位错进行计算。

在第 13.11 节讲过，原子柱近似等效于假设晶体可以被分成很窄的原子柱。然后计算在每一个原子柱的电子束的振幅，这里把整块晶体视为由无数条相同原子柱组成。如果不关注 2~3 nm 以下的图像细节，该近似是合理的。原子柱的实际直径取决于衍射条件。通过对多层完整晶体中产生 **R**(**z**) 位移的原子柱（如同每个面不同的迷你堆垛层错）成像，也可以把缺陷应变引起的畸变效应考虑进来。注意 z 其实就是沿着原子柱的高度。

26.3　单根位错线的衬度

在研究位错时，通常想知道位错密度多大，是刃型位错、螺位错，还是混合位错。对于各向同性固体中的一般位错，或者混合位错，其位移场可写为

$$\mathbf{R} = \frac{1}{2\pi}\left(\mathbf{b}\phi + \frac{1}{4(1-\nu)}\left\{ \mathbf{b}_e + \mathbf{b} \times \mathbf{u}[2(1-2\nu)\ln r + \cos 2\phi]\right\}\right) \quad (26.8)$$

为方便起见，位移场 **R** 用极坐标($\mathbf{r}$, ϕ)表示，如图 26.3。**b** 为伯格斯矢量，$\mathbf{b}_e$ 为刃型位错分量，**u** 为位错线方向的单位矢量（直线方向），ν 为泊松比。

写出这个表达式对于手工计算是很重要的，但如果是计算机计算，使用各向异性弹性场或者仅代入从原子结构模型得到的位移量更为直接。

R 的大小直接影响到衍射束 ϕ_g 的振幅。下面考虑两种特殊情况：螺位错和刃型位错。对于螺位错来说，$\mathbf{b}_e = 0$ 且 **b** 平行于 **u**，所以 **b**×**u** = 0。则式 (26.8) **R** 的表达式可简写为

$$\mathbf{R} = \mathbf{b}\frac{\phi}{2\pi} = \frac{\mathbf{b}}{2\pi}\tan^{-1}\left(\frac{z-z_d}{x}\right) \quad (26.9)$$

式中，**z** 为沿原子柱的距离，$\mathbf{z}_d$ 是位错芯离样品上表面的距离（参考图 26.3）。位移场依赖于($\mathbf{z}-\mathbf{z}_d$)说明在位错上方和下方都存在位移场，能影响到整个原子柱；从以上两式可以看出 **g** · **R** 正比于 **g** · **b**。所以在讨论位错像时通常用 **g** · **b**(g 点 b)衬度。表 26.1 给出了面心立方材料中 [011] 带轴上 (111) 晶面上一些位错的不同 **g** · **b** 值的例子。

样　　品

如果是单晶样品，就得制备含 [111] 取向的样品，这样就可以对位于 (111) 滑移面上的位错进行成像。

第二种特殊情况就是纯的刃型位错。此时 $\mathbf{b}=\mathbf{b}_e$，$\mathbf{g}\cdot\mathbf{R}$ 包括 $\mathbf{g}\cdot\mathbf{b}$ 和 $\mathbf{g}\cdot\mathbf{b}\times\mathbf{u}$ 两项。(后一项读作"g 点 b 叉 u")位移场引起 $\mathbf{g}$ 衍射面发生弯曲。顺便提一下，$\mathbf{g}\cdot\mathbf{b}\times\mathbf{u}$ 这一项的起源很有趣，如图 26.4 所示，它是由刃型位错的存在使滑移面发生弯曲所引起的。这种弯曲是很重要的，尤其是在含刃型分量的某些位错中会使 $\mathbf{b}$ 的分析更加复杂，这一点将会在下面的讨论中看到。

- 记住衬度是由 $\mathbf{g}\cdot\mathbf{R}$ 引起，位错的 $\mathbf{R}$ 会随 $\mathbf{z}$ 改变。
- 在 $\mathbf{g}\cdot\mathbf{b}=n$ 中，假如知道 $\mathbf{g}$，并确定了 n 就能推出 $\mathbf{b}$。

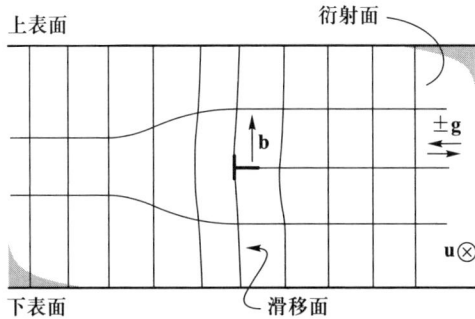

图 26.4 $\mathbf{g}\cdot\mathbf{b}\times\mathbf{u}$ 项引起滑移面曲皱，但也使 $\mathbf{b}$ 的分析更加困难

实验：在双束条件下，通常用 s 大于 0 的 $\mathbf{g}$ 对位错进行成像。则在明场像中黑线为位错而亮的区域为背底。此外还需考虑到 s_R 和 $\dfrac{\mathrm{d}\mathbf{R}}{\mathrm{d}z}$，因为这些量也会随 z 改变，如图 26.1。

表 26.1 从不同伯格斯矢量和不同衍射面得出的 $\mathbf{g}\cdot\mathbf{b}=n$ 值

g \ b	$\frac{1}{6}[11\bar{2}]$	$\frac{1}{6}[1\bar{2}1]$	$\frac{1}{6}[\bar{2}11]$	$\frac{1}{3}[111]$
$\pm(1\bar{1}1)$	$\pm\frac{1}{3}$	$\pm\frac{2}{3}$	$\pm\frac{1}{3}$	$\pm\frac{1}{3}$
$(\bar{1}\,\bar{1}1)$	$\pm\frac{2}{3}$	$\pm\frac{1}{3}$	$\pm\frac{1}{3}$	$\pm\frac{1}{3}$
$(0\bar{2}2)$	±1	±1	0	0
(200)	$\pm\frac{1}{3}$	$\pm\frac{1}{3}$	$\pm\frac{2}{3}$	$\pm\frac{2}{3}$
$(3\bar{1}1)$	0	±1	±1	±1
$(\bar{3}\,\bar{1}1)$	±1	0	±1	±1

表 26.1 中"＋"和"－"符号是非常重要的。如果 $\mathbf{R}$ 变号则 $\mathbf{g} \cdot \mathbf{R}$ 或 $\mathbf{g} \cdot \mathbf{b}$ 反号，那么位错线的衬度就会移动到位错芯投影位置的另一边。仔细看图 26.1 会发现 s 反号与 $\mathbf{g}$ 反号产生同样的效果。由此用量 $(\mathbf{g} \cdot \mathbf{b})s$（$g$ 点 b 乘以 s）将这两点归纳为图 26.5。

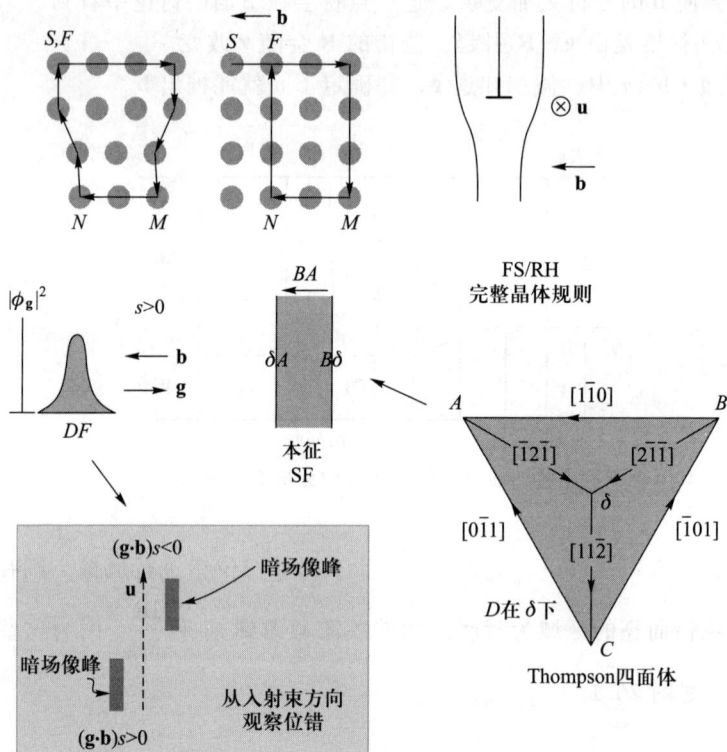

图 26.5　fcc 晶体中的一些位错：$\mathbf{b}$ 的定义是在位错附近的按右手定则从终点(F)到起点(S)的矢量闭合回路，但在完整晶体中并不能闭合。相对于位错芯的衍射强度 $|\phi_g|^2$ 的位置与 FSRH 规则中的 $\mathbf{b}$，$\mathbf{g}$ 和 s 的符号有关。假如任何一个量的反号，其衬度就会移动到位错芯的另一边。当全位错分解为肖特基不全位错时，不全位错可由 Thompson 四角定则给出。（参见书后彩图）

如果能确定 $\mathbf{g}_1$ 和 $\mathbf{g}_2$ 两衍射面均满足 $\mathbf{g} \cdot \mathbf{b} = 0$，则 $\mathbf{g}_1 \times \mathbf{g}_2$ 平行于 $\mathbf{b}$。确定伯格斯矢量 $\mathbf{b}$ 通常更复杂，因为当 $\mathbf{g} \cdot \mathbf{b} < 1/3$ 时很难看到位错线的衬度。类似地，当 $\mathbf{g} \cdot \mathbf{b} \times \mathbf{u} \neq 0$ 时，即使 $\mathbf{g} \cdot \mathbf{b} = 0$ 也可能出现衬度。

> **位错不可见判据**
>
> 如果 $\mathbf{g} \cdot \mathbf{b} = 0$，由于衍射面与 $\mathbf{R}$ 平行，则不会出现任何衬度。

位错衬度和堆垛层错衬度相比，两者的差别在于位错的 α 是 z 的连续函数。位错像本身会呈现厚度条纹像，但在某些深度或厚度处可能无明显衬度，仔细观察图 26.6E 中的实验图像就可以看到。

从上述讨论中得到以下几点：

■ s 的符号影响像的衬度。

■ x 的符号也会影响像的衬度，且是非对称的。

■ s 的大小会影响像的衬度。

■ 位错深度和样品厚度会影响像的衬度。

■ 图像的形貌取决于 $\mathbf{g} \cdot \mathbf{b}$，或更准确地说，取决于 $(\mathbf{g} \cdot \mathbf{b})s$ 和 $\mathbf{g} \cdot \mathbf{b} \times \mathbf{u}$。

■ 如果对其他 $\mathbf{g} \cdot \mathbf{b}(=n)$ 值进行分析并画出强度，会发现图像宽度随着 n 增大而展宽。

■ 注意"位错像从哪里来"：图像上位错线的位置很少与其投影位置重合，通常偏向位错芯的一侧。

■ 更复杂点，位错很可能在楔形样品中观察到，而不是理想的两面平行样品。

最后一个会很有用的经验结论(从计算模型和早期的分析计算得到的)是即使 $\mathbf{g} \cdot \mathbf{b} = 0$，当 $\mathbf{g} \cdot \mathbf{b} \times \mathbf{u} \geq 0.64$ 时仍然能看到位错。对于 fcc 材料，当样品与 $\{111\}$ 面不平行时，这点尤显重要。

位错像的其他例子如图 26.6。不全位错并非只在 fcc 金属中存在，也可能在 fcc 半导体和很多层状材料中观察到。这些材料可以具有很小的堆垛层错能，允许不全位错分离形成宽的带状缺陷如图 26.6A～C 所示。图 26.6C 中箭头下面的单根位错线(实际上是暗线或灰线)是伯格斯矢量 $\mathbf{b}$ 平行于 $\mathbf{g}$ 的位错(即 $\mathbf{g} \cdot \mathbf{b} = 2$)；在图中能看见两个峰，一个峰要比另一个暗和宽。注意图 26.6C 中暗线中的一条在图 26.6B 中几乎消失，且暗线位于位错的另一侧。图 26.6C 中出现几乎平行的 3 条位错线，而在图 26.6B 中几乎无衬度。这是因为图 26.6B 中的位错为肖特基不全位错，伯格斯矢量都为 $\mathbf{b}$，所以图 26.6B 中 $\mathbf{g} \cdot \mathbf{b} = 0 \left(3 \text{ 条位错其实是由伯格斯矢量为 } \frac{1}{2}\langle 112 \rangle \text{ 的全位错分解而成的} \right)$。$11\bar{1}$ 图像(如图 26.6A)是通过将样品倾转到 112 带轴得到(从 111 带轴倾转～20°)，给出了堆垛层错本身的衬度(想象堆垛层错填满位错间的区域)；因为 $\mathbf{g} \cdot \mathbf{R}$ 总为 0(或整数)，层错在 111 带轴不产生衬度。金属间化合物的单胞较大，超晶格位错可能分解成不全位错，但在无序晶体中很可能为全位错（如图 26.6D 和 E）。而这些超晶格中的不全位错在无序晶体中还会再次分解，或者在不同的有序畴间产生不同的分解（如图 26.6F）。不同相间晶界上的位错可以用不同的衍射面成像来揭示其本质属性（如图 26.6G 和 H）。由于位错的存在是为了调和失配，所以这些位错必须位于或接近（001）晶界。因为近邻的材料间消光距离存在差异等原因，所以要想准确地分析各个伯格斯矢量还是很困难的。现在应该知道为什么本章的主题是"图像解释"了。另一挑战就是要如何确定位错产生于哪个晶面。在第 26.6 节我们将阐明在分析 Zn 中的位错环时为何能看到 $\mathbf{g} \cdot \mathbf{b} \times \mathbf{u}$ 的衬度。

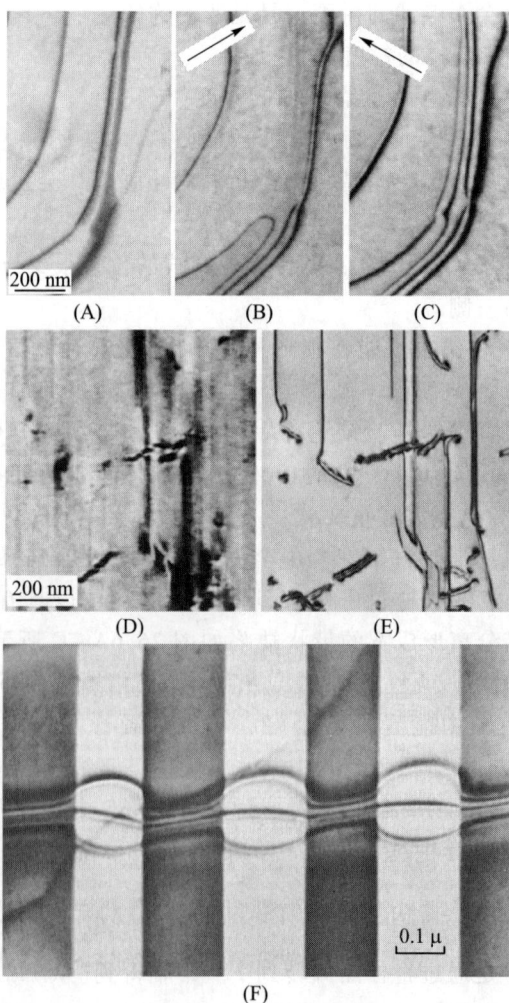

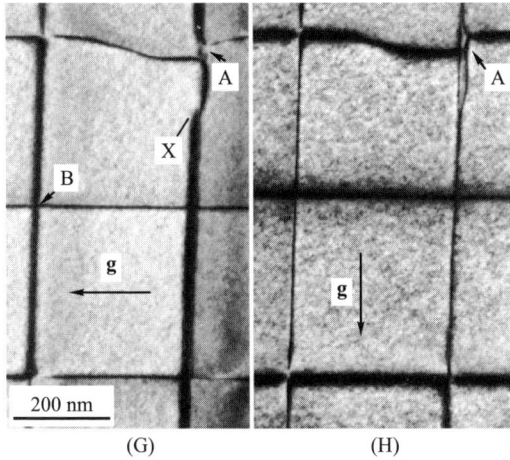

图 26.6 (A~C)在同一区域用三强束得到的明场像,其中(A)用|11$\bar{1}$|成像,(B、C)用 |220|对具有较低的堆垛层错能的 Cu 合金中接近平行于(111)表面的位错成像。(D、E)为 Ni$_3$Al 样品(001)晶面上用正交的|220|衍射面成像的位错。在(D)中大多数位错几乎都没 衬度。(F)穿过(旋转)畴界的一个复杂位错;位错的特征改变了因而其分解宽度也随着改 变。(G、H)位于存在略微晶格-失配的 Ⅲ~V 化合物(001)界面上的位错

问　题

在图 26.6H 中能看到多少条位错?答案是:0。

26.4　位移场和 Ewald 球

在第 26.2 节中讲过,存在位移场 **R**(**r**)时式(26.7)中的 s 可以用 s_R 替代, 其中 s_R 可写为

$$s_R = s + \mathbf{g} \cdot \frac{\partial \mathbf{R}}{\partial z} + \theta_B \mathbf{g} \cdot \frac{\partial \mathbf{R}}{\partial x} \qquad (26.10)$$

从图 26.7 可以看出,**R** 使晶面发生角度 δφ 的弯曲。**g** 和 s 相应也改变。 实际的衍射矢量延长 Δ**g**,但更重要的是 **g** 也有一定的旋转。结果随着 s 的增 大(图中的 s_a 和 s_b 分量)而出现了 s_R。如果引入小角度的旋转就能得到式 (26.7)。通常都把第三项忽略,这是因为 θ_B 很小,但当螺位错穿过表面时不 能忽略。

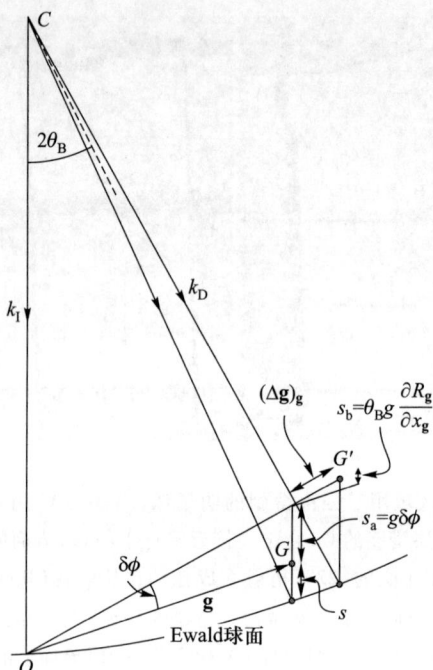

图 26.7 位错的应力场引起晶面弯曲角度 δφ，对应的 **g** 和 **s** 也发生改变。衍射矢量拉长 Δ**g** 且 **g** 发生旋转。所以 **s** 增大两分量的量 s_R，即 s_a 和 s_b

　　也可以从另一角度考虑，晶体畸变可视为 **g** 改变了 Δ**g**，则可以用式 (26.11) 来定义这个改变：

$$\mathbf{g} \cdot (\mathbf{r} - \mathbf{R}(\mathbf{r})) = (\mathbf{g} + \Delta\mathbf{g}) \cdot \mathbf{r} \tag{26.11}$$

因此

$$-\mathbf{g} \cdot \mathbf{R}(\mathbf{r}) = \Delta\mathbf{g} \cdot \mathbf{r} \tag{26.12}$$

　　该式的含义是，位移场 **R**(**r**) 存在于 **g** 的附近，而非在准确的 **g** 处。但需要记住的是在完整晶体中衍射矢量 **g** 总是存在的。我们难以对该类型的散射进行成像[但用能量过滤透射电子显微镜（EFTEM）成像会容易些]。即使移出物镜光阑，你仍然可以看到位错，但非弹性散射会使像的解释变得更加复杂。在第 17.6 节中讲过在各个布拉格衍射面间仍会存在散射。位错引起的散射可以类比于第 2 章所讨论的光通过狭缝时引起的散射。

　　在变形性离子的近似中（第 25.13 节），假定原子本身并不知道自己已经发生移动。如果 **R**(**r**) 变化很快，正如它在位错芯附近的变化，该近似不再成立。只要材料的密度变化很快也将得到相同的结论。因此，应该用更好的模型来模拟原子势，必须要考虑到在这类缺陷中价电子的变化对势的影响。此外，

如果应力或位移场 $\mathbf{R(r)}$ 很大，例如在位错芯处，则线性弹性理论也不再成立。

26.5 位错节点和位错网

如果所有的位错都躺在平行于样品表面的某一晶面上，那么分析那些形成位错网的位错线的伯格斯矢量就很直接、很容易了。图 26.8 给出了石墨的位错网。分析过程很简单：用不同的 $\mathbf{g}$ 矢量记录一系列像。不要忘了可以倾转样品到其他带轴；事实上，如图 26.8A 所示，经常需要倾转样品对平行于样品表面的堆垛层错成像（但此时就不能观察到堆垛层错的条纹衬度了）。当衍射矢量平行于堆垛层错面时就只能看到位错的衬度，如图 26.8B~D 所示。要想观察失配位错的位错网，这种倾转实验是很有必要的，因为这些位错的伯格斯矢量经常存在位错网所在的平面外的分量。

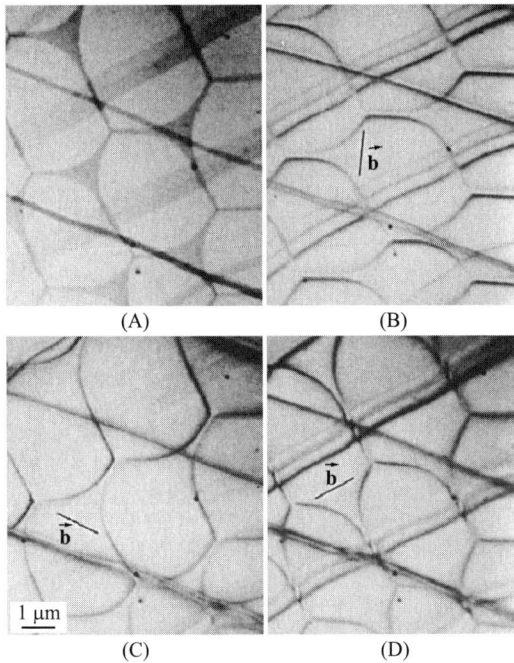

图 26.8 石墨中的位错网。在（A）中，使用与层错呈一定夹角的 $\mathbf{g}$（因而 $\mathbf{g \cdot R} \neq 0$）对平行于样品表面的堆垛层错成像；在（B~D）中，在位错节上 3 条位错中的两条衬度相反，而第三条不可见。已知每张图像的 $\mathbf{g}$，就能确定相应位错的伯格斯矢量，如图（B~D）所示（对于不可见的位错 $\mathbf{g \cdot b} = 0$）

26.6　位错环和位错偶极子

对位错环已有大量的研究，因为点缺陷复合后通常会形成位错环。已有上千篇的文章用 TEM 研究辐照损伤以及位错环的形成问题。事实上在 20 世纪 60 年代所建造的高压电子显微镜(HVEM)都是为了研究这一问题。由此而解决的一系列问题使人们更好的认识辐照过程(但却说明建造更多的核电站是不合适的)。以前的研究发现：

■ 间隙原子或空穴复合形成位错环。

■ 可以测量不同位错环的生长速度、临界尺寸和形核时间。

■ 有些位错环会形成层错(包含堆垛层错)，也有的没有层错。这种层错与位错环的大小和材料的堆垛层错能有关。

以上这些结论对衍射衬度值的解释很有用。

位错环的伯格斯矢量 $\mathbf{b}$ 可取正也可取负，在不同的衍射面上还可能偏向电子束，如图 26.9。曾经好多学者花大量的精力研究缺陷内外对比，以判断是否是由空穴或间隙原子形成的。

■ 当没有 $\mathbf{g} \cdot \mathbf{b}$ 衬度时也可能出现位错环。

■ 位错环可以包裹单根或多根堆垛层错，形成如图 26.10 所示的堆垛层错的衬度。

■ 位错偶极子是位错环的特殊情况，是一种很重要的位错相互作用的例子。由于位错偶极子没有长程的应力场，所以 TEM 是位错偶极子成像的最佳选择；完整偶极子的伯格斯矢量为 0(第 27 章会有更多的讨论)。

Zn 样品中的位错提供了一种很好的 $\mathbf{g} \cdot \mathbf{b} \times \mathbf{u}$ 衬度的示意图。若样品表面平行于(0001)基面，空穴复合很容易形成位错环。在图 26.11 中，$\mathbf{b}$ 与 $\mathbf{g}$ 垂直，所以 $\mathbf{g} \cdot \mathbf{b} = 0$。这些位错环清晰地给出图像依赖于缺陷方向 $\mathbf{u}$ 的示意图。注意即使 $\mathbf{g} \cdot \mathbf{b}$ 为 0，仍能观察到位错的衬度。所以 $\mathbf{g} \cdot \mathbf{b} = 0$ 并非不可见的绝对判据。

上述讨论在位错环很大的时候是适用的，但是位错环很小的时候会产生一个问题。所以必须考虑衬度机制的细节。

当然，衬度机制对所有的成像过程都是实用的，现在的问题是相对于消光距离缺陷尺寸较小。图 26.12 归纳了较小的空位位错环出现衬度的情况；如果位错环本身是间隙原子，其衬度将反转。随着样品中缺陷位置的改变，不仅黑白衬度发生反转，缺陷的大小也会随着改变。如果位错环的属性变得复杂，其衬度就变得更难解释，还可能出现"蝴蝶状""菱形形状"，或是"花生状"的衬度。还需注意的是其明场像和暗场像的衬度是不同的；这些现象与第 25 章讨

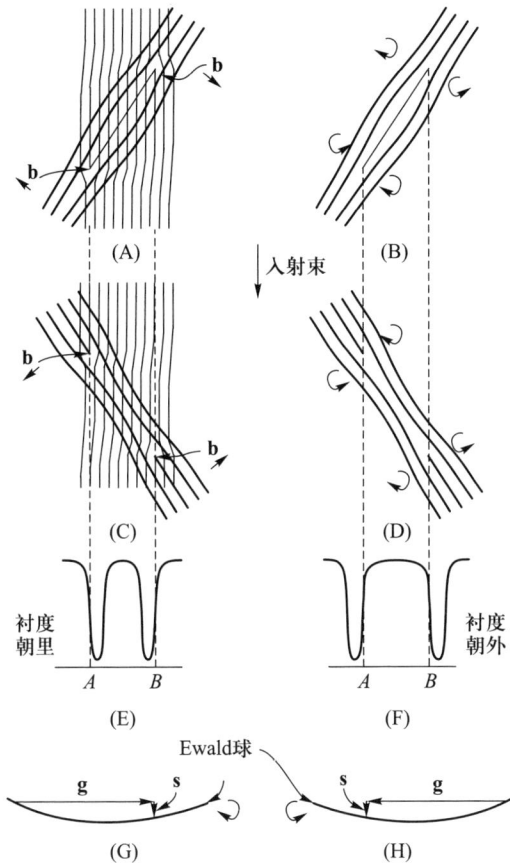

图 26.9 相对于衍射面的间隙位错环结构（A）；图（B）中箭头指出位错周围衍射面的旋转；（C、D）为空穴位错环；（E、F）像衬的位置相对于投影像的位置。当衍射面顺时针旋转使对应的晶面满足布拉格衍射条件时产生向内的衬度；逆时针旋转时衬度朝外。（G、H）g、s 和衍射面相对旋转方向间的关系。当位错环倾转到与电子束相反的方向，此时所有的量都反向（即对该图进行镜面反射）

论过的相似，也与异常吸收效应有关。

像与样品厚度

基本思想是像依赖于样品厚度。

位错偶极子在很多严重畸变金属中非常常见，而且在半导体器件的衰减效

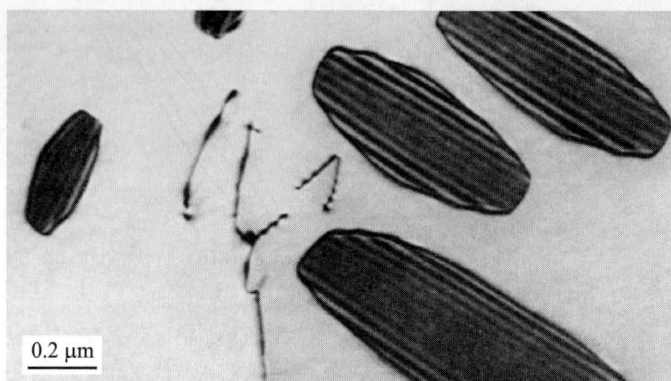

图 26.10 辐照的 Ni 样品中的位错环上得到的堆垛层错衬度

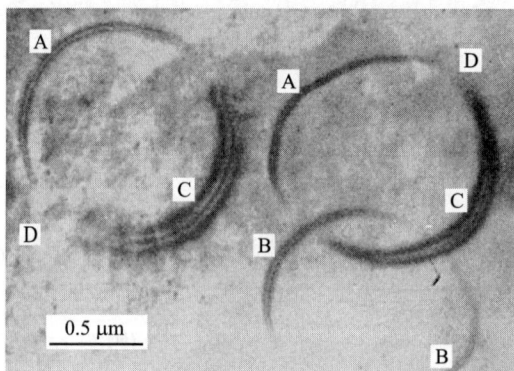

图 26.11 Zn 样品中平行于 (0001) 面伯格斯矢量为 $\mathbf{b} = c[0001]$ 的棱柱形位错环。对整个位错环画回路,由于 $\mathbf{b}$ 垂直于 $\mathbf{g}$,所以 $\mathbf{b} \times \mathbf{g} = 0$ 且 $\mathbf{b} \times \mathbf{u}$ 矢量位于位错环所在的平面上。在 A,B 和 C 中,$\mathbf{b} \times \mathbf{u}$ 平行于 $\mathbf{g}$,所以可以看到强的衬度。而在 D 中,$\mathbf{b} \times \mathbf{u}$ 和 $\mathbf{g}$ 是相互垂直的,所以 $\mathbf{b} \times \mathbf{u} = 0$,对应的位错环消失

应上也很重要。位错偶极子可以想象成位错环被拉长到看起来像一对位于平行滑移面上且具有相反的伯格斯矢量的单个位错。因此,偶极子最好通过内外对比来识别,如图 26.13 所示。把 $\mathbf{g}$ 矢量反向观察两位错的投影像就能理解该衬度出现的原因了:由于两位错的伯格斯矢量符号相反,所以图 26.9 显示出两位错像分别位于位错芯的两侧。如果 $\mathbf{g}$ 反向,则两位错像的顺序也随着交换位置。

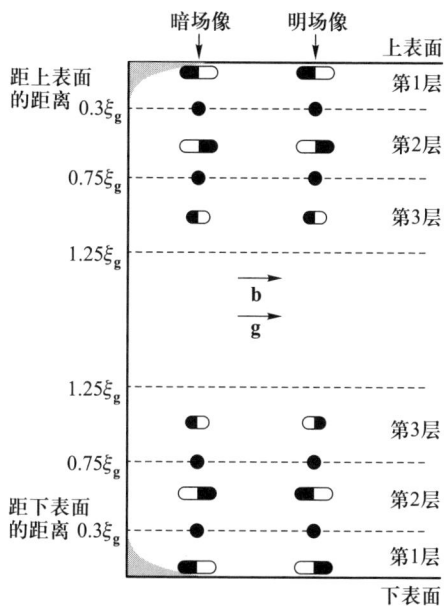

图 26.12 样品不同深度上较小位错环的黑白衬度变化。在样品的上下表面暗场像的衬度相同，而明场像中其衬度互补

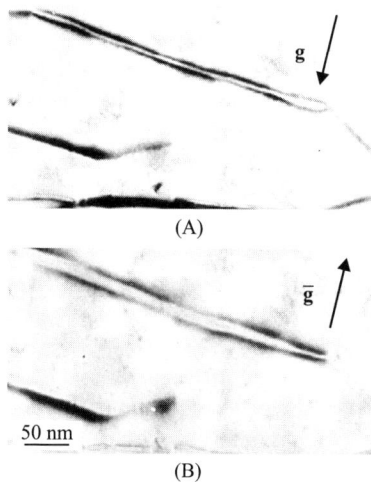

图 26.13 Cu 样品中位错偶极子像，改变 **g** 的符号呈现朝里朝外的衬度。(A)衬度朝里；(B)衬度朝外

26.7　位错对、位错阵列和位错结

注意，成像所激发的 **g** 矢量不仅可以平行于样品表面，因此可以把样品倾

转到合适的 **g** 矢量来观察堆垛层错。正如图 26.8A 中所示，这对与位错相关的堆垛层错是相当有用的；也可以得到位错的 **g · R** 衬度像。第 27 章将会对位错分解进行详细的讲解。假如回顾图 26.6 或图 26.8，读者可能会发现刚讲的这些内容对堆垛层错的观察非常有用。该图也展示出 n 对位错衬度的影响。

现在来分析面心立方金属中 (111) 面上的位错分解成两条肖特基不全位错。位错反应可写为

$$\frac{1}{2}\left[1\bar{1}0\right] = \frac{1}{6}\left[1\bar{2}1\right] + \frac{1}{6}\left[21\bar{1}\right] \text{ 在 (111) 面上} \qquad (26.13)$$

如果用 $(\bar{2}20)$ 对位错进行成像，则 **g · b** = 2；而若用 $(20\bar{2})$ 成像，则 **g · b** = 1。尽管不能观察到每个不全位错，但两幅图的衬度相差很大。

用高的加速电压来研究位错阵列的优点可从图 26.14 中看出；在研究位错时第 11 章中讲过的所有知识都适用。在样品表面能观察到厚度条纹，而在样品的中部这些条纹则完全消失——衬度变为常数。对于如此厚的样品，用立体显微镜对缺陷分布进行 3D 成像可能是有用的；在解释如图 26.15A 的衬度时设想一下其衬度值。在如图 26.15B 所示的高形变材料中各种缺陷可能扎堆在一块；当然，要解释这样的图像也必须知道所用的电压。理想情况下，制备样品使其有大片的足够薄的区域以减小图像的重叠。如果缺陷密度太大，弱束技术可能是观察位错壁的唯一方法（第 27 章），但是需要更薄的样品。

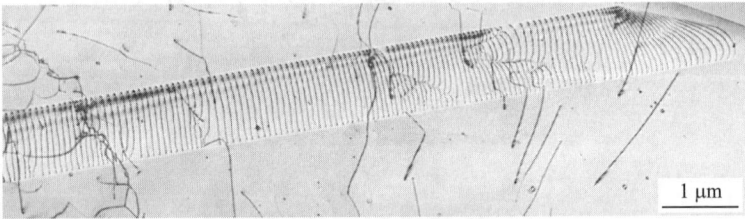

图 26.14　使用（非常）高的电压（3 MeV）的 TEM 得到的位错通过非常厚的样品时的像

计　算

$$\sin \theta_D/2 = \mathbf{b}/2t.$$

假如 **b** ~ 0.25 nm，t = 50 nm，$\sin \theta_D/2$ = 0.002 5，θ_D = 0.29°；比较布拉格角 $\sin \theta_B = (n\lambda/2d)$（0.003 7 nm/0.05 nm = 0.007 4）。θ_B = 0.42°。要注意在更薄样品中 θ_D 是如何增大的以及 θ_B（和 λ）是如何随加速电压的增大而减小的。

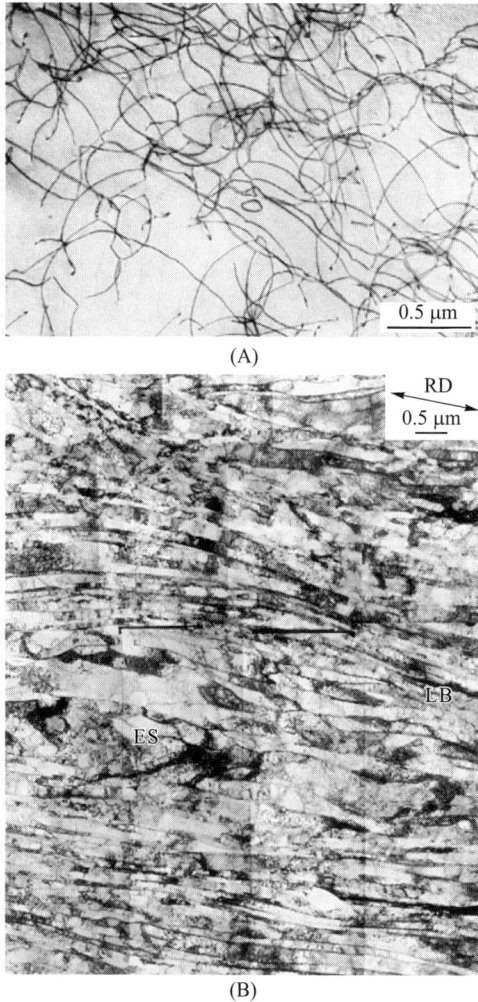

图 26.15 （A）在 Fe-35%Ni-20%Cr 合金中成堆的位错，在 700 ℃进行蠕变测试；位错经滑移、攀爬后已不在严格定义的晶面上。（B）经定向碾压严重形变后 Al 样品上的位错壁（200 keV 电子束，但是样品很厚）

26.8　表面效应

　　用于 TEM 的样品通常都很薄。位错应力场是长程的，但通常认为其截断半径~50 nm。但是，样品厚度可能仅有 50 nm 或更小，所以表面和位错的应力场之间应该会相互影响。

如果刃型位错平行于很薄的样品表面，则会使样品弯曲。虽然该效应并不明显，但弯曲的程度相对于布拉格角是足够大的，如图 26.16 中的示意图和例子。

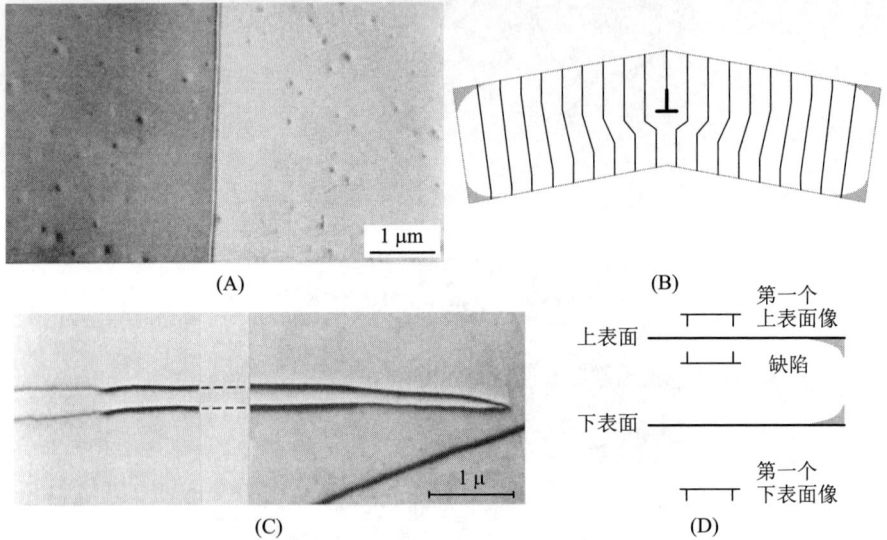

(A)   (B)

(C)   (D)

图 26.16 （A）位于平行于 SnSe 超薄样品表面单根刃型位错的明场像，由于位错的存在会使衍射面发生弯曲如图（B）所示，所以在缺陷两侧的基底上观察到不同强度的衬度。（C、D）如果位错发生分解，当位错接近表面时会受表面的作用而使其宽度减小。示意图（D）包含两个镜像位错是为了显示最近的表面的影响

类似的，如果位错发生分解，表面的亲和性会使位错宽度减小（如图 26.16C）。这种现象可以用图 26.16D 所示的"对位错作镜像"来模拟。要点在于要将这些位错镜像视为迫使不全位错相互靠近的力。的确，表面的亲和性不仅能改变缺陷衬度，还能改变缺陷结构。当位错相对于样品表面倾斜时也会发生类似的效应，并且可能产生分解的 V 形位错，这些将在第 27.8 节讲述。

当位错试图溢出样品表面但无法穿透表层（表层很可能是非晶层，与金属表面的氧化物薄膜的情况相似）时，位错和样品表面间会产生一种特殊的相互作用，如图 26.17 所示。

样品表面也可能存在位错，因为表层的结构与块材的不同。实际上，材料的表层很可能出现重构。如图 26.18 所示，非常干净的 Au 薄膜（111）表面要比薄膜的其他位置致密，这种失配会通过表面位错来调和。由于应力场已扩展到体内，所以才能观察到这些衬度。这些位错已经通过扫描隧道显微镜（STM）确认，同时 STM 还能给出更多表面结构的信息。但是，首先是通过 TEM 来观

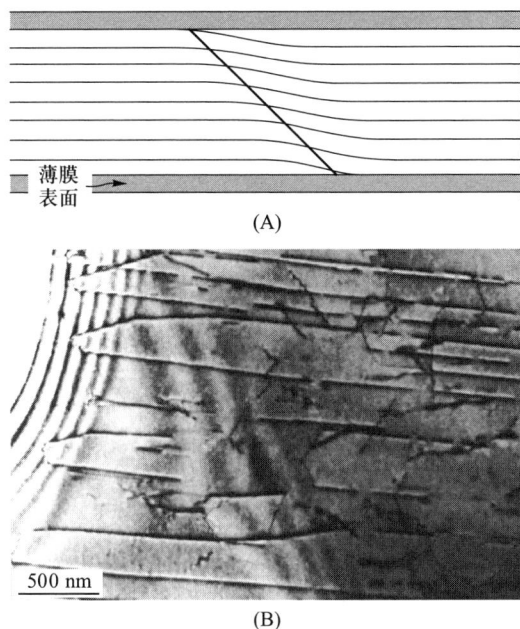

图 26.17 （A）被氧化物表面薄膜钉扎在样品表面位错的示意图。（B）NiO 样品上的薄膜（如金属膜）钉扎位错，这些膜可能是在减薄过程或减薄后引入的

察这些位错的。用 TEM 研究表面的难点在于样品表面很容易污染，除非在超高真空条件下进行。虽然在 STM 中也强调这点，但我们通常使用真空较差却能更快且方便更换样品的 TEM。

Au 样品上的位错

图 26.18 中的位错处于样品表面下一个原子面，但 $\mathbf{g} \cdot \mathbf{b}$ 判据仍成立。

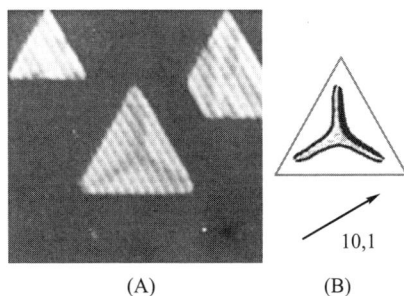

10,1

（A）　　　　（B）

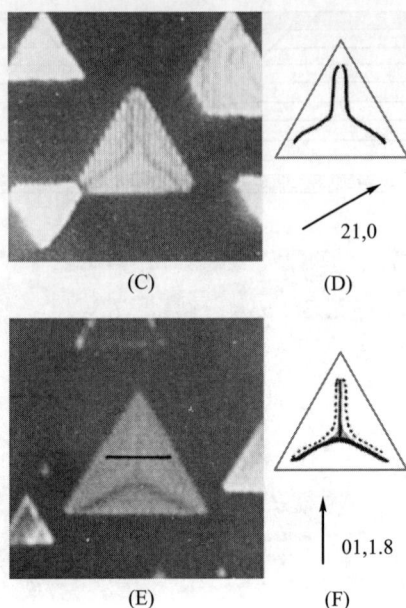

图 26.18　在 Au 孤岛(111)表面形成的位错网，由于表层发生弛豫，其晶格常数与体材料不同。在不同衍射条件下会观察到不同的位错。而刃型失配位错在三角形孤岛上会形成节点，呈现通常的 **g·b** 衬度。其中(A)、(C)和(E)为实验像，(B)、(D)和(F)为显示 **g** 和归纳衬度的示意图

从图 26.19A 可以看出，位错近乎平行于位错线方向，但仍能看到衬度，即使是螺位错也是如此。起初，这种衬度很令人费解，因为所有位错的 **g·b** 和 **g·b×u** 都为 0。然而，螺位错会在表面发生弛豫而出现扭曲，如图 26.19B 所示。所以正是扭曲的存在使得即使 **g·b**=0 仍能看到螺位错。

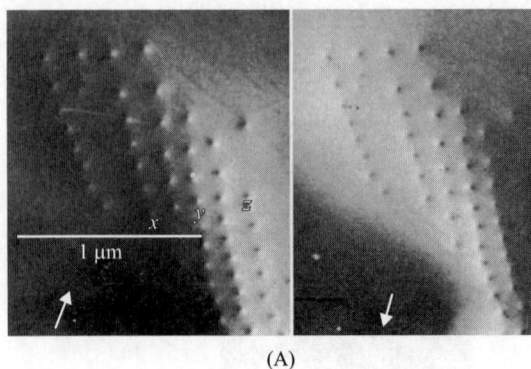

(A)

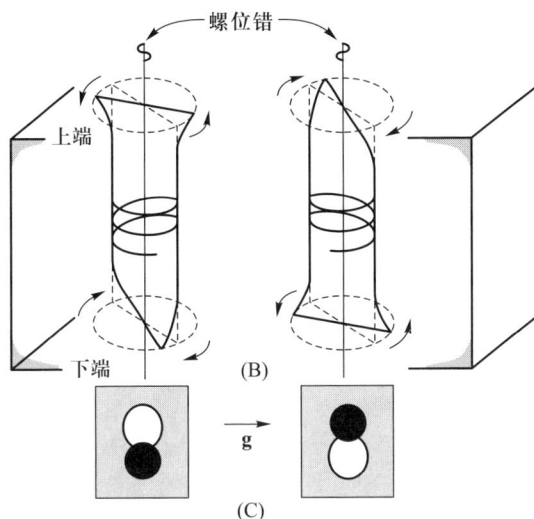

图 26.19 以 ±g 为端点的螺位错。其中(A)为 ±g 的两张像；(B)表面上的扭曲弛豫；(C) 所产生衬底的示意图。从(B)中可以看出在两个表面上各衍射面相对位错末端发生一定的同向旋转。(参见书后彩图)

26.9 位错和界面

在所有多晶材料中，界面都是十分重要的。在金属、半导体、基底上的薄膜中，位错与界面的相互作用是相当重要的。所以，接下来简要分析一下线缺陷和面缺陷相互作用时所表现出来的一些特征，如图 26.20 所示。这也是图像模拟必不可少的一个原因，这点将在第 26.12 节中讨论。晶界的位置是可以知道的，因为在晶界处可以观察到厚度条纹和晶界位错。注意，还可能有一些非本征的外来(晶格)位错进入晶界，这是很多学生经常遇到的问题。

假设样品中存在位错阵列，其对应的应力场之间相互叠加，使得每条位错线的应力场趋于减小，这就是界面上的晶界(GB)模型。

位错可存在于组分或结构的改变，或者组分和结构都改变的界面上，大致可分为：

■ 两晶粒之间由于晶格参数差异引起的失配位错。在第 26.8 节中提到的表面位错就是失配位错中特殊的一种。

■ 使晶向或晶相发生改变而引起的位错是形变位错。其典型例子就是在面心立方材料孪晶界上出现的 $\frac{1}{6}\langle 112 \rangle$ 位错(孪晶位错)。

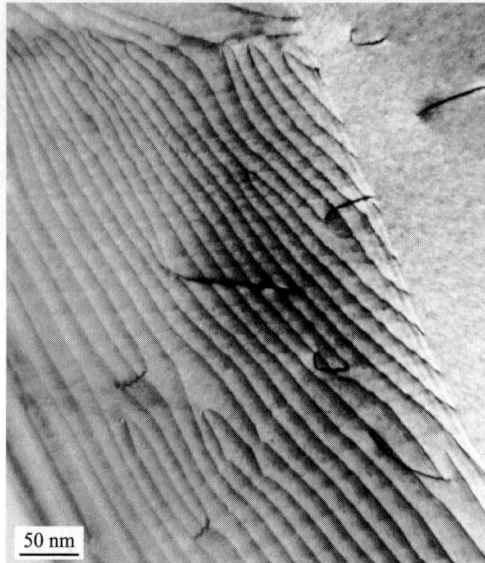

图 26.20 和晶界相互作用的位错。位错衬度的改变是因为跨过晶界时应变场也发生改变，并且晶界成为位错结构的一部分

分析界面位错图像的复杂性在于位错通常与界面台阶相关。图 26.21 给出了相关台阶的一些例子，比如，成堆的台阶（注意，两晶粒的 **s** 是不同的）。有时位错会诱导台阶的出现，例如在 $\frac{1}{6}\langle 112 \rangle$ 孪晶位错的情况。而在其他情况

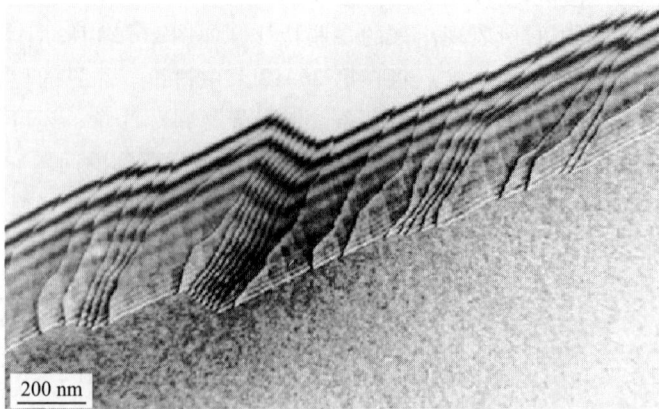

图 26.21 存在应变时，界面上台阶也会产生衍射衬度。在 Ge 样品中，台阶会使晶界处的厚度条纹发生偏移，所以台阶就更容易观察到。由于每个晶粒上的衍射条件不同导致晶界两侧的条纹宽度不同

下，很可能是存在台阶而没有位错。困难之处在于，经常会遇到同时出现这 3 种情况。我们也会使用第 27 章中讲到的弱束条件和第 28 章中的高分辨电子显微术来观察这些缺陷。

接下来先介绍图像，但还需注意衍射花样中同样包含这些信息，因此下面将把图像和衍射结合起来分析。

我们所感兴趣的情况经常是晶界以位错阵列的形式出现。通常晶粒都是无规则取向的，在第 24 章中我们提到过以下几种特殊情况：

■ 两晶粒可能具有接近共格的晶面，所以具有几乎共格但不同的 **g** 矢量。

■ 在小角晶界中，θ 很小，所以不同位错间的间距很大$(\sin\theta/2 = \mathbf{b}/2d)$。

在 fcc 材料中 $\sum = 3$ 的孪晶界是一个可以使用共格但不同 **g** 矢量的界面的例子。例如，其中一晶粒上的$(3\,\bar{3}\,\bar{3})$晶面与另一晶粒上的$(\bar{5}11)$晶面平行（由于两衍射面正好重合），并且对应的 **g** 矢量长度也相等，如图 26.22 所示。但该共格衍射面对应的 **g** 矢量很大，所以一般不用来成像。这种不同指数的晶面共格在其他的晶粒间界上也很常见。

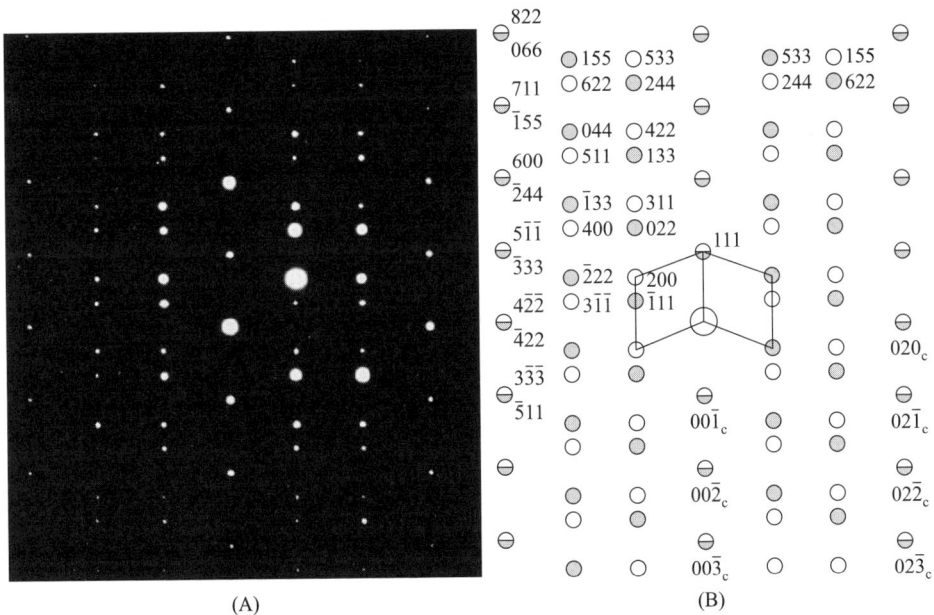

图 26.22　面心立方材料中的孪晶界上的衍射花样（A）及相应的指标化示意图（B）。注意虽然很多 **g** 矢量对都严格重叠在一起但其指标是完全不同的

在小角晶界中，通常假设两晶粒的衍射面共格。图 26.23 中的扭折晶界像就是用共格衍射面（即两个相近的衍射面）成像的（回头再看看图 17.7，思考衍

射花样会是什么样的）。我们要做的就是假设位错是相互独立的晶格缺陷；但实际上，两晶粒对应的 **g** 矢量会发生相对旋转。

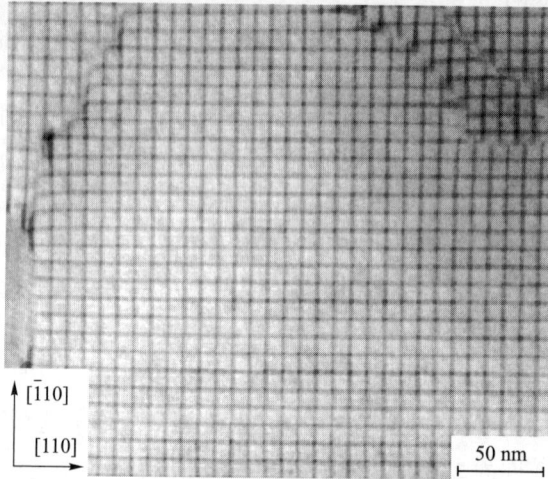

[110]

[110]

50 nm

图 26.23　Si 中几乎严格平行于样品表面的低角度（001）的扭折晶界。该衬度像是由两个（040）衍射面形成的明场像。虽然存在一定错向，但幅度很小，所以仍视为同一衍射

在薄膜研究中晶格失配是很重要的；通常位错的存在是为了调和失配。图 26.24 给出一个例子，这里尖晶石和 NiO 间出现位错；这两种材料都是 fcc 晶

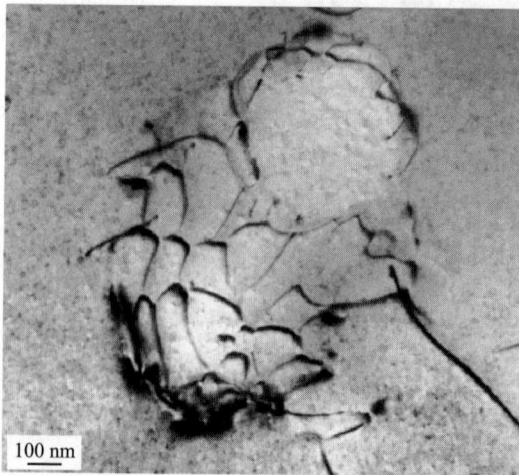

100 nm

图 26.24　在尖晶石粒子和 NiO 衬底间的界面上的不规则的失配位错阵列。从标尺可以看出这个晶格失配很小。虽然能观察到扭曲的六角位错阵列，但需要注意该界面其实是在样品内部弯曲的，所以看到的只是该结构的投影

体结构。虽然很容易就能看出晶格常数的改变，但也存在不太明显的弹性常数的改变。

用 TEM 还可以观察到其他变化：消光距离的差异。假如晶粒与电子束成一定夹角，则可能观察到与界面相关的厚度条纹。关于这点的工作不多，但是可以发现，很难用 $\mathbf{g} \cdot \mathbf{b}$ 判据来确定伯格斯矢量 $\mathbf{b}$，尤其是在失配度很大的时候。

GB 和 PB 的关系

PB 上的应力场与 GB 的应力场不同。

在半关联的界面上相变的发生通常伴有位错的移动。以上讨论过的所有情形成立；但界面上的位错有可能与台阶相关，有助于形变的发生，也就是界面发生了平移。然而，这些位错的衬度很难模拟，尤其是在衬底上生长的薄层新相，如图 26.25 所示沉积生长的情况。

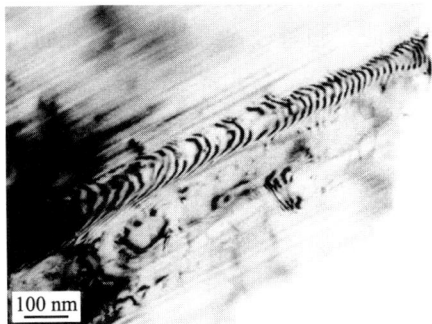

图 26.25 铁氧体衬底(立方尖晶石结构)和板状赤铁矿(伪六角氧化铝结构)间界面上的形变位错。这些位错是弯曲的，因为在加热减薄的样品时位错会发生滑移，这就是为什么称其为形变位错而非简单的失配位错的原因

界面上台阶的存在会引起厚度条纹的移动，所以难以说出该界面上是否存在位错。

下面归纳了研究界面位错应该注意的几点特征：

■ 如果晶粒取向不同，则两晶粒上位错引起的应力场也就不同；衍射衬度由这个应力场决定。

■ 如果两晶粒的化学组分不同，或者用不同的但等价的 $\mathbf{g}$ 矢量成像，则对应的消光距离将会不同，所产生的位错像也会受到影响。

　　注意，不要把莫尔条纹和位错弄混了（第 23 章中讨论过莫尔条纹）。指导原则是明暗条纹和莫尔条纹具有相同的间距，如果存在不确定性，应该用弱束成像（第 27 章），并且仔细检查衍射花样。

　　Humble 和 Forwood 通过计算机模拟界面处的位错发现，最好使用两晶粒共有的衍射面来成像，否则位错衬度很可能被界面厚度条纹所掩盖。

26.10　体缺陷和晶粒

　　如果缺陷很小，所成像的衬度很可能以应力场的衬度为主，也就是本节所要讨论的问题。注意，这些缺陷很可能具有不同的结构、晶格常数以及化学组分。衬底上沉积球状小粒子的理论在 40 年以前就已经提出，称为 Ashby-Brown 衬度理论。它能很好地解释相互关联的粒子的衬度，但只要出现界面位错，分析就会变得更加困难。

　　球状沉析物周围晶格应力的效应呈低强度的花瓣状，且在垂直于 **g** 矢量的方向上几乎没衬度，如图 26.26 所示。如果测量一下暗场像中沉析物的大小和明场像中应力场衬度花瓣状的大小，就能得出单个沉析物周围晶格应力场的大小，所以该方法是很有用的。测量过程需要一些特殊的实验条件，而且要对成像记录过程进行仔细标定。这是一个非常专门的研究，因此需要阅读原始的参考文献得到更多细节。如果沉析物非球状，对衬度的直观描述都是不可信的，必须进行计算机模拟。

　　图 26.26B 给出球状沉析物使晶格发生应变的形态。注意，在该例子中，所有晶面通过小粒子内部是连续的，也就是说晶面之间是粘连的，不存在失配位错。图中假设所有的应变都发生在基底上，但这只适用于软基底硬粒子的情况。模拟这种情况的位移场可表示为

当 $\mathbf{r} \leqslant \mathbf{r}_0$ 时，有

$$\mathbf{R} = C_\varepsilon \mathbf{r} \tag{26.14}$$

当 $\mathbf{r} \geqslant \mathbf{r}_0$ 时，有

$$\mathbf{R} = C_\varepsilon \frac{r_0^3}{r^3} \mathbf{r} \tag{26.15}$$

式中，C_ε 代表弹性常数，可写为

$$C_\varepsilon = \frac{3K\delta}{3K + 2E(1 + \nu)} \tag{26.16}$$

K 为沉析物的体变模量，E 和 ν 分别为基底的杨氏模量和泊松比。由于 **R** 总是径向对称的，所以在 Howie-Whelan 方程中 $\mathbf{g} \cdot \mathbf{R} = 0$ 时不会出现衬度。因此在垂直于 **g** 方向上存在"无衬度的线"。

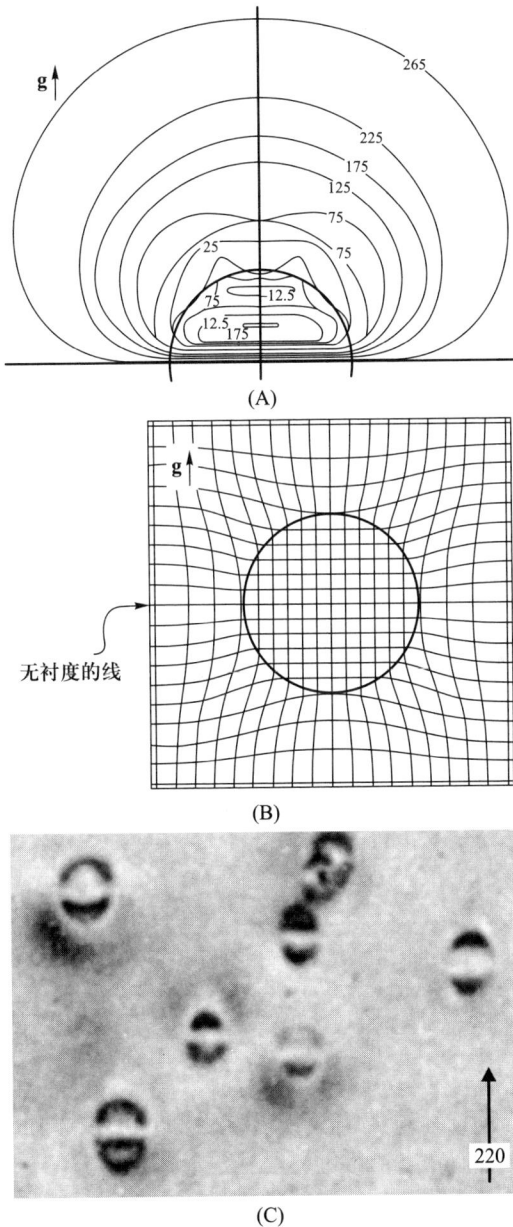

图 26.26　(A)如(B)图所示的颗粒的模拟像的强度图；注意无衬度的线对应于未被颗粒应变场畸变的区域。(C)Cu-Co 粘连粒子的实验像，从中可以看到应变衬度及预期的无衬度的线

应力场可以用 Ashby 和 Brown 给出的公式计算模拟出，如图 26.26A。图

26.26C 为 Cu-Co 合金中含少量 Co 沉析物的衬度像，从中可以看出小粒子堆积在一块形成蝴蝶状或咖啡豆状。由于计算机性能的不断提高，复杂粒子的衬度都可以计算模拟出来，还可以把统计结构涨落效应考虑进去。

26.11　图像模拟

在使用计算机模拟衬度前，理解应变场产生衍射衬度的起源是很重要的。很少有学生愿意手工计算像衬度，Howie-Whelan 公式可用于位错衬度的模拟，尤其是当位错间挨得很近时，该公式特别重要。在第 25.11～25.13 节中我们讨论过模拟衍衬像的主要方法。

虽然 Head 等的程序使用的算法能够快速计算像衬度，但做到这一点必须对缺陷的几何形状进行约束。为了模拟一般形状的缺陷，比如，螺位错某一端上的应变场或非平行位错的应变场，可以用 Tholen 矩阵算法。正如第 25 章讲到的 Howie-Basinski 方法把双束条件拓展到包括带轴的多束情况，并且提供了一种满足原子柱近似的方法。

底 片 问 题

要想对底片上的像与实际像进行量化比较，必须要对底片的非线性进行校正(参见第 30～31 章)。

26.11.1　缺陷形状

在选用最佳模拟算法时就要考虑缺陷的几何形状，计算图像存在的问题大致可分为以下三类：

■ 二维问题：包括最一般的几何形状，要对整个二维区域(x, y)进行积分。

■ 一维问题：仅与某一方向 x 或 y 相关，可用该方向上的投影图表示，比如平行于样品表面的位错问题。

■ GCS 常规截面问题：可以应用由 Head 等提出的广义横截面(GCS)方法的几何形状。位错或堆垛面相互平行，但和样品表面有一定的倾角的情形也属于这一类。

选用合适的方法能明显加快计算模拟速度，接下来会给出这一点。Head 等的程序能自动识别所模拟的情况属于哪一类，并自动选择合适的计算方法。

26.11.2　晶体缺陷和位移场的计算

Comis 程序能够模拟源于包含层错面和直的无限长位错组成的任意数量缺陷的振幅衬度。唯一需要做的就是定义伯格斯矢量、位错线方向以及相对位置。平面层错是由该面的法向量、位移矢量以及相对位置来定义的。此外，还需预先定义某一标准几何形状以便更容易对缺陷系统进行定义。

定义了缺陷形状之后，就需考虑要对多大的晶体区域进行模拟。在恰当地定义感兴趣区域后（例如倾斜位错或交叉位错），Comis 能选定这个区域并假定其为默认区域。但是，通常需要手动选中以 Å 为单位的图像区域，进而获得所需的放大倍数。

Comis 使用线性、各向异性弹性理论计算位错周围的位移场，模拟基于 Head 等的算法，所以在模拟过程中需要给定所计算的晶体的弹性常数。那么得到的位移场对应于未考虑表面弛豫的无限介质中直的、无限长的位错。在任何模拟过程中，还应该在晶体外引入镜像位错来考虑表面效应。

26.11.3　相关参数

图 26.27 为螺位错正交位错网的模拟像。根据各向异性弹性理论，Comis 软件包可以模拟一些相互作用型的位错的平衡组态，并在之后把得到的这些平衡组态直接引入图像模拟中。从式（26.5）可以看出，在进行模拟计算中，需要缺陷参数、样品以及衍射条件的所有参数：

- 样品厚度。
- 层错能。
- 吸收系数，通常取 $|U'_g| / |U_g| = 0.1$。
- 计算中使用的衍射束数目。
- 带轴和衍射矢量。
- 另外，还需要电子能量、弹性常数、样品表面法向量、伯格斯矢量及位错的分布方向。

电子束的方向通常取劳厄带的中心，得到以 $\mathbf{g}$ 和 $\mathbf{g}_z$ 来表示的坐标。其中 $\mathbf{g}_z$ 是倒易空间中某一给定的矢量，自动取为位于 ZOLZ 上并垂直于 $\mathbf{g}$ 方向。所以，假如把 ZOLZ 的中心取为（0，0），则样品的方向就为带轴的方向；假如把 ZOLZ 的中心取为（0.5，0），则 $\mathbf{g}_z$ 为 $\mathbf{g}/2$，例如，位于 $\mathbf{0}$ 和 $\mathbf{g}$ 衍射束的布拉格点上。假如把 ZOLZ 的中心取为（0.5，0.5），将会包含离轴的电子束。

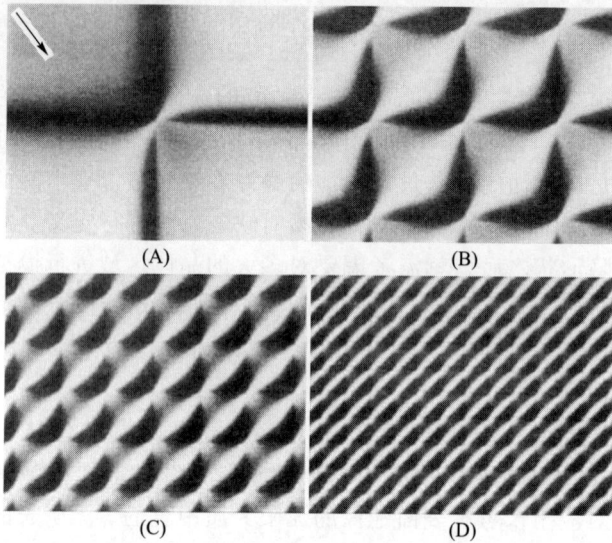

图 26.27　用 Comis 软件对螺位错形成的位错网进行双束明场像模拟，该位错网位于样品的中间，其厚度为 4 倍消光距离 ξ_g；两种位错类型均满足 $\mathbf{g} \cdot \mathbf{b} = 1$。位错间隔为 ∞（A）、$1\xi_g$（B）、$0.5\xi_g$（C）和 $0.25\xi_g$（D）

章 节 总 结

　　本章的中心思想是应变场使原子偏离完整晶体的位置。重点放在位错上是因为刃型位错能直观地给出应变怎样产生衬度，且位错结构可以用二维投影来理解。本章可归纳为以下几点：

■ 原子柱近似又有新的特征，位移场会使原子偏离原子柱，同时又将其他原子引入原子柱；

■ $\mathbf{g} \cdot \mathbf{b}$ 分析位错的原理是：其衬度由 $\mathbf{g} \cdot \mathbf{R}(\mathbf{r})$ 决定，且 $\mathbf{R}(\mathbf{r})$ 与 $\mathbf{b}$ 呈线性关系。对于螺位错，$\mathbf{R}(\mathbf{r})$ 直接正比于 $\mathbf{b}$；对于刃型位错，衬度还受 $\mathbf{g} \cdot \mathbf{b} \times \mathbf{u}$ 分量的影响，该分量是由位错滑移面的弯曲引起的。

■ 位错像通常是不对称，其衬度由 $(\mathbf{g} \cdot \mathbf{b})s$ 的符号决定。

■ 在实际操作中，s 通常取为大于 0。缺陷的畸变效应会使近衍射面弯向布拉格衍射条件而出现很强的衍射衬度。当 $s>0$ 时其像的细节比 $s=0$ 时的更加局域。

　　还有很多和本章所讲的紧密相关的其他问题。比如，本章没有讨论与裂缝相关的应变衬度以及样品卷曲引起的衬度。虽然这些是非常专业的情形，但它们毫无疑问地显示出应用 TEM 研究衍衬的拓展。

参考文献

Hirsch 等的书概述了剑桥研究小组早期的工作，包括式(26.10)的推导。

位错和界面的背景资料

Amelinckx，S 1964 *The Direct Observation of Dislocations*，Academic Press New York. 一个影响深远的早期 TEM 研究的精彩总结，图 26.16 的来源。

Amelinckx，S 1979 in *Dislocations in Solids* 2，(Ed. FRN Nabarro)，North-Holland New York. 如果你对位错感兴趣，这里有很多卷。

Eshelby，JD，ReadWT and ShockleyW1953 *Anisotropic Elasticity with Applications to Dislocation Theory* Acta Metall. 1，251-9. 一篇关于各向异性弹性理论的早期文章(被 Comis 使用)。

Hirth，JP and Lothe，J 1982 *Theory of Dislocations*，2nd Ed.，JohnWiley & Sons New York. 权威的教科书，但不适合初学者。式(26.8)的来源，滑移面曲皱等。不是 TEM 书。

Hull，D. and Bacon，DJ 2001 *Introduction to Dislocations*，4th Ed.，Pergamon Press New York. 一本优秀的介绍性参考书。

Matthews，JW，Ed. 1975 *Epitaxial Growth*，Parts A and B，Academic Press New York. 领域内的专家，不幸的是标题语法糟糕。

Nabarro，FRN 1987 *Theory of Dislocations*，Dover Publications New York.

Porter，DA and Easterling，KE 1992 *Phase Transformations in Metals and Alloys*，2nd Ed.，Chapman and Hall New York.

Smallman，RE 1985 *Modern Physical Metallurgy*，4th Ed.，Butterworth-Heinemann Boston.

Steeds，JW 1973 *Anisotropic Elastic Theory of Dislocations*，Clarendon Press Oxford，UK. 易读性高：由显微学家编写，另见 Eshelby 等。

Sutton，AP and Balluffi，RW1995 *Interfaces in Crystalline Materials*，Oxford University Press New York.

Wolf，D and Yip，S，Eds. 1992 *Materials Interfaces*，*Atomic-level Structure and Properties*. Chapman and Hall New York. 综述文献集。

像模拟部分

Head，AK，Humble P，Clarebrough LM，Morton AJ and Forwood，CT 1973 *Computed Electron Micro-graphs and Defect Identification* North-Holland New

York.

Morton，AJ and Forwood CT 1973 *Equilibria of Extended Dislocations* Cryst. Lattice Defects 4 165–177. 相互作用型位错阵列的 TEM（第 26.11.3 节）。

Humble，P and Forwood，CT 1975 *Identification of Grain Boundary Dislocations* I *and* II Phil. Mag. 31，1011–23 and 1025–48. 界面图像模拟。

Rasmussen，DR and Carter，CB 1991 *A Computer Program for Many-Beam Image Simulation of Amplitude-Contrast Images* J. Electron Microsc. Techniques 18，429. Comis 的描述，一个优秀的程序，随着操作系统的进步而消亡。

Tholen，AR 1970a *Rapid Method for Obtaining Electron Microscope Contrast Maps of Various Lattice Defects* Phil. Mag. 22 175–182. 用于复杂几何的矩阵算法。

Thölén，AR 1970b *On the Ambiguity between Moire' Fringes and the Electron Diffraction Contrast from Closely Spaced dislocations* Phys. stat. sol.（*a*）2 537–550. 此算法应用于正交位错网络（第 26.11.3 节）。

Tholen，AR and Taftø，J 1993 *Periodic Buckling of the Lattice Planes in the Thin Regions of Wedge-Shaped Crystals* Ultramicrosc. 48 27–35. 曲皱样品的 TEM：具有挑战性的练习。

衬度理论

Amelinckx，S 1992 in *Electron Microscopy in Materials Science*，（Eds PG Merli and MV Antisari），World Scientific River Edge NJ. 包含表面弛豫位错应变场的讨论。

Amelinckx，S and Van Dyck，D 1992 in *Electron Diffraction Techniques* 2（Ed. J. M. Cowley），p. 1，Oxford University Press New York.

Ashby，MF and Brown，LM 1963 *Diffraction Contrast fromSpherically Symmetrical Coherency Strain* Phil. Mag. 8 1083–1103 and *On Diffraction Contrast from Inclusions* Phil. Mag. 8 1649–1676. Ashby-Brown 衬度。

de Graef，M and Clarke，DR 1993 *Strain Contrast at Crack Tips for in-situ Transmission Electron Microscopy Straining Experiments* Ultramicrosc. 49，354–365. 裂纹相关的 TEM：具有挑战性的练习。

Goringe，MJ 1975 in *Electron Microscopy in Materials Science*（Eds. U Valdre and E Ruedl），p. 555，Commission of the European Communities Luxembourg. 式（26.10）的进一步讨论，以及更多相关信息。

Hirsch，PB，Howie，A and Whelan，MJ 1960 *Kinematical Theory of Diffraction Contrast of Electron Transmission Microscope Images of Dislocations and Other Defects* Phil Trans Roy Soc. **A252** 499–529. 应该阅读的早期文章，包括原子

柱近似的更多讨论。

The original series of papers by H Hashimoto, PB Hirsch, A Howie, MJ Whelan in Proc. Roy. Soc. London **A 252** 499（1960），**263** 217（1960），**267** 206（1962），and **268** 80（1962）are strongly recommended.

非原子柱近似的讨论

Howie, Aand Basinski ZS 1968 *Approximations of the Dynamical Theory of Diffraction Contrast* Phil. Mag. 17 1039–1063.

Howie, A and Sworn H 1970 *Column Approximation Effects in High Resolution Electron Microscopy using Weak Diffracted Beams* Phil. Mag. 31 861–864.

实例

Hughes, DA and Hansen, N 1995 *High Angle Boundaries and Orientation Distributions at Large Strains* Scripta Met. Mater. 33 315–321. 特别清楚地说明了大样本区域的价值。

Karth, S, Krumhansl, JA, Sethna, JP and Wickham, LK 1995 *Disorder-Driven Pretransitional Tweed Pattern in Martensitic Transformations* Phys. Rev. B 52 803–822. 在图像衬度方面统计结构涨落效应的早期工作（第 26.10 节）。

Takayanagi, K, Tanishiro, Y, Yagi, K, Kobayashi, K and Honjo, G 1988 UHV-TEM Study on the *Reconstructed Surface of Au*（111）: *Metastable p″×p″ and Stable p×1 Surface Structure* Surf. Sci. 205 637–651. 在被 STM 发现之前他们通过 TEM 显示出表面位错。

Tunstall, WJ, Hirsch, PB and Steeds, JW 1964 *Effects of Surface Stress Relaxation on Electron Microscope Images of Dislocations Normal to Thin Metal Foils* Phil. Mag. 9 99–119. 展现螺旋位错与表面相交的经典文章。

Wilkens, M1978 in Diffraction and Imaging *Techniques in Materials Science*, 2nd Ed. (Eds S Amelinckx, R Gevers and J Van Landuyt) p. 185 North-Holland New York. 蝴蝶状、菱形和咖啡豆状的详细分析［图（26.12）］。

姊妹篇

TEMACI 和 Cufours 程序可用于模拟缺陷衬度，其中 TEMACI 适合模拟小缺陷。

自测题

Q26.1 解释位错附近衬度改变的物理原因。

Q26.2　课外作业是对缺陷产生的衬度进行计算机模拟。在作业中引入一个 1 nm 尺度的假想样品。此时原子柱近似还有效吗?

Q26.3　样品中看不到螺位错,这是否意味着 $\mathbf{g} \cdot \mathbf{R} = 0$?

Q26.4　对于 $\mathbf{g} \cdot \mathbf{b} = 0$ 的刃型位错,为什么还存在很强的衬度?

Q26.5　位错像是否正好位于该位错的投影位置上?

Q26.6　位错芯的衬度是否是由 $\mathbf{g}$ 衍射面引起?

Q26.7　像上 $1\ \mu m$ 的区域是否是由缺陷的应力场引起?

Q26.8　不同区域上厚度条纹出现突变台阶,这可能是由什么引起的?

Q26.9　怎样才能"看到"位错,并且这里为什么要用引号?

Q26.10　需要用那些参数来描述位错?

Q26.11　怎样才能确定位错的伯格斯矢量?

Q26.12　如何确定位错节和位错网的伯格斯矢量?

Q26.13　研究小的位错环的复杂性在哪?

Q26.14　位错偶极子为什么会出现"内外"的差异?

Q26.15　当 $\mathbf{g}$ 反向时 $\mathbf{g} \cdot \mathbf{b}$ 的位错衬度怎样改变?

Q26.16　较高的加速电压对位错观察有什么帮助?

Q26.17　较低的加速电压对位错观察有什么帮助?

Q26.18　给出表面影响位错像的两种方式。

Q26.19　为什么经常用 $\mathbf{g} \cdot \mathbf{b}$ 而非 $\mathbf{g} \cdot \mathbf{R}$?

Q26.20　$\mathbf{g} \cdot \mathbf{b} \times \mathbf{u}$ 和 $\mathbf{g} \cdot \mathbf{R}$ 有什么关系?

章节具体问题

T26.1　读图 26.1A,位错像(B 处峰)的宽度应该为多宽,不做位移场计算,仅给出思路。

T26.2　读图 26.3 为什么总是希望 $\mathbf{b}$ 位于晶面内?(至少给出三个有根据的原因。)

T26.3　从图 26.5 可以看出保持 $\mathbf{g} \cdot \mathbf{b}$ 不变而改变 s 的方向,位错会在位错芯的另一侧出现,用 Howie-Whelan 公式解释一下该结论。

T26.4　式(26.12)的物理依据是什么,换成 $\mathbf{R}$ 会有什么不同?

T26.5　读图 26.6A,对所有可见的位错,给出一套自洽的 $\mathbf{b}$ 矢量。

T26.6　读图 26.6C,查阅相关资料,解释位错像分离的变化。

T26.7　读图 26.6G、H,解释为什么在两个 $\mathbf{g}$ 矢量下所有的位错都可见。

T26.8　读图 26.8,对这 4 幅图给出一套自洽的 $\mathbf{g}$ 矢量。

T26.9　读图 26.10,为什么位错环的条纹衬度进入另一个方向?给出可

能的 **g** 并在图中画出来。

    T26.10   读图 26.11，解释为什么 $\mathbf{g} \cdot \mathbf{b} \times \mathbf{u}$ 可以位于位错环所在的面上，图中的衬度该如何描述？

    T26.11   读图 26.16A 和 B，估计样品弯曲的角度。

    T26.12   如果 $\mathbf{g} \cdot \mathbf{b} < 0.3$ 的位错和 $\mathbf{g} \cdot \mathbf{b} = 0$ 的位错无法区分，那么如何增加平行于样品表面的位错的信息？

第 27 章
弱束暗场显微术

章 节 预 览

　　术语"弱束显微术"指的是在明场或者暗场下形成衍射衬度像，明场像和暗场像的有用信息通过弱激发电子束来传递。与明场像相比，暗场技术的应用更广，部分原因是它能利用相当简单的物理模型来理解。它也能给出更好的衬度，在暗灰色背底中能看到亮线。本章仅关注暗场技术。弱束暗场（WBDF，通常简写为 WB）方法历来都是非常重要的，因为在某些特定的衍射条件下位错成像为约 1.5 nm 宽的窄线。同样重要的是这些线的位置与位错芯可以很好地吻合；它们对样品厚度和样品中的位错位置也都相对不是很敏感。该技术尤其适合于研究不全位错，因为不全位错间的间隔仅为 4 nm，而该间隔极大地影响了材料的性能。

　　首先选择一特定的 $\mathbf{g}$，并使其位于光轴上，就像形成常规的轴向暗场像。然后倾斜样品使 s_g 强激发，并用 $\mathbf{g}$ 衍射束成暗场像。如果存在缺陷，那么衍射面会局部弯曲到布拉格衍射的方向，从而在 DF 像中给出更高的强度。问题是随着 s_g 的增加，平均强度以 $1/s^2$ 关系减小；在衍射花样中，该衍射束为一弱束，正如其名"弱束暗场像"。当 s_g 很大时，g 和直射束之间的耦合变小，且衍射束被认为是"运动学衍射"。所以，本章中讨论的是"运动学近似"。

■ 有时候将会看到 $g(3g)$ WB 条件的参考值。注意！衍射束有时不需要这么弱；有时却还又不够弱。

■ 事实上，s 很大并不重要；重要的是 ξ_{eff} 要小。

与前几章不同的是本章主要涉及一种特殊的成像技术，而不是一种概念或理论。只有当样品含有缺陷，对样品中的缺陷或样品厚度的微小变化感兴趣时，WBDF 才真正有用。因此，如果不对晶格缺陷进行显微学研究，就可以跳过这一章。如果对缺陷感兴趣，将会发现这一章真正包含的远不止 WB 显微术的内容。例如，将会用到源于衍射束的一些概念以及通过菊池花样仔细设置偏离参量 s_g。在第 27.9 节中，将讨论关于弱束暗场像显微术及相关图像解释的透射电子显微镜（TEM）设计方法的新进展。

27.1　WBDF 像中的强度

在第 13 章中给出了在双束条件下完整晶体中衍射束 g 的强度，可写为

$$| \phi_g |^2 = \left(\frac{\pi t}{\xi_g} \right)^2 \cdot \frac{\sin^2(\pi t s_{eff})}{(\pi t s_{eff})^2} \tag{27.1}$$

记住在推导该表达式时，假设仅有两电子束 O 和 G 是激发的。在第 27.9 节中将考虑出现多束时导致的复杂性。在式（27.1）中的重要变量是厚度 t 和有效偏离参量 s_{eff}，后者由式（13.47）给出

$$s_{eff} = \sqrt{s^2 + \frac{1}{\xi_g^2}} \tag{27.2}$$

在 WB 技术中增加 s 到大约 0.2 nm^{-1} 以增加 s_{eff}（在大多数关于 WB 的文章中可以看到该值为 $2×10^{-2}$ $Å^{-1}$，记住 50 Å 是 5 nm）。s 值越大意味着 s_{eff} 和强度 I_g 越与 ξ_g 无关，除了含 t 的一个比例因子［式（27.1）中的前因子］。s 的实际值可通过仔细设置含 g 衍射束的菊池线来得到。可通过计算一定范围的 s 值来更好地理解该效应。记住在做这种计算时必须指定 g 和高压，正如在第 13 章中所看到的，ξ_g 随电子能量和用于形成 WB 像的反射而变化，如式（13.47）所示

$$\xi_{eff} = \frac{\xi_g}{\sqrt{w^2 + 1}} \tag{27.3}$$

实际问题：随着 s_{eff} 的增加，式（27.1）表明电子束 G 的强度急剧降低，以致在

CCD 或照相底片上记录图像的曝光时间也会急剧增加，而在过去这制约着该技术的应用。尽管制造商可以保证新仪器的漂移率不超过 0.5 nm/min，但在许多旧的仪器中通常为该值的 6 倍。在早期 WB 研究中，通过使用具有快速感光乳剂的照相底片或改善照相冲洗条件可部分克服该问题。然而，在这两种情况中，照相感光乳胶颗粒将会不断增加。漂移问题原则上可以通过用录像系统记录图像并从录像中截图的方法来克服。尤其是在能考虑任何漂移时，可以通过帧平均来减少噪声。导致漂移的原因(样品和热效应)以及它们的校正或最小化在第 8 章中已讨论过，但值得注意的是物镜水温的变化是引起漂移的主要原因。尽管 WBDF 像的分辨率目标仅是 0.5 nm 而非高分辨透射电子显微镜(HRTEM)中的 0.2 nm，但 WBDF 的曝光时间通常是 HRTEM 的 10 倍，因而漂移的影响就变得更加明显。

关于式(27.2)

如果 $s \gg \xi_g^{-2}$，那么 $s \approx s_{eff}$，因此式(27.2)简化成所谓的运动学方程；运动学方程不能应用于 **s** 很小的情形，除非厚度 t 也很小。

27.2 利用菊池花样设置 s_g

因为 WB 像中的衬度依赖于 $\mathbf{s_g}$ 值，所以需要一种确定 $\mathbf{s_g}$ 的方法。通过 **g** 的系列反射点画一条线并使 Ewald 球切该直线于 $n\mathbf{g}$，其中 n 为非整数，如图 27.1 所示。如何确定 n 值的大小？当然这是不可能的，因为观察方向近似垂

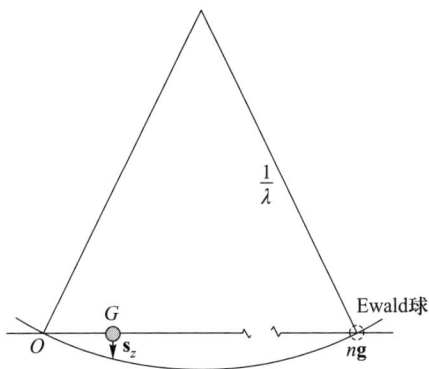

图 27.1 Ewald 球给出了用于获得弱束像的衍射条件。球面切系列反射点于 $n\mathbf{g}$，其中 n 不一定为整数

直于零阶劳厄区(ZOLZ)。除了在特殊的情况下，否则无法仅通过观察衍射点的强度来判定 n 值。

该问题可通过观察菊池花样来解决，如图 27.2 所示。当 **g** 严格处于布拉格条件时，**g** 菊池线通过 **g** 反射；当 3**g** 严格满足时，3**g** 菊池线通过 3**g** 反射。在图 27.2 中，可以推测 n 约为 3.2，但并没有 3.2**g** 菊池线；因而不得不从 3**g** 菊池线的位置推断出 n 值。记住(根据第 19 章)当 3**g** 菊池线通过 **g** 系列反射点上的 3.5**g** 时，4**g** 菊池线和 Ewald 球通过 4**g** 反射，如图 27.3 所示。因此，当 Ewald 球通过 3.2**g** 时，3**g** 菊池线将通过 3.1**g**；该简单的几何结果可表示为

$$n = 2m - N \qquad (27.4)$$

式中，$N\mathbf{g}$ 对应于接近 $n\mathbf{g}$ 的菊池线(N 为整数)；$m\mathbf{g}$ 为所测量的菊池线位置。在以上的例子中，选择 N 为 3，如果 m 为 3.1，则 n 为 3.2；如果选择 N 为 4，那么 m 为 3.6(因为测量的是 4**g** 菊池线位置)，n 仍然为 3.2。确定 n 后，需要估算出 **s**。可利用表达式

$$\mathbf{s} = \frac{1}{2}(n-1)\,|\,\mathbf{g}\,|^2\lambda \qquad (27.5)$$

从图 27.4 中利用相交弦定理($ab=cd$)就能推导出该表达式，实际上 $1/\lambda$ 远大于 **s**。

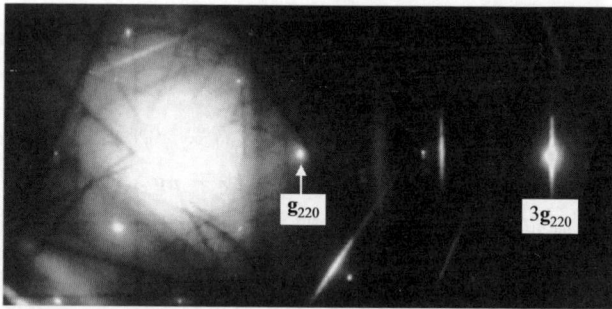

图 27.2　当样品倾转到 WB 显微术所要求的合适取向时得到的衍射花样。此处 **g** 为 220 反射，且 3**g** 很强

从该表达式很快就能得到一些重要的结果：
- 设置 $n=-1$ 能给出与 $n=3$ 相同的 **s** 值，但符号相反。
- **s** 的大小与 $|\,\mathbf{g}\,|$ 和 λ 相关，且更依赖于 $|\,\mathbf{g}\,|$。
- 材料的特性通过 **g** 引入，而显微镜通过 λ 影响 **s**。

此处推荐使用电子表格(spreadsheet：Google's version of excel)计算不同 **g** 或 λ 对应的 **s** 值。表 27.1 给出了 Cu 和 Si 的 **s** 值。

作为练习，可以利用式(27.2)和式(27.5)计算 100 kV 下 Cu 的 220 反射

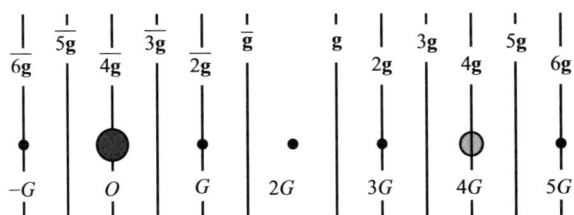

图 27.3 当 **4g** 被激发时，系列反射点的菊池线位置的示意图

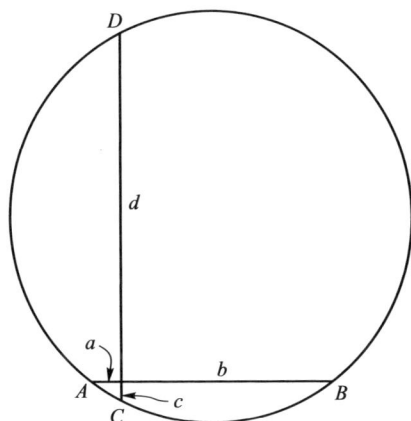

图 27.4 用于导出 s_g 值的相交弦结构：d 近似为 $2/\lambda$，c 为 s，a 为 $|\mathbf{g}|$，b 为 $(n-1)|\mathbf{g}|$

$3\mathbf{g} = 42$ nm 时的 s_{eff}。然后可以看到 s_{eff} 变得与 $\xi_{\mathbf{g}}$ 无关。接下来可以用不同的 λ 值或其他反射和材料来重复此练习。

表 27.1 不同电压对应的 **s** 值 　　　　　　　　　　　　　单位：nm^{-1}

Si n_{Si}	Cu n_{Cu}	加速电压/kV			
		100	200	300	400
4.9	2.8	0.20	0.14	0.11	0.09
6.9	3.6	0.30	0.20	0.16	0.13
8.5	4.3	0.38	0.25	0.20	0.17
9.9	4.9	0.44	0.30	0.24	0.20

注：对于 Cu，$a = 0.360\,7$ nm；对于 Si，$a = 0.534$ nm，n 值的精度在 0.1 以上。两者计算的是 $\mathbf{g} = 220$ 方向。

需要记住的是以上的讨论并不要求有特定的 **s** 值，但对于 WB 像经常会碰到 **s**，**s** 值必须 ≥ 0.2 nm⁻¹。当定量研究缺陷时，推荐使用此 **s** 值，因为计算机模拟表明图像位置与缺陷位置直接相关。小的 **s** 值往往会给出包含所要信息的 WB 像，能更容易地观察和记录。

27.3　如何操作 WBDF

WB 像的特性限制了样品的最大厚度，因为这种图像的清晰度随着厚度的增加而减弱（由于非弹性散射相应地增加）。样品取向可通过衍射花样中观察到的菊池线（第 19 章）来精确设置，但样品太薄时无法观察到菊池线。因此，样品厚度必须大于某一最小值。如果观察到的某些缺陷（尤其是位错带和位错节）能被解释为块体特征而不是受样品表面的影响，那么这也要求样品不能太薄。通过选择需详细研究的缺陷，一般都可以满足这些要求，在 Cu 及其合金中，缺陷应位于约 70 nm 厚的区域。

由于 WB 像的强度非常低，采用 Kodak SO-163 底片所需的曝光时间一般在 4~30 s 之间。限制曝光时间的主要因素是样品台固有的不稳定性。为了缩短曝光时间，通常使用强会聚（或发散）的入射束，这与简单理论中内含的假设相反。这种会聚的效应是图像强度和位置的振荡，该效应源于深度和厚度参数的变化。

逐步设定 WB

将逐步讨论如何设定 **g**(3.1**g**)衍射条件，因为这在实践中应用非常广泛。实际上，通常认为是"**g**(3**g**)随 s_{3g} 为正"，因为通过估算 m 来推测 n 值。该条件确保不满足 3**g** 反射，同时也能利用 s_g 为很小正值的明场 **0**(**g**)像来确定缺陷的位置和聚焦图像。

设置 WB 衍射条件的前两步如图 27.5 所示，将在 Ewald 球模型中的发生的变化与在菊池线中看到的变化联系起来。

■ 在明场中倾转样品激发 **g**，要求 s_g 略大于 0。确保没有其他反射被激发（见图 27.5A、B）。

■ 利用暗场束偏转线圈使反射 **g** 位于光轴上。由于 **g** 强度很弱，使用双目显微镜操作会比较方便；在使用高分辨荧光屏之前应欠焦电子束。

■ 插入物镜光阑。在明场下，检查光阑是否居中，然后转换到暗场并保证衍射点 G 在光阑中心。

■ 看着 G 位于中心的衍射花样，精确调整实验条件。

转到像模式；此时得到所需要的 **g**(3.1**g**) 条件的 WB 像（参看图 27.5C、D）。

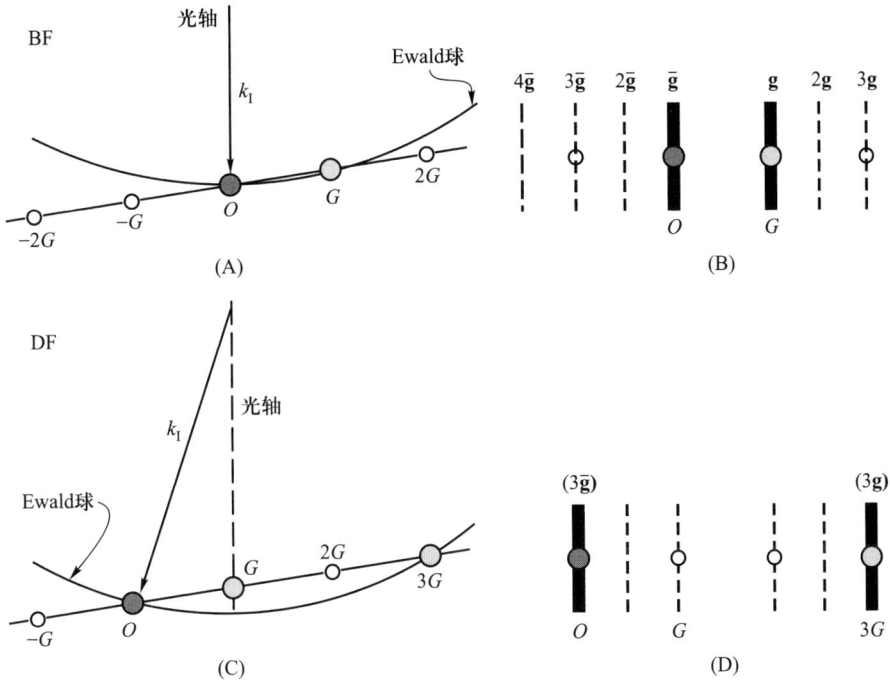

图 27.5 Ewald 球取向与 **0**(**g**)（A、B）和 **g**(3**g**)（C、D）衍射条件的菊池线位置之间的关系。两组图通过倾斜电子束关联起来；不倾斜样品，则菊池线位置保持不动。（参见书后彩图）

因为插入了一个小的物镜光阑，所以此时应该检查物镜像散。使用小物镜光阑以减小非弹性散射，但需要记住该光阑也会限制分辨率。如果聚焦电子束，则可能改变电子束位置，但也有可能改变像散！在暗场模式下移开物镜光阑并确保没有其他强激发的衍射束。然后从第 3 步开始重复此过程（插入物镜光阑）。

在精细聚焦像以后，一起记录像和对应的选区电子衍射（SADP）花样。

如果不确定为什么要设置成 **g**(3.1**g**) 的衍射条件，回到前面的第 19 章并画出系列反射点和对应的菊池线。然后在保持晶体以及菊池线不动的前提下移动衍射点，就能得到所需的 **g**(**ḡ**) 衍射条件。这是 Cockayne 等（1969）建议的最原始方法；它确实给出了与 **g**(3.1**g**) 条件相同的 **s** 值，但是带间散射过程不同，并且从 BF 切换到 WBDF 也不是很方便。然而，当需要采用较大 n 值的 **g**(n**g**) 衍射条件时，会发现对该条件适当变动很有用。

用 CDF 做 WB

注意这里是在用中心暗场（CDF）成像技术——并不是在比较 BF 和 DF 图像的衬度。

如果对电荷耦合器件（CCD）照相机的使用非常熟悉，弱束成像技术将变得更加容易。只要能观察到图像是否因样品漂移而移动，就能节约不少底片。正如之前所提到的，可以使用帧平均来降低噪声。然而，录像系统的额外放大会限制视野的大小，所以对大部分图像仍然优先考虑使用底片，但随着更高分辨率 CCD 相机的出现，这个现实正在改变。通常在图像板上放大 30 k 倍是个较好的选择；如果没有录像系统，可以利用双目显微镜在 50 k～60 k 倍下聚焦。

27.4 应力场成像

弱束像中的厚度条纹与强束像中的相同，但其有效消光距离 ξ_{eff} 要小得多。从式（27.1）可以看出强度的最小值出现在厚度为 $N(s_{\text{eff}}^{-1})$ 时，而最大值在 $(N+1/2)N(s_{\text{eff}}^{-1})$ 时。对于 $s=0.2\ \text{nm}^{-1}$ 的有效消光距离为 5 nm；该值对精确的 s 值相当敏感，所以如果样品发生弯曲，则条纹会发生变化。利用 WB 像可以形成样品非常详细的条纹分布图，但必须记住上下表面都有可能与电子束倾斜，如图 27.6 所示。

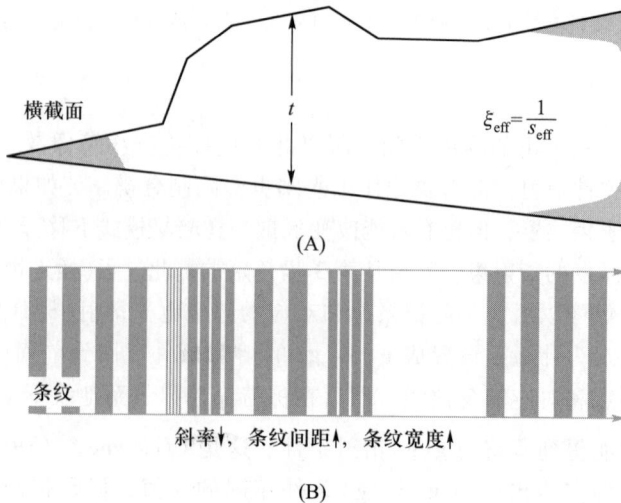

横截面

$$\xi_{\text{eff}}=\frac{1}{s_{\text{eff}}}$$

t

(A)

条纹

斜率↓，条纹间距↑，条纹宽度↑

(B)

图 27.6 （A）在 WB 成像中，厚度周期取决于有效消光距离 ξ_{eff}。（B）相应的条纹间隔变化

图 27.7 为厚度效应。这些图像是在 $s = 0.2 \text{ nm}^{-1}$ 时记录的。MgO 样品经过热处理获得两表面均为原子尺度的平滑的大块样品区域。在加热前，样品经过酸腐蚀后会产生图像中所看到的孔（因为在暗场下，所以是黑色的），在一些凹坑的地方能看到缺陷引起的腐蚀斑点。在样品上可以看见弯弯曲曲穿过表面的倾斜台阶。还可以看到很宽的均匀灰色区域，其表面是原子尺度的平滑。在 A 处有一个大的倾斜台阶一直延伸到孔 B 处。注意孔 B 周围的条纹数量如何在 A 点周围增加。在孔周围（图 27.7B 和 C）因为厚度变化非常快，可以看到许多间距很小的条纹。如果观察任一小孔的边缘，如 C 处，可以看到条纹间距在远离孔处有一个值，而在接近孔处有另外一个更小的值。我们发现倾斜的表面在不同的平面上切割成很小的刻面，越接近孔，每一刻面就越陡。这种形貌是样品制备方法所导致的结果，通常在电化学抛光样品中很难观察到，但是这确实给出了利用厚度条纹得到"轮廓"的可能性。

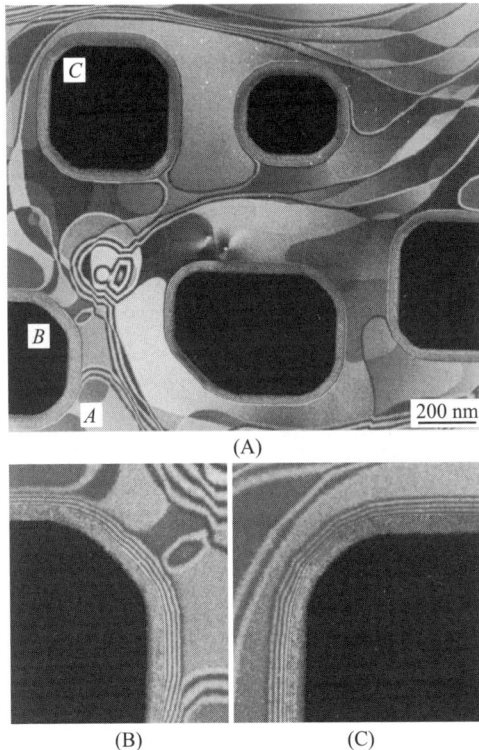

图 27.7 （A）退火后的 MgO 的 WB 厚度条纹。（B、C）区域 B 和 C 的更高放大倍数像。与图 23.3 比较

27.5　弱束像中的厚度条纹

该技术的原理非常简单。当感兴趣的缺陷所在区域的取向远离布拉格位置时，反射面可能会弯曲到接近缺陷的反射位置。因为应力必须很大才能引起这种弯曲，所以发生这种现象的区域非常小。对于 Cu 的（200）面（固定面间距 d），平面必须旋转一个约 $2°$ 的角度使 s 局部的从 $0.2\ nm^{-1}$ 变到 0。

弱的是什么？

尽管相对较强的衍射峰出现在靠近缺陷芯成像的地方，但在衍射花样中看到的反射强度仍然较小，因为衍射花样是对一个很大区域的平均。

在 WB 像中观察位错时，会在暗的背底中看到亮线。在图 27.8 中比较了同一缺陷的 WB 像和 BF 像。可以看到 WBDF 像要更窄；如果在 BF 像中使 s 非常接近于 0，就能更好地看到两者的差别。

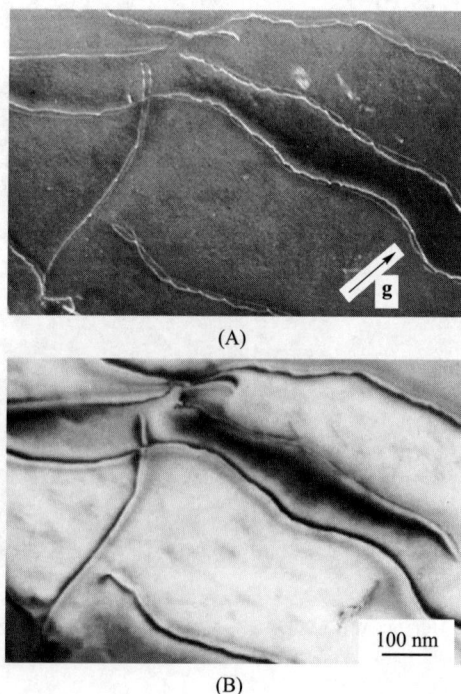

(A)

100 nm

(B)

图 27.8　利用 WB(A)和 BF($s_g > 0$)(B)条件形成的 Cu 合金中的位错像的比较

这里只对位错做简短讨论，但也要注意以下几点：

■ 在 WB 技术中，大部分样品倾转至 **s** 比较大，因此大部分样品中的晶面会旋转至偏离布拉格条件。然而，如在图 27.9 中所看到的，接近位错芯的晶面会局部弯曲回布拉格条件。

■ 这种弯曲仅在靠近位错芯处会比较大（即在离表面的同一深度）。

■ 在 WB 像中所看到的峰总是移动到位错芯的某一侧。如果使 **g** 的符号反转，峰会移至另一侧。如果反转伯格斯矢量 **b**（对图 27.9 中的图像旋转 180°），且保持 **g** 相同，则峰会再次移至位错芯的另一侧。

■ 如果在晶体中增加 **s** 值，那么晶面必定会弯曲得更厉害以满足布拉格条件，这意味着峰会更接近位错芯。

■ 在谈到"峰位置"时，总是对应于谈论沿 $\mathbf{k}_D$ 的投影位置。

■ 在一些情况下，应力不够大而不能补偿所选择的 **s**。则在像中仅能看到很弱的衬度。

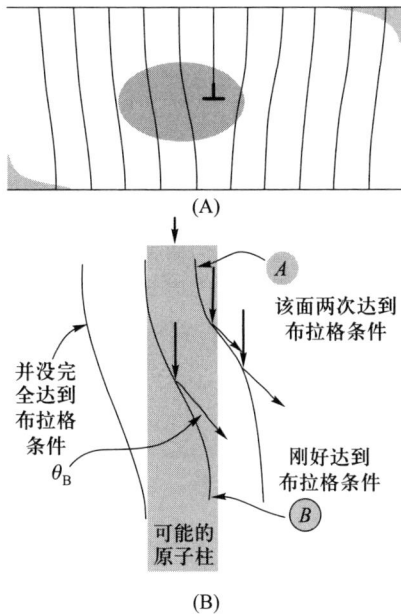

图 27.9 样品应变区域的 WB 像，显示出了高强度只能来自衍射面弯曲到满足布拉格条件的区域。该示意图对应于一个刃型位错。（B）显示的是（A）中的核心区域

27.6 预测位错峰位置

有 3 种方法计算 WB 像中的衬度。因为每一种方法都会讲到一些新的知

识，接下来将依次介绍。

方法 1：WB 判据 表明 WB 像中 ϕ_g 的最大值出现在从式(26.7)中推导出的 s_R 为 0 时。该结果表示为

$$s_R = s_g + \mathbf{g} \cdot \frac{\mathrm{d}\mathbf{R}}{\mathrm{d}z} = 0 \tag{27.6}$$

式(27.6)表明如果 s 的有效值(即 s_{eff})为 0，即使 s_g 不为 0，直射束和衍射束 $\mathbf{g}$ 的耦合仍然很强。在此情况下，应力场有效地旋转晶面至布拉格反射位置。因此，除了位错芯周围的原子柱外，可以将晶体倾转到某一取向下使所有原子柱的 ϕ_g 都很小。当电子束穿过靠近 s_{eff} 为 0 的位错芯区域时，由于透射束之间的强耦合，位错芯附近原子柱的 ϕ_g 相当大。当两电子束之间的耦合再次减小时，增加的振幅保持在位错芯以下。对于在最大长度范围内 s_{eff} 接近于 0 的原子柱，强度会最大，且出现在 $\mathbf{R}$-z 曲线中存在拐点的原子柱上。因此，WB 像中峰的位置出现在 $\mathbf{g} \cdot (\mathrm{d}\mathbf{R}/\mathrm{d}z)$ 的转折点处，此时满足式(27.6)。

方法 2：运动学积分。定义 WB 峰位置的另一判据可从双束近似导出，即仅考虑双束和 s 足够大的情形。Cockayne 指出从透射束到衍射束的最大散射出现在运动学积分取最大值的位置，定义为

$$\int_{\mathrm{column}} e^{|-2\pi\mathrm{i}(s_g z + \mathbf{g} \cdot \mathbf{R})|} \mathrm{d}z \tag{27.7}$$

一般而言，与方法 1 所预测的相比，该最大值出现在更接近于位错芯的原子柱上。出现差别的原因很有趣：因为晶面被弯曲，平均化后倒易格点更接近于 Ewald 球。因此对原子柱长度内的积分值更大。

不用复杂的数学运算，就能给出这两种方法之间的关联。所需做的就是确定什么时候 ϕ_g 较大，但仍然是运动学近似(即 s 很大)；为了得到式(27.7)中的运动学积分的最大值，可以利用 Stobbs 所描述的稳相法来计算。积分可写为

$$\int_0^t \exp\left\{-2\pi\mathrm{i}\left[\frac{z^2}{2} \cdot \frac{\mathrm{d}^2}{\mathrm{d}z^2}(\mathbf{g} \cdot \mathbf{R}) - \frac{z^3}{3} \cdot \frac{\mathrm{d}^3}{\mathrm{d}z^3}(\mathbf{g} \cdot \mathbf{R})\right]\right\} \mathrm{d}z \tag{27.8}$$

式中，$s + \mathrm{d}/\mathrm{d}z(\mathbf{g} \cdot \mathbf{R}) = 0$。如果也使 $\mathrm{d}^2/\mathrm{d}z^2(\mathbf{g} \cdot \mathbf{R}) = 0$(在拐点处)，则可以使中括号内的项为 0。该判据就是从定义 WB 判据的第一种方法中所推导出来的。

方法 3：计算衬度。由于个人计算机已广泛使用，就能用计算机算出 WB 峰的位置，画出相应的结果图。然后发现 WB 峰实际上位于前两种方法导出的两种判据所预测的值之间。利用计算机也发现峰的位置和宽度受任一强激发衍射束的影响，因而必须避免这些情况的出现。一些明显的弱束同样会影响成像。实际上计算机有时会对峰位的变化给出一个相当离谱的图像，所以需要对结果仔细权衡。记住该方法的重要优势是可以包含总是存在的其他衍射束的影

响,并且能考虑其他的影响,如电子束的会聚。

在运动学近似中,$|\mathbf{g} \cdot \mathbf{b}| = 2$ 的未分解螺位错像的半高宽 Δx 由 Hirsch 等(1960)推导出的关系式近似给出

$$\Delta x = \frac{1}{\pi s_{\text{eff}}} \cdot \frac{\xi_{\text{eff}}}{3} \tag{27.9}$$

该表达式非常有用。接下来我们会意识到有 3 个因素使该 WB 像峰宽比较特殊,这是由于它与 $\xi_{\mathbf{g}}$ 无关所导致的。因此,WB 像中的 $\mathbf{s}$ 一旦被确定,关于位错峰的宽度有如下几个令人惊讶的结果:

■ 与材料无关。

■ 与反射指数无关。

■ 与加速电压无关。

以 100 kV 下 Cu 的 220 反射为例:$\xi_{\mathbf{g}}$ 为 42 nm,宽度 Δx 为 14 nm。因此,即使式(27.9)稍微有点误差,在 WB 中像峰宽也会急剧减小。如果使 $s_{\mathbf{g}} = 0.2$ nm^{-1},则半峰宽为 1.7 nm。

多束像的计算证实当利用该 $s_{\mathbf{g}}$ 值时,在其他方向位错给出相似的窄峰。图 27.10 给出了一系列不同 t 值的峰形。注意到尽管峰的强度仅为入射束的 0.1%,它仍然比背底要强得多。

WB"标准"

$s_{\mathbf{g}} = 0.2$ nm^{-1} 总是一个有效的参考值;它满足图像具有较窄峰宽以及使缺陷和背底区域之间具有较高衬度的要求。

式(27.9)表明随着 s 值的增大,像的半峰宽减小。然而,由于衍射束的强度以 s^{-2} 变化,s 会取最大值。如果使 s 更大,则像衬度会变得很小从而不具有实际应用。

决定用于定量成像的 s 值的基本要求为

■ $s \geqslant 2 \times 10^{-2}$ Å^{-1},给出足够窄的峰以用于精细结构的研究。

■ $s \leqslant 3 \times 10^{-2}$ Å^{-1},因为在运动学极限中强度以 s^{-2} 变化。

■ $s\xi_{\mathbf{g}} \geqslant 5$,在 WB 像中给出足够的衬度。

如果在 100 kV 下使用 Cu 的 $\mathbf{g} = 220$ 的 $\mathbf{g}(3\mathbf{g})$ 条件,则 $\mathbf{s}_{\mathbf{g}}$ 值为 0.238 nm^{-1}。

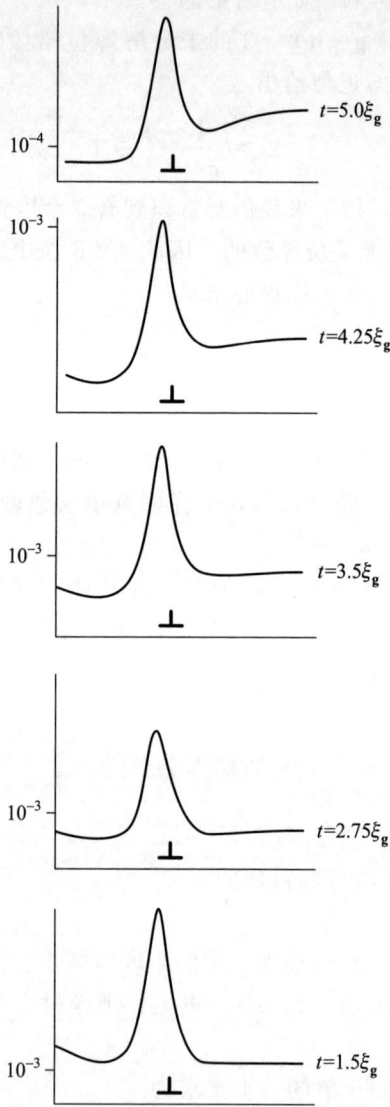

图 27.10　对不同 t 值的 Cu 样品，计算得到 WB 像中一个刃型位错的强度峰。其强度与单位入射电子束强度相关。注意位错位置和峰的强度始终不一致

27.7　相量图

有时会发现利用第 2 章中引入的相量或振幅-相位和图解来表示 WB 像中的衬度与深度的关系是非常有用的。只要运动学近似成立，一般都可以利用该

图描述；它们等同于 **s** 很大的情形中双束方程的图形积分。事实上，在计算机广泛使用之前，许多早期的缺陷衬度计算就是利用这种方法。建议阅读 Hirsch 等 (1960) 的原始文章：通过画相量图来计算衬度轮廓。

图 27.11 给出了其基本方法。将所有 $d\phi_g$ 增量简单地加到 ϕ_g。这样就考虑了电子束穿过晶体时产生的相位变化。记住在该近似中，没有电子离开 **g** 束！如果晶体是完整的，且增量足够小，那么将会产生一个平滑的圆。

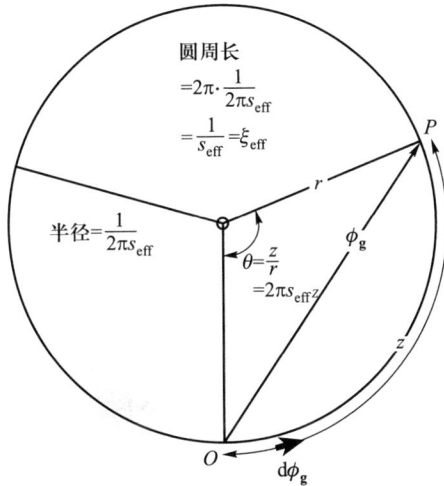

图 27.11　WB 情形中的一个相量图。距离 z 为绕圆周测量的弧 OP，圆的半径为 $(2\pi s_{eff})^{-1}$。θ 增加 2π 意味着厚度增加 ξ_{eff}。在 WB 中振幅是 ϕ_g

如深度周期所要求的，该圆的周长为 ξ_{eff}，半径为 $\xi_{eff}/2\pi$ 或 $(2\pi s_{eff})^{-1}$。注意到随着 s 的增加，ξ_{eff} 减小，圆也变小。因此，如果 **s** 较大，绕圆的运动会更快。换言之，正如从第 13 章所讲，有效消光距离也减小。

如果衍射束穿过某一层错，将出现一附加的相移，由 $2\pi \mathbf{g} \cdot \mathbf{R}$ 给出。以大家熟悉的面心立方晶体为例，其 $\mathbf{R} = \frac{1}{3}[11\bar{1}]$ 和 $\mathbf{g} = (20\bar{2})$，这给出 $\alpha = 2\pi/3 = 120°$（以 2π 为模）。图 27.12 给出了 P_3 处的相位突变。此时 $\phi_g(P_1P_2)$ 的值比完整晶体中的更大。ϕ_g 的轨迹仍然是绕第一个圆运动，直到它遇到 $z = n\xi_{eff} + t_1$ 处的面缺陷，其中 z 和 t_1 沿平行于 $\mathbf{k}_D$ 测量。然后它移至第二个圆，直到到达 $z = t$。可以很容易看到如果固定缺陷深度 t_1，然后就能观察到以 ξ_{eff} 为周期变化的深度条纹，就像改变总厚度 t（α 值仍然为 $120°$）。如果固定 t 而改变 t_1，这种情形将更难去想象，但原理是相同的。图 27.13 给出了倾斜层错处的 WB 条纹像。楔形样品的厚度条纹和来自倾斜层错的条纹及其数目都能很清楚地观察到。注意到楔形样品的厚度每增加 ξ_{eff} 时，面缺陷处亮条纹数的增加量确实为 1，并且不需要知道 **R**。

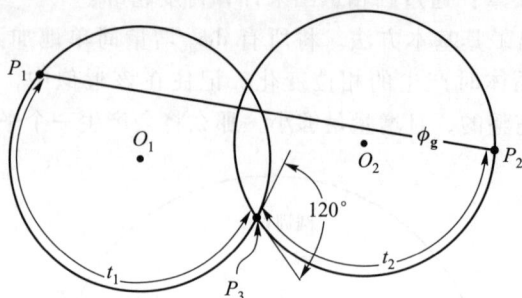

图 27.12　用于解释 WB 衬度的相量图，该衬度来自厚度为 $t_1 + t_2$ 的样品中深度为 t_1 处的一个层错。P_1 和 P_2 分别为样品的顶部(圆周中心 O_1)和底部(圆周中心 O_2)。图中，在 SF(P_3) 处的相位变化为 $120°$。在 WB 中总的振幅是 ϕ_g

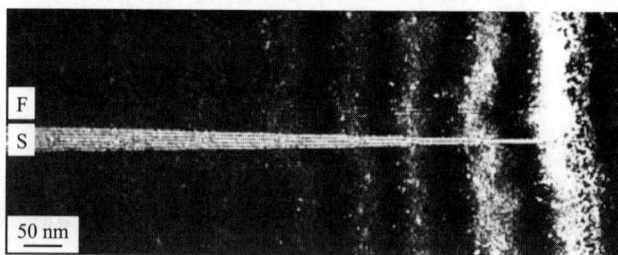

图 27.13　尖晶石楔形样品中两倾斜层错边界(S 和 F)的实验像中的厚度条纹。来自楔形和倾斜层错的厚度条纹能很清楚地观察到，并能得到其数目。"F"边界显示出非常弱的衬度，因为它具有较小的 **R** 值

　　可以设想把这种分析应用到相互叠加的面缺陷中，如图 27.14 所示。$\phi_g(P_1 P_2)$ 可以非常大(单位入射强度的近似是否仍然有效?)。在实际中该情形确实会发生，如图 27.15 所示。此处有几个叠加的面缺陷。甚至在 ϕ_g 取最小值时，亮条纹仍然为亮的，如从图 27.14 中所预测到的。如果比较 WB 像和它对应的图 25.5 中的强束像，将会注意到在 WB 像中具有更多的细节；如在第 25 章中所看到的，叠加在相邻平面上的层错在 BF 像中并没有给出衬度。在 WB 中通过调节 s 可以很容易验证该效应，如图 27.15C ~ E。有趣的是，甚至当两个本征层错位于相邻平面而给出非本征层错时，这种效应仍然能够出现。这种方法能用于对其他面缺陷的成像，如具有很大厚度的 {112} 孪晶界。关键因素是，在 WB 条件下 ξ_{eff} 会变得与电子束穿过所遇到的连续原子面之间的距离相当，特别是当界面相对于电子束倾斜很厉害时。

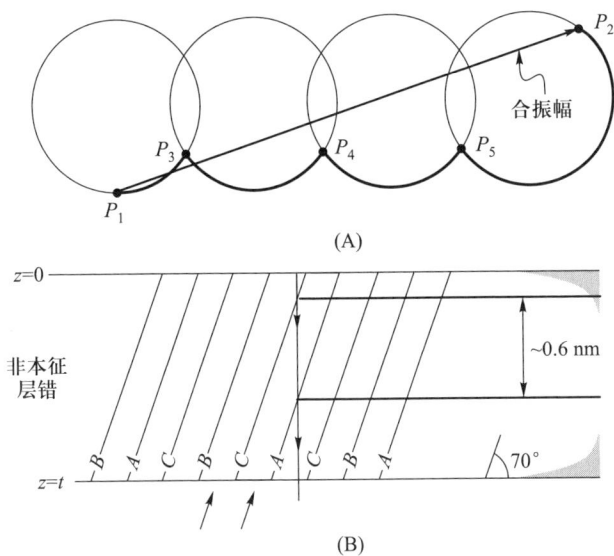

图 27.14 一系列在 P_3、P_4 和 P_5 点叠加的面缺陷的相量图。对于 111 样品法线，倾斜的 $\overline{11}1$ 面与表面成 70° 角，因而在电子束方向相邻平面之间的间隔为 0.627 nm。与图 27.12 比较

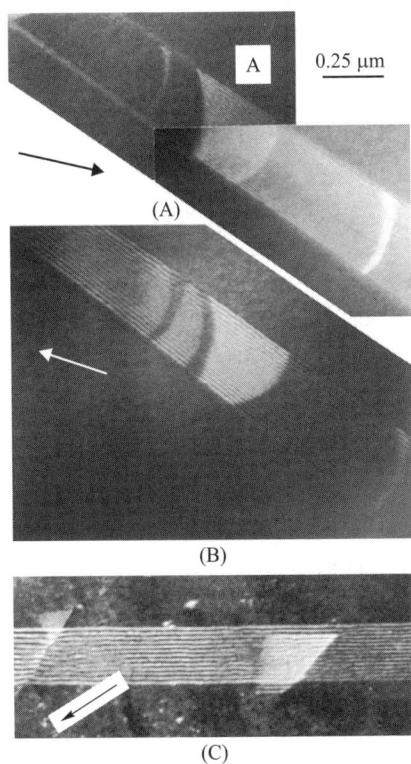

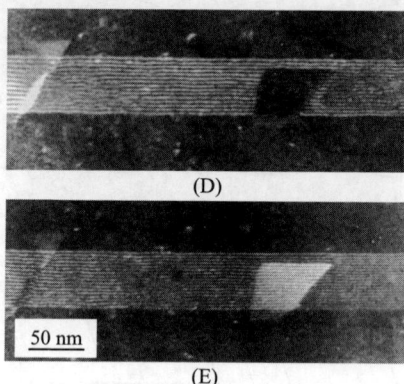

(D)

(E)

图 27.15　（A、B）对应±**g** 的 WBDF 条件下的叠加层错像。出现的条纹比图 24.5 中的 BF 像出现的更多。在 BF 像中没有显示衬度的区域 A 出现条纹。（C～E）当一个层错和另一个叠加时条纹间隔和强度的变化，从 C 到 E，**s** 增加（注意条纹间隔减小）

也可以利用相量图来描述位错的衬度，但此时相位改变出现在很大的厚度范围内，而不是在某一特定值。如图 27.16 所示，相位既可以增加也可以减小，这依赖于 **g · R** 的符号。当相位随 t 的改变而变化很快时，如在图 27.16B 的中心，这意味着入射束和衍射束的耦合很强。

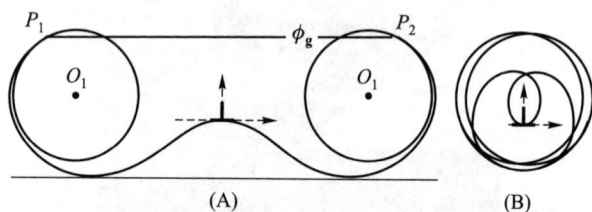

(A)　　　　　　　(B)

图 27.16　对应±**g** 的一个位错的相量图。相位没有突变，而是在沿原子柱的一个扩展距离内变化。（A）相位变化引起散射振幅的增加：ϕ_g 比理想晶体更大（相比于图 27.12）。（B）当 **g** 反转时，相位变成相反的符号，合振幅 ϕ_g 变得更小（故没有在图中给出）。（参见书后彩图）

综上所述，对相量图的讨论总结为以下两点：
- 相量图仅在运动学近似下成立。
- 对于理解 ϕ_g 随厚度的变化，特别是存在晶体缺陷时，它们能给出一种图形方法。

27.8　不全位错的弱束像

虽然位错研究是一个很专业化的课题，但它很好地表明了 WB 技术的有用性。不全位错在面心立方(fcc)材料(包括 Si)和有序金属间化合物(如 Ni_3Al)中都很普遍。Cu 中的不全位错的结构示意图如图 27.17 所示。在第 26 章中给出了一些位错理论的基本参考书目。

多束暗场像的计算表明位错像的位置接近于由 WB 判据推测的位置，在实践中会用到该判据，因为它能推导出一个与像的位置相关的方程。因此可以使 Shockley 不全位错的间隔和不全位错的 $|\mathbf{g}\cdot\mathbf{b}_T|=2$ 像中观察到的两个峰的间隔直接联系起来。因而可以估算出半导体和一些 fcc 金属的层错能(SFE)。为了解释扩展位错结构的 WB 像，需要知道 WB 像中峰的位置与位错芯的位置是如何关联的。在利用 WB 技术进行定量分析时，该信息是必要的。现在回答 WB 定量分析的两个问题：

■ 什么因素决定 WB 像中峰的位置？

■ 采用何种方法确定位错的伯格斯矢量？

当 WB 条件满足时，不全位错能在 $|\mathbf{g}\cdot\mathbf{b}_T|=2$ 的 $\{220\}$ 反射成像，因此每一不全位错产生一个半峰宽为 $1\sim1.5$ nm 的强度峰。假定峰的间隔大于 ~2.5 nm，可推导出不全位错的间隔在 ±0.7 nm 之间。对于许多材料，需要利用各向异性的弹性理论使原子位移和像关联起来，因此计算机就变得必不可少了。

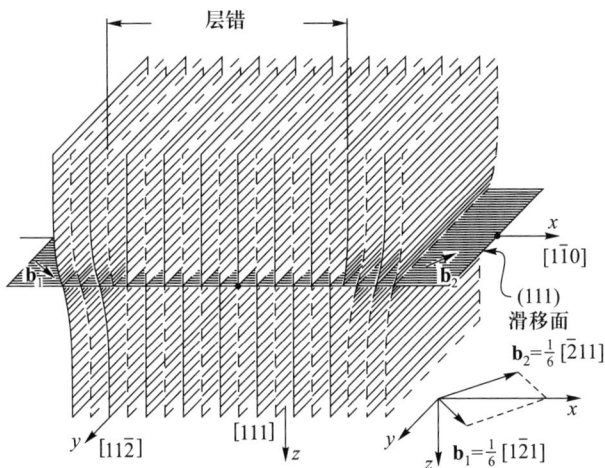

图 27.17　Cu 晶体中一个全位错的几何结构。该全位错分裂成两个 Shockley 不全位错，其伯格斯矢量 $\mathbf{b}_1$ 和 $\mathbf{b}_2$ 被 $\{111\}$ 面上的一层错分裂开。尽管可能出现刃型不全位错，实际上它们是 60°刃位错分量(如图中所示)

如在第 28 章中将看到的，既然 HRTEM 能给出 0.2 nm 以下的细节，而 WB 通常局限于 ~1 nm，为何不能只利用 HRTEM？如果想解释一张 HRTEM 像，缺陷必须是完全直的，平行于电子束，且位于样品非常薄的区域。为了得到最高分辨率，利用 HRTEM 研究的位错段不会长于 20 nm，也不会小于 10 nm。在 WB 像中缺陷可以是几微米长，在相对较厚的样品中缺陷甚至可以改变方向。如果回看图 27.8，可以看到 WB 像中对应于不全位错的成对的线，也可以看到位错收缩等其他特征。对一特定的位错，强束像也可以给出两条或多条线，但是这些线与位错的详细结构无关，而与方程 $\mathbf{g} \cdot \mathbf{b} = n$ 中的 n 相关，如在第 26 章中所看到的。

要进行定量分析，最好选择长且几乎直的位错。如图 27.17 所示，两个 Shockley 不全位错位于样品的 (111) 面。全位错和不全位错的伯格斯矢量可通过在 WB 模式中用 $\{2\,\overline{2}0\}$ 反射对的位错成像特征来确定。对于 $|\mathbf{g} \cdot \mathbf{b}_p| = 1$ 的不全位错可观察到一个很锐的峰，如果不全位错有 $|\mathbf{g} \cdot \mathbf{b}_p| = 0$，则没有峰出现或只有一个弥散的峰（源于晶格的各向异性）。在 $|\mathbf{g} \cdot \mathbf{b}_T| = 2$ 时，衍射矢量 $\mathbf{g}$ 和伯格斯矢量 $\mathbf{b}_T$ 是平行的，并且在不全位错的像中会形成两个很锐的峰，每一个峰对应于一个不全位错（此时都有 $|\mathbf{g} \cdot \mathbf{b}_p| = 1$）。

如果一个峰（较弱的）来自不全位错之间的区域，而另一个峰来自不全位错之外，就可以解释这种强度上的差别。当对一个不全位错有 $|\mathbf{g} \cdot \mathbf{b}_p| = 1$，而对另一个有 $|\mathbf{g} \cdot \mathbf{b}_p| = 0$ 时，这种效应不会出现在 $|\mathbf{g} \cdot \mathbf{b}_T| = 1$ 的像中，且它可用于确认 $|\mathbf{g} \cdot \mathbf{b}| = 2$ 中的反射。伯格斯矢量的确定总是通过在 BF 模式，观察特征的 $|\mathbf{g} \cdot \mathbf{b}_T| = 2$ 或 $|\mathbf{g} \cdot \mathbf{b}_T| = 0$ 的像来获得。

不 全 位 错

一般来说，其中的一个峰比另一个更强；当用 $\overline{\mathbf{g}}(3\,\overline{\mathbf{g}})$ 代替 $\mathbf{g}(3\mathbf{g})$ 时，其顺序会相反。

在 $|\mathbf{g} \cdot \mathbf{b}_T| = 2$ 的 WB 像中，每个不全位错通常产生一个接近于位错芯的峰。利用式 (27.6) 可以计算这些峰的近似位置。然后，可以使像中峰的间隔与不全位错的间隔 Δ 联系起来。

利用各向同性的弹性理论可以将位移写成单个不全位错产生的位移之和。如果一个直的混合位错的伯格斯矢量位于平行于样品表面的 (111) 面，则在离位错芯距离为 x 处

$$-s_g = \frac{|\mathbf{g}|}{2\pi} \left\{ \left[|\mathbf{b}_1| + \frac{|\mathbf{b}_{1e}|}{2(1-\nu)} \right] \frac{1}{x} + \left[|\mathbf{b}_2| + \frac{|\mathbf{b}_{2e}|}{2(1-\nu)} \right] \frac{1}{x-\Delta} \right\}$$

$$(27.10)$$

此处 x 定义了一个同时垂直于位错线和电子束方向的轴，$\mathbf{e}$ 为不全位错 1 和 2 的伯格斯矢量的边界分量。该关系式特别简单，因为对于所选择的结构，$\mathbf{g} \cdot \mathbf{b} \times \mathbf{u}$ 项为 0。利用符号

$$a = - s_\text{g} \left\{ \frac{|\mathbf{g}|}{2\pi} \left[|\mathbf{b}_1| + \frac{|\mathbf{b}_{1e}|}{2(1-\nu)} \right] \right\}^{-1} \tag{27.11}$$

以及

$$b = - s_\text{g} \left\{ \frac{|\mathbf{g}|}{2\pi} \left[|\mathbf{b}_2| + \frac{|\mathbf{b}_{2e}|}{2(1-\nu)} \right] \right\}^{-1} \tag{27.12}$$

式(27.10)简化为

$$1 = \frac{1}{ax} + \frac{1}{b(x-\Delta)} \tag{27.13}$$

该方程有两个解，x_+ 和 x_-，可表示为

$$x_\pm = \frac{ab\Delta + a + b \pm \left[(ab\Delta + a + b)^2 - 4ab^2\Delta \right]^{\frac{1}{2}}}{2ab} \tag{27.14}$$

这些 x 值定义了像中峰的位置。这些峰之间的间隔表示为

$$\Delta_\text{obs} = \left[\Delta^2 + \frac{(a+b)^2}{a^2 b^2} + \frac{2(a+b)\Delta}{ab} - \frac{4\Delta}{a} \right]^{\frac{1}{2}} \tag{27.15}$$

可重新组合方程使 a 和 b 看起来更对称。当然，它实际上将是不对称的，因为峰总是位于位错的一侧。

$$\Delta_\text{obs} = \left[\left(\Delta + \frac{1}{b} - \frac{1}{a} \right)^2 + \frac{4}{ab} \right]^{\frac{1}{2}} \tag{27.16}$$

计算像证实该关系对 $\Delta_\text{obs} > 2.5$ nm 是比较准确的，其偏差在 ±0.7 nm 之内。这种偏差来源于峰位置随样品中位错深度和样品厚度的变化。当未确定 $\mathbf{b}_\text{T}$ 的实际方向时，即是否沿 $\mathbf{g}$ 或 $\bar{\mathbf{g}}$ 的方向，就会有一小的偏差产生。Stobbs 和 Sworn 利用各向异性的弹性理论发现这个偏差为 ±0.7 nm 的关系式 [式(27.16)] 仍然是个较好的近似。

作为一个简单的练习，考虑一个不全螺位错和一个不全刃型位错的 WB 像。要特别注意"a"和"b"，因为在一种情况下 $\mathbf{b}_{1e}$ 和 $\mathbf{b}_{2e}$ 具有相同的符号，而在另一种情况下符号相反。当反转 $\mathbf{g}$ 时，像是否总是具有相同的峰宽？

例 1：即使从未想过要通过观察两个峰来计算两位错的实际间隔，但是从这些像中可以学到一些关于位错的新概念。图 27.18 是一组很著名的像，给出了 Si 中一个位错，沿其长度部分收缩，而沿剩余的部分分解。即使不知道位错结构的精确细节，仍然可以知道它的两个变量；余下的工作就是对缺陷建模。

例 2：从图 27.19A 中成对位错节的 WB 像很快就能看出这两个节点是不

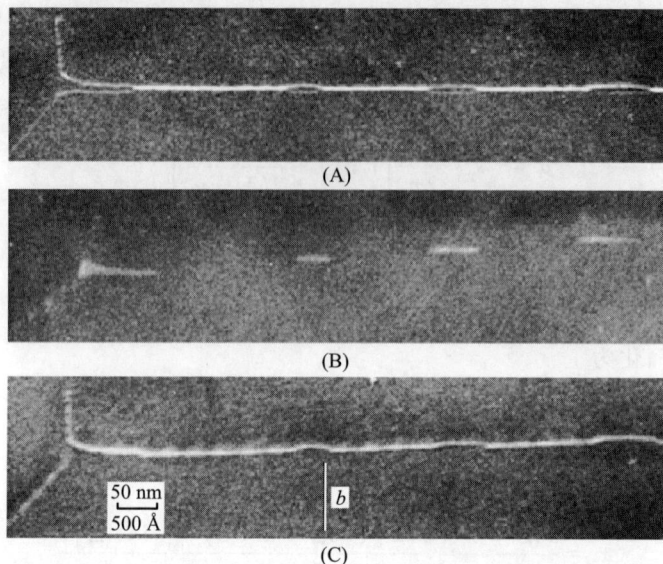

图 27.18　Si 晶体中一个位错的 WB 像，同时具有分解段和压缩段：（A）$\mathbf{g} \cdot \mathbf{b} = 2$；两个不全位错都可见。（B）$\mathbf{g} \cdot \mathbf{b}_\mathrm{T} = 0$ 给出 SF 衬度（注意：没有条纹）。（C）$\mathbf{g} \cdot \mathbf{b} = 1$；仅一个不全位错可见

同的；如果利用其他 $\mathbf{g}$ 矢量（图 27.19B ~ D）成像，发现其中一个不全位错在图像中衬度为 0。在不全位错中，扩展节点包含相同类型的本征层错；在此层错像中 $\mathbf{g} \cdot \mathbf{R}$ 为 0。另一节点是收缩的，在 WB 技术的探测能力之内。与图 26.8 中的 BF 像相比较有利于更好地理解。注意在图 27.19A 中，由于层错面与样品表面平行，节点处的层错没有显示出条纹，只是倾转了样品。

　　例 3：前面提到如果反转 $\mathbf{b}$，峰将移至位错的另一侧。这正是在图 27.20 中所看到的位错偶极子产生的现象。这是一个比较复杂的图，除此之外，利用该图不仅可以观察到位错偶极子的 WB 像中的内外衬度，还可以作为 $\mathbf{g} \cdot \mathbf{b}$ 分析的一个练习。除了伯格斯矢量符号不同外，位错偶极子是一对几乎都是一样的位错。如果反转 $\mathbf{g}$，两个峰都移至它们各自位错的另一侧。这种衬度的变化被视为内外衬度，且通常在位错环中可观察到，它们本身与这些偶极子密切相关。这些位错环只是比位错偶极子更加的"等轴"并且始终由一个位错组成（也许是个分解的位错）。图 27.20B 和 C 中的图像给出了衬度的显著变化，这可以通过反转 $\mathbf{g}$ 而观察到。在图 27.20A ~ C 中一些偶极子完全消失，因为它们是一种称为层错偶极子的特殊形式。在强束 BF 像中，这些偶极子通常给出非常低的衬度，因为位错偶极子之间靠得很近使得它们的应力场交叠、抵消，因此晶格畸变仅出现在很小的范围内。图 27.20B 中的所有位错均是在 $\mathbf{g} \cdot \mathbf{b} = 2$ 时

所成的像。在使用 WB 技术时，就是在这些非常小的尺度内探测结构，并且衬度可以很高。可再次与图 26.13 中的 BF 像比较。

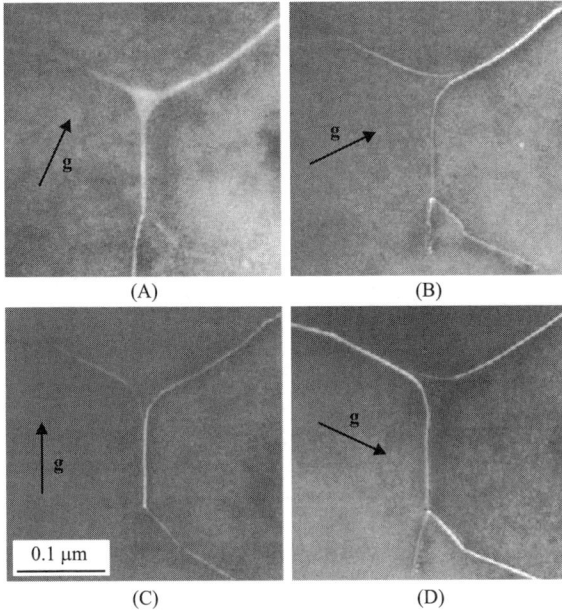

图 27.19 一对位错节点的 WB 像，由位于 Cu 合金 {111} 面上相互作用位错的分解形成。在(A)中对 SF 成像，而在(B~D)中用不同反射成像，当 $\mathbf{g} \cdot \mathbf{b} = 0$ 时，不全位错衬度消失。与图 26.8 中的 BF 像比较，并注意放大倍数的差别

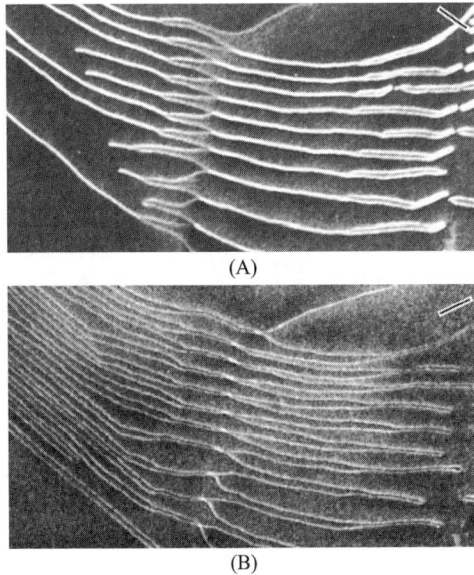

(C)

50 nm

(D)

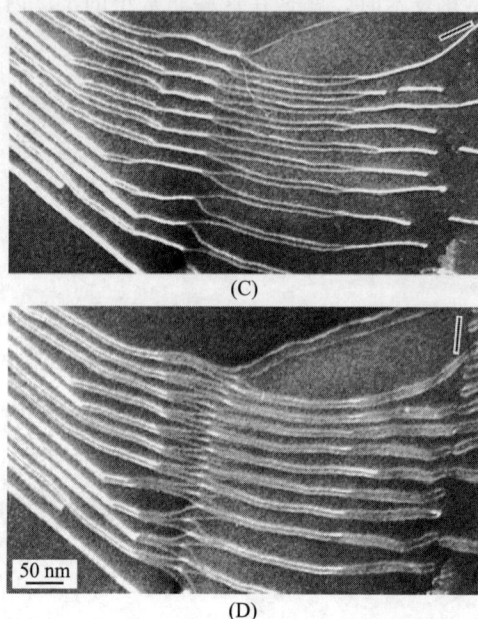

图 27. 20　4 张 WB 像显示出了 Cu 合金中具有较低层错能的一系列位错偶极子。所有反射都是 220 型，且位错都位于(111)面，几乎平行于样品表面。所有位错都是不全位错。在(D)中，所有 Shockley 不全位错都显示衬度，而在(A~C)中，一半的衬度消失。注意到较窄的像比较宽的像要更亮：位错之间的应力很大，但在偶极子外急速减小，因为一个偶极子的总伯格斯矢量为 0

　　例 4 和例 5：利用 WB 技术可以看到采用强束成像所观察不到的一些特征。图 27. 21 给出了一个简单例子，一个倾斜层错穿过几个不全位错。这两种缺陷的相互作用在强束成像中会被层错条纹掩盖，但在该 WB 像中能清楚地观察到。在强束成像中观察靠近位错的小颗粒比较困难，尽管在 WB 像中也不容

25 nm

图 27. 21　一个倾斜层错的 WB 像，该层错穿过平行于 Cu 合金样品表面的一系列不全位错

易，但图 27.22 的确表明还是能观察到。例如，这些像给出了不全位错的特征在颗粒的每一边是不同的。图 27.22B 和 C 对靠近颗粒区域放大的 WB 和 BF 像做了比较，这再次说明了 WB 像相对于 BF 像的优势。

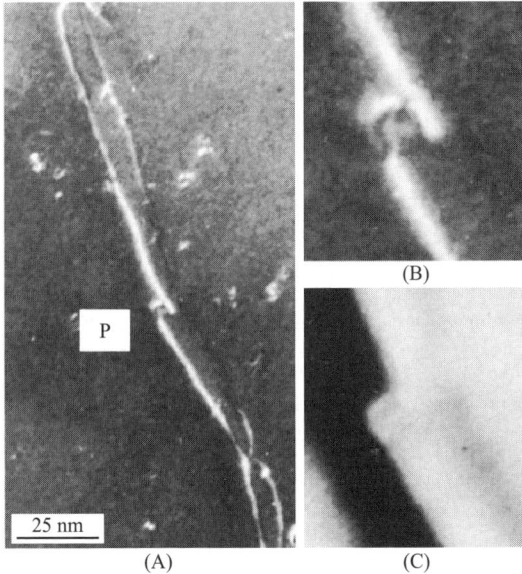

图 27.22　（A）Cu 合金中与一颗粒（P）相互作用的不全位错的 WB 像。（B）和（C）分别为 WB 像和对应 BF 像的放大像。注意细节上的差异

例 6：在第 26.8 节中注意到样品表面会影响待测的缺陷结构。一般而言，WB 成像的样品要比强束成像的样品更薄。因此，表面不仅影响图像的质量，而且还影响缺陷的实际结构。在图 27.23 中，该效应尤其明显。在块材中间隔均匀的位错此时表现为楔形：在此情形中，这两个表面的效应是不同的。

图 27.23　WB 像显示出了一组位错的分解，它们向样品表面倾斜以给出楔形层错。层错形状由表面应力引起

27.9　其他思考

27.9.1　认为弱束衍射是耦合摆

利用耦合摆的力学类似性，可以用图示说明接近位错的 WB 像中强度增强的基本原理。图 27.24 为耦合摆的示意图，两单摆通过第 3 根线连接。如果使左边的单摆开始摆动而固定连接线，则右边的单摆也保持不动。现在剪断连接线，将会看到右边的单摆开始摆动。如果使该过程持续下去，最终可以使右边的单摆摆动得跟最初的单摆一样大，而最初的单摆是静止的：这类似于强束！所有动能已经从一个单摆转移至另一单摆。只要时间足够长，单摆将会达到初始状态。现在重复该实验，但在右边单摆开始摆动后再次固定连接线，发现两个单摆都继续摆动，每一个都有恒定的振幅。连接线的作用就是耦合两单摆（电子束），从而使能量能从一电子束转移至另一电子束。在 WB 的 TEM 中，缺陷相当于连接线的作用。当两电子束穿过缺陷时，它们仅在很短的长度范围内耦合。可以画出该振幅（或强度），练习一下。

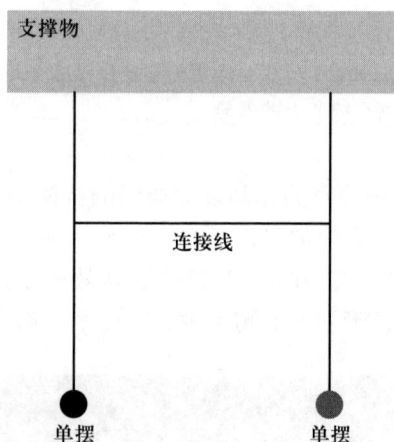

图 27.24　耦合单摆：一个想象实验

27.9.2　布洛赫波

在第 14 章中已讨论过布洛赫波。把布洛赫波分析应用到 WB 中的难点在于我们通常对缺陷感兴趣，而布洛赫波是理想晶体的特性。然而，可以做一些基本的论述。对于形成 WB 像的反射 $\mathbf{g}$，在完整晶体区域 $|\phi_g|$ 必须远小于 1，

但是在有应力的区域，布洛赫波 j 的振幅变化 $\Delta\psi^{(j)}$ 会引起变化。Cockayne 已给出在双束近似下，WB 像中出现的可观测衬度来源于布洛赫波 1 到布洛赫波 2 的带间散射。在一般情况下，散射是从具有最大 $\psi^{(j)}$ 的色散面分支到具有最大 $C_g^{(j)}$ 的分支，即从具有最大振幅的布洛赫波到激发最强的布洛赫波。图 27.25 给出了 $\mathbf{g}(3\mathbf{g})$ 衍射条件的色散面。好好回味一下这句话，想想每一描述是如何与此图联系起来的，以及如何考虑其他衍射条件，如 $\mathbf{0}(2\mathbf{g})$。

这种问题的布洛赫波分析导致更深层次的两个问题，简化了 WB 像的解释：

■ 所选的衍射条件应该是仅有一个带间散射过程是重要的。
■ 在双束近似中，为了使图像峰给出足够的衬度，$w(=s\xi_g)$ 一般要大于 ~5。

要满足第一个要求需确保没有反射被强激发。第二个条件通常已经满足，因为有 s 必须大于 0.2 nm^{-1} 这样更严格的要求。例如，对于 100 kV 下 Cu 的 $\{2\bar{2}0\}$ 反射，由于 ξ_g 为 42 nm，w 自动会大于 8。

如果图像要与利用柱体近似得到的计算图形相比较，则理论上 $\mathbf{g}(3.1\mathbf{g})$ 条件可能要优于 $\mathbf{g}(-1.1\mathbf{g})$，即可以简化解释。该简化的前提是 $\mathbf{g}(3.1\mathbf{g})$ 衍射的色散面要比 $\mathbf{g}(\bar{\mathbf{g}})$ 衍射的平。

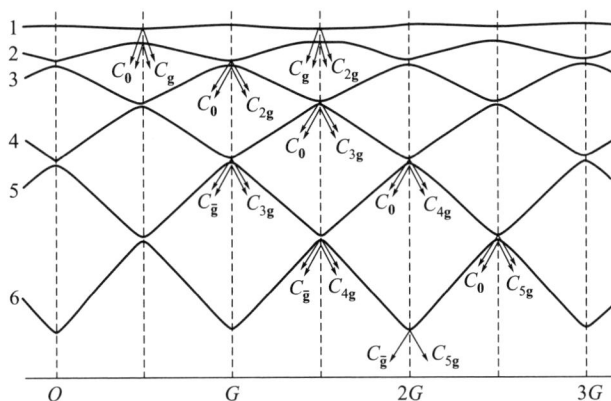

图 27.25　用于讨论 $\mathbf{g}(3\mathbf{g})$ 条件的色散面结构。BZB 在 $1.5G$，并表明反射是强耦合的；见图 15.9。（参见书后彩图）

27.9.3　如果存在其他反射

在前面的讨论中，几次提到没有反射被强激发。所考虑的大部分情况是基于第 13 章中引入的双束近似。在利用 WB 条件时，就必须更加小心。图 27.5

给出了 $\mathbf{g}(3\mathbf{g})$ 的衍射几何。利用反射 $\mathbf{g}$ 形成 WB 像，因此电子从 O 束弱散射至 G 束。然而，一旦电子在 G 束中，它们可被强散射至 $2G$ 束。可以通过对"新的"入射束 G 画出新的 Ewald 球来描述该过程；注意，此时 Ewald 球通过 $2G$ 衍射束。

从数学角度看，可以回顾第 14 章中简单引入的多束方程。电子束 $\mathbf{g}$ 和 $\mathbf{h}$ 的耦合由 $(s_{\mathbf{g}}-s_{\mathbf{h}})$ 确定，且具有消光距离 $\xi_{\mathbf{g}-\mathbf{h}}$。如果 $s_{\mathbf{g}}$ 和 $s_{\mathbf{h}}$ 相等，则这些电子束之间的耦合会很强。此外，该例子中耦合的特征长度为 $\xi_{2\mathbf{g}-\mathbf{g}}$ 或 $\xi_{\mathbf{g}}$，这就是从图 27.5A 和 C 中所推导出的。

27.9.4　展望

由于新技术的发展，WB 技术的应用也随着改变，但其基本原理是不会变的。

■ 慢扫描 CCD 相机给出很好的线性响应，因此使 WB 像的定量分析成为可能。其前提是需要进行缺陷的计算机建模和像模拟。将在第 30 章中继续该话题但更侧重于 HRTEM。

■ 场发射枪(FEG)和能量过滤像可以减小能量波动的影响或者可以利用能量损失谱的特定部分形成 WB 能量过滤像。为了利用这个额外信息，需要扩展该理论。

■ 像处理和帧平均可以减小噪声，有助于定量分析，并且利用 WB 显微术作原位研究。

正如在第 26.11 节中所介绍的，当能定量记录图像时，像模拟能使 WB 像的解释更加定量化。

章 节 总 结

WB 技术的基本思想非常简单：利用大的 s 值给出很小的 ξ_{eff}，从而大部分缺陷的像很窄，因为位错宽度与 $\xi_{\mathrm{eff}}/3$ 相关。应该记住的是对特定衍射条件 $\mathbf{g}(n\mathbf{g})$ 的 s 值不仅与 n 和 $\mathbf{g}$ 相关，还与晶格参数和电子波长有关。将会看到经常引用到的"魔数" $s = 0.2\ \mathrm{nm}^{-1}$。

■ 记住，如果想进行定量分析，该数值给出了一个经验值。它通常不对应于 $\mathbf{g}(3\mathbf{g})$。

■ 没有计算 $s_{\mathbf{g}}$ 值时，不要使用 $\mathbf{g}(3\mathbf{g})$ 条件。

■ 在此分析中 $\mathbf{s}\cdot\mathbf{R}$ 项被忽略了；通常假设第 25.13 节中的形变-离子模型是有效的。

利用稍微小点的 **s** 值，往往可以很容易获得所需要的所有信息。通常为了得到高质量的像需要较长的记录时间，但记录时间越长就越有可能改变待测样品，特别是其缺陷结构。

最后，记住衍射束是平行于 $\mathbf{k}_D$ 传播的。因此任何缺陷的像也是在该方向的投影。即使布拉格角很小，这也意味着如果缺陷在样品中处于不同的高度，像中的缺陷间隔可能不等于它们相对于滑移面的水平间隔。该投影偏差可以改变，依赖于用来成像的 **g** 和 **s** 以及样品取向。

参考文献

技术方法

Cockayne，DJH 1972 *A Theoretical Analysis of the Weak-Beam Method of Electron Microscopy*［*Defectoscopy*］Z. Naturf. 27a，452−460. 得到式(27.2)。

Cockayne，DJH 1981 *Weak-Beam Electron Microscopy* Ann. Rev. Mater. Sci. 11，75−95. WB 的一个评论。

Cockayne，DJH，Ray，ILF and Whelan，MJ 1969 *Investigations of Dislocation Strain Fields Using Weak Beams* Phil. Mag. 20，1265−1270. 得到式(27.10)和式(27.15)的原始文章。

Hirsch，PB，Howie，A and Whelan，MJ 1960 *A Kinematical Theory of Diffraction Contrast of the Electron Transmission Microscope Images of Dislocations and Other Defects* Proc. Roy. Soc. London A 252，499−529. 总是值得看一看。

Stobbs，WM 1975 *The Weak Beam Technique in Electron Microscopy in Materials Science*，vol. Ⅱ（Eds. U Valdrè and E Ruedl），p. 591−646，CEC Brussels. 对比 WB 和弦乐器的一个精彩评论。

Stobbs，WM and Sworn，C 1971 *The Weak Beam Technique as Applied to the Determination of the Stacking-Fault Energy of Copper* Phil. Mag. 24，1365−1381. 利用各向异性弹性的 WB 计算。

缺陷

Carter，CB 1984 *What's New in Dislocation Dissociation? in Dislocations − 1984*（Eds. P Veyssière，L Kubin，and J Castaing），p. 227，Editions du CNRS Paris. 分解缺陷 50 周年的一个评论。

Carter, CB and Holmes, SM, 1975 *The Study of Faulted Dipoles in Copper Using Weak-Beam Electron Microscopy* Phil. Mag. 32(3), 599–614.

Carter, CB, Mills, MJ, Medlin, DL and Angelo, JE 1995 *The 112 Lateral Twin Boundaries in FCC Metals in 7th International Conference Intergranular and Interphase Boundaries in Materials*, Lisbon, Portugal. 在 WB 里平面"厚度"是重要的！（第 27.7 节）

Föll, H, Carter, CB and Wilkens, M1980 *Weak-Beam Contrast of Stacking Faults in Transmission Electron Microscopy* Phys. stat. sol. （A）58, 393–407. 层错反常 WB 衬度的讨论。

Gerthsen, D and Carter, CB 1993 *Stacking-Fault Energies of GaAs* Phys. stat. sol. （A）136, 29–43. WB 和 HRTEM 的一个实验比较。

Hazzledine, PM, Karnthaler, HP and Wintner, E 1975 *Non-parallel Dissociation of Dislocations in Thin Foils* Phil. Mag. 32, 81–97. 利用 WB 显示位错芯劈裂的表面效应：对电镜技术人员有很大帮助的文章。

Wilson, AR and Cockayne, DJH 1985 *Calculated Asymmetry for Weak Beam Intrinsic Stacking Fault Images* Phil. Mag. A51, 341–354. 更多来自层错的 WB 衬度讨论。

自测题

Q27.1　写出 s_{eff} 和 s 的关系式方程。

Q27.2　写出 ξ_{eff} 和 $\mathbf{s_g}$ 的关系式方程。

Q27.3　写出 s 和 n，$\mathbf{g}$ 以及 λ 的关系式方程。

Q27.4　如果 $3\mathbf{g}$ 反射被激发，那么 $\mathbf{g}$ 和 $3\overline{\mathbf{g}}$ 的菊池线在哪里？

Q27.5　WB 的最佳 s 值是多少，为什么这是个折中的值？

Q27.6　如果在 100 kV 时，一个 Si 样品设置为 $\mathbf{g}$、$3\mathbf{g}$ 条件，位错像的宽度是多少？

Q27.7　如果对于 $\mathbf{g}$、$3\mathbf{g}$ 条件，用的是 300 kV 而不是 100 kV，图像会有什么变化？

Q27.8　说出用于计算 WB 像的主要方法。

Q27.9　在 WB 条件下，理想晶体的相量图半径是多少？

Q27.10　为什么在 $\mathbf{g} \cdot \mathbf{b} = 2$ 的 WB 像中两条线的间隔不等于这两条线引起的不全位错的间隔？

Q27.11　对一个没分解的位错，WB 像能显示出在 $\mathbf{g} \cdot \mathbf{b} = 2$ 时的两条线，如何能让它发生？

Q27.12   为什么在 WB 条件下成像的理想晶体的相量图圆周长是令人感兴趣的或有益的？

Q27.13   在 WB 条件下，为什么非本征层错的衬度和本征层错的不一样？

Q27.14   画出能显示在 ±g 时位错图像不同行为的相量图。

Q27.15   当 3g 被激发时，g 和 2g 耦合的消光长度是多少？

Q27.16   在 WB 图像中，通常设定 $w \geqslant 5$，为什么？

Q27.17   为什么在利用 WB 技术时需要避免激发其他的反射？这对 BF 成像是否更加重要？

Q27.18   在 WB 成像时 s_g 的经典值是多少，为什么最初选择这个值？

Q27.19   对于 s 正的情况和 s 负的情况，尽管两种情况下它们的值是一样的，为什么要首选前者？

Q27.20   为什么在更高或更低的加速电压下，WB 显微术变得更难？（更高和更低是相对于 100 kV。）

章节具体问题

T27.1   从图 27.1 和图 27.4 出发，推导式(27.5)。

T27.2   考察表 27.1(是否有错误？)并添加一列 120 keV 的电子。（为什么？）

T27.3   考虑图 27.7C 中的最低部分(在图的底下并与底线平行的线)。画一张准确的有关样品截面的示意图并证明之。

T27.4   如果图 27.8 中的样品接近于(111)面，推导该图中存在于(111)面里的位错特征。

T27.5   如果有 g(3g) 条件，必须通过多大的角度使位错附近的平面弯曲以至于满足图 27.9 中的布拉格条件？

T27.6   如果 $\mathbf{g} = 2\bar{2}0$ 并且样品平行于(111)面，利用式(27.9)，推导 g(3g) 条件和 g(4g) 条件位错像的宽度。

T27.7   考虑图 27.15，推断有多少{111}面远离连续的而且是暗的(在 D 中)位错。解释所有的假设并且逐步实现这些答案。

T27.8   考虑图 27.19，推断该图中所有完全缺陷和局部缺陷的特征，假设这些缺陷全部在(111)晶面。

T27.9   考虑图 27.23，如果样品是(111)并且利用 g(3g) 条件成像，推断样品的厚度。解释所有的假设和论据。

T27.10   考虑图 27.21，用于形成这个像的最有可能 g 是多少，在哪个方向？解释你的理由。

T27.11　(一个非常有挑战性的问题)考虑图 27.16,假设正在观察同一个位错,什么时候能看到左边的相量,什么又能看到右边的相量?

T27.12　确定在 100 kV 时,对于 Cu 220 的 s 值(图 27.2)。

T27.13　图 27.8,估算层错能(SFE)的值。假定是 Cu fcc 合金,**g**、3**g** 条件。

T27.14　估算图 27.13 中样品的最大厚度。尖晶石结构的 220、**g**、3**g**、100 kV。

T27.15　图 27.14,相量图 100 kV,对于 Cu、**g**=220、**g**、3**g** 条件。样品的厚度是多少?

T27.16　(有挑战性的)得到式(27.8),解释所有的假设。

T27.17　(有挑战性的)图 27.9 大大地夸大了位错的弯曲程度。估算在 **g**、3**g** 和 100 kV 条件下对 **g** 有贡献的原子柱长度。

T27.18　假设在 100 kV、200 kV 和 300 kV,要想得到以下反射面上位错的 WB 像,n 应该取多少?(a)Al_2O_3(氧化铝)的 $(11\bar{2}0)$ 面;(b)$MgAl_2O_4$(尖晶石)的 (220) 面;(c)$MgAl_2O_4$ 的 (111) 面;(d)YAG 的 (222) 面;(e)Si 的 (220) 面;(f)Si 的 (111) 面;(g)W 的 (110) 面;(h)Au 的 (200) 面。

T27.19　如果样品始终处在满足 **g**、3**g** 条件(Cu, 100 kV),要建立 **g**、4**g** 条件需要转多少角度?(用角度和弧度回答)

T27.20　对晶体中 4 个重叠的位错成像,得到图像的最大强度是多少?用理想晶体可能强度的倍数来回答。利用 Cu 100 kV 和 **g**、5**g** 以及 **g**=111。

T27.21　讨论如何用弱束成像来获得薄样品的形貌,尽管样品厚度会随任一表面波动而变化。提示:这个问题和电子断层摄影术有关。

T27.22　讨论利用装有漂移补偿的能量过滤 TEM 将如何改善弱束成像?还要用相同的 s 值吗?

T27.23　J 教授想利用弱束成像来获得位错芯的信息,哪些因素会最终限制她获得信息?这些限制是怎样依赖于样品性质的?

第 28 章
高分辨率透射电子显微学

章 节 预 览

现在来重新思考使用透射电子显微镜（TEM）的目的，让它更适用于高分辨透射电子显微镜（HRTEM），从而使图像上的有用信息最大化。为了使高分辨图像包含最多的有用信息（注意这里的"有用"一词），我们需要重新审视 TEM 显微镜被认为是一种把样品上的信息传递到图像上的光学器件的观点。这种光学器件由一系列沿着光学（对称）轴呈中心对称的透镜和光阑排列组成。我们要做的就是把样品上的"所有"信息传递到图像上。但是，想要将样品上的"所有"信息完全传递到图像上，有两个现存的问题需要克服。第一个问题是，在第 6 章提到的，透镜系统并不完美，会导致图像的扭曲，并且透镜的大小有限，会导致一些样品信息的丢失（阿贝原理）。第二个问题是必须用原子模型来为材料做图像解析。理想情况下，这种模型包括对原子势和原子成键状态的完整描述，但是我们对这两者都一无所知。除此之外，我们还需要确切知道电子在穿过样品时所遇到的原子数。所以，我们主要的任务是找到最好的(符合实际情况的方法，构建模型)折中方法，为实际情况构建模型。为了得到更理论性的结论，我们将引入"图像理论"语言，该语言被越来越多地用于 HRTEM。

或许对 HRTEM 来说，最大的挑战是图像解释；得到一张分辨率达到 0.2 nm 的图像不难，而正确地解释却并非易事。当做纳米材料时尤其要注意这点。本章会以总结 HRTEM 在周期材料、非周期材料、周期与非周期混合材料以及单个原子中的实验应用作为结束。

注意：HRTEM 是 TEM 技术中最重要的一个方面，并且通常对获得新的 TEM 基金起到至关重要的作用。这一章介绍了一些标准概念和一些正在探索开发中的观点，有些是简单易懂的，有些则比较复杂。

28.1　光学系统的作用

透射电子显微镜所做的就是把样品上的每一点转换成图像上的一个扩展区域(扩展区域最好是圆盘)。由于样品上每个点可能都不一样，因此可以用样品函数 $f(x, y)$ 来描述样品。最终图像中与样品上 (x, y) 点对应的扩展区域就可以用函数 $g(x, y)$ 来表示，如图 28.1 所示，需要注意的是 f 和 g 都是 x、y 的函数。

考虑样品上两个相邻的点 A 和 B，它们将产生相互交叠的两个盘 g_A 和 g_B，如图 28.2 所示。更深入地讲，图像上的每个点是样品上很多点共同作用的结果，其数学表示如下：

$$g(\mathbf{r}) = \int f(\mathbf{r}')h(\mathbf{r} - \mathbf{r}')\mathrm{d}\mathbf{r}' \tag{28.1}$$

$$= f(\mathbf{r}) \otimes h(\mathbf{r}) \tag{28.2}$$

这里 $h(\mathbf{r}-\mathbf{r}')$ 是一个加权项，表明样品中每个点对图像中每个点贡献的大小。

点扩展函数

由于 $h(\mathbf{r})$ 描述如何将一个点扩展成一个盘，所以它被称为是点扩展函数或者涂污函数，$g(\mathbf{r})$ 就是 $f(\mathbf{r})$ 和 $h(\mathbf{r})$ 的卷积。

Spence(1988)把 $h(\mathbf{r})$ 称为脉冲响应函数，并注意到它只适用于样品上的小部分，即位于同一平面并且靠近电镜光轴的部分。符号 $\otimes$ 表明两个函数 f 和 g 是"交叠在一起"(相乘并积分)或者"相互卷积"。

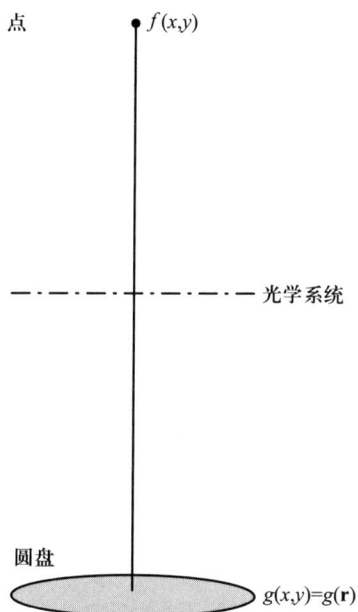

图 28.1 在光学系统中，样品上的点[用 $f(x, y)$ 描述]在图像上变成圆盘[用 $g(x, y)$ 描述]。图像上一点 (x, y) 的强度用函数 $g(x, y)$ 或者 $g(\mathbf{r})$ 描述。不同的点 (x, y) 对应不同的 $g(x, y)$

28.2　无线电类比

可以把成像过程比作用唱片（或者磁带、光盘）录制乐队的音乐，甚至可以比作把音乐直接地（或通过无线电）传送到大脑。我们希望听到响亮的鼓声和宁静的笛声（大的振幅和小的振幅）；希望听到小提琴的高音符和低音提琴的低音符（高频率和低频率）。由于声频放大器在低频和高频时受到限制，所以我们不能获得很好的原音再现。如第 22 章所说，振幅很重要，但是在 TEM 图像中如何确定频率？高声频和 $1/t$ 有关；点阵图像中的频率和 $1/x$ 有关。所以高的空间频率仅仅对应小的距离。在高分辨研究工作中寻求的就是高空间频率。注意这里用的是高/低和大/小。

空 间 频 谱

高分辨率需要高的空间频率。

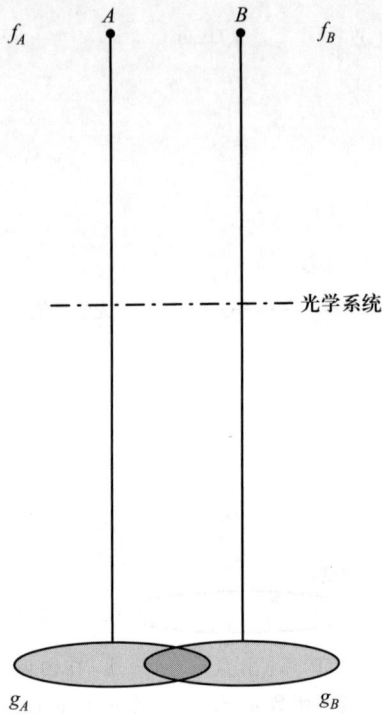

图 28.2　样品中的两个点 f_A 和 f_B 在图像上成两个盘 g_A 和 g_B

图 28.2 所示为样品上的 A、B 两点和它们在屏幕上的圆盘像。之所以看到的是圆盘(见第 6 章关于 Rayleigh 盘的讨论),是由于透镜系统并不是理想的。也可以把 (x, y) 点图像的亮度 $g(x, y)$ 写成 $g(\mathbf{r})$,在一些简单的例子中,这些图像盘有相同的亮度。任意的二维像函数总可以表示成正弦波之和:

$$g(x,y) = \sum_{u_x, u_y} G(u_x - u_y)\exp[2\pi i(xu_x + yu_y)] \qquad (28.3)$$

$$g(x,y) = \sum_u G(\mathbf{u})\exp(2\pi i\mathbf{u}\cdot\mathbf{r}) \qquad (28.4)$$

这里 $\mathbf{u}$ 是倒格矢,也是特定方向上的空间频率。式中 $g(\mathbf{r})$ 被表示成 $G(\mathbf{u})$ 可能值的组合,则 $G(\mathbf{u})$ 被称作 $g(\mathbf{r})$ 的傅里叶变换。现在再定义另外两个傅里叶变换:$F(\mathbf{u})$ 是 $f(\mathbf{r})$ 的傅里叶变换,$H(\mathbf{u})$ 是 $h(\mathbf{r})$ 的傅里叶变换。

函数的傅里叶变换

傅里叶变换是将函数表示成一系列频率函数之和的形式,是函数在频率空间的表达。

既然 $h(\mathbf{r})$ 表示的是样品上的信息如何传递到图像上，那么 $H(\mathbf{u})$ 应该是 $\mathbf{u}$ 空间中的信息（或衬度）如何传递到图像上。

$H(\mathbf{u})$ 是衬度传递函数。

这 3 个傅里叶变换存在下列关系：

$$G(\mathbf{u}) = H(\mathbf{u})F(\mathbf{u}) \tag{28.5}$$

由此可见，实空间中的卷积[式(28.1)]变成了倒易空间的乘积[式(28.5)]。

影响 $H(\mathbf{u})$ 的因素包括：

孔径→孔径函数 $A(\mathbf{u})$；

波的衰减→包络函数 $E(\mathbf{u})$；

透镜像差→像差函数 $B(\mathbf{u})$。

把 $H(\mathbf{u})$ 写成这 3 项的乘积：

$$H(\mathbf{u}) = A(\mathbf{u})E(\mathbf{u})B(\mathbf{u}) \tag{28.6}$$

孔径函数说明物镜光阑会阻挡掉所有大于设置的光阑孔径值（或高）的 $\mathbf{u}$（空间频率）。包络函数具有同孔径函数同样的作用，但它反应的是透镜本身特性，因此可能比 $A(\mathbf{u})$ 更多或更少地限制 $\mathbf{u}$ 值。$B(\mathbf{u})$ 通常表示成

$$B(\mathbf{u}) = \exp[-i\chi(\mathbf{u})] \tag{28.7}$$

$\chi(\mathbf{u})$ 可以写成

$$\chi(\mathbf{u}) = \pi \Delta f \lambda u^2 + \frac{1}{2}\pi C_s \lambda^3 u^4 \tag{28.8}$$

这个方程的简单推导将在第 28.6 节中给出。该方程的基础是第 6 章讨论的概念，当时考察了 C_s 的来源。

过　　焦

$\Delta f > 0$ 是过焦，意味着已经把物镜的焦点聚在样品之上的平面（这里说的"之上"意思是电子到达样品之前；电镜倒置的情况也是一样的道理）。

至此总结如下：在衍射图中，高空间频率离电镜光轴的距离较大。在这些较大距离处通过透镜的电子束被物镜强烈弯曲。由于球面像差的存在，这些弯曲的电子束不能被聚焦在同一点上，这就造成了图像上点的扩展。结果就是物镜把图像放大了，却也模糊了图像的具体细节。这些"模糊"限制了 HRTEM 的分辨率。

■ 样品平面上的每一点最终都转换成图像上的扩展区域（或扩展盘）。

■ 图像上的每一点是样品上许多点共同作用的结果。

线 性 近 似
"图像和弱样品势之间的线性关系"有利于我们做好图像分析工作。

现在回过头来看看如何来表示样品，也就是式(28.2)中的 $f(\mathbf{r})$ 是什么？（在这讨论中，将会交替使用坐标 $\mathbf{r}$ 和 x, y；前者用起来比较简洁，但通过使用后者可以来强调 z 分量。）

28.3　样品

由于讨论的是 TEM，所以把样品函数 $f(\mathbf{r})$ 叫作样品传递函数。请记住，这里将用一个模型来表示样品，而这个模型需要做一些特定的假设。通常将 $f(\mathbf{r})$ 表示成

$$f(x,y) = A(x,y)\exp\left[-\mathrm{i}\phi_t(x,y)\right] \qquad (28.9)$$

式中，$A(x, y)$ 是振幅（而不是孔径函数）；$\phi_t(x, y)$ 是相位，它取决于样品厚度。

在 HRTEM 的实际应用中，通过设定 $A(x, y) = 1$ 来进一步简化该模型；比如将入射波的振幅归一化。相位的改变仅仅依赖于势函数 $V(x, y, z)$，势函数使电子看起来像穿过样品一样（根据 Van Dyck 的假设）。假定样品很薄，厚度设为 t，投影势函数 $V_t(x, y)$ 通常写成

$$V_t(x,y) = \int_0^t V(x,y,z)\,\mathrm{d}z \qquad (28.10)$$

现在要做的就是构造晶体结构的二维投影；这一方法对解释大多数高分辨率图像至关重要。

真空中电子的波长 λ 和能量的关系表示如下（理想情况下，λ 应该用相对论值）：

$$\lambda = \frac{h}{\sqrt{2meE}} \qquad (28.11)$$

（为了简化，只采用非相对论形式来分析）当电子在晶体中时，λ 变成了 λ'

$$\lambda' = \frac{h}{\sqrt{2me(E + V(x,y,z))}} \qquad (28.12)$$

所以说，当电子穿过厚度为 $\mathrm{d}z$ 的材料，电子经历的相位改变表示为

$$\mathrm{d}\phi = 2\pi\frac{\mathrm{d}z}{\lambda'} - 2\pi\frac{\mathrm{d}z}{\lambda} \qquad (28.13)$$

$$\mathrm{d}\phi = 2\pi\frac{\mathrm{d}z}{\lambda}\left[\frac{\sqrt{E + V(x,y,z)}}{\sqrt{E}} - 1\right] \qquad (28.14)$$

$$d\phi = 2\pi \frac{dz}{\lambda} \left\{ \left[1 + \frac{V(x,y,z)}{E} \right]^{1/2} - 1 \right\} \qquad (28.15)$$

$$d\phi = 2\pi \frac{dz}{\lambda} \frac{1}{2} \frac{V(x,y,z)}{E} \qquad (28.16)$$

$$d\phi = \frac{\pi}{\lambda E} V(x,y,z) dz \qquad (28.17)$$

$$d\phi = \sigma V(x,y,z) dz \qquad (28.18)$$

所以，总的相位变化只取决于 $V(x, y, z)$，因为

$$d\phi = \sigma \int V(x,y,z) dz = \sigma V_t(x,y) \qquad (28.19)$$

式中，$V_t(x, y)$ 是样品的势函数在 z 方向的投影。

σ 称为相互作用常数，（第3章有很多关于 σ 的讨论，但要注意，所有的 σ 并不相同）。由于电子能量和 E 或 λ^{-1} 成正比（即当两个变量 E 和 λ 变化时，彼此会相互补偿），所以随着 V 的增大，σ 趋于常数。

相互作用常数

这个 σ 并不是应力或散射截面，它是另一种弹性相互作用。

现在考虑吸收作用，引入吸收函数 $\mu(x, y)$，样品传递函数 $f(x, y)$ 由下式给出

$$f(x,y) = \exp[-i\sigma V_t(x,y) - \mu(x,y)] \qquad (28.20)$$

这个模型的作用是将样品表示成一个"相位物体"[不考虑 $\mu(x, y)$]，也就是相位-物体近似（POA）。幸运的是，吸收作用在相位-物体近似中通常是很小的。

相位-物体近似 POA

通常情况下，相位-物体近似仅仅适用于薄的样品。

如果样品非常薄以至于 $V_t(x, y) \ll 1$，该模型可以进一步简化。把指数函数展开，并忽略 μ 以及高阶项，得到

$$f(x,y) = 1 - i\sigma V_t(x,y) \qquad (28.21)$$

即弱相位物体近似（WPOA）下的样品传递函数。WPOA 结果表明，对于非常薄的样品，透射波函数的振幅和样品的投影势之间呈线性关系。需要注意的是，这个模型中投影势考虑了 z 方向的变化，这样一个电子通过原子中心的情况和通过原子中心以外区域的情况是大不相同的。

幸运的是，现在有很多软件可以用来计算图像所反映的样品几何形状。但是，一定要记住：用来表述样品的模型具有一定的局限性。为了强调它的局限性，请记住 WPOA 并不适用于电子波经过单个 U 原子的中心，单层的 U 原子对于弱相位物体近似还是太厚；Fejes 发现对于复杂氧化物 $Ti_2Nb_{10}O_{27}$，WPOA 只适合于样品厚度小于 0.6 nm 的情况。虽然有局限性，但这种方法的应用范围远比那些计算评估给出的更广泛。

28.4　WPOA 在 TEM 中的应用

到目前为止，所采用的处理方法都是很笼统的，现在将具体应用弱相位物体近似模型。如果用式（28.21）来描述 $f(\mathbf{r})$，那么从式（28.2）可知图像中看到的波函数可以表示为

$$\psi(x,y) = [\,1 - i\sigma V_t(x,y)\,] \otimes h(x,y) \tag{28.22}$$

将 $h(x,y)$ 表示为 $\cos(x,y)+i\sin(x,y)$，那么 $\psi(x,y)$ 变为

$$\psi(x,y) = 1 + \sigma V_t(x,y) \otimes \sin(x,y) - i\sigma V_t(x,y) \otimes \cos(x,y) \tag{28.23}$$

则通常的强度表达式为

$$I = \psi\psi^* = |\,\psi\,|^2 \tag{28.24}$$

把 ψ 代入上式并忽略 σ^2 项（因为 σ 很小），得到

$$I = 1 + 2\sigma V_t(x,y) \otimes \sin(x,y) \tag{28.25}$$

结果表明，在弱相位物体近似模型中，只有 $B(\mathbf{u})$ 的虚部［式（28.7）］对式（28.24）中的强度有贡献［因为它给出了 $h(x,y)$ 的虚部］。所以，可以设 $B(\mathbf{u})=2\sin\chi(\mathbf{u})$，而不是 $\exp[i\chi(\mathbf{u})]$（注意系数 2）。

现在定义一个新的量 $T(\mathbf{u})$，为了与 $H(\mathbf{u})$ 区分，我们把它称为强度传递函数。它由下式给出

$$T(\mathbf{u}) = A(\mathbf{u})E(\mathbf{u})2\sin\chi(\mathbf{u}) \tag{28.26}$$

注意，$T(\mathbf{u})$ 和式（28.6）中定义的 $H(\mathbf{u})$ 并不相同，但和 $H(\mathbf{u})$ 密切相关。式（28.26）中的"2"就是式（28.25）中的"2"。它的出现是因为考虑电子束的强度，在式（28.24）中将 ψ 和其复共轭相乘。有些书中，式（28.26）中有负号（特别在 Reimer 的书中），这是在 $B(\mathbf{u})$ 随 $\mathbf{u}$ 变化关系图的转换中设定 $B(\mathbf{u})>0$ 为正相位衬度的结果。

有关术语的说明：在高分辨率电子显微镜中，常常看到把 $T(\mathbf{u})$ 叫作衬度传递函数，而不是 $H(\mathbf{u})$。这个术语来自可见光光学中非相干光图像处理的分析过程。对于相干光成像，$T(\mathbf{u})$ 和 $H(\mathbf{u})$ 是一样的，点扩散函数是衬度传递函数（CTF）的傅里叶变换。等式描述了 $T(\mathbf{u})$ 来自存在相干图像时的情况，对于非相干光，点扩散函数为：

$$\cos^2(x,y) + \sin^2(x,y) \tag{28.27}$$

它正好等于 1。

所以在高分辨率电子显微镜中，衬度传递函数和 $T(\mathbf{u})$ 是不一样的，所以 $T(\mathbf{u})$ 通常被称作物镜传递函数。

28.5 传递函数

这里必须注意两件事：第一，如刚刚所说，传递函数 $T(\mathbf{u})$ 的公式适用于任何样品；第二，$T(\mathbf{u})$ 并不是 HRTEM 的"衬度传递函数"。这个公式存在一个问题，即图像波函数不是一个可见量。我们从图像中看到的是衬度，或者是光密度、电流输出值等等价量，它们不和物体波函数呈线性关系。幸运的是，在一些特定条件下，例如样品作为"弱相位物体"时，可见量之间存在线性关系。

> **传 递 函 数**
>
> 当 $T(\mathbf{u})$ 为负时，将导致正的相位衬度，意味着在明亮的背景上原子将形成黑斑。当 $T(\mathbf{u})$ 为正时，将导致负的相位衬度，意味着在黑的背景上原子将形成明亮的斑。当 $T(\mathbf{u})$ 为 0 时，不能从图像中得到该 $\mathbf{u}$ 值的具体信息（注意这里假设 $C_s > 0$）。

如果样品是一个弱相位物体，那么传递函数 $T(\mathbf{u})$ 有时就叫作"衬度传递函数"，这是因为不存在振幅的贡献，并且传递系统的输出是一个可见量（图像衬度）。如果忽略 $E(\mathbf{u})$，适用于该图像形成过程的传递函数有以下形式［由式（28.26）可得］：

$$T(\mathbf{u}) = 2A(\mathbf{u})\sin\chi(\mathbf{u}) \tag{28.28}$$

式中，$A(\mathbf{u})$ 是孔径函数；$\chi(\mathbf{u})$ 是相位失真函数。

> **$\chi(\mathbf{u})$**
>
> 换句话说，相位失真函数可表示成波经过路径差的 $2\pi/\lambda$ 倍，具有相位移的形式，它与球面像差、离焦量以及像散有关。

假定像散可以完全被校正，相位失真函数就是由两项决定。如果衬度传递函数和相位失真函数相当，那么可以得到许多结果。注意衬度传递函数是振荡的；有许多被"间隙"分隔而形成透射的"带"，间隙的地方不存在透射。

相位失真函数是 $\pm\pi/2$ 的奇数倍时，衬度传递函数达到一系列最大值（即衬度传递的最大值）。而 $\chi(\mathbf{u})$ 等于 $\pm\pi$ 的整数倍时，衬度为 0。

$T(\mathbf{u})$ 取负值却给出正的衬度，原因是衍射导致相位改变 $-\pi/2$，如果衍射电子束相位进一步改变 $-\pi/2$，减去前向散射束的振幅，从而导致原子以暗点出现（正的衬度）。如果相同的电子束相位改变了 $+\pi/2$，将与前向散射电子束振幅相加（它们是同相），从而导致原子以亮点出现（负的衬度）。

28.6　关于 $\chi(\mathbf{u})$、$\sin\chi(\mathbf{u})$ 和 $\cos\chi(\mathbf{u})$ 的更多讨论

$T(\mathbf{u})$ 理想的形式是随着 $\mathbf{u}$ 的增加，$T(\mathbf{u})$ 将是一个常数，就像图 28.3 中所示。由于较小的 $\mathbf{u}$ 对应于非常大的 x（也就是样品中的长距离），因此在 $u=0$ 时，$T(\mathbf{u})$ 是 0。如果 $T(\mathbf{u})$ 较大，意味着相应 $\mathbf{u}$ 值的周期频率或空间频率将被强烈的透射而出现在图像上。这时我们需要不同的 $\mathbf{u}$ 给出相同的衬度，那么晶体中的所有原子将统一以暗点的形式出现；而不是有些以暗斑点，有些以亮斑点的形式出现。如果出现后者的情况，那么将很难对图像做解释。

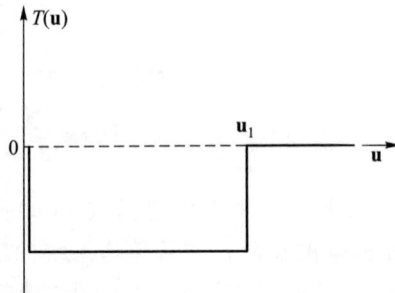

图 28.3　理想的传递函数 $T(\mathbf{u})$。在这个例子中，$T(\mathbf{u})$（$0<u\leqslant u_1$）为负，绝对值很大

有用的 $\mathbf{u}$

在 $\mathbf{u}=\mathbf{u}_1$ 时 $T(\mathbf{u})$ 为 0，而我们期望的是 $\mathbf{u}_1$ 尽可能地大。如果 $T(\mathbf{u})$ 和 $\mathbf{u}$ 轴相交，传递函数的符号变成和原来相反的。这意味着 $\mathbf{u}_1$ 给定了一个限度，在这个限度里面图像能被直接解释，因此 $\mathbf{u}_1$ 是一个很重要的参数。

现在通过一个简单的操作来得出 $\chi(\mathbf{u})$ 的表达式，结合物镜的球差效应［式(6.14)］和离焦量［式(11.18)］，可以发现样品上的一点在图像上是一个半径为 $\delta(\theta)$ 的盘，

$$\delta(\theta) = C_s\theta^3 + \Delta f\theta \tag{28.29}$$

由于物镜的球差和 Δf 的限制，以 θ 角通过物镜的光线不可能都聚焦在高斯图像平面上。如果 θ 只有一个值，那么讨论将会变简单。事实上，θ 的值是一个范围，因此将各个 θ 值求平均（积分），得到

$$D(\theta) = \int_0^\theta \delta(\theta)\,\mathrm{d}\theta = \frac{C_s\theta^4}{4} + \Delta f\frac{\theta^2}{2} \tag{28.30}$$

由布拉格定律可知，

$$2d\sin\theta_B = n\lambda \tag{28.31}$$

或者，因 $\sin\theta_B$ 很小

$$2\theta_B \cong \lambda g \tag{28.32}$$

所以，在式（28.30）中，可以用 λu 代替 θ，这里 $\mathbf{u}$ 是倒易点阵矢量（记住，散射角是 $2\theta_B$，而不是 θ_B）。

我们对相位 $\chi(\mathbf{u})$ 感兴趣，所以把 $\chi(\mathbf{u})$ 写成

$$\chi(\mathbf{u}) = phase = \frac{2\pi}{\lambda}D(\mathbf{u}) = \frac{2\pi}{\lambda}\left(C_s\frac{\lambda^4 u^4}{4} + \Delta f\frac{\lambda^2 u^2}{2}\right) \tag{28.33}$$

得到

$$\chi = \pi\Delta f\lambda u^2 + \frac{1}{2}\pi C_s\lambda^3 u^4 \tag{28.34}$$

这个方程在式（28.8）引用过。显然，$\sin\chi(\mathbf{u})$ 将是一条很复杂的曲线，它与 C_s 的值（透镜质量）、λ（加速电压）、Δf（图像选择的离焦量）以及 $\mathbf{u}$（空间频率）有关。关于式（28.34）更严格详细的推导，参考 John Spence 著书的第 3.3节；大多数人都是从式（28.34）开始，而没有深究它的推导。

体会 χ 的重要性最好的方法是利用第 30 章中的一个模拟程序包，每次改变一个参数来进行讨论。$T(\mathbf{u})$（$=2\sin\chi$）随 $\mathbf{u}$ 的变化曲线如图 28.4 所示，反映了 $T(\mathbf{u})$ 的主要特征。该曲线对应的 $C_s = 1$ mm，$E_0 = 200$ kV，离焦量是 -58 nm。

该曲线的重要特征如图 28.4~图 28.6 所示。

■ $\sin\chi$ 从 0 开始并且逐渐减小。当 $\mathbf{u}$ 较小时，Δf 项是主要项。

■ 在 $\mathbf{u}_1$ 时，$\sin\chi$ 第一次和 $\mathbf{u}$ 轴相交，随后随着 $\mathbf{u}$ 的增加重复地和 $\mathbf{u}$ 轴相交。

■ χ 可以永远延续下去，但是实际上，它由另一个函数来修正，将在第 28.8 节讨论。

选择了一个电镜和它的物镜，就等于有了确定的 C_s（除非这是球差校正的 TEM），尽管 C_s 在一定程度上和选择的 λ 有关。$T(\mathbf{u})$ 随 $\mathbf{u}$ 的变化曲线不依赖于样品。图 28.5 所示是虚拟的 C_s 在可变的 200 kV 电镜的一系列 $\sin\chi$ 曲线。在每种情况下，都选出了"最好"的曲线（这个随后就会讨论）。从图中可以看

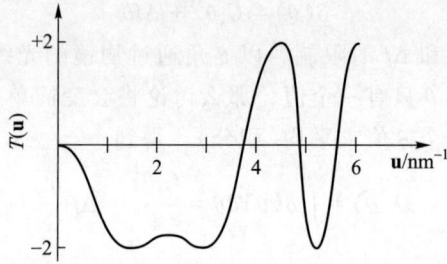

图 28.4 $T(\mathbf{u})$ 随 $\mathbf{u}$ 的变化曲线 ($C_s = 1$ mm, $E_0 = 200$ kV, $\Delta f = -58$ nm)

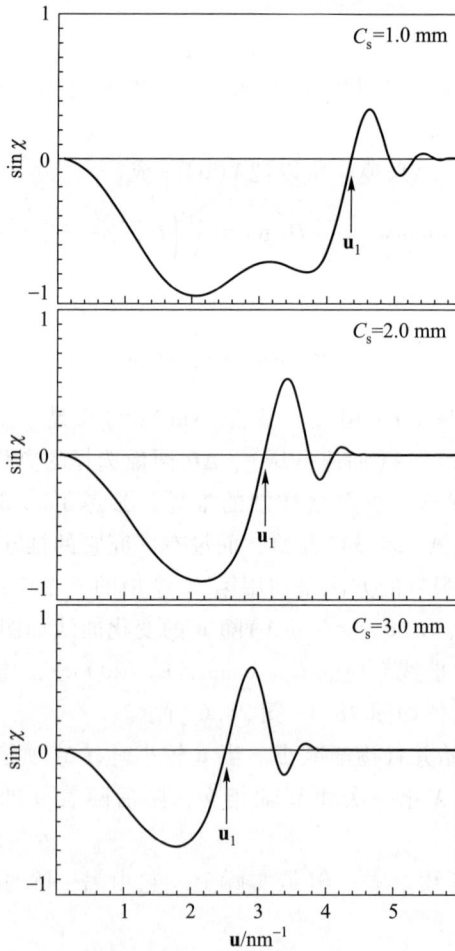

图 28.5 不同 C_s 时 $\sin \chi$ 随 $\mathbf{u}$ 的变化曲线。$2\sin \chi = T(\mathbf{u})$ ($E_0 = 200$ kV, $\Delta f = -60$ nm)

出, C_s 越小, $\mathbf{u}_1$ 值越大;因此较小的 C_s 意味着较高的空间分辨率。

C_s，Δt 和 β

高空间频率→大的衍射角→大的物镜效应(C_s)

所以对于大的物镜孔径半角 β，β^4 项就显得比较重要，决定了 C_s，但是也可改变 Δf 来改变 C_s。

如果 C_s 固定不变，再做一次最好的曲线，但是这次改变 λ，可以得出最小的 λ 对应最高的空间分辨率。这一结果并不让人惊奇，高的空间分辨率需要的是小的 C_s 和小的 λ，或者高的电压。所以我们选择电镜来优化 C_s 和 λ。现在只让 Δf 改变。图 28.6 给出了 Δf 变化时的一系列曲线。注意在 $\mathbf{u}_2$ 处图形有

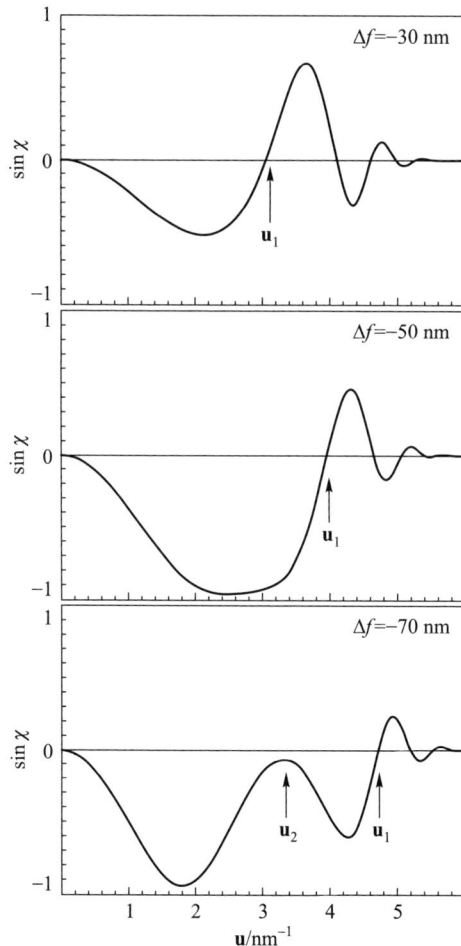

图 28.6 不同 Δf 时 $\sin\chi$ 随 $\mathbf{u}$ 的变化曲线($E_0 = 200$ kV，$C_s = 1.0$ mm)

个凸起，这个凸起将随着 Δf 的增加而增加，一直到和 u 轴相交，以至于使 $\mathbf{u}_1$ 突然变得很小。如果只让 Δf 变小，那么 $\mathbf{u}_1$ 将稳定减小。下一节（第 28.7 节）将讨论 Δf 的最优值。

28.7　Scherzer 离焦

衬度传递函数中 0 的出现意味着在输出信号谱中存在间隙，间隙部分没有信号输出，就好像这些频率的信号被过滤了。显然，最佳的传递函数是出现 0 最少的函数，这种情况对应于最好的透镜。在 1949 年，Scherzer 注意到了传递函数可以通过 Δf 取特定负值平衡球差效应而得到优化。这个特定的 Δf 值就被称作"Scherzer 离焦量"，记作 Δf_{Sch}，可以表示为

$$\Delta f_{\mathrm{Sch}} = -1.2(C_s\lambda)^{1/2} \tag{28.35}$$

在这个离焦量式子中（在下文中将给出推导过程），电子束几乎保持恒定的相位直到与零轴的"第一个交叉点"，这个交叉点定义了设备的分辨率极限。除非用复杂的图像处理来提取更多的信息，这个分辨极限将是电镜所能达到的最佳效果。换句话说，这不是信息极限，而是直接解释所看到的图像的极限。像在第 6 章定义图像分辨率时一样，其他作者会给出不同的常数值，而不是式（28.35）所给出的 1.2。这个数值是计算值，它依赖于所采用的近似。

这里对分辨率的定义有新的含义。在第 6 章使用的 Rayleigh 判据仅仅与用肉眼分辨紧密分布物点的能力有关。新含义要求在物质波谱中有一段平坦响应，目的就是使尽可能多的电子束以不变的相位被光学系统所传递，即在平坦响应范围内全部被传递。这就是在高分辨率电镜中控制相位衬度成像的潜在原理。

信 息 细 节

1970 年就可以拍摄到清晰度达 0.66 Å 的 TEM 图像，当时可判断的分辨率是 3.3 Å。所以并不是说能看到图像细节就意味着你获得了有用的样品信息。

从图 28.6 中看出，在 $\chi(\mathbf{u})$ 约为 $-120°$ 时，我们可以得到最理想的曲线；同时，当 χ 在 $-120°$ 至 $-60°$ 之间时，$\sin\chi$ 在 -1 附近。当 $\chi = \pi$ 时，$\sin\chi = 0$。因此想要 $\sin\chi$ 在 $\mathbf{u}$ 的较大范围内尽可能大，如果 $\mathrm{d}\chi/\mathrm{d}u$ 为 0，$\sin\chi$ 将近似于平坦函数。所以，当 $\mathrm{d}\chi/\mathrm{d}u = 0$ 和 $\chi = -120°$ 时，我们得到最佳 Δf 值（考虑一下为什么选择这个 χ 值）。式（28.34）求微分得到

$$\frac{d\chi}{du} = 2\pi\Delta f\lambda u + 2\pi C_s\lambda^3 u^3 \tag{28.36}$$

设上式左边等于 0 得到

$$0 = \Delta f + C_s\lambda^2 u^2 \tag{28.37}$$

当 $\chi = -120°$，式（28.34）变成

$$-\frac{2\pi}{3} = \pi\Delta f\lambda u^2 + \frac{1}{2}\pi C_s\lambda^3 u^4 \tag{28.38}$$

联合式（28.37）和式（28.38）就得到 Δf 的值

$$\Delta f_{Sch} = -\left(\frac{4}{3}C_s\lambda\right)^{1/2} \tag{28.39}$$

下标表示 Scherzer 离焦量。由于 $(1.33)^{1/2} = 1.155$（约 1.2），就推导出式（28.35）。Δf 等 于 Scherzer 离 焦 量 时 ［ 将 Δf_{Sch} 代 入 式（28.37），并 利 用 $(1.155)^{1/2} = 1.51$ ］，可以发现下一个与横轴交点为

$$u_{Sch} = 1.51 C_s^{-1/4}\lambda^{-3/4} \tag{28.40}$$

在 Scherzer 离焦量时的分辨率就被定义为 u_{Sch} 的倒数

$$r_{Sch} = \frac{1}{1.51}C_s^{1/4}\lambda^{3/4} = 0.66 C_s^{1/4}\lambda^{3/4} \tag{28.41}$$

在有些地方，这个表达式中的常数值不同，其原因在第 6.6.2 节已做了讨论（这里主要考虑了 Δf 和 C_s 的影响）。如果减少对所选 χ 值的限制，常数的值将会增大，这会导致 r_{Sch} 减小（即得到更高的分辨率）。

$(C_s\lambda)^{1/2}$［式（28.39）］和 $(C_s\lambda^3)^{1/4}$［式（28.41）］在 HRTEM 中很重要，Hawkes 把它们定义为 1 Sch 和 1 Gl 单位（scherzer 量和 glaser 量），以纪念在 HRTEM 发展中这两位最著名的先驱者。注意这两个单位依赖于所使用的电镜。

在使用 EMS（第 1.6 节）时，由 Δf 和 C_s 的变化导致的相位移动是很有趣的。Thon 对该图形做了完美且先进的讨论，他描述了如何为 TEM 设计相位移片。Spence 给出了如何利用 $nu^{-2} - u^2$ 曲线来确定 Δf 和 C_s 的实验值；见图 31.6A。

28.8　包络阻尼函数

$\chi(\mathbf{u})$ 的曲线可以随 $\mathbf{u}$ 的变化任意延伸下去。但事实上，由于包络阻尼函数，它并不能任意延伸。换句话说，$\chi(\mathbf{u})$ 曲线将会在某一点停止延伸，因为电镜不能对十分精细的细节成像，其中原因不仅仅是线性系统的简单传递特性。

从第 5 章和第 6 章知道，电子源的空间相干性和色差效应会限制分辨率。

这些效应通过在传递函数中添加包络函数而在图像分析中给予考虑。结果表明，在理论上高的空间频率能正常地通过高阶窗口，而事实上将会出现阻尼衰减，如图 28.7B 所示。

这些包络函数的精确数学表达式是很复杂的。一般将传递函数 $T(\mathbf{u})$ 和色差包络 E_c、空间相干包络 E_a 相乘而得到有效传递函数 $T_{\text{eff}}(\mathbf{u})$

$$T_{\text{eff}}(\mathbf{u}) = T(\mathbf{u}) E_c E_a \tag{28.42}$$

包络函数的作用是在物镜的后焦面上增加一个虚拟光阑，不论焦距如何变化。如果想用实际光阑来去除不想要的噪声信号，由于包络效应，必须使实际光阑不大于"虚拟光阑"。虚拟光阑的出现意味着容易得到高阶传输频带，这就相当于在电镜中限定了新的分辨率极限。这就是之前所说的"信息恢复极限"或"信息极限"。

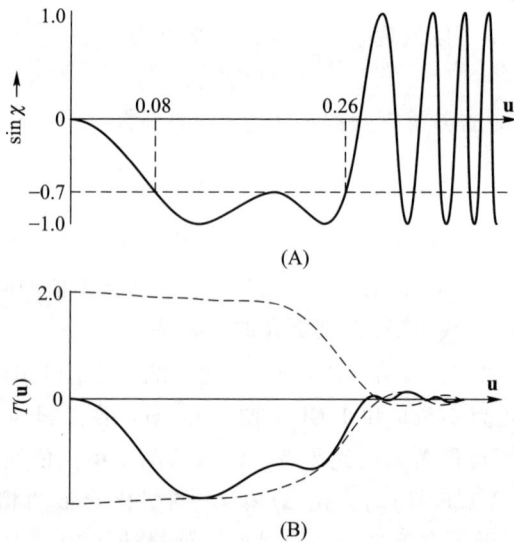

图 28.7　(A)无阻尼状态下高空间频率时，$\sin\chi(\mathbf{u})$ 随 $\mathbf{u}$ 的变化曲线。(B)由包络阻尼函数改进后的 $\sin\chi(\mathbf{u})$ 随 $\mathbf{u}$ 的变化曲线(虚线)，$\Delta f = -100$ nm，$C_s = 2.2$ nm

谨记这些极限，在不超过仪器分辨率极限的情况下，相位衬度图像可以被直接(即直观)解释；这个极限通过在 Scherzer 离焦量的交叉点或包络函数来调节，即，看哪个函数等于 0。如果信号极限超过了 Scherzer 分辨率极限，则需要利用图像模拟软件(见第 30 章)来说明超过 Scherzer 极限的任何细节。

所以，可以沿着入射电子束的方向对原子列进行成像，它们的位置由 Scherzer 分辨率决定的相对衬度来如实呈现出来。如果电镜在不同的离焦量下操作，传递函数中的交叉点使得图像解释变得很困难，这时的图像解释就需要借助计算机模拟。

28.9 利用传输频带成像

由于衬度传递函数依赖于焦距，所以电镜操作者必须掌握所有传递函数的形式。例如，衬度传递的最差例子是所有的衬度都最小。这个最小衬度（MC）的离焦条件（Δf_{MC}）也被称为是 STEM 成像中的暗场正焦条件，这时的 χ 应该满足下列条件：

$$\sin \chi(\mathbf{u}) = 0.3 \qquad (28.43)$$

或者

$$\Delta f_{MC} = -0.44(C_s \lambda)^{1/2} \qquad (28.44)$$

这个聚焦设置之所以重要，是因为在操作 TEM 时，你会在屏幕上直接看到这个聚焦的结果，即，看不到任何东西。如果把焦点调节到这种什么都看不见的状态，对应的聚焦值可以作为一个参考点，从这个参考点改变 Δf 就容易达到 Scherzer 离焦量。如果你已经对电镜做了很好的合轴与消像散处理，上述过程就会很简单，因为你可以轻易地将衬度最小化。

衬度传递函数的其他特殊设置或许同样有用，其思想就是为了能利用传递函数中的传输频带或大的"窗口"，来产生对成像有利的更高的空间频率。图 28.8 中，在有用的 $\mathbf{u}$ 范围内，χ 是常数，或者 $d\chi/du$ 很小。当频率满足下列值时，这些传输频带周期性地出现，

$$\Delta f_p^n = -\left[\left(\frac{8n+3}{2}\right)(C_s \lambda)\right]^{1/2} \qquad (28.45)$$

这个式子并不是精确的关系式，但能给出正确的指导；它的推导由 Spence 给出。事实上，$n=0$ 的传输频带等价于 Scherzer 离焦设置。通过它能得到更高的空间频率，从而得到实空间中更精细的细节。所付出的代价是在低空间频率时传递函数存在等于 0 的情况。在一些应用中，0 的出现可能会导致一些问题；

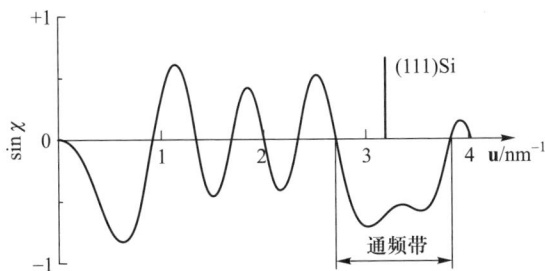

图 28.8 有利于利用衬度函数中的传输频带或大的"窗口"的衬度传递函数设置，图中以 Si (111) 为例

但在另一些应用中，在更高传输频带设置下会得到一些有用信息。对于像 JEOL200CX 这类的电镜，这些传输频带设置是：-66 nm（Scherzer，或 $n=1$），-129 nm（$n=2$），-19 nm（$n=3$），-202 nm（$n=4$）等。注意这些焦距都是负值。

Hashimoto 和 Endoh（1978）为任意晶体定义了一个"无像差聚焦"（AFF）状态。其思想是设置传递函数以使其只能在布拉格反射之间出现间隙。所有布拉格反射（甚至很高次的反射）都能有一个传递函数窗口。这个无相差聚焦设置定义为

$$\Delta f_{AFF} \lesseqgtr [2(4m \pm 0.23) + C_s \lambda^3/d^4](d^2/2\lambda) \qquad (28.46)$$

式中，$m = 0$，1，2，3…；d 是一级布拉格射线能分辨的基本点阵间距。把它应用到 $d_{(020)} = 0.2035$ nm 的 Au 晶体的 [001] 方向，电镜的加速电压为 100 kV，$C_s = 0.75$ nm，得到 Δf_{AFF} 为 -53.3 nm。在此焦距设置下，020、220、040、420、440 和 060 方向的传递函数峰值为 -2。

但是，该技术只能应用于感兴趣的空间频率已知的情况。换句话说，对于完整晶体它是很完美的，因为我们只关心布拉格峰。如果存在缺陷，则会失去很多关于缺陷的信息，因为缺陷的散射会发生在布拉格峰之间。任何处于传递函数间隙中的信号都将在图像中消失：实际上，缺陷是看不见的！

所以，在使用更高的传输频带设置时必须非常小心。你可能会获得一个完美的图像，但是它并不一定是样品的真实图像。使用高阶传输频带时，你必须意识到，样品成像时的分辨率已经超出了设备的分辨极限，已不能用直观的方法来解释图像。你必须利用衍射图样、计算机模拟和图像处理对图像进行非常仔细的计算来确切地知道传递函数在哪些条件下为 0。

28.10　实验需要考虑的事项

使用 HRTEM 成像时，必须首先要清楚自己希望得到什么信息。晶格条纹像会展现出很多条纹，但是不会告诉你原子在什么位置，而原子在哪个位置却可能正是你需要的。晶格条纹图像仅能给出晶体在非常小范围内的取向信息。另一种情况由对尖晶石的早期研究来阐述。想获得大小为 2.3 Å（氧 111 晶面的面间距）的信息，但是点分辨率是 2.7 Å。但是你依然可以从尖晶石 111 晶面（4.6 Å）上获得许多信息，所以你可以利用一个光阑来去除一些信息，这些信息只能在小于 4.6 Å 的尺度下增加一些无法解释的细节。把 HRTEM 图像和样品的原子结构联系起来很困难。但是你必须记住，上面所有处理过程都是基于 TEM 样品是一个弱相位物体而进行的。虽然大多数样品都无法满足这个标准。

在典型的 HRTEM 样品中，样品边缘的薄区附近存在一个在厚度上成楔形的区域，并能看到等厚条纹。等厚条纹的出现表明样品上该区域的厚度已经超

过了弱相位物体近似所允许的厚度！多重散射限制了晶体材料大多数相位衬度的成像条件。

多重和复

注意，在 HRTEM 领域使用"多重"表示散射次数 >1 的情形。这个术语和分析显微镜学家使用的不一样，他们的"多重"是指散射次数>20 的散射，而用"复"表示散射次数在 2~20 内的散射。在 HRTEM 中不出现"复散射"的描述。

较厚的样品容易产生菲涅耳效应，这和电子波沿入射方向透过较厚样品时存在波面扩展有关。当样品厚度增加时，非弹性散射效应也变得很重要。这些效应很难在计算机中模拟，我们将在第 30 章中讨论相关的非常有用的计算机模拟方法。

当实验图像和模拟图像在一定厚度和离焦量范围内符合得很好时，你才能对图像做出正确的解释，更多的细节会在第 30 章中讨论。

我们现在总结一下要得到具有原子分辨率的相位衬度图像需要做的 10 个步骤：

■ 选择一台 C_s 低、λ 小的仪器。

■ 做好合轴：电子和机械部分到达稳定状态需要一些时间。

■ 使用未饱和的 LaB_6 细丝和小的聚光镜光阑（或者你有一个 FEG，如后所述）。

■ 时常在高倍下调节物镜电流和电压中心。

■ 选择薄的、平的且干净的样品区域。

■ 利用小的 SAD 光阑或者图像中的等倾消光条纹调整样品的方向，直到电子束入射方向与晶带轴平行。

■ 实时校正像散，如果有必要可以使用光学衍射图像（见第 31 章）。

■ 找到样品衬度最小时的焦距值，并在最佳聚焦值附近采集一系列不同聚焦条件的图像。

■ 在相同聚光镜设置条件下拍摄 DP，计算会聚角 α，即会聚半角。

■ 用现有的计算机代码模拟并（或）处理图像（第 30 章）。

评论：你会发现电子束的电流中心和电压中心的合轴并不是很难。合轴后，图像不再随着物镜电流的变化或者加速电压的波动而移动。在第 31 章中会看到，要得到高的分辨率，入射电子束和电镜光轴的共轴是非常关键的。如果没有做好入射电子束和光轴的合轴，彗形像差就会出现，这会严重降低高分辨图像拍摄时的最高分辨率(参考文献中有关于其他像差的讨论)。我们把入射电子束和光轴合轴的过程称为"去彗差校正",在这个过程中会交替使用相同或相反的电子束倾转,倾斜幅度应与图像的周期性相匹配。如果存在电子束的残余倾转,并偏离光轴,那么图像将比另一图像更加失真。调节电子束倾斜角直到两个倾斜图像看起来失真程度差不多为止。在垂直方向重复上述过程。你需要大量的练习才能成功(见第 30.5 节)。

COMA 彗差

若光轴上的物点在像上是一个点,则偏离光轴的相同物点成像会失真,这种失真就像是彗星或者拖尾的畸变。在望远镜中,一个点(一颗星)看起来像彗星——有彗星样的模糊像(Coma:拉丁语中是头发的意思)。

实验技巧:一定记住样品的取向在 HRTEM 中是非常关键的。清楚电子束对样品的污染和破坏;样品在肉眼能看出变化之前就已变化。由于高质量的视频摄像机能得到电视水平的图像,现在的 HRTEM 显得非常容易,但是不要将电子束一个劲地入射到样品上。习惯使用电荷耦合器件(CCD)和计算机,如果你想做 HRTEM 的定量分析,就必须对两者都要熟悉。当然,如果是操作远程电镜,你甚至不用坐在屏幕前。

28.11　HRTEM 的未来

HRTEM 的传统做法是:记录下所看到的,这就足以让人满意。现在电镜的稳定性非常好,对于不同的 Δf 值都能记录可靠的图像。当然正如第 30 章和第 31 章的讨论,计算机的使用很重要,因此我们可以"预测"模型结构的图像并对图像衬度进行量化,并对 HRTEM 做定量分析[定量高分辨透射电子显微学(QHRTEM 或 HRQTEM!)]。

另一种提高分辨率的方法是使用场发射透射电子显微镜(FEG-TEM)。FEG-TEM 中的电子束具有更高相干性,所以图 28.7 中所示的包络函数能扩展到更大的 **u** 值范围。现在计算机变得必不可少,因为我们需要解释非 Scherzer 离焦状态下衬度反转的图像。如果在 HRTEM 中插入精密设计的多极透镜,则 C_s 可以得到校正,甚至能使它像 Δf 一样可调!

当使用球差校正 TEM 时,必须重新考虑做 HRTEM 的方法。考虑 scherzer 和 glaser 的变化,Gl/Sch 是多少?图 6.12B 所示为 Rose 提出的校正器原理图,图 28.9 是实际的球差校正器,安装在 200 kV 的 JEOL TEM 上(移除了盖子)。

它使 TEM 镜筒的高度增加了，由圆形透镜和六极组成，都是磁性元件。六极不会影响邻轴射线的路径，需要稳定在万分之一的精度，以得到原子量级分辨率。当 C_s 等于 0，样品分辨率极限由 C_c 决定，

$$d_{C_s = 0} \approx \left[\left(\frac{\Delta E}{E} \right) \lambda C_c \right]^{1/2} \tag{28.47}$$

如果 $C_c = 2$ mm，$\Delta E \approx 0.3$ eV，一个 200 kV 的 FEG-TEM 能达到 0.8 Å 的分辨率。如果 C_c 也能校准（在第 40 章给出了如何校准），那么分辨率将由第 5 阶球差常数所限制。事实上，在透视设计时首先校准 C_c 是很重要的。在 Rose 提出的透镜中，$C_s = 3$ mm，该 200 kV FEG-TEM 的分辨率为 0.28 Å。其他透镜缺陷会把分辨率限制在 0.5 Å 左右，但是一台价值 120 万美元的 1.25 MeV 电镜会在几秒钟之内损伤样品，所以 Rose 校正器是非常重要的。

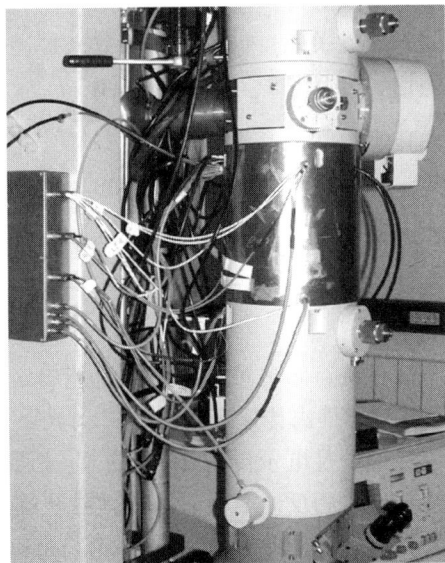

图 28.9 安装了物镜球差校正器的 200 kV JEOL TEM，安装完成后看起来会平整些。（参见书后彩图）

28.12 TEM 作为一个线性系统

上述的讨论是一个被称作信息理论的大课题中的一个例子。"相位衬度传递函数"是该领域的核心。为了能理解在高分辨率下相位衬度的成像操作，我们将以一个信息专家的视角来对该过程进行简要讨论。先用基本术语来定义传递函数，并在 TEM 中对相位衬度成像做详细说明。

记住 TEM 的目的是将样品信息传递到图像中。因此可以把电镜看作一个"信息通道"并利用信息理论的一些概念：

■ 输入信号来自样品。

■ 输出信号是图像。

如果忽略噪声效应，输入信号和输出信号之间存在唯一关系，该关系由电镜的光学系统决定。

大多数信息理论是线性系统，具有以下性质：

如果 $S_0(r_0) \rightarrow$ 传输系统 $\rightarrow S_1(r_1)$；

并且 $S'_0(r_0) \rightarrow$ 传输系统 $\rightarrow S'_1(r_1)$，（这里带撇的表示导数）；

如果满足 $a(S_0) + b(S'_0) \rightarrow$ 传输系统 $\rightarrow a(S_1) + b(S'_1)$。

其中，a，b 为任何值，那么系统是线性的（正如弹性形变中弹性力与形变量的线性关系）。

输入和输出信号间的线性关系可以用传递函数来描述。总之，传递函数联系着输入频谱和输出频谱，而且它只对频率起作用。

线 性 系 统

Schrödinger 波动方程是线性的，所以样品电子波振幅和图像电子波振幅的关系是线性的。

一般的，对一个线性系统，知道了传递函数就能确定 S_0 和 S_1 的关系，或者知道了 S_0 和 S_1 的关系就能推出传递函数。

线性系统的一个最好例子是电子传输管。电子信号通过传输管的传递是近似线性的，适用于上述理论。相反地，质量厚度信号从样品到显影照相底片光密度的传递是非线性的，所以并不适用于上述理论。那么为什么要在 HRTEM 中讨论这个呢？答案在于找到物与像之间正确的线性关系。

28.13　FEG-TEM 及其信息极限

前面已经提到 FEG 会减少仪器色差，并且能扩大包络函数的 **u** 值范围。这就意味着具有更高空间频率的信息传递到了图像。刚刚分析了 Scherzer 离焦问题，所以现在就考虑信息极限。在这里强调 FEG 是因为它确实有点不同，这里只开始学习如何利用这些信息：衬度反转意味着任何图像解释是不能凭直觉的。这个问题在 Van Dyck 和 de Jong 的两篇论文中做了讨论，而这个问题确实比较模糊。

由于信号极限由包络函数决定，包络函数被分成几个独立项，总的包络函数 $E_T(\mathbf{u})$ 是所有项的乘积

$$E_T(\mathbf{u}) = E_c(\mathbf{u}) E_s(\mathbf{u}) E_d(\mathbf{u}) E_v(\mathbf{u}) E_D(\mathbf{u}) \tag{28.48}$$

式(28.48)中单独的包络函数是：

$E_c(\mathbf{u})$，由色差引起。

$E_s(\mathbf{u})$，依赖于电子源，由针尖到电子束的小角度引起。

$E_d(\mathbf{u})$，由样品漂移引起。

$E_v(\mathbf{u})$，由样品振动引起。

$E_D(\mathbf{u})$，由探测器引起。

由此可见，其中有些包络函数是新的，有些是以前见到过的。这里不想讨论所有的函数，只是想讨论两个主要的。

色差是众所周知的，它的包络函数 $E_c(\mathbf{u})$ 可以用方程表示如下：

$$E_c(\mathbf{u}) = \exp\left[-\frac{1}{2}(\pi\lambda\delta)^2 u^4\right] \tag{28.49}$$

式中，c 表示的是色差；δ 是色差引起的离焦扩展。

$$\delta = C_s\left[4\left(\frac{\Delta I_{obj}}{I_{obj}}\right)^2 + \left(\frac{\Delta E}{V_{acc}}\right)^2 + \left(\frac{\Delta V_{acc}}{V_{acc}}\right)^2\right]^{1/2} \tag{28.50}$$

式中，$\Delta V_{acc}/V_{acc}$ 和 $\Delta I_{obj}/I_{obj}$ 是高压电源和物镜电流的不稳定度；$\Delta E/V_{acc}$ 是电子枪的本征能量扩展。注意 ΔE 和 ΔV 是不一样的：ΔV 取决于控制电压供应的好坏；而 ΔE 取决于选择的电子源(见第 5 章)。如果忽略包络函数的其他影响，那么就可以定义由设备色差引起的信息极限 ρ_c

$$\rho_c = \left[\frac{\pi\lambda\delta}{\sqrt{2\ln(s)}}\right]^{1/2} \tag{28.51}$$

这里 e^{-s} 是包络函数的截止值。如果令 $\ln s$ 等于 2，那么

$$\rho_c = \left(\frac{\pi\lambda\delta}{2}\right)^{1/2} \tag{28.52}$$

依赖于电子源的包络函数是新的，因为在用 FEG 之前，一般不考虑"探针源"的效应。假设电子源是高斯分布，那么包络函数 $E_s(\mathbf{u})$ 就可以表示成

$$E_s(\mathbf{u}) = \exp\left\{\left(\frac{\alpha}{2\lambda}\right)^2\left[\frac{\partial \chi(\mathbf{u})}{\partial u}\right]^2\right\}$$

$$= \exp\left[-\left(\frac{\pi\alpha}{\lambda}\right)^2(C_s\lambda^3 u^3 + \lambda u)^2\right] \tag{28.53}$$

式中，α 表示高斯分布的半角。这个方程说明 α 太大($\geqslant 1$ mrad)将会限制信息极限。使 u 限制在 0 和最大值 u_{max} 之间，式(28.53)中的指数自变量取最大值，就得到最优化的离焦量

$$\Delta f_{\text{opt}} = -\frac{3}{4}C_s\lambda^2 u_{\text{max}}^2 = -\frac{3}{4}\frac{C_s\lambda^2}{\rho_i^2} \qquad (28.54)$$

在这个式子中，ρ_i 是电镜的信息极限（也就是如何选择 u_{max}）。这个离焦量在之后讨论的全息照相会很重要。图 28.10 所示的两条曲线生动地表明了在 Δf 内包络函数的变化。包络函数可以通过减小半角 α 进行优化。经过简单处理，de Jong 和 Van Dyck 指出源的受限相干导致的信息极限，可以表示成

$$\rho_\alpha = \left[\frac{6\pi\alpha a}{\lambda\sqrt{\ln(s)}}\rho_s^4\right]^{1/3} \qquad (28.55)$$

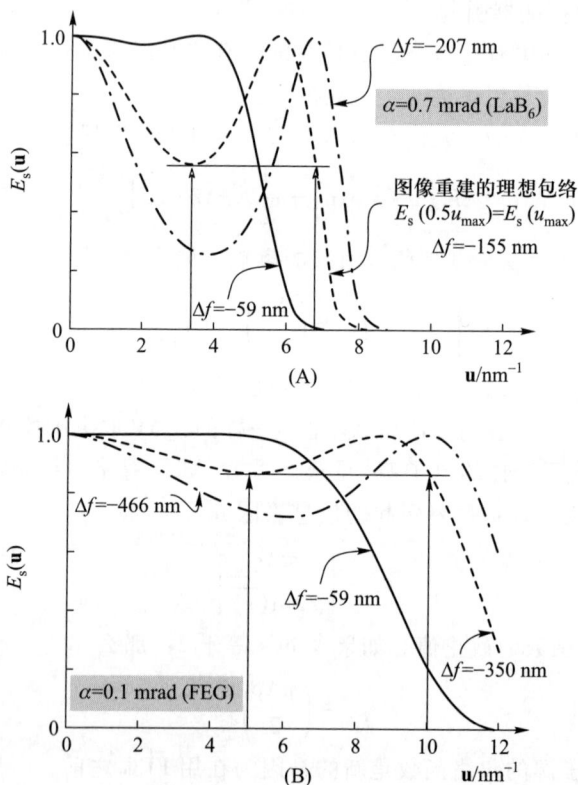

图 28.10　对于 LaB$_6$ 电子枪（A）和 FEG（B），包络函数 $E_s(\mathbf{u})$ 随不同物镜离焦量的变化曲线

漂移和振动包络函数给出了考虑这两个不可避免量的一种新方法。下面给出了两个"信息极限"的结果，它们是包络函数 $E_d(\mathbf{u})$、$E_v(\mathbf{u})$ 的交叉值：

$$\rho_d = \frac{\pi d}{\sqrt{6\ln(s)}} \qquad (28.56)$$

和

$$\rho_{v} = \frac{\pi v}{\sqrt{\ln(s)}} \qquad (28.57)$$

在这两个式子中，d 是曝光时间 t_{exp} 内总的漂移，所以 $d = v_d t_{exp}$，v_d 就是漂移速度；v 是振动的振幅。

对于底片，不用考虑探测器包络函数 $E_D(\mathbf{u})$，但 CCD 的像素是有限的，也就是说只能得到有限数量的清晰图像点。包络函数来自两方面效应：

■ 图像信息的失真。

■ 有限的像素大小。

这个思想比较简单，但其数学过程是比较难的。如果被实际相机拍到的图像是一个圆，当圆的半径 R 比窗口半径 R_W 小，那么就获得了图像信息；反之，就得不到完整图像信息。所以 CCD 探测器相当于一个光阑孔径！de Jong 和 Van Dyck 给出了 u_{max} 和 R_W 的关系

$$\alpha C_s \lambda^3 u_{max}^3 = R_W \qquad (28.58)$$

重要的结论是图像中信息失真量必须比 CCD 探测器阵列的半宽小。

失　真

图像失真量取决于 $\mathbf{u}$，当 $\partial \chi(\mathbf{u})/\partial u$ 振动较快时，它的值就大，$\mathbf{u}$ 较大时也一样，也就是信息极限出现的地方。

R_W 的值与像素 N 以及大小 D 有关：

$$R_W = \frac{1}{2} N D \qquad (28.59)$$

由探测器引起的信息极限（即探测器包络函数的交叉值）是

$$\rho_D = \left[\frac{12\sqrt{2}\,\pi a}{N\sqrt{\ln(s)}} \right]^{1/4} \rho_s \qquad (28.60)$$

显然，可以通过增加 N 来减小 ρ_D，但是减小得并不快。记住了这个分析，就可以总结出色差限制 ρ_i 的必要条件是

$$\alpha \leqslant \frac{\lambda}{6\pi a \rho_s} \left(\frac{\rho_c}{\rho_s} \right)^3 \qquad (28.61)$$

$$N \geqslant 12\sqrt{2}\,\pi a \left(\frac{\rho_s}{\rho_c} \right)^4 \qquad (28.62)$$

$$d \leqslant \frac{\sqrt{6}}{\pi} \rho_c ; 0.8 \rho_c \qquad (28.63)$$

$$u \leqslant \frac{1}{\pi}\rho_c ; 0.3\rho_c \qquad (28.64)$$

表 28.1 给出了一些关于这些式子意义的数据。

表 28.1　与（色差）像差极限比（ρ_s/ρ_c）对应的不同点分辨率所具有的最大会聚角 α 和最少的像素点 N

ρ_s/ρ_c	α/mrad		N/pix	
	ε_0	ε_{opt}	ε_0	ε_{opt}
1	0.58	2.3	53	13
1.5	0.17	0.69	270	67
2	0.07	0.30	853	213
2.5	0.04	0.15	2 082	521
3	0.02	0.09	4 320	1 080

注：ε_0：高斯聚焦；ε_{opt}：最佳聚焦量；$\lambda = 0.011\ \rho_s$（de Jong and Van Dyck 1993）。

要看是否能达到信息极限，必须考虑噪声效应。信噪比与 $\beta^{1/2}$ 成正比，这里的 β 是电子枪的亮度。如果想测试的最小图像元素面积为 ρ_i^2，那么背底信号 I_0 为

$$I_0 = D\rho_i^2 = \beta\pi\alpha^2 t\rho_i^2 \qquad (28.65)$$

式中，D 是电子量；α 是半会聚角；t 是曝光时间。

对于白噪声，元件中的噪声和 $I_0^{1/2}$ 有关。最小像素的总衬度可以写成 $DEF\rho_i^2$，这里 D 是电子量，E 是包络函数，F 是结构因子，ρ_i^2 是像素面积。则最小可检测的信噪比 k 满足下式：

$$DEF\rho_i^2 = kI_0^{1/2} = k\rho_i D^{1/2} \qquad (28.66)$$

因此，$\alpha = 1$ mrad，$t = 1$ s 的信噪比可以写成

$$s_0 = 443\rho_i \frac{F}{k}\beta^{1/2} \qquad (28.67)$$

现在可以看一些实际的数据：取 $k = 2$（想一下最小衬度意味着什么），假定 LaB_6 电子枪的 β 值是 10^{10} $\text{Am}^{-2} \cdot \text{sr}^{-1}$，肖特基 FEG 的 β 值是 10^{13} $\text{Am}^{-2} \cdot \text{sr}^{-1}$。可以得到 $\rho_i = 0.15$ nm（LaB_6 电子枪）时，$\ln s_0$ 为 1.2~2.2；而对于 FEG，$\rho_i = 0.1$ nm，$\ln s_0$ 为 4.5~5.2。同样可以理解为 s_0 的值取决于材料：原子序数低意味着弱的散射。对于最后两个式子，我们再次引用 de Jong 和 Van Dyck 的。可以通过对包络函数求导得到半会聚角 α 和曝光时间 t 的最佳值

$$\alpha_{\mathrm{opt}} = \frac{1}{k_{\mathrm{s}}\sqrt{2}}\left(\frac{\rho_i}{\rho_c}\right)^3 = \frac{1}{6\pi a\sqrt{2}}\frac{\lambda}{\rho_{\mathrm{s}}}\left(\frac{\rho_i}{\rho_{\mathrm{s}}}\right)^3 \qquad (28.68)$$

$$t_{\mathrm{opt}} = \frac{1}{2k_{\mathrm{d}}}\left(\frac{\rho_i}{\rho_c}\right) \approx 0.39\left(\frac{\rho_i}{v_{\mathrm{d}}}\right) \qquad (28.69)$$

注意，α_{opt} 不仅取决于 ρ_s 和 ρ_i，还取决于 λ（当然 ρ_s 和 ρ_i 也取决于 λ）；而 t_{opt} 只取决于漂移率 v_{d}，幸运的是，v_{d} 绝不为 0 !

现总结这些新概念如下：

■ 当尝试使用信息极限而不是 Scherzer 极限时，显微术是非常复杂的。

■ 使用计算机时，CCD 相机的尺寸同样会影响实际的信息极限；这就是 $E_{\mathrm{D}}(\mathbf{u})$ 效应。

■ 漂移和振动的影响必须达到最小，不然它们会对分辨率起决定作用，由 $E_{\mathrm{d}}(\mathbf{u})$ 和 $E_{\mathrm{v}}(\mathbf{u})$ 来表示。

■ 当其他条件达到完美时，分辨率由探测器信噪比和相关函数控制，表示为 $E_{\mathrm{D}}(\mathbf{u})$ 和 $E_{\mathrm{c}}(\mathbf{u})$。

■ FEG-TEM 会提高信息极限，因为它大大增加了亮度 β。β 的增加可以允许减小 α，增加电子量以及调高信噪比。

这一章节比较长但都是经过深思熟虑的，在传统的电镜教材高分辨章节中都没有这些内容。用 TEM 能得到大量信息，但是许多研究者想要数字的、量化的信息，而不仅仅是图像。所以，需要将数据数字化、定量化。

更多的失真效应

为完全解释 HRTEM 图像，需要真正理解这一节的内容，可以参考（ⅰ）Coene 和 Janssen 及（ⅱ）Lichte 的文章。

---

28. 14 FEG 的一些难点

之前已经讨论过 FEG 在 HRTEM 中的优点，但是也存在一些应用困难，FEI 的 Otten 和 Coene 分析了这些困难。冷场发射电子枪（CFEG）可以有非常高的电流密度，但是总的发射区域很小以至于发射电流 <5 nA。通过对电子枪加热到 1 500 ℃ 左右，增加肖特基发射，会提高发射电流，从而得到与冷场发射电子枪相同的亮度，不同的是因为发射区域的增大，电子枪的最大发射电流会更加大。那么这里的困难是什么呢？

■ 发射区域可能太小了以至于我们必须把电子束"展成扇形"，使其照亮

TEM 的使用范围。这个过程或许会增加彗差(就像第 28.10 节提到的辐射状像差)。如果 CFEG 的电子源大小在 3 nm 左右,在放大倍数为 5×下,就能变成 15 nm。肖特基源的直径大约是冷场发射电子源的 10 倍,它会降低发射电子的空间相干性,并增大能量发散度。

■ FEG 电镜中的像散校正非常具有欺骗性。如图 28.11 中所示,如果图像存在像散,对于 LaB₆ 源而言,在所有离焦条件下都能看到像散。在 FEG 中,当有像散时,所有的图像看起来都是相似的,所以不能通过找最小衬度离焦值(约在 0.4 Sch)来定义 Δf。因为你不能解释两个不同偏心方向上得到的 FEG 图像的焦距差异,所以,利用偏心摇摆来做"去彗形"校正的方法变得不

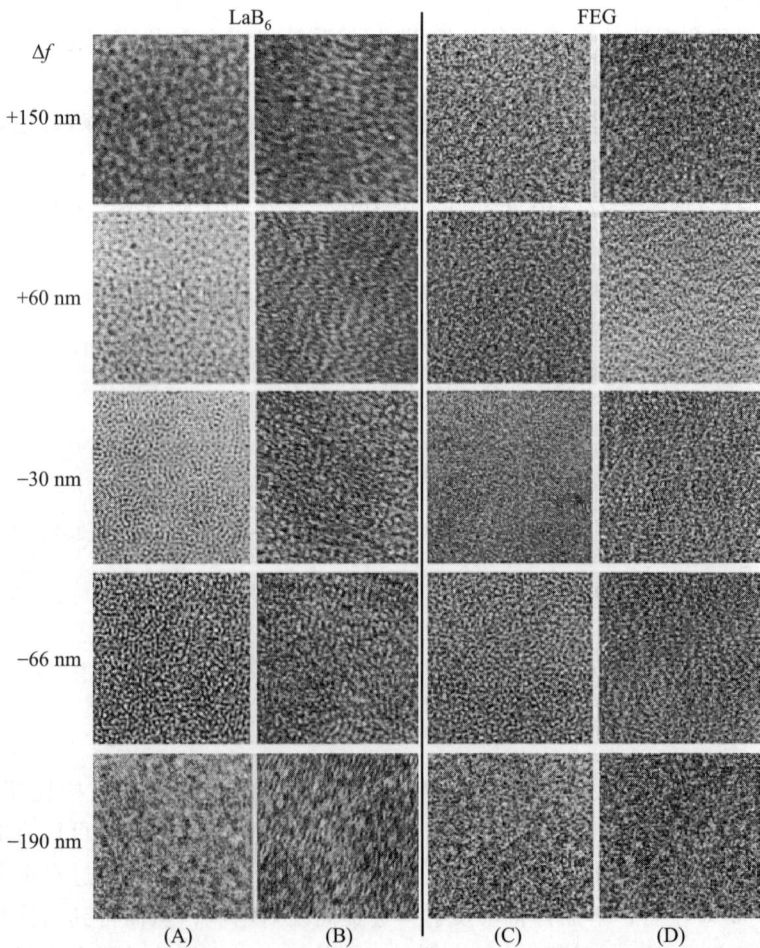

图 28.11　不同离焦条件下的一组非晶 HRTEM。(A ~ B)LaB₆;(C ~ D)场发射。(A)和(C)中有像散,(B)和(D)没有像散。使用 LaB₆ 灯丝能轻易从图像中看到像散,而 FEG 的不会

再可行。幸好有一个能找 Δf 的方法：利用联机处理(第 31 章)，或者利用会聚电子束。后者会降低空间相干性，使 200 万美元的 FEG 设备像以前 20 万的 LaB_6 设备一样。

■ 因为现在可以利用的 Δf 值有更大的范围，拍摄系列焦距不同的图片变得很有挑战性，确定 Δf 的值变成了主要任务。

■ 当图像中的细节相对于样品中的"真正"位置有所移动时就会造成图像失真。图 28.12 所示的曲线强调了这个现象，当远离 Scherzer 离焦值时，这个现象变得更加明显。图 28.13 显示了失真现象，即，金颗粒外侧出现圆环。如果将式(28.36)重写，可以把失真量表示成

$$\Delta R = \lambda u(\Delta f + C_s \lambda^2 u^2) \tag{28.70}$$

注意这个式子和 SAD 误差(第 11 章)的相似点，使失真量最小化的最佳离焦设置 Δf_{opt} 有两个值。它们给出最佳离焦量是

$$\Delta f_{opt} = - M C_s \lambda^2 u_{max}^2 \tag{28.71}$$

式中，M 是一个在 0.75 到 1 之间的因子，ΔR_{min} 近似为

$$\Delta R_{min} = \frac{1}{4} C_s \lambda^3 u_{max}^3 \tag{28.72}$$

M 的实际值由 $\mathbf{u}$ 的截止值来确定。有关失真的 3 个结论如下：

■ C_s 减小，失真量减小。

■ λ 减小(加速电压增大)，失真量也减小。

■ 在 FEG 里，失真是不可避免的，只能通过减小 C_s 而尽量减小。

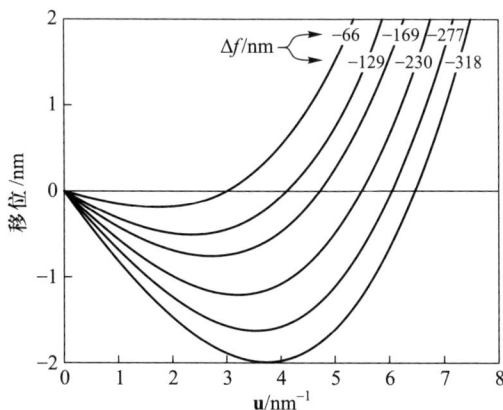

图 28.12 Philips CM20 FEG($C_s = 1.2$ 纳米)拍摄 HRTEM 中，不同离焦量时图像失真程度随 $\mathbf{u}$ 的变化曲线。(参见书后彩图)

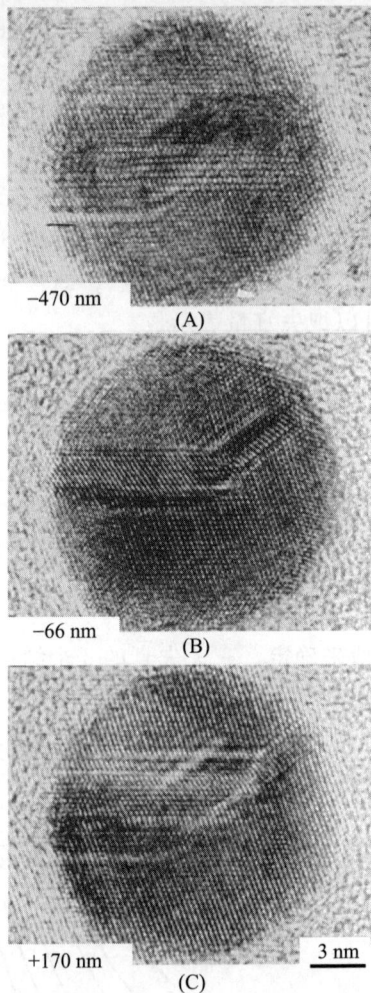

图 28.13　实验观察到的 Au 颗粒 HRTEM 中的失真：（A）欠焦，（B）Scherzer 离焦，（C）过焦

28.15　亚晶格的选择性成像

在第 16 章中已讨论了有序的金属合金，我们知道一些大晶胞材料和对应的某种小晶胞材料有紧密关系。如果这两种结构的对称性不一样，则这两种晶胞会在不同方向上表现出一些关系，例如碳化钒。

可以利用这个信息形成不同的高分辨率图像来取代不同暗场（DF）像。如

图 28.14 所示为两种有序合金 Au_4Mn 沿 [001] 带轴的衍射图（DP），还给出了一个模拟示意图。复合的衍射花样区域存在两个畴。衍射花样具有 4 重对称，并且存在相对旋转。用物镜光阑排除所有面心立方反射成的 DF 晶格图像如图 28.15 所示。从图中可以很容易地在原子尺度上对两个畴区的位置进行区分。利用晶粒边界理论，初始晶胞变成倒易空间中的重位点阵（CSL），两个子格就像相距为一个小距离 $\sum$ 的晶粒。这个方法常被用来计算包含在 NiO 基底中的小的 $NiFe_2O_4$ 尖晶石粒子的大小，如图 28.16，$NiFe_2O_4$ 尖晶石的点阵常数是 NiO 的两倍，但是 NiO 通常在尖晶石粒子的上面和下面。所以该方法是十分困难的，尤其是当粒子的形状对分析结果有重要影响时，就像图 28.16 里的分析一样。这时就需要借助图像模拟和处理技术，如第 30 章中讨论的一样。

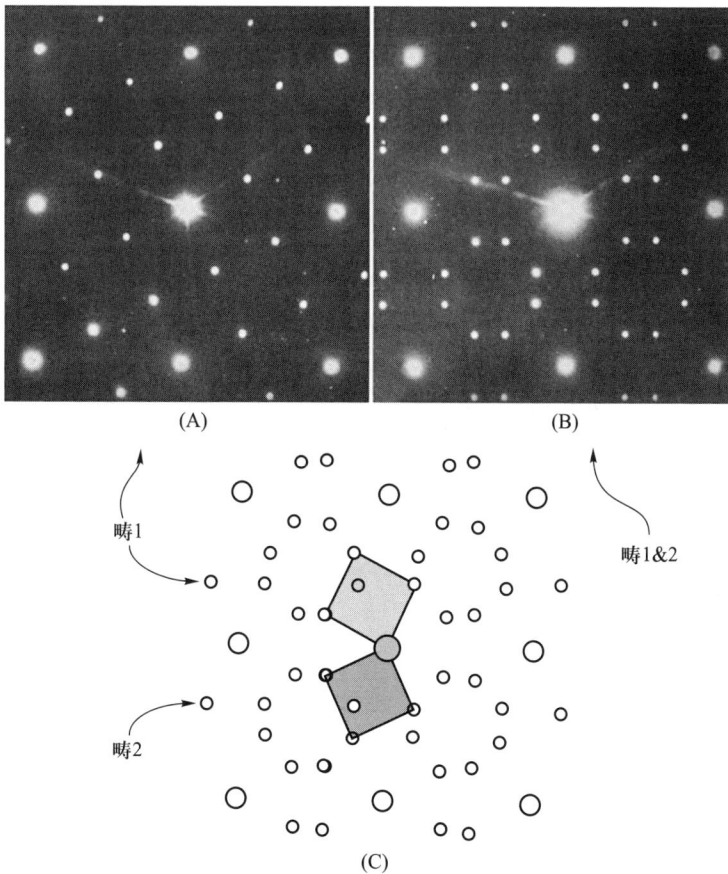

图 28.14 两张有序合金 Au_4Mn 的 [001] 带轴衍射图，以及原理图。（A）一个畴区。（B）有相对旋转的两个畴区。（C）图（B）的模拟。（参见书后彩图）

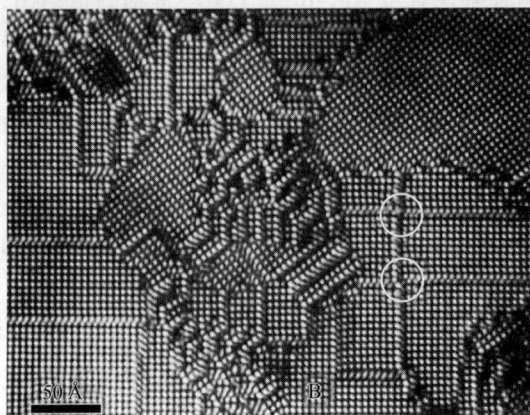

图 28.15　用物镜光阑排除所有面心立方反射成的 DF 晶格像（Au_4Mn）。两个不同取向的畴区导致了图 28.14C 中有相对旋转的两套衍射点

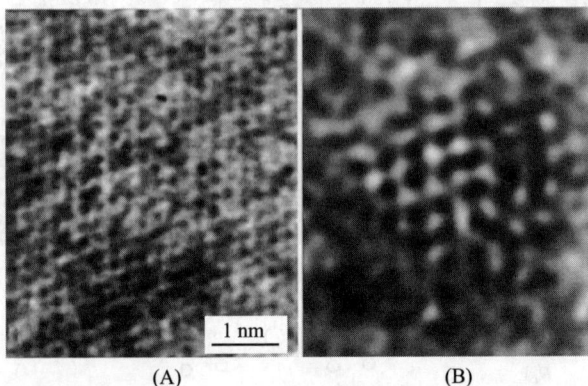

图 28.16　NiO 中的尖晶石小颗粒。（A）过滤前只能看到厚的 NiO。（B）滤掉 NiO，尖晶石颗粒清楚地显现出来

28.16　界面和表面

　　HRTEM 被广泛地应用在界面研究中是因为我们想要达到原子级的分辨率，而界面是很理想的研究样品。点缺陷的研究需要大量的图像处理和模拟，位错容易移动，但如果实验做得比较小心，界面能够保持不变。但是我们常常受制于能研究的界面。

　　界面平行于电子束方向是基本的要求。

如果某一晶粒(最好是两个晶粒)的低指数晶面和界面平行，那就好办了。但实际情况往往不是如此，因为我们常常观测的是很薄的样品，即使是倾斜的边缘，其投影宽度也很小。所以你可以将样品倾斜来俯视其中一个晶粒的一端，或者让电子束和第二个晶粒中的低指数晶面平行，如图 28.17 所示。

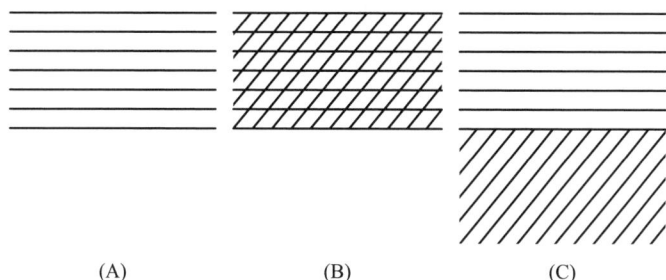

(A)　　　　　　　　　(B)　　　　　　　　　(C)

图 28.17 晶界的高分辨模拟图。(A)一个晶粒中的一组晶面；(B)样品倾斜后，观察到一个晶粒中两组晶面的交叠；(C)两个颗粒中平行于电子束的两组晶面

幸运的话(通常是幸运的，因为我们只是利用 HRTEM 研究倾斜的边界)，会在两个晶粒中都得到交叉边缘，图 28.18 给出了极具代表性的图片。这里可以看到结构边界、晶粒间的非晶层边界、两种不同材料间的界面和一种表面的轮廓图。对这些图做一些简单的说明：

■ 即使是一张"低"分辨率的晶格条纹像，也能给出界面局部形貌的信息。

■ 如果边缘的非晶材料层比较厚(>5 nm)，可以直接观察。

■ 在晶界可以很容易地观察到像 5 节环一样的细节，但是在学习第 30 章之前，不要轻易对它做出解释。

■ 你可以在原子尺度观察到界面的变化。

下面列出几个需要注意的问题：

■ 在界面处开槽会不会影响图像的表面？答案是"可能，但这不一定会影响到你想要的结果。"

■ 相界在化学上的变化会不会和结构上的变化一样突然？这个很难说。图 28.18C 中界面处图像形貌的变化主要是由于阳离子(Fe^{3+} 和 Ni^{2+})的总数和位置的变化，并不是由于 Fe 和 Ni 之比为 $2:1$。

■ 图 28.18D 中的所有黑点全部是原子柱吗？再者，原子柱对应什么？

其中的一些问题我们将在第 30 章中给出解答，现在我们总结一些结论：

■ 图像数据的质量取决于样品制备的好坏。几乎所有的后续分析都假定界面的厚度是均一的。如果不了解这一点，那么你的解释可能是有问题的。

■ 不同方向、不同结构以及不同化学成分的晶粒厚薄程度是不一样的。不管是晶体还是非晶，晶界层的厚度也不一样。因为结合程度和密度不一样，

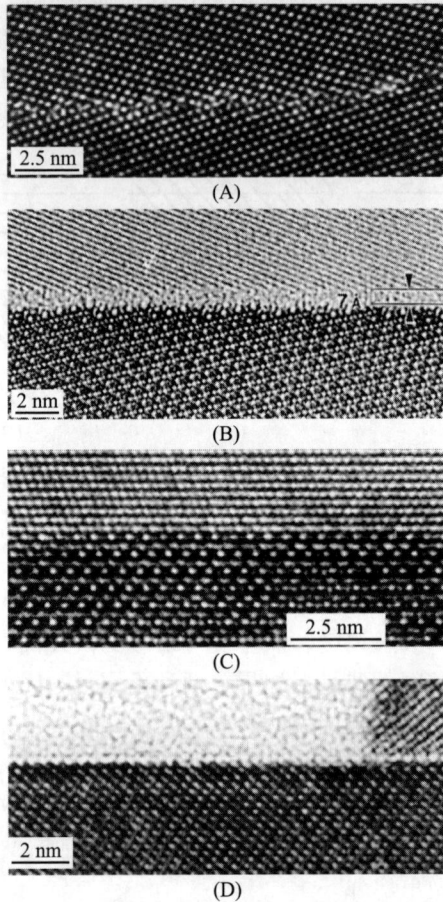

图 28.18 平直界面的 HRTEM。（A）Ge 的晶粒间界；（B）Si_3N_4 中晶粒间界有一层玻璃质；（C）NiO 和 $NiAl_2O_4$ 之间的界面；（D）$Fe_2O_3(0001)$ 表面的轮廓图

所以仔细地准备样品是绝对有必要的。

■ 利用 HRTEM（不需要原子分辨的图像）可以得到很多关于边界的信息。

■ 观察样品的时间越长，它跟刚开始的差别就越大。如果有可能，至少要使用低剂量照射方法。图 28.19 展示了一个极端例子。这里薄片边缘的氧化物全部被还原成金属。当然，这也提供了在真空中有碳氢化合物时的电子束照射使氧化物还原的一种方法。

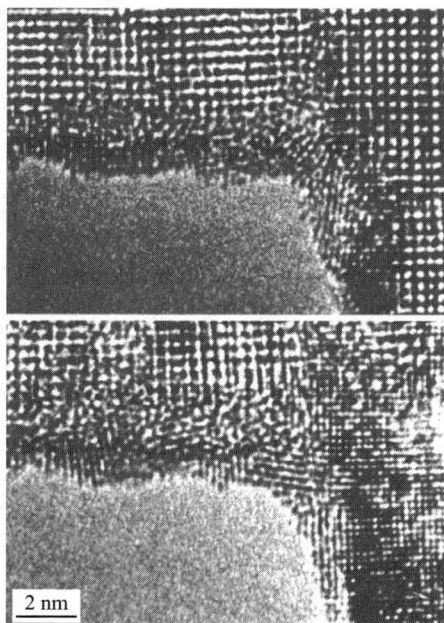

图 28.19 对 Nb 氧化物边缘进行观察时，电子束诱导氧化物中氧的减少，氧化物还原成金属。还原程度随时间增加而增加

28.17 无公度结构

下面将通过几个典型例子来阐述无公度结构（调制）。在每个例子中，每一结构都有"母体"结构，然后通过内部面缺陷在母体结构中添加一个周期性调制。Van Landuyt 等（1991）已经描述了 3 种不同类型的无公度结构：

■ 母体的周期性模块被界面隔开。界面可能是堆垛层错（SF）、孪晶界（TB）、反相畴界（APB）、反转畴界（IDB）、结晶剪切面（CSP）或者非公度层。

■ 母体结构具有一个周期较大的重叠周期形变起伏。

■ 母体结构的成分或原子占位具有周期性变化。

下面介绍一些复杂的情况，我们能看到公度的和无公度的结构，同样还有调制变化的结构。图 28.20 可以帮助理解无公度结构是如何产生的。如图所示，在每个第 7 层后插入一层面缺陷使得每个第 7 层的面间距扩大 δ。母体点阵的衍射图中将出现一个与 d^{-1} 成正比的点间距，但"超晶格"的衍射会有一个 Δ^{-1} 周期性，这意味着，这两套衍射点之间不是一个简单的对应关系。

不同种类的调制可以相互组合！以 Bi—Sr—Ca—Cu—O 超导体为例，它的母体结构是一个类似钙钛矿的立方结构；钙钛矿结构中两层、3 层或 4 层为一

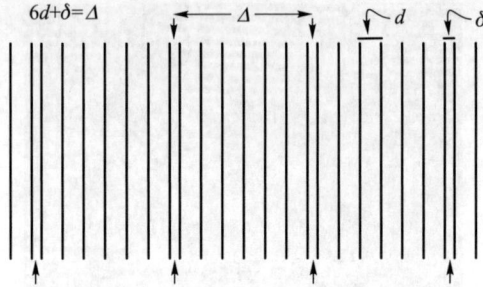

图 28.20　在每个第 7 层插入面缺陷，使之晶格扩大 δ，形成无公度结构

组，每组被下一层的氧化铋隔开，其化学式可以写成 $Bi_2Sr_2Ca_nCu_{n+1}O_{2n+\delta}$，所以对于 $n=1$，就有一系列的 $BiO—SrO—CuO_2—Ca—CuO_2—SrO—BiO$ 层，如图 28.21 所示。衍射花样取决于化学式中的 n 值，一排排的卫星点则由调制结构引起。当形成 HRTEM 时，在保持其正交结构的情况下，晶面成波动状。图像

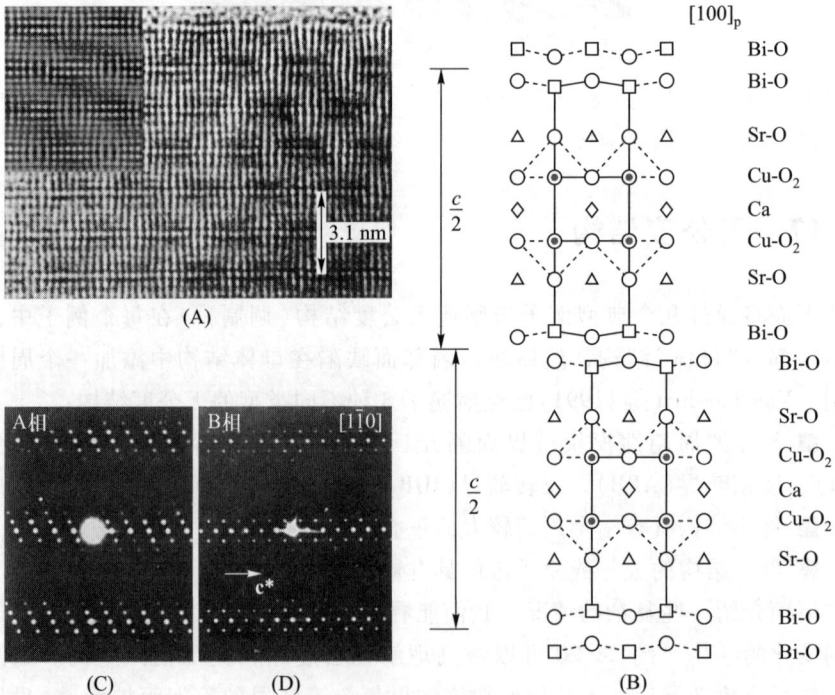

图 28.21　（A）$Bi_2Sr_2Ca_nCu_{n+1}O_{2n+\delta}$ 超导体的 HRTEM，插图为 HRTEM 模拟图（假定晶格弛豫发生在 Bi—O 层）。（B）$n=1$ 时，两组 $BiO—SrO—CuO_2—Ca—CuO_2—SrO—BiO$ 层之间有一个相对移动。（C、D）$n=0$ 和 $n=1.2$ 时，$Bi_2Sr_2Ca_nCu_{n+1}O_{2n+\delta}$ 超导体的衍射图。两个图中的卫星点间的间距不同

中的波状调制可能是因为 BiO 层中有间隙氧：BiO 层与钙钛矿结构层之间存在晶格失配，但是这个失配产生的应力可以通过引入间隙氧来释放。从这个例子可以得到一些清晰的结论：

- 想要理解上述这种结构，HRTEM 是必不可少的。
- 需要一些辅助信息，比如样品的化学式。
- 很难对有这种结构材料的[001]带轴的高分辨图做出解释。

调制结构并非是超导体所特有的。实际上，这种结构在材料领域是普遍存在的。许多有用的工程合金存在调幅分解，调幅波长可以从衍射图中的调制斑点直接测量。许多陶瓷属于同素异构体，例如 SiC 和多型体，多型体就是层与层之间具有更大成份波动的同素异构体(例如 SiAlONs)。这些结构由无序的或者局部有序的原子层堆垛而成，通常会形成相似的衍射图。所有的材料都可以用 HRTEM 来分析，因为既可以观察到调制结构，同时又可以得到包含整个晶体结构信息的相位衬度像。

28.18　准晶体

准晶体的 HRTEM 研究仍然是一个挑战，因为这些材料都不具有平移对称性，通常只有晶体才具有平移对称性。但是，它们还是具有很强的有序性，就如图 28.22 中所看到的。HRTEM 图中显示了许多来自稳定的十次对称准晶 Al—Mn—Pd 的很明锐的白点。另一个样品的衍射图也表现出很强的、明显的斑点。在衍射图的讨论中，每个点对应样品晶体结构中的一个晶面族。尽管准晶不具有这种晶面，但是很显然，准晶材料中的原子排列比非晶材料中的更加有序。在 HRTEM 图像中，白点沿特定方向上整齐排列，但是每个方向上的间距却很难定义。我们逐渐认识了这些材料，并且可以看出 HRTEM 图像中的点之所以这样明显，是由于至少在十次对称准晶中，它们确实与原子柱对应；我们不需要沿原子柱方向的平移周期。事实上，我们可以转动准晶(它们可以生长到 1 mm)来看到它们的二重轴和三重轴，如图 28.23 所示。沿着图 28.22 中每排点看你就能知道图 28.23 是从晶体的哪个方向拍摄的。从准晶的 TEM 研究中可以得到一些有意义的结果：

- 当材料在局部范围有序排列时，HRTEM 是非常有用的。
- 拍 HRTEM 时，需要原子成列排布，因为 HRTEM 是一个"二维投影"，每一列原子的分布并不是很重要。在一个完整的晶体中，我们不能通过该张 HRTEM 给出每一列原子的分布情况。
- SAD 和 HRTEM 应该是相互辅助补充的。

图 28.22 10 次对称准晶 Al—Mn—Pd 的十重对称性

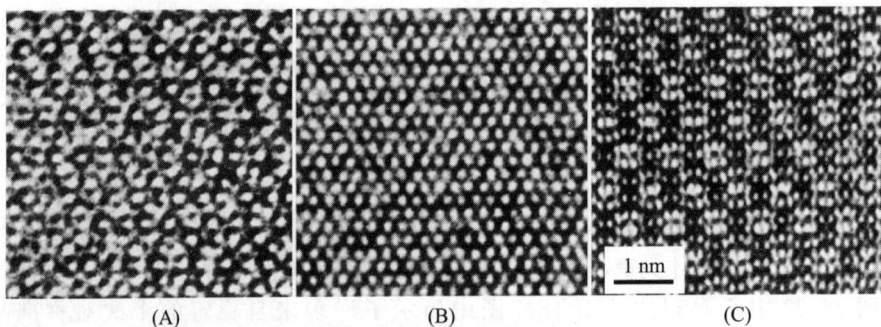

图 28.23 （A）五重对称轴，（B）三重对称轴，（C）Al—Cu—Li 准晶的两重对称轴的投影图（$\Delta f = 27$ nm）

28.19 单原子

前面提到，近来已经能用 TEM 在原子级分辨率来研究材料。而自 1970 年以来，许多研究小组已经报道了单原子的研究！所用的技术包括传统 TEM 中的相位衬度和振幅衬度以及专用的扫描透射电子显微镜（STEM）（见第 22.4 节）。Parson 等利用经醋酸铀酰中的铀酰离子着色后的苯六羧酸分子成重原子像。Parson 等得到铀原子离等边三角形每个定点的距离是 1 nm，他们还得出在蒸镀了碳的薄膜（0.8 nm 厚）上每平方厘米有 10^{13} 个这样的三角形。离焦量的变化会导致铀原子的衬度反转，和前面 HRTEM 中原子柱（空隙）的情况一样。你可以从图 28.24A 和 B 中看到这种由离焦量变化带来的衬度反转。作为对比，图 28.24C ~ E 给出了一系列 Z 衬度的 STEM 图像，该图像的对比度更高，团簇的运动也更明显。

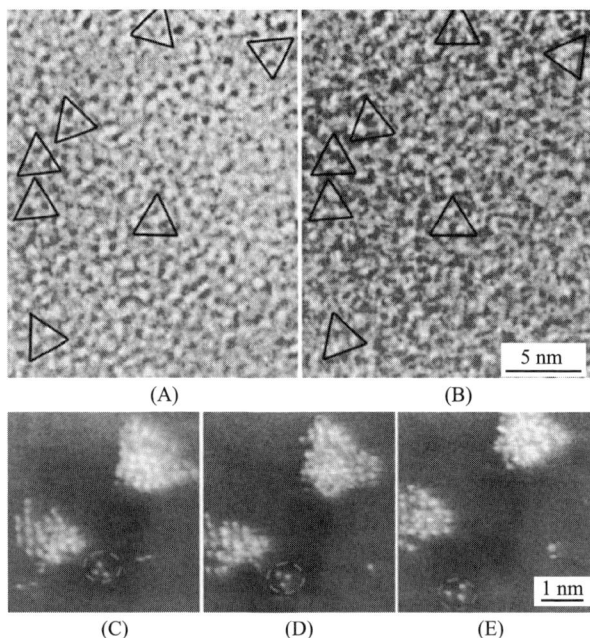

图 28.24 （A、B）传统 TEM 中不同离焦量下铀原子的三角排列。（C~E）MgO 上 Pt/Fe 催化剂的 STEM（图经过降噪和增加原子衬度处理），图像拍摄的间隔时间是 10~15 s

注意以下几点：

■ 这是真正的"白原子和黑原子"的例子。

■ Parson 等用的透射电镜是 Siemens 101 TEM，加速电压为 100 kV，点分辨率约为 0.33 nm；Siemens 101 TEM 并不是现在最先进的电镜。

■ 该 TEM 研究中的样品非常稳定，能在"离焦"条件下成像。

Z 衬度成像宣告 STEM 作为一个真实的研究工具的到来：可以看到原子在表面的运动、团聚等。成像模式主要是高角暗场像，所以重原子被强烈散射并形成亮斑，就像在第 22 章讨论的一样。这种方法的困难是它需要 FEG，然而几乎所有今天的 TEM 都能得到像 Parson 等第一次展示的图像。

章 节 总 结

本章与第 23 章的主要区别是语言表述。在 HRTEM 中，用的是物理或电子工程的语言；你可能容易被这些棘手的语言和公式困住而得不到要点。要强调的是，你必须知道以下术语并理解它们的意思：

■ 点扩散函数。

■ 衬度传递函数（CTF）。

■ 弱相位物体近似（WPOA）。

理解了模型所涉及的限制，现在就可以考虑高分辨图像的模拟了。如果想深入研究这个理论，建议从 Cowley 和 Spence 的工作开始，但需要具备深厚的数学和物理背景，以便充分理解更加复杂模型的深层含义。时刻记住，以上的所有讨论都是为了得到模型或近似：

■ 模拟透镜的作用。

■ 模拟样品。

■ 最后将二者综合。

在接下来两章我们将完成这 3 个任务。尽管到 2008 年已经有大约 25 台球差校正 TEM 安装运行，我们将这个新的热点话题放在参考书中讨论，因为这不是 TEM 初学者能接触到的仪器。

参考文献

对 HRTEM 图像进行分析的先驱者之一是已故的 John Cowley，我们对样品传递函数 $f(x, y)$ 的分析也来源于他的教学。读的时候，不要把 Lord Rayleigh（born John William Strutt）和 Walter Raleigh 混淆。Otto Scherzer（达姆施塔特的教授）为他自己的 TEM 造了像差校正器。Harald Rose 和他的学生 Max Haidar 对球差校正器的推广起到了重要作用。Ondrej Krivanek 和 Nicolas Delby 给 STEM 安装了球差校正器。Shannon 和 Weaver（1964），Van Dyck（1992）有关信息理论的书会对你有所帮助。要进一步了解 HRTEM，可以参考 John Spence 的书。

深度阅读

Buseck, PR, Cowley, JM and Eyring, L Eds. 1988 *High-Resolution Electron Microscopy and Associated Techniques*, Oxford University Press New York.

Horiuchi, S 1994 *Fundamentals of High-Resolution Transmission Electron Microscopy*, North-Holland Amsterdam.

Spence, JCH 2003 *High-Resolution Electron Microscopy*, 3rd Ed., Oxford University Press New York.

新的视角

Haider，M，Mü ler，H，Uhlemann，S.，Zach，J，Loebau，U and Hoeschen，R 2008 *Prerequisites for a Cc/Cs-Corrected Ultrahigh-Resolution TEM* Ultramicrosc. **108** 167-178.

Hawkes，PW 1980 *Units and Conventions in Electron Microscopy*，*for Use in Ultramicroscopy* Ultramicrosc. **5**，67-70. 有趣而信息丰富的课外读物，其中有介绍 Glaeser 和 Scherzer 单位(非 SI 单位)的定义。

Vladár，AE，Postek，MT，and Davilla，SD 1995 Is *Your Scanning Electron Microscope Hi-Fi?* Scanning **17**，287-295. 把 SEM 看作是一种高保真设备。

失真

Coene，W and Janssen，AJEM 1992 in *Signal and Image Processing in Microscopy and Microanalysis*，Scanning Microscopy Supplement 6(Ed. PW Hawkes)，p. 379，SEM inc. O'Hare IL.

Lichte，H 1991 *Optimum Focus for Taking Electron Holograms* Ultramicrosc. **38**，13-22.

信息极限和信息理论

VanDyck，D1992 in *Electron Microscopy in Materials Science*，p193，World Scientific，River Edge New Jersey. 给出了关于式(28.19)和式(28.55)的推导以及关于 TEM 信息理论的更多细节。

Van Dyck，D and De Jong，AF 1992 *Ultimate Resolution and Information in Electron Microscopy*：*General Principles* Ultramicrosc.，**47** 266-281. 信息极限——第一部分。

de Jong，AF and Van Dyck，D 1993 *Ultimate Resolution and Information in Electron Microscopy. II. The Information Limit of Transmission Electron Microscopes* Ultramicrosc. **49**，66-80. 信息极限——第二部分。

Shannon，CE and Weaver，W 1964 *The Mathematical Theory of Communication*，University of Illinois Press Urbana IL. 信息理论的早期教材。

更多理论参考文献

Cowley，JM 1992 in *Electron Diffraction Techniques* 1，(Ed. JM Cowley)，p. 1，IUCr. Oxford Science Publication. 更多关于式(28.20)和式(28.21)的扩展讨论。

Cowley，JM 1995 *Diffraction Physics*，3rd edition，North-Holland，Amsterdam.

Fejes，PL 1977 *Approximations for the Calculation of High-Resolution Electron-Microscope Images of Thin Films* Acta Cryst. **A33**，109-113.

Hall，CE 1983 *Introduction to Electron Microscopy*，Krieger New York. 像差其他方面的早期清晰的地方。

Hashimoto H and Endoh H 1978 in *Electron Diffraction* 1927—1977，（Eds. PJ Dobson，JB Pendry and CJ Humphreys），p. 188，IoP，Bristol. 无像差聚焦的文献。

Otten，MT and Coene，WMJ 1993 High-Resolution Imaging on a Field Emission TEM Ultramicrosc. **48**，77-91. 使用 FEG 时存在一些实际困难，包括使用摇摆器。

Rose，H 1990 *Outline of a Spherically Corrected Semiaplanatic Medium-Voltage Transmission Electron Microscope* Optik **85**，19-24. 像差校正器之父的两篇文章中的一篇。

Rose，H 1991 in *High Resolution Electron Microscopy*：*Fundamentals and Applications*.（Eds. J. Heydenreich and WNeumann），p. 6，Institut für Festkörperphysik und Elektronmikroskopie，Halle/Salle，Germany.

Thon，F 1975 in *Electron Microscopy in Materials Science*，（Ed. UValdrè）p. 570，Academic PressNew York.

材料应用

Amelinckx，S，Milat，O and Van Tendeloo，G 1993 *Selective Imaging of Sublattices in Complex Structures* Ultramicrosc. **51**，90-108.

Bailey，SJ 1977 *Report of the International Mineralogical Association（IMA）-International Union of Crystallography（IUCr）Joint Committee on Nomenclature* Acta Cryst. **A33**，681-684. 同素异构体（polytyres）、多型体（polytypoids）等的定义。

Butler，EP and Thomas，G 1970 *Structure and Properties of Spinodally Decomposed Cu-Ni-Fe Alloys* ActaMet. **18**，347-365. 调幅分解的 DPS 的经典研究。

Carter，CB，Elgat，Z and Shaw，TM 1986 *Twin Boundaries Parallel to the Common-{111} Plane in Spinel* Phil. Mag. **A55**，1-19. 尖晶石的早期研究表明并不总是需要最高分辨率，阅读 21~38 页。

Nissen H-U，and Beeli，C 1991 in *High Resolution Electron Microscopy*：*Fundamentals and Applications*，（Eds. J Heydenreich and WNeumann）p. 272，Institut für Festkörperphysik und Elektronmikroskopie Halle/Salle Germany. 准

晶体的 HRTEM(图 28.22)。

Parsons, JR, Johnson, HM, Hoelke, CW and Hosbons, RR 1973 *Imaging of Uranium Atoms with the Electron Microscope by Phase Contrast* Phil. Mag. **29**, 1359—1368. 1973 年，单个 Pt 原子。

Rasmussen, DR, Summerfelt, SR, McKernan, S and Carter, CB 1995 *Imaging Small Spinel Particles in an NiO Matrix* J. Microsc. **179**, 77–89.

Van Landuyt, J, Van Tendeloo, G and Amelinckx, S 1991 in *High Resolution Electron Microscopy：Fundamentals and Applications*, (Eds. J Heydenreich and W Neumann), p. 254, Institut für Festkörperphysik und Elektronmikroskopie Halle/Salle Germany.

姊妹篇

Van Aert 和 Van Dyck 的完整的 HRTEM 直接成像方法章节。Kruit(透镜)和 Haider(像差校正)对于像差的讨论。由于 HRTEM 变化迅速，所以姊妹篇是我们了解进展的一种方式。

自测题

Q28.1 用 $f(\mathbf{u})$ 描述样品，$g(\mathbf{u})$ 描述图像，写出二者的关系。

Q28.2 本章对 $h(\mathbf{u})$ 给出了两个名字，描述一下，然后解释每一个的用意。

Q28.3 用不超过 30 个字描述 TEM 为什么会类似无线电？

Q28.4 $H(\mathbf{u})$ 是 3 个其他函数推导出的，说出这几个函数，解释 $H(\mathbf{u})$ 为什么由这 3 个函数导出？

Q28.5 写出 $\chi(\mathbf{u})$ 的一个表达式。

Q28.6 验证"过焦"的定义。

Q28.7 在弱相位物体近似中，电子穿过厚度为 dz 的样品会发生相位的变化，写出相位变化的表达式。

Q28.8 写出考虑吸收的弱相位物体传递函数的 Cowley 表达式。

Q28.9 给出 WPOA 中 $Ti_2Nb_{10}O_{27}$ 的最大厚度的数值。

Q28.10 写出物镜传递函数 $T(\mathbf{u})$ 的定义表达式。

Q28.11 在 TEM 中用衬度传递函数会有什么问题？

Q28.12 样品中的点在图像中会变成直径为 $\delta(\theta)$ 的盘，写出 $\delta(\theta)$ 的表达式，并用它推出 $\chi(u)$。

Q28.13 画出考虑 C_c 和不考虑 C_c 时 $T(\mathbf{u})$ 随 $\mathbf{u}$ 的变化曲线。

Q28.14　写下 Scherzer 离焦的方程，解释符号 Δf。

Q28.15　写出 u_{Sch} 的表达式然后写出 r_{Sch} 的方程。

Q28.16　什么是无彗差合轴？

Q28.17　Rose 校正器的空间特性是什么？

Q28.18　什么是图像失真，为什么在 FEG-TEM 中它特别重要？

Q28.19　在大约 1972 年就看到了原子像，当时的 TEM 分辨率只有 0.33 nm，这是怎么实现的？

Q28.20　HRTEM 能得到无公度结构的图像吗？解释证明你的观点。

章节具体问题

T28.1　详细解释为什么对于 $Ti_2Nb_{10}O_{27}$ 样品厚度小于 0.6 nm 时，WPOA 才是有效的？

T28.2　详细解释式(28.29)和式(28.34)的联系。

T28.3　在第 28.7 节中说 χ 是 $-120°$，为什么这样说？

T28.4　解释 TEM 是线性系统的重要性。

T28.5　选两台 TEM，一台是 1970 年 100 kV 的，另一台是 2008 年 300 kV 的，用式(28.34)画出 χ 作比较。

T28.6　考虑有一组球差不同的电镜，$C_s = 3$, 2.8, 2.6, $\cdots$, 0.6 mm(或者球差可调)工作在 200 kV，画出 Scherzer 离焦下分辨率的值。

T28.7　参考相关文献，给出式(28.43)和式(28.44)的推导。

T28.8　用式(28.47)构建一个分辨率 d 的表格，改变 ΔE 从 0.1 eV 到 1.0 eV，步长是 0.1 eV，TEM 工作电压分别是 100 kV，200 kV，300 kV。

T28.9　讨论(参照参考文献)为什么我们将 $E_s(\mathbf{u})$ 写成式(28.53)的形式。

第 29 章
其他成像技术

章 节 预 览

在之前的成像章节中，我们主要讨论了"经典"的透射电子显微镜(TEM)成像，它基于明场和暗场技术，并很快扩大到利用很多电子束成像。我们利用衍射衬度、相位衬度以及质-厚衬度(用的较少)来表征样品。通过插入物镜光阑或者扫描透射电子显微镜(STEM)探测器，排除或收集不同散射过程的电子来控制衬度。除此上述成像方法外，还有很多由标准途径演变而来的方法，利用这些方法我们能从 TEM 图像里得到更多信息。在本章中，将简单介绍一些这样的方法。我们将要讨论的这些操作模式大部分比较深奥并有相当特殊的应用领域。尽管如此，因为它们可能正是你解决特殊问题时所需要的，所以应该对它们有所了解。我们将描述对传统的平行束 TEM 成像技术所做的调整，并介绍需要 STEM 和利用一些在第 7 章讨论过的电子探测器的技术，而介绍这些模式的先后顺序并不重要。不过，各种技术通常在 TEM 或 STEM 模式都可用。

这章有点像大杂烩，但据我们所知，还没有其他教科书将这些技术放在一起进行介绍。各种技术的描述会很简洁，但我们会提供合适的参考材料，如果你真的想要深入了解这些技术，就可以跟进这些资料。

29.1　立体显微术和断层摄影术

为什么我们要介绍这一包罗万象的章节？本节就是一个很好的例子。在本书英文版第一版中，立体显微术仅是生物学家利用的古老技术，断层摄影术仅在 MRI 中使用。现在断层摄影术可以填满相关文献中的一整章。与立体显微术一样，其原则是从多个方向记录图像，给出样品的三维视图。

到目前为止你应该已经认识到任何一幅 TEM 或 STEM 像都是三维样品的二维投影，这是一个基本限制。有时能辨别一些缺陷在衍衬图像上的区别，这依赖于缺陷是与薄片的顶部还是底部相交，但是通常丢失了深度尺寸。我们能利用立体显微术重新得到这样的厚度信息，但只能得到反映质-厚衬度或衍射衬度的特征。我们不能将立体显微术应用到相位衬度成像上，因为其基本的实验步骤，倾转样品，会改变样品的相位衬度和投影势，所以像上的立体效应全部丢失。如果想判定样品中的析出相是形成在样品表面而不是样品内部，或者想了解位错之间是如何相互作用的，你可能需要用到立体显微术。

立体成像起作用是因为你的大脑能通过同时分析从两只眼睛中得到的信号测量深度，两只眼睛观察同一物体的角度存在微小的差别（大约 5°），导致视差偏移。因此在 TEM 中，对样品同一区域拍摄两幅照片，两者之间相对倾转了几度的角度，然后利用立体观测器将两幅图同时呈现给大脑，你将在一副图像上看到样品不同深度处的结构特征。事实上，有些人不借助观测器就能观察立体效应，而有些人即使借助观察器也不能辨识这种效应。

为了看到立体效果，两幅图应该相隔约 60 mm，但实际上很容易满足，只需要相对移动图像直到眼睛和大脑捕捉到立体效应即可。

立 体 规 则

必须确保两幅图的视场、衬度和放大倍数都相同。

2D 断层摄影术

立体技术的未来：数据用计算机处理，而不是你的大脑。

在描述方法之前有两点值得注意。首先，如果你想要观察的特征表现出衍射衬度，维持衬度的唯一方法是保持 **g** 和 **s** 不变，沿菊池带倾转样品，因此要在观察衍射花样的时候倾转样品。倾转过程几乎总是需要用到双倾样品台，并且如果样品严重变形，这将很难或者不可能实现。如果只想测量薄片厚度，任何倾转都可以，不需要保持衬度。其次，学究地说，观察立体图有一种正确和一种错误的方式。你必须将图片正好放在用眼睛成像时图片所在的位置上，否则大脑对厚度的解释将南辕北辙。如果你试图利用扫描电子显微镜（SEM）或扫描透射电子显微镜（STEM）图像了解真实的表面形貌（例如通过二次电子像），选择让哪一幅图的信息进入左眼和哪一幅图的信息进入右眼将至关紧要（更多关于立体观察的细节，参见任何一本 SEM 教科书，例如 Goldstein 等写的书）。当然，对于 TEM 像，这一差别是无关紧要的。Hudson 对立体显微术在 TEM 中的应用做了概括，一系列相关文献刊登在同一期的 Journal of Microscopy 上。

想得到一对立体图（一副左图，一副右图），应按照以下步骤进行操作：

■ 选择感兴趣的区域，确保样品高度（z）处于标准高度。

■ 记录一幅图像（BF、DF 或者 WBDF 皆可，虽然通常采用 BF 像）。

■ 倾转样品，至少 5°（更高的倾转角带来更大的视差偏移，但更难保持聚焦和衍射衬度的一致性）。

■ 保证倾转时整个视场不移动。如果移动，将它平移至原始位置（如果愿意的话可以将挡针作为参考点）。图像里的所有特征将会发生轻微地相对移动，这就是你的大脑在形成立体感时感觉到的视差偏移。

■ 如果区域偏离正焦（如果你不得不利用第二个，非共心的倾转轴，这一状况将出现），通过调节样品高度（z）重新聚焦；否则图像放大倍数将被改变。明显地，计算机控制的样品台有利于聚焦的调整。

■ 另一幅图像。

■ 显影图像并在立体观测器里进行观察。

图 29.1 为析出相的一对明场像。如果图像间隔正确，通过立体观测器进行观察，应该能看到析出相的相对深度。你可以向任何一个电子显微镜厂商购买便宜的纸板立体观测器。严格意义上的立体观测器是一种昂贵的光学工具，利用它可以计算立体图像对中某一特征的相对深度（Δh），因为

$$\Delta h = \frac{\Delta p}{2M\sin\dfrac{\phi}{2}} \tag{29.1}$$

式中，Δp 是倾转角为 ϕ、放大倍数为 M 的两幅图中同一特征位置的视差偏移。注意定义 ϕ 的方式，因为一些显微镜工作者定义转角为 $\pm\phi$，此时 $\sin\phi/2$ 变为 $\sin\phi$。为了确定真实深度，需要在样品表面沉积一些可辨认的特征，例如金颗粒，但在 TEM 图像中这通常并不重要，相对深度通常足够。如果你需要定

量立体测量，你可以学习立体测量学，这是一门古老健全的学科，或者你可以学习断层摄影技术。

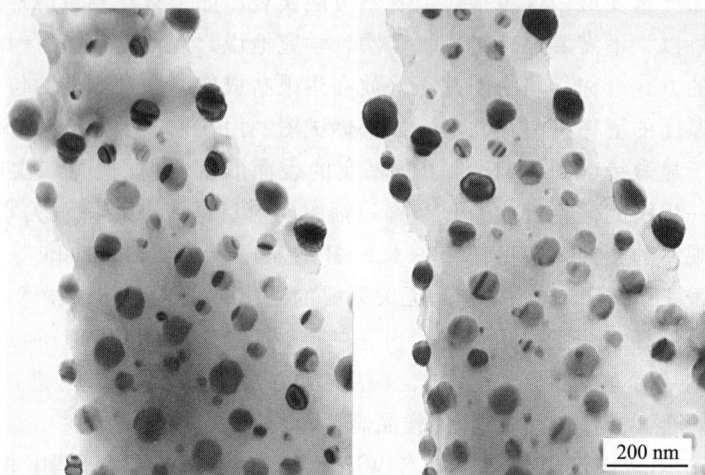

图 29.1　NiO-Cr$_2$O$_3$ 样品里面（和上面）尖晶石析出相的一对立体图，利用立体观测器观察时，能显示出析出相的相对深度。两张图像间的视差移动很小。质-厚衬度和衍衬衬度共存

在相关文献中我们将讨论电子断层摄影术。这是一个很大的话题，属于 TEM 中新兴的技术。该技术之前一直受制于快速计算机、大的存储容量，以及能大角度倾转的样品台（倾转角度接近 360°）的发展。明显地，圆盘状样品不适合这种倾转观察。断层摄影术的原理与立体成像相同，区别在于我们要用大约 100 倍于立体投影的图像，同时计算机在分析和观察结果中变得必不可少。

29.2　$2\frac{1}{2}$ 维显微术

$2\frac{1}{2}$ 维显微术是 TEM 领域虚构术语的一个例子。如果选区电子衍射（SADP）中衍射点距离太近以至于不能得到独立的暗场像，则只能将它们都套入物镜光阑中成暗场像。然后，如果利用立体观测器观察两幅拍摄于不同聚焦条件下的暗场像，你将看到不同视深处的结构特征。这是赝立体技术，因为此时的"深度"差异是由不同的 **g** 产生的，而不是真正的深度差异：因此命名为"$2\frac{1}{2}$ 维"或"非完全 3 维"。这一技术还有一个更加古板的名字："离焦暗场像

（through-focus DF）"。

　　Bell 发展了一种简单的理论来解释焦距的改变 Δf 如何引入图像中的视差偏移 y，

$$y = M\Delta f\lambda \mathbf{g} \qquad (29.2)$$

$$\Delta y_{12} = \Delta f\lambda \mathbf{g}_{12} \qquad (29.3)$$

式中，M 为放大倍数；λ 为电子波长；$\mathbf{g}$ 为衍射矢量。因此，当改变焦距的时候，图像中来自不同衍射束的部分发生相对移动，移动量为 $M\Delta y_{12}$。

　　$\mathbf{g}_{12}$（$=\mathbf{g}_1-\mathbf{g}_2$）项是从特征点 1 指向特征点 2 的矢量。这一视差偏移以与倾转样品相同的方式产生立体效应。

　　何时需要用到这一技术？如果你正在处理多相样品，其中很多相具有相似的结构和（或）晶格常数，将会产生很多隔得很近的衍射点。在这样的情况下，如果你能用很小的物镜光阑成功地将衍射点分隔开，毫无疑问，被选择的衍射点将离光阑很近，图像将严重失真。更多的情况是你无法用光阑选择一个独立的斑点。

　　你必须从拍摄中心暗场图像开始，但成这一暗场图像时，物镜光阑中包含了不止一个衍射极大值。因此，在普通中心暗场图像中，对这些衍射点有贡献的样品区域将全部表现为亮区。然而，如果在不同的离焦条件下获得两幅图像，图像上对不同衍射点有贡献的特征区域将微小地移动不同的距离，该距离能从由式（29.3）导出。当通过立体观测器同时观察两幅图像时，两幅图之间的这一相对移动能被大脑作为相对深度差异感知。你可能会反驳说你的图像偏离正焦了，严格地说，确实如此，但要记得 TEM 有很大的景深（见第 6.7 节），只要放大倍率不太高，很容易在很大的物镜激励范围内保持两幅图像处于正焦状态。物镜电流改变越大，分辨相似衍射特征的能力越强，因此在低放大倍率下这一过程能更好地工作，因为此时景深更大。

　　因此实验步骤如下：

■ 选择感兴趣的样品区域并确定样品处于最佳高度。

■ 倾斜电子束使得衍射斑点团簇围绕在光轴周围；将物镜光阑居中套住这些衍射点。

■ 回到像模式，向欠焦方向调整物镜直到看见清晰的像开始变模糊，然后往过焦方向调回一个刻度得到正焦状态。

■ 记录图像。

■ 向过焦方向调整物镜直到图像再次由清晰开始变模糊，然后往欠焦方向调回一个刻度。

■ 记录另一幅图像。

■ 显影图像并在立体观测器中观察它们。

图 29.2 给出了这种情况下得到的两幅中心暗场像。可以看到衍射花样中有很多距离很近的衍射点。Sinclair 等的综述中给出了这个以及更多例子以很好地说明。通过立体观测器观察这些图像，在不同的"高度"将出现不同的亮区。如果你读了这一综述，将很容易确定图像中的特征区域来自哪些衍射点。

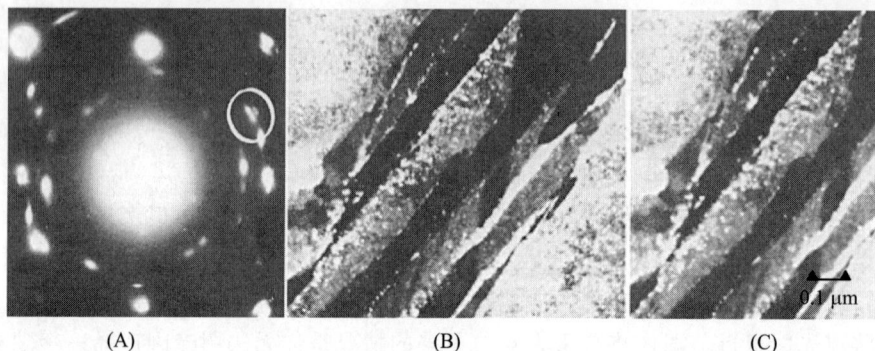

(A)	(B)	(C)

图 29.2 （A）钢铁中残留奥氏体和碳化析出相的选区衍射花样。（B、C）一对立体像显示出 $2\frac{1}{2}$D 效应，其中，奥氏体和碳化物的相对深度与物镜光阑中它们衍射斑点的位置有关

29.3 磁性样品

如果你碰巧要观察磁性材料，这会同时给你和 TEM 带来大麻烦，你可能会想要转而研究 Al。然而，如果你足够有耐心并想要一份挑战性的工作，你可以学着去纠正样品引入的磁扰动，利用电子束与样品磁场之间的相互作用得到更多信息。磁效应的 TEM 研究由于高温超导体的发现以及对存储高密度信息磁记录介质的兴趣而复苏。

> **磁　　盘**
>
> 如果可以避免，不要用自我支持的磁盘样品。

首先，我们将考虑如何从磁性样品中得到最好的图像，然后将描述两种特殊成像技术，利用这些技术能看到与铁磁和铁电材料相关的畴或畴壁。这一话题将在相关文献中展开。

29.3.1 磁校正

如果样品有磁性，当电子束通过的时候，它的磁场将使电子束偏离，因而用来成像的电子将不在光轴上。在你试图对图像进行聚焦的时候，它们会移动并发生畸变。你可以根据以下内容来减小这些效应。

最重要的一步是使样品尽可能薄和小以减小它的磁场强度。

然而，在将样品放入物镜中时，小的薄片状样品更易从微栅中脱离。因此，要确保薄片很好地固定在样品杆上，而且，如果可能的话，对有导电胶的薄片样品使用牡蛎状栅格。在物镜强度尽可能小的时候插入样品杆；观察通过物镜的电流并使它最小。理想时，你的 TEM 已为此工作做过优化，例如，可能已经改动了物镜。注意，本节中所有的图像都不是高分辨透射电子显微镜（HRTEM）像。

磁　材　料

如果在 TEM 中丢失了样品或样品的一部分，你应该停止工作，并寻求帮助。如果样品是磁性的，你更加需要停止工作，寻求帮助。

你将会发现，很难将磁性样品的放置调整到最佳高度，因为当你倾转磁性样品通过 0° 位置的时候，样品本身会有旋转的倾向，也可能会脱离样品杆（如果运气欠佳的话）或者其高度和位置有轻微的变化。如果样品丢失了，必须打开镜筒并找回样品，否则，你可能就在显微镜中引入了一个固定的无法校正的像散。极端情况下，样品可能粘在往往非常昂贵的极靴上。在物镜极靴还没受到损伤的时候去麻烦技术支持人员是更明智的选择。

因此当你找到一个感兴趣的区域时，通过倾转样品来设置最佳高度，注意不要使倾转通过 0°；保持转角范围在 0° 的一侧。当接近最佳高度时（对于磁性材料它很难正好处于最佳高度），聚焦并移动一个可识别的特征区域至屏幕中央。移开物镜光阑，并进行如下操作：

■ 利用一个粗调步长使 C2 和物镜欠焦，特征区域会离开屏幕中心。如果照明不够，说明 C2 欠焦不够。

■ 这使得成像束位于光轴上。

■ 重新聚焦图像，会聚电子束，如果特征区域移动，控制样品台使它重新回到中心。

■ 在物镜过焦时重复以上步骤，直到物镜通过焦点时，特征区域始终位于屏幕中央。

这时再观察电子衍射花样，你将看到 000 电子束在光轴上，并且你可以再次插入物镜光阑，检查像散。但是，如果你倾转或平移了样品，即改变了样品相对于电子束的位置，样品周围的磁场分布也将改变，所以你将不得不重新进行完整的校正。经过练习你可以很快地完成这一步骤。现在，如果想在进行磁校正的同时成中心暗场像，则需要一套附加的外部暗场控制装置，这一套装置可能是电镜的一个可选附件或者可能已经在电镜中安装了。然后利用一套电位计将图像中的特征区域居中，利用另一套装置在所需的 *hkl* 衍射极大时倾转样品。图 29.3 给出了磁修正之前和之后一个磁性样品的像。因为扫描束与不同区域的相互作用可能不一样，导致图像质量不尽相同，所以在 STEM 模式对磁性样品成像更困难。

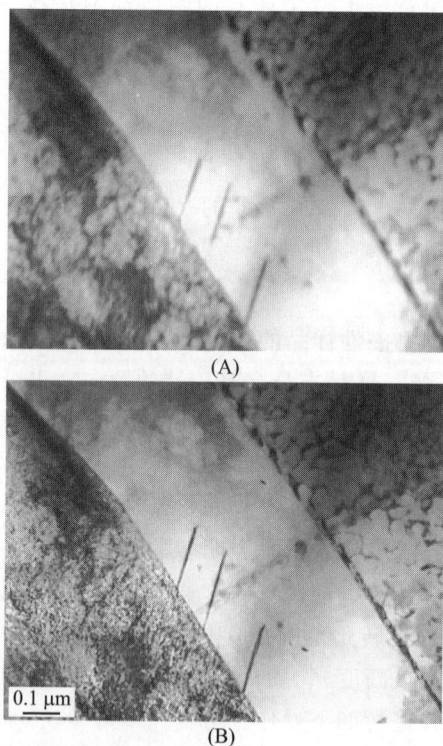

图 29.3　Fe-Ni 陨星图像质量的磁修正效应：（A）磁修正前，（B）磁修正后

29.3.2　洛伦兹显微术

当你已经校正了由样品引入的磁场时，如果尺度合适，可以在电镜中对磁畴成像。这是相位衬度显微术的一种形式，详见第 23 章。这种成像技术通常

被称为洛伦兹显微术，它有两种选项和一个特殊透镜。

透　镜

物镜在样品周围产生磁场，洛伦兹透镜取代了物镜：它给出更低的放大倍数并且离样品很远。

洛伦兹？因为我们使用洛伦兹力。

傅科像：如果照明区域内有几个畴，电子束将被不同的畴以不同的方式偏离。这将导致衍射点的劈裂，如图 29.4A 所示。这有利于快速知道磁化方向——垂直于衍射点劈裂的方向（洛伦兹力的影响）。然后可以利用任何一个200 劈裂斑点成明场像。如果利用所有的衍射斑点成像，能看到畴壁（图29.4B）。如果选择一个劈裂点成像，使电子弯曲进入所选择衍射点的畴将呈现亮衬度，其他畴将呈暗衬度，如图 29.4C 所示。这些相似畴结构的像被称为傅科像（可能是以一个法国发明家的名字命名的，他发明了展示地球自转的单摆），具体为什么这样命名，作者也不清楚。如果采用被分割为几个电绝缘部分的探测器，不同的部分（通常为二等分或四等分）收集通过不同畴的电子，则在 STEM 像中也能看到类似的效应。由于收集的是数字信号，在 STEM 中也能加、减或划分各种信号，如图 29.5 所示。然而，傅科像中的强度不能与磁感应强度定量地关联，它们只能用来快速估计畴的尺寸。

菲涅耳像：这个选择使你能看到畴壁，而不是畴。如我们在第 23 章中讨论过的，菲涅耳成像以另一位法国人的名字命名，他的 TEM 像从未正焦。如果使物镜处于过焦或欠焦状态，来自不同畴的电子将形成图像，其中畴壁呈亮线或暗线，通过焦点时，衬度反转，如图 29.6 所示。衬度取决于通过畴壁两侧畴的电子与畴作用后是相互接近还是相互远离，如图 23.16A 所示。从这样的像中你能了解你所观察的是布洛赫壁（Bloch wall）、奈尔壁（Néel wall）还是十字壁（或横结壁，Cross-tie wall）。图 29.7 解释了为什么这种技术这么重要。

在场发射枪 TEM 中，高相干电子源意味着相干菲涅耳/傅科（CF）成像是可能的。这些技术能定量测量磁感应强度。

如果想进行洛伦兹显微术操作，需要减小物镜的磁场强度，否则它将主导内场并因此改变样品的畴尺寸。因此，你可以选择关闭物镜，利用中间镜来聚焦，或者使用一个特别设计的低场透镜。TEM 厂商能提供适用于洛伦兹显微术的物镜。STEM 中也能安装适用于洛伦兹显微术的物镜。

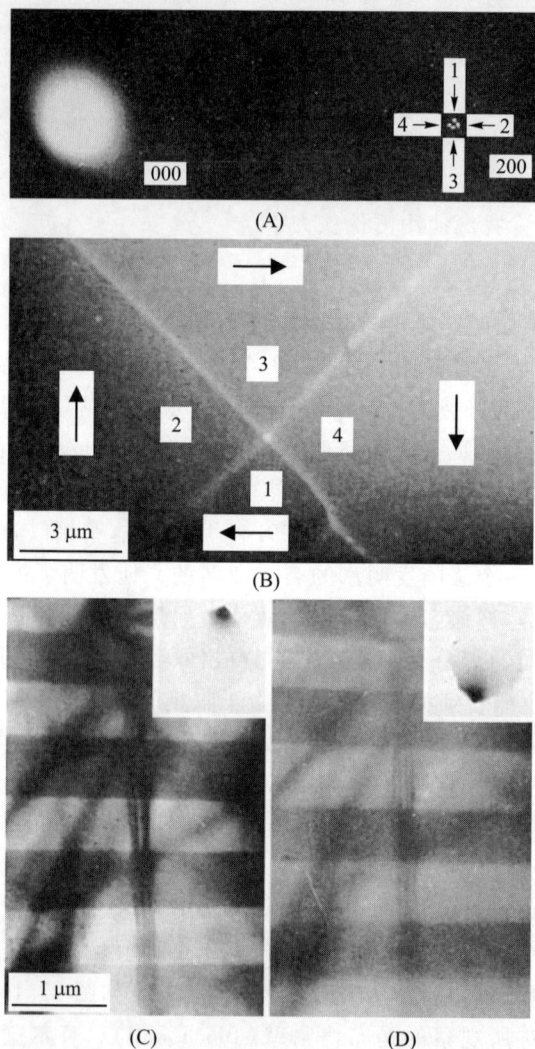

图 29.4 （A）由于磁畴的存在，Ni_3Mn 的 200 衍射点的劈裂。（B）用（A）中所有劈裂点拍摄的图像，显示出散射电子到各个斑点的 4 个畴。（C、D）通过物镜光阑选择插图所示的两个劈裂点中的一个拍摄的 Co 中畴的傅科图像

　　除了能对畴和畴壁成像，如果将 Fe 蒸镀在表面上，也能在样品中成磁通线的像，就像在条状磁铁周围用 Fe 屑描绘磁通线一样。如果原位加热样品，斑点的劈裂将线性减小并在居里温度处变为 0。

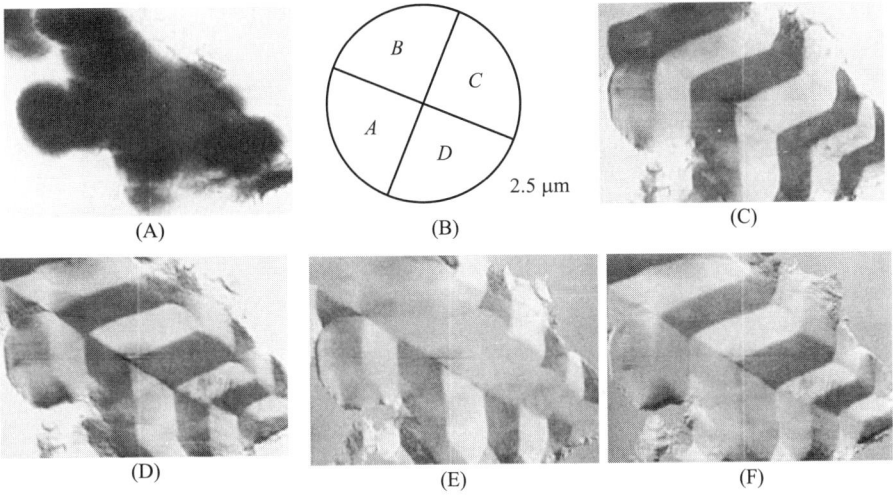

图 29.5 在 STEM 中使用象限探测器来区分纯 Fe 中不同的磁感应区域。(A)来自(B)中所示的所有 4 个象限的明场像。(C~F)不同象限结合形成的图像。相同强度的区域是类似的磁感应区域

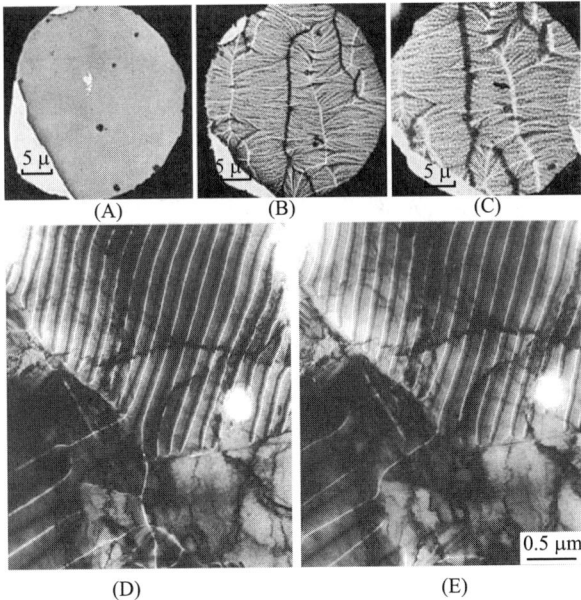

图 29.6 (A)正焦的图像表现不出磁衬度。(B、C)菲涅耳离焦图像显示出磁畴壁，成像为亮的和暗的线，且随离焦量的增大而变宽。欠焦(D)和过焦(E)图像显示出畴壁衬度的反转

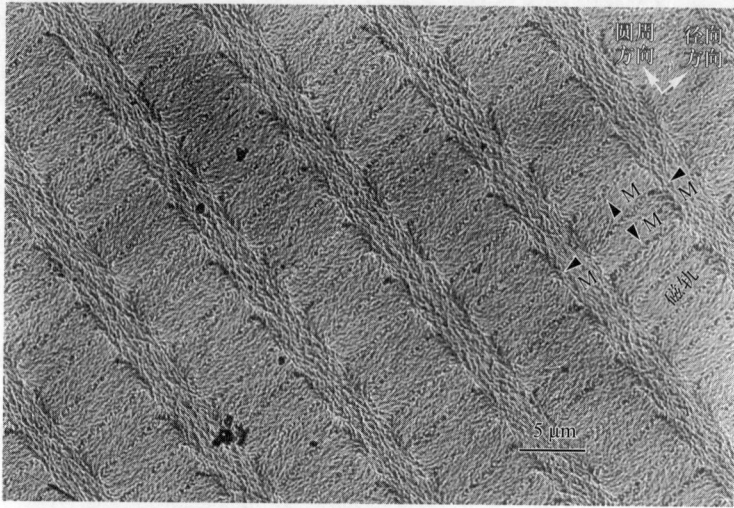

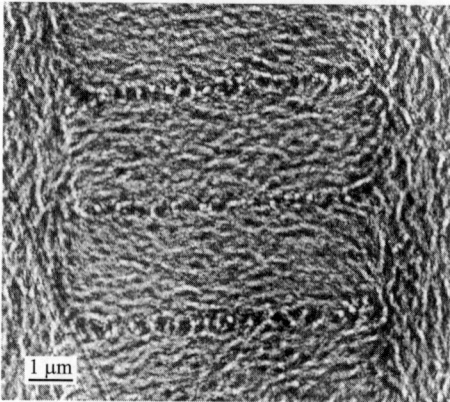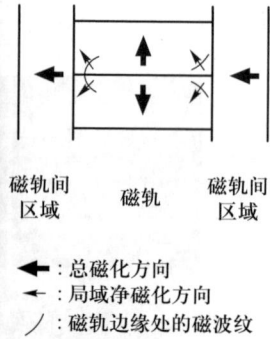

图 29.7　（A）用作磁数据存储的 $Co_{84}Cr_{10}Ta_6/Cr$ 薄膜（长在平滑的 NiP/Al 基底上）的菲涅耳图像，记录了二进制存储时的磁性状态。（B）更高放大倍数的菲涅耳图像。（C）磁轨边缘处的磁波纹示意图。比特（二进位制信息单位）沿着硬盘的圆周方向中的磁轨变换着磁化方向。而磁轨间的区域在径向方向有剩磁，剩磁的磁场方向垂直于比特内部的磁场方向

29.4　化学敏感像

在第 16.7 节中已经说明，在很多材料中，一些反射的结构因子 F 对各组成元素原子散射振幅之间的差异很敏感。如果用这样的反射束成暗场像，原则上，像将对材料组分的改变很敏感。研究最多的是与 GaAs 和其他 Ⅲ—Ⅴ 族化

合物半导体相关联的材料系统。人们热衷于部分和局域地替代Ⅲ族或Ⅴ族元素以形成超晶格和量子阱，如图 29.8 所示。当两个原子散射振幅之间的差别较大时，薄样品中暗场像的衬度会更亮。因此，$Al_xGa_{1-x}As$ 层比周围的 GaAs 基体更亮。

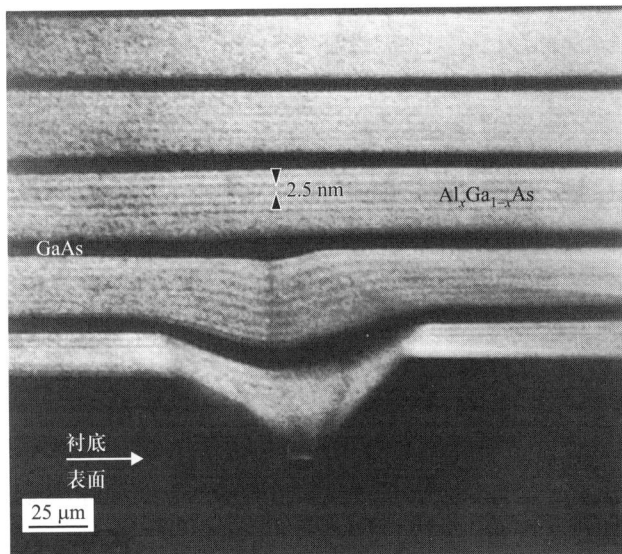

图 29.8 GaAs-AlGaAs 量子阱结构的化学敏感图像。由于生长波动和第一层 GaAs 对基底表面的不完美覆盖，AlGaAs 的成分是不均匀的

这一成像技术原则上能应用于很多不同的材料；原则上，与利用超结构衍射形成有序区的像相同（见图 16.5 和图 16.6）。在第 31.11 节中讨论定量化学晶格成像时，我们将利用同样的信息；在利用 ALCHEMI（见第 35.9 节）研究位点的位置时，我们同样利用这一效应。实际上，知道成分的改变有多突然通常是很重要的，因为界面影响材料的性能，所以你可能会对发生在界面位置的衬度变化感兴趣。但是必须牢记我们对薄样品表面弛豫所做的讨论（第 24.10 节），它能影响任何的衍射衬度像。

29.5 漫散射电子成像

这只是普通暗场像主题下的一个变化。如果样品中包含非晶区域，它们将电子散射到远离衍射束的倒空间的不同区域，这些非晶区将有很强的衬度。为了实现这一过程，将物镜光阑远离任何强衍射点，放置在截取部分漫散射强度的位置，进行暗场像操作。例如，在硅酸盐玻璃中，漫散射峰放射状的在 3～

4 nm^{-1}处。如图 29.9 所示，暗场像揭示出陶瓷双晶体非晶区域，其晶界位置衬度很高。但是，解释这种图像时必须非常小心，如 Kouh 等所示。

图 29.9　Al$_2$O$_3$ 双晶体晶界处非晶材料的漫散射暗场像

　　漫散射同样可能来自样品内的短程序，这样的短程序由有序晶核微畴或者类似于调幅分解的有序度增强的局部区域产生。这些区域产生漫散射强度极大值的位置，正是当短程序发展为长程序时超结构衍射斑点的位置（Cowley 1973a，b）。由漫散射产生的暗场像揭示了漫散射强度极大值对应的短程有序区域。记得我们看见过相似的衬度效应，但是那是在短程有序材料的电子衍射花样中（图 17.11）。

　　在现代 TEM 中，给这些例子的一条实际建议是利用移动光阑的方法，而不是移动电子束。

29.6　表面成像

　　在 TEM 中我们能通过多种方式获得表面信息。我们可以用反射电子显微术（reflection electron microscopy，REM），或者用一种被称为"形貌衬度"的技术。我们还可以在 SEM 或 STEM 中形成二次电子像，本章稍后将做介绍。我们在第 28.16 节已经提到通过 HRTEM 进行剖面成像。

29.6.1　反射电子显微术

　　表面的反射电子显微术（REM）要求将样品固定在样品台上使电子束以掠射角打在样品上，如图 29.10A 所示。因为电子从表面被散射，所以样品不需要很薄。使用反射束成像，导致了图像在一定程度上的缩短。样品的不同部分聚焦在透镜后面不同的位置。一旦选好像平面，可以在 z 方向移动样品使表面的不同区域聚焦。反射高能电子衍射（RHEED）花样由样品的表层产生，如图 29.10B 所示。正是这一衍射几何学被我们用来推导布拉格定律。

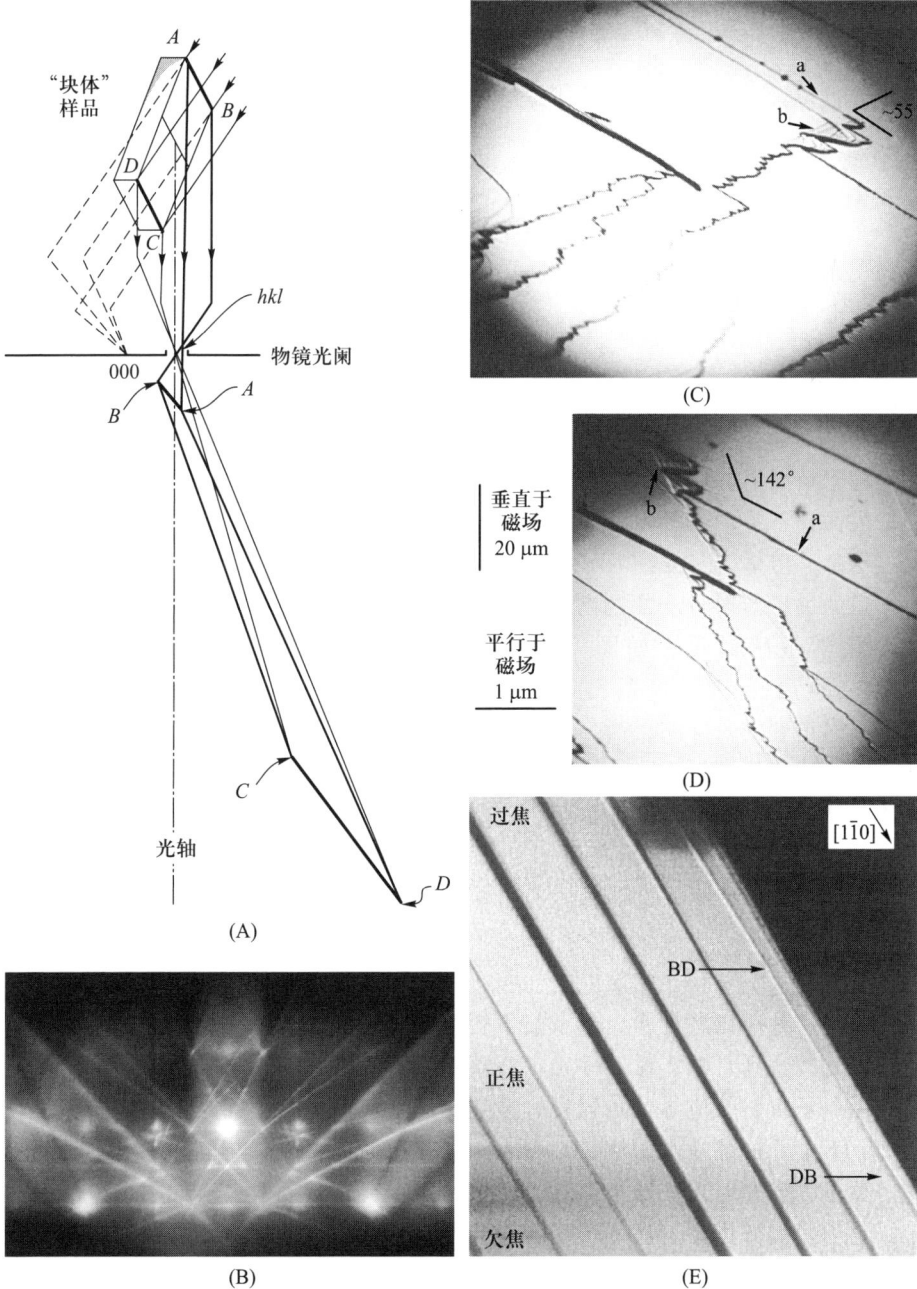

图 29.10 （A）利用 REM 形成图像的示意图。（B）Si 001 表面的 100REM 衍射花样。可以看到斑点的方阵列，但 000 反射被样品本身阻挡。（C、D）REM 图像，显示了分裂的 GaAs 单晶的表面台阶。两幅图像相对旋转，显示出缩短的效果。这强调了在解释缩短的 REM 图像时需要小心。（E）REM 图像显示出在 GaAs/AlGaAs 中量子阱的化学敏感衬度

> **REM**
>
> 注意到表面其实是倾斜偏离光轴的，所以衍射束会在光轴上：电子源"看不到"衍射表面！

一旦形成衍射花样，实验步骤本质上和传统的衍射衬度暗场成像一样。插入物镜光阑，选择一布拉格反射束，形成 REM 像，如图 29.10C 和 D 所示。图像在电子束方向被大大缩减，但在垂直于电子束的平面内（图像聚焦）保持了通常 TEM 像的分辨率。这使得对图像的解释变得困难；你将在两个正交的方向看到两个不同放大倍数的记号。注意这两幅旋转的像（图 29.10C 和 D）看起来有多不一样。

理想情况下，用一个非常干净的表面以使得对衬度的解释简单化。当然，如果表面并不平，或者附着了一层很厚的污染层或氧化层，从图像中将得不到太多信息。但是，只要细心，你就能用 REM 去研究很多不同材料的表面。你所知道的关于衍射衬度像的所有知识都将应用于 REM 像中。例如，你也可以探测化学敏感衬度，如图 29.10E 所示。其中，黑带是 GaAs 基体中的 $Al_xGa_{1-x}As$ 层；衬度对 x 的实际值很敏感。注意这一衬度与在 TEM 中利用化学敏感反射得到的衬度相反。

因为能用任意的 TEM 样品杆做 REM，所以，原则上能很容易地加热或冷却块状样品。在很多方面，这都要比使用透射样品要简单，因为试样要结实得多。Si 的原位 REM 研究给理解 Si 表面的重构带来了一个飞跃。Yagi 等原位展示了表面重构的发生。这一技术有很多潜在的应用，但是需要实践。

29.6.2　形貌衬度

通过一种简洁的技术，你就能了解样品表面形貌。这一技术通过简单地移动物镜光阑直到它的影像在你正在观察的区域清晰可见。在样品的这个区域能看到由电子折射效应导致的衬度，但它能简单地用样品厚度的变化来解释。在图 29.11 中，很容易看到 Fe_3O_4 颗粒在支持碳膜的上方，还能看到碳膜并不平。虽然物镜的插入在像中引入了像散，但是在相对低放大倍数下拍摄的图像中，它不影响分辨率。在 STEM 中进行等效的操作，只需要使用明场探测器或者平移 000 衍射盘使得它一半在探测器内，一半在探测器外。再补充一点，该技术并没有被广泛应用，部分原因是因为折射成像在 TEM 中很困难，也有部分原因是因为由折射所成的图像看上去不美观。

图 29.11 碳膜上 Fe_3O_4 粒子的形貌衬度。薄膜中的波纹和物镜光圈的阴影清晰可见

29.7 高阶明场成像

我们已经努力指出，当 **s** 很小并为正值时像的衍射衬度最强。在这种情况下最容易看见晶体缺陷并解释它们的衬度。但是，这种强动力学衬度可能会掩盖缺陷的细节，有时降低衬度更重要。你可以在运动学条件下进行这一操作。倾转样品使一个高阶斑点变亮，而不是在衍射花样中选取一个低指数斑点，得到的明场像的整体衬度会降低而且背底不受弯曲等高线以及厚度条纹的控制，如图 29.12 所示。如果当 hkl 点都不强时形成明场像，你就能得到一种类似的效果，被称为"运动学衍射成像"。

回溯到第 22.6 节，当 TEM 和 STEM 之间的对易关系并不充分满足时，动力学衬度效应减小，并且所有的 STEM 像本质上更符合运动学近似，我们就能在 STEM 成像中获得类似的效果。

注意拍摄图 29.12 时的加速电压为 650 kV。这说明当使用 IVEM 时高阶明场成像能成为一种非常有用的技术。电压越高，精细的衬度越明显。例如，除了能改进缺陷像的空间定位外，用 **2g** 衍射给出的衬度要好好几倍。

很多早期的教科书假设的工作电压为 100 kV，仅是因为写这些书的时候，这是常用电压。现在时代已不同。

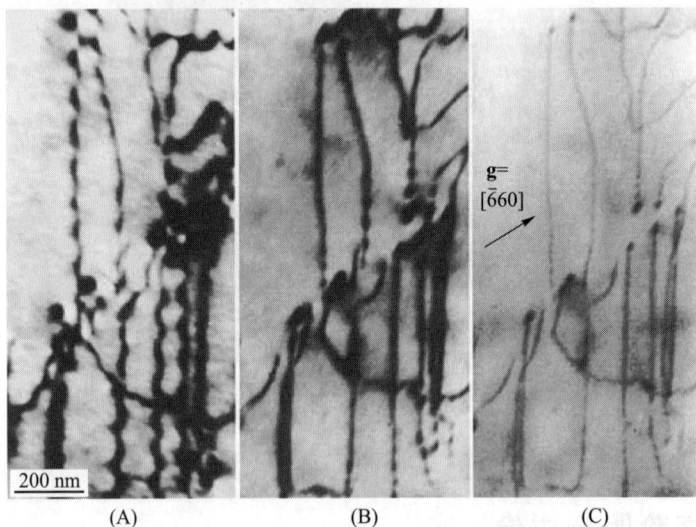

图 29.12 用 g(A)、2g(B) 和 3g(C) 拍摄的 GaAs 中位错的明场像。高阶明场像中缺陷的宽度减小

29.8 二次电子成像

二次电子像揭示表面形貌。如果样品已被很好地抛光，则很难利用二次电子揭示样品本来的表面形貌。如果你观察的是特殊的样品，例如催化剂，则利用二次电子成像对其表面形貌进行分析就变得很重要。想要形成二次电子像必须利用 STEM。回顾图 7.2，你将看到二次电子信号是如何被位于 STEM 物镜上极靴内的闪烁体光电倍增管探测器探测到的。在样品上表面数纳米深度产生的二次电子被上极靴很强的磁场限制并螺旋上升，最终被镀铝闪烁体接收（闪烁体上加有约 10 kV 的高压）。这个设计不同于传统的 SEM，在 SEM 中，二次电子探测器放置在物镜极靴的下面。STEM 的二次电子像与 SEM 的二次电子像相比具有更高的分辨率和更好的成像质量，所以高分辨扫描电子显微镜

（HRSEM）采用了同 STEM 相同的二次电子接收设计。分辨率的提高有以下几个原因：

■ 由于背散射电子能直接进入闪烁体，SEM 中的传统二次电子像总是有来自背散射电子的噪声。但是在 STEM 中，背散射电子无法进入二次电子探测器，所以 STEM 中的二次电子信号没有背散射电子噪声。

■ 相比于 SEM，STEM 中的加速电压更高，热电子源的亮度更高，所以二次电子信号也相应更强（场发射枪将更亮）。

■ STEM 物镜的 C_s 通常比传统 SEM 的物镜 C_s 小很多。因此，STEM 中的二次电子像总是比 SEM 中的质量好（提高了 S/N 倍）。

第 4 点与二次电子的不同类型有关，这也是下面将讨论的。

SEM 中远程二次电子信号的存在也降低了它的 S/N 倍。如图 29.13 所示，SEM 中的二次电子探测器能收集由电子束与样品相互作用产生的 4 种不同类型的二次电子，标记为 SE-Ⅰ~SE-Ⅳ。

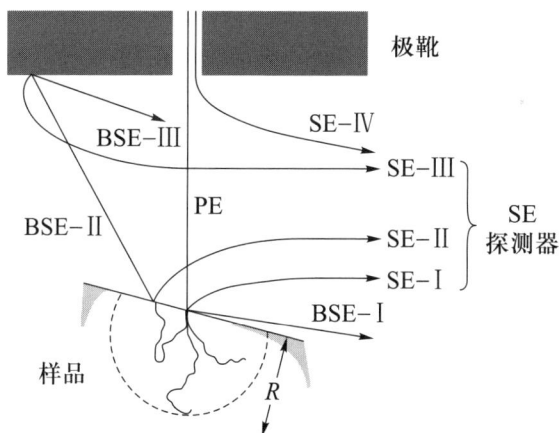

图 29.13 传统 SEM 中，进入探测器的二次电子的 4 个可能的来源。SE-Ⅰ信号是最理想的信号，因为它来自探针区域。但来自背散射电子的 SE-Ⅱ，来自显微镜样品台的 SE-Ⅲ，以及来自最后光阑的 SE-Ⅳ结合起来减小二次电子图像中的 S/N。在 STEM 中，相对的贡献不同：

■ 只有 SE-Ⅰ信号才是我们想要的信号，因为它来自探针周围的区域，并只包含该区域的高分辨形貌信息。

■ SE-Ⅱ信号由来自距电子束一定距离的样品的背散射电子产生的二次电子组成。减少 SE-Ⅱ的唯一方法是减少背散射电子。我们能通过使用薄样品实现，就像在 STEM 中一样。

■ SE-Ⅲ成分来源于样品产生的背散射电子对显微镜样品台部分区域的轰

击。因此，利用薄样品减少背散射电子同样能减少 SE-Ⅲ。

■ SE-Ⅳ信号来自最后探针形成处光阑的边缘产生的二次电子。在 SEM 中，它位于最后的透镜内。但在 STEM 中，C2 光阑起到这一作用并且它远离样品台和二次电子探测器。

所以在使用薄样品的 STEM 中，来自理想的 SE-Ⅰ的信号与不理想的 SE-Ⅱ~Ⅳ的信号之间的比率比传统 SEM 中要高。如果在 STEM 中观察大块样品，探测到的 SE-Ⅱ信号的概率将与 SEM 相同，因为背散射电子的产量并不随电子束能量改变。此外，由于 STEM 样品台较小，探测到 SE-Ⅲ信号的概率可能比 SEM 中的概率更高。实验发现，对于大块样品，这些差别产生的总的结果是，STEM 仍然能提供比传统 SEM 更高分辨率的二次电子像，如图 29.14 所示。现在，最高分辨率的场发射枪 SEM 采用了很多 STEM 样品台的设计理念并能在 30 kV 时产生分辨率<1 nm 的二次电子像；一些 SEM 甚至鼓励你用薄样品，以给出简单的 STEM 图像。

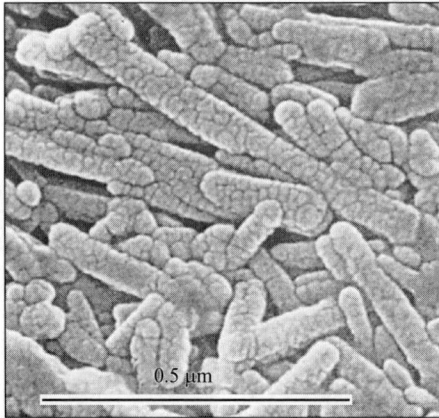

0.5 μm

图 29.14　在 TEM/STEM(LaB_6 源，100 kV，~2 nm 空间分辨率)中涂粉磁带的高分辨二次电子像

热电子源 STEM 的分辨率并不比 SEM 的分辨率高，但 100 kV 或更高电压的场发射枪 STEM 在理论上能提供最好的二次电子像，尤其是用球差校正探针后，甚至能给出原子等级的形貌信息。

尽管有这么多明显的优点并且 STEM 有现成的二次电子探测器，但是很少有对样品表面形貌的高分辨研究是在 STEM 上完成的。二次电子像的一个主要用途仅仅是寻找 TEM 盘中的孔洞。虽然不清楚为什么会这样，但是如果你的 STEM 中可以探测二次电子信号，我们强烈推荐你使用二次电子像。当然，你必须很小心地制备样品表面并保持清洁，否则将得到制样过程中人为造成的污染物、氧化物等的二次电子像。当你不得不在绝缘体样品表面镀上膜,请尽量使用现代高分辨、高真空镀膜仪去产生一层连续的难熔金属(如 Cr)的薄膜。不要使用太过传统的 Au-Pd 镀膜加工,它会掩盖样品表面的细节。

29.9 背散射电子成像

记住 STEM 中的背散射电子探测器位于上物镜极靴的正下方。在 SEM 中,探测器位于同样的位置,我们能得到相同的收集效率。高电压给出更亮的电子源,但样品厚度决定背散射电子的产额,薄样品产生的背散射电子数目太少而不可测量(在 100 nm 的 Au 中背散射电子产额为 0.4%)。(见图 2.4、图 36.1和图 36.2,核实 Monte-Carlo 模拟中的背散射电子的数目。)因此,薄样品产生的总的背散射电子信号很弱而且 S/N 很差。尽管如此,在 STEM 中仍然能在薄样品中成背散射电子像,但是,只有高衬度样品的像的分辨率能接近束斑尺寸,例如 C 膜上的 Au 颗粒,如图 29.15 所示。因此,一般而言,STEM 提供的背散射电子信号相对于拥有高效闪烁体或半导体探测器的现代 SEM 并没有明显的优势。事实上,专业的 STEM 厂商甚至不把背散射电子探测器作为可选附件,并且怀疑在 TEM/STEM 上安装背散射电子探测器的价值。

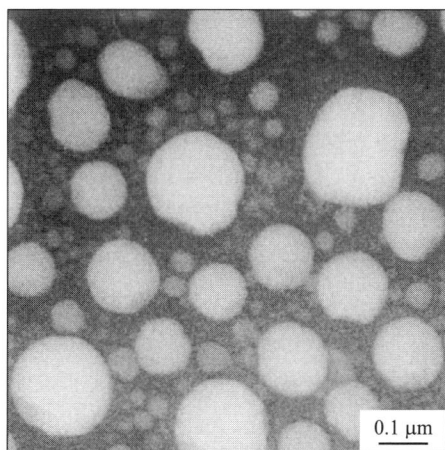

0.1 μm

图 29.15 在 TEM/STEM(LaB$_6$ 源,100 kV)中碳支撑膜上 Au 的高分辨 STEM 背散射电子像。虽然背散射电子的信号弱,图像质量不好,但仍能获得 ~7 nm 的分辨率

利用 STEM 中的二次电子和背散射电子成像,你能对薄样品(电子透明的样品)及大块样品(通常在传统 SEM 中检测)进行观测。与 SEM 相比,STEM的一个主要缺点是显微镜样品台体积相对较小。在一个 SEM 样品台中能放置

直径和厚度均为数厘米的样品，这意味着从原始物体中制备样品通常毫不费力。STEM 中有限的样品台区域意味着，即使使用特别设计的针对大块样品的样品杆，最大的样品尺寸将大致为 10 mm×5 mm，并且厚度不会超过几个毫米。

29.10　电荷收集显微术和阴极发光

电荷收集显微术（CCM），也被称为电子束诱导导电率（EBIC），与相关的阴极发光（CL）现象一起是 SEM 中表征半导体的常用技术。这两个技术亦可能用于 STEM 中，但是很少有人有勇气去尝试。在第 7.1 节中我们了解了半导体电子探测器，入射束能在其中产生电子-空穴对，它们被 p-n 节内场分隔开而且不能重新结合。因此，对于半导体样品，在通常的成像过程中将形成电子-空穴对。你必须通过薄片表面蒸镀的欧姆接触电极施加外加电场使电子-空穴对分开，然后用电荷脉冲在 STEM 屏上产生信号。在电子-空穴对分开的地方信号强，在位错和层错等电子-空穴对复合中心信号弱。你还可以测量少数载流子的扩散长度。因此，在 STEM 中用标准成像技术就可以很容易地看到复合中心，因此尽管 CCM 技术并不特别优秀，但在 SEM 中却必不可少，因为缺陷在表面以下。

如果不分开电子-空穴对，它们就复合并产生可见光。这种光信号相当弱，但能用反射镜和分光计来探测和分散它，如图 7.6 所示。此外，复合中心在阴极发光像中呈暗衬度，因为大多数复合发生在较深的地方而且是非辐射的。相对于电荷收集显微术，阴极发光的好处是不需要在样品上镀膜以形成欧姆接触点，而且能得到包含掺杂程度和带隙变化信息的光谱。然而，必须让STEM 主要专注于这一成像模式，它是一种困难而单调乏味的技术。这一领域早期的先驱工作由 Petroff 等完成，更多近期的工作由 Batstone 完成。然而，相对于在 SEM 中研究大块样品，在透射电镜中进行操作的好处并不明显（见Yacobi 和 Holt 以及 Newbury 等的参考书），这反映了文献中阴极发光有限的TEM 应用。

29.11　电子全息

虽然电子全息术很早就被提出来了（Gabor 在 1948 年提出这一技术，作为提高 TEM 分辨率的一种方法），但是直到 20 世纪 90 年代初期，才变得众所周知。由于缺乏可靠的场发射枪 TEM（场发射电子枪使电子源高度相干），场发射场电子源可视为具有激光般高相干性的电子束，它的广泛应用受到推迟。电子全息是一个很广泛的话题,如果你想了解相关知识,可以读读 John Cowley 在 1992 年的那篇题为《电子全息的 20 种形式》的文章以及 Völkl 等的教科书。本节,我们将讨论这一技术的基本原则,具体细节和更多的想法可以参阅相关教科书或参考书。

不同于传统的 TEM 成像技术,电子全息术的关键特征是,电子束的振幅和相位都能被记录。我们可以以两种方式利用这一特征:

■ C_s 的影响可以被部分校正,因此能提高 TEM 的分辨率。

■ 可以研究其他依赖于相位的现象,例如那些与磁有关的。

全息术可能存在几种不同的形式;3 种最熟知的都基于第 23 章描述的方法:

■ 同轴全息术。

■ 单边带全息术。

■ 离轴全息术。

在 TEM 中主要使用的是离轴全息术,我们稍后讨论。图 29.16 为取向靠近 [110] 极的楔形 Si 晶体的全息照片。图中的方框区域为一系列间距仅为 70 pm 的条纹。这些不是晶格条纹,但是包含了与衍射束有关的相位信息。尽管很多最初的研究使用了光学处理技术,但是分析这样的图像需要合适的软件;这是图像处理和重构的一个很特别的分支,以至于在第 31 章中我们也未做介绍,但在相关文献的全息术章节有讨论。

全息术的基本原理在图 29.17 所示的示意图中给出。这里,$\chi(\mathbf{u})$ 是在第 28 章用来描述物镜球差和离焦影响的函数。在传统 TEM 中,我们选择条件使样品担当一个纯相位物体,$e^{i\chi(\mathbf{u})}$ 的虚部,即正弦项,将这种相位信息转化为振幅,并作为图像记录下来。利用全息术,我们也能利用指数函数的实部。一个思考这一过程的好办法是,对于一个真实样品,$\chi(\mathbf{u})$ 混合了来自样品的振幅 A,和相位 ω,来给出像中的振幅 A 和相位 Ω。在常规成像中,我们记录 A^2 但丢失了所有有关 Ω 的信息。利用全息术,我们不会丢失任何信息,但是要努力重现这些信息。人们正积极追寻 Gabor 最初的提议,利用全息术提高 TEM 分辨率。虽然在这一领域全息术仍然没有发挥出它的全部潜力,但通过图 29.16 你可以看到它的未来。

参 考 光 束

实验最本质的特征是来自同一相干光源的参考束从样品外围通过,然后被双棱镜偏转,因此它与穿过样品的电子束发生干涉。

(A)

(B)

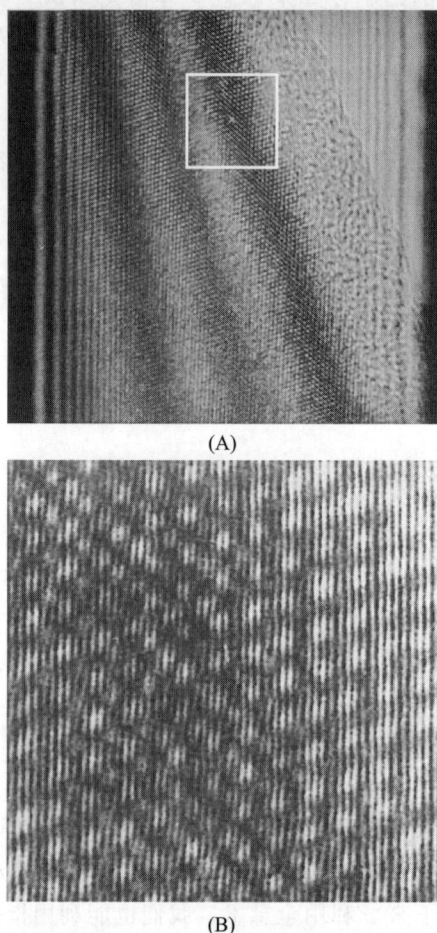

图 29.16　(A)[110]方向 Si 样品的全息图；宽的带是厚度条纹，其中样品在右下角最厚。(B)(A)中方框中区域的放大图，显示出 70 pm 间距的条纹

　　实际上，电子全息术利用一个安装有电子束分离器的场发射枪 TEM 完成；并不是每一台 TEM 都是这么配备的。通过在细玻璃纤维上镀上金属以防止其带电来制得电子束分离器，电子束分离器又被组合起来形成双棱镜（在第 23.7 节中讨论过的双棱镜，其直径能<0.5 μm）。一部分电子束穿过样品，另一部分电子束形成参考束，如图 29.18 所示。双棱镜或者样品一定是可旋转的。对于全息术，双棱镜被放置在物镜下方，例如，通常在选区衍射光阑杆的位置。

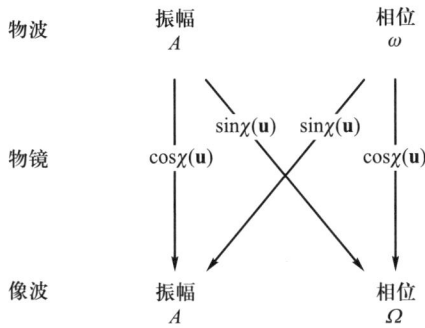

图 29.17 物镜如何混合样品的振幅和相位来形成像的振幅和相位的示意图

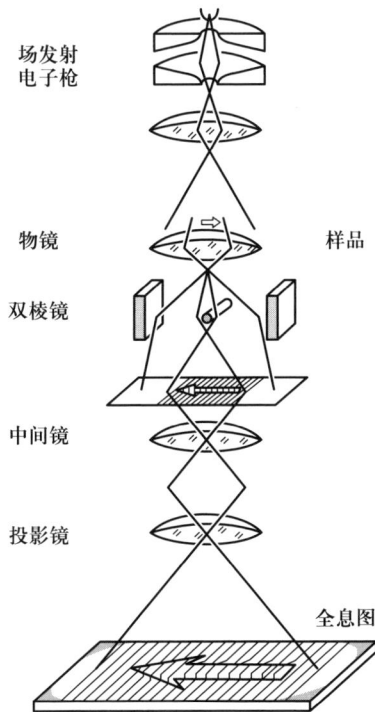

图 29.18 电子全息中静电双棱镜的作用(参见书后彩图)

全 息 图

物体的三维图像;图像是通过全息术拍摄的。

全　息　术

产生物体三维图像的方法。过程要求记录物体发出或散射波的强度和相位信息。

然后你要做的就是解释干涉花样，即电子全息像，但是在你读过第 31 章后，你会越加觉得这一过程并不简单。然而，这一技术确实使电子波的"相干处理"成为可能。原则上，所有想要的数据都能从一幅全息图中得到，但是在大多数应用领域，此技术不可能取代常规 HRTEM。

我们将以阐明这种技术独特的应用中的一个来结束本节，即由 Tonomura 发展的对磁性特征和磁通线成像。图 29.19 给出了一系列图像，说明在单个颗粒和一种实际的磁记录介质中的磁性花样是如何被成像的。Tonomura 对超导材料中磁通线量子化的经典研究如图 29.20A 所示。由于环被持续冷却，磁化强度改变导致相位移动，直到环变为超导，环内的相位移动将严格变为 π。图 29.20B 和 C 中的其他图像表明当进入超导态时磁通线压缩。但是要注意在样品外部也能清楚地看到这些磁通线：样品外部的磁场影响电子束。

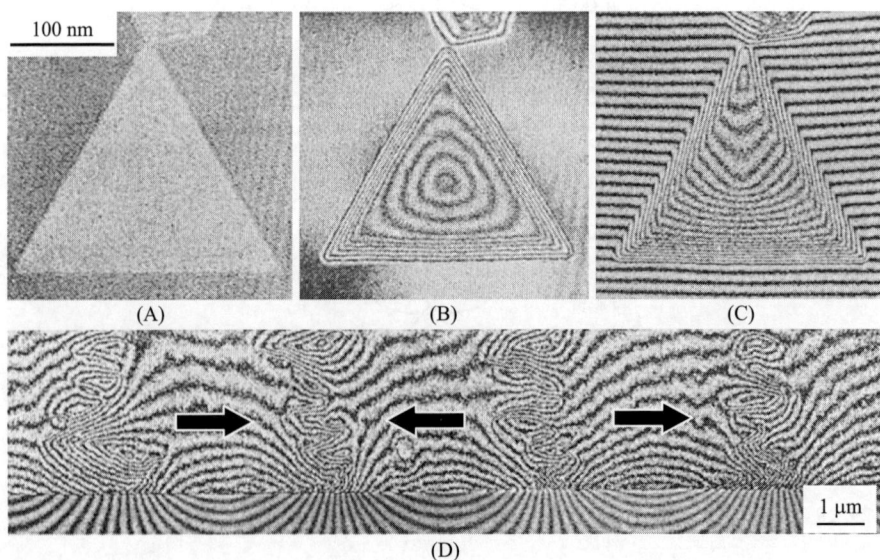

图 29.19　磁性 Co 粒子的全息图，显示出重构图像（A）、磁力线（B）和干涉图（C）。（D）磁介质中的力线

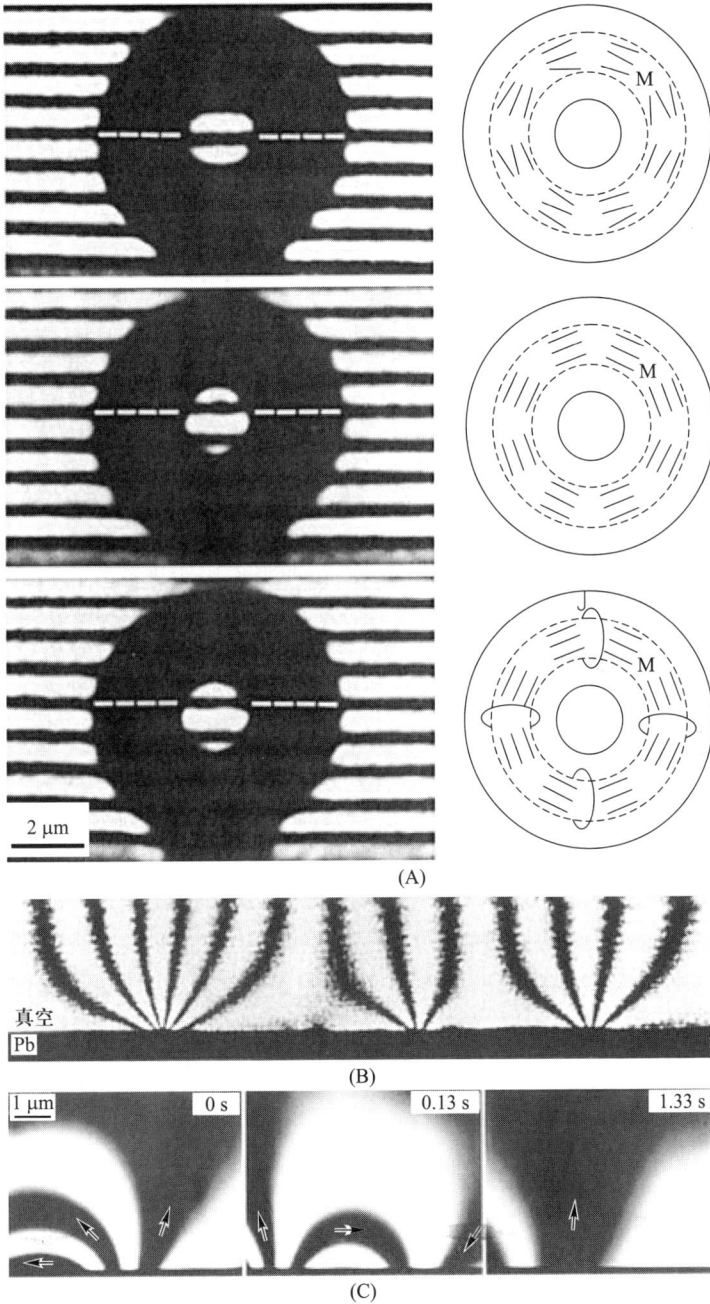

图 29.20　(A)从 300 K 到 15 K 到 5 K，逐渐冷却一超导材料环(圆环面)，示出了磁通的量子化。(B)磁通线穿透超导的 Pb 薄膜。(C)随着时间的增加，从 0 s 到 0.13 s 到 1.3 s，限制在超导 Pb 中的磁通量子的干涉

29.12　原位 TEM：动态实验

我们提到过多次，能用 TEM 做原位实验。在第 8 章，我们描述过能用来加热样品(例如，导致相变)或者能对样品施加应力从而改变缺陷结构的样品杆。在第 7.3.3 节，我们讨论过电荷耦合器件(CCD)摄像机，它是用来记录微结构动态变化的最佳方法。在这一章中，我们已经讨论过对磁性材料中移动的磁通线成像。当你对热处理和形变处理后的材料进行观察，然后试图推断在温度改变和形变过程中究竟发生了什么时，原位实验能去除其中存在的疑问。在大多数 TEM 研究中，默认将一个热处理样品冷却至室温或者撤除施加的压力不会改变样品微结构。有了这种假设，能对我们实验过程中究竟发生什么得出结论。然而，在很多情况下这一假设是不成立的。不过，通常我们都是在室温和未加应力的情况下观察样品。

事实上，有很多好的原因解释为什么我们很少做原位实验。最主要的原因是这种研究很难在薄样品上完成。正如我们在第 26.8 节中指出的，当表面性质支配块体性质时，像在薄样品中经常会遇到的，TEM 像和分析就很具误导性。表面扩散比体扩散快很多，并且在薄膜中缺陷受不同应力状态支配，其中表面弛豫效应可能占主导。克服这种限制最好的方法是采用厚样品，但这需要更高的电压。原位实验方法在 20 世纪 60 和 70 年代被广泛使用，这一时期 1～3 MV 的电镜第一次被制造出来并用于观察厚度 >1 μm 的薄膜(见 Butler 和 Hale 的书以及图 26.14 和图 26.15)。所以原位实验很昂贵：目前在美国没有超过 400 kV 的 TEM。

然而，300～400 kV 中等电压电子显微镜的出现，兆伏电镜在斯图加特和日本的建造，以及在球差校正 TEM 中可用的额外空间(由于更大的极靴间隙)，使得原位实验方法重新引起了广泛的兴趣。20 世纪 60 年代以来，电子光学、样品台设计以及记录介质上的改进意味着 HRTEM 与原位实验方法的结合成为可能，这种结合是一种强大的工具，使得对原子水平反应过程的观察成为可能，例如界面上单个突出物的运动，如图 29.21 所示，虽然图像的分辨率较低，但也足以让人印象深刻。

在头脑里必须清楚，进行原位实验所处的环境仍然无法与很多工程材料所经历的体环境相比。特别是，所有原位实验中，高能电子流都带来了不确定性。如果你想通过对反应过程的测量来推断动态数据，这种不确定性更甚。因此，虽然原位实验能强有力地展示材料中的实时变化，但你做图像解析的时候仍需谨慎。分析时，你必须保证你考虑了所有变量，并且用计算和动态数据的相互校验来核实你的结论，例如扩散流量与已知温度保持一致，并不受表面或空位效应的影响。话虽如此，在一台 IVRM 中进行这种实验是非常有用的。

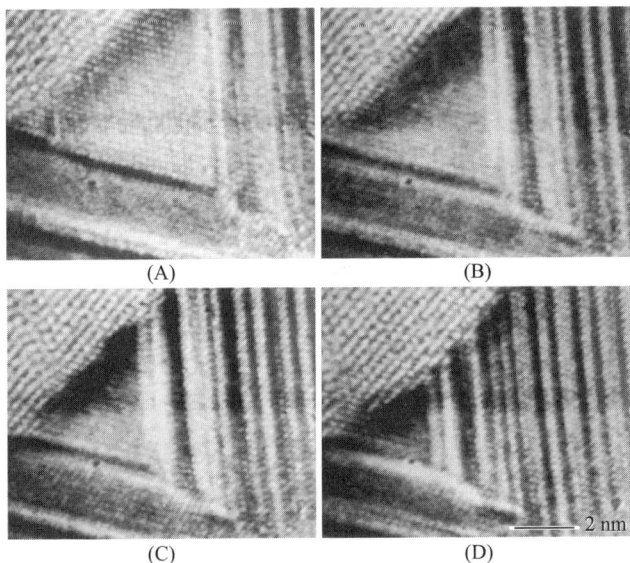

图 29.21 （A~D）一个录像中的 4 幅图像，显示出了 250 ℃原位加热 Ge/Ag/Ge 3 层膜样品的反应过程。图像之间的时间间隔是 8 s。Ge 晶体从左上生长，没有移动 Ag 晶格

29.13 涨落电子显微术

涨落电子显微术（FEM）是由 Treacy 和 Gibson 发明的，过去 10 年在玻璃、无定形硅和碳等无定形材料中的中程有序（约 0.5~2 nm）研究中起到越来越重要的作用。我们回到第 18.7 节，看如何利用各种衍射和成像来研究这些日益重要的材料，而 FEM 是成像和衍射的混合技术。"波动"是指局域结构和玻璃倾向性的改变，其中"局域"是指不完全在原子等级。

你可以用两种等价的方法来做 FEM 实验。形成空心锥暗场像（见图 18.14）或者用精细探针做 STEM 衍射，扫描穿过 STEM 探测器的花样。微衍射花样中强度分布的标准方差与空心锥图像给出等价的信息。两种模式中，插入一个小的物镜光阑，限制波动图像的分辨率为 1~2 nm。这一分辨率与局域结构波动（在图像中看似小的斑点，见图 29.22A 和 B）的空间范围相配。依赖于随机网状结构的局域相干程度，小斑点（亮的和暗的区域）的强度有所改变。较随机的结构给出灰色区域；较有序的结构给出局部更亮或更暗的区域，这依赖于局域电子散射是沿轴还是离轴（由隔板隔开）（图 29.22C）。

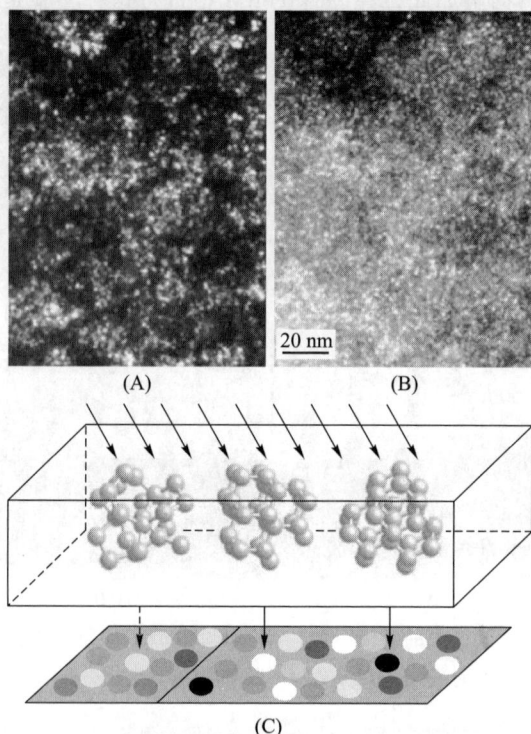

图 29.22　次石墨同一区域的两幅图像。(A)斑点相应于石墨 002 反射(3.0 nm⁻¹)的波动。(B)同上，但取 7.1 nm⁻¹。一些斑点相应于富勒烯(一些由于噪声)。富勒烯的存在是基于由于 C—C 键的距离产生峰(例如图中所示)的事实推断出的，该峰的产生通常是被禁止的。来自真实的无定形样品的结构噪声不会给出 ~1.5 nm 的明显峰值。(C)示意图展示局域相干性是如何影响图像强度的

29.14　STEM 中的其他可能

　　我们能利用通过适当的谱仪探测到的特征 X 射线和电子能量损失谱来成像，具体细节将在第四篇的 XEDS 和 EELS 中讨论。

　　在 STEM 中，理论上，我们能探测和测量在一个薄膜样品中产生的所有信号(如图 1.3 所示)。我们能照搬传统 TEM 中所有的成像方法，并也能生成一些非常规的成像方法，如 Z 衬度成像和本章中的大多数专业技术。注意，对所有 STEM 信号，我们用这一种或另外一种形式的探测器。我们能将探测器制作成不同的形状和尺寸，正如我们在观察来自磁性样品的取向性散射中已经描述过的。也请记住探测器能将信号数字化，因此我们可以对它进行处理、操作以

及呈现，而这些方式不能用于模拟信号的 TEM 图像。大多数 STEM 系统都有相关的基本图像处理过程，例如黑阶、增益、对比度、亮度、gamma、Y 调制，以及信号相加和相减。X 射线和 EELS 分析用的计算机系统通常包含有大量图像分析软件。因此，当 STEM 图像真正涉及数字图像处理范畴时，将有很多可做的事情，读完第 31 章后，这些可以在 Russ 的专门的教科书中学到。

章 节 总 结

我们只描述了很多可以用来操控电子束形成不同的像和衬度现象的方法中的一小部分，并且很有可能还有很多有待挖掘的未知方法。例如，在 STEM 中引入一个收集角连续可变的探测器与在 TEM 中使用连续可变的虹彩型物镜光阑是等效的，并且能提供一种新的成像可能性。类似地，有很多 SEM 和 TEM 技术值得相互补充和借鉴。

我们几乎没有提到环形光阑，锥形照明，样品前和样品后扫描以及摇摆。所有这些都是可能的，所以你应该总是准备在电镜中进行新的尝试并观察效果怎样。很多我们描述过的进展都是偶然出现的，但是显微镜工作者有足够的智慧看到效果并努力理解它，而不是把它作为不重要的东西忽略掉。

参考文献

人物简介

Dennis Gabor(Gábor Dénes；1900—1979)曾在大不列颠 Thomson-Houston 公司(位于英格兰 Rugby)工作。该公司已经与 Metropolitan-Vickers 公司合并，并在 1960 年成为美联社电业(AEI)的一部分。英格兰早期的 TEM 包括 HVEM，是由 AEI 制造的。他由于发现了全息术而被授予 1971 年的诺贝尔奖。

REM

De Cooman, BC, Kuesters, K-H and Carter, CB 1984 *Reflection Electron Microscopy of Epilayers Grown by Molecular Beam Epitaxy* Phil. Mag. **A50** 849–56. 使用化学敏感的反射。

Hsu, T, Ed. 1992 *J. Electron Microsc. Tech.* **20**, part 4. 使用 REM 进行成像表面的特殊问题。

Wang，ZL 1996 *Reflection Electron Microscopy and Spectroscopy for Surface Analysis* Cambridge University Press New York. 最新的书——反映了最近发生的事情。

Yagi，K，Ogawa，S and Tanishiro，Y 1987 *Reflection High-Energy Electron Diffraction and Reflection Electron Imaging of Surfaces*（Eds. PK Larsen and PJ Dobson），p. 285，Plenum Press，New York.

全息术

Electron holography：The following key articles will give you a sense of the possible applications but you also have the monograph by Tonomura. 一个可用于数字显微照片的电子全息插件。

Gabor，D 1949 *Microscopy by Reconstructed Wave-Fronts*：*I* Proc. Roy. Soc. London **197A**，454–487；（1951）*Microscopy by Reconstructed Wave Fronts*：*II* Proc. Phys. Soc. **B64**，449–469. 不容易找到。

Harscher，A，Lang，G and Lichte，H 1995 *Interpretable Resolution of 0. 2 nm at 100 kV Using Electron Holography* Ultramicroscopy **58**，79. 在 TEM 中使用 FEG 可追求更高的分辨率。

Lehmann，M and Lichte，H 2005 *Electron Holographic Material Analysis at Atomic Dimensions* Crystal Research and Technology **40** 149–160.

Tonomura，A1987 *Application of Electron Holography* Rev. Mod. Phys. **59**，639–669；1992 *Electron-Holographic Interference Microscopy* Adv. Phys. **41**，59–103. 在进行磁通线成像方面的工作概述。

Tonomura，A 1999 *Electron Holography* 2nd Ed Springer Heidelberg. A focused text on the subject. Völkl，E，Allard，LF，Joy，DC Eds. 1999 *Introduction to Electron Holography* Springer NY. 关于这一主题的综合教材。

磁性材料

Chapman，JN，Johnston，AB，Heyderman，LJ，McVitie，S and Nicholson，WAP 1994 *Coherent Magnetic Imaging by TEM* IEEE Trans. Magn. **30** 4479–4484. 磁感应的定性测量。

Petford-Long，AK and Chapman JM2005 *Lorentz Microscopy in Magnetic Microscopy of Nanostructures*（Eds. H Hopster and HP Oepen）pp. 67–86 Springer New York. 最近的一篇综述文章。

CL 等

Newbury， DE， Joy， DC， Echlin， P， Fiori， CE and Goldstein， JI 1986 *Advanced Scanning Electron Microscopy and X-ray Microanalysis*，p. 45 Plenum Press NewYork. CL 图像的综述，对比第 29.10 节

Yacobi，G and Holt，DB 1990 *Cathodoluminescence Microscopy of Inorganic Solids* Plenum Press New York.

TEM 中的 SEM

Goldstein， JI， Newbury， DE， Echlin， P， Joy， DC， Lyman， CE， Lifshin， E， Sawyer， LC and Michael， JR 2003 *Scanning Electron Microscopy and X-ray Microanalysis*，3rd Ed.，Springer New York. SEM 教材。

原位 TEM

Butler P，Hale KF 1981 *In Situ Studies of Gas-Solid Reactions in Practical Methods in Electron Microscopy*，Ed. AM Glauert 9 North-Holland New York. 令人印象深刻的图像和技术。

Gai，PL Ed. 1997 *In-Situ Microscopy in Materials Research* Springer New York. 全面的综述文章。

Rühle， M， Phillipp， F， Seeger， A and Heydenreich， J， Eds. 1994 Ultramicroscopy **56**(1−3). 原位 TEM 的出版物

Sinclair， R and Konno， TJ 1994 *In-Situ HREM：Application to Metal-Mediated Crystallization* Ultramicroscopy **56** 225−232. 原位 HRTEM 研究。

Wang， ZL， Poncharal， P and de Heer， WA2000 *Measuring Physical and Mechanical Properties of Individual Carbon Nanotubes by In-Situ TEM* J. Phys. Chem. Sol. **61** 1025−1030. 原位和纳米的结合。

特别的论文集

J. Mater. Res. **20** 2005 *In-Situ TEM* Eds I Robertson，J Yang，R Hull，M Kirk and U Messerschmidt.

J. Mater. Sci. **41** 2006 *Characterization of Real Materials and Real Processing by Transmission Electron Microscopy* Ed. H Saka.

涨落电子显微术

Treacy， MMJ and Gibson， JM 1996 *Variable Coherence Microscopy：a Rich Source of Structural Information from Disordered Systems* Acta Cryst **A52** 212−220. 首

次描述涨落显微镜。

Treacy, MMJ, Gibson, JM, Fan, L, Paterson, DJ and McNulty, I 2005 *Fluctuation Microscopy: a Probe of Medium Range Order* Rep. Prog. Phys. **68** 2899–2944. 最新的深入综述

组合技术

Williams, DB and Newbury, DE 1984 *Recent Advances in the Electron Microscopy of Materials* in Advances in Electronics and Electron Physics(Ed. PW Hawkes)**62** 161–288 Academic Press New York. 许多技术，其中一些仍然相关。

一般参考文献

Bell, WL 1976 $2\frac{1}{2}D$ *Electron Microscopy: Through-Focus Dark-Field Image Shifts* J. Appl. Phys. **47** 1676–1682. 该主题的文章。

Bell, WL and Thomas, G 1972 *Applications and Recent Developments in Transmission Electron Microscopy* Electron Microscopy and Structure of Materials (Ed. G Thomas), p. 23–59 University of California Press Berkeley CA. 高阶 BF 成像；没有广泛使用但有趣。

Clarke, DR 1979 *On the Detection of Thin Intergranular Films by Electron Microscopy* Ultramicroscopy **4** 33–44. 关于使用弥散 DF 研究晶界薄膜的原始文章。

Cowley, JM 1973a *High-Resolution Dark-Field Electron Microscopy. I. Useful Approximations* Acta Cryst. **A29** 529–536.

Cowley, JM 1973b *High-Resolution Dark-Field Electron Microscopy. II. Short-Range Order in Crystals* Acta Cryst. **A29** 537–540.

Cowley, JM 1992 *Twenty Forms of Electron Holography* Ultramicroscopy **41** 33–348.

Franke, F-J, Hermann, K-H and Lichte, H 1988 in *Image and Signal Processing for Electron Microscopy*(Eds. PW Hawkes, FP Ottensmeyer, A Rosenfeld and WO Saxton), p. 59 Scanning Microscopy Supplement 2 AMF O'Hare IL.

Hudson, B 1973 *Application of Stereo-Techniques to Electron Micrograph* J. Microsc. **98** 396–401. TEM 中立体显微术的综述。

Imeson D 1987 *Studies of Supported Metal Catalysts Using High Resolution Secondary Electron Imaging in a STEM* J. Microsc. **147** 65–74. 更多关于 STEM 中的 SE 成像。

Joy, DC, Maher, DM and Cullis, AG 1976 *The Nature of Defocus Fringes in Scanning-Transmission Electron Microscope Images* J. Microsc. **108** 185–193.

TEM 中的形貌衬度(第 29.6.2 节)。

Russ，J 1990 *Computer-Assisted Microscopy*：*The Analysis and Measurement of Images* Plenum Press New York. Simpson，YK，Carter，CB，Morrissey，KJ，Angelini，P and Bentley，J 1986 *The Identification of Thin Amorphous Films at Grain-Boundaries in* Al_2O_3 J. Mater. Sci. 21 2689−2696. 一篇早期的论文，比较了研究晶界薄膜的不同技术。

Spence，JCH 1999 *The Future of Atomic-Resolution Electron Microscopy for Materials Science* Mat. Sci. Eng. **R26** 1−49.

姊妹篇

相关文献中有 4 章全部关于本章所讨论的主题：电子全息(Lichte 和 Lehmann)，磁性样品(Petford-Long 和 de Graef)，和原位 TEM(CBC)。化学敏感成像现在已变得很普遍，AEM 和成像的结合应用越来越多。第 4 章致力于断层摄影术(tomography)。

自测题

Q29.1　列出本章中所有的成像技术，确定每种情形中的电子散射机制。

Q29.2　列出本章中所有的成像技术，确定每种情形中的衬度机制。

Q29.3　列出本章中所有的成像技术，确定每种情形中的 TEM 操作模式。

Q29.4　列出立体和断层成像方法对 TEM 图像投影问题的利与弊。为什么衍衬实验的立体术比质-厚衬度的更困难？为什么原子分辨的相衬立体实验不可能？

Q29.5　为什么在 STEM 中二次电子成像比背散射电子成像更有用，而在 SEM 中它们是等同的？

Q29.6　搜索网页，确定有多少种实验可以进行原位 TEM 研究。

Q29.7　列出典型原位实验的利与弊。

Q29.8　为什么 $2\frac{1}{2}$D 成像不叫 2D？

Q29.9　如果样品是磁性的，这如何影响制备方法的选择？

Q29.10　如果样品是磁性的，这如何影响选择 TEM 还是 STEM 模式？

Q29.11　如果样品是磁性的，这如何影响暗场成像方法的选择？

Q29.12　磁性在纳米技术中越来越重要。在(S)TEM 中，为什么研究纳米磁性比传统的铁磁钢铁样品要容易？

Q29.13　谁是 Lorentz、Fresnel 和 Foucault(学习一些科学史)，为什么用

他们的名字命名磁性样品 TEM 的具体形式？

Q29.14　讨论在 Foucault 和 Fresnel 图像中限制分辨率的因素。为什么这个分辨率在纳米磁性中很重要？

Q29.15　区分布洛赫、奈尔壁和十字壁，在 TEM 中如何对它们最好地成像？

Q29.16　在 XEDS 或 EELS 谱成像可以在原子量级显示出样品每一种元素分布时，为什么会用化学敏感成像技术？

Q29.17　找出所有探究玻璃结构和化学成分的方法（本书中讨论的方法），列出每一种方法的优缺点。

Q29.18　当用漫散射的电子成像时，为什么 DADF 比 CDF 更可取？

Q29.19　当可以在 STEM 中做 SEM 时，为什么在 TEM 中做 REM？

Q29.20　当 TEM 没有在相位衬度 HRTEM 模式时，我们如何在 REM 图像中成原子尺度的细节？

Q29.21　比较并对比 HOBF 和 HODF 成像。HODF 更普遍的名字是什么？

章节具体问题

T29.1　在文献中找到任何关于 STEM 中 BSE 成像的例子时，你为什么会惊讶？

T29.2　如果你想在 TEM 中原位观察纳米管电子电路，你将会用到什么技术？可以在 SEM 中这样做吗？

T29.3　如果 Denis Gabor 还活着，为什么他会很高兴？为什么他是一个"提前出生的显微镜学家"？什么实验进展对实现他的梦想帮助最大？

T29.4　解释双棱镜的工作原理。如果把双棱镜放到 TEM 中，需要放弃什么？

T29.5　为什么波动显微术在远东不普遍？

T29.6　在波动显微术中，为什么用强度分布的方差形成图像而不是用强度分布本身？

T29.7　为什么波动显微术不能简单地描述为漫散射成像的子集？

T29.8　搜索网页，至少找出一种在本章或本书任何地方都没有提及的新的 TEM 成像或衍射技术。关于 TEM 作为一种实验材料表征工具，你的搜索告诉你什么？

T29.9　看图 29.1，试着交叉眼睛直到左右的图像重叠。然后，就算不借助立体观测器，你也可能能看到立体效应。为了看到这个效应，你可能要倾斜头部得到准确的图像重叠（为什么？），你仍会看到两幅原始图像的离焦像（为什么?)。

T29.10 看图 29.2，用它解释为什么利用最近高空间分辨衍射的发展可以更好地获得 $2\frac{1}{2}$D 显微术效应。

T29.11 列出图 29.3~图 29.7 中可辨别的磁性样品的所有信息。在 TEM 图像中，你不能找到关于磁性的什么?

T29.12 按图 29.12 中顺序，为什么位错图像变得明锐(a)和模糊(b)?

T29.13 解释图 29.11 中为什么你能看到无定形碳支撑膜的内部结构。

T29.14 图 29.10B 中的线是什么? 解释它们怎么出现的。

T29.15 为薄样品画出与图 29.13 相似的图，说明不同的二次电子在 SEM 和 STEM 中成二次电子像时，所占比例如何变化。

T29.16 在文献中找关于在 STEM 中利用二次电子对基底上小粒子成二次电子像的例子，与传统 TEM 成像相比，它具有哪些优势。

T29.17 有些科学家坚信图 29.20 中 Tonomura 的工作可以获诺贝尔奖，说明此观点的正确性。

T29.18 解释为什么图 29.21 是一个不同寻常的序列图像。

第 30 章

图像模拟

章 节 预 览

想要获得样品两个方向的信息时，需要将样品倾转，以接近一个低指数带轴。只有保证入射电子束轴线与透射电子显微镜（TEM）光轴线以及样品的带轴方向三者一致，得到的高分辨图像才能被直接解释。这种情况下会激发很多衍射束，第 27 章中简单的双束分析也因此不再适用。

Cowley、Moodie 和他们的合作者在 Cowley、Moodie 早期工作的基础上提出了一种在这些条件下模拟图像衬度的方法，这项工作主要在墨尔本和亚利桑那州立大学（ASU）完成，并记录于 1957 年一系列经典的论文中。幸运的是，计算机性能的不断发展为高分辨图像模拟中大量的计算提供了可行性。

迄今为止，已有几种商用的图像模拟软件包，大多数人都可以直接使用而无须重新开发。但是不同的软件包采取的计算方法不同，要根据自己的需要选取。由于所有的软件包都是"黑匣子"，因此采用不同软件模拟相同结构得到的结果才更可靠(除非得到的结果不一致)。

在阅读本章时需要记住的一点是,这个课题已经具有很长时间的历史了,本章将会从历史发展的角度指出已经解决的以及尚在研究的问题。

30.1　模拟图像

由于实验的强度分布中不包含电子波相位信息,所以无法从图像反推得到结构信息,从而产生了模拟高分辨透射电子显微镜图像的思想。与实验相反,图像模拟首先要假定一个结构(理想晶体或带有缺陷的晶体材料),再模拟它的图像,继而比较模拟图像和实验图像的相似程度,最后修正结构并重复上述过程。其困难之处在于图像会受到诸多因素的影响:

- 电子束、样品以及光轴之间的精确对中。
- 样品厚度(见第 28 章)。
- 物镜的离焦量。
- 色差(随着样品厚度 t 的增加变得尤为重要)。
- 电子束的相干性。
- 其他因素:其中之一就是材料的本征振动(本征振动可归结为德拜-沃勒因子)。

原则上,即使两种不同的结构也可以得到相同的图像。这是图像模拟中的棘手问题。

30.2　多层法

大多数模拟程序包使用的基本分层法是将样品分成很多与入射束垂直的切片。

出于不同的需要,多层法计算发展出很多种不同的方法。有些方法试图优化硬件的使用,有些试图用同一个程序实现多种衍射花样的模拟。表 30.1 中至少有一个程序包是带有用户友好界面的,方便在个人计算机上使用。主要计算方法有:

- 倒易空间法。
- 快速傅里叶转换(FFT)法。
- 实空间法。
- 布洛赫波法。

下面将对各个方法加以介绍。在第 1.6 节和表 30.1 中列出了目前可用的软件。

表 30.1 软件

Cerius2	基于 UNIX 系统运行；由 Accerlys 开发。具体请查看网址 www.accelrys.com/products/cerius2/cerius2products/hrtem.html
EMS and jEMS	由 Pierre Stadleman 开发，应用广泛且用户体验好。进行布洛赫波和传统的多层计算。在 CuFour 中是否使用？（见第 24 章）可在 Mac、Unix、Windows 等多个平台运行。字母"j"表示 java 版本。
Kirkland	由 Earl Kirkland 开发。相关内容在他的书进行了清晰的阐述。
MacTEMPAS	由 Roar Kilaas 开发。在 Mac 系统运行，用户体验感非常好。NCEMSS 是由 NCEM 开发的 Unix 版本。
SHRLI81	由 Mike O'Keefe 开发，这是一个免费开放的图像模拟程序，介绍了新一代的 HRTEM 模拟方法。仅在 Unix 运行，且不再更新。
WinHREM and MacHREM	www.hremresearch.com/Eng/download/documents/HREMcatE.html 由 HREM Research Inc 开发（Kazuo Ishizuka）。

30.3　倒易空间法

　　将每个切片投影到切片的某个平面上（通常是顶端、底端或者中间），将其作为切片的投影势，我们把它称为相位光栅。然后计算所有由入射电子束与第一个投影面相互作用而产生的电子束的振幅和相位。我们可以把这看做单个切片的多电子束成像计算。接着让所有的电子束在自由空间沿电镜传播下去，一直到下一个相位栅，这个相位栅不需要和前一个相同。对所有入射到这个平面的电子束重复散射计算，这个计算又会产生一系列新的电子束，电子束又会随着电镜传播到下一个相位栅，如此类推。整个过程概括在图 30.1 中。

　　必须记住一点：相位光栅引起的散射不仅只产生布拉格衍射束。因此计算中必须包含所有方向上的散射路径，所有电子束将入射到下一个相位光栅。因此计算中不仅包含布拉格衍射束，而且囊括了倒易空间的所有电子束。

　　由 128×128 矩阵的计算可推导出最多包含约为 4 096 个电子束。这个数字看起来很大，特别是用 6 个布拉格衍射束（加上 O 衍射束）形成 Si[110] 方向的高分辨透射电子显微镜（HRTEM）图像时更是如此，但对于有缺陷的晶体，这个数目却是不够的。

布拉格衍射束之间的 k 空间

为什么要考虑布拉格衍射束之间的 **k** 空间范围？换句话说，为什么要在整个倒易空间中取样？因为布拉格衍射束包含的是周期性结构的信息，但是，由缺陷产生的信息，比如非周期性结构，也夹杂在布拉格点之间，这会使得布拉格点拉近。

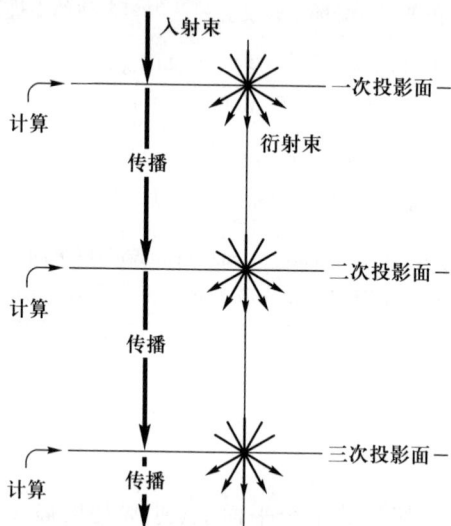

图 30.1　将第一个切片的静电势投影在第一个投影面上，此为相位光栅。计算所有与这个面相互作用而产生的电子束的振幅和相位，所有衍射束经过自由空间传播到下一个投影面，重复整个过程

本质上来说多切片方法有 3 个组成：

■ ψ 描述电子波。

■ P 是自由空间中电子波的传播子：电镜。

■ Q 是相位光栅：样品。

这个过程可以用式（30.1）来描述：

$$\psi_{n+1}(\mathbf{k}) = \left[\psi_n(\mathbf{k}) \cdot P_{n+1}(\mathbf{k})\right] \otimes Q_{n+1}(\mathbf{k}) \qquad (30.1)$$

式中，$\psi_{n+1}(\mathbf{k})$ 是倒易空间中电子束在第 $n+1$ 个切片出射处的波函数；$\otimes$ 符号表示卷积；$P_{n+1}(\mathbf{k})$ 是第 $n+1$ 个切片的传播子。换句话说，该式描述了一个切片的菲涅耳衍射现象，因为使用近场计算（回顾第 2 章关于近场和远场的讨论）。类似地，$Q_{n+1}(\mathbf{k})$ 是相位光栅函数，它是第 $n+1$ 个切片的传递函数。

$\psi(\mathbf{k})$、$P(\mathbf{k})$ 和 $Q(\mathbf{k})$ 这 3 个函数都是倒易空间中的函数，所以将这个方

法命名为倒易空间法。考虑到这些函数都是二维阵列，我们可将阵列中的不同项当作样品中的衍射束，且很容易插入一个半径为 $\mathbf{r}$ 的物镜光阑，使得 $\mathbf{k} > \mathbf{k}_r$ 时 $\psi(\mathbf{k})$ 值为 0。

为了让读者了解其中的复杂性，在此讨论计算中 $Q(\mathbf{k})$ 的取值。从图 30.2 中不难发现，倒易空间里 $Q(\mathbf{k})$ 中 $\mathbf{k}$ 的取值范围应为 $\psi(\mathbf{k})$ 或 $P(\mathbf{k})$ 的两倍。用 $F(\mathbf{k}')$ 表示切片 $Q_{n-1}(\mathbf{k})$ 发射的电子束数目，那么 $Q(\mathbf{k} - \mathbf{k}')$ 必须扩展到 $k = -4$。因为当把这两个函数相乘得到 $\psi(\mathbf{k})$ 时，通过 Q 中的 $k = -4$ 和 F 中的 $k = +2$ 可得 $k = -2$，如图 30.2B 所示。公式如下：

$$\sum_{\mathbf{k}'} F(\mathbf{k}') Q(\mathbf{k} - \mathbf{k}') = \psi(\mathbf{k}) \tag{30.2}$$

式中，

$$F(\mathbf{k}) = \psi(\mathbf{k}) P(\mathbf{k}) \tag{30.3}$$

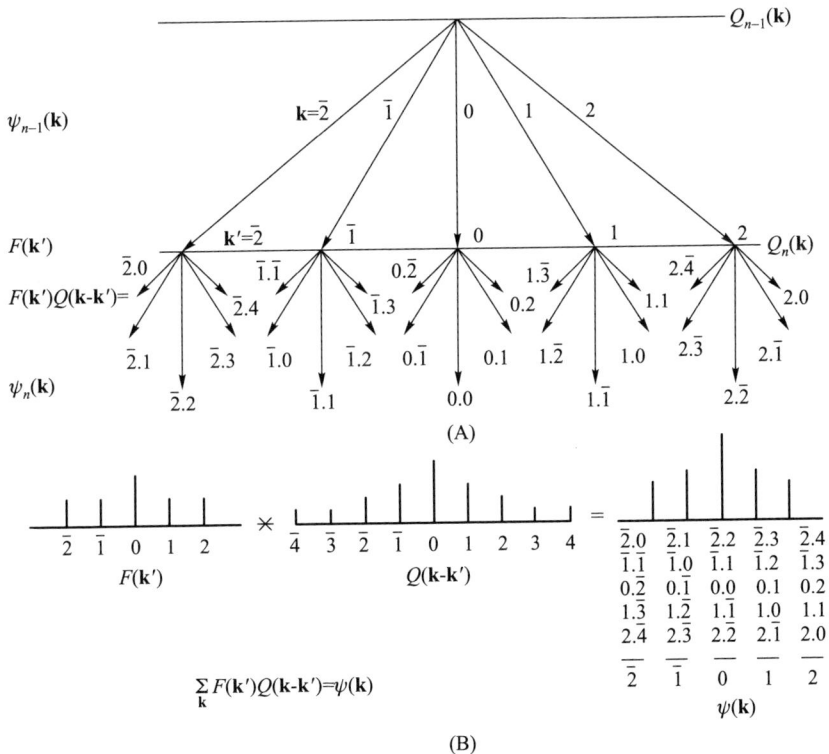

图 30.2　（A）一维情况下的示意图，解释了 $Q(\mathbf{k})$ 中 $\mathbf{k}$ 的取值范围是 $\psi(\mathbf{k})$ 或 $P(\mathbf{k})$ 中的原因。考虑 $Q(\mathbf{k})$ 中 $k = \bar{2}$ 的波，为了在该点产生 +2 的波，必须加上 4；对于 $Q(\mathbf{k})$ 中其他的可能值也是类似的。如（B）所总结的，$Q(\mathbf{k} - \mathbf{k}')$ 从 $\bar{4}$ 扩展到 +4，所以 $\psi(\mathbf{k})$ 从 $\bar{2}$ 扩展到 +2 包含了 $\mathbf{k}'$ 和 $\mathbf{k}$ 所有的可能组合

函数 $Q(\mathbf{k})$ 是一个"概率分布",此处利用卷积来描述多重散射。

以 128×128 矩阵的 $Q(\mathbf{k})$ 为例,我们可以利用软件 SHRLI81(见表 30.1)来说明这个计算的复杂性。(k_x, k_y) 的最大值只有 $(31, 31)$,尽管如此,衍射束的数目也接近 4 096。注意,通常只利用靠里面的 7 条衍射束,例如图 27.3 中 Si$\langle 110 \rangle$ 的衍射图。在我们的计算中,大多数电子束不是布拉格衍射束。但是衍射图中布拉格点之间的区域包含着晶体缺陷的信息,所以计算是有意义的。John Barry 给出了 $Q(\mathbf{k})$ 的计算实例,包括每个切片相位改变的数值计算。

30.4 快速傅里叶变换法

利用快速傅里叶变换(FFT)重新构造式(30.3),以使计算机的效率达到最佳。在式(30.4)中,F 和 F^{-1} 指对其后括号里函数的傅里叶变换和傅里叶逆变换。

$$\psi_{n+1}(\mathbf{k}) = F\{F^{-1}[\psi_n(\mathbf{k})P_{n+1}(\mathbf{k})]q_{n+1}(\mathbf{r})\} \tag{30.4}$$

式中,$q_{n+1}(\mathbf{r})$ 是 $Q_{n+1}(\mathbf{k})$ 的实空间形式,即 $Q_{n+1}(\mathbf{k})$ 的傅里叶逆变换,所以 $q_n(\mathbf{r})$ 是实空间的相位光栅。现在我们尝试计算的一些数值,并取 $Q(\mathbf{k})$ 为一个 128×128 的矩阵以保证计算量较小。计算机执行的主要步骤为:

■ $P_{n+1}(\mathbf{k})$ 乘以 $\psi_n(\mathbf{k})$:将两个 64×64 的矩阵相乘。注意若矩阵为 128×128,则只能包括 64 个点,因为 Q 矩阵在 $\mathbf{k}$ 空间各方向上均为 $\psi(\mathbf{k})$ 或 $P(\mathbf{k})$ 的两倍。

■ 将结果作傅里叶逆变换。

■ 用 $q_{n+1}(\mathbf{r})$ 乘以新得到的结果[$q_{n+1}(\mathbf{r})$ 是一个 128×128 矩阵]。

■ 将最终结果做傅里叶变换,并令 64×64 矩阵以外的所有值为 0,对下一个切片重复上述的操作。

注意,这个例子中使用的是方阵。现代应用程序中使用的矩阵并不局限于 2 次幂,但这种方阵有助于最初的傅里叶变换。该矩阵的优势会在缺陷分析中体现出来。若对 FFT 过程以及模拟方法的其他方面感兴趣,可阅读 O'Keefe 和 Kilaas 的论文。

30.5 实空间法

如前所述,图像模拟经常受到计算机的限制。$P(\mathbf{r})$ 在电子束前进的方向上存在很强的峰,实空间方法发展的部分原因正是为了利用这点来降低计算所需的时间。由 Coene 和 Van Dyck 提出的计算 $\psi(\mathbf{x})$ 的方法可概述为式(30.5):

$$\psi_{n+1}(\mathbf{r}) = [\psi_n(\mathbf{r}) \otimes P_{n+1}(\mathbf{r})]q_{n+1}(\mathbf{r}) \tag{30.5}$$

式中，$P_{n+1}(\mathbf{r})$ 是实空间的传播子；$q_{n+1}(\mathbf{r})$ 仍为实空间的相位光栅。有了这个式子之后，剩下的主要任务就是计算了。因为多层法计算的阵列大小就是最大阵列的大小，也就是 $Q(\mathbf{k})$ 或者 $q(\mathbf{x})$ 的大小，所以该计算量会很繁重。

30.6   布洛赫波和高分辨透射电子显微镜(HRTEM)模拟

尽管第14章和第15章提到电子以布洛赫波的形式穿过晶体样品，而前面所描述的多层法实际上是"衍射束"方法。Fujimoto(1978) 和 Kambe(1982) 的两篇经典论文认为，对于理想晶体，HRTEM 图像可以简单地以布洛赫波的形式来理解。该观点的核心思想是，在晶体具有足够高的对称性情况下，虽然会产生很多衍射波，但图像形状仅由少量布洛赫波决定。Kambe 给出一个"简单"的例子，考虑仅存在 3 个有意义的布洛赫波 i、j 和 k 的情况。假定布洛赫波 i 和 j 在厚度 $z=D$ 时是同相的，那么

$$e^{ik_z^{(i)}z} = e^{ik_z^{(j)}D} \tag{30.6}$$

第 k 个布洛赫波

不要把第 k 个布洛赫波和 $\mathbf{k}$ 矢量搞混淆了！

利用 ψ 的表达式，即

$$\psi(\mathbf{r}) = \sum_i C^{(i)} \phi^{(i)}(x,y) e^{ik_z^{(i)}z} \tag{30.7}$$

以及归一化公式

$$\sum_i C^{(i)} \phi^{(i)}(x,y) = 1 \tag{30.8}$$

用 3 个布洛赫波表示在 $z=D$ 时的 ψ

$$\psi(x,y,D) = [C^{(i)}\phi^{(i)} + C^{(j)}\phi^{(j)}]e^{ik_z^{(i)}D} + C^{(k)}\phi^{(k)}e^{ik_z^{(k)}D} \tag{30.9}$$

重新整理式(30.9)，提取相位因子 $e^{ik_z^{(i)}z}(=e^{ik_z^{(i)}D})$。可以写成

$$\psi(x,y,D) = [1 - C^{(k)}\phi^{(k)}]e^{ik_z^{(i)}D} + C^{(k)}\phi^{(k)}e^{i(k_z^{(k)}-k_z^{(i)})D}e^{ik_z^{(i)}D} \tag{30.10}$$

$$\psi(x,y,D) = e^{ik_z^{(i)}D}[1 + \beta_{ik}(D)C^{(k)}\phi^{(k)}] \tag{30.11}$$

此处定义参数 β 为

$$\beta_{ik}(D) = e^{i(k_z^{(k)}-k_z^{(i)})D} - 1 \tag{30.12}$$

由此可见，如果任意两个布洛赫波(这里是 i 和 j)是同相位的，那么出射表面处波的振幅由第 3 个布洛赫波决定。

如果第 3 个布洛赫波也是接近同相位，将有类似式(30.6)的关系式，但 i、j 和 k 都相等。那么可以将 $\beta_{ik}(D)$ 近似为

$$\beta_{ik}(D) = \mathrm{i}\left[\left(k_z^{(k)} - k_z^{(i)}\right)D + 2n\pi\right] = \mathrm{i}\gamma_{ik}(D) \qquad (30.13)$$

这里又定义了另一个参数 γ_{ik}。如果把式(30.13)代入式(30.11)，就会得到一个纯相位物体。所有衍射束的相位都改变 $\pi/2$。

在满足式(30.11)和式(30.13)适用条件的基础上讨论 k 的变化带来的影响。

■ 若布洛赫波 k 的相位比 i 和 j(两者等相位)靠前，那么将会得到"负的" $C^{(k)}\phi^{(k)}$ 的图像。"延迟的" k 可得到"正的"图像。

■ 对于 Ge$\langle 110 \rangle$ 晶带轴，100kV 时的 HRTEM 图像只有 3 个强激发的布洛赫波。

它与第 14 章中提到的布洛赫波波形的关系很明确。利用这些信息以及如图 30.3 所示的投影势，Kambe 计算了布洛赫波的振幅以及布洛赫波的两种理想图像：一种是正的，另一种是负的。在计算厚度不断增加的不同图像时，可以预测并区别与单个布洛赫波相对应的一些图像，如图 30.3 所示。在其他厚度，图像则由几个布洛赫波组合得到。我们可以从中学到什么？

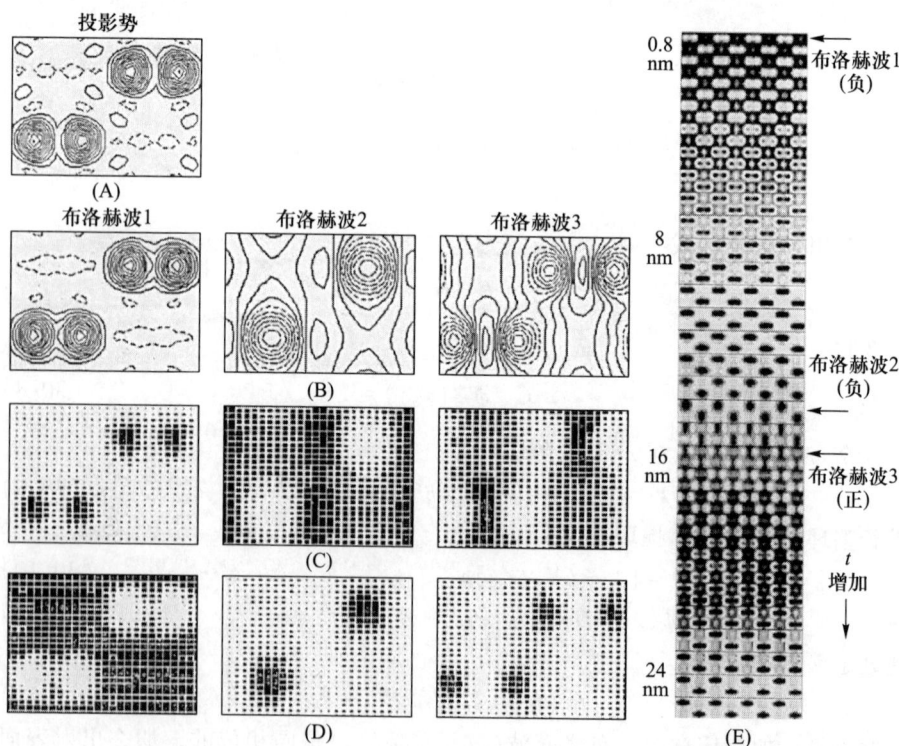

图 30.3 (A)Ge 的投影势，轮廓线代表投影势改变 -10 eV，虚线表示正值。(B~D)在 100 keV 时布洛赫波 1、2 和 3：(B)振幅；(C)理想正值图；(D)理想负值图。(E)计算得到的与厚度相关的点阵图像

■ 对于理想晶体，可能只需要 3 个布洛赫波就能得到一个 HRTEM 晶带轴图像的主要特征。

■ 弱相位物体近似（如果不记得了，可能参看前面的定义）和布洛赫波的传播存在直接联系。

多　层　法

通常采用多层法模拟 HRTEM 图像。该方法功能强大且形式简洁。

第 14 章中曾提到，电子在晶体中以布洛赫波的形式传播。之所以不采用布洛赫波方法是因为我们的样品并非理想晶体。但无论如何，电子显微学图像模拟（EMS）软件都给了我们一种利用布洛赫波方法实现 HRTEM 图像模拟的选择。

30.7　Ewald 球弯曲

在 TEM 中，弯曲的 Ewald 球会使问题复杂化：

■ 电子束与晶带轴完全平行时，对于任意布拉格反射，**s** 不会为 0。实际上，不同类型的反射 **s** 也是不同的。

■ 电子束稍微偏离晶体带轴时，该带轴不同衍射点对应的 **s** 会有微小差异。

■ Ewald 球的半径随着电子波长的改变而改变。

■ 若使用会聚束，Ewald 球会增加一个厚度。

有一点值得注意，只有经过思考和工作才能精确知道向程序中输入哪些正确的值。

30.8　选择薄片厚度

到目前为止，在计算机模拟中仅将样品切成一些切片，但是没有考虑每一切片的厚度以及各切片厚度是否相同。如果所有的切片都一样，那么就得不到 z 方向的任何信息。尽管高阶劳厄区（HOLZ）边线对 HRTEM 图像模拟并不重要，但目前所讨论的程序可用于会聚束电子衍射（CBED）和高阶劳厄区边线模拟。根据具体问题具体分析的哲学原理，我们应该意识到这些方法的局限性，因为一旦看到计算图像，就很容易忽略模拟过程中所做的简化。在研究由大型单胞组成的材料时，电子束方向上倒易点阵间距比较短，会表现出高次劳厄区域效应。

考虑不同的分层方法

■ 先计算一块较厚切片的投影势，然后对厚度是该切片 $1/n$ 的切片做 n 次计算。

■ 一种更好的方法是把晶胞细分成原子层，根据每个原子层建立不同的光栅，然后按顺序运行程序。

比如，若电子束沿面心立方晶体的[111]方向入射，就会得到 3 个有相对位移的相同光栅，形成密堆型的 ABC 堆垛。这个方法可以用于测试垂直于电子束方向上堆垛顺序的实际误差，即使有点儿困难。总而言之，要倾转电子束，使其与特定晶带轴[UVW]平行，与对应晶面平行（这样符合投影条件）。如果材料不是立方结构，通常情况下用这种分层方式不能得到垂直于电子束的低指数平面。

30.9　电子束会聚

采集 HRTEM 图像时，需要使用较短曝光时间。若照明系统电子束不平行，在模拟图像时就必须考虑电子束会聚。O'Keefe 和 Kilaas（也可参考 Self 和 O'Keefe 的论文）发展了一种解决该问题的方法。如果电子束有一定会聚，衍射斑点将呈盘状，如图 30.4 所示，所以需要模拟衍射图像中的衍射盘。在实验中使用大物镜光阑会包含很多衍射盘，所以在模拟过程中要对各个衍射盘进行多点取样。这就意味着程序需要计算每一个会聚角的图像，并对所有结果取平均。当然，在计算机中很容易加入物镜光阑。如果选择 49 个点，那么倒易空间中的采样间隔应小于或等于 $0.1\ \mathrm{nm}^{-1}$。搞清楚采集 49 个点所需的工作量也是有教育意义的。

可从 χ 的常用表达式开始，由物镜引起的相位改变为

$$\chi = \pi\Delta f\lambda u^2 + \pi C_s\lambda^3\left(\frac{u^4}{2}\right) \tag{30.14}$$

然后将式（30.14）对变量 u 求导，

$$\frac{\mathrm{d}\chi}{\mathrm{d}u} = 2\pi(\lambda u\Delta f + C_s\lambda^3 u^3) \tag{30.15}$$

由此式可知，如果 u 改变 δu，那么 χ 的改变量为

$$\delta\chi = 2\pi\lambda(u\Delta f + C_s\lambda^2 u^3)\delta u \tag{30.16}$$

使 $\delta\chi$ 满足式（30.17）

$$\delta\chi < \frac{2\pi}{n} \tag{30.17}$$

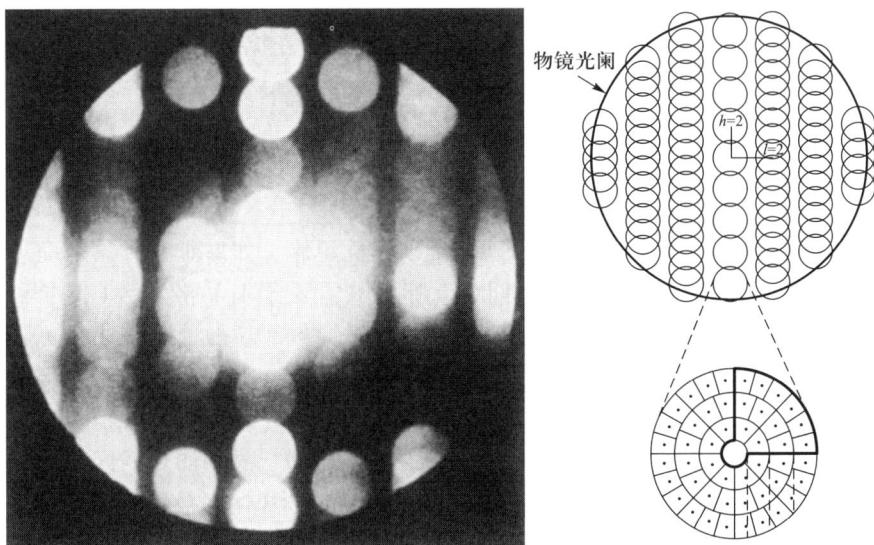

图 30.4 $Nb_{12}O_{29}$ 晶体的盘状衍射斑点。除了物镜光阑切割的衍射盘外，计算机将其余各衍射盘划为多个扇区，对每个扇区进行图像模拟

此处 n 决定衍射盘上两点之间 χ 的最大改变量。例如，如果 $n=12$，那么 $\delta\chi$ 的最大值是 $30°$。结合式（30.15）和式（30.17），可得

$$\delta u = \left[n\lambda u (\Delta f + C_s \lambda^2 u^2) \right]^{-1} \qquad (30.18)$$

如果作 χ 关于 u 的曲线［或根据式（30.15）和它的导数］，就可以发现 χ 在

$$\Delta f = - C_s \lambda^2 u^2 \qquad (30.19)$$

处有最小值，曲线在

$$\Delta f = - 3 C_s \lambda^2 u^2 \qquad (30.20)$$

处发生弯曲。所以模拟程序可在拐点找到最小的 δu，由式（30.18）和式（30.20）可知

$$\delta u = - \left[\frac{27 C_s}{(\Delta f)^3} \right]^{\frac{1}{2}} \left(\frac{1}{2n} \right) \qquad (30.21)$$

所以 δu 的值取决于 C_s 和 Δf。

黑 箱

注意所有计算都是在黑箱中进行的。

在衍射盘与物镜光阑相交的情况下，这一类方法的实用性就能体现出来，

如图 30.4 所示。此外，我们可从这个分析中获得两条经验：

- 在记录 HRTEM 图像时，尽可能减小电子束会聚角。
- 使用一个不和衍射盘相交的物镜光阑。

30.10　建立结构模型

为了模拟任何一张 HRTEM 图像，需要建立单胞。如果研究对象是理想晶体，且程序已经包含了所有的空间群，那么只需要添加晶格常数（长度和角度）和原子占位即可。若要模拟缺陷图像，就需要构造新的单胞，这个单胞必须足够大，才能排除边界效应的影响。构造这种缺陷单胞有多种方法，可以从其他程序输入，比如那些程序中自带的关于缺陷的原子模型，或者是构造自己的初始结构模型。不管是哪种情况，都需要手动或按已选的图像匹配规则移动原子，从而使得实验得到的一系列离焦图像和模拟图像达到最优匹配。

在某些情况下，比如模拟晶界（带有或不带有表面凹槽），或者利用多层法模拟大而复杂的单胞时，将不同切片合并会带来很大益处。下面讲一下模拟中的一些特征，在第 31 章定量讨论 HRTEM 时再重新讨论建模问题。

30.11　表面凹槽和菲涅耳衬度模拟

第 23 章中曾讲过如何利用菲涅耳条纹技术分析界面，阐述了图像模拟的重要性，并强调了该技术并非只能用于 HRTEM。由于以下几点因素，模拟计算较为复杂，如图 30.5A 所示。

- 界面处静电势的改变可能并不是一个突变。
- 静电势依赖于界面处的细部构造。
- 在样品制备过程中，TEM 样品的晶界很可能会被优先破坏，增加表面凹槽。

如果样品较厚，表面凹槽效应对任意菲涅耳条纹的影响都很小，但实际上为了精确观察侧面边界，薄膜样品厚度通常被限制在 20 nm 以内。即便是 20 nm 的薄膜，表面凹槽对投影势也会有很大的影响。假设样品平均内势 $V = 20$ V，将晶界的电势差设为一个典型值，即 1 V 以内。那么 20 nm 厚的薄膜引起的总投影势的下降和由位于上下表面的一对仅 0.5 nm 深的凹槽所引起的投影势下降是一样的。即便表面凹槽由第二相部分填充，它对菲涅耳条纹的影响仍然很大。

检测菲涅耳条纹有很多方法。在所有方法中，均采用如下参数描述界面处的投影势：投影势的下降 $\Delta V_p = t\Delta V$、内宽度 a、外宽度 a_0 以及"扩散" δ 由式

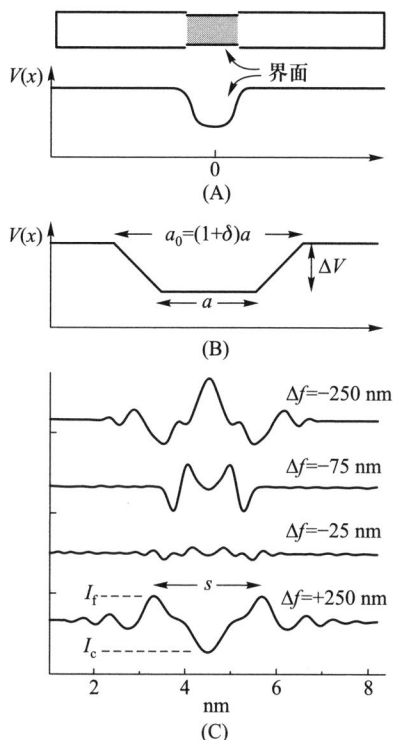

图 30.5　（A）包含不同内部静电势的层状材料晶界示意图；（B）晶界模型，变量为 a、a_0 和 δ；（C）随 Δf 增大的菲涅耳条纹强度分布模拟图：s 是前两个条纹的间距，I_c 和 I_f 是分别是中心条纹和一级条纹的强度

（30.22）定义

$$a_0 = (1 + \delta)a \tag{30.22}$$

所有参数见图 30.5B。结合这些静电势可以建立侧面界面存在一个表面凹槽的薄膜模型。

模型：$\delta = 0.5$ 和 $\delta = 0.2$ 分别表示平缓的和陡峭的表面凹槽。总投影势的下降可能来自 V 或者 t 的改变。只有凹槽没有薄膜意味着 $a = 0$。$a = 1$ nm，$a_0 = 1.5$ nm，模型将对应两种不同的情况：

■ 如果界面的原子发生弛豫，那么界面处原子密度通常会减小。该情况出现在结构界面或者存在一层玻璃态的地方。

■ 表面凹槽在界面上。

图像模拟说明模型的相对尺寸和大小比实际尺寸更加重要。所以，我们可以用无量纲的量进行下述大部分的分析。内部静电势一般为 5~10 eV，除了欠焦值非常小(即 $\Delta f < \approx t$)的情况以外，薄膜内部(法线方向)的投影势分布并不重要。通常情况下，界面的投影势比样品内部的要小。但是，也存在相反的情况，例如存在富 Bi_2O_3 相的 ZnO 界面。当我们讨论计算所得的剖面图时，将参数 a 和 a_0 称为"界面宽度"，不管它们实际对应的是晶界薄膜、表面凹槽还是别的。

菲涅耳条纹间距

边缘到一阶菲涅耳条纹的距离正比于 $(\lambda \Delta f)^{1/2}$。根据 $(s_f - a) \propto \sqrt{\lambda \Delta f}$ 关系，可推得 0 欠焦时条纹间距 s_f，进而求得界面宽度。

这个关系式最早由 Clarke 提出，仅在 a 比较大且 Δf 相对较小时才成立。由该公式可知条纹到界面每个"边缘"的距离是独立的。离焦量较小时观察到的条纹间距最小，使用这个间距可以测量界面宽度。如果想了解菲涅耳条纹模拟的细节，可参考原始文献。

实际上无论是样品表面的人为缺陷例如表面凹槽，还是各种的噪声信号，都会增加测量中的不确定性，给菲涅耳条纹分析带来困难，尤其是在 Δf 较小的情况下。对于扩散界面，当 Δf 接近 0 时，衬度迅速下降(如图 30.5C)，对 $\alpha > 0.7$ 的条纹间距的测量受噪声和人为误差的影响越来越严重。因此可以采用较大离焦量来获得更高的衬度。但是，在投影势下降情况(它的"弥散程度")未知时，不可能仅靠条纹间距准确地测定界面宽度。由于条纹间距取决于外部宽度 a_0，所以很容易过高估算界面宽度。即使形成了边界，靠近边界部分的原子密度通常也会减少，所以通过图像很容易误认为存在晶界薄膜，而实际上并没有形成非晶薄膜。

离焦区域处的中心条纹衬度几乎为 0，可为条纹间距提供一些辅助信息，它对内部宽度更敏感。

由上述讨论可知，要想完全理解晶界薄膜的效应，必须对样品表面可能出现的凹槽加以估计。喷涂其他金属(例如利用铂或金)或许能提供表面凹槽的相关信息，但是对于那些表面凹槽已经被填充的情况(例如样品覆盖了一层碳，或者存在其他未知污染)，该方法就不再适用了。

静电势的表征

表征势阱的形状时必须利用图像上的所有信息来表征，并需要知道其中隐含的东西。

总而言之，上述讨论给出了分析晶界菲涅耳条纹的一种方法。可归纳为以下几点：

■ 要解释晶粒边界的菲涅耳条纹衬度，必须对多种界面模型的图像进行模拟。尤其要考虑诸如表面凹槽等人为引入的缺陷所带来的影响。即使一个非常"浅的"或者弥散的表面凹槽在一定离焦范围内也可能对条纹产生影响。

■ 条纹间距和中心条纹强度都取决于势阱的形状，而且对表面凹槽非常敏感。

■ 界面宽度由弥散界面的外宽度决定且可以从条纹间距推导出来。

■ 直接与 s_f-a 曲线匹配(或者当采用的假设不成立时和类似的模拟曲线匹配)可以得到一个更好的平均界面宽度值，但是不能给出更多有关势阱形状的信息。

■ 确定中心条纹在什么条件下较弱(Δf 的范围)会得到有关界面宽度的辅助信息，结合基于条纹间距的估算，可以计算得到势阱的弥散度。

30.12 缺陷图像计算

模拟理想晶体的 HRTEM 图像时，只要输入晶胞参数，程序就会自动生成完整样品。而计算缺陷图像也必须用相同的方法：建立一个包含缺陷的晶胞，程序像处理其他任何晶胞一样处理它。这就是所谓缺陷计算的周期延拓法。如图 30.6 所示：有一列缺陷沿各个方向遍及样品。需要知道以下两点：

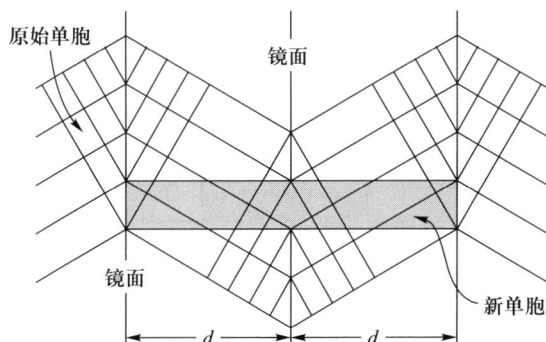

图 30.6 周期延拓技术展示了一个人工单胞是如何被构造成包含两个晶粒边界的晶胞的，从而使 HRTEM 图像得以被模拟。两个界面之间的距离 d 的变化可用于检验重叠的伪像

■ 有序缺陷阵列在多大程度上给图像中引入人为因素？

■ 是否已经在"晶胞"连接处建立了可能影响图像的界面？

图 30.6 是晶界超胞的一个例子。该图清晰地给出了如何由含有两个缺陷的超胞建立一个适用于周期延拓法的晶胞。如图所示，周期延拓法不仅仅建立了许多新的晶粒边界，而且还使边界变得更长。如果不能在超胞边界处与晶体精确匹配，就会形成一个不同的"假想"边界。

缺 陷 模 拟

周期延拓方法已得到广泛应用。实空间的延伸避免了伪像的引入。

研究新晶胞产生的衍射图时会出现一些问题。图像模拟中只计算了界面周期阵列的一部分。实空间中的周期性阵列在倒易空间中产生几排额外的衍射点。如果在成像时将这些点考虑在内，图像就会发生改变。其解决方法很简单：使超胞逐渐变宽，直到图像中的细节变化比指定的值还要小。在尝试去解释由计算得到的衍射图中的数据时，要仔细参考 Wilson 和 Spargo（1982）的文章。

Coene 等发展了一种方法替代周期延拓法，叫作实空间修补法。此方法利用"实空间"图像模拟方法进行计算。首先将需要模拟的结构分成很多不同的"小片"，如图 30.7 所示。每一个小片的图像都被当作一个切片计算，然后把这些小片连在一起。这个方法的关键在于要充分考虑每个小片边缘的情况。这就意味着每个小片都需要相邻小片的信息。如果能做到这点，这个方法就能展现出它的优点：避免了周期延拓法人为产生的缺陷阵列带来的干扰。缺陷现在"看"不到它自己的图像，它只能看到所有方向的理想阵列。

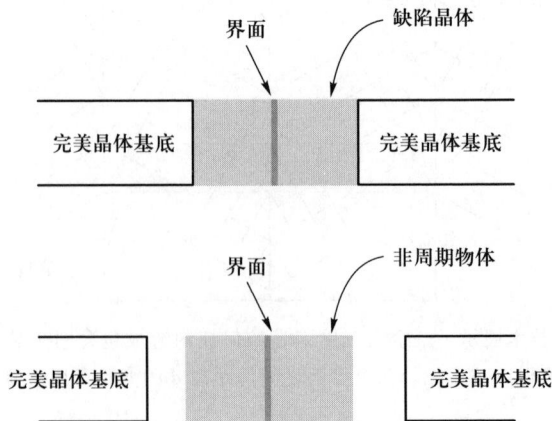

图 30.7 在实空间修补法中，有缺陷的晶体(此处为界面和一些邻近的层)是非周期的，并由理想晶体阵列包围着

30.13 模拟准晶

准晶的 HRTEM 图像模拟中存在一些问题，最重要的是使用哪种模型的问题（注意准晶并非周期性结构）。Shoemaker 对一些模型做了讨论，Beeli 和 Horiuchi 在他们的著作里说明了各种模型的适用性，他们在多层法计算中用了 10 个层的组合。层由如图 30.8 所示的平面结构组成。最终结构（如图 30.8A 所示）由两个 5 层切片组成。图中的第一个 5 层结构是 B-C-D-C-B 组合层。第二个 5 层结构由第一个 5 层结构螺旋对称得到；对称轴具有 10_5 螺旋对称性。所用的超胞大小是 3.882 nm×3.303 nm，包含一个完整的直径为 2.04 nm 的十边形团簇，中心部位是一个五边形切片。计算模拟的厚度最大到 10 nm。

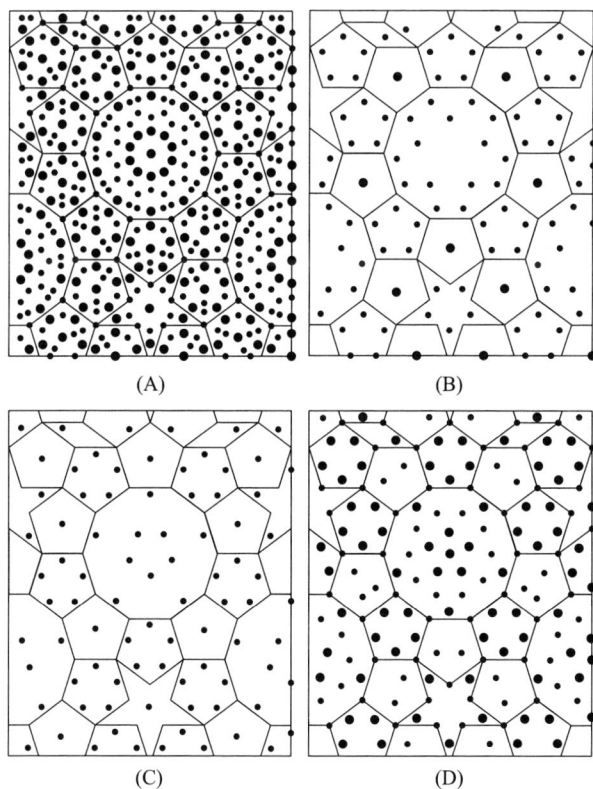

(A)

(B)

(C)

(D)

图 30.8 用于模拟 $Al_{70}Mn_{17}Pd_{13}$ 准晶图像的投影。（A）所有层的组合；（B、C、D）用于组成（A）图的各层。每片的边缘是 0.482 nm。大圈代表 Al 原子

由于在相位衬度像中各个原子都是沿着原子柱排列，因此也可以使用 Z 轴衬度成像。

只包含 Al 原子和 Mn 原子的计算结果如图 30.9 所示。因为计算中用到的结构是一个"单胞"，而准晶并不存在单胞，所以本质上来说单胞的边缘是人为引入的。尽管存在这些困难，Beeli 和 Horiuchi 总结指出：当 Pd 原子替代 D 层上的一些 Mn 原子以及 B~C 层上的一些 Al 原子时，图像匹配效果会更好，结果如图 30.10 所示。

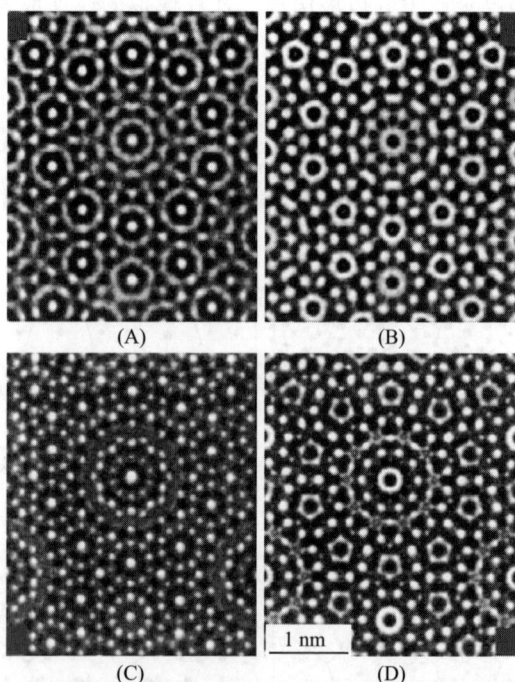

图 30.9　由图 30.8 所示层状结构模型得到的 4 个模拟图像，只用了 Al 和 Mn 原子。厚度 3.77 nm，相当于沿电子束方向的 3 个周期。图中的 Δf 值分别为 0 nm(A)、46 nm(B)、88 nm(C)、124 nm(D)

准晶图像模拟

准晶自身并没有平移对称性，而在模拟中必须强加这种对称性，这就为准晶图像模拟增加了困难。

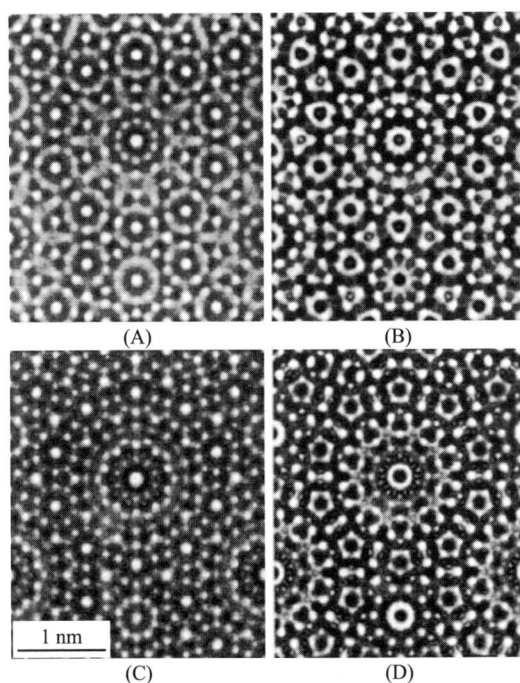

图 30.10 Pd 原子替代图 30.8 所示准晶中部分 Mn 原子后的模拟图像。Δf 值为 0 nm(A)、48 nm(B)、88 nm(C)、128 nm(D)

另一个 HRTEM 成功的例子是 Jiang 等八重对称准晶的工作。这里也可以使用多层法,采用 ABAB′排列的简单的 4 层模型,分别在 $z = 0$、0.25、0.5、0.75 处分层。A 和 B 两层的结构如图 30.11 所示,B′层相对 B 层旋转了 45°,也就是说,B′层和 B 层关于 8_4 螺旋轴对称。

■ 在每个例子中,都有可能看到平行某个正交轴的相同结构。

■ 准晶不具有平移对称性,但在厚度计算和晶胞周期延拓计算时,假设它们具有平移对称性。

之所以对这些复杂材料讲这么多细节是因为它们能说明图像模拟可以做些什么。此外,这些例子也强调了一个事实,虽然模拟中可以采用不同的层或层的不同顺序构建晶体,但最终还是要使用结构的投影图来与实验图像相对比。

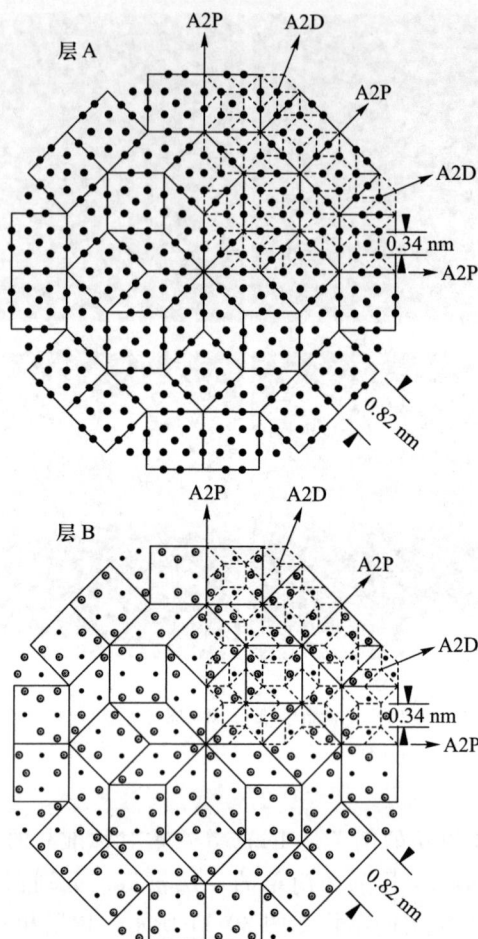

图 30.11 用于模拟八重对称性准晶的模型。用于模拟的结构由顺序为 ABAB′的 4 层结构构成，这里的 B′层和 B 层关于 8_4 螺旋轴对称

30. 14 晶体中的键

之前提到在图像模拟时需要考虑这样一个问题，不同材料里的原子会以不同的方式成键。一种标准方法是使用 Doyle 和 Turner 以及 Doyle 和 Cowley 所列的结构因子。这些结构因子的值是利用相对论 Hartree-Fock（RHF）模型的原子势计算得到的。另一种方法是利用 Mott 方程将电子散射因子（f_e）和 X 射线散射因子（f_x）联系起来，或者利用更加复杂的相对论 Hartree-Fock-Slater（RHFS）模型。Carlson 等列出了这些结果，Tang 和 Dorignac 将它们与 HRTEM 成像做了

详细比较。

O'Keefe 和 Spence(1994)重新分析了平均内部电势的意义。掌握这个概念的原因之一是经常需要将 X 射线衍射的数据和电子衍射的数据联系起来。计算机使得利用其他势能进行更加精确的计算成为可能。

这是一个不断发展的学科，目前的一些重要成果如下：

■ 内部电势对键合效应非常敏感。O'Keefe 和 Spence 讨论过 MgO(离子键)、Si(共价键)以及 Al(金属键)的情况。

■ 我们还不能全部考虑键合效应，而这对 HRTEM 图像可能是很重要的。

强烈建议那些有很强物理背景，并且认为 TEM 已经被研究透了的人去读读 O'Keefe 和 Spence 的文章。Zuo 和 Spence 在论文中提出了一种新方法，即从衍射花样推导晶体内部的键合情况。

30.15　Z 衬度模拟

这是一个有待发展的课题，可以参考第 2 章和第 3 章以及本章末附的相关书籍。

30.16　HRTEM 相位衬度的模拟软件

表 30.1 对模拟软件做了总结，此处不再赘述。2009 年高分辨透射电镜的价格已高达 400 万美元。图像模拟在 HRTEM 中必不可少。很少有学生能够自己写程序实现 HRTEM 图像模拟——这已经说过多次了，而电镜制造商不会提供任何用于 HRTEM 图像模拟的软件包。实验室中必须有两个用于 HRTEM 图像模拟的软件。以后在该领域会有更多采用 Mathematica 和 Matlab 编程的软件。

章 节 总 结

如果从事 HRTEM 成像工作，必须利用图像模拟来辅助解释实验图像。图像模拟也是图像定量分析中必不可少的过程。许多使用 TEM 的材料科学家，都会使用表 30.1 中列出的某些现成的软件包。本章的要点如下所示：

■ 尽量多地了解所用的样品。本章列举了具有凹槽的晶界在图像解释中遇到的困难。为了避免人为引入缺陷，你可能会在样品制备过程中浪费大量时间。

■ 尽量多地了解所使用的 TEM。你现在应该知道图像模拟过程中需要多少参数了。机器上的某些参数是你没有测量过的，程序可能会用到这些值，必须确保它们取值合适。

■ 确保在记录图像前精确校准 TEM。

■ 如果可能，使用多个程序进行图像模拟。至少要尝试一下。

■ 记录一系列离焦图像，通过重复初始图像来确定 Δf 的变化。

■ 如果你能确定样品的厚度，那将会给我们的分析带来巨大的便利。也就是说，它给你提供了另一个变量。

如果有能力购买 C_s-校正的 HRTEM，那么 C_s 就可以成为一个新的变量。

传统的图像模拟方法是模拟一系列不同 Δf 值和 t 的图像，然后找到和实验图像最吻合的那个。这显然不是一个理想的方法。HRTEM 图像的解释可能不是直截了当或唯一的，因此必须把模拟图像和实验图像相比较。这是第 31 章的内容，也是 HRTEM 定量分析的基础。

参考文献

Buseck，PR，Cowley，JM and Eyring，L，Eds. 1988 *High-Resolution Transmission Electron Microscopy and Associated Techniques* Oxford University Press New York. 本内容很好且不仅限于 HRTEM 的教材。

Horiuchi，S 1994 *Fundamentals of High-Resolution Electron Microscopy* North-Holland，New York. Spence 那本书的理想互补材料。

Kihlborg，L，Ed. 1979 *Direct Imaging of Atoms in Crystals and Molecules* Nobel Symposium 47 The Royal Swedish Academy of Sciences Stockholm. 经典的 HRTEM 论文集。

Krakow，W and O'Keefe，M，Eds. 1989 *Computer Simulation of Electron Microscope Diffraction and Images* TMS，Warrendale，PA. 关于综述文章的论文集。

O'Keefe，MA and Kilaas，R 1988 in *Advances in High-Resolution Image Simulation in Image and Signal Processing in Electron Microscopy*，Scanning Microscopy Supplement 2.（Eds. PW Hawkes，FP Ottensmeyer，WO Saxton and A Rosenfeld）p. 225 SEM Inc. AMF O'Hare Il. 本章内容的另一个很好的入门材料。

Spence，JCH 2003 *High-Resolution Electron Microscopy* 3rd edition Oxford University Press New York. HRTEM 教材。

Zuo，JM and Spence，JCH 1992 *Electron Microdiffraction* Springer，NY.

散射因子

Carlson，TA, Lu TT, Tucker，TC, Nestor，CW and Malik，FB 1970 *Report ORNL-4614*，ORNL OakRidge TN. 散射因子图表。

Doyle，PA and Turner，PS 1968 *Relativistic Hartree-Fock X-ray and Electron Scattering Factors* Acta. Cryst. **A24** 390-7.

Tang，D. and Dorignac，D 1994 *The Calculation of Scattering Factors in HREM Image Simulation* Acta. Cryst. **A50** 45-52. 散射因子的详细对比。

准晶

Beeli，C and Horiuchi，S 1994 *The Structure and its Reconstruction in the Decagonal* $Al_{70}Mn_{17}Pd_{13}$ *Quasicrystal* Phil. Mag. **B70** 215-40. HRTEM 图像计算。

Shoemaker，CB 1993 *On the Relationship between* μ-$MnAl_{4.12}$ *and the Decagonal Mn-Al Phase* Phil. Mag. **B67** 869-81. 几个模型的综述。

模型

Clarke，DR 1979 *On The Detection of Thin Intergranular Films by Electron Microscopy* Ultramicrosc. **4** 33-44.

Coene，W and Van Dyck，D 1984 *The Real Space Method for Dynamical Electron Diffraction Calculations in High Resolution Electron Microscopy：II. Critical Analysis of the Dependency on the Input Parameters* Ultramicrosc. **15** 41-50.

Coene，W and Van Dyck，D 1984 *The Real Space Method for Dynamical Electron Diffraction Calculations in High Resolution Electron Microscopy：I. Principles of the Method* Ultramicrosc. **15** 29-40.

Rasmussen，DR and Carter，CB 1990 *On the Fresnel-fringe Technique for the Analysis of Interfacial Films* Ultramicrosc. **32** 337-348.

Ross，FM and Stobbs，WM1991 *A Study of the Initial Stages of the Oxidation of Silicon Using the Fresnel Method* Phil. Mag. A63 1-36.

Ross，FMand Stobbs，WM1991 *Computer Modeling for Fresnel Contrast Analysis* Phil. Mag. **A63** 37-70.

Simpson，YK, Carter，CB, Morissey，KJ, Angelini，P and Bentley，J 1986 *The Identification of Thin amorphous Films at Grain-Boundaries in* Al_2O_3 J. Mater.

Sci. **21** 2689~96.

图像模拟

Barry, J 1992 in *Electron Diffraction Techniques* 1(Ed. JM Cowley)p. 170 I. U. Cr. Oxford Science Publication New York.

Coene, W, Van Dyck, D, Van Tendeloo, G and Van Landuyt, J 1985 *Computer Simulation of High-Energy Electron Scattering by Non-Periodic Objects. The Real Space Patching Method as an Alternative to the Periodic Continuation Technique* Phil. Mag. **52** 127–143. 第 30. 12 节的实空间补充。

Cowley, JM and Moodie, AF 1957 *The Scattering of Electrons by Atoms and Crystals. I. A New Theoretical Approach* Acta Cryst. **10** 609~19.

Kambe, K 1982 *Visualization of Bloch Waves of High Energy Electrons in High Resolution Electron Microscopy* Ultramicrosc. **10** 223–227.

Kirkland EJ 1998 *Advanced Computing in Electron Microscopy* Springer, NY.

Stadelmann, PA 1979. *EMS-a Software Package for Electron Diffraction Analysis and HREM Image Simulation in Materials Science* Ultramicrosc. **21** 131–145. EMS 的最初描述。

物理学

Doyle, PA and Cowley, JM1974 in International Tables for X-ray Crystallography, Vol. **IV**, pp. 152–173, Kluwer Academic Publ. Dordrecht Netherlands.

Fujimoto, F 1978 *Periodicity of Crystal Structure Images in Electron Microscopy with Crystal Thickness* Phys. stat. sol. (a)**45** 99–106.

Jiang, J-C, Hovmoller, S and Zou, X-D 1995 A *Three-dimensional Structure Model of Eight-Fold Quasi-crystals Obtained by High-Resolution Electron Microscopy* Phil. Mag. Lett. **71** 123–129.

O'Keeffe, Mand Spence, JCH 1994 *On the Average Coulomb Potential* (Φ_0) *and Constraints on the Electron Density in Crystals. Acta Cryst.* **A50**(1)33–45.

Self, PG and O'Keefe, MA 1988 in *High-Resolution Transmission Electron Microscopy and Associated Techniques* (Eds. PR Buseck, JM Cowley and L Eyring)p. **244** Oxford University Press New York.

Taftø, J, Jones, RH and Heald, SM 1986 *Transmission Electron Microscopy of Interfaces Utilizing Mean Inner Potential Differences between Materials* J Appl. Phys. **60** 4316–8.

Wilson, AR and Spargo, AEC 1982 *Calculation of the Scattering from Defects Using*

Periodic Continuation Methods Phil. Mag. **A46** 435–49.

Zhu，Y，Taftø，J，Lewis，LH and Welch，DO 1995 *Electron Microscopy of Grain Boundaries. An Application to RE-Fe-B*（*RE* = *Pr* or *Nd*）*Magnetic Materials* Phil. Mag. Lett. **71** 297–306.

使用手册

使用手册详细介绍了 EMS 模拟软件以及衍射衬度图像模拟（java 版本的 jEMS，Pierre Stadleman 提供技术支持）。你会发现里面有很多利用 Mathematica 或类似软件包做函数图像的例子。

自测题

Q30.1 列举图像计算的 4 种基本方法；

Q30.2 什么是相位光栅？

Q30.3 为什么要考虑所有的倒空间，而不仅仅是布拉格衍射点？

Q30.4 利用传播子和相位光栅，写出 ψ_n 和 ψ_{n+1} 的关系式。

Q30.5 在多层法中为什么采用菲涅耳衍射而非夫琅禾费衍射？

Q30.6 我们在本章中用卷积表示哪种散射，为什么？

Q30.7 为什么 $Q(\mathbf{k})$ 中所考虑的 $\mathbf{k}$ 值是 $\psi(\mathbf{k})$ 和 $P(\mathbf{k})$ 中的两倍？

Q30.8 写出 FFT 方法中 $\psi_{n+1}(\mathbf{k})$ 的方程式。

Q30.9 为什么是 FFT，而非 FT？

Q30.10 写出 Coene-Van Dyck 方法中 $\psi_{n+1}(\mathbf{r})$ 的表达式。

Q30.11 为什么在描述 Kambé"简单"例子中使用双引号？

Q30.12 在 Kambé 的"简单"例子中，我们考虑只有 3 个明显的布洛赫波的情况。为何仅选取 3 个布洛赫波，而非更多或更少？

Q30.13 本章中提到了 WPOA 和布洛赫波之间有直接关系，为什么？

Q30.14 为什么 λ 必须是个有限值（而非为 0）？

Q30.15 通过 Ewald 球构造，说明为什么电子束会聚会引起 HRTEM 图像的改变？

Q30.16 为什么晶界凹槽会影响 HRTEM 图像？

Q30.17 什么是周期延拓方法？

Q30.18 模拟具有 5 次或/和 10 次对称晶体面临的问题是什么？

Q30.19 大多多层法图像模拟软件中是如何考虑离子键和共价键的？

Q30.20 相对一系列的正焦图像，为什么多数研究者倾向使用离焦图像？

章节具体问题

T30.1　假定一级菲涅耳条纹到样品边缘的距离为 $\delta = \sqrt{\lambda \Delta f}$，由图 9.21B 计算 Δf。

T30.2　假定已知 30.5A 中的结构，由一级菲涅耳条纹的位置的关系式 $\delta = \sqrt{\lambda \Delta f}$ 能多大程度上预测图 30.5C 中图像。

T30.3　创建用于 HRTEM 模拟的 Si 的 $\sum = 3111$ 孪晶界单胞。

T30.4　创建用于 HRTEM 模拟的 GaP 的 $\sum = 3112$ 孪晶界单胞结构。讨论点（结构）分辨率分别为 0.3 nm、0.2 nm 和 0.1 nm 时可从图像中得到的信息。

T30.5　给出图 30.11 中最小的可重复单元，对称性如图中所示。

T30.6　画出式（30.14）Δf 取不同值时的曲线。并讨论曲线随显微镜电压的变化。

T30.7　根据式（30.15）推导式（30.19）和式（30.20）。

T30.8　根据式（30.18）和式（30.20）推导式（30.21）。

T30.9　解释图 30.3 中，为何源于布洛赫波 1 的"图像"与源于布洛赫波 2 和 3 的"图像"不同。

T30.10　标定图 30.4 中的衍射花样，并进一步确定物镜光阑的半径（单位为 nm^{-1}）。

第 31 章
图像处理和定量分析

章 节 预 览

图像处理，即使用计算机分析数据，可以从图像数据中提取肉眼无法得到的信息。这些待处理数据大多为高分辨透射电子显微镜（HRTEM）图像，也可以是其他图像，比如衍射图像。本书第4章将介绍能谱的定量分析。过去进行图像分析时会用到光具座，但现在所有透射电子显微镜（TEM）实验室中的计算机的数量已经远超过光具座的数量了。光具座可以将图像转换为衍射花样，通过调整衍射花样来处理图像。这种模拟方法现在大部分已经由数字方法取代。计算机比光具座更便宜，使用更灵活，用于 TEM 图像处理的软件数量也一直在增加。

图像处理可使图像清晰化，比如扣除无用的背底细节，进行噪声或漂移校正，移除人为引入的伪像等。此处要注意的是，在移除某伪像时，不要引入新的伪像。

计算机处理方法的特别之处在于它可以将任意图像定量化，然后进行归一化处理。现如今我们已经可以直接将实验图像和计算机模拟图像进行对比。尽管本章主要讨论处理 HRTEM 图像的方法，但提及的大部分方法也可用于衍衬图像的分析。

本章讨论的图像处理也适用于其他实验手段得到的图像。一旦数据输入到计算机内，图像就转变为数字形式，其来源就不重要了，重要的只是如何处理该图像。比如图像可为来自 TEM 的 X 射线谱或者电子能量损失谱（EELS）、扫描透射电子显微镜（STEM）图像、透射电子显微镜（TEM）图像、会聚束电子衍射（CBED）或者背散射电子（BSE）花样。

大部分讨论都会用到计算机，需要知道的就是怎么样才能更好地输入数据，如何处理这些数据，要怎么样处理，如何输出结果，以及如何表述对图像的处理过程。最重要的是，图像一旦转换为数字格式，就需要从统计的角度考虑问题，这也意味着要引入误差。

31.1　什么是图像处理

图像处理本质上就是操纵图像。很多领域都涉及这个课题，所以需要懂一些术语；本节将讨论一些用于 TEM 图像处理的术语。

图像处理方法越来越普及，而且在很多领域又有了新的应用。计算机的计算速度不断提高，处理能力不断增强，内存也越来越大，可以完成以前无法想象的计算任务。随着用户不断增多，现在也出现了很多用于电子显微学中的软件包，在第 1.5 节已经列出了一些，从广泛应用的桌面出版软件到电子显微学专用程序都有。图像处理的目标之一是将显微处理定量化。挑选软件时应选择和自己的实验室计算机相匹配的软件，包括商业软件和免费软件。在使用计算机处理的同时也要明白，一些不依赖计算机的光学方法既简单又实用，另外肉眼观测也是必不可少的。

基 本 思 想

图像处理的基本思想是先将图像数字化，然后再对数字进行数学运算。

在这方面有很多专著可供初学者或者专家使用，参考文献中列了一些。这个领域发展迅速，本章旨在概述，因此尽量避免赘述特定软件的使用，仅在章节末尾对这些软件做简单介绍。

31.2 图像处理和定量

处理图像往往出于两个目的:

■ 提高图像质量使图像看起来更明锐,使衬度更高、更均匀等。但这种处理可能是不明智的。

■ 量化图像中的信息。这个过程非常必要:对物理学家而言,公式比图像更易处理。

用照相技术改善图像质量的处理方法已经发展很多年了,如"遮光""滤光",选择不同的感光胶,或者改变显影液等。直到近些年,计算能力比较强大的个人计算机才得到普及,但图像处理这一术语早已与计算机紧紧联系在一起了。计算机图像处理是本章的重点,它有以下 3 点要求:

■ 必须在计算机里将图像数字化。

■ 选择合适的图像处理软件。

■ 需要一台能在较短时间内进行图像处理且要达到所需分辨率的计算机。

困　　难

图像处理过程中的困难或许在于如何将处理过程描述清楚。

这里的很多内容都和讨论显微镜本身时的类似。比如,你可能必须用内置系统或者实验室内已经有的系统。不同之处在于有些免费软件功能很强大,因此只需要一台台式计算机即可。很多专门为桌面出版设计的软件相对便宜。因此,几乎总能找到一种方法提高图像处理能力。

图像处理的目的是要从图像中获得比直接观察更多的信息。这一原则并不仅限于 HRTEM 图像处理;这里对 HRTEM 展开讨论是因为它是目前 TEM 中最常用的技术。当然 X 射线谱、能量过滤图像、衍射花样等经过图像处理和定量分析后也都可以获得更多有用的信息。图像处理需要将 TEM 参数定量化,尤其是 C_s。TEM 图像处理的一个特点就是可以选择即时或脱机处理。实际上经常用即时处理(在采集图像的同时进行帧平均、扣除背底)来观察图像。尽管采集的图像没有经过人为处理,但实际上呈现出来的图像是已经被自动处理过的——必须注意到这点,并且在发布实验数据时应注明。

31.3 注意事项

本章大部分讨论集中在使用计算机进行图像处理。TEM 的大部分功能可以用计算机模拟得到，第 30 章已经看到，画一个晶体模型、插入光阑、定义电子束包括电子束在样品中的扩展，之后经过计算就可得到图像。图像处理则是从图像开始，通过加光阑和特殊的滤波器得到一幅处理过的新图像。这个图是一个真实图像。要特别注意的是必须给出处理过程的说明，因为这些处理可能会影响数据的解释，尤其是在没有给原始数据的时候，这个详细说明就更加关键。

谨　记

　一定要详细说明图像的处理过程，这样读者才可以把你的数据和进行过不同处理的数据或原始相关数据进行对比。图像处理过程的说明一定要实事求是。

31.4 图像输入

有多种方法可以把 TEM 图像输入到计算机中，使用什么方法取决于你想在数字化的图像中得到多少细节，也取决于你准备做多少工作。这里只讨论在显示器或者荧光屏上可以看到的图像，输入图像有以下几种方法：
■ 直接把图像从 TEM 转到计算机上。
■ 在底片上记录图像，之后用显微光密度计使图像数字化。
■ 在录像磁带上记录图像。
■ 在底片上记录图像，之后打印并用台式扫描仪扫描图像。

在计算机中把图像数字化有很多种方法，最简单的是使用慢扫描电荷耦合器件（CCD）相机，这在第 7 章已经讨论过。CCD 相机的缺点就是价格昂贵，2k×2k 的高质量芯片已经非常昂贵，而 4k×4k 阵列的芯片更是天价（但价格都会慢慢降低）。这样的相机在不久的将来都会常规化地加到所有 TEM 上。底片或者录像机也是一种选择，而且底片的图像记录面积要比 4k×4k 阵列的 CCD 大。当加热或者拉伸样品杆时，可用数字录像机进行原位记录。

用帧捕获器可以把录像磁带或者录影机上的图像转到计算机中，大多数计算机都可安装帧捕获器。也可用高分辨扫描仪扫描照片或其底片。高分辨率的扫描仪和同等分辨率的数字录影机的价格差不多。最纯粹的方法就是用显微光密度计逐点测量底片强度,直接读到计算机中,显微光密度计的优点就是非常精确,而且在最高的分辨率下也能获得大范围图像。作为一种连续采集技术,它的缺点是读取比较慢。如果要达到最好的效果,那得到的图像就需要占用计算机大量的内存,计算机内存不是问题,但这样的图像处理起来会很慢。

31.5 处理技术

31.5.1 傅里叶滤波和重构

滤波的原理就是用掩模从图像中过滤掉一些信息以突出或强调某些信息。虽然有些复杂,但可以这样处理图像:对 HRTEM 图像做傅里叶变换,用掩模过滤之后再进行傅里叶逆变换。

通过这种办法可以变换光阑的大小和边缘锐度,而这在现代 TEM 中是不太可能的,因为物镜光阑直径都是固定的。独立可变的选区光阑仅在早期的 TEM 用到过,它们是三角形或四方形的,由 3 个或 4 个可移动的边组成。通过例子可更好地理解滤波方法,图 31.1A 为从一个比较大的 HRTEM 图像中用方形掩模选择的一个区域,如图 30.1B 是它的傅里叶变换(几个纳米区域上的衍射图案)。

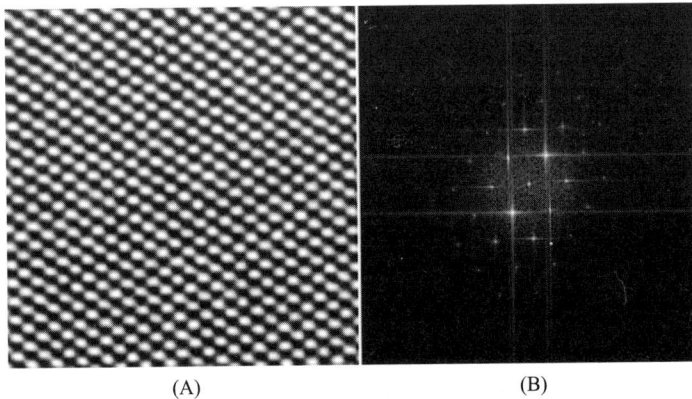

(A)   (B)

图 31.1 (A)用方形掩模在较大的 HRTEM 图像上选择的区域,(B)所选区域的傅里叶变换,图中不只有[110]带轴的 11 个衍射点,也出现了一些垂直于掩模边缘的拉伸条纹(处理过程中引入的伪像)

样品的载膜很重要

利用非晶碳膜通常可以观察到类似的衍射谱。这种碳膜虽然很容易制备，但 **u** 值在 6 nm^{-1} 到 8.5 nm^{-1} 区域内的衍射强度会被增强，这在 HRTEM 中是非常值得注意的。

利用这种方法可在计算机中模拟 TEM 成像。将图像作为样品，做傅里叶变换得到衍射点，用光阑选择一个或多个衍射点成像。这些光阑是计算机视角上的物镜光阑。和在 TEM 中一样，小物镜光阑会降低图像的分辨率，图像中的缺陷信息都包含在衍射点之中。图 31.2 表示了如何通过衍射图像上的基本衍射点构造一个模型，这对模拟 HRTEM 图像和传统 BF/DF 像都很有用处，如图 31.3 中的模型是由 Digital Micrograph 软件建立的（见第 1.6节）。

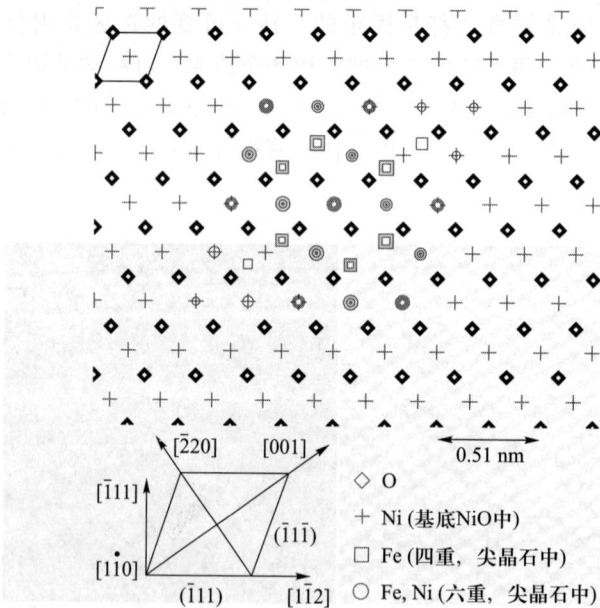

图 31.2　NiO 基底上覆盖有尖晶石八面体的模型。在缺陷上下表面加入 NiO 层组成样品的其他部分

31.5.2　衍射谱分析

第 28 章中提出可将传递函数画成如图 28.4 中的曲线。该曲线还可以从另

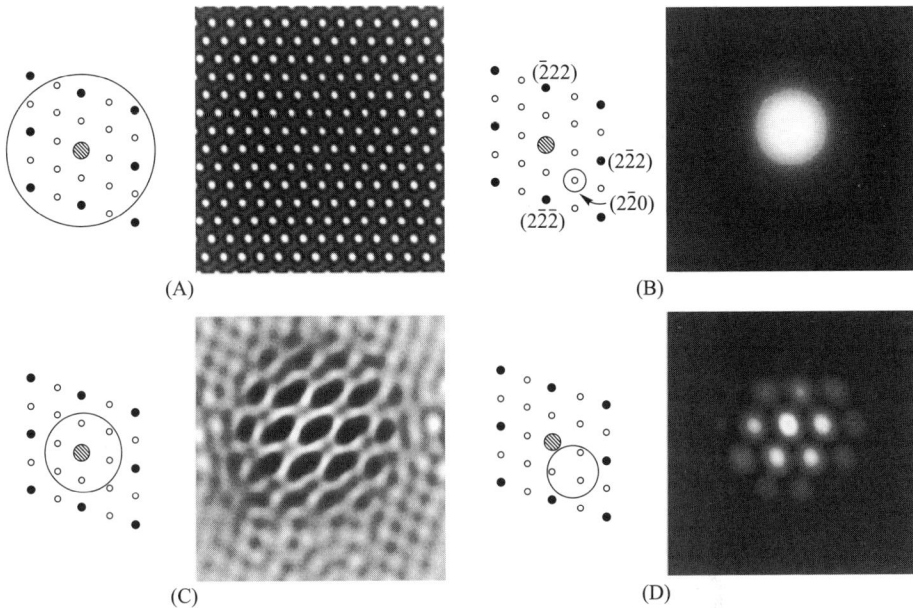

(A)

(B)

(C)

(D)

图 31.3　(A)与图 31.2 类似的样品模型的衍射花样以及晶格图像。其他三对图为在计算机模拟下，利用不同掩模选择不同衍射点得到的不同图像：(B) DF 像；(C) 对应于图 28.26 中的图像；(D) 为 DF 晶格像，与图 28.14 和图 28.15 类似

一角度去思考：若有一样品能等同地产生每一可能的 **u** 值，即每一可能的空间频率，会产生何种现象。

Ge 的非晶薄膜能得到上述曲线，但散射强度太低，难以记录。

虽然将底片数字化也是一种好方法，但采用慢扫描 CCD 摄像机可直接记录高分辨率图像。通过将 I-**u** 的实验曲线和计算得到的不同 Δf 和 C_s 值下的 I-**u** 曲线相比较，就可以确定像散、Δf 和 C_s 的值（见下文）。如果在 Ge 膜上有一些 Au 颗粒，将有助于分析，因为利用 Au 的斑点可以校正电镜的内部参数。图 31.4 为一组像和它们对应的衍射谱。由图可知随着物镜离焦量的增大，环的数目增加，宽度变窄。衬度传递逐渐扩展至更大的 **u** 值。

确定像散。利用这种衍射图可以校正像散。一张无像散的衍射像具有圆对称性。如图 31.5 所示，甚至用眼睛就可以观察到微小的像散。计算机能快速测定像散值并反馈给 TEM，从而调整透镜电流校正像散，下文会具体解释。计算机可根据这组衍射图判断它来自像散还是样品漂移，而眼睛则会将两者混淆。漂移也产生一个圆形花样，但是会丢失漂移方向上的高频信息。

确定 Δf 和 C_s。通过测量任意衍射图中亮环和暗环的半径，可以确定 Δf，因为亮环对应于 $\sin \chi(\mathbf{u}) = 1$，而暗环对应于 $\sin \chi(\mathbf{u}) = 0$。

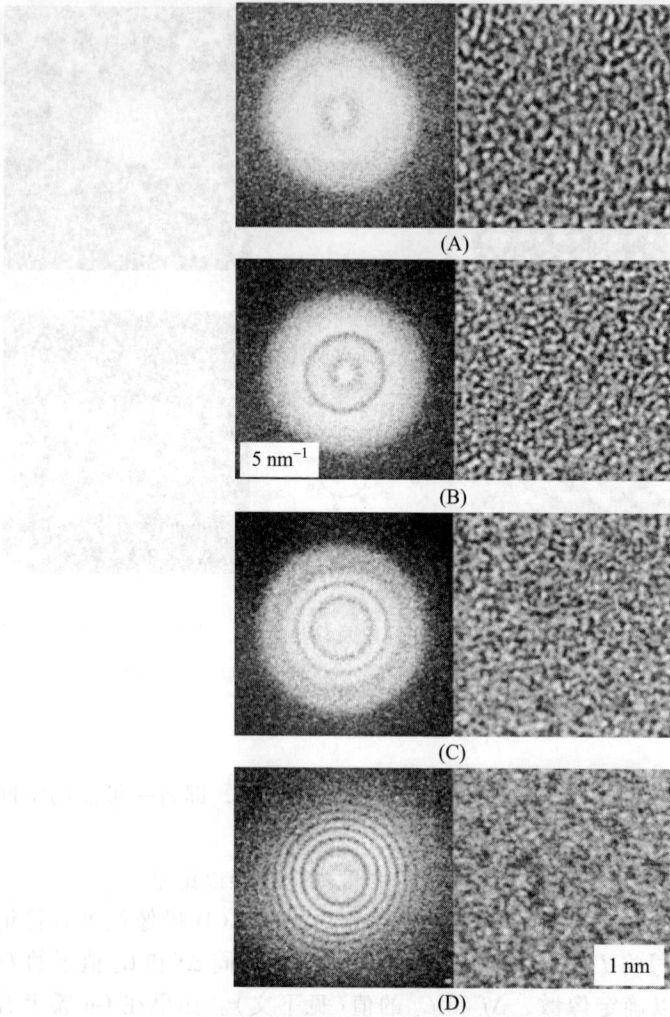

(A)

(B)

5 nm^{-1}

(C)

(D)

1 nm

图 31.4　非晶 Ge 膜的 4 幅图像以及对应的衍射图。Δf 分别为（A）1 Sch；（B）1.87 Sch；（C）2.35 Sch；（D）3.87 Sch。其中，1 Sch $= -\sqrt{C_s \lambda}$

$$\sin \chi(\mathbf{u}) = 1 \quad \chi(\mathbf{u}) = \frac{n\pi}{2}, n \text{ 为奇数} \tag{31.1}$$

$$\sin \chi(\mathbf{u}) = 0 \quad \chi(\mathbf{u}) = \frac{n\pi}{2}, n \text{ 为偶数} \tag{31.2}$$

由于 C_s 也会影响环的位置，因而至少需要两个环。Krivanek 已经给出了确定 C_s 和 Δf 的简单方法。首先从 χ 的定义开始

$$\chi(\mathbf{u}) = \pi \Delta f \lambda u^2 + \frac{1}{2}\pi C_s \lambda^3 u^4 \tag{31.3}$$

代入式(31.1)和式(31.2)得

$$\frac{n}{u^2} = C_s \lambda^3 u^2 + 2\Delta f \lambda \qquad (31.4)$$

现在需要画出 nu^{-2} 随 u^2 变化的曲线，它是一条斜率为 $C_s\lambda^3$，在 nu^{-2} 轴上的截距为 $2\Delta f\lambda$ 的直线。指定 $n=1$ 为强度最高的中心亮环，$n=2$ 为第一个暗环，以此类推。在欠焦或非常接近于 Scherzer 欠焦的情况下测量数据，会更为困难，当你发现结果不是直线时会体会到这一点。测量得到的 C_s 值最好接近于制造商给出的值！如果画出不同衍射谱（即不同 Δf 值）的 nu^{-2} 与 u^2 的关系曲线，则每个和特定 n 值对应的点都将位于一条双曲线上，如图 31.6A 所示。根据这些双曲线可以确定任一显微镜的 C_s 值和任一衍射图的 Δf 值（Krivanek 1976）。

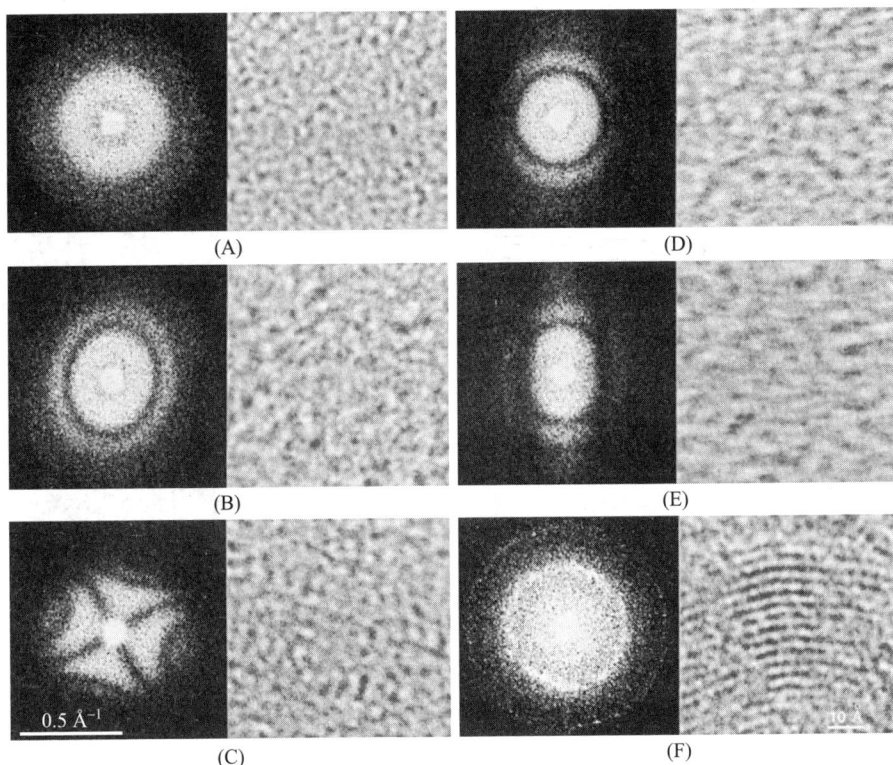

图 31.5 6 幅非晶碳膜的图像及其对应衍射图，表示 300 kV TEM 中 HRTEM 的不同像散。（A）已合轴且样品无漂移；（B）存在一些像散（$C_a = 14$ nm）；（C）存在较大像散（$C_a = 80$ nm）；（D）无像散，但样品漂移 0.3 nm；（E）无像散，但漂移 0.5 nm。（F）已合轴且无漂移，条纹间距为 0.344 nm。（B、D、E）$\Delta f = 2.24$ Sch；（F）$\Delta f = 0$

衍射图和束流偏转。束流偏转很难通过眼睛观察去校正；校正结果甚至会更差，因为它对衍射图的影响类似于像散，很可能误将其作为像散来校正。前面提到过，束流偏转能提高图像的可观测性，但不利于解释！图 31.6B 用一组衍射图说明如何解决这个问题。比较不同束流偏转下的衍射图可以确定零偏转情况。如果电子束在 $\theta = 0°$ 时对应零偏转，则位于 $\pm\theta°$ 的一对衍射图应完全一致（经过旋转）。在该图中，水平线上下的衍射图类似，所以中心位置处 θ_y 非常接近于 0。但在竖直线的相反方向的一组衍射图略有不同，因此 θ_x 需要进一步调节。

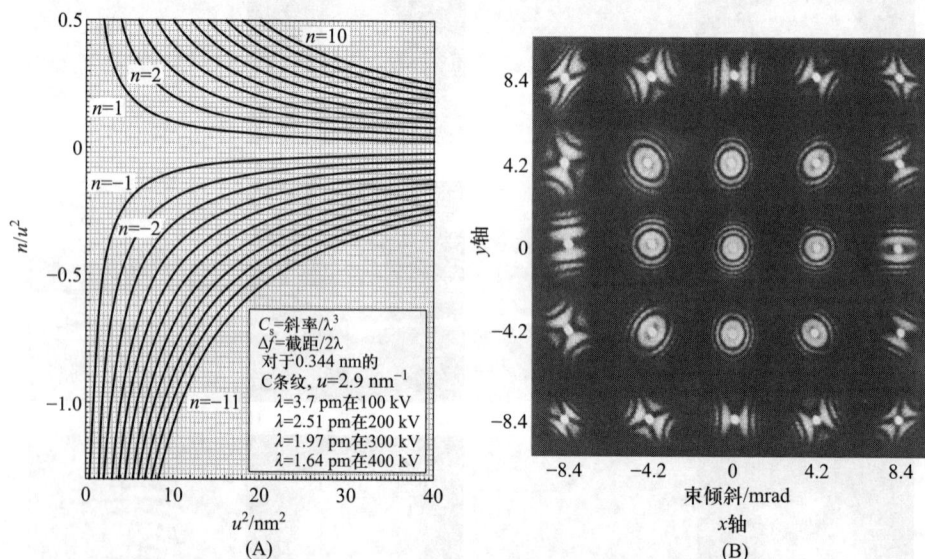

图 31.6　（A）nu^{-2} 随 u^2 的变化曲线。衍射图中的圆环对应于一系列 n 值，由此可以得到一条直线，求出直线的斜率和纵坐标截距，从而可求得 C_s 和 Δf。（B）束流倾斜对衍射图的影响

31.5.3　图像平均和其他技术

如果使用摄像机记录图像，可以将每几帧图像进行平均，就如同人眼对图像所做的自动处理一样，结果见图 31.7。有很多不同方法可用于图像平均，

其中最为简单实用的是对最佳图像进行非加权平均，对于摄像机而言，将若干帧图像进行平均即可。若已知晶体对称性，则可进一步提高图像质量。想对该方法做一些初步了解的话可参考 Trust 等的文章。若要处理由于样品移动而造成的图像模糊，则需要更深一步的研究。

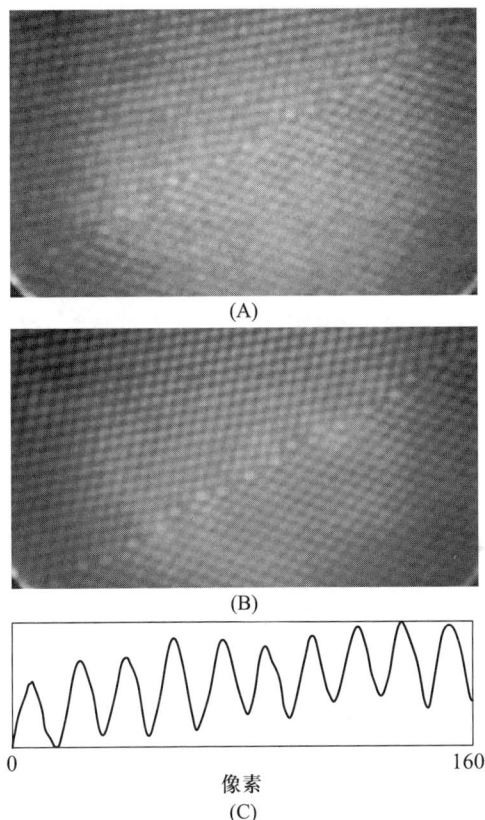

图 31.7　对摄像机记录的图像进行帧平均的优点：（A）1 帧；（B）16 帧；（C）图（B）中沿（111）平面的强度曲线

电视帧率的录像机记录的图像必须扣除背底。比如，采集一张 YAG 探测器的蜂窝状的图像，存储它，然后在后续的图像中将它作为背底自动扣除。

给 TEM 图像添加人工色彩（准色彩）是很有用处的，如图 31.8 所示。人们认为这种处理方法大多数情况下是为了引起非电镜工作者的兴趣（非科学工作者），实则不然。人眼对色彩的变化远比对灰度等级的变化要敏感。因此，对一幅灰度变化范围较宽的图像，使用色彩可以帮助人们"看到"其中的某些细微变化。同样，也可使用颜色替换图像中某个等级的灰度以示强调。但是在使用色彩对照表时（LUT，将各个灰度等级与不同颜色一一对应）一定要十分小心。可尝试用 Photoshop™软件处理自己最喜欢的 TEM 图像，从中便可领悟它的危险性。

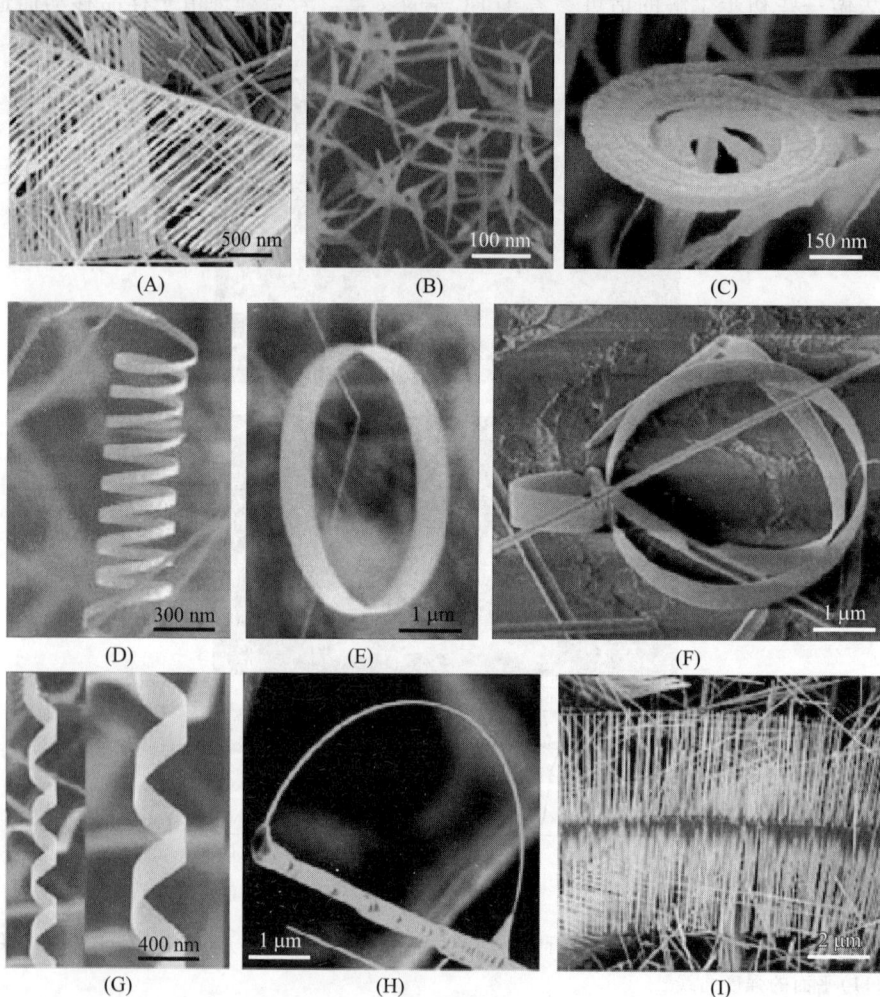

图 31.8 添加人工色彩后的图像。（参见书后彩图）

前面已经提到过，TEM 中所有光阑的边缘都非常锐利。但在计算模拟中，则有各种形状、各种孔径以及渐变边缘的光阑可供选择。渐变边缘光阑可扣除图像拖尾（见图 31.1）。可利用计算机对图像添加"反锐化掩模"，它不是简单地使用一个渐变边缘的掩模。这种方法来源于摄影，即先在底片上打印一张离焦图像，除细节信息部分外，做其他部分的互补图像；在数字处理中则称其为调和算符滤波。对此，Russ 的两本书中给出了很多例子。

31.5.4 核函数

核函数就是可对数字图像进行处理的数字矩阵。假若一个 3×3 核函数 **K**（也可为 5×5，7×7，但是计算时间较长）为

$$\mathbf{K} = \begin{matrix} -1 & -1 & -1 \\ -1 & +8 & -1 \\ -1 & -1 & -1 \end{matrix} \qquad \mathbf{K}_o = \begin{matrix} A & B & C \\ D & E & F \\ G & H & I \end{matrix}$$

它可作用于图像中任意 3×3 的像素组，如 **K**$_o$，会生成一个新的数字图像。新图像对应的数字矩阵 **K**$_i$ 为

$$\mathbf{K}_i = \begin{matrix} A' & B' & C' \\ D' & E' & F' \\ G' & H' & I' \end{matrix}$$

在新图像中，$E' = 8E - A - D - G - B - H - C - F - I$。这个核函数相当于一个数字调和算符（近似到二阶导数，∇^2）。它作用是从中心像素点中扣除周围几个相邻像素的平均亮度。若所选区域灰度一致，则结果图像为白色，这样就突显出了图像中的灰度变化。也可以自己设计较宽范围的核函数，比如边缘加强型核函数，其作用是对图像做微分（第 35 章和第 39 章中会介绍应用于光谱的数字处理程序）。Sobel 和 Kirsch 算符即为边缘探测器，可看作是几个核算符的组合。二进制算符可以增大或减小图像中的二进制特征量。标准图像处理软件中都包含这些算符。总而言之，在 TEM 图像处理中必须谨慎使用这些算符，它们的主要作用在于突显某些可能忽略的图像细节，而非定量处理图像。

发 布 论 文

发布之前应结合文献重新检查你的 HREM 论文，所有的图像是否都经过了处理，是否已经将处理方法表述清楚，实验是否可重复。尤其最后一点在科学工作中是很重要的。

31.6 应用

本节主要举例说明一些目前常用的图像处理方法。由于该领域发展迅速，本节仅能涵盖一部分内容，因此不会对细节进行过多的讨论。图像处理软件主要用于以下两个方面：

■ 减小噪声或提高信噪比。

■ 量化图像。

当然，后者包含前者。

31.6.1　电子束敏感材料

低剂量电子显微镜的信噪比一般比较小，要提高信噪比就必须增大电子束剂量，这是 EM 生物技术的一个突出问题，1982 年 Klug 因此以"促进了晶体电子显微学发展以及推动了生物学中重要的核酸-蛋白质复合体结构测定的研究进展"获得诺贝尔奖(见 Erickson 和 Klug 于 1971 年发表的论文)。目前在材料科学领域，已经趋于认为"束流损伤"是无法避免的，但这种态度在 HRTEM 量化分析中是无法接受的也是不准确的。在现代电子显微镜中，可以先在一个区域调节好光路，然后将电子束移到一个新区域进行样品观察。现在 CCD 可以直接观察图像而无须冲洗底片，能够采集一系列图像以减小噪声，并且可以知道成像条件是不是和你需要的一致(有时，按时间顺序收集一系列图像，通过对比前后图像可以推测时间零点时的图像，进而得到未被束流"损伤"过的图像)。如图 31.9 所示。参阅 van Heel 等的综述，可进一步了解这个领域。

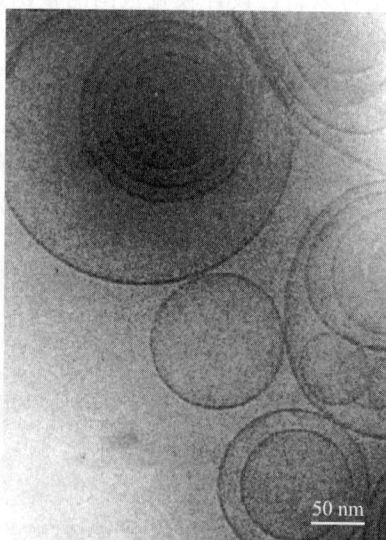

50 nm

图 31.9　对电子束高度敏感的表面活性剂水溶液的图像。首先，将薄膜在液态甲烷中冷却后直接移至 TEM 中观察。图中大圈为凝聚成囊泡的表面活性剂。溶液中表面活性剂凝聚成层状(投影为圆形)。电子束照射样品后，图像中就会出现纹理，这是结晶作用或者束流损伤引起的

束 流 损 伤

电子束照射到样品上一定会造成样品的变化。以前人们曾十分担心束流损伤对样品的影响，而电子束的热效应，即束流加热，也会给图像的解释带来一定困难。

31.6.2　周期图像

在量化分析的讨论中提到，计算机可识别图像中相似的部分并将其加和以减小噪声。该技术也在不断发展，生物技术的应用促进了 3D 晶体学重构方法的出现，具体可参阅 Downing 和 Dorset 的著作，不仅如此，样品的畸变也可以得到修正，见 Saxton 等的著作。

31.6.3　漂移校准

在新型电镜中，样品漂移已经得到了很好的解决，但是很多使用中的旧型号电镜仍然存在这个问题。若样品沿某个方向以固定速率移动，漂移即可得到很好的校正。计算机可以自动计算两幅图像的相对位移，据此改变图像位移线圈的电流(以避免样品移动)。非线性漂移则无法用该方法校正。这个方法在使用摄像机进行帧平均中十分有用。它还可以用于衍射衬度图像、X 射线以及 EELS 分析。

31.6.4　相位重构

从图像强度中无法直接得到图像的相位信息。早在 1982 年 Kirkland 等就从一系列离焦图像中提取了相位信息。他们采用非线性图像迭代方法重构得到了出射波(复数)。该方法成功重构出了 $CuCl_{16}PC$ 结构。

图 31.10A～E 为 5 幅离焦实验图像，图 31.10F～I 分别为重构出射波的实部和虚部，以及对应的强度和相位，图 31.10J 为已知单胞的投影结构。相位图中包含大多数结构信息：它对应于投影势，强度图中的某些特点是由非弹性散射决定的。特别要注意的是我们现在可以识别苯环，这是最早发表的全相位重构的例子。如果想进行 HRTEM 量化分析，首先需要采集一系列如图所示的离焦图像。使用手册中包含了出射波重构的大量章节，从中可以进一步了解该方法及其目前的发展状况。

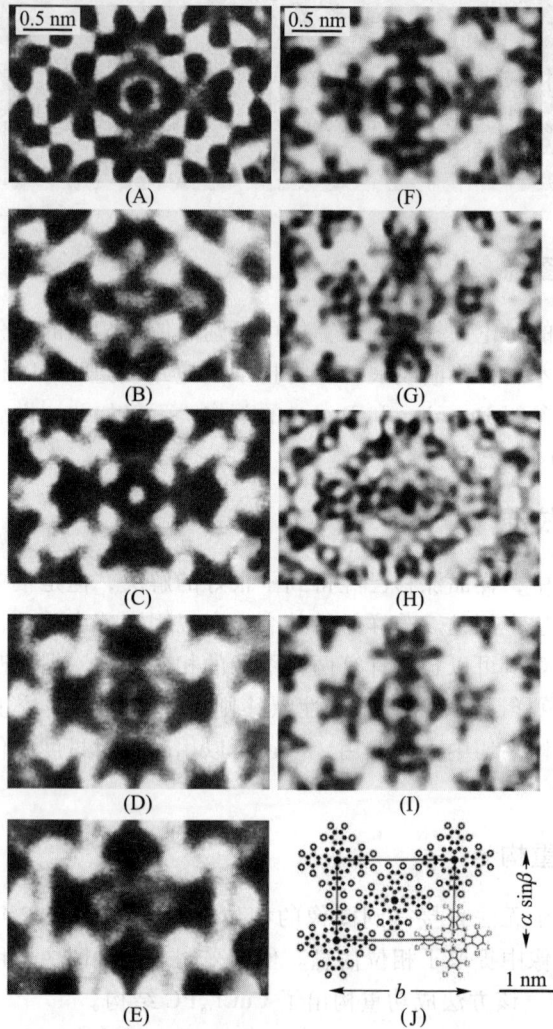

图 31.10　（A~E）$CuCl_{16}PC$ 的系列实验离焦图像；（F、G）重构出射波的实部和虚部；（H、I）出射波强度和相位部分；（J）晶体的投影结构

31.6.5　衍射花样

　　动力学散射对衍射花样强度的影响很大，因此我们一般会忽略衍射图的强度信息。但若样品很薄，在电子晶体学也可以对选区电子衍射的强度进行分析，分析方法与传统 X 射线晶体学方法相同。如图 31.11 所示，这种方法适用于晶胞较大且足够薄的样品，从选区电子衍射花样中可得到很多细节信息，但

是必须多次曝光。Hovmoller 的研究组（见第 1.5 节中 Zou 的文章以及 ELD 程序）提供了分析这类电子衍射花样并从中提取结构因子信息的方法。比如

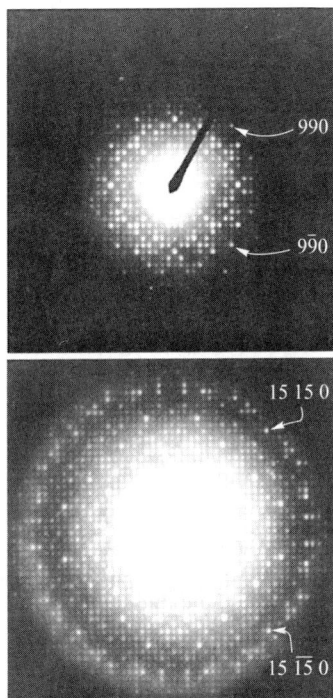

图 31.11 不同曝光时间记录的两张 $K_2O \cdot 7Nb_2O_5$ 的选区电子衍射图。多次曝光可从衍射图中得到所有晶体的信息。空间群为 P4bm，$a = b = 2.75$ nm。衍射点（15，15，0）对应的晶面间距为 0.13 nm

■ 采集曝光时间在 0.5 s 到 15 s 之间的几张衍射图。

■ 利用灯箱提供逆光，用 CCD 摄像机直接由底片得到衍射花样的数字化信息。

■ 使用校准带，通过 20 次相同的曝光步骤将各张底片的强度归一化。

■ 测量每个衍射点的强度，运行衍射花样处理程序。

到这步为止，与传统 X 射线衍射（XRD）强度分析方法相同。由于底片上衍射点的直径都小于 0.5 mm，数字化处理过程要求非常严格。下一步需要标定 3 个强度最大且清晰的衍射点。然后使用计算机进行一系列函数运算。

■ 采用重心法优化这些衍射点的位置，确定原点，标定剩余衍射点。

■ 提取每个峰的强度，注意切勿被样品的形态效应误导。

■ 利用两张连续底片上同时存在的衍射点（强度为数字化形式），校正不

同曝光时间的底片，得到一个最大的动力学区域。

和室温 CCD 相比，冷却慢扫描 CCD 提供了一个更大的动力学区域和更好的线性关系，使分析过程得以简化。与 X 射线相比，在电子衍射中分析这类晶体学问题时有一些弊端。和 X 射线一样，电子衍射分析中 Ewald 球也是弯曲的，但是电子束会造成样品损伤。不过这种方法仍具有发展潜力！与其他 TEM 技术相同，相对于 X 射线分析，它可用于分析较小区域的样品，而且也可以充分利用选区电子衍射花样的对称性。在样品非常薄时，可称它为晶体"运动学"分析，和第 21 章所提到的用于较厚样品 CBED 花样的晶体"动力学"分析形成了互补。ELD 软件包可用于提取衍射花样的强度（见第 1.6 节）。

> **电子衍射花样**
>
> 由 HRTEM 方法得到的结构应该与实验中建立的选区电子衍射花样相对应，因此可用衍射花样数据进一步精修结构。

若可得到衍射花样的定量数据，最好将它与实验和模拟的 HRTEM 图像相结合。衍射花样的定量分析也可称为结构因子模量修复或结构因子模量重构（Tang 等）。它的缺点在于样品必须足够薄，以满足运动学衍射。这个要求与 HRTEM 中的弱相位物体近似（WPOA）条件相似。

31.6.6 束流倾斜

束流倾斜曾经是 TEM 中要克服的重要问题，这个问题得到解决之后，有人提出了利用束流倾斜增大图像分辨率的方法！这个方法的基本思想源于第 23.3 节中的倾斜束晶格条纹成像。束流倾斜为 0 的位置已知，将电子束沿几个特定方向倾斜一定角度，可转换得到倒易空间重叠区域的信息，如图 31.12A 所示；此外还需要同轴图像，如图 31.12B。必须确保图像采集过程中样品无漂移，比较第 6 幅图像（同轴）与第 1 幅图像（同轴），可检验样品的漂移和损伤。接下来将模量和相位重构即可得到分辨率更高的图像。

Kirkland 的论文中详细说明了图像处理过程中需要注意的问题。即便是最基本的图像对齐也非常重要。重构结果如图 31.13 所示，从中可以看出这个方法的优势：可将 400 kV 显微镜的图像分辨率提高至 0.123 nm。

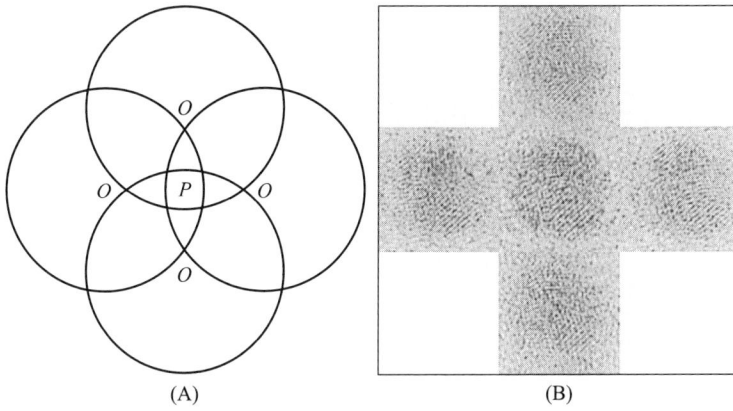

图 31.12 提高 TEM 分辨率的一种方法。假定束流倾斜为 0 位置已知，将电子束沿不同方向倾斜特定角度。(A)4 个圆分别代表 4 个傅里叶区；O 为倾斜束的位置，P 为光轴位置，PO 对应倾斜角。(B)用于重构的 5 幅图像，分别与(A)中束流倾斜方向相对应，中心为光轴位置

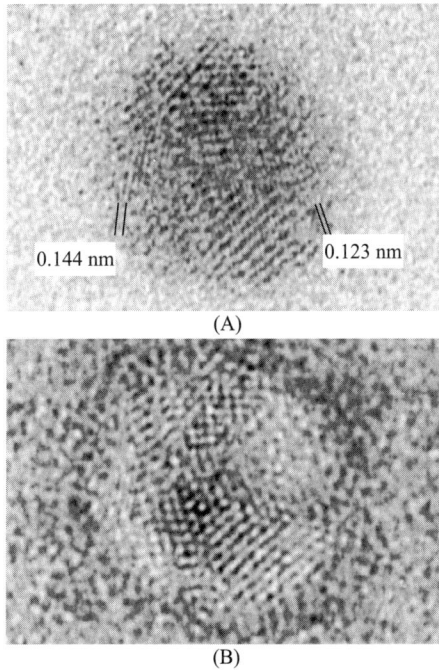

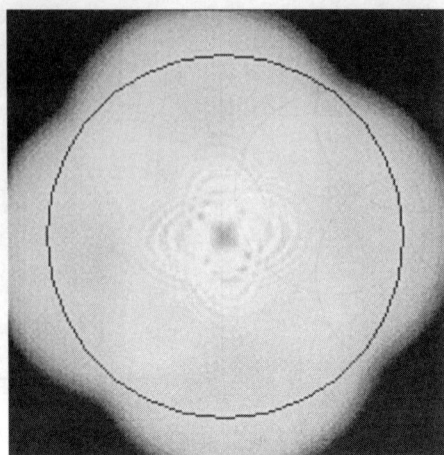

(C)

图 31.13 非晶 Ge 膜上金颗粒的重构图像：（A）图像强度，即模量，条纹间距为 0.123 nm，（B）相位图，（C）重构后的二维传递函数。圆圈（对应于 0.125 nm）成功地在图像上显示了出来。由于样品很薄，原子密集区域的模量较小（图 A 中黑点），位相较大（图 B 中白点）

31.7　自动合轴

在不久的将来，所有 TEM 都可实现自动合轴、像散校正以及 Δf 读数。而这一切的实现要依靠以下几点：对衍射图的分析；慢扫描 CCD 相机将图像数字化；电镜所有功能均由计算机控制。计算机控制所有透镜的电流、偏转电流、样品移动以及光阑的使用。计算机需要测量衍射花样中多个衍射环（必须大于 1），因此要采用慢扫描 CCD 相机。放入电镜样品之后，操作者就无须守在电镜旁边了。

远程操作 TEM 的优势

远程操作 TEM 的最大优势不是操作者可以在亨茨维尔操作远在加利福尼亚的电镜，而是在实验过程中不会引入人为的振动或者热扰动，从而得到质量最佳的图像。当然，若电镜出现问题或者样品不够理想，操作者不用在加利福尼亚等待，而可以继续自己在亨茨维尔的工作。

到目前为止，装配有数字摄像机和 DM 插件的 TEM 都可以实现自动合轴（见第 1.6 节）。参考文献中总结了这项技术的初步发展。操作者只需在样品感兴趣区附近选择适当大小的区域，并在低倍条件下检测所要分析的区域是否完好即可。操作者可以手动做一些初步的合轴，然后就可将之后的程序交给计算机运行。而计算机会快速校正像散并准直电子束。

图 31.14 说明了这个过程是如何进行的。图中的不同衍射花样代表电子束沿 x 方向和 y 方向逐次倾斜 6 mard。计算机显示最初的倾斜误差为 4 mard，经过一次校正后减小为 0.4 mard，第二次校正后则小于 0.1 mard。而每次校正仅需 28 s！图 31.15 为像散校正过程，初始误差为 53 nm，一次校正后减小为 3 nm，两次校正后则小于 1 nm，每次校正仅花费 8 s。即便是最有经验的电镜操作者也无法达到这个精度和速度，且这两项修正都是定量的。

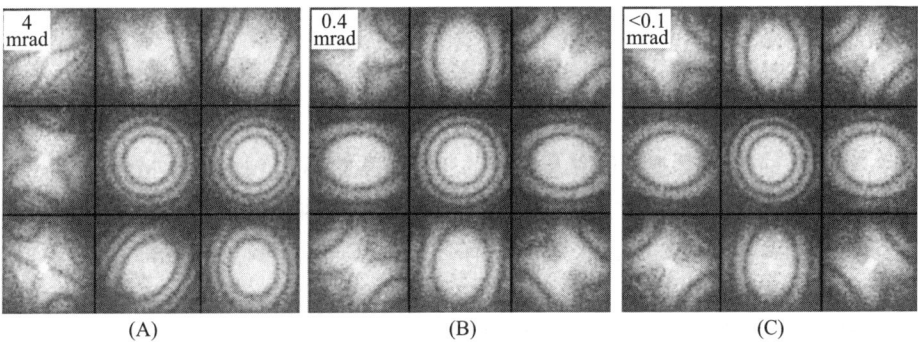

(A)   (B)   (C)

图 31.14 使用计算机校正束流倾斜。（A）初始图像；（B）电子束沿 x 和 y 方向逐次倾斜 6 mard；（C）校正后图像。注意中心衍射花样几乎没有变化，由此可见计算机校正束流倾斜的优势。各幅图的左上角表明误差值，（A）和（C）分别为初始值和最终结果

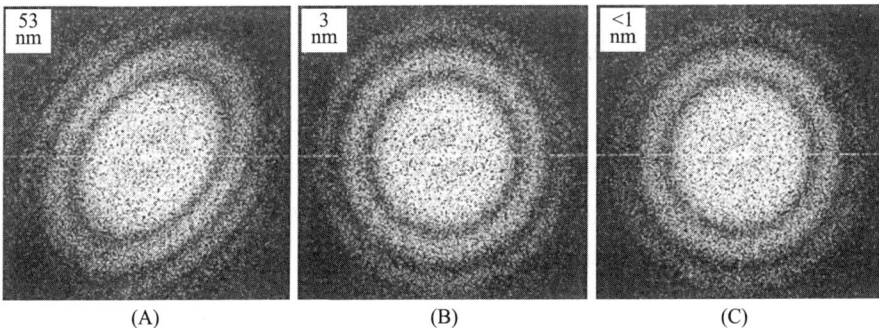

(A)   (B)   (C)

图 31.15 计算机通过衍射花样校正像散，过程与图 31.13 相同。（A）为初始图像；（C）为最终结果［与图（B）不同］。图（C）表明像散已得到很好的校正。误差值见各图的左上角

离焦量为 Δf_{MC} 时图像衬度最低，由此可以得到离焦量值。图像衬度最高的离焦量为 Δf_{Sch}。此处提到的这种方法是以衍射花样为依据的，也可通过分析

对应的图像衬度来得到离焦量。Saxton 等对这种方法做了详细介绍，它会在每个已设定的焦距处采集一对互相关图像。互相关图像可以扣除散粒噪声；慢扫描 CCD 像机则避免了照相乳胶引起的图像变化。

31.8　图像定量分析方法

接下来的 6 节会专题概述几种 HRTEM 图像处理方法。

■ 花样识别。

■ 量化图像参数。

■ 图像化学信息分析。

■ 测量拟合度。

■ 实验和模拟图像的定量比较。

■ 傅里叶变换法。

本章着重介绍该领域几个开拓者的工作，虽然这个领域处于初期，但是发展速度很快。它在材料科学方面应用较晚，主要是因为缺乏高速计算机以及存在必须自己编写程序的误区；后者没有必要而且一般不鼓励。可将该领域现阶段的情况总结如下：

■ 定量分析困难繁琐，而且消耗时间。

■ 进行图像处理之前必须了解成像的基本理论。

■ 分析的精确度取决于实验图像，而实验图像的质量则依赖于样品。

第 1.6 节中给出了一些软件的基本信息，第 31.16 节中会进一步补充。

31.9　HRTEM 中的花样识别

HRTEM 的最大特点就是图像由白色、黑色或者灰色的圆点以及其他形状的斑点组成。若图像中各处都很完美，说明样品为理想单晶、没有缺陷、厚度不变且原子组分不变，但这样的图像也就没多大用处。若非理想晶体，则可使用花样识别定量分析这些变化。

花样识别

构造一个模板，让模板在图像上移动，测定图像与模板的拟合度。

这个过程当然需要计算机来完成。模板的放大倍数和方向必须与所要检测的图像一致。接下来就需要一个衡量两者匹配度的函数，即"拟合度"。本节

主要概括这个方法的一些基本要素，若要使用这个方法，必须参考章节后列出的原始文献。

下面根据 Paciornik 等的思路说明这个方法。图 31.16 中大长方形表示数字化图像，大小 1k×1k，数字代表像素点，小长方形则为模板。模板可为实验图像或者模拟图像中的一小部分，此处为 128×128。若模板取自实验图像，它的放大倍数以及方向自然与实验图像匹配。若不是，则必须首先校准这两个因素。校准时应注意透镜会引起图像畸变。Klug 曾在他的工作中使用花样识别方法，并且获得了诺贝尔奖。

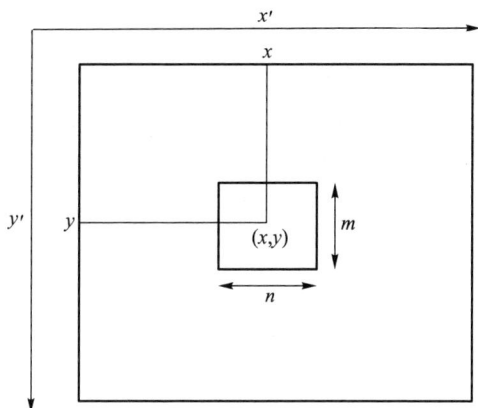

图 31.16 大长方形区域代表数字化的图像，大小为 $x' \times y'$；小长方形区域，像素 $(m \times n)$，代表用于互相关计算的模板。在匹配过程中，模板沿不同方向 (x, y) 移动

实空间方法

一种只需要关注图像的办法。

花样识别是一种实空间方法。下面通过一个例子说明这种方法。图 31.17A 为 TiO_2 中 $\sum = 5$ 的晶界处的 HRTEM 图像，选择晶界处两个小长方形为模板。拟合之后得到的新图像如图 31.17B 所示。找到所有与模板相匹配的区域，将它们做平均以减小晶界处的噪声。最后一步是将这些模板与晶界结构模型相对比。有两点需要注意：

■ 平均图像时假定除了随机噪声之外，所有图像都相同。

■ 联系第 30 章中提到的界面凹槽，将这些问题与界面分离相联系。

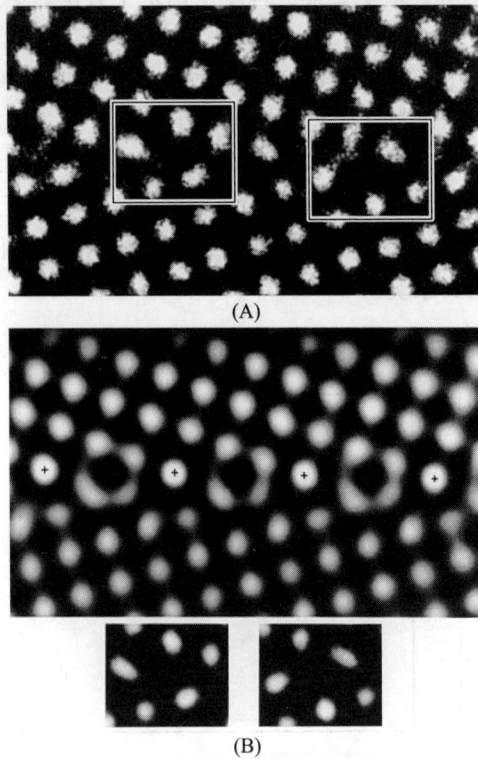

图 31.17　对 TiO_2 中 $\sum = 5$ 晶界处微小区域的分析。（A）晶界处的两个小长方形，为用于互相关计算的模板。（B）互相关图像。图像底部的两个小长方形为晶界模板的低噪声平均图像

31.10　图像参数的定量计算

一般来说，样品的厚度和化学组分都是有变化的，即整块样品的投影势会有变化。这就意味着一个模板只能匹配一小块区域，因此必须使用很多模板。这些模板都是根据经验选取的，但是为了定量分析，必须从模拟图像中选取模板。Kisielowski 和 Ourmazd 等分别在论文中给出了这种方法的典型例子。

31.10.1　组分均匀样品的例子

为了便于定量分析，可将第 30 章的结果归结为一个方程，该方程将强度和所有图像参数(S_i)以及材料参数(P)联系了起来：

$$I(x,y) = F[P(x,y),S_i] \tag{31.5}$$

该方程式仅表明图像强度依赖于成像条件和样品。对于特定成像条件，S_i 已知，记为 S_i^0，可得式(31.6)

$$I(x,y) = F[P(x,y),S_i^0] = F^0[P(x,y)] \qquad (31.6)$$

这个方法的原理相当简单：

■ 定义每幅被采集图像的函数 F^0。

■ 为拟合过程构造一系列模板。

在消光带内，F^0 可与样品的投影势直接联系。图 31.18 对这种方法做了一个简单的类比。F^0 可以类比为钟摆随时间变化的路径(图 31.18A)。每个 F^0 对应钟摆的一个状态，因此画出 F^0 的曲线，就等于"看到"了钟摆的运动路径(图 31.18B)。钟摆的运动速率与路径上点的密度相关。由此可见，即使成像时电镜参数不明确，也可从单个晶格图像中画出函数 F^0 的曲线。

后面会提到这个方法的条件和限制因素。现在主要任务是寻找一种利用钟摆路径上的各个点来表示各幅图像的方法，即将图像参数化，这是该方法的关键所在。理论上来说，每幅图像占 4M 内存，即便内存足够大，要量化数千幅图像也需要很长时间。但若将所有图像参数化，用一个矢量或几个数字代表一幅图像，较之前者计算过程会快很多。

将图像分为若干单胞，把这些单胞数字化后得到许多大小为 $n \times m$ 像素的模块，此处给出一个单胞(如图 31.18C~E)。令 N 等于 $n \times m$，则 N 个像素需要 N 个数字表示，每个数字代表一个灰度等级。可认为这 N 个数为 N 维矢量的 N 个参数(这在数学上并不复杂，但很难将一个 N 维矢量形象化)。因此每幅图像都可用 N 维空间的一个矢量表示。函数 F^0 就表示了 N 维矢量如何随投影势的变化而变化。

参数化图像

由此可联想到 SEM 中用霍夫变换来量化 EBSD 花样。

下一步为这些矢量定义一个参考坐标。可从实验图像中提取 3 个基矢。Ourmazd 等认为 3 个基矢就足够了，如下所示。在 HRTEM 分析中一般选用低指数带轴，图像可分为 3 类：

■ 背底 $\mathbf{R}^B$，来自中心透射电子束 O。

■ 单周期图像 $\mathbf{R}^S$，来自中心透射电子束 O 和强衍射束之间的相互干涉 G_i。

■ 双周期图像 $\mathbf{R}^D$，来自强衍射束 G_i 之间的相互干涉。

每个矢量 $\mathbf{R}$ 都代表一种图像。而任一图像 G，都可由这 3 种图像结合得到，有

$$\mathbf{R}^{G} = a_{G}\mathbf{R}^{B} + b_{G}\mathbf{R}^{S} + c_{G}\mathbf{R}^{D} \tag{31.7}$$

每个基矢（图像）都可表示为下面形式

$$\mathbf{R}_{l}^{T} = a_{l}\mathbf{R}^{B} + b_{l}\mathbf{R}^{S} + c_{l}\mathbf{R}^{D} \tag{31.8}$$

令 $l=1$，2 和 3，可得到 3 个矢量。

理论上，根据上述方程，任一矢量可用基矢表示为

$$\mathbf{R}^{G} = \alpha_{G}\mathbf{R}_{1}^{T} + \beta_{G}\mathbf{R}_{2}^{T} + \gamma_{G}\mathbf{R}_{3}^{T} \tag{31.9}$$

Ourmazd 等指出，由以上过程可以得到以下几个重要结论：

■ 借助于矢量符号才能参数化晶格图像。

■ 矢量投影于平面或者路径上可以减小噪声。

■ 存留的噪声都可参数化。

图 31.18F 为矢量-参数化 Si 样品楔形边缘图像的结果，3 幅图像对应于 $\mathbf{R}_{1}$，$\mathbf{R}_{2}$ 和 $\mathbf{R}_{3}$。

31.10.2 标定 R 的路径

为了将所有图像与投影势联系起来，必须计算出 $\mathbf{R}^{G}$ 的路径。图像模拟也就是从此处引入的。以 Si 的楔形样品的一系列模拟图像的矢量参数化分析为例，曲线上的每个点对应于一幅单胞图像，对应矢量为 $\mathbf{R}^{G}$。计算中，选取椭圆来拟合曲线，而厚度以 0.38 nm 递增。椭圆上某些地方的点较密，就像在第 30 章中所看到的，一些特征图像出现在较宽的厚度区域内。现在找到了一个定量分析"实验"数据的方法。如图 31.18F 所示，椭圆的最大好处在于可以用椭圆相位角 ϕ_{e} 来参数化路径。类比钟摆，路径参数是谐振子参数的图像形式。

可由一系列图像得到参量为 ϕ_{e} 的曲线。研究不同材料，需要检测以下 3 个参量：

■ 样品的方位（即带轴）。

■ 物镜离焦量，Δf。

■ 样品厚度。

画出 ϕ_{e} 随厚度的变化曲线，并用消光距离归一化，可得到一条直线。这是因为仅有少数布洛赫波对图像有贡献，见第 30.6 节。在材料 YBCO 中，情况则有所不同，曲线不是一条直线。

上面所讲的一些细节并不需要完全掌握，但应该清楚一个概念：图像可以实现参数化。

31.10.3 噪声分析

噪声会使图像矢量偏离椭圆。基于此可寻找一种分析噪声的方法。若矢量仅偏移到椭圆边缘，则无法分析噪声，但噪声都会导致投影势的变化，因此这

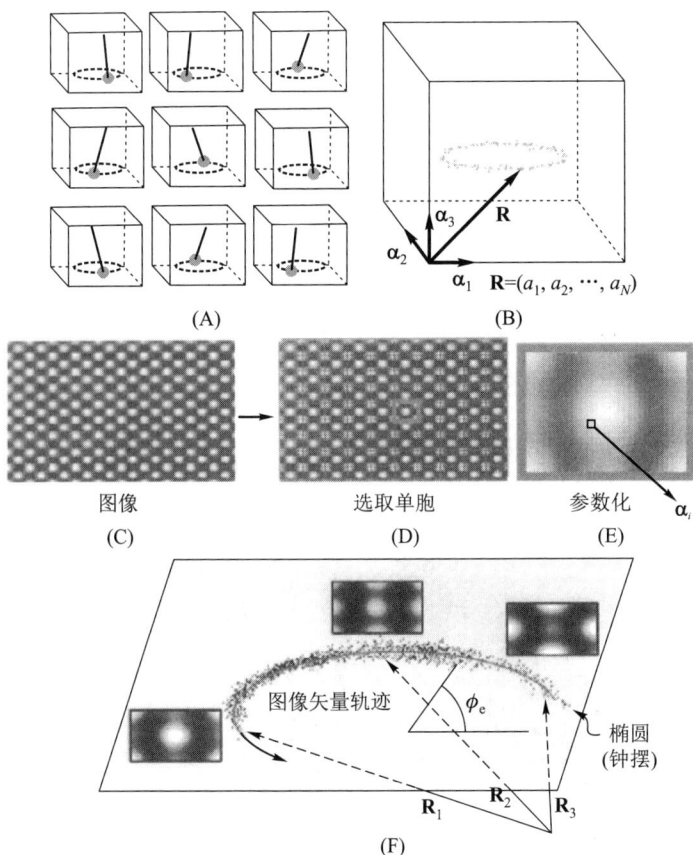

图 31.18 QUANTITEM 中矢量参数化原理。每幅 HRTEM 图像都可用一个 N 维矢量表示。(A)和(B)为"钟摆";(B)钟摆的"路径";(C~E)图像被分为多个单胞,将其数字化得到 $n×m$ 像素的模块;(F)楔形 Si 样品不同厚度处的 3 个矢量-参数化图像($\mathbf{R}_1$,$\mathbf{R}_2$,$\mathbf{R}_3$)。(参见书后彩图)

种情况一般不会发生。参数化噪声提供了一种从图像中扣除噪声的方法,系数为 $\sqrt{N}$,对于 10×10 像素的单胞,系数应为 10。

Ourmazd 等给出了如下分析。假定仅有两束布洛赫波参与成像,图像强度 I 可写为

$$I = B + S + D \tag{31.10}$$

式中,B、S 和 D 分别为背底、单次相互作用、两次相互作用的贡献。这些点(B、S、D)描述了位于与 Δf 无关的平面内的椭圆。

图 31.19 中的例子充分体现了这种方法的优势。在第一个例子(图 31.19A 和 B)中,利用这种方法得到了一幅表示 Si 表面粗糙度的图像。应用这种方法

之前，实验图像非常均匀，使用之后粗糙度达到 0.5 nm 量级（要注意一共有两个表面）。

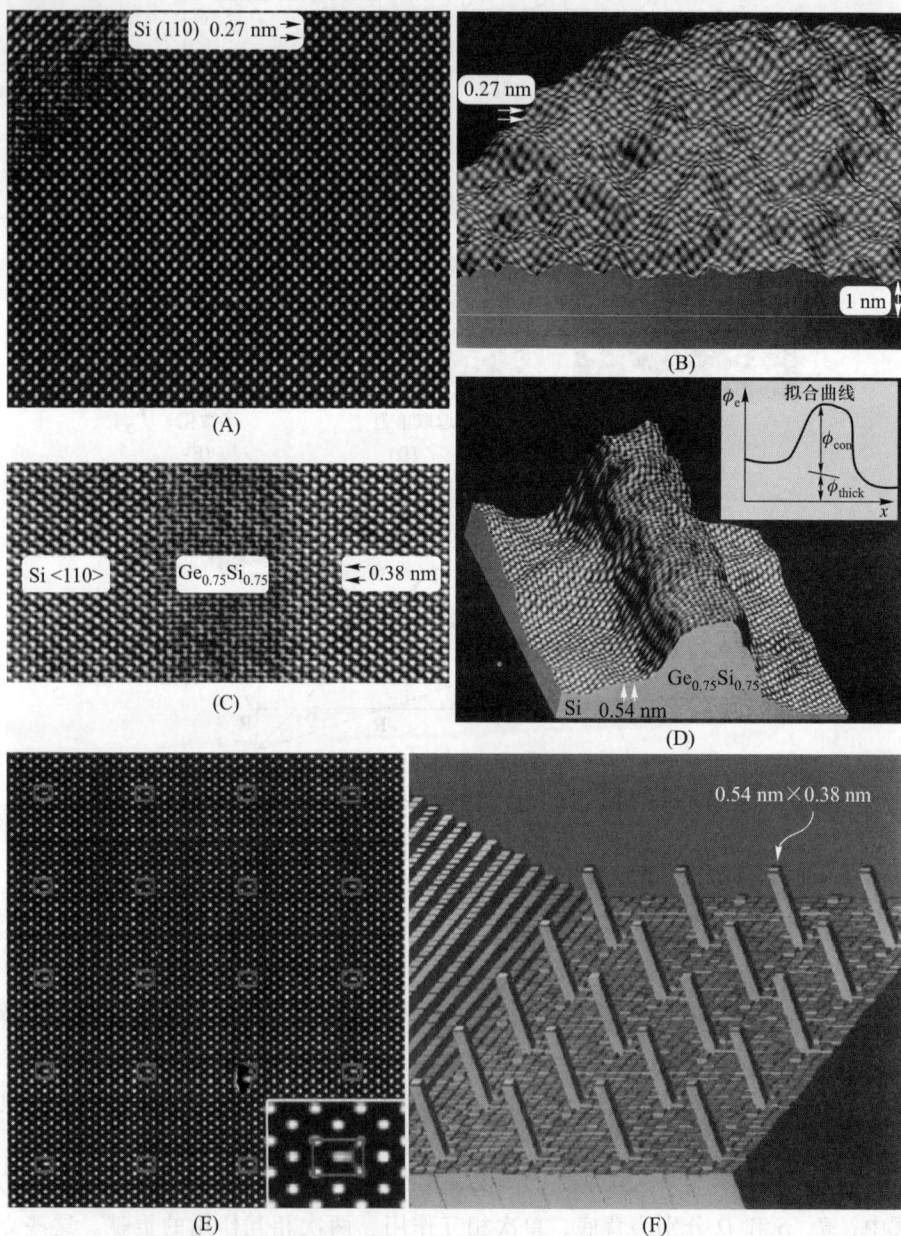

图 31.19　QUANTITEM 应用实例：左边为图像，右边为 QUANTITEM 图像。（A、B）覆盖有 SiO_2 的 Si 表面粗糙度图像；（C、D）Si 基底上的一层 Ge_xSi_{1-x}，插图为 ϕ_e 随 x 变化的曲线；（E、F）Si 中含有 Ge 原子柱的图像（δ 函数对应于浓度）。（参见书后彩图）

由以前的讨论可知，化学组分的变化对图像的影响与厚度变化带来的影响类似，他们都改变了投影势。在目前的分析中，两者的影响是不同的：组分变化导致了椭圆和 ζ 的变化（注意此处 ζ 没有下标，ζ 为多个电子束的值）。

该方法在分析组分改变中有它的局限性，必须在已知样品厚度以及表面粗糙程度的基础上才能进行组分分析。也就是说，若能测定样品的粗糙度（参照已知单胞），就可推断区域的组分变化。具体步骤如下：

- 使用 QUANTITEM 测量目标单胞 ϕ_e 相对于参考单胞 ϕ_e 的变化。
- 扣除由厚度变化引起的 $\Delta\phi_e$。
- ϕ_e 剩下的变化就是由 ζ 的变化引起的。已知 ζ 随组分的变化，即可确定局域组分。

第二个例子见图 31.19C 和图 31.19D，它是这个方法近乎完美的应用。合金 Ge_xSi_{1-x} 中的元素任意分布在晶格内部，坡度表示组分变化。

噪　　声

通过建立结构模型、模拟图像并对其进行分析可以检验样品倾斜、电子束倾斜以及电子束发散角在这种方法中对图像的影响。

第三个例子见图 31.19E 和 F，投影势的分辨率很高（图中单个量子点），但是电子束倾斜给厚度测量带来 10% 的误差。结论非常明确：只有在样品完美且电镜主光轴与样品带轴一致的情况下才能得到最好的结果。这个方法并没有广泛应用于材料分析中，但是可作为 STEM 的 Z 轴衬度分析的补充（见图 22.15）。

31. 11　定量化学晶格成像

虽然定量化学晶格成像分析技术十分有用，但由于它是付费软件以及 STEM 的普及，它的应用并不多。

第 30.4 节中说明了这个方法的应用范围，它只能用于组分的化学敏感性很高的材料，这在第 16.4 节中已经讨论过。在第 29.4 节提到过，利用这些化学反应可得到对化学敏感的 DF 图像。在 HRTEM 中，组分的化学敏感性不仅对整幅图像有贡献，而且它们会随样品厚度的变化而变化。

图 31.20A~D 为 AlAs 和 GaAs 的图像，它们具有相似的结构：两者都有 002 衍射点，由于结构因子 F 与 $f_{\text{III}} - f_{\text{V}}$ 成正比，AlAs 的衍射点强度较大。选择一些厚度进行比较，会发现 002 点的强度也会随着厚度变化而变化。图像中可

分析区域已用点线标注。下一步要研究界面处组分的突变，在这个例子中，首先用矢量 $\mathbf{R}_{GaAs}$ 和 $\mathbf{R}_{AlGaAs}$ 表示理想的 GaAs 和 $Al_{0.4}G_{a0.6}As$ 单胞，与第 31.10 节所讲方法相同。在该例中，单胞被分为 30×30 像素阵列（即 $N = 900$），由此可得到 $\mathbf{R}$。所需信息包含于 θ_C 中。和前面一样，可以直接量化图像中的噪声。那么 $\mathbf{R}$ 的取向是如何随组分变化的呢？

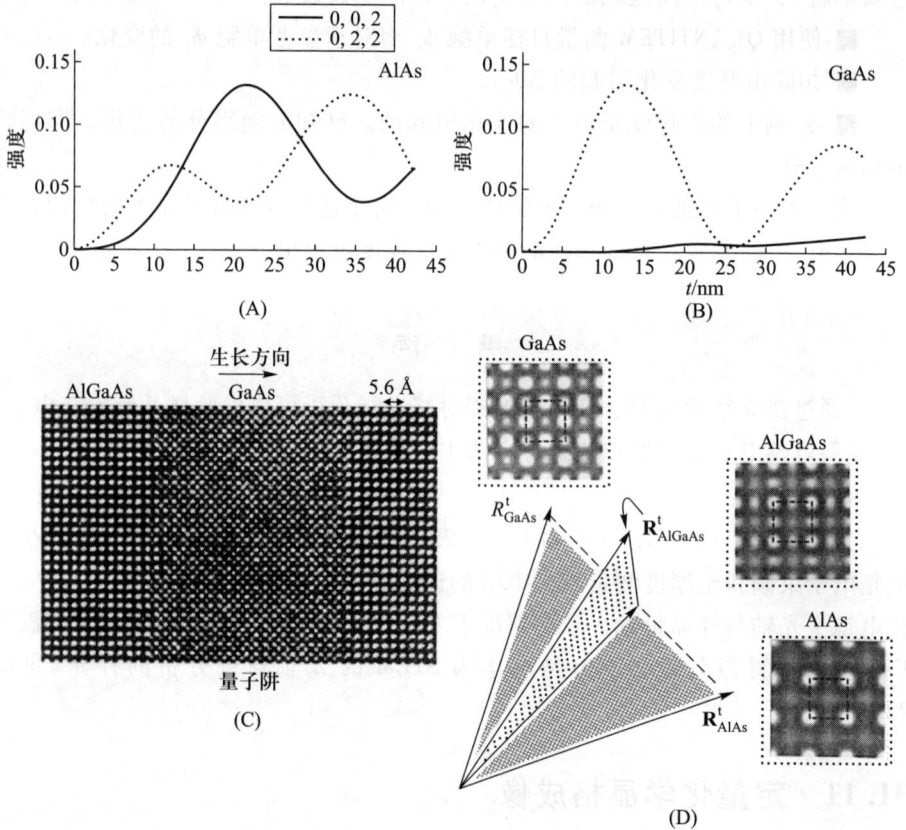

图 31.20　（A、B）AlAs 和 GaAs(400 keV)样品，[100]带轴中(002)和(022)衍射点强度的变化；（C）两层 $Al_xGa_{1-x}As(x=0.4)$ 夹一层 GaAs 的化学晶格像；（D）x 取不同值时模拟出的模板，每个模板对应一个矢量 $\mathbf{R}'$

　　选择 3 个已知模板（AlAs、AlGaAs 和 GaAs），每个模板对应一个矢量。虽然中间组分对应的矢量不在平面内，但是可将它投影到平面内，进而可在一定厚度范围内得到一个特定的矢量。这个过程比较复杂，可参考图 31.21 的"流程图"。

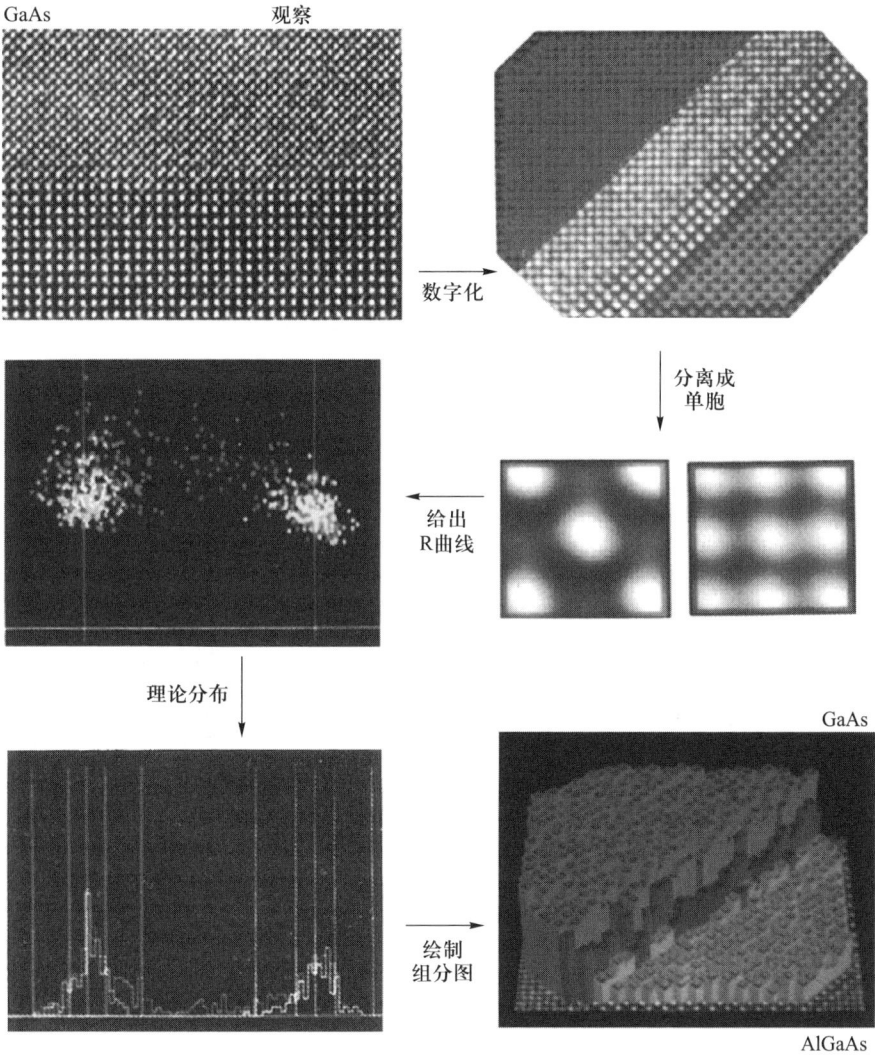

GaAs 观察

数字化

分离成
单胞

给出
R曲线

理论分布

绘制
组分图

GaAs

AlGaAs

图 31.21 花样识别流程图。(参见书后彩图)

■ 首先数字化实验图像。图像大约包含 25×25 个单胞，使用一个 514×480 的帧缓存器。

■ 将图像分为单个晶胞。

■ 用一对模板计算所有单胞 **R** 矢量的方位角。这些模板可取自模拟图像或者样品已知区域的图像。

■ 根据 **R** 矢量与平面的交点来表征 **R** 矢量(见图 31.21D)。

化学组分的最大差值决定了两个主要分布的偏离程度(见图 31.21E)。由于图像已经数字化,因此可以将这些数据统计起来并将其转换为角度随组分的分布。

这个方法有很大的应用前景,但是它会受到所有 HRTEM 本身缺点的影响。其优点是可以把所有效应数字化。该技术具有材料特异性,但是在材料已知的情况下,可将图像模拟和该方法结合起来,以检测材料特异在哪里。我们可以建立一个如图 31.19E 所示的测试图像,原则上,在样品比较理想的情况下很容易探测到 GaAs 衬底上的 Al 原子柱,而且不会有任何"扩展",这要归因于电子束的强大探测性。就这个方面而言,QUANTITEM 和分辨率在原子级别的 X 射线谱相比要有优势,甚至可与原子柱 EELS(见第 39 章)相媲美。该方法也适用于其他材料。

31.12　测量拟合度的方法

本节介绍两种可以确定实验数据和模型之间拟合程度的方法。统计学中,用互相关函数或最小二乘法修正来确定"拟合度"(见第 31.13 节)。

互相关方法

互相关方法给出了两幅图像(或信号)之间的相似度。拟合过程类似于两个函数的卷积,但是不做傅里叶变换。只要图像是数字化的,计算机就很容易对其进行上述处理。

最小二乘法

用一条曲线拟合一系列数值的方法。

本节使用互关联方法将一个 $n \times m$ 像素的模板(见第 31.9 节)和图像中任一 $n \times m$ 长方形做对比。计算机使模板在图像上以 1 像素/次进行横向移动,每次横向扫描结束后向下移动一个像素,不断重复此操作。互相关函数(CCF)给出了模板和 $n \times m$ 图像之间的拟合度或"相似度测量值"

$$CCF(x, y) =$$

$$\frac{\sum\limits_{x'} \sum\limits_{y'} [i(x', y') - \langle i(x', y') \rangle] \cdot [t(x' - x, y' - y) - \langle t \rangle]}{\sqrt{\left\{ \sum\limits_{x'} \sum\limits_{y'} [i(x', y') - \langle i(x', y') \rangle]^2 \sum\limits_{x'} \sum\limits_{y'} [t(x' - x, y' - y) - \langle t \rangle]^2 \right\}}}$$

$$(31.11)$$

式中，x 的取值范围为 0 到 x_{max}；y 的取值范围为 0 到 y_{max}。

■ $i(x', y')$ 代表图像。

■ $t(x', y')$ 代表模板。

■ $\langle t \rangle$ 为 $t(x', y')$ 中像素的平均值；仅计算一次。

■ $\langle i(x', y') \rangle$ 表示与 t 位置一致的区域中 $i(x', y')$ 的平均值。

求和号是指对 i 和 t 沿坐标求和。图像的原点位于其左上角，模板的原点位于其中心。在式(31.11)中，分母为归一化因子，因此模板和图像在强度坐标轴上的刻度差异不会影响 CCF。

以 $\mathbf{t}$ 和 $\mathbf{i}$ 点积的形式改写式(31.11)，得到一个 $n \times m$ 的模板

$$CCF(x,y) = \cos(\theta) \frac{\mathbf{t} \cdot \mathbf{i}}{|\mathbf{t}||\mathbf{i}|} \qquad (31.12)$$

现在就可以画出实验图像的 CCF 曲线，并由它推断哪些地方的拟合度较好。CCF 值从 0 到 1，我们可以描绘出各个 CCF 值出现的次数，如图 31.22 所示。图像中的两个峰分别表示最佳拟合和最差拟合，可由两者之间的距离测量"辨别信号"。噪声可由峰宽测量得到，继而得到信噪比。由最佳拟合区域构造一个新的模板，重复上述过程，可得到图中虚线。根据最佳拟合峰与整体峰形的偏离度可对噪声进行二次测量，而且 DM 中已经包含了相关插件程序，用起来很方便(见第 1.6 节)。模板也可用一幅模拟图像代替，另外，应在不同厚度和离焦量下重复模拟过程。可参考 Frank 的文章进一步了解互相关方法。

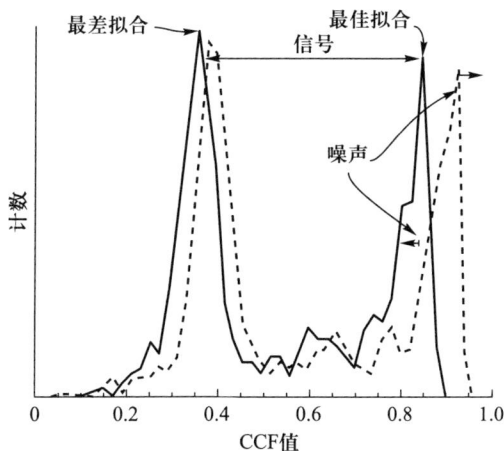

图 31.22 特定 CCF 值出现的概率。曲线上的两个峰分别表示最佳拟合和最差拟合：可由它们之间的距离测定鉴别信号；峰宽可测量得到噪声并由此求出信噪比。重复上述过程可得到图中虚线，由它可估计信噪比的变化

31. 13　模拟和实验 HRTEM 图像的定量比较

如果我们需要对模拟和实验图像进行定量比较,那就要对以往获得模拟和实验图像的方法加以修正(King 和 Campbell,1993 和 1994)。在模拟过程中,一些程序会自动调整每幅图像的灰度范围,保证黑点为 1 而白点为 0(反之亦可)。若同一底片上有两个模拟图像,且其中一个难以分辨,通过调节衬度就可以使两幅图像看起来一样。因此,通常以最大衬度来打印底片以使图像最为清晰。

所以要进行实验和模拟图像的定量比较,就必须归一化这些图像。这对于模拟图像来说很简单。对实验图像而言,就必须在实验过程中记录多余点。拍摄一张图像后,将样品撤掉再拍另一张图像,用这幅图像测量晶格图像以便校正整个视场强度的变化和底片的非线性响应。图 31.23 为电子能量在 400 keV 时,Kodak SO-163 底片的实验透过率。曲线依据实验中 CCD 阵列的数值绘制而成。当然,必须同时处理上述两幅图像,这种方法称为"平场"校正。慢扫描 CCD 摄像机很容易进行上述处理,但代价是分析区域会减小。

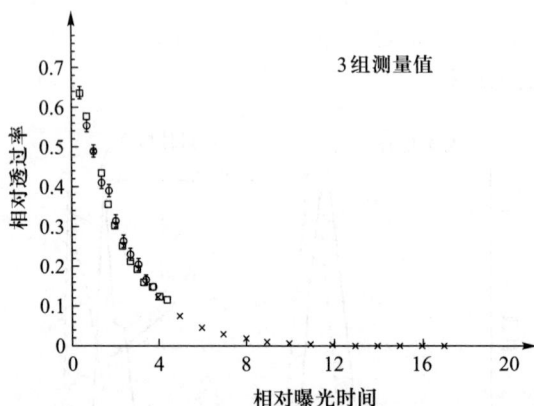

图 31. 23　由 CCD 摄像机测量得到的 Kodak SO-163 底片的透过率随相对曝光时间的变化曲线(图中符号代表 3 种不同类型显微镜)

在分析图像的过程中,必须确定拍摄的区域是否完全对齐。拍摄一幅图像需要 2 s 左右,而这个方法需要多次曝光。数字化图像的比较实质上是数字之间的比较,因此可采用最小二乘拟合法将残差 $f_i(x)$ 最小化。残差 $f_i(x)$ 可定义为

$$f_i(x) = \frac{[f_i^{\mathrm{obs}} - f_i^{\mathrm{cal}}(x)]}{W_i}$$ (31.13)

最小化 $f_i(x)$ 的物理意义是将图像对齐。若实验图像中第 i 个像素的强度和它的计算强度之间的差值为 0，则说明图像已经对齐，且成像条件（Δf, C_s 等）、结构模型均正确。

HRTEM 和小剂量电子束

若在 HRTEM 成像中使用较高电压，则只有在电子束刚刚打到样品所要分析区域的瞬间立即拍摄才能得到未损伤的图像！因此在定量分析中要采用小剂量电子束（非定量时无须如此）。

用 W_i 表示图像中第 i 个像素的误差，可得

$$W_i = \min\left[\sum_{i=1}^{N} f_i(x)^2\right]$$ (31.14)

这个方程式涉及非线性最小二乘问题。x 是一系列变量（Δf, C_s 和模型）的总和，N 为图像中的像素数目。用计算机计算得到一个初始估值，改进参数重复计算直至达到特定匹配值为止[King 和 Campbell 使用 MINIPACK–1（见 More 等的文章）]。

King 和 Campbell 用这个方法分析了 Nb 的 [001] 倾斜晶界，变换 4 个参量：厚度、离焦量、x 倾斜、y 倾斜。步骤如下：

■ 第一步最优化电子光学参数。最优化过程中所使用的图像像素为 64×64，$N = 4\,096$，图像中单胞为 3.303 nm×3.303 nm。所使用程序为 EMS（见第1.6 节），这个最优化过程需要 20 次迭代，80 次多层计算。

■ 第二步最优化晶界结构。这个过程需要在 4.16 nm×1.04 nm 的单胞内定义 84 个原子位置，所用图像像素为 512×128（=65 536）。这个最优化过程需要 16 次迭代和 1 300 次多层计算。

这些数字说明两个问题，其一，以上过程都是可以计算的。其二，计算机需要进行高强度的计算。

在进行这类分析时需要注意以下问题：

■ 对齐模拟和实验单胞，以像素为单元测量单胞。

■ 选择一系列单胞，用平行于图像行阵列的平移矢量将它们联系起来。

■ 计算标准偏差图像。

■ 旋转单胞，多次重复上述过程。

通过校准可以使标准偏差最小化。在校准中首先调整实验图像的放大倍数

以匹配模拟图像, 所用方法和旋转对齐的方法类似。之后将两个单胞的原点对齐, 此步骤和上述方法类似, 但用到的是平移操作, 而非旋转操作。对于孪晶, 重复上述过程先把晶粒对齐再把晶界对齐。上下表面的非晶层很可能会引入一个恒定背底, 将这点考虑在内可以进一步提高拟合度。为定量比较实验和计算图像, 首先定义 f_i^{obs} 为模拟图像中的对应值, 残差 $f_i(x)$ 计算如下

$$f_i(x) = \frac{\{f_i^{\text{obs}} - [f_i^{\text{cal}}(x) + b^{\text{fit}}]\}}{W_i} \tag{31.15}$$

式中, b^{fit} 是最优化计算过程中的一个自由参量。King 和 Campbell 的计算表明 W_i 可写为

$$W_i = \sigma_i^{\text{obs}} + 0.05 f_i^{\text{obs}} \tag{31.16}$$

式中, σ_i^{obs} 为第 i 个像素的标准差。图 31.24 为 Nb 中 $\sum = 5$, (310), [001] 晶界的图像及其最佳拟合、归一化残差。

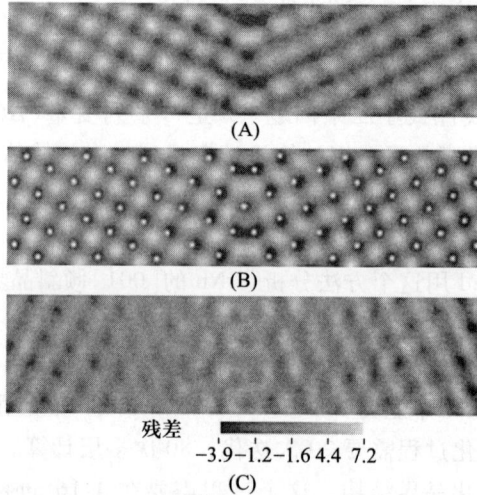

图 31.24　(A)实验图像;(B)已拟合的模拟图像;(C)Nb 中 $\sum = 5$ 对称倾斜晶界的归一化残差

31.14　定量分析的傅里叶技术

Möbus 等提出了自适应傅里叶滤波方法。用常规方法数字化 HRTEM 图像, 然后将一个特定频率滤波器作用于图像。这种掩模主要用于分析含有缺陷的区域。

该方法的基本思路是用计算机自动将掩模最优化以使信号和噪声得到最大

程度的分离。到目前为止，它虽然未能广泛应用于 TEM 中，但具有很大的应用前景。通过改变掩模，可避免缺陷信息被其他信息覆盖，这是一种十分直观简单的信号处理方法，因此本节只列举一个分析 $\Sigma = 5$ 的模拟晶界的例子，该晶界处有长程周期结构。为了检验分析过程，在模拟图像中加入白噪声，如图 31.25A 所示。图像的频谱（计算机生成的 DP）如图 31.25B 所示。自适应滤波和滤波后的图像如图 31.25C 和 D。这个例子中，自适应滤波器选取如图所示形状是因为计算机探测到双周期仅存在于晶界处。考虑到形状效应（见第 17 章 DP 分析），本例采用细条状掩模分析晶界。

自适应滤波器

在滤波过程中，自适应滤波器或者掩模的形状，必须与"图像"的形状像匹配。

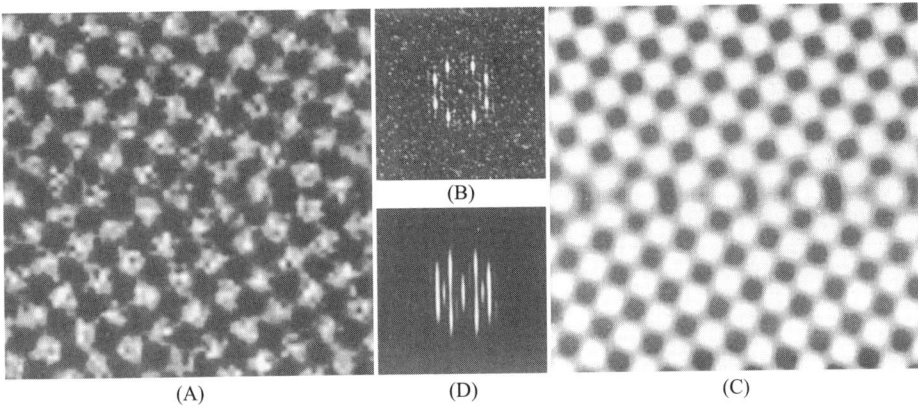

图 31.25　（A）在 $\Sigma = 5$ 的晶界加入白噪声的模拟图像；（B）图（A）对应频谱；（C）自适应滤波器；（D）滤波图像

31.15　实空间和倒易空间的选择

理论上，比较两幅图像应选择倒空间而非实空间。但由于傅里叶变换速度很快，所以实空间还是有一些优势的：

■ 傅里叶分析将局域信息分离为非局域的正弦和余弦函数。将其重新变换到实空间时，高阶信息可能会丢失，导致分辨率降低。

■ 图像处理过程中可以得到图像的绝对强度信息。

■ 实空间法更为直观。在图像处理过程中能清楚看到各步骤对图像的作用。

■ 实空间法中可以选取任意 n 和 m 来定义模板。傅里叶空间中只能定义横纵比为 2^n 的图像。

31.16　软件

第 1.6 节中列出了 TEM 工作中经常使用的一些软件包。表 31.1 归纳了几种作者熟悉的软件。现在 TEM 中的图像处理方法已经不像最初那样仅用于 HRTEM 图像分析了。注意一定要从最好的图像开始进行分析。由于样品可能为电子束敏感材料，或者表面覆盖氧等，这些情况下都无法得到完美图像，因此在图像处理和分析过程中一定要注意这些限制因素。我们建议安装软件并进行实际的操作。

本章讨论了用于 TEM 图像处理的不同方法。不同的软件可用于处理不同类型的图像。但是目前存在一个问题——购买软件其实是不划算的，除非那款软件能同时提供对其他软件的支持，第 30 章中的模拟软件也存在类似问题。有些程序只能在某种特定类型的计算机上使用。除此之外，尽管 TEM 的使用寿命有 15 年之久，但有些程序的技术支持会提前消失。

表 31.1　图像处理软件

软件	供应商	费用
Digital Micrograph	Gatan	Commercial
NIH Image	NIH	Freeware

31.17　光具座——小历史

光具座是一种在底片上记录图像的古老仪器，现在已不再广泛使用，但是它具有重要的指导意义。图 31.26 是典型的光具座实验装置。激光源提供的相干照明系统代表电子束，底片代表样品。若底片上有一组晶格条纹，那它就起到衍射光栅的作用，"物镜"后焦面的接收屏上就可以接收到一组衍射斑点。透镜的作用是对照片做傅里叶变换。"移动接收屏"到像平面，晶格条纹重新出现。在后焦面可放置不同的掩模，甚至可以将曝光底片作为掩模模板实现"自适应滤波"。这些掩模相当于 TEM 中的物镜光阑。选择适合的底片，变换掩模，观察衍射点，可以看出频谱随掩模的不同而产生的变化。扣除高频部分，会丢失图像中的细节信息。它相当于在物镜后焦面插入一个小光阑，见图31.27。图31.27D 为一幅明场像，这幅图像中明显丢失了很多信息。

图 31.26 光具座的实验装置图，掩模置于后焦面处

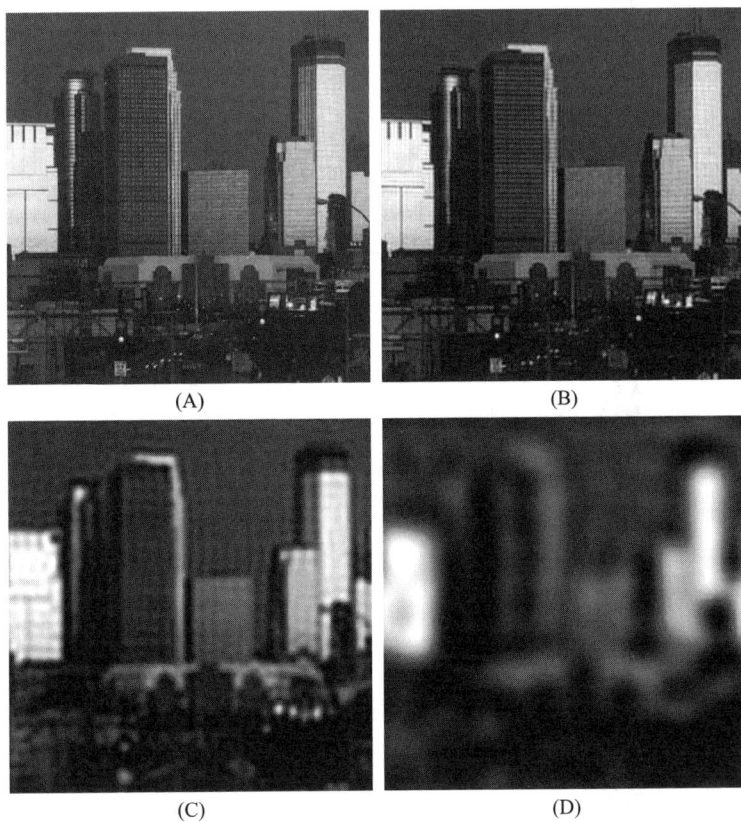

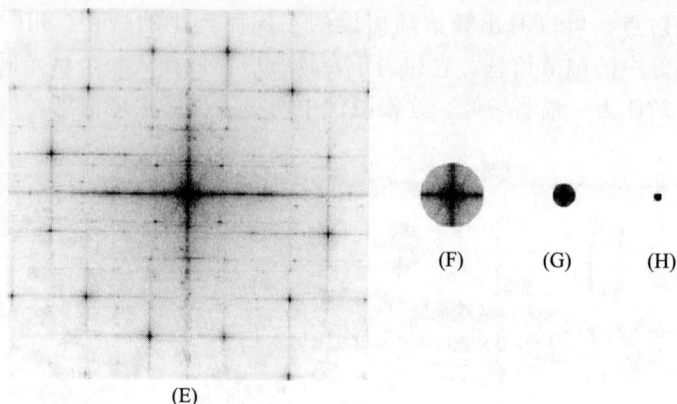

图 31. 27　掩模(光阑)尺寸对明尼阿波利斯市摩天大楼图像的影响。(A~D)减小光阑尺寸,与(E~H)中倒空间的衍射图相对应,细节信息丢失。(E)中条纹源于底片的边缘效应

章 节 总 结

　　图像处理方法已经发展了很多年,在摄影中被称为"匀光"。用特殊的商业放大器可自动进行该处理。但是在材料科学和纳米科学中,却很少使用定量图像分析方法。进行图像处理要注意以下几点:

■ 模拟图像和实验图像的定量比较依赖于模拟程序和实验参数。

■ 用倒空间方法进行定量分析,要注意最佳掩模的形状;研究晶界时不一定使用圆形掩模! 该处理过程可由计算机辅助完成。

■ 图像重构不再限制于信号混合的方式,C_s 和 Δf 两者带来的共同影响可通过适当设备进行分离,将这些影响因素分开研究。

■ 本章预期了 HRTEM 和 TEM 的发展前景。只有在制造商和电镜操作者认识到图像处理的重要性之后,图像处理软件才能普及并发挥作用。

　　此外,信噪比会影响图像的分辨率极限。

　　在图像处理过程中,总是要从图像中移除一些信息,这点非常重要。比如,图像中总是存在菲涅耳条纹! 模拟过程中一定要实事求是。Hÿtch 和 Stobbs 曾经碰到这样的问题:只有选取某个厚度时,模拟图像才能和实验图像相匹配,但这个厚度却是错误的。这就凸显了亲自测量样品和电镜的一些参数的重要性。回想图 1.7 中的双头犀牛,一定不要发表含有人为伪像的图像,即便它已经经过良好处理。因为你无法预测他人会在什么地方引用你所发表的图像。哑铃状 Si 原子是在图像发表之后才被合理解释的,这得归功于作者明确的给出了图像的相关信息。在图像处理中,一定要以事实说话,不能弄虚作假!

参考文献

处理图像

Harrel，B et al. 1995 *Using Photoshop for Macintosh* Que Indianapolis. 关于 Photoshop 软件使用可行性的详细论述；本卷应当向所有的显微学工作者提出警示，查证一个问题，你正在检测的图像是否已经被处理过，如果是，怎么样？

Hawkes，PW，Ed. 1980 *Computer Processing of Electron Microscope Images*，Springer-Verlag New York. 尽管很古老，但是此文集适用于高年级研究生。

分析 C_s，Δf 等参数

Krivanek，OL 1976 *Method for Determining the Coefficient of Spherical Aberration from a Single Electron Micrograph* Optik **45**，97-101. 早些年的一篇文章，给出了一种用衍射图分析 C_s 和 D_f 的方法。

Zemlin，F，Weiss，K，Schiske，P，Kunath，W and Herrmann，K-H 1978 *Come-Free Alignment of High Resolution Electron Microscopes with the Aid of Optical Diffractograms* Ultramicrosc. **3**，49. Zemlin 的图表论文。

焦距和倾斜

Kirkland，EJ，and Siegel，BM，Uyeda，N and Fujiyoshi，Y 1982 *Nonlinear high resolution image processing of conventional transmission electron micrography*：*II. Experiment* Ultramicrosc. **9**，65-74.

Kirkland，AI，Saxton，WO，Chau，K-L，Tsuno，K and Kawasaki，M 1995 *Super-resolution by aperture synthesis*：*tilt series reconstruction in CTEM* Ultramicrosc. **57**，355-374.

Kirkland，AI，Meyer，RR and Chang L-YS 2006 *Local Measurement and Computational Refinement of Aberrations for HR TEM* Microsc. Microanal. **12** 461-468.

Kirkland，AI and Meyer，RR 2004. 'Indirect' High-Resolution Transmission Electron Microscopy：Aberration Measurement and Wavefunction Reconstruction Microsc. Microanal. **10** 401-413.

高级 TEM 图像处理

Dorset，DL 1995 *Structural Electron Crystallography* Plenum New York. 三维重构的

早期应用实例。

Downing, KH 1992 Scanning Microscopy Supplement **6** AMF O'Hare IL p. 405.

Hawkes, PW, Ed. 1992 *Signal and Image Processing in Microscopy and Microanalysis* Scanning Microscopy Supplement **6**, AMF O'Hare IL. 本卷以及它在 1988 年和 1996 年的姊妹篇是学习本章内容的必读材料。

Hawkes, PW, Ottensmeyer, FP, Rosenfeld, A and Saxton, WO (Eds) 1988 *Image and Signal Processing for Electron Microscopy* Scanning Microscopy Supplement **2** AMF O'Hare IL.

Hawkes, PW, Saxton, WO and Frank, J Eds. 1996 *Image Processing* Scanning Microscopy Supplement X AMF O'Hare IL.

Russ, J. C. (1990) *Computer-Assisted Microscopy* Plenum Press New York. 该书第 3 章内容十分相关，随后章节给出了本章所介绍内容的详细分析过程。

Russ, JC 1995 *The Image Processing Handbook* 2nd edition CRC Press Boca Raton. 一本出色的综合性手册，是电子显微实验室的必备书籍。

Saxton, WO 1992 Scanning Microscopy Supplement **6**, AMFO'Hare IL p. 405. 样品的失真校正(第 31.6.2 节)。

Trus, BL, Unser, M, Pun, T and Stevens, AC 1992 Scanning Microscopy Supplement **6**, AMF O'Hare IL p. 441.

从图像中分析化学组分(第 31.10 节)

Kisielowski, C, Schwander, P, Baumann, FH, Seibt, M, Kim, Y, and Ourmazd, A 1995 *An Approach to Quantitative High-Resolution Transmission Electron Microscopy of Crystalline Materials* Ultramicrosc. **58**, 131-155.

Ourmazd, A Baumann, FH, Bode, M and Kim, 1990 *Quantitative Chemical Lattice Imaging*: *Theory and Practice* Ultramicrosc. **34**, 237-255.

界面处的衍射花样识别和滤波

King, WE and Campbell, GH 1993 *Determination of Thickness and Defocus by Quantitative Comparison of Experimental and Simulated High-Resolution Images* Ultramicrosc. **51**, 128-135.

King, WE and Campbell, GH 1994 *Quantitative HREM Using Non-Linear Least-Squares Methods* Ultramicrosc. **56**, 46-53.

Mobus, G, Necker, G and Ruhle, M 1993 *Adaptive Fourier-Filtering Technique for Quantitative Evaluation of High-Resolution Electron Micrographs of Interfaces* Ultramicrosc. **49**, 46-65. 适用于傅里叶滤波技术。

Paciornik，S，Kilaas，R，Turner，J，and Dahmen，U 1995 *A Pattern Recognition Technique for the Analysis of Grain Boundary Structure by HREM* Ultramicrosc. **62**，15−27. 界面处的图谱识别。

其他参考文献

Erickson，HP and Klug，A 1971 *Measurement and Compensation of Defocusing and A aberrations by Fourier Processing of Electron Micrographs* Phil. Trans. Roy. Soc. London B. **261**，105−118. 诺贝尔奖得主提供的一个示例。

Frank，J 1980 in *Computer Processing of Electron Microscope Images*，Springer-Verlag New York. p. 187. 相关技术（第 31. 12 节）。

Hytch，MJ and Stobbs，WM 1994 *Quantitative Comparison of High Resolution TEM images with image simulations* Ultramicrosc. **53**，191−203. 关于样品厚度的有益结论。

Koster，AJ，van den Bos，A and van der Mast，KD 1988 ScanningMicroscopy Supplement **2**. AMF O'Hare IL p. 83. TEM 自动合轴。

Koster，AJ and de Juijter，WJ 1992 *Practical Auto alignment of Transmission Electron Microscopes* Ultramicrosc. **40**，89−107. TEM 自动合轴。

Krivanek，OL and Mooney，PE 1993 *Applications of Slow-Scan CCD Cameras in Transmission Electron Microscopy* Ultramicrosc. **49**，95−108. TEM 自动合轴。

More，JJ 1977，in *Lectures Notes in Mathematics*，Ed. G. A. Watson p. 630 Springer Berlin.

More，JJ，Garbow，BS and Hillstrom，KE 1980 *User Guide for MINIPACK*-1.

Saxton，WO and Koch，TL 1982 *Interactive Image Processing with an Off-Line Minicomputer*：*Organization*，*Performance and Applications* J. Microsc. **127**，69−83. TEM 自动合轴。

Saxton，WO，Smith，DJ and Erasmus，SJ 1983 *Procedures for Focusing*，*Stigmating and Alignment in High Resolution Electron Microscopy* J. Microsc. **130**，187−201. 图像的交叉对比。

Tang，D，Jansen，J，Zandbergen，HW and Schenk，H 1995 *The Estimation of Crystal Thickness and the Restoration of Structure-Factor Modulus from Electron Diffraction*：*A Kinematical Approach* Acta Cryst. **A51**，188−197. DP 的定量分析（第 31. 6. 5 节）。

van Heel，M，Winkler，H，Orlora，E and Schatz，M1992 Scanning Microscopy Supplement **6**，AMF O'Hare IL p. 23. 关于 TEM 中电子束敏感材料的综述。

Zou，XD 1995 *Electron Crystallography of Inorganic Structures*，*Chemical*

Communications Stockholm University，Stockholm，Sweden.

使用书册

图像处理常常与 HRTEM 图像联系在一起。在使用手册中会用整章来讲解系列变焦像的重构。

必须记住一点，即所有的数据都来自采集的原始图像。一般对原始数据做以处理之后才将其发表，因此必须标明所公布图像都经过了哪些处理过程，以便其他人验证和重复图像处理过程。

自测题

Q31.1　定义"量化 HRTEM 图像"。

Q31.2　傅里叶滤波因何命名。

Q31.3　分别画出非晶 Ge 薄膜在 $\Delta f = 1$ Sch 和 4 Sch 时的衍射图。

Q31.4　为什么使用非晶 Ge 而不是非晶 C 支撑 Au 纳米颗粒来测试 HRTEM 的分辨率。

Q31.5　画出 n/u^2 随 u^2 的曲线，曲线倾斜代表什么，n 代表什么？

Q31.6　什么是反锐化掩模？

Q31.7　如何用 TEM 摄像机得到最好的 TEM 稳定图像？

Q31.8　图像处理过程中的核心是什么？

Q31.9　给出一个在图像处理过程中能提高衬度的核函数。

Q31.10　为什么说低剂量 TEM 中的信噪比一般较小？

Q31.11　HRTEM 定量分析时，为什么最好采集一系列离焦量不同的图像？

Q31.12　菊池衍射会影响依赖于 DP 的电子晶体学分析吗？

Q31.13　为什么束流倾斜可以提高 HRTEM 图像分辨率？

Q31.14　远程显微操作有什么重要意义？

Q31.15　利用衍射图可将电子束与光轴准直，误差小于 0.1 mard。这个过程对哪种像差做了校正。

Q31.16　HRTEM 中花样识别的作用是什么？为什么必须使用一个 4k×4k 的摄像机？

Q31.17　QUANTITEM 的基本原理是什么？

Q31.18　计算"拟合度"有两种方法，它们分别是什么？有什么区别？

Q31.19　为了进行定量分析，我们需要在低剂量电子束辐照下采集一系列离焦图像。这会让你想起量子理论中的哪些基本原理？

Q31.20 什么是自适应傅里叶滤波方法？

章节具体问题

本小节的某些问题需要用到图像处理软件。

T31.1 用如图 31.2 和图 31.3 的方法可识别基底上的其他原子。描述这种图像处理方法，并解释如何确定原子为球体，而非柱体。

T31.2 如何从一个稳定晶界的 30 s 视频剪辑中提取最佳图像（提示：可参考本章中相关章节）。

T31.3 使用扫描仪和 DM 软件检测图 31.4 和图 31.5 中图像和衍射图之间的关系。可以参考原始论文。对结果和处理过程做以总结。

T31.4 利用原始论文或其他相关资料，重新画出图 31.6A 中的图。

T31.5 解释如何利用核函数对 TEM 图像做数字调和算符变换。应该使用哪种格式的图像？参考资料找出至少两种核函数。

T31.6 低剂量 TEM 在应用中有很多既定规则，以某两家电镜生产商提供的低剂量 TEM 为例，详细阐述其使用规则。

T31.7 参考图 30.10，总结如何在实验室中实现这个过程。注意样品的特点（即该过程是否适用于所有样品）。

T31.8 查阅资料，写出类似于 QUANTITEM 程序的使用手册。了解使用类似程序的其他团队。对 TEM 中参数化概念的应用做以评论（注意材料的限制）。

T31.9 用激光笔和 TEM 小光栅在墙壁上制造一组光栅的衍射点（见图 31.27）。将衍射点之间的距离与光栅常数联系起来。

T31.10 借助 DM 或相似软件，使用家乡图片或者人脸图片重新画出图 31.27 的图像。分析光阑尺寸的减小对图像分辨率的影响。

第四篇 能谱分析

第 32 章
X 射线能谱仪

章 节 预 览

　　电子束照射样品会产生 X 射线，通过探测和分析 X 射线可以确定样品中的元素。这就是 X 射线能谱分析法，具有该功能的透射电子显微镜（TEM）称为分析型电子显微镜（AEM）。目前，用于 TEM 的唯一商用能谱仪是 X 射线能量色散光谱仪（XEDS），它采用 Si 半导体探测器和 Ge 探测器。本章会简要介绍一些新的探测技术，其中一些弥补了 Si 探测器的不足，但不会详细介绍。

　　得益于现代半导体器件的发展，XEDS 成为具备快速处理信号功能的成熟设备。探测器生成与入射 X 射线能量成正比的电压脉冲信号，并由计算机控制存储系统，将这些信号存储到与 X 射线能量对应的通道。各个能量信道的计数即为能谱，也可转化为量化组分曲线，或更进一步转化为元素分布图像或"地图"。

计　　数

本章会多次强调最大化 X 射线计数的重要性。

Si 探测器体积较小，适合安装于 TEM 样品台内狭小的空间，而且能够探测周期表内 Li 以上的所有元素。本章从探测器的工作原理入手，并对电子处理器件做以简要回顾，之后介绍一些用于检验 XEDS 是否正常工作的简单测试，以及由于 XEDS 连接于 AEM 腔上的方式所要注意的问题。

了解 XEDS 系统的一些局限性以及能谱的特征，有助于解决实践中碰到的一些问题。因此本书会详细介绍 XEDS 的局限性，尤其是无法避免的人为伪像（见第 33 章）。第 34 章和第 35 章主要介绍如何根据图像中特定区域的能谱，定性定量地分析元素信息。从第 36 章中可以了解到这些能谱信息的空间分辨率可以达到纳米量级或者更高，可以探测到单个原子的信息。因此"微分析"这一术语并不贴切，"纳米分析"更为准确但是比较拗口，所以选择"分析"来描述该技术。

32.1　X 射线分析：为何比较麻烦？

仅从 TEM 中得到样品图像的局限性已经越来越明显。从前面成像的相关章节可知，TEM 得到的是三维样品的二维图像信息，而人眼已经习惯于三维图像的投影图，因此要正确解释图像需要有足够的经验。图 32.1 分别是光学和电子显微镜所得到 6 张图像（你是否可以辨别它们分别来自哪种显微镜？），尺寸跨越 6 个数量级，从毫米到纳米，但是图像非常相似。如果没有其他相关信息，即便是经验丰富的操作者也很难仅凭图像来分辨样品。

图 32.2 为图 32.1 中各个样品对应 X 射线能谱，即 X 射线计数（术语称为"强度"）随 X 射线能量的变化，可以看到缓慢变化背底上高斯线形的峰。第 4 章已经讲到这些峰为样品中元素的特征峰，而背底来源于轫致辐射。但即便没有任何 XEDS 的知识，也能轻易看出各个样品有不同的能谱。

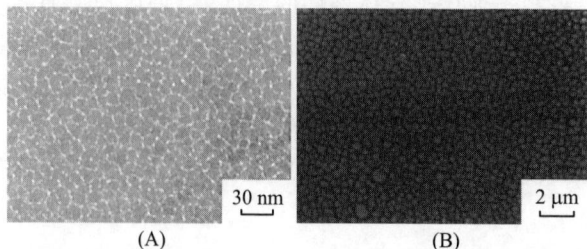

30 nm

2 μm

(A)　　　　　　　　　　　　(B)

图32.1 6幅不同样品的微观结构图像，尺度范围从纳米量级到毫米量级。虽然它们分别来自 TEM，SEM 和光学显微镜，但结构特征十分相似，如果没有其他信息，很难识别这些样品

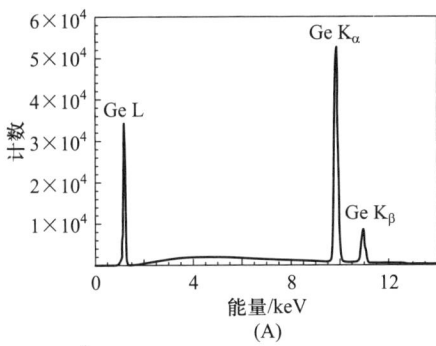

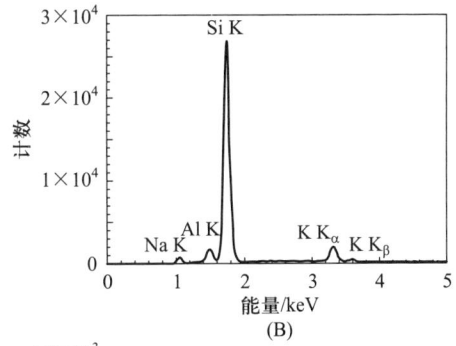

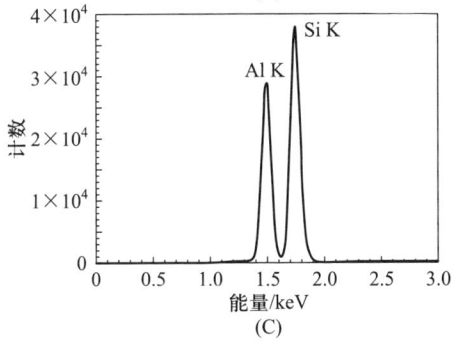

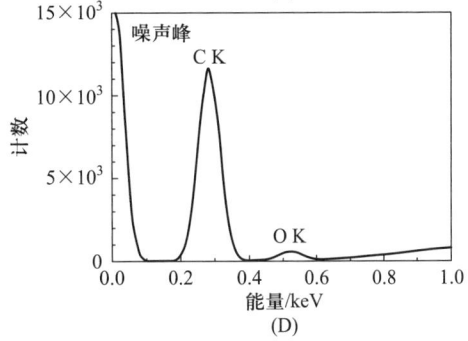

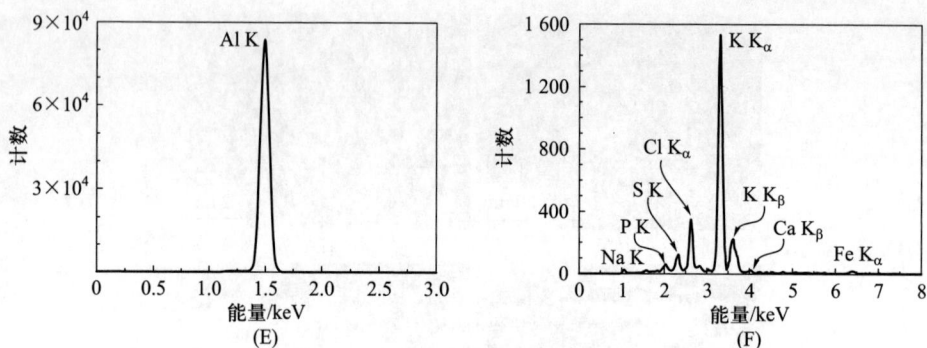

图 32.2　图 32.1 中 6 种样品的 XEDS 能谱。可通过能谱的不同特征识别样品。（A）纯 Ge；（B）石英玻璃；（C）蒸镀于 Si 底层上的 Al；（D）石墨；（E）纯 Al；（F）花椰菜

　　能谱不同说明组成样品的元素不同，而得到这些能谱只需不到一分钟时间。

　　已知样品成分可简化对其图像和衍射的分析。由图 32.2 可知：图 32.2A~E 为普通的无机材料，图 32.2F 为花椰菜的能谱，它的能谱非常特别。图 32.1F 是与它对应的图像，将与其类似的结构称为"花椰菜结构"。

　　从上面的例子可以看出图像和能谱的结合使得 TEM 转变为分析功能更强的 AEM。

32.2　基本的操作模式

　　要得到如图 32.2 的能谱，先要得到分析区域的 TEM 或 STEM 图像。在 TEM 模式中，需要通过以下步骤将电子束会聚到适当大小：增强 C1 透镜，减小 C2 光阑尺寸并调节 C2 透镜焦距。上述操作可能导致照明系统光路发生偏移，而且在 TEM 成像模式和聚焦束分析模式之间切换较为繁琐，除非使用计算机全自动控制的（S）TEM。因此推荐选择 STEM 模式成像：首先，用第 9.4 节所描述的方法得到 STEM 图像；之后随时停止扫描并选择分析区域，打开 XEDS。在 STEM 模式下，可以通过数字软件检测样品是否发生漂移。

STEM 模式

　　使用 AEM 中采用 STEM 模式，可简化成像模式与分析模式的切换，容易得到组分图像，易于实现漂移补偿。

在"点"模式下,可操作电子束在样品上移动并得到所要分析区域的元素信息。但是从统计抽样的观点来看,该方法有其局限性:所得到的只是操作者根据图像,认为需要分析区域的信息。现在不仅可以得到样品某个分析区域的能谱(如图32.2),而且可以得到 STEM 图像中各个像素的能谱。从这些"能谱图像"可知样品中元素的分布情况以及其与电子图像的关系,这也就给 AEM 增加了另一个分析维度(参考图1.4中 X 射线图)。第33章会具体讨论 STEM"能谱图像",第34章和第35章将会介绍如何定性和定量分析这些图像。

进行 XEDS 分析时,样品通常放置于低背底支撑膜(Be)上(后面章节会讨论具体原因),而且支撑膜要能冷却到液氮温度以下以减小污染[超高真空分析型电子显微镜(UHV AEM)例外],此外,使用双倾模式可同时进行衍射和成像操作。

32.3　能量色散谱仪

XEDS 是在20世纪60年代末发展起来的,70年代后期就用于 TEM,并广泛用于扫描电子显微镜(SEM)。采用半导体技术的 XEDS 体积小,操作简单且结果容易解释。常用参考书籍中列出了几本从电子器件角度介绍 XEDS 的书籍。图32.3A 为 XEDS 系统的示意图,本章会对其各个组成部分做以介绍。

---

3 个 部 分

XEDS 系统主要由3部分组成:
(1)探测器。
(2)电子处理系统。
(3)计算机。

这3部分都由计算机控制。第一,计算机控制探测器的开关。理想情况下,探测器每次只接收一个 X 射线光子。即探测器探测到一个 X 射线光子后立即关闭,该信号处理完之后立即开启(这里用粒子描述 X 射线;其他探测器中会以波来描述 X 射线)。第二,计算机控制电子处理系统,将信号分配到存储系统的正确能量信道。第三,计算机校正能谱显示,并显示采集能谱的参数条件、峰强、特定信道或几个信道"窗口"的 X 射线计数等。其他后续数据处理都是由计算机完成的。

XEDS 的工作过程如下:
■ 探测器产生对应于不同能量的 X 射线的电荷脉冲。

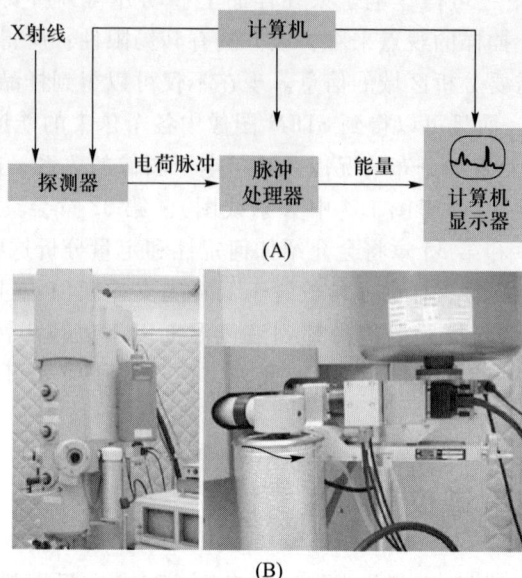

图 32.3　(A)为 XEDS 系统原理示意图，由计算机控制探测器、脉冲处理器和显示器。(B)XEDS 系统安装于 AEM 的样品台上，图中只能看到连接于镜腔一侧的液氮冷却器

■ 脉冲信号转换成电压。

■ 场效应晶体管(FET)将电压放大，并与别的脉冲分离，之后再次放大，即可分辨对应不同能量 X 射线的信号。

■ 将数字化的信号存储到信道中，并将其能量输出到计算机显示器。

上述过程速度很快，人们会误以为同时获得整个能量范围的能谱，但这个过程实际要求器件能够快速连续处理单个 X 射线信号。因此，XEDS 不仅能探测 X 射线，而且可将其按能量输出成(色散)谱；这就是能谱仪名字的来源。

图 32.3B 为一连接于 AEM 的 XEDS。实际上看不到电子处理系统、显示器，甚至探测器，它们被封装于显微镜腔内接近样品的地方。能看到的部分只有用于冷却探测器的液氮冷却器，而在最新探测器中，它也会被封装起来。

32.4　半导体探测器

XEDS 中的 Si 探测器是一个反向偏压 p-i-n 二极管，目前为止这种探测器最为普遍，本节主要以它为例介绍探测器。本节也会提到其他探测器，比如本征 Ge(IG)和 Si 漂移探测器(SDD)。

32.4.1 XEDS 的工作原理

使用探测器并不需要详细了解其工作原理，但一些基本的知识有助于实现系统优化，认识实验步骤和防范措施。

X 射线入射半导体，会使价带电子跃迁到导带，并形成电子-空穴对，见第 4.4 节。在液氮冷却温度下，Si 的跃迁能量约为 3.8 eV（不要将此统计结果直接与带隙能量对等）。特征 X 射线能量一般大于 1 keV，因此可以激发上千的电子-空穴对。电子或空穴的数目与入射 X 射线光子的能量成正比。尽管不是所有 X 射线的能量都能转化为电子-空穴对，但足以根据收集到的信号精确识别周期表中的大多数元素。图 32.4 为 Si 探测器的示意图，它与第 7 章中提到的半导体电子探测器类似。

电子探测器是在很窄的 p-n 结上加上外加偏压，从而分离电子和空穴；由于 X 射线比电子的穿透能力强，因此要使 X 射线将更多的能量转换为电子-空穴对则需要较厚的 p-n 结。

目前纯度最高的商用本征硅中也含有受主杂质原子，具有 p 型半导体特性。在其中"注入"Li 作为复合位可补偿杂质影响，形成一个 Si 的本征区，将电子-空穴对分离，这就是 Si(Li)（可读作"silly"）探测器。

X 射线激发成千上万的电子和空穴，但它们形成的电荷脉冲很小（约 10^{-16} C），因此要在蒸镀 Au 或 Ni 欧姆接触之间加 0.5~1.0 keV 的偏压以分离大部分电荷。金属薄膜在晶体的前侧形成 p 型区；通过掺杂在晶体后侧形成 n 型 Si 区域。整个晶体就是一个 p-i-n 器件，本征区域两侧都有浅接面。

一个脉冲的能量

电荷脉冲的强度正比于激发电子-空穴对的 X 射线的能量。

给晶体加上反向偏压（p 区积累正电荷，n 区积累负电荷），将电子和空穴分开，并在接触后侧测量电子的电荷脉冲。

探测器两侧的 p 区和 n 区，Li 掺杂并不完全有效，X 射线激发所产生的电子-空穴对大都会复合，对电荷脉冲没有贡献，该区域称为"死层"，它是制造工艺中不可避免的缺陷，致使影响探测器的效率。实际上，所有 X 射线必须通过探测器入口处 p 型死层才能被探测到，因此死层主要指 p 型死层。

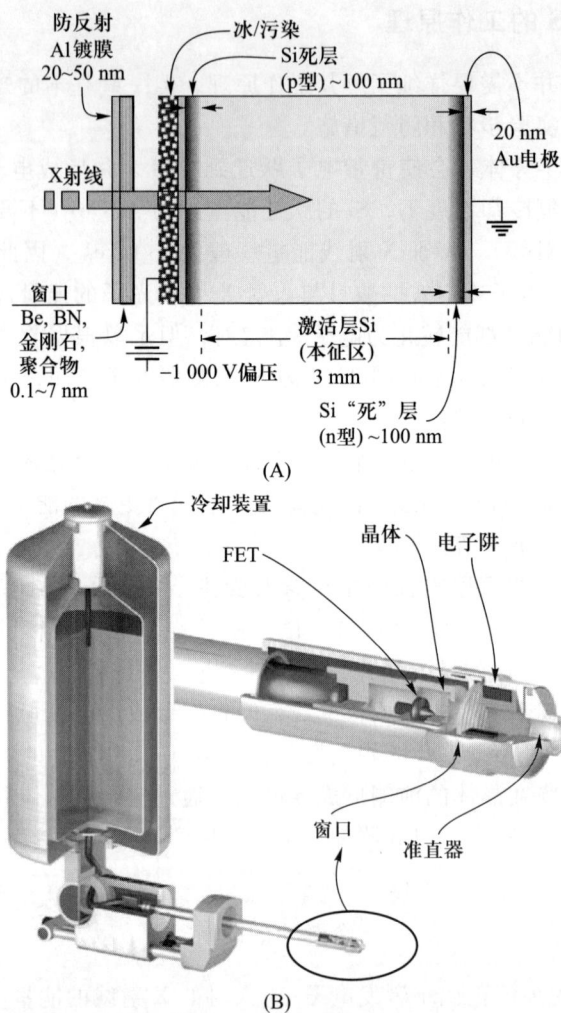

图 32.4　(A) 为 Si(Li) 探测器的剖面图，尺寸如图标注。X 射线在 Si 本征区激发电子-空穴对，它们会被一外加偏压分开。正偏压吸引电子聚集到欧姆接触后部，之后由 FET 将这些电荷脉冲放大。(B) 探测器各部分分解图。(参见书后彩图)

死层、激活层

　　由于 p 区和 n 区被称为"死层"，因此可将它们中间的本征区称为"激活层"。

　　随着探测器技术的发展，死层越来越薄，对能谱的影响越来越小。

32.4.2　探测器冷却

为什么一定要对探测器冷却？如果探测器在室温下工作，会有以下 3 种影响：

- 热能会激发电子-空穴对，带来的噪声会"淹没"所探测的 X 射线信号。
- 外加偏压导致 Li 原子扩散，破坏探测器的本征区域。
- 场效应晶体管（FET）内的噪声会使低能 X 射线的信号失真。

因此必须用液氮冷却探测器和 FET，常用冷却装置如图 32.3B，它的主要缺点是质量较重而且经常需要添加液氮。目前多数 AEM 中的 XEDS 都使用液氮冷却装置来冷却 Si（Li）探测器。也有一些其他冷却装置，比如紧凑型杜瓦瓶（使用液氮量少）；循环冷却；使用机械方法达到液氮冷却温度的压缩冷却装置；以及非压缩技术和 Peltier 冷却系统，其制冷快、效果好，可保证探测器的能量分辨率。液氮冷却方法也有一些其他缺点：腔内残留的碳氢化合物和水蒸气会在探测器表面形成碳污染和冰污染，导致吸收低能 X 射线。解决这个问题有两种方法：将探测器从腔中分离出来；除去腔内的碳水化合物和水。后者更为理想，而前者更为经济和简单。

XEDS 冷却装置

悬挂于 AEM 一侧的圆柱体即为冷却装置，液氮在其中缓慢安静地挥发。

32.4.3　不同类型的窗口

液氮冷却探测器封装于一个带有"窗口"的前级泵管内，X 射线通过这个"窗口"进入探测器。有 3 种探测器：铍窗口型、超薄窗口型和无窗口型。

接下来讨论各个窗口的优缺点，可参考 Lurd（1995）的归纳。

铍窗口探测器　较薄的铍膜（理论最佳厚度约 7 μm）能够透过大部分 X 射线，而且在腔室样品台暴露于空气中时，能够承受大气压力保持探测器真空。但是 7 μm 的铍非常昂贵（约 300 万美元/lb[①]），稀有而且多孔，因此常使用（约 12~25 μm）较厚铍膜。该薄膜的制备必须采用冶金方面先进工艺，但是能量低于 1 keV 的 X 射线仍会被强烈吸收。因此，无法探测到周期表中 Na（$Z=11$）以下元素的 K_α X 射线，无法分析 B、C、N、O 元素，这些元素在材料学、生物学、地理学中十分常见。还有其他一些因素影响轻元素的探测，如低能荧

---

①　1 lb = 0.453 592 37 kg，余同。

光效应和吸收。因此一般使用 EELS 探测轻元素（见第 38 章和第 39 章）。

KLM 时代

主要考虑不同元素的 K、L 和 M 线系 X 射线。

超薄窗（UTW）探测器　这种窗口对 X 射线的吸收比铍小；一般由小于 100 nm 的聚合体薄膜、金刚石、硼氮化物或者硅氮化物制成，不仅能承受大气压而且可以透过 192 eV 的硼的 K_α 射线，甚至可以分析 Be 的 K 系 X 射线（110 eV）。若未将探测器和窗口退到真空阀内，腔体突然放气，早期的聚合体 UTW 薄膜就会无法承受大气压力而破裂。用 Al 薄膜增大聚合体薄膜的强度则克服了这种缺陷，并称其为"常压薄窗"（ATW）。不同材料的窗口对轻元素 X 射线的吸收不同，因此要知道所用系统窗口的吸收特点。比如，含碳窗口强烈吸收 N 的 K_α X 射线，含 N 窗口吸收氧的等等。

无窗口探测器　这种探测器仅在 UHV AEM 中使用，比如较早的 VG 仪器和 Nion 专用 STEM，能最大地减小碳氢化合物的污染，并且腔内压强小于 10^8 Pa，保证水蒸气分压。如图 32.5，无窗口系统可探测 Be 的 K 系 X 射线，这是电子学技术的一大显著进步。

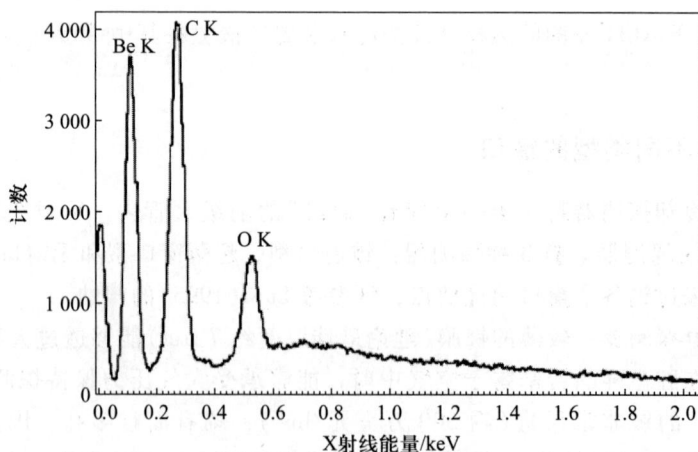

图 32.5　SEM 探测到的 10 keV 处氧化 Be 薄膜中 Be 的 XEDS 能谱，其中 Be 的 K_α 射线并未完全和噪声峰分离

> ### 3.8 eV
>
> Si 中激发一个电子-空穴对需要约 3.8 eV 能量,所以 Be 的 K_α X 射线最多可激发 29 个电子-空穴对,产生一个约 5×10^{-18} C 的电荷脉冲!

　　图 32.6 归纳了各种类型探测器窗口的特性。图中是探测效率随入射 X 射线能量的变化曲线,可以看出,各探测器的探测效率在低能部分末端急剧下降,UTW 和无窗口探测器的探测效率较高。事实上,Si(Li) 可探测 2~20 keV 的全部 X 射线,如图 32.7,而该段内包括周期表中 P 以上所有元素的 X 射线。探测效率高是 XEDS 探测器的优势所在。表 32.1 中总结了各个窗口的优缺点。

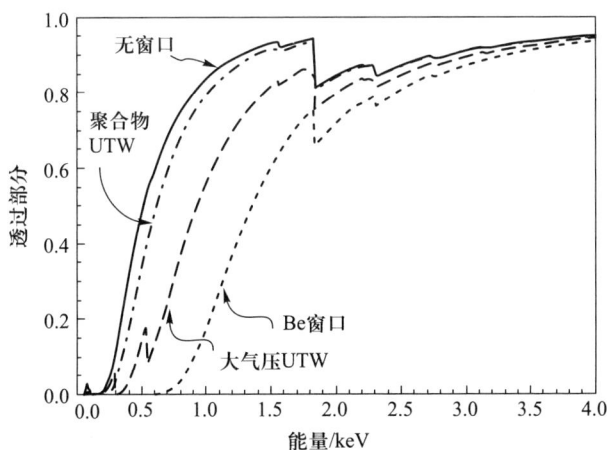

图 32.6　无窗口探测器,UTW 探测器(镀有 20 nmAl 的 1 μm 聚合体膜),ATW 探测器和 13 μm 铍窗口探测器的低能探测效率,用穿过窗口的 X 射线表示

表 32.1　各种窗口比较

类型	名称	厚度	材料	优点	缺点
Be	铍窗口	约 7 μm	Be	结实	吸收大
UTW	超薄窗	300 nm	聚合物	低吸收	易碎
ATW	常压薄窗	300 nm	聚合物镀在栅格上	低吸收、结实	有效面积小
无	无窗口	0	无	无吸收	易污染、透过射线少、高真空

32.4.4　本征 Ge 探测器

由图 32.7 可以看出，Si(Li) 探测器的吸收 (探测) 效率在 20 keV 以上明显下降，因为该能量范围的 X 射线可直接穿过探测器而不激发电子-空穴对。这一性质限制了 Si(Li) 探测器在中电压 AEMS 中的应用，300~400 keV 的电子能够激发所有高原子序数元素的 K_α X 射线，比如 300 keV 的电子可激发能量为 75 keV Pb 的 K_α X 射线。第 35 章中提到，在量化分析中 K 线相对于低能 L 或 M 线有一定优势；而 Si(Li) 探测器很难探测到 Ag($Z = 47$) 以上元素的 K 线。对高能 X 射线有较强吸收作用的 Ge(IG) 探测器则可解决这一问题，Sareen 对其做了详细介绍。

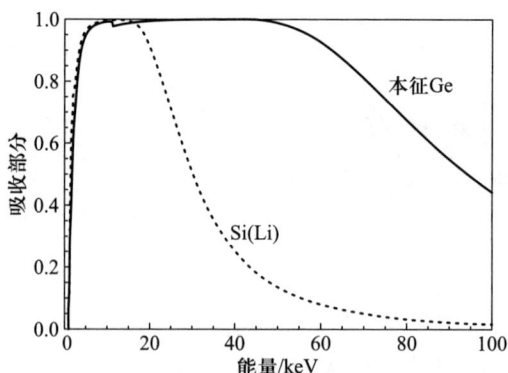

图 32.7　Si(Li) 和 IG 探测器对能量高达 100 keV 的 X 射线的吸收效率，用探测器吸收的 X 射线表示 (与图 32.6 不同)，假定探测器厚度都为 3 mm。注意能量 11 keV 处 Ge 的吸收边缘

人工制造的 Ge 比 Si 的纯度高，因此不需要掺入 Li 来获得较大的本征区。IG 探测器更为耐用且可以重复加热，解决了 Si(Li) 探测器存在的一些问题。

探测器保护

在 AEM 中，高能电子或 X 射线 (比如入射电子束撞击到格栅上) 会破坏 Si(Li) 探测器中的 Li 分布，IG 探测器则可避免这个问题。

此外，IG 探测器的本征区可达 5 mm 左右，能 100% 地吸收 Pb 的 K_α X 射线。图 32.7 比较了 Si(Li) 和 IG 探测器在 100 keV 以下的探测效率。IG 探测器还有一个优点：在 Ge 中激发一个电子-空穴对只需约 2.9 eV 的能量，而在 Si

中需 3.8 eV，同一 X 射线在 IG 探测器中可激发更多的电子-空穴对，因此 IG 探测器的能量分辨率和信噪比都更高一些。IG 探测器唯一的缺陷是：电子能量达 300~400 keV 时，对高能 K 系 X 射线激发的电离散射截面很小，因此峰强很低。那么为什么不能全都使用 IG 探测器呢？因为 Si(Li) 探测器的制造工艺更为简单，而且它发展较早，操作稳定可靠，所以 IG 探测器一直未能占领市场。

32.4.5 Si 漂移探测器

Si 漂移探测器(SDD)可能逐渐取代 Si(Li)探测器；虽然 SDD 发展较晚，但已经占据了 SEM 和 X 射线荧光(XRF)探测器的大部分市场。SDD(见图 7.3)是一系列由 p 型掺杂 Si 组成的同心环嵌入到 n 型掺杂 Si 单晶中组成的电荷耦合器件(CCD)。X 射线由 p 型同心环的反面入射激发电子，在 n 型 Si 区域加高压可采集这些电子(图 32.8A~C)。SDD 在内部和外部加高压[Si(Li) 探测器在前侧和后侧加电压]，用 4×低压即可采集 n 型 Si 区域的电子。这是因为较之于位于 Si(Li)探测器后侧的阳极，位于 p 型 Si 组成的同心环中心的阳极电容较小(图 32.8A~C)，可实现较高的计数输出，计数率可达到上百 kcps[1](图 32.8D 和图 32.12B)。在 AEM 中若可实现这种高计数，就可减小定量误差(见第 35 章)，增大分析灵敏度(见第 36 章)，并在很大程度上提高 X 射线对样品中元素分布的统计(见第 33 章和第 35 章)。除高计数率外，SDD 在不加冷却装置或使用最小热电(Peltier)冷却装置的情况下，仍可获得与 Si(Li)同等的能量分辨率(见第 32.8 节)，这归功于现代 Si 处理技术的发展，可将热电子减小至最低。

后面章节中会详细介绍使用薄样品和小探针(小电子束斑)进行分析，但存在一个问题，这种情况下在 AEM 中总 X 射线计数率较低，与 SDD 的优势相抵触。然而随着中电压 FEG 和 C_s 校正器的发明，大于 1 nA 的电流即可形成小于 0.2 nm 的探针。若增大探针限制光阑牺牲空间分辨率，几个 nA 的电流也可以形成几个 nm 的探针。如果使用厚样品进一步牺牲空间分辨率，则很容易达到 Si(Li)电子器件的当前的信号处理极限(见第 32.5 节，大于 50 kcps)，此时 SDD 则能充分显示其优势，但这一猜想目前仍没有定论。

SDD 是由独立单元格阵列组成，如图 32.8A，因此可以设计特殊形状的 SDD 使之适于安装在 AEM 样品台内。这样就增大了采集角度[Si(Li) 探测器的极限角度为数十弧度]，克服计数率限制。SDD 保证了 SEM、大块样品、X 射线微量分析的计数率，这也是其快速应用于这些领域的原因。可参考 Newbury

---

① kcps 即 kilo-counts per second，每秒的计数量。——译者注

分析在 SEM 对样品中元素分布绘图中 SDD 的优缺点了解更多相关知识。

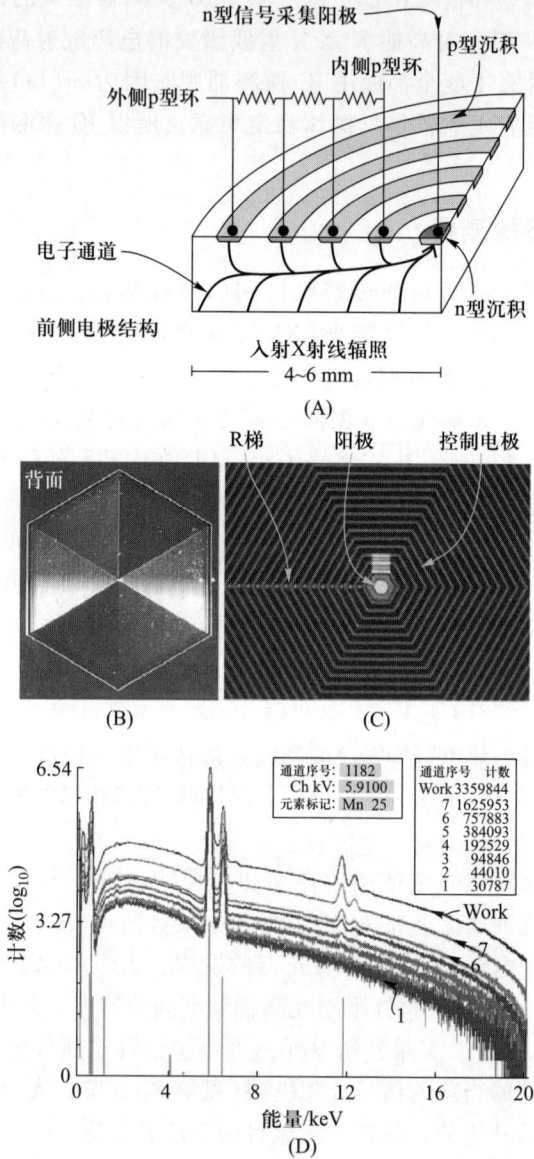

(A)

(B)　　　　　(C)

(D)

图 32.8　（A）为在 n 型 Si 衬底上沉积 p 型 Si 同心环的 SDD 示意图。FET 整合于探测器的背面，偏压加载于外部 p 型环与内环（正极）之间，蓝线为电子通道。（B）和（C）分别为 SDD 背面的低倍和高倍图像。（D）Mn 样品的 SDD 能谱：分辨率随输出计数率的增大而降低。注意：图中采用对数刻度计数。最大计数出现位于 5.91 keV 处 Mn 的 K_α 峰，在该能量信道处黑色谱线的计数达到 3.3×10^6，其他谱线的计数依次降低，蓝色谱线的计数仅为 30×10^3。但是所有谱线的峰型相同。Si(Li) 探测器则达不到如此高的计数率。（参见书后彩图）

32.5 高能量分辨率探测器

能量分辨率较差[特别是在(135±10) eV 区域]是半导体探测器的一个主要限制因素。主要原因在于其对信号的探测和处理步骤是一个统计过程(见第32.7 节)。能量分辨率较差会导致主要峰之间的重叠(见第 34.4 节),从根本上限制分析灵敏度(探测极限)(见第 36.4 节)。然而也有一些 X 射线能谱仪的分辨率大于 EDS(小于 1~10 eV),可为以后提供更多选择,因此不必担心这些潜在问题。

32.6 波长色散能谱

32.6.1 晶体 WDS

在 XEDS 发明以前,波长色散谱仪(WDS)和晶体能谱仪广泛用于样品组分测定。WDS 利用已知晶面间距的晶体(见上册第二篇)对入射 X 射线产生衍射。由布拉格定理 $n\lambda = 2d\sin\theta$ 可知,不同波长(λ)的 X 射线经过晶体后以不同角度(θ)发生散射。WDS 中应将电子作为波看待,相对于 XEDS,它具有如下优势:

■ 能量分辨率(5~10 eV)较高,减小峰的交叠。

■ 峰背比(P/B)较高,提高探测极限。

■ 选择合适晶体则可更为有效地探测轻元素(最小为 Be,$Z = 4$),而 XEDS 系统则依赖于其电子器件。

■ 除了基本反射造成的高阶线外(布拉格方程中 $n \geq 2$),能谱中没有探测器和信号处理器造成的伪像。

■ 由于使用气流比例计数器,计数率较高。

那么为何不在 AEM 中安装 WDS 系统?第 35 章中提到,AEM 的前身是电子显微镜微分析仪(EMMA),可追溯至 19 世纪六七十年代,其中的确采用 WDS。但是 WDS 体积大,效率低,一直未得到 TEM 学者的青睐,有以下两大缺陷:

■ 晶体要移动到一个精确的角度,才能够采集来自样品的一小部分 X 射线;但 XEDS 采集角度较大。

■ 在给定时间内,WDS 探测器采集一个信号波长,但 XEDS 探测器可探测某段能量范围的 X 射线。WDS 为串行采集,速度慢;XEDS 则为并行采集,速度快。

XEDS 在几何设计方面有其特有优势(注意要尽可能最大化 X 射线计数),而且可快速探测某段能量范围的 X 射线,无须像 WDS 那样做机械移动,此即为 Si(Li)XEDS 系统在 AEM 应用最广泛的原因。目前有两种方法提高 XEDS 的能量分辨率:一为发展传统 WDS,二是开发一种新型的 X 射线探测器。

32.6.2　以 CCD 为载体的 WDS

为了探测超软(能量很低)X 射线,Terauchi 和 Kawana 设计了一种 WDS:用球差校正、凹面、衍射光栅取代弯曲晶体,用 CCD 取代气体正比闪烁计数器。如图 32.9A 和 B,这种设计使其比传统 WDS 小巧,且能量分辨率可达

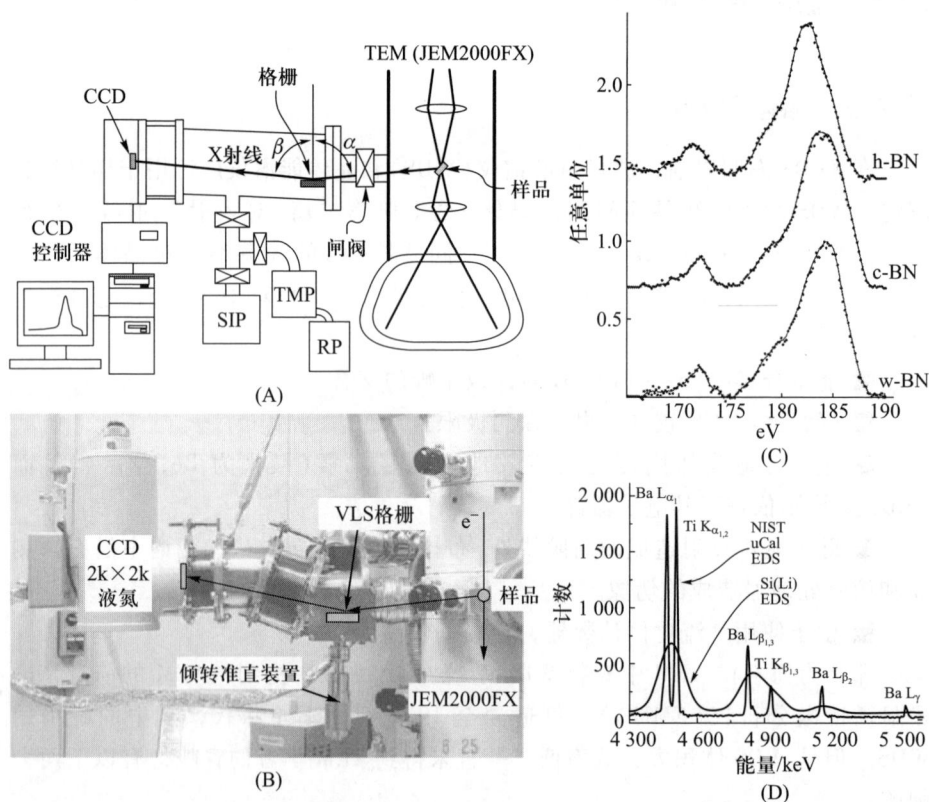

图 32.9　高能量分辨率 X 射线能谱仪。(A)能谱仪示意图;(B)固定于 TEM 腔上的衍射-格栅 WDS 系统。(C)六角、立方和铅锌矿形状 BN 的高分辨 X 射线能谱,由于其成键方式不同,B 的 K$_\alpha$ 峰形状不同。(D)与 SEM 中 Si(Li)探测器和辐射热测定仪能谱相比,能量分辨率上存在很大差异。(参见书后彩图)

0.6 eV，比常规 EDS 的分辨率高出 200 多倍，足以分辨价带电子态密度(DOS)变化导致的特征峰的变化(见图 32.9C)。而 DOS 以及相关成键影响是 EELS 分析的强项(见第 40 章)，因此 CCD-WDS 是 X 射线能谱的一个重大突破。若 CCD 信道尺寸减小，能量分辨率则可进一步提高。但是这种情况下计数率很低，图 32.9C 为使用 1 μm 探针时的能谱。数字摄影技术的发展，将实现信道尺寸较大的 CCD 和较小尺寸的探针配合使用，而近来毛细管光学的发展也增大了 WDS 的采集角度。WDS 的发展值得期待。

32.6.3 辐射热测定仪/微热量计

测量吸收 X 射线所产生的热量是另一种完全不同的 X 射线探测方法。Wollman 等发明的微热量计/辐射热测定仪(灵敏温度计)验证了这个方法的可行性。和 WDS 类似，辐射热测定仪的体积很小，因而探测角度较小，计数率相对较低，但能量分辨率可与 WDS 媲美，为 5~10 eV，而且采用了 XEDS 中高效的并行处理(见图 32.9D)。由于其体积很小，辐射热测定仪曾被安装于 SEM 中，但是它的计数率太低。辐射热测定仪工作时必须用液氦冷却至毫开(mK)，这就使其造价与 SEM 相当；将其安装于 TEM 也非常困难，可以称得上一项主要机械工程成就，因此并未投入商业生产。制造辐射热测定仪阵列的技术有待进一步发展，大角度 WDS 和造价较低的辐射热测定仪系统都有待发展。因此本章的重点仍集中在分辨率较差且有许多其他缺陷的 Si(Li) 探测器上。

表 32.2 对本章中提到的探测器做以总结。

表 32.2 X 射线谱仪比较

特性	IG	Si(Li)	SDD	WDS	辐射热测定仪
能量分辨率(腔内)/eV	135	150	140	10	10
能量分辨率(最佳)/eV	114	128	127	5	5
激发电子-空穴对所需能量(77 K)/eV	2.9	3.8	3.8	—	—
带隙能量(直接)/eV	0.67	1.1	1.1	—	—
冷却要求	液氮/热电	液氮/热电	无/热电	无	100 mK
探测器激活区域面积/mm²	10~≥50	10~≥50	≥50	—	1
可用探测器阵列	无	无	有	无	有
典型输出计数率/kcps	5~10	5~20	1 000	50	1

特性	IG	Si(Li)	SDD	WDS	辐射热测定仪
采集整个能谱所需时间	约 1 min	约 1 min	几秒	约 30 min	约 30 min
采集角度/sr	0.03~0.20	0.03~0.30	0.3	$10^{-4} \sim 10^{-3}$	$10^{-4} \sim 10^{-3}$
出射角/°	0/20/72	0/20/72	20	40~60	40~60
伪像	逃逸、Ge 的 K/L 峰合峰	逃逸、Si 的 K 峰合峰	多重合峰	高阶线	

注：表中数据源于 XEDS 制造商官方网站，可由章节后网址获得最新信息。

32.7　X 射线转换为能谱

连接于 Si(Li)或 SDD 的电子设备将入射 X 射线激发的电荷脉冲转换为电压脉冲，并存储到计算机显示器的相应能量信道（曾称为多通道分析仪或 MCA）。在整个能谱范围内，即便计数率较高的情况，脉冲处理电子设备都要具备较高的能量分辨率，并避免峰位偏移或峰形畸变。因此，除探测器晶体外，所有电子组件必须具备低噪声的特性，并能够处理连续脉冲。过去，整个过程都依赖于模拟脉冲处理，而数字技术（Mott 和 Friel）解决了模拟过程的很多内禀问题，目前所有 XEDS 系统对脉冲实行数字化处理。

首先，假定一个孤立的 X 射线信号入射至探测器，激发的电子-空穴对被分离形成一个电荷脉冲。

■ 电荷脉冲进入场发射枪（FEG）前置放大器，转换为电压脉冲。

■ 数字化电压脉冲，计算产生此脉冲的 X 射线能量。

■ 计算机将信号分配到显示器的相应能量信道。

以不同速率进入每个信道的脉冲或计数的总和，可用计数随能量变化柱状图表示，此即为数字化的 X 射线能谱。显示器可提供 1 024×信道，不同的能量可分配至这些信道。比如，能量范围可为 10 keV、20 keV 或 40 keV（中电压 AEM 中 IG 探测器可达 80 keV）。显示分辨率取决于所用信道数。

Si(Li)和 SDD 探测器一般所用能量范围为 10 keV 或 20 keV，若显示器可提供 2 048 个信道，则显示分辨率为 5 eV/信道或 10 eV/信道。

显示分辨率

显示分辨率需保持在 10 eV/信道或更好。较高分辨率则需较大内存，而内存非常便宜。较低分辨率导致每个特征峰分配到的信道减少，峰形就会变为锯齿状而非平滑的高斯形状。

要注意电荷脉冲处理电子系统中的两个可控变量：时间常数和死时间。时间常数(τ)仅在较早的模拟系统中非常重要；它是指模拟系统计算电荷脉冲强度所需时间(5~100 μs)。

■ τ 越短(一般为几个微秒)，每秒计数(cps)越高，但分配给脉冲的相应能量误差也越大，因此，能量分辨率较差(见第 32.8 节)。

■ τ 越长，能量分辨率较高，但计数率较低。

时间常数的选取

对于普通薄膜分析，应最大化计数率(τ 最短)；除非需较高能量分辨率，τ 应较长。

在模拟系统中，不可能同时得到高能量分辨率和高计数率，因此在分析薄样品时，一般选择最大化计数率(即 τ 最短)；某些情况下若要求高能量分辨率，则选择较长 τ，牺牲计数率以满足能量分辨率，具体可参考 Statham 的著作。

在数字系统中，每个电荷脉冲的 τ 取决于它与相邻电荷脉冲的间隔时间，将其称为"自动适配脉冲处理"；所以输出计数率随脉冲输入率连续变化，而非像模拟系统中时间常数为离散值。

实际上，进入探测器的 X 射线很多，但现代电子器件速度很快，可以分辨几乎同时入射的 X 射线，详细信息可参考 Goldstein 等(1992)关于电子器件的著作。当电子电路探测到一个脉冲信号后，在不到 1 μs 的时间内探测器就会自动切断，此时处理器分析这个脉冲，我们称这个时间为"死时间"。死时间与 τ 密切相关，由于死时间很短，因此数字 XEDS 系统输出计数率很容易达到 10 kcps、30 kcps，甚至更高。配合 SDD 可达到更高输出计数率(70~100 kcps)(但在 AEM 中，电子束强度和样品厚度一般都较小)。入射的 X 射线越多，探测器关闭越频繁，死时间越长。死时间有以下几种定义。

可用输出计数率(R_{out})和输入计数率(R_{in})之比表示，即

$$T_{\text{dead time}} = \left(1 - \frac{R_{\text{out}}}{R_{\text{in}}}\right) \times 100\% \tag{32.1a}$$

也可定义为

$$T_{\text{dead time}} = \frac{\text{总时间} - \text{工作时间}}{\text{总时间}} \times 100\% \tag{32.1b}$$

该公式中各种"时间"解释如下:如果设定采集能谱的"工作时间"为 100 s,此即为探测器工作并且收集 X 射线时间的总和。在处理 X 射线过程中探测器有 20 s 不工作,采集一个能谱所用的"总时间"为 120 s,死时间[式(32.1b)]为 20/120 = 16.7%。输入计数率升高,输出计数率就会下降且总时间增大。死时间超过 50% ~ 60%(较老的系统中为 30%),探测器饱和,探测效率下降,这时应当减小电子流或者选择样品较薄区域,以减小计数率;但是分析薄膜样品很少遇到这种情况。

- 死时间内探测器未进行 X 射线计数而正在处理前一个脉冲。
- 工作时间内探测器探测 X 射线并未进行信号处理。
- 总时间指上述两者之和。

32.8 能量分辨率

出射 X 射线的固有宽度仅为几个 eV,但是测量宽度常远大于 100 eV。XEDS 系统中的电子器件噪声导致理论与实际能量分辨率存在一定差异,电子器件噪声的线宽称为探测器的"点扩散函数"。能量分辨率是 XEDS 的主要限制因素,因此对其做以探讨。

探测器能量分辨率 R 定义如下:

$$R^2 = P^2 + I^2 + X^2 \tag{32.2}$$

式中,P 为电子器件的质量因素,定义为随机电子脉冲发生器的半峰宽(FWHM)。X 为由于探测器漏电流和不完全电荷采集所造成的半峰宽度(见第 32.9.1 节)。I 为探测器的固有线宽,由 X 射线激发的电子-空穴对数目的波动决定,定义为

$$I = 2.35 (F\varepsilon E)^{1/2} \tag{32.3}$$

式中,F 为 X 射线计数泊松分布的法诺系数;ε 为在探测器中激发一个电子-空穴对所需能量;E 为 X 射线的能量。由于这两个因素的影响,只有在由 IEEE 定义的标准分析条件下才能定义实验分辨率。

R 的 IEEE 标准

R 的 IEEE 标准为 Fe^{55} 源所形成的 Mn 的 K_α 峰的 FWHM，信号处理速率为 10^3 cps，脉冲处理时间常数为 8 μs。

由于 Fe^{55} 具有放射性，因此尽量在 AEM 腔内测量探测器的分辨率。纯 Mn 样品并不常见，因此可用薄 NiO 样品（Egerton 和 Cheng）测量腔内探测器的分辨率，也可用 O 的 K 峰测量探测器低能分辨率。可从为 EM 实验室提供样品的商业公司买到合适厚度的 NiO（小于 50 nm）。元素周期表中 Ni 与 Mn 十分接近，因此可准确测量分辨率（分辨率随入射 X 射线能量的增大而降低，因此比用 Mn 样品稍差）。也可以用 Cr 薄膜代替 NiO。探测器的 R 值会随入射 X 射线多少的变化而变化，因此要注意 R 随时间的变化。

计数率影响

即便数字电子系统能处理较高的计数率，但是随着温度升高及计数率的增大，探测器分辨率降低。

许多 XEDS 计算机系统都自带软件计算 R 值，而非直接测量 Mn 或 Ni 峰的半高宽。但是最好自己测量一次 R 值：以峰最大值的二分之一为准，作基线的平行线与峰两侧相交的截距，即为峰的半高宽，如图 32.10。

探测器分辨率

以 Mn 的 K_α 作为测量标准，Si(Li) 探测器的分辨率约为 140 eV，最佳小于 130 eV。IG 探测器的最佳分辨率为 114 eV。SDD 的分辨率为 140 eV，Peltier 冷却后可达 130 eV。

由于 Ge（2.9 eV）的 ε 值比 Si（3.8 eV）小，IG 探测器的 R 值比 Si(Li) 探测器的大。分辨率为探测面积的函数，上面给出最佳分辨率是 10 mm^2 探测器的。30 mm^2 或 50 mm^2 的探测器，一般安装于 AEM 腔内以增大计数率，但是分辨率要比上图中差 5~10 eV 的。因此注意测量 AEM 的 R 时，分辨率可能进一步变差。AEM 腔内的 30 mm^2 Si(Li) 探测器的分辨率一般优于 140 eV，即便是估价值也要差 10 eV 左右。

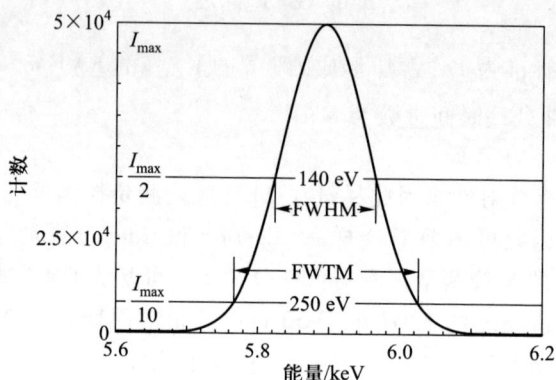

图 32.10　可由 Mn 的 K_α 峰半高宽（FWHM）所对应的信道数目确定 XEDS 探测器的能量分辨率。信道数乘以每个信道的能量即为分辨率，腔内一般为 130～140 eV。ICC 会造成峰在低能部分的畸变，可由十分之一高宽（FWTM）测得。一般情况下，FWTM 约为 FWHM 的 1.83 倍

　　XEDS 探测器的实际分辨率与理论极限值相差多少？忽略漏电流和电子组件噪声，即式（32.2）中 $P = X = 0$，则 $R = I$。以 Si 为例，$F = 0.1$，$\varepsilon = 3.8$ eV，Mn 的 K_α 线在 5.9 keV 处，可得 $R = 111$ eV。因此，分辨率似乎没有多大提高空间。半导体探测器的分辨率远低于晶体能谱仪和辐射热测定器（1～10 eV，也可小于 1eV）。由于 I 依赖于 X 射线的能量，轻元素的 K 线半高宽小于 100 eV。第 34.5 节中将提到一些信号处理方法以提高分辨率。

32.9　XEDS 的一些基本知识

　　监控 XEDS 探测器一些基本参数可判断其是否正常工作。很多测试都有标准程序（见 Lyman 等总结的 XEDS 实验室），Zemyan 和 Williams（1995）对其做了总结。在 SEM 中，Si(Li) 探测器的寿命长达 10 年或者更久。但 AEM 腔内环境较差，探测器的寿命很短，因此，大多探测器都装有保护窗以延长探测器寿命（见第 32.11 节），一般只在采集能谱时打开保护窗。分析样品较厚区域（这会浪费时间），视场恰好穿过栅格，或者插入物镜光阑，保护窗会打开（这种情况下一定要熟识本章知识），此时要"溢满"探测器并关闭电子器件。碰到这种情况，等待系统恢复后求助于制造商。若这种情况频繁发生，就会严重损伤探测器。

探测器损伤

X 射线或电子流剂量过大都会损伤探测器；因此监视探测器工作性能十分重要，才能对多次量化分析结果进行有效比较。

因此要了解所用 XEDS 系统的操作规范以及监测方法。这些规范可具体到探测器变量和信号处理变量。

下面提到探测器的所有测试和操作，都必须与实验室管理员或者仪器校正师商讨，否则很容易损伤探测器。

32.9.1　探测器变量

很多因素都会导致探测器分辨率降低，以下两种最为常见：

■ 高能射线损坏本征区。
■ 冰晶阻塞使液氮冷却器起泡。

上文讨论了避免第一种问题的方法。液氮使用要注意以下 3 点：① 液氮必须过滤才可装入冷却装置。② 冷却器中的液氮不能循环使用。③ 如果冷却器中的液氮起泡，可以考虑加热探测器，或者求助于制造商。

或者也可向制造商建议使用非液氮冷却装置。

加热注意事项

只有在与制造商达成共识，并且关闭偏压之后，才能加热探测器至室温（要考虑对 Li 的影响）。

不完全电荷采集(ICC)：由于死层的存在，部分 X 射线损耗在死层中，因此 X 射线峰形不是理想的高斯分布，而在低能部分出现拖尾。可由十分之一高宽(FWTM)和半高宽(FWHM)的比值衡量 ICC 效应，如图 32.10。

在 Si(Li)探测器中，由于 X 射线对 Si 的荧光作用，使得 P 的 K_α 峰不完全电荷收集(ICC)效应最强。Si 中存在大量缺陷，也会导致 ICC，比如，来自大量背散射电子的损伤。晶体的缺陷相当于复合位，对晶体进行退火处理可有效减少晶体缺陷（见上文）。IG 探测器中也用 FWTM/FWHM 表示 ICC。如果 Ni 的 K_α 峰的 FWTM/FWHM 比值大于 2，说明探测器存在严重问题，应及时更换。SDD 死层很薄，因此 ICC 最小。

探测器的污染：使用一段时间，即便在 UHV STEM 中，探测器表面或窗口上的冰或碳氢化合物会逐渐增多，造成探测器污染，降低低能 X 射线的探测效率。由于探测器腔内残余的水蒸气，或者窗口上存在小孔，任何探测器都无法避免污染。由于探测效率随时间缓慢变化，因此这个问题不易察觉，只有发现同一样品中轻元素两次的量化分析出现差异才能发觉。因此，要监测低能部分能谱质量：一般用 Ni K_α/Ni L_α 的比率为标准监测污染（见 Michael 的专著）。

理想的高斯峰

理想高斯峰的 FWTM/FWHM 比率为 1.82（Mn 的 K_α 峰或者 Ni 的 K_α 峰），但是探测器对低能部分 X 射线吸收更为强烈。

对不同的探测器死层，不同的超薄窗（UTW）或常压薄窗（ATW）或不同厚度的样品，K/L 的比率都不同。因此无法确定一个标准的指数。最好的办法是在第一次使用探测器时对其进行测试，确定比率标准。随着比率的增大，低能 X 射线谱线的可靠性会降低。如果比率过大，则需加热探测器。原位机械加热装置即可升华探测器表面的冰，无须将冷却装置加热至环境温度，这已经发展为一个固定程序。但如果探测器没有安装此装置，则要按前面所讲的办法加热探测器。SDD 若一直在室温下工作，则不存在加热的问题，即便使用 Peltier 冷却，也不会冷却到液氮温度。

探测器上的冰

若探测器遭到污染或有冰沉积在表面，K_α/ L_α 比值升高；冰会选择吸收低能 X 射线。

总而言之，应该按时检测以下几点变化：

■ 探测器分辨率 由 Mn 或 Ni 的 K_α 线测量 [Si(Li)探测器为 150 eV，IG 探测器和 SDD 为 140 eV]。

■ ICC 是由 Ni 的 K_α 线的 FWTM/FWHM 比率测量得出的（理想值 1.82）。

■ 探测器中冰/污染由 Ni 的 K_α/L_α 表示。

如以上任一指标显著大于标准值，则要加热探测器，若需将探测器加热至室温，则要与制造商联系。

因此，XEDS 使用要注意以下几点：

■ 除非保护窗关闭，否则 X 射线和背散射电子流不能过大。

■ 不要在没有与制造商商议并达成一致的情况下加热探测器，且加热前必须关闭偏压。

■ 不要使用未过滤的液氮或重复使用液氮。

■ 遵守以上的注意事项，防止液氮堵塞起泡，也能避免 SDD 死层增大。

32.9.2　处理过程参量

脉冲处理电子器件正常工作需要注意以下 3 点，以保证输出计数（即能谱）反映入射 X 射线计数：

■ 检测能谱能量范围的标度。

■ 检测死时间校正电路。

■ 检测信号最大输出率。

没有改变（模拟）时间常数时，能量分辨率不应随时间产生太大变化。由于电子线路的稳定性得到很大改善，一年只需对探测器进行两次检测。

能量显示范围的校准：这个过程十分简单；选择能产生可由显示范围宽度（如 Cu 为 $0 \sim 10$ keV，Mo 为 $0 \sim 20$ keV）分开的 X 射线双线样品，采集能谱。如果系统有内部电子闸门定义零点，则只需要在高能谱部分有一条主线的样品。采集能谱之后，观察计算机标度是否指向峰的质心（如 Cu 的 L_α 线在 0.932 keV，K_α 线在 8.04 keV）。（第 34 章中会对特征能量做以讲解，回顾第 4 章中 E 和 Z 之间的关系。）

重 新 校 正

若峰的质心和计算机标度相差大于一个信道（10 eV），则需使用商业软件重新进行校正。

检测死时间修正电路：在固定工作时间内，脉冲处理器的输出计数随输入计数的增加线性增长，则说明死时间修正电路正常工作。

■ 选择较纯样品，常用 NiO 薄膜，它有一个较强的 K_α 峰。

■ 选择合适工作时间（一般为 50 s）和电子束流，使死时间输出为 10%。

■ 采集时间设为 $30 \sim 60$ s（此范围内尽量长），计算 Ni 的 K_α 的计数。

之后，选择更高输出计数率重复实验（例如，死时间为 30%、50%、70%）。

测量必须为线性

进行量化分析时，处理系统电子器件必须具备线性特性。

选择较大直径电子束或 C2 光阑，可以增强电子流，从而增大计数率。随着计数率的增大，死时间也应增大，但工作时间保持不变（可自己选择）。可用法拉第杯或校准曝光计测量计数随电子束的变化，两者应呈线性关系，如图 32.11。但是在实验过程中，随着死时间的增加，要增加总时间才能保证工作时间恒定。如果没有法拉第杯，可用输入计数率测量电流；但法拉第杯还有许多其他功能，比如鉴定电子源的性能，见第 5 章。

确定最大输出计数率：这个过程十分简单

■ 给定死时间（如 10%）和总时间（比如 10~30 s），采集能谱。

■ 增大电子束强度、C2 光阑尺寸或样品厚度以增大死时间。

■ 记录 Ni 的 K_α 峰的总计数。

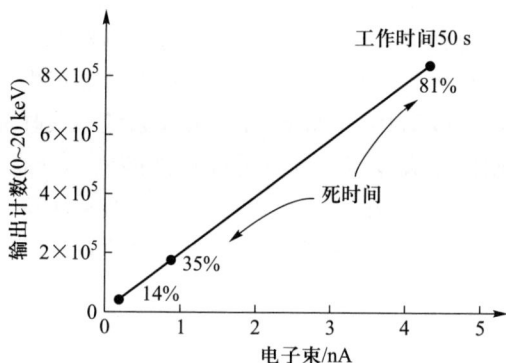

图 32.11　固定采集时间内的输出计数曲线，在一定死时间范围内，计数随入射电子束的增加线性变化。这说明死时间修正电路工作良好

随着死时间的增大，计数增大；死时间增大到某一特定值（由系统电子元件决定）时，计数达到最大值；之后随着死时间的增大，计数下降。这是因为在计数达到最大值后，固定总时间内死时间大于工作时间，因此计数下降。如图 32.12A，在现代系统中，计数最大值出现在 60% 死时间处，较早系统中最大值出现在 30% 死时间处。若为数字系统，可选取不同的时间常数（τ）重复上述实验，计数随时间常数 τ 的减小（能量分辨率下降）而增大，如图 32.12A。如果在最大值处测量，则可在最短时间内得到最大计数。就像我们刚才所讲过的，高的计数比高分辨率更有用，因此，除非峰间相互交叠，都要选取最小 τ 值。数字系统比模拟系统更需要注意这点。

若样品很薄，在死时间大于 50% 时，不能产生足够的 X 射线计数，因此曲线不能达到最大值，尤其是在时间常数较短的数字处理系统中。出现这种情况，则需选择较厚样品。

某些情况下要得到尽可能大的计数（比如增大分析灵敏度，见第 36 章），此时若收集足够薄的样品产生的 X 射线，一般不会出现探测器过载现象。若样品较厚且电子束较强，模拟电子处理系统，甚至数字系统，都可能出现过载现象。若要求高计数率，则应当考虑使用 SDD。图 32.12B 为使用 SDD 得到的高输出计数率。TEM 的问题是如何充分利用电子处理系统产生其可以处理的最大计数。

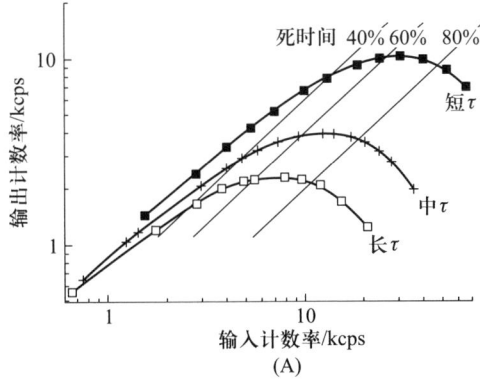

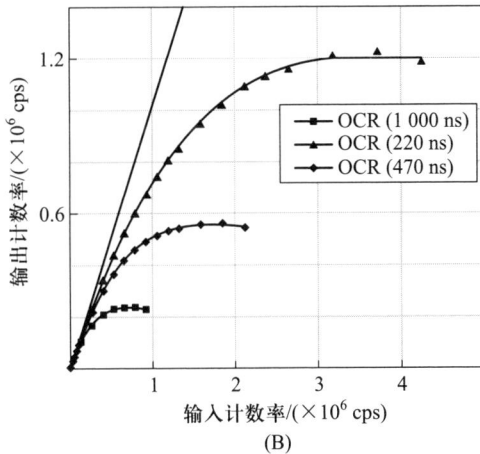

图 32.12 （A）给定工作时间时，输出计数率为死时间的函数。60%死时间处效率最高。系统工作应该在最大输出计数率，否则需要更长的工作时间采集能谱。增加时间常数（模拟系统）会导致计数效率降低，从而使得输出计数率降低。（B）SEM 中 SDD 3 个不同时间常数下的能谱，注意输出计数率突然增大到 1.2×10^6 cps

样 品 过 薄

在 XEDS 中，很可能由于样品过薄而无法产生足够计数。

如图 32.13 所示，数字系统可处理连续分辨率范围内的较大输出计数，而模拟系统只能针对与每个特定（本例中为 6）时间常数对应的几个固定分辨率。C_s 校正电镜中允许使用较大光阑，因此较小电子束斑包含较大电子流。但是目前 C_s-TEM 中配置的是较早的模拟 XEDS 系统。

综上所述，要时常检测以下几个方面：

■ 计算机显示器的能量刻度。

■ 由输出计数率随电子束的线性关系检测死时间电路（图 32.11）。

■ 固定总时间内的计数应为电流强度的函数，以此确定最大输出计数率（图 32.12）。

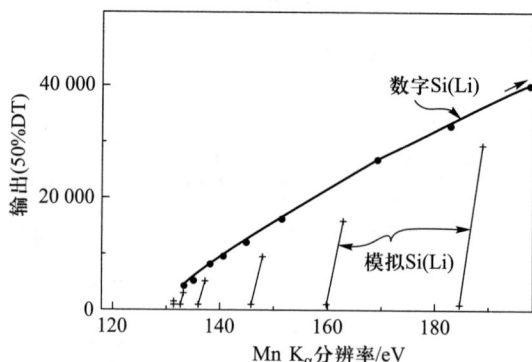

图 32.13　死时间为 50% 时，数字脉冲处理系统得到 X 射线的连续输出，而模拟系统则只能给出各个固定时间常数处的离散输出

32.10　XEDS-AEM 接口

高能电子束轰击样品，电子发生散射。而这些散射电子打到样品或者 TEM 的其他部分都会产生特征和韧致辐射 X 射线（有些散射电子甚至与电子束能量相同）。几十或上百 keV 的 X 射线穿透能量较强，轰击任何物体都可以荧光发射 X 射线。理想情况下，XEDS 应该只"看到"电子束样品相互作用产生的 X 射线。但是无法阻挡样品台和样品其他区域产生的 X 射线进入探测器，如图 32.14。准直器是阻止样品台的干扰射线进入探测器的最后一道防线。

理想的准直器由内外表面都镀有低序数材料（Al、C 或 Be）的高序数材料（如 W、Ta 或 Pb）组成。低序数镀膜能减少进入扫描仪的背散射电子产生的 X 射线。高序数材料则能吸收高能韧致辐射。准直器内侧的挡板可阻止 X 射线产生的背散射电子进入探测器。没有一种准直器能完全阻挡其他区域的 X 射线，因此第 33 章会具体讨论系统 X 射线的贡献。

准 直 器

准直器定义了探测器的采集角和进入探测器的 X 射线的平均出射角。

32.10.1 采集角

探测器的采集角(Ω)是指样品的分析点对探测器前表面有效面积的立体角，如图 32.14，其定义为

$$\Omega = \frac{A\cos\delta}{S^2} \qquad (32.4)$$

式中，A 为探测器的有效面积（一般为 30 mm²）；S 为分析点到探测器表面的距离；δ 为探测器表面法线与探测器到样品连线的夹角。大多 XEDS 系统中，探测器晶体朝样品倾斜使得 $\delta=0$；那么 $\Omega=A/S^2$。将样品靠近探测器可增大 Ω。

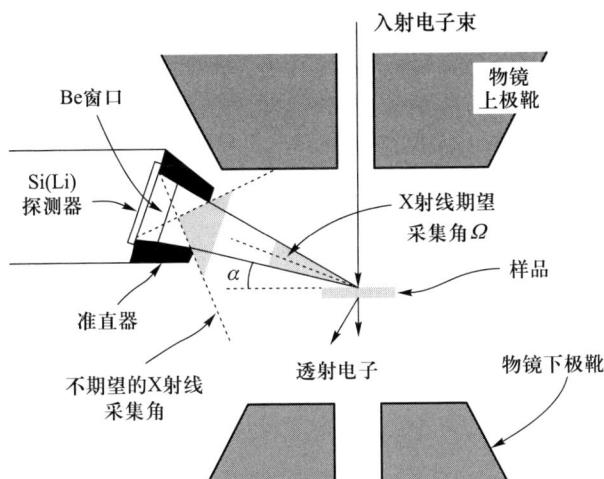

图 32.14 为 XEDS 和 AEM 样品台之间的连接装置，可以看出探测器如何区分来自电子束-样品相互作用区域的 X 射线和干扰 X 射线。图中也可看出期望采集角 Ω 和出射角 α

下面会看到，多数 AEM 实验中，低 X 射线计数是限制实验精确度的主要因素。商用 Si(Li)探测器的 A 一般为 10～30 mm²，50 mm² 也越来越多。考虑样品与探测器/准直器之间的距离，可以推算 Ω 的取值范围为 0.3～0.03 sr。与铍窗口探测器和无窗口探测器相比，超薄窗口探测器的 Ω 值较小，这是由于放置聚合物窗口的格子会使采集角减小约 20%。IG 探测器中需要安装反射窗口以防止红外辐射引起探测器噪声。即便是最大的探测器，Ω 为特征 X 射线的总立体角（4π sr）的一小部分。

采 集 角 Ω

Ω 是决定 X 射线分析质量的最重要参数。因为高质量的 AEM X 射线分析需要 3 个条件：计数、计数和更多的计数。

可由样品台和准直器的大小计算 Ω。但是无法直接测量相关参量。使用标准样品比如 NiO 薄膜，在已知电子束流大小的情况下，比较不同探测器的 X 射线计数率。当给定电子束流和探测器采集角时（cps/nA/sr），可探测标准样品每秒产生的 X 射线计数，即品质因子。Ω 为 0.13 sr、电子束能量为 300 keV 的 AEM，其品质因数大于 8 000，如电子束能量为 100 keV，则品质因数约为 13 000（Zemyan 和 Williams）。电离横截面的增大导致其在低能部分增大。

由于物镜上的极靴阻碍了准直器，限制了 S，因而限制了 Ω 的大小。增加极靴间距可消除限制，但是这样会降低电子束最大强度和成像分辨率。C_s-AEM 则克服了上述缺点，掀开了 AEM 中 X 射线分析的新纪元（Watanabe 和 Williams）。在 PIXE 系统中（Doyle 等）SDD 阵列可提供大于 1 sr 的采集角，因此 AEM 中 XEDS 有很大的发展前景。

32.10.2　出射角

出射角 α 为样品（零倾斜）表面与其到探测器中心连线的夹角，如图 32.14。也可将它定义为透射束和探测器连线的夹角，即 $90° + \alpha$。在 SEM/EPMA 中，增大 α 值可以减少大块样品对 X 射线的吸收。但在 AEM 中，增大 α 使 Ω 下降。高角度探测器应置于物镜极靴上方，距离样品更远。在 EPMA 中，来自大块样品的 X 射线很充足，Ω 较小不是问题。但在 AEM 中，必须保证 Ω 值较大。

AEM 中出射角较大，但 Ω 较小，低 X 射线计数率使得量化分析花费更多时间。将探测器放于极靴之下可将出射角最大值限制于 20°。与 EPMA 相比，AEM 中薄样品对 X 射线的吸收几乎可以忽略，因此出射角较小影响并不大。然而，如果某些样品存在吸收问题，可以将样品向探测器倾斜以减小 X 射线的路径，从而增大 α（见第 35.5 节）。但是倾斜样品会增大杂散效应（见第 33 章），降低能谱中的 P/B（峰背比）值。

出射角和计数

大的出射角和高计数率如同鱼与熊掌，不可兼得。

32.10.3　探测器相对样品的方位

此处要考虑以下两个问题。

（1）探测器是否要对准光轴？探测器被安装于几乎接触到物镜极靴的位置，当样品放于中心并且无倾斜时，探测器可以探测到光轴上所选样品区域。采集均匀样品（如 NiO 薄膜）低倍数 X 射线图像，可以判断仪器是否合轴。若探测器没有对准光轴，图像强度分布不对称。若无法得到低倍 X 射线图像，可将样品放于光轴后，倾斜电子束选择不同区域，观察 Ni 的 K_α 强度随位置的变化。强度最大值应在格子中间位置附近。当然，也可以使用 Z 控制将样品在中心平面上下移动，最大强度应出现在中心平面处。如果强度不对称，则说明探测器和准直器排列不好，部分 X 射线被探测器或准直器挡住，这就需要和制造商联系。

（2）探测器相对于图像的位置在哪里？探测器最好观测样品的较薄区域而非较厚区域，如同图 32.15A。这样 X 射线穿过样品的路径最短。在 TEM 中，若 BF 像随放大倍率的变化而旋转，那么探测器相对于图像（接收屏上）的位置也会随放大倍率而改变。STEM BF 图像不旋转，则探测器相对于图像位置固定。若探测器的 y 轴垂直于样品台的主要传播轴（x 轴），位置就很好确定。在这种情况下，将图像稍微向 $+x$ 轴方向移动，那么在 TEM 图像中就可看出探测器沿 $+y$ 或 $-y$ 方向移动。STEM 中图像有时会与相对于 TEM 中的旋转 180°，要将这种情况考虑在内。这种情况对 3D 观测有利。

使用 AEM 过程中，常会分析或者绘制平面界面的元素分布图，那就需要倾转样品，使缺陷平面与探测器轴和电子束方向平行，保证探测到的 X 射线穿过相同组分的区域而非经过界面。可倾转样品台是最佳选择，但若使图像背底过大，则需取出样品，手动调整样品位置，从而保证界面方位正确（见图 32.15B）。

样 品 位 置

XEDS 探测器要观测样品的较薄区域并且与所要分析的任意缺陷平面相平行。

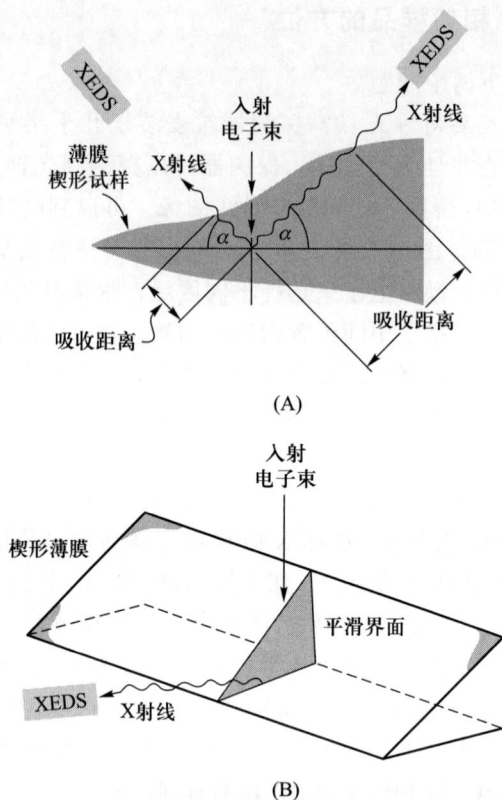

图 32.15　（A）X 射线的路径取决于 XEDS 探测器相对于楔形薄膜的位置。探测器所观测样品最薄，X 射线路径最小，样品对 X 射线的吸收最小。（B）分析面缺陷时 XEDS 探测器的最佳方位：缺陷面平行于探测器轴和入射电子束方向

32.11　保护探测器不受强辐射的损害

　　若大量电子束或 X 射线打到探测器上，可能致使 XEDS 电子器件瞬间饱和，这样会损坏探测器，尤其是在中电压 AEM 中。若突然将样品从薄区移到厚区，或者移动薄区样品时电子束不慎轰击到支撑格子，都可能导致 XEDS 饱和。为了避免这种情况，XEDS 探测器中安装有很多不同种类的遮挡系统，在放大倍率较低或脉冲处理系统探测到大剂量射线时，以确保 Si(Li) 探测器不受损害。

　　若没有遮挡系统，则可减小 Ω 值（沿着相对于样品的直线缩回），也可以将探测器移到样品视场范围以外。但这种方法会逐渐磨损"O"形密封环，而且

每次重新放入探测器也会有微小的移动，除非系统设置有移动探测器的装置以确保采集角和出射角不变。因此，最好安装遮挡系统。

关闭遮挡系统

为避免过多依赖自动控制系统，在选定探测区域之前，最好关闭遮挡系统，要选择足够薄的探测区域，确保产生的 X 射线束不会使探测器饱和。此外必须确定实验过程中没有插入物镜光阑。

章 节 总 结

XEDS[常为 Si(Li)探测器]是目前唯一用于 TEM 的 X 射线能谱仪。它体积小、效率高、灵敏度高。将 Si(Li)/SDD 和 IG 探测器结合起来可以探测从 Be 到 U 所有元素的 K_α 线。然而，XEDS 系统也存在一些缺陷，如需要冷却、能量分辨率低、能谱中存在许多伪像。应当掌握系统的一些基本程序并尽量避免对探测器造成损害的操作。XEDS 的使用和维护是非常简单的，主要注意以下几点：

■ 每 6 个月利用 Mn 或 Ni 的 K_α 线测量探测器能量分辨率。[Si(Li)或 SDD 探测器为 130~140 eV，IG 探测器为 120~130 eV]。

■ 每 6 个月测量一次 ICC(Ni 的 K_α 线 FWTM/FWHM 的比率：理想值为 1.82)。

■ 若无 SDD 或 Peltier 冷却 Si(Li)探测器，则要通过每月测试 Ni 的 K_α/L_α 比率来监测冰的堆积。

■ 每 6 个月校正一次显示器能量量程的刻度，尤其是使用 SDD 时更要注意。

■ 每 6 个月测量输出计数率是否随粒子束强度线性变化，检测死时间修正循环电路的情况。

■ 每 6 个月测量固定总时间的计数，它为电子束的函数，确定最大输出计数率。

■ 准备分析时要确保遮挡系统关闭。

■ 分析前一定要退出物镜光阑。

■ 确保 XEDS 系统对准样品楔形/圆盘形区域的薄边。

> XEDS 系统到 AEM 的连接装置十分重要，它决定了计数率，可实现吸收校正，防止杂散 X 射线进入探测器造成能谱中的伪像。关于 AEM 中 XEDS 的选择，都应当以最大计数率为首要考虑条件。
>
> 表 32.2 对比了本章中提到的所有探测器。

参考文献

常用书籍

Garratt-Reed，AJ and Bell，DC 2002 *Energy-dispersive X-ray Analysis in the Electron Microscope* Bios（Royal Microsc. Soc.）Oxford UK. 与本书中的 XEDS 章节类似。

Goldstein，JI，Newbury，DE，Echlin，P，Joy，DC，Romig，AD Jr，Lyman，C.，Fiori，CE and Lifshin，E 2003 *Scanning Electron Microscopy and X-ray Microanalysis* 3rd Ed. Springer New York. SEM/EPMA 中深入处理 XEDS 的各个方面，包括电子设备的详细信息（第 32.7 节）。

Goodhew，PJ，Humphreys，FJ，and Beanland，R 2001 *Electron Microscopy and Analysis* 3rd Ed. Taylor and Francis New York. 涵盖 SEM，TEM 和 AEM 的广泛介绍。

Jones，IP 1992 *Chemical Microanalysis Using Electron Beams* Institute of Materials London. 定量 AEM；大量的计算来说明分析原则；对于严肃的 X 射线分析师来说至关重要。

Williams，DB，Goldstein，JI and Newbury，DE，Eds. 1995 *X-Ray Spectrometry in Electron Beam Instruments* Plenum Press New York. 告诉你需要了解的全部内容以及更多有关 SEM/EPMA（主要）和 TEM 中的 X 射线检测和处理信息。

本章参考文献

Doyle，BL，Walsh，DS，Kotula，PG，Rossi，P，Schulein，T and Rohde，M 2004 *An Annular Si Drift Detector μPIXE System Using AXSIA Analysis* X-Ray Spectrom. **34** 279−284. 说明 SDD 阵列的使用。

Egerton RF and Cheng SC 1994 *The Use of NiO Test Specimens in Analytical Electron Microscopy* Ultramicrosc. **55** 43−54. 正如它所说的！

Lund，MW 1995 *Current Trends in Si(Li) Detector Windows for Light Element Analysis in X-Ray Spectrometry in Electron Beam Instruments* DB Williams，JI Goldstein and DE Newbury，Eds. 21-31 Plenum Press New York. 窗口的详细综述。

Lyman，CE，Newbury，DE，Goldstein，JI，Williams，DB，Romig，AD Jr，Armstrong，JT，Echlin，PE，Fiori，CE，Joy，D.，Lifshin，E and Peters，KR 1990 *Scanning Electron Microscopy*，*X-Ray Microanalysis and Analytical Electron Microscopy*；*A Laboratory Workbook* Plenum Press New York. 包括一些 XEDS 的标准测试。

Michael，JR，1995 *Energy-Dispersive X-ray Spectrometry in Ultra-High Vacuum Environments in X-Ray Spectrometry in Electron Beam Instruments* Eds. DB Williams，JI Goldstein and DE Newbury p83 Plenum Press New York. 使用 Ni 的 K_α/L_α 值。

Mott，RB and Friel，JJ，1995 *Improving EDS Performance with Digital Pulse Processing in X-Ray Spectrometry in Electron Beam Instruments* Eds. DB Williams，JI Goldstein and DE Newbury 127-155 Plenum Press New York. 在第 32.7 节中讨论的数字处理。

Newbury，DE 2006 *The New X-ray Mapping：X-ray Spectrum Imaging Above 100 kHz Output Count Rate with the Silicon Drift Detector* Microscopy and Microanalysis **12** 26-35. 使用 SDD 进行映射。

Sareen，RA，1995 *Germanium X-ray Detectors in X-Ray Spectrometry in Electron Beam Instruments* Eds. DB Williams，JI Goldstein and DE Newbury 33-51 Plenum Press New York. IG 探测器。

Statham，PJ 1995 *Quantifying Benefits of Resolution and Count Rate in EDX Microanalysis in X-Ray Spectrometry in Electron Beam Instruments* Eds. DB Williams，JI Goldstein and DE Newbury 101-126 Plenum Press New York. 平衡计数率和分辨率。

Terauchi，M and Kawana，M 2006 Soft-X-ray *Emission Spectroscopy Based on TEM—Toward a Total Electronic Structure Analysis* Ultramicrosc. **106** 1069-1075. 基于 WDS 的 CCD。

Terauchi，M，Yamamoto，H and Tanaka，M 2001 *X-ray Emission Spectroscopy*，*Transmission Electron Microscope*，*DOS of the Valence Band*，*Soft-X-ray Spectrometer*，*B K-emission Spectra*，*Hexagonal Boron-Nitride* J. Electr. Microsc. **50**(2)101-104. 发展用于透射电子显微镜的亚电子伏分辨率的软 X 射线光谱仪。

Watanabe，M and Williams，DB 2006 *Frontiers of X-ray Analysis in Analytical Electron Microscopy：Toward Atomic-Scale Resolution and Single-Atom Sensitivity*

Microscopy and Microanalysis **12** 515–526. 球差校正 AEM。

Wollman, DA, Nam, SW, Hilton, GC, Irwin, KD, Bergren, NF, Rudman, DA, Martinis, JM and Newbury DE 2000 *Microcalorimeter Energy-Dispersive Spectrometry Using a Low Voltage Scanning Electron Microscopy* J. Microsc **199** 37–44. XEDS 的辐射热测量计。

Zemyan, SM and Williams, DB 1995 *Characterizing an Energy-Dispersive Spectrometer on an Analytical Electron Microscope in X-Ray Spectrometry in Electron Beam Instruments* Eds. DB Williams, JI Goldstein and DE Newbury 203–219 Plenum Press New York. XEDS 标准测试总结。

网址：XEDS 制造商

1. www. bruker-axs. de/.
2. www. edax. com/.
3. www. oxinst. com.
4. www. pgt. com.
5. www. thermo. com/.

自测题

Q32.1　定义：XEDS, IG, SDD, AEM。

Q32.2　说明 X 射线进入探测器并转化为能谱的 4 个步骤。

Q32.3　区分总时间, 工作时间和死时间。

Q32.4　区分探测器的死层和激活层。

Q32.5　列出 4 种 AEM 中会损伤探测器的操作。

Q32.6　X 射线微量分析中以下哪个因素更为重要：X 射线计数, X 射线能量分辨率, X 射线出射角还是样品倾角?

Q32.7　对 XEDS 而言, 最佳加速电压为多少?

Q32.8　为什么 Si 探测器必须进行 Li 掺杂, 而 IG 探测器不用(提示：考虑"I"的含义)?

Q32.9　Li 为什么会影响探测器操作(性能)? SDD 中为什么没有 Li?

Q32.10　哪种探测器适合探测(a)高序数材料, (b)低序数材料? 为什么?

Q32.11　为什么脉冲处理系统要将 X 射线光子转换为能谱?

Q32.12　什么是合理死时间? 探测器电子器件的性能对它有什么影响?

Q32.13　为什么数字处理系统优于模拟处理系统? 给出一个特例。

Q32.14　XEDS 相对于 WDS 有哪些优势?

Q32.15　XEDS 有哪些缺陷？

Q32.16　总结大采集角 Ω 的利弊。实际情况下，Ω 的极限值是多少？

Q32.17　总结大出射角 α 的利弊。实际情况下，α 的极限值是多少？

Q32.18　为什么大采集角 Ω 比大出射角 α 重要？

Q32.19　分析探测器前准直仪的重要性。

Q32.20　TEM 的哪些方面限制了晶体阵列探测器比如 SDD 的使用？

Q32.21　由上文可知，无法最大化出射角 α，但为什么对 X 射线分析影响不大？

Q32.22　准直仪中采用哪种材料避免在准直仪内部产生 X 射线？这些 X 射线最初由什么导致？

Q32.23　开启 XEDS 探测器，但是却没有任何 X 射线进入系统。分析造成这种情况的原因。

章节具体问题

T32.1　分析哪些因素影响能量色散谱中特征峰的形状和背底强度，如图 32.2A。

T32.2　列举 3 条用液氮冷却 Si(Li)探测器和 IG 探测器的原因以及由此产生的 3 种不良后果。由主要 EDS 制造商的网站查阅是否有替代液氮冷却的其他方法？为什么一定要将 SDD 冷却至液氮温度？

T32.3　与 Si(Li)探测器相比，为什么 IG 探测器具有以下优势：（a）较高能量分辨率；（b）对高能电子束损伤的抵抗更强；（c）对液氮意外减少的敏感度较低；（d）更好地探测高能 X 射线？即便有上述优势，为何 IG 探测器应用并不广泛？

T32.4　与 Si(Li)探测器相比，为什么波长色散谱仪（WDS）具有以下优势：（a）较高能量分辨率；（b）输出计数更大；（c）伪像较少？即便有上述优势，为何 WDS 在 AEM 中未普及？

T32.5　为什么随着死时间的增大，输出 X 射线计数率增大到一定值后反而减小（见图 32.12A）？

T32.6　在 AEM 操作中，为什么不能经常选择最大计数率（提高技术统计，从而减小误差），减少最短采集时间（减小电子束对样品的损伤）？

T32.7　分析图 32.12 中的曲线，解释为什么图像说明是正确的（是否正确？）。

T32.8　举例说明怎样克服图 32.12 曲线中的限制因素？

T32.9　为什么与 XEDS 相比，SDD 能得到更大的输出计数率？

T32.10　将准直仪挡板从 AEM 中拆除，会造成哪些后果？

T32.11　同时拥有最大采集角和最大出射角有什么好处？在实际操作中为何取一个折中点？解释为什么引入球差校正之后解决了这个问题？

T32.12　图 32.9 为安装于 TEM 的 WDS 系统。为什么它没有普及（详细讨论）？

T32.13　参考图 32.9D，为什么 EDS 的峰形比辐射热测定仪的峰形宽很多？有什么方法可以改进？

T32.14　由背散射电子探测器得到的图像中有 3 种不同的衬度，如何进行下一步分析？

T32.15　一个地质学样品的能谱在 0~10 keV 背底很强。这个样品是什么？如何补偿能谱中的强背底？

T32.16　与其他探测器相比，无窗口探测器表面更容易污染上一层冰或者碳水化合物，是否因为这个原因弃用无窗口探测器？

T32.17　对生物或者聚合物样品进行 XEDS 能谱采集后，关闭 AEM 对话框，但却发现无法从腔中取出样品。分析出现这种情况的原因？

T32.18　显微镜内有 Si(Li) 探测器的情况下，打开 IG 探测器接收 20 keV 以下的 X 射线。但是发现打开之后，好像能谱中逃逸峰的数目突然增多，分析造成这种情况的原因。

T32.19　有人觉得试图使得 XEDS 能量分辨率最佳这一做法十分可笑，为什么？

T32.20　是否会有一些较强峰的低能边覆盖一些隐藏峰？如果出现这种情况应该如何解决？

T32.21　一个初学者想要用 WDS 替代 TEM 中的 XEDS，以提升能量分辨率。这么做会带来什么后果？

T32.22　用 XEDS 分析一块地质学样品，证明其中包含 Si、Al、O 和 Fe。用 X 射绘制同一区域的元素分布信息，发现样品中多个区域都含有 Cu。解释原因。

第 33 章
X 射线谱及成像

章 节 预 览

样品中产生的 X 射线谱由元素特征峰叠加非特征背景而成，而 X 射线能量色散谱(XEDS)系统是一种典型的技术，我们曾描述过它的局限性，同时在这一章将看到它同样会倾向于在谱中产生小的假峰。进一步，在分析型电子显微镜(AEM)中，不可避免地被散射的电子和 X 射线的出现也会降低产生谱的质量以及在显示的谱中增加伪峰。AEM 照明系统和样品台都是丰富的辐射源，并不是所有的辐射都是来自你感兴趣的区域。因此必须谨慎，以保证你所采的谱是主要来自你想要分析的区域，同时我们描述了你需要进行的几个测试以确保 XEDS-TEM 接口是最优化的。一旦你明白在谱中什么是想要的内容，什么是不想要的，我们将会向你展示不同的方法来采集谱和显示谱线，以及利用谱线得到 X 射线成像。特别是数字谱成像，它是最强大的技术，可以用来最优化处理来自低计数薄片的信息。

33.1　理想谱

回到第 4 章，我们知道电子可以产生两种 X 射线。一种是，当电子离子化原子后，原子回到基态会放射出特征 X 射线，它是离子化原子所特有的（如图 4.2）。另外一种是电子由于和原子核存在静电相互作用而速度骤减，产生连续轫致辐射射线，它与特征峰一起通过 XEDS 探测以及显示（参见图 4.6，实验性的图见图 32.2，以及文中很多其他的图）。

33.1.1　特征峰

一些更为详细的修订：电子束通过激发内部或核壳层电子而留下空穴来离子化样品中的原子。这个事件发生的概率主要取决离子化截面。而后每个弱束缚壳层电子填充电子空穴的跃迁组成的一连串跃迁开始发生（在那个壳层留下的空穴），最终最后的电子从导带落到核壳层。每个跃迁产生特征 X 射线，或者产生俄歇电子，产生哪个取决于荧光产额。特征 X 射线有一个非常确定的能量以及典型的 $1 \sim 5$ eV 的自然半宽（X 射线能量高斯分布的半宽）。然而，正如前面章节所述的内容，XEDS 把这种高斯型半宽退化到（135 ± 10）eV。我们会用"线"来标识实际的在高斯峰位的 X 射线能量，例如我们会讨论 K 线、L 线、M 线等系列（XEDS 计算机显示时会把一条线叠加到 K、L、M 等峰位）。给定元素的特征峰位的实际的计数（强度）以及不同元素的谱的相对差别是非常复杂的，我们就此将在下一章（第 34 章），对谱的细节以及定量的分析进行更多的讨论。就目前来说，所有你需要知道的是，一般来说低能 X 射线的峰的强度要比高能的强，越重的元素，特征峰越复杂。同样，小于 1 keV 的 X 射线最终会被样品以及探测器吸收，因此这种吸收加上低的荧光产额最终会导致我们难以探测到约低于 110 eV 的 X 射线（Be 的 K 线）。

33.1.2　连续轫致辐射背景

X 射线谱的连续轫致辐射背景，它是由于电子束与样品中原子核之间的静电势相互作用而减速或停止而产生的。轫致辐射在电子束能量处强度为 0（因为我们不能得到比电子束更多的能量），然后开始升高，直到它在 0 能处变得无穷大。这种分布可以通过 Kramer 定律进行有效的理解和数学描述，正如前面章节中图 4.6 所述的内容。对 Kramer 定律的修正可以很好地解释 X 射线的吸收，以及精确地描述实验上观测到的轫致辐射谱的分布，即使是在薄的样品中也可以成立。所以，正如我们从图 1.4 和图 32.2 所看到的，净余的效果是 X 射线谱将包含叠加在连续轫致辐射谱上的具有高斯形的特征 X 射线峰，这点可以从图 32.2F 看得更清楚。更多的谱将会出现在这一章以及后面的章节，同时我们注意到，可以从特征峰建立元素图像。

但不幸的是，样品产生的 X 射线谱与 Si(Li)探测器所探测到的谱，以及和显示在计算机上的谱是很不一样的，这使得 X 射线谱线测定变得很困难。所以理解什么因素影响你的特征峰计数是完全必要的。否则我们很难从峰位去辨别样品中出现什么元素，并以此从峰强去确定元素的含量。

我们先描述 XEDS 系统如何生产假峰(逃逸峰、和峰以及内部荧光峰)，然后我们向你展示 AEM 如何贡献不需要的 X 射线，它们会混淆易受骗的操作者去分析那些实际上样品中并没有的元素。错误地理解那些存在或不存在的元素可能导致实际的问题，比如你可能正在为特定材料的特定应用就适合性或别的方面做出决定，或更糟糕的是基于你的样品的化学成分做出法医学或医学层面上的定论。关于这些的更多内容将在第 34 章论述。

33.2 Si(Li)XEDS 系统常见假峰

XEDS 系统会把假峰引入谱当中。虽然我们理解这些假峰，但不幸的是它们仍然会不时误导那些容易受骗的操作员。参见 Newbury 写的回顾。我们可以把假峰分为两组。

■ 信号探测假峰：比如逃逸峰以及内部荧光峰。
■ 信号处理假峰：比如和峰。

逃逸峰：由于探测器并不是对所有的 X 射线都是理想的接收端，可能有小部分的能量丢失而没有被转化成为电子−空穴对。当入射光子的能量激发 Si 的 K_α X 射线，这种 X 射线会从内部逃出，这种情况最容易出现逃逸峰。这个探测器会对能量为 1.74 keV 的 X 射线是透明的，如图 33.1 所示。

逃 逸 峰

Si 逃逸峰出现在真实特征峰的 1.74 keV 下面。

逃逸峰的量级取决于探测器的设计以及诱发荧光的 X 射线能量。磷(P)最能有效产生 Si 的 K_α 射线，但是即使在设计良好的探测器中，甚至是 P 的逃逸峰也只有不到 P 的 K_α 峰强度的 2%。这个事实解释了为什么你要在主特征峰出现时才能看到逃逸峰。更多的逃逸峰会出现在 IG 谱里，因为我们可以使探测器中 Ge 的特征 K_α(9.89 keV)和 L_α(1.19 keV)发荧光。每一个都会对应一个逃逸峰。SDD 比典型的 Si(Li)晶体更薄，所以可能有更大的概率出现逃逸峰。

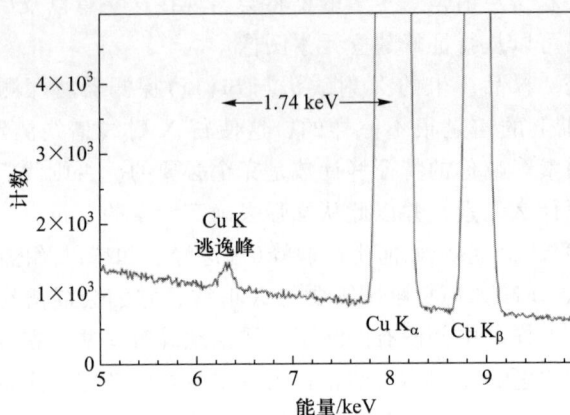

图 33.1　来自纯铜 X 射线谱中的逃逸峰，它比铜 K_α 峰小 1.74 keV。K_α 峰被截短，因为它比逃逸峰大 50~100 倍

分析软件应该能够识别逃逸峰，并删掉它，并把峰强弥补到所属特征峰。由于逃逸峰很小，它很少成为问题，除非你可能误认它是某个并没有的元素发出来的。

内部荧光峰：这是一个来自 Si（或 Ge）探测器死层的特征峰。入射光子会使死层发出荧光，导致 Si 的 K_α 或者 Ge 的 K/L 系 X 射线进入探测器内部区域，而探测器并不能区分这些射线的来源，它会把它们当作是谱中的一个小峰。虽然半导体探测器不断地改进，死层越来越薄，内部荧光假峰不断地缩小，但是它仍没有完全消失。因此我们必须注意。

很明显，如果你正要从谱中寻找少量的 Si，在很长的计数时间之后，你总是可以在 Si(Li)谱中找到它。Si K 峰的强度对应样品成分的 0.1%~1%（见图 33.2），具体值取决于死层厚度，因此当你注意到它的时候，它不太可能成为主要的问题。IG 探测器也有类似的效应，但由于非常薄的死层，SDD 应该有很大的优势。

长计数时间

在长计数时间情况下，一个小的 Si K_α 峰会出现在从 Si(Li)探测器得到的所有谱中。

和峰：正如我们之前所说的，电子学处理单元会在分析每个脉冲和分配正确的能量通道时关掉探测器。当计数率超过电子学分辨单独脉冲的能力时，脉

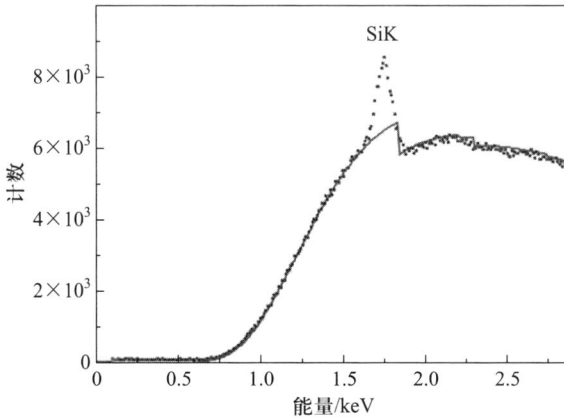

图 33.2 来自由铍窗口 Si(Li) 探测器测到的纯碳谱的 Si 内部荧光峰。这个理想的谱由连续的线进行拟合，它仅显示了 Si 吸收边

冲堆积效应会发生，从而导致和峰出现。以下情形时，这种情况很可能发生：

- 输入计算率很高。
- 死时间 $> \sim 60\%$。
- 谱中有主特征峰。

电子学简单地讲不可能是完美的。两个光子可能极偶然地同时进入探测器。分析器会把两个光子的总能量认为是一个光子的。由于这种巧合事件在有主峰的 X 射线谱里很可能发生，和峰首先出现在两倍主峰能量处，如图 33.3 所示。

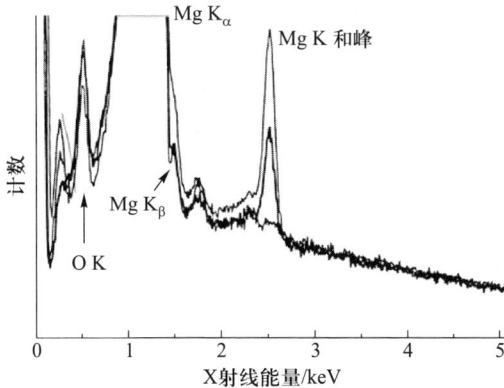

图 33.3 在纯 Mg 的（被氧化的）块材料 Mg 样品的谱中，Mg 的和峰（恰巧）在两倍 Mg 的 K_α 峰位处出现。和峰随着死时间减少而锐减；顶部曲线的死时间是 70%，中间曲线是 47%，最下面的曲线是 14%。在 14% 的死时间时，假和峰接近于背景强度

如果你使用 SDD 探测器，由于你有球差校正 AEM，以及尝试最大化计数率，会产生多个和峰，从而在你的分析中导致很严重的理解问题。有证据表明数字处理事实上比模拟处理要严重得多，而数字模拟混合系统正被考虑使用在SEM 领域，因为在 SEM 中和峰是一个很大的问题。

和　　峰

在合理的输入计数率，典型值小于 10 000 cps，死时间小于 60%，和峰会消失。

通常你无法产生很高的计数率，除非你的样品很厚，因此你做 AEM 谱时很少需要担心和峰。但是，正如你所经常注意的一样，你还是小心这样做所可能带来的危险(比如 Ar 的 K_α 峰能量正好是 Al 的 K_α 能量的两倍，这使一些研究者误认为 Al 样品有 Ar 元素，而实际并没有；或者在 Ar 离子减薄的样品中忽略实际存在的 Ar)。有一种例外，你可能缺少关注的是当有强的低能峰时，残余的电子电路中的噪声会和反堆积相干。因此如果你正在分析比 Mg 轻的元素，你得小心，请使用低计数率。把死时间减小 10% ~ 20%，这样可以消除$Mg\ K_\alpha$ 的和峰，如图 33.3 所示。

大部分我们所讨论的，以及在第 34 章和第 35 章所论述的都可以通过AEM 在实验上观察到。但是它通常是有益的，而且比较容易地拟合谱线。最后我们强烈建议你从 NIST(Fiori and Swyt and 网址 1)下载不受版权控制的模拟软件"Desktop Spectrum Analyzer"(DTSA，台式能谱分析仪)；它被列在第 1.6节的推荐软件里，在其使用手册中有详细的说明。本章节以及后续章节中几乎所有的谱都是由 DTSA 产生的(某种程度是为了产生比较一致的外观)。这个软件允许你对透射电子显微镜(TEM)中的 XEDS 进行逼真的模拟，同时指导你有关谱处理的方方面面，比如假峰、建模，这些也会在后面 3 章讨论。

33.3　真实的能谱

在理想的 AEM 中，所有的谱都只表征与电子束相互作用的样品的选定分析区域。扫描电子显微镜/电子-探针微分析仪(SEM/EPMA)对块材料的分析接近理想情况，但是在 AEM 中，两个因素结合起来会引入错误的信息，我们称它为系统 X 射线和伪 X 射线。这种 X 射线在定性和定量上都会引进小的误差，除非你注意到这种问题，并采取适当的预防措施来辨别和弱化这些问题。两个使得 AEM 与 EPMA 不同以及导致这些问题的因素是：

■ 高能电子，它们在辐照系统中产生强的杂散的 X 射线剂量，以及散射电子。

■ 在有限空间的 AEM 样品台附近散射高能电子和 X 射线散射的薄样品。

当代 AEM 在设计上都会尽量减少部分问题，但无法完全消除。很重要的一点是，你得知道这些问题不是导致 X 射线谱畸变的主要因素，它们仅仅是引进小的峰或稍微改变峰强，等价于改变 1% 或更少的元素含量。然而，识别以及确定微量元素经常是分析其赖以存在的一个原因（比如杂质偏析），因此必须小心这些假峰。我们现在会讨论这些细节。记住，这些是 XEDS 前述假峰额外的假峰。

33.3.1　前样品效应

TEM 辐照系统产生高能轫致辐射 X 射线以及主电子束之外的被散射电子，这些都会轰击样品，产生伪 X 射线。

在不均匀样品（经常是我们想分析的）中，伪 X 射线的出现意味着在定量分析中我们将得到错误的结论。有一些综述文章（比如 Williams 和 Goldstein，或 Allard 和 Blake）阐述了如何辨别来自辐照系统的假峰，因此我们将仅叙述如何采取必要的预防措施来保证 AEM 的操作是合意的。既然假峰主要来自高能电子与镜筒部件的相互作用，比如光圈、极靴，那么你必须额外注意什么时候使用中间电压仪器。

伪 X 射 线

我们把来自样品但不是选区样品的电子探针产生的 X 射定义为伪 X 射线。

标准的探测照明系统杂散辐射的方法是让聚焦电子穿过样品中的孔洞，并看是否可以探测到样品的 X 射线特征谱。

在类似的条件下，如果孔计数谱中的主峰有强度来自样品薄区同样的主峰的几个百分比的话，你需要注意电子束照明系统。

能够很容易地决定是否存在杂散电子或 X 射线，如图 33.4 所阐明的，它向我们显示了银盘样品（图 33.4A）和孔（图 33.4B）的 X 射线谱。Ag 有高能的大约 23 keV 的 K_α 线以及低能的 3 keV 的 L_α 线。电子束穿过银圆盘中的孔时，杂散 X 射线使高能峰有效地发射荧光，杂散电子会倾向于激发低能峰。因此，来自重金属测试样品 K/L 峰比的改变程度可以作为一个判据。在第 32 章描述的 NiO 试样可以承载在钼栅上，同时 Mo 的 K/L 比也可以用来诊断。

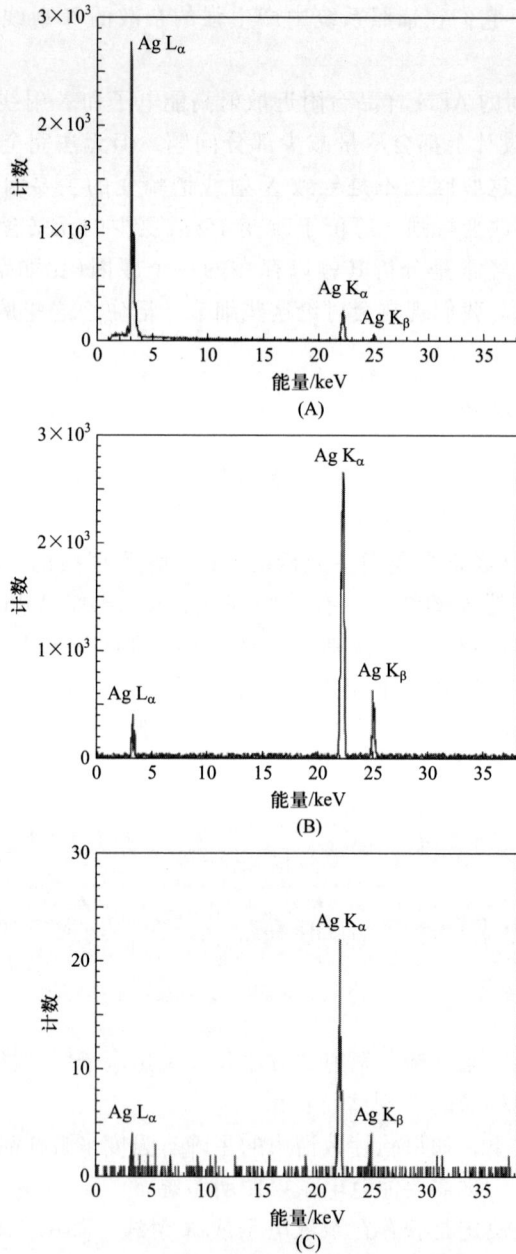

图 33.4　孔计数。(A)被主电子束轰击后 Ag 支撑圆盘产生的电子特征谱(高 L/K 比)。(B)没有厚 C2 光圈时,当电子束放置在孔下面,合理的强的 Ag 谱被探测到。这种谱有高的 K/L 比,它表明有高能轫致辐射。注意,假的 Ag K_α 孔计数强度(B)是实际 Ag K_α 峰的 50%。(C)使用 Pt C2 光圈极大地减少了 Ag K_α 的孔计数。在(C)中的 K_α 峰强小于(B)中的 1/30(注意标尺改变了)

孔 计 数

我们无法把伪 X 射线减少到 0，因此在做 AEM 时，当计数时间比较长，有时候我们会获得叠加了孔计数的谱。

首先让我们考虑产生于标准 Pt C2 光圈并穿透它的高能轫致辐射 X 射线所带来的问题（可以回顾图 6.10 来提醒自己为什么光圈会挡住电子束）。这些 X 射线照进你的样品，并在分析区域周围大的区域产生特征 X 射线荧光。这些伪 X 射线会在测试样品的谱中给出 Ag（或者 Mo）的高 K/L 比。

这些光圈理应是 AEM 里标准的固定装置（与实验室管理员核对），但它们很昂贵，而且又无法用火焰除污法清洁。当厚的光圈确实被污染时，就必须扔掉它们，否则污染会引进 X 射线源，并会在充电时把主电子束偏离主方向。

铂 顶 帽

解决这种问题的一个办法是使用具有"高帽"形状的厚的铂光圈（几个毫米），并且用轻微钻的孔来保持好的电子束的准直（见图 33.4C）。

另外一种选择是一些 AEM 在上物镜上面加上一个小的光圈来遮挡样品厚的外围区域，使其不受杂散 X 射线的辐射。

其他方式是可以在铍栅上面使用蒸发的薄膜或者窗口型抛光的薄片，而不是自支撑的圆盘，把不需要的轫致辐射效应减到最小，不过并不是总有这种选择。如果样品的厚度比荧光的自由程（大多情况是几个纳米）还小，伪 X 射线就不会产生。当然不太可能制备如此薄的样品，会花费你非常大的力气，与此同时，自支撑盘却可以相对容易而且快速地得到，因此对于研究生来说，这不是一个通常的建议。然而随着对纳米薄膜的兴趣不断增加，你可能很幸运地在将来研究这样理想的样品。

为了获得定量的、可重复的孔计数测量，我们应该使用均匀的薄样品，比如之前提到的氧化镍。这种薄膜应该由一个有低能（<~ 3 keV）L 线和高能（>~15 keV）K 线的块材支撑。厚的 Mo 或 Au 的垫圈或支撑栅都是理想的支撑块材。任何穿过 C2 光圈的轫致辐射 X 射线都会强烈地使 Mo 的 K 线或 Au 的 L 线发出荧光，与此同时，杂散电子优先激发 Mo 的 L 线或 Au 的 M 线。

厚的光圈以及薄的箔片会使残余的杂散 X 射线不会影响定量上的精度或引进可以探测到的实际在选区没有的元素的峰位。这种测试的更多细节可以参考 Lyman 和 Ackland。如果你不想有更多麻烦，可以简单地测量空穴的谱，如果有强度大于样品中对应峰位的 1% 的峰位的话，可以用实验的谱减去空穴的谱。

经 验 法 则

　探测到的 Mo 的 K_α 或 Au 的 L_α 线强度（当电子束在空穴下面时）与当电子束在样品时所获得的 Ni 的 K_α 线强度的比率应该小于 1%。

现在已弱化杂散 X 射线，让我们考虑一下所有电子没有限制在束流的概率。杂散电子会产生低 K/L 比率的空穴谱（与图 33.4B 相反）。如果系统在 C2 光圈下面有非限制束流的杂散光圈，它会消除杂散电子而不会产生任何 X 射线。这时候准直电子的主要来源通常是由 C2 透镜的球差产生的非高斯型探针电子周围的"尾巴"，如图 33.5 所示（Cliff 和 Kenway）。弱化这种效应最好的方式是在将要使用的条件下直接在荧光屏上对电子束成像，选择 C2 孔径大小来改变束斑大小，如我们之前第 5.5 节所讨论的。做一个简单的测试，移动束斑不断地向样品边缘靠近，并看什么时候开始产生 X 射线。做这个小测试时可以改变 C2 光圈顶帽的大小。如果安装有球差（C_S）校正器的话，探针将会有更小的尾巴，不过这是一个比较昂贵的解决办法，并不是所有人都能这么做。

总结：

■ 杂散 X 射线会给出一个高的 Ag 或 Mo 的 K/L 比。

■ 杂散电子会给出一个低的 Ag 或 Mo 的 K/L 比。

■ 要在干净的厚的高帽 C2 光圈下进行操作。

■ 使用非常薄的薄片或可以的话使用均匀的薄膜。

■ 在分析之前，要对电子束直接成像，以保证电子束经过 C2 光阑后的准直性是好的。

■ 如果可以的话，请使用球差校正 AEM。

现在只有一个有意义的 X 射线源就是在你要放置电子探针的位置。

33.3.2　样品后的散射

电子与样品相互作用，有弹性散射和非弹性散射两种情况。幸运的是在薄样品向前方向的散射是最强的。因此绝大多数的散射电子将被物镜极靴区域收集，并前进到远离 XEDS 探测器的 AEM 成像系统。不幸的是，有一些电子会被大角度散射，它们会轰击样品其他区域，以及支撑栅、载样台，或者物透镜极靴，或 AEM 台上的其他材料。

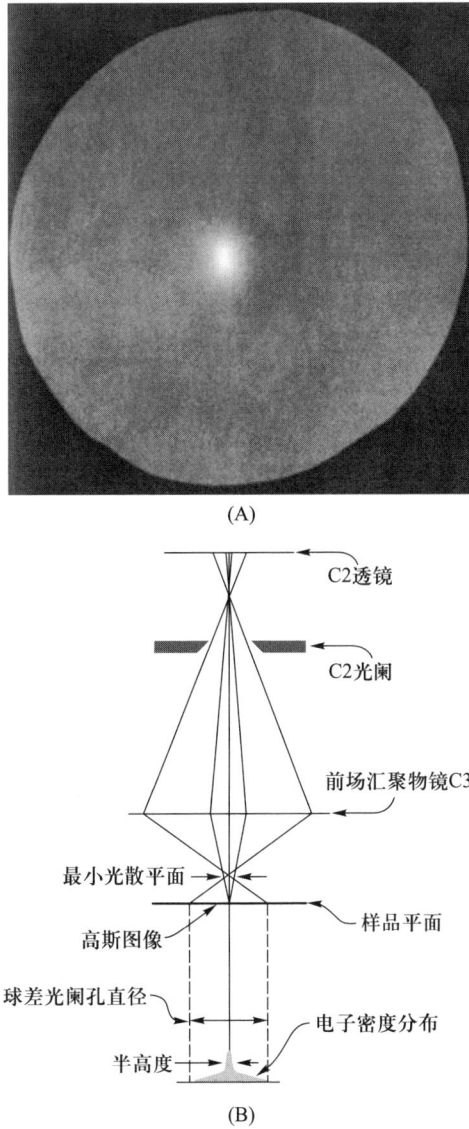

(A)

(B)

图 33.5 （A）C2 光圈的阴影区定义了电子束的光环，它会激发远离选区的 X 射线。（B）光线图显示了如何形成 STEM 探针，大的 C2 孔径在强的高斯型探针附近产生宽的光环。这样的电子束残余是未准直电子的主要来源，它主要是由探针形成透镜的球差造成的。选择合适的孔径会限制住残余，但同时也会减少探测电流

系统 X 射线

非来自样品的 X 射线叫作系统 X 射线。

在分析过程中，只一次地把物镜光圈插入来看，由伪 X 射线以及系统 X 射线造成的巨大计数增加是有益的（实际上，你无论如何都要做这样的实验）。通常由于 X 射线流量很大以至于脉冲电子学处理单元会饱和，死时间会达到100%，以及自动关闭激活。然而，即使你移除掉光圈，被样品散射的电子仍然会产生载样台（黄铜）、极靴（Fe 和 Cu）和准直器（比如 Al、W）的特征 X 射线，并且所有该 X 射线都会被 XEDS 探测到。

无处不在的 Cu

记住样品后的散射仍然会产生远离感兴趣区域的样品的特征 X 射线，即使 Cu 的峰没有出现。

进一步，在电子探针构成的扫描透射电子显微镜（STEM）中，尽管上物镜极靴有极强的磁场（使用 STEM 模式的另一个好的理由），一些背散射电子极可能穿过 XEDS 探测器，产生电子-空穴对。其他被散射电子可能轰击远离感兴趣的区域的一些点，并仍会产生样品的假的特征 X 射线。所有这些可能性都不是我们想要的，但却不可避免，因为如果没有电子束和样品之间的相互作用，我们就得不到样品的任何信息。图 33.6 归纳了这些可能的后样品的伪 X 射线和系统 X 射线源。

除了电子散射，还有产生于样品中的轫致辐射。这些 X 射线的强度同样在前进方向也是最大的（如图 33.6 灰色阴影区）。因为它们具有谱的所有能量值，轫致辐射将会从它所撞击的任何材料中产生特征 X 射线。认识这种问题的严重性最简单的方式是使用在铜栅上的均匀的薄箔（比如标准 NiO 样品）。当你把电子探针放在方形栅格中间区的样品处时，离微栅有很多个微米的距离，收集到的谱不可避免地显示铜栅中 Cu 产生的峰，它起源于被薄膜散射的电子或 X 射线与铜栅的相互作用。举一个 Cr 薄膜中的例子，如图 33.7。通过用铍栅替换铜栅，可以消除 Cu 峰，因为 Be 的 K_α 峰很难被探测到。尽管如此，使用铍栅仅仅消除了可观测效应，但不能消除根本原因。

为了减小被散射辐射效应，应该保持样品接近 0° 倾角（比如样品垂直于电子束）。如果你的倾角小于 10°，背景强度在测量上不再增加。在这些条件下样品不管向前还是向后，不管电子还是 X 射线，相互作用都是最小的。所有这

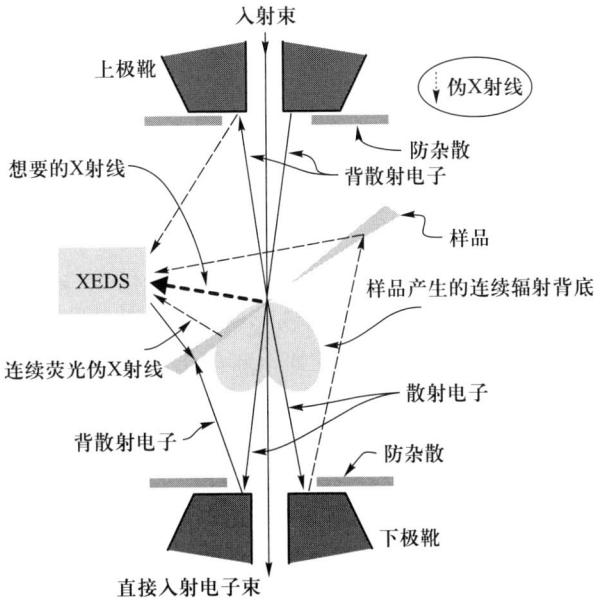

图 33.6 当入射电子束被样品散射时产生的系统和伪 X 射线源。BSE 和前散射电子在台上激发出系统 X 射线，在样品的其他地方产生伪 X 射线。韧致辐射(灰度阴影区)会在远离选区(红色点线)产生荧光。灰色点线代表分析区域想要的 X 射线

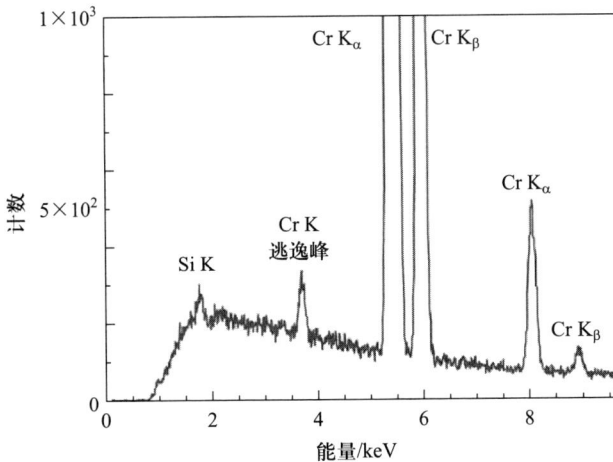

图 33.7 来自铜栅上薄 Cr 薄膜的 Cu 峰。虽然来自铜栅上的电子束是微米量级的尺寸，但是源自 Cu 的 X 射线是从样品的电子散射激发而来的，它们的强度会随着样品的倾转而增强。Cr 逃逸峰和 Si 内在的荧光峰清晰可见

两个现象只有一个小的水平分量强度。通过使用诸如蒸镀的薄膜或窗口形抛光薄片，而非自支撑圆盘，正如我们之前建议的那样，样品与自产生的 X 射线相互作用效应会被进一步减小。在自支撑圆盘样品中，大部分与轫致辐射强烈地相互作用。现在还不知道样品之后的散射中有多少是由电子组成的，多少是 X 射线，因为这将随样品和显微镜条件的不同而变化。然而，没有证据表明这种 X 射线荧光限制了定量分析的准确性(最好的精度是 ±3% ~ 5%，参见第 35 章)。

除了保持样品接近 0°倾角之外，还可以通过使用低序数(Z)材料包围样品进一步减小样品后的散射效应。由于显微镜的构造，使用低序数材料会从谱中移除任何特征峰。Be 是实现这个目的最好的材料，我们在本书开头曾提到过这点。Be 样品台以及 Be 支撑栅对 X 射线分析是必要的。理想情况下，任何显微镜中可能被散射辐射轰击的平台区域的固体表面都应该用 Be 屏蔽。不过很不幸，在商业产品上我们很少会做这样的改变。

Be

铍氧化物是高度有毒的，因此必须使用手套和镊子来处理 Be 或者含 Be 材料，同时不要吸入。

用来产生高探测电流的窄的极靴间隙，以及减少碳氢化合物污染的冷凝管，都会试图增加样品后散射相关的问题。在理想的 AEM 系统中，真空将达到不需要冷凝管的程度，而且设计极靴间隙使其同时最优化探测峰与背景的强度比和探测电流。当一个 AEM 台大体上被低序数材料修饰时(比如，由 Lyman 等完成的)，有报道指出轫致辐射会极大地减少，而且绝大多数的商业 AEM 的 X 射线峰与背景的比与其无法比拟。我们将在第 33.5 节做进一步讨论。

然而必须注意到不管采取什么样的预防措施，总是出现的散射电子和 X 射线会在一定程度上限制你的分析(参见下面的文本框)。

小 和 大

如果在样品特定地方寻找微量元素 A(<%2)，而其他地方却有大量的 A，比如样品的其他区域，或显微镜台子，那么将无法明确地辨明你找的区域是否有 A。如果你的计数时间足够长，一个对应 A 的小的峰将会出现，正如来自探测器内部的 Si 的内部荧光峰一样。

很明显，必须从显微镜中确定对 X 射线谱的贡献，最好的方法是在电子束路径中插入原子低序数材料；低序数材料主要产生轫致辐射谱，比如在铍栅或纯 B 薄片上的非晶碳膜。如果一个谱收集的时间相当长（一般来说是 10~20 min 或比午饭时间还长），除了 C 和 B 峰出现以外（如果你的 XEDS 能够探测到它们），各种仪器贡献的谱就会变得可见。这样仪器的谱（如图 33.8）应只显示内部荧光峰以及可能的来自探测器的 Au 吸收边。假设样品是纯的，任何其他的峰会来自 TEM 本身。这些峰告诉你哪些微量元素是不可能在样品中找得到的，因为它们会在 AEM 中出现。

我们可以总结一下弱化样品后的散射效应的方法：

■ 移开物镜光圈。

■ 尽可能在 0° 倾角操作。

■ 使用 Be 样品夹持器和 Be 栅。

■ 使用薄箔、小薄片或薄膜，而不是自支撑圆盘。

记住，即使采取了这些预防措施，你仍需要小心假峰，尤其那些来自 XEDS 系统的假峰。

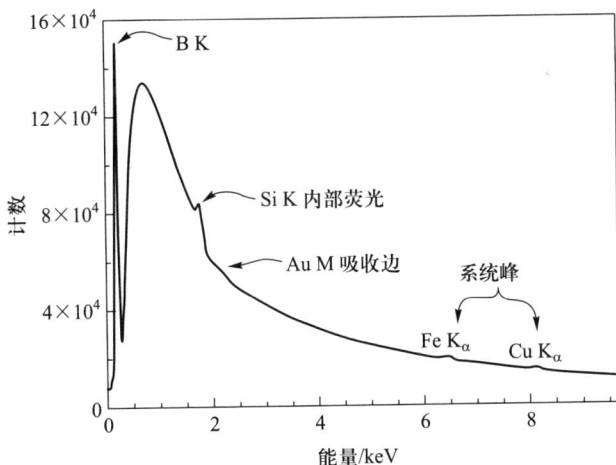

图 33.8 高纯硼的 XEDS 谱。Si 的 K_α 峰和 Au 的 M 吸收边是探测器假峰，不过在 4.6 和 7.5 keV 的小峰是显微镜台子的系统峰

33.3.3 相干轫致辐射

如我们之前所注意到的，轫致辐射谱有时候是指连续谱，因此它的强度被认为随能量是平滑而缓慢地变化。当轫致辐射由能量大约小于 30 keV 的电子在块状晶体中产生时，这种假设是非常合理的，比如在 SEM 中。不过，使用

薄的单晶样品，高能电子束撞击产生的韧致辐射谱可能包含的是高斯型峰，就是通常所说的相干韧致辐射（CB）。在高能物理中 CB 现象比较普遍，不过没有人会认为这种现象能在 AEM 中发生，直到 Reese 等证实了这一现象。图 33.9A 展示了在 120 keV 下采集的纯 Cu 薄箔的部分 X 射线谱。正如预期的那

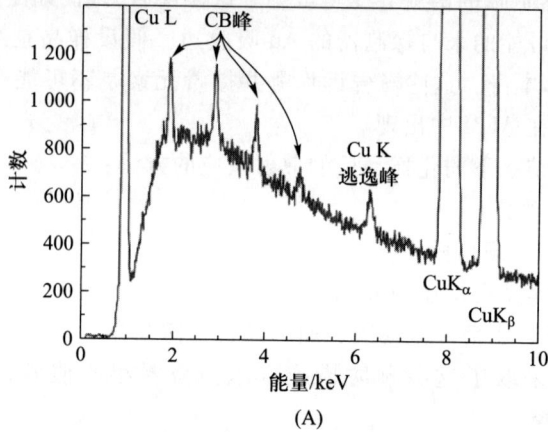

(A)

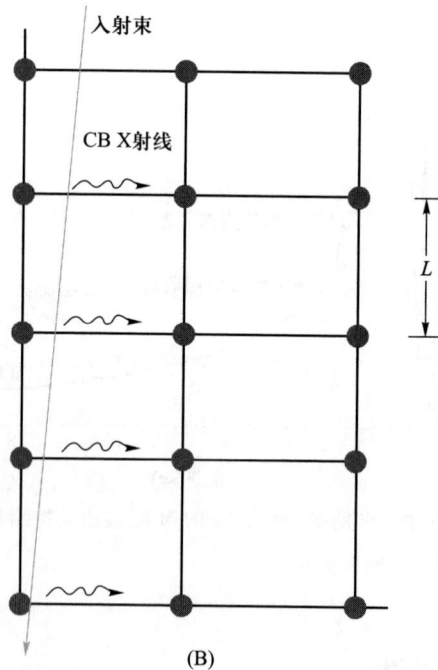

(B)

图 33.9　（A）在纯 Cu 样品谱中的 CB。（B）当光束流接近样品中的一行原子时，CB 产生的示意图

样，主峰是 Cu 的 $K_{\alpha/\beta}$ 线以及 L 线。另外，逃逸峰也被标识出来了，其他小峰是 CB 峰。如图 33.9B，它们起源于电子束与样品晶体中的空间原子核电荷之间的库仑相互作用。当电子束穿过晶格，接近于某一列的原子，每个轫致辐射事件原理上是相似的，因此所产生的辐射能量倾向于一致。正常的相互作用导致的 X 射线光子能量 E_{CB} 由式（33.1）给出

$$E_{CB} = \frac{12.4\beta}{L[1 - \beta\cos(90 + \alpha)]} \quad (33.1)$$

式中，β 是电子速度(v)除以光速(c)；L 是沿电子束方向的实际晶格间距，等于在轴主向的 $1/H$（回到第 21.3.2 节）；α 是探测器起飞角。由于不同劳厄区给出不同的 L，导致产生多个 CB 峰。CB 峰似乎在接近低指数轴区最强，所以这种条件要尽可能避免。会聚电子束会减少 CB 峰强，有一个球差校正 AEM 会很有帮助，因为其大的会聚角可以用来产生更多的探测电流，而不降低它的探测尺寸。

CB 峰

你可能错误地把 CB 峰当成样品中微量元素的特征峰，不过幸运的是你可以容易地区分它们。

不幸的是，你不能根除 CB 效应，即使是在远离主轴方向操作，因为一些残余的峰可以在长时间的计数之后被探测到。

如式（33.2）所示，CB 峰会移动，它取决于加速电压（改变 v，然后 β 改变）以及样品取向，它会改变 L 值。当然特征峰不会有这种行为，它们仅与样品中存在的元素有关。只有当你需要寻找样品中的微量元素时，才需要考虑 CB 峰。更多这种问题参见第 34 章。

33.4 测量 XEDS-AEM 接口质量

最后，我们需要做一些测试来衡量 XEDS 系统的工作状态，并且与其他系统进行比较。我们可以用两种方式进行，并且这两种方法都使用薄膜样品，比如标准 NiO 样品（尽管在这些实验中，我们会使用 Gr，因为这就是原始的实验，原理是一样的）。

33.4.1 峰背比

第一个测试 XEDS 与 TEM 接口好坏程度的是测量薄膜的峰背比(P/B)。

P/B 有几个定义，然而最好的是 Fiori 定义，如图 33.10A 所示。

　　对于 Ni 的 K$_\alpha$ 峰，应该对峰强从 7.1 keV 到 7.8 keV 做积分，并除以峰下面 10 eV 窗口区的背景信号强度(一个或两个通道，取决于显示分辨率)。如图 33.10A，在 Cr 薄膜样品，它的 K$_\alpha$ 峰是从 5.0 keV 到 5.7 keV 求和。在构造非常好的 AEM 中，*P/B* 会以 keV 量级的能量增加。图 33.10B 中的 *P/B*[用 Cr 薄膜做测量，而不是 NiO(Zemyan 和 Williams)]应该可以在任何当代 AEM 仪器中获得。这个值是对 XEDS-AEM 接口以及平台的设计的重要测试，越高越好!

33.4.2　XEDS 系统效率

　　相对探测器效率是测量每秒有多少计数(cps)被 XEDS 收集、探测和处理。这个很重要，考虑到在薄膜中固有的低效率的 X 射线产率和探测效率，我们亟须采集尽可能多的 X 射线计数。在固定活时间情况下，探测器效率会受样品厚度、探针电流和探测器收集立体角的影响。因此，应该使用标准 NiO 样品来固定厚度变量，然后用法拉第杯测量探针电流，这与我们在前面几次叙述过的一样(这会给出 cps/nA)。最后，你需要把 XEDS 厂商提供的收集角计算在内(事实上是计算出来的，而非测量)，以给出这个值(以 cps/nA/Sr 为单位)最好的描述，如 Zemyan 和 Williams 所描述的。典型值(对 Cr 来说)如图 33.10C 所示，如你所看到的，效率随电压增加而减小，这是由于不断减小的电离截面。但是在任何给定的电压中，数目越大，效率越高。

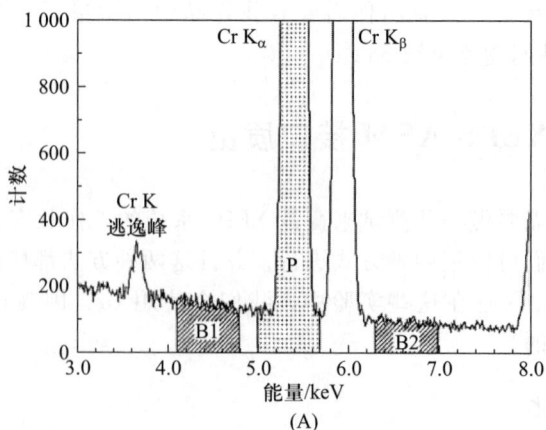

(A)

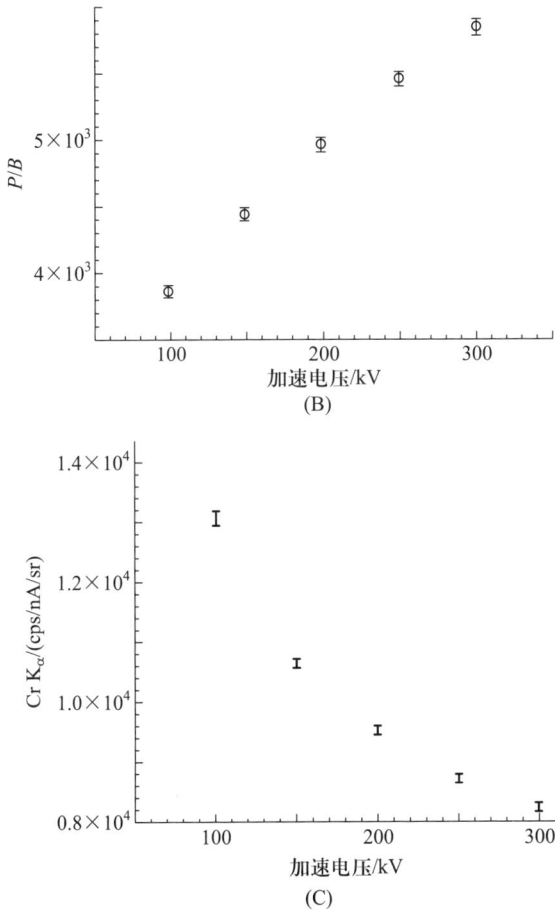

图 33.10 （A）Cr 薄膜中 Fiori 给出的 P/B 定义。（B）Fiori 定义的 P/B 关于高效能 300 kV FEG AEM 的变化。（C）源自 Cr 薄膜的 cps/nA/sr 的减小可以说明收集数和步进效率的减小，并伴随着增长的 kV

33.5 采集 X 射线谱

有许多进行谱采集和成像的商业系统，其中有很多与计算机系统不一样的文件格式。后果是可能会遇到在不同 XEDS 系统之间交换谱的困难（比如为了比较不同 AEM 采集的数据）。有许多不同厂商和专业社团尝试共商筹划创建一个叫作美国电子显微学会/微束分析学会（EMSA/MAS）的标准文件格式来解决这种问题。你应该检查一下你的 XEDS 系统是否支持这种格式。

就目前我们所告诉你的，现在你应该知道什么信息可能出现在你的谱中，哪个峰可能是真的，哪个很可能是假的，哪些元素你可以确定是来自分析区域，哪些不是。现在我们可以在进行分析之前集中精力去关注如何最好地采集谱。

33.5.1　点扫描模式

在 AEM 的早期(并在 SEM/EPMA 之前)，采集光谱的标准方式仅仅是利用电子束偏转器来定位图像中的一个特征点，然后打开 XEDS。我们把它叫作点扫描模式。在 TEM 中能够用 C2 光圈浓缩电子束，同时重复调整 C1，直到电子束足够小，以达到电子束只与你想要分析的特征点相互作用，比如一个析出物。在 STEM 斑点模式中，简单地停止扫描，然后把电子探针移到特征点，希望在 STEM 屏幕上的成像消退之前能够获得正确的位置。不管哪种情况，都希望探针位置和特征点在图像中长期保持不动，从而获取足够的计数来得到谱，并得到需要的成分信息。在优秀的 AEM 中，这种方法保证任何碳污染都能精确地被排除在感兴趣的特点以外。然而那些污染斑点同样可以告诉你，束斑或样品在分析过程中是否有漂移。

因此，点扫描模式消耗时间的同时，其统计置信度也是糟糕的，预选的想要分析的特征点会引入操作偏差(如果你不小心，你所有的分析都可能是样品制备的假信息，而不是主要的微观特征)。尽管如此，还是经常能看到发表的文章里这种方法如何准确地运用，并给出局域化学改变的明显迹象，可以说为了从多个相的复制品中进行提炼，这种方法确实是有好处的，如图 33.11 所示。因此你得谨慎地去使用别人的结果。

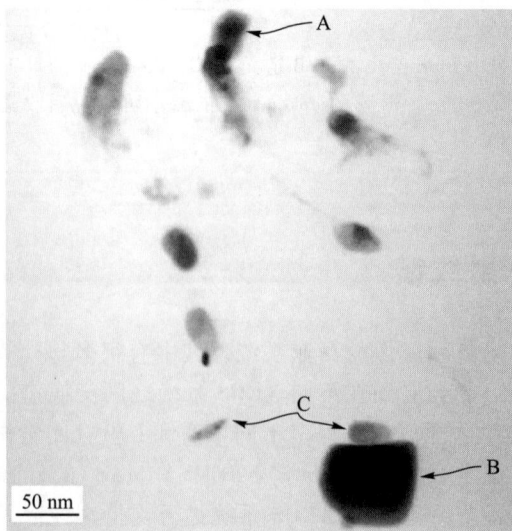

(A)

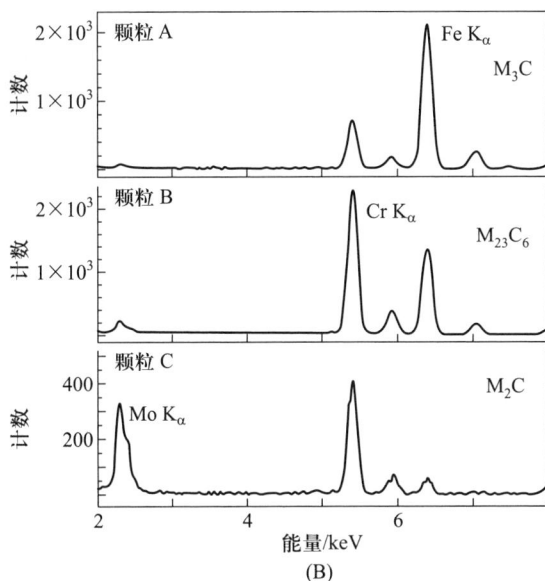

图 33.11 （A）不锈钢样品中不同的碳化物提取物的 STEM 图像。（B）从微图上的一系列点上提取的多个光谱，证明不同碳化物的化学变化

33.5.2　线扫描谱模式

点扫描模式的一种变异版本是沿着样本的一个线性感兴趣区进行一系列的点分析，比如一个晶界或相间界面，如图 33.12A 所示，然后建立一个谱集，当需要分析的时候，可以揭示界面的成分轮廓。这种信息可以变成一系列谱线的叠加，加上一个谱线轮廓线，如图 33.12B 所示，同时特征峰强度的改变反映显著的成分改变。由于任何界面都主要是面缺陷，这种方法至少消除了点扫描模式的操作误差。不过，线轮廓仍然仅反映分界穿过一个点的成分，而如果需要知道随着缺陷的成分改变，则这种线轮廓是需要的。因此这种方法同样是乏味的。

解决点扫描模式和线轮廓等方法的限制是采集部分谱或全谱，包括 STEM 图像中的每个像素点，然后合成图像或分布图。

这种方法是目前为止采集 X 射线信息最好的具有统计意义且没有操作偏差的方法，因此我们会在余下的章节中介绍这种方法。

(A)

(B)

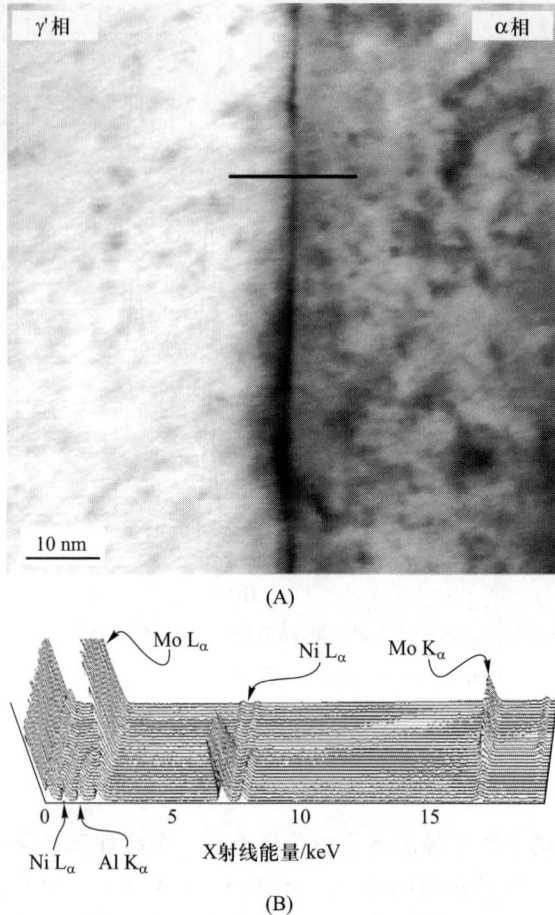

图 33.12 （A）Ni 基超耐热不锈钢样品的 α/γ 相间界面 STEM 图的一条线中的 X 射线谱。（B）源自（A）中线的光谱线轮廓展示了 Ni 和 Mo 复合材料在界面处的变化

33.6 采集 X 射线成像

元素映射或成分成像在 AEM 中很少使用，是因为由于小探测电流和收集角导致的低计数率。这种过程的整体效率低下意味着为了采集一个 X 射线谱图，你必须扫描很长时间，比如几个小时，以获得充足的计数来绘制一张能够得出任何关于薄箔中化学变化的结论的图像。在这段时间内，样品漂移、污染以及损坏都有可能发生，导致最好的信息受到损害。然而，随着中间电压场发射枪（FEG）源的发展，具有更高探测效率的探测器、漂移修正软件、清洁干净的平台真空，以及最近的球差校正器不断出现。目前最好的 AEM 系统，有可

能在几分钟之内进行定量的 X 射线成像。因此值得看一下已经发展起来的不同的成像选择，以及伴随的 AEM 设计和计算机技术的改进。在所有的这些方法中，会用大量的时间来采集图像，并且最大的问题是在这个过程中样品会漂移，或者束流会改变（尤其当你使用的是冷 FEG 源）。因此有必要了解相关漂移修正软件，它们可以在标准商业化 XEDS 软件包中找到。除非可以测量冷 FEG 源 AEM 中的探测电流大小，否则建议你使用肖特基 FEG 来成像。

在 SEM 或 EPMA 中对块材料样品的分析将不受 X 射线计数的限制，所以我们将讨论的 X 射线成像技术，其先驱是在 SEM/EPMA 中。同样地，如我们将要在第 37 章以及之后所讨论的，电子能量损失谱（EELS）测量的计数有几百万或几十亿，因此 EELS 在 X 射线用于分析薄箔之前，就已开始使用于分析薄膜了。但在这本书中，我们会稍微改写历史，并先叙述有关 X 射线映射的所有技术。

33.6.1 模拟点绘图

点绘图是获取定性 X 射线图像的原始方法，有些令人惊讶的是，它最初是由 Cosslett 和 Duncomb 在半个多世纪前首次创造出来的，并在 Friel 和 Lyman 进行审查之后得到发展。这种方法很简单：在你的谱中选择特定的能量（或波长）通道（或通道窗口），横扫你感兴趣的区域，当 X 射线记录到你选择的能量（范围）时，记录并显示它。因此当电子束扫描时，显示强度图形成，其强度改变反映了探测到 X 射线数目的改变。比如，如果你选择 Pd 的 L_α 峰通道或者覆盖这个峰的窗口，这时那些显增了许多点的地方就富含 Pd，如图 33.13 所示（我们在第 34.7 节会更仔细地讲述如何做）。这种定性的模拟方法是不可以用于直接定量分析的，因为我们不能消除背景，除非同时以峰窗口邻近的轫致辐射窗口作图，并用峰窗口成的图减去它（更多有关于此的介绍请参考第 35

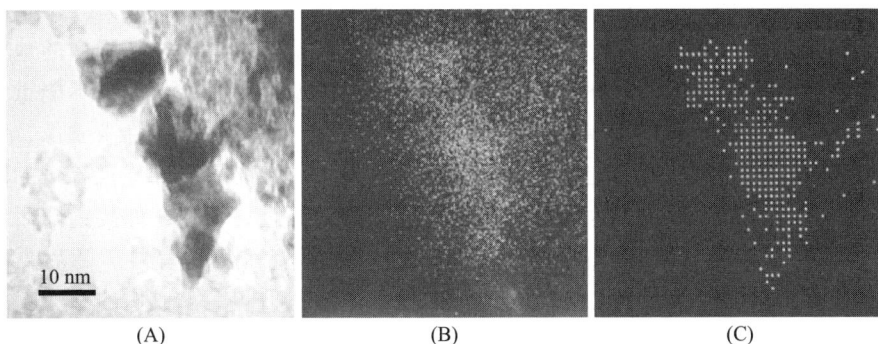

（A）   （B）   （C）

图 33.13 （A）支撑薄膜上的 Pd 催化剂颗粒的 STEM BF 图像。（B）Pd L_α 信号生成的模拟点图。注意厚的样品区域和增强的 Pd 信号之间的关联性。（C）早期的 Pd L_α 信号生成的模拟点图，但是扣除了背景信号

章）。薄箔厚度的改变也会同时改变峰和背景的强度，这在图 33.13B 中很明显。有一种对这种方法进行精修的可能办法，就是通过收集多个 X 射线图，对不同的 X 射线分配不同的颜色，然后重叠这些图，以给出相对成分改变的迹象。再一次，这种方法也是非定量的。

33.6.2　数字绘图

随着计算机越来越强大，从多个通道或窗口收集 X 射线变成可能，这样可以同时采集几幅图。如果一幅或多幅图是有关轫致辐射强度的，那么当你需要的时候，可以实时给出定量绘图。第一个薄箔 X 射线绘图是由 Hynneyball 等在大约 30 年之前成功实现的。它仅可能建立 128×128 像素图像，它的每个像素点使用 100 nm 探针以及 5 nA 束流探测的是 256 个 X 射线计数。但这种图是完全定量的，它消除了厚度变化的影响，并揭示了在古老的铝合金晶界附近的成分的相对变化，如图 33.14A 所示。由于计算机在采集中的核心角色，这种方法具有后采集处理和不同的定量程序之间进行比较的优势。

同样在采集之后，可以使用这种处理技术做赝色处理、图像重叠计算、散射图表等（Bright 和 Newbury）。所有这些优势使得数字绘图成为最有吸引力的显示 X 射线数据的方法。这种方法确实来自 20 世纪 90 年代中期，那时候已拥有更快的计算机及改进的数据存储、中间 FEG 电压源、合理的 X 射线收集角以及稳定的 AEM 允许长时间没有漂移的收集。这种 AEM 的一个例子如图 33.14B 所示，它是 256×256 像素，使用 1 nm 具有 0.9 nA 电流的探针，总共收集 5 400 s。比较图 33.14A 和 B 是有益的，它指出了在绘图质量和空间分辨上的巨大进步。一旦你有一个数字绘图，这样就可以在任何区域提取定量数据，比如穿过晶界的线纵断面图，如图 33.14C 所示。然后仍然需在你绘制的谱中选择峰或者窗口，这样有关样品中预期的信息会引进个人的误差。更进一步，一旦图像被记录和保存，你不能够返回来重新检查数据，或从同样的地方者绘制另一个元素图像。同样地，除非你从绘制区域存储图像，否则不能重复检查。因此必须确保所有事情都是对的，收集所有你需要的 X 射线成像，同时还有背景谱，为随后的定量分析做准备。获得多个绘图将受计算机容量的限制，但这不再是问题，因为现在存储器已经变得很便宜。现在正如我们随后讨论的，不再需要担心预选哪个 X 射线来成像，只需要采集所有的，随后再决定需要哪个来成像。我们是如何做的呢？通常使用一种叫能谱成像的方法。

能　谱　成　像

能谱成像（SI）是 X 射线（和 EELS）映射的首选方法。

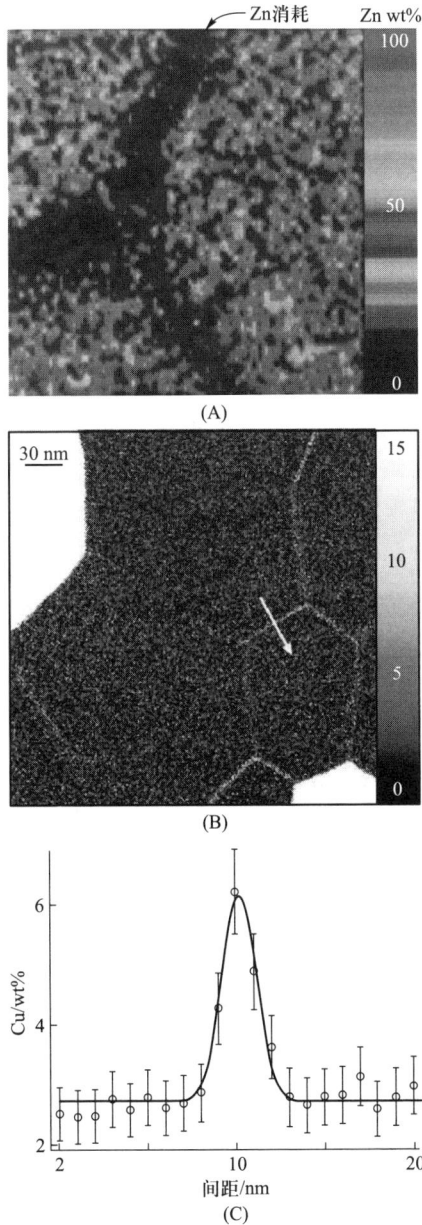

图 33.14 (A)第一张定量的数字图(128×128 像素)是从老式的热电子源 AEM 在低计数率情况下得到的。Al-Zn 薄箔得到的图显示了 3 倍点周围的 Zn 的消耗(将图中的颜色与右侧的定量查询表相对比)。(B)从 300 kV FEG AEM 得到的最近的数字图显示在一个迁移率为 Al–4% Cu 的样品中,GB 中 Al 的增强。亮的区域是金属化合物 CuAl₂。(A)和(B)的定量都是通过在每个像素点上轫致辐射的减法得到的。(C)定量的 Cu 线轮廓是通过(B)中的箭头所指的。(参见书后彩图)

33.6.3　能谱成像

正如名字所暗示的，能谱成像(SI)能够在任意像素点处收集到全谱[因此你只能在 STEM 模式下操作(尽管在所有的能量过滤 TEM 中有模拟版本，我们将会在 39 章看到)]。SI 处理的结果是立方体 3D 数据，它由电子信息组成 x-y 平面，以及所有的 XEDS 谱组成 z 分量，如图 33.15A 所示。SI 在 1980 年代后期首选被使用，我们将在第 37 章重新提到这个话题。很久之后 SI 才在 X 射线成像中变得可行，尽管它现在很普遍用于解决材料问题(例如，Witting 等)。关于历史纪录，你得知道 SI 方法在其他领域实践过，比如在射线天文学中实践了几十年，并且 Legge 和 Hammond 确实在 30 年前就取出他们的 EDS 和 WDS 谱仪输出，并把探测器输出脉冲与电子束位置同步。他们收集了磁带上的数据，随后重建这些数据到 3D 文件中，因此可以认为这是第一个实现 SI 概念的，至少在电子束仪器领域，所以我们没有真正的改写历史纪录。

SI 技术的美妙之处是一旦有了存储的立方数据，就可以在任意时候返回去重新检查数据，并重新分析，寻找开始没有想到的可能出现或重要的谱特征，看不同能量的谱，只要你有原始图像以及能谱。

如果思考一下图 33.15A 中的简图，你会发现，有很多种方式对立方数据进行切片和切成小方块，这会产生所有的其他我们阐述过的分析方法。如果在 x-y 平面选单个像素点，会得到这个点的全谱，因此如果你愿意，可以选择一系列的单独像素点，来做多个斑点分析。与此同时，能够选择图像中一个像素线，有效地沿 x-z，y-z 或这些方向的其他组合进行切片，这样提供谱的线轮廓。你能在 z 方向的任意平面进行切片(这是它比较有用的地方)，并且在每个面，将会获得包含特定的 X 射线能量的图像。还可以添加面、减掉面或在某个特征对图像像素进行求和(比如，一个奇怪形状的析出物或沿晶界面)。你也可以想象在某个像素采集谱随时间的变化(长时间谱测定法?)，并且肯定有你想得到的其他选择。现在可以做一个数学计算，考虑一个 1 k×1 k 像素的图像，并在每个像素有 2 048 个通道，你会发现这个立方数据有 2 GB 的大小。事实上，在收集这么庞大的数据量时，更大的挑战是找到同时可以有效搜索和提取有用数据，各种先进的软件方法，如多元统计分析、主分量分析和最大像素频谱分析，可用于消除噪声并从数据立方中提取个例。这些过程与第 31 章讨论的 HRTEM 图像参数化紧密相关，我们还会更进一步在姊妹篇里讨论它们。

图 33.15B 显示了一系列沿 x-y 平面在不同能量值切的 X 射线成像图，它显示在原始 STEM(E=0)的后面，仅能告诉你什么可以做。如果选择单个 x-y 平面，比如在 Nb 的 K$_\alpha$ 线能量处(图 33.15C)，那幅图会充满噪声，这是因为

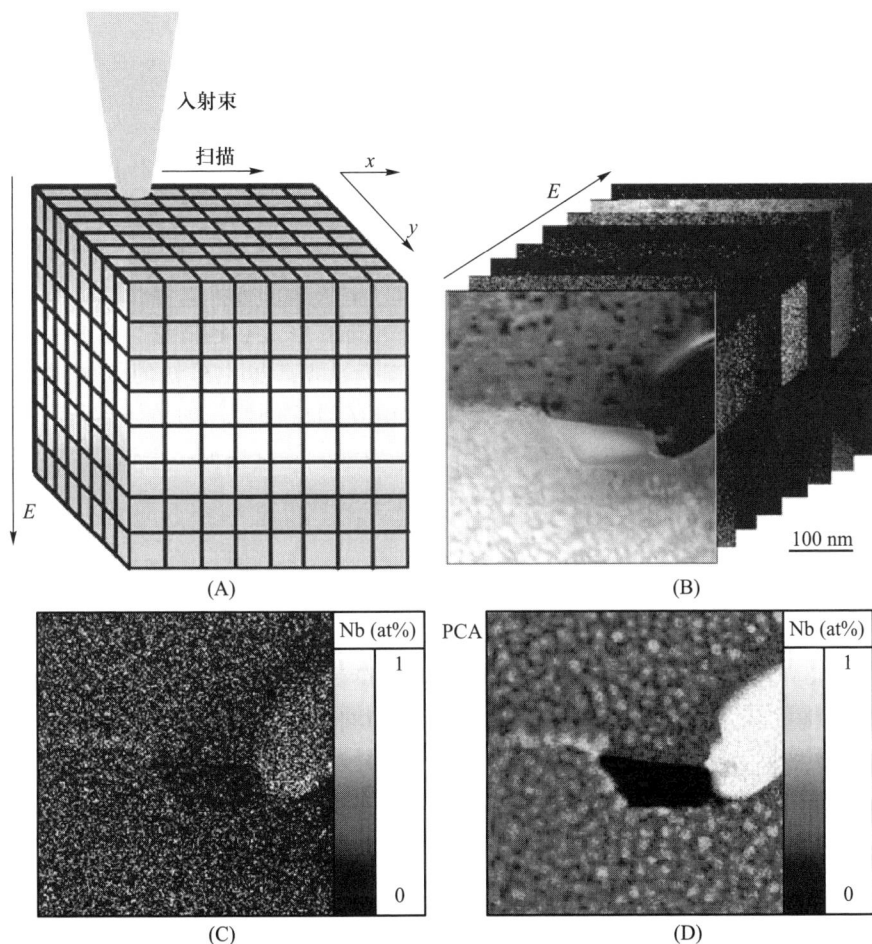

图 33.15 （A）光谱数据立方的示意图表示，当束斑停在 $x-y$ 平面的每个像素点上时，它是如何收集到全谱信息的。不同能量值处的不同颜色表示不同元素在不同能量值处产生的不同信号。（B）在一个 Ni 基超耐热不锈钢的 GB 区域的一系列的 X 射线图。（C）在（B）SI 数据中的某个单个通道映射的实例（即一个单图平面），与 Nb 的 K_α 峰值一致。（D）应用多元统计分析和主要因素分析消除噪声，并且增强 Nb 信号。（参见书后彩图）

在一个面上被捕捉的信号是很有限的。不过，你可以用高级软件来消除面上的噪声，并且可以添加其他能量面上的 Nb 信号，这样可以给出 Nb 分布图（图 33.15D）。在你认为这种巨大的变化是不合理的以及所在区域不应该出现却出现了之前，应该比较一下处理图 33.15D 与原始 STEM 电子成像图（图 33.15B 顶部切片）。很明显，这种小的析出物点阵同时出现在图 33.15A 和 D 中。像这样从 SI 立方数据提取的信息告诉你，SI 方法相比于斑点或线轮廓分析是多么强大。现在同时采集 XES 和 EELS SI 来完全最优化地获取分析数据已成为惯例。

33.6.4　位置标记光谱学(PTS)

PTS 是一个通用 SI 的特定商业版本，由 Mott 和 Friel 在普林斯顿 Gamma Tech(PGT，现在是 Bruker AXS)公司研发。PTS 消除了快速查看全谱成像的需求与每个像素采用全谱分析的优势(即使在最好的 AEM 中，定量的数据也得消耗 30~45 min)之间的冲突。在 PTS 中，相对于传统的方式，其电子束是快速地扫描，同时 X 射线在分析计算机中计数，既维持了空间信息，也保持了谱信息。经验老到的处理软件在采集过程中查询数据，这在传统的 SI 中是不可能的。作为选择，这种软件可以在完整的谱存储后使用，如传统的 SI 一样，你在每单个像素点采集谱，然后移到下一个像素，并收集另一个谱。PTS 允许在采集过程中监视诸如样品漂移、污染或毁坏等现象。

章 节 总 结

AEM 中做 XEDS 是很有挑战的，因为探测/处理系统会在谱中创造假峰，X 射线会在 AEM 源中产生并被探测，而非来自你放置了电子束的样品区域。尽管如此，已经有了明确的预防措施，你可以采取这些措施，这样可以确保这些假峰、伪 X 射线和系统 X 射线问题被弱化，以及随后的理解和定量化不会受到危害。有几种标准测试，可以将你的 AEM 系统和别的仪器进行比较。总的来说，为了理解 AEM 以及获得有意义的谱，你应该：

■ 购买在 Mo 栅上的标准 NiO 薄膜样品。

■ 测试你的 XEDS 以便确定它所产生的假峰。

■ 在 NiO 薄膜中的空孔处采集能谱，来看看你的 AEM 辐照系统会产生什么样的伪 X 射线。使用 C2 顶帽光阑。

■ 从轻元素薄膜中采集 XEDS 谱来看 AEM 会引入什么样的峰。如果可以，请使用薄箔或膜，而非自支撑的圆盘。

■ 如果你需要使用长时间计数来探测微量元素的弱峰，需要小心相干轫致辐射(CB)。

■ 在 TEM 荧光屏上对电子束成像，以保证它是高斯型的。

■ 要移除物镜光圈。

■ 尽可能地接近 0°倾角进行操作。

■ 检查一下。

■ 在同样条件下，孔计数小于你实验谱的 1%。

■ P/B 比率以及探测效率数据是可以接受的，它们不能随时间改变。

■ 如果要在你的样品中寻找微量或小量元素的特征峰，你得知道这些峰更可能会被假峰或系统峰所混淆（更多关于此的介绍，请看第 34 章）。

一旦你确定样品中的成分，决定一下是否想做一个对图像中某些特征的快速和脏点分析；或者，如果你对某个区域的重要性完全自信，采集 X 射线制图；或者理想情况下，收集 SI 立方数据，它会给你样品成分全面的图像。

参考文献

一般参考

Garrett-Reed，AJ and Bell，DC 2003 *Energy-dispersive X-ray Analysis in the Electron Microscope* Bios（Royal Microsc. Soc.）Oxford UK. 本章讨论的许多问题的不同描述。

Lyman，CE（Ed.）2006 Microscopy and Microanalysis 12 1. 庆祝 X 射线映射 50 周年纪念版；伟大的历史和良好实践的例子。

Williams，DB，Goldstein，JI and Newbury，DE（Eds.）1995 *X-Ray Spectrometry in Electron Beam Instruments* Plenum Press New York. 尽管在内容上已经过时了，但仍然是 XEDS 硬件和软件背景信息的最佳可用来源。

特定参考

Allard，LF and Blake，DF 1982 *The Practice of Modifying an Analytical Electron Microscope to Produce Clean X-ray Spectra in Microbeam Analysis – 1982* 8 – 20 Ed. KFJ Heinrich San Francisco Press San Francisco CA. 系统假峰的早期综述。

Bright，DS and Newbury，DE 1991 *Concentration Histogram Imaging* Analytical Chemistry **63** 243A – 250A. 图像外观的处理方法及其他。

Cliff，G and Kenway，PB 1982 *The Effects of Spherical Aberration in Probe-forming Lenses on Probe Size and Image Resolution in Microbeam Analysis-1982* 107 – 110 Ed. KFJ Heinrich San Francisco Press San Francisco CA. 与探测技术的衔接内容。

Cosslett，VE and Duncumb，P 1956 *Microanalysis by a Flying-spot X-ray Method* Nature **177** 1172–1173. XEDS 的第一个点，扫描映射图——距今已有 50 多年！

Egerton，RF，Fiori，CE，Hunt，JA，Isaacson，MS，Kirkland EJ and Zaluzec，NJ 1991 *EMSA/MAS Standard File Format for Spectral Data Exchange* EMSA Bulletin **21** 35–41. EMSA/MAS 标准文件格式。

Fiori，CE，Swyt，CR and Ellis，JR 1982 *The Theoretical Characteristic to Continuum Ratio in Energy Dispersive Analysis in the Analytical Electron Microscope in Microbeam Analysis-1982*，57–71 Ed. KFJ Heinrich San Francisco Press San Francisco CA. Fiori P/B 的定义。

Fiori CE and Swyt，CR 1994 *Desk Top Spectrum Analyzer*（*DTSA*），U. S. Patent 5 299 138. 必要软件的早先描述。

Friel JJ and Lyman CE 2006 *Tutorial Review：X-ray Mapping in Electron-Beam Instruments* Microscopy and Microanalysis **12** 2–25. 做映射图的好起点。

Hunneyball，P D，Jacobs，MH and Law，TJ 1981 *Digital X-ray Mapping from Thin Foils in Quantitative Microanalysis with High Spatial Resolution* 195–202 Eds. GW Lorimer，MH Jacobs and P Doig，The Metals Society London. 第一数字 XEDS 映射。

Legge，GJF and Hammond，I 1979 *Total Quantitative Recording of Elemental Maps and Spectra with a Scanning Microprobe* J. Microsc. **117** 201–210. 一点历史。

Lyman，CE and Ackland，DW 1991 *The Standard Hole Count Test：a Progress Report in Microbeam Analysis-1991*，720–721 Ed. DG Howitt San Francisco Press San Francisco CA. 测量空穴数。

Lyman，C. E，Goldstein，JI，Williams，DB，Ackland，DW，von Harrach，S，Nicholls，AW and Statham，P. J 1994 *High Performance X-ray Detection in a New Analytical Electron Microscope* J. Microsc. **176** 85–98. 调试阶段仅使用低 z 材料。

Mott RB and Friel，JJ 1999 *Saving the Photons：Mapping X-rays by Position-Tagged Spectrometry* J. Microsc. **193** 2–14. 第一个商业 SI 软件。

Newbury DE 1995 *Artifacts in Energy Dispersive X-Ray Spectrometry in Electron Beam Instruments；Are Things Getting Any Better? in X-Ray Spectrometry in Electron Beam Instruments* DB Williams，JI Goldstein and DE Newbury（Eds.）167–201 Plenum Press New York. 关于假峰与数字图像如何对其产生改变的讨论。

Newbury，DE 2005 *X-ray Spectrometry and Spectrum Image Mapping at Output Count Rates above 100 kHz with a Silicon Drift Detector on a Scanning Electron*

Microscope Scanning **27** 227–239. SDD 性能。

Reese, GM, Spence, JCH and Yamamoto, N 1984 *Coherent Bremsstrahlung from Kilovolt Electrons in Zone Axis Orientations* Phil. Mag. **A49** 697–716. CB 的早期范例。

Williams, DB and Goldstein, JI 1981 *Artifacts Encountered in Energy Dispersive X-ray Spectrometry in the Analytical Electron Microscopy in Energy Dispersive X-ray Spectrometry* 341–349 Eds. KFJ Heinrich, DE Newbury, RL Myklebust and CE Fiori NBS Special Publication 604 U. S. Department of Commerce/NBS Washington D. C. 系统假峰的早期综述。

Wittig, JE, Al-Sharaba, JF, Doerner, M, Bian, X, Bentley, J and Evans, ND 2003 *Influence of Microstructure on the Chemical Inhomogeneities in Nanostructured Longitudinal Magnetic Recording Media* Scripta Mater. **48** 943–948. SI 的早期示例。

Zemyan, SM and Williams, DB 1995 *Characterizing an Energy-Dispersive Spectrometer on an Analytical Electron Microscope in X-Ray Spectrometry in Electron Beam Instruments* DB Williams, JI Goldstein and DE Newbury(Eds.) 203–219 Plenum Press New York. 对 XEDS 性能的基本了解。

网址

1. www.cstl.nist.gov/div837/Division/outputs/DTSA/DTSA.htm. DTSA 下载。

自测题

Q33.1　伪 X 射线和系统 X 射线之间的差别是什么？

Q33.2　最好的减少伪 X 射线的步骤是什么？

Q33.3　在 XEDS 中是什么导致不完整的电荷收集？

Q33.4　指出在由 XEDS 系统产生的光谱中的 3 种假峰。

Q33.5　当你操作 AEM 时，各种各样的假峰中，哪种假峰需要尤其注意？为什么？

Q33.6　区分想要的和不想要的辐射。

Q33.7　如何找出哪些 X 射线是由 AEM-XEDS 系统产生的，而不是来自样品？

Q33.8　为什么知道你的系统 X 射线是什么很重要？

Q33.9　没有弱化伪 X 射线所带来的危险是什么？

Q33.10　为什么你不会用 AEM 中的 XEDS 来分析黄铜中的扩散截面时使

用铜栅?

Q33.11 为什么在 Fe 合金中使用 XEDS 清楚地探测微量(~0.1wt%)的 Si 很有挑战?

Q33.12 为什么 C2 光圈/阑又称为顶帽光阑,以及为什么在 AEM 中它是必要的?

Q33.13 理想情况下,在 AEM 中你应该有多少 C2 光阑?

Q33.14 如何弱化样品后的散射效应?

Q33.15 什么导致了相干轫致辐射?

Q33.16 如果孔计数远大于 1%,可能的原因是什么?

Q33.17 STEM 是否很适合于 AEM? 如果是,为什么?

Q33.18 用本章中的额外信息解释一下为什么把 X 射线探测器与任意平面校准很重要?

Q33.19 列出 4 种你可以用来弱化样品后散射的方式。

Q33.20 为什么 CB 可能会误导你的分析?

Q33.21 给出了一种简单地从特征峰中辨别 CB 峰的方式。

Q33.22 为什么相比独立的谱图或线剖面图,更容易形成 X 射线图?

Q33.23 为什么收集好的 X 射线图比收集独立谱图更加困难?

章节具体问题

T33.1 在 300 kV 下使用 Fiori 方法测量 Ni 上的 K_α 线上的 P/B 比率,并确定为 1 000。你应该怎么做?

T33.2 为什么显微镜制造商不在 AEM 内部的所有表面上涂上 Be 呢?

T33.3 为什么要在显微镜的内部涂上一层低序列的材料呢?

T33.4 通过增加电压能减少特定样品的 X 射线背景辐射。为什么?

T33.5 在一项实验中,出现了一些未知的 X 射线峰。列出一些可能的原因。

T33.6 对于特殊的样品,根据测量的孔数,你们可以发现照明系统并不是很干净。如何才能修复这一点呢? 你应该怎么做?

T33.7 在 SEM 的使用基础上很快地成为 XEDS 专家,你的实验室伙伴将 TEM 样品室倾斜 45°,"就像操作 SEM 一样"。你应该提醒他什么?

T33.8 根据分析的材料 XEDS 图谱,你不能推断出哪些峰是对应的。你需要尝试对这些峰求和,剔除一些峰,以及剔除偶然出现的内部荧光峰。你是否发现了一种新元素,或者有其他更像的结果?

T33.9 某天早上我们到达时,David 和 Stuart 正在工作。他们正在使用

XEDS，以及他们所有的谱都包含低于 1 keV 的谱。在这个领域他们在做什么？

T33.10　如何辨别你的 X 射线谱图里面是否包含一定明显数量的伪像或系统 X 射线？你如何从游离的 X 射线和电子中区别出伪像？

T33.11　当 EDS 探测器有 20°的掠射角时，用 120 kV 的电子作用在 Cu 箔的⟨001⟩方向上，计算主相干轫致峰的能量。将你的答案与图 33.9 对比，并讨论差异（提示：你必须找到纯 Cu 的晶格参数）。

T33.12　你认为图 33.5 中的探针有多宽？解释一下你的推论。

T33.13　如果你用来做分析的电子探针如图 33.5 所示，那么，这将产生什么影响呢？比如，通过表面的线性分析。

T33.14　图 33.6 中的哪些影响导致图 33.7 中的额外峰值？

T33.15　图 33.7 中的其他峰值都不是由图 33.6 所引起的吗？如果是，是什么导致的？

T33.16　请解释第 33.3.2 节每条指示的原因。

T33.17　区分模拟和数字映射，并解释为什么一个比另一个好得多。

T33.18　区分 SI 和 PTS。

T33.19　列出不同的方法来分割 SI 数据多维数据集，并解释从每次分割中得到的不同信息。看一下是否能找到前人没有发表的东西，并用自己的名字命名。

第 34 章
X 射线图谱的定性分析

章 节 预 览

  对 X 射线能量色散谱（XEDS）的谱和图像进行定量分析前有必要对其进行定性分析，定性分析要求能谱中的每个峰能准确无误地、有统计确定性地被识别出来，否则这些峰可能会在接下来的定量分析和成像中被忽略掉。峰的识别是非常重要的，在很多时候我们会很难识别一些弱峰。本章先介绍图谱的收集和元素信息的识别。首先，我们会教你如何为你的分析型电子显微镜（AEM）和XEDS 仪器选择最优的操作条件；之后介绍定性分析能谱的收集方法。为了获得有一定可信度的正确结论，必须收集有足够 X 射线计数的能谱。下面会给出帮助你这样做的简单规则。

> **定性分析是必须的！**
>
> 　　似乎定性分析既耗时又麻烦，但有必要先对能谱进行定性分析，怎么强调也不过分。

　　严格的定性分析作用有二：一是在进行定量分析之前，定性分析就能解决一些分析问题；二是在进行定量分析时（参看第 35 章）就不必再花功夫分析并不存在的元素了，并且你对你的结果也会很自信。此外，介绍会错误识别峰的各种情况，尤其是一些弱峰，很可能是一些重要的痕量元素引起的，也可能是仪器引起的伪峰，或者是另一种元素的峰，还可能没有统计意义。注意商业谱峰识别软件也可能存在错误。本章末还会简要介绍定性分析 X 射线成像。

34.1　实验变量

　　采集谱之前所设定的操作条件应该使 X 射线计数率最高，这样才能在最短的时间内获得足够强度的特征峰，同时假峰最少。在计数足够高的情况下才能准确无误地、有统计确定性地探测到样品中的所有元素（但还会受 XEDS 探测器本身的限制）。进行定性分析的操作条件是样品厚度要适中，样品区域要大，用大束斑和大光阑才能得到大的束流，但是这是以另外一些理想分析条件为代价的，特别是高的空间分辨率。到现在为止需要记住两点：

　　■ 要进行好的定性分析仅有 3 个要求，就是计数，计数，还是计数。

　　■ 进行好的定性和定量分析的条件（也是好的分析灵敏度的条件）通常得不到很高的空间分辨率。

　　更复杂点，要想得到较高的 X 射线计数，选择合适的操作电压是关键。从图 33.10C 中可以看出要想获得较高的探测能力和高的收集效率可以降低操作电压，因为散射截面 σ 会随操作电压的减小而增加。刚才讲到的是样品效应，接下来介绍电子枪效应。随着操作电压的增加，电子枪的亮度也随之增强（见第 5 章）。虽然这两个效应相互抵消了一部分，综合效果是在操作电压较高的条件下操作能得到高的 P/B 比率（利于探测弱峰），并且还具有高的空间分辨率（束扩散小），所以我们总是用最高的电压。但那些对电子束敏感的样品，比如陶瓷、矿物、大多数半导体以及 Z 较小（<15）的金属或合金，在 200~400 kV 会出现撞击损伤，所以更适合在低操作电压下操作。

　　找到样品中感兴趣的单相区域，倾转样品使其远离强衍射条件以减小晶体学效应（细节见第 35 章）和相干韧致辐射。从原则上说，需要数十纳安的束流。需要根据 AEM 电子源选择束斑大小和光阑尺寸的组合。要从 LaB_6 灯丝得到数十纳安的束流，需选用较大的束斑，比如说数十纳米的束斑和大尺寸的 C2 光阑。和热灯丝相比，场发射枪（FEG）的总束流小得多，最多只能发射数纳安的束流。所以，对于可信的定性分析和接下来的定量分析，FEG 灯丝的谱收集时间要比热灯丝的长。对于带 C_s 校正的 FEG-AEM，可以采用较大的聚光镜光阑而不会降低电子束的质量，利用 C_s 校正能得到数十纳安的束流和数纳米的束斑。在经费充裕的情况下就能减小计数率和高空间分辨率间的矛盾。

通常在样品较厚的区域可以获得较高的计数，这在定性分析中是可以允许的。较厚的样品空间分辨率较低，但是在进行初步定性分析时，我们决定牺牲掉那部分信息。唯一的问题是，要想探测比重很小的轻元素，这些较弱的 X 射线可能被样品吸收而探测不到。从实验角度考虑，可以先选取较大的厚样品做定性分析，然后你总是可以再选用小区域的薄样品，以更优的空间分辨率做进一步分析，这还会在第 36 章中讨论到。

注意不要混淆以下的各种"分辨率"：

■ 空间分辨率：以 nm 为单位的距离（见第 36 章）。

■ 化学分辨率：取决于峰背比（P/B）的分析灵敏度/探测极限（见第 36 章）。

■ 能量分辨率：通过区分不同能量的谱峰来识别元素（见本章和第 33 章）。

总之，合理的定性和定量分析需要较高的计数（下文会给出具体数值）。要获得如此高的计数可能需要较长的时间，在此期间对于电子束敏感的样品很可能出现辐照损伤，甚至改变其化学组分。若 AEM 的真空度不高或样品不干净，这都会污染微区。所以，在分析之前最好进行等离子清洗，除非等离子清洗会损坏你的样品（见第 10 章及姊妹篇中与样品制备相关的部分）。为减小电子束损伤和样品污染，在 TEM 模式下过焦 C2 或在 STEM 模式下利用扫描尽量使光散开，这样做得到的是该区域的平均信息。假如还存在污染，建议用液氮冷却低背底的样品台。

34.2 基本的能谱获取要求：计数、计数、更多的咖啡

进行定性分析的第一步也是最重要的一步，就是在较宽的 X 射线能量范围内收集能谱。分析的能量范围通常在 1~10 keV 之间，这在扫描电子显微镜（SEM）中是常见的范围。但透射电子显微镜（TEM）的加速电压比较高，对应的过压（见上册第 4 章）也比较大，也就是说在 TEM 中能很容易地产生和探测高能 X 射线。假如是带有无窗 IG 探测器的中间电压 AEM，在元素周期表中比 Be 重的所有元素的 K_α 线都能被探测到（见第 32 章）。

能 量 范 围

首先要做的是设置计算机以显示可能的最宽的能量范围。对于 Si(Li) 探头和 SDD 探头，0~40 keV 就足够了，而 IG 探头最好为 0~80 keV。

当然，如果你了解你的样品，以上步骤不是必需的，但是首先进行这一步仍然是明智的，因为样品还可能存在污染和痕量的杂质；接下来几步是收集定性分析能谱的基础：

■ 在(比如说)0~40 keV 的能量范围内用数百秒的时间(咖啡时间!)来收集能谱，弄清所有可被探测的特征峰发生的能量范围。

■ 假如所有的特征峰都能在 <40 keV 的某个范围内收集到，缩小能量范围再次收集能谱(再有一杯咖啡时间!)，这样可以通过降低每通道的电子伏(eV)数来提高计算机的显示分辨率。

■ 最终用于定性分析的能谱其显示分辨率应优于 10 eV/通道，对于所有(最原始的除外)XEDS 计算机系统，在这样的条件下(比如，总共 2 048 个通道)，0~20 keV 的显示范围都可以实现。

■ 如果你有模拟信号处理器件，可以减小探测器时间常数来增大信号通量，以此来增加计数。这一步会降低 XEDS 的能量分辨率，但对于定性分析来说并不重要。数字系统会自动优化计数通量。

■ 在收谱的过程中要注意观察死时间，确认你没有选取一个让探测器过载的束流和样品厚度组合。要让死时间低于 50%~60%，在这样的条件下，现在的探测器能够处理的最大的输出计数率在 10 kcps(模拟系统)到 30 kcps(数字系统)之间。这在薄样品分析中从来不是问题!

■ 定性分析的能谱在整个能量范围内计数应该超过 1 000 000。这看起来很高，其实用 3 kcps 的计数率只需要 15 min 来收集这么多计数(现在你可以去卫生间了)。调整束流和束斑、C2 光阑的大小，选合适厚度的样品(如果可能的话)，直到计数率足够大。

在合适能量范围内收集到高计数的能谱后，在 SEM 能谱分析中有一系列成熟的步骤(参考 Goldstein 等，2003)，这些步骤帮助你正确识别特征峰，剔除那些假峰或没有统计意义的峰。下一节(第 34.3 节)中还会介绍这套方法针对薄样品的修改版本。

图 34.1 给出延长采集时间(增加计数)对弱峰强度的影响，采集时间越长，能谱的质量就越好，所以用一杯咖啡的时间去采集还是很有好处的。

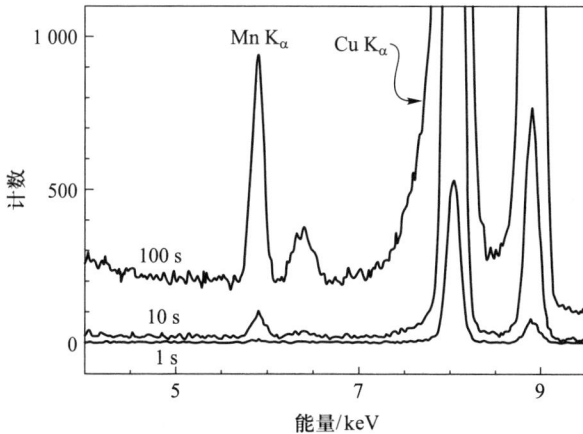

图 34.1　通过延长采集时间，Cu-1%Mn 薄片样品的能谱质量有了明显的改善。收集 1 s 后的能谱(黑线)Mn 的 $K_{\alpha/\beta}$弱峰几乎看不见；收集 10 s 后(蓝线)出现了 Mn 的 K_α 峰，但 K_β 峰仍然很弱；收集 100 s 后(红线)所有的峰都很明显了。延长收集时间很容易就能把峰与背底、样品的峰与仪器假峰区分开来，这样更利于峰识别。(参见书后彩图)

34.3　峰识别

进行有效的定性分析，通常需要如下 4 步处理：

第一步：在读了第 32、33 章后应该对所操作的 XEDS 或 AEM 有所了解：XEDS 可能会出现哪些仪器假峰，AEM 会造成哪些系统峰，相干轫致辐射(CB)你也了解了。在你选取的整个能量范围内，校准能量确保其误差不大于能量分辨率。假设能谱显示 10 eV/通道，特征峰的峰位误差应该在 ±10 eV 之内。

第二步：能量校准后先自动识别能峰，如果谱简单(只有很少的峰，且峰与峰之间没有叠加)，经过自动识别就能很好地识别各峰。但第 34.5 节中提到自动识别也可能出现错误识别的情况，而且谱越复杂就越容易出现错误识别的现象。比如，峰很多，而且各峰之间还相互叠加(Zn 的 L_α 峰很容易识别为 Na 的 K_α 峰)，或是能谱中有较重的元素或稀有元素的复杂峰族(Ta 的 M_α 峰就容易识别为 Si 的 K_α 峰)。如果对 X 射线族的复杂性不了解或没对下面的提示引起重视，错误识别峰的问题就更加突出。即使有最好的软件，有些弱峰有时还是被错过，CB 效应也常常没被考虑进去。

要　点

要时刻对定性分析的结果保持可疑的态度，不仅要寻找自己所期望的峰，还要准备好发现你没有预料到的峰。

注意，发射出来的 X 射线峰宽都很窄（1~5 eV），但 XEDS 系统会使谱线变宽[在 Si(Li)探头探测的能量范围内，半高宽约为 80~180 eV]。我们会讨论谱峰，这些峰对应于某一元素的 X 射线光谱线，在显示的能谱中，它们会被识别为属于软件强加的谱线族。

第三步：回顾第 4 章中的临界电离能，X 射线谱线能量，K、L、M 谱线族，谱线的相对权重，以及荧光产额等相关知识。

峰的分析通常包括以下几步：

■ 先把最强峰识别出来，标记为 K、L 或 M_α，再把谱线族的其他峰也识别出来。如果连最强峰都不能识别，出现的问题很可能是：能谱没校准、探测器或软件出错，此时最好咨询相关技术人员。

■ 最强峰也最有可能伴随有假峰出现，比如，在 Si(Li)系统中，在特征峰下 1.74 keV 处出现逃逸峰，在两倍特征能量处出现和峰。所以你可以很快从未知峰列表中剔除这些弱峰（大多数软件都会自动标记假峰）。

■ 之后再识别还没被识别的次强峰，重复以上过程，直到所有的峰都能识别出来为止。

■ 重点识别叠加峰、杂峰、系统峰和假峰。

第四步：做记录；为了给一个特定能量挑选可能的 K、L、M 谱线，你可以用相关软件计算谱线位置，也可以查询合适的资料，很多制造商都会提供这样的"计算尺"，或者上网找一下（比如，网址 1、2）。第 33 章曾介绍过台式能谱分析仪（DTSA），可以用它来比较实验谱和模拟谱，也可以参考谱线对应的能量值，尤其是重元素的复杂谱线族。细节请参见姊妹篇中的 DTSA 指南。

标　记　峰

在确定元素的种类之后，在计算机或笔记上仔细标记每个峰。

假如能谱中含有多个能峰，在即将介绍的峰识别程序中仔细做笔记是很有必要的。

我们已经给出了原理，现在再给出细节。请遵循以下 8 步：

（1）如果能匹配 K_α 线，检查一下 K_β 线，其强度约是 K_α 线的 10%（10% 为谱线"权重"，回顾表 4.1）。对于现代 XEDS，只要不与其他元素的强峰重合，在 ~1.74 keV（Si K_α）以上 K_β 线一定会出现，而低于 1.74 keV 则难以分辨两条谱线。

（2）如果探头是 Be 窗口的，K_α 和 K_β 都匹配得很好，且 K_α 在 >~8 keV（Ni K_α）处，此时最好检查一下 ~0.9 keV 处的 L 谱线。如果是超薄窗口（UTW）或无窗探头，Cl 和比 Cl 重的元素的 L_α 线（>~0.2 keV）很可能被探测到，但是只有在 Cl 很多时才行，这是因为（a）这些相对较弱的 X 射线很容易被吸收，（b）其荧光产额也很低。Ni 的 L_α = 849 eV，Cl 的 L_α = 200 eV。

（3）如果 K_α 线匹配不好，检查一下 L_α 或 M_α 线的匹配程度，因为在 L、M 谱线族中 L_α 或 M_α 线的强度是最强的。

（4）如果 L_α 线能匹配上，则在 L 谱线族中肯定存在伴线。可分辨谱线的数量与 L_α 线的能量和强度有关，高能区能分辨的谱线数会更多。在该谱线族中其他光谱线，其强度都低于 L_α 线，以下的这些线可能探测到：更高能区能探测到的是 $L_{\beta1}$（0.7）、$L_{\beta2}$（0.2）和 $L_{\gamma1}$（0.08），而在更低能区能探测到 L_l（0.04）谱线（圆括号中的数字代表相对于 L_α 线的权重）。此外，如果 L 谱线族的强度很高，更弱的 $L_{\gamma3}$（0.03）和 L_η（0.01）谱线也可能探测到，只是这种情况很少。

（5）如果 L 峰能匹配上，则肯定存在高能的 K_α/K_β 谱线对，因为 AEM 的能量都很高（>200 keV）足以产生所有元素的 K 线。所以需要足够宽的能量显示范围。

（6）如果用的是 Be 窗口的探头，La 以上的元素才出现 M 线；如果是 UTW 探头，能探测到 Nb 以上的元素的 M 线。但只有 Nb 的量够多才能探测到弱 M 线。La 的 M_α = 833 eV，Nb 的 M_α = 202 eV。

（7）M_α/M_β 线很难区分开，因为所有 M 线都低于 4 keV。如果 M_α/M_β 能匹配上，最好还要检查一下 M_ζ（0.06）、M_γ（0.05）和 $M_{II}N_{IV}$（0.01）3 个弱峰，如果样品含更多该元素，则更容易探测到。

（8）如果 M_α 线能匹配上，则肯定存在高能的 L 谱线族，很可能还能探测到更高能区的 K 线。探测能力还与探头（IG 探头适合于高能线）、收集范围（可以到 80 keV）、加速电压（越高越好）有关。

图 34.2 给出了 0~20 keV 范围内可能出现的谱线族，让你了解一下元素谱线族的分布，只要遵循以上的 8 条规则都能找到它们。比如，你应该知道哪些元素仅产生单 K 线，哪些元素能看见 K_α/K_β 线对，哪些元素 K、L 族谱线同时出现，哪些元素 L、M 族谱线同时出现。

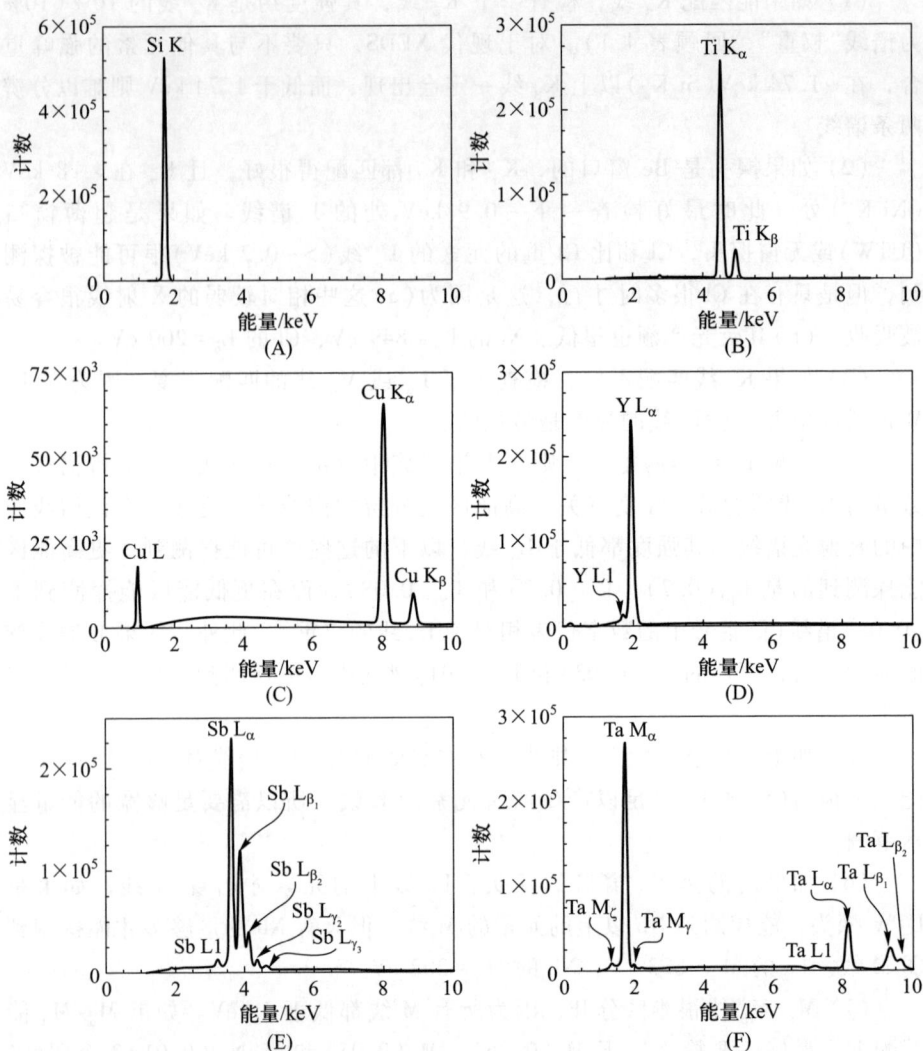

图 34.2　周期表中一些元素特征谱线族：（A）Si、（B）Ti、（C）Cu、（D）La、（E）Sb 和（F）
Ta。以较小原子序数、较低能量的 Si 单 K_α 峰开始，再到 Cu 和 La 的 L 谱线族和 Sb 和 Ta
的 M 谱线族。注意，随着原子序数 Z 和特征能量的增大，给定谱线族中各峰就更容易分开

峰　　族

检查峰族，如果谱线族中的某一谱线不存在，则所识别的谱线族可能是错的。

谱线族某一谱线不存在的原因可能是：

■ 可能与其他峰重合。这是很常见的情况，但只要遵循下面几个步骤也能把它们分辨出来：

（1）以大的时间常数重新收集能谱（仅适合模拟信号系统）；

（2）用峰值解卷积软件（见第 34.4 节）；

（3）用分辨率更高的技术，比如电子能量损失谱（EELS）（见第 38 章）。

■ 能量显示范围太窄，峰很可能出现切断现象（这很容易解决，但其实如果你遵循前文的规则，这种现象根本不会发生）。

■ 电子束能量太低以致不能激发那条谱线（AEM 中这不是问题，仅在 SEM 中存在）。

重复以上步骤：在第一次采用 8 步法后未标定的峰中找出最强峰。重复这个过程，直到所有的主峰都识别为止。在识别过程中，需要不断检查与已标定的主要特征峰相关的逃逸峰和和峰。这些假峰或 CB 峰的强度很低，在你担心它们之前，需要考虑这些弱峰是否有统计意义，有关内容还会在第 34.5 节讲到。如果是 Si(Li) 探头还会出现弱的 Si-K 内部荧光峰，Si 逃逸峰位于主要峰以下 1.74 keV 处，且在 P 以上的元素中出现。对于 IG 探头会出现 Ge 的内部荧光峰（包括 K 和 L），在主要峰以下适当位置还会出现 Ge 的 K、L 线逃逸峰（9.89 keV 处为 Ge K_{α} 逃逸峰，1.19 keV 为 Ge 的 L_{α} 逃逸峰）。假如对两倍主峰能量的和峰存在怀疑，最好用较短的死时间（<20%）重新收集，看可疑和峰是否消失。假如某一 CB 峰可疑，最好用不同的加速电压或不同样品取向重新收谱，看弱峰是否移动。

在以下特殊情况下需要仔细检查：XEDS 探测器的能量分辨率低意味着，某些在材料样品中经常会出现的相近的特征峰很可能分辨不开，我们无奈地称之为"病态重叠（pathological overlaps）"，特别包括：

（1）近邻过渡金属的 K_{α}、K_{β} 线很可能重合，比如 Ti/V、V/Cr、Mn/Fe 和 Fe/Co；

（2）4.47 keV 处的 Ba 的 L_{α} 线很可能与 4.51 keV 处的 Ti 的 K_{α} 线重合；

（3）Pb 的 M_{α} 线（2.35 keV）、Mo 的 L_{α} 线（2.29 keV）和 S 的 K_{α} 线（2.31 keV）可能重合；

（4）在 UTW/ATW 或无窗 XEDS 系统中出现 Ti、V 和 Cr 的 L_{α} 线（0.45 ~ 0.57 keV）与 N、O 的 K 线（0.39 keV 和 0.52 keV）重合。

病 态 重 叠

指的是那些即使你知道它们就在那儿也难以分开的双峰。

只要选择合适的能量显示范围，这些问题通常都可以解决。比如，能量窗口为 0~10 keV，S 的 K 线很可能与 Mo 的 L 线重合，这就要看 18 keV 处是否存在 Mo 的 K 峰，在你的第一张较宽能量窗口的图谱中就可以看见。如果怀疑存在病态峰重合，最好在最高能量分辨率[最长的时间常数(模拟信号系统)和较低的计数率(<5 kcps)]和最大的显示分辨率(5 eV/通道)重新收谱，你会需要更多的时间。

34.4　峰解卷

经以上方法处理重叠峰还不能分开，最好进行常规的峰解卷处理(这个过程很标准，一直改变不大，参见 Schamber，1981)。经过解卷处理能够分辨材料中常见的很多重叠峰，比如，过渡金属的 L 线和较低原子序数元素的 K 线。解卷的例子如图 34.3。

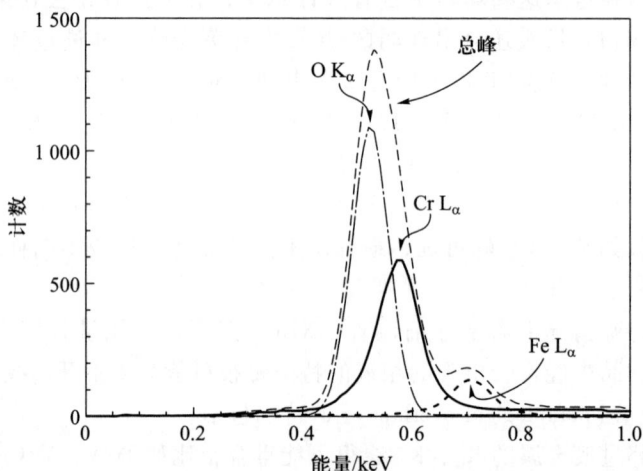

图 34.3　总峰是由 Fe-Cr 氧化物的 Fe 的 L_α、Cr 的 L_α 和 O 的 K_α 3 条高斯谱线叠加而成的。在进行量化分析之前对峰进行解卷得到各孤立峰的强度是很有必要的

除了对重叠峰进行解卷外，还可以对 XEDS 探测系统的点扩散函数进行解卷，这称为零峰解卷[和 EELS 中的零损失峰解卷类似(见第 37.5.1 节和第 39.6 节)]。类似的方法在成像和能谱中日益得到广泛使用，因为各种强大数学方法的发展(如 Jansson，1997)，姊妹篇中会有些介绍。这种解卷过程可以去除特征峰宽的电子噪声，给出几乎没噪声的能谱(Watanabe 和 Williams)。解卷要求 XEDS 系统能够收集 0 eV 处的噪声峰(并不是所有的厂商都能做)，该峰常称为"脉冲峰"。迭代处理可以去除能谱中的噪声。如图 34.4 所示，这种

处理方法能明显地改善能量分辨率和 P/B 比率（这样就改善了最小探测极限，参见第 36 章），还能揭示出被邻近强峰掩盖的弱峰的细节。

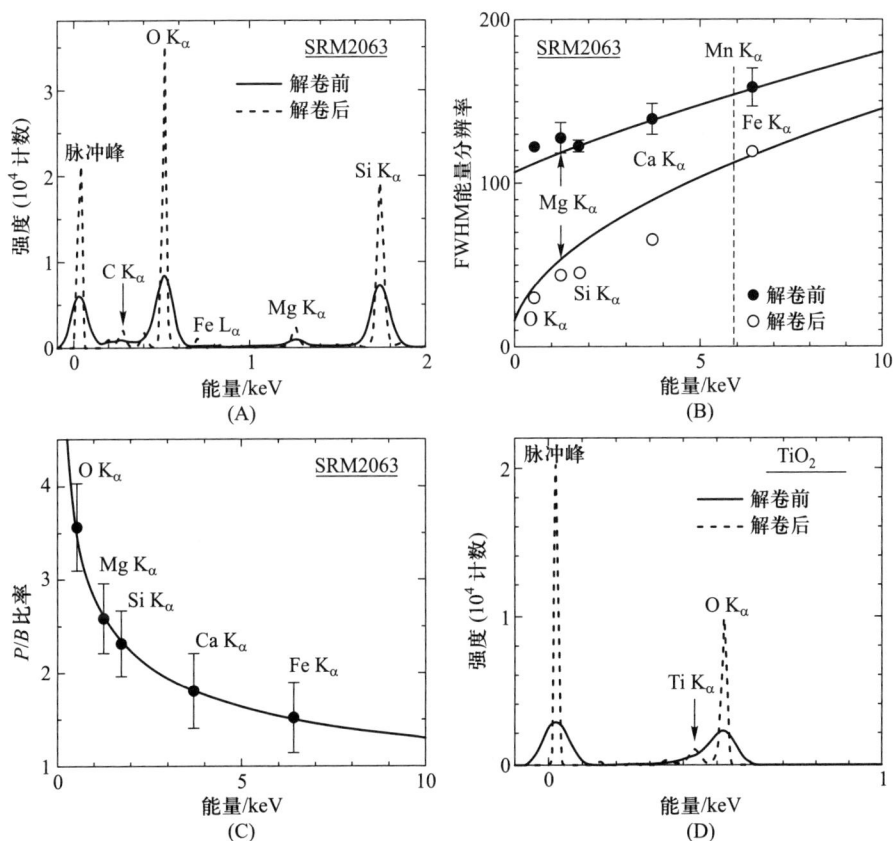

图 34.4　（A）NIST SRM 2063 样品的 XEDS 实验谱的零峰解卷前后的对比图；（B）解卷后 0~10 keV 能量范围内峰的 FWHM（半高宽）明显减小（改善了能量分辨率）；（C）解卷后明显改善 SRM 2063 能谱主要峰的 P/B 比率；（D）解卷能把 TiO_2 中 Ti 的 L_α 峰分辨出来，Ti 峰通常被 O 的 K_α 掩盖

但解卷时要特别小心，因为任何数学处理都会引入瑕疵，尽管能改善图谱质量。所以在使用之前最好用已知的简单和复杂的能谱进行练习，直到你自信地对软件的优势和不足有充分的了解。

以上的每一步都要做，还需做出许多判断，这对专业人士来说都是相当复杂的。即使是最好的软件，有时也可能出错（见第 34.6 节）。所以，对其结果都需仔细推敲。

总之，只要遵循以上 8 个步骤，再进行适当的解卷，几乎所有的强峰都可以识别。还有一些弱峰，可能有统计意义，也可能没有，你要决定是否需要识别这些弱峰。下面就开始介绍如何做出这样的决定。

34.5　峰的可见度

在能谱中通常会出现小的强度涨落，这很难清楚地确认为峰。但也有判断的标准(Liebhafsky 等 1972)来确定哪些峰具有统计意义，哪些峰为随机噪声，从而可以剔除。经过长时间的收集得到较为平滑的轫致辐射，这样每个峰都可以看清，见图 34.5。

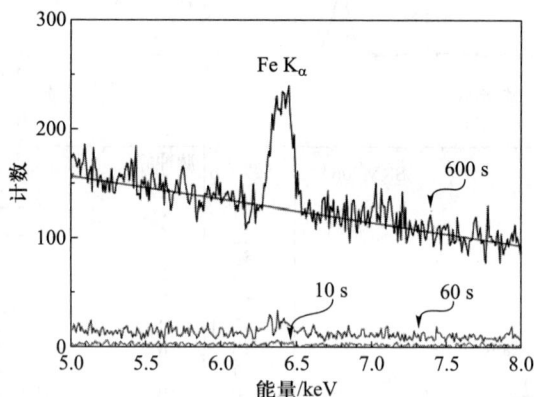

图 34.5 对 Si-0.2% Fe 样品进行长时间收集就能得到明显的 Fe 的 K_α 特征峰，所以假如不确定某一峰是否存在，就很有必要得到有统计意义的计数。600 s 的谱中明显的特征峰叠加在近直线的背底上，此时在 7.05 keV 处 Fe 的 K_β 峰也逐渐显现，虽然还不具统计意义

■ 增加显示增益直到平均背底达到全谱幅度的一半，此时更容易识别弱峰。

■ 在峰底下画条线把峰和背底区分开来。

■ 在相同通道内对峰(I_A)和背底(I_A^b)进行积分。若 FWHM 可以明显地识别，可以在该范围积分，否则就对整个峰进行积分。假如 $I_A > 3\sqrt{I_A^b}$，则该峰有统计意义的置信度高达 99%，可以看作是峰。但是，错误识别的可能性还有 1%；祈祷这 1% 不会让你拿不到博士学位或被解雇吧！假如 $I_A < 3\sqrt{I_A^b}$，就没有很好的统计意义，可以忽略。

假如样品中含有微量的可疑元素，希望在某一能量处有峰出现，结果却不存在明显的峰，此时，就得长时间收谱，看是否满足峰可见性准则。如果这是一个很重要的、次重要的或微量元素的峰，那它常常是最重要的，那么要花足够长时间来探测该峰。收集时间长达数分钟，甚至数小时都是有可能的，只要这么长的时间不会改变、损伤或污染样品。现在看来，使用一个午餐的时长是很有好处的。

时　间

在长时间收集低强度的特征峰时，你也会更容易探测到比较弱的假峰；比如，CB 峰，Si 或 Ge 的内部荧光峰，Fe 或 Cu 的系统峰等。同时也会增加对你的样品的辐照损伤和污染的可能性。

注意，计数不应该超过探测器能够处理的值，否则会引入加和峰，同时也会降低能谱的能量分辨率。

如果要想减小束损伤，最好把电子束散开，比如，在 TEM 模式下欠焦 C2，而在 STEM 模式下可以扫描。

用以上方法识别峰是一回事，对某一元素对应的峰进行量化分析就是另一回事了，通常需要更高的计数，可参看第 36 章中的探测极限部分。但是，一旦能谱中的峰识别出来了，就有可能已经可以识别纳米颗粒或析出物或物相了，如此就不用再深入分析了。比如，某种材料的热动力学表明，在热处理之后只可能存在某些物相，这些物相可能存在很不同的化学组分。只需要看一下谱的相对强度也就足以识别出相应的物相了，因为 AEM 薄样品分析的优势就是峰的强度几乎正比于元素含量，对应的量化分析就相当简单。细节请看下一章。

在第 35 章讲量化分析之前，先用两个例子总结一下这部分：

氧化物玻璃的例子：图 34.6 给出 NIST 氧化物玻璃薄膜的能谱（薄膜支撑在铜网的碳支撑膜上），Be 窗口的 IG 探测器收集 1 000 s，加速电压为 300 kV。由于 Be 探头在低于 0.8 keV 处探测不到谱峰，也就是 O 的 K_α 峰（0.52 keV）是探测不到的。谱的范围是 0~10 keV，最强峰为 Si 的 K_α 峰（1.74 keV），记为 #1（注意，在该能量处 K_α/K_β 线对是分辨不开的）；次强峰 #2 为 Ca 的 K_α 峰（3.69 keV），也可识别出近邻的 K_β 峰（4.01 keV），但 Ca 的 L 线探测不到。第三强线 #3 位于 6.4 keV 处，一大一小紧挨着的两峰识别为 Fe 的 K_α 和 K_β 线对。没有哪个元素的 L 线能和这个峰很好地匹配（除了 Dy 的 L_α 线，位于 6.5 keV 处），而 M 线不可能在 4 keV 以上出现；因为 Be 窗口则难以探测到 716 eV 处的 Fe 的 L 线。

接下来就处理弱峰了。8.04 keV 处为 Cu 的 K_α 峰（K_β 峰也被识别出），2.96 keV 处为 Ar 的 K_α 峰（K_β 峰太小，探测不到），Mg 的 K_α 峰在 1.25

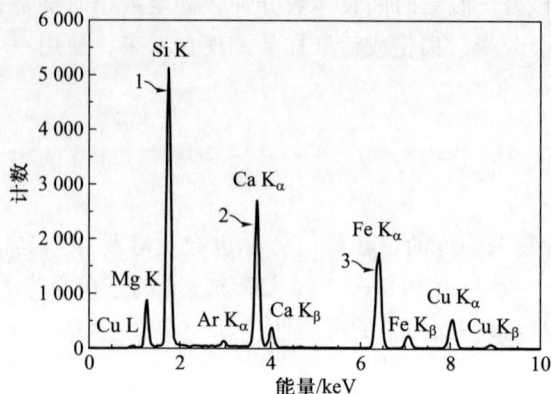

图 34.6　在 300 kV 下氧化物玻璃薄膜上收集的能谱，根据书中归纳的步骤一步一步识别能谱中的特征峰

keV 处。

Mg(以氧化物的形式)是玻璃中很常见的元素，是我们所期望的峰。但 Ar 在玻璃中并不常见，很可能是离子减薄过程中引入的(请回顾第 10 章)，很多制样过程也会引起样品表面的化学变化。此外，还需注意的是 2.96 keV 处的 Ar 的 K 峰很容易与 Al 的 K 的和峰(2×1.49 keV)弄混。但玻璃中没有 Al，该峰能量的一半处也没有明显的峰，所以 Ar 是最好的答案。

样 品 制 备

对所做样品进行充分了解，包括制样过程，是非常必要的。

类似地，玻璃中 Cu 并不常见，但样品支撑在铜网上，Cu 峰是由于电子或 X 射线散射到 Cu 网上引起的，不能由此得出样品中含有 Cu 的结论。此外，没探测到任何逃逸峰和和峰。

Cu 的 L_α 线探测不到的原因

图 34.6 中 0.93 keV 处并不存在铜网引起的能峰，这是因为低能 L 的 X 射线被探测到之前就已经被铜网吸收了，这正说明了 Cu 的 K 峰是由很厚的铜网引起的。

Fe-Cr-Ni 的例子：如图 34.7 所示，图中给出 6 个高斯峰，按上述方法很容易就能识别为 Fe、Cr 和 Ni 的 K$_\alpha$、K$_\beta$ 线对。每个冶金学家都知道该谱仅可能来自某种不锈钢，对他们来说这些信息就足够了，接下来的定量分析就显得多余。但要想知道更多细节，比如，是哪一级别的不锈钢，就必须测出相对峰强度，这就是定量分析的第一步。第 36 章中会给出薄样品量化分析的一级近似公式，即每种元素的含量正比于峰高。如果测量图 34.7 中各 K$_\alpha$ 峰的相对峰高，很容易就能粗略估计出元素组分 ~Fe-20%Cr-10%Ni。这可归到典型的316 不锈钢 (Fe-18%Cr-8%Ni) 中。

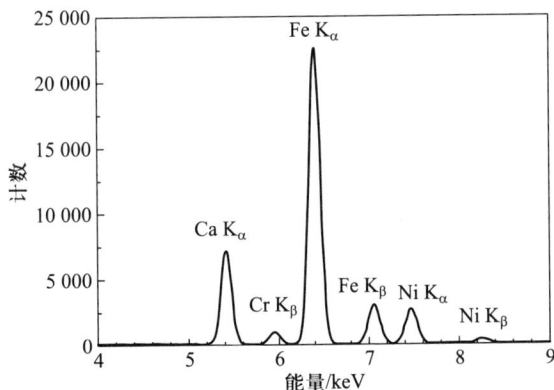

图 34.7 不锈钢薄样品的能谱中挨得很近的各个峰都能很好地分辨开。在一级近似下，这样只需要简单地量一下 K$_\alpha$ 的相对高度就可以进行定量分析

薄样品的 X 射线分析的优势之一就是测一下峰的相对高度就能得出样品的组分。

由上述可以看出，只要有一把几块钱的尺子，几秒钟就能得出较为可靠的化学组分。那为什么所有的 AEM 都装有上千美元的计算机硬件和软件与XEDS 探测器相配套呢？这是因为并不是所有的能谱都像不锈钢的那么简单：各个峰集中在某一能量范围内，计数也很高，没有微量元素引起的弱峰。假如峰的分布很分散，就可能出现 X 射线吸收的不同，从而改变这种简单的谱线强度与组分间的关系。另外，如果想确定是 304 不锈钢而不是 316 不锈钢，也得像第 35 章介绍的进行完整的量化分析。完整的量化分析后可能会发现其结果与刚才的几乎一致，但这样处理得出的化学组分更有说服力。

34.6 常见错误

如上所述，峰识别很容易出现错误识别的问题，尤其是一些弱峰，很可能是由探测器、处理电路或 AEM-XEDS 所引起的假峰。最重要的一点就是不管是谁，即便是你的导师，或是计算软件都是有可能出错的。因为软件仅是一些人为编写的指令而已，虽然商业化的自动峰识别软件很好使，每次迭代都会有更好的结果，但所识别的峰未必都正确。不管怎么说，你可以先自动寻峰来快速分析，然后可以读读 Newbury 的文章，其中给出某些软件很可能出的一些错误（也读读这篇文章中后面的讨论）。Newbury 用的样品都很复杂，里面有稀有重元素的多重峰，但是这篇文章很有指导意义，并且告诉我们，只是简单地相信软件的结果是不明智的，有怀疑是好的。

将样品放入 AEM 之前最好对样品的化学信息有着充分的了解（TEM 当然应该是你用来分析完全未知样品的最后一种手段）。记住样品的减薄过程也很有帮助。对于减薄过的样品，很可能在减薄过程中改变了样品的表面化学组分。比如，电解减薄的方法很容易有选择性地移走或再沉积样品的某一元素，还有可能是抛光介质残留在样品表面上。样品越薄，表面化学组分改变就越多。离子束减薄，很可能植入 Ar，FIB 则可能引入 Ga。另外，减薄过程中样品还可能氧化，高氯酸抛光液还可能引入 Cl。超薄切片是唯一不改变表面化学组分的制样方法（虽然新鲜切面很容易在大气中被腐蚀，甚至会严重改变体样品的缺陷结构）。所以这些都得引起注意。

34.7　定性 X 射线成像：原理和实践

单点分析或跨界面多点采谱并非是呈现 X 射线图谱的唯一方法。前面的章节介绍过可以用各种方法产生 X 射线图像，经过仔细操作，这些图像可以用作化学组分分布图，图的信号强度与 X 射线强度 I_A 成正比。通常，在合适精确度的前提下，薄片样品中元素 A 的 X 射线强度与浓度 C_A 成正比。但是否存在正比关系还受很多条件的制约，在第 35 章的量化分析中还会介绍。将元素分布图与其他 TEM 图像对照着看，还是挺有用的，但是这个方法受到 X 射线计数率相对较差的限制。好的量化分析某一元素 A 的特征峰的计数 I_A 最好为 ~10 000。对于较老的 AEM，即使某种元素的含量很高，对于这么高的计数也需要花数分钟来收集。也就是说，以这种收集速度要得到分辨率为 56×56 的图像，很可能要花 50 h，这是非常不现实的，所以我们只好凑合着用那些定性的、噪点很多的图像，如图 33.13。可喜的是，近年来 X 射线收集效率得到了很大改善。一是，由于装有中间电压的 FEG 灯丝，加上球差校正以及大的光阑，允许小尺寸束斑产生更多的 X 射线；二是，随着数字脉冲处理（digital pulse-processing）技术的提高，有了较大 X 射线收集角和硅漂移探测器（SDD）阵列，可以允许较大的 X 射线通量。所以，特别是你觉得用厚点的样品也无所谓时，在现代 AEM 中 X 射线成像是很好的选择，AEM 拥有先进的数字显示技术和图像处理软件，使得 X 射线成像处理更加简单、容易。

较早的 X 射线点采谱，如图 33.13，只要在 XEDS 谱某一特定能量窗口有 X 射线，就会在图上产生一个点。不管是特征 X 射线、轫致 X 射线、假峰还是系统 X 射线都会产生点。所以厚度效应和原子序数效应会带来麻烦，因为样品越厚、原子序数 Z 越大会产生更多的轫致 X 射线（同时也会产生更多特征 X 射线）。在块材样品 SEM 的 X 射线成像中，该效应则更严重，所以几十年来这些效应一直是 SEM 的 X 射线成像需要克服的难点之一（见 Newbury 等 1990 年的综述）。所有的这些效应都会在定量分析过程中考虑到，每个像素点对应的强度都需要适当的校正，细节请看第 35 章。

对于定性元素映射来说，灰度图是可以接受的；但在量化分析中，最好还是用全彩图，因为人眼对彩色更敏感，可以用不同的颜色代表不同的元素，如图 34.8 所示，彩图给出了 Au-Pd 纳米颗粒的化学不均匀性，由此可以解释这些纳米颗粒在过氧化物合成中所起的催化作用（类似的定性元素映射如图 33.14 和图 33.15）。

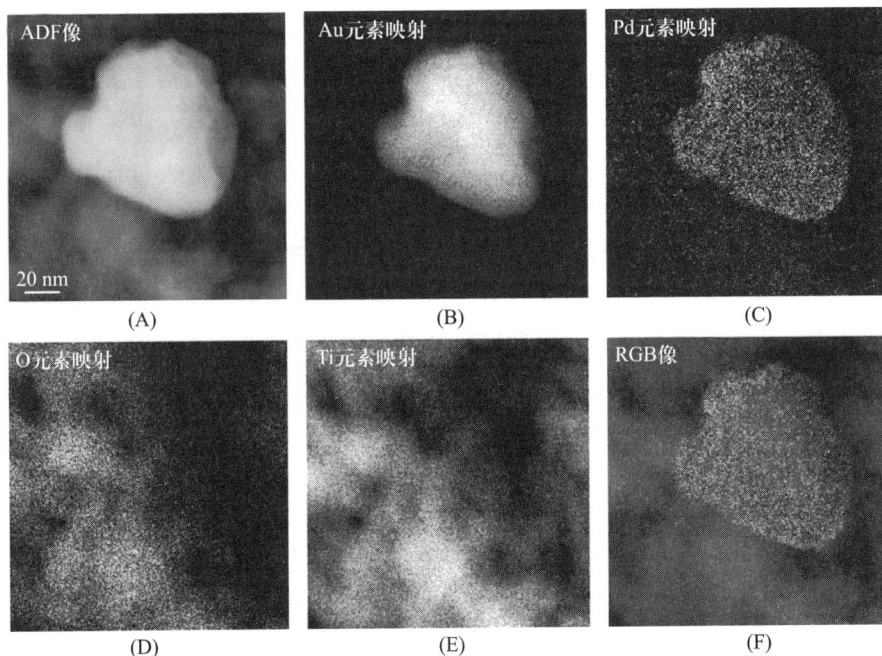

图 34.8 Au-Pd/TiO$_2$ 纳米颗粒催化剂的 STEM ADF 像（A）和定性 X 射线元素映射（mapping）给出 Au（B）、Pd（C）、O（D）和 Ti（E）各元素的分布图。这种颗粒常用于过氧化物合成。（F）为 Ti（红色）、Pd（绿色）和 Au（蓝色）相互叠加得到的伪彩图，揭示了 Pd 分布于外部和 Au 分布在内部的壳层状结构。（参见书后彩图）

怎样才能获得如图 34.8 一样用于定性分析的元素分布图呢?

■ 首先,在扫描透射电子显微镜(STEM)模式下,也就是在计算机控制下可以用电子束不断扫描样品。在能得到想要的空间分辨率的前提下,选用最大尺寸的束斑(要想得到图 34.8 优于 5 nm 分辨率的分布图是很具有挑战性的,如何控制空间分辨率可参看第 36 章)。仅在最好的中间电压 FEG 电镜中才可能实现 1~2 nm 的分辨率,所以 5 nm 的束斑应该是一个好的开始。

■ 其次,设定元素分布图的能量窗口,即以主要的特征峰为中心的能量窗口。

■ 再次,设置光斑在每一像素的停留时间以得到足够高的计数。每像素的收集时间如果远大于数秒,那么收集总时间就太长了,如果你有中间电压 FEG 电镜,收集时间<0.1 s 才有意义(最好的球差校正 FEG-AEM 可信的元素分布图对应的点停留时间可小于 10 ms/像素)。在没有该仪器的条件下,点停留时间为 1 s/像素,要想收集 64×64 像素的图像要花一个小时多一点。所以,操作的宗旨就是最高的计数率:束斑要大,C2 光阑要大,最短的(模拟信号)脉冲处理时间(处理电路有时候会拒不处理在太短时间内产生的低计数,这样做会降低拒不处理的概率)。

■ 最后,开始扫描并在显示器上显示出来。如果强度足够,有用的灰度数据已经得到了,此时可以停下来用更长的时间收集,如果这张图很重要的话,可以数小时,也可以一晚上。但长时间收集需要用软件进行样品漂移校正。此外样品和 AEM 要干净,否则碳会在样品表面积累下来,从而破坏 X 射线探测。伴随长时间的收集,辐照损伤和污染不可避免。

用定量分析软件你还可以做许多其他的事情。即使收集一个简单的定性元素分布图,也要花很长时间,也许做完整的定量元素分布图才是值得的。在你学完了如何把 X 射线强度转化为元素组成的所有内容之后还会对该技术进行具体讲解。

章 节 总 结

在 X 射线分析中一定要先做定性分析,需遵循以下步骤:

■ 对每个弱峰保持怀疑态度。

■ 在含所有特征峰的能量窗口内收集一个高强度的能谱。

■ 从高能端开始,识别所有的主峰以及对应的谱线族和可能的假峰。

■ 假如不确定,建议用较长的时间收集,以决定某个强度波动是不是峰。

■ 可能出现病态叠加，需要解卷。

■ 假如时间允许，还可以用关键的特征峰进行定性元素映射。

参考文献

一般参考文献

Goldstein, JI, Newbury, DE, Joy, DC, Lyman, CE, Echlin, P, Lifshin, E, Sawyer, L and Michael JR 2003 *Scanning Electron Microscopy and X-ray Microanalysis* 3rd Ed. p355 Kluwer Academic Press New York.

本章参考文献

Jansson, PA, Ed. 1997 *Deconvolution of Image and Spectra* Academic Press San Diego.

Newbury, DE, Fiori, CE, Marinenko, RB, Myklebust, R., Swyt, CR and Bright, DS 1990（A，B）*Compositional Mapping with the Electron Probe Microanalyzer* A：Anal. Chem. 62 1159－1166A，B：Anal. Chem. **62** 1245－1254A. 一些错误。

Liebhafsky, HA, Pfeiffer, HG, Winslow, EH and Zemany, PD 1972 X-rays, *Electrons and Analytical Chemistry* p349 John Wiley and Sons New York. 关于统计。

Newbury, DE 2005 *Misidentification of Major Constituents by Automatic Qualitative Energy Dispersive X-ray Microanalysis：A Problem that Threatens the Credibility of the Analytical Community* Microsc. Microanal. **11** 545－561. （参见 Burgess, S 2006 *idem* 12 281 和 Newbury, DE *idem* 1，282.）商业软件可能出的错误的讨论。

Schamber, FH 1981 *Curve Fitting Techniques and Their Application to the Analysis of Energy Dispersive Spectra in Energy Dispersive X-ray Spectrometry* 193－231 Eds. KFJ Heinrich, DE Newbury, RL Myklebust and CE Fiori NBS Special Publication 604 US Department of Commerce/NBS Washington DC.

Watanabe, M and Williams, DB 2003 *Improvements to the Energy Resolution of an X-ray Energy Dispersive Spectrum by Deconvolution Using the Zero Strobe Peak Microscopy and Microanalysis* Eds. DPiston, J Bruley, IM Anderson, P

Kotula，G Solorzano，A Lockley and S McKernan 124–125.

网址

1. http：//microanalyst. mikroanalytik. de/index_ e. phtml.
2. http：//www. cstl. nist. gov/div837/Division/outputs/DTSA/DTSA. htm.

自测题

Q34. 1　为什么要了解特征 X 射线谱线族的相对权重？

Q34. 2　为什么能估算同一谱线族的相对权重，比如 K_α/K_β，而不能估算谱线族间的相对权重，如 K_α/L_α？

Q34. 3　为什么要首先识别强度最强的高能 X 射线峰？

Q34. 4　影响 X 射线峰可见与否的因素是什么？

Q34. 5　X 射线产生和探测总效率的测量单位是什么？

Q34. 6　为什么总要进行定性分析？

Q34. 7　在 XEDS 分析中有哪 3 种分辨率，分别有什么作用？

Q34. 8　定性分析过程中为什么要做好笔记？

Q34. 9　为什么要对 XEDS 进行能量标定，多久做一次标定？

Q34. 10　为什么杜比降噪技术在 TEM 和音响发烧友间都很受欢迎？

Q34. 11　为什么要定义峰可见与否的最低标准？

Q34. 12　峰可见与否的最低标准是什么？

Q34. 13　对峰的可见性来说为什么要选 99% 的置信度，这意味着什么？

Q34. 14　有必要长时间甚至一晚上来收集能谱，以获得最大计数吗？

Q34. 15　为什么特征峰之间的叠加被描述为"病态的（pathological）"？

Q34. 16　假如你是一个冶金学家，举例说明特征峰病态叠加对你的影响？

Q34. 17　为什么原子序数增大，能谱变得越来越复杂？

Q34. 18　如果不能很好地识别出弱峰，该怎么办？

Q34. 19　不能很好地识别出强峰，又该怎么办？

Q34. 20　定性分析有时候会使定量分析变得不必要，你能不能举出一个例子？

章节具体问题

T34. 1　参看图 34. 2，列表说明在 0～10 keV 范围内每个主要谱线族的特征。

T34.2　为什么探测不到 N 谱线族的 X 射线？

T34.3　图 34.5 中没有 Fe 的 K_β 峰。你是否为此担心？如果是，怎样处理才能解决？

T34.4　假如从抛光过的 Ni 样品上收集能谱，当你将电子束从样品上的洞的薄边缘移开时，为什么 Ni K_α/Ni L_α 会变化？

T34.5　如果是电解抛光 Al-Cu 合金，为什么样品边缘最薄的地方 Cu 的信号很强？（提示：参见第 10 章）

T34.6　为什么难以分析周期表中近邻的过渡金属元素的能谱，尤其是当原子序数低的元素含量很高时？

T34.7　对未知样品进行定性分析，为什么要用尽量大的束斑来收集能谱？

T34.8　对未知样品进行定性分析，为什么要用尽量小的时间常数来收集能谱？

T34.9　要对未知样品进行定性分析，为什么要用尽量长的时间收集能谱？

T34.10　微区分析的 Murphy 定律＊第 13 条：Al 样品中探测到 Ar 的概率会随时间递减。证明该定量的可靠性。（＊ Copyright Kevex Inc.；经允许转载。）

T34.11　如图 34.6，解释：

■ 为什么不会把 Si 的 K_α 峰和 Si 的内部荧光峰相混淆？

■ 为什么 Cu 的 K、L 谱线来自铜栅，而非样品？

■ 为什么有 Cu 的 L_α 峰，但是没有 Fe 的 L_α 峰？

■ Ar 峰为什么不是假峰，它从哪来的？

■ 为什么 3.69 keV 和 4.01 keV 处的峰是 Ca 的 K_α 和 K_β 峰，而不是 Sn 的 L_α 和 L_β 峰（3.66 keV 和 4.13 keV）？

■ 为什么是 Ca 的 K_α 和 K_β 峰，而不是 Te 的 L_α 和 L_β 峰（3.77 keV 和 4.03 keV）？

■ 为什么不存在逃逸峰和和峰？

T34.12　如下图所示（该图的上下两图是同一谱图的计数放大了不同的倍数，这样是为了同时显示强峰和弱峰的细节）。该能谱数据用 200 keV 的 AEM、ATW-XEDS Si(Li) 探测器从某薄样品上探测得到，并进行定性分析，识别峰#1～#12，做完定性分析后，用 DTSA 模拟出同样的峰。

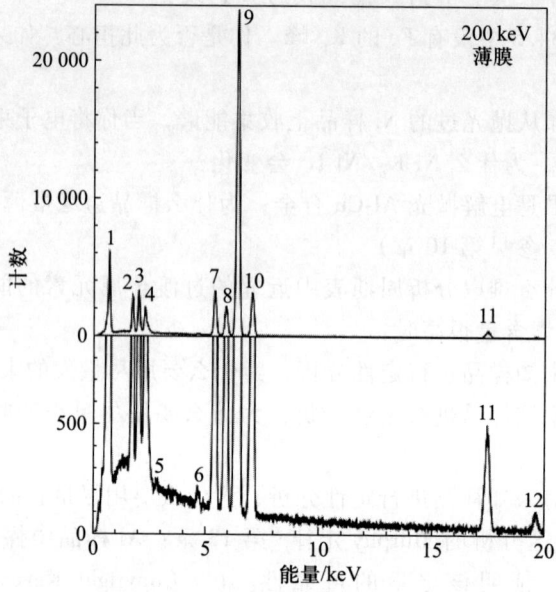

第 35 章
X 射线定量分析

章 节 预 览

　　现在你已经知道如何得到薄箔的 X 射线能量色散谱（XEDS）和图像，了解了哪些因素会限制它们所包含的有用信息，以及会产生哪些错误和误导信息。你也知道如何确定某一特征峰来自哪个元素，以及什么时候不能确定。在获得了可定性解释的谱或图像后，将其转换为样品中元素分布的定量数据将是一个很简单的过程；这就是本章所讨论的内容。

　　本章内容较多，如果你是第一次阅读本章，可以跳过部分内容。我们将它们放在一起，是为了方便您在具体的电镜分析中进行查阅。XEDS 的这个方面将来会有显著变化，相关文献中详细报道了改进的量化过程。

35.1　历史回顾

分析型电子显微镜(AEM)中 X 射线的定量分析是十分简单的技术，但奇怪的是，尽管数据是科学研究的基石，却很少有人不怕麻烦，从谱中抽取定量数据或产生定量图像。在具体讲解量化分析之前，我们先要了解一些 X 射线定量分析的发展历史，从中可以看出在实际分析中薄箔样品相对于块状样品的优越性，这推动了第一台商业分析透射电子显微镜(TEM)的发展。

历史上，电子束仪器中的 X 射线分析是从块材样品开始的，与电子束可以穿透的"薄"样品相反，电子束可以被块材样品完全吸收。Hillier 和 Baker (1944)首次描述了利用聚焦电子束产生的 X 射线得到样品中元素信息的可能性，几年后，Castaing(1951)发明了必要的仪器。在他卓越的博士论文中，Castaing 不仅对仪器作了具体描述，还列出了得到块状样品定量数据信息的必要步骤。Castaing 所提出的这些程序仍旧是今天电子-探针微分析仪(EPMA)所用的量化分析程序的基础，可以总结如下。Castaing 假定样品中浓度为 C_i 的元素 i 会产生特定强度的特征 X 射线，但是这个强度很难测量。因此 Castaing 建议选择一个已知组分为 $C_{(i)}$ 的元素 i 作为标样，那么就可以测定强度比 $I_i/I_{(i)}$：

I_i 为来自样品的测量强度(不是样品内部产生的强度)；

$I_{(i)}$ 为来自标样的测量强度。

Castaing 接着做了合理的近似

$$\frac{C_i}{C_{(i)}} = [K] \frac{I_i}{I_{(i)}} \tag{35.1}$$

式中，K 为灵敏度因子(不是常数)，考虑了标样和未知样品在产生的和测量的 X 射线强度之间的差异。K 受以下 3 个因素的影响：

■ Z，原子序数。

■ A，样品对 X 射线的吸收。

■ F，样品中 X 射线的荧光。

块材分析中的修正过程通常被称为 ZAF 修正。经过多年精修，由 Castaing 提出的必要计算已经非常复杂，最好用计算机进行操作。如果感兴趣，可以参考一些讲解 ZAF 修正和相关具体程序的标准手册，比如 Goldstein 等和 Reed 编写的手册。

不久之后人们发现，使用对电子透明的样品替代块状样品，可大大简化修正程序。大致上，在薄膜中可不考虑 A 和 F 因素的影响，而仅对 Z 进行修正。而且，对于薄样品，分析量将会大大减少，可以获得更好的空间分辨率(在第 36 章中具体讨论)。

薄箔分析的这两个显著优势导致了所谓的电子显微镜微分析仪(electron

microscope microAnalyzer，EMMA）的发展，它最初是由英国的 Duncumb 在 20 世纪 60 年代倡导的。但不幸的是，EMMA 出现得过早，主要是因为当时只有波长色散谱仪（WDS）这一种 X 射线探测器。如我们在第 32 章讲到的，常规的 WDS 具有众多缺陷，包括低的收集效率、相对较大的体积以及缓慢的串行操作方式。这些因素，尤其是低效率，意味着需要很大的探测尺寸（~0.2 μm）从来自薄箔的弱信号中获取足够的计数以用于定量分析，因此 EPMA 空间分辨率的提高不明显。而且，WDS 差的稳定性意味着有必要测量束电流，确保可以对比来自标样和未知样品的 X 射线强度。由于上述缺陷，EMMA 销量并不好，制造商（AEI）也很快退出了电子显微镜行业。

讽刺的是，几乎在同一时间，商业的发展倾向于将 TEM 转变为可用的 AEM。XEDS 探测器在 20 世纪 60 年代末得到了发展，商业化的 TEM/STEM 系统在 20 世纪 70 年代中期出现。然而，在 EMMA 退出历史舞台之前，它们对今天仍在使用的薄箔分析程序的发展起了关键作用。曼彻斯特大学由 Graham Cliff 和 Gordon Lorimer 操作的 EMMA，重新配备了 XEDS 系统，很快实现了赝平行收集模式，更高的收集效率以及改进的 XEDS 稳定性解决了 EMMA 上与 WDS 有关的很多问题。Cliff 和 Lorimer（1975）指出，利用简化的 Castaing 比率方程可以实现定量分析，从而不再需要考虑标准样品的强度数据，只需简单地求出 XEDS 同时收集的两个元素的强度比值。这个发现彻底改变了薄箔分析，成为今天大多数定量分析的基础。

35.2　Cliff-Lorimer 比率方法

Cliff-Lorimer 方法的基础是改写式（35.1）为二元系统中元素 A 和 B 的比率。我们必须同时测量背景以上的特征强度，I_A 和 I_B。这通过 XEDS 很容易得到，因此没有必要测量标准样品的计数。

薄　样　品

我们假设样品足够薄，可以忽略任何吸收或荧光。这一假设被叫作"薄箔判据"。

每个元素的质量百分比 C_A 和 C_B 可以与 I_A 和 I_B 联系起来：

$$\frac{C_A}{C_B} = k_{AB} \frac{I_A}{I_B} \tag{35.2}$$

此方程即为 Cliff-Lorimer 方程，其中 k_{AB} 通常被称为 Cliff-Lorimer 因子。与式

(35.1)中的 K 一样，k_{AB} 也是一个灵敏度因子，而不是一个常数，使用时要注意。k 因子随 TEM/XEDS 系统和所加电压的不同而变化。由于忽略了吸收和荧光效应的影响，k_{AB} 只与 Castaing 比率方程中的原子序数修正因子(Z)有关。为了确定 C_A 和 C_B 的值还需要另一个方程。在二元系统中，可以假定样品只由 A 和 B 构成，则

$$C_A + C_B = 100\% \tag{35.3}$$

可以很容易将这些公式推广到三元以及多元系统中

$$\frac{C_B}{C_C} = k_{BC}\frac{I_B}{I_C} \tag{35.4}$$

$$C_A + C_B + C_C = 100\% \tag{35.5}$$

应该注意到，不同元素对 AB、BC 等的 k 因子之间是有关系的：

$$k_{AB} = \frac{k_{AC}}{k_{BC}} \tag{35.6}$$

只要前后一致，你可以用原子百分比、质量分数或其他适当的单位定义样品的组分。当然，k 值也会相应变化。

Cliff 和 Lorimer 发展了比率方法，克服了早期 AEM 的局限性，尤其是热电子源的低亮度，早期探测器的收集角较小，电和机械的不稳定性(尤其是束流)，以及 AEM 对分析区域的污染。因此，X 射线计数率很低，限制了定量分析。因为要不断地改变样品来测量标样，所以 EPMA 经过 25 年发展依然很难应用完善的纯元素标样法。更换样品会导致探针电流的变化，因为在 TEM 中，必须关闭电子束以防止真空被破坏烧坏电子枪(不像在 EPMA 中，可以原位测量电流，也可以自动隔离电子枪)。开关电子枪使得标样和未知样品的比较失去了意义。比率方法排除了分析区域探测电流变化的影响；该变化来自电子枪/会聚透镜系统的不稳定性、漂移以及污染物的累积。尽管大多数问题的影响在现代 AEM 中已最小化，比率方法仍然是商业 XEDS 系统中仅有的定量薄膜分析软件所采用的方法。很明显，这不是理想情形，在介绍 Cliff-Lorimer 方法后，我们会讨论 ζ 因子，这是另一种改进的方法，它结合了比率方法的便捷和纯元素(或其他)薄膜标样更严格的优点(详见相关文献)。ζ 因子方法要求原位测量探测电流，虽然这在 EPMA 中已经使用了将近 50 年，但仍没能推广到商业 AEM 的设计中。因此，尽管 Cliff-Lorimer 方程很古老，它仍然是所有 AEM 定量分析的基础。下面来看它的实际应用。

wt%

按惯例，定义组分的单位为 wt%。

35.3 定量分析的实际步骤

首先，如果可能的话，尝试利用 K_α 线测量计数(I)（若两个 K 峰不能分辨，K_β 峰会和 K_α 峰重合）。由于每个 L 和 M 族中有很多交叠线，用其进行测量更为困难，但若 K_α 线能量过大而直接穿过探测器，就无法避免这种情况（如果 K 线对于探测器而言太弱，想想为什么不能用 L 或 M 线）。

为定量分析收集特征 X 射线强度：

■ 尽量保证样品 0°倾斜，将杂散效应最小化。

■ 若样品呈楔形，调整样品方向，使较薄部分对准探测器，减小 X 射线的吸收（见第 35.6 节）。

■ 若感兴趣的区域接近强双束动力学衍射条件，稍微倾斜样品到运动学条件。

■ 保证各个特征峰计数 I_A、I_B 等足够大。我们将会看到，为了得到较小误差，每个峰都应至少达到高于背景 10^4 以上的计数。

然而，在样品漂移、损坏或污染致使分析受限之前的时间内，并不总能达到 10^4 计数量。因此在保证所需空间分辨率的情况下，选择最大尺寸的探针，这样才能使入射电流最强（记住我们在第 34 章讨论的所有其他增大 X 射线计数率的方法）。

（我们担心衍射条件的原因是当穿过等倾消光条纹或衍射束被强烈激发时会产生反常 X 射线。这个问题不是很关键，因为我们采用比率方法进行量化。通常情况下电子束会聚角很大，任何衍射效应会被进一步减小。然而，在第 35.9 节我们会看到，特定条件下，这种晶体学效应也是有好处的。）

如何定量分析这些条件下采集的能谱？只需测量峰的强度 I_A、I_B 等，然后确定 k_{AB} 因子的值。要确定峰的强度，必须扣除本底后，再对峰的计数求积分。这些步骤都可由 XEDS 计算机系统或台式能谱分析仪(DTSA)中的各种软件程序实现。每种方法都有自身的优缺点，要依各自的情况选择。

35.3.1 本底扣除

我们在第 4.2.2 节中所用的 X 射线本底强度的术语并不十分准确，常常会产生混淆。"本底"是指计算机屏幕上所显示的谱中特征峰以下的计数。当电子束与样品中原子核所形成的库仑场相互作用时，会通过"韧致辐射"过程产生本底部分的 X 射线。韧致辐射强度分布随着 X 射线能量的增大而连续减小直至为 0（见图 4.6）。因此可以用"连续谱"来描述能量分布，虽然我们已看到相干韧致辐射会破坏这种连续性。

注意，由于样品和探测器的吸收，能量小于约 1.5 keV 的韧致辐射强度发生了变化，因此，我们通常会如图 35.1 中所示的那样处理谱中的本底。扣除本底的最佳方法取决于以下两点：

■ 谱中感兴趣的区域是否处于低能部分，其中，强度随能量减小而快速降低。

■ 所要测量的特征峰是紧密在一起的还是分立的。

窗口法：最简单的情况是缓慢变化的本底上叠加一些分立的特征峰，则可在峰下画一条直线来扣除本底，直线以下即为本底强度，如图 35.2 所示。首先用计算机在能谱中定义一个横跨峰宽的"窗口"，然后用直线连接窗口外侧通道处的本底强度。若对所有的谱都进行处理，此方法可得到较好的结果，谱中计数较高。本底强度变化的噪声较小，更容易划分峰和本底，而且本底的变化近似为一条直线。

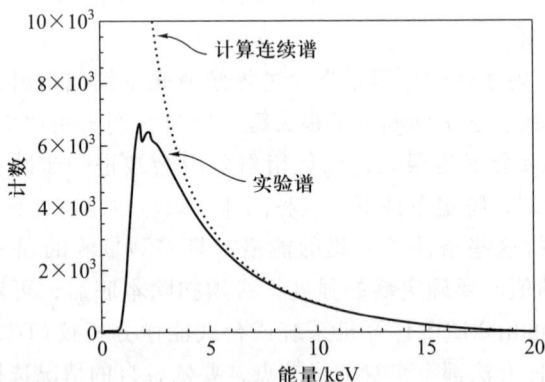

图 35.1　理论计算和实验观察的韧致辐射强度随能量的分布。两曲线在 ~2 keV 以上基本相同，在 2 keV 以下，由于样品和 XEDS 系统的吸收，探测计数减小。本底扣除的最佳方法取决于谱中特征峰的位置

另一个同样原始的方法，如图 35.3，通过对特征峰两边的两个相同的窗口进行积分，可求得特征峰以上和以下韧致辐射的平均计数。然后假定两强度的平均值等于峰下本底的计数。在谱的高能区，并且当样品足够薄使得韧致辐射不被样品吸收时，这个假设是合理的。能量略高于峰能量的韧致辐射 X 射

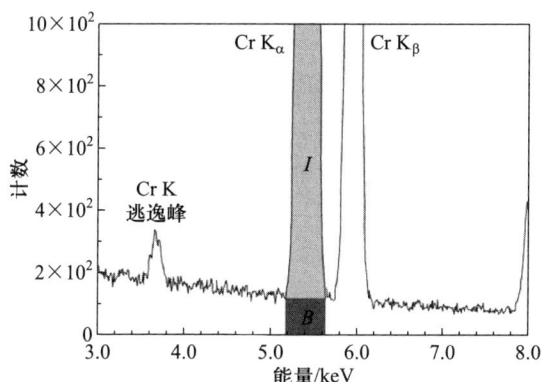

图 35.2　估算本底(B)对特征峰(I)的贡献最简单的方法；若计数统计较好，且强度随能量缓慢变化，Cr 的 K_α 峰下的一条直线就可提供较好的估算。该峰不能与其他任何峰交叠，峰的能量应该大于 ~2 keV

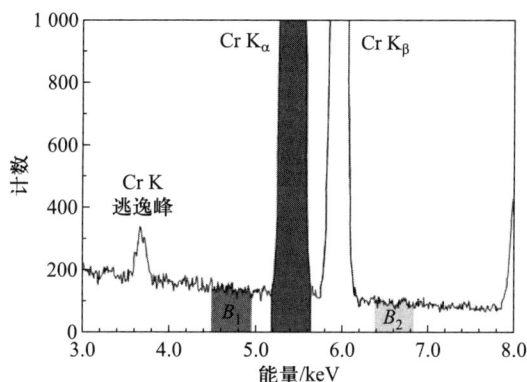

图 35.3　可通过平均特征峰(Cr 的 K_α 和 K_β 峰)两边两个相同窗口的轫致辐射计数来扣除本底。该峰不能与其他任何峰交叠，峰的能量应该大于 2 keV

线优先发出特征峰 X 射线，导致峰的高能侧轫致辐射计数比低能侧小。

样品太厚？

　　如果观察到了这种轫致吸收效应，说明样品太厚，不适合 Cliff-Lorimer 定量分析。

　　当你用两窗口方法时，你必须记住所用窗口的宽度，因为在扣除未知谱和

用来确定 k 因子的已知谱的过程中必须使用相同的窗口（见第 35.4 节）。

上述两种方法的优点在于比较简单，但不适用于实际的样品，因为谱的峰可能会重叠。而且，若峰位于谱的低能区，本底由于吸收效应剧烈变化，这两种方法都不能给出本底的准确估算，需要更复杂的数学方法。下面将具体讨论。

模拟本底：基于 Kramers(1923) 的表达式，可以对韧致辐射强度分布进行数学模拟。某一电子束在给定时间内产生能量为 E 的韧致辐射光子数 $[N(E)]$ 由 Kramers 定律给出：

$$N(E) = KZ \frac{(E_0 - E)}{E} \tag{35.7}$$

式中，Z 为样品的平均原子序数；E_0 和 E 分别为电子束能量和 X 射线能量，单位为 keV。Kramers 定律中的因子 K 包括了很多参数的影响：

- Kramers 的初始常数。
- 探测器的采集效率。
- 探测器的处理效率。
- 样品对 X 射线的吸收。

最优化窗口

窗口宽度的典型选择是半高峰宽（FWHM），但这扔掉了峰的大量计数值。FWTM 给出更好的统计，但包含了更多的韧致辐射。1.2(FWHM) 是最适宜的窗口。

在使用这种模拟本底的方法时，上述所有参数都要输入计算机进行计算。

由于 Kramers 定律最初是针对大块样品提出的，因此在使用此方法时一定要小心。但是现在仍有商业软件使用 Kramers 定律，而且也能给出较好的结果。

谱模拟给出一条光滑的拟合曲线来描述整个谱的形状。由于很难使用窗口法测量局部本底计数，若谱中存在很多特征峰，则此方法十分有效。图 35.4 示出了含有很多近邻峰的谱，估算了所有峰下的本底计数。

滤除本底：数字滤波是另一种扣除本底的数学方法。这种方法与 Kramers 定律不同，它不考虑 X 射线的产生和探测。它基于特征峰计数随能量急剧变化的特性（即 dI/dE 很大，而本底的 dI/dE 则很小）。这种近似对能量小于 ~1.5 keV、吸收较强的谱区域也有效。在数字滤波过程中，通过另一个数学

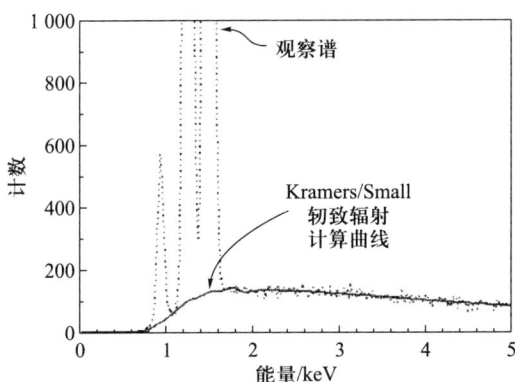

图 35.4 采用 Small 修正的 Kramers 定律模拟的韧致辐射强度，包含样品和探测器对低能 X 射线吸收的影响。当谱中尤其是低能部分存在很多交叠峰时，这种方法非常有用，比如此谱中 Cu 的 L_α 线以及 Mg 和 Al 的 K_α 线相互交叠（来源于第 34 章，你能辨别出各个峰名称与位置的对应关系吗？）

函数对能谱强度进行卷积实现"过滤"。常用的函数为以其形状命名的"top-hat"滤波函数。当用一个典型的 X 射线谱的形状对"top-hat"滤波器卷积时，会得到一个二阶微分谱，即 $\mathrm{d}^2I/\mathrm{d}E^2$ 对 E 的函数。Top-hat 滤波之后，$\mathrm{d}I/\mathrm{d}E$ 值较小的本底会转换为值为 0 的线性函数（也就是被"扣除"了），而 $\mathrm{d}I/\mathrm{d}E$ 值较大的峰，虽然强度在一些区域会出现负值，但本质上没有变化。图 35.5A 显示了滤波过程的原理，图 35.5B 和图 35.5C 分别为数字滤波前后的能谱。

本 底 扣 除

必须对标样和未知样品采用相同的本底扣除程序。

　　综上所述，我们可以通过选择适当的窗口估算峰的计数，或运用任一种数学模拟方法来扣除本底。若峰分立在本底的线性部分，则窗口方法最为合适。数学方法适用于多元素谱或在 ~1.5 keV 以下有峰的谱。应该选择与实验结果匹配最好的方法（在一个已知组分的样品上进行检验）。

　　在扣除本底之后，需要积分峰的强度 I_A、I_B 等。

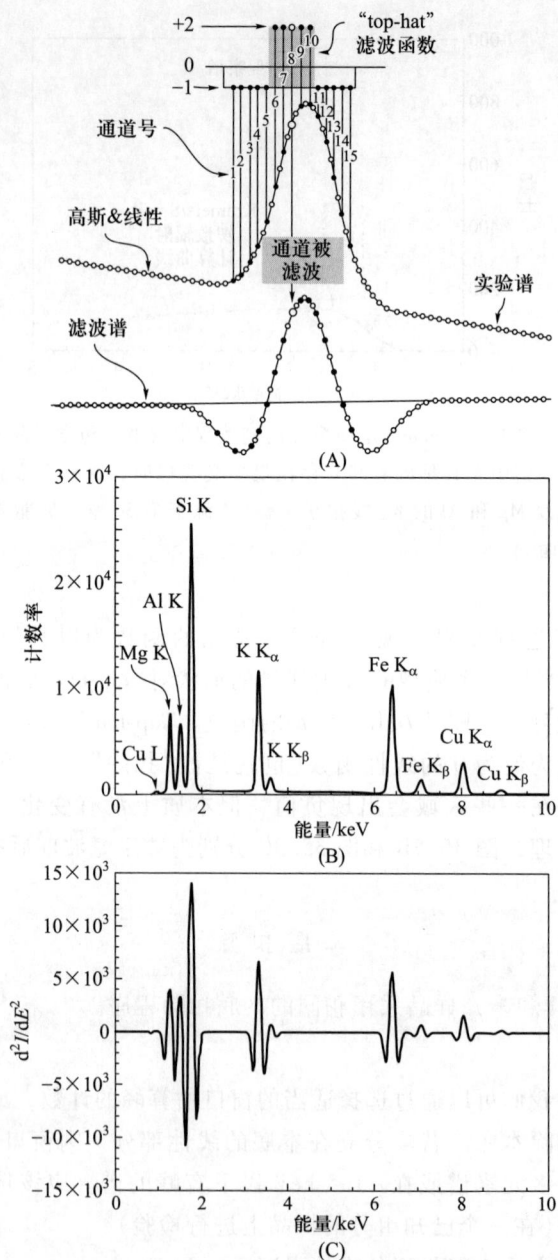

图 35.5　数字滤波，用 top-hat 滤波函数对收集的能谱进行卷积（A）。为了得到滤波谱，每个通道应用 top-hat 滤波器。被滤波的通道（本例中为#8）两边的其他的通道都要乘以 top-hat 函数中合适的值，即对 1~5 和 11~15 通道乘以-1，对 6~10 通道乘以+2。乘积的总和除以通道总数（15）即为底部滤波谱中的#8 通道的值。将数字滤波过程（A）应用到黑云母的能谱（B）会得到滤波能谱（C），其中各处本底强度为 0，特征峰位保持不变

35.3.2　峰的积分

若采用窗口方法估算本底，在选定窗口中从总计数中减去估算的本底计数就得到峰的计数。因此，如果计算机在峰下画了一条线，如图 35.2，线以上的部分就是峰强。

■ 若选择理想的 1.2 FWHM 窗口，在峰的一边平均本底，那么就要在 1.2 FWHM 窗口中将平均值从总计数中减去；对 B 和 I 总是利用相同的窗口宽度。

■ 若采用 Kramers 定律拟合，常用对峰积分的方法是让计算机用一个稍有修正的高斯峰拟合该峰，然后在高斯峰下积分通道中的总计数。

■ 若采用数字滤波法，则要将该峰与来自标准样品，经过数字滤波并存储于计算机"数据库"中的峰进行比较。通过多重最小二乘法拟合程序将数据库的峰与实验峰匹配，通过拟合参数计算确定计数。

两种曲线匹配过程都非常快，都可用于解卷交叠峰，而且都要用到该峰中所有计数。比起简单的窗口法，Kramers 定律拟合和数字滤波的应用范围更广。但是，计算机处理过程并不永远是最好的，其中也可能会出现一些错误。

高斯曲线拟合必须足够灵活，以考虑以下几个变量：

■ 峰宽可以随能量或者计数率的变化而变化。

■ 由于电荷不完全采集所导致的峰型失真也能够变化。

■ 若样品太厚，可以在特征峰下出现吸收边。

在相匹配的分析条件下（尤其是相同的计数率和死时间），收集谱线并建立数据库是一项乏味的工作。但是这样可以得到反映标准能谱和未知能谱"吻合度"的图形。通常，给出 χ^2 的值并没有实际意义，但却是最有用的判断工具。一般来说，对于较好的匹配而言，χ^2 的值应该接近于单位 1，虽然值偏高仅仅表示匹配过程中忽略了一些未被识别的峰。要警惕 χ^2 值陡增的现象（与以前的值相比），这说明与以前的分析相比，某些东西发生了变化。可能是因为标准谱不能很好地匹配实验谱，或者需要更新库中的谱线，或者需要更细致地观察实验峰。比如，主峰之下藏有一小峰，这就需要在积分之前进行解卷。若怀疑吻合度不够好，则需要从计算机上观察"残余部分"，即将峰积分并移除后能谱中所剩的计数。可以看出标准峰与实验峰之间是能较好地匹配（图 35.6A）还是差异较大（图 35.6B）。

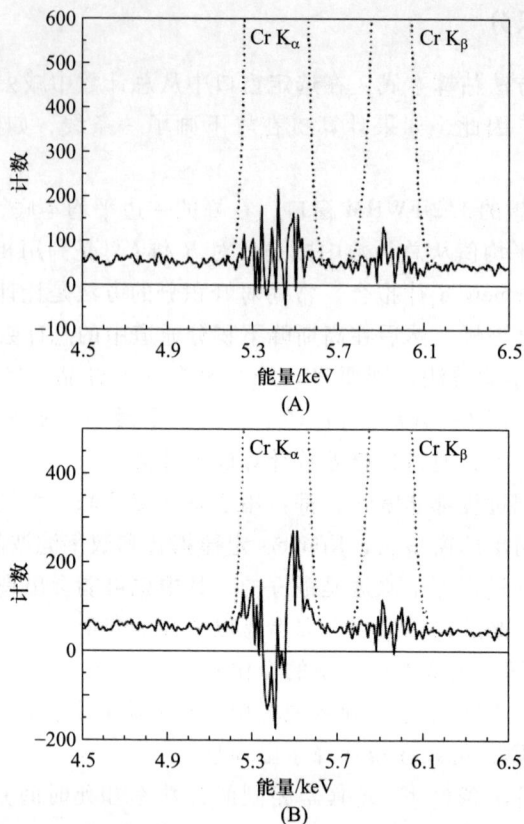

图 35.6　（A）滤波的 Cr 的 K 线族谱，显示了将峰积分并移除后所残留的本底强度。近似线性的残留强度分布表明，实验峰与计算机中存储的标样数据匹配得很好。（B）类似的滤波谱，扭曲的残留谱线表明吻合度较差

χ^2 或 χ 的平方

不要害怕数学或统计学。虽然很少需要使用它们，但应该知道软件运行基于的原理。

可采用上述任一种方法得到峰的计数值。只要对未知样品和标准样品采用同一种方法，那么在对未知样品进行量化分析中都能得到同样的结果。

Statham 回顾了从 X 射线谱中分离峰强度的局限性，特别强调了低能量处的情况。虽然主要针对 EPMA 范畴，该文章中几乎所有的问题都与薄膜定量分析有关。

得到峰计数后，下一步就是将计数值代入 Cliff-Lorimer 方程，并求得 k 因

子的修正值。因此，下面我们讨论得到 k_{AB} 因子的各种方法。

35.4 k 因子的确定

k 因子不是一个常数，它不仅会随 X 射线探测器、显微镜和分析条件的不同而灵敏地改变，也受到本底扣除和对峰积分的方法的影响，因此只能比较相同条件下获得的 k 因子值。在本节末，当讨论文献中各种 k 因子时会回到这一点。确定 k 因子有两种方法：

- 使用标样，根据实验来确定。
- 根据第一性原理计算。

第一种方法慢且费力，但是能给出最准确的值；第二种方法快捷，但结果不太可靠。读者可能会有疑问——k 因子是否依赖于 TEM 的操作者？

k 因子与 ζ 因子

没有普遍公认的标样能够满足以上所有确定理想 k 因子所需的标准，这是限制该方法的主要因素，可以通过使用 ζ 因子方法中的纯元素样品来解决这一问题，稍后会对此进行讨论。

35.4.1 k_{AB} 的实验确定

对于已知组分(C_A、C_B 等)的薄样品，那么接下来的工作只需要将样品放于显微镜下，采集其能谱，获得 I_A、I_B 等的值，并代入 Cliff-Lorimer 方程[式(35.2)]。由于 C_A、C_B 已知，只有 k_{AB} 未知。在使用这种方法之前，要注意以下几个问题：

- 标样必须是已被很好表征的样品，且最好是单相。
- 标样必须薄到对电子透明。理想情况下，足够薄的样品对所分析的元素(A、B 等)所产生的 X 射线不会发生明显的吸收或荧光效应。
- 保证减薄过程不会造成任何化学成分变化(在第 10 章中有具体讨论)。
- 保证所选薄区与块材样品的化学特性相同。
- 保证薄箔样品在分析所需的电子束能量下保持足够稳定。

最后一条常常成为选取标样的关键限制因素。我们在第 4.6 节提到过，不仅要避免直接碰撞损伤，也要防止溅射效应，它会在所加电压远低于造成直接原子位移的阈值电压时发生。显然，这些问题都会随着所加电压的增大而更为严重。

美国国家标准及技术协会(NIST)发布了包含 Mg、Si、Ca、Fe 及 O 的薄样品标准(SRM#2063 及随后的#2063A)。不幸的是,标准薄膜中较轻元素产生的 X 射线会被样品和探测器强烈吸收,因此必须对 k 因子进行修正。NIST 至今仍没有重新发布标准。

最好根据自己的判断来选择标样,利用好以前在 k 因子研究中获得的知识。

Cliff 和 Lorimer 的方法中使用矿石标样有 3 点优势:

■ 压碎是很简单的制备薄片的方法,且不影响化学组分。

■ 矿石的化学组分通常是已知的。

■ 所选矿石中都含有 Si,因此能够产生整个系列的 k_{ASi} 因子。

缺点在于矿石样品中常包含多相,或者可能是非化学计量比的。因而需要预先了解样品的矿物学知识,以选择适当的能谱作为标准。另外,XEDS 探测器很容易吸收 ~1.74 keV 处 Si 的 K_α 射线,因此用不同探测器确定的 k 因子存在系统差别。最后,硅酸盐矿石常有辐照分解性,也就是说电子束会引起键的断裂,导致样品产生化学变化。

玻 璃 标 样

玻璃标样可以做得非常均匀、重复性好且没有通道效应。

为了避免在确定 k_{ASi} 时遇到的问题,提出了以下几种方法:

■ Wood 等生成了一系列 k_{AFe} 因子以克服 Si 的吸收和对电子束敏感的问题。

■ Graham 和 Steeds 采用晶化的微滴,通常会足够薄且保持化学计量比。

■ Kelly 采用快速固化液滴的方法,原因同上。

■ Sheridan 给出了多元素玻璃的 NIST 值。

■ NIST 创建了自己的标准多元素玻璃。

已经很多年都没有对 k 因子进行新的系统性确定,说明确定 k 因子的方法已经成熟。但请注意,对于实际使用的 TEM 和加速电压,依然需要确定对应的因子。

k 因子的确定

通常 k 因子的确定需要从薄箔标样的不同部分采集很多谱。必须确保样品同质且稳定。这很耗时,导致很少分析人员能做好这件事。

　　所有情况下，*k* 因子标样的块体化学成分都要用已知精度的技术来确定，比如 EPMA、原子吸收谱法或湿化学法。这些方法都用来分析体积较大的材料，因此标样最好为单相。但以上方法均不能确定样品在亚微米量级是否均匀，只能通过在 AEM 中对样品进行多次分析，确保结果的变化在预期 X 射线统计波动范围之内。

　　每个能谱中感兴趣的峰的计数要足够大，保证 *k* 因子误差至少小于 5%，最好小于 3%。下面我们来看 X 射线能谱的误差。

35.4.2　定量分析中的误差：统计学

　　Cliff-Lorimer 比率方程的缺点在于其误差较大。相对于块状样品，薄箔样品可以解决 X 射线的吸收和荧光问题，但同时也会减少每一入射电子所产生的 X 射线光子数。减小 XEDS 探测器的收集角可缓解此问题，但最终会导致较差的计数统计，这是大多数 AEM 量化分析中误差的主要来源。可以使用高亮度电子源、较大的电子探针和较厚的样品（若不存在吸收问题，对空间分辨率也没有要求）以及球差校正的电子束来减小这些误差。以上任一种情况都要求采集时间较长，并假定样品的漂移和污染不会对数据造成影响。

　　本节剩余部分是纯统计学。若已了解，可以跳过。

> **高 斯 统 计**
>
> 　　实验结果表明能谱中的 X 射线计数遵循高斯统计。因此，可应用简单的统计学推出量化分析的精确度。

　　假设特征峰为高斯型，标准偏差 σ 可由下式得出：

$$\sigma = N^{1/2} \tag{35.8}$$

式中，N 为本底以上峰的计数数目。若为单次测量，N 的测量值落于真值 1σ 内的概率为 67%，2σ 为 95%，3σ 为 99.7%。若使用最严格条件，则单次测量的相对误差为

$$相对误差 = \frac{3N^{1/2}}{N} \times 100\% \tag{35.9}$$

很明显，误差随 N 的增大而减小，因此本章一直强调要使谱中 X 射线的计数尽可能大。Cliff-Lorimer 方程采用的是强度比，在组分比率为 C_A/C_B 的样品中，加和 I_A、I_B 和 k_{AB} 的误差可得到总误差。

　　实际上，加和误差会过高估计总误差。严格地讲，应按照下面表达式将 Cliff-Lorimer 方程各项的标准偏差平方并加和，给出成分比率测量 σ_C 的标准

偏差:

$$\left(\frac{\sigma_C}{C_A/C_B}\right)^2 = \left(\frac{\sigma_{k_{AB}}}{k_{AB}}\right)^2 + \left(\frac{\sigma_{I_A}}{I_A}\right)^2 + \left(\frac{\sigma_{I_B}}{I_B}\right)^2 \tag{35.10}$$

所以, 可用这种方式确定每个数据点的误差。若要确定一个单相区域的组分 (比如, 在确定 k 因子时), 可以综合强度比率 I_A/I_B 的 n 次不同测量值以减小误差。可通过 student-t 分布(t 分布)得到给定置信区间内 I_A/I_B 的总绝对误差。比如, 此方法的误差为

$$绝对误差 = \frac{(t_{95})^{n-1}S}{n^{1/2}} \tag{35.11}$$

式中, $(t_{95})^{n-1}$ 为对 k_{AB} 进行 n 次测量时, 在 95% 置信限内的 student-t 值。可在任何统计书(比如 Larsen 和 Marx)中或万维网上(比如网址 1)找到 student-t 值列表。所以, 可以选择更高或更低的置信等级。S 为 n 次测量的标准偏差, 其中

$$S = \left[\sum_{n=1}^{n} \frac{(N_i - N)^2}{n-1}\right]^{1/2} \tag{35.12}$$

因此, 增加测量次数可减小 k_{AB} 的绝对误差。我们将在下面的例子中看到, 通过足够多的测量次数以及高质量的均匀样品, 可将 k_{AB} 的误差减小到 ±1%。但要注意, 这个误差需要与 I_A 和 I_B 的误差进行加和。根据式(35.9), 若元素 A 特征峰的计数为 10 000, 99% 置信限的误差为 $[3(10\ 000)^{1/2}/10\ 000] \times 100\%$, 即 ~3%。利用式(35.10)和 B 元素相应的值, 可得 C_A/C_B 的总误差为 ~±4.5%。又一次验证了提高计数对薄箔分析的重要性。

若延长采集时间, 使 I_A 和 I_B 的计数为 100 000, 那么总误差降低至 ~±1.7%, 这就是 AEM 中 XEDS 定量分析的最高精确度。几乎没有人花费时间来达到这个精度。

下面会通过一些实验数据说明如何确定 k_{AB} 因子。在选择合适的样品之前, 首先要测量样品的均匀程度: 对此有确定的标准。取多次组分测量的平均值 N, 如果所有实验数据点都落在 N 的 $\pm 3(N)^{1/2}$ 之内, 则说明样品是均匀的。换句话说, 这就是我们对均匀度的定义。也有更严格的定义, 但对于通常精度的薄箔分析中不用考虑。

例子: 利用 Cu-Mn 的均匀固溶体薄箔来确定 k_{CuMn}。首先用 EPMA 分析样品, 测得 Cu 为 96.64 wt%, Mn 为 3.36 wt%。由于采集能谱次数越多, 精确度越高, 故总共采集 30 次[式(35.12)中 $n = 30$]。在典型的能谱中, 本底之上 Cu 的 K_α 峰计数为 271 500, Mn 的 K_α 峰计数为 10 800。将这些数据代入 Cliff-Lorimer 方程, 可得

$$\frac{96.64}{3.36} = k_{CuMn} \frac{271\ 500}{10\ 800}$$

$$k_{CuMn} = 1.14$$

为了确定该 *k* 因子的误差，必须利用式（35.11）。用 student-*t* 方法分析其他 29 个能谱的 *k* 因子，可给出 95% 置信限的误差为 ±0.01，这大约 ±1% 的相对误差几乎是实验方法确定 *k* 因子所能达到的最小误差。但要注意这 30 条谱线必须从特点明显的薄样品上的不同区域采集。

Student-*t* 分布

需要更多更有效的统计数据。

所以需要花费很大力气来获得相对误差 <±5%~10% 的定量数据。有些文献中组分误差小于 ±5%（例如我们例子中的 EPMA 数据），当阅读这样的文献时请记住这一点。

薄 箔 组 分

必须仔细审查任何带有小数点的薄箔组分数据以判断它们是否通过这里所列的程序来获得。

否则，它们肯定是错误的。

表 35.1 和表 35.2 总结了已出版的文献中很多可用的 *k* 因子数据。你应该阅读其原始文献，尤其是在想知道它们所用的标样及条件时。

表 35.1 实验方法确定的 K_α X 射线的 k_{ASi} 和 k_{AFe} 因子

元素 （A）	$k_{ASi}(1)$ 100 kV	$k_{ASi}(2)$ 100 kV	$k_{ASi}(3)$ 120 kV	$k_{ASi}(4)$ 80 kV	$k_{ASi}(5)$ 100 kV	$k_{ASi}(5)$ 200 kV	$k_{AFe}(6)$ 120 kV	$k_{ASi}(7)$ 200 kV
Na	5.77	3.2	3.57±0.21	2.8±0.1	2.17	2.42		3.97±2.32
Mg	2.07±0.1	1.6	1.49±0.007	1.7±0.1	1.44	1.43	1.02±0.03	1.81±0.18
Al	1.42±0.1	1.2	1.12±0.03	1.15±0.05			0.86±0.04	1.25±0.16
Si	1.0	1.0	1.0	1.0	1.0	1.0	0.76±0.004	1.00
P			0.99±0.016				0.77±0.005	1.04±0.12
S			1.08±0.05		1.008	0.989	0.83±0.03	1.06±0.12
Cl					0.994	0.964		1.06±0.30

续表

元素 （A）	$k_{ASi}(1)$ 100 kV	$k_{ASi}(2)$ 100 kV	$k_{ASi}(3)$ 120 kV	$k_{ASi}(4)$ 80 kV	$k_{ASi}(5)$ 100 kV	$k_{ASi}(5)$ 200 kV	$k_{AFe}(6)$ 120 kV	$k_{ASi}(7)$ 200 kV
K		1.03	1.12±0.27	1.14±0.1			0.86±0.014	1.21±0.20
Ca	1.0±0.07	1.06	1.15±0.02	1.13±0.07			0.88±0.005	1.05±0.10
Ti	1.08±0.07	1.12	1.12±0.046				0.86±0.02	1.14±0.08
V	1.13±0.07			1.3±0.15				1.16±0.16
Cr	1.17±0.07	1.18	1.46±0.03				0.90±0.006	
Mn	1.22±0.07	1.24	1.34±0.04				1.40±0.025	1.24±0.18
Fe	1.27±0.07	1.30	1.30±0.03	1.48±0.1			1.0	1.35±0.16
Co							0.98±0.06	1.41±0.20
Ni	1.47±0.07	1.48	1.67±0.06				1.07±0.006	
Cu	1.58±0.07	1.60	1.59±0.05		1.72	1.50	1.17±0.03	1.51±0.40
Zn	1.68±0.07				1.74	1.55	1.19±0.04	1.63±0.28
Ge	1.92							1.91±0.54
Zr								3.62±0.56
Nb							2.14±0.06	
Mo	4.3		4.95±0.17				3.8±0.09	
Ag	8.49		12.4±0.63				9.52±0.07	6.26±1.50
Cd	10.6				9.47	6.2		
In								7.99±1.80
Sn	10.6							8.98±1.48
Ba					29.3	17.6		21.6±2.6

表 35.2　实验方法确定的 LX 射线的 k_{ASi} 和 k_{AFe} 因子

元素 （A）	$k_{ASi}(8)$ 100 kV	$k_{ASi}(5)$ 100 kV	$k_{ASi}(5)$ 200 kV	$k_{ASi}(9)$ 100 kV	$k_{AFe}(6)$ 120 kV	$k_{ASi}(7)$ 200 kV
Cu		8.76	12.2			
Zn		6.53	6.5			8.09±0.80
Ge						4.22±1.48
As						3.60±0.72

元素 （A）	k_{ASi}（8） 100 kV	k_{ASi}（5） 100 kV	k_{ASi}（5） 200 kV	k_{ASi}（9） 100 kV	k_{AFe}（6） 120 kV	k_{ASi}（7） 200 kV
Se						3.47±1.11
Sr					1.21±0.06	
Zr					1.35±0.1	2.85±0.40
Nb					0.9±0.06	
Mo				2.0		
Ag	2.32±0.2				1.18±0.06	2.80±1.19
In					2.21±0.07	2.86±0.71
Cd		2.92	2.75			
Sn	3.07±0.2					
Ba		3.38	2.94			3.36±0.58
Ce				1.4		
Sn	3.1±0.2			1.3		
W	3.11±0.2			1.8		3.97±1.12
Au	4.19±0.2	4.64	3.93		3.1±0.09	4.93±2.03
Pb	5.3±0.2	4.85	4.24	2.8		5.14±0.89

注：所有 L 线 k 因子利用 L_α 和 L_β 线的总计数。

来源：（1）Cliff 和 Lorimer（1975），（2）Wood 等（1981），（3）Lorimer 等（1977），（4）McGill 和 Hubbard（1981），（5）Schreiber 和 Wims（1981），（6）Wood 等（1984），（7）Sheridan（1989），（8）Goldstein 等（1977），（9）Sprys 和 Short（1976）。

35.4.3 计算 k_{AB}

明显可以看出，表中的许多值都非常相近，其差异不能仅归结于 X 射线统计。一些差异来源于标样的选择和标样的重复性。另外一些差异则是来源于不同的条件，比如不同的峰积分程序。因此，在这里再次强调本节开始提到的一点：k 因子不是标准的，它们是灵敏度很高的因子。

要在不同的 AEM 上得到等同的 k 因子，必须采用相同的标样、相同的加速电压、相同的探测器配置以及相同的峰积分和本底扣除方法。即便这样，若一条或多条测量的 X 射线谱不是被探测器以 100% 的效率收集，也会造成差异；X 射线可能被探测器吸收，也可能因为能量过大而直接穿过探测器。

你可能没有合适的标样。比如，使用的系统中存在非化学计量比的相。你可能不需要标样，因为精确度可能不关键，只是需要进行快速分析。在这种情况下，可以计算 k 因子的近似值。计算 k_{AB} 所需的程序存储于 XEDS 计算机中，不到 1 s 就可以给出结果，相对误差一般小于 20%。这个精确度足以对所研究的材料做出正确的推断（可以依靠一个简单的峰高测量）。通常，如果可以避免冗长的实验方法，那么就这样做。

快　　速

当需要快速分析且对精确度要求不高时，最好采用计算 k 因子方法。

Williams 和 Goldstein 的文章介绍了从第一性原理计算 k 因子表达式。其推导很好地说明了块体和薄膜分析的关系，给出了 X 射线与固体相互作用的细节。现在你不需要知道具体推导的细节，所以我们简单地给出最终表达式

$$k_{AB} = \frac{1}{Z} = \frac{(Q\omega a)_B A_A}{(Q\omega a)_A A_B} \tag{35.13}$$

下标 A、B 表示原子量为 A_A 和 A_B 的元素 A、B。此表达式来源于 X 射线产生的物理机制。接近样品中原子的电子首先使原子电离，这由电离截面 Q_A 控制［有时由 σ 给出；查看式(4.1)］。离子化的原子回到基态时不一定发出特征 X 射线，产生 X 射线的离子化部分由特征 X 射线 ω_A 的荧光效应控制［查看式(4.6)］。剩余项 "a" 是相对跃迁概率。这一项基于如果 K 层电子被电离，通过发射 X 射线回到基态，它可以发出 K_α 或 K_β 两种 X 射线。表 4.1 列出了 X 射线 K、L 和 M 族的相对比重。

---

k 因子的计算

元素 A 和 B；原子量 A_A 和 A_B。

电离截面 Q_A 和 Q_B。

荧光效应 ω_A 和 ω_B。

相对跃迁概率，a。

探测器效率，ε_A 和 ε_B。

我们在刚开始讨论定量分析时提到，薄箔分析的 Cliff-Lorimer k 因子涉及块材样品分析的原子序数修正因子(Z)。从式(35.13)很容易看出确定 k 值的

实验因素：

■ 加速电压是一个变量，因为它强烈影响 Q。

■ 原子序数影响 ω、A 和 a。

■ 不同峰积分的方法也会影响 a。

因此，为了计算和比较不同的 k 因子，必须明确说明这些条件。

式(35.13)假设元素 A 和 B 产生的 X 射线被探测器接收并处理的概率相同。这一假设只有在使用相同的探测器，并且 X 射线既不会被强烈吸收也不会完全穿过探测器时成立。然而，如第 32 章所述，低于 ~1.5 keV 的 X 射线会被 Be 窗口强烈吸收，高于 ~20 keV 的 X 射线很容易穿过 3 mm 厚的 Si 探测器。这种条件下，需要用下面的方式修改 k 因子表达式：

$$k_{AB} = \frac{1}{Z} = \frac{(Q\omega a)_A}{(Q\omega a)_B} \frac{A_B}{A_A} \frac{\varepsilon_A}{\varepsilon_B} \tag{35.14}$$

符号 ε 代表探测器的吸收效率，见图 32.7，用下式表示：

$$\varepsilon_A = \exp\left(-\left[\frac{\mu}{\rho}\right]_{Be}^A \rho_{Be} t_{Be}\right) \exp\left(-\left[\frac{\mu}{\rho}\right]_{Au}^A \rho_{Au} t_{Au}\right) \exp\left(-\left[\frac{\mu}{\rho}\right]_{Si}^A \rho_{Si} t_{Si}\right)$$

$$\left\{1 - \exp\left(-\left[\frac{\mu}{\rho}\right]_{Si}^A \rho_{Si} t'_{Si}\right)\right\} \tag{35.15}$$

第一项表示元素 A 产生的 X 射线被 Be 窗口的吸收(质量吸收系数 μ/ρ)。当然它应该随窗口的不同而变化，对于无窗口探测器，这一项也会消失。第二项表示 Au 接触层的吸收，第三项表示 Si 死层。这两项会随接触层元素、IG 死层以及包含薄死层和副接触层的 SDD 的不同而不同。最后一项表示未能把能量释放到密度为 ρ，厚度为 t' 的探测器作用区域的 X 射线对 k 因子所产生的影响。第 32 章讨论过 t' 的典型值[对 Si(Li)和 IG 为 ~3 mm，但对 SDD 为 ~1 mm]。IG 探测器能更有效地阻止高能 X 射线穿透，因为它被设计为优先探测高能 X 射线；而 SDD 效率较低，因为通常它比 Si(Li)或 IG 薄很多。事实上，最近 20 年为提高探测技术已做了很多努力，我们在第 32 章已详细讨论过，都是为了尽量减小式(35.15)对 k 因子的影响。

用计算机处理式(35.14)和式(35.15)非常简单，但是我们不清楚或无法精确测量需要代入方程中的某些项的值。比如，在 AEM 通常所加的电压范围内(100~400 kV)，我们不清楚许多元素的最佳 Q 值。文献中对选择 Q 值的最佳方法有不同的看法。两个主要的方法是：

■ 假定许多经验性的参数处理过程(比如，Powell)。

■ 代入 Q 值，使之得到与实验 k 因子最佳的拟合(Williams 等)。

表 35.3A　采用不同的散射截面计算得到的 K_α X 射线 k_{AFe} 因子

元素 A	k_{MM}^*	k_{GC}^*	k_P^*	k_{BP}^*	k_{SW}^*	k_Z^*
Na	1.42	1.34	1.26	1.45	1.17	1.09
Mg	1.043	0.954	0.898	1.03	0.836	0.793
Al	0.893	0.882	0.777	0.877	0.723	0.696
Si	0.781	0.723	0.687	0.769	0.638	0.623
P	0.813	0.759	0.723	0.803	0.671	0.663
S	0.827	0.776	0.743	0.817	0.688	0.689
K	0.814	0.779	0.755	0.807	0.701	0.722
Ca	0.804	0.774	0.753	0.788	0.702	0.727
Ti	0.892	0.869	0.853	0.888	0.807	0.835
Cr	0.938	0.925	0.917	0.936	0.887	0.909
Mn	0.98	0.974	0.970	0.979	0.953	0.965
Fe	1.0	1.0	1.0	1.0	1.0	1.0
Co	1.063	1.069	1.074	1.066	1.096	1.079
Ni	1.071	1.085	1.096	1.074	1.143	1.23
Cu	1.185	1.209	1.227	1.19	1.31	1.24
Zn	1.245	1.278	1.305	1.255	1.44	1.32
Mo	3.13	3.52	3.88	3.27	3.84	3.97
Ag	4.58	5.41	6.23	4.91	5.93	6.28

表 35.3B　采用不同的散射截面计算得到的 L X 射线 k_{AFe} 因子

元素	k_{MM}^*	k_P^*	k_{BP}^*	k_{SW}^*	k_Z^*
Sr*	1.73	1.33	1.32	1.64	1.39
Zr*	1.62	1.26	1.24	1.51	1.33
Nb*	1.54	1.21	1.18	1.43	1.28
Ag*	1.43	1.16	1.09	1.24	1.26
Sn	2.55	2.09	1.93	2.21	2.30
Ba	2.97	2.52	2.25	2.49	2.83

续表

元素	k_{MM}^*	k_P^*	k_{BP}^*	k_{SW}^*	k_Z^*
W	3.59	3.37	2.68	2.80	3.88
Au	3.94	3.84	2.94	3.05	4.43
Pb	4.34	4.31	3.05	3.34	4.97

注：所有 L 线 k 因子利用 L_α 和 L_β 线的总计数。

计算中所用的散射截面来自：MM（Mott-Massey）；GC（Green-Cosslett）；P（Powell）；BP（Brown-Powell）；SW（Schreiber-Wims）；Z（Zaluzec）。

式（35.15）中另一个主要变量是 Be 窗口的厚度，名义上为 7.5 μm，但实际上可能有 3~4 倍厚。表 35.3A 和表 35.3B 列出了采用不同 Q 表达式计算得到的 k 因子。可以看出，k 值变化经常大于 ±10%，尤其是对较轻和较重的元素。这种变化是由式（35.14）中探测效率项的不可靠性所引起的。由于 L 线的 Q 值推测性较强，因此 K 线的 k_{AB} 因子值要比 L 线精确。目前还没有可用于计算 M 线 k 因子的数据。这种情况下只能通过实验方法确定（或选择研究其他材料）。这点再次说明了 K 线分析的好处。若样品中含有重元素（$Z>60$），则 L 或 M 线［可能是 Si(Li) 探测器收集的谱线中最强的］给出的误差比 K 线（也许只能用 IG 系统探测）要大。

维 修 后

更换或维修探测器后（这在 AEM 中很少发生），新探测器的参数必须输入到软件中。

Q 值以及探测器参数的不确定性是无法精确计算 k 因子的主要原因，相对误差通常大于 ±10% ~ 20%。AEM 中的计算机系统需要预先设定式（35.14）和式（35.15）中所有项的值。通常不需要调整所用的具体参数。但是至少应该能从计算机的技术支持中找出 Q、ω 和 a 的值，然后用已知样品进行核对计算来确保计算所得 k 值的正确性。

黑 匣 子

所有的软件包在计算中都会使用预先设置的值，不同软件包的预设值可能不同。

我们不能给出 Q、ω 和 a 的最佳值，但通常使用的是 Powell 给出的 Q 值、Bambynek 等给出的 ω 值以及 Schreiber 和 Wims 给出的 a 值。同样，我们也不能给出详细的探测器参数，因此需要自己从 XEDS 制造商那里获取。广泛使用的 μ/ρ 值是由 Heinrich 确定的，尽管其中轻元素低能 X 射线的 μ/ρ 值相当不可靠。若采用 NIST（见第 1.6 节）的 DTSA 程序，可能会发现它给出的值更差。

图 35.7A 和 B 比较了两种确定 k 因子的方法。带有误差线的分立点为实验数据，实线表示计算的 k 因子范围，依赖于式(35.14)中所用的特定 Q 值。可以看出，计算所得 k 因子的相对误差较大。比较基于 K 线的图 35.7A 和基于 L 线的图 35.7B，再一次说明用 K 线进行分析更具优势。几乎没有基于 M 线的类似数据。

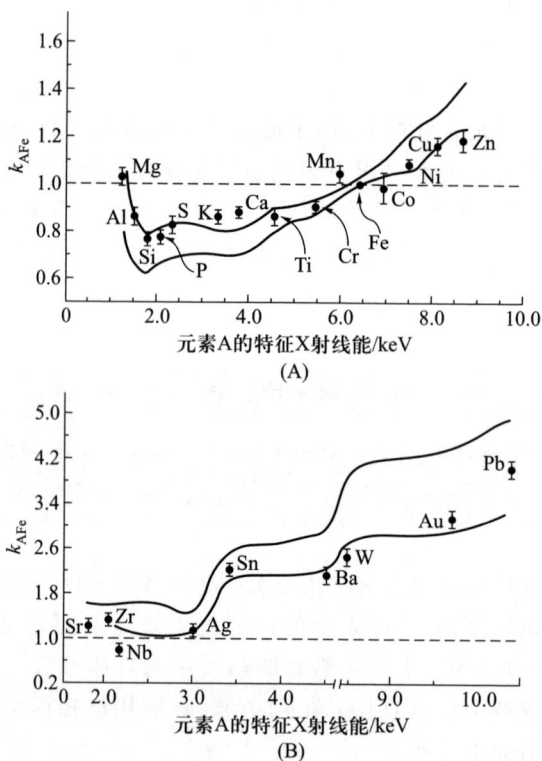

图 35.7　（A）实验得到的 k_{AFe} 因子，横轴为一系列元素 A 相对于 Fe 的 K_α 射线能。实线表示用不同的离子化散射截面计算所得的 k 因子。（B）根据原子序数 Z 较大的元素的 L_α 线所得的相应结果。k 的计算值的误差较大，反映了 L 线离子化散射截面的不确定性

我们可将 k 因子分析方法归纳如下：

■ Cliff-Lorimer 方程的优点在于其简洁性；只需要列出变量的值，用相同

的方式处理标样和未知样品即可。

■ 若想快速分析而对精确度要求不高，最好采用计算方法得出 k_{AB}；若需要知道所得数据的置信度，则最好采用实验方法。

35.5 ζ 因子方法

Cliff-Lorimer 比率方法已有 30 多年的历史，虽然它在概念上很简单，但这种方法需要知道 k 因子，寻找合适的标样比较困难，而且解决特定问题时需要计算足够精度的 k 因子，这些都是限制其发展的因素。抛弃比率方法可以克服这些困难，重新考虑为 EPMA（使用纯元素标样）发展起来的 X 射线基础分析［基于式(35.1)］。纯元素标样具有明显的优势，不仅容易制备，而且在减薄或电子束损伤下不改变其成分。这个由日本的 Watanabe 和 Horita 发展起来的方法被称为 ζ 因子方法。2006 年 Watanabe 和 Williams 回顾了此方法的发展情况，以及 ζ 因子方法和 k 因子方法的优缺点。

ζ 因子在实验上，主要的缺点是此方法要求原位测量打到样品上的探针电流。不幸的是，尽管几乎在所有 SEM 和 EPMA 上束流测量已是标准功能，但是商业 AEM 却不具备此能力，也验证了在第 33 章中提到的一点：AEM 改进了 TEM 和 XEDS 分析，但仍存遗憾。

但是，如果可以在原位测量电流，例如使用带有法拉第杯的样品杆，那么实验将会变得很容易。在薄箔样品中，如果忽略 X 射线吸收和荧光效应，可以假设特征 X 射线强度与质量厚度 ρt 成正比。因此可以定义纯元素 A 的 ζ 因子为

$$\rho t = \zeta_A \frac{I_A}{C_A} \tag{35.16}$$

式中

$$\zeta \equiv \frac{A}{C N_0 Q \omega a i} \tag{35.17}$$

式中，仅有的新项是束流 i 和阿伏伽德罗常量 N_0。在这些条件下，ζ 因子依赖于 X 射线能、加速电压和束流。前两项在实验中是不变的，第三项则必须测量。ζ 因子不依赖于样品的厚度、组分和密度，我们以后会看到，这使得任何吸收校正微不足道。

所以可以类似地写出样品中其他纯元素的方程

$$\rho t = \zeta_B \frac{I_B}{C_B} \tag{35.18}$$

当我们知道 A 和 B 的 ζ 因子、C_A、C_B，ρt 可以通过式(35.16)和式(35.18)表

示时，假设二元系统中 $C_A + C_B = 1$：

$$C_A = \frac{I_A\zeta_A}{I_A\zeta_A + I_B\zeta_B}, C_B = \frac{I_B\zeta_B}{I_A\zeta_A + I_B\zeta_B}, \rho t = I_A\zeta_A + I_B\zeta_B \qquad (35.19)$$

因此，仅通过测量 X 射线强度就可以同时确定 C_A、C_B 和 ρt。与 Cliff-Lorimer 比率方程［式（35.2）］相比之下，整理式（35.19），可以很容易得到式（35.20），此等式易于应用，不再需要 k 因子，仅需要 ζ 因子。

$$\frac{C_A}{C_B} = \frac{I_A\zeta_A}{I_B\zeta_B} \qquad (35.20)$$

下面将会看到，吸收和荧光修正项可以直接与式（35.19）结合。为了确定 ζ 因子，只需测量已知成分和厚度的纯元素薄膜的 X 射线特征强度（本底以上），而不需要设法寻找适当的标样，如表 35.1 和表 35.2 相关参考文献列出的那样。相比于最近大约 30 年内用于确定 k 因子的各种多元素薄膜标样，纯元素标样更常规易用。可以通过美国国家标准及技术协会（NIST）公布的薄膜玻璃标准参考材料（SRM）2063 的单一谱线来确定整套 K 层 X 射线的 ζ 因子。表 35.4 列出了来自 NIST 标样 SRM 2063a（SRM 2063 的减薄版本）的一套 ζ 因子。它的组分、厚度和密度都有很高的精确度，但不幸的是现在已停产。

在辅助材料中有更多关于 ζ 因子的内容。尽管它的优势很明显，ζ 因子方法还没有商业化；但是可以从万维网上下载（网址 2）。

表 35.4　利用 200 keV FEG-STEM JEM-2010F（带有 ATW 探测器）以及 300 keV FEG-DSTEM VG HB603（带有无窗口探测器）在 NIST SRM2063a 玻璃薄膜中获取的实验 X 射线谱估算的 ζ 因子值

元素 (Z)	ζ 因子（kg 电子/m/光子）		元素 (Z)	ζ 因子（kg 电子/m/光子）	
	200 keV ATW	300 keV 无窗口		200 keV ATW	300 keV 无窗口
N	16 505.2±1.537	720.2±58.0	Mn	1 752.2±41.8	706.0±17.3
O	4 092.3±205.5	583.5±31.3	Fe	1 790.5±42.7	721.1±17.7
F	20 548.2±4 852.8	891.6±214.5	Co	1 919.0±45.8	772.0±18.9
Ne	5 345.6±702.1	635.8±85.5	Ni	1 950.0±46.5	783.2±19.2
Na	2 819.6±221.9	571.7±46.3	Cu	2 163.4±51.6	867.3±21.2
Mg	1 847.9±95.0	501.4±26.6	Zn	2 300.1±54.9	920.1±22.5
Al	1 510.2±56.2	483.6±18.6	Ga	2 541.8±60.7	1 014.4±24.8
Si	1 369.5±41.3	467.5±14.6	Ge	2 762.1±65.9	1 099.5±26.9

续表

元素 (Z)	ζ 因子(kg 电子/m/光子)		元素 (Z)	ζ 因子(kg 电子/m/光子)	
	200 keV ATW	300 keV 无窗口		200 keV ATW	300 keV 无窗口
P	1 691.2±50.4	484.3±13.4	As	3 009.5±71.8	1 194.7±29.2
S	1 488.6±40.0	507.6±14.2	Se	3 328.6±79.4	1 317.7±32.2
Cl	1 465.5±37.3	528.0±13.9	Br	3 531.1±84.3	1 397.7±34.2
Ar	1 532.7±37.8	579.3±14.9	Kr	3 890.2±92.8	1 534.6±37.6
K	1 405.5±34.2	545.7±13.8	Rb	4 182.3±99.8	1 644.2±40.2
Ca	1 377.6±33.2	544.3±13.6	Sr	4 476.8±106.8	1 755.7±43.0
Sc	1 522.5±36.5	607.0±15.0	Y	4 786.6±114.2	1 871.6±45.8
Ti	1 553.4±37.2	622.8±15.4	Zr	5 185.4±123.7	2 019.8±49.4
V	1 632.3±39.0	656.5±16.1	Nb	5 578.9±133.1	2 164.8±53.0
Cr	1 654.6±39.5	666.5±16.4	Mo	6 088.3±145.3	2 353.4±57.6

35.6　吸收修正

当薄箔判据无效时,简单的 Cliff-Lorimer 方法也就失效了。样品的 X 射线计数不再仅仅是 Z 的函数,吸收和(偶尔的)荧光使得简单的判据失效。相对于荧光,吸收效应负面影响更大,所以先来讨论吸收。

由于对样品中某种元素的 X 射线优先吸收,探测到的 X 射线会少于产生的 X 射线,所以 C_A 与 I_A 不再是简单的正比关系。所以,必须考虑 I_A 的减小对 k 因子产生的影响。① 若样品太厚,② 若一种或多种特征 X 射线的能量小于 1~2 keV(即轻元素分析)或③ 当谱中 X 射线的能量差别大于 5~10 keV 时(因为低能 X 射线相比于高能而言更易于被吸收),上述问题就会出现。

如果定义 k_{AB} 为样品厚度 $t=0$ 时的真实灵敏度因子,k_{AB}^* 为存在吸收时样品的有效灵敏度因子,则

$$k_{AB}^* = k_{AB}(\text{ACF}) \tag{35.21}$$

所以

$$\frac{C_A}{C_B} = k_{AB}(\text{ACF})\frac{I_A}{I_B} \tag{35.22}$$

吸收修正因子(ACF)即为式(35.13)中的 A,可写为

$$ACF = \frac{\int_0^t \left\{ \varphi_B(\rho t) e^{-\left(\frac{\mu}{\rho}\right)_{Spec}^B \rho t csc\ \alpha)} \right\} d(\rho t)}{\int_0^t \left\{ \varphi_A(\rho t) e^{-\left(\frac{\mu}{\rho}\right)_{Spec}^A \rho t csc\ \alpha)} \right\} d(\rho t)} \qquad (35.23)$$

式中，$\varphi(\rho t)$ 为产生 X 射线的深度分布[元素组成为 A/B 的样品层(位于样品中深度为 t，密度为 ρ 的位置，其厚度为 $\Delta \rho t$)发射的 X 射线与等同的孤立薄膜发射的 X 射线之间的比率]；$\left.\dfrac{\mu}{\rho}\right]_{Spec}^A$ 为样品对 A 元素产生的 X 射线的质量吸收系数；α 为探测器的发散角。因为 μ/ρ 通常取自较早期的出版物，单位一般为 cm^2/gm 而不是 m^2/kg，所以 ρ 的单位为 gm/cm^3，t 的单位为 cm，而不是用国际单位制(kg/m^3 和 m)。显然，不存在吸收时 ACF 值为 1。一般来说，由于实验 k 因子定量分析的精确度可达到 10%，若 ACF 值大于 10%，则不能忽略吸收问题。现在来分别讨论每一项以及确定其值时遇到的问题。

我们再次推荐使用 Heinrich 给出的 μ/ρ 值。样品中特定 X 射线(例如来自 A 元素)的 μ/ρ 值为每个元素的质量吸收系数与质量分数乘积的加和，即

$$\left.\frac{\mu}{\rho}\right]_{Spec}^A = \sum_i \left(\frac{C_i \mu}{\rho}\right]_i^A \qquad (35.24)$$

式中，C_i 为元素 i 在样品中的质量分数，因此有

$$\sum_i C_i = 1 \qquad (35.25)$$

样品中所有元素 i 对 A 元素产生的 X 射线的吸收被加和，总和包括 A 元素本身的吸收。实验中不感兴趣或没有被探测到的元素仍可能引起吸收。

比如对均匀的 NiO-MgO 样品中的 Mg 做定量分析就会出现这种现象。由于使用 Be 探测器，即便是对 O 的 K_α 射线不感兴趣或由于 Be 窗探测器的使用致使其不能被探测到，Mg 的 K_α 射线都会被 O 原子所吸收。见图 35.8，由于随着厚度的增加，对 Mg 的 K_α X 射线的吸收会增强，从而 Ni 的 K_α 射线与 Mg 的 K_α 射线的强度比率会增大(吸收呈指数增长)。用 Ni 修正吸收之后比率线的斜率减小，只有考虑 O 的吸收效应时斜率才为 0，对于均匀样品理应如此。

在式(35.22)中，我们假设产生 X 射线的深度分布 $\varphi(\rho t)$ 为一常数且等于 1。也就是说 X 射线均匀地产生于薄膜中不同的厚度处。这种初级近似适用于薄膜材料，但块状样品中 $\varphi(\rho t)$ 是厚度 t 的函数，所以对块状样品的 $\varphi(\rho t)$ 已建立了完善的测量程序。少数薄样品研究表明 $\varphi(\rho t)$ 随样品厚度的增加而增大，虽然在厚度 <300 nm 的薄膜中，其增加量不超过 ~5%。因此这种假设是合理的，但如果样品厚度大于 300 nm，就不止需要考虑 $\varphi(\rho t)$ 的问题了。在吸收方程中采用两项 $\varphi(\rho t)$ 的比值也可以减小这种假设带来的影响。

假设 $\varphi(\rho t)$ 等于 1，那么由式(35.23)可给出

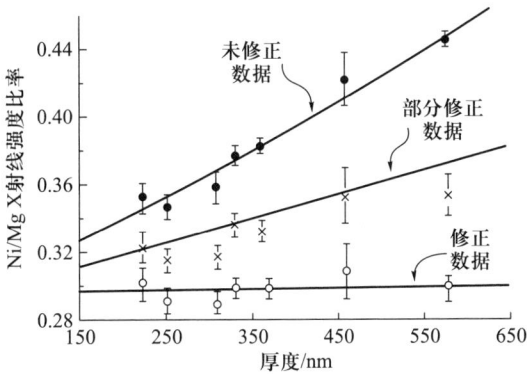

图 35.8 上端为均匀样品 NiO-MgO 的原始 Ni 的 K_α 射线与 Mg 的 K_α 射线强度比率随厚度的变化曲线。较大斜率表明对 Mg 的 K_α 射线存在强烈吸收。中间曲线修正了 Ni 对 Mg 的 K_α X 射线的吸收，下端曲线进一步修正了 O 对 Mg 的 K_α 射线的吸收，呈现预期的水平线

$$ACF = \left(\frac{\left[\frac{\mu}{\rho}\right]_{Spec}^A}{\left[\frac{\mu}{\rho}\right]_{Spec}^B} \right) \left(\frac{1 - e^{-\left(\frac{\mu}{\rho}\right)_{Spec}^B \rho t \csc \alpha}}{1 - e^{-\left(\frac{\mu}{\rho}\right)_{Spec}^A \rho t \csc \alpha}} \right) \tag{35.26}$$

因此仍然需要知道样品的 ρ 和 t 值。

若已知晶胞尺寸就可求出样品密度（ρ）。比如，从会聚束电子衍射（CBED）得

$$\rho = \frac{nA}{VN} \tag{35.27}$$

式中，n 为体积为 V，平均原子量为 A 的晶胞内的原子数；N 为阿伏伽德罗常量。

吸收路径长度（t'）是吸收修正中的主要变量。幸运的是，它也是最可控的一个量。对于上下表面平行且无倾转，厚度为 t 的薄箔这种最简单的情形，如图 35.9 所示，其吸收路径长度为

$$t' = t \csc \alpha \tag{35.28}$$

其中，α 为探测器的发散角。为了最小化这一因子，样品应尽量薄，α 的值应尽量大。有很多方法来确定薄箔的厚度，这本书的很多地方都讨论过；第 36.3 节中作出了总结。最近，Banchet 等（2003）将测量相对样品厚度的 EELS 技术和 XEDS 峰强度结合起来，对传统的迭代吸收修正过程进行了修改。没有一种方法是放之四海而皆准的，简洁或精确的方法也很少，所以最好优先考虑减小样品的厚度。

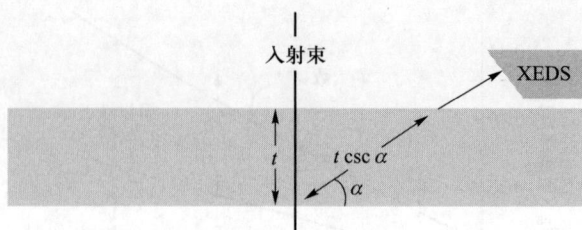

图 35.9　发散角为 α 时，样品厚度 t 和吸收路径长度 $t\csc\alpha$ 之间的关系

当样品处于理想的 0° 倾斜时，α 值由 AEM 台的几何设计确定，倾斜样品是改变 α 值的唯一方法。如前面所讲到的，样品的倾斜角度最好不要超过 10°，否则会增强杂散的 X 射线，但如果吸收问题特别严重，首选方法就是向探测器倾斜样品，以减小 t'。在一些旧的 AEM 中，探测器可能不与样品杆的轴垂直，此时需要解决一些几何问题来确定 α。

多　厚　?

谨记：对于样品厚度的测量很难如你所愿。

目前为止，我们一直假定样品上下表面平行，但这种情况并不常见。多数薄箔制备方法所得到的都是楔形薄箔，在这种情况下，探测器必须始终朝向样品较薄的一边以减小 X 射线路径长度，正如图 32.15 中所描述的那样。若要确定其影响程度，仅有的方法是在每个分析点处测量厚度。由于这一工作相当繁琐，所以应该用第 35.7 节所讲的 ζ 因子方法来避免。

不同成分的样品密度 ρ 和 μ/ρ 值不同，所以完整的吸收修正是一个反复迭代的过程。首先，采用未经过吸收修正的 Cliff-Lorimer 方程计算得到 C_A 和 C_B，根据这些值，计算机进行 μ/ρ 和 ρ 的第一次计算，产生了 C_A 和 C_B 的修正值，再次迭代计算。通常，经过 2 到 3 次迭代后计算收敛。

总而言之，代入 ACF 的各个变量都有较大的误差容忍度。比如，当样品厚度加倍从 40 nm 变化到 80 nm 时，强烈吸收系统 Ni_3Al 中 k_{NiAl} 的 ACF 会从 ~5.5% 变为 ~12%。这一变化仍然很小，依然能满足最精确的分析需要。在弱吸收系统 FeNi 中，相同的样品厚度变化使得 k_{FeNi} 的 ACF 从 ~0.6% 增加到 ~1.3%，这一变化可以忽略。所以，虽然我们花费了颇多时间介绍吸收修正，但最终的信息是明确的。

Cliff-Lorimer 方法精确吗?

Cliff-Lorimer 方法只有在强吸收系统和/或非常厚的样品中才会产生较大的误差。

35.7 ζ 因子吸收修正

如果无法避免明显的吸收，为了进行吸收修正，就要求知道每个分析位置的样品密度和厚度。很明显，这是主要的限制因素，因为样品的密度和厚度需要独立测量，而且测量的不准确性可能引起定量分析更大的误差。事实上，最初提出 ζ 因子方法就是为了克服与吸收修正相关的限制和困难。因为如果把式（35.16）代入式（35.22），就可消去 ρt 项

$$\frac{C_A}{C_B} = k_{AB}\left(\frac{I_A}{I_B}\left[\frac{(\mu/\rho)_{sp}^A}{(\mu/\rho)_{sp}^B}\right]\left\{\frac{1-\exp[-(\mu/\rho)_{sp}^B\zeta_A(I_A/C_A)\csc(\alpha)]}{1-\exp[-(\mu/\rho)_{sp}^A\zeta_A(I_A/C_A)\csc(\alpha)]}\right\}\right)$$

（35.29）

如果已确定了 ζ 因子，上述方程的 k 因子可以被替换，因为

$$k_{AB} = \frac{\zeta_A}{\zeta_B}$$

（35.30）

所以，通过避免薄箔标样的多次制备，以及 X 射线吸收严重时每个分析点厚度和密度的多次测量，ζ 因子方法克服了 Cliff-Lorimer 方法的两个主要限制因素。这就是我们在辅助材料中进一步介绍它的原因，强烈建议严谨的 X 射线分析人员采用这种方法。

35.8 荧光修正

X 射线的吸收和荧光是密切相关的，因为引起 X 射线吸收的主要原因是另一 X 射线的荧光效应（比如 XEDS 探测器中 Si 的 K_α 射线的荧光导致逃逸峰的产生）。由此也许会认为荧光修正与吸收修正一样普遍，然而，实际情况并非如此，原因如下。含量较少的元素产生的 X 射线通常会被其他含量较大的元素强烈吸收。Ni_3Al 中 Al 的 K_α 射线被 Ni 吸收就是一个典型的例子。此时，对 Al 的 K_α 射线的吸收确实导致 Ni 的 X 射线发射荧光。但是，由于 Ni 是主体元素，其 X 射线总数的增加相对较小；由于 Al 含量很低，其 K_α 强度的减小十分明显。在这个例子中，忽略 Ni 的 X 射线的荧光有更深层的原因；Al 的 K_α 射线被吸收，导致 Ni 的 L_α 射线发射荧光。而定量分析中使用的不是 Ni 的 L

系射线，因为更高能的 Ni 的 K 系射线是不被吸收或激发荧光的。

然而，少数情况下荧光效应会限制定量分析的精确度，请参阅 Anderson 等(1995)给出的详细讨论。很难遇到需要进行荧光修正的实际例子，不锈钢合金中的 Cr 为一典型示例，其中少量的 Cr 的 K_α 线被大量的 Fe 的 K_α 线激发发射荧光，导致 Cr 含量随薄膜厚度的增加而明显增加。

不要担心荧光

荧光通常是次级效应，通常发生在不感兴趣的 X 射线中。(所以不必过于担心!)

35.9　ALCHEMI

在本章开始我们就提到过，要在远离强衍射条件下获得 X 射线谱。这是由于 Borrmann 效应。接近双束条件时，布洛赫波会与晶面发生强烈作用，相比于运动学条件，X 射线发射会被加强，这违背了 Cliff-Lorimer 方程的假定前提(它假定发射不随样品倾斜而改变)。然而，可以利用这一现象来定位哪些原子位于哪个晶面上。该方法有个很讨人喜欢(但不太恰当)的名字"ALCHEMI"，它是"atom location by channeling-enhanced microanalysis"的缩写。

ALCHEMI 是能够确定晶体中的晶位、分布和替代位杂质类型的定量分析方法。这个方法首先是由 Spence 和 Taftø 针对 TEM 提出的。有趣的是，在其他分析方法中，通道效应也被用于定位原子位置[比如，参见 Chu 等(1978)]。

ALCHEMI 的实验方法就是倾斜样品到强双束条件，在强通道条件下收集能谱，使得布洛赫波与某一特定行的原子发生强烈的相互作用。应该选择合适的通道方向，使得与电子束强烈相互作用的晶面包含可能的杂质原子位置。所以，如果预先知道替代原子最可能的位置则会有很大帮助。因此，此方法尤其适合研究层状结构。当布洛赫波在某一特殊的原子面最强时，该面上原子产生的 X 射线计数最大。如图 35.10A 所示，首先要找出原子 A、B 通道效应最显著的方向 1 和 2。通常，很小角度的倾斜就可从两个原子面得到不同的能谱。

可按照下述过程来研究组成元素为 A、B，且替代元素为 X 的系统：

■ 在取向 1 和 2 上测量每个元素的 X 射线强度。

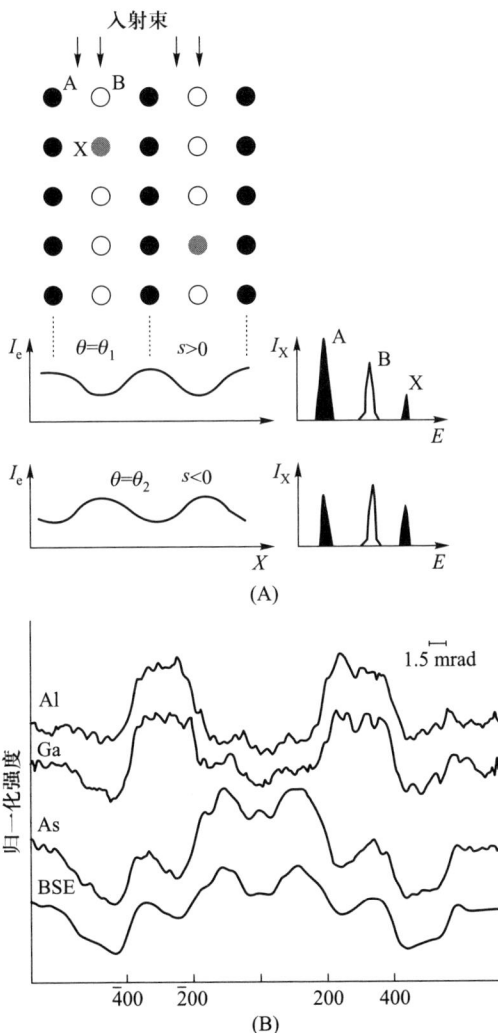

图 35.10 （A）ALCHEMI 可确定 A（黑色圆）和 B（空心圆）原子列中 X 原子（灰色圆）的占位情况。通过倾斜使 $s>0$，然后使 $s<0$，布洛赫波依次与 A 列和 B 列原子发生强烈相互作用，给出不同的特征强度（见示意性谱线），由此可确定 X 在 A 和 B 原子列中的相对含量。（B）Borrmann 效应：当电子束在 GaAlAs 的 400 平面之间摆动时，接近强双束条件下 X 射线发射的变化情况。占据 Ga 位的 Al 所产生的 X 射线与 Ga 的 X 射线发射变化情况相同，而 As 则近似以互补的形式变化。背散射电子（BSE）信号与电子的通道数成反比，因此通道效应最弱时 As 信号最强

■ 然后找到一个没有通道效应的取向（3），使得两平面产生的电子强度相同。

在这种取向下，将比率 k（不是 Cliff-Lorimer 因子）定义为

$$k = \frac{I_B}{I_A} \tag{35.31}$$

式中，I_B 为非通道取向中元素 B 产生的 X 射线强度。在通道取向 1 和 2 中引入参数 β 和 γ

$$\beta = \frac{I_B^{(1)}}{k I_A^{(1)}} \tag{35.32}$$

$$\gamma = \frac{I_B^{(2)}}{k I_A^{(2)}} \tag{35.33}$$

通过观察谱中相对强度的变化，假定已分析出 X 元素的位置，比如它替代了 B 原子，则可定义强度比率项 R 为

$$R = \frac{I_A^{(1)} I_X^{(2)}}{I_X^{(1)} I_A^{(2)}} \tag{35.34}$$

可给出 B 位上 X 原子的占据分数为

$$C_X = \frac{R - 1}{R - 1 + \gamma - \beta R} \tag{35.35}$$

对 X 原子占据 A 位的情形，也可给出类似的表达式，但实际上 A 位上 X 原子的占据分数应为 $1 - C_X$。

如你所见，ALCHEMI 可直接测量替代原子的占位率。然而，不同取向的强度差异往往很小，需要较好的 X 射线统计来得出可靠的结论（计数、计数、更多的计数！）。若同时要求较高的空间分辨率，则很难实现，这话题在第 36 章中会具体讨论，给出最佳空间分辨率的同时，会对应最差的计数统计。图 35.10B 为 X 射线发射随弯曲摆线的变化情况，突出了作为 ALCHEMI 基础的 Borrmann 效应。Jones 对此进行了综合性的回顾，在辅助材料中拓展并深入了对该技术的讨论。

35.10　定量 X 射线元素映射

正如在之前章节中所讨论过的，收集 X 射线系列谱图而不是单个谱图或谱线，这对于获取样品准确元素分布信息具有重要意义。从定性到定量元素映射的主要困难在于需要足够大的计数。在第 35.4.2 节中，我们推荐特征峰的

计数达到 10 000 以保证合理准确的定量分析(即相对误差 ~±10%)。如果要在合理的时间内获得这样的谱图,简单的计算就能表明这是多么不切实际。给出合理 X 射线图像的最小谱图是 128×128 像素,即总像素大于 16 000。即使处理一个像素仅需 1 s(在 1 s 内幸运的话总计数可达到几十,远低于几千的总计数量),处理这么多像素最少也要 4.5 h,如果需要每个像素计数量达到数百或数千,则差不多需要几天。已多次强调,这么长的时间会导致样品漂移、损伤、污染以及操作人员的厌倦。然而,用低分辨率 EPMA 系统(漂移和稳定性要求不高,X 射线计数率很高)进行整夜的元素映射确实很普遍,若要保持纳米量级分辨率,STEM 依然还不够稳定。

虽然如此,定量元素映射已有了长足发展,尤其是伴随着 2~300 kV FEG 仪器的使用、高立体 X 射线收集角的发展以及仪器设计的全面改进。所以,如图 33.14 和图 33.15 所示,定量 X 射线元素映射是可行的。这一过程要求对参与绘图的特征峰计数扣除本底并进行积分,然后通过 Cliff-Lorimer 或 ζ 因子方程将计数转化为组分。最好将其绘制成彩图,因为通常需要元素映射的不止一种元素或需要强调组分变化,此时重叠图或不同图的并排比较,使得对各种元素相对分布的分析更容易。C_s 校正推动了定量元素映射的发展,这并不奇怪,因为校正过的探针电流可以增大 3~5 倍,同时探针尺寸不会增大。由此,可实现计数率增大或收集时间减小,或两者同时实现。

虽然改进 TEM 和 XEDS 系统以及优化长时间收集的数据会比较有趣,不过有很多方法可以降低低计数率以及长采集时间带来的影响。这需要通过计算机来控制 X 射线采集、谱图成像或定位谱线测定(见第 33.6.3 和 33.6.4 两节),然后通过多元统计分析(MSA)来处理数据体,获取最优的信号信息并降低噪声(在短时间内收集的谱线中,噪声是各通道信号的主要组成部分)。

在结合了 SI 和 MSA 之后,就有可能在几分钟到几十分钟内以 100~500 ms/像素的采集速率获得 128×128 像素的图像,要获得更大尺寸的图像也同样可行。辅助材料中详细讨论了 SI/MSA 结合使用的问题。用现代 C_s 校正 FEG STEM 所能得到的精细处理数据示于图 35.11,绘出了痕量元素在晶界处的偏析情况。图 33.15D 给出了一个类似的例子,显示了许多直径为数纳米的小颗粒之间组分的差异。在图 35.11B 中,数据通过 300 keV STEM 获得,经过 MSA 后元素映射的质量明显提高。C_s 校正使得 STEM 获得更高的空间分辨率,如图 35.11D 所示。第二个例子中,Zr 在 Ni 基合金晶界处偏析的元素映射表明,原子的密度一般为 1~2 原子/nm^2,空间分辨率为 0.5 nm 左右!

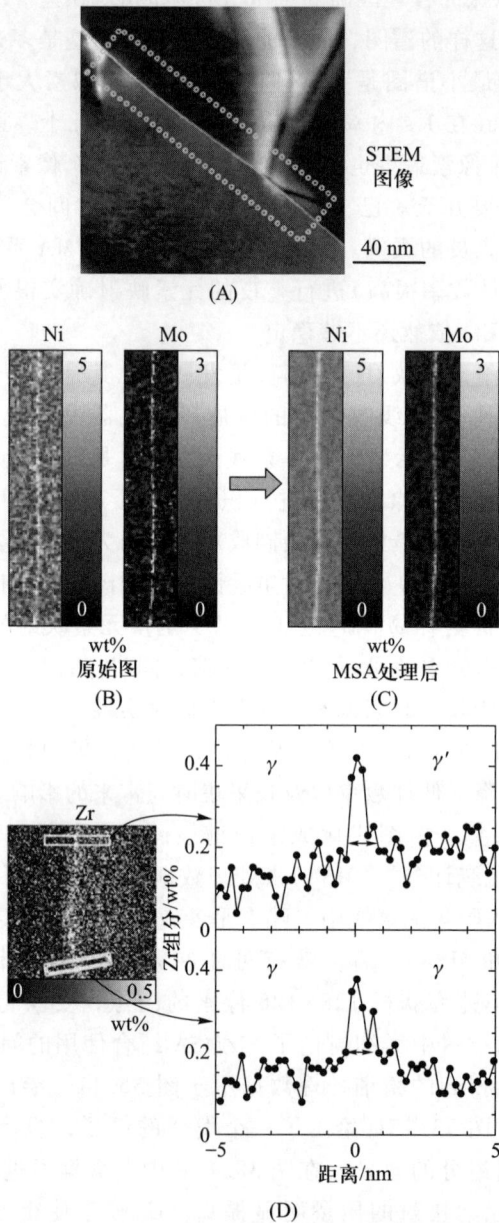

图 35.11　STEM ADF 图像(A)和定量 X 射线绘图显示出低合金钢中晶界附近痕量元素 Ni 和 Mo 的偏析(B)。(C)应用 MSA 可以提高绘图质量。(D)用 C_s 校正 STEM[探针尺寸为 0.4 nm(FWTM),电流为 0.5 nA]对 Ni 基超合金界面附近 Zr 偏析所做的元素映射。块状合金中 Zr 的含量为 ~0.04 wt%,若没有 MSA 处理,那么这一含量不能被反映出来。组分曲线表明,Zr 在界面上两个不同位置的距离小于 1 nm。(参见书后彩图)

章 节 总 结

本章大部分内容与本书英文版第一版相比没有变化，说明在最近 10 年内该领域变化很小。这是不幸的，虽然薄箔谱线的定量分析很直观，但标准的 Cliff-Lorimer 方法有严重的局限性。大部分问题已被新的 ζ 因子方法解决，但该方法还没有商业化，可以从万维网上下载相关资料（网址 2）。也许最大的困难在于需要知道样品的厚度以补偿 X 射线吸收，若能避免这个问题，那么 ζ 因子方法将会非常有价值。通过制备尽可能薄的样品可以减小吸收，但这样会使得 X 射线计数很小，从而定量分析的误差相当大。FEG 电子源、C_s 校正以及改进的附带探测器阵列的 TEM-EDS 配置的使用可以增大收集角。有了这些最新进展，可以在小于 1 nm 的空间分辨率下进行定量 X 射线元素映射，探测范围为几个原子。辅助材料中介绍了更多关于定量分析的新进展。

参考文献

一般参考文献

Garratt-Reed，AJ and Bell，DC 2003 *Energy-Dispersive X-ray Analysis in the Electron Microscope* Bios（Royal Microsc. Soc.）Oxford UK.

Goodhew，PJ，Humphreys，FJ and Beanland，R 2001 *Electron Microscopy and Analysis* 3rd Ed. Taylor & Francis London. 比较了 SEM 和 TEM 中的 XEDS。

Goldstein，JI，Williams，DB and Cliff，G 1986 *Quantification of Energy Dispersive Spectra in Principles of Analytical Electron Microscopy* 155－217 Eds. DC Joy，AD Romig Jr. and JI Goldstein，Plenum Press New York. 介绍了本章及下章中的许多概念和实例。

Friel JJ and Lyman CE 2006 *X-ray Mapping in Electron-Beam Instruments* Microsc. Microanal. **12** 2－25. 详细回顾了定性和定量映射。

Jones，IP 1992 *Chemical Analysis Using Electron Beams* The Institute of Materials，London. 包含了许多定量 XEDS 计算的优秀实例。

Williams，DB and Goldstein，JI 1991 *Quantitative X-ray Microanalysis in the Analytical Electron Microscope in Electron Probe Quantitation* 371－398 Eds. KFJ

Heinrich and DE Newbury Plenum Press New York. 推导了薄箔定量分析的基本方程。

Zaluzec，NJ 1979 *Quantitative X-ray Microanalysis*：*Instrumental Considerations and Applications to Materials Science in Introduction to Analytical Electron Microscopy* Eds. JJ Hren JI Goldstein and DC Joy 121−167 Plenum Press NY. 我们把这个放在这里，因此 Nestor 不会拒绝我们访问他的网站。

计算

Anderson，IM，Bentley，J and Carter，CB 1995 *The Secondary Fluorescence Correction for X-Ray Microanalysis in the Analytical Electron Microscope* J. Microsc. **178** 226−239.

Bambynek，W，Crasemann，B，Fink，RW，Freund，HU，Mark，H，Swift，CD，Price，RE and Rao，PV *X-ray-fluorescence Yields*，*Auger and Coster-Kronig Transition Probabilities* 1972 Rev. Mod. Phys. **44** 716−813.

Cliff，G and Lorimer，GW 1975 *The Quantitative Analysis of Thin Specimens* J. Microsc. **103** 203−207. 基于粉碎矿物标样(样品来自 Lorimer 的夫人著名的矿物学家 Pam Champness)最早的文章。

Heinrich，KFJ 1986 *Mass Absorption Coefficients for Electron Probe Microanalysis in Proc. ICXOM-11* 67−77 Eds. J Brown and R Packwood University of Western Ontario Canada.

Powell，CJ 1976 *Evaluation of Formulas for Inner-shell Ionization Cross Sections in Use of Monte Carlo Calculations in Electron Probe Analysis and Scanning Electron Microscopy* 97 − 104 NBS Special Publication 460 Eds. KFJ Heinrich，DE Newbury and H Yakowitz U. S. Department of Commerce/NBS Washington DC.

Watanabe，M and Williams，DB 2006 *The Quantitative Analysis of Thin Specimens*：*a Review of Progress from the Cliff-Lorimer to the New ζ − Factor Methods* J. Microsc. **221** 89−109.

Williams，DB. Newbury，DE Goldstein，JI and Fiori，CE 1984 *On the Use of Ionization Cross Sections in Analytical Electron Microscopy* J. Microsc. **136** 209−218.

Schreiber，TP and Wims，AM 1981 *Quantitative Analysis of Thin Specimens in the TEM Using a $\phi(\rho z)$ Model* Ultramicrosc. **6** 323−334.

Schreiber，TP and Wims，AM 1982 *Relative Intensity Factors for K，L and M Shell X-ray Lines* X-ray Spectrometry **11** 42−45.

Larsen，RJ and Marx，ML 2001 *An Introduction to Mathematical Statistics and its*

Applications 3rd Ed. Prentice Hall Upper Saddle River NJ.

通道效应

Chu，W-K, Mayer，JM and Nicolet，M－A 1978 *Backscattering Spectrometry* Academic Press Orlando.

Goldstein，JI，Newbury，DE，Echlin，P，Joy，DC，Romig，AD Jr，Lyman，C.，Fiori，CE and Lifshin，E 2003 *Scanning Electron Microscopy and X-ray Microanalysis* 3rd Ed. Springer New York.

若干历史

Castaing，R 1951 *Application des Sondes Électroniques a une Méthode d'Analyse Ponctuelle Chimique et Cristallographique* Théses，Université de Paris ONERA Publication #55 Paris. 被大量出版且历史意义重大的读物。

Hillier，J and Baker，RF 1944 *Microanalysis by Means of Electrons* J. Appl. Phys. **15** 663－675.

Jones，IP 2002 *Determining the Locations of Chemical Species in Ordered Compounds*；*ALCHEMI in Advances in Imaging and Electron Physics* **125** 63－119.

Kramers，HA 1923 *On the Theory of X-ray Absorption and of the Continuous X-ray Spectrum* Phil. Mag. **46** 836－871.

Lorimer，GW，Al-Salman，SA and Cliff，G 1977 *The Quantitative Analysis of Thin Specimens*：*Effects of Absorption，Fluorescence and Beam Spreading in Developments in Electron Microscopy and Analysis* 369－371 Ed. DL Misell The Institute of Physics Bristol and London.

McGill，R. and Hubbard，FH 1981 *Quantitative Analysis with High Spatial Resolution* p30 Eds. GW Lorimer，MH Jacobs and P Doig The Metals Society London.

Reed，SJB 2005 *Electron Microprobe Analysis and Scanning Electron Microscopy in Geology* 2nd Ed. Cambridge University Press Cambridge UK.

Spence，JCH and Taftø，J 1983 *ALCHEMI-A New Technique for Locating Atoms in Small Crystals* J. Microsc. **130** 147－154.

Sprys，JW and Short，MA 1976 *Quantitative Elemental Analysis of 'Transparent' Particles in the TEM* Proc. 34th EMSA Meeting Ed. GW Bailey Claitors Baton Rouge LA 416－7.

Statham PJ 2002 *Limitations to Accuracy in Extracting Characteristic Line Intensities From X-Ray Spectra* J. Research NIST **107** 531－546.

Wood, JE, Williams, DB and Goldstein, JI 1981 *Determination of Cliff-Lorimer k Factors for a Philips EM 400T in Quantitative Analysis with High Spatial Resolution* 24−30 Eds. GW Lorimer, MH Jacobs and P Doig The Metals Society London. k_{Fe}因子。

关于 k_{ASi} 的问题

Goldstein, JI, Costley, JL, Lorimer, G, and Reed, SJB 1977 *Quantitative X-ray Microanalysis in the Electron Microscope SEM 1977* **1** 315−325 Ed. O Johari IITRI Chicago IL.

Graham, RJ and Steeds, JW 1984 *Determination of Cliff-Lorimer k Factors by Analysis of Crystallized Microdroplets* J. Microsc. **133** 275−280.

Sheridan, PJ 1989 *Determination of Experimental and Theoretical k_{ASi} Factors for a 200−kV Analytical Electron Microscope* J. Electr. Microsc. Tech. **11** 41−61.

Wood, JE, Williams, DB and Goldstein, JI 1984 *An Experimental and Theoretical Determination of k_{AFe} Factors for Quantitative X-ray Microanalysis in the Analytical Electron Microscope* J. Microsc. **133** 255−274.

网址

1. mathworld. wolfram. com/Studentst-Distribution. html.
2. http：//www. TEMbook. com.

自测题

Q35.1　为什么必须为 X 射线吸收修正 k 因子？

Q35.2　为什么荧光修正很小，通常可以忽略？

Q35.3　如果可以分辨 K_α 和 K_β 峰，为什么只对 K_α 峰积分，而不是 $K_\alpha + K_\beta$ 峰？

Q35.4　为什么在不同的 AEM-XEDS 系统之间，k 因子不是常数？

Q35.5　为什么计算的 k 因子通常不准确？

Q35.6　对吸收修正影响最大的因素是什么？根据它是否能找到一些方法来尽量避免进行吸收修正？

Q35.7　在 X 射线微量分析中，减小误差的最好方法是什么？

Q35.8　对好的薄箔标样有些什么基本要求？你的回答为寻找和选择这样的标样能提供些什么信息？

Q35.9　对(a)玻璃样品、(b)合金薄片和(c)BN 纳米颗粒的厚度测量最好的方法是什么？（提示：阅读第 36 章。）

Q35.10　为什么无论如何都需要进行定量分析？

Q35.11　为什么在定量分析中确定误差很重要？

Q35.12　在简单的二元（A-B）定量分析中，典型的定量误差范围是什么？

Q35.13　通过什么方法可以明显减小这个误差值？

Q35.14　什么情况下通过计算，而不是实验来确定 k 因子？

Q35.15　什么情况下通过实验，而不是计算来确定 k 因子？

Q35.16　列出 3 种从特征峰扣除轫致辐射强度的方法。

Q35.17　区分轫致辐射、连续和本底 X 射线。

Q35.18　ALCHEMI 代表什么意思？为什么它的应用范围相当广？

Q35.19　在 X 射线微量分析中，为什么通常使用 wt%而不是 at% ？

Q35.20　为什么 XEDS 探测器的窗口最好尽可能薄？而为什么去除窗口是不切实际的？

章节具体问题

T35.1　如果 k 因子不是常数，那么列出 k 因子的相关表格有什么用？比如表 35.1 和表 35.2.

T35.2　图 35.6 中滤波谱的"剩余物"是什么？为什么它们会很有用？

T35.3　区分 top-hat 光阑和 top-hat 滤波器，解释在 AEM-XEDS 中，为什么它们都很有用？

T35.4　相比于图 35.4 中的单窗口方法为什么更倾向于使用图 35.5 中的双窗口方法来扣除本底？

T35.5　为什么图 35.4 中的本底强度为 0？在本底为 0 处，哪些实验和仪器因素会影响能量？

T35.6　为什么图 35.7 中 k 因子的值随原子序数的减小而先减小后增大？（提示：对这两个趋势都对应着很好的物理解释。）

T35.7　复制图 35.8，将这 3 条线外推至更小的厚度。在多少厚度处它们会会聚于一点？为什么？

T35.8　给出 3 个被 ζ 因子方法所克服的 k 因子方法局限性。

T35.9　从图 35.10A 中学习到的最重要一点是什么？

T35.10　与 EPMA 实验相比，为什么在 AEM 中可以测量低温下材料中的元素偏析现象？（提示：考虑扩散动力学。）

T35.11　现有 Fe_2O_3、NiO、Ni_3Al 和 $CuSO_4$ 薄箔标样，说明如何确定（a）FeS、（b）NiAl、（c）Al_2O_3 和（d）Al-Cu 固溶体的 k 因子。列出任何可能遇

到的具体问题。

T35.12　利用表 35.1，对 (a) Mn-Cr、(b) Mg-Al 和 (c) Al-Cu 在合理的一级近似下计算 k 因子的值。说明计算过程中所做的任何假设。

T35.13　使用 DTSA 软件，在不同加速电压 (例如 100～300 kV) 和不同的发散角 (例如 $\alpha = 20°$、$60°$) 下对不同元素和化合物生成 X 射线谱。观察不同电压和 α 值对本底以及特征谱产生的影响。通过本底扣除选项来测量峰的强度并实际运行定量分析程序。

T35.14　选择一个二元样品并使用 DTSA 软件运行定量分析程序，选择一定的电离截面范围来计算 k 因子，并将定量分析的 k 因子值与所得的 k 因子范围进行对比。其结果说明了通过计算获得 k 因子存在哪些局限性？

T35.15　计算厚度为 10 nm、100 nm 和 300 nm 的 Fe-10 wt% Al 薄膜在不同发散角 20° 和 70° 时的吸收修正因子 (ACF)。然后估计能够满足薄膜判据 (>10%吸收) 的样品厚度。样品密度为 6.61 g/cm^3，FeK_α、FeL_α 和 Al K_α 线的质量吸收系数列于下表 (Heinrich 1986)。如果愿意，可以将手算的修正结果与 DTSA 的计算结果进行比较 (M. Watanabe 提供)。

吸收体	质量吸收系数/(cm^2/g)		
	Fe K_α	Fe L_α	Al K_α
Fe	71.1	2 157	3 626
Al	96.5	2 936	397.5

第 36 章
空间分辨率和检测下限

章 节 预 览

  在对薄箔进行 X 射线分析时，常常会寻找接近空间分辨率极限的一些信息。在进行微观分析之前，要了解各种控制因素，在本章将会对这些因素进行讲解。减小样品厚度也许是获得最佳分辨率的最重要方法。因此，本章总结了多种测量所要分析位置的样品厚度的方法。当然，TEM-XEDS 系统的质量也是很重要的。

  空间分辨率越高造成的结果是产生 X 射线信号样品区域越小。小的信号意味着很难探测到薄样品中的微量成分。结果是，与其他空间分辨率较差的分析仪器相比，透射电子显微镜（TEM）的最小质量分数（MMF）并不是很小。这种平衡在所有分析技术中都存在，因此，将空间分辨率与分析探测的极限一起讨论才是明智的。本章后面部分将会谈到它们之间的联系。即便相对于较差的 MMF，如果研究区域足够小，也是有可能探测到某一元素的几个原子的存在，因此，实际上 TEM 具有最佳的最小可探测质量（MDM）。利用 X 射线能量色散谱（XEDS）和 TEM 的最新技术，尤其是球差校正，原子柱分辨率 X 射线分析以及单原子探测已经可以在同一种仪器中实现了。

36.1　空间分辨率的重要性

如在第 35 章引言中介绍的，TEM 中 X 射线分析发展的历史驱动力是它相对于 EPMA 较高的空间分辨率。空间分辨率的提高有两方面的原因：

■ 样品较薄，穿过样品时发生散射的电子较少。

■ 电子能量高（TEM 中大于 100~400 keV，EPMA 中仅为 5~30 keV）进一步减小了散射。

后一种效应产生的原因主要是因为弹性和非弹性碰撞的平均自由程随电子能量的提高而增大。最终结果是当使用薄样品时，提高加速电压会减小总的电子束-样品相互作用体积，因而给出更加局域化的 X 射线源和更高的空间分辨率，这正是想要的结果（如图 36.1A 所示）。相反，若采用块材样品，增加加速电压就增加相互作用体积，最佳的空间分辨率一般在 0.5~1 μm，这不是想要的结果（如图 36.1B 所示）。现在，SEM-X 射线分析中一个新趋势就是使用低电压电子束和低能 X 射线来提高空间分辨率。虽然这是具有挑战性的，但是现在已经有了很大的进展，在电子能量 E_0 小于 5 kV 情况下，空间分辨率已经小于 100 nm。球差校正器和辐射热探测器将会推动它的发展，但是对于最高的分辨率，现在仍旧没有更好的替代办法来代替减薄样品。

在分析型电子显微镜（AEM）发展的较早阶段，已经开展了大量的理论和实验工作来定义和测量 TEM 中 XEDS 的空间分辨率。这里将介绍其中的一些概念。最终的目的当然是要提高空间分辨率到原子级别，把探测极限提高到单原子级别。如后面几章将要介绍的，这两个目标在电子能量损失谱（EELS）技术中已经实现，但是（在 XEDS 中）仍然一直受到薄样品产生的 X 射线计数较少和 XEDS 收集效率较差的限制。后面将会看到，球差校正器和硅漂移探测器（SDD）将会有所帮助。

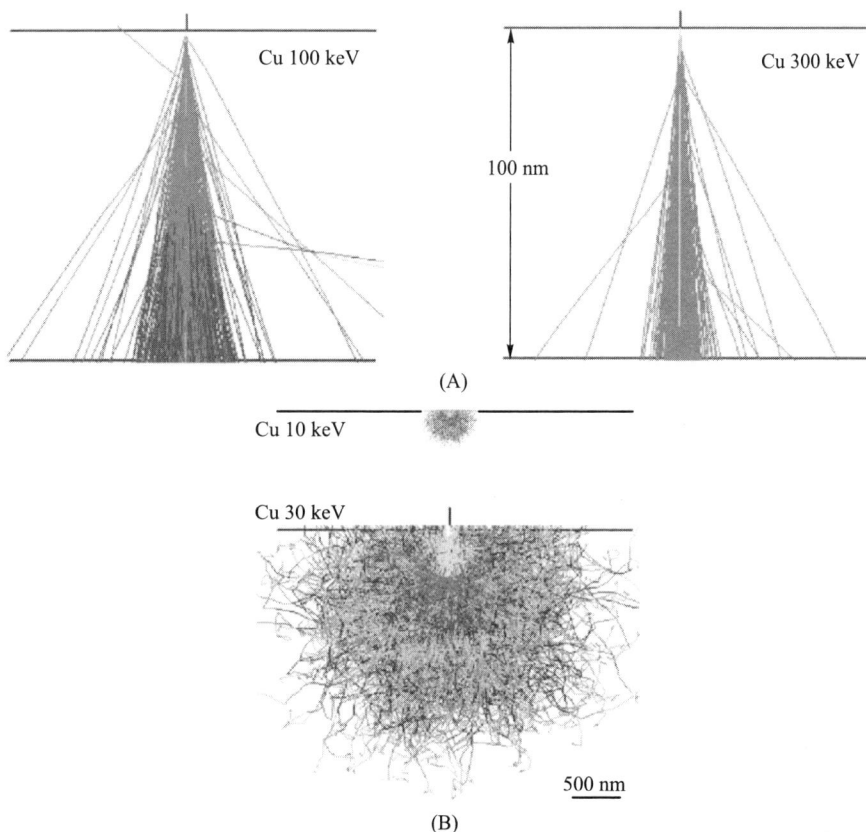

图 36.1 （A）分别在 100 kV（更高）和 300 kV（更低）条件下，10^3 个电子穿过 100 nm Cu 薄片时轨迹的蒙特卡罗模拟。注意电压越高空间分辨率越高。（B）相反，在块材样品里，30 kV 时相互作用区域远大于 10 kV 相互作用区域，因此加速电压越高，X 射线空间分辨率越低。这两组模拟图中颜色变化说明了电子能量的变化。注意，薄片中能量基本没变，而块材中能量快速损失。（参见书后彩图）

36.2　空间分辨率的定义和测量

人们已经认识到分析体积，也就是空间分辨率主要受到电子束-样品相互作用体积的影响。因为 XEDS 能够探测到相互作用体积内产生的所有 X 射线信号（你将会看到这个和 EELS 中的情况不同）。相互作用体积是入射电子束直径（d）和样品内主要由弹性散射引起的电子束发散度（b）的函数。因此，测量到的空间分辨率（R）是样品的函数，这样为定义一个广为认可的 R 的度量制造了困难。首先看看如何定义 d 和 b。

XEDS 的空间分辨率

　　把空间分辨率定义为样品中能够被独立分析的区域之间的最小距离（R）。在 AEM 发展的同时，R 的定义也在逐渐演变，更小的分析体积已经成为可能。

　　在第 5 章已经讨论过 TEM 和扫描透射电子显微镜（STEM）中 d 的定义和测量。电子束直径 d 定义为高斯电子强度分布的 1/10 半高宽（FWTM）。可以直接从 TEM 像测量 d，或者使电子束扫过锐的边缘，观察 STEM 屏幕上强度的改变来间接测量该值。

　　上述定义中只考虑了进入样品中 90% 的入射电子，因此仅仅是种近似。注意只有在 C2 光阑较小而且调整合适，同时电子束满足近轴条件时，入射电子束的强度分布才为高斯型（回顾第 6.5.1 节，为了得到最高分辨率——应该聚焦于高斯像平面还是最小弥散斑平面？）。b 的定义和测量较为复杂，下面对其具体解释。

36.2.1　束扩散

　　电子束在穿过样品时的扩散量（b）一直是很多理论和实验工作的课题。尽管实验结果和理论在某些方面有一些微小差异，但是都一致认为 b 是由电子束能量（E_0）、薄样厚度（t）和原子序数（Z）决定的。关于 b 的最简单的理论在大多数分析条件下可以给出很好的近似结果。这个理论（很多时候被称为"单次散射"模型，之所以这样命名是因为假设每个电子在穿过样品时仅仅经历了一次弹性散射）是首次被 Goldstein 等在一篇有深刻影响的文章中提出来的，之后被 Jones 用国际单位制 SI 重新定义。

$$b = 8 \times 10^{-12} \frac{Z}{E_0} (N_v)^{1/2} t^{3/2} \tag{36.1}$$

式中，b 和 t 的单位为 m；E_0 单位为 keV；N_v 是每立方米原子的数量。在最初的推论中，后一项写为 $(\rho/A)^{1/2}$，这样容易使人迷惑，因为在多相合金中，密度随位置变化很大，而且密度通常也很难定下来。另外，b 对原子质量 A 的依赖与对原子序数 Z 的依赖刚好相反，这有点违反直觉。因此，使用 N_v 更清晰些。当知道晶胞参数后，能够从原子数/单位晶胞和单位晶胞体积的比值计算出来。这个定义包含了来自样品 90% 的电子，因此与 d 的定义是一致的。

　　关于单次散射理论是否能够描述在非常薄的或者非常厚的样品中 b 的行为，仍然存在一些问题。但是一般情况下，它经得住检验，并且因为表述简单而一致被认可。

花费大量时间做一个实验之前，应该估算或者计算一下 b 值，以确定分辨率是满足要求的。比较提前模拟的期望分辨率和探测感兴趣现象，需要的分辨率是十分有用的。下面将讨论怎样做最好，尤其是当样品几何外形复杂时（比如，多相或者相之间有重叠），因为这时式（36.1）一般是不适用的。

关于 MAC 和 PC

推荐把这个方程存储在你的 TEM 计算机里（或者你的手机里），这样你就能很快地在你的实验中估算出期望的束扩散。

当不能应用式（36.1）时，如第 2.5 节介绍的，最好的解决办法就是用计算机 Monte Carlo 模拟方法来模拟电子散射。这样的模拟在很多领域广为应用，包括 SEM 和电子-探针微分析仪（EPMA），以及其他核-粒子场，在网上很容易找到。蒙特卡罗模拟的完整表述超出了本书的范围，但是有很多很好的参照书。在 Joy 的书中，可以找到在个人计算机上运行的蒙特卡罗模拟程序的代码。免费的蒙特卡罗程序做得最好的是 Gauvin 在 McGill 编写的 WinCASINO 和 WinXRAY（见网址 1）；现在正在开发程序的薄片样品版。在这些软件可以用之前，我们推荐 Joy 编写的软件。这些模拟现在非常快，在个人计算机和 MAC 上只要几分钟，这些软件能提供用来估算复杂微结构中束扩展的所有信息。

基本上，蒙特卡罗技术以随机的方式（命名的方法）模拟一组电子穿过某样品的可能路径。在模拟了几千条路径之后，可以通过计算包含了 90% 出射电子的样品出射面处圆盘的直径来得到 b 的近似值。b 的这个定义与开始时的定义是一致的，和由式（36.1）给出的 b 差不多大。事实上，图 36.1A 和 36.1B 中的示意路径就是用 Joy 的软件来进行蒙特卡罗模拟的。图 36.2 所示为用蒙特卡罗模拟的电子从 Cu 和 Au 界面附近 3 个不同点处穿过样品的轨迹。这种元素原子序数 Z 差异很大的复杂情形不能够简单地用式（36.1）表示的估算 b 值的单次散射模型处理。

虽然电子束发散是空间分辨率理论的主要方面，但是应该谨记我们真正想知道的是电子束和样品的相互作用体积，也就是 X 射线产生源的尺寸。蒙特卡罗模拟之所以有用，是因为原则上它可以：

■ 包含不同加速电压和电子束直径的影响。

■ 处理复杂样品外形、样品倾斜、厚度变化以及多相样品的情况。

■ 自动计算 X 射线产生源深度分布 $\varphi(\rho t)$ 对 X 射线产生源大小的影响。

■ 显示样品上各处产生的 X 射线分布，是式（36.1）中所有变化量 N_v、Z 和 t 的函数。这可以告诉你不同微结构部分对 XEDS 谱的贡献。

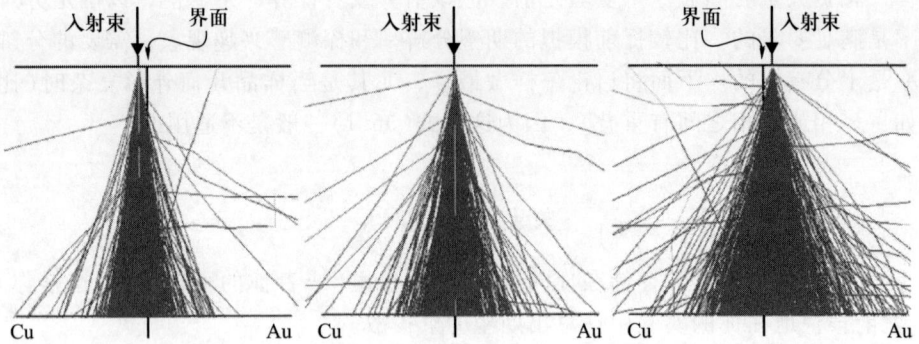

图 36.2　电子穿过两种不同原子序数的金属界面轨迹的蒙特卡罗模拟，在这两种金属中电子散射差别非常大。注意，在高原子序数 Z 区域，电子散射迅速增加，因此 X 射线产生于更大的区域，这样就降低了局部空间分辨率

除过刚才讨论的电子束扩展理论，文献报道的理论还有很多。这些理论的共同点是都预言了 b 和 $t^{3/2}$ 的线性关系以及 b 和 E_0 的倒数关系。如果对这些理论的细节感兴趣，可以在 Goldstein 等 1986 年发表的文章中找到。然而，我们将要看到（参见第 36.3.5 节图 36.9）在做分析或者元素分布时，有很多方法可以实时计算空间分辨率，这无疑是最好的方法。因为它结合了我们将讨论的简单方程和实际实验，而不是计算，计算会对样品做假设。

36.2.2　空间分辨率方程

现在，已经定义了 b 和 d，接下来是如何通过它们定义 R。若入射电子束和样品出射电子束的强度分布都是高斯型的，可以很合理地以 b 和 d 平方之和的根（与前面第 6.6.2 节对像分辨率的处理一样）给出 R 的值

$$R = (b^2 + d^2)^{1/2} \tag{36.2}$$

基于式（36.1），高斯束扩散模型很容易得到，卷积 b 和 d 的高斯表达式就可以给出 R 的定义。以高斯模型以及实验测量为基础，Michael 等建议——R 不应该代表最差的情况（出射束的直径），应该对 R 的定义进行修正，把 R 定义为电子束在薄片正中间处的直径。如图 36.3 给出的

$$R = \frac{d + R_{max}}{2} \tag{36.3}$$

式中，R_{max} 可由式（36.2）求出。

和所有空间分辨率的定义一样，各种参数没有根本的选择依据，例如 FWTM 直径以及定义 R 时取薄片厚度中心平面等。类似地，这种处理方法忽略了晶体样品中电子衍射的贡献以及电子束超过 90% 的部分。然而，结果表明这

个定义和实验结果以及精确的蒙特卡罗模拟是一致的(Williams 等)。最终，这个定义保留了原始单次散射模型的优点，这个优点就是 R 的定义具有简单的形式以及很容易计算！

XEDS 的分辨率

式(36.3)是 X 射线空间分辨率的正式定义。

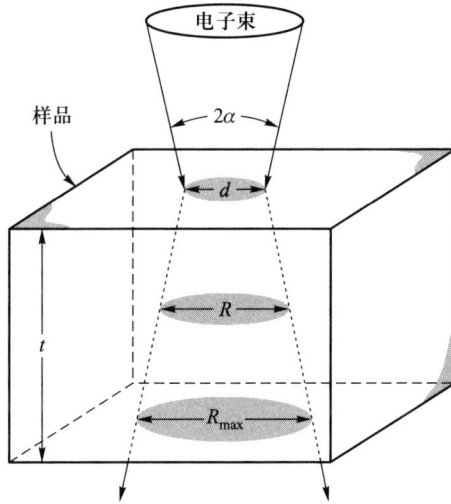

图 36.3 入射束大小和束扩展结合使电子束出射面直径扩大为 R_{max}，这样可以定义 R

36.2.3 空间分辨率的测量

空间分辨率的实验测量，如原子级界面处的组分轮廓线测量等，是很有用的(回顾图 1.4D 所示的组分轮廓线)。以前提出过其他几种测试样品，但是利用相间界面测量仍然是比较好的，因为这里面的未知因素比较少。如果热动力学平衡在界面的任意一边都存在，那么两相的成分就很容易知道。同时，相界面在工程材料中经常见到，从本书中很多界面的像中都可以明显看到。

为了比较 R 的实验值和计算结果，需要理解如何将测量到的穿过相界面的组分轮廓线与实际不连续的组分轮廓线联系起来，如图 36.4 所示。可以通过对测到的组分轮廓线解卷来得到电子束斑的形状。有限的电子束直径 d 和电子束扩展 b 将锐的组分轮廓线降低到宽度 L，L 以如下公式和 R 关联：

$$R = 1.414L \tag{36.4}$$

假设这个关系式成立，如图 36.4 所示，只需要测量曲线上 2% 和 98% 两点间的距离，也就是 L。这个扩展束包含了 90% 的入射束电子，与假设的包含 90%（FWTM）的入射束直径一致。实际中，因为实验误差的存在，很难测量准确 2% 和 98% 点的位置。因此必须测量曲线上 10% 和 90% 点之间的距离，这段距离相应于包含有 50% 电子的束扩展（FWHM），然后对这个距离乘以 1.8 即得到 FWTM。

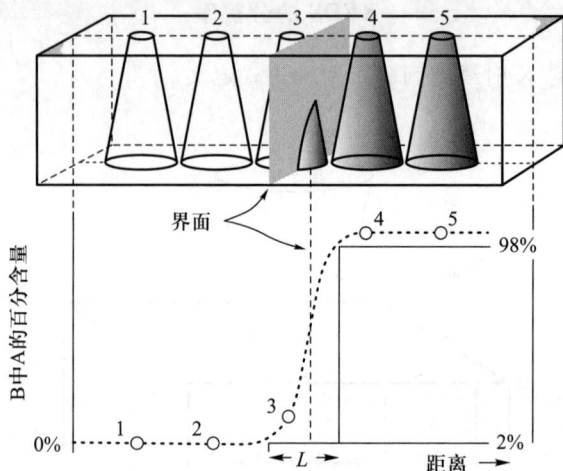

图 36.4　原子级别的组分，不连续界面测量得到的成分轮廓曲线示意图（与图 36.2 中的模拟类似）。测量的空间分辨率可以从测量曲线上 2% 和 98% 两点间的距离（L）得到

这个定义很容易记住，相对容易测量，且与 d 和 b 的定义一致。更为重要的是，电子束和样品相互作用造成锐的成分变化钝化，这个定义给出的值与钝化的实验测量值相近。

从式（36.2）很容易看到，如果想要提高空间分辨率，必须要减小 d 和 b。不幸的是，如果要减小 d，那么将减小入射束电流：对于热电子发射源，如果 d 小于 10 nm，计数率将会低得不可接受。然而，对于 FEG，小的束斑（1 nm）能够产生高空间分辨率下用于定量分析的足够的电流（1 nA）。

R、b 和 d 的定义

注意，R 的这个定义和以前对 b 和 d 的定义一样都是人为主观定义的。

因此，如果是热电子源 TEM：

■ 样品必须足够的厚，以产生足量的用于定量计算的计数，这时 b 是 R 的主要影响因素。

■ 如果样品不厚，必须要增加束斑大小，那么 d 是主要影响因素，而 b 不是。

在上例中，需要大的束斑来产生足够的束电流，以得到 100 kV 情况下合理的 X 射线计数率。这就是为什么 200~300 kV 场发射透射电子显微镜（FEG TEM）是最佳的高分辨分析仪器。同时，因为可以把束斑尺寸减小为 1/3 而保持相同的束电流，所以 C_s 校正器可以很好地提高 TEM 的分辨率（回顾前面，比较图 35.11C 和 D 中分开轮廓的宽度）。新的具有大的收集角的 X 射线探测器可能也对分辨率有所帮助。

还有一些实际因素会对空间分辨率有所限制，其中最重要的是样品的漂移。如果样品或者电子束因为机械或者电子原因漂移，那么就要用到漂移校正软件了。如果想要在最高分辨率进行分析，同时也不得不长时间收集以得到足够的 X 射线强度，那么这样的校正软件就是必不可少的。

总之，空间分辨率 R 是电子束大小和束扩展的函数。可以从式（36.3）很好地估算 R 值。所有的理论都表明 b 依赖于 $t^{3/2}$，因此要得到最高分辨率，样

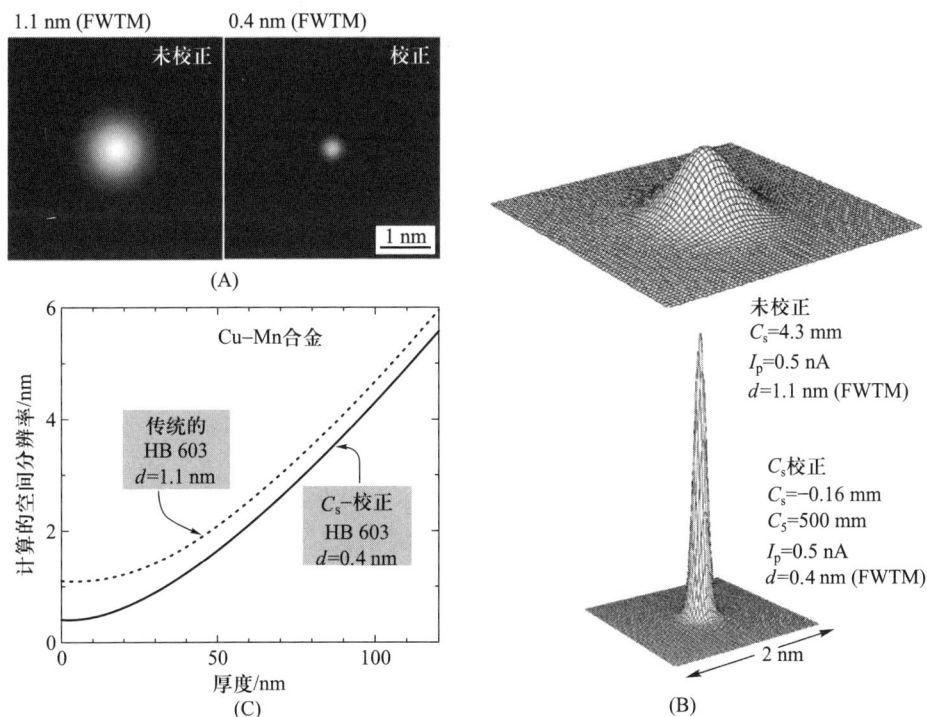

图 36.5　VG HB-603 300 kV FEG STEM 具有和不具有 C_s 球差校正的模拟束斑像；（A）平面观察到的束斑尺寸，（B）3D 强度分布。模拟时假设束斑电流相同（0.5 nA）以及 C_s 球差校正器促使 FWTM 束斑尺寸大约从 1.1 nm 减小到 0.4 nm，约减至原来的 1/3。（C）计算 Cu-Mn 合金中 C_s 校正对空间分辨率的影响，随着厚度减小而变化。零样品厚度的空间分辨率从 >1 nm 到 0.4 nm，约提高了 3 倍。比较思考图 36.5B 与图 2.11

品必须很薄。中等电压的 FEG 源，特别是配备有 C_s 校正器的 FEG 源，即使在很薄样品中也可以用亚纳束斑产生足够的束电流以给出合理的计数，这样就得到了最高的空间分辨率。从图 36.5 中的计算可以看到分辨率达到了原子尺度。

36.3　厚度的测量

因为束扩展与 $t^{3/2}$ 成正比关系，所以要估算空间分辨率必须测得厚度 t。如第 35.6 节看到的，t 也是修正特征 X 射线吸收的必要参数。而且，在高分辨相衬成像和会聚束电子衍射（CBED）中 t 也十分重要。在第 39 章可以看到，EELS 中，最小化 t 对于得到最佳电离边谱也是十分重要的。因此，几乎在所有的 TEM 技术中，样品应该尽量薄以得到最佳结果(尽管一些 CBED 研究和很多原位实验并不符合这个原则)。

下面是对样品厚度测量方法的总结。厚度的测量方法有很多，也差别很大，在本书的其他章节可以看到对这些重要方法的完整描述。要测量样品厚度，首先要考虑的是，t 是什么？

> ### 真实的厚度
>
> 我们感兴趣的样品厚度 t：电子束穿过的厚度。它没有必要和 t_0 一致。

t 的值依赖于样品的倾斜角度 γ 以及零倾斜时样品的厚度 t_0。如图 36.6 所示，对于两个面平行的薄片

$$t = \frac{t_0}{\cos \gamma} \tag{36.5}$$

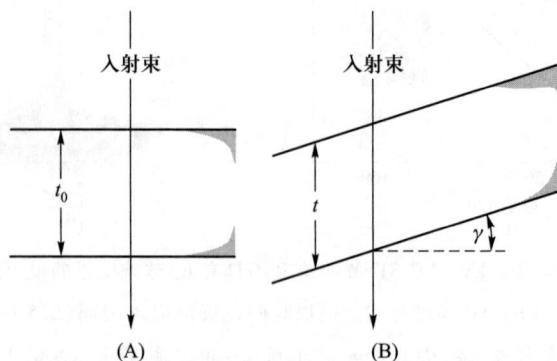

图 36.6　（A）样品厚度 t_0 等于电子束穿过倾斜角度为 0 的两面平行薄样品的距离 t。（B）电子束穿过样品倾角为 γ 时的一个较长的距离 t，电子束在倾斜样品中的扩展较为严重

若样品为楔形，t 和 t_0 的关系会随样品形状的不同而改变。

36.3.1　TEM 方法

在 TEM 中，若样品为楔形（且是晶体），则常常可以估算其厚度。通过倾斜样品到双束强动力学衍射情况，如第 24.2 节看到的，明场（BF）和暗场（DF）图像都可显示厚度条纹。只有厚度相同的区域才能产生这些条纹。在 BF 图像中，当 $s=0$ 时，强度在厚度为 $0.5\xi_g$ 处变为 0。因此，数出 BF 像中样品边缘到分析区域暗条纹的数目（n）就可确定 t。假定边缘最薄部分厚度小于 $0.5\xi_g$，则该点厚度 $t=(n-0.5)\xi_g$（特别注意这个假设）。注意 ξ_g 值随衍射情况而改变，因此需要具体指出 **g** 矢量。可从下式计算 ξ_g

$$\xi_g = \frac{\pi\Omega\cos\theta}{\lambda f(\theta)} \tag{36.6}$$

式中，Ω 为晶胞的体积；λ 为电子波长；$f(\theta)$ 为原子散射振幅。注意若 s 不精确为 0，则要使用有效消光距离 ξ_{eff}。

若存在一个倾斜面缺陷与分析区域相邻，则可采用另一种方法测量厚度。在双束条件下，缺陷的投影像为一些条纹，可由此得到局部厚度。根据缺陷的投影宽度 w，可求出

$$t_0 = w\cot\delta \tag{36.7}$$

如图 36.7 所示，δ 为入射电子束和缺陷平面的夹角。同样，若入射电子束不与样品平面垂直，则要从几何上补充 t_0 到 t，那么

$$t = w(\cos\delta - \tan\gamma) \tag{36.8}$$

当然以上两种方法都不能测量非晶材料，而且很难在分析区域附近找到合适的倾斜平面缺陷。而且，双束情况下容易产生反常 X 射线发射（见第 35.9 节的 ALCHEMI 内容，有解释，也有一个例外情形）。最大的问题是制备样品过程中以及制备样品后样品的氧化，使得晶体样品表面出现非晶层，这些非晶层没有办法用衍射衬度技术观察到。

另一种与 TEM 像衬度有关的方法包含了相对透过电子的测量。其他参数不变时，TEM 屏幕上的强度随样品厚度的增大而减小。可以用法拉第杯来校准荧光屏上的强度，这样可以大致测得相对厚度。在一些绝对厚度测量方法已经校准的前提下，由此相对厚度可以得到样品的绝对厚度。但是，每次测量样品的强度时，不能加物镜光阑，而且必须在相同的衍射条件以及相同的入射电子束电流下。这种方法的唯一优点是可以测量各种材料，包括晶体和非晶体，但是过程较为烦琐，而且精确度不高。

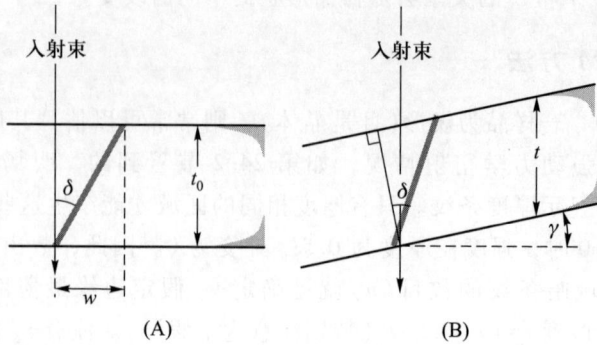

图 36.7 通过面缺陷(投影宽度为 w)测量样品厚度 t_0,其中 δ 为面缺陷与入射电子束的夹角。比较样品垂直于电子束(A)与样品倾角 γ(B)两种情况,可以看出测量样品真实厚度 t 的复杂程度,束扩展也因此难以估计

36.3.2 污染点分离法

这种方法依赖于老仪器,或薄片本身的污染在样品分析处的上下表面产生的碳峰,它在老的(S)TEM 中使用较广,另外在脏样品中也经常用到。若将样品倾斜大角度 γ,则可看到分离的污染点(见图 36.8)。屏幕上的为放大 M 倍后的分离距离 r,它与 t_0 的关系为

$$t_0 = \frac{r}{M\sin\gamma} \tag{36.9}$$

若形成污染点时,样品倾斜 ε 角度,则情况稍微复杂一些。如在倾斜面缺陷中遇到的情况,需要谨慎测量样品厚度,因为样品厚度决定了束扩展。这时厚度不再是 t_0(样品未倾斜时的厚度),而是 t

$$t = \frac{r\cos\varepsilon}{M\sin\gamma} \tag{36.10}$$

虽然这种方法直接简单,但是它的前提条件是要避免样品的污染,污染不仅使观测区域变得模糊,也会降低空间分辨率,同时还增加了 X 射线吸收。事实上,在实验中我们尽可能地避免和减少样品的污染,这种方法实在算不上是测量样品厚度的好方法。这种方法的唯一优势是可以准确测量分析点厚度 t,同时可根据污染点的形状判断电子束或样品是否发生漂移。如果你真的开始考虑应用这种方法,这说明这台 TEM 已经不能用于分析,所以你在制样过程中应尽量避免污染。

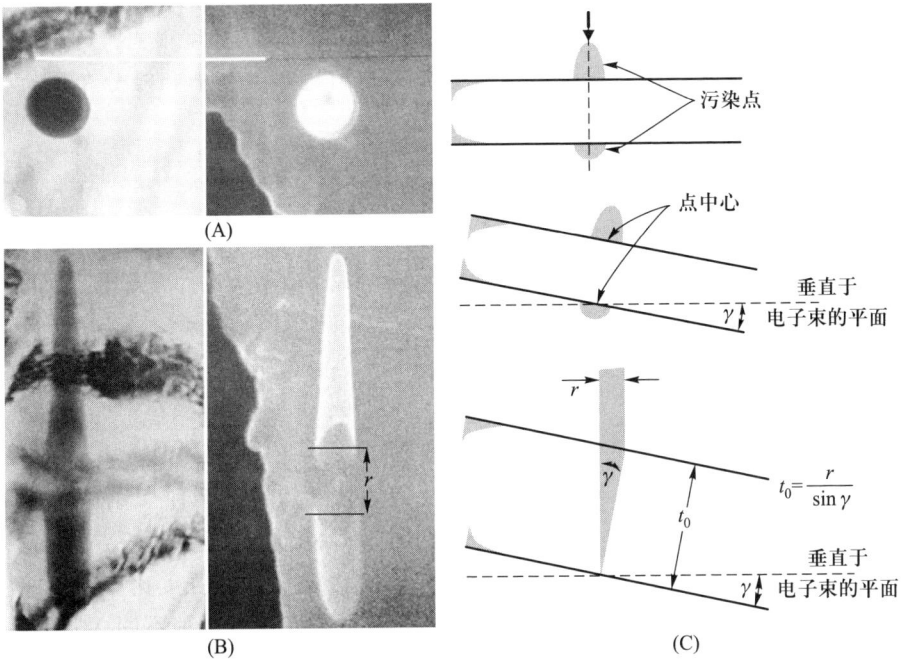

图 **36.8**　污染点分离法测量样品厚度。（A）倾转 0°时，样品两个表面上的污染点；（B）只有样品倾斜一定角度 γ 时，才能观察到两点的分离间距（r），左边为 STEM BF 模式成像，右图为 STEM SE 模式成像。SE 模式中的衬度更为明显。（C）图（A）和（B）中由污染点的投影间距 r 确定样品厚度 t_0 的几何图

36.3.3　会聚束衍射法

将电子束会聚到样品上，可从 TEM 屏幕上观察到 CBED 花样，从而可确定晶体样品的厚度。在第 21.2 节，我们描述过怎样在双束条件下，由 K-M 条纹算出样品厚度。选区样品厚度必须大于 ξ_g，否则看不到条纹。而且薄膜样品区域必须相对平坦且无畸变。

注意，对一个完全干净的晶体样品，CBED 是一个确定分析点样品厚度 t 的好方法。

36.3.4　电子能量损失谱方法

因为非弹性散射电子的强度随样品厚度的增大而增加，所以电子能量损失谱包含了样品厚度的信息。实质上，要测量谱中零损失峰（I_0）的强度以及它与总强度（I_T）的比率，其相对强度由能量损失平均自由程（λ）确定。在第 39.5 节将具体讨论 λ 的参数化公式（Malis 等，1988）和其他 EELS 方法。

可以在任何样品中应用 EELS 参数化方法，包括晶体和非晶样品。这种方法的主要优点是不像介绍的其他方法，其计算样品厚度的速度很快，可以制作样品的厚度分布图。我们强调过二维组分分布图比单点分析和线分布更有价值，所以 EELS 无疑是最好的方法。

厚度 t 的 EELS 测试法

EELS 方法是推荐的最佳方法，因为它可以测量很大的厚度范围，而且可以给出薄样品的厚度分布图。

36.3.5　X 射线能谱法

既然我们现在在讨论 X 射线能谱，我们应该知道，有多种 X 射线能谱方法可以测出样品的厚度。可以把这些本来用于解决吸收校正问题的方法（见第 35.6 节）分为两类：第一种方法是外推法，就是外推 X 射线强度比率到零厚度来测定 X 射线强度吸收校正；第二种方法是利用同种元素两种不同 X 射线（K 和 L 或者 L 和 M）吸收的不同。不幸的是，因为要得到不同厚度区域（依靠移动入射束或者倾斜样品）的一系列 X 射线强度谱线，外推法很难应用到组分局域变化很大的薄样品中。在强度比率方法中，来自同一元素两种不同 X 射线谱线的要求限制了这种方法只能应用于包含原子序数 $Z > 20$（Ca）的样品中。

2006 年，Watanabe 和 Williams 在相关文献中详细讨论过 ζ 因子法，以上问题都可以用这种方法解决。在 ζ 因子分析法中，关于 ρt 的一般方程［式（35.18）］可修正应用于包含 N 种不同元素的样品。

$$\rho t = \sum_{j}^{N} \frac{\zeta_j I_j A_j}{D_e}, C_A = \frac{\zeta_A I_A A_A}{\sum_{j}^{N} \zeta_j I_j A_j}, \cdots, C_N = \frac{\zeta_N I_N A_N}{\sum_{j}^{N} \zeta_j I_j A_j} \tag{36.11}$$

用这些方程求浓度和厚度值时需要采用迭代法。迭代法简单直接，而且收敛很快；经过大约 10 到 15 次迭代，浓度可以收敛于 <0.001wt%，厚度收敛于 <0.01 nm，这远远优于终止迭代的允许值。很明显，如果在一种具体材料中 X 射线吸收可以忽略，质量-厚度以及浓度的初始值就是真实值，那么就没有必要采用迭代法。这里的关键一点是在 ζ 因子法中，只利用 X 射线强度数据，吸收校正过的浓度可以与样品质量-厚度参数同时得到。

这种方法简单快捷且应用广泛，与 EELS 方法类似，可以直接得到厚度和组分浓度分布。因此，如图 36.9 所示，可以在得到量化成分分布的同时得到空间分辨率分布。ζ 因子法与 EELS 方法都可以处理晶体与非晶体材料。Ohshima 等比较了这两种方法。

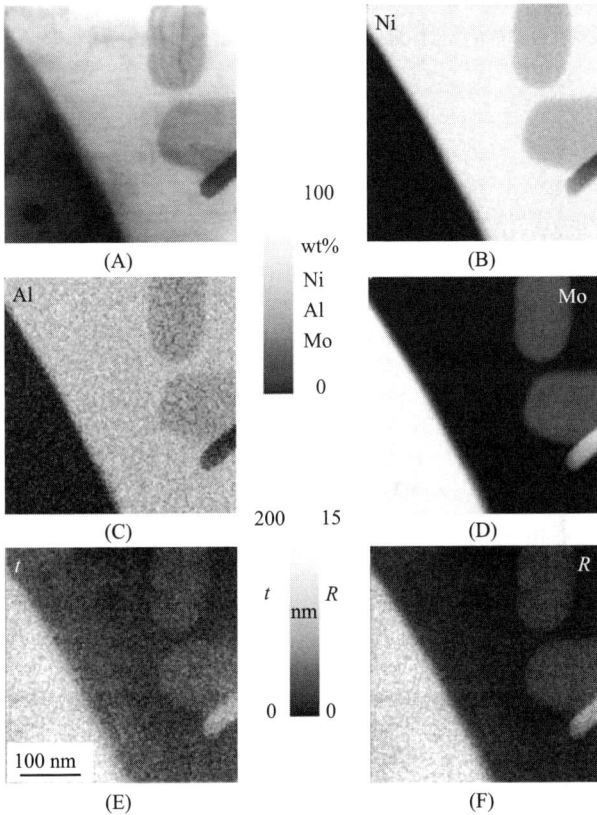

图 36.9　STEM 像(A)和 X 射线图表明 Ni(B)、Al(C)、Mo(D)在 Ni 基超合金析出相中的量化分布。利用 ζ 因子法得到的薄样品厚度 t 分布图(E)。知道 t 分布后，就可以得到空间分辨率 R 的分布(F)。注意原子序数不同和厚度变化对空间分辨率变化的复杂影响

　　总之，有多种方法可以测量样品厚度 t，但是没有一种是完全通用、简便、准确的。请注意：这些不同的方法得到不同的厚度，比如只是晶体厚度而忽略了多孔性以及非晶表面和氧化膜，或者是总体厚度包含了多孔性和表面薄膜，或者仅仅是质量-厚度。Mitchell 做过一个很好地处理这种情况的研究。ζ 因子法与 EELS 方法都能被广泛而实时地应用，而且可以得到厚度分布图，因而推荐这两种方法。CBED 对于晶体中单点的分析是十分有用的。

36.4 检测下限

检测下限是指在特定统计确定度下所能探测到某一元素的最小量。它与空间分辨率紧密联系。

> **公　理**
>
> 在任何分析技术中，提高空间分辨率会导致探测能力降低（其他条件不变的情况下）。

随着空间分辨率的提高，分析体积减小，因此信号的强度降低。信号强度的降低会导致收集谱的噪声变大，而且很难探测到微量元素的小峰，并很容易与一些假峰混淆。在 AEM 中，提高空间分辨率的代价就是检测下限变差。图 36.10 比较了在 EPMA 以及分别使用热电子源和 FEG 的 AEM 中分析体积的大小。样品与电子束相互作用体积的明显减小解释了为何 TEM 中只能得到小信号强度。然而，C_s 校正器在小束斑下产生了更多的电流，因此起到了一定的补偿作用。这也说明了为何我们一直强调：要采用高亮度电子源或通过优化样品探测器设置来提高束流。

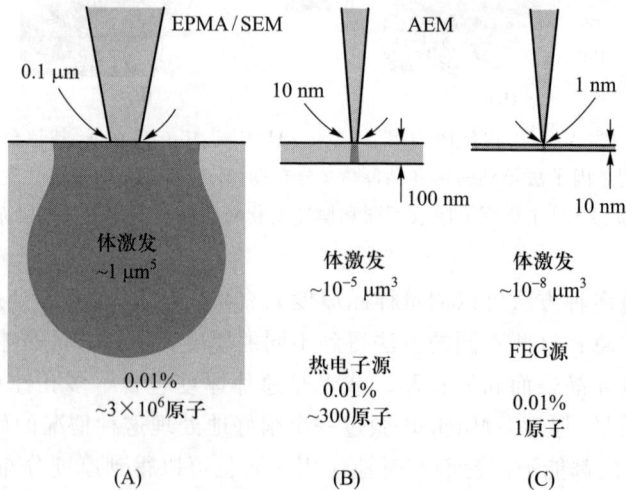

图 36.10 大块样品，薄样品以及超薄样品在 SEM/EPMA(A)、热电子源 AEM(B)、FEG-AEM(C)中电子束-样品相互作用区域的比较。在每一个分析区域中，MMF（大约 0.01%）分别对应于 10^7 原子、大约 300 原子以及 <1 个原子

最小探测极限

最小探测极限的一个定义：分析区域中可被探测到的最小质量分数（MMF）。MMF 表明了元素的最小浓度（比如，单位为 wt%或 ppm[①]）。

有时也可使用最小可探测质量（MDM）；MDM 是指可探测到的材料的最小质量（比如，单位为 mg 或者原子）。由于材料学家通常用 wt%或 at%表示组分，因此将使用 MMF 表示法。

36.4.1 影响 MMF 的实验因素

可通过 Ziebold 方程将 MMF 与分析中的实际参数联系起来

$$\text{MMF} \propto \frac{1}{\sqrt{P(P/B)n\tau}} \qquad (36.12)$$

式中，P 为特征峰（背底以上）的 X 射线计数率；P/B 为该峰（对于 P 和 B 具有相同的宽度）的峰背计数比率；τ 为 n 次分析中各次的分析时间。

增大电子束斑以提高束流或选择较厚样品可提高 P。增大加速电压（E_0）或者减小仪器对本底的贡献都可提高 P/B，但前者比较容易实现，后者较难（Lyman 等）。TEM 器件设计中的一些改进，比如采用高亮度、中等电压源，如果可能的话配备 C_s 球差校正器，以及 XEDS 中采用较大的采集角，都可提高 P。要提高 P/B 值，则要使用具有干净真空环境的稳定仪器，以减小或者消除样品的污染和损伤。如第 33 章所讨论的，改进样品台以减小杂散电子和轫致辐射线对背底的贡献，因此就增大了 P/B 比率。

注意 Fiori 对 P/B 的定义与 Ziebold 方程（36.12）中的定义并不相同。如果真想要计算 MMF，请查阅原始文献。

式（36.12）中其他变量是分析时间（τ）和分析次数（n），两者都是可控量。n 和 τ 与操作者的耐心以及休息时间有关。可以通过计算机控制分析过程，而不限制分析时间。尤其在探测微量元素时，要将分析时间 τ 延长。随着计算机的控制和样品台稳定性的提高，分析时间可为几个小时或一整夜。分析时间过长则要求必须选好分析区域，并且保证会得到较好的结果。当然要尽量减少影响分析结果的一些因素，比如样品的污染、电子束损坏以及样品漂移。因此，若 TEM 腔内环境干净（最好是 UHV），样品无污染，且在电子束下比较稳定，就可较长时间地分析。除非样品薄厚均匀而且各处成分一致（为什么要分析这种样品？），否则必须通过计算机修正来分析过程中样品的漂移。

---

① 1 ppm = 10^{-6}，余同。

36.4.2　MMF 的统计标准

也可以完全根据统计标准定义 MMF。在第 34.5 节讲到，若一个峰的强度大于该峰下本底中计数标准偏差的 3 倍，则可确定此峰存在。由此得出检测下限的定义，结合 Cliff-Lorimer 方程（假设满足高斯统计）可给出在元素 A 中元素 B 的 MMF（单位为 wt%）

$$C_B(MMF) = \frac{3(2I_B^b)^{1/2} C_A}{k_{AB}(I_A - I_A^b)} \tag{36.13}$$

式中，I_A^a 和 I_B^b 分别为元素 A 和 B 的本底强度；I_A 为峰 A（包含本底）的原始积分强度；C_A 为 A 的浓度（单位为 wt%）；k_{AB}^{-1} 是 Cliff-Lorimerk 因子的倒数。若将 Cliff-Lorimer 方程写为

$$\frac{C_A}{k_{AB}(I_A - I_A^b)} = \frac{C_B}{I_B - I_B^b} \tag{36.14}$$

并代入式（36.13），则 MMF 为

$$C_B(MMF) = \frac{3(2I_B^b)^{1/2} C_B}{I_B - I_B^b} \tag{36.15}$$

实验中，样品越薄，计数率越低，MMF 的取值范围一般可由 0.1% 到 1%，远大于其他分析方法所得的结果。采用高电压（300~400 kV）和薄样品可减小束扩散，从而在保证 X 射线空间分辨率的情况下提高 MMF。薄样品会造成 X 射线强度 P（或者 I）的降低，采用较高电压或 FEG 电子源（1~2 nm 束直径可保证充足的电流），可在一定程度上对其做出补偿。很明显，C_s 球差校正电镜因为在相同束斑下能会聚更多电流也会有所帮助。图 36.11 总结了分辨率和探测能力的一些经典折中方案，以及过去几十年仪器的改进对探测极限的影响。

36.4.3　与其他定义的比较

MMF 定义不是衡量探测下限的唯一方法。Currie 总结了分析化学文献中至少 8 种探测下限的定义，他定义了 3 种特殊极限：

■ 结论极限（L_c）：分析结果能否说明探测到了（L_c）？
■ 探测极限（L_d）：能否根据特定的分析程序进行探测（L_d）？
■ 确定极限（L_q）：能否通过特定的分析程序得到满意的定量分析结果（L_q）？

I_B 为某特定峰窗口中来自元素 B 的计数，I_B^b 为本底计数，有

$$L_c = 2.33\sqrt{I_B^b} \tag{36.16}$$

$$L_d = 2.71 + 4.65\sqrt{I_B^b} \tag{36.17}$$

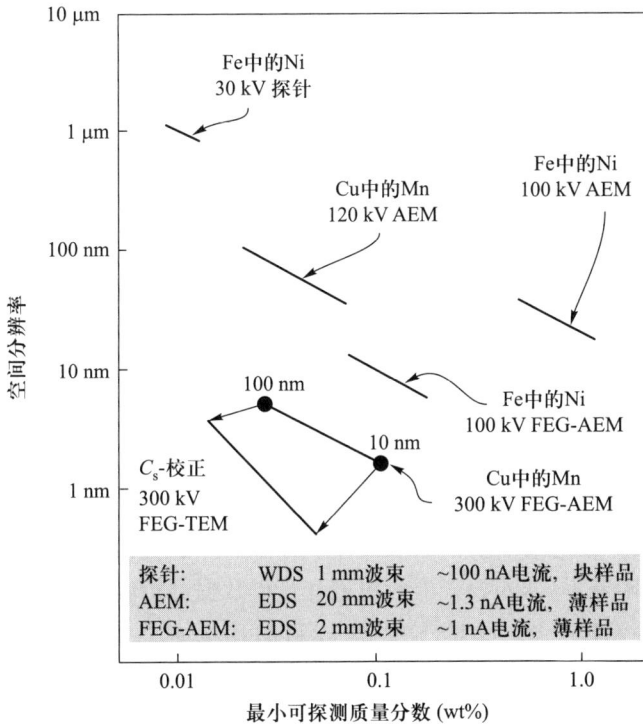

图 36.11　EPMA 和几种 AEM 的空间分辨率 R 与 MMF 的关系的计算。可以看出两者之间的消长关系，在 AEM 中，高亮度电子源和高压电子流可在一定程度上补偿薄膜样品中电子束样品相互作用体积的下降。C_s 球差校正器对分辨率和探测灵敏度有很大改进

$$L_q = 50\left\{1 + \left(1 + \frac{I_B^b}{12.5}\right)^{1/2}\right\} \qquad (36.18)$$

若本底中有足够的计数，则

$$L_d = 4.65\sqrt{I_B^b}, \qquad 当 \ I_B^b > 69 \qquad (36.19)$$

$$L_d = 14.1\sqrt{I_B^b}, \qquad 当 \ I_B^b > 2\,500 \qquad (36.20)$$

将这些定义与之前部分的统计标准相比较，可以看出 $C_{MMF} \approx L_d$。因此，对一个元素进行定量分析之前，不仅要确定样品中存在(L_d)这个元素，更重要的是，其含量应高于检测下限(大约 3 倍)。可用台式能谱分析仪(DTSA)对 A 中的微量元素 B 进行能谱模拟。建议在实验之前，最好对分析结果进行模拟，确定所测元素的量大于 MMF。

36.4.4　最小可探测质量

和其他给出 ppm 或 ppb[①] 检测下限的分析方法相比，MMF 表现较差。但是，用最小可探测质量（MDM）代替 MMF 则是另一回事。

根据 FEG 电子源 VG HB-501 AEM 测量 304L 不锈钢中 Cr 的 MMF 的数据，Lyman 和 Michael 在空间分辨率为 44 nm，计数时间为 200 s 时，测得 164 nm 薄膜样品中 Cr 的 MMF 为 0.069wt%。电子束大小为 2 nm（FWTM），可提供 1.7 nA 的电子流。在分析中，估计可探测到 $2×10^4$ 个原子，MDM 小于 10^{-19} g。若计数时间延长 10 倍，工作电压增至 300 kV，则空间分辨率可提高至大约 15 nm，MMF 可达到约 0.01 wt%，大约 300 个原子可以被探测到。若薄膜厚度为 16 nm（约为以上测量薄膜厚度的 1/10），MMF 会降低到 0.03 wt%。但是，空间分辨率可提高到 2 nm。这种情况下，能探测到大约 20 个原子，对应质量小于 10^{-22} g，对于任何标准，这都是一个令人欣喜的结果。1999 年 Watanabe 和 Williams 证实了这个结果：在 10 nm 厚的 Cu-Mn 合金薄膜中，探测到了 2~5 个 Mn 原子。随着 C_s 球差校正器和先进计算机数据分析程序的出现，单原子探测 已经成为可能。图 36.12 是计算得到的用装有 C_s 校正器的 300 kV FEG

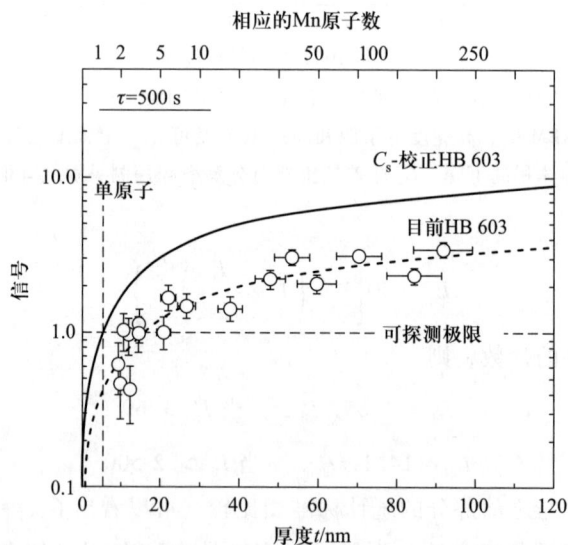

图 36.12 Cu-0.1wt% Mn 薄样品中对可探测 Mn 原子数随样品厚度变化的计算（虚线），这个计算来源于 300 kV FEG STEM 测得 Mn 原子的 $K_α$ 边信号（圆圈）。当 Mn 的 $K_α$ 线不能被探测到时，纵轴坐标=1，这时，在分析区域存在 2~5 个 Mn 原子（见顶轴），如果知道薄样品的厚度和体化学成分可以算出。从计算的 C_s 校正器（实线）可以看到，C_s 校正器将 MDM 从几个原子刚好提高到探测极限的 1 个原子

[①]　1 ppb = 10^{-9}，余同。

TEM 对 Cu 固溶体中 Mn 原子探测极限的改进。图 36.13 表明在均匀固溶体元素映射中每个像素探测若干原子的过程。最后一幅图总结了所有关于 AEM 量化分析和 C_s 校正元素映射的内容：（a）ζ-因子量化（图像中仍有很多噪声）；（b）用 MSA 处理后的数据（噪声少多了）；（c）好的薄样品的重要性（样品厚度十分均匀，大部分地方小于 20 nm）；（d）近于 1~2 原子的 MDM 是可以达到的（即使在做分布图的时候）。回顾图 36.10 可以看出，这是多么地强大。EPMA 的作用区域为 1 μm^3，MMF 为 0.01wt%，在分析区域中可探测到约 300 万个原子。C_s 校正的中等电压、超高真空（UHV）、场发射透射电子显微镜（FEG TEM）中 XEDS 的 MDM 探测极限比 EPMA 高几百万倍。

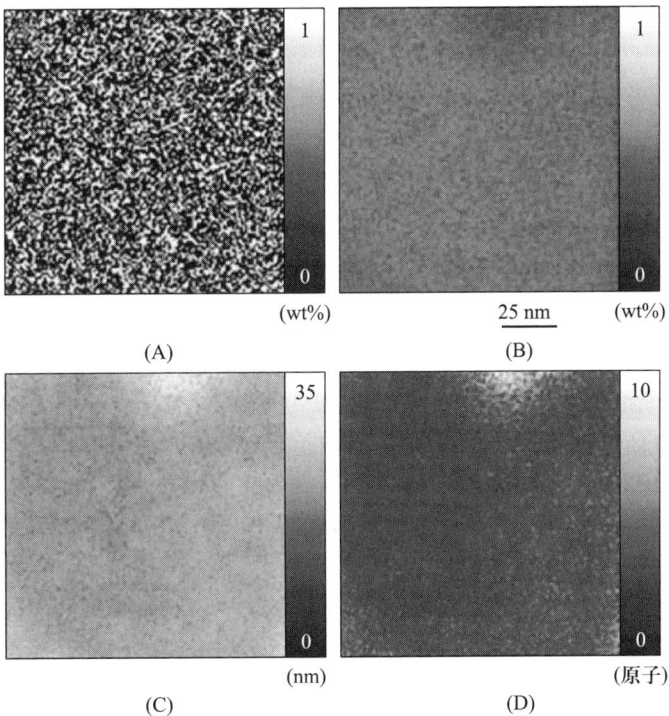

图 36.13 球差校正 300 kV、UHV、FEG STEM 在均匀的 Cu-0.5wt%Mn 薄样品中得到的系列量化分布图。（A）从原始谱图得到的 Mn 浓度分布图，（B）用 MSA 噪声消除法提高后的 Mn 浓度分布图，（C）厚度分布图，（D）Mn 原子数分布图。注意每张图右边的颜色渐变框。在（D）中，深紫色对应于 2~3 个原子。以上 4 幅图均采用 ζ-因子法量化。（参见书后彩图）

> **MDM**
>
> 在 AEM 中，把 MDM 定义为分析区域中最小可探测原子数是十分有用的。

　　虽然 XEDS-TEM 的最佳组合已经能够达到原子探测级别和亚纳米空间分辨率，但是还不能像在球差校正、中等电压 FEG TEM、EELS 中那样在单一原子列中探测到单个原子（见第 39 章），因此仍有很大的改进空间，例如增大收集角或者使用更加优化的数据处理程序。

章 节 总 结

　　在同一实验中，空间分辨率和检测下限是此消彼长的，必须确定哪个对结果更为重要：

　　■ 要得到最佳空间分辨率，就要采用薄样品、高能电子束。如果可能，最好使用 FEG 或者 C_s 校正器。

　　■ 要测量试样厚度，可采用 ζ-因子法或者参数化 EELS 法。如果以上方法不能实现，对于晶体样品，也可采用 CBED。如果污染影响很大，那么找好一些的电镜或者清洗样品。

　　■ 要得到最佳 MMF，采用最高亮度电子源，或者尽可能大的电子束和厚样品，并尽量延长计数时间，用最小的时间常数。

　　■ 若想同时得到 MMF 和最佳分辨率，球差校正器、中等电压、UHV、FEG TEM 必不可少，同时还要有干净的样品以及用计算机控制漂移修正；耐心也同等重要。

参考文献

经典文献

Berriman, J, Bryan, R, Freeman, R and Leonard, KR 1984 *Methods for Specimen Thickness Determination in Electron Microscopy* Ultramicrosc. **13** 351–364. TEM 中厚度测量的综述，虽然有点过时了，但仍然有用。

Goldstein, JI, Williams, DB and Cliff, G 1986 *Quantification of Energy Dispersive Spectra in Principles of Analytical Electron Microscopy* 155–217 Eds. DC Joy,

AD Romig Jr. and JI Goldstein, Plenum Press New York. 本章和上一章一些概念的介绍。

Jones IP 1992 *Chemical Microanalysis Using Electron Beams* Institute of Materials London. 173 页有 SI 单位制的 Goldstein 方程。

Joy, DC 1995 *Monte Carlo Modeling for Electron Microscopy and Microanalysis* Oxford University Press New York. 关于这个课题的唯一教材。

厚度和分辨率

Malis, T, Cheng, SC and Egerton RF 1988 *The EELS Log-ratio Technique for Specimen-Thickness Measurement in the TEM* J. Electr. Microsc. Tech. **8** 193–200.

Michael, JR, Williams, DB, Klein, CF and Ayer, R 1990 *The Measurement and Calculation of the X-ray Spatial Resolution Obtained in the Analytical Electron Microscope* J. Microsc. **160** 41–53.

Mitchell, DRG 2006 *Determination of Mean Free Path for Energy Loss and Surface Oxide Film Thickness Using Convergent Beam Electron Diffraction and Thickness Mapping：a Case Study Using Si and P91* Steel J. Microsc. **224** 187–196.

Williams, DB, Michael, JR, Goldstein, JI and Romig AD Jr. 1992 *Definition of the Spatial Resolution of X-ray Microanalysis in Thin Foils* Ultramicrosc. **47** 121–132.

P/B、ζ 和 MMF

Currie, LA 1968 *Limits for Qualitative Detection and Quantitative Determination. Application to Radiochemistry* Anal. Chem. **40** 586–593. 探测极限和各种定义。

Goldstein, JI, Costley, JL, Lorimer, G. and Reed, SJB 1977 *Quantitative X-ray Microanalysis in the Electron Microscope SEM 1977* **1** 315–325 Ed. O Johari IITRI Chicago IL. 开创性的文章。

Lyman, CE, Goldstein, JI, Williams, DB, Ackland, DW, Von Harrach, S, Nicholls, AW and Statham, PJ 1994 *High Performance X-ray Detection in a New Analytical Electron Microscope* J. Microsc. **176** 85–98. 关于世界上最好的 X 射线分析仪器的描述。

Lyman, CE and Michael, JR 1987 *A Sensitivity Test for Energy-dispersive X-ray Spectrometry in the Analytical Electron Microscope in Analytical Electron Microscopy-1987* 231–234, Ed. DC Joy, San Francisco Press San Francisco CA. 空间分辨率和探测极限。

Ohshima, K, Kaneko, K, Fujita, T and Horita, Z 2004 *Determination of Absolute*

Thickness and Mean Free Path of Thin Foil Specimen by ζ-Factor Method J. Electron Microsc. **53** 137−142.

Watanabe, M and Williams, DB 1999 *Atomic-Level Detection by X-ray Microanalysis in the Analytical Electron Microscope* Ultramicrosc. **78** 89−101.

Watanabe, M and Williams, DB 2006 *The Quantitative Analysis of Thin Specimens: a Review of Progress from the Cliff-Lorimer to the New ζ-Factor Methods* J. Microsc. **221** 89−109. 定量分析、元素映射、厚度计算的 ζ 因子法。

Ziebold, TO 1967 *Precision and Sensitivity in Electron Micro-probe Analysis* Anal. Chem. **39** 858−861. 就像标题说的那样！

网址

1. http://montecarlomodeling.mcgill.ca/software/winxray/contacts.html.

自测题

Q36.1　为什么花费如此多的时间讨论 XEDS 的空间分辨率？

Q36.2　R、b 和 d 的定义是什么？

Q36.3　为什么文献中有这么多不同的关于空间分辨率的定义？

Q36.4　对空间分辨率影响最大的因素是什么？

Q36.5　为什么有些时候对以上因子的控制很小？

Q36.6　为什么说从实验室测量空间分辨率是有挑战性的？

Q36.7　列出测量样品厚度的多种方法以及各自最主要的优势和不足。

Q36.8　在实验中，影响探测极限的重要因子是什么？

Q36.9　MMF 和 MDM 的不同是什么？

Q36.10　为什么想要提高探测极限时，高的峰强度(P)比高的 P/B 重要？

Q36.11　为什么选择 90% 的出射电子分布来定义空间分辨率？为什么不选择 100%？50%？要知道 50% 在计算束斑限制像分辨率时被广为应用。

Q36.12　为什么相界面经常被用来在实验上测量空间分析分辨率？

Q36.13　能给出具有类似优点的其他样品吗？

Q36.14　要得到最佳空间分辨率，为什么 FEG 是最好的电子源？

Q36.15　如果想要得到最佳的分析灵敏度，FEG 一定是最佳电子源吗？如果不是，为什么？

Q36.16　在空间分辨率和分析灵敏度方面应用球差校正的电子束斑会有哪些改进呢？

Q36.17　为什么应用污染点方法来估算样品厚度不是很可取呢？

Q36.18 定义结论极限、探测极限和确定极限。

Q36.19 如果一个 300 kV FEG AEM 能够探测大约 5 nm 厚样品中大约 0.01wt%的微量元素，估算分析体积内有多少原子？简要表明所有的假设。

章节具体问题

T36.1 如图 36.1 所示，为什么在 AEM 中，高电压在薄样品中给出高的空间分辨率，而在 EPMA 厚样品中给出低的空间分辨率？

T36.2 图 36.1A 没有考虑电子的衍射效应；为什么没有严重影响对空间分辨率的估算？

T36.3 图 36.3 中假设所有的入射电子都限制在样品入射面上直径为 b 的圆形束斑中。列举几种影响这个假设成立的因素（提示：回顾图 33.5）。

T36.4 参看图 36.4，将相互作用的圆锥靠近有没有优势？（也就是说在轮廓曲线上多安排些分析点）〔提示：回顾式(36.3)〕

T36.5 从图 36.4 估算在空间分辨率降低到通常实验极限以前，界面允许倾转的最大角度？

T36.6 倾转样品会降低分辨率（见图 36.6）。样品倾转时将会产生哪些不利因素？在哪种分析情况下，倾转样品会带来优势呢？

T36.7 作为一级近似，如图 36.10 所示，需要采取什么假设才能在元素 A 的分析区域中探测到 B 元素的单个原子？谈谈这个假设。

T36.8 比较图 36.10 中的左右两幅图，很明显如果 FEG AEM 想要和 EPMA 有相同的分析能力，它就需要比 EPMA 敏感几百万倍，这是因为它的分析体积小于 EPMA 这个数量级。指出这两种分析技术存在的技术差异，解释信号的探测和产生为何可以有如此的提升。

T36.9 清楚解释为什么图 36.11 中描述的趋势适用于所有的微分析技术，即改进空间分辨率总是会降低探测极限。

T36.10 将用哪种方法测量下面样品的厚度：（a）SiO_2 玻璃，（b）SiO_2 晶体，（c）Cu-4% Al？证明每种情况下你的方法。

T36.11 利用 DTSA 算出 Fe 谱上能探测的 P 杂质最小量。样品 100 nm 厚，操作电压 200 kV，起飞角 20°。由 Watanabe 提供。

T36.12 应用前面一题的结果（Fe 中 P 的 MMF），计算在 LaB_6-AEM（入射电子束尺寸，$d = 10$ nm）和 FEG-AEM（$d = 2$ nm）的情况下，Fe 中可探测的 P 原子数目（MDM）。用密度和原子质量计算束展宽时，用 Fe 的值，因为 P 的检测下限很小以至于可以忽略其影响（如果你上题答对就会知道这一点）。由 Watanabe 提供。

第 37 章
电子能量损失谱仪和过滤器

章 节 预 览

电子能量损失谱(EELS)能够解析电子穿过样品后的能量分布。这些穿过样品的电子可能不损失能量,也可能发生了非弹性(通常为电子–电子)碰撞。

能量损失现象能给出大量的关于样品原子的化学和电子结构的信息,从而揭示原子间的成键/价态、最近邻原子结构、介电响应、自由电子密度、能隙(如果存在)和样品厚度等物理特性。

磁棱镜谱仪是获取电子能谱的必要设备。正如前面 X 射线所见,目前除了收集 EELS 谱外,利用各种 EELS 信号成像已经变得很普遍。而成像过程中同样也需要使用基于磁棱镜概念的能量过滤器。能量过滤透射电子显微镜(EFTEM)或许将会成为最强大的分析型电子显微镜(AEM)技术。磁棱镜/能量过滤器是一种灵敏度很高的设备,即使电子束能量高达 300 keV,其能量分辨率仍然能够做到 1 eV 以下。

在这一章，我们将描述谱仪和过滤器的操作原理、聚焦和校正方法以及收集半角（β）的确定。收集半角会影响大部分实验数据的质量和解析。在第 38 章，我们将进一步探讨损失谱和能量过滤像的细节以及其所包含的信息。

得益于 EELS 具有 X 射线能量色散谱（XEDS）所不具备的优点，如能够给出元素识别以外的大量信息，将非常适合探测轻元素等；EELS 技术不仅成为了简单的 XEDS 的一种很好的补充技术，还有着比 XEDS 更加广泛的应用。

37.1　为什么要使用电子能量损失谱？

既然 XEDS 能够在接近几个原子的空间分辨和接近单原子的分析精度下确定元素周期表中 Li 以后所有元素的存在及其含量，那为什么还需要 EELS？事实上，EELS 比 XEDS 能做的更多，它可以探测和定量分析元素周期表中所有的元素，并且特别适合分析轻元素。另外，除了如章节预览中所述的元素识别外，EELS 还具有更好的空间分辨率和分析灵敏度（都在单原子量级）。所以下一个问题是，为什么还需要 XEDS？答案在于，我们将看到 EELS 是一项很有挑战性的实验技术，为了得到最好的信息需要非常薄的样品，理解和处理谱和图像比 XEDS 需要更多的物理解析。

值得注意的是，XEDS 和 EELS 为很好的互补的技术，大多数 AEM 都同时配置这两种谱仪。

37.1.1　非弹性散射的优点和缺点

最先在前面第 4 章已经讨论论过，高能电子穿过薄样品时可能无能量损失（直接透射），也可能经过各种散射过程损失了能量。类似于 XEDS（见第 33.6.3 节），EELS 可以将非弹性散射的电子投影成能够解释和量化的能量谱，利用特定能量的电子形成图像或者衍射花样（DP），同时也能通过谱成像组合成谱和图像。遍及本书，已经能够看到与非弹性散射的一些对此。

■ DP 中的菊池线和高阶劳厄区（HOLZ）线；这些线上的电子接近于布拉格角衍射，能够给出比 SAD/CBED（点/盘）花样更精确的晶体学信息。在厚样品中，这些线上的很多电子为非弹性散射，所以厚样品将可以用来获取物理信息。

■ 相反地，DP 中透射束的周围，非弹性散射将遮蔽选区电子衍射（SADP）的弱点和会聚束衍射花样（CBDP）的细节。因此如果能够去掉（即滤掉）这部分电子，就能大幅度提高 DP 的质量。

■ 损失能量的电子将以不同路径穿过物镜，这就会产生色差，从而削减厚样品成像的分辨率。当然可以通过使用很薄的样品避免这种色差，但是如果只能使用厚的样品，那么可以通过滤掉非弹性散射电子的方式来消除样品产生的色差效应，从而提高成像的质量。

■ 我们不希望产生的样品损伤，通常是由非弹性相互作用产生的，但是正如前面第4章讨论的，很难避免样品损伤。

■ 正如在第4章所讨论的那样，电子穿过样品时也有多种其他方式损失能量，比如产生X射线，激发等离激元和声子等。这些以及其他产生电子能量损失的相互作用，包含了样品电子结构和元素组成的有用信息。

事实上，如果AEM配置能量损失谱仪或者过滤器，那么我们通常希望样品中发生非弹性散射。这是因为如果非弹性散射不发生，TEM的用处将大大减少，本书也将减少很多章（当然至少我们会很高兴）。

EELS技术比X射线谱方法出现得早。事实上，EELS实验的先驱，Hillier和Baker(1944)，也是最先提出在电子束设备中配置X射线谱仪，类似于电子-探针微分析仪(EPMA)，并获得专利。如果想了解这项技术的简单历史，可以阅读Egerton的经典著作，在很多情况下，我们都会提到Egerton的书的第二版。与X射线分析相比，EELS发展相对较慢，但是正如本章开始所说的原因，现在EELS或许是探针形式的TEM最主要的能谱技术。

学完这一系列章节后，你就会发现Egerton的书以及由Reimer编辑、多个作者参与编写的关于能量过滤像的图书中蕴含了非常丰富的资料。自从1990年，每4年就会有一次针对EELS和TEM相关技术的国际会议（网址1），会议录发表在一些EM期刊的特刊上，参见参考文献。

37.1.2 能量损失谱

让我们像XEDS一样，从一幅典型的谱（图37.1）开始。这里不讲细节，细节内容将在接下来的章节介绍。现在，值得指出的是，我们通常随意地以~50 eV为分界点将谱分为低能损失和高能损失部分。在这幅图中不是特别明显，但是在后面会看到低损失能部分包含来自弱的束缚导带和价带电子的电子结构信息；而高损失能部分主要包含来自束缚更强的内壳层电子以及成键和原子分布细节的元素信息。这里需要注意的是：

■ 零损峰很强，这既是优点，也存在弊端。

■ 强度分布范围很大；仅在对数尺度，这幅图才能显示整幅能谱。

■ 包含等离子峰（见第38章）的低能损失部分相对更强。

■ 表征元素特性的部分为电离边（参见第39章），相比背底强度较弱。

■ 总的信号强度随能量损失的增大急剧减小，到~2 keV以上几乎可以忽略，即给出了EELS技术的能量极限（XEDS在这个能量值正好达到最佳，再一次强调了它们的互补性）。

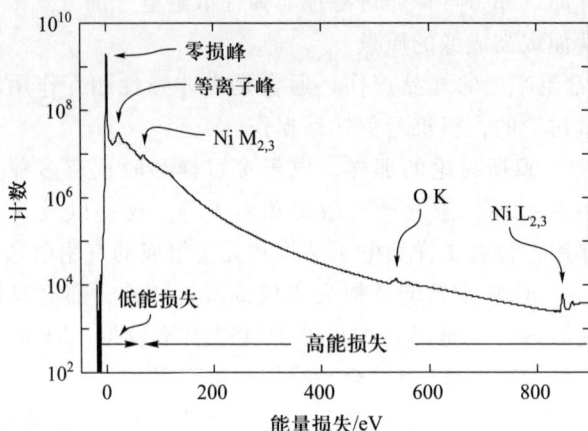

图 37.1　对数强度尺度下的 EELS 谱。零损峰比低能损失部分（描述为等离子峰）强一个量级，而低能损失部分强度比标记为高能损失范围的小的电离边要强很多个量级。注意相对强的（变化很快的）背景

37.2　EELS 设备

　　在本章和第 38、39 章，将区分谱仪和能量过滤器（之所以称为能量过滤器是因为它过滤出特定能量的电子）。前者主要产生谱，对谱学家非常有用。后者也可以得到谱，但是却是设计来产生图像的，对那些觉得谱比较枯燥，或者希望得到能量过滤像和 DP，以便与标准 TEM 图像和衍射花样相比较的显微学家，将非常有用。目前只有一种商业化的谱仪，是 Gatan 公司制造的并行收集 EELS 或者并行电子能量损失谱仪（PEELS）。PEELS 是一个磁棱镜（常称为磁扇形）系统，安装在透射电子显微镜（TEM）或扫描透射电子显微镜（STEM）的观察屏或者后样品探测器的后面。有两种功能相近但仪器上差异很大的能量过滤器。本章将详细描述这两种过滤器。

　　后镜筒 Gatan 图像过滤器（GIF）是 Gatan 公司对磁棱镜 PEELS 的一种发展模式。镜筒内过滤器是初期 Castaing-Henry 磁棱镜/静电镜的变体，例如奥米伽（Ω）过滤器，首先被 Zeiss 公司使用，现在也被 JEOL 采用。镜筒内过滤器，顾名思义是被结合在 TEM 内，位于样品和观察屏/探测器之间（不像 PEELS/GIF 作为一种可选择的附件）。磁谱仪以及静电或者糅合静电/磁系统已经在 Metherell 和 Egerton 的综述文章中详细讨论过。如果你对该设备特别感兴趣，可以尝试去读这些综述文章；如果只想大致了解，可以阅读 Ahn 编辑的书中 Egerton 的章节。

> **能量过滤器**
>
> 目前商业化的过滤器有两种：后镜筒式过滤器和筒内过滤器。

表面科学家使用电子谱仪来探测超高真空(UHV)设备里面样品表面反射的低能电子束非常小的能量损失(meV)，比如 X 射线光电子谱(XPS)和俄歇系统。这里我们只讨论高压 TEM 电子束透射的 EELS。随着近期电子枪单色器的发展，并结合了球差和色差校正，使能量分辨率<100 meV 成为可能。这将打开一个基于 TEM 的 EELS 研究的全新的领域，以更好的横向分辨率来补充表面科学技术。

无论使用 Gatan 后镜筒 PEELS、GIF 或者 Ω 过滤器，电子都将通过一个或多个磁谱仪，所以在介绍复杂过滤系统之前，先讨论谱仪这种基本工具的原理。

37.3　磁棱镜：谱仪和透镜

使用磁棱镜而非静电的或者磁性/静电结合的谱仪的原因如下：

■ 结构紧凑，容易接入 TEM(注意 WDS 问题)。

■ 具有足够高的能量分辨率，可以辨别周期表中的所有元素，非常利于分析。

■ 对于通常 AEM 能量范围为 $100 \sim 400$ keV 的电子，它能够充分发散电子，从而使电子能够探测到能谱而不会影响能量分辨率。

图 37.2 是一个基本的 PEELS-TEM 界面和光路图，而图 37.3 给出了安装在 TEM 照相系统下面的 Gatan 谱仪的图片(准确地说是成像谱仪的结合)。由于这些谱仪应用广泛，本章的很多数值都来自 Gatan 的产品说明(见网址 2)。为了具体运行设备，当然得阅读设备的说明书和 Brydson 给出的所有实验步骤的简要说明。

从图 37.2B，可以看到电子束被可调节的入口光阑选择(在 Gatan 系统中直径为 1 mm、2 mm、3 mm 或 5 mm)(显然，必须确保抬起观察屏和移走任何在光轴上的探测器或相机，从而能探测到谱)。电子沿着"漂移管"向下穿过磁棱镜谱仪，并受到磁场的作用而发生 $\geqslant 90°$ 的偏转。有能量损失的电子偏离比零能量损失的电子大。这样就在色散平面上形成了一幅由电子分布强度(I)相对于能量损失(E)的谱。如插图所示，这个过程与玻璃棱镜对白光的色散十分相似。

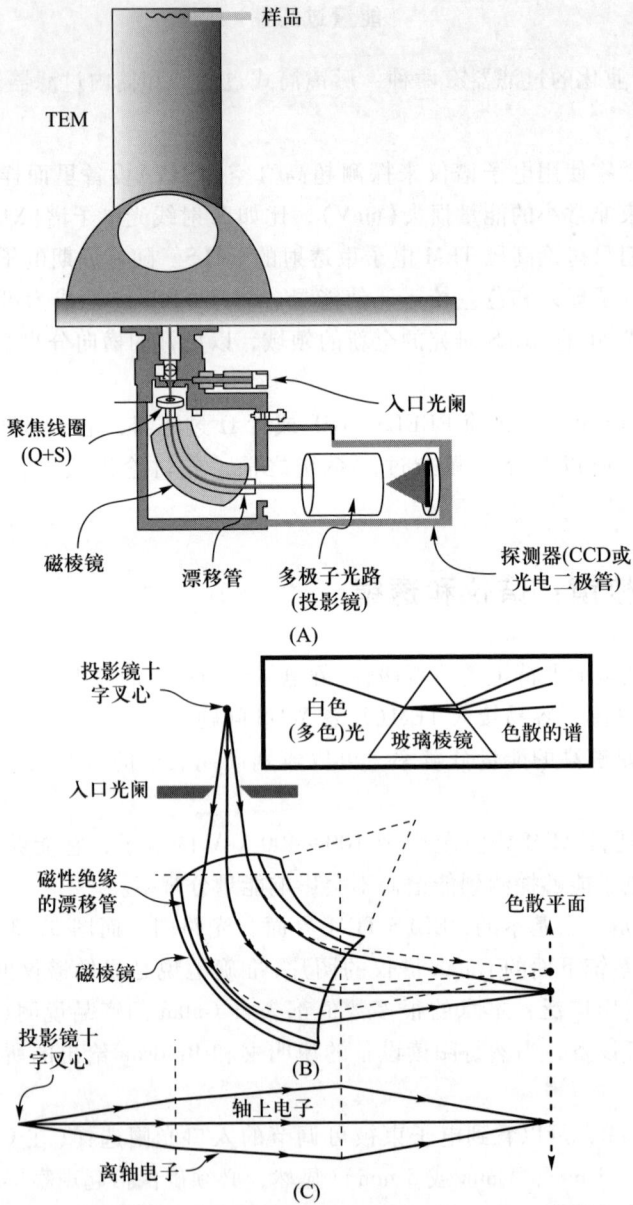

图 37.2　（A）PEELS 如何安装在 TEM 观察屏下面以及各个部件的位置的示意图。（B）磁棱镜谱仪路径图，显示无能量损失和有能量损失电子的在谱仪像（色散）平面的不同色散和会聚。插图为玻璃棱镜色散白光对照图。（C）投影在垂直谱仪平面会聚情况。（参见书后彩图）

图 37.3 安装在 AEM 观察屏下方的 Gatan Tridiem PEELS

注　意

一直以来，我们都用 E 来表示能量，所以能量损失应该用 ΔE 来表示，因为它表示能量的变化。然而，在 EELS 的著作中，作为一个惯例，能量损失（如等离子损失 E_p）和一个特定的能量值（如临界电离能 E_c）均使用 E 表示。所以我们将使用 Æ（注意是不同的字体），但是记住实际上是表示 E 的改变。

当你仔细观察图 37.2B 时，将发现能量损失相同但是沿轴和离轴方向传播的电子都可以聚焦于谱仪的色散（或像）平面上，因而棱镜起到了磁透镜的作用。而类似的玻璃棱镜则没有这种聚焦作用[回想高中物理实验，你必须使用一个后棱镜凸透镜来聚集谱和分离不同颜色（即频率/能量）]。在接下来的几章中，将给出很多 EELS 的例子。

37.3.1　聚焦谱仪

由于谱仪也是透镜，因而必须知道如何聚焦，如何最大限度地减小磁透镜本身所固有的像差和像散。最新的谱仪使用完全的三阶像差和合轴校正，对偏离的 AC 场进行补偿，并且所有的聚集过程均使用软件控制。所以请阅读说明书，这里不准备重复，而只是介绍一下原理。

谱仪之所以必须聚焦，是因为离轴电子所经过的磁场和同轴电子不同。与其他 TEM 透镜不同，谱仪不是轴对称透镜。离轴电子穿过磁场的路径长度不同，因而我们必须小心控制磁体使得电子可以得到相应的路径补偿，从而得以聚焦。如图 37.2B 所示，为实现这种补偿，我们加工谱仪的出口和入口平面，使其与轴向光线不垂直。如图 37.2C 所示，这种不垂直面也是为了保证向图 37.2B 纸面外传播的电子也能会聚于色散平面（因为在两个平面处会聚，因此称为"双聚焦"）。棱镜的平面被设计成弯曲的，以最大限度地减少像差。正如

TEM 镜筒里面的棱镜一样，谱仪透镜由于更高阶的像差减小而持续改进。多个四极、六级和其他的用于聚焦的电子器件和透镜并没有在图中显示出来，但是图 37.3 显示的谱仪长度（还可以参看后面的图 37.15）可以显示出这种复杂性。

　　和所有的透镜一样，谱仪使得从物平面上一点发出的电子会聚于像（色散）平面上的一点。谱仪是一个非对称透镜，因而要使谱仪正焦，必须固定好物距和像距。谱仪或过滤器的物平面取决于所用的 TEM 仪器的具体情况。

　　■ 在没有后样品透镜的专用扫描透射电子显微镜（DSTEM）中，后镜筒谱仪的物平面是样品所在平面。

　　■ 在 TEM/STEM，或者有后样品透镜的 DSTEM 中，后镜筒谱仪的物平面是投影镜的后焦面，包含像或 DP。

　　■ 在 TEM/STEM，或者有后样品透镜的 DSTEM 中，镜筒内过滤器的物平面是第一个投影镜（或中间镜）的后焦面，可以包含像或者 DP。

　　在 TEM 中，投影镜的设置一般是固定的，因此物平面是固定的，制造商一般将这个平面设置在与分开镜筒和观察室的压差光阑相同的位置处。在某些 DSTEM 中，没有后样品透镜，因此谱仪的物平面是样品所在的平面。在这种情况下，保持样品高度恒定非常重要。

　　在实际操作中，当改变操作模式时（例如从 TEM 到 STEM），投影镜的后焦面会有微小的移动，因此谱仪必须可以调节。通过观察穿过样品的未损失能量的电子来调节谱仪。这种电子具有高斯型的强度分布，被称为零损失峰（ZLP），在第 38 章再详细讨论。ZLP 显示在 EELS 系统的计算机显示器上，用于聚焦的软件通过调节一对前置谱仪四极子直到零损失峰具有最小的宽度和最大的高度为止。

　　通过谱仪的信息一致性用透过率来表示，在给定的能量分辨率下，它是成像面积（物半径）随体散射角变化的函数。理想的谱仪对于全谱，或者更重要地，所有图像中任意给定能量的穿透电子都是均匀的。如果 ZLP 被扫描通过谱仪的入口，那么将会均匀地落在探测器上。从均匀的图像中产生的偏差反映了谱仪的像差。更多细节请参考 Uhlemann 和 Rose 的文章。

37.3.2　谱仪色散

　　谱仪的色散定义为谱仪中能量差 dE 除以其电子间距（dx）。它是谱仪中磁场强度［磁场强度由谱仪中磁体的强度（或大小）决定］和入射束能量 E_0 的函数。对于 Gatan 的磁体，轴上电子曲率半径（R）约为 200 mm；对于 100 keV 电子，dx/dE 为 ~2 μm/eV。对于 PEELS，这个色散值是不够的，典型的能量在 15 eV 范围内的电子将会落在每个 25 μm 宽的二极管上。因此，为了使探测到的谱能量分辨率接近 1 eV，色散平面必须被放大约 15 倍。这个放大需要使用后谱仪透镜，通常为 4 个四极子。色散沿着 PDA(光电二极管阵列)必须是线性变化的；可以通过在沿 PDA 的不同区域测量两个分离的已知属性的谱(如零峰和 C K 边)来校正。

37.3.3 谱仪的分辨率

谱仪的能量分辨率定义为聚焦后的 ZLP 的半高宽(FWHM)。可能有些烦琐，但是应该记住，在每次收集一个谱或者一幅能量过滤像时都要聚焦谱仪。电子源的类型决定谱的分辨率。在前面第 5 章看到(表 5.1)，在 ~100 keV，W 灯丝具有最差的能量分辨率(~3 eV)，LaB_6 灯丝略微好些 ~1.5 eV，肖特基场发射灯丝可以给出 ~0.7 eV 的分辨率，而冷 FEG 能给出最好的分辨率 ~0.3 eV。这些数值在更高的能量下将会略微变差。由于热发射电子源高的发射电流，能量分辨率将受限于灯丝十字叉心处电子间的静电相互作用。这种电子-电子相互作用被称作 Boersch 效应。可以通过使灯丝欠饱和，只使用光晕的电子来部分克服这个限制。这样 LaB_6 灯丝可以得到 ~1eV 的分辨率，但是代价是很大程度上损失了电流强度，这可以通过增大电子束尺寸和/或 C2 光阑来补偿。提高能量分辨率还有降低加速电压和探针电流等其他方式。图 37.4A 显示的是从 200 keV 的冷场发射枪(FEG)上得到的数据，FWHM 为 370 meV (0.37 eV)，这大概是标准操作条件下可以得到的最好分辨率。

能量分辨率随能量损失的增大略微减小，但是直到 1 000 eV 的能量损失分辨率不会差于 ~1.5×ZLP 宽度。

如在更高电压下运行设备，则需要考虑到由提高电压引起的能量分辨率降低，从 100 keV 到 400 keV，分辨率大约降低到原来的 1/3。

由于磁棱镜很敏感，因此电镜室的外磁场可能减小分辨率。如果使用的是一个老式的 PEELS，当你坐在金属椅子上并来回移动或者打开金属门进入 TEM 房间时，将看到对谱的扰动，因此，对于较早的 EELS 操作者来说，好的手工雕刻的椅子是最合适的。

能量分辨率

比较：XEDS 的能量分辨率>100 eV，EELS 的能量分辨率<1 eV。

最好的能量分辨率需要能够给出 ~10 mrad 收集半角(见下面的 37.4.2 节)的小投影截面和小入口光阑(1 mm 或 2 mm)。由于离轴电子束造成像差，大的入口光阑降低能量分辨率。将 ZLP 偏转到 PDA 的不同区域，能量分辨率可能

(A)

(B)

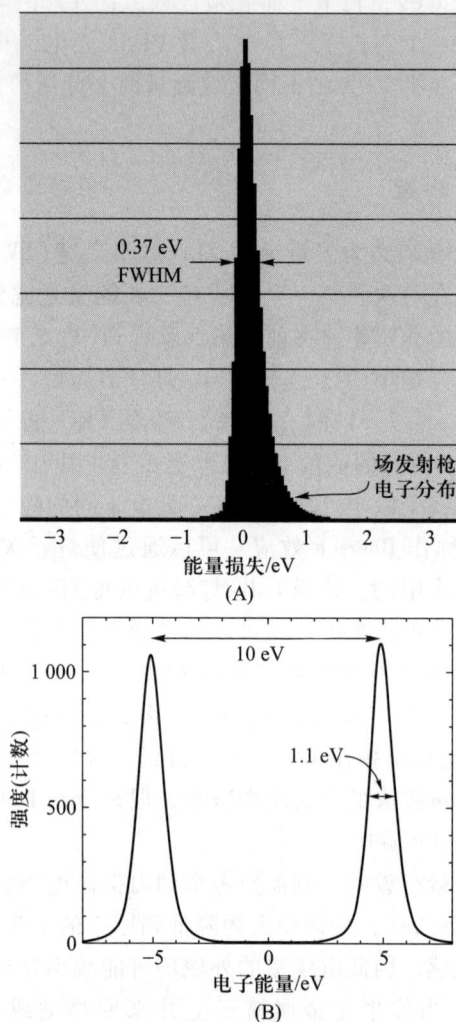

图 37.4 （A）冷 FEG 在 200 keV，电流 150 pA 时，由 ZLP 的 FWHM 决定的能量分辨率（0.37 eV）。峰不对称是因为电子从针尖隧穿时有小的（<1 eV）能量损失。（B）ZLP 的强度分布，在电荷耦合器件（CCD）相机上曝光，然后偏移 10 eV 后再次曝光。在这种情况下，由 FWHM 定义的分辨率为 1.1 eV，如果数出两个峰中心之间的通道数（若 100 通道），就很容易计算出色散（0.1 eV/通道）

会改变，尽管如果谱仪合轴很好这种情况不应该发生。

37.3.4 校正谱仪

可以通过在漂移管上设置一个确定的电压值或者微小改变加速电压来校正

谱仪(就像 XEDS 一样,以 eV/通道的形式),这两种方法都是将谱偏移一个已知的确定的数值。图 37.4B 显示的是将 ZLP 偏移一个已知的能量值,因而可以同时定义谱仪的分辨率和色散。通常,校正是通过软件自动完成的,但是,如果你拥有的是很早期的系统,你可以在一幅谱里寻找已知样品的特定能量产生的峰,例如在 0 eV 处的 ZLP 和 855 eV 处的 Ni 的 L_3 电离边来校正。现代电子器件是相当稳定的,校正过程不会移动很大。但是如果使用自动补偿能量和电流漂移的 PEELS,就必须通过操作定期检查校正,因为即使仅仅漂移几个eV,这个漂移也达到了和谱仪分辨率相同的量级。

37.4 收集能谱

为了收集像图 37.1 所示的谱,需要在谱仪的色散平面上放置一个记录设备。历史上,这个记录设备曾经是照相胶片,早期的商用 PEELS 使用半导体的 PDA,但是现在在 GIF 和 Ω 过滤器中普遍使用的是 CCD(在第 7 章中已经讨论过 CCD)。与光电二极管阵列(PDA)相比,CCD 具有低的增益波动、约 30倍高的灵敏度、高的动态范围以及更高的能量分辨率。值得提到的是,大约1980 年出现的串行 EELS 或 SEELS 是第一种商业化的记录谱的方法。虽然SEELS 具有一些优点,但是由于每个能量损失通道顺序记录,其记录过程很慢且冗长,很快被能同时收集整个能量范围的 PEELS 所取代。如图 37.5 所示,Gatan PEELS 使用钇铝石榴石(YAG)闪烁体。YAG 闪烁体位于谱仪的色散平面,通过光纤与 PDA 或 CCD 耦合。由于目前还有很多 PDA-PEELS 仍然在使用,所以有必要描述一下它的操作方法和局限。PDA 由 1 024 个电绝缘的热电冷却的 Si 二极管构成,每个二极管截面直径约 25 μm。收集谱的累积时间取决于信号强度,从几毫秒到几百秒不等。由于每个二极管饱和数约 16 000 个,使用时必须选择累积时间使单次收集不会饱和,然后可以将足够多的单次收集加起来以得到高质量的谱。CCD 探测器有 20 μm 像素的 100×1 340 个阵列,不会像 PDA 那样快地饱和,所以收集过程更直接。累积之后,整个谱通过放大器中的 A/D 转换器,读取到计算机显示系统中。Gatan 的软件提供了多种适合于不同类型谱的标准收集条件。

37.4.1 像和衍射模式

在 TEM/STEM 中使用任何谱仪或过滤器,可以采用两种模式中的一种,但是具体术语比较混乱。当操作 TEM 在观察屏上成像时,则投影镜的后焦面产生 DP,而这个 DP 被后镜筒谱仪用作物像。从谱学家观点看,这种模式称为"衍射模式"或"衍射耦合",但是从显微学家观点来看,由于能在观察屏上

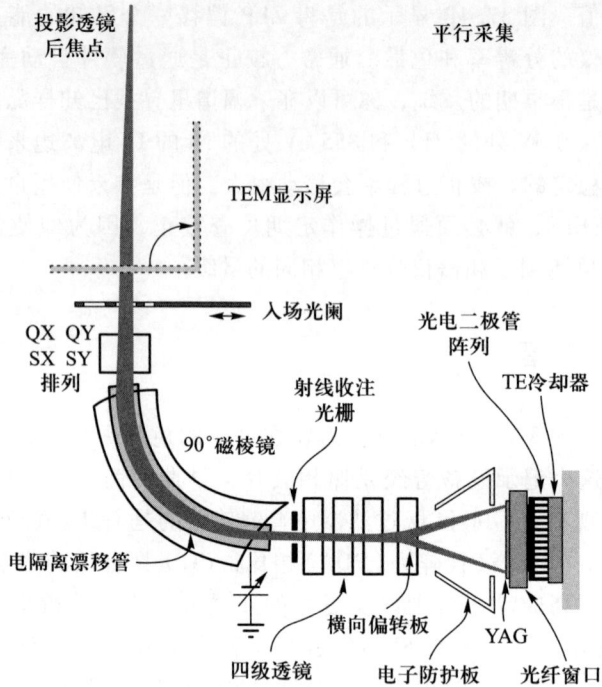

图 37.5　并行收集的能量损失谱示意图，其中钇铝石榴石（YAG）闪烁体通过光纤-光学耦合到半导体 PDA

看到像，所以更自然地应该称为"像模式"。相反地，如果调节 TEM，在观察屏上看到 DP（这里包括 TEM/STEM 中的 STEM 模式），那么（后镜筒）谱仪/GIF 的物平面显示为图像，术语则相反。同样地，将会看到在镜筒内的过滤器中，中间镜的后焦面可以为图像（衍射模式；TEM 屏上是 DP）或 DP（像模式；TEM 屏上是图像）。

■ 谱学家使用术语像耦合时，显微学家使用衍射模式。

■ 在这本书里，像模式意思是 TEM 屏上为图像；自然地，这是使用显微学家的术语。除了 EFTEM 成像，其他任何谱收集都不应该使用这种模式。

■ 除了 EFTEM 成像外，所有谱和成像都应该使用衍射（或 STEM）模式。

■ 这两套术语都出现在早期的文献中，通常并没有准确定义，所以可能非常混乱，但是似乎显微学家赢得了这场冲突。

37.4.2　谱仪的收集角

谱仪的收集角（和前面一样，实际上是指半角）（β）是 EELS 很多方面都很重要的一个参数，所以应该知道所有常用收集模式下的 β。对于不同 β 下收集的谱，在不经过后处理过程的前提下，很难得到合理的比较。虽然当使用的 β 角越大时收集角影响越小，但是没有严格控制收集角是定量分析中最常见的错误。谱强度的变化细节与谱仪收集时电子散射角的范围有关。在某些情况下，当电子束会聚角 $\alpha > \beta$ 时，有效 β 值可以被修正，这在第 39 章讨论离子化边的定量分析时再讨论。同样地，将看到对特定的能量损失过程，存在一个特征或者最可能的散射角，通常 β 应该是这个角的 2~3 倍。因此如果存在疑问，则增大 β。β 值受选择的操作模式影响，所以下面将介绍如何在可能遇到的不同条件下测量 β；虽然 Gatan 的软件可以计算这个值，但是最好知道背后的原理。如图 37.6 所示，让我们从考虑最简单的 β 定义开始。

半 角 β

β 是在样品处被谱仪或过滤器入口光阑包含在内的半角。

专门的 STEM。在基本的 DSTEM 中，如果没有后样品透镜，将会变得非常直观。如图 37.6 所示，β 可以通过简单的几何来计算。它取决于谱仪入口光阑的直径 (d) 和样品到入口光阑的距离 (h)，β（以弧度为单位）为

$$\beta \approx \frac{d}{2h} \tag{37.1}$$

这个值是近似的，并假设 β 很小。由于 h 不可变，β 值的范围由谱仪入口光阑的编号和大小控制。所以，如果 h 为 ~100 mm，那么对于 1 mm 直径的光阑，β 为 5 mrad。如果存在后样品透镜和光阑，则情形与 TEM/STEM 类似，下面再讨论。

TEM 像模式。记住，在像模式，样品放大的像显示在观察屏或探测器上。和刚才描述的专门 STEM 不同，进入 TEM 屏中心下面的谱仪光阑的电子的角分布与入口光阑大小无关。这是因为我们通过位于物镜后焦面处的物镜光阑的大小来控制对 TEM 像有贡献的电子的角分布。如果不使用物镜光阑，那么收集角非常大（> ~100 mrad），不需要精确计算，因为对于大 β 角，其微小的变化不会影响谱和接下来的定量化。

如果因为某个原因，希望计算没有插入光阑时像模式下的 β，需要知道投影镜后焦面（谱仪的前焦面）处 DP 的放大倍数。你应该能够回忆起，这个放大倍数由 DP 的相机长度 L 来控制，即

$$L \approx \frac{D}{M} \tag{37.2}$$

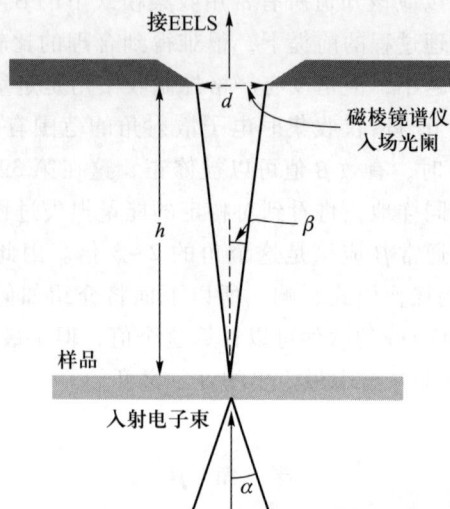

图 37. 6　在 DSTEM 中 β 定义示意图，这里在样品和谱仪入口光阑之间没有透镜

式中，D 为投影面到记录平面的距离；M 为在那个平面上的图像的放大倍数。所以如果 D 大约为 500 mm，屏幕放大倍数为 10 000 倍，那么 L 为 0.05 mm。因而，可以表示为

$$\beta \approx \frac{r_0}{L} \qquad (37.3)$$

这里 r_0 为谱仪焦平面上 DP 的最大半径。通常，r_0 为 ~5 μm，所以 β 为 0.1 rad 或 100 mrad，正如刚才提到的，这个值是非常大，以至于根本不需要准确知道。事实上，在 TEM 像模式，没有物镜光阑时，如果假设 $\beta = 100$ mrad，任何计算或定量化都和 β 无关。

当插入物镜光阑时，若知道光阑大小以及物镜的焦距，那么 β 可以很容易从几何上计算。如图 37.7 所示，采用一级近似，与式(37.1)类似，β 为物镜光阑直径除以二倍的物镜焦距。例如，焦距为 3 mm，光阑直径为 30 μm，则 β 为 ~5 mrad，非常适用于高能量分辨率。

当插入物镜光阑，在 TEM 屏上可以看到一个常规的 BF 像，谱的信息来自位于谱仪入口光阑正上方的像的区域。然而，在第 37.4.3 节中将看到，由于色差，存在很明显的误差(~100 nm)。在第 39.10 节讨论空间分辨率时再来讨论这点。注意当插入物镜光阑时，无法做 XEDS，所以无法同时收集 EELS 和 XEDS 信号。

TEM/STEM 衍射模式。在衍射(也包括 STEM)模式中，情况更加复杂一些。因为我们将谱仪聚焦到样品的像，所以可以在屏幕上看到一幅 DP，谱仪

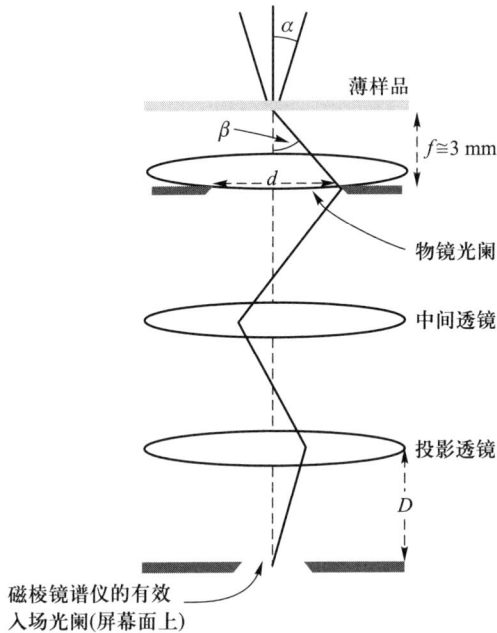

α

薄样品

β

$f \cong 3$ mm

d

物镜光阑

中间透镜

投影透镜

D

磁棱镜谱仪的有效
入场光阑(屏幕面上)

图 37.7 在 TEM 像模式中，β 值由物镜后焦面(BFP)上的物镜光阑尺寸给出

入口光阑平面上也是 DP。在这种情况下，可以通过选择谱仪入口光阑来控制 β。

如果插入了很小的物镜光阑，可能会减小 β；在投影镜后焦面上的 β 的有效值为 β/M，这里 M 为投影镜后焦面上像的放大倍数。

如图 37.8 所示，必须通过已知晶体样品的 DP 校正 β。因为 000 点和已知 hkl 的最大值的距离(b)是布拉格角的两倍，$2\theta_B$，所以知道谱仪入口光阑的大小，就可以校正 β 值。如果记录平面处的有效光阑直径(等于 STEM 探测器收集角，见前面的第 22.6 节)为 d_{eff}，$b = 2\theta$，那么

$$\beta = \frac{d_{eff}}{2} \frac{2\theta_B}{b} \tag{37.4}$$

记录平面处有效入口光阑直径 d_{eff} 和实际直径 d 的关系为

$$d_{eff} = \frac{dD}{D_A} \tag{37.5}$$

式中，D 为投影十字叉心到记录平面的距离；D_A 为叉心与入口光阑的距离。另外，如果记录平面上的相机长度(L)是已知的，β 也可以直接确定

$$\beta = \frac{D}{D_A} \frac{d}{L} \tag{37.6}$$

对于 Gatan PEELS 系统，D_A 通常为 610 mm，但是 D 取决于 TEM；你可以控制 d 和 L。例如，如果 D 为 500 mm，L 为 800 mm，那么对于 5 mm 直径的光阑，β 为 ~5 mrad。

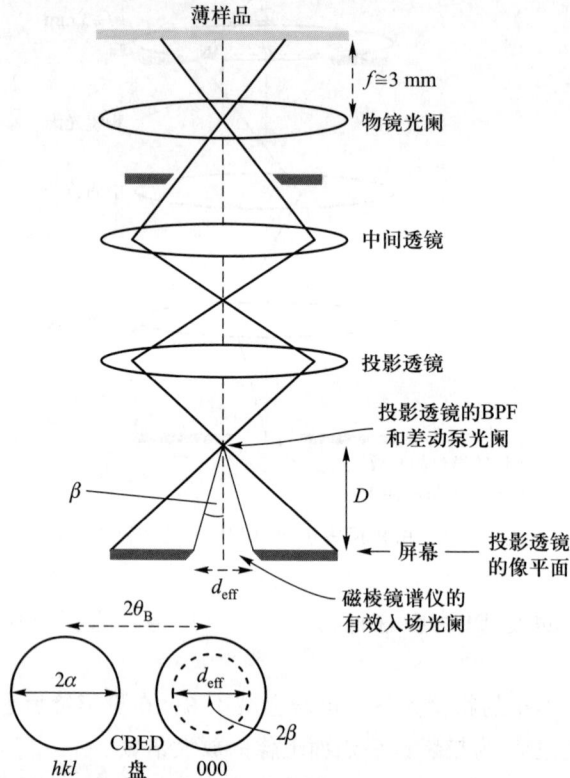

图 37.8　在 TEM/STEM 衍射模式中，β 值由投影于 DP 平面的谱仪入场光阑的尺寸决定。入口光阑尺寸可以通过参照一幅已知的 DP 来校正

　　如果选择相机长度使得样品的像在谱仪的后焦面处放大倍数为 1×，那么，等效地是将样品移到了谱仪的焦平面上。这个特定的 L 值等于 D。这是需要了解的设备基本信息。那么 β 就是入口光阑直径除以 D_A（610 mm）。

　　总之，收集角是 EELS 中一个很重要的参数，谱仪/过滤器的软件应该能计算可能遇到的各种操作条件下的 β 值。

　　■ 一般来说，大收集角具有高的信号强度，但是能量分辨率较差。

　　■ 如果在像模式下收集并且不插入物镜光阑，那么不会影响能量分辨率，但是空间分辨率会很差（在下面将会看到）。

　　■ 如果在衍射模式，可以通过入口光阑来控制 β，则大的光阑（高强度、

高 β)将得到低的能量分辨率，小光阑则提高分辨率。

■ 一般来说，小的收集角在谱中也给出高的信噪比。

37.4.3　空间选择

采用像模式还是衍射模式决定了谱的采样区域。在 TEM-像模式中，分析的区域位于入口光阑上方的光轴上。选择的面积为光阑大小缩小到样品平面的函数。例如，如果在记录平面像的放大倍数为 100 000×，有效入口光阑大小为 1 mm，那么对谱有贡献的面积为 10 nm。所以，你可能会认为不需要探针形式 STEM 也可以进行高空间分辨率的分析。然而，由于色差，当分析具有显著能量损失的电子时，这些电子可能来自远离选择区域的样品。这个位移 d 为

$$d = \theta \Delta f \qquad (37.7)$$

式中，θ 为散射角，通常小于 10 mrad；Δf 为由于色差引起的离焦量，

$$\Delta f = C_c \frac{E}{E_0} \qquad (37.8)$$

式中，C_c 为色差系数。如果采用一个典型 284 eV 的能量损失 E(激发一个 C K-层电子所需的能量)，同时电子束的能量 E_0 为 100 keV，那么由于色差产生的离焦量将接近于 10 μm，这将给出实际的偏移量 d 为 10^{-4} mm 或 100 nm。与不考虑色差效应的计算值 10 nm 相比，这个数值是很大的。

在 TEM 衍射模式下，用通常的方式选择对 DP 有贡献的样品区域。这样既可以使用选区电子衍射(SAD)光阑，这个光阑最小极限为 5 μm，也可以像 STEM 一样形成细的电子束，这样在屏幕上就是一幅会聚束电子衍射(CBED)图案。在第二种情况中，选择的面积是电子束大小和发散的函数，但是通常 <~50 nm 宽。因此，这种方法正如 XEDS 分析一样，是高空间分辨率 EELS 的最好方法。但是除了仅仅选择单个点，最好保持电子束扫描，在每个点收集一幅谱(即谱成像，见第 37.8 节)。这个结论对于镜筒内和后镜筒过滤器均成立。

代　　价

虽然 TEM 像模式的大的 β 角和高能量分辨率有利于收集谱，但是必须付出的代价是具有非常差的空间分辨率，所以并不推荐使用。

37.5　使用 PEELS 的问题

正如在前面第 32 章和第 33 章对 XEDS 所描述的，必须执行一些标准的测

试来确定 PEELS 的 PDA 和电子器件都完全正常。

37.5.1　点-发散函数

在 PEELS 中，可以减小谱的放大倍数使 ZLP 只占一个 PDA 通道或 CCD 上的一个像素。任何位于那个通道外面的强度都是系统的伪像，被称作点-发散函数（PSF）。这个函数的效应将减小磁谱仪的固有分辨率。ZLP 可能在打到 PDA 或 CCD 之前，通过 YAG 闪烁体和光纤时发散。图 37.9A 显示了 PEELS

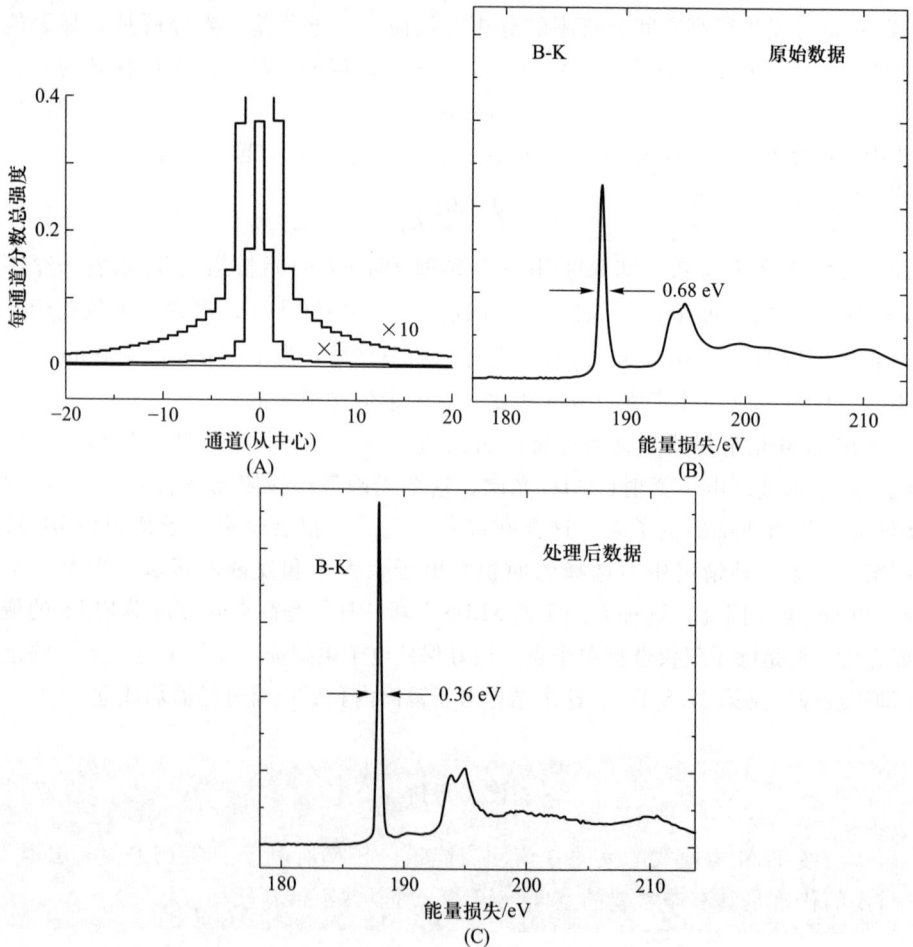

图 37.9　（A）点发散函数显示出强度分明的 ZLP 信号发散。它通过光纤耦合从闪烁体到 PDA 或 CCD。这个峰应该只占据单个通道，但是发散到多个通道。（B、C）通过 ZLP 解卷积，BN 纳米管的硼 K 边的能量分辨率得到了提高。原始数据（B）显示 B-K 边分辨率为 0.68 eV，解卷积点发散函数后提高（C）到 0.36 eV

的 PSF，尽管 CCD 能提供比 PDA 远好的 PSF 性能，但也能很清楚地显示出单个通道外的强度。PSF 使谱的特征展宽，比如离子化边。但可以通过解卷积（见第 39.6 节）移除 PSF 的效应恢复电子束固有的谱的分辨率，这与第 34.4 节描述的 X 射线谱类似。此外，用商业软件也能实现任何 PSF 的解卷积。这个概念和高分辨透射电子显微镜（HRTEM）中讨论的点-发散函数基本相同。图 37.9B 和 C 演示了该能量的解卷积处理可以使谱显著变得尖锐，正如 XEDS 中，为了得到样品的最好分辨率，没有理由不进行 ZLP 解卷过程，只要能确保 [即通过从已知样品上得到的谱测试软件（见第 39.6 节）] 这个过程不会引入伪像，第 37.5.2 节将继续讨论伪像问题。

37.5.2 PEELS 伪像

在 PEELS 系统中的伪像几乎都是由于使用 PDA 的缘故，这也是为什么要引入 CCD 探测器的原因。如果使用 PDA 系统，那么单个的二极管对入射电子束的响应会略有不同，因此将存在强度上的通道-通道增益波动。如图 37.10 所示，如果将电子束均匀散开并使用最小 3 mm 的光阑，观察二极管的读出值，将能看到变化。为了移除任何增益波动，必须将实验谱除以这个响应谱。另一种推荐使用的方法是收集两个有小的能量移动（约 1~2 eV）或者空间移动的谱，然后将两者叠加。如 GIF 中那样，使用 2-D CCD 阵列来解决这个问题。

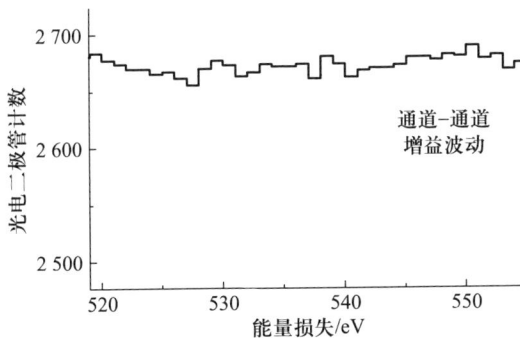

图 37.10 在 PEELS 探测器系统中，入射电子强度不变时的单个二极管响应波动。通道-通道增益波动是很明显的，每个探测器阵列具有各自的特征响应函数

如果通过收集很多谱并将其叠加来避免 PDA 的饱和，这样就会产生读出噪声。可以通过采用较小的计数率和热电冷却 PDA 来最小化随机读出噪声或电子器件链的发射噪声。个别二极管可能失效而给出高的漏电流，使谱中出现峰值。固定形式的噪声是三相读出线路的函数。当没有电流落到二极管上时，所有这些效应都将出现，共同形成暗电流（见图 37.11）。除非存在坏的二极

管,否则暗电流都很小。只有当谱计数很小或将多个谱(即 10 个或更多)加在一起时,暗电流才会是一个问题。CCD 探测器的暗电流比冷却的 PDA 的大。图 37.12 显示这些效应中的一部分以及如何去除这些效应。

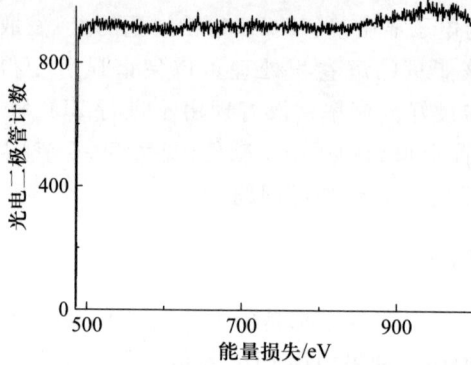

图 37.11   在没有电流时,从 PDA 溢出的暗电流强度

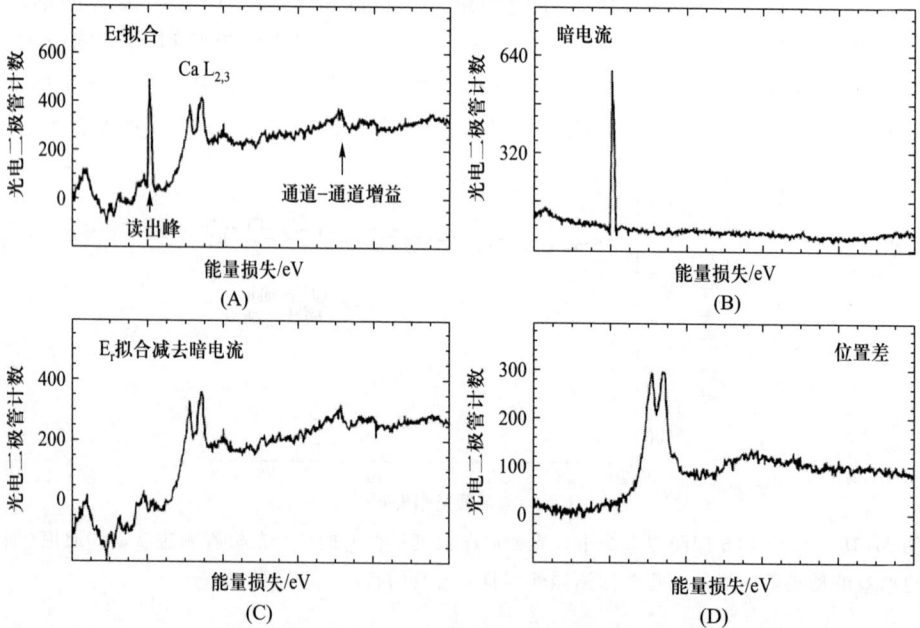

图 37.12   Ca $L_{2,3}$ 边,同时显示出通道-通道增益波动和带有高漏电流的坏的二极管,漏电流在谱中显示为一个峰(A)。漏电流的峰标为读出峰,在每个记录的峰里都出现。减掉暗电流[显示在(B)中]将消除这个峰(C),差分谱消除增益波动后,留下了需要的含有吸收边的谱(D)

当二极管被冷却,在第一次累计时只有 ~95% 的信号被读出,第二次

~4.5%, 第三次~0.25%, 等等。如果存在很强的信号如 ZLP 使二极管饱和, 那么这种不完全读出会引入伪像。这个剩余的峰在下一次读出时显示为一个假峰, 几次读出后才能慢慢衰减。所以, 如果出现了假峰, 只要进行多次读取, 假峰就会消失; 采用这种方法将避免把假峰和真实的离子化边或其他谱特征混淆。如果过曝光闪烁体, 在 CCD 探测器上也能得到假峰。

增大能量意味着在闪烁体中产生更多的电子, 灵敏度将和电子能量呈线性关系。如果要做定量分析, 可以通过比较单次 1 s 读出的零峰强度和 40 次每次 0.025 s 读出的来验证 YAG 线性响应强度。在每种情况都要减去暗电流。对于所有信号都落到 YAG 上, 很明显这两种强度的比值应该是一致的。如果更关心低能损失谱或者精细结构, 这种非线性就不太重要了。

使用 CCD

如果使用带有 CCD 探测器的 PEELS、GIF, 或者其他过滤器, 除了假峰和暗电流, 所有其他伪像都将不存在。

表 37.1 总结了 PDA 的伪像以及如何排除伪像。

表 37.1 PEELS 伪像及如何消除

伪像	来源	消除
高的漏电流(假峰)	二极管损坏	减掉暗电流
通道-通道增益波动	不同二极管响应不同	收集不同二极管阵列的谱然后叠加
内在的扫描噪声	电子器件读出	调节电子器件和减掉暗电流
假峰	二极管饱和	多次读取
非线性响应	YAG 闪烁体损坏	相同收集时间, 不同读出数的零峰强度应该相同, 否则要替换闪烁体

37.6 成像过滤器

能量过滤 TEM(EFTEM)有时也称作能量过滤像(EFI)或电子能谱成像(ESI), 或许将会成为最强大的 AEM 技术, 这将是显而易见的。为了进行 EFTEM, 需要选择(或过滤掉)通过谱仪的特定能量的电子并另生成一张图像或者衍射花样。只要保持能量狭缝足够小, 使色差最小, 那么在 TEM 像模式下进行 EFTEM 是完全可以接受的(不像谱)。为了选择特定能量的电子,可以略微改变电子枪的电压。这种情况下,电子同样来自光轴,所以不需要重新聚焦物镜。

在本章的开头,我们注意到,存在两种类型的能量过滤器:镜筒内(Ω)过滤器和后镜筒 GIF,这两者都能得到 EFTEM 像。镜筒内过滤器安装在 TEM 成像系统的中心,在中间镜和投影镜之间,所以记录的 CCD 探测器只接收通过过滤器的电子。因此,所有的像/DP 只包含某个选定的能量的电子(当然可以关掉过滤器,像通常 TEM 一样使用电镜,但是由于过滤像具有很多优点,这样做的原因是值得怀疑的)。你可以像下面介绍的那样收集谱,但是镜筒内,过滤器是主要的成像工具,完全在过滤器模式运行是可行并且令人满意的。

后镜筒 GIF 被安装在 TEM 观察屏下面,就像 PEELS 一样,所以可以选择使用或不使用。GIF 可以被认为更灵活,但也会使你必须决定是否对像进行能量过滤。这种不同看起来或许很迂腐,因此已经在 M&M 会议上产生了争论。最好的解决方法当然是在实验室里安装每一种过滤器,但是这将会减少去 M&M 会议的乐趣。让我们详细分析每种过滤器。

37.6.1　奥米伽过滤器

Zeiss 首先使用 Castaing 和 Henry 在 1962 年发明的镜像-棱镜系统。镜像-棱镜的缺点在于需要分离高压供给,将镜子提高到和电子枪同样的电压。所以 Zeiss 现在使用磁 Ω-过滤器,目前唯一的使用镜筒内过滤器的另一个 TEM 制造商 JEOL 也是这样。如图 37.13A 所示,过滤器放置在 TEM 镜筒内的中间镜和投影镜之间,由一系列磁棱镜组成,排列成 Ω 形,从而使电子远离轴向散开,但是最终在进入投影镜之前,将这些散开的电子重新带回光轴。虽然图中并没有显示出来,但是 4 个棱镜每个都被设计成弯曲的表面(如图 37.2B)以减小像差。除了在镜筒的这一边能看到不对称(稍微高点儿),从外面看并不能看到多少不同,这在前面图 1.9 中也可以看到。

图 37.13B 给出了使用镜筒内过滤器进行 EFTEM 成像的多个必需步骤。正如这幅图所示,通常将图像投影到棱镜,在中间镜后焦面聚焦成 DP(即,这里的术语,像模式)。因此谱仪的入口光阑选择样品的一个区域,β 由物镜光阑决定。后谱仪的狭缝可以选择通过谱仪的特定路径的电子(图 37.13B 中红线)。因此,只有狭缝宽度决定的能量范围内的电子才能用于形成投影到 TEM CCD 上的像。EFTEM 和传统 TEM 像相比具有一些优点;在相关的教材中对 EFTEM 有更多的介绍。

如果让投影镜的焦点位于过滤器的色散平面(在图 37.13B 中为能量选择狭缝所在的位置),然后移除这个狭缝,那么将在观察屏/CCD 上看到一幅谱。

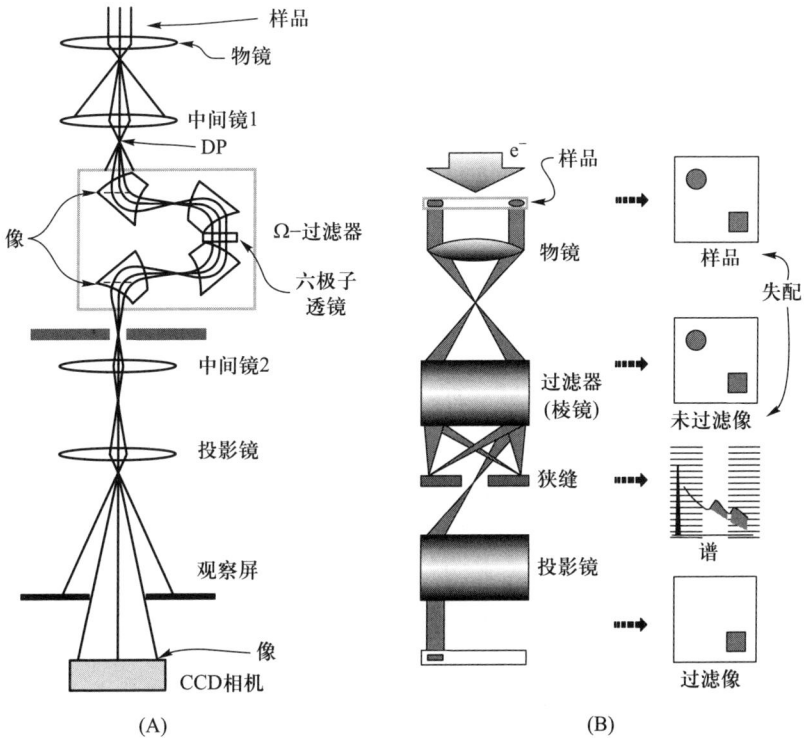

图37.13 （A）插入 TEM 成像系统内的镜筒内 Ω-过滤器示意图。（B）得到 EFTEM 像的步骤示意图。（参见书后彩图）

谱看起来是一条强度变化的线（见图37.14A），可以像图37.1一样，将其视为

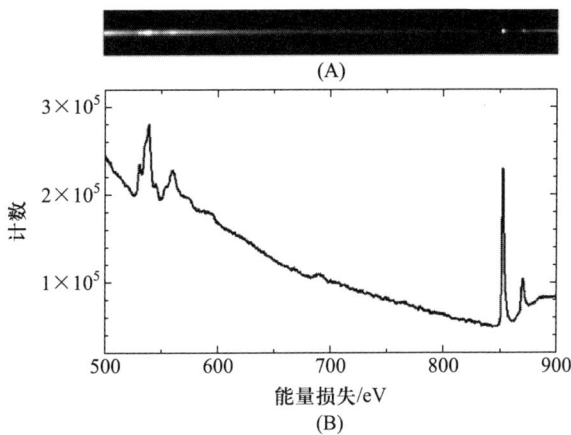

图37.14 （A）从 Ω-过滤器中得到的谱。线的轴为能量损失，强度沿线变化。（B）从（A）得到的通常的强度相对于能量损失的谱

一幅传统的谱例。由于谱是数字化的记录在 CCD 上,因此容易通过这个谱选择一条线,使计算机显示出一幅通常的计数对能量损失的谱(图 37.14B)。

对于 PEELS,也可以改变 TEM 光路使 DP 投影进入谱仪棱镜,因而在 CCD 上得到一幅能量过滤 DP,这在前面第 20 章已经描述过。如果使用狭缝选择一部分 DP,得到的能量损失谱将不仅是能量分布强度的函数,还是电子角度分布的函数。这样角度(或动量)-分辨的 EELS 是一个单独的研究领域,将在第 40.8 节讨论。

37.6.2　GIF

GIF 是 Gatan 公司的 PEELS,带有一个位于磁场之后的能量选择狭缝,以及一个 2D 慢扫描的 CCD 探测器,而非 1D 的 PDA。图 37.15A 是 GIF 接入

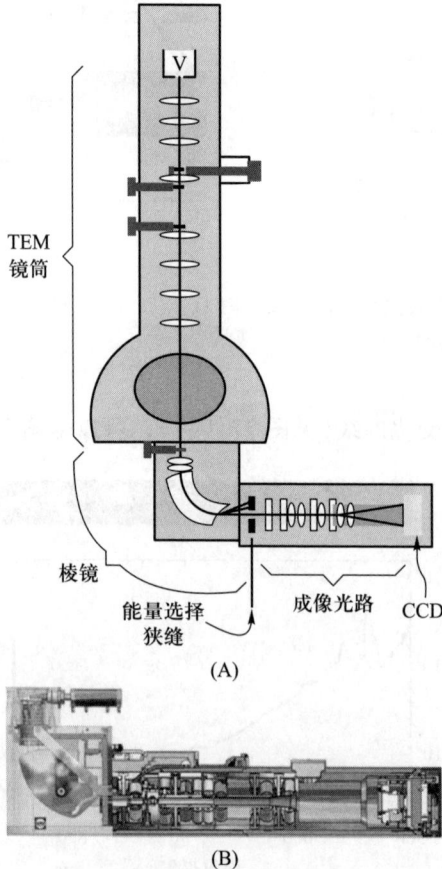

(A)

(B)

图 37.15　(A)后镜筒成像过滤器是如何连接到 TEM 镜筒观察室下面和 PEELS 在同一位置的示意图。(B)Gatan(Tridiem)图像过滤器(GIF)截面图显示复杂的内部构造。(参见书后彩图)

TEM 的示意图,图 37.15B 是 GIF 的部件分解图(显示出前面图 37.3 所示的谱仪的内部)。与标准谱仪相比,GIF 光路中具有更多的四极子和六极子。进入狭缝的谱仪的色散必须放大,狭缝后的四极子具有两种功能:将选择狭缝所在平面的谱的图像投影到 CCD 上;或者补偿磁体的能量色散,并将一幅放大的谱的图像投影到 CCD 上。在第一种模式下,系统就像一个标准的 PEELS;在第二种模式下,它会产生一幅包含狭缝所选择的特定能量电子的图像(或 DP)。我们已经知道谱仪进行两次聚焦,因此像差校正只在一个平面上较好,所以会引入像散,这必须用更多的六极子和八极子来校正。很明显,如此多的可变六极子和八极子,如果没有适当的计算机控制,操作起来将会极为困难。这种控制是通过嵌入系统的软件完成的。一个潜在的操作困难是 GIF 系统的放大率足够大,但为了能够观察到一幅合适放大倍数的过滤像,实际 TEM 屏幕放大率必须变得很小。最新的 AEM 能够令人满意地补偿这种放大倍数的差别,但是其他的却不能,因此就必须在 TEM 像和 GIF 像之间切换,虽然希望一直在过滤器模式下操作,但是并不容易做到。

37.7 单色器

能量分辨率很明显是 EELS 中一个关键的因素,实际上与仍然采用很差能量分辨率的固体探测器的 XEDS 相比,EELS 的分辨率已经好很多了。几个 eV 的分辨率对电离损失谱仪来说已经足够了,但是当我们更多地使用 EELS 来研究原子的振动模式、带间/带内激发、精细结构和电子效应时,亚-eV 分辨率越来越令人感兴趣。例如,IBM 的 Batson 已经在一个长达数十年的研究课题中开创了高分辨电子能量损失谱(HREELS),他深入探测了 Si 的电子结构和 Si/SiO_2 界面以及其他对现代电子器件重要的材料。

如果谱仪不是限制因素,那么最终的能量分辨率由电子枪决定。热发射源分辨率分别为 ~3 eV(W)和 1.5 eV(LaB_6),这对电离损失谱和基本的低能等离子研究可能是可以忍受的。然而,EELS 其实是需要 FEG 的。冷场 FEG 或肖特基都可以给出亚-eV 分辨率,但是在某些情况下仍然是不够的;所以目前可用的商业化的单色器已经可以提供 ~100 meV 的分辨率,当然在很低能量损失(<50 eV)区间甚至可以达到 ~25 meV 的分辨率。本质上,单色器是安装在 FEG 电子源上的 EELS 系统,而选择狭缝优化了已经窄化的能量色散,并在谱中进一步得到精细的细节。单色器通常是一个 Wien 过滤器,具有正交的静电场和磁场,并保证所选择的电子沿直线传播进入 TEM 镜筒(同样,如果想了解更多,请回头看 Metherell 的早期综述,综述包含所有的内容)。图 37.16A 显示了在 200 keV 下,ZLP 在使用单色器下 FWHM 的减少与不使用单色器的比

较。从图 37.16A 可以看出，使用肖特基电子枪的商业单色器下的 ZLP 的 FWHM 远好于 600 meV，而使用冷场 FEG 则略好于 ~300 meV。加单色器后的电子束强度的尾部比标准的冷场 FEG 相对较低。在第 38 章将看到，这种低强度尾部导致对低能损失谱真正的改进。

图 37.16B 比较了不同设备和计算得到的 Co 的 $L_{2,3}$ 边的质量（关于计算，见第 40 章和相关教材）。很明显，当电子源的能量波动范围变小后，谱的精细结构的细节程度得到改善。安装单色器的 FEG，谱方面的性能与同步辐射光源的相似，仅仅多一些噪声而已。这后两者都和计算的谱非常吻合。

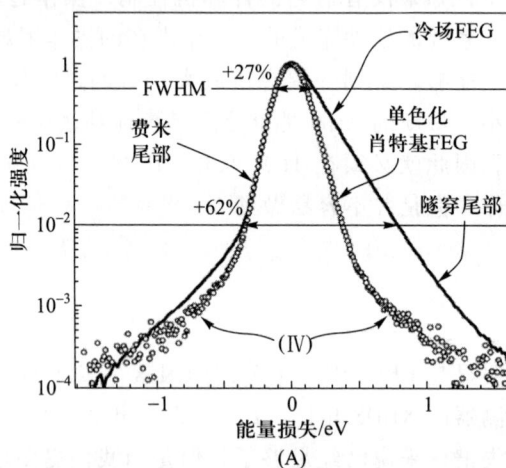

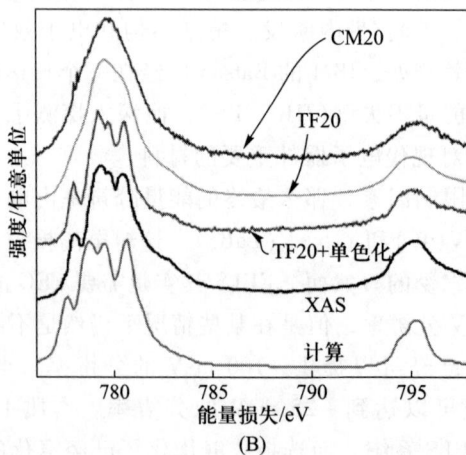

图 37.16　（A）典型的使用和不使用单色器的冷场 FEG ZLP。注意纵轴为对数坐标，因此 FWHM 接近峰的顶部。（B）Co 的 $L_{2,3}$ 谱比较：热电子源的飞利浦 CM20，冷场 FEG 源 FEI Tecnai TF20，带有单色器的 TF20，同步辐射（X 射线吸收谱），以及使用晶体场理论计算的谱。使用单色器后能量分辨率的提高是很明显的

单色化的缺点是，当滤掉高斯能量分布的尾部来减小 FWHM 时，会明显减少电子的数量。花费很多钱为 AEM 得到最亮的电子源，却在追求最好能量分辨率时丢失了很大一部分。这种互补性确实是一个限制因素，所以在 AEM 上安装单色器之前应该仔细做好规划。

单色化前需要的考虑

如果 HREELS 是设备的主要用途，注意如果打开单色器，所有其他 TEM/AEM 性能都将变差。

在 EELS 中，特别是在低能损失谱中，得到的是大量的电子。在这种情况下，单色化确实具有优势。当然，如果能够发展出比冷场 FEG 更亮的电子源会更有利。

电子源物理上的单色化也可以用软件来代替，通过各种解卷积过程也可以得到分辨率大约为 200 meV 的谱（见 Kimoto 等和 Gloter 等的论文）。这种方法是一种代替单色器的可以接受的方法，但是对于探测纳米材料的电子结构的细节（见 Kimoto 等 2005 年的论文和 Spence 2006 年的论文），需要绝对最佳分辨率时，就必须降低加速电压和电子束流以得到亚-100 meV 的分辨率。

37.8　使用谱仪和过滤器

现在已经在电镜中得到薄的样品（下面会看到，对于大多数 EELS 实验，非常薄的样品会远好于不够薄的样品），可以开始收集谱和过滤像。有多种方法收集谱和过滤像，这些方法根本上来说，是和前面已经介绍的 XEDS 方法相对应的。

（1）点分析：停止 STEM 探针扫描并将其放置在入口光阑上方像的选定的点上，记录一幅谱（见图 37.17A）。这是几十年来标准的操作模式，但是（a）偏差（因为选择的是你认为应该要分析的点）；（b）统计性很差（典型的 STEM 图像中，仅仅选定大约 100 万像素中的一个）；（c）由于将强的探针停留在同一点的时间很长，容易破坏/污染感兴趣的选定区域。所以不要用点分析，除非想很快探测样品，看能看到什么。如果确实进行点分析，不要肯定地认为所发现的很重要！

（2）线分析：沿着一条线，这条线穿过一些你感兴趣的特性（例如界面或晶粒界面的缺陷），然后得到一系列谱。这个过程仍然由于选择的线的不同而有偏差，但是至少有个优点，能够专注于提供样品的一些有用信息的点。你可以选择将得到的谱的信息画成图(例如，成分或是介电常数或是其他想提取的信息)，或者可以选择像一条谱线一样显示数据，如图 37.17B 显示出沿纳米管的化学变化。

(3) TEM 过滤像：使用 GIF 或 Ω-过滤器收集过滤像或 DP，要使用狭缝选择特定能量的电子，只允许这些电子落到显示屏或 CCD 上。如图 37.17C 所示(前面图 20.10 也显示出)，如果使用这种方法过滤掉所有有能量损失的电子以得到 ZLP 像，可以大幅度提高 CBED 花样的质量。另外，将多次看到，EFTEM 会提高质-厚衬度、相位衬度和衍射衬度。所以如果 AEM 上装有过滤器，为什么不使用这种技术呢？

(4) STEM 过滤像：扫描电子束到感兴趣的区域，通过狭缝选择特定能量的电子，只允许这些电子落到观察屏或 CCD 上。如果选择一个特定能量电子，则可以产生组分分布图(图 37.17D)，这和前面已经展示的很多 XEDS 组分分布图类似。

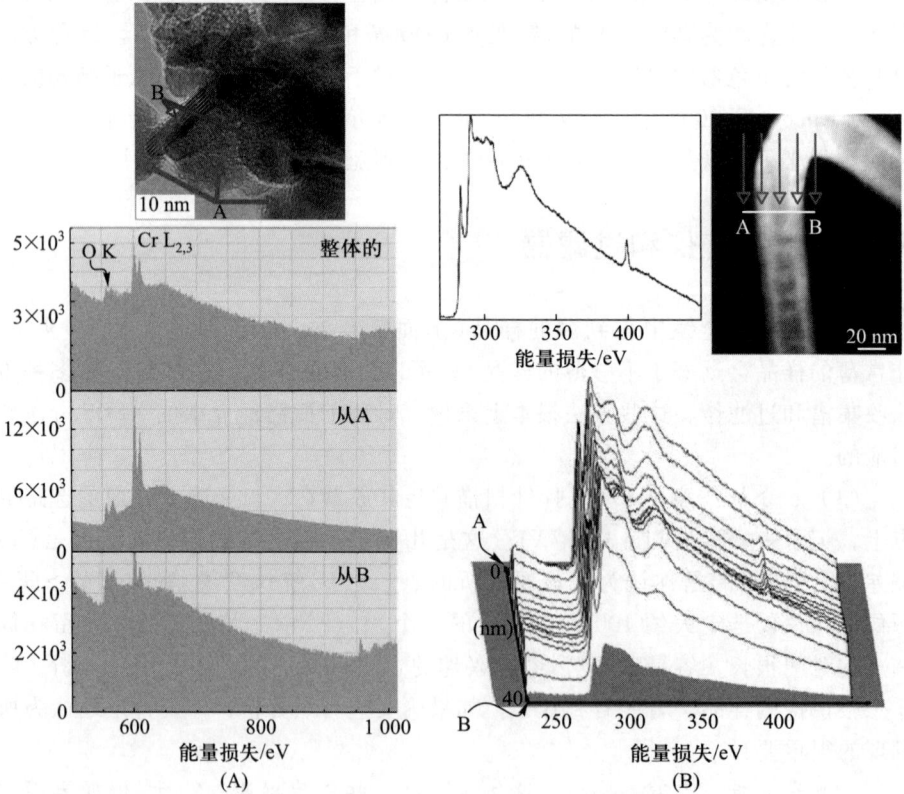

(A)

(B)

(C)

(D)

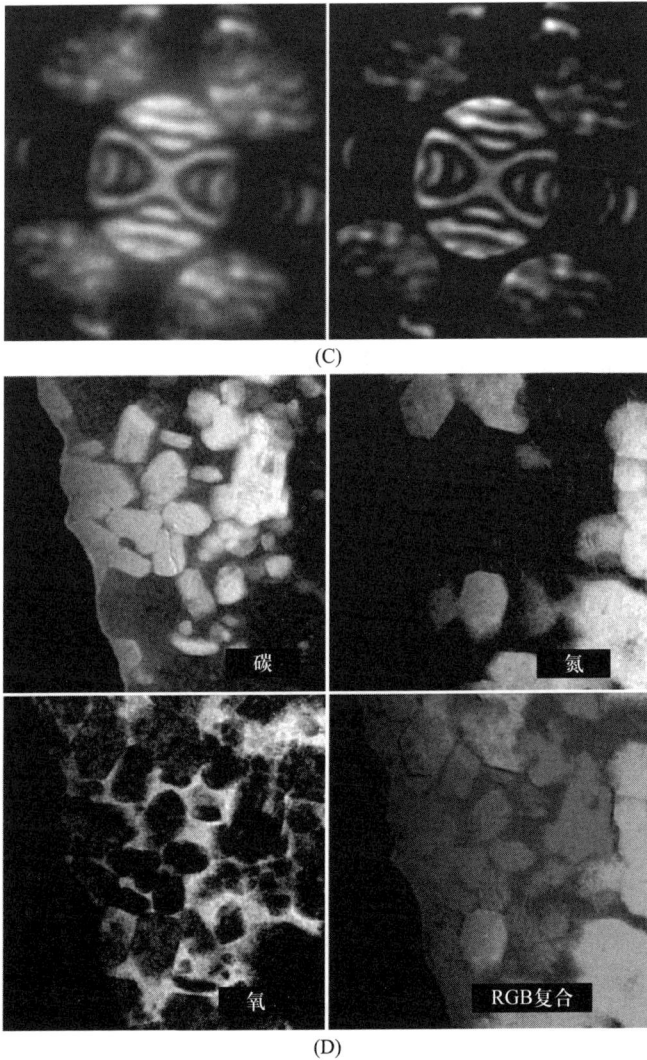

图 37.17 （A）对 CuCr 氧化物纳米颗粒进行点分析的 EELS 谱，显示出 3 种元素信号的局部差异。（B）沿氮掺杂碳纳米管的谱线分析显示出沿 A-B 线上谱细节的不同。插图为给出 C-K 和 N-K 边的单个谱和 STEM 像，箭头指明谱线收集的位置。（C）比较未过滤（左边）和 EFTEM 过滤（右边）Si[111] 的 CBED 花样。（D）纳米尺度复合的 SiC/Si_3N_4 的 STEM 能量过滤像，显示出不同元素的分布和复合 RGB 色覆盖图；碳（红色），氮（绿色），氧（蓝色）。（参见书后彩图）

（5）谱图：在每个像素存储一幅全谱（明显地，需要在 STEM 模式操作）。在 STEM 下做谱图会更容易，因为如果在 TEM 模式尝试做谱图，必须在不同的可选能量下记录上百张图，而比较整幅图是很有挑战性和耗时的，所以没有人会这样做；然而，这种情况正在改变。与已经展示的 XEDS 类似，收集一个全谱图后，可以进入数据块选择所需的任何信息。例如，可以在特定能量下观察图像，或者从样品的特定点或线来看谱，因此能消除影响选择的点或线分析的偏离。EELS 谱成像比 XEDS 情况更容易实现，因为收集大量数目的电子更容易，Hunt 和 Williams 给出了广泛的可能图像。

在接下来的 3 章里，将给出使用这些不同方法的很多例子。总而言之，就像在 X 射线中强调的，可以使用谱的特定特性来成像，而不仅仅只是在特定点收集谱，所以至少可以和 TEM 图像比较。由于在 EELS 中计数不是问题（不像 XEDS），因此成像相对直接和迅速。如果你确实想优化得到的信息，那么就收集谱图。

章 节 总 结

　　使用磁棱镜谱仪得到 PEELS，组合一个或多个磁棱镜加上成像透镜得到 GIF/EFTEM。磁棱镜是一个简单的设备，非常灵敏，但是必须理解在不同 TEM 模式的功能。可以在 TEM 像或衍射（STEM）模式，或使用 DSTEM 来收谱。必须知道软件是如何聚焦和校正系统以及如何确定收集角 β 的。一旦理解了这些，就可以收集和分析 EEL 谱了。所以在第 38 章，将告诉你这些谱的样子和包含的信息。如果拥有 Ω-过滤器或 GIF，可以用特定 E 的电子来一步步形成图像或 DP，这是很有意义的；如果可以的话，在过滤模式下观察所有的图像和 DP，原因在前面的章节中已经提到过，并还将在接下来的章节中反复出现。能量过滤是一个迅速发展的领域，具有小的像差和好的能量分辨率的系统，如 Zeiss 的亚电子伏亚埃电子显微镜（SESAMe）上的 Mandoline 过滤器和 Nion 的 UltraSTEM 将会得到远多于这里可以描述的令人振奋的突破，Egerton 在 2003 年给出了关于硬件和软件发展的简短的摘要。

参考文献

设备

Brydson，R 2001 *Electron Energy-Loss Spectroscopy* 2001 Bios（Royal Microsc. Soc.）
　　Oxford UK. 较好的介绍性教材，内容和难度上与本章的大部分内容和后续章节类似。

Castaing，R. and Henry，L 1962 *Filtrage Magnétique des Vitesses en Microscopie Electronique* C. R. Acad. Sci. Paris **B255** 76–78. 镜面棱镜的原始设计。

Egerton，RF 2003 *New Techniques in Electron Energy-Loss Spectroscopy* Micron **34** 127–139. 简要回顾仪器的最新进展。

Egerton，RF，Yang，YY and Cheng，SY 1993 *Characterization and Use of the Gatan 666 Parallel-Recording Electron Energy-Loss Spectrometer* Ultramicrosc. **48** 239–250.

Hillier，J. and Baker，RF 1944 *Microanalysis by Means of Electrons* J. Appl. Phys. **15** 663–675. 历史——令人惊讶的是，AEM 基本上都是 60 多年前构思的。

Metherell，AJF 1971 *Energy Analysing and Energy Selecting Electron Microscopes* Adv. Opt. Elect. Microsc. **4** 263–361 Eds. R Barer and VE Cosslett Academic Press New York. 仍然是光谱仪方面最好的综述。

Uhlemann，S and Rose，H 1996 *Acceptance of Imaging Energy Filters* Ultramicrosc. **63** 161–167.

背景资料

Ahn，CC Ed. 2004 *Transmission Electron Energy Loss Spectrometry in Materials Science* 2nd Ed. Wiley-VCH Weinheim Germany. Disko 等著作的更新版（见下一条）。

Disko，MM，Ahn，CC and Fultz，B Eds. 1992 *Transmission Electron Energy Loss Spectrometry in Materials Science and the EELS Atlas* TMS Warrendale PA. 多位作者，实用文本。

Egerton，RF 1986 *Electron Energy-Loss Spectroscopy in the Electron* Plenum Press New York. EELS 的圣经；所有严肃的光谱学家都要阅读。

Egerton，RF 1996 *Electron Energy-Loss Spectroscopy in the Electron Microscope* 2nd Ed. Plenum Press New York. EELS 圣经的第二版。

应用

Batson PE 2004 *Electron Energy Loss Studies of Semiconductors in Transmission Electron Energy Loss Spectrometry in Materials Science* 2nd Ed. 353–384 Ed. CC Ahn Wiley-VCH Weinheim Germany.

Gloter，A，Douiri，A，Tencé，M and Colliex，C 2003 *Improving Energy Resolution of EELS Spectra：an Alternative to the Monochromator Solution* Ultramicrosc. **96** 385–400.

Hunt, JA and Williams, DB *Electron Energy-Loss Spectrum Imaging* Ultramicrosc. **38** 47–73.

Kimoto, K, Kothleitner, G, Grogger, W, Masui, Y and Hofer, F 2005 *Advantages of a Monochromator for Bandgap Measurements Using Electron Energy-loss Spectroscopy Micron* **36** 185–189.

Spence, JCH 2006 *Absorption Spectroscopy with Sub-Angstrom Beams*：*ELS in STEM* Rep. Prog. Phys. **69** 725–758.

EELS 会议报告

由 Krivanek 开创并经常组织和编辑的四年一次的 EELS 研讨会(1990 年, 1994 年, 1998 年, 2002 年和 2006 年)是该领域的主要研究人员描述 EELS 前沿方面和相关技术的丰富文献来源。通常, 会议记录是单独出版的, 分为方法和实践。下面列出了相应的期刊(完整卷或其中的一部分)和编辑。

Krivanek, OL Ed. 1991 Microsc. Microanal. Microstruct. 2(# 2–3).

Krivanek, OL Ed. 1995a Microsc. Microanal. Microstruct. 6 1.

Krivanek, OL Ed. 1995b Ultramicrosc. 59(# 1–4).

Krivanek, OL Ed. 1999 Ultramicrosc. 78(# 1–4).

Krivanek, OL Ed. 1999 Micron 30(#2)101.

Krivanek, OL Ed. 2003 Ultramicrosc. 96(#2–4)229.

Krivanek, OL Ed. 2003 J. Microsc. 210 1.

Browning, ND and Midgley, P Eds. 2006 Ultramicrosc. 106(#11–12).

Mayer, J Ed. 2006 Micron 37 375.

网址

1. http：//www.energyloss.com/index.html.
2. http：//www.gatan.com/. Gatan 的网址。

自测题

Q37.1   GIF 和 PEELS 系统的不同点是什么?

Q37.2   为什么谱仪当作透镜也很有用? 能在散射可见光时得到同样的组合吗?

Q37.3   谱仪的色散平面是什么? 色散的典型值是什么?

Q37.4   如何测量谱仪的能量分辨率?

Q37.5   能量分辨率的典型值是多少, 什么决定最小的可能值?

Q37.6 哪些因素会减小(即增大这个值)能量分辨率?

Q37.7 为什么谱仪的收集角(β)如此重要?

Q37.8 在像模式下,什么决定β?

Q37.9 在衍射模式下,什么决定β?

Q37.10 为什么在 PEELS 中必须将几个谱加起来,而不是仅仅收集一个谱?

Q37.11 在像模式下,什么决定空间分辨率?

Q37.12 在衍射模式下,什么决定空间分辨率?

Q37.13 为什么说在 TEM 衍射模式下等价于操作一个专门的 STEM?

Q37.14 点发散函数是什么,为什么应该考虑它?

Q37.15 如何校正这种伪像?

Q37.16 为什么需要校正谱仪?

Q37.17 如何校正谱仪(如果软件不能为你做)?

Q37.18 在 PEELS,为什么必须冷却二极管阵列?

Q37.19 GIF 和 Ω-过滤器的区别是什么?

Q37.20 这两种过滤器的优点和缺点是什么?

Q37.21 为什么要用 EELS 谱中特定电子成像而不是仅仅观察谱?

Q37.22 在收谱时,为什么 TEM 像模式通常为坏的选择?

章节具体问题

T37.1 用图 37.1 和图 32.2A,比较 XEDS 和 EELS 谱的主要特征,指出解释/定量分析谱要进行的相关的观测。

T37.2 检查图 37.2B。为什么投影镜的后焦面用作谱仪/透镜的物平面?

T37.3 当 TEM 屏上为一幅图像时,谱仪/透镜的物是什么?

T37.4 损失能量的电子既可以是优点也可以是缺点。解释这些电子是如何有利于衍射和成像的,另外,它们是如何降低 DP 和像的质量的[在整本书上寻找支持你观点的例子(如果可能的话,特别是图片)]。

T37.5 使用图 37.9,估算由于点发散函数的发散,单通道强度损失比例是多少。通过使探针更局域化,设备的哪些改进可能有助于减小点发散函数?

T37.6 比较 TEM 和 EELS 中物镜光阑和选区光阑的特定作用。

T37.7 描述使用 β = 20 mrad 收集谱的步骤:(a) DSTEM,(b) TEM 像模式,或者(c) TEM 衍射模式。

T37.8 你能否想出在哪些情况下有可能使没有单色器的谱比有单色器的具有更高的能量分辨率?

T37.9　检查图 37.1，估算零损峰、等离子峰和背景上的 Ni L 电离边的绝对强度。这可以告诉你收集 EELS 谱将会遇到的什么困难？与 XEDS 谱相比，EELS 的 P/B 比率如何？

T37.10　虽然 SEELS 已经不再售卖了，你能否想出串行收集相比于并行收集的优点？

T37.11　在衍射模式操作时（图 37.8），为什么相机常数是一个很重要的变量？

T37.12　在 TEM 模式下（图 37.7），解释在什么情况下，是谱仪的入口光阑而不是物镜光阑决定 β 的值？

T37.13　如果样品非常薄以至于电子穿过薄片时没有显著的能量损失，那么能否完全忽略色差效应？

T37.14　解释为什么用于观察的样品可以影响 EELS 分析的空间分辨率（通过与 XEDS 样品控制空间分辨率完全不同的方式）。

T37.15　如果你的实验室买不起单色器，列出所有其他能提高谱的分辨率的方法。给出每种方法的优点和缺点，并根据它们的相对代价列出来。

T37.16　相对于 XEDS 谱，EELS 谱的通常计数率是多少？（如果不能在本书中找到这些数据，尝试在 AEM 上做一个快速的实验。）

T37.17　是 SEELS 的闪烁体-光电倍增探测器还是 GIF 的 CCD 相机更可能出现通道-通道不同收集偏差？

T37.18　如何使暗电流最小？

T37.19　列出 EELS 谱中其他常见的伪像，解释如何（a）辨认（b）校正每种伪像。

T37.20　为什么 PEELS 中一个二极管阵列坏了并不是一个问题？

T37.21　什么时候采用谱轮廓分析比 EFTEM 分析更好？

T37.22　你能否想出一种情况，点分析可能比线-轮廓或 EFTEM 分析更好？

第 38 章
低能量及零能量损失的能谱和图像

章 节 预 览

术语"能量损失"表明我们只对非弹性散射感兴趣，但是能谱中也包含未损失任何能量的电子，所以也需要考虑弹性散射。在本章中，我们将会重点讨论电子能量损失谱的低能部分，包括以下几个部分：

■ 零损失峰主要包含弹性散射中前向散射的电子，也包含只有少量能量损失的电子。相比于未过滤的图像，使用零损失电子成像和衍射花样具有突出的优势，这对于较厚的样品更为明显。

■ 低能损失的能量可以是 50 eV 以下的任意值，包含与样品中原子的外层(弱束缚)电子相互作用的电子。因此这部分能谱反映了样品对高能电子的介电响应。同样，利用这些低能损失电子成像可以反映样品的电子结构和其他特性。

相比于只包含元素信息的 X 射线谱，能量损失谱更为有用，但是也更加复杂。想要掌握它的内涵，必须对电子束与样品间的相

互作用的物理本质有更深刻的理解，所以本章将对那些必要的知识做一些
介绍。

38.1　一些基本概念

回顾第 2~4 章，我们讲述了电子束和样品之间弹性与非弹性散射的差别，
并且介绍了散射截面和平均自由程的关系。注意，散射截面是一个特定散射事
件发生概率的量度，而平均自由程则指两个相互作用间的平均距离。在开始本
章之前，回顾这些内容是非常有益的。简而言之，必须记住弹性散射是电子与
原子核间的相互作用；"弹性"意味着没有能量损失，但是电子的方向和动量
通常会发生变化。在晶体样品中，弹性散射主要以布拉格衍射的形式出现。非
弹性散射主要是电子和电子之间的相互作用，并伴随着能量损失和动量改变。

我们必须关注电子穿过样品后的能量损失值和运动方向。

后者正是为什么光谱仪的采集角(β)非常重要的一个原因。

同时必须注意区分关于散射的众多定义之间的区别，这些定义会不断
出现。

■ 单次散射：每个电子穿过样品时最多只经历一次散射。

■ 多次散射(>1 且 <20)：意味着电子穿过样品时经历多次相互作用，并
损失部分或全部能量。

■ 多重散射(>20)：只发生在很厚的样品中或电子能量非常低的情况下，
所以和 TEM 不相关。

当把所有的散射都近似为单次散射时，能量损失谱最容易理解和模拟。当
我们同时拥有非常薄的样品和很高的加速电压时，就能实现这种理想情况。实
际上，大多样品比理想状况厚，所以通常得到的是多次散射能谱，这就需要通
过解卷积将多次散射的影响去掉，利用商业或免费的电子能量损失谱(EELS)
软件包(见网址 1~3)都可以实现。能谱的模拟和操作将在后面介绍，想要深
入了解可以参阅本书的姊妹篇。第 37 章已经介绍了点扩散函数(PSF)的解卷
积，第 38.2.2 节将会介绍扣除零损失峰(ZLP)，如何去除多次散射对高能损
失谱的影响可参阅第 39.6 节。

解卷积注意问题

无论何时提到解卷积(经常需要解卷积)，并尝试将问题简化时，都存
在向能谱中引入伪像的危险。

典型的能量损失：最主要的非弹性相互作用按能量增加的顺序依次为：声子激发、带间与带内的跃迁、等离子激发和内壳层电离。我们在第 4 章已经介绍了上述过程。通过 EELS 研究，我们得到了主要散射过程的能量损失Ɛ。其中，单电子散射（带内/带间的跃迁）：2~20 eV；等离子相互作用：5~30 eV；内壳层电离：50~2 000 eV。虽然声子散射角很大，散射电子（尤其对于较重原子）可以被看成 SAD 花样中主斑点之间的背底强度，但声子激发只产生约 0.02 eV 的能量损失，所以就算是具有最佳能量分辨率的单色分析型电子显微镜（AEM），也不可能将它们从 ZLP 中区分出来。除了没有解释为何冷却样品会有助于减少声子激发外，这几乎是我们关于声子激发的所有讨论。前 3 种（低能损失）过程将在本章讨论，电离（高能损失）过程将在第 39 章讨论。能量损失大于 2 keV 的电离也是存在的，但是因为它们的信号相对较弱，所以很难探测到。此外，在这个能量下，X 射线的信号很强，所以在能量损失大于 2 keV 时，不推荐做 EELS 研究。

注　意 θ

即使符号 θ 被简称为散射角，但 θ 在所有情况下都代表半散射角。

最重要的角度是 θ_E

所谓典型的或最可能的散射角（对于能量损失为Ɛ的电子）取决于电子束能量。

典型的散射角：散射角会因为电子束能量和能量损失过程的不同而变化，所以得到散射角的精确值较为困难。通常假设散射是关于电子束对称的，而且应该知道两个主要的散射角。在 Egerton 的书中可以找到散射方程的衍生式。

$$\theta_E \approx \frac{Ɛ}{2E_0} \tag{38.1}$$

如果电子束能量的单位是 eV，那么角度的单位是 rad。这个方程是一个近似（误差在 10% 左右）并且忽略了相对论效应，不适用于声子，只可粗略计算低于 100 keV 的能量。可更精确地定义 θ_E 为

$$\theta_E \approx \frac{Ɛ}{(\gamma m_0 v^2)} \tag{38.2}$$

式中，m_0 是电子的静止质量；v 是电子速率；γ 由通常的相对论方程给出（c 为光速）

$$\gamma = \left(1 - \frac{v^2}{c^2} \right)^{-1/2} \tag{38.3}$$

另一个有用的角度 θ_c 称为截止角，大于此角度时散射强度为 0，由式（38.4）给出

$$\theta_c = (2\theta_E)^{1/2} \tag{38.4}$$

注意计算 θ_c 时要用 rad，而不是 mrad。如果想要收集强度大的谱线来突出一个特定的能量损失谱，知道典型的散射角是非常重要的。例如，一个等离激元与能量为 100 keV 的电子相互作用，通常能量损失为 20 eV，此时特定散射角为 0.1 mrad。使用较小的 β 将消减谱的强度，这也是为什么在后面的章节中讲到要确保 $\beta>2-3\theta_E$。熟知截止角（在 100 keV 时，通常比特征角大一个量级）有利于恰当地选择 β 值。如果选择的 β 值太大，那么谱中就有可能包含不想要的电子束（例如衍射束），应该极力避免这种情况。

38.2　零损失峰（ZLP）

38.2.1　为什么零损失峰并非实至名归

如图 38.1 所示，如果样品足够薄，能量损失谱中占主导地位的将是零损失峰。顾名思义，零损失峰主要包括保持入射束能量 E_0 的电子。这些电子在一个相对狭窄、偏离光轴几个毫弧度的锥形内发生前向散射，并构成衍射花样的 000 衍射斑，也就是透射电子束。如果电子束倾斜入射，经过衍射的电子束进入光谱仪，也可以得到零损失峰。

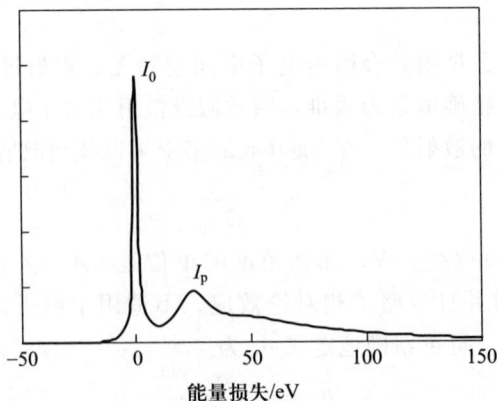

图 38.1　低能损失谱部分包含一个较强的零损失峰。下一个最强峰是等离激元峰，谱中剩下的高能部分（>50 eV）能谱强度较低

角度的大小

产生衍射的散射角($2\theta_B$)比 EELS 里较小的散射角要大(~ 20 mrad)。只有在人为选择衍射束时，它们才能进入能谱仪。

事实上，我们可以测量电子的强度和能量随角度的分布。关于角度分辨或动量分辨的 EELS 将在第 40.8 节中讨论。

现在"零损失峰"这个术语实际上是一个错误的叫法，有两点原因。首先，正如我们所见，谱仪的能量分辨率有限(不加单色器时至多~0.3 eV)，故零损失峰包含能量损失在分辨率极限以下的电子，主要是激发声子的那部分电子。这部分损失并不重要，因为被声子散射的电子不会携带有用的信息；它们只会导致样品温度升高。但是，这确实解释了为何我们不能真正称之为零损失峰。其次，我们无法得到一束单色的(单色，即单一波长/能量)电子束，电子束在名义值 E_0(最多 10~100 meV)附近有一个有限能量范围。尽管这并不精确，但我们仍将继续使用零损失这一术语。

从一个谱学家的角度来看，零损失峰更像是一个问题而不是能谱中的有用特征，就像在前面章节中提到的，因为它强度太大，以至于能使光电二极管阵列(PDA)或电荷耦合(CCD)探测器达到饱和，并产生一个"假峰"。因此如果不需要采集能谱中的 ZLP，可以把它转出探测器(或者使用 Gatan 系统的衰减器)。相反地，从电镜学家的角度来看，利用不包括大量能量损失电子的 ZLP 来得到图像或衍射花样是一种非常有用的技术。同样，将 ZLP 过滤掉，并用选定能量损失的电子成像同样是非常有用的。

38.2.2 扣除 ZLP 的拖尾

强度最高的 ZLP 两侧各有一个拖尾(见图 37.4)，它受到能量分辨率的限制。可用点扩展函数解释 ZLP 在低能(负的)边的拖尾，但在高能(正的)边，则有来自刚刚讨论的低能损失(例如声子)电子的贡献。有时候在研究(非常)低的能损失谱前必须扣除这个拖尾，例如介电常数的确定(见第 38.3 节)。在 Gatan 的商业软件里有多种扣除尾巴的方法(例如与参考峰做比较，减法对比解卷积)，而且软件还在继续改进中。在做分析之前务必确保显示的谱是高度分散的，并且对点扩展函数做了解卷积。

如果确实需要研究 ZLP 附近的谱，扣除拖尾的最好方法是使用单色器，从源头上将峰的拖尾扣除，这样谱中除 ZLP 之外的任何强度都是真正的低能损失部分。在这种特殊情况下，因为低能损失峰相对较强，所以关于单色器(去除了许多有用的电子)的主要争论在于它严重削弱谱的强度。第 37.7 节中已经提到这一点，图 37.16 给出了使用单色光前后 ZLP 的能量分布对比。

如果没有单色器，扣除 ZLP 中的拖尾就比较困难，并有可能引入伪像。主要问题是，由于声子和弹性散射的影响，电子束照到样品上测得 ZLP 的峰形和没照在样品上的 ZLP 峰形并不总相同。

38.2.3　零损失成像和衍射花样

如果把能量损失大于谱仪分辨率（通常 > ~ 1 eV）的所有电子过滤掉，那么得到的基本上是弹性散射的图像和电子衍射图。由于能量损失电子的不精确聚焦会降低厚样品透射电子显微镜（TEM）图像的分辨率，因此这样做可以去除图像中的色差影响。回顾第 6.5.2 节和方程式（6.16），会看到如果大量电子都为 ~15 eV 的典型（例如等离子激元）能量损失 E，图像分辨率将降低几个埃到几个纳米。对于这样的 E，样品的厚度需要接近等离激元平均自由程的几分之一（如表 38.1），其实这种情况并不罕见。能量损失电子不仅会使聚焦的 TEM 图像弥散，降低分辨率，它还会导致电子衍射花样中斑点强度的弥散。因此把这些电子过滤掉，既能增加图像衬度，又能改善电子衍射图像的质量。

表 38.1　一些元素在 100 keV 电子下的等离激元损失数据（Egerton，1996）

材料	E_P（计算）/eV	E_P（实验）/eV	θ_E/mrad	θ_C/mrad	λ_P（计算）/nm
Li	8.0	7.1	0.039	5.3	233
Be	18.4	18.7	0.102	7.1	102
Al	15.8	15.0	0.082	7.7	119
Si	16.6	16.5	0.090	6.5	115
K	4.3	3.7	0.020	4.7	402

人们在几十年前就对能量过滤在分辨率和所有 TEM 衬度像的积极作用有所了解（见 Egerton 的早期文章）。该技术对于提高厚生物（或聚合物）样品的图像质量特别有用，在这些厚样品中，非弹性散射要强于弹性散射（见图 38.2）。然而，过滤成像不仅能够提高厚样品的衍射衬度（见图 38.3），在薄样品中也同样适用，这是因为非弹性散射电子使偏移矢量 s 变宽，从而降低衍射衬度。有时候可以通过"调节"谱仪选取一个特定的能量范围（图 38.4）来提高质-厚衬度像。衬度调节（见 Egerton 的著作）是指选择一个能量损失窗口，在能谱周围滑动能量损失窗口，同时观察图像，直至图像衬度达到最佳。在能谱中的低能损失和高能损失区域调节能量窗口都是有用的，一般是在 0 ~ 200 eV 之间的

(A)　　　　　　　　　　(B)

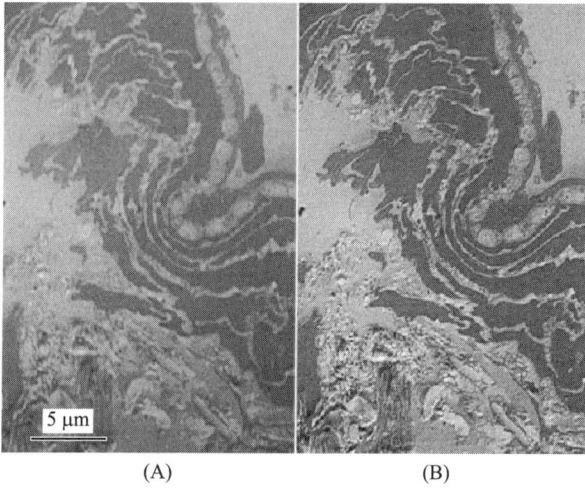

图 38. 2　厚生物样品截面的未过滤(A)和过滤(B)图像比较，表明能量损失电子被扣除后，图像的衬度和分辨率都提高了

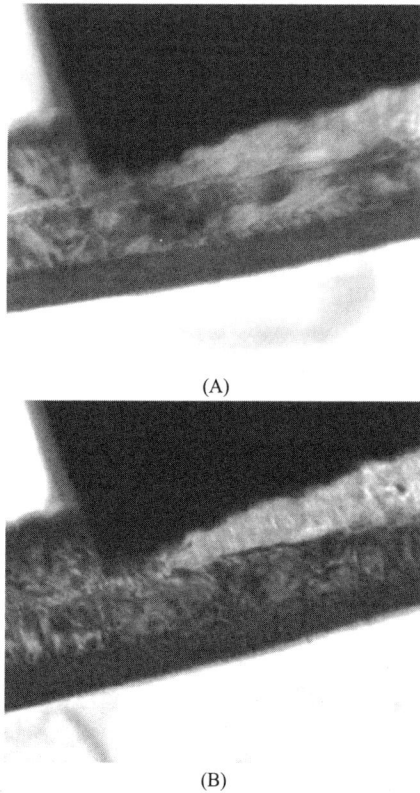

(A)

(B)

图 38. 3　厚晶体样品的未过滤(A)和过滤(B)图像比较，表明扣除能量损失电子后衍射衬度的提高

任意位置进行调节。如图 38.4 所示，选择低能损失区域，图像衬度有可能得到显著改善。在高能损失区域，位于损失边前面的能量窗口可能会降低损失边电子的衬度，而在损失边后的能量窗口则会提高损失边电子的衬度（见第 39.9 节的跳跃比率成像）。

未过滤的　　　　　　　　　　　过滤的[(60±5)eV]

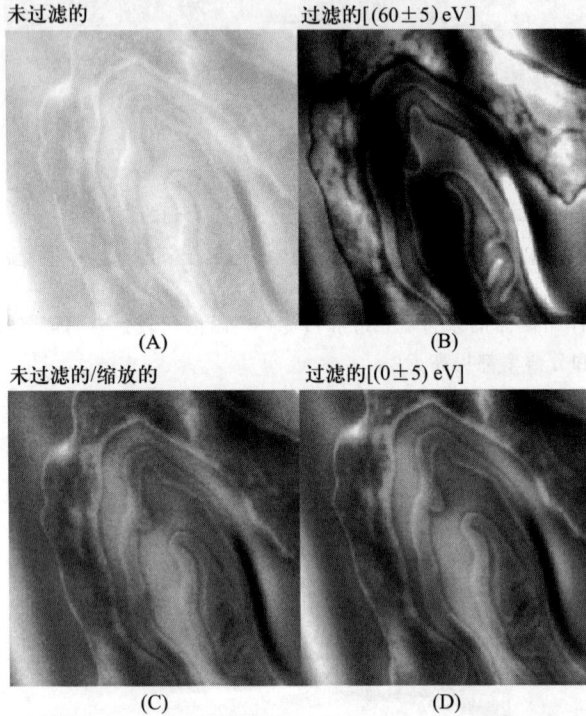

(A)　　　　　　　　　　　　　(B)

未过滤的/缩放的　　　　　　　过滤的[(0±5)eV]

(C)　　　　　　　　　　　　　(D)

图 38.4　厚生物样品成像的衬度调节，表明选择低能损失区域可得到最佳衬度像。（A）无污染鼠表皮细胞（厚度 0.1 μm，100 keV）；（B）未过滤图像，数字采集系统自动调节至最佳衬度；（C）过滤后的图像，在（60±5）eV 时调节衬度，图像比（B）的衬度更佳，（D）过滤图像，在（0±5）eV 时调节衬度，分辨率和衬度比（B）图均有所提高，但是衬度不如（C）强。总宽度为 1 μm

如果将弥散的背底过滤掉，由于不需要这么多的"附加因素"（见第 28 章），高分辨相位衬度图像（薄样品成像）与理论相比将变得更加容易。对于给定厚度的样品，减少色差仅有的另一个方案是使用更高的电压，这或许比购买一个单色器要昂贵。

正如在第 37.8 节和第 20.5 节中讨论的那样，如图 37.17c 和图 20.10 所示，扣除能量损失电子后，选区衍射花样（SADP）和会聚束衍射花样（CBDP）将更加清晰（例如 Midgley 等的文章以及 Ahn 的著作中 Reimer 写的章节）。能量过滤可以显示额外的衍射信息，例如非晶材料的径向分布函数，这将在第40.7节中讨论。

如果得到的是一个厚(几十纳米)样品(有时候仅能做出这种样品)，能量过滤会对结果有很多的改善：

- 过滤能够改善图像分辨率。
- 过滤能提高图像的衬度(不管使用哪种方法)。
- 过滤能提高衍射花样的衬度。
- 过滤能清楚地显示图像和衍射花样中的更多细节。

所以保持过滤器一直处于开启状态，看似是非常好的事情，但实际上却是不可行的。

也许更令人惊奇的是为什么过滤器有这么多的优点，而简单的零损失过滤器在过去几十年都未能商业化？一个实验中的问题是能量损失谱易受到外场影响，ZLP会随时间而漂移，使得能量过滤透射电子显微镜(EFTEM)连续成像变得比较困难：必须不断地对ZLP重新对中和重新聚焦。同时，要得到最好的结果，特别是对于定量成像(见第39章)，需要样品所有成像区域有一个相近的厚度，使得强烈的衍射影响最小化。另一个可能的原因是能量过滤最适合较厚的样品，这种情况下不允许TEM(球差校正)在零点几纳米的分辨率极限下操作。或许在这里不应该提醒使用者，他们的大多数样品都无法使TEM发挥其优势，比如说最佳分辨率，即使买一台"更好"的TEM也不会提高大多数(厚)样品的图像质量和分辨率。当然，这只是个猜测……！

38.3 低能损失谱

图38.1所示为典型的低能损失谱，可直接从中看出一些特点：

- 在ZLP后面，等离激元峰是下一个主峰。
- 除了等离激元峰，能谱显得相对无特征(强度改变得很小)。
- 尽管缺少特征，但计数较高(看纵坐标的单位)，所以仍然可以提取有用数据，而且成像应该相对简单。

正如我们已经注意到的，低能损失谱的截止能量约为50 eV，原因是能量损失谱的另一个主要特征，即电离边，直到$E>50$ eV时才出现(至少对固体而言是这样)。在低能损失谱中，我们可以探测与导带或价带相互作用的电子(所以低能损失谱也常被称为"价电子谱")。这些弱束缚电子支配着样品的许多电学性能。总的来说，低能损失谱并不如高能损失谱好理解，人们也没有在低损失谱的模拟上做同样的努力。我们将在第39章和第40章中介绍高能损失谱，然而，正如将在本章后面看到的，很多地方会发生改变。

刚刚介绍了过滤等离子峰的显著优点，即可以提高 TEM 图像和衍射花样的衬度和分辨率。但是通过等离子峰成像，过滤 ZLP 和高能损失电子也能得到很多有用信息，这个方法是 Baston 首先提出的。由于信号强，等离子成像方法正在成为一种更流行的技术，特别是对于纳米材料低能损失特性的描述（例如 Eggenman 等的文章以及 Ding 和 Wang 的文章）。

38.3.1　化学指纹识别

利用低能损失谱我们能做什么？由于低能谱部分计数很高，因此我们可以利用它的形状来识别 TEM 图像中特定的相或特征，该结果具有一定的统计确定性。低能损失谱一直高达约 50 eV，包括任何等离子峰（见第 38.3.3 节），可用于指纹识别。

指纹识别

只有通过"指纹识别"过程，低能损失谱才能实现相的鉴别。把库中已知样品的能谱存储到计算机中。

把未知的谱叠加到一个或多个库里的标准谱上。图 38.5A 是 Al 及其化合物的低能损失谱的变化，而图 38.5B 是生物样品主要成分的低能损失谱变化。从许多元素和常见化合物（主要是氧化物）中收集的低能损失谱已经编制成很多数据库，例如 EELS Atlas 以及网址 4 上的数据库，这些资源有助于识别图像中的未知特征。与其他指纹识别技术一样，包括法医，在判断匹配是否满足要求时，应十分谨慎。这里没有"黑"和"白"，而是一个灰色区域，所以不要轻易下定论，除非有统计数据或者其他技术的强有力支持。

38.3.2　确定介电常数

能量损失过程可以看作高速电子穿过时样品的介电响应。因此，非常低的能谱（E 达到约 20 eV）包含了介电常数或电容率（ε）的信息。局域介电常数测量备受关注，因为半导体工业领域要探索高介电常数材料，例如 HfO_2——下一代纳米尺度栅极氧化物。

假定一个自由电子模型，单次散射谱强度 $I(E)$ 和介电常数 ε 的虚部有关，如下式所示（从 Egerton 修正）：

$$I(E) = I_0 \frac{t}{k} Im\left(-\frac{1}{\varepsilon} \right) \ln\left[1 + \left(\frac{\beta}{\theta_E} \right)^2 \right] \tag{38.5}$$

式中，I_0 是 ZLP 的强度；t 是样品厚度；k 是包含电子动量和玻尔半径的常数；

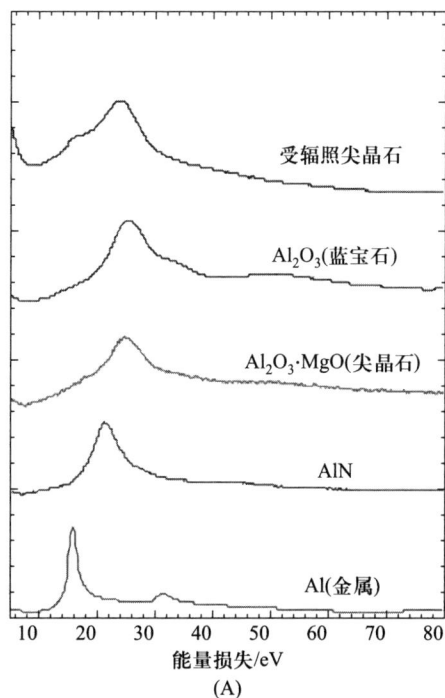

(A)

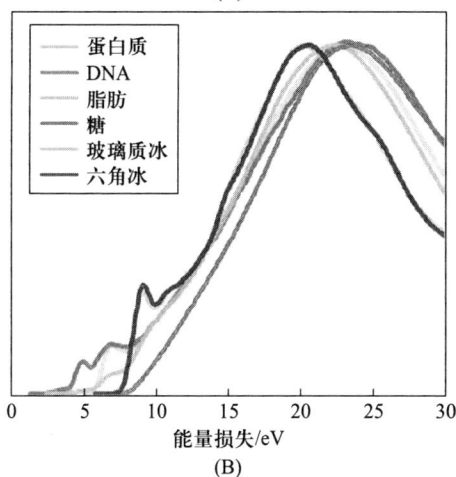

(B)

图 38.5 （A）Al 及其不同化合物的低能损失谱，显示了由 Al-Al，Al-O 和 Al-N 键的不同引起的峰强度的变化。（B）细胞组织主要成分的低能损失谱。（参见书后彩图）

β 是收集角（再次显示它的重要性）；θ_E 是特征散射角。为了从方程式（38.5）中的介电常数虚部中提取出实部，可以利用 Kramers-Kronig 分析法来分析能谱，详细的介绍参见 Egerton 的书。在 TEM 中测量介电常数，可发挥其高空间分辨率的显著优势,此优势已在相关实验中得到验证。比如通过低能损失谱确定 BN 纳米管的光学带隙(Arenal 等)。因为需要的是单次散射谱,所以在确定介电常数时,首先要通过傅里叶对数解卷积扣除多重散射的强度(见第 39.6 节)。Gatan 软件包中含有对应的程序,公用软件也可以在网址 1、5 和 6 上得到。

Kramers-Kronig 分析

　　这种分析给出了介电常数对能量的依赖关系和一些其他的信息,这些信息通常是从光谱中得到的。

　　确定介电常数除了可以选择 EELS 外,还可以选择多种光学以及其他电磁辐照技术。备受关注的是能量为 1.5 eV 到 3 eV 的低能损失谱,它对应着介电响应光学分析中从红外(~800 nm)到紫外(~400 nm)的波段[EELS 和光谱的对应关系只适用于小角度散射,因此必须选择较小 β 值(<~10 mrad),这就降低谱的强度]。更高的能量损失部分则与各种电子跃迁有关。因此在单独的 EELS 实验中,理论上可以替代光谱设备的整个电池组(尽管光谱技术确实能提供比 EELS 更好的能量分辨率)。记住 EELS 总是能提供更好的空间分辨率。

　　TEM-EELS 方法和化合价(表面)EELS 方法有很多相似的地方,包括都需要使用 Kramers-Kronig 和解卷积软件。基于 TEM 的 EELS 的能量是在 1 eV 附近甚至更低的能量(低频)范围内,相当于研究化学键振动的远红外光谱。高能量损失范围对应于可见光和紫外光谱的范围。

　　如果没有单色器,可以利用软件来扣除 ZLP 的拖尾,但是正像前面提到的,必须要谨慎,因为这个过程可能会引入人为因素。图 38.6 为 EELS 和光学价态谱之间相互对应的一个实例。图 38.6A 显示了最初解卷积的重要性,图 38.6B 为解卷积价谱和紫外光谱的对比情况。将低能损失谱中的不同峰和特定的带间跃迁对应起来,并和能带结构计算数据做比较,这么做会比较简单明了(例如 van Bentham 等)。这样就能得到样品的电子和光学特性,除此之外我们可以选择低能损失谱中的任何特性,并对这些电子进行成像。因此,介电常数成像是可行的,同样地,我们将要讨论的其他不同低能谱信号的成像也是可行的。

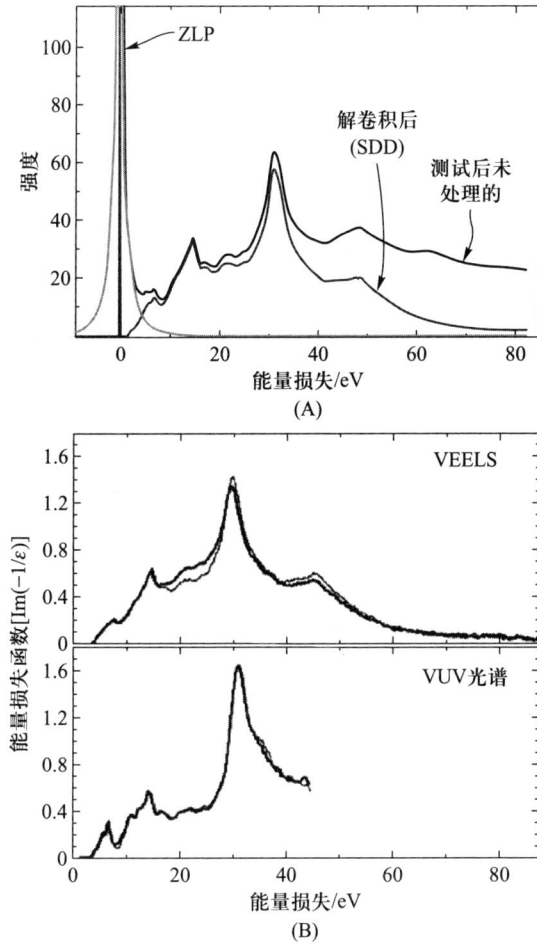

图 38.6 （A）傅里叶-对数解卷积前后 $SrTiO_3$ 的低能损失（价）谱，以及扣除的 ZLP。（B）比较从 $SrTiO_3$ 两个不同区域的价电子能量损失谱（VEELS）对和真空紫外光谱（VUV）获得的复介电函数虚部的变压。这些谱表现出类似的特征，但是 VUV 光谱在 45 eV 以上测不到

为了得到最好的低能损失谱

需要一个场发射枪（FEG）、一个高分辨率、高色散的谱仪以及一个单色器，如果确实能达到这些要求，那么 ZLP 中的尾巴就不会掩盖低能强度。

38. 3. 3　等离激元

当电子束与导带或价带中弱束缚电子相互作用时，等离激元会以类似纵波的模式振动。可以把等离激元比作石头扔进池塘后水面上向四周扩张的波浪。但是与池塘中的波浪不同，等离激元的振动衰减很快，它的生命周期一般为 10^{-15} s 并且局限在小于 10 nm 的范围内。等离激元峰是能谱中除 ZLP 之外的第二主要峰。图 38.1 中 ZLP 边上的小峰即是一个等离激元峰。

如果假定电子是自由的（也就是未被某一原子或离子束缚），那么当产生一个频率为 ω_p 的等离激元，电子损失的能量E_p 可以简单地表示成

$$E_p = \frac{h}{2\pi}\omega_p = \frac{h}{2\pi}\left(\frac{ne^2}{\varepsilon_0 m}\right)^{1/2} \tag{38.6}$$

式中，h 是普朗克常数；e 和 m 是电子电荷与质量；ε_0 是真空电容率（注意介电常数即为极化介质的相对电容率）；n 是自由电子密度。典型的E_p 值一般在 5～25 eV 范围内。等离子激元损失特征汇总在表 38.1 中。

■ 在具有自由电子结构的材料中，等离激元损失占主导地位，如 Li、Na、Mg 和 Al。

■ 包括绝缘体在内的任何材料，如聚合物和生物组织，其低能损失谱中都或多或少都存在类似等离激元的峰。

所以"自由电子"假设显然是不严格的，我们不知道这些特征是如何产生的。

从式(38.6)可以看出，E_p 受自由电子密度 n 的影响。有趣的是，n 可能会随样品的化学成分而变化。所以，测量等离激元能量损失能得到间接的分析结果（见第 38.3.4 节）。

特征等离激元散射角 θ_E 很小，一般小于 0.1 mrad（如表 38.1 所示），这意味着等离激元损失电子会被强烈地前向散射。截止角 θ_c 比 θ_E 大得多，因此，如果使用只有 10 mrad 的收集角 β，也很容易收集到几乎所有的等离损失电子（再次显示系统中 β 的重要性）。相反地，这意味着就算是一个很小的物镜光阑也不能阻止等离激元损失电子进入 TEM 的成像系统。等离激元损失电子同样携带衬度信息，由于是最强的能量损失信号，所以它们是 TEM 成像中色差的主要来源，这就是为什么最好将其滤掉。正如我们所看到的，图 38.2 显示的是低能损失部分（主要是等离激元）滤波之后的图像，它的衬度和分辨率得到了明显的改善，图像中剩余的主要是质量-厚度衬度。同样地，图 38.3 为厚薄膜的图像，主要包含衍射衬度。当大量等离激元峰被过滤后，分辨率也会有类似的改善。

在 AEM 电压中，等离激元平均自由程 λ_p 的典型值约为 100 nm，所以除

了最薄的样品，其他所有样品中至少能得到一个强的等离激元峰。同样地，单次损失的数量随着样品厚度的增加而增加，因而可通过等离激元峰的强度估算样品的厚度。如果样品薄到只会发生单次散射，并且唯一重要的散射就是单个等离激元散射，那么这是非常令人高兴的，因为这是一个适合电离损失 EELS（见第 39 章）研究的好样品。相反地，如果样品显示出好几个等离激元峰，那么样品对于电离损失研究来讲就太厚了。在单次散射情况下，可以假设

$$t = \lambda_P \frac{I_P}{I_0} \qquad (38.7)$$

式中，λ_P 是等离激元平均自由程；I_P（见图 38.1）是第一个（而且是唯一的）等离激元峰的强度；I_0 是 ZLP 的强度。

粗 略 估 算

一个典型的粗略估算：如果第一个等离激元峰强度大于 ZLP 强度的 1/10，那么对于 EELS 定量分析来讲，样品就太厚了。

与其他厚度测量技术相比，该方法的优势在于，它可在很大的厚度范围内适用于任何样品，无论是非晶还是晶体。我们将在第 39.5 节中阐述更多与 EELS 厚度测量和它们在电离损失谱中的作用相关的内容。

若以多次散射为主，谱就会变得很难解释，而且会出现别的问题，例如电离损失的量化结果（见第 39 章）会变得不可信。

当然，解决这个问题的方法之一是使用非常薄的样品，但是通常不可能制备出足够薄的样品。Murphy 定律认为，感兴趣的区域通常比较厚。因此必须利用傅里叶对数方法对能谱作解卷积处理（见第 39.6 节），使单次散射这一假设成立。正如我们已经注意到的，解卷积有它自身的问题。

图 38.7 是纯 Al 样品薄区（图 38.1A）和厚区（图 38.7B）的等离激元损失谱，同时图 38.7B 中还展示了 Gatan 软件如何利用这个信息来测量薄膜样品的局域厚度。因为 Al 可近似认为是自由电子金属，所以等离子损失过程是其主要的能量损失过程。厚样品中的多次等离激元散射是值得关注的，因为它限制了我们对高能损失谱的解释，而高能损失谱包含着电离损失的化学信息，这部分信息是我们所关注的（见第 39.4 节）。

之前讨论的等离激元损失都源于入射电子和样品内部电子的相互作用，但是入射电子同样能引起样品表面的等离激元振荡。我们可以将这些表面等离激元设想成横向电荷波。表面等离激元的能量约为体等离激元的一半（因为表面原子并没有被强烈地束缚）。然而，正如 Baston 所示，表面等离激元峰的强度

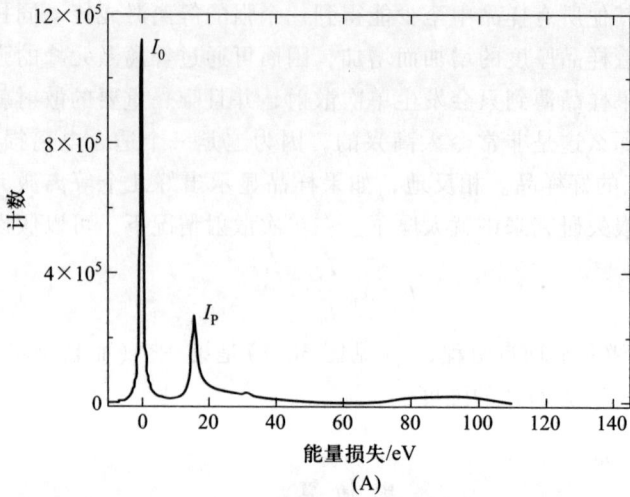

(A)

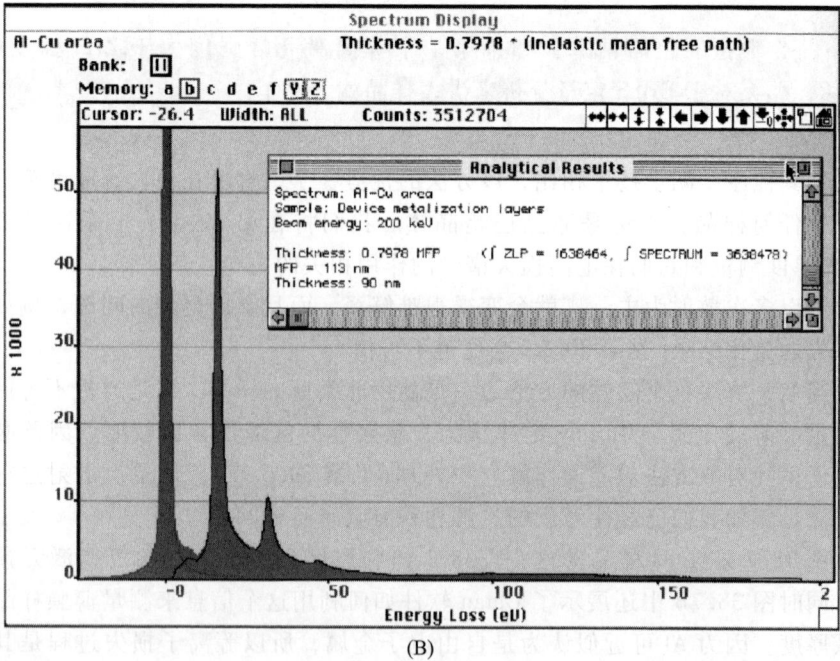

(B)

图 38.7　(A) 一个非常薄的纯铝样品的低能损失谱，其中包括最强的 ZLP(I_0) 和出现在 15 eV 附近的较强等离激元峰(I_P)。(B) 一个较厚的纯铝样品的低能损失谱包括几个等离激元峰，其中第一个峰和 ZLP 强度相当。插图为利用 Gatan 软件进行的厚度计算

要比体等离激元峰弱好多，哪怕是最薄的样品，但仍可以对它们进行成像。结合单色器和球差校正器，表面等离激元和其他低能损失研究将在 TEM 中表现出更多的重要性。

38.3.4 等离激元损失分析

上面已经提到，等离激元峰包含了样品的化学信息，这是因为样品成分可能会影响自由电子密度 n，进而影响等离激元峰的位置。在历史上，这个技术是 EELS 定量分析的第一个方面，但它只适用于某几个系统，主要是铝和镁合金，这些材料的等离激元峰在能谱中占主要位置，而且由尖锐的高斯峰组成（Williams 和 Edington）。此处缺少该方法最近的发展概述，如下从侧面来说明它的局限性。

等离激元损失分析的出发点是对等离激元峰的位置随化学成分变化的经验观测，表达式为

$$E_P(C) = E_P(0) \pm C\left(\frac{\mathrm{d}E_P}{\mathrm{d}C}\right) \tag{38.8}$$

式中，$E_P(0)$ 是纯组分的等离激元损失。通过创建一系列已知组分的二元合金，可以建立一条校正曲线，然后就可以用来校正测量出的未知合金的E_P。

由于等离激元损失分析需要测量峰位移动，而不是峰位，所以需要一个具有最高分辨率并足够离散的能谱来精确测量峰的中心。早期的等离激元损失研究中还没有场发射枪，所以热电子源分辨率是一个限制因素。图 38.8 为一些早期等离激元损失得到的浓度数据和发生的可见峰偏移，同时也给出了 Al-Li 合金中等离激元峰偏移的分析方法，以及如何将其应用到 Li 浓度数据上，并建立 Li 成分的分布图；由于其 Z 较低，使用其他分析手段进行处理会相当困难。

等离激元损失谱具有比较好的空间分辨率，相对来说不易受样品厚度和表面沉积的影响。因为自由电子的影响，等离激元扰动快速衰减，所以以由等离激元振荡局域性决定的空间分辨率只有几个纳米。如图 38.7 所示，样品厚度只影响等离激元峰的数量和强度，不影响它们的位置。实际上，要得到最好的等离激元谱，样品的厚度最好为 $1\sim2$ 倍平均自由程（λ_P），那样就能看到几个较强的高斯峰。遗憾的是，它存在很强的现实弊端，这可以说明为什么自 19 世纪 70 年代中期电离损失技术出现以来，等离激元损失数据几乎完全没有：

■ 我们仅能分析峰形轮廓分明的样品，且仅能合理分析二元样品。

■ 合金元素必须产生一个可以被检测到的E_P的变化，但这种情况并非总能出现。例如，Al 里面掺 30 at% Zn 几乎不改变E_P。

利用现代探测技术和数据处理方法有可能简化等离激元谱的分析过程并提高分析的质量。当等离激元峰偏移分析受到限制时，至少还可以利用低能损失等离激元谱来进行化学指纹识别，这在前面已经叙述过，接下来将在第 38.4 节讨论如何通过模拟来定量分析低能损失谱。

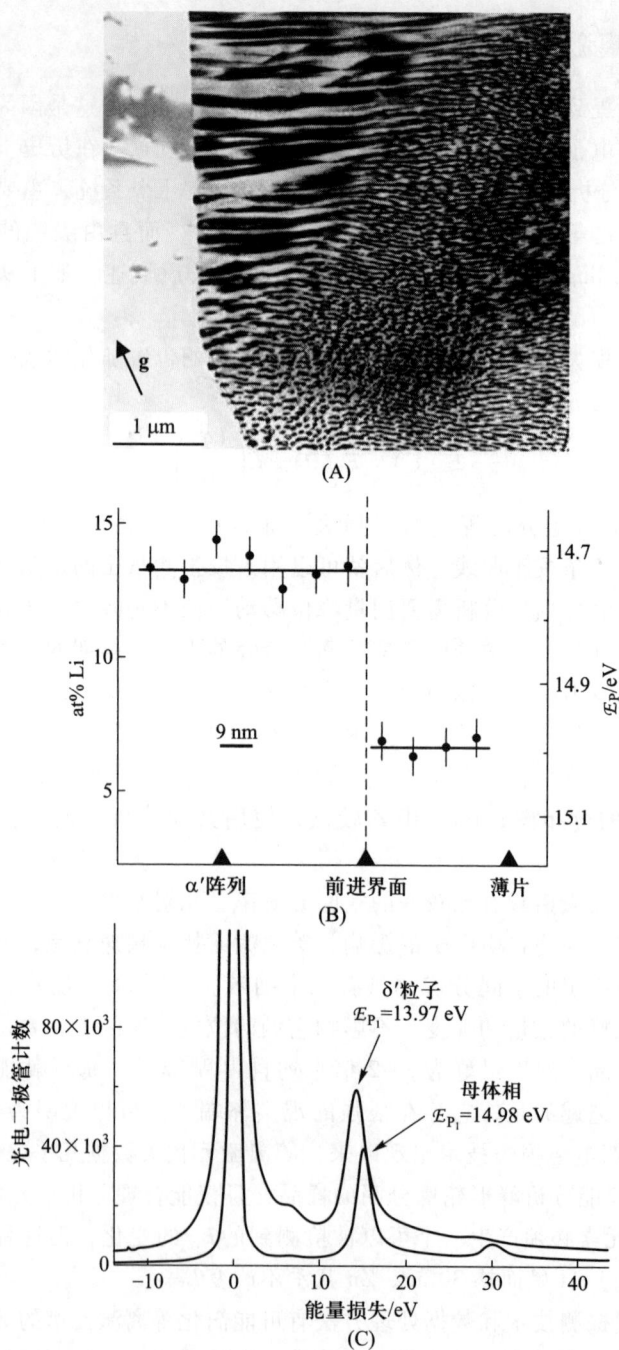

(A)

(B)

(C)

图 38.8 （A）Al-11at%-Li 样品的不连续沉积反应界面。（B）界面处不同 Li 成分变化的实验等离子激元损失测量。（C）母相（5 at% Li）和析出物（25 at% Li）的两个损失谱，从中可看到等离激元峰的偏移

随着对纳米材料力学性能研究兴趣的不断增加，等离激元能量和弹性性能、硬度、价电子密度以及结合能之间的强尺寸关联性重燃了对这部分谱的研究兴趣（例如 Oleshko 和 Howe）。

38.3.5 单电子激发

一个高能电子可能会向价带中的单电子转移足够的能量以改变它的轨道态，也许会使它跃迁到导带中未被占据的轨道态。我们称之为单电子相互作用，它们会导致价带电子的带间/带内跃迁，能量损失可以高达 ~25 eV。图 38.9A 是一个带间跃迁的例子。图中所示给出了不同聚合物的能谱，而这些聚合物（Hunt 等）只能从电子差别上区分。与分子轨道相互作用，如 π 轨道相互作用会在能谱的低能部分形成特征峰，有时候会引起等离激元峰的移动（上升或下降取决于带间跃迁的相对能量和等离激元损失），这就是能利用这部分峰的强度变化来识别特定相的原因。一个更富挑战性的例子如图 38.9B 所示，显示了低温和低剂量 STEM 组合的用处，这种组合能在水溶液中实现对聚合物纳米乳胶的成像。低能损失谱显示了不同相（包括非晶冰！）之间的电子差别，而过滤后的图像显示了分裂状的乳化颗粒。或许没有别的技术可以在如此高分辨率下对电子束敏感材料进行成像了（Kim 等）。

如果一束电子给弱束缚的价电子足够能量，使其逃脱原子核的引力场，那么就产生了二次电子（SE），SEM 和 STEM 就是利用这种电子进行表面成像的。通常，一个二次电子需要 <20 eV 的能量以逃脱表面束缚，因此，与带间和带内跃迁类似，二次电子会对能谱的低能区域有贡献。

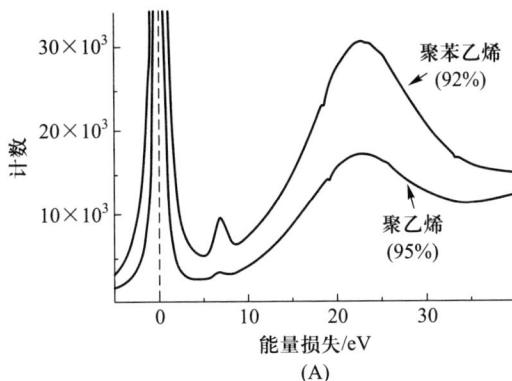

(A)

(B)

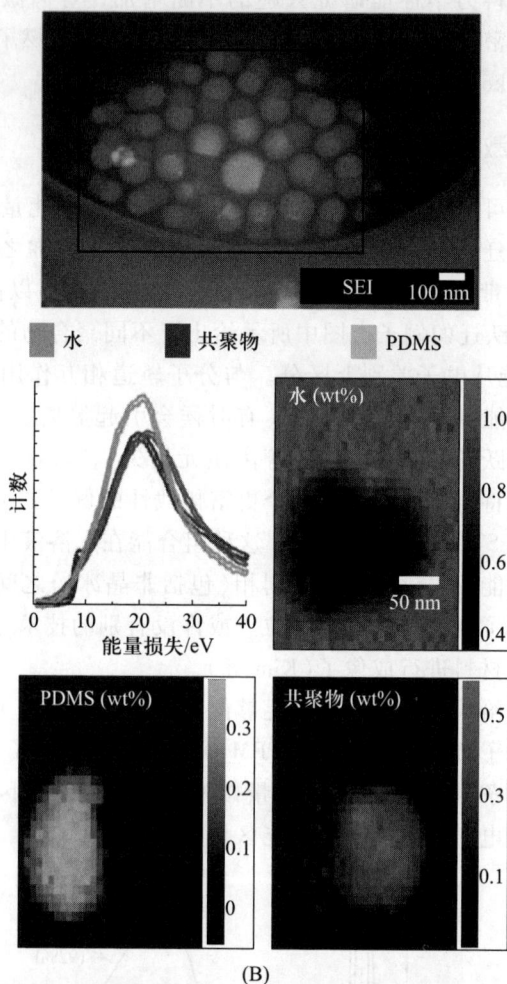

图 38.9　（A）为聚苯乙烯的带间跃迁特性，与聚乙烯中的跃迁对比，可清楚地看到等离激元峰的出现。（B）水中一个两相聚合物纳米乳胶的低剂量-低温 HAADF 图（上图）；非晶冰（蓝色）、聚二甲基硅氧烷（PDMS）（绿色）和多相共聚物（红色）的低能损失谱，以及与不同低能损失谱相应的成分分布图（下图）。（参见书后彩图）

38.3.6　带隙

在紧挨着 ZLP 之后，等离子峰强度增加之前，存在一个强度很低的区域。如果不存在带间跃迁，这部分谱的强度近似为探测器暗电流（噪声）量级。这个低强度暗示着此处存在一个禁带跃迁区域，简单地说就是带隙，即半导体和绝缘体中价带和导带之间部分。为了确定带隙，需要将 ZLP 中的尾巴去掉（会

伴随有很多困难），并测量最初低能损失谱上升之前的能量范围。图 38.10A
显示的是 Si、SiO_2 和 SiN 样品能量损失谱中不同的带隙。在没有发生跃迁的能
量范围内绘制这种变化就得到了带隙图（图 38.10B），这些例子由 Kimoto 等给
出。随着亚纳米尺寸半导体技术的不断发展，对于能带亚纳米分辨率成像的需
求也将不断增加，低能损失 EELS 成像是使这种电子特性可视化的唯一方法。

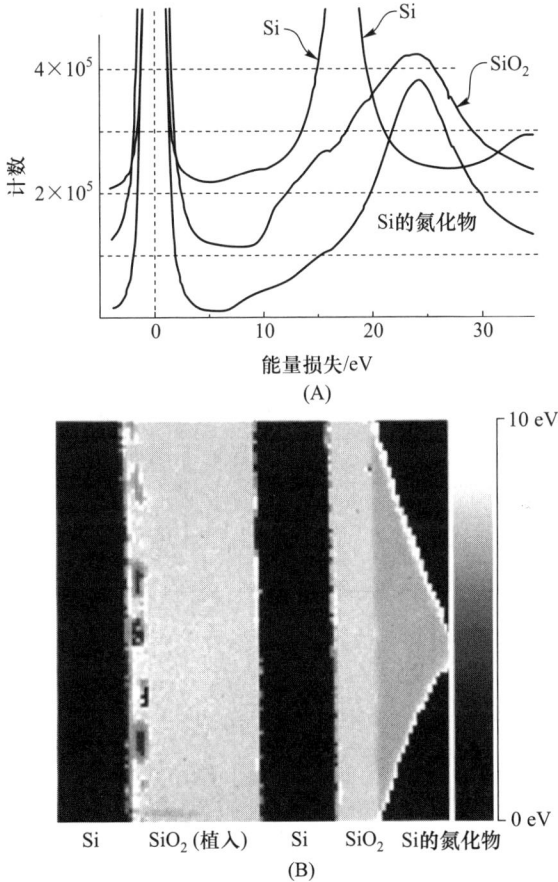

(A)

(B)

图 38.10 （A）Si 的半导体、SiO_2、Si 的氮化物（几乎是 Si_3N_4）陶瓷绝缘体的低损失谱中有
明显的带隙差异。（B）相应的带隙图片（带右刻度；在 90 K 使用 1 024 个信道且驻留时间
为 150 ms 时记录）

38.4 模拟低能损失谱

正如我们所知，低能损失谱具有明显的强度优势（因此计数统计并不是问

题），它包含了样品的很多有用信息，例如成分、成键、介电常数、带隙、自由电子密度和光学特性。得到所有这些信息，就可以认为已经很好地理解了低能损失谱，而且我们能在一定精度内进行模拟，并利用模型预测不同材料的能谱。反常的是，我们模拟强度更低的高能损失谱时可以得到更好的结果，这将在第 39 章和第 40 章讨论。如今，在计算等离激元损失能和带间跃迁问题上已经取得了很大进展。正如前面谈到的，等离激元峰基本上是一个自由电子振荡，所以方程式(38.6)用于计算等离激元损失能已经有好几十年了，但是这种方法不能消除类似带间跃迁等其他低能损失特征带来的影响。法国人已经发展了低能损失模拟的软件，叫作电子结构工具（见网址 1），由许多光谱、VUV谱和 EELS 谱定量分析程序组成。Keast 表明，对于某些金属和陶瓷，低能损失谱模拟结果与实验结果吻合得较好，如图 38.11 所示。利用从头计算法能够揭示更详细的细节，我们将在第 40 章予以介绍，这一话题在姊妹篇中有详尽的讨论。模拟低能峰需要精确的实验控制参数，图 38.11 中数据采集的电子束（100 kV）会聚角是 8.3 mrad，Gatan 光谱仪收集角是 5.8 mrad，100 个谱（采集间隔0.05 s）排列在一起以校正暗电流和增益变化。利用 WIEN2k 编码进行密度泛函（见第 40.5.1 节）计算（利用随机相位近似并忽略局部场效应）。利用广义梯度近似处理交换和关联效应。最终的谱是不同取向成分的平均。上述的过程还是比较复杂的。

低能损失分析所用软件都可以在网址 1 和 6 里面找到。

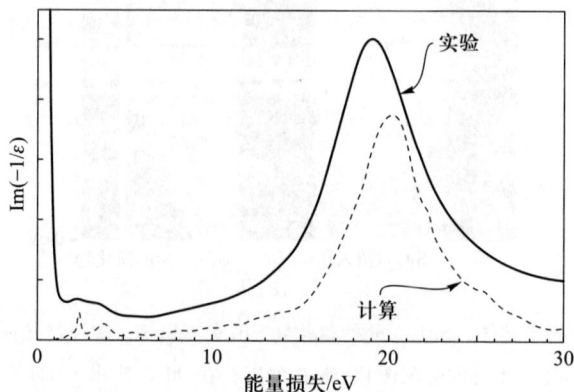

图 38.11　商业化的 MgB_2 颗粒的低能量损失谱计算（虚线）与实验（实线）的对比

章 节 总 结

0~50 eV 范围的低能损失（价电子和等离子激元）谱包含了样品的很多有用信息。

■ ZLP 是最强的信号。如果将所有的低能损失电子从 ZLP 中过滤掉，得到的图像和衍射花样比过滤前具有更高的分辨率和更好的衬度，因为它们不受色差和漫散射影响。

■ 低能损失谱反映了电子束与弱束缚的导带电子或者价带电子的相互作用。

■ 从低能损失谱的不同部分可以测得样品的局部介电常数、自由电子密度、厚度、带隙，以及带间/带内跃迁。还可以利用这些能量损失电子成像，成的像可以反映上述所有现象，且一般分辨率能达到亚纳米量级。

■ 通过比较数据库中标准谱的特征，可用低能损失谱来识别（确定）特定元素、化合物和生物组织。

■ 在一些轻元素的二元合金系统中，测量等离激元峰的中心偏移可确定其成分。等离激元成像还具有反映纳米力学性能的潜能。

■ 我们能更好地模拟低能损失谱，并理解电子束和样品间不同的相互作用对谱的高强度部分的贡献。

参考文献

EELS 图表集

Ahn，CC Ed. 2004 *Transmission Electron Energy-Loss Spectrometry in Materials Science and the EELS Atlas* 2nd Ed. Wiley-VCH Weinheim Germany. 购买这本书。

Ahn，CC and Krivanek，OL 1983 *EELS Atlas* Gatan Inc.，5933 Coronado Lane Pleasanton CA 94588. 如果能找到的话，这本书也值得购买。

一些计算方法和特殊的概念

Egerton，RF 1976 *Inelastic Scattering and Energy Filtering in the Transmission Electron Microscope* Phil. Mag. **34** 49-65. 最早介绍 EELS 技术的书之一。

Egerton，RF 1996 *Electron Energy Loss Spectroscopy in the Electron Microscope* 2nd

Ed. Plenum Press New York. 包括高衬度调节的理念。

Eggeman, AS, Dobson, PJ and Petford-Long AK 2007 *Optical Spectroscopy and Energy-Filtered Transmission Electron Microscopy of Surface Plasmons in Core-Shell Nanoparticles* J. Appl. Phys. **101** 024307-10.

Keast, VJ 2005 *Ab Initio Calculations of Plasmons and Interband Transitions in the Low-Loss Electron Energy-Loss Spectrum* J. Electron Spectrosc. Relat. Phenom. **143** 97-104.

Schattschneider, P and Jouffrey, B 1995 *Plasmons and Related Excitations* in Reimer, L Ed. *Energy-Filtering Transmission Electron Microscopy* 151 – 224 Springer New York. 详尽介绍等离子激元和相关激发。

应用

Arenal, R, Stéphan, O, Kociak, M. Taverna, D. Loiseau, A and Colliex, C 2005 *Electron Energy Loss Spectroscopy Measurement of the Optical Gaps on Individual Boron Nitride Single-Walled and Multiwalled Nanotubes* Phys. Rev. Lett. **95** 127601-127604.

Batson, PE 1982 *Surface Plasmon Coupling in Clusters of Small Spheres* Phys. Rev. Lett. **49** 936-940.

Ding, Y and Wang, ZL 2005 *Electron Energy-Loss Spectroscopy Study of ZnO Nanobelt*s J. Electr. Microsc. **54** 287-291.

Hunt, JA, Disko, MM, Behal, SK and Leapman, RD 1995 *Electron Energy-Loss Chemical Imaging of Polymer Phases* Ultramicrosc. **58** 55-64.

Kim, G, Sousa, A, Meyers, D, Shope, M and Libera, M 2006 *Diffuse Polymer Interfaces in Lobed Nanoemulsions Preserved in Aqueous Media* J. Am. Chem. Soc. **128** 6570 -6571.

Kimoto, K, Kothleitner, G, Grogger, W, Matsui, Y and Hofer F 2005 *Advantages of a Monochromator for Bandgap Measurements Using Eelectron-Loss Spectroscopy* Micron **36** 185-189.

Midgley, PA, Saunders, M, Vincent, R and Steeds, JW 1995 *Energy-Filtered Convergent-Beam Diffraction: Examples and Future Prospects* Ultramicrosc. **59** 1-13.

Oleshko, VP and Howe, JM 2007 *In Situ Determination and Imaging of Physical Properties of Metastable and Equilibrium Precipitates Using Valence Electron Energy-Loss Spectroscopy and Energy-Filtering Transmission Electron Microscopy* J. Appl. Phys. **101** 054308-11.

Reimer，L 2004 *Electron Spectroscopic Imaging in Transmission Electron Energy Loss Spectrometry in Materials Science and the EELS Atlas* 2nd Ed. 347–400 Ed. CC Ahn Wiley-VCH Weinheim Germany.

Van Bentham，K，Elsasser，C and French，RH 2001 *Bulk Electronic Structure of SrTiO3：Experiment and Theory* J. Appl. Phys. **90** 6156–6159.

Williams，DB and Edington，JW 1976 *High Resolution Microanalysis in Materials Science Using Electron Energy Loss Measurements* J. Microsc. 108 113–145. 虽然很有历史感但无可替代！

网址

1. http：//www. lrsm. upenn. edu/~frenchrh/index. htm.
2. http：//www. hremresearch. com/Eng/download/documents/EELScatE2. html.
3. http：//www. gatan. com/answers2/index. php.
4. http：//www. cemes. fr/%7Eeelsdb/.
5. http：//www. cemes. fr/epsilon/home/main. php.
6. http：//www. deconvolution. com/.

自测题

Q38.1　如何区别能谱中的低能损失和高能损失区域。

Q38.2　在任一谱中，第二强峰通常是什么？非常厚的样品中，第二强峰可能是什么？

Q38.3　列出主要能量损失过程中的特征散射角并给出大概值。并将这些角度与 TEM 中其他重要散射角做比较，例如典型的布拉格角。

Q38.4　等离激元能量损失的典型值是多少？

Q38.5　什么是带间和带内跃迁？为什么它们会引起相对低的能量损失？

Q38.6　为什么要确保 ZLP 成为谱中的最强峰，并比其他峰强度高 10 倍甚至更多？

Q38.7　"自由空间介电常数"的另一种表达方式是什么？

Q38.8　"自由电子密度"指什么？它在低能损失中有什么作用？

Q38.9　为什么在薄样品的能谱中，等离激元峰是最主要的能量损失峰？

Q38.10　特征角和截止角有什么区别？在 EELS 里哪个更重要，为什么？

Q38.11　ZLP 里有哪些电子？

Q38.12　在什么情况下需要扣除 ZLP 的拖尾？

Q38.13　除了低能损失 ELLS 方法，再列举一种测量介电常数的方法。两种方法的优缺点有哪些？

Q38.14　扣除 ZLP 拖尾的最好方法是什么？

Q38.15　什么是指纹识别？为什么在用它时需要十分谨慎？

Q38.16　未扣除能量损失电子成像时，为什么觉得苦恼？

Q38.17　未扣除能量损失电子的样品进行 CBED 成像时，为什么觉得苦恼？

Q38.18　什么是 Kramers-Kroning 转换？根据它可从低能损失谱中得到什么信息？

Q38.19　为什么等离子峰偏移测量方法没有更多地应用在成分鉴定方面？

Q38.20　解释为什么要模拟低能损失谱的强度？

Q38.21　区别单次散射、多次散射和多重散射。哪个对 EELS 最好，为什么？

章节具体问题

T38.1　区别特征散射角、截止角和谱仪的收集角。解释为什么特征散射角的巨大差异会影响谱的信息。

T38.2　为什么将能量损失电子过滤后会提高样品的图像的质-厚衬度？

T38.3　为什么将能量损失电子过滤后会改善样品衍射图像的衍射衬度？

T38.4　为什么过滤能量损失电子能改善衍射花样的质量？

T38.5　什么是衬度调整？在什么情况下应该进行衬度调整？

T38.6　为什么认为在图 38.9 中，聚乙烯谱中存在残余带间跃迁峰？

T38.7　能想到其他别的方法对图 38.8 中的 Li 分布进行成像吗（提示：可参考第 39 章）？

T38.8　为什么在 30 年前我们能把等离激元峰偏移测量作为一种分析技术？为什么现在没有人用它了？

T38.9　与紫外可见光谱相比，为什么 EELS 低能损失谱能根据测定价态来确定介电常数？（提示：用一个典型的低能损失计算电子波长。）

T38.10　假如带隙是原子势阱以上能态的叠加引起的非空间局域化现象，解释如何讨论带隙成像和高空间分辨率成像（如图 38.10）。

T38.11　为什么要计算低能损失谱的强度分布？

T38.12　假定低能损失谱比高能损失谱强很多，相比高能损失谱范围，为什么低能损失谱的理论和实验工作相对很少？

T38.13　估算图 38.1 中零损失和低能损失区域的相对强度，然后解释为什么我们能把谱的总强度近似为这两部分的总和？

T38.14　学习图 38.7，然后画图表示谱峰的相对强度在厚度超过图 38.7B 中的厚度时，是如何随厚度增加而连续变化的？

T38.15　为什么我们期望看到不同化合物低能损失谱的差别(如图 38.5)？

T38.16　为什么类等离激元峰会出现在不含自由电子的生物材料中？

第 39 章
高能损失谱和图像

章 节 预 览

  高能损失谱($E > 50$ eV)主要由多次散射背景下迅速下降的电离或核吸收边组成。可以由高能损失电离边得到元素组成数据。本章主要讨论如何从能谱中得到这些信息、定量分析及绘图。这些数据适用于轻元素的微量分析,电子能量损失谱(EELS)在这点弥补了 X 射线能量色散谱(XEDS)的不足。首先要注意一些十分重要的可控实验参量,然后讨论如何得到能够进行定量分析的能谱。接下来,我们会给出一些不同的微量分析方法,理论上说,这些方法要比 XEDS 更为简单直接,但实际上却需要更多的知识和经验才能成功分析。因为 EELS 的空间分辨率和探测下限比 XEDS 好,所以元素成像成为高能损失谱的一个重要应用,并且 EELS 也更容易实现单原子检测。

39.1　高能损失谱

大于 50 eV 的高能损失部分含有与内壳层或核的非弹性相互作用的信息。与 XEDS 类似，这些相互作用能够用于鉴别元素，同时还能够提供包含成键和原子位置等其他信息。本章重点讨论元素定量分析和绘图，第 40 章将讨论高能量损失谱的其他特征。

39.1.1　内层电离

当电子束传递给内层电子(电子层越靠内，与原子核结合越紧，如 K、L、M 层等)足够的能量时，电子会摆脱原子核的引力场，即原子被电离(见图 4.2)。前面介绍 X 射线分析的章节已经指出，处于激发态的原子回到基态时会产生特征 X 射线或俄歇电子。所以说内层电子的电离损失 EELS 和 XEDS 是一个现象的两个不同方面。我们之所以对电离损失感兴趣，是因为这一过程包括原子的特征即信号，可以像特征 X 射线一样直接给出其化学信息。电离损失信号在 EELS 谱中被称为"边"而非峰，我们将通过简短的描述给出称之为"边"的原因，这些边是绘制元素分布图的基础。

EELS 与 XEDS 的互补

探测使原子电离的高能电子束时，原子是否放出 X 射线或者俄歇电子不会影响探测结果。EELS 并不像元素 X 射线分析一样受到的荧光产量的影响。这从本质上充分揭示了 XEDS 和电离损失 EELS 的互补性，但是 EELS 的效率更高。

内层电子电离通常是个高能过程。以最轻的固体元素 Li 为例，发射一个 K 层电子需要 ~55 eV 的能量，因此电子损失通常会发生在能谱中大于 50 eV 的"高能损失"区域。随着原子序数 Z 值增大，电子与原子核的结合越紧密，激发 K 层电子需要的能量更高。铀原子 K 层电子的结合能高达 99 keV。当能量大于 ~2 keV 时，K 边强度剧烈下降，我们倾向于采用 L 边或 M 边处理 Z 值大的原子(与 XEDS 类似)。这里需要简单提及 EELS 边常用的术语。在 X 射线中，能谱中有 K、L、M 等峰，相应地，在 EELS 中电离边命名为 K、L、M 等边。但是，磁棱镜谱仪的能量分辨率较高，更容易区分能谱中由电子层不同能态导致的微小变化。例如

■ K 层电子在第一区域并产生单一的 K 边。

■ L 层电子在 2s 或 2p 轨道，一个 2s 电子逸出会产生一个 L_1 边，一个 2p 电子逸出会产生 L_2 边或 L_3 边。

依据电离能是不能区分 L_2 边和 L_3 边的（对 Ti 元素而不是 Al 元素来说），因此，这个边被称为 $L_{2,3}$。图 39.1 系统地给出了全谱范围内可能的"边"，可以发现存在其他的"双重"边，如 $M_{4,5}$。

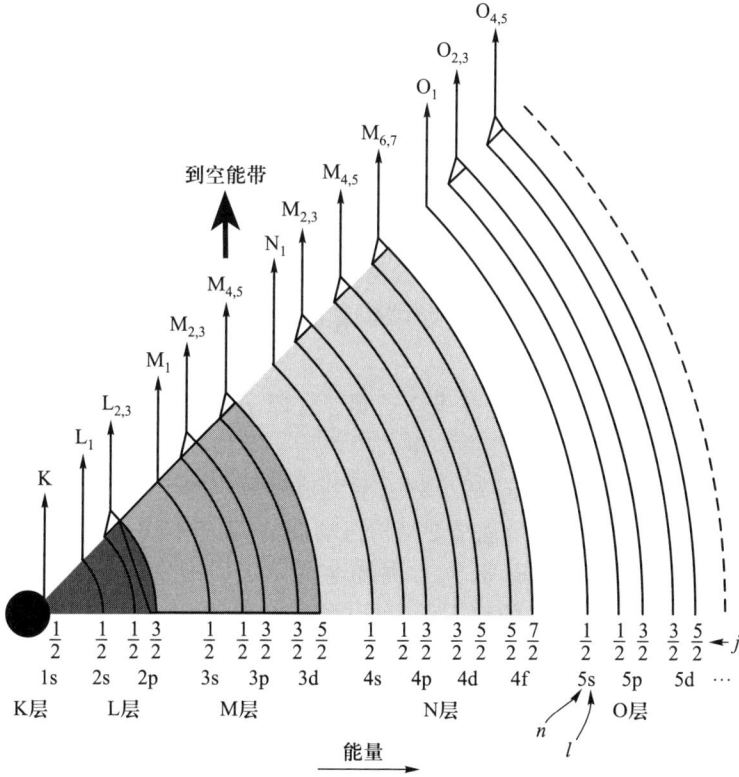

图 39.1 内层电子电离引起的所有可能边，及其相应的命名

比起需要较少能量的等离子激发，电离截面相对较小并且平均自由程较长。因此电离吸收边的强度比起等离子共振峰要小很多，并且随着能量损失的增加会变得更小（见图 37.1）。这是高能损失边与低能损失边（L、M 边）共存的又一原因。在典型的薄片中，同一电子发生多次电离的概率很小，而电离损失与等离子共振损失在很多情况下都会同时存在。这种现象会使 EELS 和过滤图像失真。

如图 4.2 所示，电子束转移到内层电子的最小能量需要能够克服电子和原子核的结合能才可以发生电离。这个最小能量构成电离阈值，即临界电离

能 E_C。

对于 K 层电子，E_C 记为 E_K；对于 L 层电子，E_C 记为 E_L，并以此类推。显然，只有转移到原子的能量 $E > E_C$ 才可能发生电离。然而，由于能量提高时散射截面减小，所以当能量大于 E_C 时，如继续提高能量，发生电离的概率增幅反而越来越小。这就使电离损失电子具有能量分布，即在 E_C 处有一个理想的最大尖峰，E_C 之后又随能量的增大而缓慢降至本底。如图 39.2A 所示，它与 X 射线能谱的"吸收边"有着几乎相同的强度轮廓，因此我们将这个三角形状称作一个"边"。这样明锐的吸收边可由理想的孤立氢原子产生，因此被称为"氢"电离边。

三 角 形

这一理想的三角形或锯齿形状仅见于孤立氢原子的能谱，因此称作氢电离吸收边。实际的电离吸收边的形状都或多或少地接近于氢电离吸收边。

在实际问题处理时，我们并不会遇到孤立原子，原子都处于晶格或非晶体结构中，因而能谱变得更为复杂。电离吸收边将叠加在一个由随机多次非弹性散射而迅速衰减的背景上（图 39.2B）。受到成键效应的影响，吸收边形状也可能会在 E_C 附近的 50 eV 内呈现精细结构振动振荡（图 39.2C）（这些振荡术语称之为能量损失近边结构，ELNES）。围绕电离原子周围原子产生的衍射效应，可以在吸收边之后 ~50 eV 的地方产生可探测的低强度振荡（图 39.2D），这些振动称为扩展能量损失精细结构（EXELFS）。这与 X 射线谱，特别是同步加速源 X 射线谱，产生的扩展 X 射线吸收精细结构（EXAFS）类似。

ELNES 和 EXELFS

电离边周围的精细结构称为能量损失近边结构 ELNES。由衍射引起的，在电离边之后大于 ~50 eV 的小强度振荡，为扩展能量损失精细结构 EXELFS。

最后，正如我们早先提及的那样，电离损失的电子还可能会经历低能损失过程。如图 39.2E 所示，它们可能会产生等离子激元，导致电离边在高于 E_C 的 15~25 eV 范围内包含额外多次散射的强度信息。因此，在实验上电离吸收边要比 XEDS 能谱中的高斯峰更加复杂，同时其边缘细节包含的样品信息也比 X 特征谱线峰包含的更多。利用 X 射线能谱只能实现对元素的辨别而无法得到

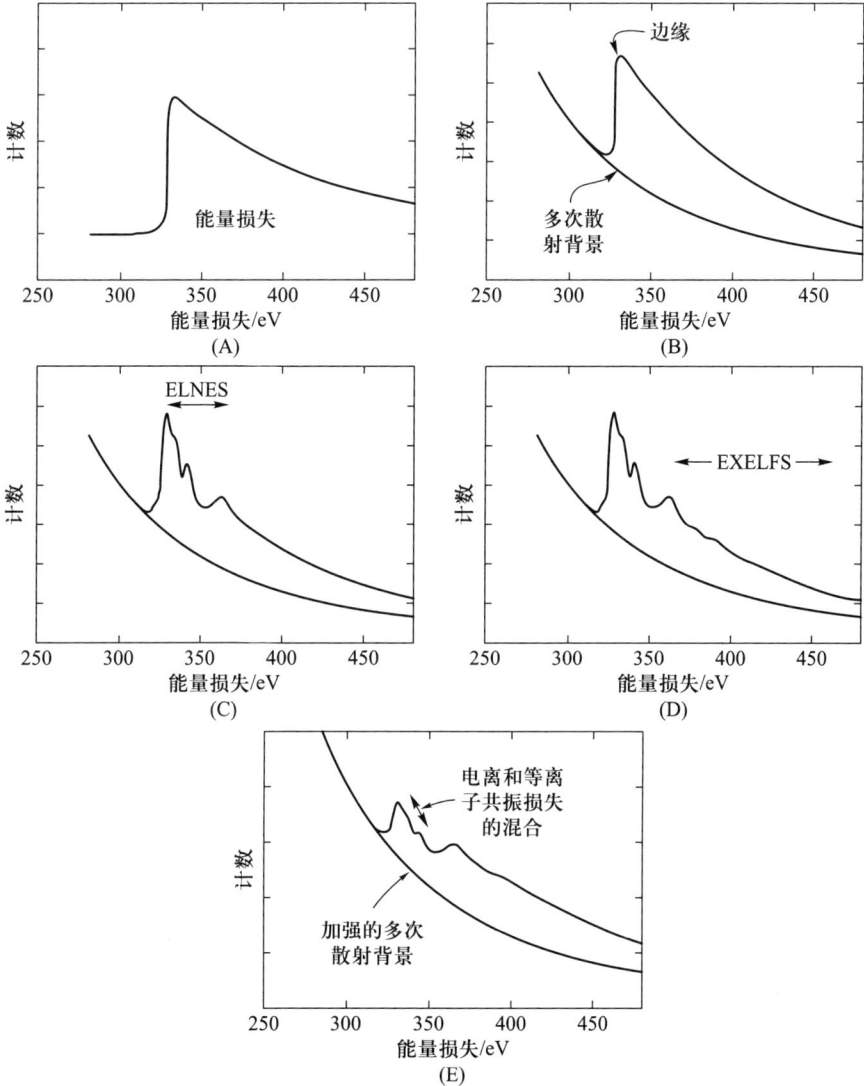

图 39.2 内层电离吸收边的特征:(A)理想的锯齿(氢)吸收边。(B)叠加在多次非弹性散射背景上的氢吸收边。(C)存在 ELNES 的情况。(D) EXELFS。(E)厚样品的多次散射。由于电离和等离子振动的共同作用,使得吸收边形状增加了一个峰并且使背景曲线升高

其化学信息,例如成键方式。但是在 ELNES 和低损失结构中,这些化学信息都可以被监测到(如图 32.9C 所示,虽然当 X 射线谱的能量分辨率足够高时也能识别这些差异,但是花费在 AEM 上的代价是得不偿失的)。图 39.3 显示的是 C 薄膜上的 BN 能谱。它的电离边具有图 39.2 给出的一些电离边特征,特

别是 B 的 K 层电离边,具有很强的 ELNES;在第 40.1 节中我们将更加详细地讨论"精细结构"效应,而在第 40.5.3 节中将讨论如何从中获取精细结构图像。

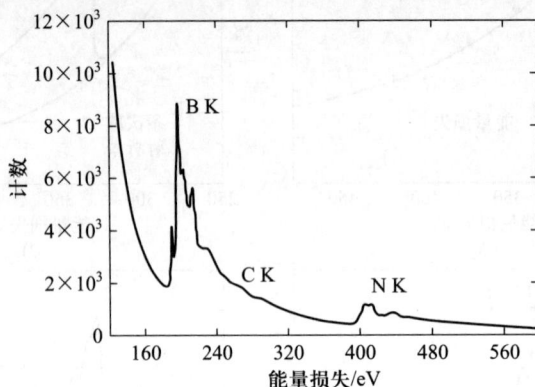

图 39.3　位于非晶 C 薄膜孔边缘处的氮化硼(BN)分子的高能量损失谱。叠加在迅速衰减的背景上的 B 和 N 元素的 K 层电离边清晰可见。在 ~ 280 eV 处也可以看到一个很弱的 C 的 K 吸收边

39.1.2　电离吸收边特性

电离损失电子的入射角度分布随 $(\theta^2 + \theta_E^2)^{-1}$ 的变化而变化,并且在前散射方向,即 $\theta = 0°$ 处达到最大值。由式(38.1)可知,散射角为特征值 θ_E 时,电离损失能量电子的入射角分布减少到半宽。这一行为与等离子散射在本质上是相同的,但是和 E_P 相比,E_C 相对较大,因此电离损失能量电子的特征散射角较大(例如,当 $E_0 = 100$ keV 时,使用典型的电离损失能量最大值 $E = 2\ 000$ eV 可以得到 θ_E 为 ~ 10 mrad)。

散射角分布变化依赖于能量损失 E,情况会因为离子散射损失能量的延展范围高于 E_C 而变得很复杂。在 $E \sim E_C$ 的情况下,当散射角大于 10 mrad(θ_C)时,散射强度迅速降为 0;但对于 E 高于 E_C 的情况,角强度分布在 $\theta = 0°$ 附近降低;而在散射角较大时增强,形成所谓的 Bethe 脊。但这些显然对本章重点强调的分析研究并不重要。

因此,可用于分析内层电子的特征散射角分布范围是 0.2 ~ 10 mrad,散射角的截止范围是 25 ~ 200 mrad[式(38.4)]。换言之,与等离子共振电子一样,电离损失能量电子有非常强的前散射,这使得光谱仪入口张角(β)为 10 mrad 时,就可采集到绝大多数的电子,因此大多数非弹性散射的电子都可简单而有效地采集到。这就很容易理解为什么能量损失电子有着高达 50% ~ 100% 的收集效率,而与之相比,XEDS 中产生的 X 射线具有各向同性,因而 XEDS 的采

集效率很低。图 39.4 给出了能量损失电子和 X 射线收集效率的对比。图 39.5 给出了电离损失电子采集效率随 β 和能量的变化关系。

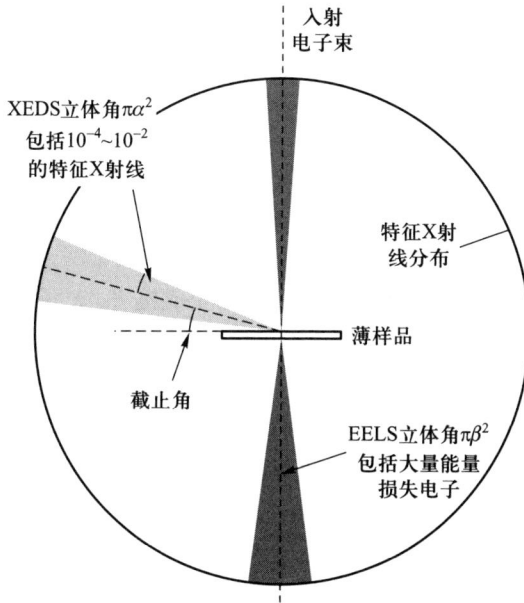

图 39.4 EELS 和 XEDS 的收集效率对比。尽管 EELS 采集角很小，但是向前散射的能量损失电子采集效率很高。与此相反，XEDS 仅能采集很小一部分各方向(4π sr)均匀射出的特征 X 射线

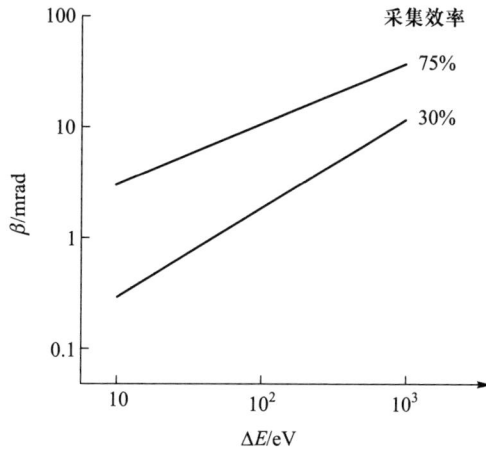

图 39.5 电离损失电子采集效率的变化，它是磁棱镜谱仪采集半角 β 和能量的函数。对于 C 离子在能量损失 ~ 285 eV 处，当采集半角为 10 mrad 时，电子束的采集效率可以超过 75%

　　尽管图 39.3 中的 K 吸收边和理想的氢吸收边类似，其上升沿很尖锐，但并非所有的吸收边都有形状。有些吸收边的上升沿可能很宽，可以达到几个电子伏甚至几十个电子伏。吸收边的形状大体上依赖于原子的电子结构，但不幸的是，两者之间并不存在简单的关联。吸收边的形状还受到特定能带是否填满的影响，这就使得其真实情况变得更为复杂。回顾图 37.1，Ni 的 L 吸收边有两个尖锐的峰，即 L_2 和 L_3 吸收边（在第 40.1 节中将会有更多这些细节的讨论），这是因为有些 L 层的电子很可能被激发到未满的 d 能带，而非脱离原子束缚。与此相反，Cu 的 d 能带是填满的，因此 $L_{2,3}$ 吸收边并不具有这种强度很高的线。稀土元素的 $M_{4,5}$ 吸收边也存在类似的情况。似乎吸收边的情况还不够复杂，精细结构和吸收边边缘形状的细节还受成键方式的影响。例如，SiO_2 的 Si 吸收边不同于纯 Si 的吸收边。2004 年的 EELS 图集（见前面章节中 Ahn 及其相关文献）包括了所有元素和很多氧化物的代表性吸收边。如仔细查阅该图集，可以将所有类似的现象进行归类。

　　现在同时考虑低能损失和高能损失过程，我们通过 NiO 的完整能谱（如图 39.6，包括低能和高能损失部分）总结出电子能量损失谱的特征。我们也可将它和 NiO 的能级图做比较。从中可以看出：

■ 由于这部分电子不与原子发生相互作用，零损失峰（ZLP）通常高于势阱。

■ 等离子共振吸收峰来源于与费米能级（E_F）以下的价/导带电子的交互作用。

■ 电离原子的相关能级（K、L、M）决定能谱中电离吸收边的位置。越靠近原子核，势阱越深，电子逸出需要的能量也越高。

■ 势阱顶部 Ni 原子 3d 价带与 O 原子 s 价带态密度不同。

■ 内层电子要有足够的能量才能到达 E_F 以上的空态。这种情况下，可以在电离吸收边后侧看到 ELNES。我们将在第 40 章详细讨论能谱中的这种精细结构。

　　虽然磁棱镜谱仪的采集效率较高，但是电离吸收边强度相对较低，这种情况在 E 增高时尤为明显。吸收边在远远高于电离能 E_c 的区域有扩展的能量范围，且叠加在一个快速变化的、较强的本底信号上。这些因素导致使用 EELS 进行定量分析比使用 XEDS 更难。但是对于轻元素而言，X 射线的荧光性很弱，并且即使在薄样品中吸收也很强，因此 EELS 仍然是首选技术。在实验中，选择哪种技术并不是那么简单，但对于周期表中氧以下的元素，EELS 的性能优于 XEDS；而对硼以下的元素做高空间分辨率的纳米尺度分析时，EELS 具有不可取代的地位。

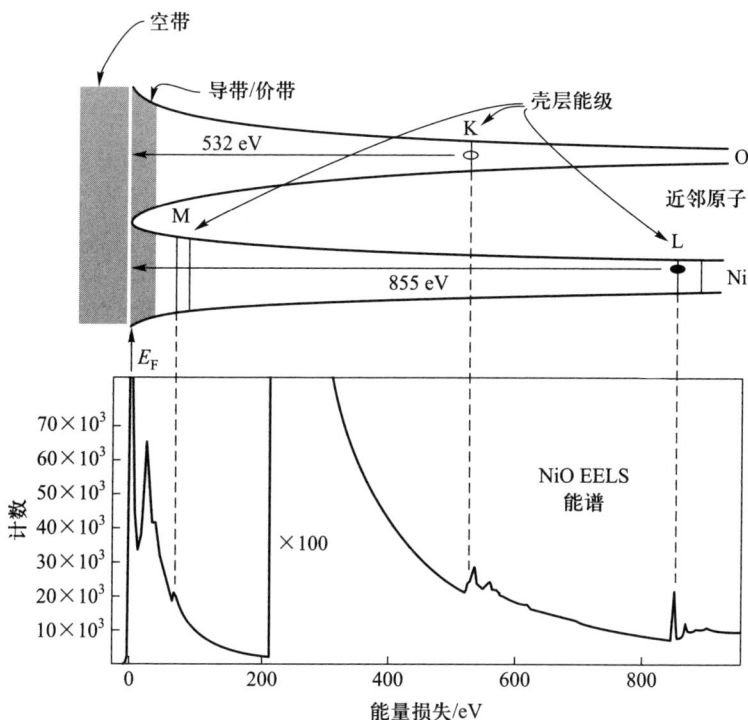

图 39.6 围绕相邻 Ni 和 O 原子的电子能级以及相应能量损失谱。电子在势阱位置越深，逸出时需要的能量越高。ZLP 在费米能级 E_F 之上，等离子共振损失峰出现在导带/价带的能级，弱结合电子产生等离子振荡。图中标出了特定电子层的电子逃逸临界能（Ni 的 L 能级：855 eV，O 的 K 能级：532 eV）。

39.2 获取高能损失谱

正如我们前文所述，有多种 EEL 谱仪和滤波器，其谱图也很复杂，因此应该注意到收谱时有很多可控参量（Brydson 的专著中有详细介绍）。Gatan 软件将这一过程变得非常简单。下面首先总结采集高能损失谱和图像时使用的主要参量及其合理值。

■ 电子束能量 E_0：在不造成位移损伤或表面溅射的前提下，E_0 越大越好。虽然较大的 E_0 会减小散射截面，从而导致吸收边强度降低，但是随着 E_0 的增加，多次散射的本底强度比吸收边强度衰减得更快，因此电离吸收边信号与本底强度比率反而增大。不同电离吸收边的信号与本底比率增量不同，但差异很小；尽管我们推荐使用更高的电压，但这并不是一个很好的购买 300 keV

透射电子显微镜(TEM)的理由。

■ 会聚半角 α：可通过 C2 光阑和 C2 透镜控制 α，但当 α 比 β 大时，仅在定量分析时才需要考虑 α。因此，若采用宽且平行电子束在成像或散射模式下运行 TEM(非 STEM 模式)时可忽略 α 的影响；否则就要引入第 39.7 节给出的修正因子。

■ 电子束尺寸和电子流：可通过电子源、C1 透镜和 C2 光阑控制电子束尺寸和电子流。在扫描透射电子显微镜(STEM)模式中，电子束尺寸会影响空间分辨率，电子束电流可以控制信号强度。

■ 样品厚度：样品必须足够薄才能减少多次散射对能谱的影响，使得定量分析更加简单。

样 品 厚 度

样品要尽可能薄，这是 EELS 的关键。

若样品太厚，则要通过解卷积程序去除多次散射对能谱的影响。因此我们给出根据能谱确定样品厚度的方法，以及确定是否需要对能谱做解卷积处理的条件。

■ 采集半角 β：第 37.4 节已经部分讲解了在所有运行模式下如何确定采集半角 β。如果需要很高的损失谱强度并且对空间分辨率要求也不高，可采用无物镜光阑的 TEM 成像模式($\beta > \sim 100$ mrad)。同时可采用一较小的能谱仪入口光阑以得到较好的能量分辨率。衍射模式下 β 较小，可以减少大角度散射电子对能谱的影响，同样，小能谱仪入口光阑可提高能量分辨率。在 STEM 模式中也可得到较好的空间分辨率。

入 口 光 阑

注意若相机长度约为 800 mm 时，入口光阑直径为 5 mm，则 β 约为 5 mrad。

一般情况下，β 只要小于所要分析的特定方位样品的布拉格角即可，选在 1~10 mrad 已经足够了；但是对于 EELS 成像，β 必须为 100 mrad 以上，这个在第 39.9 节会详细介绍。

■ 能量分辨率：除非使用单色器，否则电子源会限制 ΔE。元素分析和成像(本章的主题)对 ΔE 要求不高，约 5 eV。对于 EELS 最常用的两个方面，低能损失谱和结构精修，都对 ΔE 要求很高（见相关章节）。这种情况下最好采用 FEG 电子源和 PEELS/图像过滤模式，更好的配置是使用单色仪。

■ **能量损失范围和能谱色散**：整个能谱可延伸至电子束能量 E_0，但有用的只是 2 keV 以下的部分。能量损失大于 2 keV 时，强度很低，且用 XEDS 更加简单准确。因为一般不采集 2 keV 以上的能谱，所以当计算机显示器的最小通道数为 2 048 时，1 eV/信道是一个较好的色散。若要研究能谱的更小区域或 $\Delta E < 1$ eV 的详细信息，就要选择较高的显示器分辨率。通常仅需要研究很小范围的光谱，此时需要设置漂移管所需电压或改变高压。

■ **驻留时间**：如果使用配有光电二极管阵列（PDA）的并行电子能量损失谱仪（PEELS），积分时间不应过大，否则能谱中强度过高会使二极管阵列出现饱和现象，也就是说，应低于 16 000 计数/信道，最后可将所得能谱加和得到合适的分析强度。

■ **扫描次数**：在 PEELS/PDA 中，采用加和能谱的方法，可以获得足够的吸收边强度，但是像第 37.5 节讲到的那样，多次采集会增加能谱中的微小伪像。

在对一个能谱进行分析之前，要检测以下 4 点：

■ 聚焦并对中 ZLP，检测能谱仪分辨率。

■ 观察能谱的低能损失部分，得出样品的厚度信息。

■ 寻找期望的电离边。若观察不到任何边，则说明样品太厚或者显示器分辨率不够高。

■ 在做任何定量分析前，需要对点扩散函数（PSF）解卷积。

如前面所提到的，第一点并不是很重要。现在来看第二点，回顾第 38 章，在一级近似的情况下，若等离子共振峰的强度小于零损失峰的 1/10，则说明样品较薄，适用于微量分析。否则，就要对能谱解卷积去除多次散射的影响。对于第三点，理想的情况是在平滑变化的本底上能够观测到离散的吸收边，不过至少应该能够观察到本底强度斜率的变化。本底强度噪声过大，会使定量分析更加困难，需要采集足够的信号以获取平滑变化的本底。

跳 跃 比

在 EELS 中，信号对本底的比率是定量分析能谱的一个重要参量，我们也称其为跳跃比。

如图 39.7 所示，跳跃比是边的最大强度（I_{max}）与边上升沿处信道中最小强度（I_{min}）之比（非晶碳薄膜能谱中明确定义的吸收边）。对于电压为 100 kV，厚度为 50 nm 的碳薄膜来说，284 eV 处的跳跃比大于 5 时，则说明系统运行正常。需要将此标准厚度的非晶碳薄膜样品作为标准样品，定期检测跳跃比是否保持不变。跳跃比是从电离边获取滤波图像的一种方法。跳跃比会随电压的增大而增大。若无法使用标准的薄碳膜得到这样一个跳跃比，则要重新调整谱仪。用于定量分析或获取图像的实际样品的电离吸收边可能与图中所示的理想情况相差很大，但是 EELS 软件可以处理很高本底上很小的电离边。

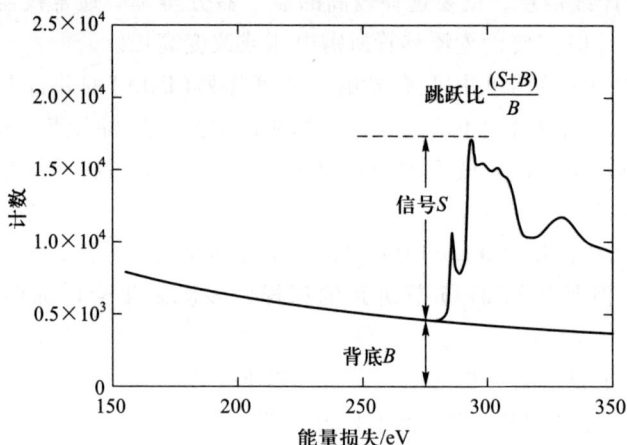

图 39.7　电离边的跳跃比定义。EELS 合轴无误且样品足够薄时，碳的 K 边的跳跃比一般为 5~10。谱图显示合适的跳跃比。

39.3　定性分析

和 XEDS 一样，需要首先进行定性分析，确定是否已经完全识别能谱中的各个特征因素，然后才能决定采用哪个吸收边进行接下来的定量分析和成像。

采用电离吸收边进行定性分析非常简单。与 XEDS 不同，在 EELS 中会被误认为是电离吸收边的伪像很少。二极管阵列饱和造成的"假"峰很可能被误认为是电离边（见第 37.5 节），也很容易排除。因此只要将能谱校准到几个电子伏之内，就可以辨认出所有边。

电离吸收边

若该能量损失谱中出现离散的斜率增加，则认为此处有电离吸收边；此处的能量也就是临界电离能 E_c。

注意有的时候，吸收边的能量被随意地定义为该边上升到一半处所对应的能量，比如碳元素 K 吸收边前部的 π^* 峰。这里并没有明确约定，而且 L 和 M 边一般没有明显的上升沿。只需检测部分能谱就能对样品做出定性分析。图 39.7 中的例子为 C 薄膜支撑的 BN。除此之外，最好将所得能谱与 EELS 能谱库或网络数据库（如网址 1）中的参考能谱做比较。

注意和 X 射线能谱中的峰族一样，EELS 能谱中也有一系列吸收边族（K、$L_{2,3}$、$M_{4,5}$ 等），并且我们也不一定能分辨出一个系列的吸收边族中的所有吸收边。对于在 ~2 keV 以上的吸收边，其强度通常因太小探测不到。实际上，能探测到特定元素多个系列的吸收边族的情况是很罕见的（例如，Si 元素的 L 吸收边和 K 吸收边分别在同一能谱的 ~100 eV 和 1.7 keV 处出现）。一个经验性的规律是通过 K 和 L 吸收边进行定量分析的难易程度相当，但是 K 吸收边精确度会稍微高一些。对于 $Z=13$ 以下的元素，其 L 吸收边出现在低能区域，容易和等离子峰混淆，因此通常采用 K 吸收边进行分析。对于 $Z>13$ 的元素，可以选择 K 吸收边或 L 吸收边任何一个。那么哪个吸收边更加容易识别呢？K 吸收边的上升沿通常比 L 吸收边陡一些，这是因为 L 吸收边包含 L_2 和 L_3 吸收边，所以变得较宽。当然，情况也并非总是如此。

$Z=19\sim28$（即图 37.12 中 Ca 的 L 吸收边和图 39.13 中 Cr 的 L 吸收边）和 $Z=37\sim45$ 元素的 L 吸收边都具有较强的近边结构，称之为白线。$Z=55\sim69$ 元素的 M 吸收边也有类似结构。

在图像采集和能量损失谱中这些线很亮，因此将其称为白线，对于内置滤波器采集的能谱也是这样（如图 37.14A）。第 40.1 节将对其进一步讨论。若必须要采用没有白线的 M、N 或 O 吸收边，要注意这些吸收边很宽，很难定义上升沿，必须根据我们将要介绍的标准才能进行定量分析。

与 XEDS 不同，我们无法快速从能量损失谱得到"半定量"分析，因此 XEDS 中的流程并不适用。图 39.3 中的能谱采自 B 和 N 原子数目相同的样品，但是 B 和 N 吸收边的强度明显不同。这可能是因为吸收边的强度受电离横截面（随 E 变化），多次散射本底强度的变化，以及吸收边形状（C 元素和 N 元素的 K 吸收边都叠加在前一吸收边的拖尾上）等因素的影响。

Ti-N 化合物与 Ti-C 化合物例子：有时候只需做定性分析。图 39.8 为同一合金中不同沉淀物的能谱和图像。能谱中均含有 Ti 的 L_{23} 吸收边，图 39.8A 和 B 分别含有 C 和 N 的 K 吸收边。不难推断，沉淀物中肯定含有 TiC，因为它是唯一已知的 Ti 碳化物。但氮化物可能是 TiN 或 Ti_3N，为了确定是哪一种氮化物，必须做定量分析。我们将给予简单讨论。注意采用无窗口型 XEDS 很难清楚区分图 39.8 中的 TiC 和 TiN，因为其能量分辨率接近 Ti 的 L 峰（452 eV）和 N 的 K 峰（392 eV）的分离值。此外，两相的菊池线几乎相同，因此 EELS 更适合解决该问题。

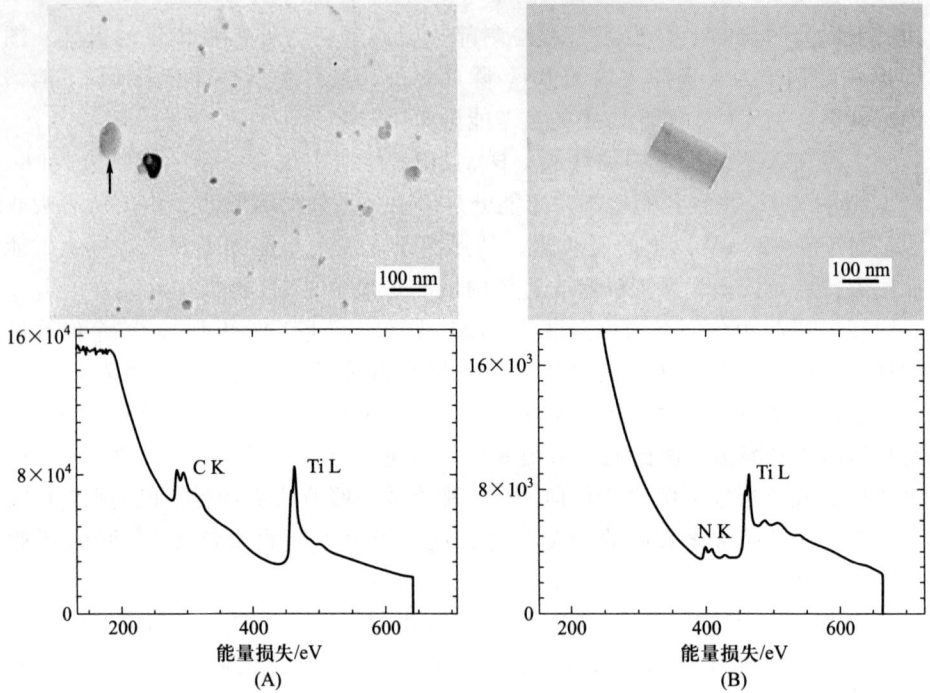

图 39.8　不锈钢样品萃取印模中少量沉淀物的图像和相应的电离吸收边，可由此得出其中存在 Ti、C 和 N 元素。因此可以确定沉淀物分别为 TiC(A) 和 TiN(B)

39.4　定量分析

要进行定量分析或定量图像，必须扣除多次散射本底，提取出电离吸收边的强度(I)并对其积分。然后，需要确定对 I 有贡献的原子个数 N。N 与 I 的关系由灵敏度因子，即部分电离横截面(σ)决定。σ 的作用于与 k_{AB} 因子在 X 射线微量分析中的作用类似。回顾图 39.2，可以看出到电离吸收边受到几个因素的影响。定量分析的实质就是去除能谱中其他因素对电离峰的贡献，像图 39.2A 那样只留下单次散射或者氢吸收边强度。

39.4.1　定量分析方程的推导

Egerton 和他的合作者对用于定量分析和成像的方程进行了推导和修正。以下内容汇总了 Egerton 专著中这些方程式的推导过程。

尽管可以使用所有的吸收边进行定量分析，这里我们以 K 吸收边为例。K

吸收边叠加在强度为 I_K 的本底上,与电离概率 P_K 和总投射电子束强度 I_T 有关,即

$$I_K = P_K I_T \qquad (39.1)$$

该方程假定可采集整个角度内($0 \sim 4\pi$ sr)电子束的强度,当然这是不正确的,但我们将在稍后予以修正。若样品很薄,则可忽略背散射和吸收的影响,I_T 近似等于入射电子束强度。现在进入问题的关键点,假定对电离吸收边有贡献的电子只经过一次电离,那么可将 P_K 表示为

$$P_K = N\sigma_K \exp\left(-\frac{t}{\lambda_K}\right) \qquad (39.2)$$

式中,N 为样品(厚度为 t)单位面积中对 K 吸收边有贡献的原子数。假设单次电离(即散射)是合理的,则电离损失的平均自由程(λ_K)较大;这也是要使用薄样品的原因。单次散射时指数项可近似为 1,得

$$I_K \approx N\sigma_K I_T \qquad (39.3)$$

从而

$$N = \frac{I_K}{\sigma_K I_T} \qquad (39.4)$$

因此,测量 K 吸收边本底上的强度,再除以能谱总强度和电离横截面即可得到样品单位面积中的实际原子数。可将其推广到含有两种元素 A 和 B 的能谱,这时可消除总强度 I_T,即

$$\frac{N_A}{N_B} = \frac{I_K^A \sigma_K^B}{I_K^B \sigma_K^A} \qquad (39.5)$$

L、M 吸收边也有类似的方程式,而且也可将几种结合起来。因此,若要分析两种或两种以上元素,并不需要采集零损失峰,这可以避免损伤 PDA 或电荷耦合器件(CCD)。

在式(39.4)和式(39.5)中,我们假定可精确扣除电离吸收边下的本底强度,而且 σ 已知,不幸的是,这两者的值都不易得到。这点稍后会详细讨论。这里我们首先来看实际采集能谱过程中存在的问题以及对方程式相应的修正。

■ 首先,无法采集延伸至电子束能量 E_0 的整个能谱,因为在大约 2 keV 之上,能谱强度很低,无法与系统噪声区分。

■ 其次,理论上,电离损失电子能量可为 E_C 和 E_0 之间的任何值,但实际上,在电离吸收边起点 E_C 100 eV 以内,吸收边的强度会降得很低,与本底相混淆。

■ 再次,当超出 100 eV 时,外推法处理本底也会越来越不准确。

因此,必须将所要积分的能谱强度限定在一定窗口范围(Δ)之内,通常为 $20 \sim 100$ eV。式(39.4)可修正为

$$I_K(\Delta) = N\sigma_K(\Delta)I_T(\Delta) \tag{39.6}$$

$I_T(\Delta)$ 写为 $I_1(\Delta)$ 更为准确，这里 I_1 为能量损失窗口 Δ 内零损失（直接电子束）电子和低能损失电子强度之和。当仅存在单粒子散射时才使用 I_T，稍后我们将给出单粒子散射的条件。

正如前面所说的，EELS 有很多优点，能量损失电子主要为前散射，因而容易采集到大多信号。但是由于受到采集半角 β 的限制，不可能采集到 4π sr 范围内的整个能谱。所以对方程式进一步修正

$$I_K(\beta\Delta) = N\sigma_K(\beta\Delta)I_1(\beta\Delta) \tag{39.7}$$

式中，$\sigma_K(\beta\Delta)$ 为部分电离横截面。

由此可得实际定量分析中绝对原子数 N 为

$$N = \frac{I_K(\beta\Delta)}{I_1(\beta\Delta)\sigma_K(\beta\Delta)} \tag{39.8}$$

对元素 A 和 B，如式（39.5），可消去能量损失强度，得

$$\frac{N_A}{N_B} = \frac{I_K^A(\beta\Delta)\sigma_K^B(\beta\Delta)}{I_K^B(\beta\Delta)\sigma_K^A(\beta\Delta)} \tag{39.9}$$

对比 XEDS 薄膜分析的 Cliff-Lorimer 方程［式（35.2）］，可以发现两者都可通过灵敏度因子将组成比率 C_A/C_B 或 N_A/N_B 与强度比率 I_A/I_B 联系起来，在 XEDS 中，灵敏度因子为 k_{AB}，EELS 中则为两部分横截面的比率，σ^B/σ^A。

注意，整个过程中最主要的假设就是电子经历单次散射。实际上，即便在很薄的样品中也很难避免多次散射，若允许误差为 $\pm(10\% \sim 20\%)$，这种假设就是合理的。若多次散射效应很强，则要对能谱进行解卷积处理，第 39.6 节将讨论这个问题。还要注意一点，使用形状较为相似的两个吸收边（两个 K 边或者两个 L 边），通过比率方程进行分析会更有优势。否则近似式（39.9）的精确度会降低。

总之，式（39.8）和式（39.9）分别给出了分析点或滤波图像中单位面积内的绝对原子数或不同元素 A、B 数目比值。以下是用实验方法得到该信息的两个关键步骤：

■ 扣除本底从而得到每个元素 A、B 等的 I_K（同时得到 N）。

■ 确定部分电离横截面 $\sigma_K(\beta\Delta)$，得出 N_A/N_B 的值。

此处可以再次看出 β 的重要性。

39.4.2　扣除本底

在 15~25 eV 附近的等离子共振峰之后，本底强度由最大值迅速降低，尤其当 $E > \sim 2$ keV 时，本底强度降到最低，与系统噪声相混淆。除多次散射外，某些单次散射电离吸收的拖尾或者能谱仪本身也可能对本底强度有贡献。由于

这些贡献十分复杂，因此不能像 XEDS 中一样，根据第一性原理和 Kramers 定律模拟本底信号。

虽然这些因素对本底的贡献很复杂，但扣除它们的方法却很简单。通常用下面两种方法扣除本底：

■ 曲线拟合。

■ 微分能谱。

曲线拟合：在吸收边上升沿前的本底上选择一窗口 δ，并对其进行拟合。然后再将该拟合曲线延伸至边下的期望能量窗口 Δ。图 39.9 演示了这一过程，而图 39.10 给出了一个实验结果实例。

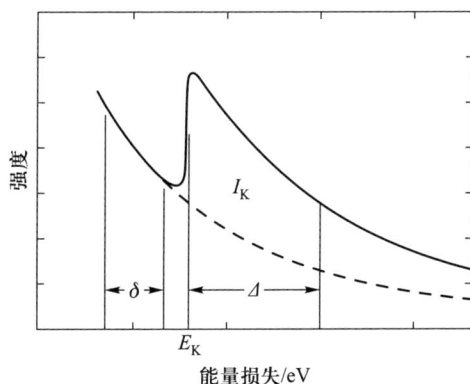

图 39.9 本底外推和扣除的相关参量。由前一边的拟合窗口 δ 拟合出本底曲线，经过电离吸收边下的外推窗口 Δ，从总强度中扣除本底曲线以下的强度就可得到吸收边的强度 I_K

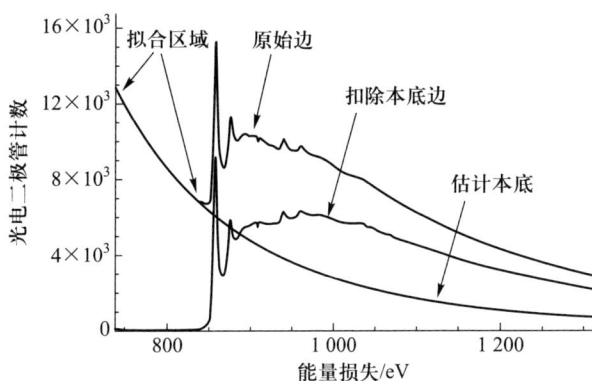

图 39.10 扣除本底前后的 Ni 的 $L_{2,3}$ 吸收边对比。由未处理吸收边之前的区域拟合出本底，再将其移除，得到扣除本底后的吸收边(注意：图中没有标出吸收边窗口 Δ)。

假定本底强度与能量关系如下：

$$I = A Ɛ^{-r} \qquad\qquad (39.10)$$

式中，I 是能量损失为 $Ɛ$ 时的信号强度；A 和 r 则为拟合常数。由于拟合参量与 $Ɛ$ 密切相关，因此仅适用于一定能量范围。指数 r 的典型值是 2~5，但是 A 的变化范围较大。r 值随以下因素的增加而减小：

- 样品厚度，t。
- 采集半角，β。
- 电子能量损失，$Ɛ$。

对前面吸收边拖尾的拟合也表现出类似本底拟合的幂指数关系，可用类似的方程，$I = B Ɛ^{-s}$ 进行拟合。拟合时 δ 应大于 10 个通道，并且小于 E_K 的 30%。实际上，若周围还存在其他吸收边，会限制拟合精度，很难在这么宽的范围内拟合本底。

外推窗口 Δ 也有一定要求，起点和终点的能量比率，$Ɛ(起点)/Ɛ(终点) <$ 1.5。因此，对于低能边，Δ 的值较小。使用较大的窗口虽然可提高吸收边的统计学效果，但会因为拟合参数 A 和 r 的适用范围只有 100 eV 左右，而最终降低定量分析的精确度。如果存在很多 ELNES，可采用较大 Δ 减小它的影响或选择外推窗口时尽量避免，否则没有其他方案能够处理这一问题。

除了幂函数拟合外，还可采用指数函数、多项式或对数多项式等拟合，只要其能够很好地拟合本底，得出已知样品较为准确的结果就可以。外推窗口 Δ 较大时，多项式拟合的不确定性很大。一般来说，除了接近等离子共振峰的区域（$Ɛ < 100$ eV），都可采用幂函数拟合。显然，接近吸收边上升沿处的本底通道对外推法影响最大，针对这种情况，人们提出了各种加权方法。除非使用特定的加权方法，否则有噪声能谱的拟合结果较差。

拟 合 窗 口

有两个拟合窗口：边之前的 δ 和边之后的 Δ。二者都限制本底拟合的精度。

我们可将幂指数拟合的本底曲线进一步外推，观察它是否过多或过少切割了能谱来判定拟合曲线是否合适。我们也可对能谱进行线性最小二乘法拟合求出 χ^2 对其进行检验。最小二乘法拟合容易与加权法相结合，表达式如下：

$$\chi^2 = \sum_i \frac{(y - y_i)^2}{y_i^2} \qquad\qquad (39.11)$$

式中，y_i 为第 i 个通道的计数数目；$y = \ln I$；分母中的平方项使得通道加权值与吸收边接近。另一种方法是利用 Gatan 软件的智能反馈使吸收边之后的本底曲线与实验数据相符。

差分能谱：也可采用一阶差分法（相当于差分能谱）扣除本底。这种方法是采集两个起始能量相差几个电子伏的能谱，并用一个减去另一个，因此该方法特别适用于 PEELS。如图 39.11 所示，差分之后，强度变化缓慢的本底强度降到 0，而强度变化较大的电离吸收边则呈现典型的差分峰。这种现象类似于 Auger 能谱。若分析区域的样品厚度也有变化，则只能采取这种方法扣除本底；而且它也能同时去除 PEELS 中的伪像，尤其是由通道对通道增益变化产生的伪像。

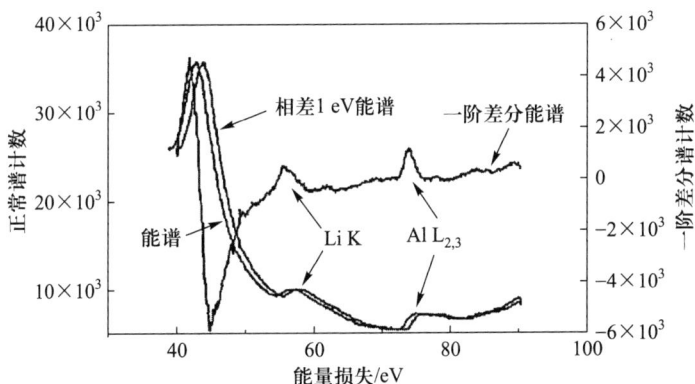

图 39.11 一阶差分法扣除本底。图为两个相差 1 eV 的 Al-Li 样品的 PEELS 能谱，得到的差分能谱中，本底强度降为最小值接近 0 的直线，原来较小的 Li 的 K 吸收边和 Al 的 $L_{2,3}$ 吸收边变得十分明显

能谱的差分

差分能谱是一种数字方法，强调能谱的变化。

Top-hat 滤波提供另一种差分能谱的方法，示差或相除都是数字化的。

与第 35.3 节中 XEDS 的本底扣除相似（Michel 和 Bonnet），还有另一种差分方法，即采用 top-hat 滤波函数或相似的滤波函数对实验能谱解卷积。top-hat 滤波函数可给出二阶差分能谱，从而扣除本底，但是会增大一些伪像。

下面介绍几种扣除本底得出滤波图像的方法。

第一种滤波扣本底的方法，也是最常用的方法，称为三窗口法（Jeanguillaume 等，1978）。两个边前窗口用于拟合本底，然后从边后窗口的总强度中扣除本底强度，从而得到吸收边的强度（相当于在图 39.9 中加一个边前窗口）。Egerton 指出吸收边下的本底窗口强度（I_b）与两个边前窗口的强度（I_1 和 I_2）有以下关系：

$$I_b = \frac{A}{1-r}(E_h^{1-r} - E_1^{1-r}) \tag{39.12}$$

式中，A 和 r 为本底拟合式（39.10）中的拟合参数，由 I_1、I_2 决定；E_h 和 E_1 分别为边下延拓窗口能量的上下限。为了消除厚度影响，必须提取低能损失图像并被 K 吸收边图像除［式（39.8）］；或者将两个吸收边定量并相除，得出相对的定量图像［式（39.9）］。能量窗口及其宽度的选择受前面提到的扣除本底及峰积分的所有限制条件的限制。由于成像区域的样品厚度通常有变化，所以这种方法必须应用到图像的每一个像素。

扣除本底的方法

三窗口法：用两个边前窗口计算本底。

跳跃比法：计算两个信号的比值。

最大似然法：用于通道很少时扣除本底。

第二种常用方法是用吸收边信号除以吸收边之前的本底信号。这种跳跃比图像，只是定性地给出相关信息，但却非常有用，我们将在第 39.9 节予以介绍。

第三种方法常用于 ETEM 成像的扣除本底方法是最大似然法（Unser 等）。这种方法仅用于信道较少时估计本底和峰的强度。

Kothleiner 和 Hofer 介绍了选择 3 个窗口变量的最佳方法。获得能谱时通常要考虑的因素 δ 和 Δ，在成像时也依然要考虑。

39.4.3　吸收边积分

吸收边积分的方法取决于扣除本底的方式。若采用幂函数方法，要注意吸收边积分窗口 Δ 的有效范围。Δ 应尽可能大以增大积分强度，但是不应超出本底扣除中规定的范围，否则会带来很大误差。通常，临近的边会限制积分窗口的起始点，而其低能量终止端应小于 E_K。但是若存在较强的邻边结构，比如 B 的 K 吸收边或 Ca 的 $L_{2,3}$ 吸收边，那么除非可通过定量分析处理 ELNES（见下文），否则积分窗口应避开其对应能量。若采用一阶差分法扣除本底，则可参照已知样品能谱，采用多次最小二乘法拟合实验能谱，从而确定峰强度。这在讲到峰的解卷积时会详细讨论。

39.4.4 部分电离截面

有几种方法可以确定部分电离截面 $\sigma(\beta\Delta)$ 的值，如可采用理论计算或将实验结果与标准能谱比较的方法。

理论计算：最常用的方法是 Egerton(1979，1981)提出的模拟 K 和 L 层部分截面的两个计算机程序，分别是 SIGMAK 和 SIGMAL。它们都是定期更新的公用程序，并安装于 EELS 计算机系统。它们通常是 Gatan 软件的标准配置，可从 Egerton 的著作中得到其原代码。在模拟部分电离截面时，假定原子(Z)类似于孤立氢原子，原子核上只带 Z 个正电荷，且无外层电子。

初看起来，这种氢截面近似是荒谬的。做这种近似主要是因为可由薛定谔方程求出氢原子的波函数，进一步修正就可用于多电荷原子核。由于忽略了外层电子，这种方法最适用于 K 层电子，图 39.12 对比了实验所得 K 吸收边强度与 SIGMAK 模拟的 K 吸收边强度。可以看出，SIGMAK 氢原子模拟忽略了邻边和边后的精细结构(氢原子的能谱中可能不存在这种结构)，但总体上还能较好地符合实验结果。图 39.13 比较了实验和 SIGMAL 模拟所得的 Cr 的 L 吸收边。总体上两者相似，但是不能模拟出白线。由于原理简单并且容易操作，这些程序得到了十分广泛的应用。也可通过经验参量方程修正对 β 和 Δ 有作用的 σ。Egerton 给出的相应代码可以从网址 2 下载。

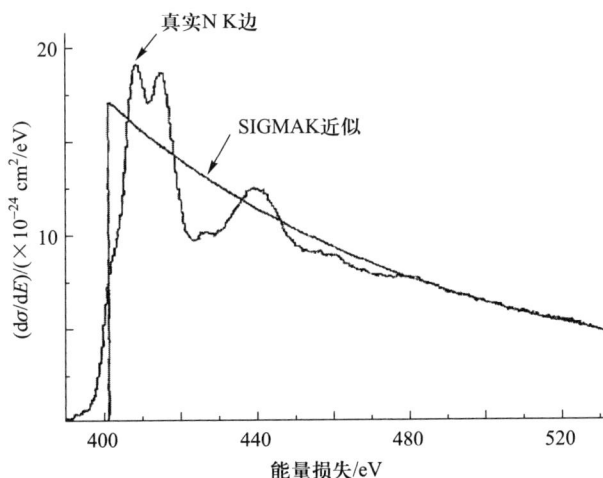

图 39.12 实验所得 N 元素的 K 吸收边与 SIGMAK 程序拟合出的 N 的 K 吸收边的对比。仿真不能给出吸收边附近的精细结构，但是却可以保证整个拟合区域与实验所得吸收边近似

相比于 SIGMAK/L 氢原子模型，还有很多更为复杂但也更为近似的方法，比如 Gatan 软件自带的 Hartree-Slater 模型或适用于更为复杂的 L 和 M(甚至 N)

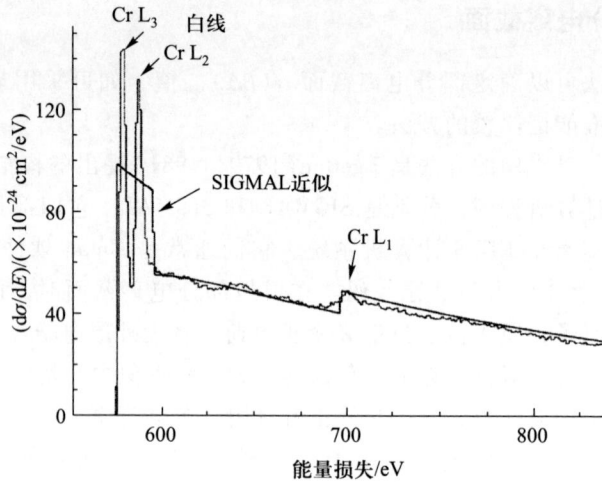

图 39.13 实验所得 Cr 的 $L_{2,3}$ 吸收边和氢原子近似之后由 SIGMAL 拟合出的相应吸收边。拟合曲线中没能给出白线，只是近似给出了它们的平均强度

吸收边（见 Rez 和 Hofer 等的论文）的原子物理方法。Egerton 对实验和理论计算的截面做了比较。图 39.14 为 M 层的一些数据（此为最差情况），数据实际上是偶极子振动强度 γ（原子对入射电子响应的量度）随原子数的变化情况。振动强度是广义振荡强度（GOS）的积分，与微分截面成正比，因此可认为其正比于 σ。可以看出，对于 M 层电子，实验和理论结果不太相符。注意图 39.14 中使用的模型是全原子模型，而非氢原子模型。从 Egerton 的著作中可知，K 和 L 层的理论结果与实验数据符合得较好。这些更准确的模型大多需要较长的计算时间，但是这很快将不是问题。考虑到 EELS 定量分析中的另一个误区，除非对电离散射截面物理很精通，否则一般不需要对 $\sigma(\beta\Delta)$ 做更进一步的修正，采用 SIGMAK/L 程序就已足够，尤其对于常规定量分析。

实验测定：除了理论计算 σ 外，还可以根据标准样品测定 σ 值。该方法与 XEDS 实验中测定 k 因子的方法类似，其中包括电离截面（以及荧光效应等其他因子）。但是令人惊奇的是，像 XEDS 中那样采用标准样品标定的经典方法并没有在 EELS 中取得广泛的应用，这主要是因为影响 EELS 数据结果的参量很多。标准样品和未知样品必须是同一厚度，有同样的键合特征，并且必须在同一条件下采集其能谱，即 β、Δ、E_0 和 t 必须相同。

同样，厚度的测量也是限制其定量分析精确度的主要因素。

总的来说，有两种方法可以确定 $\sigma(\beta\Delta)$：理论计算和实验测量。与 XEDS 不同，大多情况下会采用理论计算。尤其对于 EELS 非常适用的较轻元素，简单且方便的氢原子模型通常是准确的。尽管对于需要根据 M 层进行定量分析

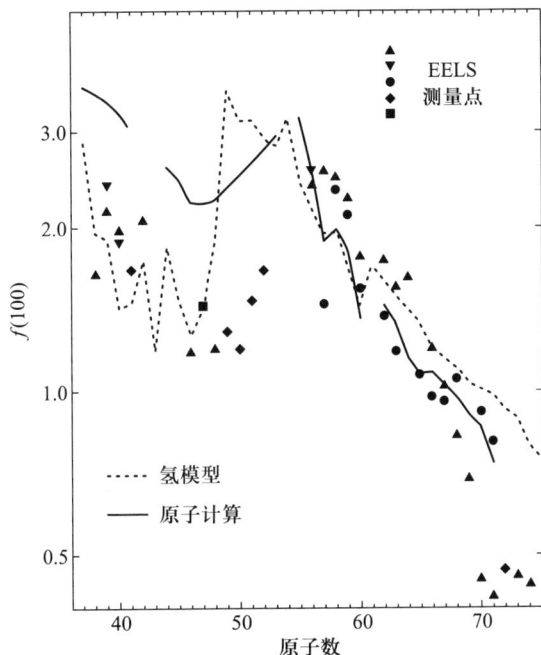

图 39.14 实验上获取的 $M_{4,5}$ 层电离截面与其理论值的对比。通过偶极子振动强度(f)与原子序数的函数给出了电离截面的变化规律

的较重元素使用 X 射线分析可能更准确，但是理论计算也正在变得更好。Leapman 更明晰、更详细地阐述了多种用于扣除本底和峰积分定量分析的方法。

最后，值得注意的一点是，在做实验或采集用于定量分析的图谱前，需要模拟谱图来确定实验是否能够给出有用的数据。第 33 章和相关章节讲过 DTSA 相比于 XEDS 数据在相似方面的优势。Gatan 提供的 EELS 参考软件(网址 3)能够帮助排除实验中的不确定因素。类似于 DTSA，EELS 参考软件允许模拟能谱和图像，并告知实验条件下某元素是否能被探测到。它还能提醒样品太厚，元素含量低于探测下限或空间分辨率不足等需要改变的实验参数。

39.5 根据能量损失谱确定样品厚度

现在已经得出了定量分析式(39.8)、式(39.9)中所有需要数据，但其假定条件是忽略多次散射且只考虑单次散射对能谱的影响。实际上，电离吸收边中总是存在多次散射的贡献。

共 同 作 用

等离激元作用和电离会导致吸收边的上升沿之后 15~25 eV 处出现一个凸起。

图 39.2E 曾给出这种效应。那么我们如何解决这一问题呢？可以采用足够薄的样品，从而忽略多次散射；或者也可对能谱进行解卷积。前者效果较好，但是从样品制备技术来说不太现实；后者则为简单的数学方法，但是必须运用恰当，否则会导致更大的误差或伪像。因此必须对卷积做进一步讨论。现在首先来看，如何在 EELS 中采用较为简便的方法确定样品厚度 t。

回顾第 38.3.3 节，我们知道可以从等离子共振峰强度得到样品厚度。但是由于非弹性散射随着样品厚度的增加而增多，所以从任何能量损失谱都可以得到样品厚度的信息。可以得到一个与式(38.7)等价，包含 ZLP 强度 I_0(如图 39.15 所示)和低能损失平均自由程 λ 的表达式，即

$$t = \lambda \ln \frac{I_t}{I_0} \qquad (39.13)$$

式中，I_t 是低能损失部分(大约到 50 eV)的总强度。我们忽略高于 50 eV 的强度是因为尽管这部分包含所有有用的电离吸收边，但是它对 I_t 的影响可以忽略(见图 37.1)。可由多次实验所得的参数公式确定 λ(见 Malis 等的论述)，即

$$\lambda = \frac{106F(E_0 / \mathcal{E}_m)}{\ln(2\beta E_0 / \mathcal{E}_m)} \qquad (39.14)$$

式中，λ 的单位为 nm；E_0 的单位为 keV；β 的单位为 mrad；F 为相对论修正因子；$\mathcal{E}_m$ 为平均能量损失，其单位是 eV，对平均原子序数为 Z 的样品，有

$$\mathcal{E}_m = 7.6Z^{0.36} \qquad (39.15)$$

相对论修正因子 F 为

$$F = \frac{1 + E_0/1\,022}{(1 + E_0/511)^2} \qquad (39.16)$$

可将以上公式存储于 TEM 计算机系统或计算器中，只要满足高压为 100 keV，$\beta < \sim 15$ mrad，所得 t 的精确度就在 ±20% 以内。除了这种方法和等离子共振峰强度法之外，还有一些其他方法(参考 Egerton 的著作)可以从 EELS 的不同组成部分出发得出样品的厚度。但是 Malis 的参数公式法是最常用的一种方法。显然，通过比较 EELS 中两个不同区域的强度能够得出样品厚度，因此类似于 XEDS(图 36.13C)，我们容易通过式(39.13)来获取样品的厚度图像。

计算样品厚度时，可能会发现满足 Murphy 定律并且能量损失分析区域总是太厚。那么就必须对能谱进行解卷积处理，使单次散射假设成立。

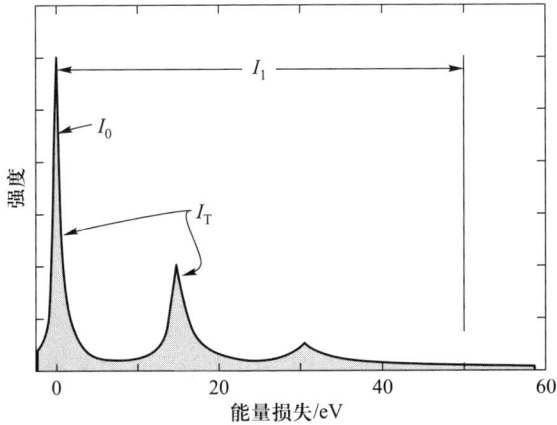

图 39.15 确定样品厚度时零损失峰强度(I_0)和总强度 I_T 的定义。I_T 等效于低能损失部分的总强度(I_1)，包含 I_0 能量损失小于 50 eV 的部分

39.6 解卷积

我们在图 39.2 中提到多次散射会导致电离吸收边强度的增加，这主要是由于内层(电离)和外层(等离激元)损失叠加的结果。

可将实验中获取的电离吸收边近似为单次散射(氢原子)吸收边和等离激元峰或低能损失能谱的卷积。

如图 39.16 所示，解卷积的目的就在于从包含多粒子散射的能谱中提取出单次散射强度。下面我们介绍两种方法，傅里叶–对数法(Fourier-Log)和傅里叶–比值法(Fourier-Ratio)，它们都以 Egerton 等的著作(可以从网址 1 下载)为

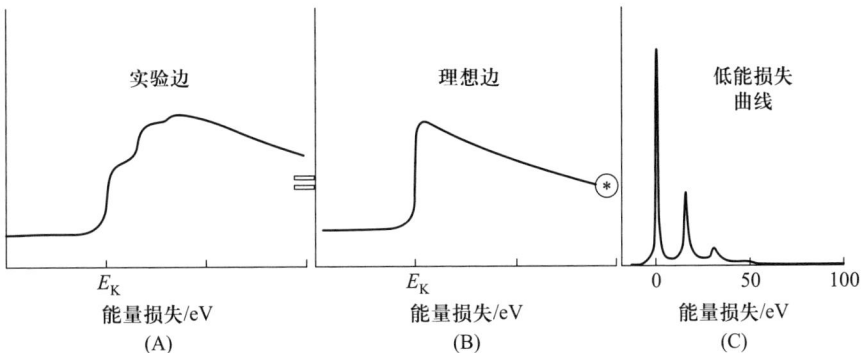

图 39.16 实验中测量的电离吸收边强度曲线(A)可由理想的单次散射电离吸收边(B)和低能量损失等离子强度轮廓(C)组成

基础，且都和 Gatan ELP 软件相兼容。β 减小会使去卷积误差增大，这是因为多次散射电子的角分布较大，β 越小，所包含的多次散射电子越少。

采用傅里叶-对数法（Fourier-Log）可去除多次散射对整个能谱的影响。该方法将能谱看作所有散射成分的总和，也就是说，包括零损失峰（弹性散射）、单次散射能谱再加上二次散射能谱等。每一项都和"仪器响应函数"相联系，它表示能谱仪对能谱的影响程度；对于 PEELS，这就是第 37.5 节中的点扩展函数。对整个能谱（F）进行傅里叶转换

$$F = F(0)\exp\left[\frac{F(E)}{I_0}\right] \tag{39.17}$$

式中，$F(0)$ 为弹性散射部分的转换；$F(E)$ 为单次散射部分的转换；I_0 为零损失峰的强度。对方程两边取对数即可得到单次散射部分的转换，这也是该方法如此命名的原因。

理论上，对 $F(E)$ 进行傅里叶逆变换就可得到单次散射能谱，但是所得能谱中噪声较大。可以通过多种方法解决这个问题，最简单的方法是将零损失峰看作 δ 函数。解卷积之后，可通过常用方法扣除本底，再进行定量分析。

解卷积方法

傅里叶-对数法：先解卷积再扣本底。

傅里叶-比值法：先扣本底再解卷积。

多次最小二乘拟合法：用于厚度不均匀的样品。

3 种方法都做了近似处理。

解卷积的缺点在于可能给单次散射能谱引入伪像，例如源于原始能谱的伪像。虽然做了假设和近似，但解卷积最终会导致电离吸收边跳跃比的增加。这种方法有助于探测微量元素的小的电离峰和样品较厚区域产生的电离吸收边。图 39.17 为傅里叶-对数法解卷积的实例。

傅里叶-比值法，这种方法将实验能谱近似为一单次散射能谱 $F(E)$ 和低能损失谱的卷积。我们定义低能损失部分为零损失峰到 ~50 eV，包含零损失峰但不包含任何电离吸收边。因此有

$$F' = F(E) \cdot F(P) \tag{39.18}$$

式中，F' 为电离吸收边附近实验所得强度分布的傅里叶变换；$F(P)$ 为低能损失部分能谱（主要是等离激元）的傅里叶变换。因此，在此方程中，仪器响应来自低能损失谱部分而不是零损失峰。如我们重新排列式（39.18），并给出一个比值（方法命名的原因），则有

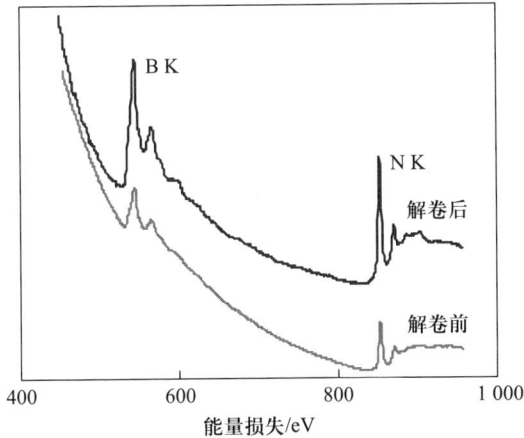

图 39.17 较厚的 BN 晶体傅里叶-对数法解卷积前后的能谱。解卷积后其跳跃比(为了能看清,画成垂直的)增大

$$F(\mathcal{E}) = \frac{F'}{F(P)} \qquad (39.19)$$

通过傅里叶逆变换就可得到单次散射能谱分布。与傅里叶-对数法不同,我们在解卷积之前必须扣除本底强度。同样,为了避免增加噪声,必须给式(39.19)乘以转换过的零损失峰。图 39.18 为傅里叶-比值法解卷积前后 C 的 K 吸收边。

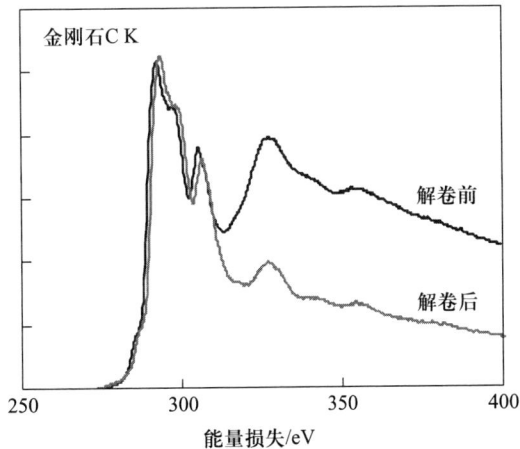

图 39.18 厚金刚石样品傅里叶-比值法解卷积前后 C 的 K 吸收边。扣除了多次散射对吸收边下降沿的贡献

多次最小二乘拟合法：若样品厚度不均匀，则无法使用傅里叶（Fourier）方法，可以采用与标准能谱的卷积（Leapman 2004）进行多次最小二乘法（MLS）拟合。在要定量分析的吸收边区域，单次散射参照能谱 $R_0(E)$ 与未知能谱的第一等离激元能谱（P）相卷积，得到参考能谱 $R_1(E) = P * R_0(E)$，并建立多个参照能谱 $[R_2(E) = P * R_1(E)$ 等$]$。采用 MLS 程序将这些参照能谱与实验所得能谱拟合，可得到特定的拟合参数。图 39.19A 为 Fe、Co 和 Cu 的实验参照能谱，图 39.19B 为 Cu-Be-Co 合金的部分实验能谱的拟合。

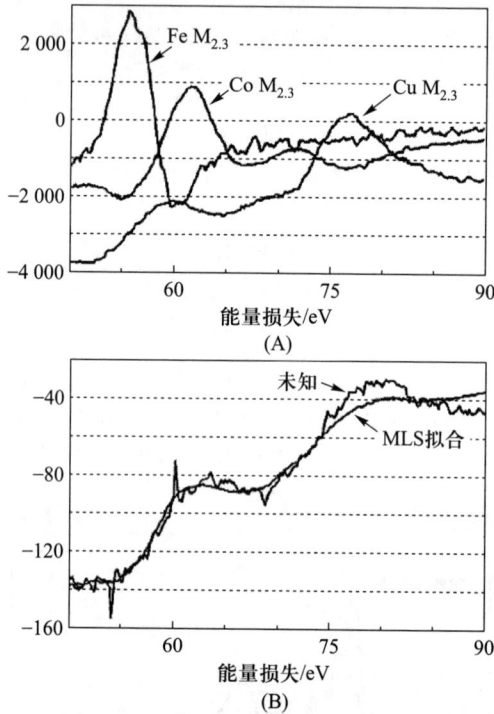

图 39.19 （A）Cu-Be-Co 合金一阶微分谱低能部分，以及叠加在该能谱上的 Fe、Co 和 Cu 3 种元素的一阶微分低能损失谱和 M 吸收边的参照能谱。（B）结合参考能谱对实验所得能谱的 MLS 拟合，可以看出拟合效果较好

总的来说，定量分析中必须采用单次散射能谱，我们可采用足够薄的样品或对能谱进行解卷积来得到近似的单次散射能谱。是否所有能谱在定量分析之前都必须进行解卷积处理仍存在争议，尽管在定量分析前对所有的内壳层损失进行去卷积，但是由于一些不确定因素的影响，解卷积过程中可能引入一些误差，因此必须小心采用这种方法。对 PEELS 能谱中的点扩展函数解卷积，可以使吸收边的上升沿和 ELNES 强度变化增强。

> **解卷积注意事项**
>
> 要常常对一定厚度范围已知样品的能谱进行解卷积处理，以确保解卷积程序的有效。

39.7 入射电子束会聚的修正

若为了较高的空间分辨率在 STEM 模式下工作，那么电子束会聚角 α 很有可能给以后的定量分析带来误差。若 α 大于或等于 β，由于实验中散射电子的角分布比预期的要大，会聚效应会影响所得结果的精度（又一次说明 β 的重要性）。因此，必须将电离损失电子的角分布和电子束会聚角关联起来。当 α 大于 β 时，可由 Joy(1986b)提出的方程计算部分电离截面 $\sigma(\beta\Delta)$ 的有效减小量（R），即

$$R = \frac{\left[\ln\left(1 + \frac{\alpha^2}{\theta_E^2}\right)\beta^2\right]}{\left[\ln\left(1 + \frac{\beta^2}{\theta_E^2}\right)\alpha^2\right]} \tag{39.20}$$

式中，θ_E 为特征散射角。Gatan 软件包含一个类似的换算系数，可用于定量分析。可以看出，若 α 较小（特别是小于 β 时），那么 $R \ll 1$，可以忽略电子束会聚的影响。在使用典型的会聚束限制光阑时，STEM 模式下的会聚角通常小于 $5 \sim 10$ mrad，因此要确保 β 足够大。注意，使用 C_s 校正时，可以使用较大的会聚角以便在不减小束斑大小的情况下增加束斑强度。

39.8 样品取向的影响

在晶体样品中，电离吸收边强度还会受到衍射的影响。回顾第 35 章，在样品取向恰好接近双电子束情况时，衍射影响可能最大，这点在介绍的 ALCHEMI 中可以发挥很好的作用。当电子传输接近布拉格条件时，X 射线的辐射强度和电离损失强度都会改变。与无强散射存在的晶带轴照明相比，在布拉格条件下，电子束和样品的相互作用会增加；能量损失过程也与其类似。这种现象（在 XEDS 中称为 Borrmann 效应）对低能吸收边并不重要，但是有关报道指出 Al 和 Mg 的 K 吸收边强度改变了 2 倍（Taftø 和 Krivanek）。在 XEDS 中，采用较大的 α 可减小这种现象，但是，EELS 中存在电子束会聚的影响。因此，避免这种情况的简单的方法就是在动力学条件下进行操

作，远离弯曲中心和弯曲线。

39.9　EFTEM 电离吸收边成像

本章及其他介绍 EELS 的章节列出的参考文献中有很多用电离吸收边进行 EELS 分析的例子。回顾第 37.8 节，有多种能量过滤模式用于点分析、谱线截面分析以及能量过滤 TEM 成像。与 XEDS 一样，目前最有效的方法是能量过滤透射电子显微学（EFTEM）成像。既能选择吸收边组成单幅图像，也能收集谱图，再从中提取特定能量信息。前者是镜筒内能量过滤器的一般模式，后者在镜筒外 GIF 中更常见。这两种模式接下来都会讲到，理论和实验的细节我们推荐参考 Reimer 在 1995 年出版的相关教材，以及 Hofer 和 Warbichler 的综述给出的很多实例。下一章将介绍吸收边精细结构成像，但本章只强调电离损失分析在元素成像时的作用。建议本节最好与第 32～35 章的 XEDS 成像对比学习。

39.9.1　定性能量过滤像

EFTEM 像采用电离吸收边强度成像，显然能够给出元素分布图。获取该图像的最简单的方法是用吸收边后的图像减去吸收边前的本底图像。这种两窗口做减法能够定性地给出元素分布图；或者也可以将吸收边前的窗口图像与吸收边后的窗口图像相比得到跳跃比图像（如图 39.20B 和 C），这种图像仍然是不定量的，它只反映吸收边和本底的强度比。显然，当满足以下条件时，上述定性方法效果最好：（a）跳跃比较大；（b）吸收边强度显著高于本底强度；（c）观测区域厚度均匀且很好地满足衍射条件。否则，任何强度上的改变都有可能导致伪像的产生。实际上，只有在样品非常薄时（$t \leqslant 0.1\lambda$），才值得做定性过滤像，否则，做定量 EFTEM 像更有意义。

39.9.2　定量能量过滤像

如果对每个像素扣除本底，进行吸收边积分，再乘以指定元素的电离截面比率，就可以得到该元素的定量分布图像。原则上，式（39.8）和式（39.9）描述的定量谱与定量像差别不大。第 39.4.2 节已经讲过，最主要的差别来自扣除本底方法的不同。

获取定量 EFTEM 像最常用的方法是在特定的能量窗口中获取 3 幅图像：其中两幅从吸收边前的本底处获取，另一幅从吸收边处获取。这等同于镜筒内能量过滤或镜筒外 GIF。可以在 TEM 模式下获取 3 幅图像，也可以在 STEM 模式下获取 3 幅图像或全谱图像。两者的区别在于使用 TEM 模式只需几秒钟，

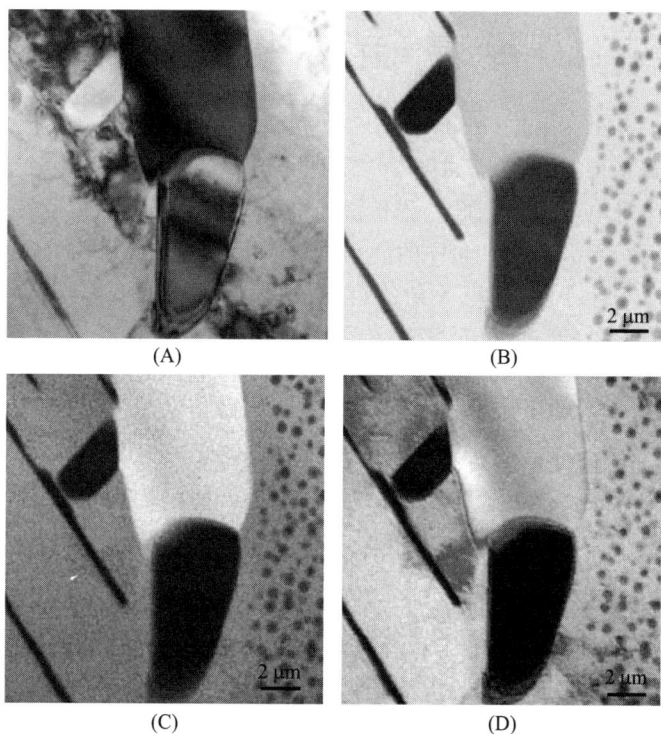

图 39.20 （A）不锈钢薄片上沉积相的 BF 相。另外 3 幅图为特征能量损失电子像的跳跃比像和定量像。（B）Fe 的 M 吸收边跳跃比图像；（C）Cr 的 L 吸收边跳跃比图像；（D）Cr 的定量分布图

而使用 STEM 模式需要几分钟甚至数小时。因此，只在需要获取全谱图像时才选用 STEM 模式。图 39.20 给出跳跃比图像和定量全谱图像。

在这两种模式下，用特定能量电子成像需要在能量窗口经过能量选择狭缝时锁定能谱（见图 37.13 和图 37.15 所示的原理图）。能量过滤实际上是通过改变 TEM 的加速电压使不同能量的电子通过光轴打在能谱仪上来实现的。图像质量与能谱质量的控制因素相同：好的跳跃比可以得到好信号，分离的峰可以很好地拟合本底，均匀的薄样品保证单散射条件，有利于定量分析结果。过滤图像质量可由先进的后处理技术进行优化，如像素簇法（Cutrona 等），及标准方法，如不同元素标色法（如图 37.17D 所示）。如果不能确定是否满足实验条件，可以采用 EELS Advisor 软件模拟实验预期结果（网址 2）。

所有的设备参数调节好后才能提高 EFTEM 图像的质量。可以采用球差校正器、单色器和过滤系数较均匀的能谱仪校正高阶像差。

39.10　空间分辨率：原子柱 EELS

与 XEDS 不同，束扩散不是 EELS 信号源的主要决定因素，因此影响束扩散的因素就不是那么重要。如图 39.21 所示，能谱仪只采集一个较小锥体内的、通过样品的电子束。因此，弹性散射的零损失电子散射角度较大，对能谱没有贡献。而在 XEDS 中，同样的高角度散射电子在距入射探针位置一定距离处能产生 X 射线，而且这些 X 射线可能被 XEDS 探测采集。没有束扩散的影响，电离损失能谱的空间分辨率就主要取决于分析模式：

■ 在 STEM 模式或 TEM 的探针型（衍射）模式中，探针的尺寸是影响分辨率的主要因素；由于向前散射信号较强，我们可以很容易得到探针尺寸小于 0.2 nm 的数据，借助像差校正器可以打破埃的界限。

■ 如第 37.4.3 节所述，在 TEM 模式中，空间分辨率是所选光阑尺寸的函数，即受样品平面处能谱仪的入口光阑有效尺寸的影响。透镜像差通常会限制空间分辨率。

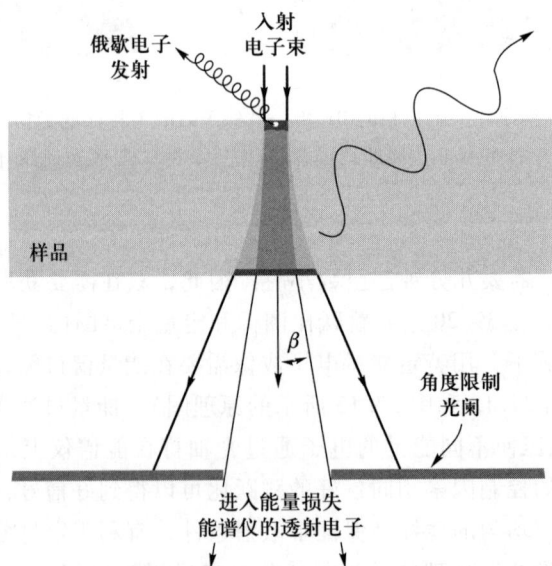

图 39.21　能谱仪的采集角会限制高角度散射电子对能谱的贡献，从而确保得到分辨率较高的信号。相反，整个样品作用体积内产生的 X 射线都可以采集

除了衍射限制、透镜像差（见第 5 章）等影响束斑大小的常见因素外，在 EELS 中我们常常还需要考虑离域效应。虽然在 X 射线产生时也存在该效应，

但是在 XEDS 中我们并不需要它的影响。

> **EELS 中的离域效应**
>
> 离域效应是指当高能电子经过原子附近时，会使得原子内层电子受到影响而逸出的现象。即电子束在不发生碰撞的情况下也能将内壳电子激发出来。

这种波的影响尺度一般是几个纳米（这对于原子级别的空间分辨率来说影响很大），且与能谱损失成反比。Egerton 给出了包含 50% 非弹性强度时直径（d_{50}）的表达式，即

$$(d_{50})^2 = \left(\frac{0.5\lambda}{\theta_E^{3/4}}\right)^2 + \left(\frac{0.6\lambda}{\beta}\right)^2 \tag{39.21}$$

等式右端各项都可以求出，这里再次显示了采集角的重要性。按照这个表达式可以求出，当 $E = 50$ eV 时，电离直径为 ~1 nm；当 $E = 300$ eV 时，电离直径为 0.4 nm（C 的 K 吸收边），因此可能对 EELS 原子级别的分辨率产生影响。幸运的是，STEM 模式下，即使对于轻原子，单个孤立原子成像的分辨率也只依赖于束斑大小，而离域效应不产生影响。因此诸如探测像差、EELS 信号中的相对本底强度以及损伤等对 EELS 空间分辨率有影响的常见因素显得更为重要。自观测到单原子高角环形暗场（HAADF）像以来，所有的实验都表明离域效应起次要作用（见第 22.4 节及相关教材）；早在 20 世纪 90 年代就使用电离损失首次表征了化学成分上原子级别的变化（Browning 等和 Batson）。限制电子束沿 HAADF 像中原子柱方向传导的相同过程也使得谱学信号呈现局域化效应。由于 EELS 强度比 XEDS 高很多，所以可以从单原子柱精确提取其所含信息（见图 39.22）。如图 39.22C 所示，界面处 Ti、Mn 在同一原子面的积分强度信号损失约为 50%（甚至更高），这表明真正达到了原子级别的分辨率。

甚至可以探测到轻原子柱上分布的单个重原子（见第 39.11 节）。球差校正使 EELS 容易获得原子级别的分辨率（Varela 等）。

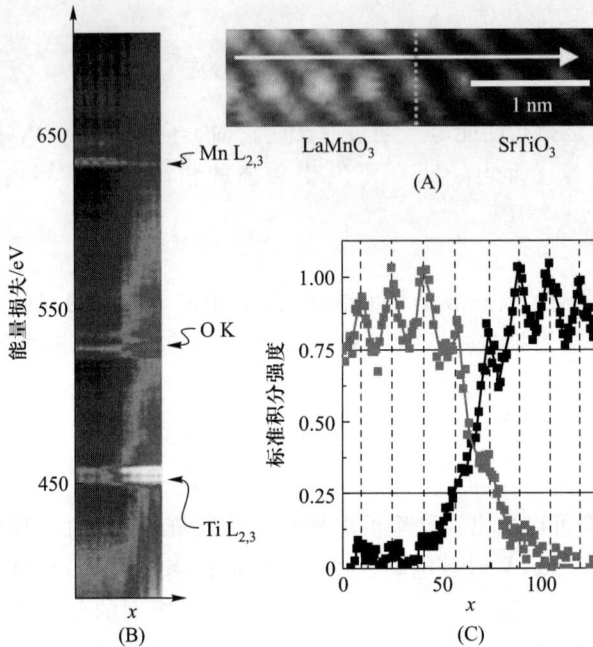

图 39.22　（A）LaMnO$_3$/SrTiO$_3$ 界面（虚线处）的 HAADF 像。（B）沿（A）箭头方向的 EELS 线扫描。Ti 的 L$_{2,3}$，O 和 K 吸收边以及 Mn 的 L$_{2,3}$ 吸收边已在近似位置高亮标出。（C）Ti 的 L$_{2,3}$ 吸收边（蓝色）和 Mn 的 L$_{2,3}$ 吸收边（红色）下的标准积分强度（40 eV 窗口）。黑色虚线分别标出了 MnO$_2$ 和 TiO$_2$ 原子面的估计位置。（参见书后彩图）

39.11　探测能量的极限

影响电离损失能谱探测极限的因素与 XEDS 中的相同，显然，我们应优化以下几个因素：

■ 吸收边强度。

■ 信号和本底比值（跳跃比）。

■ 信号探测效率。

■ 分析时间。

如图 39.21 所示，EELS 的探测效率显然要高于 XEDS，然而由于本底强度较高，其信号本底比值反而较小。但为了得到最佳空间分辨率，仍然是探测效率越高越好。Leapman 和 Hunt 认为，大多数情况下，PEELS 相比于 XEDS 对微量元素的探测灵敏度更高。这一点已经被多年以来的实验证实，而且近年来

FEG 源、球差校正以及谱仪硬件的提升使单原子成像和能谱分析（包括精细结构和电子关联效应）相结合得以实现。图 39.23 显示了原子级别空间分辨率的单原子分析。原则上，如图 36.11 所示的 XEDS，灵敏度与空间分辨率相互制约，即探测到原子分辨率的单原子信号时，只能达到相应分析手段的最低灵敏度。

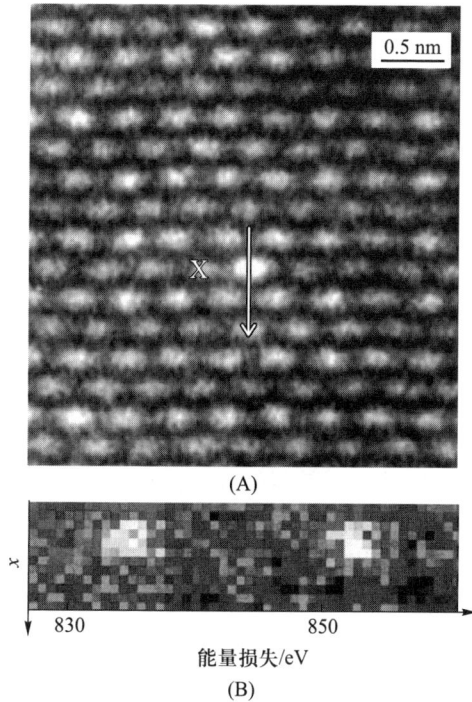

0.5 nm

X

(A)

x

830　　　　850

能量损失/eV

(B)

图 39.23　（A）$CaTiO_3$ 样品的 HAADF 像，单个原子柱中包含杂质原子（X）La。（B）电子束（沿红色箭头方向）扫描过 La 原子时，能谱线密度图像上呈现 La 的 $M_{4,5}$ 白边。白边仅在扫描出 La 原子时出现。（参见书后彩图）

　　总结：电离吸收边的微量分析可以给出原子级别的空间分辨率和单原子级别的分析灵敏度。

章 节 总 结

　　根据简单的比率方程，可由电离吸收边定量分析周期表中的所有元素并定量成像。要注意必须根据所用 TEM、PEELS、能量过滤器和（最重要的一点）足够薄的样品来定义相关实验变量。与 XEDS 相比，利用 EELS 可以得到更多的定量分析数据和成分曲线，并且做定量图像的方法越来越普遍。

　　要使用 Egerton 比率方程，必须经过以下几步：

■ 采用幂定律或 MLS 方法扣除本底，前者较为简单，后者适用于复杂能谱。

■ 对吸收边强度进行积分。这步非常简单直接。

■ 确定部分电离截面 $\sigma_K(\beta\Delta)$。对于 K 或 L，采用 SIGMAK 和 SIGMAL 计算 $\sigma_K(\beta\Delta)$。

■ 对于 M 吸收边采用已知标准，或者最好使用 XEDS。

■ 对于轻元素（比如 Li），采用已知标准。

　　定量分析的最大限制因素是样品必须足够薄，其厚度应小于一个自由程（50 nm），否则要对能谱进行解卷积处理，但这可能会引入伪像。

　　由于镜筒中及镜筒后能量过滤器的普及，电离损失成像越来越普遍，逐渐成为受认可的定量分析方法。

　　与 XEDS 相比，EELS 的空间分辨率和最小探测能力都较好，而且可用其实现单原子的探测和原子级别分辨率。

参考文献

参考书和文献综述

Ahn, CC Ed. 2004 *Transmission Electron Energy-Loss Spectrometry in Materials Science and the EELS Atlas* 2nd Ed. Wiley-VCH Weinheim Germany. 关于定量与图像的必读教材。

Brydson, R 2001 *Electron Energy-Loss Spectroscopy* Bios (Royal Microsc. Soc.) Oxford UK. 很好的基础性介绍，有大量实用的提示信息。

Egerton, RF 1996 *Electron Energy-Loss Spectroscopy in the Electron Microscope* 2nd Ed. Plenum Press New York. Still the EELS bible. 关于 Bethe 背的扩展阅读。

Hofer, F and Warbichler, P 2004 *Elemental Mapping Using Energy-Filtered Imaging in Transmission Electron Energy-Loss Spectrometry in Materials Science and the EELS Atlas* 2nd Ed. 159－233 Ed. CC Ahn Wiley-VCH Weinheim Germany. 关于 EFTEM/ESI 的深入综述，有大量的很好的示例。

Joy, DC 1986a *The Basic Principles of EELS*, 1986b *Quantitative Microanalysis using EELS in Principles of Analytical Electron Microscopy* 249－276 and 277－299 Eds. DC Joy, A. Romig Jr. and JI Goldstein Plenum Press New York. 定量原理的介绍，此文深入谈论实验细节对其的重要性。

Kohler-Redlich, P and Mayer, J 2003 *Quantitative Analytical Transmission Electron Microscopy in High-Resolution Imaging and Spectrometry of Materials* 119－187 Eds. F Ernst and M Rühle Springer New York. EELS 相关综述以及其他 TEM 技术，重点在表面研究领域。

Reimer, L Ed. 1995 *Energy-Filtering Transmission Electron Microscopy* Springer New York. EFTEM/ESI 方面的第一本书籍，含有你想要了解的所有理论与练习，但是应用很少。

应用

Batson, PE 1993 *Simultaneous STEM Imaging and Electron Energy-Loss Spectroscopy with Atomic-Column Sensitivity* Nature **366** 727－728.

Browning, ND Chisholm, MF and Pennycook, SJ 1993 *Atomic-Resolution Chemical Analysis Using a Scanning Transmission Electron Microscope* Nature **366** 143－146.

Cutrona, J, Bonnet, N, Herbin, M and Hofer, F 2005 *Advances in the Segmentation of Multi-Component Microanalytical Images* Ultramicrosc. **103** 141－152.

Egerton, RF 1979 K-Shell *Ionization Cross-Sections For Use in Microanalysis* Ultramicrosc. **4** 169－179.

Egerton, RF 1981 SIGMAL; *A Program For Calculating L-shell Ionization Cross-Sections in Proc. 39th EMSA Meeting* 198－199 Ed. G. W. Bailey Claitors Baton Rouge LA.

Egerton, RF 1993 *Oscillator-Strength Parameterization of Inner-Shell Cross Sections* Ultramicrosc. **50** 13－28.

Hofer, F, Golob, P and Brunegger, A 1988 *EELS Quantification of the Elements Sr toW by Means of M_{45} Edges* Ultramicrosc. **25** 81－84.

Jeanguillaume, C, Trebbia, P and Colliex, C 1978 *About the Use of Electron*

Energy-Loss Spectroscopy for Chemical Mapping of Thin Foils with High Spatial Resolution Ultramicrosc. **3** 237–249.

Leapman, RD and Hunt, JA 1991 *Comparison of Detection Limits for EELS and EDXS* Microsc. Microanal. Microstruct. **2** 231–244.

Leapman RD(2004)*EELS Quantitative Analysis in Transmission Electron Energy Loss Spectrometry in Materials Science and the EELS Atlas* 2nd Ed. 49–96 Ed CC Ahn Wiley-VCH Weinheim Germany. 一份很好的参考资料。

Malis, T, Cheng, S and Egerton, RF 1988 *EELS Log-Ratio Technique for Specimen-Thickness Measurement in the TEM* J. Electron Microsc. Tech. **8** 193–200.

Michel, J. and Bonnet, N 2001 *Optimization of Digital Filters for the Detection of Trace Elements in EELS. III-Gaussian, Homomorphic and Adaptive Filters* Ultramicrosc. **88** 231–242.

Muller, DA and Silcox, J 1995 *Delocalization in Inelastic Scattering* Ultramicrosc. **59** 195–213. 如果是物理方向且想要了解更多 EELS 中离域的信息，可以阅读这本。

Rez, P 2003 *Electron Ionization Cross Sections for Atomic Subshells* Microscopy and Microanalysis **9** 42–53.

Taftø, J and Krivanek, OL 1982 *Site-Specific Valence Determination by Electron Energy-Loss Spectroscopy* Phys. Rev. Lett. **48** 560–563.

Unser, M, Ellis, JR, Pun, T and Eden, M 1986 *Optimal Background Estimation in EELS* J. Microsc. **145** 245–256.

Varela, M, Lupini, AR, van Bentham, K, Borisevich, AY, Chisholm, MF, Shibata, N, Abe, E and Pennycook, SJ 2005 *Materials Characterization in the Aberration-Corrected Scanning Transmission Electron Microscope* Annu. Rev. Mater. Res. **35** 539–569.

网址

1. http：//www. cemes. fr/&7Eeelsdb/.
2. http：//laser. phys. ualberta. ca/~egerton/programs/programs. htm3.
3. http：//www. gatan. com/software/eels_ advisor. php.

自测题

Q39.1　电离损失分析应采用 100 keV 的电压还是 200 keV 的电压？为

什么？

Q39.2　定量分析时为什么不能采用过小的采集角？

Q39.3　定量分析时为什么不能采用过大的采集角？

Q39.4　采用过大或过小的采集角有哪些危害？

Q39.5　定量分析需要哪种级别的能量分辨率？为达到这种分辨率需要改善收谱的其他方面吗？

Q39.6　给出跳跃比的定义。对于给定的电离吸收边如何提高跳跃比？

Q39.7　为什么不把电离吸收边能量定义为峰强度？

Q39.8　什么是白边？为什么这样命名？

Q39.9　给出 N、I、σ、δ 的定义及单位。

Q39.10　本底拟合窗口和本底外推窗口有什么关系？

Q39.11　本底外推时什么情况下会用到"拟合较好"标准？

Q39.12　为什么用"局部的"描述 Egerton 方程里的电离截面（σ）？

Q39.13　为什么简单的 SIGMAK 模型和 SIGMAL 模型能给出合理的边强度拟合？

Q39.14　为什么没有 SIGMAM 模型？怎样识别 M 吸收边？

Q39.15　为什么定性分析前要解卷积？

Q39.16　为什么 EELS 扣除本底比 XEDS 难很多？

Q39.17　用比值的方法得到的样品成分定量单元是什么？

Q39.18　定量过程的最大不确定因素是什么？

Q39.19　为什么采集角过大时要改变部分电离截面，而不是简单地减小 C2 光阑？

Q39.20　为什么 EELS 的空间分辨率比 XEDS 高很多？

Q39.21　什么是离域效应？它会对 EELS 分析产生怎样的影响？

Q39.22　为什么将理想的电离吸收边称为氢吸收边？

Q39.23　为什么氢吸收边像直角边？

Q39.24　为什么不研究核壳以上超出 2 keV 的电离吸收边？

章节具体问题

T39.1　解释图 39.1 中的术语。

T39.2　对比图 38.1 和图 39.3。为什么所有的电离吸收边强度分布非对称地延拓超出几十电子伏时，零损失峰和等离激元峰都是高斯型？

T39.3　图 39.2 所示的本底强度现实吗？为什么？

T39.4　假设 EELS 能谱仪的分辨率为几个电子伏，为什么解卷积之前不能识别相距几十电子伏的电离吸收边？

T39.5　已知 TiN 和 TiC 每种元素的原子数目相同，为什么图 39.8 中的强度差别这么大？还可以采用哪种谱方法辨别 TiC 和 TiN，为什么这种方法不能用于 AEM？

T39.6　一阶差分方法（图 39.10 和图 39.19）实际上能扣除本底吗？如果不能，为什么？这种方法与 XEDS 中的 top-hat 滤波法相比怎么样？

T39.7　为什么建议 XEDS 采用实验标准确定 k 因子，而 EELS 定量分析采用计算部分电离截面？

T39.8　在 100 eV 下，采用 100 mrad 的采集角获得的谱中，低能损失强度是零损失峰强度的 10% 时，Fe 样品的厚度是多少。

T39.9　对比图 39.17 和图 39.18 所示的两种解卷积方法的异同。

T39.10　优化本底拟合及增加边计数率时，为什么不能简单地扩大图 39.9 中的积分窗口 δ 和 Δ？

T39.11　对比电离损失谱定量分析表达式［式（39.5）］与特征 X 射线谱定量分析 Cliff-Lorimer 表达式［式（35.2）］的异同。

T39.12　证明采用氢原子近似可以粗略地模拟图 39.12 和图 39.13 所示的电离吸收边。

T39.13　根据图 39.6 解释电子跃过势垒与损失的能量之间的关系。

T39.14　列举通过解卷积获得多次散射贡献和点扩散函数的优劣。

T39.15　计算 C 元素 K 吸收边电离（100 kV，$\beta = 20$ mrad）截面不需要修正时能采用的最大采集角，并写出所有假设条件。

T39.16　为什么高空间分辨率 EELS 的研究要比 X 射线的研究少得多？

T39.17　对比 EFTEM 和能谱分析扣除本底的两种方法的异同。

T39.18　对比限制 XEDS 和 EELS 空间分辨率的实验因素的异同。

T39.19　对比限制 XEDS 和 EELS 分析探测极限的实验因素的异同。

T39.20　如何判断样品对于 EELS 分析太厚？怎样将这种影响降低到最小化（除了样品变薄）？

T39.21　为什么采集角相同时，EELS 探测电子的效率比 XEDS 探测 X 射线的效率高很多？参见图 39.4 与图 39.5 的总结。

T39.22　为什么图 39.3 中原子比 B：N 为 1：1 的氮化硼，B 的 K 吸收边强度比 N 的 K 吸收边强度高很多？

T39.23　XEDS 谱中的 X 射线采集角通常是多大，它与 EELS 电子采集角相比是大还是小？

第 40 章
精细结构和细节信息

章 节 预 览

在前一章中，我们讲了根据电离边做元素分析，但是电子能量损失谱(EELS)区别于 X 射线能量色散谱(XEDS)的是电离边不仅仅能做元素分析。内壳层损失谱的强度存在微小变化，我们将其称为能量损失近边结构（ELNES）和扩展能量损失精细结构（EXELFS）。因为 EELS 本身有很高的能量分辨率，因而可以从这些精细结构中知道电离原子的键合方式、原子的配位以及态密度等。同时，可以根据强度变化产生出特定成键区域的过滤像，而且也可探测电离原子周围其他原子的分布情况［也就是径向分布函数（RDF），这在研究非晶材料中很有用］，还可以做动量分辨的 EELS，观测化学键的各向异性，将 EELS 与层析照相结合，等等。要解释这些现象，必须具备一些原子物理和量子力学的知识。非物理工作者可以略过相关章节，只对结果做一了解。通过这一章的学习，会认识到 EELS 的强大作用。

> **为什么要研究能谱精细结构?**
>
> 　若要求很高的空间分辨率,采用其他能谱方法无法得到能谱精细结构信息。

　　现在,可通过原子结构计算模拟能谱,帮助我们理解能谱的细节变化,所以,精细结构更有用了。对计算模拟的全面评价超出了本书的内容,但是这个正在发展的领域,将会体现出更重要的意义。

　　作为 EELS 的总结和全书的结尾,这一章会介绍更多透射电子显微镜(TEM)深层次的概念,例如角分辨能谱、径向分布函数测定、康普顿散射、壳层能移和层析 EELS,它们现在不是主流方法,但随着仪器设备和理论计算的发展,会变得重要起来。

40.1　为什么会有精细结构?

　　在第 39.1 节中看到,电离边存在叠加在类氢模型的锯齿形上的强度变化。强的起伏出现在电离边之后 $30 \sim 50$ eV 内的区域(ELNES),而弱的起伏则延伸到几百电子伏的区域强度(EXELFS)。这些精细结构包含有价值的信息,但需要用量子物理的理论来解释它们的起源。

　　可以从这个角度看这一过程,即如本书上册第二篇衍射所讲的,将电子从粒子模型转换成波的模型,将内层电子得到的过剩能量($>E_C$)看作由电离原子发射的电子波。若该电子波只含几个电子伏的过剩能量,说明它与周围的原子发生多次弹性散射(图 40.1A);ELNES 则主要来源于这些散射。若波所含过

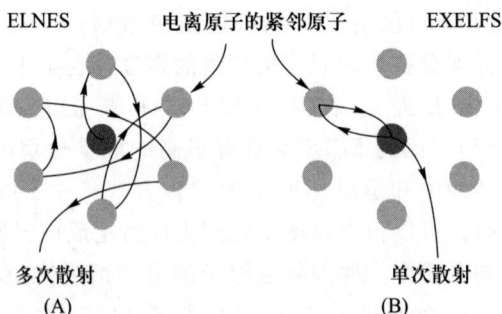

图 40.1　示意图给出了 ELNES(A)和 EXELFS(B)的来源。激发电子高于费米能级的剩余能量以电子波形式从激发原子发出,被周围的原子散射。低能的 ELNES 起源于近邻散射,受周围的成键原子影响。高能的 EXELFS 近似于单次散射,受局域原子排布影响

剩能量较大，则是因为这些高能量的电子散射截面小（之前多次遇到），与周围原子发生散射概率小；事实上 EXELFS 可以近似地认为起源于单次散射（图40.1B）。因此，可将 ELNES 和 EXELFS 看作电子散射现象的后续过程，ELNES 限制在电离边后几十个电子伏之内，而 EXELFS 延伸到几百个电子伏的范围。精细结构还有其他的解释，后面讲到物理过程的模型时会提出。

ELNES 和 EXELFS I

两者产生的原因都是，在电离过程中内层电子所得到的能量大于从内壳层逃逸出去所需的临界电离能 E_c。

ELNES：Energy-Loss Near-Edge Structure.

EXELFS：Extended Energy-Loss Fine Structure.

在 X 射线谱中也会出现类似的精细结构，但受限于 TEM 中半导体 XEDS 探测器的分辨率，通常难以分辨。然而，我们知道高分辨的 X 射线实验可以通过 X 射线峰的移动来揭示成键效应（图32.9C），事实上，X 射线谱有专门的领域来研究原子成键（X 射线吸收近边结构，XANES）和原子位置及结构（扩展X 射线吸收精细结构，EXAFS）。这些技术类似于 ELNES 和 EXELFS，但是这需要同步加速器来产生可靠的信号。基于 TEM 的电子能量损失谱方法是相对便宜的表征技术。

本章主要讲 ELNES 和 EXELFS 的实验测量和理论模拟，更多详细的讨论会在拓展阅读的姊妹篇中予以介绍。ELNES 起源于多次散射，要比 EXELFS 复杂得多，但是由于它的信号强，可以研究的材料范围广，所以它比 EXELFS 更有用，下面先来讨论 ELNES。

40. 2　ELNES 物理

40. 2. 1　原理

众所周知，当电子从基态跃迁到激发态发生电离时，在内壳层会产生空穴。从电子束获得的能量可能足够内层电子产生激发，但该能量不一定足够电子逃逸到真空能级。这样，电子仍然没有脱离原子核的束缚而变成自由电子。这种情况下，末态的内层电子会到达费米能级（E_F）以上的某个空能级。在这里对费米能级 E_F（在三维空间里称其为费米面）作简要的回顾。在弱导带和价带中（严格说来应为 0 K 时），它是填充电子和未填充电子区域的分界面。如图

40.2 的原子经典能级示意图所示，在金属中无分立的价带，E_F 位于导带内。在绝缘体和半导体中，E_F 位于价带（满电子填充）和导带（部分电子填充）之间。激发电子能接受的能量由未填充态的部分决定，所以，入射电子的能量损失能反映了未占据态的分布。尽管量子理论的不确定原理指出，只有在电子占据时这些空态才有意义，但这里我们不去深究这个问题。

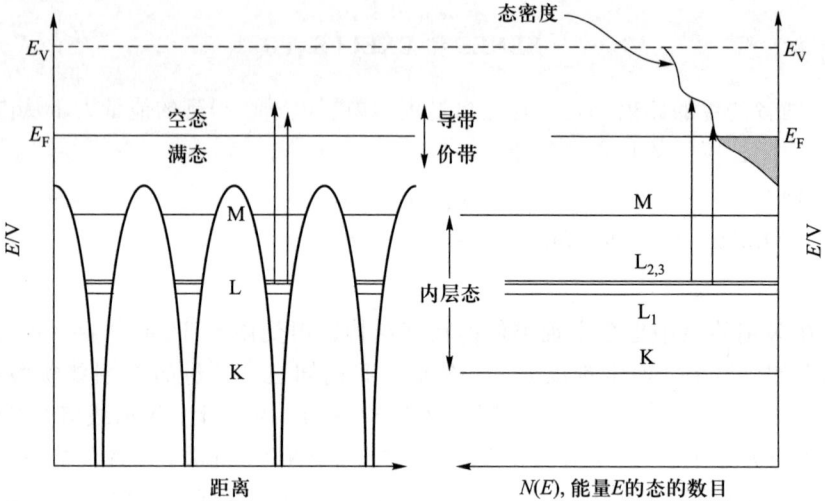

图 40.2　金属原子的经典能级图（左）和导带/价带中的满态（阴影）和空态（非阴影）（右）的示意图。态密度近似于二次函数，其上有呈阶层的起伏。电离造成了内层电子跃迁到费米能级以上的空态

　　因此，被激发的电子可以去到任何空态，但占据每个空态的概率不相等。某些空态会因在一定能量范围的态数目较多而被占据的概率大。空能级的不均匀分布就是态密度（DOS）。图 40.2 也给出了相关的示意图。如图 40.3 所示，由于电子占据费米能级以上的空态概率大，所以 ELNES 在能量损失边，即费米能级以上的高态密度区域（可以认为费米能级等于临界电离能量 E_c），有较高的强度。

ELNES

　　电离边（E_c）之后几十电子伏区域强度的起伏，是能量损失近边结构（ELNES），它有效地反映了费米能级以上的态密度。

　　态密度对原子的成键和化合价很敏感，这是 ELNES 中重要的一点。比如，

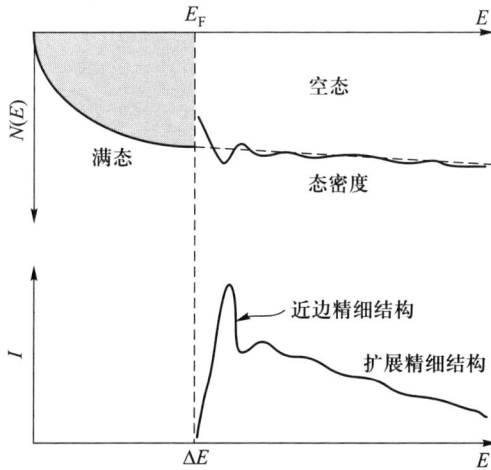

图 40.3   空的态密度与能量损失近边结构的关系，可以看到费米能 E_F 和电离起始边 E_C 的数值是相等的。内壳层激发的电子优先占据态密度中最大未填充态的位置。费米能级以下的占据态的态密度形状可近似为二次函数

图 40.5 中，石墨、金刚石、足球烯中 C 的 K 边 ELNES 是不同的，而 Cu 被氧化成 CuO 时，Cu 的 L 边 ELNES 也会发生变化。更精细的角度，甚至可以从 ELNES 的形状判断电离原子的配位。

态密度和费米面

即使对态密度和费米面的复杂性不理解，也可以通过实验 ELNES 谱与标准样品的 ELNES 对照确定其配位或化合价。

我们将在第 40.2.4 节介绍指纹标识的方法，可以检索 EELS 库和网址 1，注意我们在第 38.3.1 节对不同相的低能损失谱做了类似的指纹标识。

40.2.2   白线

第 39 章中所提到的白线是最常见的 ELNES，它是特定电离边处十分尖锐的峰。如图 40.3 所示，一些元素中，内壳层电子被激发到特定的能级，而不是连续的能带。过渡金属的 $L_{2,3}$ 边和稀土金属的 $M_{4,5}$ 边呈现这种白线。如图 40.4 所示，Fe 的 L 边白线是 L_3 和 L_2 峰，白线起源于 d 壳层的空态(以后再解释 L_1 峰)。需要用量子物理的知识来解释这种白线，如果只想了解结论，可以直接跳到这一节的最后一段。当然也有人不同意白线是真正的精细结构和电离

边强度，这里我们不做讨论，将其留给更懂的人（M&M 会议的另一个争论）。

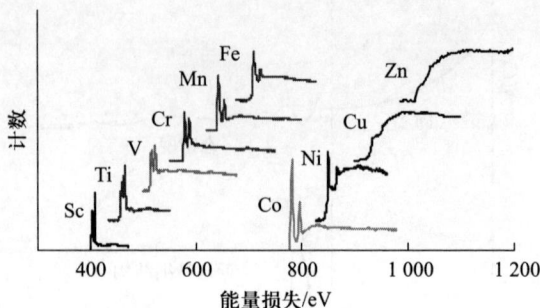

图 40.4　过渡金属的 EELS 谱，表明 L_3 和 L_2 白线的强度随 L 层电子跃迁到 d 壳层空态的数目的变化而变化。图中可见 Cu 和 Zn 因为 d 层是满的而没有白线，仅有 Fe 元素的 L_3 和 L_2 白线的强度比是预测的 2∶1。（参见书后彩图）

40.2.3　量子描述

对应不同的电子能级 K、L、M 等，有不同的主量子数（n）1、2、3 等。在各个能级中，对应于不同的角量子数（l）0、1、2、3 等，电子又有 s、p、d 和 f 等能态。s、p、d 和 f 来自对电子能态所形成的原子谱线的最初描述，也就是，sharp、principle、diffuse 和 fine，尽管在 EELS 能谱中相应的描述不成立。

如在第 39.1 节看到的，从 L 层激发的电子有不同的能量，所以出现 $L_{2,3}$ 边，我们将内层电子态的能级的分裂称为自旋轨道劈裂。

由于对应 2 和 3 能级的 L 电子处于 p 态，根据泡利不相容原理，总量子数（$j=s+1$）为自旋量子数（s）和角量子数（l）之和，其值为 1/2、3/2、5/2 等。自旋量子数 s（不能和 s 态相混淆）可为 ±1/2。再结合其他量子定律，可知在能量较高的 L_2 层（较窄的能带），2 个 p 电子的总量子数 $j=\pm 1/2$，而 L_3 层中，4 个 p 电子的总量子数 $j=\pm 1/2$，±3/2。因此我们可以推断从 L_3 层激发的电子数是从 L_2 层激发电子数的两倍，从而得出 L_3/L_2 强度比率为 2。实际上，如图 40.4 所示，只有 Fe 的能谱符合这个规律，对于过渡金属，这个比率逐渐增加，从 Ti 的 0.8 到 Ni 的 3。

所以，L 层的 p 态电子不能被激发到任意未填充的能态。

因此 p（$l=1$）态的末态只能为 s（$l=0$）态或 d（$l=2$）态。在导带中只有少数未填充的 s 态，因此电子主要跃迁到空的 d 态。

偶极跃迁选择定则

初态角动量和末态角动量之差 Δl 应为 ± 1。

由于跃迁选择定律，能谱中不存在较强的 L_1 边。L_1 边比 L_2 和 L_3 边更靠近原子核，而且其电子只占据 s 态 $(l = 0)$，因此只能跃迁到 p 态 $(l=1)$，而不能跃迁到 d 态 $(l=2)$ 或其他 s 态。由于过渡金属原子的导带中只有少数未填充的 p 态，而且它们比 d 态的能量扩展范围更广，因此 L_1 边的强度很低，峰形较宽，在 $L_{2,3}$ 后边结构中不可见。

白边的能量宽度受电离态延迟时间的影响。由海森堡不确定原理 $\Delta E \Delta t = h/4\pi$ 可知，快速延迟会使峰有一定宽度。例如，Fe 的 L_2 层电离一个电子后，L_3 层的电子会填充到空位上并由 d 层发出一个俄歇电子。（我们称它为 Coster-Kronig 跃迁。）导带电子也可填充 L_2 层的空位，而 L_3 层的空位只能由导带电子填充，因此，L_2 空位有两种填充方式，L_2 线的 Δt 比较小而 ΔE 要比 L_3 线大，所以 L_3 边相比 L_2 要陡峭。

对于没有白线的元素，也存在能量损失近边结构（ELNES），并以微弱振荡的形式表现出来，这种弱振荡像白线一样也反映了态密度（DOS），可以用来计算和推测（本书不做讨论）（例如，对比图 40.5B 中纯 Cu 的 ELNES 与图 40.4 中 Fe 的 ELNES）。

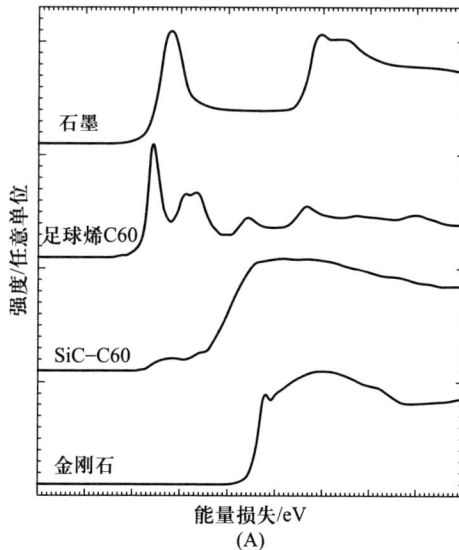

（A）

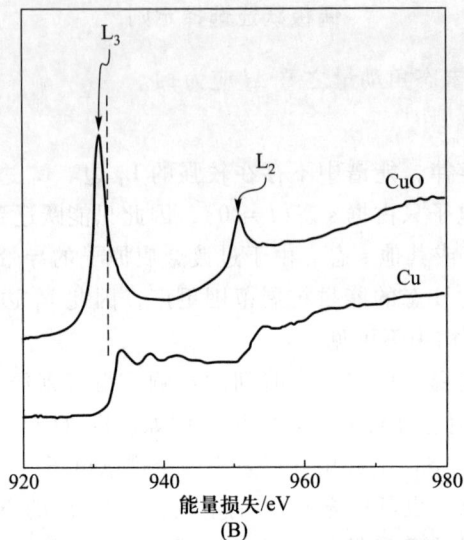

图 40.5　（A）不同碳物质中 K 边 ELNES 的区别；（B）当金属 Cu 被氧化时 Cu-ELNES 中 $L_{2,3}$ 边会有变化。因为填满的 d 态丢失电子，所以允许白线的产生

40.3　ELNES 的应用

　　下面来看这些物理知识的应用，ELNES 反映了原子的局域环境的细节，如配位数、价态、成键类型等。研究这些精细结构，理解其与电子结构进而与物理性质的关联关系，可以解决一些疑难问题，特别是样品的价键发生的微小变化。从图 40.5A 可以看到石墨和金刚石中碳的 L 边。碳原子的 p 轨道和 s 轨道杂化（在分子轨道理论中称其为 σ 和 π 轨道）。石墨的层内以 sp^2 键结合，而层间则以范德瓦耳斯键结合。金刚石结构则不同，它有 4 个方向的 sp^3 杂化轨道形成共价键，原子按四面体结构排列，而不是像石墨一样具有层状结构。石墨的 K 边 284 eV 处有一较强的峰，这是 K 层电子跃迁到空的 $π^*$ 态引起的；金刚石则没有 $π^*$ 峰，而是在 290 eV 处有 $σ^*$ 峰。薄金刚石和类金刚石是现今半导体工艺和涂料工业的热点，这些信息对其研究有重要作用。可采用石墨或类金刚石材料制作碳膜，这样可以减小 K 边 ELNES 中 sp^3（金刚石）和 sp^2（石墨）键的相对比例（Bruley 等）。现在发现的碳纳米管、富勒烯、单层石墨等新的碳材料可以很容易地用 ELNES 来区分，例如，图 40.5A 显示了标准的 C_{60}（富勒烯的代表）的吸收谱，K 边被压制。图 40.5B 中被氧化的 Cu 的 $L_{2,3}$ 边是另一个典型的例子。Cu 金属中 3d 能态填满电子，因而 Cu 的能谱中没有白边，

而在其氧化物中，一些 3d 电子转移到氧，留下 3d 的空态，因此在其氧化物能谱中存在白边。注意金属和氧化物中 Cu 电离边的起始值不同，这主要是因为电子转移改变了 E_c 值。

ELNES 的变化通常是由小于 1 nm 的局域键态的变化而引起的。在图 40.6 中，由于 SiO_2 和 Si 交界面处 Si 原子成键的改变，Si 的 L 边的 ELNES 会有所变化。在这个例子中我们看到场发射扫描透射电子显微镜（FEG STEM）的强大之处，它可同时在原子量级成像并且得到单个原子的能谱（尽管 Baston 早在 15 年前就做了这项工作）。对于将 Z 衬度成像（见第 22.4 节）和并行电子能量损失谱仪（PEELS）相结合（图 39.22 和图 39.23）可作为有效地分析原子特征这一观点，仍存在争议。

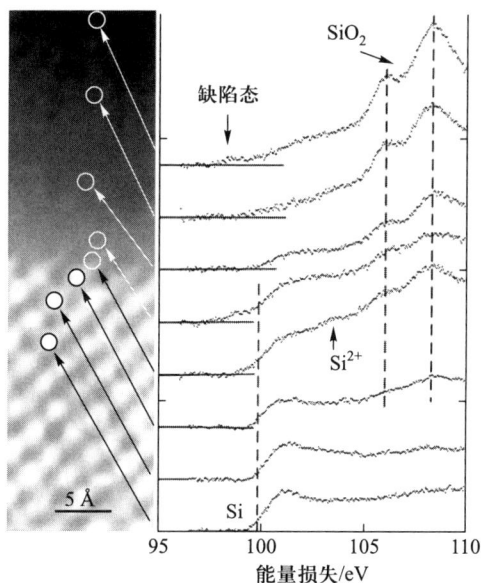

图 40.6　晶体 Si 和非晶 SiO_2 界面处 Si 的 ELNES 中 L 边的变化，能清晰地看出原子水平的电荷变化

化 学 位 移

能量吸收边的变化称为化学位移，可以用于鉴别样品（第 40.6 节有详细介绍）

局域的成分偏析也会改变化学键，ELNES 能通过化学键的变化确定表面的成分偏析，而成分偏析会导致一些金属和合金机械性能的明显变化。例如，

Ni₃Al 是一种耐高温合金，但由于其内部晶间断裂导致本身有较强的脆性。多年前人们就知道，可以通过掺入一定比例的 B 来克服其脆性，B 多分布在晶界处。对偏析提高材料的延展性的机理一直不清楚，直到 ELNES 显示，在含 B 的晶界处，Ni 的 L$_{2,3}$ 边发生微小的变化，与纯 Ni 的金属键更接近了（Muller 等）。Keast 等对这个研究做了补充，观察了 Bi 聚集到 Cu 的晶界导致 ELNES 中 Cu 的 L$_{2,3}$ 边发生变化，使晶界处的 Cu 原子化学键非金属化（图 40.7），ELNES 的变化反映出 Cu 原子有 0.3 个电子转移到最近邻的 Bi 原子，这解释了即使掺入 20 ppm 少量的 Bi，Cu 也会变脆，这种机械性能的明显变化最早在 1874 年发现。微观区域的少量电子的成键效应会改变材料的脆性等机械性能，这有助于改良发电工业，他们投入大量资金去除杂质元素，防止杂质聚集到晶界引发突发事故。

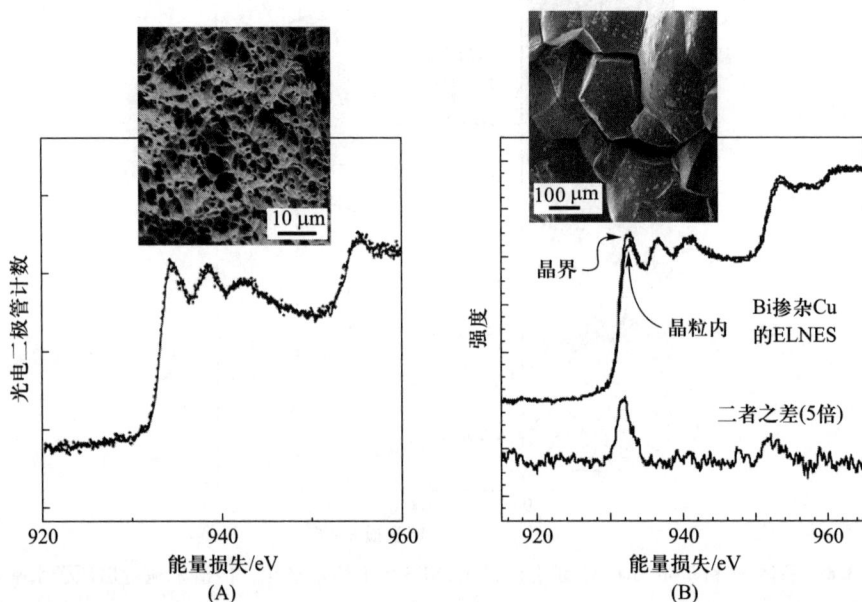

图 40.7　相分离引起的 ELNES 的改变。（A）纯铜中 Cu 的 ELNES 的 L$_{2,3}$ 边。（B）晶粒内和晶界间有分离出 Bi 的 Cu-ELNES 的 L$_{2,3}$ 边的微小变化，差别被放大 5 倍显示出来。扫描电镜图像给出了软的纯铜和脆的 Bi 掺杂的铜形貌的差别

　　ELNES 的这些研究应用是 EELS 中最广的应用，用 ELNES 研究原子配位数和成键信息的文章有很多，例子包括 Si 上氧化界面的变化（Botton 等），预测下一代 Si 半导体中的 Hf 基氧化物的门结构（McComb 等）。ELNES 的应用前景和实例由 Keast 和 Brydson 等做了总结。

40.4 ELNES 指纹标识

尽管 ELNES 与电子结构有直接联系，但有些情况下解释实验谱中的特殊结构并不是那么简单，而你也不一定精通原子结构来计算。这也不必失望，因为在不知道电子结构细节的情况下，仍然可以用指纹标识的方法来做分析。如前面看到的低能损失谱，ELNES 对最近邻的配位特别敏感，结构的变化会引起谱的变化，这是指纹标识的出发点。一个例子是氧化铝材料中 Al 的 $L_{2,3}$-ELNES 和 Al 的 K-ELNES 对 Al 的配位情况（八面体配位和四面体配位）敏感；同样地，图 40.8 给出了不同材料中 Mn 的 $L_{2,3}$-ELNES 随 Mn 的价态从+2 到+4 的变化情况。我们用指纹这个词来强调，不需要知道复杂材料的态密度（DOS）就可以解释能量损失近边结构（ELNES）。直接与已知的标准谱比照就可以区别样品中特定原子的成键情况，但是这种匹配很少完全一致（实验和样品中的变量都会影响到谱的精细结构）。回到第 38.3.1 节看一下低能损失谱的指纹识

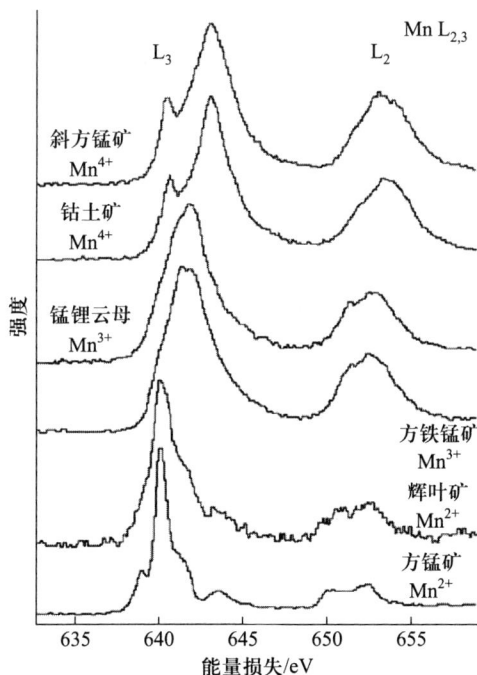

图 40.8 对比一系列 Mn 矿物质中 Mn 的 $L_{2,3}$ 边，其中 Mn 的配位数和化合价都有变化。氧化态从+2 到+4，Mn 的 L_2 和 L_3 峰会变宽甚至有的 L_3 峰会劈裂成两个。没有必要从电子结构的角度来区分不同的物质和其氧化态

别要点，将其用在 ELNES 指纹识别中。在进行指纹识别时，不需要使用非常高的能量分辨率，图 40.8 所示是很多年前用标准的 PEELS 系统做的，很多情况下用 LaB_6 灯丝的效果也很好。

态密度理论计算能很好地理解和预测 ELNES 的特征，第 40.5 节会给出 ELNES 建模做解释的例子。

40.5　ELNES 计算

人们尝试比较一些简单材料的 ELNES 和态密度的计算结果，比如氧化物和金属。近些年来由于计算机计算能力的提高和原子势模型的改进，这方面已经取得很大的进步。问题在于如何将 ELNES 的理论研究广泛应用于材料科学中。在姊妹篇中也会有这方面的深入讨论。

40.5.1　势场选择

计算固体中的电子结构主要是解每个电子的薛定谔方程，它们都处在固体势场中，包括原子核和所有电子的库仑作用（如果这句话中有不懂的概念就请跳过本节），还要考虑其他电子的影响和电子的关联作用。通常用密度泛函理论（DFT）来近似大量单个电子的计算（如果你是学物理的，想进一步了解 DFT 的理论请参阅 Finnis 的关于原子建模的书）。如果不使用密度泛函理论，可以用一种叫作局域密度近似（LDA）的方法来处理，局域密度近似的方法有 3 种选择来执行计算，根本上归结于原子势的选择。

■ 可以从倒空间直接计算能带，电子态随晶格重复，这是能带理论常用的方法，回顾第 14 章布洛赫能带的部分。

■ 可以用分子轨道理论来描述电子态。

■ 如图 40.1A 中模型所示，可以用实空间中电子波的方法来计算多次散射效应。

利用能带结构的方法很多，名字也不相同，如缀加平面波（APW）、全势线性缀加平面波（FLAPW）（网址 2）、缀加球面波（ASW）（网址 3）、电子势计算软件（CASTEP）（网址 4）、层状 Korringa-Kohn-Rostoker（LKKR）方法、赝势理论等方法。从本章后的网址中能看到这些公开或商业软件的界面，其中有一个最好的命名是糕模型（MT）势，其在原子位置是球对称的，原子间是平面的（显然，从外形看这像是糕模型的截面）。如图 40.9 所示，这个模型对经典的能级图像做了修改。糕模型产生的波函数可以分解成不同方向的角动量（它描述了 ELNES 反应的主要的态密度），这点比较重要。而大多数的糕模型假设晶格是无限的，需要布洛赫定则做波函数计算给出态密度。这可能会使计算有难度，而且不是很灵活，但随着高性能的并行计算技术的普及，这已经不是问题。例如，只用分子轨道理论就可以对大的单胞、平行界面、非晶材料建模型。

术　　语

赝势。

MT：糕模型势。

DOS：态密度。

DFT：密度泛函理论。

LDA：局域密度近似。

APW：缀加平面波。

FLAPW：全势线性缀加平面波。

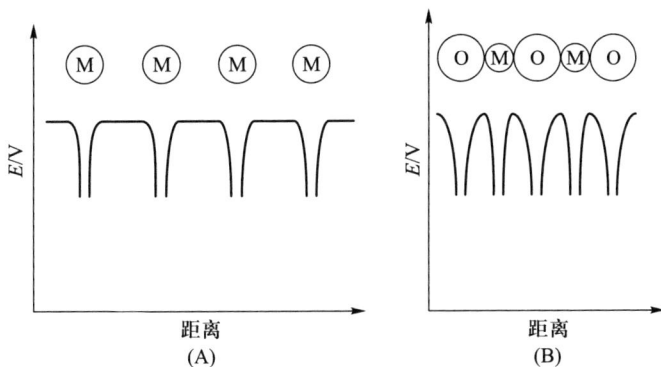

图 40.9　金属(A)及其氧化物(B)的糕模型势能图，可以看出金属势垒的对称性和氧化物的非对称性

分子轨道理论就是用分子轨道来描述固体(这是化学家常用的方法)，要用这个近似，就要将固体分成独立的子单元。计算每个单元的分子轨道，将 ELNES 解释成内壳层电子跃迁到未占据态的分子轨道。激发的原子轨道与最近邻的原子相互作用产生未占据的分子轨道(如我们用 π/π^* 和 σ/σ^* 成键态/反键态来描述图 40.5A 中的 C 的 K 吸收边)。可以进一步将各个分子轨道简单地看做原子轨道的线性叠加[叫作原子轨道的线性组合(LCAO)]，对于填充的轨道，LCAO 能给出很好的近似，而对于未占据的轨道的解释要用自洽场(SCF)方法，其主要假设是原子以分子团簇的形式结合，这是我们下面要讲的

多次散射(MS)方法。

多次散射的计算能解释 ELNES，它描述了电离原子周围的受激原子壳层发出的电子波发生的散射。最精致的多次散射理论是 Durham 提出的，他首先将原子团分成壳层，每一个与电离原子的距离近似相等，然后解决壳层内的散射，最后考虑不同原子壳层间的散射。因为要计算所有的散射路径，显然对于晶体更容易一些，这是因为可以用对称性简化计算。多次散射的自洽方法软件叫作 FEFF(已经是第 8 版)，它已经商业化并获得了大家的认可(网址 6)。也可以将这种方法推广到更复杂的体系，如非晶系统、无公度结构、界面或缺陷处原子的非周期排布结构。多次散射的计算能给出近边强度的预测，这直接反映了电离原子的态密度。因此应该意识到这些计算仅能解释电子受激发高于费米能级后的行为，并且许多 ELNES 的计算是加入内壳层空穴效应后才能给出与实验相符合的结果，下一节(第 40.5.2 节)再解释。

图 40.10 给出了不同计算方法得到的 TiC 中 C 的 K 边能量损失近边结构的实验谱的对比，其中没有一个与实验结果完全吻合，但它们都给出了谱的基本形状。

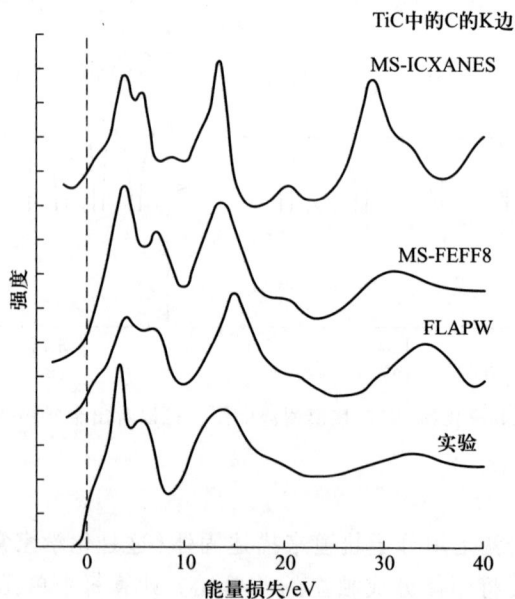

图 40.10　TiC 中 C-ELNES 的 K 边的实验谱与理论模型计算的对比，用了能带结构程序(FLAPW)和多次散射程序(FEFF8 和 ICXANES)

40.5.2　内壳层空穴和激子

选择原子势后，用多次散射方法计算激发到费米能级以上的电子受到的壳层内和壳层间的散射，问题的难点是电离会在内壳层产生空穴，这当然会改变原子势。

物理图像：电离过程发生在电子束穿过特定的内壳层时，200 keV 的电子速度是 2.7×10^8 m/s，比如氧的 K 壳层直径是 0.01 nm，所以电离过程大约是 $10^{-20} \sim 10^{-19}$ s。相比之下，原子处在激发态（对应于激发电子和内壳层空穴的寿命）的时间要长一些，因为空穴存在的时间是 $10^{-15} \sim 10^{-14}$ s。空穴的寿命是激发过程的 10^5 倍，最外层电子包括激发过程和末态，受到了内壳层空穴的吸引作用，其行为像是原子核多了电荷。所以，我们假设原子核的电荷数是 $Z+1$ 来补偿这种作用，其中，失去的电子会减小内层电子的屏蔽作用，而多余的正电荷会吸引其他的电子（如成键弱的电子）来减小其引力势。尽管有这种屏蔽作用，内层空穴还是会对外层电子有较强的吸引作用。所以，相对于长寿命的空穴，激发电子的末态对短程环境更敏感，这会体现在 ELNES 中。

实 际 材 料

陶瓷和半导体中，电离电子仍局限在电离原子附近，它与空穴的相互作用产生了被命名为激子的电子-空穴对，激子的产生会对 ELNES 有影响，尽管这还有一些争论。

40.5.3 ELNES 的计算和实验的比较

Leapman 在 1982 年写过一篇 ELNES 领域的开创性文章，是关于过渡金属氧化物的实验工作。为了了解更多的例子，可以阅读第 40.3 节后面的综述性文章，这里仅给出两个例子，但其中包含的内容很多。不同的配位会产生不同的现象，Al 的 L 边的尖峰被认为是激子产生的，理论模拟没有这个峰，其余的地方则与实验相符得比较好。

Ostanin 等研究了钇稳定氧化锆（YSZ）中 O 的 K 边能量损失近边结构（ELNES），用基于赝势理论的计算方法计算了含 Y_2O_3 摩尔分数为 $3\% \sim 15\%$ 的 YSZ 的电子结构，得到氧空位的局域弛豫。结果显示了 Y_2O_3 的摩尔分数在 10% 时，YSZ 发生四方到立方的相变，这与实验结果一致。对于有几何缺陷的体系，ELNES 的计算采用全势线性 MT 轨道方法，结果与实验中 O 的 K 边信号符合得很好，说明了 ELNES 能给出掺杂金属氧化物的稳定机制。

如果体系中，同种原子有两种不同的环境，其 ELNES 可以将两种环境下的结果做简单的线性叠加来近似，实验结果也证实了近似的合理性。

用 Duscher 的结论来总结这一节比较合适。

　　"加入内层空穴效应后，理论和实验的结果在很大范围的材料中达到一致。空穴加全电子的方法与 $Z+1$ 近似没有本质不同，这种方法正在稳定地应用于表面结构的计算中。"

　　总之，理论计算是 ELNES 研究中的重要领域，在姊妹篇中会有更深入的内容。显然，ELNES 的信号很强，很容易区分 ELNES 中不同的部分，可以根据态密度(DOS)和局域原子键的变化，来形成普通高分辨的 EFTEM 图像，图 40.11 给出了一个例子。

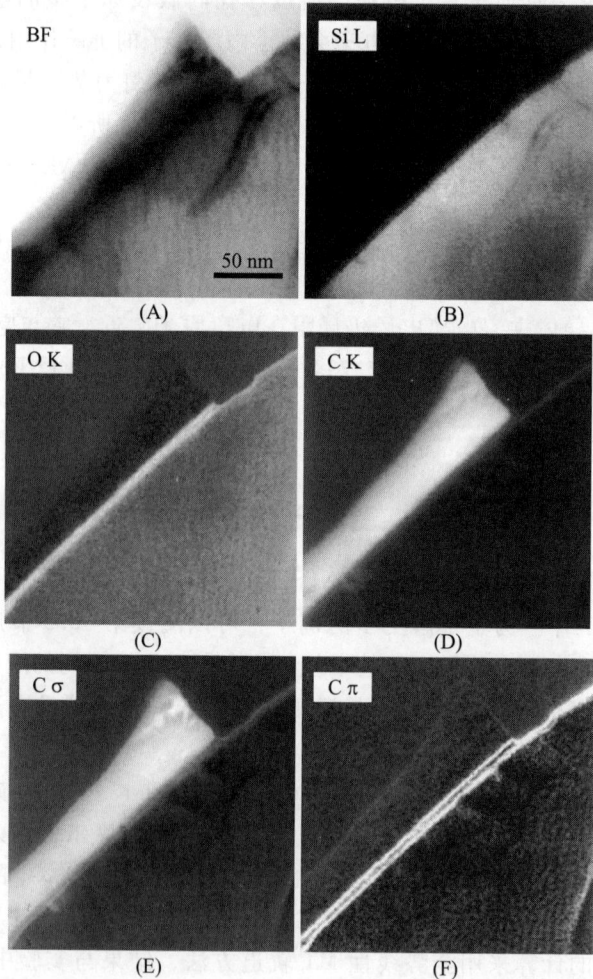

图 40.11　TEM 明场像(A)和一系列能量过滤像，给出了 Si、C、O 的成分分布和碳在类金刚石薄膜和衬底界面处的成键图像(B~F)。在界面的富氧非晶层，有双层的碳原子主要以 π 键结合(可能来源于界面表面的碳污染物)(F)，碳膜主要是 σ 键结合(E)，显示出与金刚石很相似的特性

40.6 能量损失边的化学位移

可以想象样品中不同的原子有不同的电荷数(也叫作电负性)。不同系统中电荷的变化导致电子间的结合能变化,而 EELS 中能够探测到这种结合能的变化。我们知道(对于简单、孤立的氢原子)电离边的阈能正好等于电离能 E_c,而在实际材料中,实验的吸收边对应于不同的末态和最低占据态(考虑近内层空穴的作用)的能量差,定出准确的阈能也不是很容易,它常常在吸收边的上升沿之后。原子有效电荷的变化会改变初态和末态的能量,不像稳定的内层轨道,外层轨道容易被一些因素影响,如化学键。比如金属到绝缘态的相变,绝缘体中的宽的带隙会导致能量损失谱中的吸收边向高能方向移动。例如,Al 的 $L_{2,3}$ 边在金属 Al 中是 73 eV,而在 Al_2O_3 中则变为 77 eV。如图 40.5B 所示,Cu/CuO 中有类似的变化,另一个例子是图 40.5A 中 C 的 K 边,能明显看到 π^* 峰的移动。

在 XPS 中也有类似的峰的位置的移动,叫作化学位移。这是很好理解的,在理论上也可以预测。但是,EELS 中电子的电离过程比 X 射线引起的电离要复杂得多,特别是不可避免地存在内层空穴和不同程度的电子屏蔽效应。总之,与 X 射线相比,除了实验谱的指纹识别和相关材料的对比外,EELS 中的化学位移的研究还缺乏系统的工作。通过改变氧化态、原子电荷和配位数等校正能量吸收峰的位置,计算方法还可以有很大的提升空间。吸收边的化学位移使得不同技术测得的 ELNES 强度变化变得更难解释(如图 40.7B 的例子)。当然,仔细认真地做实验会避免这种情况。

40.7 扩展能量损失精细结构(EXELFS)

若激发的电子并没有跃迁到空能级,它逃离的原子势场就会变成自由电子(典型能量>50 eV),那么就可以用电子波来解释携带剩余能量的电子与周围其他原子发生的衍射。由于这些电子比对 ELNES 有贡献的多次散射电子的能量高,因此可将散射认为是单次的(如图 40.1B),散射会引起高能位置比较平的电子态密度的波动,称其为扩展能量损失精细结构或者 EXELFS。由于散射后的低能量电子不再被远距离原子散射,EXELFS 能给出近距离(最近邻的几个原子)原子的位置和其他原子信息。

ELNES 和 EXELFS Ⅱ

ELNES 为多次散射，而 EXELFS 为单次散射，有时两者会发生交叠。如 L_1 的 ELNES 峰远离起始边，而包含于 EXELFS 中。

如图 40.12A 所示，扩展能量损失精细结构（EXELFS）出现在吸收边后大约 50 eV 处，每个峰有 20~50 eV 的宽度，可延伸至几百电子伏。EXELFS 与同步加速器 X 射线能谱中扩展 X 射线吸收精细结构（EXAFS）非常相似。这也是 EELS 被说成是 TEM 中的同步加速实验的原因（比传统的同步加速器便宜）。明显的不同是，EXAFS 是对全部入射 X 射线的光吸收，而 EXELFS 是对一小

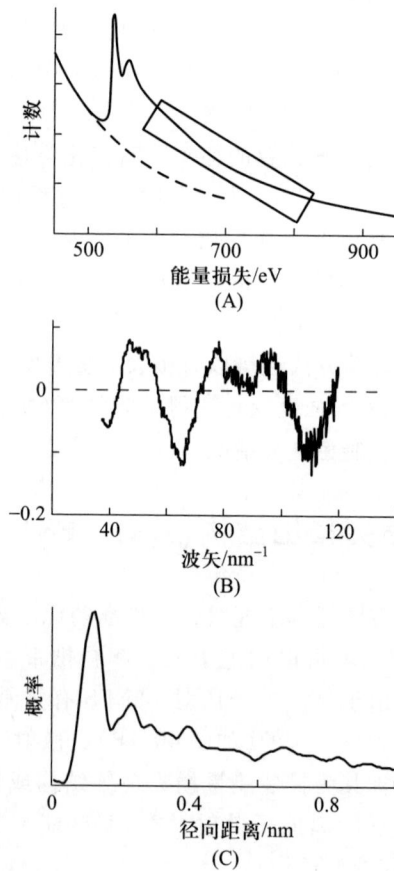

图 40.12 （A）电离边的 EXELFS。（B）将谱中电离边后的起伏曲线转化到 k 空间。（C）将数据做傅里叶变换得到径向分布函数

部分入射电子的能量吸收引起的，后面再做进一步的分析。EXAFS 和 EXELFS 都能给出强局域原子关联材料的结构信息。原则上，两种技术给出的是原子细节信息，有了所有原子的信息，就能解决大多数多体结构。

然而，传统 EXAFS 的限制是：

■ 3 keV 以下的 X 射线低能 K 边吸收谱不易得到，对穿透型 EXAFS，这要求样品非常薄，光路的背底吸收很小(光源—样品—探测器)。

■ 如 XEDS 章节所述，X 射线不容易被聚成亚微米的斑，所以尽管一直在努力改进，但是 EXAFS 的空间分辨率仍然相对较低。EXELFS 能给出纳米空间分辨率的原子结构和电子结构。

■ TEM 用薄的样品在真空中操作，比低能 EXAFS 更适合研究原子序数小的元素的 K 边(或高原子序数元素的 L 边)

EXELFS 具有高空间分辨率且价格不贵，但是其信号噪声比较大，与信号较强的 EXAFS 相比，从 EXELFS 中提取有用的原子信息难度要高。

40.7.1 EXELFS 得到径向分布函数(RDF)

EXELFS 能给出特定原子区域的径向分布函数，而且不像 EXAFS 局限于大原子序数的原子($Z>18$)。所以这对研究许多材料很有用，如低原子序数的玻璃材料、非晶硅、金属玻璃和准晶结构(后两个常常含有低原子序数的元素，如 Be、Mg、Al、P)。特别是，由于玻璃没有长程的周期结构，在确定其原子结构时会受到限制。如第 18.7 节看到的，玻璃的电子(X 射线或中子)衍射只给出了模糊的信息，需要有 Å 量级的分辨率才能得到玻璃的原子结构信息，EXELFS 可以做到这点。高空间分辨的 EXELFS 是强大的，在分析功能的基础上能得到与 TEM 图像相比拟的信息。不过，要得到好的 EXELFS，需要有很薄的样品，而且要考虑相位的平均效应。尽管 EXELFS 有显著的优点，RDF 的工作大多是在同步加速 X 射线(信号强)上做的。如果对这一部分感兴趣，建议查看 Koningsberger 和 Prins 的书。

解 卷 积

如果样品不够薄，即等离子峰强度高于零损失峰的10%，那么首先要解卷积。

实验上，由于 EXELFS 调制只有边强度的 5%，因而很难观察到，所以需要较好的计数器。在这里，热电子源更为合适，这是因为相比于 FEG，它可以提供更高的电流，对于该应用，能量分辨率不是特别重要。TEM 衍射模式可增加总信号强度，但是该模式下的空间分辨率较差而且样品容易受到损伤。若需要较好的空间分辨率，则要采用 FEG 电子源和 STEM 模式。

EXELFS 的弱的强度起伏包含样品的结构信息，可采用 Gatan 软件（第 1.6 节）或 Rehr 的 FEFF 程序（网址 6）来提取这些信息，网址 7 也给出了对公众开放的 EXELFS 软件。

首先必须保证能谱中仅包括单次散射信息，否则多次散射强度可能会形成假的较小 EXELFS 峰，将点扩展函数去卷积可以使弱的峰变锐。

下一步，若去卷积前没有扣除背底，则先扣除背底。然后用 k 空间（倒空间）的电子波函数拟合实验谱，

$$k = \frac{2\pi}{\lambda} = \frac{\left[2m_0(E - E_K)\right]^{1/2}}{h} \tag{40.1}$$

式中，E_K 为吸收边起始处的能量；E 为波长为 λ 的出射电子能量。在 k 空间中，当满足下面条件时，电子波干涉强度最大

$$\left(\frac{2a}{\lambda}\right) 2\pi + \Phi = 2\pi n \tag{40.2}$$

式中，a 为电离原子和第一散射原子的距离；Φ 是由散射引起的相位变换。因此，对于不同的原子间距，在 $n = 1$，$2\cdots$ 时干涉强度最大。当然要确定原子周围的环境以区分不同的干涉，采用傅里叶变换可由 k 空间调制得到 RDF，从而确定原子间距。当然，这两个公式并没有包含全部的内容，Egerton 的书给出了更多的分析。

有了 RDF，而又能区分不同的干涉，就可以得到局域的原子环境，径向分布函数中峰的位置表明在距电离原子一定距离处出现原子的概率。图 40.12 总结了处理 EXELFS 数据的技术。尽管 EXELFS 有信号低的问题，它却是 EELS 最先研究的领域（Leapman 和 Cosslett），而且几十年来，关于这项技术的文献仍然处于所有文献的领先地位。例如，Sikora 对 EXELFS 和 EXAFS 在晶体中的应用做了比较，Alamgir 等在研究缓慢退火的块材金属玻璃（一类热门新材料）时对这两项技术做了比较。图 40.13 是从非晶金属材料 Pd-Ni-P 中 P 的 K 边提取出的 EXELFS 数据，分析步骤包括首先将精细结构分离出来（图 40.13A），再将 P 的 K 边后的精细结构表示成动量传递函数 $\chi(k)$，其傅里叶变换 $\{\chi(k)$，$FT[\chi(k)]\}$ 正比于 P 原子周围的原子的部分径向分布函数（图 40.13C）。第一个峰的傅里叶逆变换对应于 P 周围的第一壳层的电子传递函数 $\chi(k)$（图 40.13D）。尽管信号衰减得很快，但可以对第二层和更高层做相同的处理，然后将这些数据与多次散射从头算程序 FEFF7 计算的多种模型进行比较，可以得到 P 原子周围的 Pd 和 Ni 原子的潜在坐标。

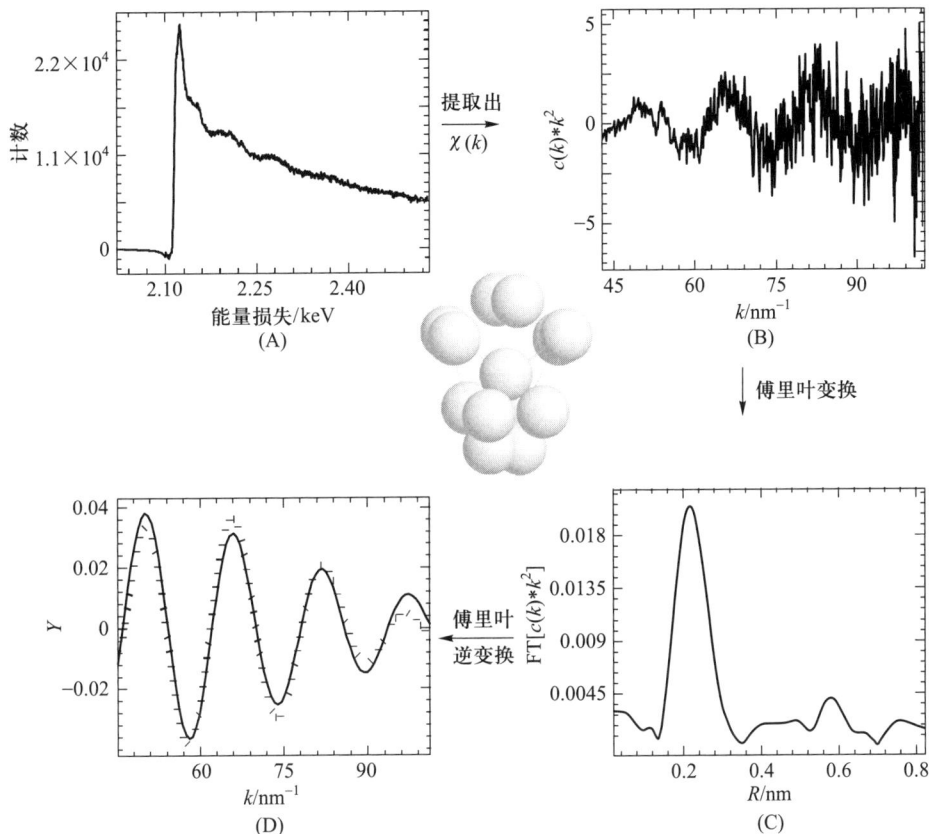

图 40.13 块材金属玻璃 $Pd_{30}Ni_{50}P_{20}$ 的 EXELFS 分析。(A)扣除背底的 P 的 K 边;(B)提取的 $\chi(k)$ 数据;(C) $\chi(k)$ 傅里叶变换到径向坐标空间 $FT[\chi(k)]$;(D) $FT[\chi(k)]$ 中第一个峰傅里叶逆变换到 k 空间(点)与四方的十二面体模型计算得到的拟合(虚线)。中间图是由 EXELFS 推断出的中心 P 原子和周围最近邻的 Pd 和 Ni 组成的四方的十二面体模型

40.7.2 能量过滤衍射的径向分布函数 RDF

除通过扩展能量损失精细结构(EXELFS)以外,TEM 还可以通过另一种途径给出 RDF 的数据,它将选区电子衍射做能量过滤,用样品后扫描线圈扫描入口光阑,得到并行电子能量损失谱(PEELS)(见第 18.7 节或 McBride 和 Cockayne 的书)。一般地,在每一个散射角都能得到完全的吸收谱,而实际上仅需要零损失电子(理想的弹性散射)的数据。零损失峰强度随散射角的变化给出的曲线反映了能量过滤的电子衍射花样,从中可以提取出径向分布函数的信息。因为典型的选区电子衍射区域是 $0.2 \sim 1~\mu m^2$,这种方法达不到 EXELFS

的空间分辨率，但是它的信号比较强。该方法的最近邻距离精确可以达到 0.001 nm，且处理过程非常迅速。

40.7.3　最后的实验思考

ELNES 和 EXELFS 明确的证实了量子理论和波粒二象性。吸收谱中的 EXELFS 部分包含了被原子中电子散射的电子，从中我们可以得到电子束与样品作用后原子的情况和散射原子所处的位置。

做一个粒子模型的类比（可能不太对），向着按一定花样摆好的球瓶掷出保龄球（尽管是有益运动，这个实验在大脑中进行就好了）。从掷出的球的速度（能量），能得到被击中的球瓶的质量（对应电离边的特性），而且能推算出球瓶如何倒和滚向哪里（对应 ELNES）。进一步，还可以得到没有倒下的球瓶的空间排布（对应 EXELFS）。

然而，束流电子离开内壳层后如何知道内层电子去了哪里呢？这里保龄球的类比是不恰当的。事实上，只有一部分电子能量跃迁是可能的，电子束只能将一些分立的能量转移到内层电子而不是连续谱能量谱。所以，既然内层电子的末态反映了电子束的能量损失，那么电子束确实"知道"内层电子可能的末态。

40.8　角分辨的电子能量损失谱

到目前为止，我们讨论的谱和图像都是直接将电子束打到谱仪，然后按能量展开的，这通常叫作空间分解的能量损失谱，这是因为我们做特定区域的绘图或者在样品不同区域收谱。同时，也提到能量损失电子的散射角很重要，EELS 的一个领域是研究角分辨谱。为了实现这一目的，我们通常像前面的径向分布函数测量一样，扫描 PEELS 的入口光阑收集不同角度的谱。然而，不同于先前研究的电子能量，这项技术重点在于研究能量损失电子的动量。Silcox 和他的合作者首先做了动量转移的研究，现在通过 FEG STEM 能得到更多的电子态对称性的信息，这对空间分辨的 ELNES 是很好的补充（例如 Wang 等的工作）。

因为这种角度效应，谱仪的入口光阑大小和收集角 β 会影响 ELNES 的细节，当电子穿过各向异性晶体时，入射电子的末态有确定的方向，则 ELNES 会依赖于散射角 θ 和晶体取向。关于取向和动量依赖的经典文章是 Leapman 关于石墨和 BN 的论文。

做角分辨 EELS 有很多方法，Botton 及其合作者给出了许多方法和实例。对于给定的能量损失和样品取向，零散射角（θ）的动量转移是平行于电子束的

（$q_{//}$）。随 θ 角变大，垂直分量（$q_\perp$）增大，大约到 $\theta_E q_\perp$ 就占主导地位了。要得到角分辨 ELNES，就要测晶体取向到动量转移方向的谱随角度的变化。

首先，保持取向固定，改变能谱仪入口光阑的大小。如图 40.14 给出的很薄（~30 nm）的石墨片的角分辨 ELNES，是在 STEM 中通过改变收集光阑的大小得到的。π^* 轨道平行于 c 轴，在这里也平行于电子束。所以，当收集角比较小且 $q_{//}$ 占主导时，π^* 峰比 σ^* 峰强。当石墨片相对电子束的取向变化后，也会有类似的效应出现。

其次，可以将收集角固定在小于 θ_E 的小角度，测出 ELNES 相对于 θ 的函数，就能很容易地通过能量过滤得到能量损失电子的散射角分布。

还可以用"45°方法"，将样品倾转，与中心轴成 45°，收集 $\pm\theta$ 处的 ELNES，θ 角处能包含 $q_{//}$ 和 $q_\perp$。如果电子束是会聚的（如在高空间分辨 STEM 模式下），则角分辨率会减小。

角分辨 EELS 的一个应用实例是由高能光子或电子激发而发射出外层电子的康普顿散射实验。我们可以通过用物镜光阑选择远离中心的衍射斑或者倾转入射电子束，在高角度（θ 约 100 mrad）使用 EELS 谱能探测到康普顿散射电子。这种方法已经用来做康普顿散射电子的角分布和能量分布，而由于康普顿散射受结合能的影响，所以也可从中得到成键的信息。

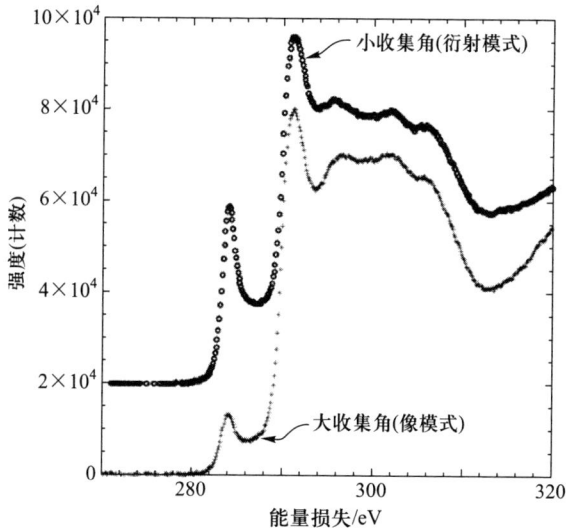

图 40.14　石墨中 C 的 K 边 EELS 谱，由 sp2 和 sp3 引起的散射方向的变化，在不同角度下收集的 π^* 和 σ^* 峰相对强度也发生了变化

40.9　EELS 层析技术

本书中不同部分多次提到层析技术，讲过如何用不同角度的图像重构出样品的三维结构，姊妹篇相应章节深入讨论了这项成像技术在实验上的挑战。

如 X 射线成像一样，用全倾转的系列 EFTEM 成像通过系列二维投影图能重构出三维图像（参看 Midgley 和 Weyland 的文章）。因为由电离边成像对角度变化引起的衬度不敏感，这有利于做层析重构，并能给出表面结构、生长方向/生长面和其他一些普通的二维投影图不易得到的结构信息。EFTEM 层析与之前的 XEDS 层析类似，但它的速度快，因为 XEDS 层析要用到一系列倾转 STEM 图像，这需要更长的时间。

图 40.15A 给出了一系列 P 的 L 电离边的倾转图像中的一张，图 40.15B

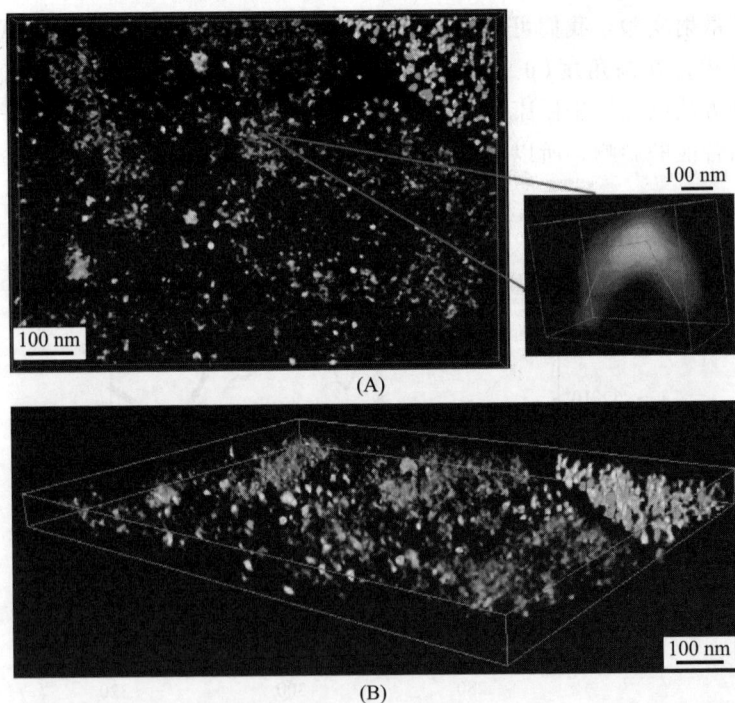

图 **40.15**　冷冻塑型的果蝇幼虫样品中 P 的分布二维投影图（俯视）（A）和用 $P\text{-}L_{2,3}$ 边做能量过滤得到的三维层析重构图（B）。含 P 的主要区域是细胞核，右上角是含核糖核酸的细胞质。P 的分布反映了核酸的分布，核糖核酸 RNA 中大约含有 7 000 个 P 原子。另一些不明的含 P 粒子出现在细胞核中（放大的插图）。（参见书后彩图）

是重构的层析像和果蝇细胞中 P 的分布。在这个领域，生物学家领先于材料学家，Leapman 等在 2004 年很好地应用 EELS 层析技术确定了线粒体的三维形状。相比于电离边成像，等离激元成像受衍射衬度影响大而不能应用于层析。

EFTEM 层析的应用会越来越多，特别是纳米技术开始以可控的方式制造原子、分子尺度以上的器件以来。EFTEM（一定程度上 XEDS）能给出量子点、栅极氧化层和其他亚纳米配件的形貌（结合局域的量子化学），这提升了 TEM 在这个领域的地位。

自从 10 年前，这本书出第一版以来，TEM 领域有了好几处发展改进，通过层析得到三维信息只是其中之一。

现在总结一下，之前就鼓励大家，一有机会就要多做 TEM 实验，不要认为没有新东西了。现在的学生在熟悉和依赖计算机控制的环境中长大，TEM 是计算机全控的，信息能即时得到处理，这是上一代手动控制 TEM 工作者不可想象的。例如，我们没有提及的时间分辨 EELS，强的低能损失信号和有效的收集手段使毫秒甚至微秒分辨不成问题，还有激光激发源的超快 TEM（纳秒量级）也会很快实现。无疑，10 年内会需要新版的书"TEM：a text for nanotechnologists"。我们真诚地希望其作者会是本书的读者，而不是写这本书的人。

章 节 总 结

电子能量损失谱（EELS）中除了相对较强的等离子峰和电离峰外，还有很有用的精细结构的细节。需要用单次散射谱和复杂的数学分析才能提取出这些信息。数据的处理还受限于对电子与样品相互作用的物理的认识。然而，相当多的关于 EELS 精细结构的研究正在进行。实验方法和理论计算也在发展。我们介绍了以下几方面：

- ■ 能量损失近边结构（ELNES）。
- ■ 扩展能量损失精细结构（EXELFS）。
- ■ 径向分布函数（RDF）的确定。
- ■ 角分辨（动量转移）EELS。
- ■ EELS 层析。

给出了这方面技术的预测，如果 EELS 是你研究中所用的技术，要时刻关注它的发展和后 4 章参考文献涉及的相关技术，特别是 4 年一次的 EELS 的研讨会（第 37 章提到的），还有一些会议如电镜和材料科学联合会（FEMMS）以及国内和国际的电镜分析学会会议，都可以去参加，如果没有，就尽快加入吧。

参考文献

图书和综述性文章

Brydson, RMD, Sauer, H and Engel, W 2004 *Probing Materials Chemistry using ELNES in Transmission Electron Energy Loss Spectrometry in Materials Science and the EELS Atlas* 2nd Ed. 223－270 Ed. CC Ahn Wiley-VCH Weinheim Germany. 系统地回顾了如何使用 ELNES 研究化学特性，非常好的参考书。

Egerton, RF 1996 *Electron Energy-Loss Spectroscopy in the Electron Microscope* 2nd edition Plenum Press New York. 精细结构的所有细节。

Finnis, MW 2003 *Interatomic Forces in Condensed Matter* Oxford University Press, New York. 能谱建模最基本的参考书。

Keast, VJ, Scott, AJ, Brydson, R, Williams, DB and Bruley, J 2001 *Electron Energy-Loss Near-Edge Structure-a Tool for the Investigation of Electronic Structure on the Nanometre Scale* J. Microsc. 20 135－175. 包含许多例子且有内容丰富的综述。

Koningsberger, DC and Prins, R 1988 *X-Ray Absorption：Principles, Applications, Techniques of EXAFS, SEXAFS and XANES* Wiley New York. 对 X-射线和 EELS 的对比有很好的介绍。

Raether, H 1965 *Electron Energy-Loss Spectroscopy* in Springer Tracts in Modern Physics Springer-Verlag New York. 介绍与 EELS 相关的物理知识。

理论计算与技术

Durham, PJ, Pendry, JB and Hodges, CH 1982 *Calculation of X-ray Absorption Near Edge Structure*, XANES Comp. Phys. Comm. **25** 193－205.

Duscher, G, Buczko, R, Pennycook, SJ and Pantelides, ST 2001 *Core-Hole Effects on Energy-Loss Near-Edge Structure* Ultramicrosc. **86** 355－362.

Leapman, RD and Cosslett, VE 1976 *Extended Fine Structure Above the X-ray Edge in Electron Energy Loss Spectra* J. Phys. D：Appl. Phys. **9** L29－L32.

Midgley, PA and Weyland, M 2003 *3D Electron Microscopy in the Physical Sciences：the Development of Z-Contrast and EFTEM Tomography* Ultramicrosc, **96** 413－431.

McBride, W, and Cockayne, DJH 2003 *The Structure of Nanovolumes of Amorphous*

Materials J. Non-Cryst. Sol. **318** 233−238.

动量转移相关的研究

Botton，GA，Boothroyd，CB and Stobbs，WM 1995 Momentum Dependent Energy Loss Near Edge Structures Using a CTEM：the Reliability of the Methods Available Ultramicrosc. **59** 93−107.

Leapman，RD，Grunes，LA and Fejes，PL 1982 *Study of the L_{23} Edges in the 3d Transition Metals and Their Oxides by Electron-Energy Loss Spectroscopy with Comparisons to Theory.* Phys. Rev. **25**(12)7157−73.

Leapman，RD and Silcox，J 1979，*Orientation Dependence of Core Edges in Electron-Energy-Loss Spectra from Anisotropic Materials* Phys. Rev. Lett. **42** 1361−1364.

Wang，YY，Cheng，SC，Dravid，VP and Zhang，FC 1995，*Momentum-Transfer Resolved Electron Energy Loss Spectroscopy of Solids：Problems，Solutions and Applications* Ultramicrosc. **59** 109−119.

应用

Alamgir，FM，Jain，H，Williams，DB and Schwarz，R 2003 *The Structure of a Metallic Glass System Using EELFS and EXAFS as Complementary Probes* Micron **34** 433−439.

Batson，PE 1993 *Carbon 1 s Near-Edge-Absorption Fine Structure in Graphite* Phys. Rev. B **48** 2608−2610.

Botton，GA 2005 *A New Approach to Study Bond Anisotropy With EELS* J. Electr. Spectr. Rel. Phen. **143** 129−137.

Botton，GA，Gupta，JA，Landheer，D，McCaffrey，JP. Sproule，GI and Graham，MJ 2002 *Electron Energy Loss Spectroscopy of Interfacial Layer Formation in Gd_2O_3 Films Deposited Directly on Si*（*001*） J. Appl. Phys. **91** 2921−2924. 氧化物界面处的成键变化。

Bruley，J，Williams，DB，Cuomo，JJ and Pappas，DP 1995 *Quantitative Near-Edge Structure Analysis of Diamond-like Carbon in the Electron Microscope Using a Two-Window Method* J. Microsc. **180** 22−32.

Keast，VJ，Bruley，J，Rez，P，Maclaren，JM and Williams，DB 1998 *Chemistry and Bonding Changes Associated with the Segregation of Bi to Grain Boundaries in Cu* Acta Mater. **46** 481−490.

Leapman，RD，Kocsis，E，Zhang，G，Talbot，TL and Laquerriere，P 2004

Three-Dimensional Distributions of Elements in Biological Samples by Energy-Filtered Electron Tomography Ultramicrosc. **100** 115−125.

McComb, DW, Craven, AJ, Hamilton, DA and MacKenzie, M 2004 *Probing Local Coordination Environments in High-k Materials for Gate Stack Applications* Appl. Phys. Lett. **84** 4523−4525.

Muller, DA, Subramanian, S, Batson, PE, Silcox, J and Sass, SL 1996 *Structure, Chemistry and Bonding at Grain Boundaries in $Ni_3Al−I$. The Role of Boron in Ductilizing Grain Boundaries* Acta Mater. **44** 1637−1645.

Ostanin, S, Craven, AJ, McComb, DW, Vlachos, D, Alavi, A, Paxton, AT and Finnis, MW 2002 *Electron Energy-Loss Near-Edge Shape as a Probe to Investigate the Stabilization of Yttria-Stabilized Zirconia* Phys. Rev. B **65** 224109−117.

Sikora, T, Hug, G, Jaouen, M and Rehr, JJ 2000 *Multiple-Scattering EXAFS and EXELFS of Titanium Aluminum Alloys* Phys. Rev. B **62** 1723−1732.

网址

1. www. cemes. fr/_ eelsdb.
2. www. flapw. de.
3. www. physik. uni-augsburg. de/_ eyert/aswhome. shtml.
4. www. castep. org.
5. http：//hermes. phys. uwm. edu/projects/elecstruct/mufpot/MufPot. TOC. html.
6. http：//feff. phys. washington. edu.
7. www. cemes. fr/epsilon/home/main. php.

自测题

Q40.1　为什么在临界电离能之后的电离边才有 ELNES 和 EXELFS，而不是在临界电离能位置的峰上？

Q40.2　什么是费米能级/费米面？为什么它对理解能量损失的过程特别重要？

Q40.3　态密度(DOS)是什么？为什么会有满态和空态？

Q40.4　K、L 等壳层与主量子数 n 的对应关系。

Q40.5　描述泡利不相容原理，解释它与 ELNES 的联系。

Q40.6　什么是自旋轨道劈裂，它与 ELNES 有什么联系？

Q40.7　什么是跃迁选择定则？它与 ELNES 有什么联系？

Q40.8 为什么当某种元素成键不同时，它的电离边起点会有移动？

Q40.9 什么是 XANES，如何测得的？它与 ELNES 有什么联系？

Q40.10 为什么化学键不同会改变 ELNES？

Q40.11 EXELFS 包含什么样的有用信息？

Q40.12 为什么说 EXELFS 是有挑战的应用技术？

Q40.13 什么是激子？

Q40.14 什么是内层空穴？

Q40.15 为什么在低能损失谱和高能损失谱中都有化学键的信息？

Q40.16 区分角分辨和空间分辨的 EELS。

Q40.17 为什么角分辨 EELS 与电子的动量转移有关？

Q40.18 什么是径向分布函数 RDF，它有什么用，如何测得？

Q40.19 为什么要计算 ELNES 的强度？

Q40.20 什么是康普顿散射，如何用 EELS 研究它？

Q40.21 什么情况下会选择用 ELNES 谱作为指纹标识，从匹配度上得出结论时要注意什么？

章节具体问题

T40.1 区别 EELS 中的单次、多次和近邻散射。如何对比区分它们与高分辨成像中的散射术语？

T40.2 图 40.1 给出了 ELNES 和 EXELFS 产生的电子波描述，能用粒子模型描述这一过程吗？

T40.3 图 40.2 画出的是金属晶体还是非晶半导体的能带模型？解释你的答案，并指出如果是另一种材料，此图该如何更改？

T40.4 图 40.3 表明对应于满态位置的电离边没有强度，这是为什么？而在实际的谱中，电离边前会有强度变化，这是什么引起的？

T40.5 为什么图 40.4 和图 40.5B 中 Cu 的 L 边没有像图 40.4 中其他的过渡金属一样出现白线？

T40.6 时间较长的样品和旧的 TEM 中，金刚石的 K 边会在电离边前有剩余强度，粗略地等于石墨和 C_{60} 中 $\pi^* sp^2$ 峰的能量。既然金刚石中没有 sp^2 键，能推测这是什么引起的吗？

T40.7 为什么 MT 势在金属中是对称的，而在氧化物中是不对称的？

T40.8 观察图 40.10，对比计算谱和实验谱。这些计算是 10 年前做的，在网上查一下能否找到更好的计算谱并且与实验拟合得比较好。如果不能找到，关于计算 ELNES 有什么结论？如果能找到，则请说出有哪些不同？

T40.9　你认为校正物镜球差对能量损失精细结构的研究有改善吗？加入电子枪单色器对它的影响呢？

T40.10　通过 ELNES 能得到半导体界面和栅极氧化层的什么特性？（提示，搜索 PE Batson 的文章，读一下）

T40.11　什么情况下会选择 MO 而不是 MS 方法来做近边结构的计算？

T40.12　列出 FLAPW、ASW、CASTEP 和 LKKR 的不同原理。

T40.13　如图 40.8 所示，ELNES 就能区分不同的物质，为什么对这个问题还要用 XEDS 研究呢？对电子束是否敏感是不是决定用哪种方法的关键呢？如果是，请解释。

T40.14　在图 40.12B 中波矢量大的地方信号噪声大，为什么？

T40.15　说出石墨和金刚石的晶体结构，它们的能量损失谱是否与晶体取向有关？如果有关，图 40.5A 中谱的精细结构会随取向有什么样的变化？

T40.16　比较 EXAFS 和 EXELFS 在研究原子短程结构时的区别。TEM 衍射花样能给出短程的原子结构信息，为什么还要用 EXELFS？

T40.17　除了 ELNES 和能量过滤衍射得到径向分布函数，还能有别的 TEM 方法测得玻璃的结构吗？

T40.18　对于角分辨 EELS 和 EELS 层析，都需要转动样品到一定角度。实验上有什么难度，如何克服？

T40.19　低能损失谱能揭示样品中原子的价态，为什么不多应用这项技术来做化学键的研究，而是用只能测得未填充态密度的 ELNES？

T40.20　为什么 K 壳层电离能给出类氢的电离边？

T40.21　为什么 L 层电离给出 L_1、L_2、L_3 的边？

T40.22　过渡金属中为什么很少出现 L_1 边，常出现的是 $L_{2,3}$ 边？

T40.23　为什么稀土金属中 M 边常常出现的是 $M_{4,5}$ 边？

T40.24　为什么 EELS 边和 X 射线吸收边反映的是相同的现象？

索引

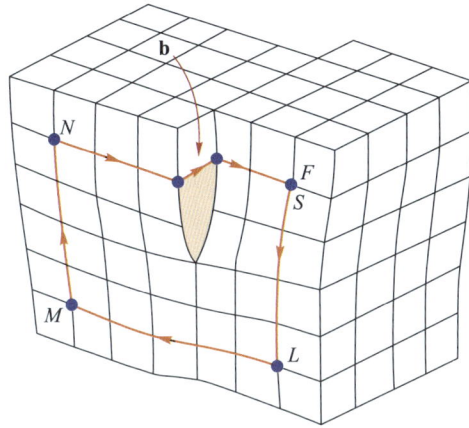

(A)

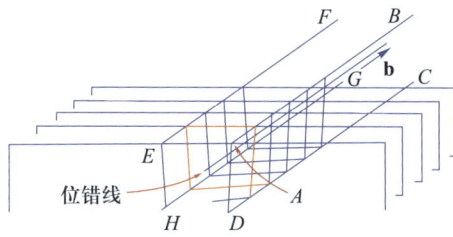

位错线

(B)

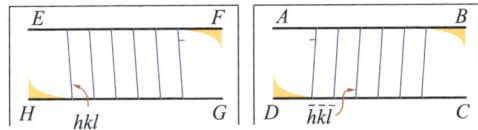

hkl $\bar{h}\bar{k}\bar{l}$

(C)   (D)

图 26.2 （A）螺位错周围晶面的畸变，用 SLMNF 回路定义伯格斯矢量 **b**（如图 26.5）。
（B）螺位错引起的衍射面旋转示意图。在位错的两侧，晶面向相反方向旋转。（C）和（D）
为衍射面的截面 *ABCD* 和 *EFGH*

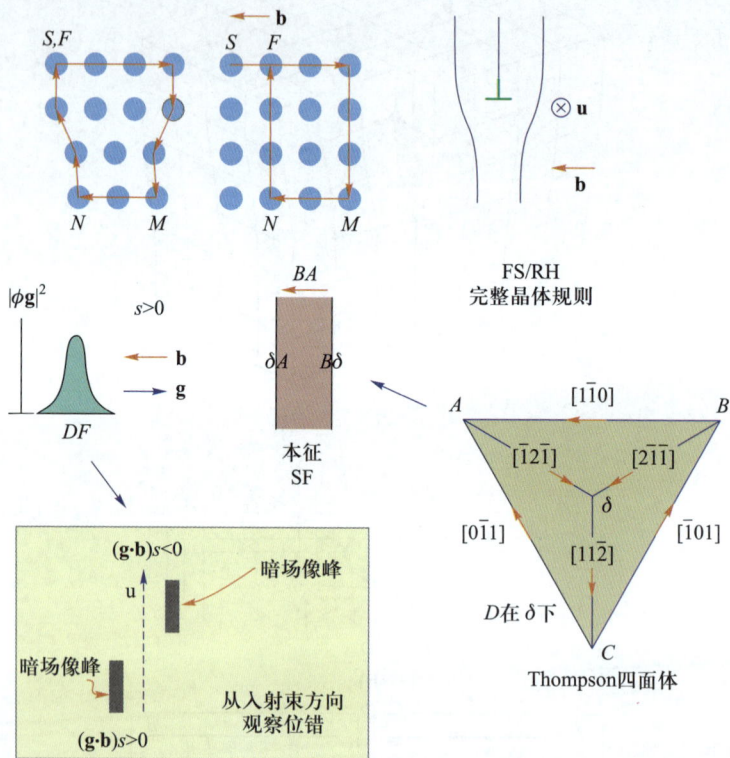

图 26.5 fcc 晶体中的一些位错：**b** 的定义是在位错附近的按右手定则从终点（F）到起点（S）的矢量闭合回路，但在完整晶体中并不能闭合。相对于位错芯的衍射强度 $|\phi_g|^2$ 的位置与 FSRH 规则中的 **b**，**g** 和 s 的符号有关。假如任何一个量的反号，其衬度就会移动到位错芯的另一边。当全位错分解为肖特基不全位错时，不全位错可由 Thompson 四角定则给出

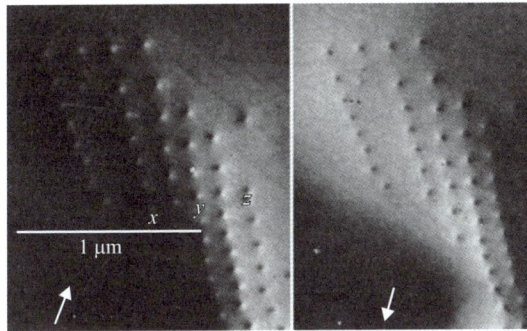

(A)

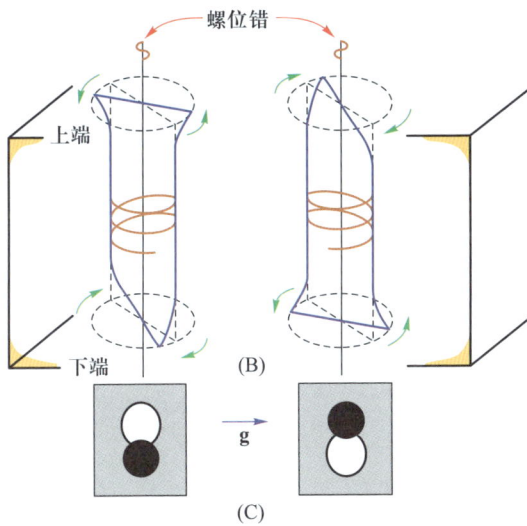

图 26.19　以 ±g 为端点的螺位错。其中(A)为 ±g 的两张像；(B)表面上的扭曲弛豫；(C)
所产生衬底的示意图。从(B)中可以看出在两个表面上各衍射面相对位错末端发生一定的
同向旋转

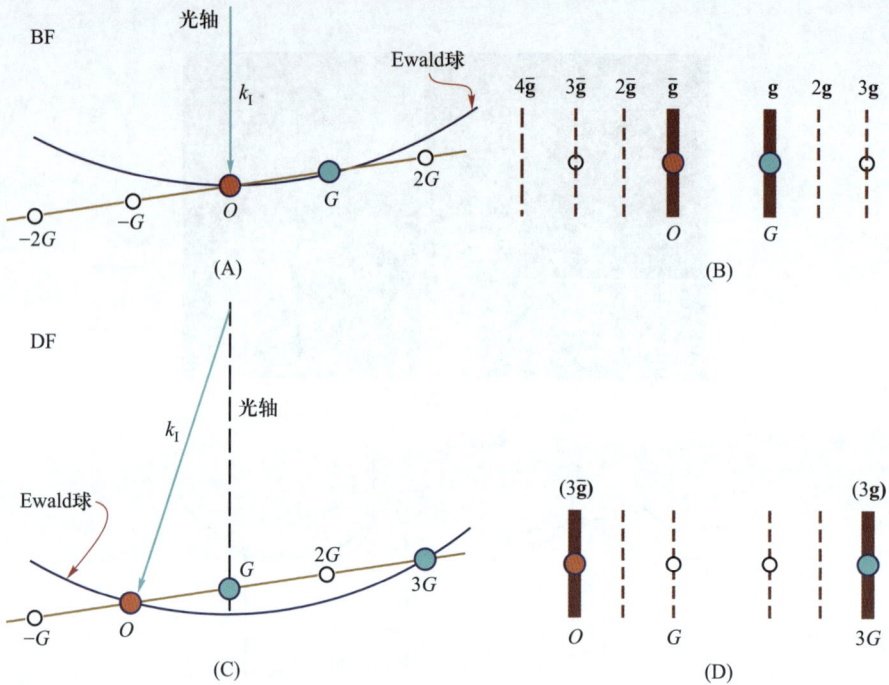

图 27.5 Ewald 球取向与 **0**(**g**)(A、B)和 **g**(3g)(C、D)衍射条件的菊池线位置之间的关系。两组图通过倾斜电子束关联起来；不倾斜样品，则菊池线位置保持不动

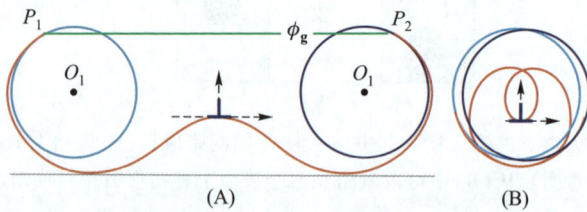

图 27.16 对应 ±**g** 的一个位错的相量图。相位没有突变，而是在沿原子柱的一个扩展距离内变化。(A)相位变化引起散射振幅的增加：ϕ_g 比理想晶体更大（相比于图 27.12）。(B)当 **g** 反转时，相位变成相反的符号，合振幅 ϕ_g 变得更小（故没有在图中给出）

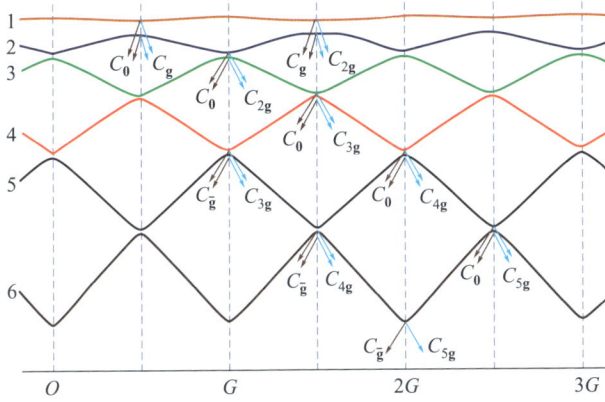

图 27.25 用于讨论 **g**(3**g**)条件的色散面结构。BZB 在 1.5G，并表明反射是强耦合的；见图 15.9

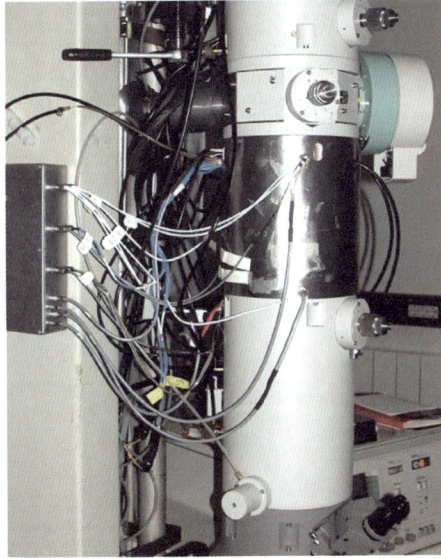

图 28.9 安装了物镜球差校正器的 200 kV JEOL TEM，安装完成后看起来会平整些

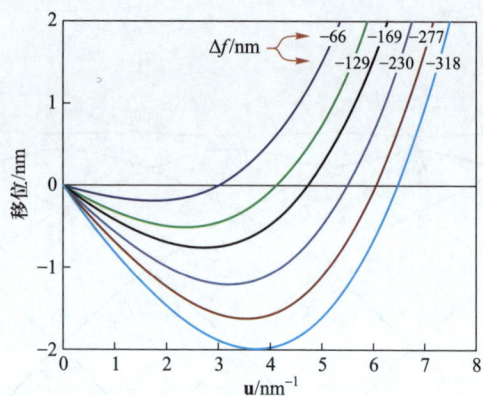

图 28.12 Philips CM20 FEG($C_s = 1.2$ nm)拍摄 HRTEM 中，不同离焦量时图像失真程度随 **u** 的变化曲线

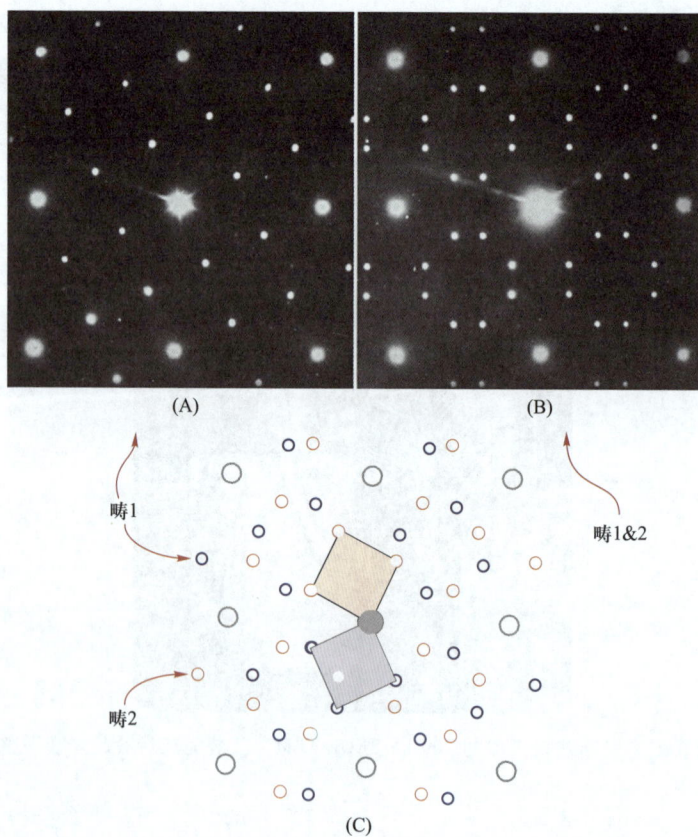

图 28.14 两张有序合金 Au_4Mn 的 [001] 带轴衍射图，以及原理图。(A) 一个畴区。(B) 有相对旋转的两个畴区。(C) 图(B)的模拟

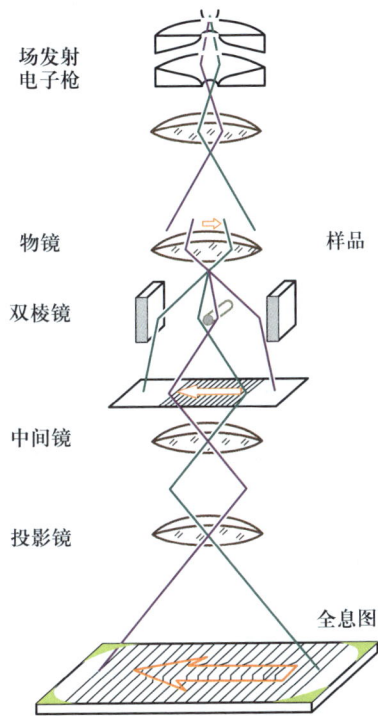

场发射电子枪

物镜 **样品**

双棱镜

中间镜

投影镜

全息图

图 29.18 电子全息中静电双棱镜的作用

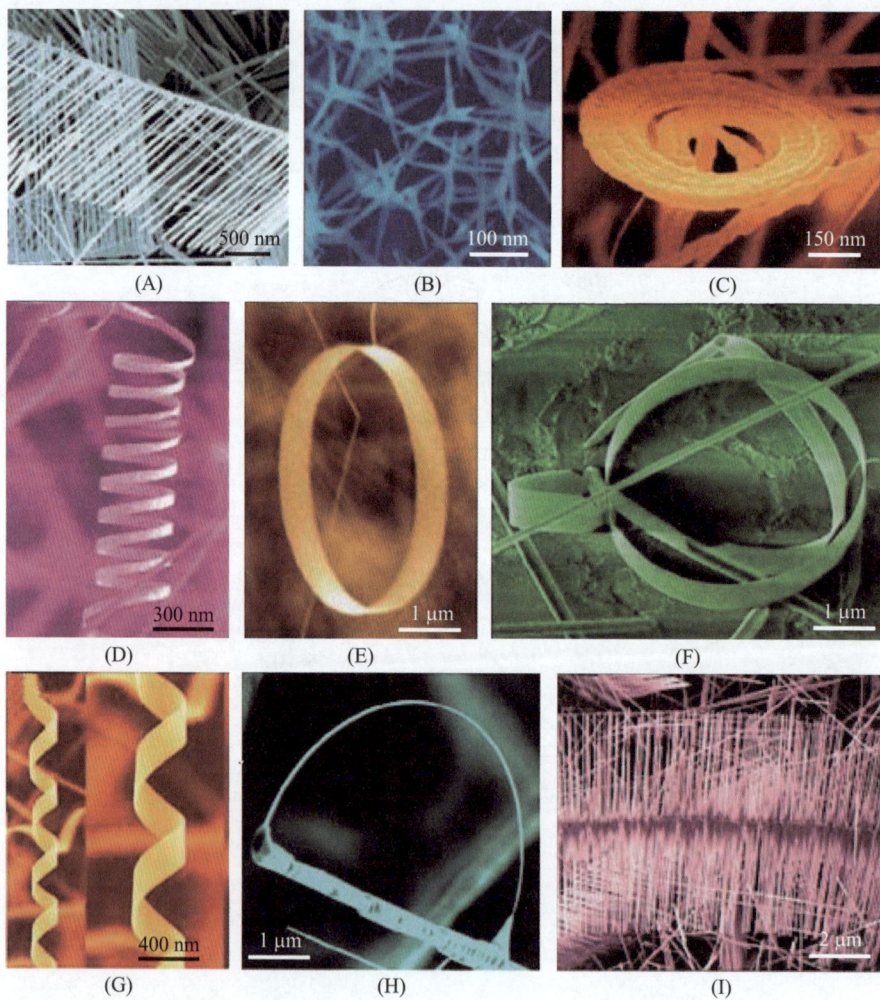

图 31.8　添加人工色彩后的图像

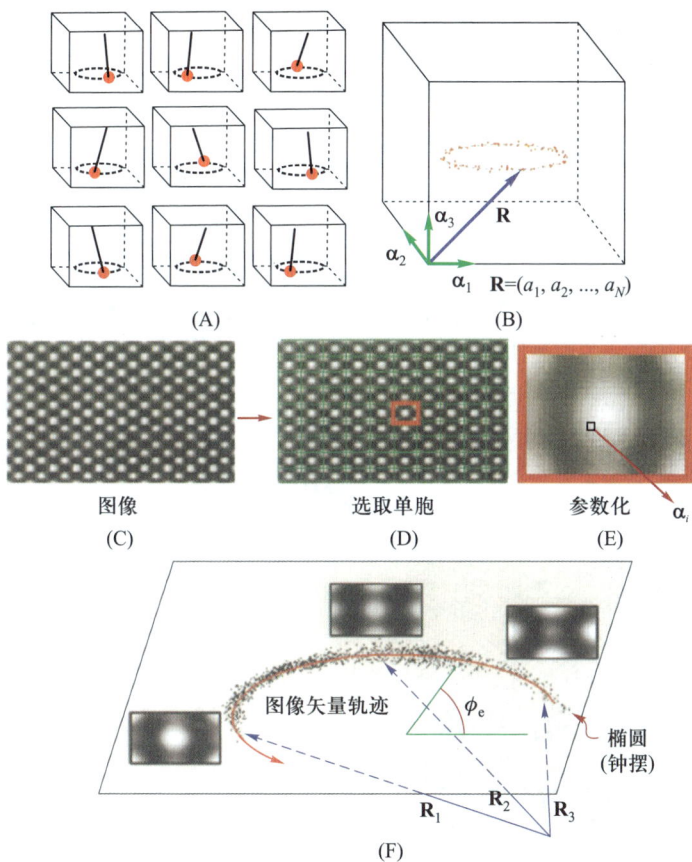

(A)

(B)

$\boldsymbol{\alpha}_3$ $\quad$ $\mathbf{R}$

$\boldsymbol{\alpha}_2$

$\boldsymbol{\alpha}_1$ $\quad$ $\mathbf{R}=(a_1, a_2, \ldots, a_N)$

图像 $\quad\quad\quad$ 选取单胞 $\quad\quad\quad$ 参数化

(C) $\quad\quad\quad\quad\quad$ (D) $\quad\quad\quad\quad\quad$ (E)

$\boldsymbol{\alpha}_i$

图像矢量轨迹 $\quad\quad$ ϕ_e

椭圆
(钟摆)

$\mathbf{R}_1$ $\quad\quad$ $\mathbf{R}_2$ $\quad$ $\mathbf{R}_3$

(F)

图 31.18 QUANTITEM 中矢量参数化原理。每幅 HRTEM 图像都可用一个 N 维矢量表示。(A)和(B)为"钟摆"；(B)钟摆的"路径"；(C~E)图像被分为多个单胞，将其数字化得到 $n \times m$ 像素的模块；(F)楔形 Si 样品不同厚度处的 3 个矢量–参数化图像($\mathbf{R}_1$，$\mathbf{R}_2$，$\mathbf{R}_3$)

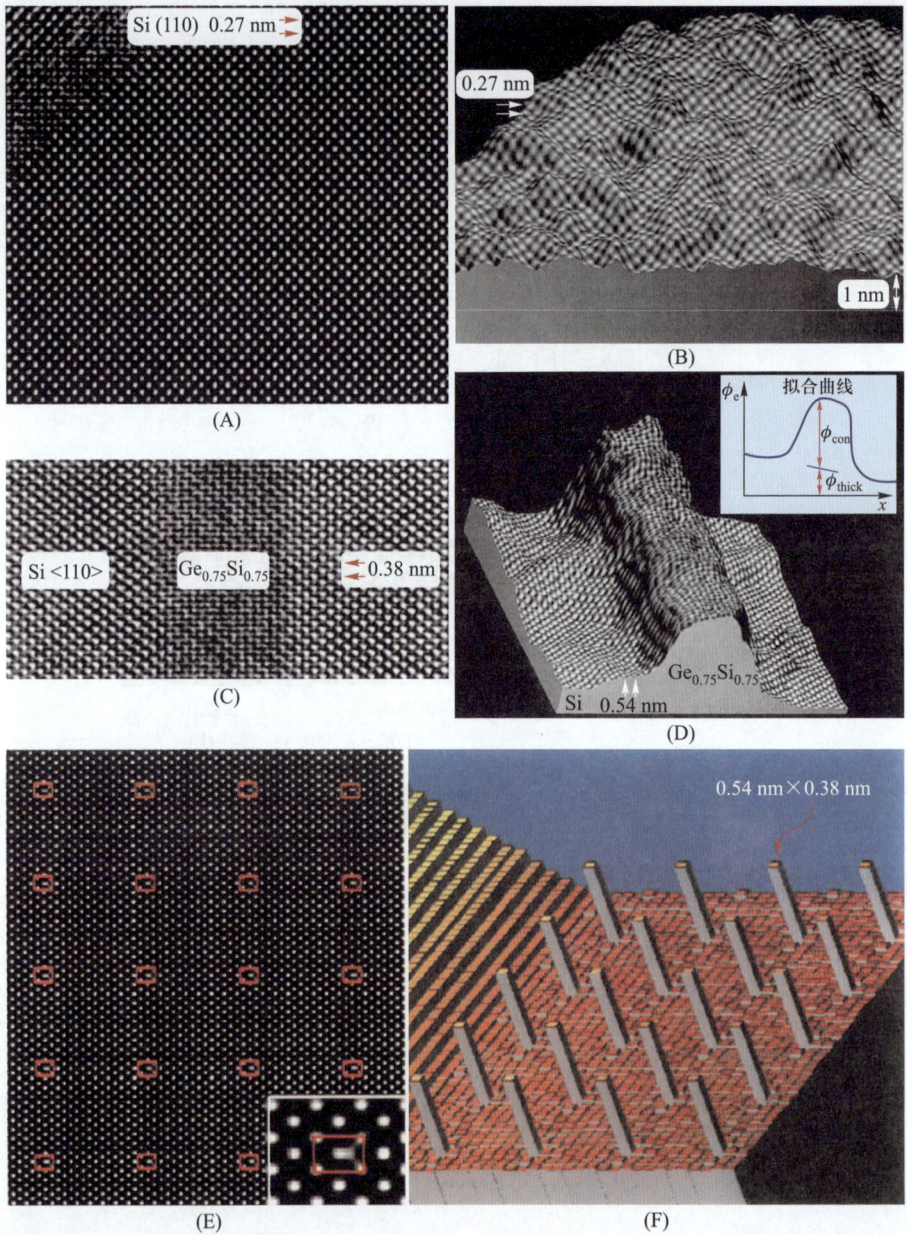

图 31.19 QUANTITEM 应用实例：左边为图像，右边为 QUANTITEM 图像。（A、B）覆盖有 SiO_2 的 Si 表面粗糙度图像；（C、D）Si 基底上的一层 Ge_xSi_{1-x}，插图为 ϕ_e 随 x 变化的曲线；（E、F）Si 中含有 Ge 原子柱的图像（δ 函数对应于浓度）

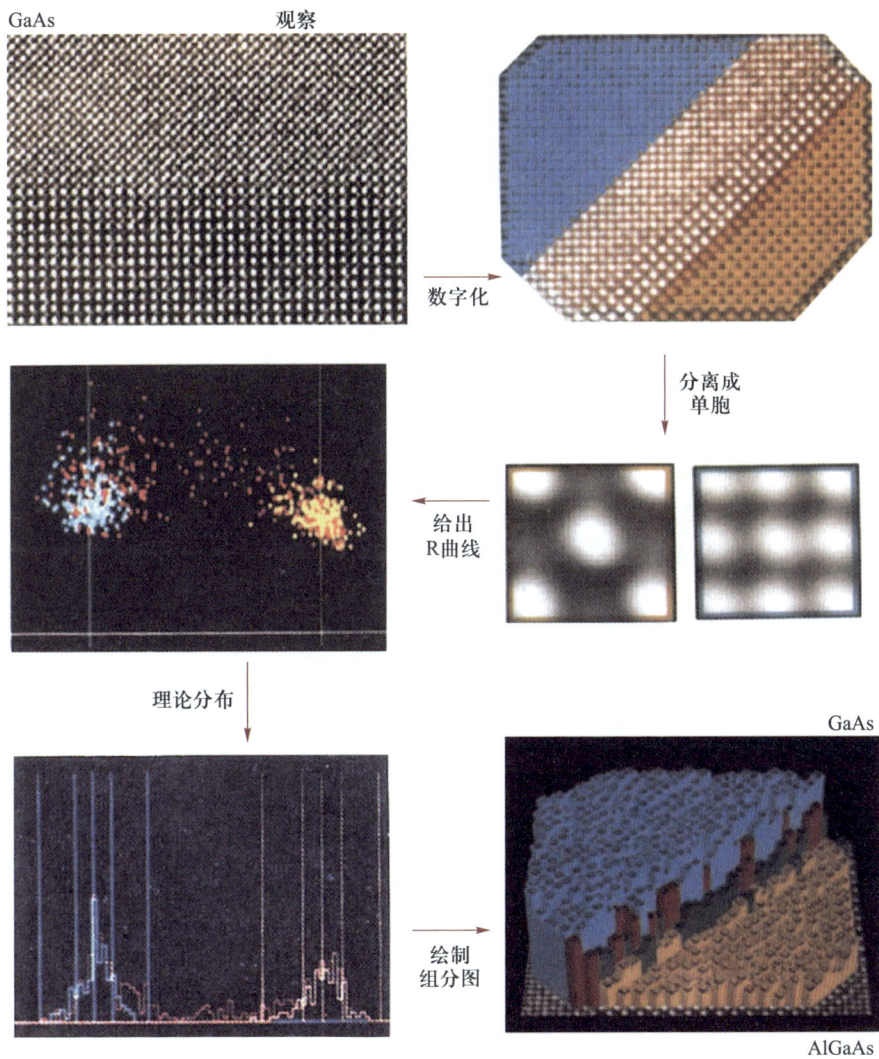

GaAs 观察

数字化

分离成
单胞

给出
R曲线

理论分布

绘制
组分图

GaAs

AlGaAs

图 31. 21 花样识别流程图

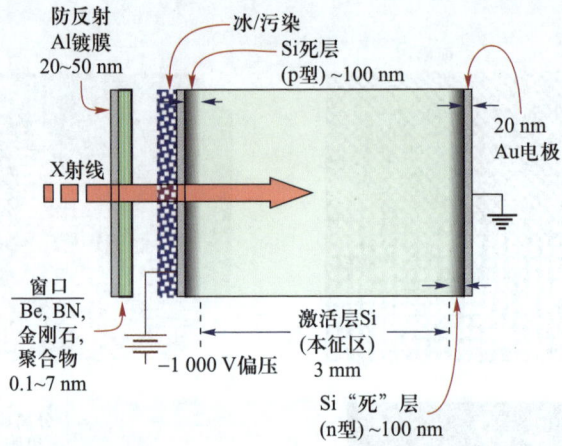

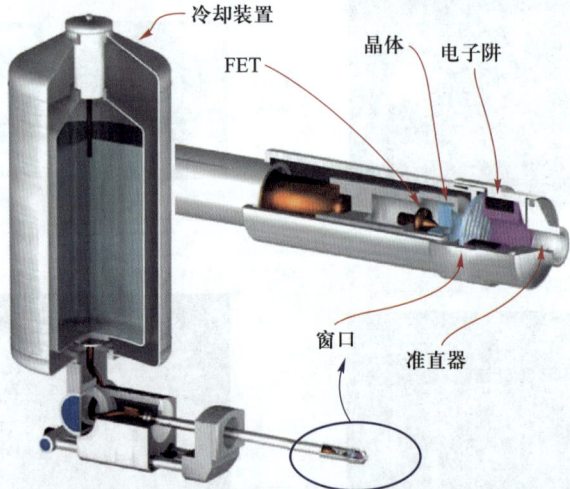

图 32.4 （A）为 Si(Li)探测器的剖面图，尺寸如图标注。X 射线在 Si 本征区激发电子-空穴对，它们会被一外加偏压分开。正偏压吸引电子聚集到欧姆接触后部，之后由 FET 将这些电荷脉冲放大。（B)探测器各部分分解图

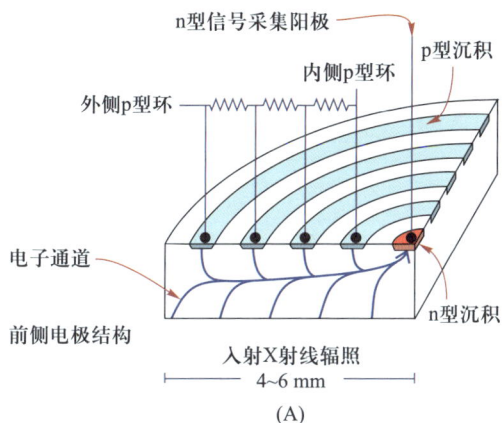

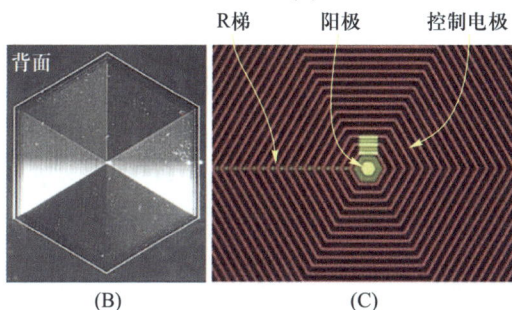

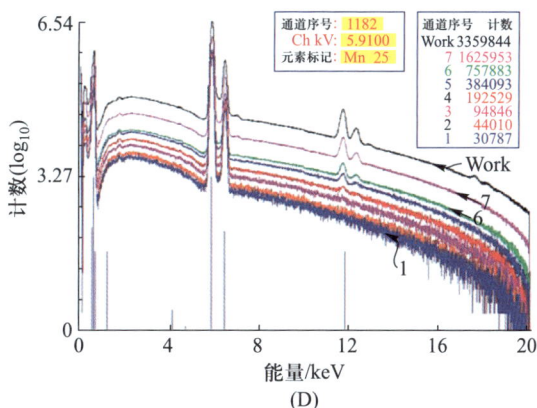

图 32.8 （A）为在 n 型 Si 衬底上沉积 p 型 Si 同心环的 SDD 示意图。FET 整合于探测器的背面，偏压加载于外部 p 型环与内环（正极）之间，蓝线为电子通道。（B）和（C）分别为 SDD 背面的低倍和高倍图像。（D）Mn 样品的 SDD 能谱：分辨率随输出计数率的增大而降低。注意：图中采用对数刻度计数。最大计数出现在位于 5.91 keV 处 Mn 的 K_α 峰，在该能量信道处黑色谱线的计数达到 3.3×10^6，其他谱线的计数依次降低，蓝色谱线的计数仅为 30×10^3。但是所有谱线的峰型相同。Si(Li) 探测器则达不到如此高的计数率

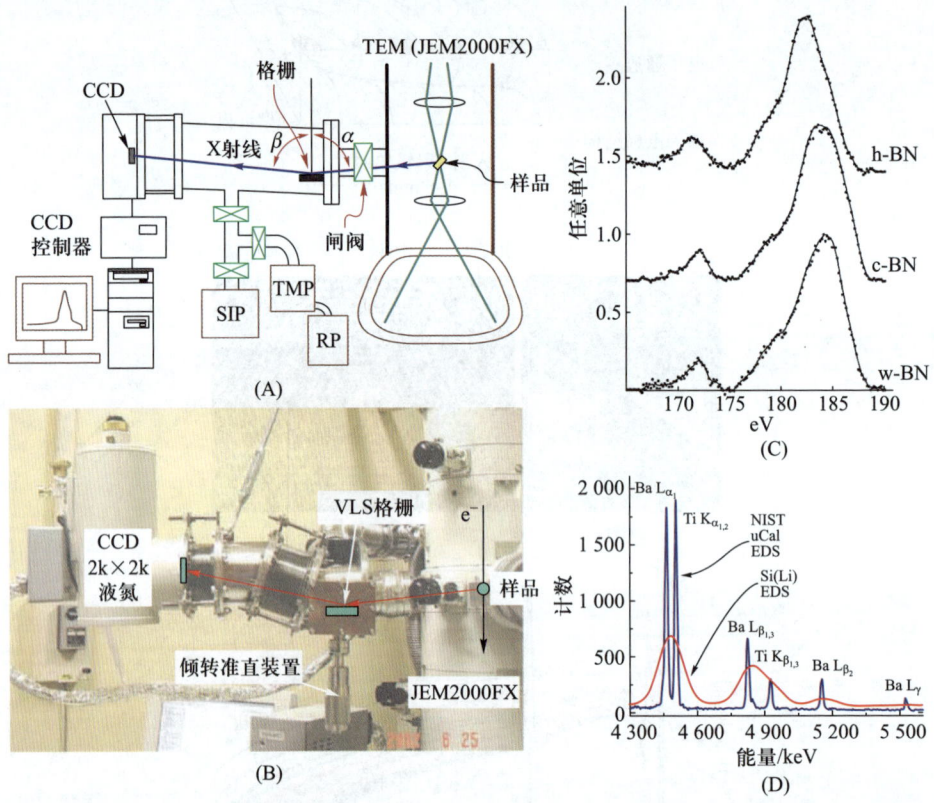

图 32.9 高能量分辨率 X 射线能谱仪。(A)能谱仪示意图;(B)固定于 TEM 腔上的衍射-格栅 WDS 系统。(C)六角、立方和铅锌矿形状 BN 的高分辨 X 射线能谱,由于其成键方式不同,B 的 K$_\alpha$ 峰形状不同。(D)与 SEM 中 Si(Li)探测器和辐射热测定仪能谱相比,能量分辨率上存在很大差异

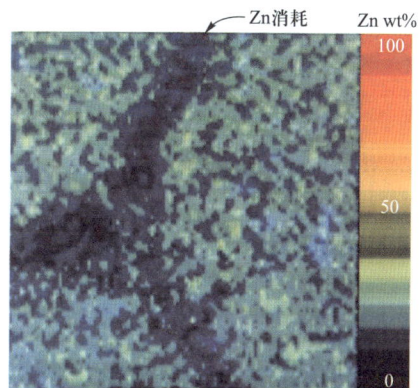

(A)

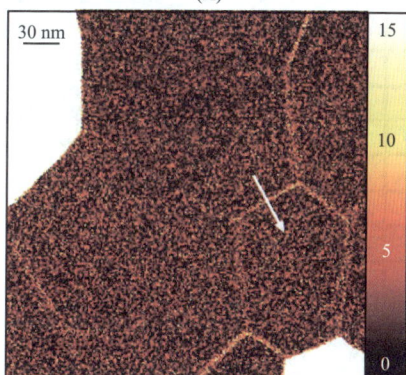

(B)

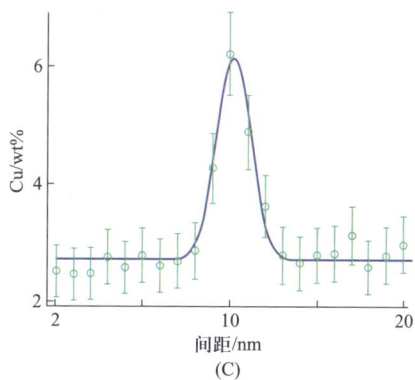

(C)

图 33.14 （A）第一张定量的数字图（128×128 像素）是从老式的热电子源 AEM 在低计数率情况下得到的。Al-Zn 薄箔得到的图显示了 3 倍点周围的 Zn 的消耗（将图中的颜色与右侧的定量查询表相对比）。（B）从 300 kV FEG AEM 得到的最近的数字图显示在一个迁移率为 Al-4%Cu 的样品中，GB 中 Al 的增强。亮的区域是金属化合物 CuAl$_2$。（A）和（B）的定量都是通过在每个像素点上轫致辐射的减法得到的。（C）定量的 Cu 线轮廓是通过（B）中的箭头所指的

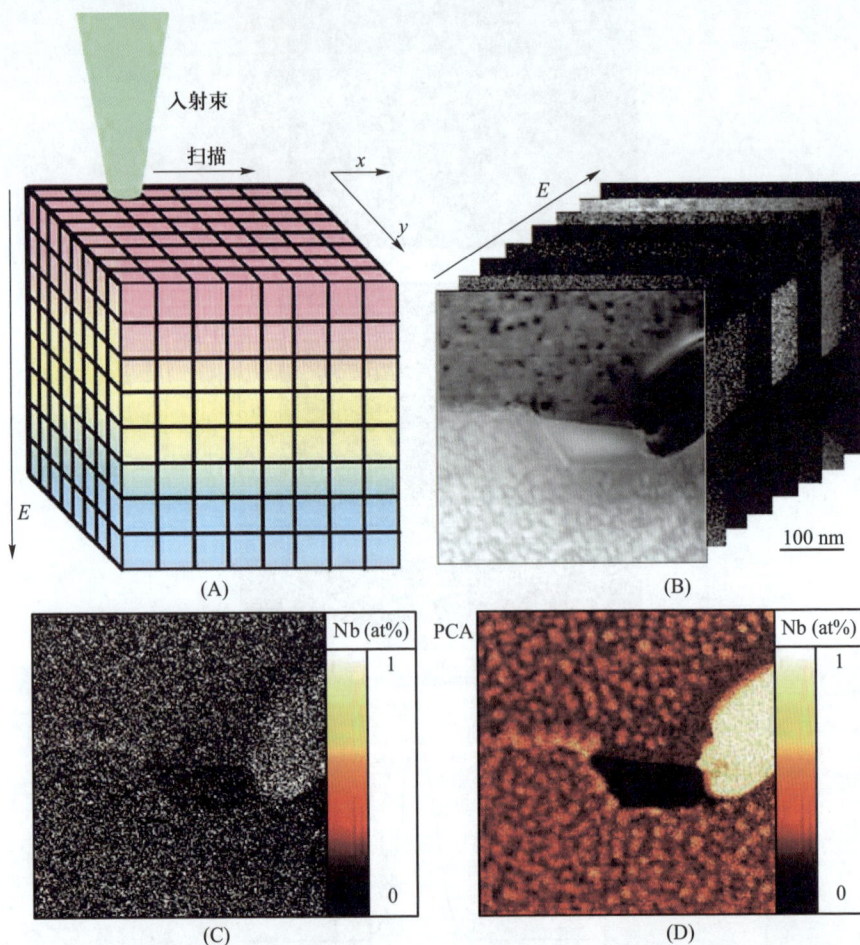

图 33.15 （A）光谱数据立方的示意图表示，当束斑停在 x-y 平面的每个像素点上时，它是如何收集到全谱信息的。不同能量值处的不同颜色表示不同元素在不同能量值处产生的不同信号。（B）在一个 Ni 基超耐热不锈钢的 GB 区域的一系列的 X 射线图。（C）在（B）SI 数据中的某个单个通道映射的实例（即一个单图平面），与 Nb 的 K_α 峰值一致。（D）应用多元统计分析和主要因素分析消除噪声，并且增强 Nb 信号

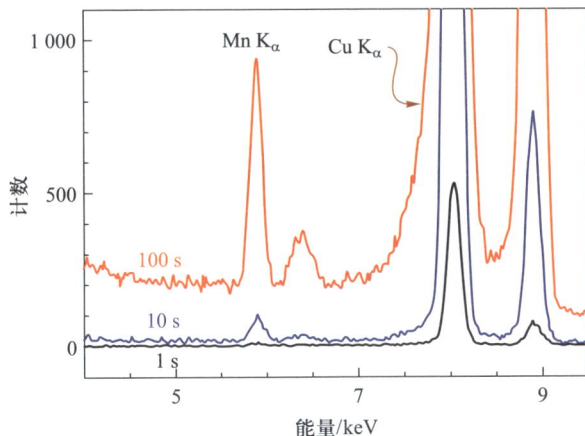

图 34.1 通过延长采集时间，Cu-1%Mn 薄片样品的能谱质量有了明显的改善。收集 1 s 后的能谱（黑线）Mn 的 $K_{\alpha/\beta}$ 弱峰几乎看不见；收集 10 s 后（蓝线）出现了 Mn 的 K_α 峰，但 K_β 峰仍然很弱；收集 100 s 后（红线）所有的峰都很明显了。延长收集时间很容易就能把峰与背底、样品的峰与仪器假峰区分开来，这样更利于峰识别

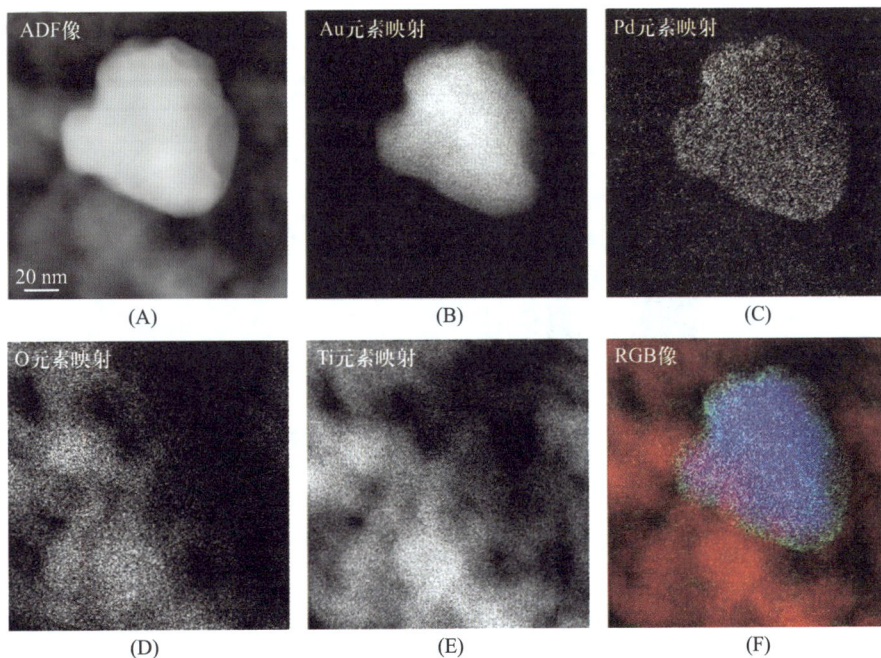

图 34.8 Au-Pd/TiO$_2$ 纳米颗粒催化剂的 STEM ADF 像（A）和定性 X 射线元素映射（mapping）给出 Au（B）、Pd（C）、O（D）和 Ti（E）各元素的分布图。这种颗粒常用于过氧化物合成。（F）为 Ti（红色）、Pd（绿色）和 Au（蓝色）相互叠加得到的伪彩图，揭示了 Pd 分布于外部和 Au 分布在内部的壳层状结构

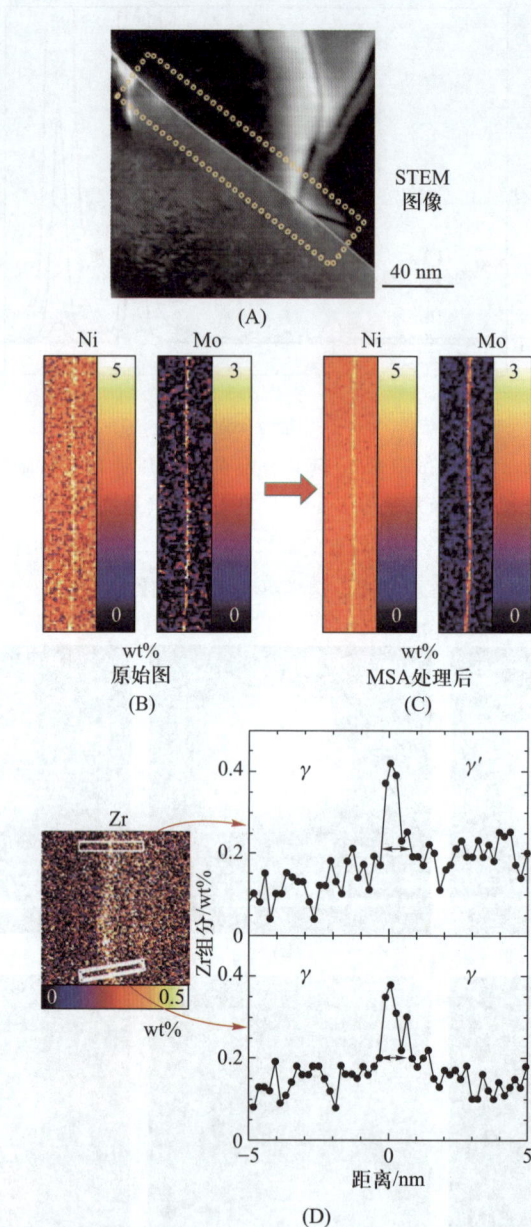

图 35.11 STEM ADF 图像(A)和定量 X 射线绘图显示出低合金钢中晶界附近痕量元素 Ni 和 Mo 的偏析(B)。(C)应用 MSA 可以提高绘图质量。(D)用 C_s 校正 STEM[探针尺寸为 0.4 nm(FWTM),电流为 0.5 nA]对 Ni 基超合金界面附近 Zr 偏析所做的元素映射。块状合金中 Zr 的含量为~0.04 wt%,若没有 MSA 处理,那么这一含量不能被反映出来。组分曲线表明,Zr 在界面上两个不同位置的距离小于 1 nm

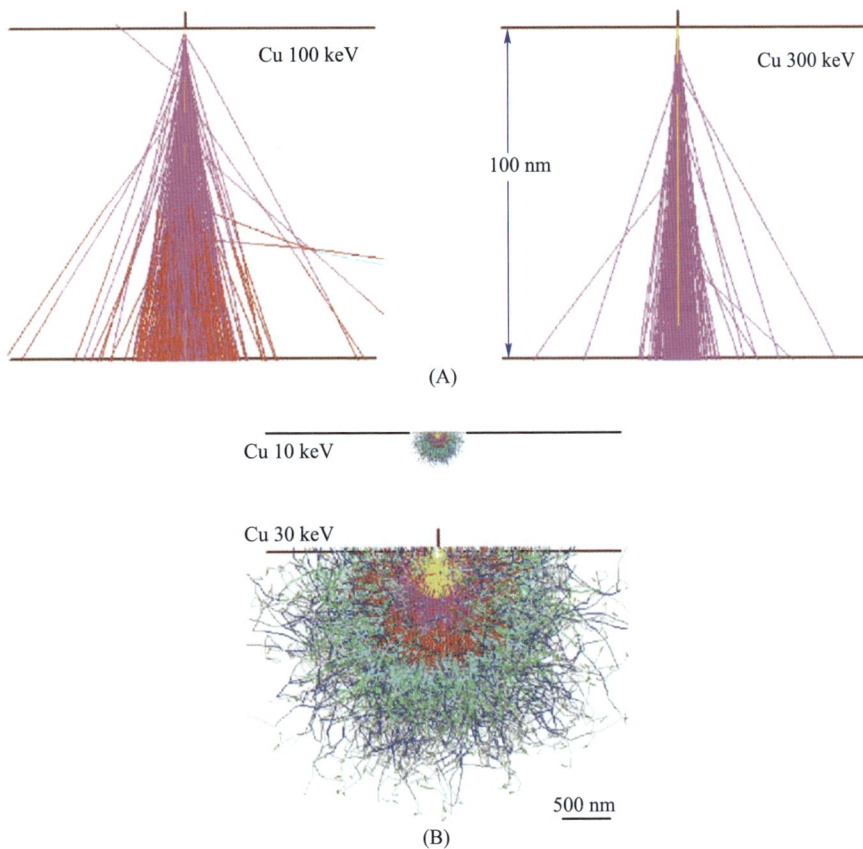

图 36.1 （A）分别在 100 kV（上面）和 300 kV（下面）条件下，10^3 个电子穿过 100 nm Cu 薄片时轨迹的蒙特卡罗模拟。注意电压越高空间分辨率越高。（B）相反，在块材样品里，30 kV 时相互作用区域远大于 10 kV 相互作用区域，因此加速电压越高，X 射线空间分辨率越低。这两组模拟图中颜色变化说明了电子能量的变化。注意，薄片中能量基本没变，而块材中能量快速损失

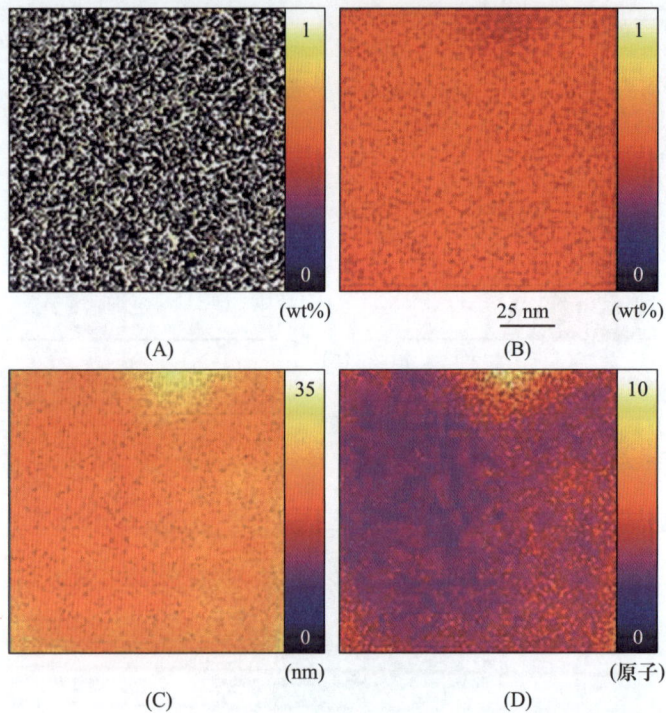

图 36.13 球差校正 300 kV、UHV、FEG STEM 在均匀的 Cu-0.5wt%Mn 薄样品中得到的系列量化分布图。(A)从原始谱图得到的 Mn 浓度分布图,(B)用 MSA 噪声消除法提高后的 Mn 浓度分布图,(C)厚度分布图,(D)Mn 原子数分布图。注意每张图右边的颜色渐变框。在(D)中,深紫色对应于 2~3 个原子。以上 4 幅图均采用 ζ-因子法量化

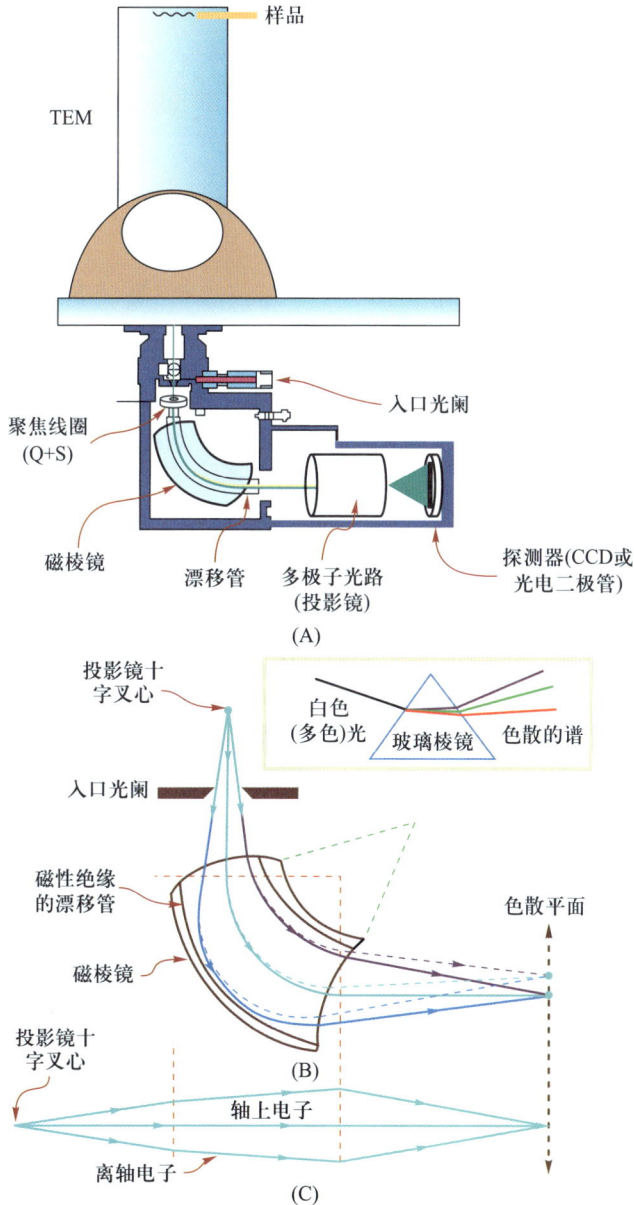

样品

TEM

入口光阑

聚焦线圈
(Q+S)

磁棱镜

漂移管 多极子光路 探测器(CCD或
(投影镜) 光电二极管)

(A)

投影镜十
字叉心

白色
(多色)光 玻璃棱镜 色散的谱

入口光阑

磁性绝缘
的漂移管

色散平面

磁棱镜

投影镜十
字叉心

(B)

轴上电子

离轴电子

(C)

图 37.2 （A）PEELS 如何安装在 TEM 观察屏下面以及各个部件的位置的示意图。（B）磁棱
镜谱仪路径图，显示无能量损失和有能量损失电子的在谱仪像（色散）平面的不同色散和会
聚。插图为玻璃棱镜色散白光对照图。（C）投影在垂直谱仪平面会聚情况

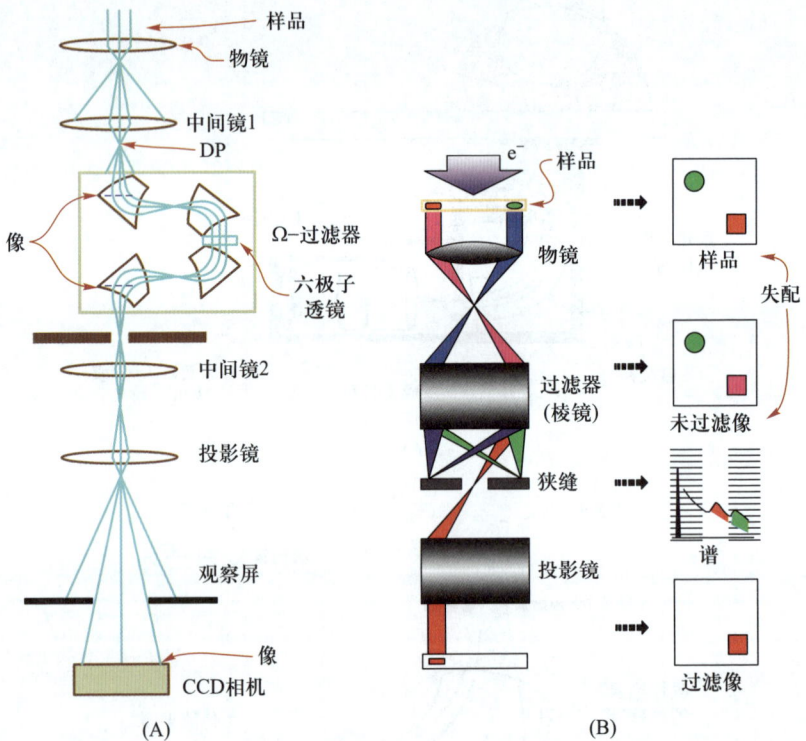

图 37.13 (A)插入 TEM 成像系统内的镜筒内 Ω-过滤器示意图。(B)得到 EFTEM 像的步骤示意图

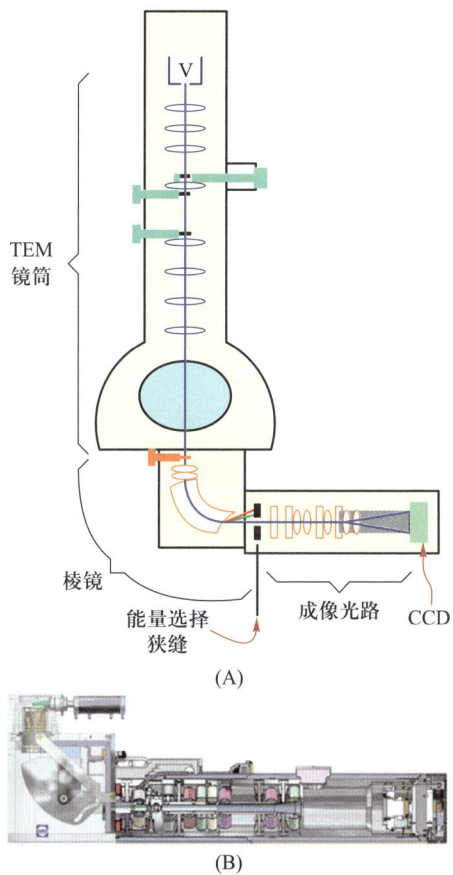

图 37.15 （A）后镜筒成像过滤器是如何连接到 TEM 镜筒观察室下面和 PEELS 在同一位置的示意图。（B）Gatan(Tridiem)图像过滤器(GIF)截面图显示复杂的内部构造

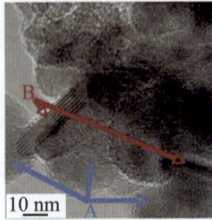

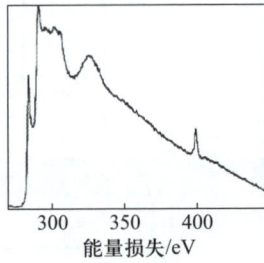

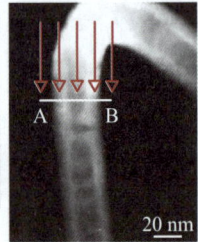

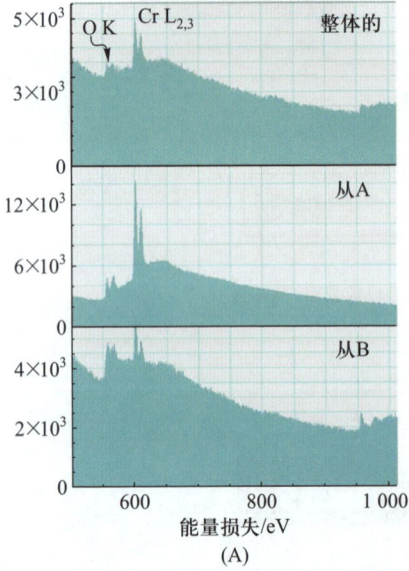

(A)

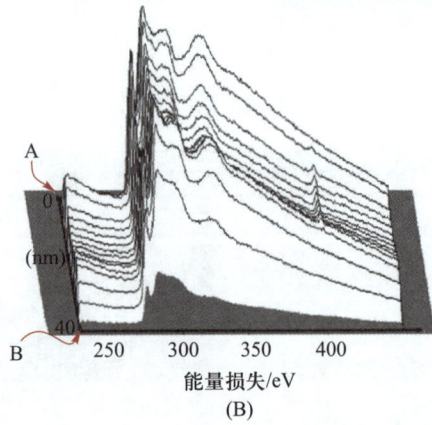

(B)

(C)

(D)

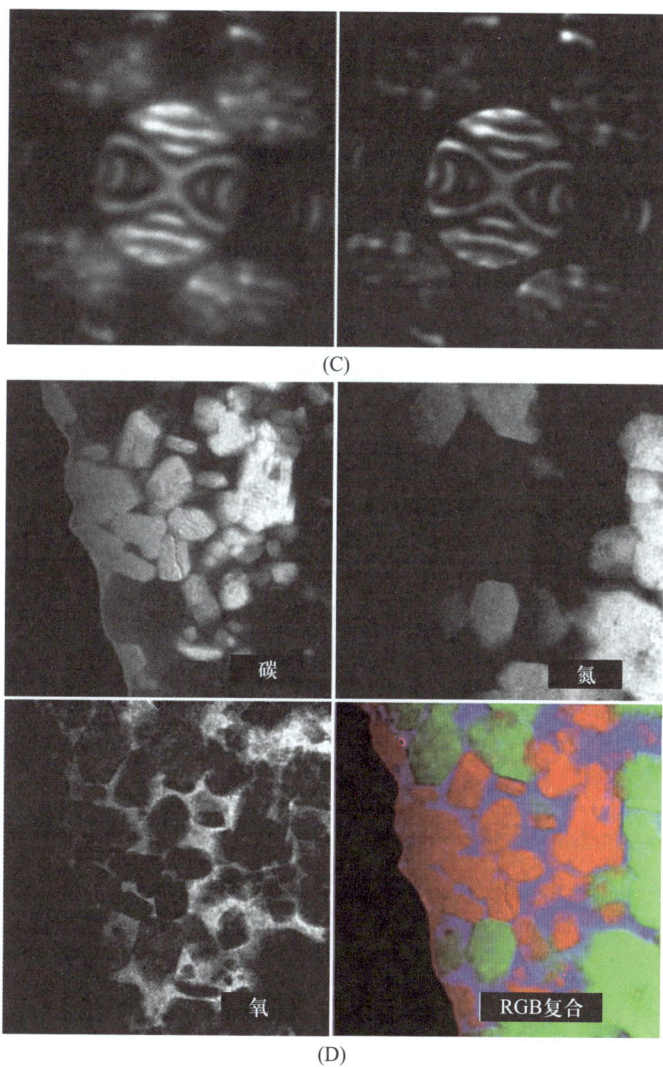

图 37.17 （A）对 CuCr 氧化物纳米颗粒进行点分析的 EELS 谱，显示出 3 种元素信号的局部差异。（B)沿氮掺杂碳纳米管的谱线分析显示出沿 A-B 线上谱细节的不同。插图为给出 C-K 和 N-K 边的单个谱和 STEM 像，箭头指明谱线收集的位置。（C）比较未过滤（左边）和 EFTEM 过滤（右边)Si［111］的 CBED 花样。（D）纳米尺度复合的 SiC/Si$_3$N$_4$ 的 STEM 能量过滤像，显示出不同元素的分布和复合 RGB 色覆盖图；碳(红色)，氮(绿色)，氧(蓝色)

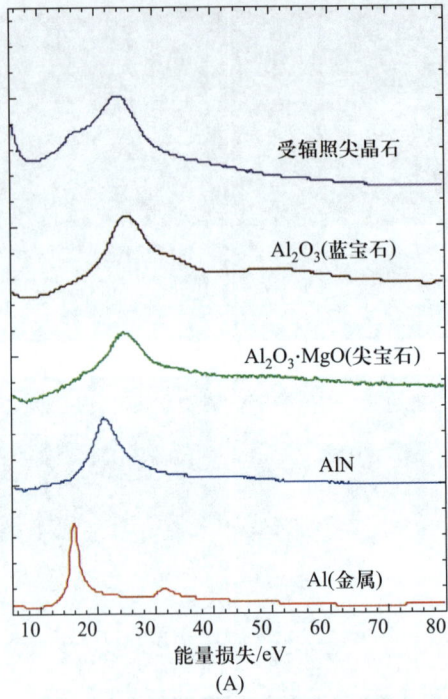

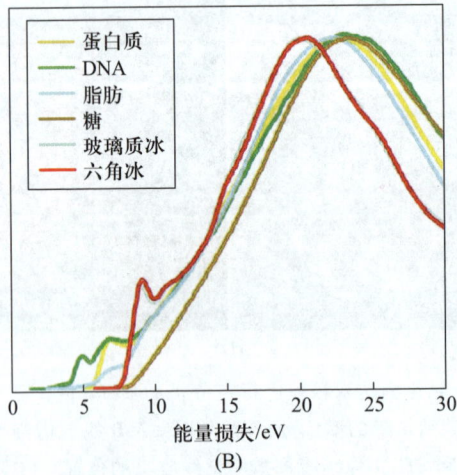

图 38.5 （A）Al 及其不同化合物的低能损失谱，显示了由 Al-Al，Al-O 和 Al-N 键的不同引起的峰强度的变化。（B）细胞组织主要成分的低能损失谱

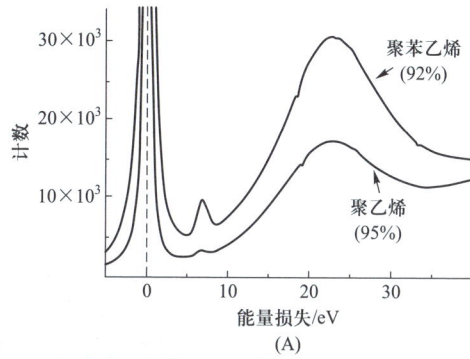

(A)

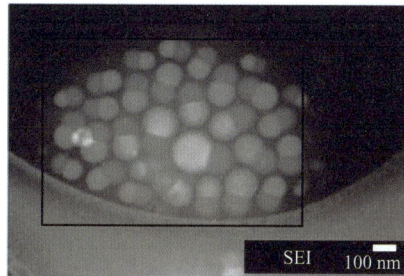

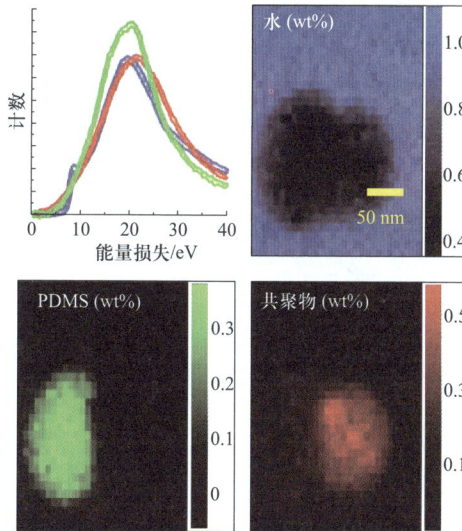

(B)

图 38.9 （A）为聚苯乙烯的带间跃迁特性，与聚乙烯中的跃迁对比，可清楚地看到等离激元峰的出现。（B）水中一个两相聚合物纳米乳胶的低剂量–低温 HAADF 图（上图）；非晶冰（蓝色）、聚二甲基硅氧烷（PDMS）（绿色）和多相共聚物（红色）的低能损失谱，以及与不同低能损失谱相应的成分分布图（下图）

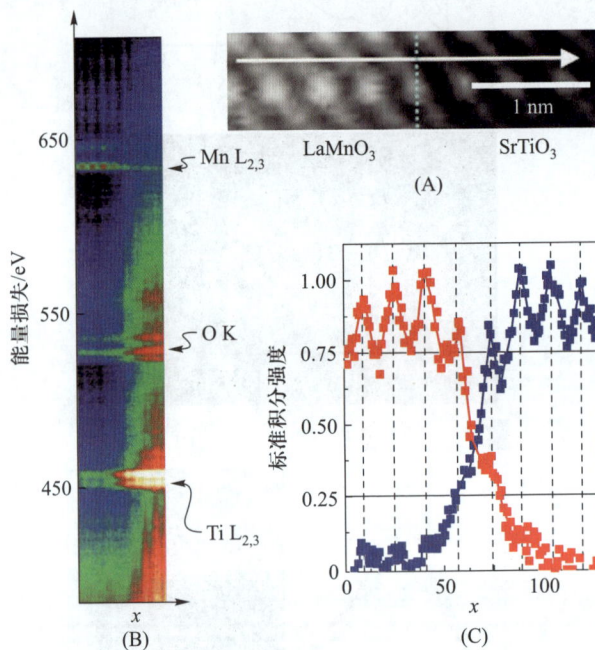

图 39.22 （A）LaMnO₃/SrTiO₃ 界面（虚线处）的 HAADF 像。（B）沿（A）箭头方向的 EELS 线扫描。Ti 的 $L_{2,3}$、O 和 K 吸收边以及 Mn 的 $L_{2,3}$ 吸收边已在近似位置高亮标出。（C）Ti 的 $L_{2,3}$ 吸收边（蓝色）和 Mn 的 $L_{2,3}$ 吸收边（红色）下的标准积分强度（40 eV 窗口）。黑色虚线分别标出了 MnO_2 和 TiO_2 原子面的估计位置

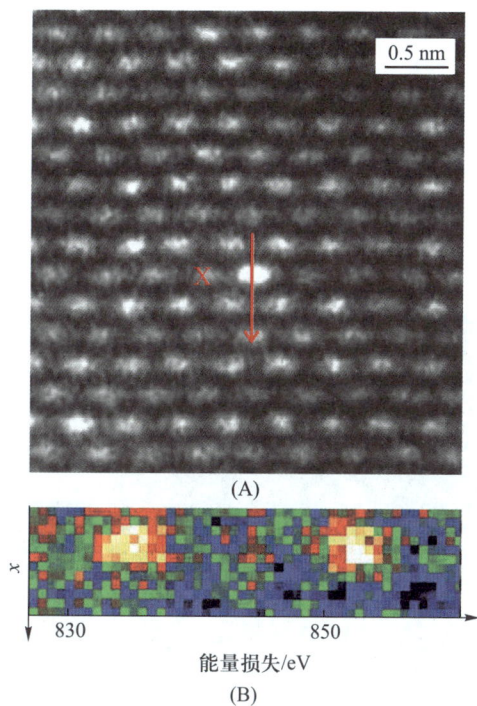

图 39.23 （A）CaTiO$_3$ 样品的 HAADF 像，单个原子柱中包含杂质原子（X）La。（B）电子束（沿红色箭头方向）扫描过 La 原子时，能谱线密度图像上呈现 La 的 M$_{4,5}$白边。白边仅在扫描出 La 原子时出现

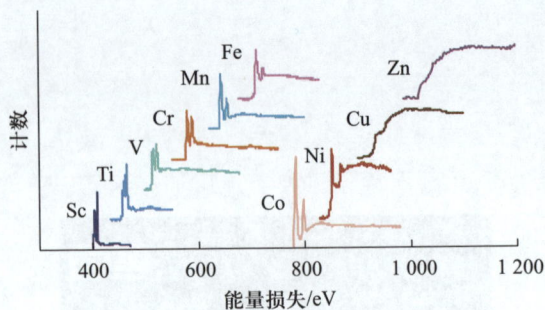

图 40.4 过渡金属的 EELS 谱，表明 L_3 和 L_2 白线的强度随 L 层电子跃迁到 d 壳层空态的数目的变化而变化。图中可见 Cu 和 Zn 因为 d 层是满的而没有白线，仅有 Fe 元素的 L_3 和 L_2 白线的强度比是预测的 2 : 1

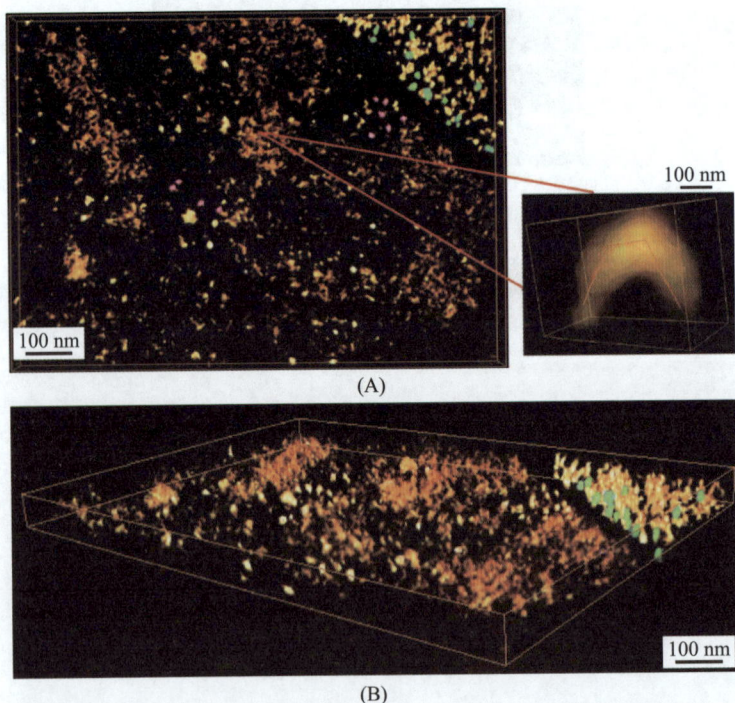

图 40.15 冷冻塑型的果蝇幼虫样品中 P 的分布二维投影图（俯视）（A）和用 P-$L_{2,3}$ 边做能量过滤得到的三维层析重构图（B）。含 P 的主要区域是细胞核，右上角是含核糖核酸的细胞质。P 的分布反映了核酸的分布，核糖核酸 RNA 中大约含有 7 000 个 P 原子。另一些不明的含 P 粒子出现在细胞核中（放大的插图）

郑重声明

高等教育出版社依法对本书享有专有出版权。任何未经许可的复制、销售行为均违反《中华人民共和国著作权法》，其行为人将承担相应的民事责任和行政责任；构成犯罪的，将被依法追究刑事责任。为了维护市场秩序，保护读者的合法权益，避免读者误用盗版书造成不良后果，我社将配合行政执法部门和司法机关对违法犯罪的单位和个人进行严厉打击。社会各界人士如发现上述侵权行为，希望及时举报，本社将奖励举报有功人员。

反盗版举报电话 （010）58581999 58582371 58582488
反盗版举报传真 （010）82086060
反盗版举报邮箱 dd@hep.com.cn
通信地址 北京市西城区德外大街 4 号
　　　　　　高等教育出版社法律事务与版权管理部
邮政编码 100120

材料科学经典著作选译

已经出版

非线性光学晶体手册（第三版，修订版）
V. G. Dmitriev, G. G. Gurzadyan, D. N. Nikogosyan
王继扬 译，吴以成 校

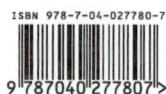

ISBN 978-7-04-027780-7

非线性光学晶体：一份完整的总结
David N. Nikogosyan
王继扬 译，吴以成 校

ISBN 978-7-04-027779-1

脆性固体断裂力学（第二版）
Brian Lawn
龚江宏 译

ISBN 978-7-04-025379-5

凝固原理（第四版，修订版）
W. Kurz, D. J. Fisher
李建国 胡侨丹 译

ISBN 978-7-04-028879-7

陶瓷导论（第二版）
W. D. Kingery, H. K. Bowen, D. R. Uhlmann
清华大学新型陶瓷与精细工艺国家重点实验室 译

ISBN 978-7-04-025600-0

晶体结构精修：晶体学者的SHELXL软件指南（附光盘）
P. Müller, R. Herbst-Irmer, A. L. Spek, T. R. Schneider,
M. R. Sawaya
陈昊鸿 译，赵景泰 校

ISBN 978-7-04-028880-3

金属塑性成形导论
Reiner Kopp, Herbert Wiegels
康永林 洪慧平 译，鹿守理 审校

ISBN 978-7-04-028136-1

金属高温氧化导论（第二版）
Neil Birks, Gerald H. Meier, Frederick S. Pettit
辛丽 王文 译，吴维芰 审校

ISBN 978-7-04-030273-8

金属和合金中的相变（第三版）
David A.Porter, Kenneth E. Easterling, Mohamed Y. Sherif
陈冷 余永宁 译

ISBN 978-7-04-030567-8

电子显微镜中的电子能量损失谱学（第二版）
R. F. Egerton
段晓峰 高尚鹏 张志华 谢琳 王自强 译

ISBN 978-7-04-031535-6

纳米结构和纳米材料：合成、性能及应用（第二版）
Guozhong Cao, Ying Wang
董星龙 译

ISBN 978-7-04-032624-6